Nr. 44
S. 15637 – 15988

1961
1. November

Chemisches Zentralblatt

Vollständiges Repertorium für alle Zweige der reinen und angewandten Chemie

1830 gegründet. 1897—1945 von der Deutschen Chemischen Gesellschaft fortgeführt. Im Auftrage der Deutschen Akademie der Wissenschaften zu Berlin, der Chemischen Gesellschaft in der DDR, der Akademie der Wissenschaften zu Göttingen und der Gesellschaft Deutscher Chemiker (in der BRD)

herausgegeben von Prof. Dr. **Heinrich Bertsch** und Prof. Dr. Dr. h. c. **Wilhelm Klemm**

132. Jahrgang

1961

Chefredakteure: Dr. Willi Barz (komm.) und Dr. Eugen Klever

Akademie-Verlag GmbH., Berlin – Verlag Chemie, GmbH., Weinheim/Bergstr.

Inhalt

Postverlagsort: Berlin

Sprachenbezeichnung in den Referaten des Chemischen Zentralblattes

(Abkürzungen laut DIN-Normblatt 1502 Beiblatt 1)

Albanisch	= Alb.	Lateinisch	= Lat.
Bulgarisch	= Bulg.	Litauisch	= Litau.
Chinesisch	= Chin.	Norwegisch	= Norw.
Dänisch	= Dän.	Persisch	= Pers.
Deutsch	= Dt.	Polnisch	= Pol.
Englisch	= Engl.	Portugiesisch	= Port.
Estnisch	= Estn.	Rumänisch	= Rum.
Finnisch	= Finn.	Russisch	= Russ.
Flämisch	= Fläm.	Schwedisch	= Schwed.
Französisch	= Franz.	Serbokroatisch	= Serbokroat.
Griechisch	= Griech.	Slowakisch	= Slowak.
Holländisch	= Holl.	Slowenisch	= Slowen.
Irisch	= Ir.	Spanisch	= Span.
Italienisch	= Ital.	Tschechisch	= Tschech.
Japanisch	= Jap.	Türkisch	= Türk.
		Ukrainisch	= Ukrain.
		Ungarisch	= Ung.

Namenregister

Patentregister

Chemisches Zentralblatt

1961 | Bibliographien | Nr. 44

Neue Bücher

A_2. Optisches Verhalten der Materie

—, Radioastronomia solare. Corso XII. Varenna sul lago di como villa Monastero 15—30 Luglio 1959. Herausgeg. von Società Italiana di Fisica. Bologna: Nicola Zanichelli. 1960. (438 S. m. Abb.) = Rendiconto della Scuola internazionale di fisica „Enrico Fermi".

H. V. Anorganische Industrie

M. B. Selikin, Herstellung von Natriumhydroxyd nach chemischen Verfahren. Moskau: Gosschimisdat. 1961. (232 S. m. Abb.; 3 Bl. Zeichng.) 86 Kop. [Russ.]

James Walton, Tabellen zur Edelstein-Bestimmung. Stuttgart: Rühle-Diebener. 1961. (83 S.) DM 12,20.

XV. Gärungsindustrie

Georg Stechl u. a., Der Brauer in 9 Sprachen. Nürnberg: Carl 1960. (215 S.) 8°. DM 17,50.

Maynard Andrew Amerine, The technology of wine making. Westport (Connecticut): Avi Pub. Co. 1960. (709 S. m. Abb.) $ 20.—.

Ausgewertete Bibliographie-Fachzeitschriften

Belgien	Bibliographie de Belgique — Belgische Bibliographie
ČSSR	Bulletin — Die Neuesten Forschungsergebnisse der Tschechoslowakischen Wissenschaft
	Nové Knihy (Neue Bücher)
	Novinky (Neuheiten)
Dänemark	Danske Bogmarked
Deutschland	Börsenblatt für den Deutschen Buchhandel — Frankfurter Ausgabe
	Börsenblatt für den Deutschen Buchhandel — Leipziger Ausgabe
	Deutsche Bibliographie. Wöchentliches Verzeichnis. Ausgabe II. [Frankfurt/Main]
	Deutsche Nationalbibliographie. Reihe A: Neuerscheinungen des Buchhandels [Leipzig]
England	British Books (Incorporating the Publishers Circular & Booksellers Record)
	British National Bibliography
Frankreich	Bibliographie de la France
Holland	Nieuwsblad voor de Boekhandel
Italien	Bibliografia Nazionale Italiana
Japan	Nōhon Shūhō (Current Publications)
Österreich	Österreichische Bibliographie
Schweiz	Schweizer Buch. Serie A und Serie B
UdSSR	Bücherverzeichnis des Jahres (Книжная летопись)
	Neue Bücher (Новые книги)
USA	Publishers' Weekly

quart.	quartär(e) (Bindigkeit)
quatern.	quaternär(e)
°R	Grad Réaumur
r	Internationale Röntgeneinheit
rac.	racemisch(e)
rad	Einheit der absorbierten Strahlendosis
°Rank.	Grad Rankine
Red.	Reduktion
Redd.	Reduktionen
red.	reduziert(e)
Ref.	Referat
Reff.	Referate
rem	roentgen-equivalent-men
rep	roentgen-equivalent-physical
R_F	Retentionsfaktor (anteilmäßige Steighöhe)
RhZ.	Rhodanzahl
Rk.	Reaktion
Rkk.	Reaktionen
S	Sedimentationskonstante
s	Sekunde (nur für Dimensionen)
s.	siehe
schm.	schmelzend(e)
sd.	siedend(e)
Sek.	Sekunde(n), allgemein
sek.	sekundär(e)
sog.	sogenannt(e)
Spezif.Gew.	Spezifisches Gewicht
Std.	Stunde(n) (allgemein)
std.	stündig(e)
symm.	symmetrisch(e)
Synth.	Synthese(n)
Syst.	System(e)
SZ.	Säurezahl
t	Tonne, metrisch
Temp.	Temperatur(en)
tern.	ternär(e)
tert.	tertiär(e)
u.	und
u.a.	und andere, unter anderem
u. dgl.	und dergleichen
U/min	Umdrehungen pro Minute
ungesätt.	ungesättigt(e)
unlösl.	unlöslich(e)
unsymm.	unsymmetrisch(e)
Unters.	Untersuchung
Unterss.	Untersuchungen
USP.	United States Pharmacopeia
usw.	und so weiter
UV	Ultraviolett
V	Volt
Val	Grammäquivalent
Verb.	Verbindung
Verbb.	Verbindungen
verd.	verdünnt(e)
Verf.	Verfahren (Einzahl)
Verff.	Verfahren (Mehrzahl)
Verh.	Verhalten
Vers.	Versuch
Verss.	Versuche
Verw.	Verwendung(en)
Vf.	Verfasser(in) (Einzahl)
Vff.	Verfasser(innen) (Mehrzahl)
Vgl.	Vergleich(e)
vgl.	vergleiche
Vol.	Volumen, Volumina
Vork.	Vorkommen (Ein- u. Mehrzahl)
vorl. Mitt.	vorläufige Mitteilung(en)
Vorr.	Vorrichtung(en)
vorst.	vorstehend(e)
VZ.	Verseifungszahl
W	Watt
W.	Wasser
Wrkg.	Wirkung(en)
wss.	wässerig(e)
X	X-Einheit
z.B.	zum Beispiel
Zers.	Zersetzung(en)
z.T.	zum Teil
Zus.	Zusammensetzung(en)
♂	männlich (im biolog. Sinne)
♀	weiblich (im biolog. Sinne)
°	Grad Celsius
%ig.	prozentig
‰ig.	promillig
~	angenähert, etwa gleich mit, rund
$\geqq$	gleich oder größer als
$\leqq$	gleich oder kleiner als
$>$	größer als
$<$	kleiner als
$\triangleq$	entspricht
∞	unendlich
∅	Durchmesser

Griech. Abkürzungen

$[\alpha]_D^{20}$	Opt. Drehung, spezifische (gemessen mit D-Linie bei 20°)
λ	Wellenlänge
λ_{max}	maximale Wellenlänge
λ_{min}	minimale Wellenlänge
μ	Mikrometer (auch Mikron genannt)
μg	Mikrogramm (auch Gamma genannt)
Ω	Ohm

Kurzzeichen der Vorsätze für Einheiten

T	Tera-	10^{12} Einheiten
G	Giga-	10^{9} Einheiten
M	Mega-	10^{6} Einheiten
k	Kilo-	10^{3} Einheiten
h	Hekto-	10^{2} Einheiten
da	Deka-	10^{1} Einheiten
d	Dezi-	10^{-1} Einheiten
c	Zenti-	10^{-2} Einheiten
m	Milli-	10^{-3} Einheiten
μ	Mikro-	10^{-6} Einheiten
n	Nano-	10^{-9} Einheiten
p	Pico-	10^{-12} Einheiten

Patent-Abkürzungen

D.A.S.	Deutsche Auslegeschrift
D.B.P.	Deutsches Bundes-Pat.
D.P.[DDR]	Deutsches [DDR] Patent
D.R.P.	Deutsches Reichs-Pat.
A.P.	Amerikanisches Patent
Aust.P.	Australisches Patent
Belg.P.	Belgisches Patent
Can.P.	Canadisches Patent
Dän.P.	Dänisches Patent
E.P.	Englisches Patent
Finn.P.	Finnisches Patent
F.P.	Französisches Patent
Holl.P.	Holländisches Patent
Ind.P.	Indisches Patent
It.P.	Italienisches Patent
Jap.A.S.	Japan. Auslegeschrift
Jug.P.	Jugoslawisches Patent
Norw.P.	Norwegisches Patent
Oe.P.	Österreichisch. Patent
Poln.P.	Polnisches Patent
Schwed.P.	Schwedisches Patent
Schwz.P.	Schweizer Patent
Tschech.P.	Tschechoslowakisches Patent
UdSSR.P.	Sowjetisches Patent
Ung.P.	Ungarisches Patent

Für die fachliche Rechtschreibung in den Referaten und Registern des Chemischen Zentralblattes ist die 2. Auflage (Verlag Chemie GmbH Weinheim/Bergstr. u. VDI-Verlag GmbH Düsseldorf; 1959) der „Rechtschreibung der technischen und chemischen Fremdwörter" von Jansen-Mackensen bestimmend.

Dr. Willi Barz (komm.) und Dr. Eugen Klever, Chefredakteure

Abkürzungsverzeichnis

A.	Ampère
A	Äthylalkohol
Å	Ångström
a	Jahr (nur für Dimensionen)
Abb.	Abbildung(en)
abs.	absolut(e)
Ae.	Diäthyläther
akt.	aktiv(e)
allg.	allgemein(e)
App.	Apparat(e), Apparatur(en)
asymm.	asymmetrisch(e)
at	Atmosphäre, technisch
atm	Atmosphäre, physikalisch
Atomgew.	Atomgewicht
ausg.	ausgegeben
AZ.	Acetylzahl
bar	Bar
bes.	besonders, besondere, insbesondere
Best.	Bestimmung(en)
Bibl.	Bibliographie(n)
bin.	binär
Bldg.	Bildung(en)
bzgl.	bezüglich
Bzl.	Benzol
Bzn.	Benzin
bzw.	beziehungsweise
C.	Chem. Zentralblatt (nur bei Zitaten)
c	Curie
ca.	zirka
cal	Calorie (Grammcalorie)
Chlf.	Chloroform
const	constans
cP	Centipoise
cSt	Centistokes
D_4^{20}	Dichte (bei 20° gemessen u. bezogen auf Wasser von 4°)
D	Debye
d	Tag (nur für Dimensionen)
DAB.	Deutsches Arzneibuch
dad. gek.	dadurch gekennzeichnet
Darst.	Darstellung(en)
Deriv.	Derivat
Derivv.	Derivate
Dest.	Destillation(en)
dest.	destillieren, destilliert(e)
d.h.	das heißt
DK	Dielektrizitätskonstante
DL	Dosis letalis
DTA	Differentielle Thermoanalyse
$E^{1\%}_{1cm}$	Extinktion (1%ige Lsg.; 1 cm Schichtdicke)
Eig.	Eigenschaft
Eigg.	Eigenschaften
Einfl.	Einfluß, Einflüsse
Einw.	Einwirkung(en)
EMK	Elektromotorische Kraft
Entw.	Entwicklung(en)
Ep.	Erstarrungspunkt
Epp.	Erstarrungspunkte
eV	Elektronenvolt
evtl.	eventuell
EZ.	Esterzahl
°F	Grad Fahrenheit
F.	Schmelzpunkt
FF.	Schmelzpunkte
Fl.	Flüssigkeit
Fll.	Flüssigkeiten
fl.	flüssig(e)
g	Gramm
Geh.	Gehalt(e)
gek.	gekennzeichnet(e)
gesätt.	gesättigt(e)
Geschw.	Geschwindigkeit(en)
Gew.	Gewicht(e)
ggf.	gegebenenfalls
Ggw.	Gegenwart
h	Stunde (nur für Dimensionen)
Herst.	Herstellung(en)
Hz	Hertz
I.E.	Internationale Einheit
i.m.	intramuskulär(e)
inakt.	inaktiv(e)
I.P.	Isoelektrischer Punkt
IR	Infrarot (Ultrarot)
i.v.	intravenös(e)
J	Joule
JZ.	Jodzahl
°K	Grad Kelvin
kcal	Kilogrammcalorie
Koeff.	Koeffizient(en)
Koll.	Kolloid(e)
koll.	kolloid(e), kolloidal(e)
Kondens.	Kondensation(en)
Konst.	Konstante(n)
konst.	konstant(e)
Konstit.	Konstitution(en)
Konz.	Konzentration
Konzz.	Konzentrationen
konz.	konzentriert(e)
korr.	korrigiert(e)
Kp.	Siedepunkt
Kpp.	Siedepunkte
krist.	kristallisiert(e)
KW-Stoff	Kohlenwasserstoff
KW-Stoffe	Kohlenwasserstoffe
Labor.	Laboratorium, Laboratorien
l.c.	loco citato
Leg.	Legierung
Legg.	Legierungen
lösl.	löslich(e)
log	Logarithmus (allgemein)
Lsg.	Lösung
Lsgg.	Lösungen
Lsgm.	Lösungsmittel (Ein- u. Mehrzahl)
m	Meter
m	molar (Konzentrationsangabe)
Meth.	Methode(n)
Min.	Minute(n) (allgemein)
min	Minute (nur für Dimensionen)
Mitt.	Mitteilung(en)
mkr.	mikroskopisch(e)
ml	Milliliter
mμ	Millimikron
Mol	Grammolekül(e)
Mol.	Molekül
Moll.	Moleküle
mol.	molekular(e)
Molgew.	Molekulargewicht(e)
Mol.-Refr.	Molekularrefraktion(en)
n	normal (Konzentrationsangabe)
n-	normal (Isomerieangabe)
n_D^{20}	Brechungsindex (bei 20° u. D-Linie)
nachst.	nachstehend(e)
Nachw.	Nachweis(e)
Nd.	Niederschlag
Ndd.	Niederschläge
Oe	Oerstedt
opt.-akt.	optisch-aktiv(e)
p	Pond
PAe.	Petroläther
pH	Wasserstoffionenkonzentration (negativer dekad. Logarithmus)
pK	Dissoziationskonstante (negativer Logarithmus)
ppm	parts per million
Präp.	Präparat
Präpp.	Präparate
prim.	primär(e)
Prior.	Priorität(en), Unionspriorität(en)
Prod.	Produkt
Prodd.	Produkte
qual.	qualitativ(e)
quant.	quantitativ(e)

Heft-Nr.	Seitenzahl	Ausgabedatum
41	14525—14900	11. Oktober 1961
42	14901—15268	18. Oktober 1961
43	15269—15636	25. Oktober 1961
44	15637—15988	1. November 1961

Herausgeber: Prof. Dr. Heinrich Bertsch, Berlin, u. Prof. Dr. Dr. h. c. Wilhelm Klemm, Münster. Chefredakteure und verantwortlich für den Inhalt: Dr. Willi Barz (komm.), Berlin N 4, Schiffbauerdamm 19, Fernsprecher: 42 55 71, und Dr. Eugen Klever, Berlin W 30, Geisbergstraße 39, Fernsprecher: 24 95 41.

Verlag: Akademie-Verlag GmbH, Berlin W 8, Leipziger Str. 3—4 (Fernsprecher: 22 04 41, Telex-Nr. 011 773, Postscheckkonto Berlin 350 21), und Verlag Chemie, GmbH, Weinheim/Bergstr. (Fernsprecher: Weinheim 36 35 [Sammelnummer]; Fernschreiber: 04 655 16 chemieverl wnh; Postscheckkonten: Frankfurt/M. 145314 u. Berlin [West] 74 30). Bestellnummer: 1007/132. Das Chemische Zentralblatt erscheint wöchentlich. Preis des Jahrganges einschl. Autoren-, Patent-, Sach- u. Formelregister: DM 960,—; einseitig bedruckte Ausgabe: DM 1050,—. Abgabe der Zeitschrift nur mit sämtlichen Registern. Abbestellungen nur bis spätestens 6 Wochen vor Ablauf des Kalenderjahres.

Satz und Druck: VEB Leipziger Druckhaus, Leipzig, III/18/203. 10/61.
Veröffentlicht unter der Lizenznummer ZLN 5002 des Ministeriums für Kultur, Hauptverwaltung Verlagswesen.
Printed in Germany.

CHEMISCHES ZENTRALBLATT

VOLLSTÄNDIGES REPERTORIUM FÜR ALLE ZWEIGE DER REINEN UND ANGEWANDTEN CHEMIE

1830 gegründet
1897—1945 von der Deutschen Chemischen Gesellschaft fortgeführt

Im Auftrage der Deutschen Akademie der Wissenschaften zu Berlin,
der Chemischen Gesellschaft in der DDR,
der Akademie der Wissenschaften zu Göttingen
und der Gesellschaft Deutscher Chemiker (in der BRD)
herausgegeben von

Prof. Dr. **Heinrich Bertsch** und Prof. Dr. Dr. h. c. **Wilhelm Klemm**

132. JAHRGANG

1961

SEITE 14525—15988

Chefredakteure: Dr. Willi Barz (komm.) und Dr. Eugen Klever

1961

AKADEMIE-VERLAG GMBH · BERLIN
VERLAG CHEMIE · GMBH · WEINHEIM/BERGSTR.

Chemisches Zentralblatt

1961 Nr. 44 1. November

A. Allgemeine, physikalische und anorganische Chemie

Demonstration der Quantenmechanik im Großen. T. B. Day. (Physic. Rev. [2] **121.** 1204–06. 15/2. 1961. College Park, Md., Univ. of Maryland.) (Engl.)

Das diskutierte Beispiel zeigt auf geradem Wege, daß bei der gleichzeitigen Erzeugung zweier Teilchen, wie ($K^0 + \bar{K}^0$) oder (2γ), die Wahrscheinlichkeiten bei der Beobachtung weiterer, mit dieser Erzeugung in Verbindung stehender Ereignisse quantenmechan. berechnet werden müssen u. (selbst für makroskop. Entfernungen in absorbierenden Medien) korreliert sind. Bes. wird auf eine Korrelation in der Polarisation der 2γ-Strahlen aus der Positronenvernichtung als Funktion der Dicke des magnetisierten Eisens, durch das sie hindurchgehen, mittels eines vorgeschlagenen Experimentes hingewiesen. HERBERT WEBER. 10□

A_1. Kernphysik und Kernchemie

Schalenmodell-Berechnungen der Hyperfeineffekte beim Einfang von μ-Mesonen. H. Überall. (Physic. Rev. [2] **121.** 1219–25. 15/2. 1961. Pittsburgh, Pa., Carnegie Inst. of Technol.) (Engl.)

Numer. Werte für die Unterschiede der μ-Einfangraten aus den zwei Hyperfeinzuständen eines meson. Atoms werden für ^{19}F, ^{27}Al u. ^{31}P erhalten, wobei für ^{27}Al u. ^{31}P die einfache MEYER-JENSEN-Version des Schalenmodells u. für ^{19}F eine Zwischenkopplungsversion benutzt wird. In allen Fällen werden gegenüber früheren Berechnungen größere Werte erhalten, die die Experimente besser wiedergeben. Konversionseffekte werden diskutiert. HERBERT WEBER. 90□

Elektroerzeugung von π-Mesonen. R. Blankenbecler, S. Gartenhaus, R. Huff und Y. Nambu. (Nuovo Cimento [10] **17.** 775–85. 1/9. 1960. Princeton, N.J., Princeton Univ.; Lafayette, Ind., Purdue Univ.; Chicago, Ill., Univ. of Chicago.) (Engl.)

Approximative Berechnung der Dispersionsbeziehungen für die Erzeugung von Pionen bei Elektron–Nucleon-Stößen. HERBERT WEBER. 90□

Pion–Pion-Wechselwirkung und Pion–Nucleon-Streuung. Kin-ichi Ishida, Atsushi Takahashi und Yoshiaki Ueda. (Progr. theoret. Physics [Kyoto] **23.** 731–48. April 1960. Sendai, Tohoku Univ., Dep. of Phys.; Yamagata, Univ., Fac. of Liberal Arts and Sci.) (Engl.)

An Hand der Dispersionsbeziehungen für Pion–Nucleon-Streuung wird die Pion–Pion-Wechselwrkg. u. ihre Streulänge als Parameter untersucht. Im Isotopenspinzustand $I = 0$ (S-Welle) ist die Pion–Pion-Wechselwrkg. anziehend, u. die Streulänge ergibt sich von der Größenordnung einer Pion-COMPTON-Länge, im Isotopenspinzustand $I = 1$ (P-Welle) konnte dagegen noch kein sicherer Schluß gezogen werden. M. WIEDEMANN. 90□

S-Wellen-Pion–Nucleon-Streuung. Ken Kawarabayashi und Hironari Miyazawa. (Progr. theoret. Physics [Kyoto] **23.** 490–95. März 1960. Tokyo, Univ., Dep. of Phys.) (Engl.)

Die S-Wellen-Pion–Nucleon-Streuung bei niedriger Energie kann unter der Annahme gedeutet werden, daß die Quelle der S-Wellenpionen, ein Nucleon–Antinucleon-Paar, sich über $r \approx (2\,\mu)^{-1}$ mit μ = Pionenmasse ausdehnt. Die anziehende Pion–Pion-Wechselwrkg. trägt zu obiger Streuung bei. M. WIEDEMANN. 90□

Totaler und Absorptionsquerschnitt für energiereiche Pionen. C. J. Batty. (Proc. physic. Soc. **76.** 577–79. Okt. 1960. Birmingham, Univ., Phys. Dep.) (Engl.)

Die experimentellen Daten von CRONIN u. Mitarbeitern (C. **1958.** 4079) über die Beugungs- u. Absorptionsquerschnitte verschiedener Kerne für negative Pionen bei 0,6–1,4 GeV werden diskutiert. Nach dem opt. Modell werden diese Querschnitte neu berechnet u. bessere Übereinstimmung mit den experimentellen Daten erhalten. Für *C* sind die Werte bei 600–1200 MeV tabelliert. M. WIEDEMANN. 90□

Möglichkeit für oder gegen die Existenz eines neutralen skalaren Mesons. Keiji Igi. (Progr. theoret. Physics [Kyoto] **23.** 170—72. Jan. 1960. Tokyo, Univ., Dep. of Phys.) (Engl.)

Die mögliche Existenz eines neutralen schweren Mesons wird diskutiert. Hierzu werden mittels der Extrapolationsanalyse die Gründe für u. gegen die Ggw. eines derartigen Polterms ermittelt. Wenn das neutrale skalare Meson überhaupt vorkommt, spielt es im Syst. der starken Wechselwrkg. nur eine unbedeutende Rolle.

M. Wiedemann. 90□

Einige Themen über die starken Wechselwirkungen der fremdartigen Teilchen. D. Amati und B. Vitale. (Fortschr. Physik **7.** 375—421. 1959. Roma, Univ., Ist. di Fis.; Ist. Naz. di Fis. Nucl.; Napoli, Univ., Ist. di Fis. Teor.; Scuola de Perfezion. in Fis. Teor. e Nucl. del C.N.R.N.) (Engl.)

Zusammenfassender Bericht über die Analyse neuer experimenteller u. theoret. Unterss.: 1. Massenspektrum, isobarer Spin, Strangeness u. Spin der fremdartigen Teilchen. 2. Relative Parität zwischen den fremdartigen Teilchen. 3. Symmetrien.

D. Jörchel. 90□

Symmetrien der Wechselwirkungen unter Teilchen mit starker Wechselwirkung und nichtleptonische Zerfälle von Hyperonen. Kanji Fujii. (Progr. theoret. Physics [Kyoto] **24.** 259—70. Aug. 1960. Sapporo, Hokkaido Univ., Dep. of Phys.) (Engl.)

Für die Teilchen mit starker Wechselwrkg. wird ein Symmetriegesetz abgeleitet, das für starke sowie schwache Wechselwrkg. gelten kann. Die Forderung der Invarianz u. weitere Annahmen liefern Resultate, die mit den Befunden über $\Sigma^{\pm}$- u. Λ-Zerfälle verträglich sind. Der K-Zerfall in zwei Pionen wird ebenfalls erörtert.

M. Wiedemann. 90□

Ξ^--Erzeugung in Emulsion durch K^--Mesonen von 1,1 GeV/c. M. Baldo Ceolin, A. Caforio, O. Fabbri, F. Farini, A. Ferilli, G. Miari und J. Schneps. (Nuovo Cimento [10] **17.** 804—06. 1/9. 1960. Bari, Univ., Ist. di Fis.; Padova, Univ., Ist. di Fis., Ist. Naz. di Fis. Nucl.) (Engl.)

Ein Stapel von G-5-Emulsionen wurde K^--Mesonen von 1,1 GeV/c (Bevatron) ausgesetzt, um die Rk. $K^- + N \rightarrow \Xi^- + K_0^+$ nachzuweisen u. die Häufigkeit der Erzeugung von Ξ^--Teilchen zu untersuchen. Bei der Analyse schließen Vff. auf 41 Zerfälle von $\Sigma^{\pm} \rightarrow \pi^{\pm} + n$, 2 von $K^- \rightarrow \pi^- + \pi^0$ u. 1 oder 2 von $\Xi^- \rightarrow \Lambda^0 + \pi^-$ ($Q = 65 \pm 8$ MeV). Ein Zerfall nach $\Xi^- \rightarrow n + \pi^-$ wurde nicht nachgewiesen.

Herbert Weber. 90□

Untersuchung zur elastischen Streuung von $\Sigma^{\pm}$-Hyperonen an Wasserstoff. F. Russell Stannard. (Physic. Rev. [2] **121.** 1513—22. 1/3. 1961. Berkeley, Calif., Univ. of California, Lawrence Radiat. Labor.) (Engl.)

Bei der Unters. von 12000 Σ-Teilchen, die in einer Propan-Blasenkammer durch die Wechselwrkg. von 1,15 GeV/c-K^--Mesonen erzeugt wurden, wurden 10 Beispiele der Rk. $\Sigma^+ + p \rightarrow \Sigma^+ + p$ u. 6 der Rk. $\Sigma^- + p \rightarrow \Sigma^- + p$ gefunden. Die Schätzungen der Querschnitte für die beiden Prozesse ergeben 38^{+18}_{-14} bzw. 10^{+6}_{-4} mbarn. Die Streuwinkelverteilungen im Schwerpunkts-Syst. sind für Σ^+-Teilchen isotrop u. zeigen für Σ^--Teilchen eine Spitze in Vorwärtsrichtung. Die Ergebnisse werden theoret. diskutiert.

Herbert Weber. 90□

Zur nichtlinearen Spinortheorie der Elementarteilchen. K. Ladányi. (Z. Naturforsch. **16a.** 79—91. Jan. 1961. Budapest, Ungar. Akad. der Wiss., Forsch.-Gruppe für Theoret. Phys.) (Dt.)

Eine vereinheitlichte nichtlineare Theorie der Elementarteilchen wird beschrieben u. analysiert. Das Konvergenzproblem der „neuen Tamm-Dankoff-Meth.", eine Näherungs-Meth. zur Lösung der kovarianten Gleichung des Propagators u. die Grundlagen der Touschek-invarianten Theorie werden untersucht.

Herbert Weber. 90□

Isospin und Parität in der nichtlinearen Spinortheorie. H.-P. Dürr. (Z. Naturforsch. **16a.** 327—45. April 1961. Müchen, MPI für Phys. u. Astrophys.) (Dt.)

Die Isospintransformations-Eigg. u. die Raumreflexionssymmetrie in einer nichtlinearen Feldtheorie der Elementarteilchen, wie sie von Heisenberg u. Mitarbeitern vorgeschlagen worden ist, werden untersucht.

Herbert Weber. 90□

Zur nichtlinearen Feldtheorie. Jochen Lindner. (Z. Naturforsch. **16a.** 346—56. April 1961. Mainz, Univ., Inst. für theoret. Phys.) (Dt.)

Vf. entwickelt ein Lösungs-Verf. für die Feldgleichungen der nichtlinearen Feldtheorie von Bechert, das ruhende Ladungs- u. Massenverteilungen mit elektrostat. u. Gravitationsfeldern im Riemannschen Raum zu beschreiben gestattet.

Herbert Weber. 90□

Über die Quantenbedingungen in der Feldtheorie. 4. Mitt. R. S. Liotta. (Nuovo Cimento [10] **17.** 703–25. 1/9. 1960. New York, N. Y., Columbia Univ., Dep. of Phys.) (Engl.)

Vf. wendet den kovarianten Funktionalformalismus auf die FEYNMAN–GELL-MANN-Spinorgleichung an u. erweitert die Approximation erster Ordnung der W.K.B.-Meth. auf die Feldtheorie mit Angabe der entsprechenden Quantenbedingungen. Bei der Anwendung der Ergebnisse auf freie Felder werden Beziehungen zwischen verschiedenen Quantenzahlen in der Feldtheorie gefunden. Für gekoppelte Felder ergeben sich Anhaltspunkte für eine weitere Behandlung des Problems. HERBERT WEBER. 90□

Thirring-Modell mit variabler Wechselwirkung. F. L. Scarf. (Physic. Rev. [2] **117.** 868–72. 1/2. 1960. Geneva, CERN.) (Engl.)

Das THIRRING-Modell, das sich bei der Unters. der Struktur der Quantenfeldtheorie bewährt hat, wird mit einer variablen Kopplungs-Konst. $\lambda = \lambda_0 f(x, t)$ gelöst. Wenn f nicht konst. ist, tritt Erzeugung von physikal. Teilchenpaaren auf, die direkt der Änderung von λ als einer Quelle von Energie u. Impuls zugeschrieben werden kann. Die geordneten, renormalisierten HEISENBERG-Operatoren für ψ, $\psi\psi^*$ werden berechnet.
HERBERT WEBER. 90□

Symmetrie der ND^{-1}-Lösungen für gekoppelte Streuamplituden. J. D. Bjorken und M. Nauenberg. (Physic. Rev. [2] **121.** 1250. 15/2. 1961. Stanford, Calif., Stanford Univ., Inst. of Theoret. Phys.; Princeton, N. J., Inst. for Advanced Study.) (Engl.)

Vf. beweist, daß die ND^{-1}-Matrix-Lsgg. für gekoppelte Streuamplituden symm. sind, vorausgesetzt, daß die gegebene Diskontinuität der Streumatrix über dem nichtphysikal. Schnitt symm. ist. HERBERT WEBER. 90□

Beweis der Mandelstam-Darstellung für jede Ordnung in der Störungstheorie. Richard J. Eden. (Physic. Rev. [2] **121.** 1567–76. 1/3. 1961. Cambridge, Cambridge Univ., Clare Coll.) (Engl.) — Vgl. C. **1961.** 8178.

Vf. zeigt, daß jeder Term in den Störungsreihen für eine Streuamplitude die MANDELSTAM-Darst. befriedigt, wenn keine anomalen Schwellen vorliegen.
HERBERT WEBER. 90□

Cyclotronstrahlung von relativistischen Teilchen mit einer beliebigen Geschwindigkeitsverteilung. Ludwig Oster. (Physic. Rev. [2] **121.** 961–67. 15/2. 1961. New Haven, Conn., Yale Univ., Labor. of Marine Phys.) (Engl.) — Vgl. C. **1961.** 7822.

Vf. leitet eine Formel ab, die das Spektral- u. Winkel-Verh. von Cyclotronstrahlung wiedergibt, die durch ein relativist. Teilchen emittiert wird, das sich in einem konst. Magnetfeld bewegt u. beliebige Geschw.-Komponenten parallel u. senkrecht zum Feld hat. Diese Formel wird zur Beschreibung der Emission einer Ansammlung von Teilchen benutzt, die eine MAXWELL-Geschw.-Verteilung haben. Alle Verbreiterungsmechanismen von prakt. Bedeutung, relativist. Massenveränderlichkeit u. DOPPLER-Effekte werden berücksichtigt u. diskutiert. HERBERT WEBER. 90□

Zerfall des Photons im homogenen Magnetfeld in zwei Photonen. W. G. Skobow. (Журнал Экспериментальной и Теоретической Физики [J. exp. theoret. Physik] **35.** 1315–17. Nov. 1958. Leningrad, Phys.-Techn. Inst. der Akad. der Wiss. der UdSSR.) (Russ.)

Nach dem FURRY-Theorem (Physic. Rev. [2] **51.** [1937.] 125) ist der Zerfall des Photons im Vakuum in zwei Teile unmöglich. Man kann jedoch zeigen, daß im Falle $\Delta S(p) \rightarrow \Delta S'(p) = -\Delta S^T(-p)$ das Theorem keine Gültigkeit besitzt, so daß der spontane Zerfall des Photons im homogenen Magnetfeld auf zwei Komponenten erwogen werden kann. J. TŮMOVÁ. 90□

Die Compton-Welle bei der Bewegung des Photonenrotators. C. Simoi. (Studii Cercetări [Timişoara] Ştiinte chim. **6.** Nr. 3/4. 167–73. Juli/Dez. 1959. Timişoara, Inst. Politehnic.) (Rum.) — Vgl. C. **1960.** 10119.

Dem Photonenrotator (Modell der Struktur von Teilchen) werden zwei Transportwellen zugeordnet, λ für die Rotationsphase, Λ für die Pulsationsphase, deren Wellenlänge mit der der COMPTON-Welle eines Teilchens derselben Masse gleich ist. Zwischen diesen Wellen u. der DE BROGLIE-Welle λ_1 besteht die Beziehung $\lambda \lambda_1 = \Lambda^2$.
W. SCHMIDT/Timişoara. 90

Die de Broglie-Welle als Welle des Differentialphotons. C. Simoi. (Studii Cercetări [Timişoara] Ştiinte chim. **6.** Nr. 3/4. 175–79. Juli/Dez. 1959. Timişoara, Inst. Politehnic.) (Rum.) — Vgl. vorst. Referat.

Die DE BROGLIE-Welle ist die Welle eines Photons mit einer Frequenz, die der Pulsationsfrequenz des Photonenrotators gleich ist. Die SCHRÖDINGER-Gleichung beschreibt in diesem Fall die Wellengleichung eines Photons, das den gleichen Impuls wie das Teilchen hat. W. SCHMIDT/Timişoara. 90

Zur Analyse der Winkelverteilung von Schauerteilchen bei Kernwechselwirkungen. Ss. A. Asimow, G. M. Tschernow und W. M. Tschudakow. (Известия Академии Наук УзССР, Серия Физико-Математических Наук [Nachr. Akad. Wiss. UsbekSSR, Ser. physik.-math. Wiss.] **1960.** Nr. 3. 16—23. Physik.-techn. Inst. der Akad. der Wiss. der UsbekSSR.) (Russ.; Auszug: Usbek.)

Unter bestimmten Annahmen wird die Winkelverteilung der Schauerteilchen berechnet. Ist m von 1 verschieden, $m = \beta_c/\beta^*$ mit $c\beta_c$ = Geschw. des Schwerpunkts-Syst., $c\beta^*$ = Geschw. des Teilchens im Berechnungs-Syst., so ergibt sich eine scheinbare Asymmetrie der Winkelverteilung relativ zum Winkel $\pi/2$. Auf der anderen Seite können aus der Symmetrie in einem beliebigen Syst. Schlüsse auf den mittleren Wert von m u. die Asymmetrie im Schwerpunkt-Syst. gezogen werden.

M. Wiedemann. 90□

Nucleon–Nucleon-Stöße hoher Energie. Freda Salzman und George Salzman. (Physic. Rev. [2] **121.** 1541—44. 1/3. 1961. Boulder, Colo., Univ. of Colorado, Dep. of Phys.) (Engl.)

Das Wechselwrkg.-Modell des Austauschs eines einzelnen virtuellen Bosons wird auf energiereiche unelast. N—N-Stöße angewendet. Die qual. Eigg. experimenteller Daten für Energien von 10, 10^2 u. 10^3 GeV können auf der Basis dieses Modells verstanden werden. Herbert Weber. 90□

Anwendbarkeit polarisierter Targets und der Polarisationsübertragungstensor bei der Rekonstruktion der Nucleon–Nucleon-Streumatrix. Clifford R. Schumacher und Hans A. Bethe. (Physic. Rev. [2] **121.** 1534—41. 1/3. 1961. Ithaca, N.Y., Cornell Univ., Labor. of Nucl. Stud.) (Engl.)

Beschreibung einer Meth. zur vollständigen Beseitigung der Mehrdeutigkeiten, die bei der Rekonstruktion der N—N-Streumatrix aus Daten bei einem gegebenen Winkel u. gegebener Energie infolge der bilinearen Form der Ausdrücke für observable Größen auftreten. Die Meth. beruht auf der Kenntnis des Polarisationsübertragungstensors, der eine zum üblichen Polarisationskorrelationstensor komplementäre Form hat u. u. a. aus Doppelstreuexperimenten mit an einem polarisierten Target gestreuten Nucleonen erhalten werden kann. Herbert Weber. 90□

Neutron–Neutron-Streulänge. Kirk W. McVoy. (Physic. Rev. [2] **121.** 1401—10. 1/3. 1961. Livermore, Calif., Univ. of California, Lawrence Radiat. Labor.; Waltham, Mass., Brandeis Univ.) (Engl.)

Die Endzustands-Wechselwrkg. der zwei Neutronen aus der Rk. $\pi^- + d \rightarrow 2n + \gamma$ hat einen wesentlichen Einfl. auf das Impulsspektrum der austretenden Teilchen. Bes. zeigt das Neutronenspektrum eine scharfe Spitze in der Nähe von 2 MeV, deren Form empfindlich gegenüber der Stärke der nn-Wechselwrkg. ist. Im Bereich dieser Spitze ist der relative Neutron–Neutron-Impuls so klein, daß die nn-Wechselwrkg. vollständig durch ihre Streulänge charakterisiert ist. Eine Messung der Form des Neutronenspektrums aus dieser Rk. kann daher zur Best. der Neutron–Neutron-Streulänge benutzt werden. Herbert Weber. 90□

Über statistische Theorie des Neutronengases. György Kosály. (Energia és Atomtechn. **13.** 233—36. April/Mai. 1960. Központi Fiz. Kutató Intézet.) (Ung.)

Beschreibung des Verh. eines in einem nichtvervielfältigenden Medium wandernden Teilchens. G. Halmi. 90□

Über die Lösung der Transportgleichung für die Neutronendiffusion im Milne-Eddingtonschen Modell. Santi Ranjan Das Gupta. (Indian J. theoret. Physics **5.** 39—48. Juni 1957. Calcutta, Univ., City Coll., Dep. of Math.) (Engl.)

Vf. behandelt die Transportgleichung, die den Durchgang monoenerget., anisotrop gestreuter Neutronen durch eine große Platte aus einem nichteinfangenden Medium mit gleichförmig verteilten Neutronenquellen konst. Stärke beschreibt. Außer dem Fluß aus den Neutronenquellen wird ein konst. Neutronenfluß nach außen normal zur Plattenfläche angenommen. Die Verteilung $I(0, \mu)$ der Neutronen wird in geschlossener Form als explizite Funktion von $\mu = \cos \Theta$, für die ganze komplexe μ-Ebene definiert, angegeben. D. Jörchel. 90□

Energieniveaus im Potential eines begrenzten isotropen harmonischen Oscillators und Kernschalenstruktur. S. Sengupta und S. Ghosh. (Indian J. theoret. Physics **6.** 1—21. März 1958. Darjeeling, Darjeeling Governm. Coll., Phys. Dep.) (Engl.)

Vff. untersuchen das quantenmechan. Problem eines Nucleons, das sich im Potential $V = kr^2/2$ eines isotropen harmon. Oscillators bewegt u. in einer kugelförmigen Box (Radius R) mit starren Wänden eingeschlossen ist (unendlicher Potentialtopf), u. berechnen näherungsweise die Energieniveaus. Diese Niveaus sind im wesentlichen durch einen Parameter $\varrho = \hbar\omega/(\hbar^2/MR^2)$, mit $\omega = (k/M)^{1/2}$ = klass. Kreisfrequenz, bestimmt. Für kleine ϱ nähern sich die Niveaus denen eines unendlichen Potentialtopfs, für große ϱ denen eines unbegrenzten Oscillators. Bei Einführung eines Spinbahnkopplungsterms 30mal THOMASscher Wert sowie für $\varrho = 6$ u. $R = 1{,}3 \cdot 10^{-13} A^{1/3}$ ergibt sich Übereinstimmung mit der experimentellen Schalenstruktur. D. JÖRCHEL. 95 □

Über die Fermi-Theorie und die Sargent-Regel für den β-Zerfall. Sabita Purkayastha. (Indian J. theoret. Physics **6.** 23—34. März 1958. Calcutta, Inst. of Theoret. Phys.) (Engl.)

Vf. untersucht die Regel von SARGENT [1933] vom Standpunkt der FERMI-Theorie des β-Zerfalls u. führt eine Anzahl theoret. SARGENT-Kurven mit verschiedenen Konst. entsprechend der FERMI-Formel an. Es zeigt sich, daß die experimentellen Punkte auf diesen Kurven liegen, selbst im Krümmungsbereich bei kleinen Energien, unabhängig von Z u. ΔI. D. JÖRCHEL. 103 □

Einflüsse der Photonenpolarisation auf die azimutale Winkelverteilung bei (γ, N)-Reaktionen. A. G. de Pinho Filho. (Nuclear Physics [Amsterdam] **18.** 271—79. 2. Aug.-H. 1960. Rio de Janeiro, Centro Brasileiro de Pesquisas Fisicas.) (Engl.)

Theoret. Untersuchung. Die Benutzung eines polarisierten Photonenbündels kann zur Prüfung des E 1- Charakters der Photonenabsorption im Bereich der Riesenresonanz benutzt werden. HERBERT WEBER. 103 □

Untersuchung der Wechselwirkung zwischen den Produkten von Reaktionen, bei denen mehrere Teilchen emittiert werden. V. V. Komarov und A. M. Popova. (Nuclear Physics [Amsterdam] **18.** 296—302. 2. Aug.-H. 1960. Moscow, M. V. Lomonosov Moscow State Univ., Inst. of Nucl. Phys.) (Engl.) — Vgl. C. **1961.** 10055.

Vff. beschreiben eine Meth. zur Unters. der Einfl. der Wechselwrkg. zwischen den Prodd. von Rkk. mit Emission mehrerer Teilchen auf die Energieverteilung letzterer. Die Spektren von Neutronen, die bei der Rk. $p + d \rightarrow p + p' + n$ unter Winkeln von 0 u. 180° im Schwerpunkts-Syst. emittiert werden, werden für eine totale Rk.-Energie von ca. 4 MeV berechnet, wobei die Paar-Wechselwrkg. zwischen den Nucleonen im Endzustand berücksichtigt wird. Mögliche Anwendungen der Meth. werden diskutiert. HERBERT WEBER. 103 □

Ergebnisse über den Stoßquerschnitt für die Reaktion $p + D \rightarrow {}^3He + \pi^0$ bei 600 MeV. Massimiliano Ferro-Luzzi und Guido Pizzella. (Ricerca Sci. **30.** 400—04. März 1960. Roma, Univ., Ist. di Fis. e Ist. naz. di Fis. nucl., Sez. di Roma.) (Ital.)

Der Stoßquerschnitt (SQ) für die Rk. $p + D \rightarrow {}^3He + \pi^0$ bei 600 MeV Protonenenergie (Synchrocyclotron) wurde unter verschiedenen Winkeln mit ILFORD-C 2-Emulsionen von 200 μ Dicke gemessen. G. PLATZER. 103 □

Über Erzeugung und Nachweis polarisierter Deuteronen. R. Barloutaud, H. Faraggi, L. Rosen und S. M. Shafroth. (J. Physique Radium **21.** 369—72. Mai 1960. Saclay, C.E.N.) (Franz.)

In 2 Verss. wurden polarisierte Deuteronen erzeugt u. nachgewiesen. Einmal wurden sie nach der pick-up-Rk. ${}^9Be(p, d){}^8Be$ mit 11-MeV-Cyclotronprotonen erzeugt, zum andern durch Streuung von 3,4-MeV-α-Teilchen an Deuterium. In beiden Fällen wird die Polarisation durch eine Links-rechts-Asymmetrie in der Rk. ${}^{12}C(d, p){}^{13}C$ festgestellt. H. GUTHKE. 103 □

Bestimmung der Polarisation der Deuteronen nach einer Kernreaktion. J. Raynal. (J. Physique Radium **21.** 373—74. Mai 1960. Saclay, C.E.N., Serv. de Phys. Math.) (Franz.)

Die Polarisation von Deuteronen, die durch Auftreffen eines unpolarisierten Bündels auf einem Target erzeugt werden, wird durch 4 Parameter beschrieben. H. GUTHKE. 103 □

Die Polarisation der Neutronen bei der Stripping-Reaktion ${}^{12}C(d, n){}^{13}N$. A. Budzanowski, K. Grotowski, H. Niewodniczanski und J. Nurzynski. (J. Physique Radium **21.** 366—68. Mai 1960. Cracovie, Centre de Phys. Nucl.) (Franz.)

Die Polarisation der bei der Stripping-Rk. ${}^{12}C(d, n){}^{13}N$ emittierten Neutronen wurde unter dem Labor.-Winkel von 15° u. der Deuteronenenergie 12,9 MeV untersucht. Die Polarisation der mit dem 3,56-MeV-Niveau in ${}^{13}N$ zusammenhängenden Neutronen wurde zu $-(0{,}39 \pm 0{,}11)$ gefunden. H. GUTHKE. 103 □

Untersuchung der Asymmetrie des angeregten Zustandes bei 3 MeV in ${}^8Be$, der durch energiereiche Wechselwirkungen aus ${}^8Li$ erhalten wurde. R. Stein, H. Braun und P. Cüer. (J. Physique Radium **21.** 374—75. Mai 1960. Strasbourg, Univ., Labor. de Phys. Corpus.) (Franz.)

Die Unters. der Niveaus bei der Rk. ${}^8Li \rightarrow {}^8Be \rightarrow 2\alpha$ zeigt eine Asymmetrie für das 3-MeV-Niveau in ${}^8Be$. Die Messungen wurden an den einzelnen α-Teilchen unternommen, die bei dem Zerfall von ^{8}Be emittiert werden. Ferner scheint eine Winkelanisotropie zwischen ^{8}Li u. den α-Teilchen aufzutreten. H. Guthke. 103□

Untersuchung der Struktur des Fluor-19-Kerns. José Veiga Simão. (Rev. Fac. Ci. Univ. Coimbra **27.** 165—258. 1958.) (Port.)

Die Literaturangaben über die Energieniveaus des ^{19}F-Kerns (auch im Vgl. mit berechneten Werten) u. über den Protoneneinfang durch ^{18}O werden zusammengestellt. Mit einer Protonenquelle von 2—5 μA u. MoO_3- u. MoO_2-Targets wird die Rk. $^{18}O(p,\gamma)^{19}F$ untersucht. Die γ-Strahlung wird mit NaJ(Tl)-Scintillationszählern nachgewiesen. Die Energie E_p der Protonen wurde von 0—1,5 MeV variiert. Dabei traten Resonanzen (in Klammern die relativen Einfangquerschnitte) bei E_p-Werten in keV von 640 ± 3 (ca. 3), 838 ± 3 (ca. 8,5), 980 ± 3 ($< 0,5$) u. 1169 ± 3 (10) auf. Aus der Anregungskurve wurden die Energieniveaus $8,56 \pm 0,01$, $8,75 \pm 0,01$, $8,89 \pm 0,01$ u. $9,06 \pm 0,01$ MeV von ^{19}F berechnet. R. K. Müller. 103□

Der Zerfall von ^{18}Ne. J. W. Butler und K. L. Dunning. (Physic. Rev. [2] **121.** 1782—87. 15/3. 1961. Washington, D.C., U.S. Naval Res. Labor., Nucleon. Div.) (Engl.)

^{18}Ne wird durch 5,2-MeV-^{3}He-Teilchen erzeugt, die auf CaO-Targets bei einer Resonanz der Rk. $^{16}O(^{3}He, n)^{18}Ne$ fallen. Die einfach geladenen ^{3}He-Teilchen liefert ein 5-MV-van de Graaff. Die CaO-Schicht auf Pt-Unterlage ist ca. 300 keV dick für das einfallende ^{3}He-Bündel. Die γ-Strahlen, die dem Zerfall von ^{18}Ne folgen, werden durch einen 3 in. $\times$ 3 in.-NaJ(Tl)-Kristall in Verbindung mit einem 256-Kanal-Impulshöhenanalysator nachgewiesen. Das Spektrometer wird mit einer ^{22}Na-Quelle geeicht. Es wird nur ein γ-Strahl mit einer Energie von $1,041 \pm 0,005$ MeV beobachtet. Dieser γ-Strahl wird dem 1,04-MeV-Zustand von ^{18}F zugeordnet. In Hinsicht auf den Isobarenspin ist dieser Zustand analog dem ^{18}Ne-Grundzustand u. besitzt daher die Quantenparameter 0^{+}, $T = 1$. Die Verzweigung zu diesem angeregten Zustand ergibt sich zu $0,07 \pm 0,02$ u. diejenige zum Grundzustand von ^{18}F zu $0,93 \pm 0,02$. Die *ft*-Werte sind 3030 ± 880 bzw. 1120 ± 70 s. Die Halbwertszeit von ^{18}Ne ergibt sich zu $1,46 \pm 0,07$ s. Gerhard Schmidt. 103□

Wechselwirkungsmodi beim β-Zerfall. Zerfall von ^{24}Na. N. A. Burgov und Y u. V. Terekhov. (Nuclear Physics **10.** 541—51. April 1959. Moskau, Akad. der Wiss. der UdSSR.) (Engl.) — Vgl. C. **1960.** 2412.

Mittels einer gasförmigen ^{24}Na-Quelle wurde die Elektron–Neutrino-Korrelation beim β-Zerfall bestimmt. Hierzu wurde die Kernresonanzstreuung der γ-Strahlung von ^{24}Mg verwendet, die den β-Zerfall begleitet. Vor dem Scintillationszähler mit Tolankristall für die 1,38-MeV-Strahlung befand sich ein Mg-Target. Für die Korrelations-Konst. wurde $\lambda = -(0,22 \pm 0,12)$ gefunden. Demnach scheint der β-Zerfall von ^{24}Na überwiegend auf Wechselwrkg. vom Gamow-Teller-Typ zu beruhen. Nur die axialvektorielle Wechselwrkg., die $\lambda = {}^{1}/_{3}$ entspricht, sollte wirksam sein. M. Wiedemann. 103□

(d, p)- und (d, t)-Reaktionen an Magnesiumisotopen. E. W. Hamburger und A. G. Blair. (Physic. Rev. [2] **119.** 777—87. 15/7. 1960. Pittsburgh, Pa., Univ. of Pittsburgh.) (Engl.)

Natürliche u. angereicherte Mg-Isotope werden mit 14,8-MeV-Deuteronen aus dem Cyclotron beschossen. Die im Target erzeugten Rk.-Prodd. werden mit einem Magnetspektrometer analysiert, das um das Target rotieren kann, u. in einem dünnen CsJ(Tl)-Scintillator nachgewiesen. Die verschiedenen Rk.-Teilchen werden mit Hilfe von 2 Impulshöhenanalysatoren unterschieden. Die Winkelverteilungen von 10—60° (in einigen Fällen bis 90°) werden für die meisten der folgenden Rkk. erhalten: $^{24}Mg(d, p)$ zu den 0-, 1,61- u. 1,96-MeV-Niveaus von ^{25}Mg, $^{25}Mg(d, t)$ zu den 0-, 1,37-, 4,12-, 4,24-, 5,24-, 6,01-, 7,33- u. 7,60-MeV-Niveaus von ^{24}Mg u. $^{26}Mg(d, t)$ zu den 0-, 0,58-, 0,98-, 1,61-, 1,96-, 2,56-, 2,74-, 2,80-, 3,40- u. 3,90-MeV-Niveaus von ^{25}Mg. Das Niveau bei 7,60 MeV in ^{24}Mg ist bisher nicht festgestellt worden. Die beobachteten Winkelverteilungen werden mit der Stripping-Theorie verglichen, die *l*-Werte u. abs. red. Breiten werden herausgezogen. Eine Anomalie in der Winkelverteilung wird für die Übergänge zwischen den Grundzuständen von ^{24}Mg u. ^{25}Mg beobachtet u. als eine Funktion der Energie des einfallenden Deuteronenbündels untersucht. Die erhaltenen red. Breiten werden mit den Vorhersagen des Rotationsmodells verglichen u. im allg. in guter Übereinstimmung gefunden; eine Beimischung von $\approx 15\%$ höherer Rotationsbanden wird jedoch in der Wellenfunktion des Grundzustandes von ^{26}Mg festgestellt. Gerhard Schmidt. 103 □

Angeregte Zustände von ^{32}P. D. Piraino, C. H. Paris und W. W. Buechner. (Physic. Rev. [2] **119.** 732—35. 15/7. 1960. Cambridge, Mass., MIT, Phys. Dep. and Labor. for Nucl. Sci.) (Engl.) — Vgl. Buechner u. Mitarbeiter, C. **1957.** 3717.

Mit analoger Anordnung wie l. c. untersuchen Vff. die Protonengruppen aus der Rk. $^{31}P(d, p)^{32}P$ bei Winkeln von 30, 50, 70 u. 90°. Die Energie der einfallenden Deuteronen beträgt 6 MeV, die Protonen werden mit einem Breitbereich-Magnetspektrographen analysiert. 52 angeregte Zustände zwischen dem Grundzustand u. dem Niveau bei 6,196 ± 0,008 MeV in ^{32}P werden beobachtet. Der Q-Wert für die Rk. $^{31}P(d, p)^{32}P$ ergibt sich in Übereinstimmung mit früheren Messungen zu 5,709 ± 0,010 MeV. Es ist wahrscheinlich, daß der erste angeregte Zustand u. der Grundzustand von ^{32}P die Spins 2 bzw. 1 besitzen. GERHARD SCHMIDT. 103□

Anregungsfunktionen und Winkelverteilungen der Reaktionen $^{27}Al(p, \alpha)^{24}Mg$ bei 12,7—14,1 MeV und $^{52}Cr(p, \alpha)^{49}V$ bei 9,0—14,2 MeV. Isao Kumabe, Ching Ling Wang, Maumi Kawashima, Minoru Yada und Hiroshi Ogata. (J. physic. Soc. Japan **14**. 713—21. Juni 1959. Kyoto, Univ., Fac. of Sci., Dep. of Phys. and Dep. of Nucl. Sci.) (Engl.)

Die α-Teilchen aus den (p, α)-Rkk. an ^{27}Al u. ^{52}Cr, die zum Grundzustand u. dem ersten angeregten Zustand von ^{24}Mg bzw. zu den drei niedrigsten u. einigen höheren Zuständen von ^{49}V führen, wurden mit einem Proportionalzähler beobachtet. Die Anregungskurven wurden unter einem Labor.-Winkel von 50° zum Protonenbündel untersucht; die für ^{27}Al zeigt eine starke Energieabhängigkeit, die für ^{52}Cr dagegen eine ziemlich ebene Struktur. Winkelverteilungen wurden bei 14,1, 13,0 u. 12,8 MeV für die Rk. an ^{27}Al u. bei 14,2, 13,0, 12,0, 11,0, 9,5 u. 9,0 MeV für die Rk. an ^{52}Cr gemessen. Obwohl die ^{27}Al-Daten teilweise durch $[j_2(Qr_0)]^2$ der BUTLER-Theorie angeglichen werden können, zeigen einige Winkelverteilungen starke Rückwärtsspitzen. Für diese Rk. trifft entweder Interferenz zwischen verschiedenen Prozessen der direkten Wechselwrkg. oder zwischen direkter Wechselwrkg. u. Compoundkernprozessen oder beides zu. Die angenäherte 90°-Symmetrie der Winkelverteilung für $^{52}Cr(p, \alpha)^{49}V$ scheint mit der statist. Theorie nicht unvereinbar zu sein. Die Vorwärtsspitze bei höheren Energien, bes. bei 14,2 MeV, scheint jedoch einen wachsenden Beitrag von Prozessen direkter Wechselwrkg. anzudeuten. HERBERT WEBER. 103□

Ergebnisse der Stripping-Analyse der Reaktion $^{59}Co(d, p)^{60}Co$. H. A. Enge, D. L. Jarrell und C. C. Angleman. (Physic. Rev. [2] **119**. 735—40. 15/7. 1960. Cambridge, Mass., MIT, Phys. Dep. and Labor. for Nucl. Sci.) (Engl.)

Vff. verwenden den elektrostat. MIT-ONR-Generator (BUECHNER u. Mitarbeiter, C. **1950/54**. 2229 S) u. den Breitbereich-Magnetspektrographen zur Unters. der Protonengruppen, die durch Beschuß dünner Co-Targets mit 6,0-MeV-Deuteronen erzeugt worden sind. Die Winkelverteilungen der 28 intensivsten Protonengruppen, die ebenso vielen Niveaus in ^{60}Co entsprechen, werden nach der Stripping-Theorie analysiert, um den Bahndrehimpuls des eingefangenen Neutrons zu bestimmen. Die Q-Werte der (d, p)-Rk. werden für 60 Niveaus zwischen 5,262 ± 0,011 (Grundzustand) u. 1,580 ± 0,011 MeV gemessen. GERHARD SCHMIDT. 103□

Photoprotonen- und Photoneutronenerzeugung in Aluminium und Kupfer. R. E. Chrien und A. H. Benade. (Physic. Rev. [2] **119**. 748—54. 15/7. 1960. Cleveland, Ohio, Case Inst. of Technol.) (Engl.)

Vff. messen das Verhältnis von Protonen- zu Neutronenausbeuten aus Al u. Cu, die mit Betatron-Röntgenstrahlen bis zu 20,8 MeV bestrahlt worden sind. Zum gleichzeitigen Nachw. von Protonen u. Neutronen werden 2 Proben des gleichen Elements in Reihe in das Röntgenbündel gebracht. Es werden direkte Nachw.-Meth. verwendet, u. zwar ein flacher Proportionalzähler für Protonen u. ein mit B ausgelegter Detektor für Neutronen. Eine Photonendifferenz-Meth. wird benutzt, um die Ausbeutedaten auf die Querschnittsform zu bringen. Die Protonen- u. Neutronenausbeuten für Al sind angenähert gleich bei 20 MeV mit Querschnitten von 19 bzw. 21 mbarn. Bei 20,8 MeV wird ein Ausbeuteverhältnis von einem Proton auf ca. 6 Neutronen für Cu, bei einem Peak-Photoprotonenquerschnitt von 23 mbarn beobachtet. Die Ergebnisse werden mit einer Berechnung verglichen, die auf der Annahme basiert, daß diese Rkk. über die Bldg. eines Compoundkerns verlaufen. GERHARD SCHMIDT. 103□

Beweis für kleine Abweichungen im erlaubten Positronenspektrum von ^{89}Zr. J. H. Hamilton, L. M. Langer und W. G. Smith. (Physic. Rev. [2] **119**. 772—76. 15/7. 1960. Nashville, Tenn., Vanderbilt Univ.; Bloomington, Ind., Indiana Univ., Phys. Dep.; Lafayette, Ind., Purdue Univ.) (Engl.)

^{89}Zr wird durch die Rk. $^{89}Y(d, 2n)^{89}Zr$ mit 11-MeV-Deuteronen aus dem Cyclotron hergestellt. Vff. untersuchen den Zerfall von ^{89}Zr mit Magnet- u. Scintillationsspektrometern unter bes. Berücksichtigung des detaillierten Verlaufs des Positronenspektrums. Das Zerfallsschema von ^{89}Zr wird bestätigt. Der Positronenzerfall erfolgt durch eine einzelne erlaubte Gruppe, der ein einzelner 915-keV-γ-Strahl folgt. Das Spektrum von

^{89}Zr hat einen nichtstatist. Verlauf, was einem Überschuß an β-Teilchen niedriger Energie entspricht. Theoret. Verfeinerungen für Abschirmeffekte u. endliche de Broglie-Wellenlänge werden angewandt, sie ergeben sich jedoch als viel zu klein, um die beobachtete Abweichung von einem statist. Spektrum zu erklären. Der gleiche für die ^{114}*In*-, ^{90}*Y*-, ^{32}*P*- u. ^{22}*Na*-Daten gefundene Formfaktor genügt auch den ^{89}Zr-Daten. Es wird hervorgehoben, daß die Abweichung die gleiche Richtung u. angenäherte Größe wie die für Elektronenspektren gefundene hat. Gerhard Schmidt. 103□

Untersuchungen von (n, p)- und (n, α)-Reaktionen in CsJ mit Neutronen von 12,1—19,6 MeV. M. Bormann und R. Langkau. (Z. Naturforsch. **16a.** 444—45. April 1961. Hamburg, I. Inst. für Experimentalphys.) (Dt.)

Mit einer Anordnung, bei der der CsJ-Detektorkristall gleichzeitig als Target diente, wurden die Energieverteilungen der Protonen u. α-Teilchen gemessen, die während des Beschusses mit Neutronen der Rk. ^{3}H(d, n)^{4}He im Kristall selbst emittiert werden. Als Wrkg.-Querschnitt für die totale α-Ausbeute ergab sich 2,2 $\pm$ 0,3 mbarn für 14,1-MeV-Neutronen u. 5,6 $\pm$ 0,8 mbarn für 18-MeV-Neutronen. Für die totale Protonenausbeute sind die entsprechenden Wrkg.-Querschnitte zu 33,8 $\pm$ 4 bzw. 67,6 $\pm$ 8 mbarn bestimmt worden. Da ^{133}Cs u. ^{127}J fast benachbarte Kerne sind u. sich die Q-Werte für die (n, p)- u. (n, α)-Rkk. kaum unterscheiden, kann angenommen werden, daß die Rk.-Ausbeuten zu gleichen Teilen von Cs u. J herrühren. Die Energieeichung des CsJ-Kristalls (1 Zoll ∅ u. 1 Zoll Höhe) erfolgte mit den Protonengruppen aus der Rk. ^{10}B(d, p)^{11}B u. den α-Teilchen aus der Rk. ^{6}Li(d, α)^{4}He. Die Ergebnisse werden theoret. diskutiert (Verdampfungsmodell). Herbert Weber. 103□

Der Zerfall von ^{166}Dy. R. G. Helmer und S. B. Burson. (Physic. Rev. [2] **119.** 788—95. 15/7. 1960. Lemont, Ill., Argonne Nat. Labor.) (Engl.)

Zur Unters. verwenden Vff. Dysprosiumoxyd, das zu 90% in ^{164}Dy angereichert ist. Die Bestrahlungen erfolgen in Neutronenflüssen von $3 \cdot 10^{13}$ bzw. $2 \cdot 10^{14}$ Neutronen $cm^{-2} \cdot s^{-1}$. Zur separaten Unters. der Tochteraktivität ^{166}*Ho* werden Proben aus Holmiumoxyd ebenfalls bestrahlt. Die ^{166}Dy-Proben werden durch aufeinanderfolgenden Neutroneneinfang in dem stabilen ^{164}Dy erzeugt. ^{166}Dy zerfällt durch β-Emission mit einer Halbwertszeit von 80,2 Std. zu Zuständen in ^{166}Ho. Trennungen der Mutter- u. Tochteraktivitäten werden unter Verw. einer Ionenaustauscherkolonne durchgeführt. Die Scintillations-Unterss. erfolgen mit einem 256-Kanal-Scintillationskoinzidenzspektrometer. Die inneren Konversionselektronen werden in Magnetspektrographen mit permanenten Magneten gemessen, die kontinuierlichen β-Spektren mit einem 180°-Magnetspektrometer mit einem variablen Feld beobachtet. Die beobachteten γ-Übergänge haben Energien von 28,1, 54,2, 82,5, 288, 344, 375 u. 428 keV. Die β-Verzweigungen von 481 u. 402 keV werden mit dem Magnetspektrometer beobachtet, 2 weitere von 114 u. 56 keV werden für die Zerfallsschemata gefordert. Das vorgeschlagene Zerfallsschema zeigt die Existenz von 5 Niveaus in ^{166}Ho bei 0 (0^-), 54 (2^-), 82 (1^-), 370 u. 428 (1^+) keV an. Der Grundzustand u. die beiden ersten angeregten Zustände werden als Terme einer Rotationsbande mit K = 0 interpretiert. Diese Darst. schließt ein, daß in ungerade–ungerade-Kernen die Niveaufolge für die beiden ersten angeregten Zustände einer solchen Bande umgekehrt werden kann. Gerhard Schmidt. 103□

Anregungsfunktionen von (p, 2 Nucleon)-Reaktionen. P. P. Strohal und A. A. Caretto jun. (Physic. Rev. [2] **121.** 1815—22. 15/3. 1961. Pittsburgh, Pa., Carnegie Inst. of Technol., Dep. of Chem.) (Engl.)

Vff. bestimmen die Anregungsfunktionen für die (p, pn)-Rk. im Energiebereich von 250—440 MeV (Protonen-Synchrocyclotron) für die Targetkerne ^{75}*As*, ^{81}*Br*, ^{96}*Zr*, ^{127}*J*, ^{142}*Ce*, ^{186}*W* u. ^{187}*Re*. Die beiden isomeren Prodd. werden im Falle der Rk. ^{81}*Br*(p, pn)^{80}*Br* bestimmt. Ebenfalls werden die Anregungsfunktionen für die (p, 2p)-Rk. an ^{96}Zr, ^{142}Ce u. ^{186}W u. für die (p, 2n)-Rk. an ^{96}Zr ermittelt. Sämtliche Querschnitte werden relativ zur Anregungsfunktion der Rk. ^{27}Al(p, 3pn)^{24}Na gemessen. Die (p, pn)-Anregungsfunktionen sind nur wenig empfindlich bzgl. der Energie, sie zeigen eine Zunahme von ca. 30% für J, 20% für As u. Ce u. eine 12%ige Abnahme für Zr. Die übrigen Anregungsfunktionen verlaufen eben. Das Verhältnis von σ (p, pn) zu σ(p, 2p) ist 1,62 $\pm$ 0,09 für die drei untersuchten Targets für 440 MeV. Die verschiedenen Mechanismen für die Erzeugung der Rkk. dieses Typs werden untersucht. Es wird angenommen, daß trotz der relativen Unempfindlichkeit dieser Anregungsfunktionen bzgl. der Energie die (p, pn)- u. (p, 2p)-Rkk. über mehr als einen Mechanismus in diesem Energiebereich ablaufen können. Vff. vergleichen die Ergebnisse mit neueren Monte-Carlo-Kernkaskadenberechnungen, die auf die Berechnung der Anregungsfunktionen der (p, pn)-Rk. angewandt werden. Gerhard Schmidt. 103□

Zustände von gerade-gerade-Kernen im quasi-harmonischen Bereich (near-harmonic region). Spektren von ^{218}Rn, ^{220}Rn und ^{222}Rn. F. S. Stephens, F. Asaro und I. Perlman. (Physic. Rev. [2] **119.** 796—805. 15/7. 1960. Berkeley, Calif., Univ. of California, Lawrence Radiat. Labor. and Dep. of Chem.) (Engl.) — Vgl. Scharff-Goldhaber, C. **1957.** 3714.

Unter einem quasiharmon. Bereich wird nach Scharff-Goldhaber (l. c.) ein Bereich verstanden, der zwischen den sphär. (geschlossene Schale) u. sphäroidalen (Rotations-)Bereichen liegt. Es wird erwartet, daß dieser Bereich bei den schweren Elementen im Gebiet der Rn-Isotope auftritt. Vff. messen einzelne u. Koinzidenz-γ-Spektren beim α-Zerfall von ^{222}*Ra*, ^{224}Ra u. ^{226}Ra. Bei Ausschluß der bes. starken Übergänge aus den ersten angeregten Zuständen sind die Energien (u. Häufigkeiten relativ zur totalen α-Emission) der Strahlungen von ^{222}Ra 325 keV ($8,4\cdot10^{-5}$), 475 keV ($7\cdot10^{-5}$), 525 keV ($2\cdot10^{-5}$) u. 798 keV ($2,5\cdot10^{-4}$); ^{224}Ra 290 keV ($9\cdot10^{-5}$), 410 keV ($4\cdot10^{-5}$) u. 650 keV ($6\cdot10^{-5}$); ^{226}Ra 260 keV ($0,9\cdot10^{-4}$), 420 keV ($7\cdot10^{-6}$), 450 keV ($3\cdot10^{-6}$) u. 610 keV ($1,0\cdot10^{-5}$). Die beobachteten γ-γ-Koinzidenzen sind bei ^{222}Ra 325—325, 325—475 u. 325—525 keV; ^{224}Ra 241—290, 241—410 keV u. bei ^{226}Ra 188—260 u. 188—420 keV. Es läßt sich nicht genau bestimmen, ob die ^{222}Ra-Strahlungen von anderen Gliedern der ^{226}Th-Familie herrühren. Die Daten werden verwendet, um die Niveaus, Spins u. Paritäten in den folgenden Rn-Tochternucliden abzuleiten: ^{218}Rn 650 keV 2^+, 800 keV 1^- u. wahrscheinlich 850 keV 4^+; ^{220}Rn 530 keV 2^+ u. 650 keV 1^-; ^{222}Rn 448 keV 2^+ u. 610 keV 1^-. Die 2^+-Zustände in ^{220}Rn u. ^{222}Rn sind bisher von Scharff-Goldhaber zugeordnet worden. Die Ergebnisse werden in eine allg. Energieniveausystematik von gerade-gerade-Kernen im Bereich der schweren Elemente eingeordnet.

Gerhard Schmidt. 103☐

Einige neuere Anschauungen in der Theorie der Kernspaltung. A. van der Woude. (Nederl. Tijdschr. Natuurkunde **26.** 317—22. Okt. 1960. Groningen, Natuurkundig Labor.) (Holl.)

Übersicht über die Winkel- u. Massenverteilung u. das Kollektivmodell des Atomkerns, die spontane Spaltung u. den Einzelteilcheneffekt. — 11 Literaturangaben.

W. Wesly. 103☐

Individuelle Zustände bei der Schwelle der Spaltung. M. Demeur, P. Janssens und J. Lardinois. (Nuclear physics [Amsterdam] **18.** 280—85. 2. Aug.-H. 1960. Bruxelles, Univ. Libre). (Franz.)

Zur Auffindung von Eigg. von individuellen Niveaus in einem Kern nahe der Spaltungsschwelle wurde ein Hantelpotential quantisiert. Herbert Weber. 103☐

Analytische Chemie bei der Herstellung von Radioisotopen. A. Almásy. (Acta chim. Acad. Sci. hung. **26.** 195—202. 1961. Veszprem, Res. Inst. of the Heavy Chem. Ind.) (Engl.)

Es werden die Möglichkeiten der Reinheitsprüfung von radioakt. Isotopen untersucht u. die Analysenbedingungen der Papierchromatographie, Ionenaustauscherchromatographie, Papierelektrophorese u. der Polarographie diskutiert. — 17 Literaturangaben. W. Hampel. 104☐

Berechnung der γ-Spektren von Reaktoren. R. L. French. (Nucleonics **18.** Nr. 3. 114—17. März 1960. Convair, Fort Worth, Tex.) (Engl.)

Für die rechner. Behandlung von Wärme- u. Abschirmproblemen an Reaktoren wird eine Meth. angegeben, die es gestattet, das γ-Spektrum u. die γ-Dosisleistung eines arbeitenden Reaktors zu berechnen. Die Ergebnisse stimmen mit den an zwei Reaktoren gemessenen Werten überein. H. Hart. 110☐

Die Spektren der schnellen Neutronen und der γ-Strahlung des BSR (Bulk Shielding Reactor). R. L. French und J. B. Eggen. (Nucleonics **18.** Nr. 3. 117—20. März 1960.) (Engl.) — Vgl. vorst. Referat.

Anwendung der l. c. beschriebenen Meth. auf den BSR (Oak Ridge National Labor.) mit zusätzlicher Berechnung u. Messung der Neutronendosisleistung.

H. Hart. 110☐

Korrosion der metallischen Konstruktionsmaterialien in den Kernreaktoren. István Kósa Somogyi. (Energia és Atomtechn. **13.** 69—74. Jan./Febr. 1960. KFKI, Magkémiai Labor.) (Ung.)

Literaturzusammenfassung über Korrosion der metall. Konstruktionsmaterialien in den Kernreaktoren. G. Halmi. 110

Gastarget für hohe Flüsse. Ralph Nobles. (Rev. sci. Instruments **28.** 962—63. Nov. 1957. Los Alamos, N.Mex., Los Alamos Sci. Labor.) (Engl.)

Durch Einbau einer Kühlzelle zwischen dem Strahlungsrohr des Van de Graaff u. dem Gastarget wurde eine Steigerung des Neutronenflusses auf das 10—50fache erzielt.

Die Zelle wird von 2 Metallfolien mit 0,105 in. Abstand begrenzt, als Folienmaterial wird Ni (Dicke 0,00005 in.) oder Mo (0,0004 in.) verwendet. Als Kühlgas dient H_2.
W. Wirtz. 112□

Optimale Targeteinstellung bei Kernreaktionsexperimenten. Jorge Rosenbatt. (Rev. sci. Instruments **31.** 578—80. Mai 1960. Buenos Aires, Comis. Nac. de Energia Atom.) (Engl.)

Vf. berechnet den Einfluß des Energieverlusts im Target u. den des Wegs, auf dem der Energieverlust des einfallenden Teilchens auf das austretende übertragen wird u. zeigt, daß beide Verluste nicht einfach addiert werden können. H. Hauswald. 112□

Neue Methodik zur Untersuchung der Elektroneninjektion beim Betatron. A. P. Komar, G. F. Michejew, W. P. Fominenko und N. N. Tschernow. (Журнал Технической Физики [J. techn. Physik] **30.** 855—59. Juli 1960.) (Russ.)

Mittels eines geeigneten Injektors werden die Elektronen in eine bestimmte, beliebig wählbare Bahn eines als Betatron arbeitenden Beschleunigers injiziert. Blockschema, Schaltskizze für den Generator rechteckiger Impulse u. Verzögerungskanal sind angegeben. Die Meth. der Unters. des Elektroneneinfangs wird beschrieben.
M. Wiedemann. 112□

Eine Näherungslinse für Teilchen hoher Energie. David Luckey. (Rev. sci. Instruments **31.** 202—03. Febr. 1960. Cambridge, Mass., MIT, Phys. Dep. and Labor. for Nucl. Sci.) (Engl.)

Die beschriebene magnet. Linse soll die Bedingung der über den Querschnitt gleichförmigen Stromdichte mit möglichst guter Näherung erfüllen. Sie besteht aus einer regulären Sechseckanordnung von 19 im Innern mit W. gekühlten Kupferrohren, durch die Gleichströme bis zu 1000 A fließen. Es wurde ein Feldstärkegradient von 46 Gauß/cm erzielt. Mit 100-MeV-Elektronen wurde die Abhängigkeit der Intensität an einem 2 m von der Linsenrückseite entferntem Punkt von der Stromstärke durch die Linse untersucht u. das erwartete Maximum gefunden. Der bildseitige Brennpunkt läßt sich jedoch nicht $< 3 \times 4$ in. machen. H. Hauswald. 112□

Anwendung des magnetischen Systems mit doppelter Abweichung in Massenspektrometern mit hoher Dispersion. W. M. Kelman, L. G. Knjaskow und Je. K. Wassiljewa. (Журнал Технической Физики [J. techn. Physik] **30.** 1193—98. Okt. 1960. Leningrad, Physikal.-techn. Inst. der Akad. der Wiss. der UdSSR.) (Russ.)

Vff. untersuchen zwei Massenspektrometer mit 2facher, aufeinanderfolgender magnet. Ablenkung, d. h. mit doppelter Brennpunktbildung. Die nach der ersten Ablenkung entstehende Zwischenabbildung eines Elektronen emittierenden Körpers bildet den Ausgangspunkt für die zweite Ablenkung. Es wird ein magnet. Syst. benutzt, welches aus 2 gegeneinander gerichteten, durch abgerundete Pole gebildeten magnet. Feldern besteht. Diese Massenspektrometer haben eine hohe Dispersion bei relativ kleinen Abmessungen des Magneten. G. Ewald. 112□

Ein doppeltfokussierendes Magnetspektrometer mit Nulldispersion. R. A. Alvarez, K. L. Brown, W. K. H. Panofsky und C. T. Rockhold. (Rev. sci. Instruments **31.** 556—64. Mai 1960. Murray Hill, N.J., Bell Telephone Labor., Inc.) (Engl.)

Das Spektrometer besteht aus zwei Magneten, jeder mit n = ca. 0,25, 110° Ablenkung u. 30 in. Radius. Für den zentralen Impuls p_0 ist der brauchbare Raumwinkel ca. 0,0055 sterad, der sich vielleicht auf ca. 0,01 sterad verbessern läßt. Bei einer punktförmigen Teilchenquelle verlaufen über 90% der Bahnen innerhalb eines Kreises von 2 in. Ø in der Fokalebene. H. Lindberg. 112□

Bildabweichungen im Massenspektrometer durch Aberrationen zweiter Ordnung. Charles F. Robinson. (Rev. sci. Instruments **29.** 622—24. Juli 1958. Pasadena, Calif., Consolidated Electrodynam. Corp., Res. Div.) (Engl.)

Durch die Aberrationen zweiter Ordnung entsteht in Massenspektrometern eine zur opt. Achse unsymm. Bildverbreiterung, so daß eine Verschiebung des Bildzentrums aus der Achse erfolgt. Diese Verschiebung ist abhängig von den Eigg. des Massentrenn-Syst. sowie von den Geschw. u. Winkelverteilungen im Strahl. L. Roth. 112□

Prinzip der Dimensionierung der γ-Strahlungskanonen. Ferenc Baintner und László Tihanyi. (Energia és Atomtechn. **13.** 79—82. Jan./Febr. 1960.) (Ung.)

Nach einem Überblick über den prinzipiellen Aufbau der γ-Strahlungskanonen beschreiben Vff. die theoret. Grundlagen u. Konstruktionsprinzipien zur Verringerung des Halbschattens u. geben prakt. Beispiele zur Bemessung der Wandstärke u. Konstruktion der Dosenverteilungskurven. G. Halmi. 112

Erfahrungen bei der Montage geschlossener γ-strahlender Isotope. József Hirling. (Energia és Atomtechn. **13.** 82—85. Jan./Febr. 1960. Csepel Vas-és Fémmüvek Központi Anyagvizsgálo Radioizotop Labor.) (Ung.)

Vf. beschreibt den Transport u. Lagerung der aus den Kernreaktoren stammenden Isotopenlieferungen, den Strahlungsschutz der Montage u. gibt einen Überblick über Isotopenmontagewerkzeuge. G. HALMI. 112

Ein Čerenkov-Detektor, der Geschwindigkeit und Richtung über einen großen Bereich genau mißt. Arthur Roberts. (Rev. sci. Instruments **31.** 579—80. Mai 1960. Rochester, N.Y., Univ.) (Engl.)

Die vorgeschlagene Meßapp. nützt die kegelförmige Ausbreitung des ČERENKOV-Lichts u. über ein Spiegel- u. Linsen-Syst. die hohe Lichtempfindlichkeit neuartiger Bildverstärkerröhren aus. Die Lichtspur soll photograph. aufgenommen u. mit Koinzidenzanordnungen ausgesiebt werden. H. HAUSWALD. 112□

Der Betrieb von Wasserstoff-Blasenkammern bei Photonenbündeln hoher Energie. Duane C. Gates, Robert W. Kenney, Donald A. McPherson und William P. Swanson. (Rev. sci. Instruments **31.** 565—69. Mai 1960. Berkeley, Calif., Univ., Lawrence Radiat. Labor.) (Engl.)

Beschreibung der günstigsten Arbeitsbedingungen von Blasenkammern mit fl. H_2 für die Unters. des harten Anteils der mit dem Berkeley-Synchrotron erzeugten Bremsstrahlung. Die Werte werden für die folgenden Aufgabenstellungen gesondert angegeben: Erzeugung von Elektronenpaaren u. -tripletts von H, $\gamma + d \to \pi^- + 2p$- u. $\gamma + d \to \pi^+ + 2n$-Rkk. u. die $\gamma + p \to \pi^+ + n$-Reaktion. Der Elektronen-Background in der Photonenstrahlung wurde durch Strahlhärtung mittels LiH u. durch Verw. eines Mylar-Eintrittsfensters an der Kammer herabgesetzt. H. HAUSWALD. 112□

Relativistische Zunahme der Ionisation in Xenon. A. Rousset, A. Lagarrigue, P. Musset, P. Rançon und X. Sauteron. (Nuovo Cimento [10] **14.** 365—75. 16/10. 1959. Paris, École Polytechn.) (Engl.)

Vff. untersuchen die relativist. Zunahme der Ionisation in Xe bzw. Xe-Gemischen, die durch Elementarteilchen sehr hoher Energien (ca. 20 GeV) hervorgerufen wird (μ-Mesonen u. Elektronen). Die Messungen werden in einer Nebelkammer ausgeführt, wobei die Ionisation durch Tröpfchenzählung u. die Energie durch Ablenkung im Magnetfeld gleichzeitig bestimmt werden. Wird mit ϱ die relative Ionisation bei $\beta/\sqrt{1-\beta^2} = 300$ bezeichnet, so ist in reinem Xe sowie in einem Xe-H_2–Gemisch ϱ ca. 1,7, während bei Xe–He der Wert auf ϱ ca. 1,3 sinkt. H. SCHIRRWITZ. 112□

Ein 4-π-Spaltdetektor. A. Deruytter. (Nuclear Instruments Methods [Amsterdam] **7.** 145—51. Mai 1960. Mol, Centre d'Étude de l'Énergie Nucl.) (Engl.)

Beschreibung eines Spaltzählers mit 4-π-Geometrie, bei dem einem Uranoxydfilm an der Kathode einer Ionisationskammer 2 Anoden gegenüberstehen, die die von den beiden Spaltprodd. herrührende Ionisation sammeln. Das Uranoxyd wird in W. suspendiert u. auf einem dünnen Plastikfilm (VYNS-3) gleichmäßig sedimentiert. Der Film wurde zuvor durch Aufdampfen einer 2,5-μg/cm²-Al-Schicht elektr. leitend gemacht. Die Ionisationskammer wird mit einer Mischung von 98% Ar u. 2% N_2 gefüllt. Der Einfl. der Dicke der ^{235}U-Schicht auf die Diskriminierung zwischen Spalt- u. α-Impulsen wurde untersucht. Der Wrkg.-Grad des Zählers betrug für 1 mg/cm² $^{235}UO_2$ (92 ± 1) % u. für eine 0,1-mg/cm²-Folie (97,5 ± 0,3)%. H. HAUSWALD. 112□

Der Einfluß gasförmiger Verunreinigungen auf BF_3-Proportionalzähler. J. Davila Aponte und S. A. Korff. (Rev. sci. Instruments **31.** 532—36. Mai 1960. New York, N.Y., Univ., Phys. Dep.) (Engl.)

Gaszusätze von SiF_4, SO_2 u. SF_6 zeigten keinen Einfl. auf das Plateau u. die Impulsgrößenverteilung, wenn ihre Menge 0,04, 0,01 bzw. $2{,}0 \cdot 10^{-6}$% nicht überstieg. Der Einfl. von SiF_4 bei BF_3-Drücken von 30, 45 u. 60 cm erwies sich als vom Druck unabhängig. Aus der Plateauänderung wurde für SiF_4 die Anlagerungswahrscheinlichkeit zu $1{,}485 \cdot 10^{-5}$ u. der Anlagerungsquerschnitt zu $5{,}12 \cdot 10^{-20}$ cm² berechnet. Die für die verschiedenen Gaszusätze ermittelten Zählerkennlinien werden angegeben. H. HAUSWALD. 112□

Lichtsammlung in Flüssigkeits-Scintillationszellen. D. O. Cummins, C. F. G. Delaney und I. R. McAulay. (Sci. Proc. Roy. Dublin Soc., Ser. A **1.** 21—26. 15/3. 1960. Dublin, Trinity Coll., Physic. Labor.) (Engl.)

Vff. untersuchten die Lichtausbeute als Funktion des Orts der Lichtentstehung für einen Scintillationszähler, bei dem die radioakt. Substanz in der Scintillations-Fl. gelöst ist. Die Wandung der Zelle bestand jeweils aus einfachem Glas, Glas mit Al-Reflektor u. Glas mit diffusem Titandioxydreflektor. Als punktförmige Strahlungsquelle wurde ein Po-α-Strahler verwendet. Bei der einfachen Glaszelle ergab sich ein Raumgebiet mit nahezu konst. Lichtausbeute, dessen Brauchbarkeit für Impulshöhenanalysen diskutiert wird. H. HAUSWALD. 112□

Organische Scintillatoren für Impulsform diskriminierende Neutronenzähler. H. O. Funsten und G. C. Cobb. (Rev. sci. Instruments **31.** 571—72. Mai 1960. Charlottesville, Va., Univ., Dep. of Phys.) (Engl.)

Vff. untersuchten die Impulsform der Lichtblitze verschiedener organ. Scintillatoren bei Anregung durch 4-MeV-Neutronen u. 1,28-MeV-γ-Strahlung. Das Verhältnis der Impulshöhen für beide Strahlenarten u. die Abklingzeit werden tabellar. angegeben. Die Meth. liefert ein Neutronen : γ-Diskriminations-Verhältnis von 3000 : 1.

H. Hauswald. 112□

Methode zur Identifizierung geladener Teilchen aus Reaktionen mit schnellen Neutronen. G. Je. Weljuchow, A. N. Prokofjew und Ss. W. Starodubzew. (Известия Академии Наук УзССР, Серия Физико-Математических Наук [Nachr. Akad. Wiss. UsbekSSR, Ser. physik.-math. Wiss.] **1960.** Nr. 3. 24—31. Leningrad, Physikal.-techn. Inst. der Akad. der Wiss. der UdSSR; Inst. für Kernphys. der Akad. der Wiss. der UsbekSSR.) (Russ.; Auszug: Usbek.)

Zur Identifizierung der durch 14,1-MeV-Neutronen ausgelösten Teilchen wurde gleichzeitig mittels eines Teleskops aus 2 Proportionalzählern, NaJ(Tl)-Kristallen u. einem Scintillationszähler die Gesamtenergie u. der Energieverlust bestimmt. Die Neutronen wurden durch 300-keV-Deuteronen an einem T–Zr-Target nach der Rk. $T(d,n)^4He$ hervorgerufen. Untersucht wurden Protonen aus Plexiglas u. Deuteronen aus einer D–Zr-Folie, ferner Protonen, Deuteronen u. Teilchen der Ladung 1 sowie 2 aus $^{32}S + n$.

M. Wiedemann. 112□

Der Wirkungsgrad eines γ-Integrationsspektrometers. Jiří Kopecký und Josef Kajfosz. (Czechoslov. J. Physics **9.** 268—69. 1959. Prag, Czech. Acad. Sci., Inst. of Nucl. Res.) (Engl.)

Die Abhängigkeit des Wrkg.-Grads eines Doppelkristall-Scintillationsspektrometers mit Impulsintegration von der Energie der einfallenden Strahlung wird berechnet. Es ergibt sich eine Abnahme des Wrkg.-Grads bis zu einem Minimum bei ca. 3,5 MeV. Danach überwiegt der Einfl. der Paar-Bldg. dem der Compton-Streuung u. der Wrkg.-Grad nimmt mit wachsender Energie wieder zu. L. Roth. 112□

Radioaktive Indicatoren als empfindliche Nachweismittel bei strahlenchemischen Untersuchungen im Röntgengebiet. Walter Nägele. (Z. physik. Chem. [Frankfurt/M.] [N. F.] **27.** 402—20. März 1961. Stuttgart, TH, Röntgeninst.) (Dt.)

Es wird über Verss. mit chem. Dosimetern berichtet, wobei die Syst. $CHCl_3/H_2O$ u. Tl_2SO_4 in wss. Lsg. bes. untersucht wurden. Durch Einbringen von ^{36}Cl einerseits, ^{204}Tl andererseits als Indicatoren kann die Wrkg. der zu messenden Röntgenstrahlung auf die Best. der Menge abtrennbarer radioakt. Prodd. mittels Geiger-Zähler red. werden. Bei den durchgeführten Unterss. ergab sich, daß das Syst. $CHCl_3/H_2O$ keine bes. Vorteile bietet, während Tl_2SO_4 Messungen ab 10 r aufwärts erlaubt, u. zwar wellenlängenunabhängig zwischen 0,2 u. 1,5 Å u. dosisleistungsunabhängig zwischen 6 u. 80 r/min. Die Lsgg. müssen extrem frei von Verunreinigungen, bes. solchen organ. Natur, sein.

W. Reusse. 112□

Prüfung der Urananreicherung durch γ-Spektrometrie. L. A. Sarkes und N. L. MacKinnon. (Nucleonics **18.** Nr. 3. 107. März 1960. Attleboro, Mass., M. & C. Nuclear, Inc.) (Engl.)

Es wird gezeigt, daß die charakterist. Peaks im γ-Spektrum von ^{235}U bei 92 u. 184 keV (u. mit geringerer Intensität bei 143 keV) die Kontrolle der ^{235}U-Anreicherung mit handelsüblichen Geräten (γ-Spektrograph, Impulshöhenanalysator usw.) ermöglichen. Je nach dem verwendeten Scintillationszählerkristall können feste oder fl. Proben untersucht werden. Die Best. des ^{235}U-Geh. erfolgt durch Vgl. mit der Zählrate einer Standardprobe bekannter Konzentration. Die so bestimmten Konzz. weichen im allg. um $< 1\%$ von den NBS-Werten der untersuchten Proben ab. H. Hart. 112□

Die Dickenverteilung dünner Filme durch α-Absorption. M. De Croës, W. Parker und K. Sevier jun. (Nuclear Instruments Methods [Amsterdam] **7.** 160—66. Mai 1960. Uppsala, Inst. of Phys.) (Engl.)

Das beschriebene Dickenmeßgerät eignet sich für die Aufnahme der Dickenverteilungskurven von organ. Filmen, Metall- u. Aluminiumoxydfolien, die für Zählrohrfenster u. die Herst. radioakt. Strahlungsquellen verwendet werden. In einer evakuierbaren Zelle wird bei konst. Geometrie der Gasdruck erhöht, bis die α-Strahlung der flächenförmigen ^{210}Po-Quelle nach Durchqueren des zu messenden Films das Endfensterzählrohr nicht mehr zum Ansprechen bringt. Das so ermittelte Gasäquivalent läßt sich mit guter Genauigkeit in Schichtdicke umrechnen. H. Hauswald. 112□

Frische Kernspaltprodukte in der Atmosphäre. V. Mageru, D. Blånariu und I. Gabe. (Naturwissenschaften **47.** 319. 2. Juli-H. 1960. Jassy, Rumänien, Acad. R.P.R., Fil. Iaşi, Sect. de Cercetări fiz.) (Dt.) — Vgl. C. **1960.** 8414.

Tägliche Messungen der Radioaktivität der atmosphär. Ndd. in Jassy seit Herbst 1958 ergaben, daß die Aktiv täten seit Herbst 1959 abfielen u. im Winter 1959/60 ein mittleres Niveau von ca. 30 μc/km^2 erreichten. Ein Anstieg auf ein Niveau von ca. 1000 μc/km^2 wurde bei den Proben vom 23.—25. Februar 1960 u. vom 16.—20. März 1960 beobachtet. Es handelt sich im Falle dieser Spitzenwerte um kurzlebige Kernspaltprodd.; durch radiochromatograph. Analysen konnte die Ggw. von ^{140}Ba–^{140}La festgestellt werden. Vff. führen diese Beobachtungen auf die Atombombenexplosion in der Sahara zurück. Der aus den Aktivitäten berechnete Tag der Explosion fällt mit dem amtlich bekanntgegebenen Datum des Atombomben-Vers. zusammen. Gerhard Schulze. 112□

Gehalt von Caesium-137 und (Zirkonium + Niob)-95 in schwedischen Böden. Kerstin Löw und K. Edvarson. (Nature [London] **187.** 736—38. 27/8. 1960. Stockholm, Res. Inst. of Nat. Defence, Dep. 4.) (Engl.)

Von 16 Fundpunkten in Schweden längs des 60. u. 63. Breitengrads wurden zwischen dem 17/8. u. 22/9. 1959 Bodenproben auf den ^{137}Cs- u. ^{95}(Zr + Nb)-Geh. untersucht. Durch die γ-spektrometr. Best. sollte der im Boden angesammelte radioakt. Fallout gemessen werden. Wegen der Länge der Halbwertszeit des ^{137}Cs stellt die Ablagerung dieser Kerne den radioakt. Ausfall seit dem Beginn der Atombomben-Verss. dar, während das ^{95}(Zr + Nb) von jüngeren Verss., wahrscheinlich im Herbst 1958, herrührt. Die ^{137}Cs-Geh. werden mit den Gesamtregen-Ndd. korrelliert. Der Durchschnittswert der ^{137}Cs-Ablagerung betrug 18,7 mc/km^2. J.-E. Hiller. 112□

A$_2$. Optisches Verhalten der Materie

Suche nach γ-Strahlung aus der Cygnus-A-Radioquelle. A. Braccesi, M. Ceccarelli und G. Salandin. (Nuovo Cimento [10] **17.** 691—94. 1/9. 1960. Bologna, Univ., Ist. di Fis.; Padova, Ist. Naz. di Fis. Nucl.) (Engl.)

Beschreibung eines Vers. zum Nachw. energiereicher γ-Strahlung aus dem Cygnus-A-Objekt, das von einigen Autoren als ein Zusammenstoß zwischen einem Milchstraßen-Syst. aus Materie u. einem aus Antimaterie interpretiert wird. Der Vers. verlief negativ. Als obere Grenze für den γ-Fluß wurde ein Wert von ca. $5 \cdot 10^{-3}$ Quanten/cm$^2 \cdot$s bestimmt, der ca. 2 Größenordnungen kleiner ist als ein unter der obigen Annahme zu erwartender. Herbert Weber. 113□

Emissionslinien im Spektrum des N-Typ-Veränderlichen RS Cygni. Andrew McKellar. (Publ. astronom. Soc. Pacific **70.** 456—57. Okt. 1958. Victoria, B.C., Dominion Astrophys. Observ.) (Engl.)

In der Zeit von 1935—1954 wurden 66 Spektrogramme von RS Cygni aufgenommen. Die mittlere Periodenlänge wurde zu 422 Tagen abgeleitet. H-Linien der Balmer-Serie treten wenigstens 230 Tage vor bzw. 111 Tage nach der maximalen Helligkeit auf u. sind am stärksten kurz vor dem Maximum. Für Fe I ($\lambda = 4202$ u. $\lambda = 4308$) wurden gefunden: —37 bis +110 Tage, für Si I ($\lambda = 3905$) —46 bis +10 Tage, für Mn I ($\lambda\lambda = 4030$—34) +35 bis +63 Tage. Die Radial-Geschw. berechnet sich zu 57 km/s aus Emissions- u. zu 67 km/s aus Absorptionslinien. Das allg. Verh. der Emissionslinien von RS Cygni ist in vieler Hinsicht demjenigen von M- u. S-Typen langperiod. Sterne ähnlich. M. Vogelmann. 113□

Störungsbehandlung der Hartree-Fock-Gleichungen. Jan Linderberg. (Physic. Rev. [2] **121.** 816—19. 1/2. 1961. Gainesville, Fla., Univ. of Florida, Dep. of Phys.) (Engl.)

Für (1s^2)-, (1s^2 2s)- u. (1s^2 2s^2)-Konfigurationen wurden die (1/Z)-Entw. für die Hartree-Fock-Energien nach der Störungstheorie ermittelt. H. Liepack. 114□

Entwicklung der Methode der Bestimmung der Relaxationszeit des Schwingungszustandes von Molekülen mit Hilfe des Spektrophons. 1. Mitt. **Präzisierung der Abhängigkeit zwischen der gemessenen Phasenverschiebung und der Relaxationszeit.** P. W. Slobodskaja und Je. Ss. Gassilewitsch. (Оптика и Спектроскопия [Optik u. Spektroskopie] **7.** 97—104. Juli 1959.) (Russ.) — Vgl. C. **1959.** 5368.

Zwischen der Relaxationszeit τ, der entsprechenden Phasenverschiebung Ψ u. der Kreisfrequenz ω der Unterbrechung des Strahlungsstroms besteht die Beziehung tg $\Psi = \omega\,\tau$. Vff. zeigen durch Best. von τ bei verschiedenen ω, daß Ψ, das durch τ bedingt ist, sich von der durch therm. Trägheit bedingten Phasenverschiebung trennen läßt. R. K. Müller. 114□

Einfluß der Schwingungs-Rotations-Wechselwirkung auf die Intensitäten der reinen Rotationslinien zweiatomiger Moleküle. Robert Herman und Robert

J. Rubin. (Canad. J. Physics **34.** 1119—25. Nov. 1956. Detroit, Mich., Gen. Motors Corp., Res. Staff; Urbana, Ill., Univ. of Illinois, Dep. of Chem. and Chem. Engng.) (Engl.) — Vgl. C. **1961.** 15285.

Vff. berechnen die Schwingungs-Rotations-Korrektur für die Intensität der reinen Rotationslinien zweiatomiger Moleküle. Die Korrektur wird für zwei verschiedene Mol.-Modelle, nämlich den anharmon. Oscillator u. den Pekeris-Oscillator, berechnet.

K. Frenkler. 114□

Neue Beziehungen für die Röntgen-K- und -L-Satellitenlinien. G. B. Deodhar und S. T. H. Abidi. (Naturwissenschaften **47.** 319. 2. Juli-H. 1960. Allahabad, India, Univ., Phys. Dep.) (Engl.)

Es wird über die Entdeckung neuer Beziehungen für die Satellitenlinien im Röntgenemissionsspektrum der Elemente, bes. auf der Seite niedriger Schwingungsfrequenzen der Hauptlinien berichtet. Für die Differenzen der ν/R-Werte der K- u. L-Satellitenlinien zweier aufeinanderfolgender Elemente, $\delta (\nu/R) = (\nu/R)_{Z+1} - (\nu/R)_Z$ mit Z = Ordnungszahl, gilt $\delta (\nu/R) = 1{,}55 (Z - 1)$ für die K_α-Satellitenlinien der Seite höherer Frequenzen im Bereich von Z = 11 bis Z = 35 u. $\delta (\nu/R) = 1{,}53 (Z - 1)$ für die der Seite niedriger Frequenzen im Bereich von Z = 33 bis Z = 42. Aus der ersten Beziehung ist ersichtlich, daß die Frequenz einer auf der Seite kürzerer Wellenlängen liegenden K-Satellitenlinie durch die Differenz zweier Röntgenterme für mehrfach ionisierte Atome gegeben ist. Damit eröffnet sich die Möglichkeit, experimentell die Röntgenterme zu finden, die den mehrfach ionisierten Atomen entsprechen u. so zur Aufstellung eines Energieniveauschemas für solche Atomzustände zu gelangen. Aus der zweiten Beziehung ergibt sich, daß die K-Satellitenlinien auf der Seite niedriger Frequenzen auf gleiche Weise entstehen wie die auf der Seite hoher Frequenzen. Es muß dann aber angenommen werden, daß die L-Schalen im Endzustand durch den strahlungslosen verbotenen Übergang $K \rightarrow L_I$ mehrfach ionisiert sind. Die gegenwärtig bestehende Vorstellung, daß die niederfrequenten Satellitenlinien auf die partielle innere Umwandlung der $K \rightarrow L_{II, III}$-Strahlung (d. h. $K\alpha_{1,2}$ schließt die Ionisierung der äußeren Elektronenschalen ein) zurückzuführen ist, erscheint nicht richtig zu sein. Im Falle der höherfrequenten L-Satellitenlinien gilt die Beziehung $\delta (\nu/R) = 0{,}25 (Z - 4)$ für den Bereich von Z = 33 bis Z = 42 u. $\delta (\nu/R) = 0{,}25 (Z - 3)$ für Z = 44 bis Z = 53. Gerhard Schulze. 116□

Die Nicht-Diagramm-Röntgenlinien $K\beta'$ einiger Verbindungen der Eisengruppe. Kenjiro Tsutsumi. (J. physic. Soc. Japan **14.** 1696—1706. Dez. 1959. Osaka, Univ., Dep. of Phys.) (Engl.)

Die Nicht-Diagramm-Röntgenlinien $K\alpha_{3,4}$ von metall. Fe u. $K\beta'$ von Cr_2O_3, $Cr_2(SO_4)_3 \cdot nH_2O$, MnO_2, $MnSO_4 \cdot 4H_2O$, Fe_2O_3 u. $Fe(NH_4)_2(SO_4)_2 \cdot 6H_2O$ wurden mittels der Röntgenfluorescenz-Meth. untersucht u. ihre λ-Werte u. relativen Intensitäten gemessen. Die $K\alpha_{3,4}$-Linien treten nicht auf, wenn ein Fe-Atom durch Ni–$K\alpha$-Strahlung angeregt wird, sie lassen sich jedoch deutlich beobachten, wenn die Anregung durch Cu–$K\alpha$-Strahlung erfolgt. Dies ist zu erwarten, wenn man annimmt, daß die $K\alpha_{3,4}$-Linien einem KL–LL-Übergang entsprechen. Im Falle der $K\beta'$-Linie wird dagegen ein solcher Unterschied nicht beobachtet. Es ist gleichgültig, ob das anregende Photon eine niedrigere oder höhere Energie besitzt als K (Z) + L (Z + L), welche notwendig ist, um gleichzeitig ein K- u. ein L-Elektron aus einem Atom (Z) zu entfernen. Vf. nimmt deshalb an, daß die $K\beta'$-Linie nicht einem doppelten, sondern einem einfachen Ionisationsvorgang entspricht u. daß man sie ableiten kann aus der Differenz der Austauschwechselwrkg. der Zustände mit verschiedenen Gesamtspins (S + 1/2) u. (S — 1/2), wobei S der Gesamtspin der unvollständig aufgefüllten 3d-Schale u. 1/2 der Spin der unvollständig aufgefüllten 3p-Schale im Endzustand ist. Die aus den erwähnten Austauschenergien berechneten Energieaufspaltungen zwischen den $K\beta_1$- u. $K\beta'$-Linien stimmen mit den experimentell beobachteten gut überein. Heinz Hess. 116□

Wirkungsquerschnitte von Röntgenstrahlen mit Lithium. A. Ss. Ganejew und I. M. Israilew. (Журнал Технической Физики [J. techn. Physik] **30.** 1085—86. Sept. 1960.) (Russ.)

Der Schwächungs-Koeff. für Röntgenstrahlung bei Li $\mu : \varrho$ wird in der Literatur unterschiedlich angegeben (0,58—1,1 cm^2/g). Vff. bestimmten diesen Koeff. erneut im Bereich 5,5—20 keV, wobei sie die im Li enthaltenen Verunreinigungen *C, N, Na, Mg, Al, Si, Cl, Ca, Fe, Zn, Ba* u. *Pb* rechner. berücksichtigten. Sie nahmen die Abhängigkeit Energie (keV)-$\mu : \varrho$ (cm^2/g) auf. Bei ca. 5,6 keV hat der Koeff. die Größe 1,4 cm^2/g; bei ca. 7,5 keV 3,4 cm^2/g; bei ca. 16 keV 0,2 cm^2/g. Vom Schwächungs-Koeff. wurde der Streuungs-Koeff. $\sigma : \varrho$ abgezogen u. so der Koeff. der photoelektr. Absorption erhalten. Dieser letzte Koeff. $\tau : \varrho$ wurde mit dem theoret. errechneten Koeff. verglichen u. ist um den Faktor 1,25 kleiner als dieser. Wenn in die theoret. Berechnungen eine

SLATER-Korrektur für die Kernabschirmung eingebracht wird, stimmen experimentelle u. theoret. Werte überein. Der Streuungsquerschnitt σ wurde aus der Summe der kohärenten u. nichtkohärenten Streuung gefunden. Zum Vgl. wurde der Schwächungs-Koeff. für *Polyäthylen* aufgenommen. Er stimmt mit den Literaturwerten überein.
G. EWALD. 116□

Die Geometrie eines nichtfokussierenden Röntgenfluorescenz-Spektrographen. N. Spielberg, E. Parrish und K. Lowitzsch. (Spectrochim. Acta [London] **1959.** 564—83. Okt. Irvington-on-Hudson, N.Y., Philips Labor.) (Engl.)

Der Einfl. verschiedener geometr. Faktoren des opt. Syst. auf die Intensität, die Auflösung u. das Verhältnis von Kurvenmaximum zum Untergrund wird an experimentellen Ergebnissen gezeigt. Die Stellung der Proben bzgl. der Röntgenröhre u. des opt. Syst. hat großen Einfl. auf die gemessene Intensität. Der Fehler, der bei Änderung der Intensität der auffallenden Strahlung bzw. durch Selbstabsorption bewirkt wird, läßt sich durch sinnvolle Anordnung der Proben ausschalten. Der Aufbau eines SOLLER-Kollimators wird an einem einfachen Einkristallspektrometer erklärt. Der Einfl. der Öffnung des Kollimators u. seiner geometr. Anordnung, auch bei Benutzung von zwei Kollimatoren, wurde untersucht. Ferner werden die Prüfung von SOLLER-Kollimatoren, die geringste Folienstärke, die totale Reflexion, die Beseitigung des unechten Untergrunds mit Hilfe eines Diaphragmas zur Aufhebung der Streustrahlung u. verschiedene Möglichkeiten der geometr. Anordnung diskutiert.
K. OHLS. 116□

Die Berechnung der Wellenlängen von Absorptionsbanden für Vakuum-UV-Spektrogramme bei „normalem Einfall". J. Lee. (Spectrochim. Acta [London] **1959.** 545—48. Okt. Liverpool, Univ., Inorg. and Phys. Chem. Dep.) (Engl.)

Die Berechnung von Wellenlängen für Absorptionsbanden, die mit einem sog. „normal incidence"-Vakuumspektrographen (Einfallswinkel am konkaven Reflexionsgitter ca. 0°) aufgenommen wurden, ist allg. möglich, wenn man für ein kleines Gebiet des Spektrums annähernd konst. Dispersion voraussetzt. Vier verschiedene Möglichkeiten zur Verringerung oder Kompensierung von Fehlern, die durch diese Berechnungs-Meth. hervorgerufen werden, sind ausführlich beschrieben.
K. OHLS. 118□

Der Einfluß von Argon auf das Spektrum von J_2-Dämpfen. I. Agîrbiceanu, C. Ghiţă, V. Topa und R. Weiner. (Comun. Acad. Republ. populare romîne **5.** 1439—48. Okt. 1955.) (Franz.)

Der Einfl. von *Ar* bei verschiedenen Drucken auf das UV- u. das sichtbare Emissionsspektrum (ES) von J_2-Dampf zeigt sich bes. im Gebiet 3100—3450 Å, in dem die Banden des ES eine Struktur aufweisen. Die Angaben der Literatur über ein Aufhören der J_2-Emission in Ggw. von Ar mit 10 mm Hg werden bestätigt. Das ES von J_2 verschwindet auch in Ggw. von Luft mit 12 mm Hg bis auf den Bereich 3400 Å. Die Absorptionslinien des J_2 mit Hyperfeinstruktur (5461 Å) sind in Ggw. von Ar von 50 mm Hg breiter als in Ggw. von Luft von 50 mm Hg u. erheblich breiter als bei J_2 allein.
R. K. MÜLLER. 118□

Der aus den Absorptions- und Fluorescenzspektren von $NdCl_3$ abgeleitete Zustand des Nd^{3+}-Ions und die Zeeman-Effekte der Spektren. E. H. Carlson und G. H. Dieke. (J. chem. Physics **34.** 1602—09. Mai 1961. Baltimore, Md., Johns Hopkins Univ.) (Engl.)

Die Absorptions- u. Fluorescenzspektren des Nd^{3+} in $NdCl_3$, verd. mit $LaCl_3$, wurden einschließlich ihrer ZEEMAN-Effekte bei 4,2° K u. weniger vollständig bei 77° K untersucht. Die Werte wurden mit Hilfe intermediärer Kopplungsberechnungen der Energieniveaus der $4f^3$-Konfiguration für verschiedene Werte der Spin-Bahn-Kopplungsparameter analysiert. Wegen ihrer hygroskop. Eigg. wurden die Kristalle in Glasröhren, die einige cm He zur Wärmeleitung enthielten, untergebracht u. so befestigt, daß die Symmetrieachse parallel oder senkrecht zum Magnetfeld u. stets senkrecht zum Lichtstrahl lag. Bei 77° K werden die Linien der Fluorescenz- u. Absorptionsspektren breiter u. schwächer, zahlreiche Linien verschwinden. Es treten jedoch einige neue Linien auf, die zur Festlegung auf andere Weise nicht identifizierter Niveaus verwendet werden. Der ZEEMAN-Effekt bei 77° K wurde nicht untersucht. Das empir. Diagramm der Energieniveaus ist bis auf die Festlegung des ^2K-Terms bis 28000 cm^{-1} vollständig. STARK-Kristallaufspaltungen, magnet. Eigg. u. Intensitäten werden mit berechneten Werten verglichen. Die Übereinstimmung ist in einigen Fällen gut, in anderen weniger gut. Die bei den Berechnungen vorgenommenen Näherungen (Vernachlässigung aller Wechselwrkg. mit Niveaus außerhalb der $4f^3$-Konfiguration, Wasserstoffwellenfunktionen für das 4f-Elektron, nur STARK-Effekte 1. Ordnung) befriedigen am besten in Übereinstimmung mit den experimentellen Tatsachen für die niedrigsten Energiezustände. Für die höheren Zustände reichen die Berechnungen im allg. zur Identifizierung der Niveaus aus, geben aber die beobachteten Eigg. nicht quant. wieder.
GERHARD SCHULZE. 118□

Anwendung der Ligandenfeldtheorie auf die Elektronenspektren von gasförmigem $CuCl_2$, $NiCl_2$ und $CoCl_2$. Jon T. Hougen, George E. Leroi und Thomas C. James. (J. chem. Physics **34.** 1670–77. Mai 1961. Cambridge, Mass., Harvard Univ., Mallinckrodt Chem. Labor.) (Engl.)

Vff. nahmen die Absorptionsspektren von $CuCl_2$, $NiCl_2$ u. $CoCl_2$ in der Gasphase bei 1000° unter geringer Auflösung im sichtbaren, nahen IR- u. nahen UV-Gebiet (3500–38000 cm^{-1}) auf. Die Metallchloride wurden durch Erhitzen im HCl-Strom entwässert; dem $CuCl_2$ wurde vor dem Zuschmelzen der Probenzylinder genügend Cl_2 zugesetzt, um die Zers. nach $CuCl_2 \rightleftharpoons CuCl + \frac{1}{2} Cl_2$ zu unterdrücken. Die aus den Spektren berechneten Extinktions-Koeff. wurden im Hinblick auf die Absorption u. Streuung der Küvettenfenster korr.; sie liegen in der Größenordnung von 100 Liter/Mol · cm, woraus zu schließen ist, daß die Absorptionsbanden „verbotenen" intrakonfigurationalen $d^n \leftarrow d^n$-Übergängen entsprechen, die den in Lsgg. u. Kristallen dieser Metallionen gefundenen Übergängen analog sind. Die beobachteten Spektren werden ziemlich gut durch die beiden Ligandenfeldparameter, die einem Mol. der Symmetrie $D_{\infty h}$ entsprechen, beschrieben. Gerhard Schulze. 118□

Fluorescenz von 8-Hydroxychinolinen und der n–π-Übergang. O. Popovych und L. B. Rogers. (Spectrochim. Acta [London] **1959.** 584–92. Okt. Cambridge, Mass., Massachusetts Inst. of Technol., Dep. of Chem. and Labor. for Nuclear Sci.) (Engl.)

8-Hydroxychinolin (Oxin) u. dessen Substitutions-Prodd. zeigen bei Zimmer-Temp. unter monochromat. Anregung keine Fluorescenz. In konz. H_2SO_4 dagegen fluorescieren Oxin u. dessen Derivv. intensiv. Durch Veränderung der Konz. des H_2SO_4 u. Verw. anderer nichtwss. Lsgm. konnte aus den Fluorescenzmessungen vieler Oxinchelate gefolgert werden, daß die von den Oxinen gezeigte Fluorescenz durch Anheben der n-Elektronen des N erzeugt wird, wenn eine Protonenanlagerung bzw. Chelat-Bldg. stattfindet. Die Lsg. darf keine anderen komplexbildenden Reagentien enthalten u. solche, die die Fluorescenz löschen. Die Stärke der Fluorescenz von Oxinen in konz. H_2SO_4 ist 3mal so groß wie die von Zn-Oxinat in Chlf., während bei Verw. von Fluoroalkoholen als Lsgm. die des Zn-Oxinats in Chlf. erreicht wird. K. Ohls. 118□

Thermisches Ausbleichen der F-Zentren von γ-bestrahltem KCl bei tiefen Temperaturen. Noriaki Itoh und Tokuo Suita. (J. physic. Soc. Japan **15.** 1716–17. Sept. 1960. Osaka, Univ., Coll. of Engng., Dep. of Nucl. Engng.) (Engl.)

KCl-Kristalle wurden mit γ-Quanten aus einer 10000-c-^{60}Co-Quelle bei der Temp. des fl. Stickstoffs mit verschiedenen Dosen bestrahlt. Die anfänglich vorhandene Konz. der F-Zentren n_0 betrug $3{,}8 \cdot 10^{15}/cm^3$ bei einer Dosis von $9{,}4 \cdot 10^4$ r (a) u. $4{,}6 \cdot 10^{15}/cm^3$ bei einer Dosis von $1{,}7 \cdot 10^6$ r (b). Bei der Erwärmung (1°/min) von der Bestrahlungs-Temp. auf Zimmer-Temp. erfolgt eine Abnahme der F-Zentren bei Dosis a um ca. 40%, bei Dosis b um ca. 80%, wobei die aufgenommenen Absorptionskurven des bestrahlten KCl bei 98, 116, 172, 250 u. 278° K scharfe Änderungen der Absorptions-Eigg. aufweisen. Diese Änderungen werden auf therm. Zerlegung von V-Zentren zurückgeführt. H. Schroeder. 119□

Der Einfluß der elektronischen Polarisation auf Exzitonen in Alkalihalogenidkristallen. Wolfgang Weller. (Z. Naturforsch. **16a.** 401–10. April 1961. Leipzig, Karl-Marx-Univ., Inst. für theoret. Phys.) (Dt.)

Bei Exzitonen in Alkalihalogeniden ist die Kontinuumnäherung (Meth. der effektiven Masse) nicht anwendbar, da der mittlere Abstand von Elektron u. Loch kleiner als der Abstand benachbarter Halogenionen ist. Mit dem von Toyozawa (vgl. C. **1950/54.** 30S) u. Haken u. Schottky (C. **1959.** 7024) entwickelten Modell wird der Einfl. der elektron. Polarisation auf das Exziton unter Berücksichtigung der Gitterstruktur des Kristalls berechnet. Die elektron. Polarisation ist zu vernachlässigen, wenn sich das angeregte Elektron u. das Loch am gleichen Halogenion befinden. Bei größeren Abständen von Elektron u. Loch muß im Coulomb-Gesetz der volle Wert der opt. DK benutzt werden. Die Polarisationsenergie für sehr große Abstände wird berechnet, sie beträgt für NaCl −2,8 eV. Das benutzte Modell wird so erweitert, daß es die Lorentz-Korrektur für die opt. DK liefert. P. Frenzel. 119□

Das Rotationsspektrum von Ozon. Edwin K. Gora. (J. molecular Spectroscopy **3.** 78–99. Febr. 1959. Providence, R.I., Providence Coll., Phys. Dep.) (Engl.)

Für die Linien des Rotationsspektrums von O_3 im IR wurden Frequenzen u. Intensitäten unter Benutzung der bekannten Molekular-Konst. berechnet. G. Heinsohn. 120□

IR-Emissionsspektren von Ammoniak-Sauerstoff- und Hydrazin-Flammen. R. C. Lord und C. H. Sederholm. (Spectrochim. Acta [London] **1959.** 605–26. Okt. Cambridge, Mass., MIT, Spectroscopy Labor., Dep. of Chem.) (Engl.)

Die IR-Emissionsspektren einer Hydrazin-Zers.-Flamme u. einer NH_3–O_2-Diffusionsflamme wurden mit Gitterspektrometern hoher Auflösung im Spektralgebiet von 600—4000 cm^{-1} untersucht. Die Aufnahme der Emissionsspektren der Hydrazinflamme erfolgte bei verschiedener Flammenhöhe u. zwei verschiedenen Brenndrücken. Die Absorptionsspektren bei hoher Auflösung von NH_3- u. N_2H_4-Dampf wurden zum Vgl. auf derselben Skala aufgenommen. Die Emissionsspektren der NH_3–O_2-Diffusionsflamme wurden einmal im NH_3-reichen Teil der Flamme u. zum anderen in der Flammenregion mit intensiv gelber Strahlung, die von NH_2-Radikalen bewirkt wird, aufgenommen. Das Spektrum von heißem Wasserdampf u. des OH-Radikals erhielten Vff. mit einer Knallgasdiffusionsflamme. Wieder wurde danach das NH_3-Absorptionsspektrum mit hoher Auflösung auf derselben Vgl.-Skala aufgenommen. Im Emissionsspektrum der N_2H_4-Zers.-Flamme erscheinen viele Emissionslinien, die weder dem NH_3 noch dem N_2H_4 zugeordnet werden können. Eine definierte Zuordnung dieser Linien ist nicht möglich, da in der Flamme zahlreiche kurzlebige Komponenten auftreten können, die alle nur N u. H enthalten u. ihre IR-Banden im gleichen Spektralgebiet haben. Fast alle Emissionslinien der NH_3–O_2-Flamme wurden dem H_2O, NH_3 u. dem OH-Radikal zugeordnet. Einige Linien nahe 1100 cm^{-1} werden dem NH_3 zugeschrieben, obwohl zwischen ihnen u. dem Absorptionsspektrum des NH_3 in anderem Spektralgebiet keinerlei Beziehung besteht. Die meisten neu auftretenden Linien erscheinen im Spektralbereich von 2700—3050 cm^{-1}. Dort zeigt sich eine Serie von 23 Linien mit nahezu gleichen Abständen, die weder dem H_2O u. NH_3 noch dem OH-Radikal zugeordnet werden konnten. Sie wurden vorläufig dem NH_2-Radikal zugeschrieben. In den Emissionsspektren beider Flammen ist die R-Verzweigungslinie der Inversionsschwingung im NH_3 bei 950 cm^{-1} gut sichtbar, die P-Verzweigungslinie dagegen nicht. Dieses Verh. wird einem schon früher an zweiatomigen Moll. beobachteten Effekt zugeschrieben, wonach die Intensität der einen, entweder der P- oder der R-Verzweigung einer Bande, auf Kosten der anderen ansteigt. K. OHLS. 120□

IR-Absorptionsspektren von verdünnten festen Lösungen bei tiefen Temperaturen. L. K. Frevel. (Spectrochim. Acta [London] **1959.** 557—63. Okt. Midland, Mich., Dow Chem. Co., Spectroscopy Labor.) (Engl.)

Bei tiefen Temp. konnten für NO_3^-, das in einem Alkalihalogenidkristall die Stelle des Anions besetzt, scharfe Begleitlinien der ν_3-Bande nahe 1385 cm^{-1} beobachtet werden. Diese Begleitlinien erscheinen nicht, wenn die reinen Nitrate zur Aufnahme des IR-Spektrums benutzt werden. Die einzige ausgeprägte, durch feste Lsgg. hervorgerufene Frequenzverschiebung ($\Delta\nu_2 = 14 \pm 2$ cm^{-1}) zeigt sich für die Fundamentalschwingung ν_2 nahe 840 cm^{-1}. Für eine feste Lsg. mit KBr als Grundsubstanz, in der einige Br^--Ionen durch NO_3^- ersetzt worden sind, ist das Erscheinen von je einer Bande bei 2092 cm^{-1} u. 2762 cm^{-1} beachtenswert, da sie bei Aufnahmen mit reinem KNO_3 nicht erscheinen. Verd. feste Lsgg. aus $LiNO_3$ u. $NaNO_3$ zeigen für die charakterist. NO_3-Banden nur geringe Frequenzverschiebungen (< 3 cm^{-1}), beide liegen nach Röntgenbeugungsaufnahmen in 2 Phasen nebeneinander vor. Dagegen wird im Absorptionsspektrum bei -135^0 durch das Erscheinen der Begleitlinien der ν_3-Bande nahe 1385 cm^{-1} die Existenz einer echten festen Lsg. angezeigt. Bei einer festen Lsg. von CsBr mit 0,1 Mol-% $CsNO_3$ konnte eine ausgeprägte Begleitlinie der ν_3-Bande bei 1424 cm^{-1} beobachtet werden. K. OHLS. 120□

IR-Spektren im festen Zustand: Anomale Hydroxylgruppen-Absorption in Kaliumhalogenidscheiben. R. A. Durie und J. Szewczyk. (Spectrochim. Acta [London] **1959.** 593—97. Okt. Sydney, Commonwealth Sci. and Ind. Organizat., Coal Res. Stat.) (Engl.)

Substanzen, die keine OH-Gruppen enthalten, zeigen häufig eine anomale OH-Gruppenabsorption nahe 3400 cm^{-1}, wenn diese in KCl-Scheiben eingepreßt wurden. Die anomale OH-Bande entwickelt sich zwar beim Verreiben mit KCl, wird aber nicht durch adsorbierte Luftfeuchtigkeit hervorgerufen. In Ggw. gewisser mehrkerniger Verbb. (1.2-Benzanthrachinon, Dibenzanthron, Violanthren, Anthracen, Chrysen u. Pyren) vergrößert sich die OH-Absorption. Der pH-Wert steigt durch Verreiben des KCl. Es wird angenommen, daß OH^- beim Verreiben in das KCl-Kristallgitter eingebaut werden. Der Einfl. der mehrkernigen Verbb. in diesem Prozeß ist unbekannt. K. OHLS. 120□

Messung von physikalisch-optischen Eigenschaften der Luminescenzstoffe. J. Soudek. (Jemná Mechan. Optika 2. 55—59. 1957. Praha, Výzk ústav. vakuové elektrotechn.) (Tschech.; Auszug: Dt.)

Erläuterung der Best. von Intensität, spektraler Zus. u. Nachklingen der Luminescenz, Absorptionsbest. u. Wirksamkeit von Luminescenzstoffen. — 13 Literaturhinweise. J. TŮMOVÁ. 125□

Luminescenz der Stilbenkristalle bei 20° K. A. F. Prichotko und I. Ja. Fugol. (Оптика и Спектроскопия [Optik u. Spektroskopie] **7.** 35—43. Juli 1959.) (Russ.) — Vgl. C. **1960.** 13966 u. **1961.** 1145.

Bei Stilbenkristallen wird bei 20° K eine durch Veränderlichkeit der Resonanzlinien des Absorptionsspektrums bedingte Veränderlichkeit des Luminescenzspektrums u. das Vorhandensein vieler naher Resonanzlinien (Anfangslinien der Luminescenzserien) festgestellt. Alle diese Erscheinungen können auf Strukturdefekte zurückgeführt werden, die je ein lokales Energieniveau nahe dem entsprechenden Energieniveau des idealen Gitters erzeugen. Bei höherer Temp. verschwinden die Defekte u. damit ändern sich auch die Luminescenz- u. Absorptionsspektren, was der Theorie entspricht. Die Defekte können verschiedener Art sein: Leerstellen, Moll. an Zwischengitterpunkten oder Moll. mit verschiedenen Verzerrungen, z. B. solche in der Umgebung von Leerstellen. Sie dienen als Absorptions- u. Emissionszentren. R. K. MÜLLER. 125□

—, Radioastronomia solare. Corso XII. Varenna sul lago di como villa Monastero 15—30 Luglio 1959. Herausgeg. von Società Italiana di Fisica. Bologna: Nicola Zanichelli. 1960. (438 S. m. Abb.) = Rendiconto della Scuola internazionale di fisica „Enrico Fermi".

A₃. Elektrizität. Magnetismus. Elektrochemie

Nichtlineare Wechselwirkung einer elektromagnetischen Welle mit einer Plasmaschicht in Gegenwart eines statischen Magnetfeldes. 1. Mitt. **Theorie der Oberschwingungserzeugung.** R. F. Whitmer und E. B. Barrett. (Physic. Rev. [2] **121.** 661—68. 1/2. 1961. Palo Alto, Calif., Gen. Telephone and Electron. Labor., Palo Alto Labor.) (Engl.)

Es wird die Theorie der Fortpflanzung elektromagnet. Wellen durch eine anisotrop ionisierte Schicht unter Berücksichtigung nichtlinearer Glieder in der BOLTZMANNschen Transportgleichung dargestellt. Die Differentialgleichungen für die Wellenausbreitung werden gelöst. Die Eigg. der Welle bei der 2. harmon. Frequenz werden in Abhängigkeit vom magnet. Wechselfeld, der Elektronendichte, der Stoßfrequenz zwischen Elektronen u. neutralen Teilchen, der Feldstärke der einfallenden Welle u. der Dicke der Plasmaschicht diskutiert. H. LIEPACK. 131□

Die magnetische Kompression von Plasmen. A. C. Kolb. (Rep. NRL Progr. **1960.** Nr. PB 161281. 16—23. Mai. Washington, D.C., U. S. Naval Res. Labor., Radiat. Div., Analysis and Theorie Branch.) (Engl.)

Es werden die Faktoren diskutiert, die bei einer magnet. Spiegelanordnung die Haftzeit u. die Aufheiz-Geschw. eines dichten Plasmas beeinflussen. Dabei werden Gesetze hergeleitet, die diese beiden Größen zu bestimmen gestatten. Gegenüber den üblichen adiabat. Aufheizbeziehungen gelingt es dabei, durch die Betrachtung wichtiger Modifikationen zu zeigen, daß die Wrkg. der Endverluste eine Zunahme der Temp. des Restplasmas verursacht. Die Bedeutung der Ergebnisse für thermonucleare Unters. wird auseinandergesetzt. H. FAHLENBRACH. 131□

Ein Neutronen erzeugender Mechanismus in transversalen Pinchs. V. Josephson, M. H. Dazey und R. F. Wuerker. (Physic. Rev. [2] **121.** 674—76. 1/2. 1961. Los Angeles, Calif., Space Technol. Labor., Phys. Res. Labor.) (Engl.)

In einer transversalen Pinch-Anordnung wird durch ein longitudinales Magnetfeld innerhalb eines leitenden Plasmas u. entgegen der Richtung des äußeren, den Pinch-Effekt hervorrufenden Magnetfeldes ein m = O-Instabilitätsmechanismus verursacht (vgl. KRUSKAL u. SCHWARZSCHILD, C. **1950/54.** 5128S). Durch diesen Instabilitätsmechanismus können hohe elektr. Felder erzeugt werden, die Deuteronen auf Energien beschleunigen können, die zur Neutronen-Bldg. in einem Deuteriumplasma ausreichend sind. Nach dem Verwehen der Instabilität liegt eine Konfiguration des Plasmafeldes vor, bei der die beschleunigten Deuteronen weiter auf stabilen Bahnen kreisen können, bis sie durch Neutronen erzeugende Stöße oder durch Wegdiffundieren verlorengegangen sind. H. LIEPACK. 131□

Über die Zeit der Einstellung des thermodynamischen Gleichgewichts im Plasma einer Bogenentladung. W. K. Prokofjew, D. B. Gurewitsch, I. M. Beloussowa und Ju. A. Snigirew. (Оптика и Спектроскопия [Optik u. Spektroskopie] **7.** 14—20. Juli 1959.) (Russ.)

Es wird eine Meth. zur Messung der Zeit der Einstellung des thermodynam. Gleichgewichts im Plasma einer in Luft brennenden Bogenentladung vorgeschlagen u. erprobt. Sie beruht darauf, daß das Plasma des Gleichstrombogens zwischen Kohleelektroden durch einen kurzen Stromimpuls „vorgeheizt" wird. Dabei wird das Vorliegen des Gleichgewichts aus der Gleichheit der Temp. ermittelt, die nach den Atomlinien, den Schwingungs- u. Rotationsspektren der Moll. bestimmt werden. Die Messungen ergeben, daß sich das thermodynam. Gleichgewicht in 20—25 μs einstellt. R. K. MÜLLER. 131 □

Stabiler dynamischer Stromfaden. W. I. Wassiljew, W. Ss. Komelkow, Ju. W. Skworzow und Ss. Ss. Zerewitinow. (Журнал Технической Физики [J. techn. Physik] **30.** 756—68. Juli 1960.) (Russ.)

Die Bldg. u. Entw. von Stromfäden bei der Bewegung eines Plasmastrahls in D_2, H_2 u. Ar wurde mittels einer sehr schnellen Kamera, mittels magnet. Sonde u. durch spektrale Messungen untersucht. Es wurde eine Entladungskammer mit Kondensator-Batterie benutzt. Der Anfangsdruck des Gases lag bei $10—10^{-2}$ mm, der Entladungsstrom war maximal 500 kA (Stromperiode 20—300 μs). Derartige Fäden sind sehr stabil, sie überdauern eine Halbperiode der Entladung. Die Verteilung des Stroms im Plasmastrahl ist wiedergegeben. Die beim Durchgang des Fadens austretende Strahlung zeigte Kontinua. M. WIEDEMANN. 131 □

Über die Untersuchung eines Hochfrequenzplasmas mit Hilfe einer Gleichstromsonde. Hans Fetz und Hans Oechsner. (Z. angew. Physik **12.** 250—53. Juni 1960. Würzburg, Univ., Phys. Inst.) (Dt.)

Vff. beschreiben ein neues Sonden-Verf. zur Messung der charakterist. Daten eines Hochfrequenzplasmas. Dabei wird der positive Pol einer konst. Spannungsquelle mit einer beweglichen u. daher flächenvariablen Sonde, der negative Pol mit der ionenentziehenden flächenkonst. Gegenelektrode verbunden. Eine weitere, auf festem Potential liegende Bezugselektrode ist über einen hochohmigen Spannungsmesser mit dem Sondenkreis verbunden. Gemessen werden der Strom im Sondenkreis sowie die sich einstellende Potentialdifferenz zwischen Sonde u. Bezugselektrode in Abhängigkeit von der veränderlichen Sondenfläche; aus diesen beiden Meßkurven können die Plasmakenngrößen bestimmt werden. H. SCHIRRWITZ. 131 □

Eine frei im Raum brennende Gasentladung im Brennpunkt eines Radarparaboloids. Jens Geerk und Hans Kleinwächter. (Z. Physik **159.** 378—83. 1960.) (Dt.)

Bei einer aus 2 Parabolspiegeln bestehenden Anordnung sendet in einem Fokus ein punktförmiger Dipol, verbunden mit einem pulsmodulierten 40-kW-Sender, eine kohärente elektromagnet. Wellenstrahlung im 3-cm-Band aus. Im anderen Fokus ist eine Glaskugel stationiert, in der bei 10 Torr Luftdruck eine grob kugelförmige Entladung mit einem Ø von ca. 4 cm frei im Raume gezündet wird; diese Entladung brennt in einem Druckbereich von 1—40 Torr. Die Feldstärke im Entladungsgebiet wird dabei mit der AIRYschen Formel zu 1 kV/cm berechnet. H. SCHIRRWITZ. 131 □

Mikrowellen-Durchschlag von Luft in inhomogenen elektrischen Feldern. Philip M. Platzman und Elsa Huber Solt. (Physic. Rev. [2] **119.** 1143—49. 15/8. 1960. Malibu, Calif., Hughes Res. Labor.) (Engl.)

Das diffusionsabhängige Durchschlagproblem in inhomogenen Feldern wird als Variationsproblem des Eigenwertes behandelt. Der Eigenwert, der Koeff. der Hochfrequenzionisation u. ein als annähernd äquivalent definiertes Hochfrequenzfeld bestimmen das Durchschlagfeld. Die Meth. wird auf einen rechteckigen Mikrowellen-Hohlleiter, einmal mit u. einmal ohne halbkugelförmige Erhöhung an der einen Wand als Störung angewandt. Die theoret. Bedingungen dieser Meth. werden mit einer Reihe von Mikrowellen-Durchschlag-Messungen in Luft bei geometr. verschiedenen Hohlleitern verglichen. Es wird mit Drucken von wenigen mm Hg bis 1 at gearbeitet. Unterhalb eines best. Druckes werden in 3 unterschiedlichen Hohlleitern gleiche Werte erhalten, d. h. die halbkugelförmige Erhöhung ist ohne Einfl. auf den Durchschlag. Bei höheren Drucken bewirkt die Störung an der Wand eine deutliche Erniedrigung der Durchschlaggrenze (Schwelle) des Hohlleiters gegenüber einem homogenen Feld. H. SCHIBILLA. 131 □

Der Einfluß eines homogenen Magnetfeldes auf eine elektrodenlose Entladung in einem Rohr und Messungen der Elektronenbeweglichkeit. 1. Mitt. S. N. Goswami. (Indian J. Physics Proc. Indian Assoc. Cultivat. Sci. **32/41.** 35—41. Jan. 1958. Chinsura, Hooghly Moshin Coll., Dep. of Phys.) (Engl.)

Die prozentuale Zunahme der Zündspannung einer elektrodenlosen 50-Hz-Entladung in trockener Luft unter dem Einfl. eines homogenen Magnetfeldes wurde bei Magnetfeldstärken zwischen 1575 u. 3400 Gauß in einem Druckbereich von 0,3—3,0 Torr gemessen. Der Winkel zwischen elektr. u. magnet. Feld wurde dabei zwischen 0 u. 90° variiert u. bei 90° außerdem die Elektronenbeweglichkeit bestimmt. Die erhaltenen Ergebnisse können mit der Theorie von DEB u. GOSWAMI (C. **1958.** 10558) gedeutet werden. L. ROTH. 131 □

Spektroskopische Bestimmung des Materialtransportes im Vordurchbruchsstadium des Hochvakuumdurchschlags. Stephan Schwabe. (Z. angew. Physik **12.** 244—50. Juni 1960. Berlin, Humboldt-Univ., I. Phys. Inst.) (Dt.)

Vf. untersucht die Vordurchbruchsprozesse eines Hochvakuumdurchschlags im Spannungsbereich 20—75 kV, wobei die Strom–Spannungs-Kurven aufgenommen u. die mkr. Veränderungen der Elektrodenoberflächen sowie der Transport von Elektrodenmaterial beobachtet werden. Der Materialtransport wird dabei mit einem spektralanalyt. Verf. (Nachw.-Grenze $5 \cdot 10^{-8}$ g) gemessen; dabei zeigt sich, daß ein Transport in beiden Elektrodenrichtungen stattfindet, derjenige zwischen Anode u. Kathode jedoch um 1 Größenordnung höher liegt. Polierte Elektroden zeigen während des Vers. eine zunehmende Mikrorauhigkeit, deren Entstehung auf die Wrkg. mkr. Materialklümpchen zurückgeführt wird, die den Elektrodenraum überqueren.

H. SCHIRRWITZ. 131 □

Proton–Wasserstoff-Streusystem. Marvin H. Mittleman. (Physic. Rev. [2] **122.** 499—506. 15/4. 1961. Livermore, Calif., Univ. of California, Lawrence Radiat. Labor.) (Engl.)

Die Stoßparameterbehandlung der Streuung von Protonen an H wird abgeleitet, sie erweist sich als gültig für Energien > einige eV. Frühere Ergebnisse für unelast. Streuung [p + H(1 s) → p + H(2s)] u. Ladungsaustauschstreuung [p + H(1s) → H(1s) + p] werden wesentlich modifiziert.

HERBERT WEBER. 131 □

Elektroneneinfang aus He(1s²) durch Protonen. Robert A. Mapleton. (Physic. Rev. [2] **122.** 528—33. 15/4. 1961. Bedford, Mass., L. G. Hanscom Field, Air Res. and Dev. Command, Air Force Cambridge Res. Labor., Geophys. Res. Directorate.) (Engl.)

Zwei äquivalente Formen der BORN-Approximation („Prior" u. „Post") werden zur Berechnung des Elektroneneinfangquerschnitts für Protonen, die auf $He(1s^2)$ treffen, benutzt. Diese Querschnitte werden für Einfang in 11 verschiedene Endzustände im Energiebereich 12,5 keV bis 1 MeV berechnet. Die Summe der Querschnitte für Einfang in alle s-Zustände des H-Atoms für die beiden Restionen $He^+(1s)$ u. $He^+(2s)$ werden abgeleitet.

HERBERT WEBER. 131 □

Paraxiale Formulierung der Gleichungen für den elektrostatischen Raumladungsfluß. P. T. Kirstein. (J. appl. Physics **30.** 967—75. Juli 1959. Stanford, Calif., Stanford Univ., W. W. Hansen Labor. of Phys., Microwave Labor.) (Engl.)

Vf. entwickelt die paraxialen Gleichungen eines elektrostat., rotationsfreien Raumladungsflusses für axialsymm. Hohl- u. Flächenstrahlen. Für eine vorgegebene, willkürliche Trajektorie mit Potentialverteilung entlang derselben wird die Variation des Potentials u. der Strahlkonvergenz in der Umgebung dieser Trajektorie untersucht. Für Strahlen von einer kon. Kathode werden numer. Daten ermittelt, wobei eine Mikroperveanz von ca. 15 u. sehr große Flächenkonvergenz auftreten. H. SCHIRRWITZ. 131 □

Die elektrische Ladung auf Kondensat und Wassertropfen. Choji Magono und Tsutomu Takahashi. (J. Meteorol. **16.** 167—72. April 1959. Sapporo, Hokkaido Univ.) (Engl.)

Vff. stellten experimentell fest, daß künstlich auf einem dünnen Draht erzeugter „Tau" elektr. negativ aufgeladen war, wenn die Wasser-Temp. des Vorratsgefäßes, welches den Wasserdampf lieferte < ca. 80° war; der Tau war elektr. positiv aufgeladen, wenn die Wasser-Temp. in dem Vorratsgefäß > 85° war. Diese Aufladungserscheinung des Kondensats hat ihren Ursprung in der elektr. Ladung auf einzelnen Wassertröpfchen; es konnte mittels einer besonderen Vers.-Einrichtung nachgewiesen werden, daß die Tröpfchen beim Aufsteigen aus der Wasseroberfläche des Vorratsbehälters aufgeladen werden u. daß das Vorzeichen der Ladung der einzelnen Tröpfchen gut mit dem des Kondensats übereinstimmte.

C. GOTTFRIED. 13

Die Dielektrizitätskonstante in den Gleichungen der Elektrokinetik. R. J. Hunter. (J. Colloid Sci. **16.** 190—92. April 1961. Canberra, Australia, C.S.I.R.O., Div. of Soils.) (Engl.)

Aus der laufenden Verw. der DK in den elektrokinet. Gleichungen wird festgestellt, daß keine eitheitlichen Begriffe in bezug auf die elektr. Einheiten eingeführt wurden. Vf. erörtert Fälle verschiedener Dimensionierung u. nimmt an, daß durch Einführung des MKS-Syst. weitere Verbesserung zu erreichen ist. — 7 Literaturangaben.

P. FRENZEL. 132 □

Debyesche Dipol-Absorption von Zinkoxyd, Selen und Siliciumcarbid. René Freymann. (Halbleiter u. Phosphore, Kolloquium **1956.** 554—57. 1958. Rennes, France, Fac. des Sci. Rennes.) (Franz.)

Vf. untersuchte 4 unterschiedlich behandelte ZnO-Präp., deren Gitter- bzw. Dipolkonfigurationen schemat. dargestellt werden: 1. „Reines fehlerfreies" ZnO, das keine DEBYE-Bande zeigt. 2. „Reines“, bei 1200° behandeltes $ZnO_{1-\delta}$; der stöchiometr. Fehler der Sauerstoffverdrängung erzeugt einen Dipol, die entsprechende, nach der Beziehung $\nu_c = A \exp(-U/kT)$ bestimmte Aktivierungsenergie U ist ca. 0,25 eV. 3. In Ggw. von W. bei 850° behandeltes ZnO (H_2O); bei 50° K tritt eine Bande auf, die dem Einbau von OH^-- u. H^+-Ionen zugeschrieben wird. Die Aktivierungsenergie liegt bei 0,04 eV, ändert sich jedoch stark mit der Behandlungstemp. bis 0,25 eV. 4. Mit 10^{-5} u. 10^{-4} Cu dotiertes u. bei 850° behandeltes $ZnO_{1-\delta}(Cu)$; durch den Einbau von Cu verschwindet die Bande bei 0,05 eV, u. es tritt eine neue sehr starke Bande bei 0,18 eV auf, die nur wenig von der Behandlungs-Temp. abhängt. — Die ε'' (T)-Kurven für 1, 10, 100 u. 1000 kHz sind angegeben. — Se zeigt in der Dunkelheit eine Dipolabsorption, die sich bei IR-Bestrahlung verschiebt; die Aktivierungsenergie nimmt ab, wenn die IR-Intensität zunimmt. — SiC zeigt bei Dunkelheit in der grünen Form Banden bei 0,03 u. 0,15 eV, in der grauen Form bei 0,01 eV. D. JÖRCHEL. 132☐

Photodipolare Absorption von Zinksulfid. René Freymann und Edmond Grillot. (Halbleiter u. Phosphore, Kolloquium **1956.** 557—59. 1958. Rennes, Fac. des Sci. Rennes; Paris, Labor. du Luminescence.) (Franz.)

Die an unterschiedlich behandelten ZnS-Präpp. bei Belichtung mit der 3650 Å-Hg-Linie gemessenen Absorptionskurven ε'' als Funktion der Temp. zwischen 80 u. 300° K bei 0,1, 1, 10 u. 100 kHz sowie als Funktion der Belichtungszeit u. der Abklingzeit t werden diskutiert. Ohne Belichtung treten keine Banden auf; daher müssen die Dipole durch das Licht erzeugt werden. Die nach der Formel $\nu_c = A \exp(-U/kT)$ bestimmten Aktivierungsenergien U (von ca. 0,26, ca. 0,37 u. zwischen 0,45 u. 0,68 eV) stimmen gut mit Literaturdaten auf Grund von Thermoluminescenzmessungen überein u. hängen empfindlich von der Dotierung ab. Für gegebene Werte von ν u. T gilt näherungsweise $\varepsilon'' \approx a \cdot t^{-n}$ mit $n \leqslant 1$; n ändert sich wie im Falle der Phosphorescenz mit T u. ν.
D. JÖRCHEL. 132☐

Vorprozesse des elektrischen Durchschlags an CdS-Einkristallen. Karl Wolfgang Böer und Ulrich Kümmel. (Z. angew. Physik **12.** 241—44. Juni 1960. Berlin, Humboldt-Univ., IV. Phys. Inst.; Dt. Akad. der Wiss., Physik.-Techn. Inst.) (Dt.)

Vff. diskutieren den Wärme- u. Felddurchschlag bei elektr. Durchschlägen an CdS-Einkristallen für den stabilisierten u. nichtstabilisierten Fall. H. SCHIRRWITZ. 132☐

Zur Theorie der Domänenwände in Seignetteelektrika. W. A. Shirnow. (Журнал Экспериментальной и Теоретической Физики [J. exp. theoret. Physik] **35.** 1175—80. Nov. 1958. Moskau, Lebedew-Inst. für Phys. der Akad. der Wiss. der UdSSR.) (Russ.; Auszug: Engl.)

An Hand der von LANDAU u. LIFSCHITZ vorgelegten Meth. werden die Grenzschichtstärke u. die Oberflächenenergie der 180°- u. 90°-Domänengrenzen aus dem thermodynam. Gleichgewicht bei Abwesenheit eines äußeren elektr. Feldes als Polarisationsänderungen des gegebenen Intervalls berechnet. Für $BaTiO_3$ wurden nach dieser Meth. für die 180°-Grenzen eine Schichtstärke $\vartheta \approx 2 \cdot 10^{-7}$ bis $5 \cdot 10^{-8}$ cm, für die Oberflächenenergie $\sigma \approx 10$ erg/cm² (entsprechend dem Experiment) erhalten. Für die 90°-Grenzen beträgt demnach $\vartheta \approx 10^{-6}$ bis $5 \cdot 10^{-7}$ cm u. $\sigma \approx 2-4$ erg/cm². Der kleinere ϑ-Wert entgegen dem Experiment (10^{-5} cm) wird darauf zurückgeführt, daß die 90°-Grenze beim Einkristall nicht als spannungsfrei betrachtet werden kann. — Dieselbe Berechnung für Seignettesalzeinkristalle ergab bei 0° $\vartheta \cong 1{,}2 \cdot 10^{-7}$ cm; $\sigma \sim 6 \cdot 10^{-2}$ erg/cm²; bei 20° $\vartheta \cong 2{,}2 \cdot 10^{-6}$ cm u. $\sigma \sim 1{,}2 \cdot 10^{-2}$ erg/cm², gleichfalls entsprechend dem Experiment.
J. TŮMOVÁ. 133☐

Elektrische Leitfähigkeit und thermoelektrische Kraft von Calciumoxyd. C. H. B. Mee. (Nature [London] **190.** 1093—94. 17/6. 1961. Southampton, Univ. of Southampton, Physic. Labor.) (Engl.)

Vf. bestimmt die elektr. Leitfähigkeit von Proben aus CaO, das in einer Schicht von ca. 100 μ zwischen 2 Ni-Kontakten angeordnet ist. Die Leitfähigkeit als Funktion der Temp. wird bestimmt, indem man die einzeln beheizbaren Kontakte erhitzt u. den Strom mißt, der bei Anlegung einer Spannung von bis zu 500 mV an die beiden Kontakte erzeugt wird. Für niedrige Spannungen sind die Strom–Spannungs-Kurven linear, ihre Neigung gibt ein Maß für die spezif. Leitfähigkeit σ der Probe. Trägt man log σ gegen 1/T auf, so erhält man eine Kurve mit einem linear verlaufenden Teil bis ca. 800° K, der auf Halbleitung zurückgeführt wird. Die Neigung in diesem Bereich entspricht einer Aktivierungsenergie (AE) von 0,72 eV. Ein weiterer linearer Bereich liegt zwischen ca. 800 u. 1000° K (Thermionenemission; AE = 1,27 eV). Die bei höheren Temp. festgestellte Abweichung von der Linearität könnte auf Raumladungseffekte zurückzuführen sein, wenn die Stromdichte in den Poren hoch genug wird. Geringe Änderungen der Kontaktfläche im Bereich niedrigerer Temp. (durch Wärmeausdehnung) beeinflussen die Messung, bes. im Bereich der Halbleitung. Zur Messung der thermoelektr. Kraft ist es zweckmäßig, die Temp. des einen Kontaktes zu erhöhen, die des anderen herabzusetzen, wobei die mittlere Temp. T angenähert konst. bleiben soll. Die Thermo-EMK ist dann der Temp.-Differenz zwischen den Kontakten angenähert proportional (für Temp.-Differenzen bis zu ca. 120°). Die Neigung der Kurve Thermo-EMK/Temp.-Differenz stellt die Thermokraft bei $\bar{T}$ dar. Unter der Annahme, daß die Thermokraft im Bereich hoher Temp. konst. ist, beträgt diese für CaO im Temp.-Bereich von 700—1200° K 2,4 ± 0,2 mV/Grad. P. FRENZEL. 134□

Ein Paradoxon hinsichtlich thermischer Schwankungen in nichtlinearen Systemen. Alois Marek. (Czechoslov. J. Physics **9.** 260—61. 1959. Prague, Res. Inst. of Mathemat. Machines.) (Engl.) — Vgl. C. **1961.** 7835.

Kurze Notiz über einige Ergebnisse von Verss. mit Halbleiterdioden, die scheinbar nicht mit dem II. Hauptsatz der Thermodynamik im Einklang stehen. WOLFGANG WAGNER. 135□

Oberflächenleitung und Oberflächenrekombination an der Grenze Silicium-Elektrolyt. H.-U. Harten. (Z. Naturforsch. **16a.** 459—66. Mai 1961. Hamburg, Philips-Zentrallabor.) (Dt.)

Vf. mißt die Oberflächenleitung (OL) u. Oberflächenrekombination (OR) an Si-Proben in verschiedenen Elektrolyten (1%ig. Na_2SO_4-Lsg.; 0,04m KNO_3-Lsg. in Methylacetamid) u. bestimmt den genauen Wert des Oberflächenpotentials. Die OR wird mit Hilfe des Sperrschicht-Photoeffekts an einem Si-Scheibchen mit einem legierten p-n-Übergang auf einer Seite gemessen. Um an der gleichen Scheibe auch die OL messen zu können, sind je zwei längliche sperrfreie Kontakte auf beiden Seiten des Sperrkontaktes einlegiert. Die äußeren dienen als Stromzuführungen, die inneren als Potentialsonden. Die durch den Hilfsstrom erzeugte Spannung mißt man durch einen Kompensator, der auch die Konstanz des Hilfstromes kontrolliert. Die Elektrolytspannung legt man über ein Pt-Elektroden-Syst. an. Die OL hängt nur von der angelegten Spannung ab. Sie bildet Anreicherungs- u. Verarmungsschichten auf der Si-Oberfläche, aber keine Inversionsschichten. An deren Stelle wird eine Randschicht gebildet, die den Charakter einer Sperrschicht (Verarmung an Ladungsträgern) annimmt. Es ist möglich, daß die Sperrschicht die Änderung der angelegten Spannung übernimmt. Bes. im Verarmungsbereich folgt das Oberflächenpotential genau diesen Änderungen. Aus den Messungen der OR muß ein Rekombinationszentrum RZ angenommen werden. Es liegt oberhalb der Bandmitte u. ist wegen der hohen Übergangswahrscheinlichkeit zum Valenzband ein Acceptor. Für p-leitendes Si deuten OL u. Sperrschichtphotoeffekt auf ein RZ, das unter der Bandmitte liegt. Die scharfe Zunahme des Elektrolytstromes bei Belichtung spricht auch für das Auftreten einer Sperrschicht. Bei sehr dünnen Oxydschichten fällt ein Teil der angelegten Spannung über der Oxydschicht ab. Die Art der RZ hat sich nach der Oxydation nicht geändert, lediglich die Rekombinations-Geschw. ist größer geworden. Im Randschichtfall verläuft nach schwacher Oxydation die OL-Kurve schon bei 1 V Sperrspannung parallel zur ursprünglichen. Bei stärkerer Oxydation ist die Abflachung der Kurven sowie deren Ausdehnung zu hohen Sperrspannungen hin größer. Oberhalb einer bestimmten Sperrspannung (50 V) werden alle Spannungsänderungen von der Raumladungsrandschicht in Si u. nicht von der Oxydschicht aufgenommen. Dort ist also der Gleichstromwiderstand der Sperrschicht (einschließlich ihrer Leckströme) größer als der Widerstand der Deckschicht. P. FRENZEL. 135□

Cyclotronresonanz in Indiumantimonid bei hohen magnetischen Feldern. B. Lax, J. G. Mavroides, H. J. Zeiger und R. J. Keyes. (Physic. Rev. [2] **122.** 31—35. 1/4. 1961. Lexington, Mass., MIT, Lincoln Labor.) (Engl.)

Vff. deuten die von KEYES u. Mitarbeitern (C. **1957.** 5766) bei Raum-Temp. in Ggw. pulsierender Magnetfelder gemessene IR-Cyclotronresonanz an *InSb* mit Hilfe der von KANE (C. **1959.** 11144) angegebenen k·p-Störungs-Meth., berechnen die Energieniveaus für einen Träger in einem mit Nachbarbändern in Wechselwrkg. stehendem Band in Ggw. eines Magnetfeldes u. daraus die Änderung der scheinbaren effektiven Masse mit dem Magnetfeld. Die Theorie erweist sich sowohl mit den Ergebnissen von Raum-Temp.- als auch Tieftemperaturmessungen als verträglich. D. JÖRCHEL. 135□

Theorie der Elektron-Phonon-Wechselwirkungen. G. D. Whitfield. (Physic. Rev. [2] **121.** 720—34. 1/2. 1961. New York, N.Y., IBM Watson Labor. u. Columbia Univ., Dep. of Phys.) (Engl.)

Es wird eine Theorie der Wechselwrkg. von Elektronen u. akust. Phononen in nichtpolaren Kristallen entwickelt, wobei von BLOCH-Funktionen ausgegangen wird, die sich mit dem Gitter deformieren. Der Hauptteil der Wechselwrkg. kann dann mittels des Spannungstensors berechnet werden. Aus der Theorie folgt eine Verallgemeinerung des Deformationspotential-Theorems. H. LIEPACK. 136□

Über kinetische Gleichungen von mit Gitterschwingungen wechselwirkenden Teilchensystemen. Ju. L. Klimontowitsch und Ss. W. Temko. (Журнал Экспериментальной и Теоретической Физики [J. exp. theoret. Physik] **35.** 1141–47. Nov. 1958. Moskau, Univ.) (Russ.; Auszug: Engl.)

Ableitung von kinet. Gleichungen für die Funktion der Elektronenverteilung u. Schwingungen des Kristallgitters, ausgehend von der von BOGOLJUBOW vorgeschlagenen Methode. — Es wird gezeigt, daß im Falle eines homogenen Raums die Gleichungen für die Elektronenverteilung mit den kinet. Gleichungen der BLOCHschen Theorie der elektr. Leitfähigkeit übereinstimmen. Weiter werden Gleichungen für die Gitterschwingungen, die Frequenz u. die Dämpfung dieser Schwingungen aufgestellt.
H. TŮMA. 136□

Potentiale in einem Leiter mit sich änderndem Querschnitt. R. Jaggi. (Physic. Rev. [2] **122.** 448–49. 15/4. 1961. Zürich, Switzerland, Internat. Business Machines Corp., Res. Labor.) (Engl.)

In einem Leiter mit variierendem Querschnitt kann eine zum Quadrat des Stroms I proportionale BERNOULLI-Spannung V_B erwartet werden. Frühere Experimente zum Nachw. von V_B werden diskutiert. Vf. zeigt, daß bei solchen Experimenten eine HALL-Spannung, $V_H \sim I^2$, die vom Magnetfeld des Stroms I herrührt („Eigen-HALL-Effekt" EHE), der V_B überlagert ist. Das Verhältnis V_H/V_B wird berechnet. Experimente wurden an *Bi*-Proben durchgeführt. Die Abhängigkeit der gemessenen Spannungen von Temp. u. Querschnittsfläche zeigt, daß der EHE den BERNOULLI-Effekt überwiegt.
HERBERT WEBER. 136□

Über Wechselwirkungen von äußeren und inneren Elektronen in ferromagnetischen Übergangsmetallen. Ju. A. Isjumow. (Журнал Экспериментальной и Теоретической Физики [J. exp. theoret. Physik] **35.** 1148–54. Nov. 1958. Uraler Univ.) (Russ.; Auszug: Engl.)

Es wird die Wechselwrkg. zwischen den 4s- u. 3d-Elektronen eines Übergangsmetalls untersucht u. gezeigt, daß die dynam. Komponente dieser Wechselwrkg. ihre Äußerung in der Wechselwrkg. der entsprechenden elementaren Anregungen des FERMIschen u. BOTHEschen Typs findet. Bei niedrigen Temp. überwiegen bei den angeregten Zuständen Prozesse des elast. Stoßes, während bei höheren Temp. die Übergangsprozesse bereits bedeutendere Rollen zu spielen beginnen. — Weiter wird die Magnetisierung als Funktion der Temp. u. des Feldes berechnet.
J. TŮMOVÁ. 137□

Austauschintegral in Kobalt aus der Spinwellenresonanz. P. E. Tannenwald und R. Weber. (Physic. Rev. [2] **121.** 715. 1/2. 1961. Lexington, Mass., MIT, Lincoln Labor.) (Engl.)

Die Austausch-Konst. A u. das Austauschintegral J sowie ihre Temp.-Abhängigkeiten wurden in Co-Metallfilmen mittels der Spinwellenresonanz gemessen. Bei Zimmer-Temp. ist $A = 1{,}30 \cdot 10^{-6}$ erg/cm u. $J = 155$ k. J ist zwischen 4 u. 295° K temperaturunabhängig.
H. LIEPACK. 137□

Magnetische Eigenschaften von aus Mischsalzen dargestellten Nickel-Trägerkontakten. 1. Mitt. Władysław Romanowski, Hans Dreyer und Dietwart Nehring. (Z. anorg. allg. Chem. **310.** 286–97. 1961. Wrocław, Abt. für Strukturforsch. der Pol. Akad. der Wiss.; Rostock, Inst. für organ. Katalyseforsch. der Dt. Akad. der Wiss. zu Berlin.) (Dt.)

Vff. beschreiben die magnet. Eigg. von Ni-haltigen Trägerkontakten, die durch reduzierende Zers. von Ni-Mg-Mischformiaten (I)- -oxalaten (II) u. -carbonaten (III) hergestellt wurden. Die Zers. erfolgte bei 350 oder 400° in einem Strom von gereinigtem, getrocknetem Elektrolyt-H_2 mit konst. Strömungs-Geschw. von 6 Liter/Stunde. Nach dem Erkalten wurden die Proben im ununterbrochenen H_2-Strom in Glasampullen übergeführt. Die Proben für die magnet. Messungen wurden anschließend im Vakuum mehrere Std. bei 180° entgast u. unter Vakuum abgeschmolzen. Die Aufnahme der Magnetisierungskurven erfolgte nach der FARADAYschen Meth. bei 85 u. 290° K, in manchen Fällen auch im Bereich von ca. 180–200° K. Die Sättigungsmagnetisierung bestimmte man durch Extrapolation nach einer halbempir. Meth. (vgl. HEUKELOM, BROEDER u. VAN REIEN, C. **1955.** 7616). Aus den Werten wurde der Ni-Geh. berechnet, außerdem der Gesamt-Ni-Geh. vor u. nach der Red. chem. analyt. ermittelt. Aus den magnet. Messungen werden Rückschlüsse auf Teilchengröße u. Red.-Grad gezogen. Die Magnetisierungskurven sowie für superparamagnet. Proben die Werte der angenäherten Verteilungsfunktionen für die Teilchengröße mit den zugehörigen Histogrammen sind dargestellt. Bei den aus I hergestellten Kontakten liegt die Größe der Ni-Kristallite im Bereich von 32–55 Å, während bei den aus II u. III hergestellten Katalysatoren neben größeren Ni-Kristallen ein beträchtlicher Anteil sehr kleiner, katalyt. hochakt. Ni-Teilchen festgestellt wird. Für I werden zur Erreichung eines hohen Red.-Grades wesentlich höhere Temp. u. längere Zeiten als für die entsprechenden II u. III benötigt. Die dabei erhaltenen Kontakte sind nicht immer rein superparamagnet., sondern enthalten Metallteilchen, die hinsichtlich ihrer Größe einen weiten Bereich umfassen. P. FRENZEL. 137 □

Einfluß der allseitigen Kompression auf die Oscillation der magnetischen Susceptibilität bei tiefen Temperaturen. N. B. Brandt und W. A. Wentzel. (Журнал Экспериментальной и Теоретической Физики [J. exp. theoret. Physik] **35.** 1083—87. Nov. 1958. Moskau, Univ.) (Russ.; Auszug: Engl.) — Vgl. C. **1961.** 384.

Vff. untersuchten den Einfl. eines Druckes von 1000 atm auf die Oscillation der magnet. Susceptibilität von *Bi* im Magnetfeld bis zu 13 kOe bei Temp. zwischen 4,2 u. 1,6° K. — Der Druck vermindert die Amplitude der Oscillation bis auf 30%, wobei der Effekt bei $\psi \rightarrow 0$ (ψ = Winkel zwischen der Richtung der Hauptachse u. des magnet. Feldes) u. mit Verringerung der Feldstärke wächst. Die Phasenänderung der Oscillation übersteigt nicht $\pm 10°$, die Anisotropieänderung der konst. Komponente der magnet. Susceptibilität $\pm 2\%$. — Die nach LANDAU berechneten effektiven Elektronenmassen in den einzelnen Achsenrichtungen betragen unter 1000 atm $m_1 = (1{,}8 \pm 0{,}2) \cdot 10^3$ (bei 0 atm $2{,}4 \cdot 10^3$); $m_2 = 2{,}55 \pm 0{,}12$ (2,5); $m_3 = 0{,}056 \pm 0{,}003$ (0,05); $m_4 = -0{,}255 \pm 0{,}012$ ($-0{,}25$); die FERMIsche Grenzenergie $(2{,}68 \pm 0{,}07) \cdot 10^{14}$ [$(2{,}81 \pm 0{,}07) \cdot 10^{14}$] erg; die Elektronen-Konz. $(1{,}275 \pm 0{,}075) \cdot 10^5$ [$(1{,}42 \pm 0{,}07) \cdot 10^5$]. J. TŮMOVÁ. 137 □

Temperaturunabhängiger Paramagnetismus von Permanganat und verwandten Komplexen. A. Carrington. (Molecular Physics **3.** 271—75. Mai 1960. Cambridge, Univ., Chem. Labor., Dep. of Theoret. Chem.) (Engl.)

Im Rahmen der Mol.-Bahn-Theorie wird der temperaturunabhängige Paramagnetismus von Permanganat behandelt. Es wird gezeigt, daß der Hauptanteil des Paramagnetismus von den Elektronen der d-Bahnen des Metalls herrührt u. daß die Größe des Ladungsübergangs von den Liganden zum Metallion abgeschätzt werden kann. Die abgeleitete Theorie ist auf jeden Komplex anwendbar, der ein Metallion besitzt, das unbesetzte, niedrig liegende d-Bahnen enthält. H. SCHIBILLA. 137 □

Zur Theorie der paramagnetischen Resonanz und der paramagnetischen Relaxation in Metallen. W. W. Andrejew und W. I. Gerassimenko. (Журнал Экспериментальной и Теоретической Физики [J. exp. theoret. Physik] **35.** 1209—15. Nov. 1958. Kiew, Phys.-Techn. Inst. der Akad. der Wiss. der UkrainSSR.) (Russ.; Auszug: Engl.)

Aufstellung von kinet. Gleichungen für Leitfähigkeitselektronen zur Unters. der paramagnet. Resonanz mit ausführlicher Erläuterung des Falles einer einheitlichen Verteilung des Wechselfeldes im Metall. Es wird gezeigt, daß bei Temp. $kT \gg H_0$ longitudinale u. transversale Spin–Relaxations-Zeiten eingeführt werden können, wobei jedoch beide Zeiten prakt. übereinstimmen. — Die Konst. werden für *Na* berechnet. J. TŮMOVÁ. 137 □

Paramagnetische Absorption in parallelen Feldern der Frequenz von $9{,}3 \cdot 10^9$ Hz in den Salzen $Fe(NH_4)(SO_4)_2 \cdot 12\,H_2O$ und $Fe(NO_3)_3 \cdot 9\,H_2O$. W. A. Kutusow. (Журнал Экспериментальной и Теоретической Физики [J. exp. theoret. Physik] **35.** 1304. Nov. 1958. Kasan, Univ.) (Russ.)

Die an pulverförmigen Proben bei 295° K mittels Radiospektroskop (Klystrongenerator) ermittelten Absorptionskurven (graph. Darst.) zeigen im konst. Feld Maxima für $Fe(NH_4)(SO_4)_2 \cdot 12\,H_2O$ bei 1600 Oe u. für $Fe(NO_3)_3 \cdot 9\,H_2O$ bei 2600 Oe. J. TŮMOVÁ. 137 □

Theorie der ESR-Linienbreiten von freien Radikalen. Daniel Kivelson. (J. chem. Physics **33.** 1094—1106. Okt. 1960. Los Angeles, Calif., Univ. of California, Dep. of Chem.) (Engl.)

Eine Theorie der Linienbreiten der Elektronenspinresonanz (ESR) für Substanzen, bei denen die magnet. Anisotropie klein ist u. bei denen der Bahnmagnetismus wesentlich gelöscht ist, wird entwickelt. Kernquadrupolmomente, Nullfeldaufspaltungen, anisotrope ZEEMAN-Terme u. innermol. Elektron–Kern–Dipol-Wechselwrkg. sowie Bewegungs- u. Austauscheffekte werden für den Fall starker Felder untersucht. Die Theorie wird so entwickelt, daß sie teilweise auf die Unters. von Fll., aber ebenso auf Kristalle anwendbar ist, da die resultierenden Gleichungen, obwohl nur für kleine Anisotropien anwendbar, bes. einfach sind. Die Theorie stellt eine Erweiterung früherer Theorien für ESR-Spektren für Fll. dar. Verschiedene Anwendungen der Theorie mit besonderer Berücksichtigung der V^{4+}-*Chelate* werden diskutiert. Es wird gezeigt, daß diese Theorie zur Erklärung der Ergebnisse von HAUSSER (C. **1960.** 425) über die Existenz einer optimalen Viscosität für die Beobachtung der Hyperfeinstruktur benutzt werden kann.

HERBERT WEBER. 137 □

Paramagnetische Relaxation in Lösungen von VO^{2+}. R. N. Rogers und G. E. Pake. (J. chem. Physics **33.** 1107—11. Okt. 1960. Stanford, Calif., Stanford Univ., Dep. of Phys.) (Engl.)

Das ESR-Spektrum des Vanadylions in Lsgg. hat die Eig., daß die Linienbreiten der individuellen Hyperfeinkomponenten von der Kern-Spin-Orientierung m_I abhängen. Vff. stellten fest, daß der Ursprung dieses Effekts der von McCONNELL (C. **1957.** 5184) vorgeschlagene Mechanismus ist, nämlich die Existenz eines „Mikrokristalls" um das VO^{2+}-Ion, der zu Anisotropien im g-Tensor u. der Hyperfeinwechselwrkg. führt. Durch Vgl. von bei 9,25 u. 24,3 kMHz durchgeführten Linienbreitenmessungen mit den Ergebnissen der Berechnungen von KIVELSON (vgl. vorst. Ref.) konnte auf die Gültigkeit des Mikrokristallitmodells geschlossen werden. HERBERT WEBER. 137□

Paramagnetisches Resonanzspektrum des Fluoroferrations FeF_6^{3-}. Lindsay Helmholz. (J. chem. Physics **31.** 172—75. Juli 1959. St. Louis, Mo., Washington Univ., Dep. of Chem.) (Engl.)

Durch Eindampfen wss. Lsgg. von K_2NaAlF_6 bzw. K_2NaGaF_6 mit FeF_6^{3-}-Zusätzen werden Einkristalle der kub., festen Lsgg. mit der Raumgruppe O_h^5 — F m 3 m hergestellt u. die paramagnet. Resonanzspektren der um die $[\bar{1}\ 1\ 0]$-Achse rotierenden Kristalle untersucht. Die aus der Hyperfeinstruktur des Spektrums abgeleiteten Mol.-Bahnen von FeF_6^{3-} sind tabellar. wiedergegeben. Die 5 ungepaarten Elektronen treten in 5 Antibindungsbahnen auf, von denen drei die Symmetrie t_{2g} haben u. zwei den e_g-Bahnen angehören. Die Koeff. der F-Atombahnen werden mit Hilfe der Werte von TINKHAM (C. **1957.** 9288) berechnet. Die Werte für FeF_6^{3-} sind größer als die entsprechenden Werte für feste Lsgg. von Mn^{2+} in ZnF_2 bzw. CaF_2. Die e_g-Antibindungsbahnen enthalten ca. 2,5% der 2s–F-Bahnen u. ca. 10% der 2p–F-Bahnen. HERBERT MÜLLER. 137□

Bemerkung zum paramagnetischen Resonanzspektrum des Fluoroferrations FeF_6^{3-}. L. Helmholz und A. V. Guzzo. (J. chem. Physics **32.** 302—03. Jan. 1960.) (Engl.)

Die in vorst. Mitt. ungeklärt gebliebenen schwachen Linien u. eine kleine Verschiebung der Lage der starken Linien werden auf Grund von senkrechten Komponenten des magnet. Feldes der Fluorkerne (zurückzuführen auf das Feld ungepaarter Elektronen) zum äußeren Feld gedeutet. Die Spektren von MnF_6^{2-} u. CrF_6^{3-} werden zur Zeit untersucht. ERWIN RIEDEL. 137□

Spin-Gitter-Relaxationszeit von ^{19}F-Kernen in Ag_2F. Q. Won Choi und W. Gilbert Clark. (J. chem. Physics **34.** 1584. Mai 1961. Ithaca, N.Y., Cornell Univ., Baker Labor.) (Engl.)

Die Spin-Gitter-Relaxationszeit der ^{19}F-Kerne in Ag_2F-Kristallen wurde bei verschiedenen Temp. (298, 221, 165 u. 77° K) gemessen. Aus der umgekehrten Proportionalität zwischen der Relaxationszeit-Konst. u. der abs. Temp. in Verbindung mit der Theorie von KORRINGA schließen Vff., daß die relativ große paramagnet. Verschiebung von 0,023% des F im kernmagnet. Resonanzspektrum von Ag_2F nicht auf den Paramagnetismus 2. Ordnung zurückzuführen ist, sondern auf die Hyperfein-Wechselwrkg. zwischen den Leitungselektronen u. dem ^{19}F-Kern. Auf dieser Grundlage läßt sich die KNIGHT-Verschiebung zu 0,020% mit Hilfe der KORRINGA-Gleichung berechnen, was dem beobachteten Wert sehr nahe kommt. GERHARD SCHULZE. 137□

Knight-Verschiebung in Kalium. F. J. Milford und W. B. Gager. (Physic. Rev. [2] **121.** 716—20. 1/2. 1961. Columbus, Ohio, Batelle Memorial Inst.) (Engl.)

Die kernmagnet. Resonanz von ^{39}K wurde in metall. K u. in wss. Lsgg. von KNO_3 u. $K_3Co(CN)_6$ beobachtet. Es ergab sich eine KNIGHT-Verschiebung von $(0{,}248 \pm 0{,}005)$%. Mit dem PINEschen Wert $\lambda_p = 0{,}60 \cdot 10^{-6}$ für die Spinsusceptibilität folgt dann $P_f = 0{,}95\ a_0^{-3}$. Dieser Wert wird mit dem theoret. von $0{,}786\ a_0^{-3}$ nach CALLAWAY u. einem von Vff. nach einer Quantendefektberechnung erhaltenen Wert von $0{,}909\ a_0^{-3}$ verglichen. H. LIEPACK. 137□

Kernmagnetische Resonanz in supraleitendem Zinn. G. M. Androes und W. D. Knight. (Physic. Rev. [2] **121.** 779—87. 1/2. 1961. Berkeley, Calif., Univ. of California, Dep. of Phys.) (Engl.)

An kleinen Teilchen (ca. 100 Å ∅) von β-Zinn wurde die kernmagnet. Resonanz (NMR) zwischen 1,5 u. 4,2° K u. in Magnetfeldern zwischen 1,2 u. 8,8 kGauß untersucht. Die krit. Temp. betrug 3,71° K, das krit. Feld 25 kGauß. Die effektive Eindringtiefe der supraleitenden Teilchen wurde zu 1500 Å abgeschätzt. Die Resonanzlinienbreite betrug 0,34% des Magnetfeldes u. war temperaturunabhängig. In bezug auf α-Sn beträgt die NMR-Verschiebung des β-Sn im Normalzustand 0,77%; sie nähert sich 0,59% im Supraleiter mit $T \to 0$. Die Änderung mit dem Magnetfeld ist $<0{,}03$%. Es kann geschlossen werden, daß die Susceptibilität des Elektronenspins in den supraleitenden Teilchen beim abs. Nullpunkt ca. $^3/_4$ des normalen Wertes beträgt. H. LIEPACK. 137□

Untersuchung der kernmagnetischen Resonanz von Borcarbid. A. H. Silver und P. J. Bray. (J. chem. Physics **31.** 247—53. Juli 1959. Providence, R.I., Brown Univ., Dep. of Phys.) (Engl.)

An B_4C-Pulver u. Einkristallen werden mit einem POUND-WATKINS-Spektrometer (stat. Magnetfeld 5250 Gauß) die kernmagnet. Resonanzspektren für LAMOR-Frequenzen zwischen 5,53 u. 17,7 MHz untersucht. Die Quadrupol-Wechselwrkg. der $6h_1$- u. $6h_2$-B-Atome liefert die Kopplungs-Konst. eqQ für ^{11}B. Wird der Asymmetrieparameter in jedem Fall Null gesetzt, so folgen 0,7 MHz $\geqslant$ $(eqQ)_{6h_1}$ $\geqslant$ 0,2 MHz u. $(eqQ)_{6h_2}$ = 1,3 $\pm$ 0,1 MHz. Eine anomale Resonanzlinie von ^{11}B mit eqQ = 5,58 $\pm$ 0,02 MHz u. η = 0 ist B in 1b-Plätzen zuzuordnen. Aus der Winkelabhängigkeit der Verbreiterung der Resonanzlinien dieser 1b-Atome wird der Grad der Polygonisierung der Einkristalle erhalten.

HERBERT MÜLLER. 137 □

Die elektrische Leitfähigkeit einfacher geschmolzener Elektrolyte. J. O'M. Bockris, E. H. Crook, H. Bloom und N. E. Richards. (Proc. Roy. Soc. [London], Ser. A **255.** 558—78. 1960. Philadelphia, Pa., Univ. of Pennsylvania, John Harrison Labor. of Chem.) (Engl.)

Vff. maßen die elektr. Leitfähigkeit von Schmelzen von $BeCl_2$, $MgCl_2$, $MgBr_2$, MgJ_2, $CaCl_2$, $CaBr_2$, CaJ_2, $SrCl_2$, $SrBr_2$, SrJ_2, $BaCl_2$, $BaBr_2$, BaJ_2, $ZnCl_2$, $ZnBr_2$, ZnJ_2, $CdCl_2$, $CdBr_2$, CdJ_2, $HgCl_2$, $HgBr_2$ u. HgJ_2 vom F. an bis zu einer Maximal-Temp. von 1100°. Die Meßergebnisse sind tabellar. zusammengestellt. Für die Halogenide der Gruppe II A des Perioden-Syst., mit Ausnahme von $BeCl_2$, ist die Aktivierungsenergie (A) für die Leitfähigkeit mit der Temp. konstant. Für $BeCl_2$ u. auch für die Zn-Halogenide ändert sich A merklich mit der Temperatur. Für die Halogenide der Gruppe II A nimmt A mit dem Radius des Kations zu, hängt jedoch wenig von dem Radius des Anions ab. Eine geringe Zunahme der Äquivalentleitfähigkeit der Halogenide der Gruppe II A bei entsprechenden Temp. tritt bei Größerwerden des Kationenradius auf. Mit Zunahme des Anionenradius nimmt die Äquivalentleitfähigkeit ab. Ein für die Halogenide der Gruppe I A vorgeschlagenes Lochmodell zur Erklärung der elektr. Leitfähigkeit (C. **1958.** 10279) besitzt auch Gültigkeit für die Gruppe II A unter der Annahme $MX^+ + X^- \rightleftharpoons$ Löcher. Für $BeCl_2$ trifft dieses Modell nicht zu; es stimmt jedoch, wenn man annimmt, daß geschmolzenes $BeCl_2$ aus einem polymerisierten Gitter besteht, das im Gleichgewicht mit Ioneneinheiten entsprechend $(BeCl_2)_n \rightleftharpoons$ Ionen $\rightleftharpoons$ Löcher steht. Auch für die geschmolzenen Cd-Halogenide hat dieses Modell Gültigkeit, jedoch mit Anzeichen eines geringen Grades von Polymerisation. Dem $BeCl_2$ sind die geschmolzenen Zn-Halogenide im Hinblick auf den Strukturtyp ähnlich. Die Leitfähigkeit von $HgCl_2$ u. $HgBr_2$ steht in Übereinstimmung mit dem obigen Modell mit $(HgX_2) \rightleftharpoons$ Ionen $\rightleftharpoons$ Löcher, wobei das Gleichgewicht bei allen Temp. stark nach links verschoben ist. Die Schmelze von HgJ_2 besteht hauptsächlich aus HgJ_2-Moll., die zu einem geringen Grad in Ionen u. metall. Hg dissoziiert sind.

C. GOTTFRIED. 138

Elektronenleitung in geschmolzenem $PbCl_2$ + Pb. W. Herzog und A. Klemm. (Z. Naturforsch. **16a.** 523—24. Mai 1961. Mainz, MPI für Chem., Otto-Hahn-Inst.) (Dt.)

Vff. untersuchen das geschmolzene Syst. $PbCl_2$/Pb (vgl. C. **1961.** 7493). Die Grenze $PbCl_2$ + Pb/$PbCl_2$ wandert bei Stromdurchgang schneller zur Anode als Cl^-. Die Lsg. muß daher freie Elektronen enthalten, da nur diese eine größere negative Beweglichkeit als Cl^- haben. Der Zusammenhang der beobachtbaren Wanderungs-Geschw. der Grenze mit den Beweglichkeiten der einzelnen Komponenten wird theoret. abgeleitet. Als Elektrolysezelle dient ein mit Al_2O_3-Splittern beschicktes Diaphragmarohr. Das Salz wird unter Vakuum eingeschmolzen u. durch mehrmaliges Evakuieren u. Belüften in den Kathodenraum gedrückt, wo sich nach Einsetzen der Kohleanode u. Elektrolysieren des Pyrosol ausbildet. Die Wanderungs-Geschw. bestimmt man über eine Strecke von 30 cm in Abhängigkeit von Stromdichte u. Temp. mit Hilfe eines Kathetometers. Die Geschw. der Grenze Lsg./reines Salz relativ zur Wand nimmt mit dem Fortschreiten der Grenze zu. Zugleich hellt sich das Pyrosol nahe der Grenze auf. Beide Erscheinungen sind durch die Abnahme der Pb^0-Konz. bedingt (durch Oxydation oder Adsorption von Pb im Diaphragma). Die Ergebnisse der Überführungs-Verss. werden tabellar. mitgeteilt. Die Beweglichkeit der Cl^--Ionen relativ zu den Pb^{2+}-Ionen beträgt bei 630° $-6{,}2 \cdot 10^{-4}$ $cm^2/s \cdot V$, die der Elektronen relativ zu den Pb^{2+}-Ionen bei der gleichen Temp. mindestens $-34{,}8 \cdot 10^{-4}$ $cm^2/s \cdot V$.

P. FRENZEL. 138 □

Anodische Elektrokristallisation. M. Fleischmann und H. R. Thirsk. (Electrochim. Acta [London] **2.** 22—49. Febr. 1960. Newcastle-upon-Tyne, King's Coll., Chem. Dep.) (Engl.)

Zusammenfassung der Unters.-Meth. sowie Diskussion der theoret. Grundlagen einiger Meth. zur Unters. der Kinetik der Elektrokristallisation (EK) (Oberflächen-

diffusion bei potentiostat. Messung, Messung unter stationärer Polarisation u. bei amperostat. Messung). Neue experimentelle Verff. werden vorgeschlagen, u. die Einfl. der Bldg. von Stufenlinien auf die Kinetik im stationären Zustand der Oberflächendiffusion diskutiert. Die Ähnlichkeit der EK mit Rkk. in fester Phase sowie die Wichtigkeit der mkr. Beobachtung der Formen der wachsenden Teilchen werden hervorgehoben. An Hand verschiedener Beispiele wird festgestellt, daß Diffusion u. Gitteraufbau bei der anod. EK schnelle Vorgänge gegenüber der elektrochem. Abscheidung sind.
H. J. HARTMANN. 141□

Wirkungen der Inhibitoren bei der Elektrokristallisation (Übersicht über den gegenwärtigen Stand der Forschung). H. Fischer. (Electrochim. Acta [London] 2. 50—96. Febr. 1960. Karlsruhe, TH, Inst. für Phys. Chem. u. Elektrochem.) (Dt.)

Umfassende Übersicht über neuere Anschauungen von der Wrkg. der Inhibitoren auf die Elektrokristallisation; neben der Definition u. Beschreibung der Arten u. Ursachen der Inhibition werden die Wrkg. der Inhibitoren auf die einzelnen Teilschritte der Elektrokristallisation u. der Einfl. der Inhibition auf die Grundformen der Elektrokristallisation (Bldg. von Wachstumsschichten, Wachstum von Spiralen mit hohem BURGERS-Vektor u. von Nadelkristallen) behandelt. — 56 Literaturangaben (bes. der letzten 5 Jahre). H. J. HARTMANN. 141□

Kinetik der elektrolytischen Abscheidung und Auflösung von Metallen in wässeriger Lösung. H. Gerischer. (Electrochim. Acta [London] 2. 1—21. Febr. 1960. Stuttgart, MPI für Metallforschung.) (Dt.)

Die Diskussion theoret. Vorstellungen in Verbindung mit experimentellen Werten erläutert 2 fundamentale Probleme der elektrolyt. Kristallabscheidung (EKA): 1. Die bekannten Vorstellungen vom Kristallwachstum aus der Gasphase sind auf die EKA übertragbar; der direkte Einbau in die Halbkristallage sowie die bevorzugte Ausbildung von Ad-Atomen mit teilweisem Ionencharakter sind experimentell unterscheidbar. 2. Der Einfl. von chem. Zwischenprodd. auf die EKA ist nachweisbar; die Abscheidung von Metallen aus Komplexen, die Ausbildung von Oberflächen-Verbb. (bei der Auflösung von akt. Fe) u. die anod. Auflösung von Ge wird diskutiert.
H. J. HARTMANN. 141□

Über den Anteil der Defektelektronen an der anodischen Auflösung von Germanium. H. Gerischer und F. Beck. (Z. physik. Chem. [Frankfurt/M.] [N. F.] **24.** 378—89. Juni 1960.) (Dt.) — Vgl. vorst. Referat.

Die Zahl der bei der anod. Auflösung von Ge in alkal. u. saurer wss. Lsg. pro Formelumsatz verbrauchten Defektelektronen wird bestimmt. Dabei ergeben sich bei geringer Defektelektronenzufuhr (DEZ) Werte nahe 2; beim Erhöhen der DEZ erfolgt Anstieg bis fast zum theoret. möglichen Maximalwert 4. Mit großer Wahrscheinlichkeit werden auch Defektelektronen bei einem der nicht die Rk.-Geschw. bestimmenden Rk.-Schritte verbraucht; die Abhängigkeit des Verbrauchs von der Defektelektronennachlieferung zur Oberfläche wird mit Hilfe von statist. Überlegungen gedeutet.
H. J. HARTMANN. 141□

Ein Beitrag zum Problem der Membranelektrode. 3a. Mitt. **Die Entwicklung einer Membranpolarographie.** P. Bersier, J. Bersier und F. Hügli. (Helv. chim. Acta **43.** 478—83. 15/3. 1960. Winterthur, Technikum, Abt. für Chem.) (Dt.) — 2. vgl. C. **1961.** 593.

Zur Unters. von Membran-Eigg., wie freie Porenfläche u. wirksame Diffusionsdicke sowie von Diffusionsvorgängen u. Ionenverteilungen in Membran-Syst., werden die Polarisationserscheinungen an Metallelektroden, bes. an der Hg-Tropfelektrode, auf die einseitige Hg-Membranelektrode übertragen. Bei Verw. von Al_2O_3-Membranen wurden für die Cd-Abscheidung normale Reststromkurven erhalten. Eine Verschiebung des Halbstufenpotentials beruht auf den Widerstandsverhältnissen der Meßanordnung. Die aus der Stromstärke ermittelte Porenfläche in % der Gesamtmembranfläche ist etwas vom Spannungsvorschub abhängig. Dieser Effekt konnte noch nicht erklärt werden.
M. LASER. 142□

Zur Wasserstoffüberspannung an Legierungselektroden. K. Gossner, Chr. Löffler und G.-M. Schwab. (Z. physik. Chem. [Frankfurt/M.] [N. F.] **28.** 229—44. Mai 1961. München, Univ., Phys.-Chem. Inst.) (Dt.)

Die Wasserstoffüberspannung an Legg.-Elektroden der α-Phasen von HUME-ROTHERY-Legg. des *Ag* mit *Cd, In, Sn* u. *Sb* wurde nach dem stationären Verf. gemessen. Die erhaltenen Strom–Spannungs-Kurven wurden miteinander verglichen. Gegenüber reinem Ag konnte bei allen Legg. eine Erhöhung der Überspannung gefunden werden, wobei die Überspannungsbeträge zumeist mit der Zuschlag-Konz. zunahmen, mit Ausnahme der Ag–Sb-Legierungen. Die Resultate werden aus der Veränderung der Chemisorptionswärme erklärt. G. HERZOG. 142□

A_4. Thermodynamik. Thermochemie

Energieübertragung bei Stößen im Gaszustand. J. C. McCoubrey und W. D. McGrath. (Quart. Rev. (chem. Soc., London) **11.** 87–108. 1957. London, Imp. Coll. of Sci. and Technol.) (Engl.)

Vff. geben einen Überblick über die Literatur über die Energieübertragung bei Stößen im Gaszustand, bes. die Übertragung unter Anregung von Schwingungen u. Rotationen. Die Meth. zur Unters. dieses Phänomens werden diskutiert. — 81 Literaturangaben (von 1932–1956). K. FRENKLER. 146□

Dichteentwicklungen von Korrelationsfunktionen für Gleichgewichtssysteme. Harold L. Friedman. (J. chem. Physics **34.** 73–78. Jan. 1961. Yorktown Heights, N.Y., IBM Res. Center.) (Engl.)

Beschreibung einer Meth. zur Ableitung von Dichte-Entw. von Korrelationsfunktionen aus Dichte-Entw. des Überschusses freier Energie. Für die Korrelationsfunktionen von Vielkomponentengasen u. für Lsgg. werden Formeln erhalten. Die Meth. ist auch auf Ionen-Lsgg. anwendbar. CLAUS FISCHER. 146□

Thermodiffusion in D_2-HT und anderen Wasserstoffgemischen. J. Schirdewahn, A. Klemm und L. Waldmann. (Z. Naturforsch. **16a.** 133–44. Febr. 1961. Mainz, MPI für Chem., Otto-Hahn-Inst.) (Dt.)

Mit einem CLUSIUS-DICKEL-Trennrohr, in dem zur Vermeidung von Austausch das Vers.-Gas bei höchstens 230° nur mit Glas, Hg u. Hahnfett Kontakt hatte, wurden die Thermodiffusionsfaktoren α von HT u. DT in D_2 u. von HT in H_2 gemessen. Die Zahlenwerte wurden auf den Thermodiffusionsfaktor α (D_2, H_2) = 0,15 bezogen. Es wurde eine starke Anreichung von HT in D_2 an der heißen Seite, $\alpha(D_2, HT) = 0{,}028$, u. eine gegenüber D_2 kleinere Anreicherung von HT in H_2 an der kalten Seite, $\alpha(HT, H_2) = 0{,}11$, beobachtet. Dies ist wegen der gleichen Massen von HT u. D_2 bemerkenswert. Außerdem wurde $\alpha(DT, D_2) = 0{,}042$ gemessen. Die Thermodiffusionsfaktoren in bin. Gemischen von isotopen Wasserstoff-Moll. lassen sich einheitlich darstellen, wenn man α_{12} in zwei Anteile zerlegt, einen Translationsanteil u. einen Rotationsanteil entsprechend der Formel $\alpha_{12} = 0{,}25(m_1 - m_2)/(m_1 + m_2) + 0{,}20\,(\Theta_1 - \Theta_2)/(\Theta_1 + \Theta_2)$ mit m = Masse, Θ = Trägheitsmoment eines Moleküls. HERBERT WEBER. 149□

Selbstdiffusion in flüssigem ^3He. Daniel Hone. (Physic. Rev. [2] **121.** 669–73. 1/2. 1961. Urbana, Ill., Univ. of Illinois.) (Engl.)

Nach dem LANDAU-Modell einer FERMI-Fl. wird ein Ausdruck für den Koeff. der Selbstdiffusion D in fl. ^3He abgeleitet. Es ist $D = A/T^2$ mit $A \approx 2 \cdot 10^{-6}\ cm^2 \cdot s^{-1} \cdot grad^2$, T in °K. Da diese Temp.-Abhängigkeit von der experimentell beobachteten abweicht ($T^{-3/2}$) wurde ein möglicher Einfl. von 1% ^4He-Verunreinigungen untersucht, der jedoch vernachlässigbar ist. Wahrscheinlich ist das LANDAU-Modell nur unterhalb 0,05° K gut anwendbar. H. LIEPACK. 149□

Selbstdiffusion in flüssigem ^3He. Daniel Hone. (Physic. Rev. [2] **121.** 1864. 15/3. 1961.) (Engl.) — Vgl. vorst. Referat.

Fehlerberichtigung zu der l. c. referierten Arbeit. D. JÖRCHEL. 149□

Über die Potentialdifferenz zwischen der festen und flüssigen Phase beim Gefrieren von Wasser. F. I. Bajandina. (Известия Академии Наук СССР, Серия Геофизическая [Nachr. Akad. Wiss. UdSSR, geophysik. Ser.] **1960.** 339–40. Febr. Artilleriekommandeur-Kriegsakad.) (Russ.)

Mittels zweier Pt-Elektroden wurde die Potentialdifferenz zwischen fl. W. u. Eis gemessen. Je nach der Abkühlungs-Geschw. u. der sich bildenden Eisstruktur wurden von 5 bis zu 100 V erhalten. M. WIEDEMANN. 150□

Dampfdruckerhöhung bei Wasser–Ton-Gemischen. Armin Scholz. (Naturwissenschaften **47.** 465. 2. Okt.-H. 1960. Darmstadt, TH, Eduard-Zintl-Inst. für anorg. u. phys. Chem.) (Dt.)

Kurze Notiz über Verss. mit verschiedenen Materialien, deren Ergebnisse sich dahingehend zusammenfassen lassen, daß ein (durch W.) nasser Festkörper mit großer Oberfläche auch in einer mit Wasserdampf gesätt. Atmosphäre trocknen kann. Eine Deutung dieser Erscheinung ist mit Hilfe einer Erweiterung der Thermodynamik der Phasengrenzflächen möglich. WOLFGANG WAGNER. 150□

Trennparameter isotoper Stickstoffoxyde ($^{15}N^{14}NO/^{14}N_2O$, $N_2{}^{18}O/N_2{}^{16}O$, $^{15}NO/^{14}NO$, $^{15}NO_2/^{14}NO_2$). W. Kuhn, A. Narten und M. Thürkauf. (Helv. chim. Acta **42.** 1433–36. 3/8. 1959. Basel, Univ., Phys.-chem. Inst.) (Dt.)

Nach einer ausführlichen Beschreibung der Darst. der verschiedenen Stickstoffoxyde u. der Isotopenanalysen sowie der Arbeitstechnik wurden die Trennparameter δ mit Hilfe der RAYLEIGH-Dest. an den fl. Substanzen mit natürlichem ^{15}N- u. ^{18}O-Geh. (0,36% ^{15}N u. 0,20% ^{18}O) bei Atmosphärendruck bestimmt. Die Einzelergebnisse sind in einer Tabelle zusammengefaßt. Als Hauptergebnisse wurden festgestellt: a) Syst. $^{15}N^{14}NO/^{14}N^{14}NO$. Die Messungen wurden bei einem Druck von 727 mm Hg durchgeführt. Die diesem Druck entsprechende Siede-Temp. ergibt sich aus Dampfdruckmessungen von BLUE u. GIAUQUE [1935] zu T = 183,9° K. Der wahrscheinlichste δ-Wert beträgt $\delta^{15}N/^{14}N = -(1{,}6 \pm 0{,}03) \cdot 10^{-3}$. — b) Syst. $N_2{}^{18}O/N_2{}^{16}O$. Die Messungen wurden bei einem Druck von 727 mm Hg durchgeführt. Die diesem Druck entsprechende Siede-Temp. ergibt sich aus Dampfdruckmessungen von BLUE u. GIAUQUE [1935] zu T = 183,9° K. Der wahrscheinlichste δ-Wert beträgt $\delta^{18}O/^{16}O = -(1{,}8 \pm 0{,}2) \cdot 10^{-3}$. — c) Syst. $^{15}NO/^{14}NO$. Die Messungen wurden bei einem Druck von 731 mm Hg durchgeführt. Die diesem Druck entsprechende Siede-Temp. ergibt sich aus Dampfdruckmessungen von JOHNSTON u. GIAUQUE [1929] zu T = 121° K. Der wahrscheinlichste δ-Wert beträgt $\delta^{15}N^{14}N = -(2 \pm 0{,}2) \cdot 10^{-2}$. — d) Syst. $^{15}NO_2/^{14}NO_2$. Die Messungen wurden bei einem Druck von 732 mm Hg durchgeführt. Die diesem Druck entsprechende Siede-Temp. ergibt sich aus Dampfdruckmessungen von MITTASCH [1927] zu T = 293,5°K. Der wahrscheinlichste δ-Wert beträgt $\delta^{15}N^{14}N = -(2{,}75 \pm 0{,}03) \cdot 10^{-3}$. Auf Grund einer gegebenen Definition zeigt das negative Vorzeichen an, daß unter den vorliegenden Bedingungen das schwere Isotop schwerer flüchtig ist als das leichte. Dies war nicht ohne weiteres vorauszusehen, da in verschiedenen Fällen experimentell u. kürzlich von BAERTSCHI u. KUHN (C. **1958.** 336) auch theoret. (IR-Anteil der Dispersions-Wechselwrkg.) gezeigt worden ist, daß in bestimmten Fällen die das schwerere Isotop enthaltende Verb. die leichter flüchtige sein kann. E. KLEVER. 150□

Die Dampfphasenhydrolyse von Lanthanid(III)-chloriden. 1. Mitt. **Wärmetönung und Freie Energie der Reaktion $HoCl_{3(f)} + H_2O_{(g)} \rightleftharpoons HoOCl_{(f)} + 2\ HCl_{(g)}$.** Fritz Weigel und Hermann Haug. (Chem. Ber. **94.** 1548—54. 1/6. 1961. München, Univ., Inst. für Anorg. Chem., Transuran-Abt.) (Dt.)

Vff. messen mit Hilfe einer SALVIONI-Quarzfadenwaage die Gleichgewichts-Konst. der Rk. $HoCl_{3(f)} + H_2O_{(g)} \rightleftharpoons HoOCl_{(f)} + 2\ HCl_{(g)}$ im Temp.-Bereich von 712—833° K. Ca. 1 mg 99,8%ig. Ho-Oxyd wird auf die Waagschale gebracht, die Waage in ein Rk.-Rohr eingebracht, das mit einem elektr. Ofen erhitzt wird. Mit wasserfreiem HCl-Gas erhält man wasserfreies $HoCl_3$, das in einem mit H_2O-Dampf beladenen N_2-Strom teilweise zu einer Mischung von Trichlorid u. Oxydchlorid hydrolysiert. Für die Messung verwendet man einen durch konz. HCl geleiteten N_2-Strom mit definierten HCl- u. H_2O-Partialdampfdrücken. Durch eine kombinierte opt.-elektron. Steuerung wird die Ofen-Temp. auch bei Arbeits-Temp. von 400—600° auf ca. ±0,3° konst. gehalten. Durch Kombination der Meßwerte mit der ΔC_p-Funktion für die Dampfphasenhydrolyse der Lanthanidentrichloride $\Delta C_p = 2{,}8 \cdot 10^{-3}$ bis $3{,}6 \cdot 10^{-7}\ T + 44\ T^{-2}$ kcal/Grad·Mol erhält man für die Änderung der Freien Energie ΔF_T^0 (kcal/Mol) $= 15{,}8 + 6{,}4 \cdot 10^{-3} \cdot T \cdot \log T + 1{,}8 \cdot 10^{-7} \cdot T^2 - 22 \cdot T^{-1} - 4{,}85 \cdot 10^{-2} \cdot T$ u. für die Enthalpieänderung $\Delta H_T^0 = 15{,}8 - 2{,}8 \cdot 10^{-3} \cdot T - 1{,}8 \cdot 10^{-7} \cdot T^2 - 44 \cdot T^{-1}$. Hieraus erhält man folgende thermodynam. Konst.: $\Delta F_{298}^0 = +6{,}0$ (kcal/Mol); $\Delta F_{785}^0 = -7{,}7$; $\Delta H_0 = 15{,}8$; $\Delta H_{298}^0 = 14{,}8$; $\Delta H_{785}^0 = 13{,}4$; $\Delta S_{298}^0 = 29{,}7$ (cal/Grad·Mol); $\Delta S_{785} = 26{,}7$. Die Bldg.-Wärme von HoOCl wird zu $\Delta H_{298}^0 = -231{,}6$ kcal/Mol (bezogen auf eine Bldg.-Wärme von $\Delta H_{298}^0 = -232{,}8$ kcal/Mol für $HoCl_3$) bestimmt. Aus den Unterss. wird für Ho bestätigt, daß die Werte für die Wärmetönungen u. Freien Energien der Hydrolyse-Rkk. in der Reihe der Lanthaniden mit steigender Kernladungszahl abnehmen. Die ΔS-Werte liegen in der richtigen Größenordnung (ca. 30 cal/Mol·Grad), jedoch etwas unter denen der Cerit-Erden. Die nach der Gleichung ΔF_T^0 (berechnet) $= \Delta H_0 + 6{,}4 \cdot 10^{-3}\ T \cdot \log T + 1{,}8 \cdot 10^{-7} \cdot T^2 - 22 \cdot T^{-1} + JT$ (J = −48,5 cal/Mol·Grad) berechneten Werte stimmen befriedigend mit den experimentellen Werten überein, ebenso der Wert für ΔS_{298}^0 mit dem nach der LATIMERschen Regel zu erwartenden Wert. P. FRENZEL. 156□

Die Flamme. Francesco Savioli. (Metallurgia ital. **50.** 47—49. Febr. 313—16. Nov. 1958. Milano, Soc. p. Az. Refrattari Argille e Caolini SANAC.) (Ital.)

Definition des Begriffs „Flamme", Übersicht über ihre Verw., Klassifizierung (vorgemischte, gemische Flammen u. Diffusionsflammen) u. über chem. Rkk. in der Flamme. G. PLATZER. 157□

Zur Theorie der Ultraschallabsorption in Metallen. Hubertus Stolz. (Z. Naturforsch. **16a.** 466—70. Mai 1961. Berlin, Dt. Akad. der Wiss. zu Berlin, Physik.-Techn. Inst.) (Dt.)

An Hand des Modells freier Elektronen wird der Absorptions-Koeff. für transversalen Ultraschall in Metallen unter Verw. bekannter halbklass. Vorstellungen neu berechnet u. für die Fälle approximiert, daß die Wellenlänge λ groß bzw. klein gegen die anomale Skin-Tiefe δ u. die Frequenz stets groß gegen die reziproke Relaxationszeit $1/\tau$ der Elektronenverteilung ist. Für $\lambda \ll \delta$ ergibt sich vollkommene Übereinstimmung mit dem Ergebnis einer quantenmechan. Betrachtung des Problems, das von der Kopplung der Elektronen an das von den schwingenden Ionen erzeugte transversale elektromagnet. Feld ausgeht. Keine Übereinstimmung wird mit PIPPARD (vgl. C. **1957.** 6676) erzielt, der von der Annahme ausgeht, daß bis zu höchsten Frequenzen die Gleichgewichtsverteilung der Elektronen mit dem Gitter „mitgenommen" wird („collision drag"-Effekt), was sicherlich für $\omega\tau \gg 1$ (ω = Schallfrequenz) nicht der Fall ist.

P. FRENZEL. 159□

A_5. Kolloidchemie. Grenzschichtforschung

Die Peptisation von Tonen. J. Barna. (Clay Minerals Bull. **3.** 212–13. Aug. 1958. Budapest, Min. Res. Inst.) (Engl.)

Die Peptisierung der Tone gibt ein Maß für die feinsten vorhandenen Teilchen. Zur Messung dieser Größe werden je 1,0 g Ton mit 5 ml W. u. 2, 4, 6, 8, 10 usw. ml 1%ig. Na_2CO_3-Lsg. auf dem Wasserbad bis zur Trockne behandelt, um SiO_2-Bindemittel zu lösen. Jede Probe wird in 1 oder 2 Liter W. gegeben u. 1–2 Std. gerührt. Nach 1–3tägigem Stehen wird die koll. Suspension von dem Nd. abgegossen u. letzterer nach dem Trocknen gewogen. Wird die Peptisation durch das Eindampfen vermindert (in Ggw. von Halloysit), so gibt man 1,0 g zu 25 ml 1-, 2-, 3- oder 6%ig. Na_2CO_3-Lsg., behandelt 30 Min. auf dem Wasserbad u. verd. mit dest. W. auf 1 oder 2 Liter. Bei stark kalkigen Bindemitteln werden die Proben einer Vorbehandlung mit 50 ml 3%ig. HCl unterworfen. F. ENSSLIN. 161□

Das Liesegangsche Phänomen. — Die Bedeutung von Verunreinigungen bei der periodischen Fällung. P. J. Hillson. (Trans. Faraday Soc. **57.** 1031–34. Juni 1961. Wealdstone, Harrow, Middlesex, Kodak Ltd., Res. Labor.) (Engl.)

Vf. untersucht den Einfl. von wasserlösl. Verunreinigungen mit niedrigem Molgew. auf das Fällungs-Verh. schwerlösl. Salze in Gelatine- bzw. Agar-Agar-Gelen. 10%ig. Lsgg. von mehreren Chargen photograph. Gelatine, mit $^1/_{400}$m K_2CrO_4-Lsg. versetzt, wurden zwischen zwei mit Siliconen hydrophobierten Glasplatten in dünner Schicht verteilt u. nach Gelatinierung mit einer 5%ig. $AgNO_3$-Lsg. in Berührung gebracht. Die bei der Diffusion des $AgNO_3$ auftretenden LIESEGANGschen Ringe aus $AgCrO_4$ zeigen sehr große Unterschiede. In Gelen, die zur Entfernung von wasserlösl. Verunreinigungen intensiv mit W. über längere Zeit gewaschen waren, entstanden fast ident. Ringe. Der Nd. war nahezu gleichförmig, purpurfarben u. nicht sehr opak. Die geringe Undurchsichtigkeit beruhte auf der Bldg. mit bloßem Auge erkennbarer langer Nadeln. Unter dem Mikroskop zeigte es sich, daß die Nadeln gut ausgebildete, gleichförmige kub. Kristalle mit ca. 3 μ langen Seiten waren. Der Zusatz von mit Na_2CO_3 hydrolysierter Gelatine zu der gewaschenen Gelatine rief erhebliche Form- u. Farbänderungen (rotorange – orangefarben – gelb) an den Ringen sowie eine Kristallverkleinerung hervor. Adeninsulfat u. Citrationen riefen nur Farb- u. Kristallformänderungen hervor. Diese Vers.-Ergebnisse werden mit anderen, in der Literatur beschriebenen Beobachtungen verglichen u. diskutiert. W. HEIN. 164□

Diffusion durch poröse Materialien. J. R. Bell und P. Grosberg. (Nature [London] **189.** 980–81. 25/3. 1961. Leeds, Univ., Dep. of Textile Ind.) (Engl.)

Bei der Diffusion von Gasen oder Dämpfen durch Schichten poröser Substanzen kann die Porosität ε als Funktion des Verhältnisses D/D_0 (D = Diffusions-Koeff. für die Diffusion durch die poröse Schicht; D_0 = Diffusions.-Koeff. in Luft) betrachtet werden. Durch Analogieschluß zur elektr. Leitfähigkeit in einem mit Isolatorbereichen durchsetzten guten Leiter, für die eine von MAXWELL gegebene Gleichung gilt, gelangen Vff. zu einem Ausdruck $D/D_0 = 2\varepsilon/(3 - \varepsilon)$. Verss. an verschiedenen Syst. (z. B. Glaskugeln, Sand, Kieselgur) ergeben eine hinreichende Übereinstimmung mit dieser Gleichung. Hiervon u. von früheren Arbeiten über die Best. der Diffusion von Wasserdampf durch Leder ausgehend wird die Möglichkeit zur Berechnung der Diffusion durch Textilien diskutiert. W. HEIN. 165□

Statistisch-mechanische Theorie der Diffusionskoeffizienten in binären flüssigen Lösungen. Richard J. Bearman. (J. chem. Physics **32.** 1308–13. Mai 1960. Lawrence, Kans., Univ. of Kansas, Dep. of Chem.) (Engl.) — Vgl. C. **1960.** 5080 u. **1961.** 7851.

Vf. entwickelt eine statist. mechan. Theorie der Diffusions-Koeff. in bin. Lsgg., wobei er bei der Betrachtung des dynam. Verh. der Moll. voraussetzt, daß sie den Gesetzen der klass. Mechanik gehorchen u. daß bei ihnen paarweise additive Zentralkräfte auftreten, deren Stärke nur von dem Abstand der Massenzentren der Moll.-Paare, aber nicht von ihrer Orientierung gegeneinander abhängt. Bei den Unterss. des statist.

Verh. im Ungleichgewicht stellt Vf. mit Hilfe asymptot. Reibungs-Koeff. lineare Beziehungen zwischen den paarigen Raumkräften u. den Geschw. der Moll. her, während für die Betrachtungen im Gleichgewichtszustand angenommen wird, daß die radialen Verteilungsfunktionen von der Zus. der Lsg. unabhängig sind. Gleichungen für die Abhängigkeit der Verhältnisse der Reibungs- u. Diffusions-Koeff. von der Zus. der Lsg. werden abgeleitet. Bei regulären Lsgg. steht das Verhältnis der Selbstdiffusions-Koeff. im umgekehrten Verhältnis zu den entsprechenden Molvolumina. Die Voraussetzungen der Theorie werden ausführlich diskutiert. J. KRAETSCH. 171□

Über die Größen A und ε, die in die genauere Formel von G. M. Pantschenkow zur Berechnung der Viscosität von Flüssigkeiten eingehen. A. P. Toropow und G. A. Brodskaja. (Журнал Физической Химии [J. physik. Chem.] **34.** 1879—82. Aug. 1960. Mittelasiat. Lenin-Univ.) (Russ.)

Es wird gezeigt, daß die Größen A′ und ε_0, die in die Formel PANTSCHENKOWS (C. **1951.** II 1249) für die Viscosität von Fll. eingehen, temperaturabhängig sind u. negative Werte annehmen können, wofür eine Reihe von Beispielen angeführt wird. Die theoret. Grundlagen der Formel sind also falsch. M. WIEDEMANN. 172□

Einfluß der gelösten Luft auf die Viscosität des Wassers. W. A. Caw und R. G. Wylie. (Nature [London] **189.** 995—96. 25/3. 1961. Sydney, Commonwealth Sci. and Ind. Res. Organizat., Nat. Stand. Labor.) (Engl.)

Für Viscositätsmessungen ist der Wert des W. bei 20° mit 0,01002 Poise die von der International Organization for Standardization anerkannte Bezugsgröße. Zur Klärung der Frage, inwieweit dieser Wert durch in W. gelöste Luft beeinflußt wird, sind sehr genaue Viscositätsmessungen an mit Luft gesätt. u. an luftfreiem W. vorgenommen worden. Für die Best. wurden verschlossene, waagerecht aufgehängte Viscosimeter benutzt, die zum Anschluß eines elektron. Zeitmessers Pt-Kontakte enthielten. Die Viscosimeter tauchten in ein Wasserbad, dessen Temp. auf $\pm 0{,}0007°$ konst. gehalten u. mit einem Pt-Widerstandsthermometer gemessen wurde. Die Übereinstimmung der Sinkzeiten einer Meßreihe lag bei $2 \cdot 10^4$. Das Verhältnis der bei 20° mit u. ohne Luft bei Atmosphärendruck in den Viscosimetern erhaltenen Sinkzeiten war $1{,}00125 \pm 0{,}00009$ mit einer Vertrauensgrenze von 95%. Um zu dem Verhältnis der kinemat. Viscositäten zu kommen, muß dieser Wert um einen Faktor von $4 \cdot 10^{-5}$ für den Einfl. der Druckdifferenzen auf die Viskosimeterabmessungen u. um einen Faktor von 1,00119 für den Einfl. des Wasserauftriebs in der mit W. gesätt. Luft gekürzt werden. Der Einfl. der Luft bei Atmosphärendruck auf die kinemat. Viscosität des W. überschreitet demnach niemals einen Wert von $13 \cdot 10^{-5}$ mit einer Vertrauensgrenze von 95%. Bei 25° u. 30° ist dieser Einfl. ebenfalls noch unbedeutend. W. HEIN. 172□

Strömungspotential und Turbulenz. P. R. Stewart und N. Street. (J. Colloid Sci. **16.** 192—94. April 1961. Urbana, Ill., Univ. of Illinois, Dep. of Mining and Metallurg. Engng.) (Engl.)

Vff. bestimmen für einfach- bzw. doppeltdest. W. die Beziehung zwischen dem Strömungspotential E u. dem Druck P sowie zwischen E u. der Geschw. v der Fl. für 2 Capillaren aus Pyrexglas u. finden bestimmte Hinweise auf eine Neigungsänderung, wenn die REYNOLDSsche Zahl angenähert 2000 beträgt. Die Capillaren (Nr. 1 33,3 cm lang; Radius r = 0,057 cm; Nr. 2 24,5 cm, r = 0,104 cm) werden mit heißer CrO_3-Lsg. gereinigt, mit Leitfähigkeitswasser gespült u. 5 Std. lang bei 200° getrocknet. Die Elektroden bestehen aus Ag-Röhren, die im Innern so behandelt werden, daß sie Ag–AgCl-Elektroden bilden. Sie werden direkt mit den Capillaren verbunden. Die v-Werte rechnet man aus den Capillarabmessungen auf lineare Geschw. um. Die Berechnung des ζ-Potentials aus den Neigungen der E/P-Kurve ergibt für die Capillare Nr. 1 184 mV für den laminaren Anteil der Strömung u. 248 mV für den turbulenten Anteil. Weitere Kurven sind für Packungen aus Teflonchips u. für Polystyrolschüttungen dargestellt. Vff. nehmen an, daß das beschriebene Meßverf. zur einfachen Unterscheidung von verschieden dest. W. ähnlicher Leitfähigkeit geeignet ist. Für demineralisiertes W. der Leitfähigkeit $2{,}73 \cdot 10^{-6}$ berechnet man $\zeta = 2{,}9$ mV gegenüber $\zeta = 184$ mV für doppelt dest. W. der Leitfähigkeit $2{,}8 \cdot 10^{-6}$. P. FRENZEL. 173□

Strömungsuntersuchungen bei Gegenstrom von Rieselfilmen und Gas in lotrechten Rohren. Klaus Feind. (VDI-Forschungsh. **26.** Nr. 481. 1—35. 1960. Beilage zu: Forsch. Gebiete Ingenieurwes., Ausg. B. Göttingen.) (Dt.)

An zwei senkrechten, innen mit W. oder W.-Diäthylenglykol-Gemischen berieselten Rohren (∅ 20 u. 50 mm, Länge 2,5 m) wurde das Strömungs-Verh. von wellig laminaren u. turbulentem Fl.-Filmen bei laminarer u. turbulenter Luftgegenströmung untersucht. Der Vers.-Verlauf wurde durch Messung der mittleren Filmdicke, der Luft-Geschw.-Verteilung, des Druckabfalls u. der Staugrenze des Rieselfilms verfolgt. Für die laminare

Gasströmung in senkrechten, innenberieselten Rohren mit glatter Filmoberfläche gelten andere Gesetzmäßigkeiten als für Einphasenströmung. Die mittlere Dicke δ_0 eines glatten u. eines welligen Films unterscheiden sich. Der Unterschied wird mit der Viscosität der Fl. größer. δ_0 ist bei entgegengerichteter laminarer oder turbulenter Luftströmung gleich der bei ruhender Luft, solange die Riesel-Fl. nicht aufgestaut wird. Aus Messungen der Wärmeübergangszahl zwischen Film u. Rohr geht hervor, daß die Reynolds-Zahlen des welligen Rieselfilms bei turbulenter Luftströmung erhalten bleiben. Für die verschiedenen Vers.-Bedingungen werden Gleichungen aufgestellt. Die erhaltenen Ergebnisse stimmen mit denen anderer Autoren gut überein. Ch. Weiske. 173☐

Die Morphologie von thermisch graphitisiertem Ruß P 33 in bezug auf seine adsorptive Gleichförmigkeit. Donald Graham und Walter S. Kay. (J. Colloid Sci. **16.** 182—85. April 1961. Wilmington, Del., E. I. du Pont de Nemours & Co., Org. Chem. Dep.) (Engl.)

Vff. untersuchen elektronenmkr. therm. graphitisierten Ruß P 33 (2700—3000° bei Luftabschluß) u. zeigen, daß die Teilchen überwiegend in Form vieleckiger doppelter Pyramidenstümpfe (im Prinzip sechs- oder achteckig) auftreten. Aus Schattenaufnahmen wird festgestellt, daß die Tiefe der Teilchen mit deren Breite etwa vergleichbar ist. Für die festgestellte Teilchenform wird eine Konz. der Adsorptionszentren von ca. 1% der Gesamtoberfläche erwartet. Vorläufige Messungen ergeben jedoch nur ca. $^1/_{10}$ dieses Werts, was die Annahme unterstützt, daß zwischen benachbarten Flächen Valenzbindung vorliegt. P. Frenzel. 176☐

Die Untersuchung energetischer Inhomogenitäten der Oberfläche am System Platin–Kalium. Hasso Moesta. (Z. Naturforsch. **16a.** 288—301. März 1961. Bonn, Univ., Inst. für Physikal. Chem.) (Dt.)

Vf. untersuchte die Bldg. von K-Ionen an einem geheizten Pt-Draht, indem durch Registrierung des Ionenstroms in Abhängigkeit von der Temp. mit einem XY-Oszillographen die Desorptions-Geschw. gemessen wurde. Bei diesen Flash-Verss. wurden 2 Gruppen von Maxima beobachtet, die auf Energieinhomogenitäten der Oberfläche zurückgeführt werden. Für die bei niedrigeren Temp. auftretenden Maxima werden folgende Aktivierungsenergien für die Bldg. des Ions u. seine Desorption ermittelt: 775° K 18,8, 873° K 22,1, 970° K 24,8 u. 1070° K 28,0 kcal/Mol. In Ggw. von Wasserstoff werden die Hemmungen bei der Ionen-Bldg. herabgesetzt. Vf. führt die Hemmungen auf besetzte Oberflächenzustände des Pt zurück. Die erforderliche Aktivierungsenergie kann ihre Ursache in einer Oberflächenwanderung adsorbierter Atome sowie in einer Anhebung des Grundzustandes des Adatoms haben. Durch entsprechende Verss. mit NH_3 konnte auch hier die Ionen-Bldg. an Pt mit Ungleichförmigkeiten in der Desorptions-Geschw. bei steigender Temp. nachgewiesen werden. H. Liepack. 176☐

Chemisorption an polykristallinem Wolfram. 1. Mitt. **Kohlenmonoxyd.** P. A. Redhead. (Trans. Faraday Soc. **57.** 641—56. April 1961. Ottawa, Canada, Nat. Res. Council, Radio and Electr. Engng. Div., Electron Phys. Group.) (Engl.)

Vf. untersuchte die Chemisorption von CO an W (nicht dissoziiert, Chemisorptionsschicht unterhalb 700° K unbeweglich) an Hand von Desorptionsspektren, die durch Hochheizen des W-Drahts mit kleiner Geschw. (ca. 35°/s) u. gleichzeitiger Registrierung des Druckanstiegs erhalten wurden. Die Adsorption erfolgte bei 300° K u. einem Gleichgewichtsdruck von ca. $5 \cdot 10^{-9}$ Torr. Die Desorptionsmaxima lassen sich in eine α- u. eine β-Gruppe einteilen, die bei 500 bzw. 900—1400° K erscheinen. Die β-Maxima werden Moll. zugeordnet, die an 2 W-Atome gebunden waren, während das α-Maximum einer linearen Bindung an einzelne Oberflächenatome zugeordnet wird, die in den Lücken der β-Schicht erfolgt. Aus den Temp. der Druckmaxima wurden die Aktivierungsenergien der Desorption für den α-Zustand zu ca. 29 kcal/Mol u. für den β-Zustand zu 55—80 kcal/Mol bestimmt. Die anfängliche Haftwahrscheinlichkeit war für $<600°$ K nahezu von der Temp. unabhängig. Sie wird durch die Wahrscheinlichkeit bestimmt, daß ein ankommendes Mol. bei der ersten Annäherung an die Oberfläche physikal. adsorbiert wird. Auch die maximale Bedeckung war unterhalb 600° K im wesentlichen von der Adsorptions-Temp. unabhängig u. betrug ca. $9{,}5 \cdot 10^{14}$ Moll./cm². Die Adsorptions-Geschw. in Abhängigkeit vom Bedeckungsgrad entspricht angenähert der Theorie von Kisliuk für die Besetzung von 2 Plätzen in einer unbeweglichen Schicht. H. Liepack. 176☐

Zum Mechanismus der Chemisorption von Gasen an Oxyden. Karl Hauffe. (Z. Elektrochem., Ber. Bunsenges. physik. Chem. **65.** 321—27. Juni 1961. Wiesbaden-Biebrich, Kalle AG.) (Dt.)

Vf. untersucht die CO-Aufnahme an reinem u. mit geringen Mengen Li_2O u. Ga_2O_3 dotiertem NiO u. schließt aus dem zeitlichen Verlauf der Gasaufnahme, daß der Anteil der reinen Chemisorption nur einige % der Gasaufnahme ausmacht. Der weitaus größte Teil des CO wird durch Oberflächen-Rk. mit Bausteinen des Kristallgitters aufgenommen. Die Chemisorption mit u. ohne Störstellen-Rk. wird theoret. erörtert. An mit Ga_2O_3 dotiertem NiO wird die Defektelektronen-Konz. u. damit die CO-Aufnahme herabgesetzt. Bei Dotierung mit Li_2O wird erstere zwar erhöht, jedoch gleichzeitig durch Vernichtung von Ni-Ionenlücken die Oberflächen-Rk. unterdrückt, was die beobachtete starke Abnahme der CO-Aufnahme erklärt. Für das Syst. H_2/NiO nehmen Ausmaß u. Geschw. der Chemisorption mit steigendem Defektelektronen-Geh. zu, jedoch scheinen für die Weiterreaktion des chemisorbierten H_2 Ni-Ionenlücken nicht notwendig zu sein. Bei Dotierung mit Li_2O wird daher die H_2-Aufnahme trotzdem erhöht. Im Syst. O_2/ZnO ist ebenfalls mit einem Feldtransport der Donatoren zur Oberfläche u. anschließender Donator-Rk. zu rechnen. Um reine O_2-Chemisorption zu erhalten, dotiert man zur Herabsetzung der Donator-Konz. mit Ga_2O_3. Vf. schließt aus den Ergebnissen, daß ein großer Teil der in der Literatur erschienenen Arbeiten über Adsorptions- u. Chemisorptionsmessungen, die den zeitlichen Verlauf der Gasaufnahme nur der Adsorption oder Chemisorption zuschreiben, durch Oberflächen-Rkk. entscheidend verfälscht sind.

P. FRENZEL. 176□

Die Sorption von Benzol und Wasser durch einen „Phenyl"-Montmorillonit. R. M. Barrer und J. S. S. Reay. (Clay Minerals Bull. **3.** 214—20. Aug. 1958. London, Imp. Coll., Phys. Chem. Labor.) (Engl.)

Der „Phenyl"-Montmorillonit wurde nach dem Verf. von DEUEL hergestellt u. enthielt 10 Gew.-% C. Im Vakuum (10^{-6} mm) wurden bei 25° 2,3% u. bei 85° 2,9% Gew.-Verlust gefunden. Man beobachtet eine geringe Sorption von Bzl. oder W., aber keine N_2-Sorption. Die geringen Mengen von Bzl. (10 mg/g Material) werden nur sehr langsam aufgenommen, aber auch nur schwer abgegeben. Bei dem Ausgangsmaterial scheinen alle interlamellaren Zwischenräume mit organ. Material gefüllt zu sein, doch ist es nicht möglich zu entscheiden, ob es chem. gebunden oder nur physikal. adsorbiert ist.

F. ENSSLIN. 176□

Selektivität der Adsorption und elektrostatische Felder von Rutilpulvern. Luis A. Romo. (J. Colloid Sci. **16.** 139—49. April 1961. Newport, Del., E. I. du Pont de Nemours & Co., Inc., Pigments Dep.) (Engl.)

Vf. untersucht die Oberflächen-Eigg. von Rutilpulver [TiO_2 R–40 G, unbehandelt (**I**); R–50 G, behandelt mit SiO_2 u. Al_2O_3-Hydrat (**II**)] durch Best. der bevorzugten Adsorption von n-Butylalkohol (**III**) aus bin. Mischungen mit Toluol (**IV**) sowie durch Berechnung der elektrostat. Feldstärken der Festkörperoberflächen über die Emersionswärmen H_e (Immersionswärmen H_i mit umgekehrtem Vorzeichen). Letztere betragen in folgenden verschiedenen polaren Fll.: n-Heptan 144 ± 7 u. 150 ± 6 erg/cm² für **I** bzw. **II**; n-Butylamin 258 ± 4 u. 322 ± 6; **III** 303 ± 9 u. 380 ± 10; n-Butylchlorid 350 ± 12 u. 457 ± 17. Zur calorimetr. Best. von H_i werden die Proben entgast u. durch 16 std. Erhitzen auf $250 \pm 1°$ im Vakuum von 10^{-3} mm Hg u. darauffolgendes 6 std. Erhitzen bei 10^{-6} mm Hg aktiviert. Zur Best. der selektiven Adsorption mißt man interferometr. die Konz.-Änderung von **III** vor u. nach der Adsorption. Zwischen H_e u. dem Dipolmoment μ besteht die lineare Beziehung $H_e = H_0 + nP\mu$ [erg/cm²] (H_0 Emersionswärme mit einer Fl. mit $\mu = 0$; n-Anzahl der Dipole pro cm² der Oberfläche). Die elektrostat. Feldstärke P wird unter der Annahme eines mittleren Bedeckungsbereichs von 22 Å je Mol.-Art (entsprechend $n - 4{,}55 \cdot 10^{14}$ Moll./cm²) zu $2{,}00 \cdot 10^5$ für **I** u. zu $3{,}18 \cdot 10^5$ elektrostat. Einheiten/cm² für **II** berechnet. Aus den Adsorptionsisothermen wird festgestellt, daß im gesamten Konz.-Bereich des Molenbruchs 0—1 das mol. Verhältnis **III**/**IV** für **II** stets größer als für **I** ist. Daher ist die selektive Adsorption polarer Verbb. an Rutil abhängig von der elektrostat. Feldstärke der Festkörperoberfläche. Der wesentliche Unterschied im Verh. von **I** u. **II** wird auf die unterschiedliche Zus. der Oberfläche zurückgeführt, die bei der Behandlung mit Al_2O_3-Hydrat u. SiO_2 erzielt wurde.

P. FRENZEL. 176□

A₆. Strukturforschung

Lösung der Grundprobleme der Strukturanalyse auf Universalrechenmaschinen. N. P. Trifonow und W. M. Schtscherdin. (Кристаллография [Kristallographie] **4.** 315—23. Mai/Juni 1959. Moskau, Univ., Berechnungszentrale.) (Russ.)

R. K. MÜLLER. 181□

Berechnung von Absorptionskorrekturen auf der EDSAC II. M. Wells. (Acta crystallogr. [Copenhagen] **13.** 722—26. 10/9. 1960. Cambridge, Univ., Cavendish Labor., Crystallogr. Labor.) (Engl.)

Beschreibung von Programmen für die Berechnung von Absorptionskorrekturen für Einkristallproben beliebiger Form. Die Programme wurden auf WEISSENBERG- u. Präzessionskameradaten angewendet. Danach kann die Probe in einem absorbierenden zylindr. Behälter angebracht werden. C. GOTTFRIED. 181

Korrektur der Röntgenogramme im Fall nicht vollkommener Berührung der Proben. J. M. Serra. (An. Real Soc. españ. Física Quím., Ser. A **56.** 77—82. März/April 1960. Barcelona, Inst. de Electr. y Automática, Secc. de Electr. y Radiac.) (Span.)

Vf. leitet eine allg. Formel ab für die Korrektur, die auf die Verschiebung der Linien des Röntgenstrahlendiagramms angewendet werden muß, wenn man eine fokussierende Kamera nach SEEMANN-BOHLIN u. eine flache Probe verwendet, die den von der Kamera bestimmten Umfang nicht berührt. Die in die Formel eingehenden Fehler werden analysiert u. die einschlägigen Diagramme für graph. Berechnungen angegeben. J.-M. SPAETH. 181□

Beitrag zur röntgenographischen Untersuchung von Metallen bei höheren Temperaturen. Miroslav Čermák. (Freiberger Forschungsh., Reihe B Heft **37.** 84—98. 1959.) (Dt.) — C. **1961.** 7507. C. GOTTFRIED. 181

Neue Beispiele für die Anwendung der Röntgenstrukturanalyse. Rolf Hosemann. (Abh. Fritz-Haber-Inst. Max-Planck-Ges. Berlin-Dahlem **36.** 251—87. 1959, herausgeg. 1960.) (Dt.) — Vgl. C. **1960.** 15669.

Nach einem kurzen Überblick über die Beugungs- u. Elektronenmikroskopie berichtet Vf. über die Best. der Elektronendichteverteilung im *NaCl*-Kristall, über Ergebnisse der Theorie der Strukturanalyse von Parakristallen, die Unters. koll. Syst. mittels der Kleinwinkelanalyse, die Unters. der Realstruktur von Kristallen sowie von Kristallpulvern. H. LIEPACK. 181□

Einstufiges Verfahren zur Gewinnung von mit Cr „vorbeschatteten" Kohlenstoffmatrizen. Kazuhiko Izui und Takeo Fujiwara. (J. Sci. Hiroshima Univ., Ser. A **22.** 247—50. Dez. 1958.) (Engl.)

Für elektronenmkr. Unters. von Metalloberflächen wurde von Vff. ein neues Abdruck-Verf. entwickelt, das darin besteht, die Metalloberfläche mit Cr direkt zu bedampfen, darüber den Kohlenstoffilm aufzubringen u. anschließend das Metall zu entfernen. Mit diesem Verf. gelang es, feine Gleitlinien mit nur 50 Å Abstand voneinander auf der Oberfläche von Al-Einkristallen nachzuweisen, die nach der herkömmlichen Meth. nicht gefunden wurden. Die Gründe für die größere Empfindlichkeit des neuen Verf. werden angegeben. M. VOGELMANN. 181□

Tieftemperaturmethode in der Elektronographie. W. F. Dworjankin. (Кристаллография [Kristallographie] **4.** 441—59. Mai/Juni 1959. Kristallograph. Inst. der Akad. der Wiss. der UdSSR u. Inst. für anorg. Chem. der Sibir. Abt. der Akad. der Wiss. der UdSSR.) (Russ.) — Vgl. C. **1959.** 15920.

Übersicht: Experimentelle Technik; elektronograph. Unters. von durch Kondensation von Dämpfen auf einer gekühlten Unterlage erhaltenen dünnen Metallschichten u. von Eisschichten. — 105 Literaturhinweise. R. K. MÜLLER. 181□

Elektronographische Untersuchung der Struktur des Phosphorpentoxydmoleküls. P. A. Akischin, N. G. Rambidi und Je. S. Sassorin. (Кристаллография [Kristallographie] **4.** 360—64. Mai/Juni 1959. Moskau, Lomonossow-Univ.) (Russ.)

Die Auswertung der in 12 Serien aufgenommenen Elektronogramme des P_4O_{10}-Mol. ergibt die Parameter $r_{3,6}$(P–O) (Abstand P—O im P—O—P—O-Verband) = 1,60 ± 0,01 Å, $r_{3,5}$(P—O) (Abstand P—O, wobei O vom P—O—P—O-Verband abgewinkelt ist) = 1,40 ± 0,03 Å u. Winkel P—O—P = 124° 30′ ± 1°. R. K. MÜLLER. 182□

Die Strukturen von Molekülen mit Elektronenunterschuß. H. C. Longuet-Higgins. (Quart. Rev. [chem. Soc., London] **11.** 121—33. 1957. Cambridge, Univ., Dep. of Theoret. Chem.) (Engl.)

Vf. berichtet über die experimentellen Verss. u. theoret. Überlegungen, die zu den heutigen Anschauungen über die Struktur des B_2H_6 geführt haben. Im folgenden werden die Strukturen des B_4H_{10}, B_5H_9, B_5H_{11}, $B_{10}H_{14}$, B_4Cl_4, CaB_6, B_4C u. element. B diskutiert. Weitere in den Rahmen dieser Betrachtungen gehörende Verbb. mit Elektronendefizit sind die polymerisierten Alkyle der Metalle der I., II. u. III. Gruppe u. die Cyclopentadienyle der Übergangsmetalle. Allg. lassen sich die besprochenen Moll. mit Elektronenunterschuß dadurch definieren, daß bei ihnen die Zahl der Valenzelektronen geringer als 2(n — 1), worin n die Anzahl der Atome im Mol. ist. Als bes. Bindungsart sind in diesen Moll. Bindungen vorhanden, die Atomzustände von mehr als zwei Atomen des Mol. enthalten. In ihren chem. Eigg. verhält sich die betrachtete Gruppe von Moll. wie LEWIS-Säuren; sie reagieren mit W. u. anderen LEWIS-Basen. — 54 Literaturzitate (bis 1956). K. FRENKLER. 182□

Theoretische Bestimmung der Wechselwirkungsenergie von Edelgasatomen. Rezsö Gáspár. (Magyar tudományos Akad., matematikai fizikai Osztályának Kőzleményei [Ung. Akad. Wiss., Ber. math. physik. Abt.] **9.** 365—73. 1959. — C. **1961.** 12753.) (Ung.) G. HALMI. 182□

Zwischen- und inneratomare Korrelationsenergien und Theorie der Rumpfpolarisation. Oktav Sinanoğlu. (J. chem. Physics **33.** 1212—26. Okt. 1960. Berkeley, Calif., Univ. of California, Dep. of Chem. and Lawrence Radiat. Labor.) (Engl.)

Atomare u. mol. Energien hängen stark von den Korrelationen in den Bewegungen der Elektronen ab. Ihre Kompliziertheit verlangt die Behandlung eines chem. Syst. in Termen kleiner Gruppen von Elektronen u. ihrer Wechselwrkg., wobei jedoch das Ausschließungsprinzip berücksichtigt werden muß. Zu diesem Zweck behandelt Vf. ein nichtentartetes Vielelektronen-Syst. durch eine verallgemeinerte Störungs-Meth. 2. Ordnung, die auf der Klassifizierung aller SLATER-Determinanten beruht, die aus einem vollständigen Einelektronengrund-Syst. gebildet werden. Die Korrelationsenergie des Syst. wird in die Energien von Paaren von Elektronen (einschließlich Austausch) aufgespalten. Ferner treten einige nichtpaarweise, additive Terme auf, die den Einfl. der anderen Elektronen auf die Energie eines korrelierenden Paares (wegen des PAULI-Ausschließungsprinzips) wiedergeben. Eine detaillierte Behandlung wird für folgende 2 Probleme vorgenommen: a) Die Korrelationsenergie zwischen einem äußeren Elektron in einem angeregten Zustand u. den Rumpfelektronen, z. B. im *Li*-Atom, wird durch ein Potential dargestellt, das auf das äußere Elektron wirkt. Dieses Potential kann mit der mittleren Schwankung des HARTREE-FOCK-Potentials des Rumpfs in Beziehung gebracht werden. b) Ausgehend von einem vollständigen Einelektronen-Basis-Syst. von „self-consistent-field"-Molekularbahnen wird die Energie eines Mol. in diejenigen von Gruppen von Elektronen u. von innermolekularen Dispersionskräften, die zwischen diesen Gruppen wirken, aufgespalten. Einige Drei- u. Mehrelektronenkorrelationseffekte werden ebenfalls diskutiert. HERBERT WEBER. 182□

Röntgenstrahlenstreuung an einer Zellenmodell-Flüssigkeit. L. H. Lund. (J. chem. Physics **33.** 1086—93. Okt. 1960. Erratum: **34.** 688. Febr. 1961. Rolla, Mo., Missouri School of Mines and Metallurgy.) (Engl.)

Die Streuung von Röntgenstrahlen durch ein Zellenmodell einer Fl. wird durch eine Zellenzentren-Paarverteilungsfunktion u. eine Funktion, die das benutzte Zellenmodell beschreibt, charakterisiert. Die durch Umkehrung der theoret. Formel für die gestreute Intensität berechnete Zellenzentren-Paarverteilungsfunktion für fl. *Ar* wird wiedergegeben. HERBERT WEBER. 186□

Beziehungen der Molvolumina und der Kristallgitterenergie. Ss. Ss. Batzanow und L. I. Gorogotzkaja. (Известия Высших Учебных Заведений, Химия и Химическая Технология [Hochschulnachr., Chem. chem. Technol.] **2.** 858—64. 1959. Moskau, Lomonossow-Univ., Lehrstuhl für Kristallographie u. Kristallchem.) (Russ.)

Gitterenergie (U) u. Mol-Vol. (V) von Kristallen mit überwiegend ionogenem Bindungscharakter sind durch die Beziehung $V^{1/3} \cdot U$ = konst. verbunden. Vff. berechneten die Konst. aus Tabellenwerten für Halogenide, Oxyde, Sulfide, Hydroxyde, Hydrogensulfide, Cyanide, Amide, Azide u. Carbonate der Alkalien, Erdalkalien u. mehrerer ein- und zweiwertiger Metalle sowie NH_4^+. Für die Verbb.-Gruppen A^+X^-, $A^{2+}X^{2-}$, $A^{2+}X_2^-$ u. $A_2^+X^{2-}$ beträgt die Konst. 559, 2226, 1903, 1826 entsprechend. Die Abweichungen betragen bis 3%. Für 19 Verbb. wurden die bisher unbekannten Gitterenergien vorausberechnet. Aus den Abweichungen der Konst. bei NH_4F u. NH_4N_3 wurde die Stärke der Wasserstoffbindung N—H···N zu 4,5 kcal berechnet. H. JÄGER. 190□

Superpositionsmethode der Lösung von Kristallstrukturen. W. I. Ssimonow. (Кристаллография [Kristallographie] **4.** 302—11. Mai/Juni 1959. Kristallograph. Inst. der Akad. der Wiss. der UdSSR.) (Russ.)

Übersicht: Grundideen der Superpositionsmeth.; Strukturableitungsfunktionen aus der PATTERSON-Verteilung; Beispiele. — 63 Literaturhinweise. R. K. MÜLLER. 190□

Einfachstes Verfahren zur Ableitung der Fedorow (Raum)-Gruppen. N. W. Below und R. F. Klewzowa. (Кристаллография [Kristallographie] **4.** 289—92. Mai/Juni 1959. Kristallograph. Inst. der Akad. der Wiss. der UdSSR.) (Russ.) — Vgl. C. **1961.** 7506.

Die Zugehörigkeit eines Kristalls zu einer der 32 FEDOROWschen Raumgruppen läßt sich leicht bestimmen, wenn man bei jeder Raumgruppe nach Ersatz aller Symmetrieelemente (SE) mit Translationskomponenten durch SE ohne solche eine Parallelverschiebung aller SE nach einem einzigen gemeinsamen Punkt vornimmt.

R. K. MÜLLER. 190□

Geometrische Varietäten der Kantenformen für Kristalle niedriger und mittlerer Syngonie. I. I. Schafranowski. (Кристаллография [Kristallographie] **4.** 293–301. Mai/Juni 1959. Leningrad, Berginst.) (Russ.)

An den Beispielen der Monoeder, Pinakoide, Dieder, Prismen, Pyramiden u. Dipyramiden werden die geometr. Verschiedenheiten der Kantenflächenformen unter Berücksichtigung der positiven u. negativen Formen, der Flächenbündel u. Mehrflächner mit gemeinsamen Winkeln in vereinfachter Darst. wiedergegeben. In einer Tabelle werden 136 verschied. Formen von Dipyramiden angegeben. R. K. MÜLLER. 190□

Symmetrie und Antisymmetrie von Stäben und Semikontinuen mit der Hauptachse unendlicher Ordnung und endlichen Übertragungen längs derselben. A. W. Schubnikow. (Кристаллография [Kristallographie] **4.** 279–85. Mai/Juni 1959. Kristallograph. Inst. der Akad. der Wiss. der UdSSR.) (Russ.) – Vgl. C. **1960.** 13289.

Von dem genannten Symmetrietyp existieren 25 Gruppen, und zwar 7 farblose (graue), 7 einfarbige u. 11 zweifarbige (schwarz-weiße). Aus den Stabgruppen werden die Schichtsemikontinua durch Vereinigung mit den möglichen Übertragungen in den Richtungen senkrecht zur Hauptachse des Stabes erhalten. R. K. MÜLLER. 190□

Vollständige Systematik der Punktgruppen der Symmetrie. A. W. Schubnikow (Кристаллография [Kristallographie] **4.** 286–88. Mai/Juni 1959.) (Russ.) – Vgl. vorst. Referat.

Die Symmetrie-Punktgruppen werden in 2 Kategorien, 7 Typen u. innerhalb dieser in Reihen unterteilt u. in einer Tabelle wiedergegeben. R. K. MÜLLER. 190□

Abhängigkeit der Abdruckform von der Flächensymmetrie der Kristalle bei der Bestimmung der Härte durch Eindrücken einer Diamantpyramide. W. A. Mokijewski. (Кристаллография [Kristallographie] **4.** 410–13. Mai/Juni 1959. Leningrad, Berginst.) (Russ.)

Der von der Diamantpyramide mit quadrat. Basis in einer Kristallfläche hinterlassene Eindruck ändert bei anisotropen Flächen seine Form, entsprechend der Flächensymmetrie des untersuchten Kristalls. Vf. zeigt an Beispielen, daß der Eindruck statt eines Quadrats auch die Form eines Rhombus, ferner Pinakoid-, Trapez- oder Rechteckform annehmen kann u. daß man aus der Form des Eindrucks Schlüsse auf die Symmetrie der untersuchten Fläche ziehen kann. R. K. MÜLLER. 190□

Über die Erzeugung von Atomversetzungen durch thermische Neutronen. R. M. Walker. (J. nuclear Materials **2.** 147–51. 1960. Schenectady, N. Y., General Electric Res. Labor.) (Engl.)

Die Entstehung atomarer Fehlstellen als Folge von Prozessen, die vom Einfang therm. Neutronen herrühren, wird besprochen. Aus den Ergebnissen einer näherungsweisen Berechnung geht hervor, daß bei einer Reihe von Elementen die Zahl der Fehlstellen, die durch die Rückstöße bei γ-Emission nach Einfangprozessen erzeugt werden, einen merklichen Teil der Gesamtzahl atomarer Fehlstellen ausmacht, welche beim Reaktorexperiment entstehen. Die Trennung u. Anwendungen solcher Rkk. bei Bestrahlungsexperimenten werden diskutiert. HERBERT WEBER. 190□

Aktivierte natürliche Kristalle. Giovanna Mayr. (Nature [London] **190.** 229–31. 15/4. 1961. Milan, Univ. of Milan, Fac. of Med.) (Engl.)

Vf. untersucht die Aktivierung natürlicher Kristalle. Als Strahlungsquelle dient eine feste markierte Verb. (^{45}Ca, ^{14}C, ^{32}P, ^{35}S) mit einer anfänglichen Aktivität von ca. 250 μc. Aus den zu untersuchenden Kristallen (Calcit, Apatit, Coelestin, Gips, Pyrit) schneidet man 2–3 mm dicke Scheiben verschiedener Orientierung. Nach der Aktivierung durch direkten Kontakt mit der Strahlungsquelle (einige Tage bis mehrere Wochen) werden beide Seiten der Probe mit einem GEIGER-Endfenster- oder Gasdurchfluß-Zählrohr ausgezählt. Weiterhin werden Autoradiographien aufgenommen. Aktivierung erfolgt in jedem Falle, schwächer allerdings wenn das akt. Element nicht in der Probe enthalten oder mit enthaltenen Elementen verwandt ist. Bestrahlt man 2 Scheiben gleicher Orientierung zusammen, so ist auch in der von der Strahlungsquelle abgewandten Probe Aktivität festzustellen. Die Aktivierung wird weiterhin nach stufenweisem Abschleifen der bestrahlten Oberfläche gemessen. Die Aktivierungstiefe läßt sich nicht allein durch reine Diffusion erklären, sondern es scheinen durch die Bestrahlung Gitterfehlstellen sowie andere aktivierte Atome u. Ionen zu entstehen, die ebenfalls in das Kristallgitter wandern. Neben Ionenwanderung in das Kristallinnere wird auch Wanderung entlang der Oberfläche angenommen. P. FRENZEL. 190□

Untersuchung der Struktur und Eigenschaften von Aluminiumtellurid. M. Ss. Mirgalowskaja und Je. W. Skudnowa. (Известия Академии Наук СССР, Отделение Технических Наук, Металлургия и Топливо [Nachr. Akad. Wiss. UdSSR, Abt. techn. Wiss., Metallurg. Brennstoffe] **1959.** Nr. 4. 148–52. Juli/Aug. Moskau. (Russ.)

Das zur Unters. verwendete Al_2Te_3 wurde aus Al (Marke AB-000, gereinigt durch Zonenschmelzen) u. Te im Graphittiegel bei ca. 1000° unter Ar-Atmopshäre dargestellt. Al_2Te_3 ist sehr feuchtigkeitsempfinalich u. zerfällt in Al_2O_3 u. H_2Te. H_2Te wird weiter zu Te u. W. oxydiert. Nach Best. der Mikrostruktur u. der Mikrohärte (65 kg/mm²) wurden Röntgenstruktur-Unterss. durchgeführt. Es ergab sich ein defektes hexagonales Kristallgefüge, in dem die Al-Atome zwischen den Te-Atomen liegen, mit den Abständen a = 4,07 kX, c = 6,93 kX u. c/a = 1,69. Daraus folgt die Größe der Elementarzelle zu 100 kX³. Auf Grund der Dichte (4,5 g/cm³) müßte sich eine Elementarzelle zu 160 kX³ ergeben. Daraus wurde gefolgert, daß die Elementarzelle nur zu $^2/_3$ aus Al_2Te_3-Moll. besteht. Weiterhin ergaben Leitfähigkeitsmessungen bei Raum-Temp. einen Wert von 185 Ω^{-1} cm^{-1}. Mit steigender Temp. ändert sie sich nur geringfügig u. zeigt erst bei der Schmelz-Temp. einen scharfen Anstieg. Aus der elektr. Charakteristik folgt, daß Al_2Te_3 eine Halbleiter-Verb. mit einer breiten verbotenen Zone von 2,2 eV ist. Der thermoelektr. Koeff. von Al_2Te_3 beträgt 270 μV/Grad. HEINZ FISCHER. 190□

Die Herstellung und das Zonenschmelzen von Galliumphosphid. C. J. Frosch und L. Derick. (J. electrochem. Soc. **108.** 251–57. März 1961. Murray Hill, N.J., Bell Telephone Inc.) (Engl.)

Vff. beschreiben die Herst. polykristalliner GaP-Barren aus 99,999%ig. Ga u. weißem P in einer Druckkammer in Ar-Atmosphäre. Die erhaltenen Barren sind im allg. p-leitend, in einigen Fällen auch n- oder p,n-leitend. Der Wiederstand schwankt zwischen 0,01 u. über 20 $\Omega \cdot$cm, die Ladungsträger-Konzz. betragen 10^{16}–10^{19} Elektronen oder Löcher pro cm². Es wird die Bldg. eines orangefarbenen Films beobachtet, der aus sich überlappenden GaP-Dendriten besteht. Bei höheren Temp. entsteht ein schwarzer Film aus GaP-Kristalliten mit einem C-Geh. von 10 Gew.-%, der, wie durch Markierung mit ^{14}C festgestellt wurde, durch die verwendeten Graphitschiffchen bedingt ist. Aus den nach obigem Verf. erhaltenen Barren werden Stäbe geschnitten, aus denen durch Zonenschmelzen mit Hilfe von Hochfrequenzerhitzung Einkristalle gewonnen werden. Bei Anwendung von 12 MHz erhält man stabilere Zonen als mit 120 MHz. Der P-Druck am F. des GaP stöchiometr. Zus. beträgt über 20 atm. Die Konz. enthaltener Verunreinigungen wird beträchtlich herabgesetzt. Bei einem P-Druck von 35 atm u. einer Beschickungs-Geschw. von 0,15 mm/min erhält man in einem Durchgang einen großen p-leitenden Einkristall (ca. 2 cm lang; 5 mm im Querschnitt). Während des Zonenschmelzens entstehen aus der Dampfphase Kristallite auf der Oberfläche des eingesetzten Barrens u. auf den Wandungen. Diese wachsen im ersteren Falle kontinuierlich auf u. zeigen, wie durch Röntgenanalyse festgestellt wird, die gleiche Orientierung wie der Barren. Während des Durchganges wird eine bläulichgrüne Gasentladung beobachtet, die auf durch die Einw. des elektr. Feldes entstandene P_2-Moll. zurückzuführen sein könnte. Vff. nehmen an, daß hierdurch ein Verf. zur Herst. epitakt. GaP-Filme unter kontrollierten Bedingungen gegeben ist. P. FRENZEL. 190□

Kristallographische und magnetische Untersuchung der festen Lösung $x Zn_2 \cdot SnO_4$, $(1 - x) Zn_2TiO_4$. Paul Poix und André Michel. (Bull. Soc. chim. France **1961.** 352–53. Febr. Orsay, Fac. des Sci., Labor. de Chim. Minér.) (Franz.)

Vff. untersuchten kristallograph. u. magnet. verschiedene Proben fester, kontinuierlicher Lsgg., die durch Ersatz des Sn durch Ti in Zn_2SnO_4 entstanden. Alle Verbb. wurden im festen Zustand aus Gemischen von Zn_2SnO_4 u. Zn_2TiO_4 oder SnO_2, TiO_2 u. ZnO durch mehrfaches Glühen dargestellt: zweimal 4 Tage bei 900–950°, 4 Tage bei 1000–1050° u. 2 Tage bei 1200°. Nach jeder Glühphase wurden die Prodd. fein zermahlen. Die röntgenograph. Unters. (λ_{Cu} = 1,54050 Å) zeigte einen einheitlichen Bau aller Verbb. (O_h^7–F 3 d m), was das Vorliegen einer kontinuierlichen festen Lsg. aus Zn_2SnO_4 u. Zn_2TiO_4 bestätigte. Die Gitter-Konst. der einzelnen Mischkristalle (x = 0 bis 1, a = 8,467 bis 8,665 Å) wurden tabellar. u. graph. angegeben. Unter Verw. einer Translationswaage wurden die magnet. Messungen durchgeführt u. die mol. Susceptibilitäten der Mischkristalle (x = 1,0–0,0; χ_m = (–81 bis –61,5)$\cdot 10^{-6}$ tabellar. angegeben. Extrapolation der Kurve im Diagramm χ_m = f(x) ergab für reines Zn_2TiO_4 χ = $-63 \cdot 10^{-6}$ gMol.
H. FRIES. 190□

Infrarot-Untersuchung der Wanderung von Lithiumionen in unbesetzte Oktaederplätze in Muskovit und Montmorillonit. Joe L. White, G. W. Bailey, C. B. Brown und J. L. Alrichs. (Nature [London] **190.** 342. 22/4. 1961. Lafayette, Ind., Purdue Univ., Agronomy Dep.) (Engl.)

Bei der Rk. geschmolzener Salze mit Schichtsilicaten fanden Vff., daß geschmolzenes $LiNO_3$ einen großen Teil des K aus Muskovit entfernt u. daß das Li in einer nicht leicht austauschbaren Weise fixiert wird. Wenn Li^+ unbesetzte Oktaederplätze im Muskovit u. Montmorillonit einnimmt, so ist zu erwarten, daß die drei oktaedr. Nachbarn (2 Al, 1 Li) der OH-Gruppe diese fester binden u. die Frequenz ihrer Spreizschwingung verringern. IR-Spektren von unbehandeltem Muskovit u. dem gleichen Material nach 480std. Behandlung mit geschmolzenem $LiNO_3$ zeigen, daß die Absorptionsbande bei 915 cm^{-1} nach der Behandlung verschwunden ist. Außerdem treten auch die Banden bei 828 u. 798 cm^{-1} nicht mehr auf. Behandelt man Montmorillonit (Wyoming-Bentonit) mit geschmolzenem KNO_3 bei 350°, so wird die OH-Bande bei 915 cm^{-1} nicht beeinflußt, während Behandlung mit geschmolzenem $LiNO_3$ bei 300° diese Bande verschwinden läßt. Diese Ergebnisse liefern eine experimentelle Bestätigung der Wanderung von Li^+ in leere Oktaederplätze in Muskovit u. Montmorillonit. GERHARD SCHULZE. 190□

Stark orientiertes Bornitrid. D. Belforti, S. Blum und B. Bovarnick. (Nature [London] **190.** 901. 3/6. 1961. Waltham, Mass., Raytheon Co., Res. Div.) (Engl.)

Durch Dampfphasenpyrolyse u. Abscheidung auf einem heißen Träger wird BN hergestellt, dessen Kristallite stark orientiert sind u. das nach spektrograph. Unterss. nur Spuren von Verunreinigungen (10 ppm Mg, Mo bzw. Si) aufweist. Die abgeschiedenen, weißen u. gelben Schichten sind transparent u. weisen senkrecht zum Träger orientierte Säulen auf. Die Höhe der Elementarzelle wird röntgenograph. mit Co–K_α-Strahlung zu 6,72 Å, die Kristallgröße zu 140 Å bestimmt. Die Kantenlänge des pyrolyt. BN weicht kaum von Literaturwerten ab. Bei Verw. dieser Daten zur Berechnung der Dichte wird 2,26 (g/cm^3) erhalten, während die theoret. Dichte 2,27 beträgt.

HERBERT MÜLLER. 195□

Die Kristallstruktur von Monothiosemicarbazidzinkchlorid. Luigi Cavalca, Mario Nardelli und Germano Branchi. (Acta crystallogr. [Copenhagen] **13.** 688–93. 10/9. 1960. Parma, Univ., Inst. of Chem., Structural Chem. Labor.) (Engl.)

Monothiosemicarbazidzinkchlorid, $Zn[SC(NH_2)NH \cdot NH_2]Cl_2$, kristallisiert in gut entwickelten rhomb. Nadeln mit der b-Achse als Nadelachse. Dreh- u. WEISSENBERG-Aufnahmen lieferten die Zelldimensionen a = 11,92 ± 0,01 (Å), b = 7,28 ± 0,02; c= 15,46 ± 0,02. Raumgruppe ist D_{2h}^{16} – Pnma; Z mit Dichte 2,18 gleich 8. Die Parameter werden mit Hilfe von FOURIER-Projektionen ermittelt. Sie sind Zn (x = 0,3830; (y =) 1/4; (z =) 0,1945; Zn': 0,3370; 3/4; 0,4881; Cl: 0,4383; 0,0040; 0,1189; Cl': 0,3720; 0,4960; 0,5661; S: 0,2122; 1/4; 0,2603; S': 0,3867; 3/4; 0,3445; C: 0,261; 1/4; 0,365; C': 0,250; 3/4; 0,308; $N_{(1)}$: 0,195; 1/4; 0,432; $N_{(2)}$: 0,367; 1/4; 0,378; $N_{(3)}$: 0,459; 1/4; 0,317; $N'_{(1)}$: 0,229; 3/4; 0,228; $N'_{(2)}$: 0,172; 3/4; 0,364; $N'_{(3)}$: 0,168; 3/4; 0,454. Die Struktur besteht aus Moll.-Komplexen, in denen das Zn-Atom tetraedr. von 2 Cl-Atomen u. einem Thiosemicarbazid-Mol. (S u. $N_{(3)}$) umgeben ist. Die Abstände Zn–Cl betragen 2,238 ± 0,010 (Å) bzw. 2,247 ± 0,009; die Abstände Zn–S sind 2,286 ± 0,006 bzw. 2,298 ± 0,006 u. Zn–$N_{(3)}$ 2,11 ±0,02 bzw. 2,08 ± 0,03. Der Winkel Cl–Zn–Cl ist prakt. tetraedr., der Winkel S–Zn–$N_{(3)}$ beträchtlich kleiner. Das organ. Mol. ist streng planar.

C. GOTTFRIED. 195

Hochtemperatur-Röntgenuntersuchung der thermischen Ausdehnung von PtS_2, $PtSe_2$, $PtTe_2$ und $PdTe_2$. Arne Kjekshus und Fredrik Grønvold. (Acta chem. scand. **13.** 1767–74. 1959. Blindern, Norway, Univ. i Oslo, Kjem. Inst. A.) (Engl.)

Vff. untersuchten die Verbb. PtS_2, $PtSe_2$, $PtTe_2$ u. $PdTe_2$, alle mit der Struktur des $Cd(OH)_2$-Typs u. einem Achsenverhältnis c/a < 1,633, mit Hilfe der Pulver-Meth. im Temp.-Bereich von 20–950°. Die therm. Ausdehnung ist bei allen 4 Verbb. anisotrop. Für die a-Achse ist sie über den ganzen Temp.-Bereich nahezu linear, für die c-Achse nur bei tieferen Temp.; bei höheren Temp. wächst sie bei PtS_2, $PtSe_2$ u. $PtTe_2$ langsamer als bei tieferen, während sie beim $PdTe_2$ umgekehrt stärker wächst. Es wurden folgende Werte für die Gitter-Konst. (bei 20°), die therm. Ausdehnungs-Koeff. β u. die mittleren therm. Vol.-Ausdehnungs-Koeff. α ermittelt: *PtS_2*: a 3,5431 (Å); c 5,0389; β_a $2,3 \cdot 10^{-6}$ ($Grad^{-1}$) (20–562°); β_c $37 \cdot 10^{-6}$ (20–250°); α $40 \cdot 10^{-6}$ ($Grad^{-1}$) (20–250°) – *$PtSe_2$*: a 3,7278; c 5,0813; β_a $5,7 \cdot 10^{-6}$ (20–946°); β_c $20 \cdot 10^{-6}$ (20–283°); α $31 \cdot 10^{-6}$ (20–283°) – *$PtTe_2$*: a 4,0259; c 5,2209; β_a $5,8 \cdot 10^{-6}$ (20–870°); β_c $27 \cdot 10^{-6}$ (20–591°); α $39 \cdot 10^{-6}$ (20–591°). – *$PdTe_2$*: a 4,0365; c 5,1262; β_a $12,0 \cdot 10^{-6}$ (20–574°); β_c $30 \cdot 10^{-6}$ (20–284°); α $57 \cdot 10^{-6}$ (20–284°). – Bei allen Verbb. gleicht die Temp.-Abhängigkeit der Vol.-Ausdehnung der der c-Achse. Die relativen Änderungen des kürzesten Atomabstandes Metall–Metalloid (A) u. Metalloid–Metalloid (B) liegen in der gleichen Größenordnung wie die der linearen Ausdehnung: *PtS_2*: (A =) $11 \cdot 10^{-6}$ $Grad^{-1}$; (B =) $17 \cdot 10^{-6}$ (20–250°) – *$PtSe_2$*: $10 \cdot 10^{-6}$; $15 \cdot 10^{-6}$ (20–283°) – *$PtTe_2$* $11 \cdot 10^{-6}$; $17 \cdot 10^{-6}$ (20–591°) – *$PdTe_2$* $16 \cdot 10^{-6}$; $23 \cdot 10^{-6}$ (20–284°); während sich die Abstände Metall–Metall wie die a-Achse verändern. P. SCHARNER. 195□

Untersuchungen über die Entwässerung einiger natürlicher Borate. Curzio Cipriani. (Atti Soc. Toscana Sci. natur., Ser. A **65.** 284—321. 1959. Firenze, Univ., Ist. di Mineral., Petrografia e Geochim.) (Ital.)

Chem., röntgenograph., thermogravimetr. u. mittels DTA wurde die Entwässerung der folgenden natürlich vorkommenden Borate untersucht: *Bakerit* (**I**), *Borax* (**II**), *Colemanit* (**III**), *Howlith* (**IV**), *Hydroborazit* (**V**), *Kernit* (**VI**), *Meyerhofferit* (**VII**), *Probertil* (**VIII**), *Sborgit* (**IX**), *Tinkalkonit* (**X**) u. *Ulexit* (**XI**). Zur Unterscheidung zwischen Wasser-Moll. u. OH-Gruppen wurde die Titrier-Meth. von FISCHER angewendet. Die chem. Analyse von **I** lieferte die Werte CaO 34,73(%); B_2O_3 27,03; SiO_2 29,73; H_2O 8,99. Dies u. die Titration nach FISCHER bestätigten die von anderer Seite vorgeschlagene Formel $Ca_4B_4(BO_3 \cdot OH)(SiO_4)_3 \cdot H_2O$. Auf der thermogravimetr. Kurve erscheint ein Verlust von 1,38% beim Erhitzen bis ca. 300°, entsprechend einem theoret. Verlust von 1,42% für 1 Mol H_2O; die vollständige Entwässerung ist bei ca. 700° erreicht. Die DTA-Kurve zeigte 2 endotherme Maxima bei 120 u. 620°. Das Pulverdiagramm bleibt bis zum Erhitzen auf 410° unverändert, während beim Erhitzen auf 680° ein amorphes Diagramm erhalten wurde. Die monokline, pseudorhomb. Zelle hat die Abmessungen a = 9,66 (Å); b = 7,64; c = 4,83; β = 90° 09'. — Für **II** mit der Zus. Na_2O 16,24(%); B_2O_3 36,69; H_2O 46,66 konnte die bekannte Formel durch die Unterss. bestätigt werden. Auf den Pulverdiagrammen tritt nach Erwärmen auf 80° das Interferenzbild des Tinkal auf, beim Erwärmen auf 100° ist das Mineral röntgenamorph u. beim Erhitzen auf 200° erscheint wieder der Tinkal. — Die chem. Analyse von **III** ergab die Werte CaO 27,56(%); B_2O_3 50,32; H_2O 22,28. Aus dieser Formel, den therm. Unterss. u. der Titration nach FISCHER folgt als Formel $Ca_2B_6O_7(OH)_8 \cdot H_2O$. Aus den Pulverdiagrammen ist ersichtlich, daß nach Erhitzen auf 320° das Gitter zerstört ist u. ein amorphes Borat vorliegt. — Die Zus. von **IV** ist CaO 28,98(%); B_2O_3 44,12; SiO_2 15,21; H_2O 11,44. Die thermogravimetr. Kurve beginnt bei 350° anzusteigen u. steigt langsam bis 550° weiter an. Auf der DTA-Kurve tritt nur ein endothermes Maximum mit Schwerpunkt bei 580° auf. Zusammen mit dem Ergebnis der Titration nach FISCHER erhält man die Formel $Ca_2B_5Si(OH)_5O_9$. Nach Erhitzen auf 600° ist aus dem Pulverdiagramm ersichtlich, daß das Mineral amorph geworden ist. Das Pulverdiagramm ließ sich nach den von MURDOCH (vgl. C. **1960.** 2113) angegebenen Zelldimensionen indizieren. Die chem. Analyse von **V** ergab CaO 14,04(%); MgO 9,92; B_2O_3 49,47; H_2O 26,56. Die thermogravimetr. Kurve steigt bei 180° plötzlich stark an, zeigt bei 220—250° eine deutliche Biegung, entsprechend 2 Mol H_2O u. steigt hierauf langsam bis zur vollständigen Entwässerung bis 530° an. Die DTA-Kurve zeigte einen sehr kleinen endothermen Effekt bei 100° u. ein ausgeprägtes endothermes Maximum bei 320°. Die Titration nach FISCHER ergab 1,80 Mol, d. h. 2 Mol H_2O. Das Mineral hat demnach die Formel $CaMgB_6O_7(OH)_8 \cdot 2\,H_2O$. Beim Erhitzen zeigte sich, daß bereits bei 280° das Gitter vollkommen zerstört ist. Die monokline Zelle hat die Abmessungen a = 11,76 ± 0,05 (Å); b = 6,68 ± 0,02; c = 8,20 ± 0,03; β = 102,8°. — **VI** hat die Zus. Na_2O 22,66(%); B_2O_3 50,90; H_2O 27,07. Die thermogravimetr. u. die DTA-Kurve zeigen Eigg., die wenig gut miteinander übereinstimmen. Diskussion der Beobachtungen führte schließlich zu der Formel $Na_2B_4O_7 \cdot 2\,H_2O$. Röntgenamorph wird das Borat beim Erhitzen auf 180°. — Die Analyse von **VII** hat CaO 26,06(%); B_2O_3 44,39; H_2O 27,98; unlösl. 0,79. Die DTA-Kurve zeigte einen großen endothermen Effekt, der bei 200° beginnt u. bei 220° sein Maximum hat; ein weiterer, sehr kleiner endothermer Effekt tritt bei wenig oberhalb 500° auf. Aus der thermogravimetr. Kurve ist ersichtlich, daß das Mineral zwischen 170 u. 200° 5 Mol. H_2O verliert, während weitere 2 Mol allmählich beim Erhitzen bis zu 450° abgegeben werden. Die Formel ist daher $Ca_2B_6O_9(OH)_4 \cdot 5\,H_2O$. Nach Erhitzen auf 200° erhält man ein amorphes Diagramm. — Die Zus. vom **VIII** ist Na_2O 8,93(%); CaO 16,44; B_2O_3 49,13; H_2O 25,86; unlösl. 0,49, entsprechend dem Verhältnis $Na_2O : CaO : B_2O_3 : H_2O = 1 : 2 : 5 : 10$. Weder aus der thermogravimetr. u. der DTA-Kurve, noch aus der Titration konnten definitive Schlußfolgerungen über die Formel des Minerals gezogen werden. Aus Röntgenaufnahmen von Proben, die auf 100; 190 u. 410° erhitzt worden waren, ergab sich, daß sich das Gitter bei 190° zu zersetzen beginnt u. bei 410° vollständig zerstört ist. — Die analyt. Daten von **IX** sind Na_2O 10,57(%); B_2O_3 58,93; H_2O 30,58. Das theoret. Verhältnis ist $Na_2O : B_2O_3 : H_2O = 1 : 5 : 10$. Diese 10 Moll. W. konnten auch mittels der FISCHERschen Meth. festgestellt werden. Auch aus den therm. Messungen ist ersichtlich, daß das gesamte W. als Kristallwasser gebunden ist. Bereits nach Erhitzen auf 100° liefert das Borat ein amorphes Diagramm. — **X** hat die Zus. Na_2O 21,32(%); B_2O_3 48,21; H_2O 29,93 entsprechend Na_2O zu $B_2O_3 : H_2O = 1 : 2 : 5$. Die DTA-Kurve zeigte nur einen sehr starken endothermen Effekt mit dem Maximum bei 170°. Thermogravimetr. ergab sich, daß 3 Mol W. bis 140° abgegeben werden, die vollständige Entwässerung ist bei 410° erreicht. Das schon teilweise nach Erhitzen auf 140° entwässerte Borat erwies sich als röntgenamorph.

Die Daten eines Pulverdiagramms von synthet. **X** sind angegeben. — Aus der chem. Analyse des **XI** — Na_2O 7,33(%); CaO 13,46; B_2O_3 40,77; H_2O 36,83; unlösl. 1,06 — ergab sich das Verhältnis $Na_2O : CaO : B_2O_3 : H_2O = 1:2:5:16$. Dieser Wasser-Geh. konnte auch mit Hilfe der FISCHERschen Meth. nachgewiesen werden; das Borat enthält demnach keine OH-Gruppen. Aus der thermogravimetr. Kurve ergab sich das Auftreten des Hexahydrates $NaCaB_5O_9 \cdot 6\,H_2O$, das sich auch röntgenograph. nachweisen ließ. Die Röntgendiagramme des natürlichen **XI** u. des Hexahydrats sind tabellar. angegeben. Das wasserfreie Mineral erwies sich als amorph. — Außerdem wurden noch untersucht *Priceit* (**XII**) u. *Sussexit* (**XIII**). **XII** hat die Zus. CaO 33,15(%); B_2O_3 48,44; H_2O 18,26 entsprechend $CaO : B_2O_3 : H_2O = 4:5:7$. Aus den therm. Unterss. u. der Titration nach FISCHER wurde die Formel $Ca_2B_5O_7(OH)_5 \cdot H_2O$ vorgeschlagen. Es muß außerdem angenommen werden, daß als Zwischenprod. $Ca_2B_5O_7(OH)_5$ auftritt, was auch röntgenograph. sichergestellt werden konnte. Das vollkommen entwässerte Borat ist röntgenamorph. **XIII** ist als das Mn-reiche Endglied der Reihe Sussexit–Szaibelyit anzusehen. Seine Zus. ist MnO 38,24(%); CaO 6,17; MgO 13,81; B_2O_3 34,36; H_2O 7,22; unlösl. 0,21. Aus der thermogravimetr. Kurve ist ersichtlich, daß der H_2O-Verlust bei 300° beginnt u. bei 500° beendet ist. Analog zeigt die DTA-Kurve einen endothermen Effekt, der bei 400° beginnt u. bei etwas über 500° sein Maximum hat. Als Formel wird angegeben: $(Mn_{0,55}Mg_{0,34}Ca_{0,11})(BO_2)(OH)$. C. GOTTFRIED. 195

Die Entwässerung von Gibbsit und die Struktur von einem tetragonalen γ-Al_2O_3. H. Saalfeld. (Clay Minerals Bull. **3.** 249—57. Aug. 1958. Würzburg, MPI für Silicatforsch.) (Engl.)

Gibbsiteinkristalle gehen bei der Entwässerung unter hydrothermalen Bedingungen (100 atm u. 300°) in Böhmit über. Hierbei bleibt das Gitter weitgehend erhalten. Röntgenograph. können 2 Orientierungen der Kristallite beobachtet werden. Ein weiteres Erhitzen in Luft über 450° führt zu dem beinahe wasserfreien γ-Al_2O_3, das tetragonal krist. mit a = 7,95 Å, c = 7,79 Å. γ-Al_2O_3 geht bei ca. 900° in Θ-Al_2O_3 über. Auch diese Kristallite sind orientiert. Die O-Ketten liegen parallel zur a-Achse des Gibbsits u. sind scharf abgegrenzt. Sie bleiben bei dem Umwandlungsprozeß erhalten. F. ENSSLIN. 195□

Einzelheiten der Muskovitstruktur. L. Gatineau und J. Méring. (Clay Minerals Bull. **3.** 238—43. Aug. 1958. Paris, Labor. Central des Serv. Chim. de l'État.) (Franz.) — Vgl. C. **1959.** 1698.

Röntgenograph. Präzisionsintensitätsmessungen von 27 (0 0 l)-Reflexen eines Muskovits führen zu dem Schluß, daß die Al- u. Si-Atome der Tetraederschichten in zwei verschiedenen Ebenen liegen. F. ENSSLIN. 195□

Eine Röntgenuntersuchung von Herauslösungserscheinungen in den Skaergaard-Pyroxenen. M. G. Bown und P. Gay. (Mineralog. Mag. J. mineralog. Soc. **32.** 379—88. März 1960. Oxford, Oxford Univ., Dep. of Geol. and Mineral.; Cambridge, Cambridge Univ., Dep. of Mineral. and Petrol.) (Engl.)

Die von den Vff. (C. **1960.** 16016) beschriebene Meth. zur röntgenograph. Identifizierung von Verwachsungen mehrerer Arten von Pyroxenen wurde auf die Pyroxene der Skaergaard-Intrusion angewandt. Die röntgenograph. Ergebnisse von ca. 50 Pyroxenkristallen wurden mit opt. Befunden von anderen Seiten verglichen, wobei sich eine befriedigende Übereinstimmung ergab. C. GOTTFRIED. 195

Weitere Röntgenuntersuchungen an synthetischen, niederen Hydraten des Saléeits mit der Pulvermethode. Augusto Baptista. (An. Acad. brasil. Ci. **32.** 31—34. 1960. Rio de Janeiro, Comissão Nac. de Energia Nucl., Inst. de Óleos.) (Engl.)

Synthet. Saléeit, hydratisiertes Mg-Uranylphosphat, wird durch 72std. Erhitzen auf 150° in eine orthorhomb. Phase (Meta-Saléeit) mit den Zelldimensionen a_0 6,44 (Å); b_0 6,94 u. c_0 8,41 umgewandelt. Die Rehydratation dieser Substanz ergibt eine andere Phase, die als tetragonal (a_0 6,95; c_0 8,76) oder orthorhomb. (a_0 6,50; b_0 6,95; c_0 8,76) indiziert werden kann. Die Analyse des UO_3- u. MgO-Geh. dieser Verb. deutet darauf hin, daß es sich hierbei um ein Hexahydrat $2\,UO_3 \cdot MgO \cdot P_2O_5 \cdot 6\,H_2O$ handelt. Die Verss. u. Literaturangaben machen es wahrscheinlich, daß Verbb. der Form $A(UO_2)_2 \cdot (PO_4)_2 \cdot n\,H_2O$ je nach der Anzahl der Wasser-Moll. orthorhomb. oder tetragonal sein können; die orthorhomb. Form entspricht vermutlich einer Wasseranzahl < 6. P. SCHARNER. 195□

Spiralförmige Ätzgrübchen auf Eiskristallen. J. Muguruma. (Nature [London] **190.** 37—38. 1/4. 1961. Sapporo, Japan, Hokkaido Univ., Fac. of Sci.) (Engl.)

Vf. berichtet über direkte Beobachtungen der Spiralstruktur von Ätzgrübchen, die einer Schraubenversetzung zugeordnet werden können. Die Verss. wurden an Eiskristallen vorgenommen, u. zwar auf der Oberfläche nahezu senkrecht zur c-Achse. Große hexagonale Ätzgrübchen auf Basisebenen wurden unter Verw. von plast. Abb.-Filmen erzeugt. Dann wurden die Positive der plast. Abb. mit „Formvar" hergestellt, die Konz. betrug 0,5%. Nach Behandlung mit Cr-Dampf zur Erzeugung von Schatten unter einem Winkel von 12° wurden die plast. Abb. unter dem Elektronenmikroskop beobachtet. Aus einer Vielzahl von Elektronenmikrophotographien wurde die mittlere Stufenhöhe der Spiralbilder zu 200—2000 Å berechnet. Diese Werte sind fast von gleicher Größenordnung wie die für die Stufenstruktur einer wachsenden Eisoberfläche mitgeteilten Werte von 500 Å. GERHARD SCHULZE. 196□

Einfluß der kristallographischen Orientierung auf die Ätzung von metallischen Einkristallen. 1. Mitt. **Silber, Blei und Kupfer.** B. Rivolta und L. Peraldo Bicelli. (Metallurgia ital. **50.** 495—501. Nov. 1958. Milano, Politecn., Ist. di Chim. fis., Elettrochim. e Metallurg.) (Ital.)

Zur Unters. der Ätzbedingungen von Ag-, Pb- u. Cu-Einkristallen mit orientierter Oberfläche (1 1 1), (1 1 0) u. (1 0 0) wurden HNO_3 u. verschiedene andere Reagentien benutzt. Die Ätzung erfolgt parallel zur Grundfläche; dabei entstehen geometr. Figuren. Manchmal bes. an der orientierten Oberfläche (1 1 0) erhält man Linien. Die Mikroaufnahmen zeigen Ag (1 1 1) mit konz. HNO_3, Ag (1 0 0), (1 1 0), (1 1 1) mit NH_4OH-H_2O_2 u. Ag (1 0 0) u. (1 1 0) mit KCN + H_2O_2, Pb (1 0 0), (1 1 0) u. (1 1 1) mit HNO_3 + Eisessig, Pb (1 1 1) mit konz. HNO_3, Cu (1 0 0), (1 1 0) u. (1 1 1) mit konz. HNO_3, u. Cu (1 0 0) mit 20%ig. HNO_3. G. PLATZER. 196□

Einfluß gelöster Gase auf die Bildung von Oxydfilmen. J. J. Polling. (J. electrochem. Soc. **108.** 294—96. März 1961. Harwell, Berks., UKAEA, AERE.) (Engl.)

Vf. untersucht das Verh. von Zr nach Härtung u. anod. Oxydation u. bestimmt die Stärke der Oxydschicht durch Vgl. der Interferenzfarben. Kalthärtung hat keinen Einfl. auf die Potentialschwelle an der Grenzfläche Metall/Oxydschicht. 10 rechteckige Blechproben (7,5·2 cm; 0,125 mm dick) werden zusammengepackt in einem Al_2O_3-Tiegel 4 Std. lang im Vakuum von 10^{-5} mm Hg bei 800° erhitzt u. über Nacht abgekühlt. Die äußeren Flächen sowie die Ränder der inneren Bleche zeigen leichte Braunfärbung durch geringe Oxydation, die einer Anodenspannung von 5 V entspricht. Anodisiert man, so steigt die Schichtdicke, die in der Mitte jeder Probe gleich ist, nach den Rändern zu bis auf den doppelten Wert an, während die äußeren Flächen einen Film gleicher einheitlicher Stärke aufweisen. Vf. nimmt an, daß beim Anlassen absorbierte Gase unter Bldg. einer festen Lsg. die Potentialschwelle herabsetzen, wodurch bei gegebener Spannung eine dickere Schicht entsteht. Ursache könnte die Änderung der Ablösearbeit für ein Ion von der Metalloberfläche sein, indem das gelöste O Zwischengitterplätze im Zr einnimmt u. dadurch die Gitterparameter des Metalls erhöht. P. FRENZEL. 196□

Versetzungen in aus der Schmelze gewachsenen Metallkristallen. C. Elbaum. (J. appl. Physics **31.** 1413—15. Aug. 1960. Cambridge, Mass., Harvard Univ., Div. of Engng. and Appl. Phys.) (Engl.)

Die Dichte u. Anordnung von Versetzungen wird in aus der Schmelze gewachsenen *Al*-Einkristallen als Funktion der Dicke untersucht. Die Al-Kristalle enthalten weniger als 10^4 Versetzungen pro cm^2. Es wird vermutet, daß die Versetzungen hauptsächlich durch Zusammenbruch von Leerstellenschichten hervorgerufen werden. Ist die Versetzungsdichte geringer als 10^6 Linien pro cm^2, so verlaufen die Versetzungen in einem zufälligen Netzwerk. Daraus wird geschlossen, daß die Größe der effektiven Kräfte zwischen den Versetzungen zur Bldg. von Ordnungen durch einen mittleren Versetzungsabstand begrenzt ist, sobald die Dichte mehr als 10^6 Linien pro cm^2 beträgt. H. SCHIBILLA. 197□

Löslichkeit und Diffusion von Wasserstoff in Zirkonium. Mayumi Someno. (Nippon Kinzoku Gakkai-Si [J. Japan Inst. Metals] **24.** 249—53. 1960.) (Jap.; Auszug: Engl.)

Die Löslichkeit von H_2 in Zr bei 500—900° u. 10^{-3} bis 30 mm Hg wird ermittelt. Die Diffusions-Koeff. für H_2 in α-Zr bei 450—700° u. für β-Zr bei 870—1100° werden nach dem Diffusionsglüh-Verf. berechnet u. betragen: $D_\alpha = 4{,}15 \cdot 10^{-3} \exp(-9470/RT)$ cm^2/s u. $D_\beta = 7{,}37 \cdot 10^{-3} \exp(-8540/RT)$ cm^2/s. W. WESLY. 197□

Thermodynamische Untersuchung des Systems Zinn–Zink. Raoul Hagège und Marc Genot. (C. R. hebd. Séances Acad. Sci. **252.** 1002—04. 13/2. 1961.) (Franz.)

Mit Hilfe früherer Enthalpie-Best. werden einige thermodynam. Daten der festen u. fl. Sn–Zn-Legg. berechnet. Die berechneten Mischungsentropien bei verschiedenen Zn-Geh. für die Temp. 752° K werden tabellar. aufgeführt. Die Enthalpie des Sn bei der Temp. des Eutektikums (471° K) wird zu 16,5 cal berechnet u. die Löslichkeit des Zn in Sn bei dieser Temp. liegt zwischen 3 u. 3,9 Atom-%. H. FRIES. 197□

Cyclische α–β-Umwandlung von Uran. J. J. Stobo. (J. nuclear Materials **2.** 97–109. 1960. Fossway, Newcastle-upon-Tyne, C. A. Parsons & Co. Ltd., Nucl. Res. Centre.) (Engl.)

Es wurden Verss. zur cycl. $\alpha \rightarrow \beta$-Umwandlung des Kerns eines Uranstabes durchgeführt, wobei der Mantel des Stabes in der α-Phase verblieb. Dabei zeigten sich Änderungen der Stabdimensionen, wenn die Umwandlung in die β-Phase in einem Bereich von mehr als 10% des Stabdurchmessers ablief. Der Grad der Schädigung ist von dem Bruchteil des umgewandelten Stab-Vol. abhängig (z. B. Umwandlung über 30% des Ø ergibt +0,5% Zunahme des Ø). Eine Zunahme der Schädigung wurde mit wachsender Cyclenzahl von 13 auf 100 nicht beobachtet. Bei röhrenförmigen Proben ist das auffallendste Merkmal die starke Zunahme des Innendurchmessers. Eine nach der cycl. Wärmebehandlung vorgenommene metallograph. Unters. ergab, daß an den Stellen, die über 560 ± 10^0 aufgeheizt worden waren, eine Rekristallisation stattgefunden hatte. Es konnte keine von der cycl. Wärmebehandlung herrührende Porosität festgestellt werden.

HERBERT WEBER. 197□

Die Struktur von elektrolytisch abgeschiedenem Kupfer. 1. Mitt. **Experimentelle Untersuchung des Kupferwachstums während der Elektroabscheidung.** H. J. Pick, G. G. Storey und T. B. Vaughan. (Electrochim. Acta [London] **2.** 165–78. Febr. 1960. Birmingham, Univ., Dep. of Ind. Metallurgy.) (Engl.)

Die Oberflächenbeschaffenheit von elektrolyt. aus schwefelsauren $CuSO_4$-Lsgg. bei 25^0 auf elektropolierten Cu-Kathoden erzeugten Cu-Ndd. ändert sich mit der kristallograph. Orientierung der ursprünglichen Kathodenoberfläche. Die verschiedenen, unterscheidbaren Gruppen sind der atomaren Konfiguration der prim. Oberfläche zugeordnet u. können erklärt werden, wenn man für das Wachstum einen „bunching"-Mechanismus annimmt. Bestätigt wird diese Hypothese durch die Unabhängigkeit der Oberflächengeometrie von der Elektrolysendauer sowie durch die elektronenmkr. Unters. der Oberflächentopographie für eine Reihe von kristallograph. verschieden orientierten Substratflächen bei variierter Elektrolysendauer.

H. J. HARTMANN. 197

Die Struktur von elektrolytisch abgeschiedenem Kupfer. 2. Mitt. **Die Keimbildung von Kupfer-Elektroabscheidungen auf Kupfersubstraten.** T. B. Vaughan und H. J. Pick. (Electrochim. Acta [London] **2.** 179–94. Febr. 1960.) (Engl.) — 1. vgl. vorst. Referat.

Die Unters. der Keim-Bldg. von elektrolyt. erzeugten Cu-Ndd. auf Cu-Kathoden zeigt, daß die Art des prim. Wachstums stark von der Reinheit u. der kristallograph. Orientierung der Kathodenoberfläche abhängt. Kleine, sichtbare Verunreinigungen wie Sulfide u. Oxyde können als Keim-Bldg.-Zentren wirken. Entsprechende Mechanismen zur Erklärung dieser Effekte werden vorgeschlagen.

H. J. HARTMANN. 197□

Die Struktur von elektrolytisch abgeschiedenem Kupfer. 3. Mitt. **Der Einfluß von Stromdichte und Temperatur auf die Wachstumsformen.** S. C. Barnes, G. G. Storey und H. J. Pick. (Electrochim. Acta [London] **2.** 195–206. Febr. 1960.) (Engl.) — 2. vgl. vorst. Referat.

Bei der Unters. von Temp.- u. Stromdichte-Einfl. auf die Struktur von Cu-Ndd. auf Cu-Einkristallflächen von nahezu (1 0 0)-Orientierung ergeben sich zwischen 20 u. 45^0 vier Grundtypen der Nd.-Struktur. Das Auftreten dieser Typen erfolgte bei zunehmender Elektrolyt-Temp. auch bei erhöhter Stromdichte. Durch Überspannungsmessungen konnte jedem Strukturtyp ein begrenzter Spannungsbereich zugeordnet werden. Bei einer Überspannung von $>$ 100 mV ergaben sich polykristalline Ndd.; unter 100 mV waren sie mit der Unterlage verwachsen u. zeigten die folgenden Kristallformen: 70 bis 100 mV Blöcke neben feinen Plättchen, 40–70 mV Plättchen, unter 10 mV bergkettenartige Oberfläche mit einem Übergangsbereich bei 10–40 mV. Beeinflussung dieser Formen durch Verunreinigungen wird nachgewiesen. Die der TAFELschen Geraden gehorchende Strom–Spannungs-Abhängigkeit ändert ihre Neigung mit steigender Stromdichte.

H. J. HARTMANN. 197□

Das Auftreten einer geordneten Phase in einer gußartigen Titan–Aluminium-Legierung. P. Pietrokowsky. (Nature [London] **190.** 77–78. 1/4. 1961. Los Angeles, Calif., Univ. of Southern California, Dep. of Electr. Engng.) (Engl.)

Vf. ermittelte mit Hilfe von Röntgenbeugungs-Unterss. im Gebiet der hexagonal dichtest gepackten α-Phase im Zustandsdiagramm des Syst. Ti–Al die δ-Phase in einer gußartigen Leg. mit 37,1 Atom-% Al. Ein Bruchstück eines bogengeschmolzenen Barrens wurde untersucht u. die LAUE-Symmetrie 6/mmm festgestellt. WEISSENBERG-Aufnahmen wurden mit Cu- u. Mo-Strahlung erhalten. Der Inhalt der Elementarzelle ist in folgenden Positionen der Raumgruppe D_{6h}^4 angeordnet: 2 Al in (c) u. eine statist.

Verteilung der Ti- u. Al-Atome in der 6fachen Position (h). Die Ergebnisse werden im Zusammenhang mit früheren Arbeiten anderer Autoren erörtert.

GERHARD SCHULZE. 197□

Die Kinetik der Reaktionen von handelsüblich reinem Titan und Titanlegierungen mit O_2, N_2 und H_2. 1. Mitt. **Die Desorption von Wasserstoff aus handelsüblich reinem Titan.** Hidetake Kusamichi, Yoshiro Yagi, Toru Yukawa und Tadao Noda. (Nippon Kinzoku Gakkai-Si [J. Japan Inst. Metals] **20.** 39—41. Jan. 1956.) (Jap.; Auszug: Engl.) — 2. vgl. C. **1961.** 2209.

Die Messung des aus reinem Ti durch Entgasen im Vakuum bei 700—900° gewonnenen H_2 ergibt, daß der Logarithmus der H_2-Konz. in Metallen linear mit der Zeit bei jeder Temp. abnimmt. Aus dieser Beziehung wird die Diffusions-Konst. D des α-Ti berechnet, für deren Temp.-Abhängigkeit die Gleichung $D = 0{,}0027 \exp(-14200/RT)$ abgeleitet wird.

W. WESLY. 197□

Über die gleichzeitige Löslichkeit von Elementen der III. und V. Gruppe in Germanium. W. M. Glasow, D. A. Petrow und Ss. N. Tschishewskaja. (Известия Академии Наук СССР, Отделение Технических Наук, Металлургия и Топливо [Nachr. Akad. Wiss. UdSSR, Abt. techn. Wiss., Metallurg. Brennstoffe] **1959.** Nr. 4. 153—55. Juli/Aug. Moskau.) (Russ.)

Es wird die Löslichkeit von den Elementen der III. Gruppe, Al, Ga u. In, bei gleichzeitiger Anwesenheit von einem Element der V. Gruppe, Sb, in Ge mit Hilfe von Schmelzdiagrammen untersucht. Es ist bekannt, daß die angeführten Elemente mit Sb Verbb. der Form AlSb, GaSb u. InSb bilden, die sich beim Schmelzen nicht zersetzen, sondern mit den freien Elementen einfache eutekt. Syst. bilden. Es wird gezeigt, daß diese Verbb. auch nach der Lsg. in Ge vorhanden sind, wobei die Löslichkeit der Sb-Verbb. beim Eutektikum 3 Gewichts-% für AlSb, 2,5 Gewichts-% für GaSb u. 0,7 Gewichts-% für InSb beträgt. Aus den erhaltenen Daten wird ersichtlich, daß die Löslichkeit des Al, Ga, In in Ge in Anwesenheit von Sb oder eines anderen gleichartigen Elementes wesentlich höher ist, als die Löslichkeit der einzelnen Elemente in Ge.

HEINZ FISCHER. 197□

Über die Natur des quasibinären Schnittes im System Germanium-Indium-Antimon. B. G. Shurkin, W. Ss. Semskow, D. A. Petrow und A. D. Ssutschkowa. (Известия Академии Наук СССР, Отделение Технических Наук, Металлургия и Топливо [Nachr. Akad. Wiss. UdSSR, Abt. techn. Wiss., Metallurg. Brennstoffe] **1959.** Nr. 4. 156—58. Juli/Aug.) (Russ.) — Vgl. vorst. Referat.

Vff. versuchen darzulegen, daß das tern. Syst. Ge–In–Sb einen quasibin. Schnitt besitzt. Als Hauptargument wird dazu hervorgehoben, daß die intermetall. Bindung der Elemente der III. Gruppe mit Antimon sehr fest ist. Wenn auch die Verb. InSb bei Temp. $> 620°$ zu dissoziieren beginnt, so ist daraus, nach Meinung der Vff., noch nicht die Existenz eines quasibin. Schnittes für das Syst. Ge–InSb bei niedrigen Temp. widerlegt.

HEINZ FISCHER. 197□

Die Oxydation von Zirkonium und Zirkoniumlegierungen. H. A. Porte, J. G. Schnizlein, R. C. Vogel und D. F. Fischer. (J. electrochem. Soc. **107.** 506—15. Juni 1960. Lemont, Ill., Argonne Nat. Labor., Chem. Engng. Div.) (Engl.)

Die Oxydations-Geschw. (OG) von Zr folgt im allg. zwischen 400 u. 900° bei O_2-Drücken von 50, 200 u. 800 mm Hg der Gleichung $(OG)^n = kt$ (1) (k = Geschw.-Konst., t = Zeit) mit n = 3. 1/n steigt zwischen 400 u. 800° mit steigender Temp. langsam an, um dann zwischen 800 u. 900°, wahrscheinlich infolge der Umwandlung von α- in β-Zr, leicht zufallen. Bei 200 mm Hg wurde die Aktivierungsenergie zu 42700 ± 700 cal/Mol berechnet; für k ergab sich die Gleichung $k = (5{,}94 \cdot 10^{14})\, e^{-42700/RT}$. Die Vers.-Dauer (400—5645 Min.) hatte keinen Einfl. auf die Werte der Konst.; ebenso wurden keine Änderungen der OG mit der Zeit u. der Temp. festgestellt. Bei allen Temp. wurde ein blauschwarzes Oxyd erzeugt. Bei 400—500° reagierten mechan. polierte Proben etwas schneller als chem. polierte, während bei 600—700° keine Unterschiede mehr festzustellen waren. Dünne Folien mit großer Oberfläche/cm² reagierten etwas schneller als dickere Proben. Druckänderungen beeinflußten die Vers.-Ergebnisse nicht. Weiterhin untersuchten Vff. die Oxydationsvorgänge bei bin. Zr-Legg. mit 1, 2 u. 4 Atom-% Al, Be, C, Cr, Co, Cu, Hf, Fe, Mo, Ni, Nb, Pt, Si, Ta, Sn, Ti, Pb, U u. V sowie 1 u. 2% W bei 700° u. 200 mm O_2-Druck u. einer durchschnittlichen Vers.-Dauer von 1400 Minuten. Reines Zr sowie Legg. mit 1% Pt, Mo, C u. Si, 1 u. 2% W u. U u. 1, 2 u. 4% Cu, Ni, Be, Hf, Cr, Co u. Fe werden entsprechend Gleichung 1 oxydiert [$k = 0{,}78 \cdot 10^7$ bis $3{,}5 \cdot 10^7$ $(\mu g/cm^2)^3/min$]. Die OG von Legg. mit 1 u. 2% Ta sowie 4% V wurden durch das parabol. Zeitgesetz bestimmt u. änderten sich während der Vers.-Dauer nicht [$k = 39{,}5 \cdot 10^4$; $30{,}5 \cdot 10^4$ bzw. $29{,}0 \cdot 10^4$ $(\mu g/cm^2)^2/min$]. Die OG entsprechend Gleichung 1 bei Legg. mit 1% V; 1 u. 2% Ti, 1 u. 4% Nb, 1; 2 u. 4% Sn, Pb u. Al, 2 u. 4% Pt u. Mo sowie 4% U

u. Si, die zu Beginn der Oxydation gemessen wurden, wandelte sich nach einiger Zeit (6—655 Min.) in eine von einem linearen Zeitgesetz abhängige OG (lineare OG) um [k = 0,81·10^7 bis 251·10^7 ($\mu g/cm^2)^3$/min u. 1,7 bis 2,92 $\mu g/cm^2$/min]. Bei Legg. mit 2% Si, V u. Nb, 2 u. 4% C sowie 4% Ta u. Ti, die zu Beginn nach dem parabol. Zeitgesetz oxydiert wurden (k = 2,2·10^4 bis 90,8·10^4), wurde ebenfalls eine Umwandlung zwischen 23 u. 500 Min. in eine lineare OG festgestellt (k = 6,8 bis 33,1). Nur die Cu–Ni, –Be- u. Hf-Legg. ließen sich schwerer als reines Zr oxydieren. Einige Legg., z. B. die Zr–C-Legg., zeigten bei niedrigen C-Konzz. eine langsame OG zu Beginn der Rk. ohne Änderung der OG im Verlauf der Verss., während bei höheren Konzz. dagegen eine hohe OG zu Beginn, gefolgt von einer Änderung der OG festgestellt wurde. Eine Änderung der OG bewirkte eine Umwandlung der allg. grauen oder schwarzen ZrO_2-Filme in hellfarbige, poröse Filme mit aufgerissener Oberfläche. Bei den Beimischungen, die in Zr gut lösl. sind, erklären Vff. die Anfangswerte der OG bzw. den Einfl. der Zusätze auf die Widerstandsfähigkeit der Legg. gegen eine Oxydation auf Grund der Theorie von WAGNER u. HAUFFE mit Unterschieden in der Wertigkeit der Atome, während die Änderung der OG nach Ansicht der Vff. eine Folge der Differenzen der Ionenradien (mindestens 15% vom Ionenradius des Zr) sind, da das Gitter des ZrO_2-Films in diesen Fällen leichter zerstört werden kann. Bei unlösl. Beimengungen treten allg. keine Änderungen der OG während der Verss. auf; zumindesten ist aber kein Zusammenhang mit dem Ionenradius gegeben. Röntgen- u. Elektronenbeugungs-Unterss. zeigten, daß für einige Legg. die Änderung der OG mit einer polymorphen Transformation des ZrO_2-Filmes zusammenfällt, jedoch kann nach Ansicht der Vff. auf dieser Basis kein allg. entsprechender Zusammenhang zwischen der Kinetik der Oxydation u. der Struktur des ZrO_2-Filmes hergestellt werden.

J. KRAETSCH. 197☐

Druckeinfluß auf die Beweglichkeit von Zwischengitter-Sauerstoff und -Stickstoff in Vanadin. G. W. Tichelaar, R. V. Coleman und D. Lazarus. (Physic. Rev. [2] **121.** 748—52. 1/2. 1961. Urbana, Ill., Univ. of Illinois, Dep. of Phys.) (Engl.)

An Vanadinproben mit ca. 0,1 Atom-% gelöstem Sauerstoff u. 0,2 Atom-% gelöstem Stickstoff wurde die Druckrelaxation in Abhängigkeit vom hydrostat. Druck bis zu 9000 kg/cm² gemessen. Im Temp.-Bereich von 83,0—98,0° nimmt die durch den gelösten Sauerstoff bedingte Relaxationszeit exponentiell mit dem Druck zu, der Wert bei 9000 kg/cm² ist ca. 1,7mal größer als der bei 1 kg/cm². Die Druckabhängigkeit der Relaxation kann durch ein Aktivierungs-Vol. von 1,7 cm³/Mol gedeutet werden. Die Relaxationszeiten infolge des gelösten Stickstoffs wurden zwischen 156,8 u. 163,0° gemessen. Die Werte bei 9000 kg/cm² betragen ca. das 1,3fache der Werte bei 1 kg/cm², das Aktivierungs-Vol. beträgt ca. 1,1 cm³/Mol. H. LIEPACK. 197☐

Die Struktur von $NbZn_3$. C. L. Vold. (Acta crystallogr. [Copenhagen] **13.** 743. 10/9. 1960. Washington, D.C., U. S. Naval Res. Labor.) (Engl.)

Gelegentlich einer Unters. des Syst. Nb–Zn wurde eine Zn-reiche Verb. gefunden, für die die Zus. $NbZn_3$ durch chem. Analyse u. Struktur-Best. bestätigt werden konnte. Die Verb. wurde dargestellt durch 170std. Erhitzen von Nb-Folie mit Zn in evakuierten Quarzröhrchen auf 870°. Das Rk.-Prod. ist hellgrau u. hat eine säulenförmige Kornstruktur. Pulveraufnahmen ergaben kub. Symmetrie u. die Würfelkantenlänge a = 3,934 Å; Raumgruppe ist O_h^1—P m 3 m; Z = 1. Im Gitter liegt 1 Nb in 0 0 0 u. 3 Zn in 0 ½ ½; ½ 0 ½; ½ ½ 0. Zur Unters., ob eine Umwandlung geordnet-regellos auftritt wurden Proben von 475 u. 870° abgeschreckt u. röntgenograph. untersucht. Da keine Intensitätsänderung der Linien mit gemischten Indices festgestellt werden konnte, kann gefolgert werden, daß in dem untersuchten Temp.-Bereich keine solche Umwandlung auftritt. C. GOTTFRIED. 197

Über die Lösungsgeschwindigkeit. Eine Untersuchung über festes Nickel in flüssigem Wismut. Tadao Sano, Masanobu Miyake und Takao Konishi. (Nippon Kinzoku Gakkai-Si [J. Japan Inst. Metals] **24.** 452—56. 1960.) (Jap.; Auszug: Engl.)

Die Best. der Lösungs-Geschw. von festem Ni in fl. Bi unter stat. u. isotherm. Bedingungen bei 300—400° nach dem Verf. des elektr. Widerstandes (Messung des Widerstandes der Bi-Lsg. bei schwankender Ni-Konz.) ergibt Werte, die mit den Ergebnissen der chem. Analyse gut übereinstimmen. Für die Lösungs-Geschw. wird eine Gleichung abgeleitet. Die Aktivierungsenergie der Auflösung beträgt ca. 2,2 kcal/Mol.

W. WESLY. 197☐

Einige Laves-Phasen des Yttriums mit Übergangselementen. B. J. Beaudry, J. F. Haefling und A. H. Daane. (Acta crystallogr. [Copenhagen] **13.** 743—44. 10/9. 1960. Ames, Iowa, Iowa State Univ., Inst. für Atomic Res. and Dep. of Chem.) (Engl.)

Bei Unters. der Syst. *Y–Ni*, *Y–Co*, *Y–Fe* u. *Y–Mn* wurden die LAVES-Phasen YNi_2 (**I**), YCo_2 (**II**), YFe_2 (**III**) u. YMn_2 (**IV**) gefunden. Bei allen Verbb. konnte eine peritekt. Natur nachgewiesen werden. Die Verbb. wurden durch Zusammenschmelzen der beiden Metalle im Bogenschmelzofen dargestellt u. zur Homogenisierung in evakuierten Quarzröhrchen 125 Std. bei 870° angelassen (bei I 100 Std. bei 950°). Nach schnellem Abkühlen wurden die pulverisierten Präpp. im Vakuum 3 Std. bei 400° angelassen. Die Pulveraufnahmen ergeben kub. Symmetrie u. die Zelldimensionen (a =) 7,181 ± 0,002 (Å) für **I**; 7,216 ± 0,002 für **II**; 7,357 ± 0,002 für **III** u. 7,680 ± 0,002 für **IV**. Alle haben die Raumgruppe O_h^7- Fd 3 m; Z = 8. Es liegen 8 Y in 0 0 0; 1/4 1/4 1/4 + Flächenzentrierung u. 16 M (Ni, Co, Fe, Mn) in 5/8 5/8 5/8; 7/8 7/8 5/8 ○ + Flächenzentrierung. C. Gottfried. 197

Über die Magnetfeld-Kühlbehandlung von Alnico-V-Legierungen bei niedriger Temperatur. Sadao Koshiba und Terumi Nishinuma. (Nippon Kinzoku Gakkai-Si [J. Japan Inst. Metals] **24.** 433—36. 1960. (Jap.; Auszug: Engl.)

Unterss. über das Verh. von Alnico-V-Lsgg. bei der Magnetfeldkühlung bei Temp. bis 875° zeigen: In Ggw. der γ-Phase erscheinen bei den Temp. der Monophase abnorme Strukturen bei Raumtemp. infolge Umwandlung der γ- in die α-Phase, wodurch die magnet. Eigg. sich verschlechtern. Diese abnorme Struktur bleibt auch nach der Magnetfeldbehandlung bestehen. In großen Proben tritt diese Struktur oft als Folge der unvermeidlichen langsamen Abkühlung auf. Die abnorme Struktur wird beseitigt durch Erhitzen über die Monophasentemp. u. Abkühlen in W. oder Luft. Danach wird die Magnetfeldbehandlung wirksam. W. Wesly. 197□

Viscosität von flüssigem Nickel und seinen Legierungen mit Kupfer. A. A. Wertman und A. M. Ssamarin. (Доклады Академии Наук СССР [Ber. Akad. Wiss. UdSSR] **132.** 572—75. 21/5. 1960. Metallurg. Inst. der Akad. der Wiss. der UdSSR.) (Russ.)

Die Isothermen der kinemat. Viscosität der Ni-Cu-Legg. in Abhängigkeit vom Cu-Geh. bei 1500 u. 1600° verlaufen fast geradlinig. Da keine Änderung der Struktur anzunehmen ist, wird die schwache Temp.-Abhängigkeit der Viscosität dadurch erklärt, daß bei zunehmender Temp. nur das freie Vol. der Lsg. Einfl. haben könnte. Die Cu- u. Ni-Atome sind in der Lsg. statist. verteilt u. beteiligen sich gleichwertig an der Übertragung der Bewegungsimpulse. Trägt man für die verschiedenen Leg.-Zus. den ln der Viscosität (ln ν) gegen 1/T auf, so lassen sich die experimentellen Daten befriedigend durch folgende Gleichung wiedergeben: $\nu = k \exp(E/RT)$ oder $\ln \nu = A/T + B$ (A, B u. k sind konst., E = Aktivierungsenergie des viscosen Fließens). Um das in der Literatur teilweise festgestellte abweichende Verh. der Viscosität von Ni zu prüfen, wird ferner der Einfl. von Temp. u. Geh. an O in verschiedenen Ni-Schmelzen untersucht. Die Frage des anomalen Verh. der Viscosität von Ni konnte nicht geklärt werden. Die Erscheinung der Hysterese der Viscosität bei der Abkühlung wurde nicht beobachtet. Die Ergebnisse werden an Hand der Formel von Andrade [1940] diskutiert u. mit den Resultaten anderer Autoren verglichen. G. Bauer. 197□

Die innere Reibung in Martensit und getempertem Martensit. Tadashi Ichiyama, Masayuki Kawasaki und Kikuo Takashina. (Nippon Kinzoku Gakkai-Si [J. Japan Inst. Metals] **24.** 456—60. 1960.) (Jap.; Auszug: Engl.)

Die innere Reibung in abgeschreckten, gehärteten, unlegierten Stählen mit 0,68, 0,85 u. 1,14% C zeigt (Best. mit dem Torsionspendel) eine Entspannungsspitze (ES) nur in der Probe mit 0,68% C. Abgeschreckter Martensit u. kalt bearbeitetes Fe zeigen den Köster-Effekt. In getempertem Martensit zeigt sich eine ES bei ca. 225°, die unbeständig ist. Die Aktivierungsenergie des diese Spitze hervorrufenden Vorgangs beträgt 32,6 kcal/Mol. Getemperter Martensit zeigt einen laufenden Anstieg der inneren Reibung mit steigender Temp. von ca. 280° an. W. Wesly. 197□

Untersuchung der mechanischen Eigenschaften fester Körper, besonders von Metallen, bei Temperaturen von 4,2° K und niedriger. 1. Mitt. **Bruchuntersuchung von polykristallinem Aluminium (99,3%).** O. W. Kljawin und A. W. Stepanow. (Физика Металлов и Металловедение [Physik Metalle Metallkunde] **8.** 274—81. Aug. 1959. Leningrad, Phys.-techn. Inst. der Akad. der Wiss. der UdSSR.) (Russ.)

Bei Zug-Verss. bei 1,6 u. 4,2° K ergab sich, daß vor dem Zerreißen eine beträchtliche plast. Deformation stattfindet. Die Zugfestigkeit erreicht bei 1,6° K etwa den theoret. Wert. Zwischen 1,6 u. 4,2° K ist die Festigkeit u. die Plastizität von der Temp. abhängig. Die Verss. wurden mit den bei 78 u. 300° K erhaltenen Ergebnissen verglichen. G. Kirschstein. 200□

Über die Plastizität von Titansiliciden. W. Ss. Neschpor und G. W. Ssamssonow. (Известия Академии Наук СССР, Отделение Технических Наук, Металлургия и Топливо [Nachr. Akad. Wiss. UdSSR, Abt. techn. Wiss., Metallurg. Brennstoffe] **1959.** Nr. 4. 202—04. Juli/Aug. Kiew.) (Russ.)

Mit einer einfachen Labor.-Presse wurde die Plastizität von *Ti_5Si_3*, *TiSi* u. *$TiSi_2$* in Abhängigkeit von der Temp. T_b bis zum Schmelzpunkt T_s (T_s = 2120°, 1750°, 1540°) bei einer konst. Belastung mit ca. 60 kg/cm² untersucht. Die Messungen ergaben, daß alle drei Silicide Umwandlungspunkte besitzen, u. zwar bei dem Verhältnis T_b/T_s = 0,7 (Ti_5Si_3), 0,83 (TiSi) u. 0,87 ($TiSi_2$). HEINZ FISCHER. 200□

Bildungsarbeit der elastischen Verzwillingung von Calcit. I. W. Obreimow und W. I. Starzew. (Журнал Экспериментальной и Теоретической Физики [J. exp. theoret. Physik] **35.** 1065—73. Nov. 1958. Charkow, Inst. für die Landwirtschaftsmechanisierung; Moskau, Ing.-Phys. Inst.) (Russ.)

Es wurden die linearen Dimensionen sowie die Form der elast. Verzwillingung unter Druck bei Calcit verfolgt. Der ursprüngliche Kristall wurde mit zwei Schnitten perpendikulär zur A–B-Kante zerschnitten, die Schnittflächen poliert u. unter Druck (magnet. Belastungs-Best.) die Interferenzerscheinungen der zusammengelegten Schnittflächen (optimaler Strahlenwinkel 27°) beobachtet. Maße des Zwillings: l_0 = 1,95 mm; b_0 = 2,44 mm; h_0 = 1,95·10⁻⁴ cm; Druck 2,58 kg; Arbeitsleistung für eine Fläche 1200 erg/cm²; Arbeit des elast. Druckes, 2,9 erg anstatt der berechneten 340 erg, so daß prakt. die ganze Arbeit in der Oberflächenschicht des Zwillings geleistet wird. Nach diesen Ergebnissen sind die linearen Dimensionen der Belastung u. die Zwillingsoberfläche der geleisteten Arbeit proportional. J. TŮMOVÁ. 200□

A₇. Gleichgewichte. Kinetik

Bestimmung von Stabilitätskonstanten. G. Curthoys und D. A. J. Swinkels. (Analytica chim. Acta [Amsterdam] **24.** 589. Juni 1961. Newcastle, N.S.W., Australia, Newcastle Univ. Coll.) (Engl.)

Vff. geben eine Meth. zur Best. von Stabilitäts-Konst. für Komplexe mit nicht mehr als zwei Liganden an, die ohne graph. Verff. auskommt. Wenn man in zwei Lsgg. das Verhältnis Metall:Ligand so lange ändert, bis die Potentialdifferenz E_M, die auf die Komplex-Bldg. zurückzuführen ist, für beide Lsgg. denselben Wert erreicht hat, so liegen „einander entsprechende" Lsgg. vor. Darunter sind solche Lsgg. zu verstehen, die sich in der Gesamtmetall-Konz. C_M u. in der Gesamtliganden-Konz. C_L unterscheiden, die aber dieselbe mittlere Ligandenzahl n aufweisen. Die Meth. wurde auf das Syst. *Ag–Pyridin* angewendet, in dem die Ag^+-Konz. mit Hilfe einer Ag/AgBr-Elektrode bestimmt wurde; als Vgl.-Elektrode diente eine Kalomelelektrode. Folgende Werte wurden für die Stabilitäts-Konst. bei 25° u. einer Ionenstärke von 0,1 (durch Zusatz von KNO_3) erhalten: log β_1 = 1,90, log β_2 = 4,25. GERHARD SCHULZE. 223□

Metallchelate. 1. Mitt. Eine Mikromethode zur Bestimmung der Wertigkeit des Metalls in einem Phthalocyaninkomplex. J. A. Elvidge. (J. chem. Soc. [London] **1961.** 869—71. März. London, Imp. Coll. of Sci. and Technol., Org. Chem. Res. Labor.) (Engl.)

0,01 n $Cr_2O_7^{2-}$-Lsg. bewirkt ohne Dehydrierung eine quant. oxydative Ringsprengung vieler substituierter Tetrazaporphine (I) u. Metallphthalocyanine, wobei 1 Atomäquivalent O verbraucht wird u. 4 Mol eines Imids gebildet werden, wenn keine Änderung der Wertigkeit des freigesetzten Metallions eintritt. Auf Grund des beobachteten O-Verbrauches kann die Wertigkeit des Metallions bestimmt werden. Die Meth. ergab bei den I mit früheren angenommenen Konstit. übereinstimmende Resultate; bei Tetrazaporphin selbst u. seinen metall. Komplexen war der O-Verbrauch > 1 Atomäquivalent, da das gebildetete Maleinimid gegen verd. $Cr_2O_7^{2-}$-Lsg. unbeständig ist. Die Verss. bestätigen, daß als metall. Ligand in Fe-Ph (Ph = Phthalocyanin) u. in oktaedr. Dipyridin-Fe-Ph Fe^{2+}, in Fe-Chlor-Ph Fe^{3+}, in Zn-Chlor-Ph Zn^{2+} (Cl als peripherer Substituent), in Al-Chlor-Ph Al^{3+} (Cl^- als anion. Ligand) in Sn-Dichlor-Ph (Cl^- ebenfalls anion. Ligand) u. Sn-Di-Ph Sn^{4+} u. in Sn-Ph Sn^{2+} vorliegt. Ebenso wurden bei den Ph-Komplexen des Cu^{2+}, Co^{2+}, Pb^{2+} u. Ni^{2+} die erwarteten Ergebnisse erhalten. Als einzige Verb. konnte Pt-Ph nicht oxydiert werden. Arbeitsvorschrift: 4—6 mg gepulvertes I werden unter N_2 in 3,0 ml konz. H_2SO_4 unter Rühren aufgelöst. Zu der eisgekühlten Lsg. gibt man Eis (aus 3 ml ausgekochtem dest. W.) u. sofort anschließend 5,0 ml 0,01 n $K_2Cr_2O_7$-Lsg. unter Umschwenken. Zu der auf Zimmer-Temp. befindlichen Lsg. werden dann 5,0 ml 0,01 n $FeSO_4$-Lsg., 1,5 ml einer Lsg. von 15 ml H_2SO_4 u. 5 ml sirupöser H_3PO_4 in 100 ml W. sowie 2 Tropfen einer 0,2%ig. Lsg. von Ba-Diphenylaminsulfonat zugesetzt. Die Lsg. wird anschließend mit $Cr_2O_7^{2-}$-Lsg. bis zum Auftreten der violetten Farbe titriert. J. KRAETSCH. 223□

Klassifikation von Gleichgewichtsdiagrammen der Löslichkeit. A. A. Ssokolowski. (Известия Высших Учебных Заведений, Химия и Химическая Технология [Hochschulnachr., Chem. chem. Technol] **2.** 865—70. 1959. Polytechn. Inst. für das Fernstudium, Lehrstuhl für Technol. der anorg. Stoffe u. allg. chem. Technol.) (Russ.)

Sämtliche Löslichkeits-Gleichgew.-Diagramme bin., tern. u. quatern. wss. Syst. werden in 4 Hauptgruppen eingeteilt, die sich durch den Maßstab für die Zus. unterscheiden. Für technolog. Berechnungen sind Diagramme am geeignetsten, die die Zus. in % oder Teilen wiedergeben. H. JÄGER. 224□

Abtrennung von Uran und Protactinium von Thorium durch Amin-Extraktion. Fujio Ichikawa und Shinobu Uruno. (Bull. chem. Soc. Japan **33.** 569—75. Mai 1960. Tokai, Ibaraki-ken, Japan Atom. Energy Res. Inst.) (Engl.)

Die Extraktion von Th, Pa u. U aus HCl, HNO_3 u. H_2SO_4 verschiedener Konzz. wird untersucht. Als Extraktionsmittel diente eine Lsg. von Amberlite LA-1 in Kerosin. Die Abtrennung aus salzsaurer Lsg. ist besser als aus den anderen Lösungen. Da die Aminextraktion auf dem Anionenaustauschmechanismus basiert, wurden die Extraktions-Koeff. mit den Verteilungs-Koeff. der Abtrennung von Th, Pa u. U mittels des Anionenaustauschers Dowex-1 verglichen. Die pH-Abhängigkeit der Extraktions-Koeff. stimmt gut mit der der Verteilungs-Koeff. überein, jedoch hat der erstere eine Selektivität für U. Unter einer totalen Dosis von $5 \cdot 10^7$ r ist die Strahlen-Zers. des Amberlite LA-1 verschwindend gering. Vff. erwähnen die Möglichkeit, die Aminextraktion zur Abtrennung von ^{233}U zu benutzen. D. HASS. 224□

Trimerisation von [Acetylacetonato]-nickel(II) in Lösung. D. P. Graddon und E. C. Watton. (Nature [London] **190.** 906—07. 3/6. 1961. Sydney, Univ. of New South Wales, Inorg. Chem. Dep.; London, Univ. Coll., William Ramsay and Ralph Forster Labor.) (Engl.)

Vff. untersuchen die Solvatisierung von wasserfreiem *[Acetylacetonato]-Ni(II)* (**I**; $Ni[acac]_2$) in Toluol mit *Pyridin, 4-Methylpyridin* u. *2.6-Dimethylpyridin.* Die Kurven der opt. Absorption der Lsgg. für verschiedene Verhältnisse der Rk.-Partner weisen zwei ausgeprägte isosbest. Punkte auf, so daß die Anlagerung der Basen (B) entsprechend den Rkk. $(Ni[acac]_2)_3 + 3\,B \rightleftharpoons 3\,Ni[acac]_2B$ u. $Ni[acac]_2B + B \rightleftharpoons Ni[acac]_2B_2$ erfolgen muß. Die Gleichgwichts-Konst. beider Rkk. sind weitgehend konstant. Die trimere Struktur von **I**, die eine oktaedr. Koordination von 6 O um Ni als Zentralatom fordert, bleibt in wasserfreien Lsgg. erhalten u. muß bei der Deutung der Absorptionsspektren berücksichtigt werden. HERBERT MÜLLER. 224□

Untersuchungen über den kinetischen Primäreffekt von Salzen. Vittorio Carassiti und Camillo Dejak. (Atti Soc. ital. Progr. Sci. **45.** Riunione 1. 156—71. 1956. Bologna, Univ., Centro di Stud. di Chim. fis. del Cons. Naz. delle Ric. presse l'Inst. chim. „G. Ciamincian"). — Vgl. C. **1961.** 11254.

Die zur Berechnung des kinet. Primäreffekts der Rk. $S_2O_8^{2-} + 2\,J^- = 2\,SO_4^{2-} + J_2$ in Ggw. von LiCl, NaCl, KCl, $MgCl_2$ von BRÖNSTEDT [1925] gefundene u. von CHRISTIANSEN [1929] auf statist. Grundlage gestellte Formel für $\ln K/K^0$ wurde später von SCATCHARD [1932] auf die nach der Theorie der zweiten Näherungen von DEBYE u. HÜCKEL unter Berücksichtigung der Ionenradien berechneten Aktivitäts-Koeff. übertragen u. in Reihe entwickelt, von der nur das erste Glied berücksichtigt wurde. Einführung von $D = D_0\,e^{-\mu}$ als „wirksame" DK von BONINO (C. **1956.** 8265), worin $\mu = s\Sigma_i\, a_i^3 \cdot \chi_0^{5/2}/D_0$, in die Formel von SCATCHARD, ergibt nach einigen Umformungen u. Entw. in Reihe für kleine Werte von μ unter Vernachlässigung des Ausdrucks 1. Grades: $\log K/K^0 = L/a \cdot [(1 - e^{\mu})/(1 + \chi a)][1 + 1/2\,(\delta a)^2 + \cdots]$ mit $\delta = r - a$, eine Formel, die auch zur Berechnung von $\log K_c'/K^0$ verwendet werden kann. Die tabellar. Gegenüberstellung der berechneten mit den experimentell gefundenen Werten zeigt recht gute Übereinstimmung in der Größenordnung, ohne daß man zur Einführung von bes. Rk.-Parametern für jedes zugesetzte Salz greifen müßte. Die beiden Rk.-Parameter a u. r sind einheitlich für alle Zusatzsalze, einschließlich der mit weniger hydratisierten Ionen, wie KCl u. $BaCl_2$. Die Entfernung von $1^1/_2$ Å für a u. damit auch die Differenz $\delta = r - a$ könnte vielleicht unter Berücksichtigung der Terme von GRONWALL, LA MER u. SANDVED [1928] etwas vergrößert werden, bes. in Anbetracht der Tatsache, daß man an Stelle der „wirksamen" DK einen dem realen Wert näherkommenden, d. h. von der bei der Integration der Zwischenionenarbeit eingetretenen Verkleinerung befreiten Wert, einführen könnte. In diesem Falle erhielte man niedrigere, mit r = a berechnete Werte des kinet. Koeff. für die hydratisierten Ionen. Für den Fall r > a wäre eine Wassermolekülschicht zwischen den beiden Ionen anzunehmen u. so eine Rk. auf Distanz durch Brückenwirkung. J. MALPRICHT. 224□

Bemerkung zur Bildungsgeschwindigkeit von neutralem Natriumpyrophosphat, ausgehend vom Salzgemisch Na_3PO_4-$NaPO_3$. Remziye Salih Hisar. (Bull. Soc. chim. France **1961.** 228—30. Febr. Istanbul, Univ. Techn.) (Franz.)

Die Geschw. der therm. Umsetzung $Na_3PO_4 + NaPO_3 \rightarrow Na_4P_2O_7$ kann durch Messung der Durchlässigkeit (D) einer Lsg. der Rk.-Prodd., die CH_3COOH (I) u. $Zn(CH_3CO_2)_2$ (II) enthält, bei 600 mμ opt. verfolgt werden, da $Na_4P_2O_7$ mit II u. I einen unlösl. Nd. bildet, der die Lsg. trübt u. D der Menge des gebildeten Nd. entsprechend vermindert. 1—2 g des Rk.-Gemisches werden im Pt-Tiegel 1 Std. lang auf Temp. von 100—900° erhitzt. Vom Rk.-Prod. werden 0,1 g im 50-ml-Kolben mit 10 ml 3n I gelöst, mit 5 ml 3n-Lsg. von II versetzt u. anschließend gemessen. Die Ergebnisse werden graph. u. tabellar. aufgeführt. Der Kurvenverlauf im Diagramm D = f(t) (t = Temp.) läßt erkennen, daß die Bldg. von $Na_4P_2O_7$ erst oberhalb 450° einsetzt u. bei 700° beendet ist. Sie verläuft viel langsamer als die Bldg. von $Na_4P_2O_7$ nach der klass. therm. Meth. $2\,Na_2HPO_4 \rightarrow Na_4P_2O_7 + H_2O$, deren Rk.-Kurve im selben Diagramm zum Vgl. gezeigt wird. Bei dieser ist die Umsetzung bei 325° beendet. H. FRIES. 225□

Die Kinetik der Oxydation feiner Magnesiumstäube bei erhöhten Temperaturen. I. A. Makolkin, I. I. Wernidub, Ju. N. Shwanko, W. T. Karpow, G. Ss. Rasumowskaja und A. A. Wolchowskaja. (Журнал Прикладной Химии [J. angew. Chem.] **33.** 824—31. April 1960. Moskau, Volkswirtsch. Plechanow-Inst.) (Russ.)

Durch Unterss. der Kinetik der Rkk. feiner Mg-Pulver M-3 [99,57 (%) Mg, 0,01 Fe] u. M-4 [99,60 Mg, 0,023 Fe] an der Luft bei Temp. von 350—500°, in O_2 (bei 350—450°) u. in N_2 (bei 400—500°) wurde festgestellt, daß beide Pulver bis zu einer Temp. von 450° in O_2 u. in N_2 nur bis zu einem Grenzwert reagieren. Dies beweist, daß der MgO- u. der Mg_3N_2-Film bis zu 450° eine Schutz-Wrkg. ausübt. Bei höheren Temp. gehen diese Schutz-Eigg. verloren u. der Verlauf des Prozesses ist geradlinig. Das Pulver M-4 ist reaktionsfähiger als M-3, weil M-4 eine größere spezif. Oberfläche (3500 cm^2/g) besitzt, gegenüber 616 cm^2/g von M-3. Beim Erwärmen der Pulver bei 500° an der Luft bilden sich gleichzeitig MgO u. Mg_3N_2, wobei sich in den Rk.-Prodd. drei Schichten bilden: eine weiße, hauptsächlich aus MgO u. teilweise aus Mg_3N_2; eine graue u. eine gelbe; die letzteren enthalten mehr Mg_3N_2 u. weniger MgO, aber auch eine unbedeutende Menge $Mg(OH)_2$. H. TREUMANN. 225□

Reduktion von schwefelsauren Persulfatlösungen durch γ-Strahlen. Jacques Pucheault, Christiane Ferradini und Antoinette Buu-Jacquemin. (C. R. hebd. Séances Acad. Sci. **252.** 1017—19. 13/2. 1961. Ivry, Labor. de Synth. atom. et d'Opt. proton.; Paris, Labor. Curie.) (Franz.)

Vff. untersuchten die Red. von $2\cdot10^{-3}$n bzw. $3\cdot10^{-3}$n Persulfat-Lsgg. durch Bestrahlung mit γ-Strahlen von ^{60}Co, in 0,8n H_2SO_4 bei einer Strahlungsintensität von $0{,}16\cdot10^{18}$ (**A**) bzw. $5{,}8\cdot10^{18}$ eV/cm³·h (**B**). Die Ergebnisse wurden im Diagramm reduzierte Äquivalente/cm³ als Funktion von eV/cm³ aufgetragen. Die Kurve für **A** zeigt zu Beginn (große Konz. u. geringes Alter der Lsg.) einen steilen Anstieg u. geht dann in eine Gerade über; die Ausbeute erreicht den konst. Wert der Ausbeute an $S_2O_8^{2-}$ von 2,7 Äquivalente/100 eV. Kurve **B** verläuft linear. Die Ausbeute beträgt ebenfalls 2,7 Äquivalente/100 eV. Ein Einfl. des Gas-Geh. der Lsg. auf die Ergebnisse wurde nicht festgestellt. Zwischen HSO_4^- u. $S_2O_8^{2-}$ fand kein Austausch von S statt. Die Rkk. liefen nach folgenden Gleichungen ab: $S_2O_8^{2-} + H \rightarrow SO_4^{2-} + HSO_4$; $S_2O_8^{2-} + HO_2 \rightarrow SO_4^{2-} + HSO_4 + O_2$; $HSO_4^- + OH \rightarrow OH^- + HSO_4$; $HSO_4 + HO_2 \rightarrow HSO_4^- + H^+ + O_2$; $H_2O_2 + OH \rightarrow HO_2 + H_2O$; $H_2O_2 + HSO_4 \rightarrow HO_2 + HSO_4^- + H^+$. H. FRIES. 226□

Katalytische Oxydation des Schwefelwasserstoffs in Gegenwart von gasförmigen Kohlenwasserstoffen. Guy Pannetier, Jacques Lefebvre und Pierre Barret. (Bull. Soc. chim. France **1961.** 390—97. Febr. Dijon, Fac. des Sci., Labor. de Chim. M.P.C.) (Franz.)

Nach einer früher beschriebenen Meth. (MELTZHEIM, Dissertation 1958, Dijon) werden die Einfl. der Katalysatoren u. der Zus. des Rk.-Gases auf die vollständige, selektive katalyt. Oxydation von H_2S in gasförmigen KW-Stoffen, wie CH_4 u. Butan, untersucht u. die günstigsten Oxydationsbedingungen festgelegt. Es handelt sich um eine dynam. Meth., bei der das zu untersuchende Gas mit einer Geschw. von 100 Liter/Std. einen mit dem Katalysator in ausreichender (vollständige Oxydation des H_2S gewährleistend) Schicht gefüllten Rohrreaktor passiert, der mit zwei unabhängig regelbaren, jeweils eine Hälfte des Reaktors beheizenden Widerstandsheizungen versehen ist. Der Rk.-Verlauf wird therm. verfolgt. Zu diesem Zwecke sind jeweils in 2,5 cm Abstand innerhalb des Katalysators Thermoelemente angebracht. Die Zus. des Gasgemisches wurde stets bei 91% KW-Stoff 6% O_2 u. 3% H_2S gehalten. Die Auswertung der Verss. erfolgte tabellar. u. graph. in einem Diagramm t = f(x) (t = Temp. im Reaktor u. x = Länge der Rk.-Zone). Als Vgl.-Kurve wurde für die Katalysator-Unters. die Temp.-Kurve des reinen Trägergases benutzt, für die Gas-Unters. die Kurve von reinem N_2. Von den in

Frage kommenden Katalysatoren, den Sulfiden der Übergangselemente, erwiesen sich nur NiS_2 u. Co_3S_4 als fähig, die vollständige Umwandlung von H_2S in SO_2 ohne S-Abscheidung zu katalysieren. Doch wurde nur NiS_2 verwendet (3,5 m² für 4% Ni bei 320 m²/g des Trägerkörpers), wobei Alumosilicat (78,0 ± 0,1% SiO_2 u. 11,5 ± 0,5% Al_2O_3) zylindr. geformt als Trägerkörper diente. Bei Verw. von CH_4 gegenüber N_2 als Trägergas wurde eine geringe Schwächung der Wirksamkeit des Katalysators festgestellt. Das Katalysatorbett muß deshalb um 15% erhöht werden. Selektive Oxydation von H_2S in CH_4 erfolgt im Temp.-Bereich 150—420°, wobei der günstigste Bereich zwischen 150 u. 285° liegt. Butan erfordert die gleichen Bedingungen wie CH_4, der günstigste Temp.-Bereich liegt zwischen 150 u. 320°. Verunreinigungen von H_2, CO u. CO_2 im Trägergas verringern die Rk.-Geschw. nur wenig; CS_2 wird bei 320° oxydiert. während Thiophen verzögernd wirkt, da sich S ausscheidet u. der Wirkungsgrad des Katalysators rapide sinkt. Ähnlich wie Thiophen wirken die ungesätt. KW-Stoffe, wie Propen u. n-Buten (10%), deren verzögernde Wrkg. jedoch mit steigender Temp. geringer wird. Auch die Aromaten zeigen den gleichen Einfl., wobei noch eine Abscheidung von S auftritt.
H. FRIES. 227 □

Die elektrische Leitfähigkeit des NiO-Katalysators während der Oxydation von CO zu CO_2. A. Bielański, J. Dereń, J. Haber und J. Słoczyński. (Z. physik. Chem. [Frankfurt/M.] [N. F.] **24.** 345—58. Juni 1960. Kraków, Akad. für Berg- u. Hüttenwesen, Inst. für anorg. Chem.; Poln. Akad. der Wiss., Inst. für phys. Chem., Abt. für phys. Chem. der Oberflächenerscheinungen.) (Dt.)

Vff. untersuchen nach einer quasi-stat. Meßmethodik die Kinetik der katalyt. CO-Oxydation zwischen 150 u. 300° gleichzeitig mit den Veränderungen der elektr. Leitfähigkeit des p-halbleitenden NiO-Katalysators. Die Aktivierungsenergien der Rk. sowie die Leitfähigkeit des Katalysators sind von der Zus. der reagierenden CO/O_2-Mischung abhängig. Bei O_2-Überschuß wird eine Rk. zwischen gasförmigem CO u. adsorbiertem O_2 zu gasförmigem CO_2, jedoch bei zunehmender CO-Konz. eine stufenweise Desorption von O_2 bei gleichzeitiger Adsorption von CO angenommen. H. J. HARTMANN. 227 □

Struktur, Adsorptions- und katalytische Aktivität von Nickel(II)-oxydhydrat in Abhängigkeit von Herstellungsverfahren. Ss. A. Lewina. (Доклады Академии Наук БССР [Ber. Akad. Wiss. BelorussSSR] **4.** 291—94. Juli 1960. Inst. für allg. u. anorg. Chem. der Akad. der Wiss. der BelorussSSR.) (Russ.)

Es wurden von verschiedenartig gefällten (Zutropfen von KOH zum Ni-Salz, Überschuß von Lauge, Zutropfen von Ni-Salz zur Lauge), reinen u. Fe-haltigen Ni-Oxydhydrat-Ndd. die Adsorptionsisothermen von CCl_4 an diesen Proben bei —10 bis 19° aufgenommen. Ein bestimmender Einfl. der spezif. Oberfläche auf die Rk. Aceton → Diacetonalkohol konnte nicht beobachtet werden. Die katalyt. Aktivität der untersuchten Präpp. war geringer als die von reinem Fe(III)-Hydroxyd. H. JÄGER. 227 □

Kobalt-K-Absorptionskanten in Trägerkatalysatoren Kobalt auf Aluminiumoxyd und Kobalt auf Siliciumdioxyd. R. O. Keller jun. (J. chem. Physics **31.** 279—80. Juli 1959. Pittsburgh, Pa., Gulf Res. and Dev. Co.) (Engl.)

Durch Hydrolyse von $Al(OC_3H_7)_3$ bzw. $Si(OC_2H_5)_4$ werden γ-Al_2O_3 bzw. SiO_2 dargestellt u. 22 Std. bei 600° calciniert. Die Proben werden mit wss. Lsgg. von $Co(NO_3)_2$ imprägniert, getrocknet u. 5 Std. auf 500° erhitzt. Die Messung der Röntgenabsorption erfolgt an gepreßten Tabletten mit 0,5—1 mg Co/cm² durchstrahlter Fläche. Aus der Lage der Absorptionskanten der Proben u. von CoO, Co_3O_4 u. $CoAl_2O_4$ folgt, daß in den Co–SiO_2-Trägerkatalysatoren vorwiegend Co_3O_4 vorliegt. In $CoAl_2O_3$ tritt bei höheren Co-Konzz. vorwiegend Co_3O_4 auf. Der Co^{2+}-Anteil steigt mit fallender Co-Konz. an, so daß unterhalb 1% Co nur noch Co^{2+} vorhanden ist. HERBERT MÜLLER. 227 □

Über einen Fall von homogener Fortsetzung der heterogenen katalytischen Reaktion. O. W. Krylow. (Доклады Академии Наук СССР [Ber. Akad. Wiss. UdSSR] **130.** 1063—66. 11/2. 1960. Inst. für physikal. Chem. der Akad. der Wiss. der UdSSR.) (Russ.)

Die Wrkg. verschiedener Katalysatoren (Pt, Fe rein u. mit Alkali als Promotor, Halbleiter: Ge, GaAs, Ga_2Se_3, Ga_2Te_3, GaAs · Ga_2Se_3, 3 GaAs · Ga_2Se_3, V_2O_5, Salze: CuBr, saure Oxyde: Alumosilicat u. Quarz, bas. Oxyde: CaO) wurde an Hand des Hydrazinzerfalls untersucht. Bei der Zers. handelt es sich um einen Ketten- oder Radikalmechanismus, der jedoch bei den einzelnen Katalysatoren verschieden ist. So zerfällt N_2H_4 an reinem Fe zu N_2 u. NH_3, während alkalihaltiges Fe N_2H_4 zu N_2, H_2 u. NH_3 zersetzt. Am bas. Katalysator CaO entstehen als Zerfalls-Prodd. N_2 u. H_2. Es werden Diagramme angegeben, die die relative Temp.-Änderung des Katalysators während der Rk. zeigen. G. ENGELHARDT. 227 □

A$_8$. Präparative anorganische Chemie. Komplexverbindungen. Metallorganische Verbindungen

Refraktometrische und viscosimetrische Untersuchung des Systems Salpetersäure–Schwefelsäure–Schwefelsäureanhydrid. W. A. Ussolzewa. (Известия Высших Учебных Заведений, Химия и Химическая Технология [Hochschulnachr., Chem. chem. Technol.] **2.** 871—75. 1959. Iwanowsk, Medizin. Inst., Lehrstuhl für anorgan. u. analyt. Chem.) (Russ.)

Viscosität u. Brechungs-Koeff. des Syst. wurden bei $+20^0$ untersucht. Im Brechungsindexdiagramm tritt eine isotherme, synklinale Kante vom Singulartyp auf, die dem sek. Syst. Nitroniumhydrogendisulfat–Schwefelsäure entspricht. Im Viscositätsdiagramm liegt eine räumliche Extremalfalte vor, die bei hohen SO_3-Konzz. in eine antiklinale, singulare übergeht. H. JÄGER. 253□

B-Triamino- und B-Trihydrazinoborazol. K. Niedenzu und J. W. Dawson. (Angew. Chem. **73.** 433. 21/6. 1961. Durham, N.C., Duke Univ., Dep. of Chem. and U. S. Army Res. Office.) (Dt.)

B-Triamino- (I), $B_3N_6H_9$, bzw. B-Trihydrazinoborazol (II), $B_3N_9H_{12}$, die aus den Rk.-Prodd. von B-Trichlorborazol mit NH_3 oder Hydrazin bisher nicht isoliert werden konnten, werden glatt durch Transaminierung erhalten: $(-BNR_2-NH-)_3 + 3\,H_2NR' \rightarrow (-BNHR'-NH-)_3 + 3\,R_2NH$ mit $R = CH_3$, $R' = H$, NH_2. Beim Einleiten von gut getrocknetem NH_3 in eine gekühlte Lsg. von B-Tris-[dimethylamino]-borazol (III) in einem inerten organ. Lsgm. fällt ein weißer Nd. von reinem I aus. Analog wird II beim Eintropfen von wasserfreiem Hydrazin in eine Lsg. von III erhalten. Beide Verbb. sind gut krist. u. sehr hydrolyseempfindlich. Bei längerem Aufbewahren erleiden sie langsam Selbstzersetzung. Die therm. Zers. liefert hochverzweigte Polymere. Die NH_2-Gruppen beider Verbb. reagieren mit Aldehyden, Säurechloriden u. dgl. zu Kondens.-Prodd., wie man sie bei Substanzen mit freier NH_2-Gruppe zu erwarten hat.
GERHARD SCHULZE. 258□

Zur Darstellung von Diboran durch Reduktion des Ätherats von Bortrifluorid durch Calciumhydrid. W. I. Michejewa, Je. M. Fednewa und W. I. Alpatowa. (Доклады Академии Наук СССР [Ber. Akad. Wiss. UdSSR] **131.** 318—20. 11/3. 1960.) (Russ.)

Bei Zugabe von Bortrifluoriddiäthyläther (I) zu pulverisiertem CaH_2 (II) u. Erwärmen auf 110—120^0 bildet sich Diboran, das in einer benzol. p-Toluidin-Lsg. absorbiert wird. Diboran wird über $CH_3C_6H_4NH_2 \cdot BH_3$, F. 59—60^0, u. $(CH_3)_3N \cdot BH_3$, F. 94^0, nachgewiesen. Im festen zurückbleibenden Rk.-Prod. befindet sich CaF_2, $Ca(BF_4)_2$, CaH_2 u. B. Vff. stellen fest, daß die beste Ausbeute bei einem Verhältnis von I : II wie 2 : 3 erhalten wird. Die Rk. wird thermograph. untersucht: Bei 250—322^0 zersetzt sich das $Ca(BF_4)_2$ zu CaF_2 u. BF_3, bei 300—333^0 entsteht aus CaH_2 u. BF_3 CaF_2, H_2 u. elementares Bor. B_2H_6 bildet sich beim Kp. von I (120^0). G. ENGELHARDT. 258□

Die Stereochemie von Polyboratanionen und Boratkomplexen von Diolen und einigen Polyolen. Johannes Dale. (J. chem. Soc. [London] **1961.** 922—30. März. Brussels, European Res. Assoc.) (Engl.)

Vf. leitet auf Grund ster. Betrachtungen die möglichen monocycl. u. kondensierten cycl. Strukturen der komplexen Polyboratanionen ab u. nimmt für das krist. Hydrat des Na-Metaborats eine tetramere urotropinähnliche Käfigstruktur, $[B_4O_6(OH)_4]^{4-}$, an. Die monocycl. Na-Boratkomplexe der 1.2- u. 1.3-Diole wurden im allg. aus W. mit 3 Moll. Kristallwasser erhalten.

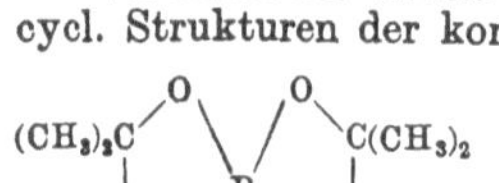
I

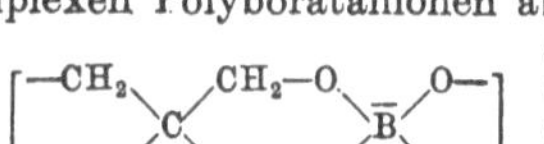
II

Nur im Falle des *Pinakols* wurde die Ausfällung eines krist., spiranähnlichen Bis-diolmonoboratkomplexes (I) festgestellt. Bei Verw. äquimol. Mengen von Na-Borat u. *Pentaerythrit* (III) fiel aus sehr konz. Lsgg. ein amorpher Nd. der wahrscheinlichen Zus. II mit 6 Moll. Kristallwasser an. Bei Verw. eines größeren Überschusses an III wurde ein krist., spiranähnlicher Bis-boratkomplex mit 12 Moll. Kristallwasser erhalten. *1.1.1-Tris-[hydroxymethyl]-äthan* u. *cis-Cyclohexan-1.3.5-triol* bildeten urotropinähnliche Käfigstrukturen IV u. V. Die Strukturen dieser Verbb. werden durch Unters. der therm. Entwässerung bestätigt. Die Unterschiede der Stabilität zwischen den Komplexen u. den korrespondierenden cycl. Estern der verschiedenen Typen der Diole u. Polyole werden auf Grund von stereochem. Betrachtungen erklärt. *cis-* u. *trans-Cyclo-*

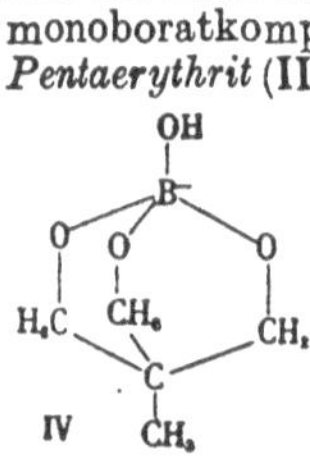
IV

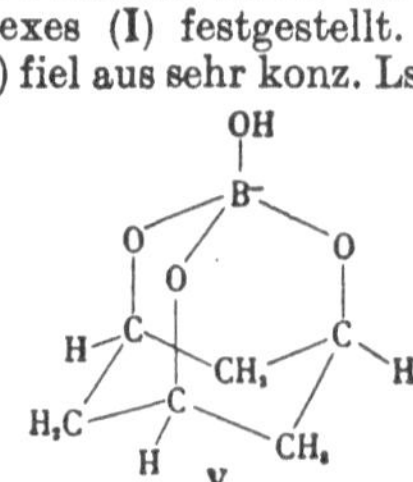
V

hexan-1.3-diol können leicht getrennt werden, da das cis-Isomere mit Borsäure einen destillierbaren cycl. Ester, das trans-Isomere dagegen ein Polymeres bildet.

Versuche: Allg. Darst.-Meth. der *Na-Boratkomplexe* mit Diolen oder Polyolen: Durch Erhitzen der äquimol. Mengen des Diols oder Polyols mit Na-Metaborat in W., das etwas NaOH zur Verhinderung der Ausfällung von Borax enthielt, Abkühlen, Filtrieren u. Trocknen auf Filtrierpapier. — *meso-Pentan-2.4-diol-Komplex*, $C_5H_{18}BNaO_7$, dünne Blättchen; zwischen 50 u. 105° schneller Verlust von 3 Moll. W.; der getrocknete Komplex (100°) lösl. in heißem Xylol oder Pyridin, unlösl. in Ae., Chlf., Bzl. oder Tetrahydrofuran. — *rac.-Pentan-2.4-diol-*, irregulär geformte Kristalle. — *meso-Butan-2.3-diol-*, $C_4H_{16}BNaO_7$, dünne Flocken; zwischen 55 u. 95° Verlust von 3 H_2O. — *rac.-Butan-2.3-diol-*, dicke, längliche, hexagonale Platten. — *cis-Cyclopentan-1.2-diol-*, $C_5H_{16}BNaO_7$, irreguläre Platten; zwischen 50 u. 90° Verlust von 3 H_2O. — *cis-Cyclohexan-1.2-diol-*, $C_6H_{18}BNaO_7$, sehr dünne Flocken, zwischen 53 u. 90° Verlu stvon 3 H_2O. — *Pinakon-*, $C_{12}H_{32}BNaO_8$, äußerst dünne Blättchen; zwischen 40 u. 80° Verlust von 4 H_2O. — *1.1.1-Tris-[hydroxymethyl]-äthan-*, $C_5H_{16}BNaO_7$, sehr lange Flocken; zwischen 35 u. 47° Verlust von 3 H_2O. — *α-Cyclohexan-1.3.5-triol-* (aus Phloroglycin durch Hydrierung u. Trennung der Isomere), $C_6H_{16}BNaO_7$, sehr lange Flocken; zwischen 35 u. 48° Verlust von 3 H_2O. — *Pentaerythrit-*, a) $C_5H_{20}BNaO_{10}$ (1 : 1-Komplex, polymer, II), aus gleichen Mengen an III u. Na-Metaborat; zwischen 30 u. 80° Verlust von 6 H_2O; b) $C_5H_{36}B_2Na_2O_{20}$ (1 : 2-Komplex), bei Verw. von >2 Mol Na-Metaborat pro Mol III; dünne Nadeln; zwischen 40 u. 65° Verlust von 10 H_2O u. zwischen 65 u. 95° von 2 H_2O. — Trennung von *cis-* u. *trans-Cyclohexan-1.3-diol*: Durch Erhitzen von 58 g der fl. Diolmischung (n_D^{20} 1,4980; aus Resorcin durch katalyt. Hydrierung mit RANEY-Nickel u. Dest. bei 118 bis 122°/7 mm) mit 204 g Trihexylborat, Abdestillieren des gebildeten Hexan-1-ols (86 g) bei 153°, weiteres Abdestilieren des gemischten Esters, cis-Cyclohexan-1.3-diol-hexylborat (83,1 g; n_D^{21} 1,4390), bei 107—120°/0,8 mm; Lösen des dest. Esters in konz. Alkali, Extraktion der Lsg. mit Ae. u. Dest. des Extrakts; zunächst Abdestillieren des Hexan-1-ols, dann des *cis-Cyclohexan-1.3-diols* (40 g, 70%) bei 100—104°/0,5 mm; nach Umkristallisation aus Aceton, F. bei 82—83°; *trans-Cyclohexan-1.3-diol*, durch Dest. des Rückstands bei 130—142°/6 mm (15,6 g, 27%) u. Umkristallisation aus Aceton (F. 118—120°). — *cis-Cyclohexan-1.3-diolborat*, $C_{12}H_{20}B_2O_5$, F. 105—110° (KOFLER-App.; danach Verfestigung u. nochmaliges Schmelzen bei 180° als Anhydrid); durch Erhitzen einer Mischung von cis-Cyclohexan-1.3-diol u. H_3BO_3 in Bzl., Entfernen des W. durch azeotrope Dest., Abfiltrieren des überschüssigen H_3BO_3, Konzentrieren der Lsg. u. Zufügen von Hexan, Sublimation im Vakuum, Umkristallisation in Hexan; lange, dünne Nadeln. U. SKURNIA. 258□

Die Struktur und die relativen Stabilitäten der Borsäureester von 1.2- und 1.3-Diolen. A. J. Hubert, B. Hargitay und Johannes Dale. (J. chem. Soc. [London] **1961.** 931—36. März.) (Engl.) — Vgl. vorst. Referat.

Zur Unters. der unterschiedlichen Basenacceptor-Eigg. der fünf- oder sechsgliedrigen cycl. Borate verfolgen Vff. calorimetr. die Rk. mit organ. Basen, *Benzylamin* bzw. *Pyrrolidin*, in Octan-Lsg.; die verwendeten Borate sind: *Tributyl-*, *Äthylenglykolbutyl-*, *Propan-1.2-diolbutyl-*, *meso-Butan-2.3-diolbutyl-*, *meso-Butan-2.3-diol-* (I), *Propan-1.3-diolbutyl-* u. *Butan-1.3-diolbutylborat.* Die cycl. Borsäureester der 1.2-Diole zeigen eine viel größere Rk.-Wärme mit Aminen als die der 1.3-Diole u. die nichtcycl. Borate. Durch Veresterung einer Mischung von 1 Mol Äthylenglykol u. 1 Mol Propan-1.3-diol mit 1 Mol Borsäure u. anschließende Isolierung der Acetylierungs-Prodd. des gemischten Esters wird gezeigt, daß der cycl. Ester des 1.3-Diols bevorzugt gebildet wird. Vff. stellen fest, daß der fünfgliedrige Ring beim Vorliegen von B mit 3 kovalenten Bindungen Spannung besitzen muß, wogegen beim Vorliegen von tetraedr. B keine Spannung auftritt; der sechsgliedrige Ring ist in beiden Fällen ohne Spannung. Die Spannung im fünfgliedrigen Ring hebt ungefähr den Energiegewinn bei der Ring-Bldg. auf, so daß sich die Borate der 1.2-Diole, obgleich als cycl. Ester destillierbar, bei Kondens. mehr oder weniger zu offenkettigen Polymeren neu ordnen. Die ohne Spannung vorliegenden Borate der 1.3-Diole dagegen behalten die cycl. Form bei. U. SKURNIA. 258□

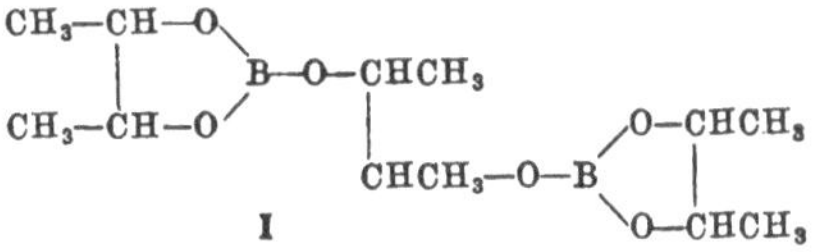

I

Die Systeme Alkalihydroxyd–Alkalicarbonat. Roger Cohen-Adad, Maurice Michaud, Jean Saïd und Antoine-Pierre Rollet. (Bull. Soc. chim. France **1961.** 356—59. Febr. Alger, Fac. des Sci., Labor. de Chim. gén.; Paris, Fac. des Sci., Labor. de Chim. VI.) (Franz.)

Mit Hilfe der DTA u. der direkten Thermoanalyse werden die Gleichgewichtsdiagramme der Syst. LiOH–Li_2CO_3 (I), NaOH–Na_2CO_3 (II), KOH–K_2CO_3 (III) u.

RbOH–Rb_2CO_3 (IV) aufgestellt u. die entsprechenden Eutektika, die FF. der Verbb. u. die Temp. der bei den Alkalihydroxyden — außer Li — in der Nähe vom F. auftretenden polymorphen Umwandlungen neu bestimmt. Die Vers.-Vorr. der DTA u. direkten Thermoanalyse werden beschrieben u. skizziert. Es zeigte sich, daß die von anderen Autoren ermittelte Umwandlung von LiOH bei 413° (CHITROW u. Mitarbeiter, C. **1950/54.** 90 S) ein Eutektikum ist, das schon in Ggw. ganz geringer Mengen an Li_2CO_3 in LiOH auftritt. Die Best. ergaben nun folgende charakterist. Punkte für obige Verbb. u. Syst.: F.: LiOH 473°, Li_2CO_3 717°, NaOH 321°, Na_2CO_3 854°, KOH 404°, K_2CO_3 893°, RbOH 382°, Rb_2CO_3 860°; Eutektika: für **I** 419° bei 40,5% Li_2CO_3, **II** 286° bei 23% Na_2CO_3, **III** 360° bei 22% K_2CO_3, **IV** 335° bei 18% Rb_2CO_3; Umwandlungspunkte: NaOH 297°, KOH 242°, RbOH 235°. H. FRIES. 276 □

Ein neues Calciummagnesiumsilicat. W. Gutt. (Nature [London] **190.** 339–40. 22/4. 1961. Garston, Watford, Building Res. Stat., Dep. of Sci. and Ind. Res.) (Engl.)

Im Hochtemp.-Phasengleichgewicht des Syst. $2CaO \cdot SiO_2$–$3CaO \cdot MgO \cdot 2SiO_2$ ermittelte Vf. eine neue Verb. der angenäherten molaren Zus. $(2CaO \cdot SiO_2)_{5,6}(3CaO \cdot MgO \cdot 2SiO_2)_{4,4}$, die durch ihr Röntgenbeugungsdiagramm gek. werden konnte. Die Verb. wurde aus gemahlenem Quarz (99,95%ig. Reinheit), Ca-Carbonat (99,9%) u. MgO (99,9%) durch Glühen bei 1250° in einem Pt-Schiffchen im Pt-Rh-Widerstandsofen hergestellt. Die Feinheit des Rk.-Gemisches ist während des Glühens von entscheidender Bedeutung für die Bldg. der Verb.; während 10tägiger Wärmebehandlung wurde das Gemisch alle 2 Tage gemahlen (300 mesh). Unterläßt man diesen Mahlvorgang, so entsteht hauptsächlich γ-$2CaO \cdot SiO_2$ u. $3CaO \cdot MgO \cdot 2SiO_2$ mit nur wenig der neuen Phase. Pulveraufnahmen wurden bei Zimmer-Temp. mit einer GUINIER-Kamera u. Cu–K_α-Strahlung hergestellt u. die relativen Linienintensitäten visuell festgelegt; sie werden tabellar. mitgeteilt. Die Dichte der neuen Verb. beträgt 3,30, ihre opt. Eigg. sind folgende: zweiachsig positiv, 2 V mittel (ca. 30°), Brechungsindices (Na): $\alpha = 1{,}711$, $\gamma = 1{,}725$. Die Phase bildet sich in einer Festkörper-Rk. u. schmilzt nicht kongruent. Durch die Tatsache, daß das Röntgendiagramm der neuen Phase über einen weiten Zus.-Bereich des Syst. $2CaO \cdot SiO_2$–$3CaO \cdot MgO \cdot 2SiO_2$ unverändert ist, wird die Ansicht gestützt, daß es sich um eine definierte Verb. u. nicht um ein Glied einer Mischkristallreihe handelt. GERHARD SCHULZE. 282 □

Über die Darstellung und einige Eigenschaften des Bariumhydroxylapatits. Samad Mohseni-Koutchesfehani und Gérard Montel. (C. R. hebd. Séances Acad. Sci. **252.** 1026–28. 13/2. 1961. Vitry, Centre d'Études de Chim. métallurg.; Paris, École Nat. Supér. de Chim.) (Franz.)

$Ba_{10}(PO_4)_6(OH)_2$ (**I**) kann nicht durch Neutralisation von H_3PO_4 (**II**) mit $Ba(OH)_2$ (**III**) dargestellt werden, da unter diesen Bedingungen $Ba_3(PO_4)_2$ (**IV**) entsteht. Nur die umgekehrte Rk., partielle Neutralisation von **III** mit **II**, führt zu reinem **I.** Zu 500 ml gesätt. Lsg. von **III** ($\approx$0,23 m) werden jeweils 200 ml **II** steigender Konzz. gegeben. Dabei entstehen den Konzz. entsprechend mit $<$0,10 m **II** reines **I**, mit 0,10–0,40 m **II** eine feste Lsg. von **I** mit hydratisiertem **IV**, mit 0,40–0,50 m **II** reines **IV**, mit 0,50–0,65 m **II** $Ba_2H_2(PO_4)_2$. Die entstehenden Phasen wurden röntgenograph. u. mit Hilfe der Thermowaage bestimmt. Glühen der ersten beiden Phasen bei 1000° veränderte nur letztere; es entstand eine Mischung von **I** u. **III.** Die Röntgenaufnahmen der Phasen u. die Kurven der Thermogravimetrie der ersten beiden Phasen werden wiedergegeben. Die thermogravimetr. Kurve von **I** stimmt mit denen der Apatite von Sr u. Ca überein. **I** krist. hexagonal mit a = 10,15 ± 0,01 (Å) u. c = 7,69 ± 0,005. H. FRIES. 285 □

Mullitbildung im System Aluminiumfluorid–Siliciumdioxyd (AlF_3–SiO_2). Béla Lőcsei. (Nature [London] **190.** 907–08. 3/6. 1961. Budapest, Building Mat. Res. Central Inst.) (Engl.)

Aus *AlF_3* u. *Silicagel, Cristobalit, Bergkristall* bzw. *Quarzglas*, alle mit Korngrößen $<$60 μ u. ähnlicher Größenverteilung, werden Tabletten gepreßt u. die beim Erhitzen auftretenden Rkk. differentialthermoanalyt. u. thermogravimetr. untersucht. Im Syst. AlF_3–SiO_2 können die Rkk. $12AlF_3 + 13SiO_2 \rightarrow 2(3Al_2O_3 \cdot 2SiO_2) + 9SiF_4$ u. bei Verw. wasserhaltiger Proben $6AlF_3 + 2SiO_2 \cdot 9H_2O \rightarrow 3Al_2O_3 \cdot 2SiO_2 + 18HF$ ablaufen. Die Bldg. von SiF_4 beginnt bei 600 ± 15° u. wird bei 850–1000° bes. kräftig. Die SiF_4-Menge steigt zu Beginn der Rk. exponentiell mit der Temp. u. erreicht dann einen quasistationären Zustand. Der Beginn der Bldg. von *Mullit* (**I**) fällt mit der SiF_4-Bldg. nicht zusammen. Beginn u. Ablauf der Rkk. sind Funktionen der Teilchengröße u. des Zwischenvol. in der Mischung. Die Aktivierungsenergie der SiF_4-Bldg. ist bei Verw. von Quarzglas am niedrigsten. Bei 600 ± 15° wird eine krist. u. eine amorphe, F-haltige Verb. gebildet; die Identifizierung erfolgt röntgenographisch. HERBERT MÜLLER. 294 □

Darstellung und Raffination von Yttriummetall über Y-Mg-Legierungen. O. N. Carlson, J. A. Haefling, F. A. Schmidt und F. H. Spedding. (J. electrochem. Soc. **107.** 540—45. Juni 1960. Ames, Iowa, Iowa State Univ., Inst. for Atomic Res. and Dep. of Chem.) (Engl.)

Vff. beschreiben eine Meth. zur Darst. von 99,9% ig. Y durch Red. von YF_3 mit Ca bei 950°, wobei zur Herst. einer niedrigschm. Leg. Mg (24 Gew.-%) u. als Flußmittel wasserfreies $CaCl_2$ zugesetzt werden. Das Mg wird durch Erhitzen der Leg. im Vakuum auf 900—950° entfernt. Das sich dabei bildende schwammige Metall wird durch Schmelzen im Lichtbogen verfestigt. Vff. untersuchen einige Meth. zur Reinigung des Y u. stellen fest, daß aus den Legg. durch Extraktion mit einer geschmolzenen Salzmischung aus YF_3–$CaCl_2$ u. anschließend mit geschmolzenem reinem YF_3 O bis zu einem Geh. von 0,015 u. F bis zu 0,006% entfernt werden können. Durch Elektronenstrahl- u. Zonenschmelzung im Vakuum können die Legg. ebenfalls sehr gut von F (0,002 Gew.-%) gereinigt werden, während jedoch diese Meth. den Geh. an O nicht ändern. Vff. beschreiben weiterhin einige physikal. u. chem. Eigg. sowie die Mikrostruktur u. das Verh. des Metalls bei kalter Bearbeitung u. erhalten folgende Werte: F. 1495 ± 5°, Gitter-Konst. a = 3,662 u. c = 5,752 Å, $D_{\cdot gem.}$ 4,45, $D_{\cdot ber.}$ 4,46 g/cm³ u. BRINELL-Härte 35—45.

J. KRAETSCH. 300□

Darstellung von wasserfreiem Zirkoniumtetrafluorid, ausgehend von Zirkoniumcarbid und -nitrid. Jean Niemiec. (C. R. hebd. Séances Acad. Sci. **251.** 875—77. 8/8. 1960. Brüssel, Univ. Libre, Labor. de Metallurg. et d'Électrochim.) (Franz.)

Es wurde die Darst. von ZrF_4 durch Umsetzung von ZrN, ZrC bzw. Zr(C, N) (erhalten durch direkte Einw. von C bzw. N_2 auf elektrolyt. Zr bzw. durch Behandlung von $ZrSiO_4$ mit C im elektr. Ofen) mit NH_4HF_2 untersucht. Reines ZrC reagiert mit NH_4HF_2 bereits bei Zimmer-Temp. heftig nach der Gleichung $2ZrC + 7NH_4HF_2 \rightarrow 2(NH_4)_3ZrF_7 + NH_3 + H_2 + 0{,}33C_2H_2 + 1{,}33CH_4$. $(NH_4)_3ZrF_7$ wird im Vakuum (50—100 μ Hg) durch Steigen der Temp. therm. zersetzt; die Zers. erfolgt über die Stufen des $(NH_4)_2ZrF_6$ u. NH_4ZrF_5. Das erhaltene ZrF_4 wird bei einem Druck von 1—0,1 μ Hg zwischen 650 u. 670° durch Sublimation gereinigt. Bei der Kondens. von ZrF_4 auf einer durch W. gekühlten Platte wird ein Gemisch von 2 krist. Varietäten (α- u. monoklines ZrF_4) erhalten. ZrN reagiert weniger heftig mit NH_4HF_2 bei leichtem Erwärmen nach $2ZrN + 7NH_4HF_2 \rightarrow 2(NH_4)_3ZrF_7 + 3NH_3 + H_2$; die Rk. von NH_4HF_2 mit Zr(C, N) erfolgt ebenso heftig wie mit ZrC. Die höchste Ausbeute an ZrF_4 (93,3%) wird durch Rk. von ZrN mit einem 20% ig. Überschuß an NH_4HF_2 erhalten. W. KARCHER. 322□

Die Sulfide, Selenide und Telluride von Titan, Zirkonium, Hafnium und Thorium. 1. Mitt. **Darstellung und Charakterisierung.** F. K. McTaggart und A. D. Wadsley. (Austral. J. Chem. **11.** 445—57. Nov. 1958. Melbourne, C.S.I.R.O., Div. of Ind. Chem.) (Engl.)

Vff. untersuchen röntgenograph. die Syst. Ti–S, Ti–Se, Ti–Te, Zr–S, Zr–Se, Zr–Te, Hf–S, Hf–Se u. Hf–Te, bes. bzgl. des Auftretens von Phasen mit Zus. zwischen AX_{max} u. AX. Die Darst. der Verbb. erfolgte aus Material hoher Reinheit durch direkte Synth. aus den Elementen oder durch Abbau höherer Phasen; sämtliche Verss. wurden unter trockenem Ar durchgeführt. Verschiedene neue Verbb. werden dargestellt u. diskutiert, größere Unterschiede im Phasentyp bei Zr- u. Hf-Verbb. herausgestellt u. eine neue Interpretation der Röntgendaten für die AX_3-Verbb. gegeben. Im einzelnen sind aufgeführt (tabellar. Zusammenstellungen der Zus., Farbe, Dichte, Kristallform, Raumgruppe u. Gitter-Konst.): TiS_3, ZrS_3, $ZrSe_3$, $ZrTe_3$, HfS_3, $HfSe_3$, TiS_2, $TiSe_2$, $TiTe_2$, ZrS_2, $ZrSe_2$, $ZrTe_2$, HfS_2, $HfSe_2$, Ti_2S_3, Ti_2Se_3, Ti_2Te_3, Zr_2S_3, Zr_2Se_3, Zr_2Te_3, Hf_2S_3, Hf_2Se_3, Hf_2Te_3, *TiS*, *TiSe*, *TiTe*, *ZrS*, *ZrSe*, *ZrTe*, *HfS*, *HfSe* u. *HfTe*. G. RUBAN. 323□

Die Sulfide, Selenide und Telluride von Titan, Zirkonium, Hafnium und Thorium. 2. Mitt. **Chemische Eigenschaften.** Joy Bear und F. K. McTaggart. (Austral. J. Chem. **11.** 458—70. Nov. 1958.) (Engl.) — 1. vgl. vorst. Referat.

Vff. diskutieren die Rkk. der Hauptphasen AX_n mit $n \geqslant 1$ in den 12 Syst. von Ti, Zr, Hf u. Th mit S, Se u. Te. Hierbei werden bes. Rkk. mit O_2, Cl_2, Alkalimetallen, S, Se, Säuren, Basen, Oxydationsmitteln, Alkoholen u. H_2 sowie die therm. Zers. im Vakuum behandelt u. einige Bldg.-Wärmen angegeben. G. RUBAN. 324□

Untersuchung der homogenen Gleichgewichte Nb_2O_5–K_2O–H_2O. 1. Mitt. Marcel Lehne und Huguette Goetz. (Bull. Soc. chim. France **1961.** 334—40. Febr. Strasbourg, Fac. des Sci., Labor. de Chim.) (Franz.)

Eine kryoskop. Unters. u. pH-Messungen an Lsgg. von Nb_2O_5 in KOH wurden durchgeführt, um die Konstit. der entstandenen einfachen oder kondensierten Anionen in Abhängigkeit von der Konz. an freiem KOH in den Lsgg. zu bestimmen. Dabei wurden zwei Ionenarten, NbO_4^{3-} u. $Nb_5O_{16}^{7-}$, entsprechend den Gleichungen: Nb_2O_5 +

$6OH^- \rightarrow 2NbO_4^{3-} + 3H_2O$ u. $5Nb_2O_5 + 14OH^- \rightarrow 2Nb_5O_{16}^{7-} + 7H_2O$ gefunden. Die Unters.-Meth. werden beschrieben u. die Meßergebnisse tabellar. u. graph. aufgeführt.
H. Fries. 331□

Untersuchung von Kaliumniobaten. 1. Mitt. Raymond Rohmer und Jacques-Émile Guerchais. (Bull. Soc. chim. France **1961.** 317—23. Febr. Strasbourg, Fac. des Sci. et l'École Nat. Supér. de Chim., Labor. de Chim. Minér.) (Franz.)

Auf Grund systemat. Unterss. der K-Niobate konnte die Löslichkeitsisotherme bei 25° des Syst. Nb_2O_5–K_2O–H_2O dargestellt werden. Dabei wurde die Existenz von 10 verschiedenen festen Phasen nachgewiesen, von denen zwei metastabil sind u. nicht aus ihren Komponenten erhalten werden können. Die genaue Charakterisierung der Salze erfolgte nicht nur nach der „Rest"-Meth., weil im sehr sauren u. sehr bas. Bereich sich stark absorbierende Gele bilden u. die Zus. der Salze meist nur ganz geringe Unterschiede aufweist. Deshalb wurden zur Identifizierung noch die Thermogravimetrie, die DTA, die Röntgenographie u. IR-Spektroskopie angewendet. Zur Darst. der stabilen Phasen wurde calciniertes Nb_2O_5 in einer KOH-Lsg. behandelt. Reagierte calciniertes Nb_2O_5 nicht mit der Lsg. von K_2O, wurde nichtcalciniertes Nb_2O_5 verwendet, das durch saure Hydrolyse des Schmelzprod. von Nb_2O_5 mit K_2O dargestellt wurde. Die metastabilen Phasen wurden durch Zugabe von hydratisiertem Nb_2O_5 oder KOH zum Salz $7K_2O \cdot 6Nb_2O_5 \cdot 25H_2O$ dargestellt. Letzteres entsteht durch Hydrolyse von $7K_2O \cdot 5Nb_2O_5 \cdot 32H_2O$. Die 10 Phasen hatten folgende Zus.: Stabil: $7K_2O \cdot 5Nb_2O_5 \cdot 32H_2O$; $2K_2O \cdot Nb_2O_5 \cdot 32H_2O$; $4K_2O \cdot 3Nb_2O_5 \cdot 16H_2O$; $13K_2O \cdot 10Nb_2O_5 \cdot 40H_2O$; $4K_2O \cdot 3Nb_2O_5 \cdot 12H_2O$; $7K_2O \cdot 6Nb_2O_5 \cdot 27H_2O$; $3K_2O \cdot 3Nb_2O_5 \cdot 11H_2O$; $K_2O \cdot Nb_2O_5 \cdot 4H_2O$; metastabil: $7K_2O \cdot 6Nb_2O_5 \cdot 25H_2O$; $4K_2O \cdot 3Nb_2O_5 \cdot 9H_2O$. Bei der Best. der Zus. der Phasen nach der „Rest"-Meth. wurden Nb_2O_5 gravimetr. als Nd. mit H_2SO_4, als Oxim oder als Nd. mit Tannin bestimmt, K_2O in unlösl. u. sauren Salzen durch Differenz-Bldg., in lösl. Salzen durch Neutralisation, als Sulfat oder flammenspektrophotometr. u. W. in sauren Salzen durch Glühen, sonst thermogravimetrisch. H. Fries. 331□

Untersuchung von auf nassem Wege erhaltenen Kaliumniobaten. 2. Mitt. Raymond Rohmer und Jacques-Émile Guerchais. (Bull. Soc. chim. France **1961.** 324—34. Febr.) (Franz.) — 1. vgl. vorst. Referat.

Um die Formeln der bei der Unters. des Syst. Nb_2O_5–K_2O–H_2O dargestellten Salze genau zu bestimmen, wurden die Thermogravimetrie, die DTA, die Röntgenographie u. die IR-Spektrographie angewendet. Da die Formeln der bas. Niobate bis auf geringfügige Unterschiede einander entsprechen, werden diese Salze aus einem einzigen Salz durch partiellen Ersatz des gebundenen W. durch K_2O dargestellt. Die Ergebnisse erlaubten weitere Aussagen über die Eigg. der Niobate u. die Formeln der kondensierten Anionen. Mit Hilfe der DTA wurde die Festigkeit der Bindung des W. in den Komplexsalzen festgestellt. Die Darst. u. Analyse folgender Niobate werden angegeben: *Oktakaliumhexaniobat*, $K_8[Nb_6O_{18}(OH)_2] \cdot 8H_2O$; *Heptakaliumhexaniobat* $K_7[Nb_6O_{18}(OH)_2H] \cdot 11H_2O$; *Heptakaliumpentaniobat*, $K_7[Nb(NbO_4)_4] \cdot 16H_2O$; $13K_2O \cdot 10Nb_2O_5 \cdot 40H_2O$ oder $K_{8-\alpha}[Nb_6O_{18}(OH)_2H_\alpha] \cdot 11H_2O$ (ein geringer Teil des K ist durch H ersetzt, $\alpha > 0,1$); *hydratisierte K-Metaniobate*, wie $K_6[Nb_6O_{17}(OH)_2] \cdot xH_2O$ ($x = 10, 7, 3$ u. 0) u. $K_6[Nb_6O_{18}]$; *saure K-Niobate* u. *hydratisiertes* Nb_2O_3 mit 7, 4 u. $3H_2O$. H. Fries. 331□

Sichtbarmachung der chemischen Natur von Uranseleniden. Parviz Khodadad. (C. R. hebd. Séances Acad. Sci. **252.** 1029—30. 13/2. 1961. Paris, Fac. de Pharm., Labor. de Chim. minér.) (Franz.)

In Fortsetzung der Unterss. über die chem. Eigg. von γ-USe_2 u. USe_3 (C. **1958.** 3255, 8569) beschreibt Vf. das Verh. der Verbb. gegenüber $AgNO_3$ in wss. Lösung. USe_2 wird mit kristallinem $AgNO_3$ in ein leichtgeschütztes Rk.-Rohr gebracht, das mit einem Sprengel-App. u. einem darüberliegenden Wasserbehälter, der entgastes W. enthält, verbunden ist. Die gesamte App. wird evakuiert. Bei Zulauf des ersten W. tritt sofort Rk. unter positiver Wärmetönung ein. Eine grüne Fl. entsteht, deren Farbe sich innerhalb von 30 Min. nach Gelb ändert, wobei sich NO entwickelt. Die entstandene Fl. vom pH 2 enthält das gesamte U. Auf dem Boden des Rk.-Rohres setzt sich dann allmählich ein schwarzer, voluminöser Nd. von Ag_2Se ab. Die Rk.-Gleichung wird folgendermaßen formuliert: $3USe_2 + 12AgNO_3 + 2H_2O = 6Ag_2Se + 3(UO_2)(NO_3)_2 + 2NO + 4HNO_3$. Die α- u. β-Form von USe_2 zeigen gleiches Verh. wie die γ-Form. Für die Rk. von USe_3 mit $AgNO_3$, die im wesentlichen der obigen Rk. ähnlich verläuft, wird folgende Gleichung formuliert: $3USe_3 + 12AgNO_3 + 2H_2O = 6Ag_2Se + 3(UO_2) \cdot (NO_3)_2 + 2NO + 3Se + 4HNO_3$. Auf Grund obiger Rkk. nimmt Vf. an, daß die Uranselenide ion. Verbb. sind, die zusätzlich noch kovalente Bindungen enthalten.
H. Fries. 339□

Uranate der 1. und 2. Nebengruppe. F. Weigel und S. Neufeldt. (Angew. Chem. **73.** 468. 7/7. 1961. München, Univ., Transuran-Abt. des Inst. für anorgan. Chem.) (Dt.)

Durch Lösen der entsprechenden Metalloxyde u. von U_3O_8 in konz. HNO_3, Eindunsten u. 6std. Erhitzen des Rückstands auf 600° wurden erhalten: $CuUO_4$ (kaffeebraun), $ZnUO_4$ (zinnoberrot) u. $CdUO_4$ (ockerfarben). Zur Darst. von $HgUO_4$ (cadmiumorange) wurde das Nitratgemisch 2½ Std. auf 300°, dann 350° u. zuletzt kurz auf 400° erhitzt. Ag_2UO_4 (umbrabraun) wurde aus Ag_2O u. UO_3 (1 : 1) durch 15std. Erhitzen auf 240° hergestellt. Innerhalb dieser Zeit wurde der Rk.-Kuchen mehrmals zerkleinert.

CH. WEISKE. 339 □

Über die Uranylverbindungen des Natriumcyclohexyldithiocarbaminats. Wilhelm Prodinger. (Mikrochim. Acta [Wien] **1960.** 766—70. Wien, Geolog. Bundesanst., Chem. Labor.) (Dt.)

Na-Cyclohexyldithiocarbaminat (I) reagiert im pH-Bereich 6,6—7,2 mit Uranylsalzen unter Bldg. eines in W. mit gelber Farbe lösl. Komplexes, der bei pH 6,6 ein Absorptionsmaximum bei 392—394 mμ besitzt. Die wss. Lsg. wird durch Zusatz von Alkalilauge bis zum pH-Wert 8—9 momentan entfärbt. Außerdem wird ein K-Doppelsalz der Zus. $KUO_2(S_2HCNC_6H_{11})_3 \cdot 3H_2O$ beschrieben u. über die Umwandlung des Ca-Doppelsalzes beim Kochen mit NaOH berichtet. **I** gibt mit Cu^{2+} im pH-Bereich von 4,4—7 einen grünen Nd. (Erfassungsgrenze 0,1 mg Cu/3 ml), mit Ni^{2+} (pH 5—6) ein mattgrünes Salz (0,02 mg Ni/10 ml) u. mit Co^{2+} (pH 3,4—10) ein grünes Salz (0,02 mg Co/10 ml); Zn^{2+} u. Sb^{3+} reagieren nur im Bereich von pH 4—8,4 bzw. pH 5,0 bis 9,6.

Versuche: *UO_2-Cyclohexyldithiocarbaminat-Komplex,* durch Versetzen einer verd., schwach sauren (pH ca. 6) UO_2-Salz-Lsg. mit einer gesätt. wss. **I**-Lösung. — $KUO_2(S_2HCNC_6H_{11})_3 \cdot 3H_2O$, durch Zugabe von 100 ml gesätt. **I**-Lsg., die 0,2 g KNO_3 enthält, zu einer Lsg. von 0,2 g $UO_2(NO_3)_2 \cdot 6H_2O$ in 100 ml W. unter Rühren in der Kälte, Zusatz weiterer 2,5 g KNO_3, wodurch sich der Komplex in braunen Flocken abscheidet, weiterer Zusatz einiger ml **I**-Lsg. unter Rühren, Absaugen des Nd. nach einigem Stehen, Waschen mit wenigen ml verd. KNO_3-haltiger **I**-Lsg. u. Trocknen im Vakuum über konz. H_2SO_4; rostbraune Substanz, in W. mit gelber Farbe nicht unerheblich lösl., in 4n NaOH-Lsg. unter Entfärbung löslich. — *Ca-UO_2-Cyclohexyldithiocarbaminat,* durch Fällung einer fast sd. Lsg. von **I**, die $CaCl_2$ enthält, mit einer heißen Lsg. von $UO_2(NO_3)_2 \cdot 6H_2O$ unter Rühren, Aufarbeiten des rotbraunen Nd. wie beim K-Salz; äußerst hygroskop., nicht lösl. in Laugen in der Kälte, beim Erwärmen mit überschüssigem NaOH Zers. unter Bldg. eines nicht hygroskop. gelben Produkts.

GERHARD SCHULZE. 339 □

Darstellung und Identifizierung einer Verbindung aus Re–Al. Neue Darstellung von $ReSi_2$. Robert Kohlmuller und Friedhelm Sauer. (C. R. hebd. Séances Acad. Sci. **252.** 1031—33. 13/2. 1961.) (Franz.)

Verschiedene Gemische von Re–$CaSi_2$ bzw. Re–$CaAl_2$ wurden mit 20 t/cm² zu Pastillen gepreßt u. bei unterschiedlichen Temp. unterschiedlich lange im Vakuum geglüht. Bei 800° dest. Ca ab. Die Rk.-Prodd. wurden mit 5n NaOH u. 140 Vol. H_2O_2 gewaschen u. anschließend röntgenograph. sowie durch chem. Analyse identifiziert. Folgende Rkk. spielten sich ab: Das Gemisch Re/2$CaSi_2$ setzte sich nach 24std. Erhitzen auf 900° zu Si u. *$ReSi_2$* um; Re/$CaSi_2$ nach 15 Std. bei 940° zu Si (Spuren) u. $ReSi_2$; Re/CaSi nach 21 Std. bei 940° zu Re u. $ReSi_2$; Re/$CaAl_2$ nach 8 Std. bei 940° zu *$ReAl_3$* u. nach 20 Std. bei 1400° zu wenig $ReAl_3$ u. viel Re. Aus Röntgen-Unterss. kann geschlossen werden, daß sich $ReAl_3$ bei 1400° bereits wieder unter Verflüchtigung von Al zersetzt.

H. FRIES. 352 □

Darstellung von gemischt-basischen Hydroxyden durch anodische Oxydation von Legierungen. Jean-Camille Petit. (C. R. hebd. Séances Acad. Sci. **251.** 878—80. 8/8. 1960. Strasbourg, Fac. des Sci., Labor. de Chim. gén.) (Franz.)

Es wurden die Prodd., die bei der anod. Oxydation von reinem Fe u. von Fe–Ni-, Fe–Co- u. Fe–Mn-Legg. bei geringer Stromdichte (0,0025 A/cm²) in 0,01n Na_2CO_3-Lsgg. entstehen, nach Trocknen über P_2O_5 im Vakuum mit Hilfe von Röntgendiagrammen untersucht. Der Hauptbestandteil dieser Prodd. weist eine der Verb. $4Fe(OH)_2 \cdot FeOCl$ analoge Struktur mit hexagonaler Symmetrie auf. Dem Prod., das sich bei Verw. von reinem Fe bildet, wird die Zus. $4Fe(OH)_2 \cdot FeOOH$ (**I**) zugeschrieben mit einem Verhältnis Fe^{2+}/Fe_{Gesamt} von 0,8—0,5, beim Erhitzen auf ca. 300° entsteht α-Fe_2O_3. Es wurden folgende Kristallparameter bestimmt: **I** a = 3,12, c = 23; Oxydations-Prod. Fe–Ni (**II**) a = 3,0, c = 22,45; Fe–Co (**III**) a = 3,02, c = 22,55 u. Fe–Mn (**IV**) a = 3,21 u. c = 23,5 Å. Beim Erhitzen von **II**, **III** u. **IV** auf 1200° bilden sich die entsprechenden Ferrite $MeO \cdot Fe_2O_3$.

W. KARCHER. 354 □

Darstellung und Untersuchung von Thalliumferriten. Jacques Pillot. (C. R. hebd. Séances Acad. Sci. **251.** 881—83. 8/8. 1960. Strasbourg, Fac. des Sci., Labor. de Chim. gén.) (Franz.)

Beim Erhitzen von $Fe(OH)_3$ u. $Tl(OH)_3$, die zusammen ausgefällt wurden, auf Temp. $< 700^0$ wird röntgenometr. die Bldg. einer nichtmagnet. Verb. (I) beobachtet, die sich rasch in eine stabilere Verb. (II) umwandelt, die weniger Tl_2O_3 enthält. Bei Temp. $> 700^0$ zersetzt sich **II** in Fe_2O_3 u. Tl_2O_3; die Zus. von **II** wurde durch chem. Analyse zu $Tl_2O_3 \cdot 6Fe_2O_3$ bestimmt. Für die Verb. wird rhomboedr. Symmetrie abgeleitet mit a = 12,5 Å u. $\alpha = 27^0\ 35'$; Z = 1. **II** ist schwach magnet., die Susceptibilität beträgt ca. 10^{-4} C.G.S.; aus der thermomagnet. Analyse ergibt sich ein CURIE-Punkt bei 430^0. W. KARCHER. 354□

Organometallkomplexe. 1. Mitt. **Die Reaktion von Metallcarbonylen mit Acetylenverbindungen.** W. Hübel, E. H. Braye, A. Clauss, E. Weiss, U. Krüerke, D. A. Brown, G. S. D. King und C. Hoogzand. (J. inorg. Nuclear Chem. **9.** 204—10. März 1959. Bruxelles, European Res. Assoc.) (Engl.) — 4. vgl. C. **1961.** 5727.

Unter den Eisencarbonylen gibt $Fe_3(CO)_{12}$ die größte Zahl von Komplexen mit Acetylen, wenn es in inerten Lsgm. bei 60—100^0 mit verschiedenen Acetylen-KW-Stoffen erhitzt wird. Dabei werden $Fe(CO)_5$ u. CO gebildet, neben 7 verschiedenen Komplexen, die Fe enthalten u. deren Zus. von der Natur des Alkins abhängt. Mit fl. Alkinen kann die Rk. ohne Lsgm. ausgeführt werden. Bei Verw. von $Fe_2(CO)_9$ hängt die Natur der entstehenden Komplexe stark vom eingesetzten Alkin ab. Mit Diphenylacetylen (I) bildet sich bei Zimmer-Temp. ein instabiler Komplex, der sich beim leichten Erhitzen in gut krist. Verbb., $Fe_2(CO)_6(C_6H_5 \cdot C_2 \cdot C_6H_5)_2$ u. $Fe_2(CO)_7(C_6H_5 \cdot C_2 \cdot C_6H_5)_2$, umwandelt. $Fe(CO)_5$ u. **I** reagieren in inerten Lsgm. bei 140—160^0. Das Hauptprod. ist dabei $Fe(CO)_4 \cdot (C_6H_5C_2C_6H_5)_2$ (**II**), daneben entsteht etwas $Fe_2(CO)_6(C_6H_5C_2C_6H_5)_2$ (**III**). Bei 200—240^0 entsteht an Stelle von **III** $Fe(CO)_3(C_6H_5C_2C_6H_5)_2$, $Fe(CO)_4Hg$ gibt mit Acetylenen keine Komplexe, wofür wahrscheinlich die polymere Struktur verantwortlich ist. Ähnlich geben auch die Eisencarbonylhalogenide keine Komplexe, weil sich Fe-Halogenide bilden, bevor die Rk. mit dem Alkin eintritt (HIEBER u. BADER [1928]). Dagegen reagiert $Fe(CO)_2(NO)_2$ mit Acetylen-Derivv. im geschlossenen Gefäß. Mit **I** gibt es einen leicht oxydierbaren, tiefvioletten Komplex, der sich an der Luft in eine stabile, gelbe Modifikation umwandelt. Diese Verb. enthält kein NO, während bei Substitutions-Rkk. der Fe-Nitrosylcarbonyle normalerweise nur CO substituiert wird. Nahezu alle Acetylen-Derivv. wurden auf Komplex-Bldg.-Fähigkeit untersucht. Nur wenn beide H-Atome des Acetylens durch große Gruppen [z. B. $-Si(CH_3)_3$] substituiert sind, ist die Rk. ster. behindert. Die Komplex-Verbb. werden nach ihrer Zus. geordnet, sind meist gut krist. von roter, blauer oder gelber Farbe u. meist leicht lösl. in organ. Lösungsmitteln. Von den Carbonyl-Verbb. anderer Übergangsmetalle bilden die des *Co*, *Mn* u. *W* Komplexe mit Alkinen. Die neuen Organometall-Verbb. zeigen eine große Zahl von Rkk.; die CO-Gruppe kann durch PH_3 oder Isonitril ersetzt werden; mit CO unter Druck kann ein zweikerniger Fe-Komplex in einen einkernigen Komplex übergeführt werden. Einige Komplexe reagieren mit Halogenen unter Bldg. neuer halogenhaltiger Verbindungen. Alle Verss. deuten darauf hin, daß die neuen Organometall-Verbb. als π-Komplexe vorliegen, die aus einer organ. Gruppe u. den $Me(CO)_x$-Gruppen gebildet werden. Die meisten Komplexe enthalten konjugierte Doppelbindungen. Es gelang niemals, die Ausgangsalkine wieder aus den Komplexen zu gewinnen. Es kann erwartet werden, daß in Verbb. vom Typ $Fe_2(CO)_6(RC_2R')_2$ u. $Fe(CO)_3(RC_2R')_2$ der bisher unbekannte Cyclobutadienring vorliegt, der durch den Komplexaufbau stabilisiert wird. Ein hypothet. Rk.-Mechanismus für die Bldg. der Komplexe wird diskutiert. Folgende Fe-Verbb. wurden dargestellt [**I** = $C_6H_5C_2C_6H_5$, **IV** = $ClC_6H_4C_2C_6H_4Cl$, **V** = $CH_3OOCC_2COOCH_3$, **VI** = $C_2H_5C_2C_2H_5$, **VII** = $C_6H_5C_2CH_3$, **VIII** = $C_6H_5C_2Si(CH_3)_3$, **IX** = $C_6H_5C_2H$, **X** = $BrC_6H_4C_2H$, **XI** = $(CH_3)_3SiC_2H$]: $Fe(CO)_3 \cdot 2$ **I**, $Fe(CO)_2 \cdot 3$ **V**, $Fe(CO)_3 \cdot 4$ **IX**, $Fe(CO)_4 \cdot 5$ **IX**, $Fe(CO)_4 \cdot 5$ **X**, $Fe(CO)_4 \cdot 2$ **I**, $Fe(CO)_4 \cdot 2$ **IV**, $Fe(CO)_4 \cdot 2$ **VII**, $Fe(CO)_4 \cdot 2$ **VIII**, $Fe(CO)_4 \cdot 2$ **IX**, $Fe(CO)_4 \cdot 2$ **X**, $Fe(CO)_4 \cdot 2$ **XI**, $Fe(CO)_4 \cdot 3$ **IX**, $Fe(CO)_4 \cdot 3$ **X**, $Fe_2(CO)_6 \cdot$ **I**, $Fe_2(CO)_6 \cdot$ **IV**, $Fe_2(CO)_6 \cdot 2$ **I**, $Fe_2(CO)_6 \cdot 2$ **IV**, $Fe_2(CO)_6 \cdot 2$ **V**, $Fe_2(CO)_6 \cdot 2$ **VI**, $Fe_2(CO)_6 \cdot 2$ **VII**, $Fe_2(CO)_6 \cdot 2$ **VIII**, $Fe_2(CO)_6 \cdot 2$ **IX**, $Fe_2(CO)_6 \cdot 2$ **X**, $Fe_2(CO)_6 \cdot 3$ **VII**, $Fe_2(CO)_6 \cdot 3$ **IX**, $Fe_2(CO)_6 \cdot 3$ **X**, $Fe_2(CO)_7 \cdot 2$ **I**, $Fe_2(CO)_7 \cdot 2$ **IV**, $Fe_2(CO)_7 \cdot 2$ **VI**, $Fe_2(CO)_7 \cdot 2$ **VII**, $Fe_2(CO)_7 \cdot 2$ **VIII**, $Fe_3(CO)_{10} \cdot$ **VII**, $Fe_3(CO)_8 \cdot 2$ **I**, $Fe_3(CO)_8 \cdot 2$ **IV**, $Fe_3(CO)_8 \cdot 2$ **VII**, $Fe_3(CO)_8 \cdot 2$ **VIII**. K. WETTIG. 354□

Synthese von Kaliumdithiotricyanoaquacobaltat. A. N. Ssergejewa und K. N. Michalewitsch. (Доклады Академии Наук СССР [Ber. Akad. Wiss. UdSSR] **131.** 327—28. 11/3. 1960. Lwow, Polytechn. Inst.) (Russ.)

Durch Zugabe von K_2S zu einer 30%ig. Lsg. von $K_3[Co(OH)(CN)_5]$ bei Zimmer-Temp. u. Abtrennung des Rk.-Prod. nach 24 Std. mit A. werden große rhomb., dunkelbernsteingelbe Kristalle von $K_4[Co(CN)_3S_2(H_2O)]\cdot 4\,H_2O$ (I) erhalten. Die Ausbeute ist unabhängig davon, ob K_2S im Verhältnis 1:1 oder 1:2 zugesetzt wird. I verliert bei 110° 4 Moll. H_2O. Die molare elektr. Leitfähigkeit μ von I beträgt 580,5 Ω^{-1} cm² bei 25° (Lsg. von 1 g-Mol I auf 100 Liter). Mit cyanophilen Schwermetallionen bildet I schwerlösl. Verbb. verschiedener Farbe: Mn^{2+}, Zn^{2+}, Cd^{2+} farblos, Fe^{2+}, Cu^{2+}, Ni^{2} hellgrün, Co^{2+} gelborange, Ag^{+} hellbraun, Fe^{3+} grün, Hg^{2+} u. Pb^{2+} gelb. Das beweist die Abwesenheit freier S^{2-}-Ionen u. die große Stabilität des Komplexes. G. ENGELHARDT. 355□

Alkyle und Aryle von Übergangsmetallen. 3. Mitt. **Nickel(II)-Derivate.** J. Chatt und B. L. Shaw. (J. chem. Soc. [London] **1960.** 1718—29. April. The Frythe, Welwyn, Herts., Imp. Chem. Ind. Ltd., Akers Res. Labor.) (Engl.) — 2. vgl. C. **1961.** 14960.

Analog der Darst. der Pt^{2+}- u. Pd^{2+}-Organometallkomplexe der Typen $[L_2MeRX]$ u. $[L_2MeR_2]$ (R = Alkyl-, Aryl- oder substituierte Äthinylgruppe; L = tert. Phosphin, Arsin oder Sulfid) erfolgte die Herst. der entsprechenden Ni^{2+}-Derivv. aus $[(PR_3)_2NiBr_2]$ u. RMgBr. Alkylnickel-Derivv. konnten nicht isoliert werden, ebenso bereitete die Reindarst. der unsubstituierten bzw. m- oder p-substituierten Phenyl- u. der 2-Naphthylnickel-Derivv. große Schwierigkeiten. Dagegen gaben o-substituiertes Phenyl,- 1-Naphthyl-, 9-Phenanthryl-, 9-Anthryl- u. Mesityl-MgBr stabile Komplexe (K) vom Typ trans-$[(PR_3)_2NiR'X]$ (Typ 1) u. teilweise auch trans-$[(PR_3)_2NiR_2')]$ (Typ 2). Schlechtere Ausbeuten wurden bei Verw. substituierter Äthinyle als Ligand erhalten. Der Diamagnetismus der K deutet auf eine transplanare Anordnung der Gruppen um das Ni-Atom. Die Verbb. vom Typ 2 sind leuchtend- oder goldgelb, die vom Typ 1 bräunlichgelb bis tiefbraun gefärbt. Trockenes HCl in Ae./Bzl. oder Tetrahydrofuran/Bzl. spaltet in einigen Fällen K vom Typ 2 unter Bldg. von Typ 1. Im K gebundenes Halogen kann in der Reihenfolge Cl → Br → J → NO_2 oder SCN verdrängt werden. Ein leicht dissoziierender Ni(II)-K $[(PC_6H_5(C_2H_5)_2]_3Ni(C{\equiv}C{-}C_6H_5)_2$ wurde hergestellt. Er zeigte im festen Zustand Diamagnetismus, einen niedrigen F. (62—68°) u. hohe Löslichkeit in organ. Lösungsmitteln. Vff. diskutieren die Faktoren, die die Stabilität der K bedingen; 2 Eigg. von R sind wichtig: 1. es muß eine Möglichkeit zur Konjugation des R mit Ni^{2+} bestehen, 2. im Falle R = Aryl sollte ein o-Substituent vorhanden sein. Die o-Substituenten verhindern ster. eine Rotation der Aryle um die Ni—C-Bindung; folglich wird die Ebene der Aryle senkrecht zu der des K fixiert u. die π-Elektronen wirken auf die d_{xy}-Bahn des Metalls ein. Die o-Substituenten schirmen dabei außerdem das Ni-Atom gegen den Angriff chem. Agenzien ab. Die Acetylide mit ihren beiden senkrecht zueinander stehenden π-Elektronenpaaren können ohne Festlegung ihrer Ebenen durch Substituenten, d. h. unabhängig von Rotationen um die Ni—C-Bindung, auf die d_{xy}-Bahn einwirken. Durch die starke Elektronenanziehung der Acetylengruppe ist außerdem der Doppelbindungscharakter der Ni—C-Bindung stark erhöht. Halogenierungen der Aryl-Ni-K führte nur in wenigen Fällen zu krist. Produkten.

Versuche: *trans-Dibromo-bis-[diäthylphenylphosphin]-nickel(II)* (**V**), $C_{20}H_{30}Br_2\cdot NiP_2$, F. 114—116° (aus A.); aus 2 Mol Diäthylphenylphosphin u. einer alkohol. Lsg. von $NiBr_2$, die geringe Mengen W. enthält; dunkelrote Prismen. — *Dibromo-bis-[äthyldiphenylphosphin]-nickel(II)* (**IX**), $C_{28}H_{30}Br_2NiP_2$, F. 173—175° (aus CH_2Cl_2/Ae.), analog **V**; dunkelgrüne Prismen. — *trans-Bromo-bis-[triäthylphosphin]-o-tolylnickel(II)* (**I**), $C_{19}H_{37}\cdot BrNiP_2$; aus 3,0 g *trans*-$[P(C_2H_5)_3]_2NiBr_2$ (**VI**) in 20 ml Bzl. u. einer GRIGNARD-Lsg. aus 0,24 g Mg, 1,71 g o-Bromtoluol, 50 ml Ae. u. 30 ml Bzl. bei —10°, Abkühlen auf —40° u. Hydrolyse mit verd. HBr; Prismen aus A./Methanol; 84% (Ausbeute). — *trans-Bromo-bis-[diäthylphenylphosphin]-o-tolyl-nickel(II)*, $C_{27}H_{37}BrNiP_2$, analog **I**; Nadeln aus A.; 75%. — *trans-Chloro-bis-[triäthylphosphin]-o-tolylnickel(II)*, $C_{19}H_{37}ClNiP_2$, aus *trans*-$[P(C_2H_5)_3]_2NiCl_2$ (**VII**) in Tetrahydrofuran/Bzl. analog **I**; aus CH_3OH Prismen; 54%. — *trans-Bromo-bis-[diäthylphenylphosphin]-o-chlorphenylnickel(II)*, $C_{26}H_{34}BrClNiP_2$, analog **I**; Prismen aus A.; 84%. — *trans-Bromo-bis-[diäthylphenylphosphin]-o-bromphenylnickel(II)* $C_{26}H_{34}Br_2NiP_2$, analog **I**; Prismen aus A.; 60%. — *trans-Bromo-bis-[diäthylphenylphosphin]-o-methoxyphenylnickel(II)*, $C_{27}H_{37}BrNiOP_2$, analog **I**; Nadeln aus A.; 32%. — *trans-Bromo-bis-[triäthylphosphin]-mesitylnickel*(II), $C_{21}H_{41}BrNiP_2$, analog **I**; Nadeln aus A.; 69%. — *trans-Bromo-bis-[diäthylphenylphosphin]-mesitylnickel(II)*, $C_{29}H_{41}BrNiP_2$, F. 114 bis 116°, nach Verfestigung der Schmelze, F. 129—130°, Prismen aus CH_3OH oder Nadeln aus der Schmelze; 72%. — *trans-Bromo-bis-[diäthylphenylphosphin]-2-biphenylylnickel(II)*, $C_{32}H_{39}BrNiP_2$, Prismen aus Leichtpetroleum (LP); 78%. — *trans-Chloro-bis-[triäthylphosphin]-pentachlorphenylnickel(II)* (**II**), $C_{18}H_{30}Cl_6NiP_2$, aus 0,48 g Mg, mit 0,3 g Benzylchlorid in 20 ml Tetrahydrofuran aktiviert, u. 5,7 g Hexachlorbenzol durch 1 std. Rühren bei 20°, Zugabe von 20 ml Bzl., Abkühlen auf —20°, Zugabe von 3,0 g **VII**, 2 Min. Rühren bei 0° u. Erhitzen auf 130°/0,01 mm; Prismen aus A.; 3,8 g. — *trans-Chloro-bis-[diäthyl-*

phenylphosphin]-pentachlorphenylnickel(II), $C_{26}H_{30}Cl_6NiP_2$, analog **II**. — *trans-Bromo-bis-[triäthylphosphin]-1-naphthylnickel(II)*, $C_{22}H_{37}BrNiP_2$, analog **II**; Prismen aus LP oder A.; 67%. — *trans-Bromo-bis-[diäthylphenylphosphin]-1-naphthyl-nickel(II)* **XIV**, $C_{30}H_{37}$·$BrNiP_2$, a) analog **II**; Rhomben aus A.; 89%, b) aus einer Lsg. von 0,55 ml 1-Bromnaphthalin in 5 ml Bzl. durch Zugabe von 4,0 ml einer 1,1n Lsg. von n-C_4H_9Li, nach 1 Min. Zugabe von 2,00 g **V** in 25 ml Bzl., nach 2 Min. Filtrieren u. Eindampfen; 0,36 g. — *trans-Bromo-bis-[äthyldiphenylphosphin)-1-naphthylnickel(II)*, $C_{38}H_{37}BrNiP_2$, aus **IX**; Prismen aus LP. — *trans-Bromo-bis-[triphenylphosphin]-1-naphthylnickel(II)*, $C_{46}H_{37}$·$BrNiP_2$, aus $[P(C_6H_5)_3]_2NiBr_2$; Prismen aus CH_2Cl_2–A.; 60%. — *trans-Bromo-bis-[triäthylphosphin]-9-phenanthrylnickel(II)*, $C_{26}H_{39}BrNiP_2$; lange Prismen aus A.; 54%. — *trans-Bromo-bis-[diäthylphenylphosphin]-9-phenanthrylnickel(II)*, $C_{34}H_{39}BrNiP_2$; aus A. u. LP Prismen; 65%. — *trans-Bromo-bis-[diäthylphenylphosphin]-9-anthrylnickel(II)*, C_{34}·$H_{39}BrNiP_2$, analog **I**, Trennung vom mitgebildeten Anthracen durch Erhitzen auf 140°/10^{-3} mm; aus n-Propanol Prismen. — *Bis-[triäthylphosphin]-diphenylnickel(II)* (**III**), $C_{24}H_{40}NiP_2$, aus einer Lsg. von 1,14 **VI** in 20 ml Bzl. durch Zugabe zu einer GRIGNARD-Lsg. aus 0,48 g Mg, 3,45 g Brombenzol, 40 ml Ae. u. 30 ml Bzl. während 20 Min. bei —20°, Hydrolyse bei —30° mit verd. HCl u. Isolierung aus der organ. Phase; unreine, gelbe Nadeln, an der Luft unter Bldg. von Biphenyl sowie in A.-Lsg. zersetzlich. — *Bis-[tripropylphosphin]-diphenylnickel(II)*, $C_{30}H_{52}NiP_2$, aus trans-$[P(n\text{-}C_3H_7)_3]_2NiBr_2$, unrein, Nadeln. — *trans-Bis-[diäthylphenylphosphin]-di-o-tolylnickel(II)* (**IV**), $C_{34}H_{44}NiP_2$, a) aus 2,0 g **V** durch Zugabe zu einer Lsg. von 0,48 g Mg, 3,42 g o-Bromtoluol, 25 ml Tetrahydrofuran u. 30 ml Bzl., 10 Min. langes Erhitzen, Abkühlen auf —30°, Hydrolyse mit HBr u. Isolierung aus der organ. Phase; Nadeln; 0,21g, b) aus 0,8 g **V** in 10 ml Bzl. durch Behandeln mit 2,0 ml einer 1,75 n Lsg. von *o*-Tolyllithium in Ae., nach 15 Min. Zugabe von W., Abtrennen der organ. Phase; 0,203 g; aus Bzl./Methanol gelbe Prismen. — *trans-Bis-[triäthylphosphin]-dimesitylnickel(II)* (**XI**), $C_{30}H_{52}NiP_2$, analog **IV** a, aus Bzl./A. glänzende Nadeln; 65%. — *trans-Bis-[diäthylphenylphosphin]-dimesitylnickel(II)* (**XIII**), $C_{38}H_{52}NiP_2$, analog **IV** a, aber 17 Min. Erhitzen; aus Bzl./Methanol Nadeln; 58%. — *trans-Bis-[triäthylphosphin]-bis-[phenyläthinyl]-nickel(II)*, $C_{28}H_{40}NiP_2$, a) aus einer GRIGNARD-Lsg. aus 0,24 g Mg, 1,09 g Äthylbromid u. 15 ml Ae. durch Zugabe von 1,02 g Phenylacetylen in 10 ml Bzl., 15 Min. langes Erhitzen, bei 20° Zugabe einer Lsg. von 1,14 g **VI** in 20 ml Bzl. unter Rühren, nach 50 Min. Hydrolyse mit verd. HCl bei 0° u. Isolierung aus der organ. Phase; Nadeln aus A., 0,23 g; b) analog **VIII** (s. unten); 94%. Magnet. Susceptibilität bei 20° $\chi = -(0{,}51 \pm 0{,}40)\cdot 10^{-6}$. — *trans-Bis-[tripropylphosphin]-bis-[phenyläthinyl]-nickel(II)*, $C_{34}H_{52}NiP_2$, aus vorst. GRIGNARD-Lsg. durch Zugabe von 1,1 g trans-$[P(n\text{-}C_3H_7)_3]_2NiCl_2$ in 30 ml Bzl. bei 20°, 6 Min. langes Rühren, Hydrolyse bei 0° mit verd. HCl, Chromtographieren des aus der organ. Phase gewonnenen Rohprod. an Al_2O_3 u. Elution mit LP (Kp. 40—60°)-Ae. (20:1); aus Methanol Nadeln; 0,75 g. — *trans-Bis-[diäthylphenylphosphin]-di-2-biphenylylnickel(II)*, $C_{44}H_{48}NiP_2$, aus einer Lsg. von 2,4 g 2-Brombiphenyl in 50 ml Ae. durch Zugabe von 20 ml einer 0,43 n Lsg. von C_4H_9Li, nach 10 Min. Zugabe von 1,8 g **V**, 1 std. Stehen bei 15°, Hydrolyse mit verd. HCl bei —30° u. Abdampfen der organ. Phase; aus Bzl./Methanol Nadeln; 0,03 g. — *trans-Chloro-bis-[diäthylphenylphosphin]-ω.ω.ω-trifluor-o-tolylnickel(II)*, $C_{27}H_{34}ClF_3NiP_2$, aus einer Mischung von 2 g *ω.ω.ω*-Trifluortoluol u. 25 ml einer 0,563 n Lsg. von C_3H_7Li in Ae. durch 3 std. Erhitzen, Zugabe zu einer Lsg. von trans-$[PC_6H_5(C_2H_5)_2]_2NiCl_2$ in 15 ml Bzl. u. nach 10 Min. Zugabe von W.; aus A. oder LP (60—80°) Prismen; 22%. — *trans-Bis-[triäthylphosphin]-diäthinylnickel(II)* (**VIII**), $C_{16}H_{32}NiP_2$, aus 1 Mol **VI** durch Zugabe zu einer Suspension von 10 Mol Na-Acetylid in fl. NH_3/Ae. (ca. 4:1), nach 20 Min. langem Schütteln Zugabe von NH_4Cl u. Abdampfen des NH_3, Zugabe von W. u. Reinigung durch Chromatographie, Elution mit LP (40—60°): Ae. = 50:1; aus wss. Methanol Nadeln; 39%. ν_{max} (in Nujol) 3229 cm^{-1} u. 1923 cm^{-1}. — *trans-Bis-[triäthylphosphin]-dipropinylnickel(II)*, $C_{18}H_{36}NiP_2$, analog **VIII**; aus Methanol Prismen; 66%. ν_{max} (in Nujol) 2100 cm^{-1}. — *trans-Bis-[triäthylphosphin] bis-[phenyläthinyl]-nickel(II)*, analog **VIII**; Nadeln aus A.; 94%. — *trans-Bis-[diäthylphenylphosphin]-bis-[phenyläthinyl]-nickel(II)* (**X**), $C_{36}H_{40}NiP_2$, F. der nicht ganz reinen Verb. 64—68° (Zers.), a) aus einer Lsg. von 1,95 g Na u. sehr wenig $Fe(NO_3)_3$ in 300 ml fl. NH_3 durch Zugabe von zuerst 4,27 g Phenylacetylen in 40 ml Ae., dann 16,5 g **V** portionsweise unter Rühren u. nach ½ Std. 3 g NH_4Cl u. 100 ml Ae., Abdampfen des NH_3, Zugabe von W., Isolierung aus der äther. Phase; 4,6 g; b) aus trans-$[PC_6H_5(C_2H_5)_2]_2NiCl_2$ analog a), Reinigung durch Chromatographie; 62%; c) aus einer Lsg. von 0,46 g Na, 2,2 g Phenylacetylen u. 60 ml fl. NH_3 in 25 ml Ae. durch Zugabe von 0,8 g **XIV** in 25 ml Ae., nach 5 Min. Zugabe von 2,0 g NH_4Cl, Abdampfen des NH_3, Zugabe von W., Chromatographieren des Rohprod. u. Elution mit LP (40—60°):Ae. 10:1; 0,27 g; aus Methanol u. dann aus LP (80—100°) Prismen. — *Tris-[diäthylphenylphosphin]-bis-[phenyläthinyl]-nickel(II)*, $C_{46}H_{55}NiP_3$, F. 64—68°, a) aus der Mutterlauge der Umkristallisation von **X** durch mehrtägiges Stehen bei 15°; 1,2 g; b) aus 1 ml Diäthylphenylphosphin durch Zugabe zu einer Suspension von 0,4 g **X** in LP (60—80°) u. Erhitzen der Mischung; 0,22 g; ν_{max} (in Nujol) 2088 cm^{-1}. — *trans-Bis-[äthyldiphenylphosphin]-bis-[phenyläthinyl]-nickel(II)*, $C_{44}H_{40}NiP_2$, analog **X**, Reinigung durch Chromatographie, Elution mit Bzl./LP (60—80°; 1:1); aus Aceton Rhomben. — *trans-Bis-[triphenylphosphin]-bis-[phenyläthinyl]-nickel(II)*, $C_{52}C_{40}NiP_2$, aus Chlf.-Methanol Prismen; 27%. — *trans-Chloro-bis-[triäthylphosphin]-mesitylnickel(II)*, sublimiert bei 155°, aus 1,20 g **XI** in 15 ml Bzl. durch Behandeln mit 10 ml einer 0,248 n HCl-Lsg. in Ae., 1 std. Rühren, Filtrieren u. Eindampfen; aus Methanol Prismen; 0,82 g. — *trans-Chloro-bis-[diäthylphenylphosphin]-mesitylnickel(II)*, $C_{29}H_{41}ClNiP_2$, aus 1,00 g **XII** in 10 ml Bzl. u. 5 ml Tetrahydrofuran beim ½ std. langsamen Durchleiten von trockenem HCl-Gas u. Eindampfen der Lsg.; aus Methanol Prismen. — *trans-Chloro-bis-[diäthylphenylphosphin]-phenylnickel(II)*, $C_{28}H_{35}ClNiP_2$, aus 0,93 g **X** in 8 ml Tetrahydrofuran u. 3,0 ml einer 0,514 n-Lsg. von trockenem HCl in Ae., nach 30 Min. Eindampfen; aus LP (40—80°) u. Methanol Prismen; 0,66 g; ν_{max} (in Hexan) 2098 cm^{-1}. — *trans-Thiocyanato-bis-[triäthylphosphin]-1-naphthylnickel(II)* (**XIII**), $C_{23}H_{37}NNiP_2S$, aus der in Aceton gelösten entsprechenden Cl- oder Br-Verb. durch Erhitzen mit einem Überschuß KSCN, Abdampfen des Acetons, nach Zugabe von W. Ausfällung; aus Bzl.-LP (80—100°) Nadeln. — *trans-Jodo-bis-[diäthylphenylphosphin]-1-naphthylnickel(II)*, $C_{30}H_{37}JNiP_2$, analog **XIII** mit NaJ; aus A./Isopropanol Nadeln. — *trans-Nitro-bis-[diäthylphenylphosphin]-1-naphthylnickel(II)*, $C_{30}H_{37}NNiO_2P_2$, analog **XIII** mit $NaNO_2$; aus A. Prismen. — *trans-Thiocyanato-bis-[diäthylphenylphosphin]-1-naphthylnickel(II)*, $C_{31}H_{37}NNiP_2S$, analog **XIII**; aus A. Prismen. — *trans-Bromo-bis-[triäthylphosphin]-mesitylnickel(II)*, $C_{21}H_{41}BrNiP_2$, F. 158 bis 160°, analog **XIII**; aus Methanol Prismen. — *trans-Jodo-bis-[triäthylphosphin]-pentachlorphenylnickel(II)*, $C_{18}H_{30}Cl_5JNiP_2$, analog **XIII**; aus A. Prismen. G. SELTMANN. 356□

Elektrometrische Untersuchung an Kupferarsenaten (III) in Abhängigkeit vom pH. Ram Sahai Saxena und Gyan Prakash Saxena. (Z. physik. Chem. [Frankfurt/M.] [N. F.] **28.** 220—28. Mai 1961. Kota, India, Gov. Coll., Chem. Labor.) (Engl.)

Die Bldg. von Kupferarsenaten (III) aus $CuSO_4$ u. $NaAsO_2$ wurde bei pH 9,85; 11,25 u. 12,28 mit Hilfe potentiometr. Titrationen untersucht. Es ergibt sich eindeutig, daß sich 3 Verbb. der Zus. *$CuO \cdot As_2O_3$*, *2 $CuO \cdot As_2O_3$* u. *3 $CuO \cdot As_2O_3$* bei den entsprechenden pH-Werten 9,85; 11,25 u. 12,28 bilden. Ihre Bldg. ist als eine Funktion des pH anzusehen, da der Anteil des CuO mit der Alkali-Konz., die bei der Herst. von $NaAsO_2$ verwendet wird, zunimmt. G. HERZOG. 358□

Über die Darstellung und Eigenschaften von komplexen Cupraten (III). Lubor Jenšovský. (Z. anorg. allg. Chem. **307.** 208—18. 1960. Praha, Inst. für Arbeitshyg. u. Berufskrankheiten.) (Dt.)

Die Darst. von *Kalium-* u. *Natriumperjodatocupraten(III)* aus alkal. Lsgg. wird beschrieben, wobei es gelingt, durch Veränderung des pH Verbb. verschiedener Zus. zu erhalten. Analog wird ein *Natriumditelluratocuprat(III)* dargestellt. Die Verbb. werden durch Analyse u. Pulverdiagramme charakterisiert; ihre Löslichkeit in W. in Abhängigkeit von Temp. u. pH, ihre therm. Stabilität u. die magnet. Susceptibilität werden bestimmt. Der Gewichtsverlust bei der therm. Zers. verläuft fast in allen Fällen so allmählich, daß keine einem niedrigeren Hydrat entsprechende Stufe festgestellt werden kann. Die Verbb. krist. monoklin.

Versuche: *$K_4H_3[Cu(JO_6)_2] \cdot 4\ H_2O$*, durch Ansäuern der elektrolyt. dargestellten, alkal. K-Perjodat-haltigen Cu(III)-Lsg. (A; vgl. folgendes Ref.) mit Essigsäure oder CO_2 bis pH 8,5 u. Umkristallisieren aus W. von maximal 60°; fast schwarze, metallglänzende Kristalle, lösl. in W. mit brauner Farbe; (D. =) 3,037; magnet. Susceptibilität (χ =) $-207 \cdot 10^{-6}$. — *$K_3H_4[Cu(JO_6)_2] \cdot 6\ H_2O$*, durch Ansäuern von A bis pH 7; braunviolette Kristalle; gut lösl. in W.; 3,215; $-187 \cdot 10^{-6}$. — *$K_7[Cu(JO_6)_2] \cdot 20\ H_2O$* (I), durch Elektrolyse wss. Lsgg., 6 m an KOH u. 0,2 m an K-Perjodat, an einer Cu-Anode. — *$Na_7[Cu(JO_6)_2] \cdot 15\ H_2O$* (II), durch Fällen mit 10 m NaOH aus der Ausgangs-Lsg. von I; Tafeln; 2,630; $-271 \cdot 10^{-6}$. — *$Na_5H_2[Cu(JO_6)_2] \cdot 13\ H_2O$*, durch Sättigen der Ausgangs-Lsg. von I mit $NaHCO_3$; kleine Nadeln; 2,580; $-276 \cdot 10^{-6}$. — *$Na_7[Cu(HTeO_6)_2] \cdot 14\ H_2O$*, analog **II**, kleine rotbraune Tafeln; 2,415; $-310 \cdot 10^{-6}$. — Die Na-Salze sind schwer lösl. in Wasser. H. J. HARTMANN. 358□

Über die elektrolytische Darstellung von komplexen Cupraten (III). Lubor Jenšovský. (Z. anorg. allg. Chem. **307.** 219—25. 1960.) (Dt.) — Vgl. vorst. Referat.

Die Bldg. von Perjodato- u. Telluratocuprat(III)-Komplexen durch anod. Oxydation in alkal., perjodat- bzw. tellurathaltigen wss. Lsgg. wird bei Verw. von Cu-Anoden oder von Pt-Anoden nach Cu(II)-Zusatz untersucht. Es werden die Temp. (zwischen 20

u. 60°), die OH^--Konz. (zwischen ca. 1—5 m KOH), die Perjodat-Konz. u. die Stromdichte (0,5—1,5 A/dm²) variiert. Es kann lediglich eine starke pH-Abhängigkeit der Cu(III)-Komplex-Bldg. (mit Optimum bei pH 10%) sowie Erhöhung der Stromausbeute bei Temp.-Erhöhung in Perjodat-Lsgg. festgestellt werden. Auf Grund der aufgestellten Elektrolysebilanzen ist bei der präparativen Darst. des Cu(III) die Verw. von Cu-Anoden vorzuziehen. H. J. Hartmann. 358□

A9. Mineralogische und geologische Chemie

Radiokohlenstoff-Datierung. Nobel-Vortrag am 12. Dezember 1960. W. F. Libby. (Angew. Chem. **73.** 225—31. 7/4. 1961. Los Angeles, Calif., Univ. of California, Dep. of Chem.) (Dt.)

Nach einem geschichtlichen Überblick über die Entwicklung der ^{14}C-Datierungen werden die Möglichkeiten ihrer Anwendung auf geschichtliche u. vorgeschichtliche Epochen beschrieben. Mit ihrer Hilfe konnten wesentliche archäolog. u. kulturgeschichtliche Aufschlüsse u. interessante Beiträge zur Geologie, Ozeanographie u. Meteorogie erhalten werden. E. Klever. 378□

Kohlendioxyd-Proportionalzählung zur Messung des natürlichen Radiokohlenstoffs. H. Göte Östlund. (Ark. Kemi **12.** 69—78. 1958. Stockholm, Roy. Acad. of Antiquities, Radioactive Dating Labor.; Geol. Surv. of Sweden.) (Engl.)

Beschreibung eines Verf. zur Radiokohlenstoff-Altersbestimmung, wobei das C der zu untersuchenden Probe in CO_2 übergeführt u. mit Hilfe eines Proportionalzählrohres gemessen wird. Die Präparierung u. Reinigung des CO_2 werden eingehend beschrieben; außerdem sind die Reproduzierbarkeit der Werte u. die Fehlermöglichkeiten der Meth. angegeben. Die Zuverlässigkeit des Verf. wird durch Messungen an Sequoia-Bäumen, deren Alter durch die Jahresringe genau bekannt ist, geprüft. H. Schirrwitz. 378□

Über die Auswahl der Zerfallskonstanten von ^{40}K zur Altersbestimmung von Gesteinen aus dem $^{40}Ar/^{40}K$-Verhältnis. L. W. Firssow. (Известия Академии Наук СССР, Серия Геологическая [Nachr. Akad. Wiss. UdSSR, geol. Ser.] **25.** Nr. 3. 96 bis 101. März 1960. Magadan, Allunions-Inst. für Gold u. seltene Metalle.) (Russ.)

Es werden gemittelte Zerfalls-Konst. von ^{40}K für die heute in der UdSSR fast ausschließlich verwendete Ar/K-Meth. angegeben u. ihre Best. erörtert. Die Mittelwerte betragen: $\lambda_k = 0{,}585 \cdot 10^{-10}\,a^{-1}$ (K-Einfang), $\lambda_\beta = 4{,}68 \cdot 10^{-10}\,a^{-1}$ (β-Zerfall). Die Zerfalls-Konst. werden nach $\lambda = A \cdot B/C \cdot a^{-1}$ ermittelt, wobei A die K-Aktivität, B die Zahl der Sek. im Jahr (31536000) u. C die Zahl der ^{40}K-Atome/gK ($183213717 \cdot 10^{16}$) bedeuten. Die gemittelte γ-Aktivität des K beträgt 3,40 γ/s·gK, die gemittelte β-Aktivität 27,2 β^-/s·gK. Die Zeitformel unter Verw. der angegebenen λ_k- u. λ_β-Werte lautet $t = 4{,}37 \cdot 10^9 l^0 g\,(^{40}Ar \cdot 9{,}00/^{40}K + 1)$. Bisher ermittelte Werte der γ- u. β-Aktivitäten u. des λ_k/λ_β-Verhältnisses werden tabellar. wiedergegeben. E. Swillens. 378□

Über die Uranvererzung in carbonatischen Sedimentgesteinen. W. I. Dantschew, A. M. Kornilow, M. W. Neimyschew, W. W. Olcha, B. K. Proschljakow, N. P. Streljanow und M. P. Ssytnikow. (Геология Рудных Месторождений [Geol. d. Erzlagerstätten] **1959.** Nr. 6. 27—38.) (Russ.)

Auf Grund der vorhandenen Literaturangaben kommen Vff. zu folgenden Ergebnissen: Die Bldg. der U-Lagerstätten, die an die Carbonat (I)-Gesteine des unteren Tertiärs gebunden sind, steht im engen Zusammenhang mit der Formierung der Nebengesteine. Die U-Ndd., die sich während des Sedimentationsstadiums zusammen mit organ. Stoffen im I-Schlamm ansammelten (vorwiegend in Meeressenken), verfestigten sich bei der Diagenese zu stabilen Mineralassoziationen. Die endgültige Formierung des Erzkörpers fand in einem späteren Stadium bei einer erneuten Veränderung der U-führenden I-Gesteine statt. Die Intensität dieser Prozesse hängt vom Grad der Verwerfungen im Gestein ab. Spezif. für einen Teil dieser Lagerstätten ist die Anwesenheit von Erdöl, das nach ihrer Formierung in die Gesteinsschichten eindrang. Obwohl damit keine nennenserten Veränderungen der Erzminerale verbunden waren, erscheinen doch häufig stark mit Erdöl durchtränkte Gesteinsschichten erzarm. H. Noack. 378

Über den Einfluß von Nebengesteinen auf die Erzablagerung in hydrothermalen Uranlagerstätten. G. A. Pelymski. (Геология Рудных Месторождений [Geol. d. Erzlagerstätten] **1959.** Nr. 6. 39—51.) (Russ.)

Die Ablagerung der U-Pechblende u. anderer paragenet. Minerale wird durch die Nebengesteine beeinflußt. In diesen hydrothermalen Lagerstätten ist die Vererzung häufig an die Schnittpunkte von Gesteinsadern, deren Minerale reich an 2wertigem Fe, Ca, Mg u. Na, aber auch an Sulfiden (bes. Pyrit) sind, gebunden (Biotitschiefer, Tuffite,

Skarne, Amphibotiten u. a.). Diese Gesetzmäßigkeit beruht auf der Wechselwrkg. der hydrothermalen Lsgg. mit den leicht in die Rk. eintretenden Gesteinen. Reagieren die Nebengesteine schwach mit den hydrothermalen Lsgg. (Muskovitschiefer, Tonschiefer, Granite, Quarzite), ist die Vererzung gewöhnlich gering oder fehlt ganz. Das Ausfallen des U als kollomorphe Pechblende geht infolge der Koagulation der koll. Lsg. unter den Bedingungen erhöhter Alkalität u. verringerten Oxydationspotentials vor sich.

H. NOACK. 378

Bauxitfunde im Norden der westsibirischen Niederung. W. W. Wdowin. (Разведка и Охрана Недр [Erforsch. Schutz Bodenschätze] **25.** Nr. 4. 4—6. April 1959. Inst. für Geol. u. Geophys. der Westsibir. Abt. der Akad. der Wiss. der UdSSR.) (Russ.)

Im Tamyr-Gebiet westlich des Jenissei wurden in einer Folge von Oberkreide–Sandsteinen auch einige Bauxitlagerstätten entdeckt. Der Bauxit zeigt 3 Ausbildungsformen: 1. Ein aus Ooiden u. Bruchstücken von Effusivgesteinen (Trapp) zusammengesetztes ockerfarbenes Gestein mit einer Hydrargillitgrundmasse, 2. ein dichter brauner Bauxit mit Oolithstruktur u. 3. ein grünlichgrauer Sandstein mit Quarz u. Bauxitooiden u. -bruchstücken in einer Feldspat–Quarz–Hydrargillit-Grundmasse. Die Trappreste im Bauxit deuten auf seine Entstehung durch Verwitterung von Effusivgesteinen der Sibir. Tafel.

HORST BRAUN. 380□

Mineralvergesellschaftungen in Erzlagerstätten. Toshio Sudo, Hisato Hayashi und Hiroshi Yokokura. (Clay Minerals Bull. **3.** 258—63. Aug. 1958. Tokyo, Tokyo Univ. of Educat., Geol. and Miner. Inst.) (Engl.)

In einer japan. Zn–Pb–Cu–Fe-Lagerstätte treten neben Quarz Illit u. Mg-reicher Chlorit auf. Dieselben Mineralien werden in den zugehörenden Verwitterungszonen der Lagerstätte gefunden. In einigen Erzkörpern u. deren Verwitterungszonen wurden Mg-, Fe- u. K-arme Tonmineralien wie Pyrophyllit, Kaolinit, Diaspor, Quarz, 26 Å-Tonmineral (Illit–Hydroillit-Mischschichten) u. 30 Å-Tonmineral (Montmorillonit–Chlorit) festgestellt. Außerdem ist Brucit vorhanden. Diese silicat, Mineralvergesellschaftung deutet auf Entstehung durch Auslaugung.

F. ENSSLIN. 380□

Über die Verbreitung des Korunds in alluvialen Sedimenten und der Verwitterungsrinde kristalliner Gesteine im Gebiet der Flüsse Teterew, Ros und Bug. M. G. Djadtschenko. (Доповіді Академії Наук Української РСР [Ber. Akad. Wiss. Ukrain-SSR] **1960.** 821—24. Inst. für geolog. Wiss. der Akad. der Wiss. der UkrainSSR.) (Ukrain.; Auszug: Engl.)

Die mineralog. Unters. der alluvialen Ablagerungen u. der Verwitterungsrinde der krist. Gesteine im Gebiet der Flüsse Teterew, Ros u. Bug ergab eine weite Verbreitung von accessor. Korund, u. zwar bes. innerhalb der Granite vom Tschudnowo-Berditschew-Typ u. der Gesteine der der Charnockit-Serie, wesentlich weniger innerhalb der Granite vom Schitomir-Typ. Der Korund ist farblos, blaugrau, rauchig grau, himmelblau, himbeerrot, rosa, grau, schwarz. Er tritt vorwiegend in Form von Einzelkörnern auf.

O. LEBTAG. 380□

Ultrarot-Spektralphotometrie als Hilfsmittel in Mineralogie und Geologie. Paul Görlich, Horst Moenke und Lieselotte Moenke-Blankenburg. (Jenaer Jb. **1959.** I. 154—80.) (Dt.)

Es werden Probleme der Probenvorbereitung u. Methodik der IR-Absorptionsspektralanalyse behandelt. Angabe der positiven Resultate von Vers.-Mahlungen mit einer Wirbelstrommahlanlage WM 50 (Doppelspat, Kalkstein, Grauwacke, Rauchwacke, Kupferschiefer). Anwendung des vollautomat. Ultrarotspektralphotometers UR 10 u. Einsatz der Pulverfilm-Meth. (Aufbringen der feinstzermahlenen Mineral- u. Gesteinspulver mit Hilfe von Isopropanol auf KBr-Trägerplatten). Analysenergebnisse für *Doppelspat, Aragonit, Bergkristall, Orthoklas, Anhydrit, Gips, Montmorillonit, Kaolinit, Dolomit, Kalkstein, Phykodenschiefer, Grauwacke, Kupferschiefer* u. *Sandsteine* (Spektralbereich 400—1800 cm^{-1}) werden mitgeteilt (16 Abb. von Originalspektren). Vorschläge zur Anwendung der UR-Spektralphotometrie durch Mineralogen u. Geologen. Diskussion der Wirtschaftlichkeit von UR-Untersuchungsverfahren.

H. MOENKE. 380□

Ultrarotspektralphotometrische Bestimmung der gesteinsbildenden Salzmineralien. Horst Moenke. (Jenaer Jb. **1959.** II. 361—95.) (Dt.) — Vgl. vorst. Referat.

Es wird erstmals über die IR-Absorption der Mineralien *Carnallit, Vanthoffit, Langbeinit, Thenardit, Glaserit, Glauberit, Kieserit, Epsomit, Blödit, Löweit, Leonit, Schönit, Mirabilit, Polyhalit, Syngenit, Kainit, Boracit, Ericait, Staßfurtit* u. *Ascharit* im Spektralbereich 400—1800 cm^{-1} berichtet. Die Arbeit enthält 26 Originalspektren (vollautomat. IR-Spektralphotometer UR 10, KBr-Preßtabelettentechnik u. Unters. von Pulverfilmen auf KBr-Platten). Es wird die IR-Spektralphotometrie als Hilfsmittel für salzpetrograph. Unterss. empfohlen (4 Tabellen charakterist. Banden).

H. MOENKE. 380□

Die Ultrarotabsorptionsspektren wasserhaltiger Bormineralien, des Howliths und des Danburits im Bereich von 400—1800 cm^{-1}. Horst Moenke. (Jenaer Jb. **1960.** I. 191–215.) (Dt.) — Vgl. vorst. Referate.

Es werden die IR-Absorptionsspektren der Mineralien *Kernit*, *Pinnoit*, *Lüneburgit*, *Kurnakovit* („*Inderit*"), *Colemanit*, *Pandermit*, *Ulexit*, *Hydroboracit*, *Howlith* u. *Danburit* in Form von Originalspektren veröff. u. mit denen von *Sassolin*, *Tinkal*, *Staßfurtit* u. *Ascharit* verglichen. Alle erwähnten Bormineralien können im Spektralbereich zwischen 400 u. 1800 cm^{-1} eindeutig unterschieden werden. Es wird die IR-Spektralphotometrie als Hilfsmittel bei der petrograph. Analyse von Borlagerstätten u. von Proben aus Kalisalzlagern vorgeschlagen (Tabelle typ. Banden der untersuchten Mineralien).

H. MOENKE. 380□

Quantitative ultrarotspektralphotometrische Bestimmung des Dolomit- und Kalkspatgehaltes carbonatischer Sedimentgesteine. Horst Moenke und Lieselotte Moenke-Blankenburg. (Jenaer Jb. **1960.** II. 394–401.) (Dt.) — Vgl. vorst. Referate.

Mit dem vollautomat. IR-Spektralphotometer UR 10 wurden unter Benutzung der 713 cm^{-1}- (Kalkspat) u. 729 cm^{-1}-Absorptionen (Dolomit) mit Hilfe der KBr-Preßtechnik Mineralgemische mit einer relativen Standardabweichung von 3,0% bestimmt. Das Verf. erlaubt die Registrierung von 20 Gesteinsproben pro Stunde. H. MOENKE. 380□

Ultrarotspektralphotometer als Hilfsmittel bei der Prospektion auf Erzlagerstätten. Horst Moenke. (Jenaer Jb. **1960.** II. 402–66.) (Dt.) — Vgl. vorst. Referate.

Es werden KBr-Preßlinge mit Proben der Erzmineralien *Malachit*, *Azurit*, *Brochantit*, *Antlerit*, *Linarit*, *Chalkanthit*, *Pseudomalachit*, *Olivenit*, *Tirolit*, *Kallait*, *Chrysokoll*, *Phosgenit*, *Leadhillit*, *Pyromorphit*, *Mimetesit*, *Descloizit*, *Vanadinit*, *Wulfenit*, *Krokoit*, *Kobaltsmithsonit*, *Zinkblüte*, *Erythrin*, *Annabergit*, *Cabrerit*, *Garnierit*, *Schuchardtit*, *Torbernit*, *Autunit*, *Uranocircit*, *Trögerit*, *Zeunerit*, *Johannit*, *Carnotit*, *Tyuyamunit*, *Corvusit*, *Uranotil*, *Hübnerit*, *Wolframit*, *Ferberit*, *Scheelit*, *Columbit*, *Tantalit*, *Pyrolusit*, *Psilomelan*, *Hausmannit*, *Braunit*, *Chamosit* u. *Thuringit* im IR-Spektralbereich von 400–1800 cm^{-1} spektralphotometr. untersucht. Die im Text u. in Form von 4 Tabellen charakterist. Banden erläuterten u. an Hand von 43 Originalkurven des vollautomat. Spektralphotometers UR-10 demonstrierten Unterschiede von insgesamt 63 verschiedenen Erzen erlauben die Verw. moderner IR-Spektralphotometer zur schnellen Analyse mengenmäßig geringer Proben (2 mg) von Erzmineralien aus den Oxydationsbezirken von Cu-, Pb/Zn-, Co/Ni-, U-, V- u. Fe/Mn-Erzlagerstätten. W-, Nb- u. Ta-Erze lassen sich gleichfalls in einigen IR-Teilspektralbereichen unterscheiden. H. MOENKE. 380□

Über die Genese der Kaoline von Guiscriff (Finistère).* Jean Nicolas. (Clay Minerals Bull. **3.** 244–48. Aug. 1958. Paris, Sorbonne, Labor. de Géol. appl.) (Franz.)

Die Entstehung des Chinatons bei Guiscriff steht nicht mit den die Tone überlagernden Torfschichten in Verbindung. Die Torfschichten haben sich erst viel später als der Ton gebildet. Zur Bldg. des Tons haben aufsteigende Lsgg. beigetragen, deren Abscheidungen in den benachbarten Quarzgängen noch zu beobachten sind.

F. ENSSLIN. 382□

Eine mineralogische Tonuntersuchung des Eisensteins von Easton Neston, Northamptonshire. R. F. Youell. (Clay Minerals Bull. **3.** 264–69. Aug. 1958. Leeds, Univ., Dep. of Phys. X-Ray Labor.) (Engl.)

Der in den Eisensteinlagern vorkommende Chamosit wurde röntgenograph. untersucht u. mit dem aus der oolith. Eisensteingruppe der Sand–Eisenstein-Formation von Northamptonshire verglichen. Es wurde gefunden, daß der Eisenstein von Easton Neston auch dieser Formation zugerechnet werden muß. Die Grenze zwischen dem Eisenstein u. den überlagernden Chamosit–Kaolinit-Schichten konnte nicht genau festgestellt werden.

F. ENSSLIN. 382□

Ultraschallgeschwindigkeiten in Gesteinen: Einige Besonderheiten indischer Granite. S. Balakrishna. (Proc. Indian Acad. Sci., Sect. A **48.** 69–75. Aug. 1958. Hyderabad, Osmania Univ., Geol. Dep.) (Engl.)

Die Fortpflanzungs-Geschw. von Schallwellen in ind. Graniten erwies sich als höher gegenüber der von Graniten anderer Länder. Die Erscheinung wird an Hand von Vers.-Ergebnissen mit longitudinalen u. transversalen Ultraschallwellen damit erklärt, daß die ind. Granite nicht nur dichtere Struktur, sondern auch gleichmäßigere Kornfeinheit besitzen. Mit steigender Kornverfeinerung erreichen longitudinale Wellen bis zu 6,87 km/s. Mit steigendem äußerem Druck vermindert sich die Geschw.-Zuwachsrate progressiv.

R. KAISER. 385□

Synthese kobalthaltiger Tone. S. Caillère, S. Hénin und J. Esquevin. (Clay Minerals Bull. **3.** 232–37. Aug. 1958. Paris, Mus. nat. d'hist. Naturelle; Versailles, Labor. des sols.) (Franz.)

Die synthet. Tone wurden aus Co-Acetat, $MgCl_2$, Na-Silicat u. Na-Aluminat-Lsg. bei wechselnden pH-Werten u. niedrigen Temp. hergestellt. Sie entsprechen in ihren Eigg. den Gliedern der Mg-Reihe. Mit abnehmendem pH-Wert nimmt der Co-Geh. bei Verw. derselben Mutterlaugen zu; die Tone gehen von den Typen mit 2 SiO_2-Schichten zu solchen mit einer SiO_2-Schicht über. Das 3wertige Co kann auch bei sehr viel niedrigerem pH als Fe, aber bei einem entsprechenden Oxydationspotential aufgenommen werden.

F. Ensslin. 385□

Analyse des Mineralwassers „Fonte Trocchi" Acquacanina. Francesco Vascellari. (Chimica [Milano] **34.** 107—08. März 1958. Macerata, Labor. Chim. Provinciale.) (Ital.)

Nach der Klassifizierung von Marotta u. Sica u. nach den Analysenergebnissen handelt es sich bei der im Bereich der Gemeinde Acquacanina (Provinz Macerata) gelegenen „Trocchi"-Quelle um ein bicarbonathaltiges alkal. Oligo-Mineralwasser, das folgende Ionen enthält: K^+, Na^+, Mg^{2+}, Ca^{2+}, Fe^{2+}, Al^{3+}, Cl^-, F^-, SO_4^{2-}, HCO_3^-, H_2SiO_3 (zusammen 0,20726 g/Liter). G. Platzer. 393□

B. Allgemeine und theoretische organische Chemie

Äquivalente Zustände und die Formen angeregter Teilchen. J. W. Linnett. (Canad. J. Chem. **36.** 24—30. Jan. 1958. Oxford, England, Univ., Inorgan. Chem. Labor. and Queen's Coll.) (Engl.)

Vf. untersucht die Bindung u. die Form des *Acetylen*-Mol., sowie des $\cdot NH_2$- u. $\dot{C}HO$-Radikals im Grund- u. angeregten Zustand mittels einer Meth., bei der die Mol.-Wellenfunktionen in Termen äquivalenter Zustände ausgedrückt werden. Die verwendete Meth. erlaubt Schlüsse über die Elektronenverteilung in den verschiedenen Zuständen u. damit eine Deutung gewisser Eigg. der Grund- u. angeregten Zustände der untersuchten Moleküle. K. Frenkler. B 10□

Die Natur des Formaldehyds in seinen niedrigliegenden angeregten Zuständen. G. W. Robinson und V. Erdmanis DiGiorgio. (Canad. J. Chem. **36.** 31—38. Jan. 1958. Baltimore, Md., Johns Hopkins Univ., Dep. of Chem.) (Engl.)

Vff. untersuchen die Absorptionsspektren im nahen UV des H_2CO u. D_2CO bei -78^0 u. diskutieren die beobachteten Singulett–Singulett- u. Singulett–Triplett-Übergänge. K. Frenkler. B 118□

Fluorescenzspektren der in elektrischen Hochfrequenzentladungen in Dämpfen einiger Kohlenwasserstoffe mit Benzolring entstehenden Produkte. I. Agîrbiceanu, M. Hagiescu-Mirişte und J. Weissmann. (Lucrările Inst. Petrol Gaze **3.** 327—39. 1957.) (Rum.) — Vgl. Bul. ştiinţ., Secţ. Ştiinţe mat. fizice **8.** [1956.] 665.

In einer Glas-App. werden Dämpfe von *Bzl.*, *Toluol* (**I**), *o-*, *m-* (**II**) u. *p-Xylol* einer Hochfrequenzentladung (Maximum 10^6 Hz) ausgesetzt u. die Fluorescenzspektren (FS) der entstehenden Prodd. im Bereich 4046—6233 Å aufgenommen. Mit zunehmender Substitution werden die FS komplizierter, die Maxima flacher, die Intensität nimmt ab. Im einzelnen werden die FS von **II** wiedergegeben mit den Linien 5438 (Å) (S = 0,1, logI = 1), 5356 (0,34, 1,17), 5072 (0,45, 1,41), 5008 (0,36, 1,44), 4890 (0,42, 1,54) u. 4652 (0,67, 1,77). Bei den Prodd. aus Bzl. ist die Spektralenergie stark im blauen Gebiet konz., bei den Prodd. aus **I** u. den Xylolen gleichmäßiger verteilt. R. K. Müller. B 118□

Bemerkungen über die Darstellung und die Absorption im mittleren Ultraviolett von einigen N-[o-Carboxybenzoyl]-arylaminen und N-Arylphthalimiden. Panos Grammaticakis. (C.R. hebd. Séances Acad. Sci. **251.** 1790—92. 24/10. 1960.) (Franz.) — Vgl. C. **1961.** 5377.

Folgende N-Aryl-o-carboxybenzamide wurden durch Einw. von 1 Mol Arylamin auf 1 Mol Phthalsäureanhydrid in Bzl. bei Raum-Temp. in theoret. Ausbeute (Kristallisation aus Bzl.) gewonnen: *N-Phenyl-* (F. 179 u. 199⁰), *N-o-Tolyl-* (F. 173 u. 207⁰) *N-m-Tolyl-* (F. 170 u. 188⁰), *N-p-Tolyl-* (F. 169 u. 185⁰), *N-2.6-Dimethylphenyl-* (F. 199 u. 235⁰), *N-2.4.6-Trimethylphenyl-* (F. 220 u. 248⁰), *N-o-* (F. 155 u. 168⁰), *-m-* (F. 197 u. 212⁰) u. *-p-Chlorphenyl-* (F. 215 u. 228⁰), *N-o-* (F. 148 u. 195⁰), *-m-* (F. 230 u. 245⁰) u. *-p-Nitrophenyl-o-carboxybenzamid* (F. 266⁰). Die vorst. Verbb. sind thermolabil, je nach Erhitzungs-Geschw. erhält man unterschiedliche Schmelzpunkte. Ferner wurden nachst. N-Arylphthalimide, die therm. stabil sind, durch mehr oder weniger langes Erhitzen der Lsgg. vorst. Benzamide in 95%ig. A. u. Kristallisation aus 95%ig. **A.** gewonnen, wobei die Ggw. von o-Alkyl-, o-Halogen- oder o-Nitrogruppen in der N-Arylgruppe die Umwandlung in die Phthalimid-Derivv. verlangsamt: *N-Phenyl-* (**II**, F. 205⁰), *N-o-Tolyl-* (F. 185⁰), *N-m-Tolyl-* (F. 174⁰), *N-p-Tolyl-* (F. 205⁰), *N-2.6-Dimethylphenyl-* (F. 206⁰), *N-2.4.6-Trimethylphenyl-* (F. 182⁰), *N-o-* (F. 144⁰), *-m-* (F. 165⁰) u. *-p-Chlor-*

phenyl- (F. 198°), *N-o-* (F. 204°), *-m-* (F. 245°) u. *-p-Nitrophenylphthalimid* (F. 266°). Von den dargestellten Benzamiden u. Phthalimiden wurden die UV-Spektren zwischen ca. 850 u. $1400 \cdot 10^{12}$ Hz aufgenommen. Durch die o-Carboxylgruppe der Benzamide werden ähnliche spektrale Veränderungen (Intensitätsverminderung der dem sichtbaren Gebiet nächstliegenden A-Bande bzw. deren Maskierung durch die zum sichtbaren Gebiet verschobene folgende B-Hauptbande) verursacht wie durch die N-Formylierung oder N-Acetylierung von Anilin u. in gewissem Maß auch wie die der o-Carboxylierung der C_6H_5NH-Gruppe des Benzanilids (**I**). Der Ersatz der C_6H_5NH-Gruppe in o-Carboxybenzanilid durch C- u. N-substituierte Derivv. führt zu analogen spektralen Veränderungen wie sie bei **I** beobachtet wurden (anomaler o-Effekt). Dagegen werden durch die Einführung der o-COOH-Gruppe in die Benzoylgruppe der N-Benzoylarylamine die hauptsächlichen spektralen Beziehungen nicht verändert. Die N-Phenylierung von Phthalimid führt zu einer erheblichen Verstärkung der Intensität der B-Bande ohne Veränderung der A-Bande. Ferner hat der Ersatz der Gruppe $C_6H_5N=$ von **II** durch die verschiedenen C-substituierten Gruppen eine ähnliche Veränderung der Spektren zur Folge, wie sie bei Substitution der C_6H_5NH-Gruppe des o-Carboxybenzanilids hervorgerufen werden. Die A-Bande von **II** ändert sich prakt. nicht durch Substitution des Phenylrings mit Substituenten (Alkyl-, Halogensubstituenten). Die Absorption der N-Aryl-o-carboxybenzamide u. der N-Arylphthalimide ist allg. den durch Ersatz der $-COC_6H_4CO$-Gruppierung durch $-COCH{=}CHCO-$ hervorgegangenen Verbb. ähnlich.

B. GNAUCK. B 118□

Absorption von einigen hexacyclischen aromatischen Kohlenwasserstoffen und ihren methylierten Homologen im ultravioletten, sichtbaren und infraroten Gebiet. N. P. Buu-Hoï und Denise Lavit. (Bull. Soc. chim. France **1958.** 1404—06. Nov./Dez. Paris, Univ., Inst. du Radium.) (Franz.)

Die UV-Spektren zwischen ca. 2200 u. 4600 Å wurden von folgenden Verbb. in gesätt. alkohol. Lsgg. aufgenommen: *Anthanthren* (**I**), *6-Methyl-* (**II**) u. *6.12-Dimethylanthanthren* (**III**), *7-Methyl-* u. *7.14-Dimethyldibenzo-[a.h]-pyren.* Die Methylierung der meso-Stellung von **I** hat ähnlich wie bei Anthracen eine bathochrome Wrkg. auf das UV-Maximum (**I**: 3045 Å, **II** 3075, **III** 3100). Dies trifft in schwächerem Maße auch auf die Methyl-Derivv. von Dibenzo-[a.h]-pyren zu. Ferner wurden die IR-Spektren zwischen 2 u. 15 μ aufgenommen von **I**—**III** sowie *meso-Formylanthanthren, 6-Methyl-, 9-Methyl-* u. *9.10-Dimethylnaphtho-[2.3 : a]-pyren* in KBr. Die IR-Spektren der Derivv. von Naphtho-[2.3: a]-pyren zeigen nur geringe Unterschiede im Vgl. zu denen der **I**-Homologen.

B. GNAUCK. B 118□

Ultraviolettspektren einer Reihe heterocyclischer Basen und ihrer quaternären Ammoniumsalze. Der Einfluß des Mediums. Yvette Maroni-Barnaud, Henri Wahl und Pierre Maroni. (C. R. hebd. Séances Acad. Sci. **251.** 1787—89. 24/10. 1960. Nancy, École Nat. Sup. des Ind. chim.) (Franz.) — Vgl. LE BRIS u. WAHL, C. **1961.** 8278.

Die UV-Spektren von *2-Methylbenzoxazol* (**I**), *2.3.3-Trimethylindolenin* (**II**), *2-Methylbenzothiazol* (**III**), *2-Methylbenzoselenazol* (**IV**) u. *2.3-Dimethylbenzimidazol* (**V**) wurden in 96%ig. A., in 0,1 n wss. H_2SO_4 u. in 0,1 n wss. NaOH sowie die der *Methomethylsulfate* von **II**—**V** in 0,1 n H_2SO_4 aufgenommen. In A. zeigen die heterocycl. Basen mit Ausnahme von **II** drei Absorptionsbereiche (vgl. LEANDRI u. Mitarbeiter, C. **1961.** 4287), die beim Übergang von **I** zu **II**, **III** u. **IV** nach längeren Wellen verschoben werden. Die erste Bandengruppe (260 bis 300 mμ) zeigt die charakterist. Schwingungsstruktur des B_{2u}-Übergangs des aromat. Kerns. Die zweite Bande (zwischen 230 u. 260 mμ) wird in der vorst. Reihenfolge schwächer u. ist im Spektrum von **IV** nur als Schulter sichtbar. Bei **IV** tritt ferner ein Maximum bei 225, bei **III** ein analoges bei 218 mμ auf. Die UV-Spektren der alkal. Lsgg. sind denen der alkohol. Lsgg. prakt. gleich. Mit Ausnahme des Spektrums von **V**, bei dem nur eine geringe hypsochrome Verschiebung zu beobachten ist, zeigen die Spektren der sauren Lsgg. erhebliche Unterschiede. In diesem Medium erleidet **I** eine Ringöffnung (nach 24 std. Einw.) u. das Spektrum von o-Acetylaminophenol ist zu beobachten. Bei den anderen Basen treten zwei Maxima bei 270—275 bzw. 230—240 mμ auf. Die Spektren der Methomethylsulfate entsprechen in alkohol. wie in saurer Lsg. denen der Basen in Säurelösung. Das Methomethylsulfat von **I** erleidet selbst in A. sofort die Ringspaltung. Nur in Essigsäure-Lsg. konnte das Spektrum der unveränderten heterocycl. Verb. aufgenommen werden. Allg. ergibt die Einführung eines CH_3-Substituenten an das $N_{(1)}$-Atom einen bathochromen Effekt. In alkal. Lsg. verhalten sich die quatern. Salze verschieden, **I**-Methomethylsulfat öffnet seinen Ring, das Salz von **V** ist dagegen unempfindlich gegenüber dem Medium. Die Methomethylsulfate von **II**, **III** bzw. **IV** zeigen Maxima bei 242 u. 282 bzw. nur bei 271 bzw. 267,5 mμ.

B. GNAUCK. B 118□

Veränderung der Rotationsdispersion einiger Aminosäuren in Abhängigkeit vom pH. Michel Billardon. (C. R. hebd. Séances Acad. Sci. **251.** 1759—61. 24/10. 1960. Paris, École Sup. de Phys. et Chim.) (Franz.)

Vf. untersuchte die Rotationsdispersion zwischen 2500 u. 5500 Å von *Alanin* (**I**), *Phenylalanin* (**II**), *Tyrosin* (**III**) u. *Asparaginsäure* (**IV**) in wss. HCl- u. NaOH-Lsgg. sowie in gepufferten Medien (pH 4 —10). Die Kurve von **I** für die Drehung in Abhängigkeit vom pH zeigt 3 Stufen, die den 3 ionisierten Formen von **I** entsprechen. Ähnliches gilt für **II**, aus dessen Rotationsdispersion auf 2 COTTON-Effekte zu schließen ist, die entgegengesetztes Vorzeichen besitzen u. deren Wrkg. vom pH abhängt. Bei **III** tritt ein positiver COTTON-Effekt bei 2880 Å bei pH < 7 auf, der sich bei pH < 8 nach 3100 Å verschiebt. Die Rotation von **IV** zeigt im Bereich von 2350 u. 2400 Å ein Maximum, das unabhängig vom pH ist. Es scheint, daß die Rotationsdispersionen von $HOOCCH_2CH\cdot(NH_3)^+{-}COO^-$, $HOOCCH_2CH(NH_3)^+COOH$ u. $^-OOCCH_2CH(NH_3)^+COO^-$ sich sehr ähnlich sind. Untersucht wurde ferner die Wrkg. von Neutralsalzen (NaCl, Na-Acetat) auf die Rotationsdispersionen. Bei **I**—**III** ist der Effekt relativ gering, nicht jedoch bei **IV**. Die Rotation von **IV** wird durch Salze zwar nicht bei pH 0, wohl aber bei pH 6,5 stark vermindert. Diese ist in Abwesenheit von Na^+ bei > 2600 Å positiv, in Ggw. von Na-Ionen jedoch negativ. Vf. vermutet daher, daß zwei COTTON-Effekte mit entgegengesetztem Vorzeichen vorhanden sind, die verschieden durch Na^+ beeinflußt werden. In saurem Medium tritt allg. eine starke Erhöhung von [M] ein, die auf die Anlagerung von H^+ an die COO^--Gruppe zurückzuführen ist. Auch in alkal. Medium ist die Rotation im Vgl. zu den Werten in neutraler Lsg. erhöht. Dies wird mit der Abgabe von H^+ durch die NH_3^+-Gruppe erklärt. Vf. vermutet, daß sämtliche Aminosäuren allg. zwei COTTON-Effekte mit entgegengesetztem Vorzeichen besitzen. **II** u. **III** weisen einen positiven COTTON-Effekt unterhalb 3100 Å auf, der wohl mit der Ggw. des Phenylrings zusammenhängt.

B. GNAUCK. B 119□

Spektroskopische Untersuchungen über die Farbreaktion von saurem Ton mit Aminen. Hajime Hasegawa. (J. physic. Chem. **65.** 292—96. Febr. 1961. Tokyo, Waseda Univ., Fac. of Sci. and Engng., Dep. of Appl. Chem.) (Engl.)

Suspensionen eines natürlichen u. eines mit Säure vorbehandelten Tones in Bzl. zeigen mit *Benzidin* (**I**) bzw. *Tetramethylbenzidin* (**II**) Absorptionen bei 440, 780 u. 880 mμ bzw. bei 400, 430, 470, 700 u. 880 mμ. Vorbehandlung des Tones mit Alkali ergibt bei Rk. mit **I** neue Banden bei 380 u. 640 mμ, Intensitätserhöhung der Banden bei 780 u. 880 mμ, Erniedrigung der Bande bei 440 mμ u. bei Rk. mit **II** Erhöhung der Banden bei 400, 700 u. 880 mμ, Erniedrigung der bei 470 mμ, während die Bande bei 430 mμ prakt. verschwindet. Aus dem Vgl. der pH-Abhängigkeit der Absorptionen von **II** u. der merichinoiden Verb. von **II** schließt Vf., daß die Färbung eines natürlichen oder säurebehandelten Tones mit **II** durch die chinoide Form von **II** bzw. eine Form gleicher Elektronenstruktur, die Färbung eines alkalibehandelten Tones durch die merichinoide Verb. von **II** oder eine Verb. gleicher Elektronenstruktur hervorgerufen werden. Da die sich analog verhaltenden Absorptionen der mit **I** behandelten Tone gegenüber den Banden der mit **II** behandelten Tone alle um den gleichen Wellenzahlbetrag verschoben sind, werden die Färbungen mit **I** in gleicher Weise erklärt. H. WAGNER. B 119□

Assoziation der Lösungen von Deuteromethanol und Deuterophenol. 3. Mitt. **Infrarotspektroskopische Untersuchung.** Robert Cardinaud. (Bull. Soc. chim. France **1960.** 629—34. April. Paris, École Centr. des Arts et Manufact., Labor. de Chim.) (Franz.) — 2. vgl. C. **1961.** 8608.

Vf. untersuchte im Bereich von 2,7—4,3 μ die IR-Spektren von *Methanol* (**I**) u. *D*-**I** in CCl_4 u. in Bzl. sowie von *Phenol* (**II**) u. *D*-**II** in CCl_4, angegeben sind die Spektren sowie die Lage der OH- bzw. OD-Banden. Die Intensitäten dieser Banden wurden quant. untersucht: Die Assoziationsbande ν_{OH} ist allg. breiter als die entsprechende ν_{OD} sowohl für **I** als auch für **II**. Es konnte ferner gezeigt werden, daß D-**II** stärker als **II** selbst assoziiert ist, das Verhältnis der Assoziations-Konst. K (vgl. MECKE u. KEMPTER [1939]) beträgt für K_D/K_H ca. $0{,}81 \pm 0{,}02$. Das gleiche gilt wahrscheinlich auch für die Assoziation von D-**I**, dessen mol. Extinktions-Koeff. kleiner als der von **I** ist.

B. GNAUCK. B 120□

Infrarotspektren von 2-Methyl-2-hydroxypropan (tert.-Butanol) und 2-Methyl-2-deuteroxypropan (D-tert.-Butanol). J. G. Pritchard und H. M. Nelson. (J. physic. Chem. **64.** 795—801. Juni 1960. Pittsburgh, Pa., Mellon Inst.) (Engl.)

Es werden die IR-Spektren von *tert.-Butanol* (**I**) u. $D_{(OH)}$-*tert.-Butanol* (**II**) in fl. u. festen Zustand u. in CS_2- u. CCl_4-Lsg. sowie die Spektren von $(CH_3)_3COH\cdot(CH_3)_3COK$ (**III**) u. $(CH_3)_3COD\cdot(CH_3)_3COK$ (**IV**) in Nujol u. „Halocarbonöl" untersucht. Die Spektren der Festkörper von **I** u. **II** unterscheiden sich kaum von denen der Flüssigkeiten. Eine Zuordnung der beobachteten Grundschwingungsfrequenzen wird angegeben.

I (II) zeigt eine scharfe ν(OH bzw. OD) des freien Mol. bei 3616 (2655) cm^{-1} von geringer Intensität u. eine breite der assoziierten Moll. bei 3600—3100 (2650—2400). Die δ(OH bzw. OD) liegt bei 1380 bzw. 1276 cm^{-1}, die OH- bzw. OD-Torsionsschwingung erscheint als breite Bande bei 800—500 bzw. 600—400 cm^{-1}. Weiterhin werden die Gerüst- u. CH_3-Schwingungen zugeordnet. Die δ(COH) u. $\varrho(CH_3)$ wird bei Verd. der Lsg. niederfrequent verschoben u. nähert sich der Frequenzlage im Gaszustand. Aus der Isotopieverschiebung läßt sich schließen, daß diese Schwingungen stark miteinander gekoppelt sind. Die Spektren von **III** u. **IV** unterscheiden sich von denen von **I** u. **II** durch das Fehlen der Banden der OH- bzw. OD-Schwingungen, die wahrscheinlich durch H-Brücken so verbreitert sind, daß sie nicht mehr erkennbar sind. VOLKMAR SCHMIDT. B 120□

Analyse von Explosivstoffen durch Infrarotspektroskopie. Frank Pristera, Michael Halik, Alexander Castelli und Walter Fredericks. (Analytic. Chem. **32.** 495—508. April 1960. Dover, N.J., Propellants Res. Sect., Propellants and Explosive Labor. of Picatinny Arsenal.) (Engl.)

Angegeben werden die IR-Spektren zwischen 2 u. 15 μ folgender Verbb. (Abb.; dünner Film, Schmelze, in Nujol oder Lsg.): *Methylen-* [*MEDINA*, F. (oder F.-Bereich auch bei den folgenden Verbb.) 101°] u. *Äthylendinitramin* (*EDNA*, *Haleit*, F. 179°) *Cyclotrimethylentrinitramin* (*RDX*, *Cyclonit*, F. 205°), *Cyclotetramethylentetranitramin* (*HMX*, F. 273°), *o-* (F. —23°) u. *p-Nitroäthylbenzol* (F. —32°), *Diäthylenglykolnitrat* (*DEGN*, F. —22,75°), *Äthylenglykoldinitrat* (F. —20°), *o-* (F. —10,6°; —4,1°), *m-* (F. 15,5°) n. *p-Nitrotoluol* (F. 51,3°), *Metrioltrinitrat* (F. —3°), *Nitrobenzol* (F. 5,8°), *Nitroglycerin* (F. 13,2°); *2.4.6-Trinitroäthylbenzol* (F. 37°), *m-* (F. 38°) u. *p-Nitroanisol* (F. 54°), *o-* (F. 43,5—46°) u. *m-Nitrobenzaldehyd* (F. 58°), *2.6-* (F. 61°) u. *2.4-Dinitrotoluol* (F. 70,5°), *1-Nitronaphthalin* (F. 61,5), *m-Nitromethyl-* (F. 66,0°) u. *m-Nitrodimethylanilin* (F. 66°), *2.4.6-Trinitroanisol* (F. 68,4°), *o-* (F. 71,5°) u. *p-Nitroanilin* (F. 147,5°). *2.4-Dinitrobenzaldehyd* (F. 72°), *2.2.5.5-Tetramethylolcyclopentanontetranitrat* (*Fivonit*; *α-* F. 74°; *β-* F. 66,7°), *2.4.6-Trinitrophenetol* (F. 80°), *2.3.4-* (F. 112°), *2.4.6-* (F. 81°) u. *2.4.5-Trinitrotoluol* (F. 104°), *4.6-Dinitro-o-kresol* (F. 87°), *m-* (F. 90°) u. *p-Dinitrobenzol* (F. 174°), *2.4.6-Trinitro-m-kresol* (F. 109,5°), *2.4-Dinitroäthylanilin* (F. 112°), *Mannithexanitrat* (F. 113°), *p-Nitro-* (F. 114°), *2.4-Dinitro-* (F. 114°) u. *2.4.6-Trinitrophenol* (F. 122°), *1.3.5-Trinitrobenzol* (F. 122°), *2.2.6.6-Tetramethylolcyclohexanolpentanitrat* (*Sixolit*, F. 122,5°), *Trinitrophenylmethylnitramin* (*Tetryl*; F. 130°), *o-* (F. 147,5°), *m-* (F. 141,4°) u. *p-Nitrobenzoesäure* (F. 242,4°), *2.4-Dinitro-* (F. 148°) u. *2.4.6-Trinitroresorcin* (*Styphninsäure*; F. 180°), NH_4NO_3 (F. 170°), *1.8-* (F. 173,5°) u. *1.5-Dinitronaphthalin* (F. 217,5°), *2.4-Dinitromethylanilin* (F. 177,5°), *2.4-Dinitro-* (F. 183°), *3.5-Dinitro-* (F. 205°) u. *2.4.6-Trinitrobenzoesäure* (F. 228,7°), *Äthylendiamindinitrat* (F. 187°), *2.4-Dinitrophenylhydrazin* (F. 198°), *Guanidinnitrat* (F. 216°), *Hexanitrodiphenylamin* (*Dipikrylamin*, F. 240—250°), *Ammoniumpikrat* (F. 280°), *Butantriol-(1.2.4)-trinitrat*, *Cellulosenitrat*, *Pentaerythrittetranitrat* (F. 142°), *Triäthylenglykoldinitrat* (*TEGN*) u. *2.4-Dinitroanisol* (F. 95,2°). Von den Verbb. sind außerdem eine Reihe weiterer Daten, wie Dichte bzw. spezif. Gew., Farbe, Kristall-Syst. u. Form, Brechungsindices u. Explosions-Temp. angegeben. Weiterhin werden allg. Angaben über die Löslichkeit der Verbb. in CCl_4, Bzl., W. u. Aceton gemacht u. in einer Tabelle Beziehungen zwischen den Spektren aromat. Nitro-Verbb., Nitramine u. Nitrate u. den im Mol. vorkommenden Gruppen wiedergegeben. Nach der Vortrennung von Sprengstoffgemischen durch Lösen in verschiedenen Lsgm. kann das IR-Spektrum zur Identifizierung herangezogen werden. U. UHLICH. B 120□

Die Infrarotabsorption von ^{18}O-markiertem Benzamid. S. Pinchas, David Samuel und Marta Weiss-Broday. (J. chem. Soc. [London] **1961.** 1688—92. April. Rehovoth, Israel, Weizmann Inst. of Sci.) (Engl.)

IR-Spektren von *Benzamid* (**I**) u. ^{18}O-**I** (79 Atom-% ^{18}O) wurden in CCl_4, $CHCl_3$ u. $CHBr_3$ aufgenommen. Die Spektren werden diskutiert u. die Banden zugeordnet. Die $\nu(C{=}^{18}O)$ ist in CCl_4 gegenüber der $\nu(C{=}^{16}O)$ um 24 cm^{-1} erniedrigt, die ν(N—H) ist in ^{18}O-I in $CHCl_3$ um 10 cm^{-1} erhöht, die Amid-II-Bande in $CHCl_3$ um 10 cm^{-1} erniedrigt, die C—N-Frequenz ist unverändert. Die relative integrierte Bandenintensität der $\nu(C{=}^{18}O)$ in CCl_4 ist ca. 20% größer als die der entsprechenden $\nu(C{=}^{16}O)$.

GERHARD SCHULZ. B 120□

Die Molekularstruktur einiger Produkte der Ehrlich-Sachs-Reaktion. D. M. W. Anderson und J. L. Duncan. (J. chem. Soc. [London] **1961.** 1631—35. April. Edinburgh, Univ., Dep. of Chem.) (Engl.) — Vgl. ANDERSON u. BELL, J. chem. Soc. [London] **1959.** 3708.

Die IR-Spektren von *N^1-Dicyanmethylen-N^4.N^4-dimethyl-*, *-N^4.N^4-diäthyl-*, *-N^4-methyl-N^4-äthyl-p-phenylendiamin*, *-N^4.N^4-dimethyl-2-methyl-*, *-N^4.N^4-diäthyl-2-methyl-*

p-phenylendiamin in $CHCl_3$ zeigen zwei Banden bei 2210 ± 2 cm^{-1} u. 2224 ± 3 cm^{-1}. Die Bande mit niedrigerer Frequenz soll durch die weiter vom Benzolring entfernte, die mit höherer Frequenz durch die dem Benzolring nähere Cyanogruppe hervorgerufen werden. Die IR-Spektren von *N^1-[α-Cyan-α-carbäthoxy-* u. *-α-carbomethoxymethylen]-N^4.N^4-dimethyl-*, *N^1-[α-Cyan-α-carbäthoxy-* u. *-α-carbomethoxymethylen]-N^4-methyl-* (I), *N^1-[α-Cyan-α-carbäthoxy-* (II) u. *-α-carbomethoxymethylen]-N^4-äthyl-p-phenylendiamin* u. *N^1-[α-Cyan-α-carbäthoxymethylen]-N^4.N^4-diäthyl-2-methyl-p-phenylendiamin* in CCl_4 besitzen Banden bei 2211 ± 5, 1755 ± 5 u. 1725 ± 5 cm^{-1}. Daraus folgt, daß die CN-Gruppe vom Benzolring entfernt steht. Bei der Rotation um die C—COOR-Bindung kann einmal die Carbonylgruppe in Nachbarschaft zur π-Elektronenwolke des Benzolkerns stehen (höhere CO-Frequenz) u. einmal die OR-Gruppe (niedrige CO-Frequenz). Die Intensität der Absorption bei 1725 cm^{-1} nimmt mit steigender Temp. zu, was darauf hinweist, daß die Form, in der die OR-Gruppe in Nachbarschaft zum Benzolkern steht, energiereicher ist. **I** (F. 170°) u. **II** (F. 107°) besitzen unterhalb des F. zwei Kristallmodifikationen von denen sich die instabile irreversibel bei 158 bzw. 86° in die stabile umwandelt, wobei oberhalb des Umwandlungspunktes bei beiden Verbb. eine der beiden CO-Frequenzen mit steigender Temp. verschwindet. In der Schmelze treten beide Banden wieder auf. Die IR-Spektren der *N-Carbamoylcyanmethylen-N.N'-dialkyl-p-phenylendiamine* besitzen Banden bei 2211 ± 3 u. 1694 ± 2 cm^{-1}, die auf eine Struktur mit der CO-Gruppe in Nachbarschaft des Benzolkerns hindeuten. Die Banden der *N-[2-Cyan-1.2-dialkoxycarbonylvinyl]-N'.N'-dialkyl-p-phenylendiamine* liegen bei 3215, 2222, 1755 u. 1675 cm^{-1}, die der *N-[1.2-Dicyan-2-alkoxycarbonylvinyl]-N'.N'-dialkyl-p-phenylendiamine* bei 3220, 2220 u. 1678 cm^{-1}. Aus den Spektren u. aus der geringen Änderung der Bandenlage in Abhängigkeit vom Lsgm. ergibt sich die Existenz starker intramol. H-Brückenbindungen. Die letztgenannte Verb.-Klasse besitzt in $CHCl_3$-Lsg. eine breite Bande im UV-Spektrum bei 453 mμ, deren Intensität mit abnehmender Konz. rasch abnimmt, während bei 346 mμ eine neue Bande entsteht. In konz. Lsg. scheint eine Assoziation vorzuliegen. Entsprechend verhält sich auch *p-Tricyanvinyl-N.N-dimethylanilin* (λ_{max} 445 bzw. 370 mμ). GERHARD SCHULZ. B 120□

Beobachtungen der Silicium-Wasserstoff-Schwingungsbanden in alkyl- und arylsubstituierten Silanen. R. N. Kniseley, V. A. Fassel und E. E. Conrad. (Spectrochim. Acta [London] **1959**. 651—55. Okt. Ames, Iowa, Iowa State Univ., Inst. of Atomic Res. and Dep. of Chem.) (Engl.)

Die Unters. der IR-Spektren von Mono-, Di- u. Triphenylsilan sowie der entsprechenden deuterosubstituierten Silane führte zur Festlegung für die Si–H-Schwingungen. Ferner wurden andere mono-, di- u. trisubstituierte Silane in ihren IR-Spektren verglichen u. die Frequenzen der Si–H-Schwingungen ermittelt. Die Ergebnisse werden in einer Tabelle zusammengestellt. Aus der Anzahl u. Lage der Absorptionsbanden kann auf den Grad der Substitution am Si-Atom geschlossen werden. Andererseits geben die Frequenzen der Si–H-Schwingungen Aufschluß über den Charakter der Substituenten am Si-Atom. — Untersuchte Silane: *Benzyl-*, *o-Chlorbenzyl-*, *Phenyl-*, *p-Tolyl-*, *p-Methoxyphenyl-*, *n-Hexyl-*, *n-Octyl-*, *n-Dodecyl-*, *n-Octadecyl-*, *Cyclohexyl-*, *Diphenyl-*, *Phenyl-p-chlorphenyl-*, *Phenyl-p-phenoxyphenyl-*, *Phenyl-p-methoxyphenyl-*, *Phenyl-o-tolyl-*, *Bis-[p-methoxyphenyl]-*, *Di-p-tolyl-*, *Benzylphenyl-*, *Phenyl-o-chlorbenzyl-*, *Methylphenyl-*, *Dibenzyl-*, *Di-o-chlorbenzyl-*, *Phenyl-tert.-butyl-*, *Phenyl-n-hexadecyl-*, *Phenyl-n-decyl-*, *Phenyl-n-dodecyl-*, *Benzyl-n-hexadecyl-*, *Allyl-n-hexadecyl-*, *n-Butyl-n-hexadecyl-*, *Di-n-octadecyl-*, *Di-n-octyl-*, *Bis-[β-phenyläthyl]-*, *Di-n-hexyl-*, *Di-n-decyl-*, *Dicyclohexyl-*, *Diphenyl-[phenyläthinyl]-*, *Diphenylbenzyl-*, *Dimethylphenyl-*, *Dibenzylphenyl-*, *Diphenylallyl-*, *Tribenzyl-*, *Dibenzylallyl-*, *Diphenyl-m-* u. *-p-chlorphenyl-*, *Diphenyl-m-* u. *-p-tolyl-*, *Diphenyl-[p-trimethylsilylphenyl]-*, *Diphenyl-p-phenoxyphenyl-*, *Triphenyl-*, *Diphenyl-p-tert.-butylphenyl-*, *Phenyl-p-phenoxyphenyl-o-tolyl-*, *Diphenyl-p-methoxyphenyl-*, *Phenyl-p-phenoxyphenyl-p-methoxyphenyl-*, *Phenyl-p-methoxyphenyl-o-tolyl-*, *Tris-[p-methoxyphenyl]-*, *Diphenyl-p-biphenylyl-*, *Phenylbenzyl-n-dodecyl-*, *Diphenyl-[β-phenyläthyl]-*, *Diphenyl-n-butyl-*, *Diphenyl-n-decyl-*, *Diphenyl-n-hexadecyl-*, *Diphenylcyclohexyl-*, *Methylphenyl-p-bromphenyl-*, *Methyldiphenyl-*, *Methylphenyl-o-tolyl-*, *Methylphenyl-α-naphthyl-*, *Methylphenyl-m-tolyl-*, *Methylphenyl-p-tert.-butylphenyl-*, *Methylphenyl-p-biphenylyl-*, *Diallyl-n-hexadecyl-*, *Methylphenyl-[β-phenyläthyl]-*, *Benzyldi-n-octyl-*, *Allyldi-n-decyl-*, *Allyldi-n-butyl-*, *Triäthyl-*, *Tris-[γ-phenylpropyl]-*, *Tri-n-octyl-*, *Tri-n-dodecyl-*, *Tri-n-decyl-*, *Tris-[β-phenyläthyl]-*, *Tri-n-hexyl-* u. *Tri-n-butyl-*. K. OHLS. B 120□

Das Schwingungsspektrum und die geometrische Konfiguration von Diphenyl. J. E. Katon und E. R. Lippincott. (Spectrochim. Acta [London] **1959**. 627—50. Okt. College Park, Md., Univ. of Maryland, Dep. of Chem.) (Engl.)

Das Schwingungsspektrum von *Diphenyl* u. D_{10}-*Diphenyl* wurde untersucht. Sowohl aus dem Raman-Spektrum der reinen Fll. als auch aus dem IR-Spektrum der zwei Komponenten in Lsg. geht hervor, daß sie mit dem Spektrum des D_{2R}-Modells oder eines leicht behinderten Rotors übereinstimmen. Eine Übereinstimmung mit einem D_{2d}- oder C_2-Modell konnte nicht gefunden werden. Für beide Verbb. wurde eine genaue Zuordnung der Frequenzen zu den Grundschwingungen durchgeführt. Thermodynam. Größen [C^0, $H^0 - E^0_{0g}T$, $-(F^0 - E^0_{0g}T)$, S^0] konnten bei Annahme einer freien Rotation berechnet u. mit calorimetr. gemessenen Ergebnissen verglichen werden.

K. Ohls. B 120□

Die Weiterleitung polarer Effekte durch aromatische Systeme hindurch. 1. Mitt. **Substituierte Anthracene.** R. O. C. Norman und P. D. Ralph. (J. chem. Soc. [London] **1961.** 2221–27. Mai. Oxford, Univ., Dyson Perrins Labor.) (Engl.)

Vff. untersuchten den Einfl. von Substituenten (*H, Br, Cl,* NO_2, CH_3) in 10-Stellung im Anthracenring auf die Stärke von *Anthracencarbonsäuren-(9)* u. auf die C=O-Valenzfrequenzen in den IR-Spektren der entsprechenden *Methylester.* Die Ergebnisse zeigen, daß die CO-Gruppen in der Säure- u. Estergruppe ebenso wie eine Nitrogruppe in 10-Stellung von einer Mesomerie-Wechselwrkg. mit dem aromat. Ring ausgeschlossen ist. Dieser Schluß wird bestätigt durch Messungen der C≡N-Frequenzen in den IR-Spektren gewisser aromat. *Nitrile* (*Benzo-, p-Brombenzo-, Mesitonitril, 9-Cyan-, 9-Cyan-10-brom-* u. *9.10-Dicyananthracen*). Substituenten, welche einer Mesomerie-Wechselwrkg. fähig sind, wirken stärker in der Mesostellung als in einem der benzoiden Ringe. Die IR-Spektren von *Benzoesäure-* u. *Mesitoesäuremethylester* wurden zu Vgl.-Zwecken aufgenommen. — Untersuchte Verbb.: (IR-Spektren in Chlf. u. CCl_4; FF. Kofler-Block u. korr.; pK_A-Werte in 80%ig. Methylcellosolve): *Anthracencarbonsäure-(9)*, F. 219°, Nadeln (A.), nach Newman (J. Amer. chem. Soc. **63.** [1941.] 2431); pK_a 5,59; 63% (Ausbeute). *Methylester* (I), $C_{16}H_{12}O_2$, F. 115° (PAe.). — *10-Bromanthracencarbonsäure-(9)*, F. 285°, Nadeln (A.); pK_a 5,00; 66%. *Methylester* (II), F. 114° (PAe.). — *10-Chloranthracencarbonsäure-(9)*, F. 275–276°, Nadeln (A.); pK_a 5,03; 55%. *Methylester*, F. 123° (PAe.). — *10-Methylanthracencarbonsäure-(9)*, F. 220°, Platten (A.); pK_a 5,71; 66%. *Methylester*, $C_{17}H_{14}O_2$, F. 164° (PAe.). — *10-Nitroanthracencarbonsäure-(9)-methylester*, $C_{16}H_{11}NO_4$, F. 171–171,5°, gelbe Nadeln (A.), aus I u. konz. HNO_3 in sd. $CH_3 \cdot COOH$ (20 Min.); 4% [Oxydation mit $K_2Cr_2O_7/H_2SO_4/CH_3COOH$ gab *Anthrachinon* (III), F. 281°]. *Freie Säure*, $C_{15}H_9NO_4$, F. 275° (A.), aus dem Ester u. NaOH in 85%ig. A. (24std. Kochen, Rk. war danach noch nicht beendet); pK_a 4,40; 43%. — *Benzoesäuremethylester*, $Kp._{749}$ 197°. — *Benzonitril*, $Kp._{762}$ 191°. — *p-Brombenzonitril*, F. 112°. — *Mesitonitril*, F. 55°. — *Mesitoesäuremethylester*, $Kp._3$ 98°. — *9-Cyananthracen*, F. 177,5 bis 178,5°. — *10-Brom-9-cyananthracen*, $C_{15}H_8BrN$, Doppel-F. 193 u. 265° (Toluol), aus vorst. Verb. u. Brom in CH_3NO_2 (20 Min. langes Kochen); 53%. Oxydation wie oben gab **III.** — *9.10-Dicyananthracen*, F. 334° (Bzl.), aus vorst. Verb. u. CuCN in sd. Chinolin (1 Std.); 62%. — Verss. zur Darst. von 10-Cyananthracencarbonsäure-(9)-methylester aus **II** u. CuCN waren erfolglos. — **I** u. **II** konnten alkal. nicht hydrolysiert werden, vermutlich wegen starker ster. Hinderung.

J. Rothe. B 120□

Schwingungsspektrum und Struktur von 1.3-Dioxan und von seinem Komplex mit Quecksilber(II)-chlorid. Pierre A. Laurent und Pierre Tarte. (Bull. Soc. chim. France **1958.** 1374–78. Nov./Dez. Lisbonne, Inst. Sup. Techn., Labor. de Chim. Organ.; Liège, Univ., Labor. de Chim. minér.) (Franz.) — Vgl. C. **1957.** 11822.

Vff. nahmen das Raman-Spektrum von fl. *1.3-Dioxan* (I), das IR-Spektrum von fl. u. gasförmigem **I** (zwischen ca. 275 u. 3000 cm^{-1}), das Raman- u. das IR-Spektrum des festen **I**–$HgCl_2$-Komplexes auf. Die Banden sind tabellar. angegeben. **I** tritt offenbar nur in einer Form, wahrscheinlich der Sesselform (Symmetriegruppe C_S) auf. Der **I**–$HgCl_2$-Komplex hat eine Kettenstruktur, in der sich **I**- u. $HgCl_2$-Moll. abwechseln. Die Bindung zwischen den **I**- u. $HgCl_2$-Moll. erfolgt durch Wechselwrkg. zwischen Hg- u. O-Atomen, doch werden auch H···Cl-Wechselwrkg. diskutiert. — **I**, Kp. 106,5°, aus Allylalkohol über Allylchlorid, 1-Brom-3-chlorpropan, Propandiol-(1.3) durch Einw. von CH_2O.

B. Gnauck. B 120□

Über die Raman-Spektren von Lösungen von Pyridin und 2.6-Lutidin in gesättigten Säuren. Roman Mierzecki. (Acta physica polon. **19.** 41–57. 1960. Varsovie, Univ., Inst. de Phys. Expérimentale u. Acad. Polon. des Sci., Inst. de Phys., Labor. d'Optique Mol.) (Franz.) — Vgl. C. **1961.** 2229 u. früher.

Vf. untersuchte die Raman-Spektren von Lsgg. verschiedener Konz. von *Pyridin* (I) u. *2.6-Lutidin* in Ameisensäure, Essigsäure (II) u. Buttersäure. In den Spektren der Lsgg. wurde das Auftreten neuer Linien beobachtet, die in den Spektren der reinen Pyridine nicht vorhanden waren, u. zwar speziell in dem Gebiet von 1000 u. von 3000 K.

Auf Grund von Intensitätsmessungen der neuen Linien bei 1003 K u. der Pyridinlinien 289 u. 1029 K in den Spektren dieser Base in II in Abhängigkeit von der Konz. konnte geschlossen werden, daß die Linie 1003 K eine Modifikation der Linie 989 K darstellt u. daß ferner der Komplex, der sich in den untersuchten Lsgg. bildet u. der für das Auftreten dieser Linie verantwortlich ist, eine Verb. ist, die je 1 Mol Base u. II enthält. Die bei ca. 3070 K beobachtete Linie ist den Schwingungen der C—H-Bindungen in diesem Komplex zuzuschreiben. Eine in den Spektren von I in II neu auftretende Linie der Frequenz 1020 K wird auf die Ggw. einer geringen Menge W. zurückgeführt.
C. GOTTFRIED. B 120

Mikrowellenspektrum von Isobutylen. Dipolmoment, innere Barriere, Gleichgewichtskonformation und Struktur. Victor W. Laurie. (J. chem. Physics **34.** 1516—19. Mai 1961. Berkeley, Calif., Univ. of California, Dep. of Chem.; Washington, D.C., Nat. Bur. of Standards.) (Engl.)

Das Mikrowellenspektrum von *Isobutylen* (I) u. $D_{(3)}$-I wurde im Gebiet von 17—36 kMHz aufgenommen, u. die Rotationsübergänge wurden zugeordnet. Die beobachteten Rotations-Konst. betragen für I $a_0 = 9133,32$ (MHz); $b_0 = 8381,75$; $c_0 = 4615,99$; für symm.-$D_{(3)}$-I (D in der Ebene der C-Atome) 9132,59; 7788,98; 4431,05; für asymm.-$D_{(3)}$-I (D außerhalb der Ebene der C-Atome) 8819,46; 7981,08; 4469,59. Die Trägheitsmomente werden berechnet. Aus diesen Daten ergeben sich folgende Strukturparameter: C—C $1,50_7$ (Å); C=C 1,34; C—H (CH_3-Gruppe) $1,08_5$; C—H (Äthylengruppe) $1,08_6$; ∢ CH_3—C—CH_3 115,9°; ∢ HCH (CH_3-Gruppe) 108°; ∢ HCH (Äthylengruppe) 117,5°. Aus dem STARK-Effekt ergibt sich ein Dipolmoment von $0,503 \pm 0,009$ D. Die Höhe der der Rotation der CH_3-Gruppen entgegenstehende Energieschwelle wird zu 2,21 kcal/Mol berechnet. Die Gleichgewichtskonformation ist C_{2v} mit 2 CH_3-H-Atomen in der Ebene der C-Atome u. mit C—H-Bindungen, die von der Symmetrieachse hinwegzeigen. Es wird geschlossen, daß die der C=C-Bindung benachbarten C—C-Bindungen verkürzt sind, die Länge der C=C-Bindung aber durch die Ggw. einer benachbarten CH_3-Gruppe mit geringfügig beeinflußt wird. G. PÖTZSCHER. B 121 □

Über die Hertzschen Orientierungsspektren von Polyalkoholen. Claude Moriamez. (C. R. hebd. Séances Acad. Sci. **251.** 1765—67. 24/10. 1960.) (Franz.)

Unter Verw. des Prinzips der Superposition (vgl. POWLES, C. **1955.** 5480) untersuchte Vf. das Mikrowellenspektrum von *Äthylenglykol*, *Propandiol-(1.2)*, *Butandiol-(1.3)* u. *-(2.3)*, *Pentandiol-(1.5)*, *Heptandiol-(1.7)* sowie *Glycerin* im fl. Zustand zwischen 0,01 u. 25000 MHz u. bei Temp. zwischen —40 u. +70°. Ferner wurden Viscositätsmessungen zwischen —20 u. +70° durchgeführt. Auf Grund der erhaltenen Daten nimmt Vf. an, daß die Diole über H-Brücken assoziiert sind, wobei lineare Polymere entstehen, doch treten anscheinend auch laterale H-Brückenbindungen auf, so daß eine 3dimensionale Ordnung bei Polyalkoholen nachweisbar ist. Mit BAUER u. MAGAT (vgl. J. chem. Physics **45.** [1948.] 95) wird geschlossen, daß durch den Bruch der H-Brücken die Relaxation der der krit. Frequenz benachbarten Frequenzen des ersten Bereichs bestimmt wird. Ferner wird vermutet, daß die Wahrscheinlichkeit für den Eintritt eines H-Brückenbindungsbruchs zwischen zwei Moll. in einer Kette geringer ist als für den Bruch einer H-Bindung zwischen zwei Mol.-Ketten. Folgende Dissoziationsenergien für die H-Bindung wurden berechnet: $4,7 \pm 0,7$ [kcal/Mol] für di-prim. bzw. $6,3 \pm 0,7$ für prim.-sek. Glykole. B. GNAUCK. B 121 □

Mikrowellenspektrum von ^{18}O-Formylfluorid und die Struktur von Formylfluorid. Ronald F. Miller und R. F. Curl jun. (J. chem. Physics **34.** 1847—48. Mai 1961. Houston, Tex., Rice Univ., Dep. of Chem.) (Engl.)

Das Mikrowellenspektrum von $HC^{18}OF$ wurde aufgenommen, die Rotations-Konst. A zu $89769,5 \pm 0,5$ (MHz), B zu $11102,9 \pm 0,1$ u. C zu $9863,4 \pm 0,1$ wurden bestimmt u. die Rotationsübergänge zugeordnet. Zusammen mit den Ergebnissen von LE BLANC u. Mitarbeitern (C. **1961.** 9343) ergeben sich folgende Strukturparameter: C—F $1,338 \pm 0,005$ (Å); C=O $1,181 \pm 0,005$; C=H $1,095 \pm 0,008$; ∢ FCO 122° 46 ± 30′; ∢ HCO 127° 20′ ± 3°; ∢ HCF 109° 54′ ± 3°. G. PÖTZSCHER. B 121 □

Die dielektrischen Eigenschaften von kristallinen Hydroxyverbindungen ohne Wasserstoffbindung. R. J. Meakins. (Trans. Faraday Soc. **52.** 320—27. März 1956. Australia, C.S.I.R.O., Nat. Standards Labor., Div. of Electrochem.) (Engl.)

Zwischen +20 u. —97° beobachtet Vf. für die dielektr. Absorption von *2.4.6-Tri-tert.-butylphenol* (I, F. 130—131°) u. *Tricyclohexylcarbinol* (II, F. 91—92°) einfache DEBYE-Kurven u. eine Zunahme proportional 1/T. Als Aktivierungsenergien u. Häufigkeitsfaktoren werden 2,2 (kcal/Mol) u. $5 \cdot 10^{12}$ (s^{-1}) bzw. 4,4 u. $2 \cdot 10^{13}$ erhalten. Die beobachtete dielektr. Absorption wird einer unabhängigen Orientierung der Hydroxylgruppen zugeschrieben, wobei die Gleichgewichtslagen gleiche Energie besitzen. Aus

Strukturgründen ist eine H-Brückenbindung bei beiden Verbb. ausgeschlossen. Mit Hilfe der ONSAGERschen Gleichung wird als effektives Dipolmoment für I 1,41 D, für II 1,62 D berechnet. Aus Messungen der dielektr. Absorption bei -183 u. -195^0 ergibt sich, daß beide Verbb. in diesem Temp.-Bereich ein Verh. zeigen, das dem normaler Festkörper ähnlich ist. Die dielektr. Absorption überdeckt einen weiteren Frequenzbereich als die entsprechende DEBYE-Kurve; sie nimmt mit abnehmender Temp. ab. II hat einen Umwandlungspunkt bei ca. -170^0. Unterhalb dieser Temp. existiert zwischen der Hydroxylgruppe ein Energieunterschied von 1,2 kcal/Mol.

K. FRENKLER. B 132□

Die Änderung der Photoleitfähigkeit und der Halbleitereigenschaft bei aromatischen Kohlenwasserstoffen beim Schmelzen. J. Kommandeur, G. J. Korinek und W. G. Schneider. (Canad. J. Chem. **36.** 513—17. März 1958. Ottawa, Nat. Res. Council, Div. of Pure Chem.) (Engl.) — Vgl. C. **1961.** 15334.

Vff. zeigen, daß beim *Naphthalin* u. *Diphenyl* der Photo- u. der Dunkelstrom beim Schmelzen von Einkristallen dieser Verbb. stark ansteigt. Als Ursache wird eine Zunahme der Beweglichkeit der Ladungsträger in der Schmelze angenommen. Aus den Ergebnissen folgt, daß bei aromat. KW-Stoffen die Photoleitfähigkeit nicht an den krist. Zustand gebunden ist.

K. FRENKLER. B 134□

Anwendung der Phänomene der kernmagnetischen Resonanz auf die organische Chemie. Henriette Rivière. (Bull. Soc. chim. France **1958.** 1630—41. Nov./Dez. Paris, C.N.R.S., Fac. de Méd.) (Franz.)

Vf. gibt eine zusammenfassende Übersicht über die Theorie der kernmagnet. Resonanz, die Meßtechnik, die grundlegende Theorie der Verschiebungen (mol. Verschiebungen in Festkörpern u. Quadrupolmoment) sowie die Anwendungsmöglichkeiten der kernmagnet. Resonanz in der organ. Chemie, wie chem. Verschiebungen in einfachen Verbb., die Beziehung zwischen der Bandenintensität u. der Konstit., die Deutung eines kernmagnet. Resonanzspektrums, die mögliche Anwendung auf die Analyse von Gemischen u. die Konstit.-Aufklärung (auch bzgl. der Konformation von Substituenten am Cyclohexanring), die Beziehungen zwischen der Verschiebung δ des Protons u. dem ion. Charakter der C—H-Bindung bzw. der Elektronegativität des Atoms, mit dem das Proton verbunden ist, Beziehungen zwischen δ u. der HAMMETTschen σ- sowie der TAFTschen σ_i- u. σ_r-Konst., sowie der Einfl. ster. Wrkg. auf δ u. die Wrkg. von δ auf Protonaustauschreaktionen. — 111 Literaturhinweise.

B. GNAUCK. B 137□

Strukturermittlung mit Hilfe von protonenmagnetischer Resonanzspektroskopie. C. F. Blakely, R. J. Gillespie, L. Roubinek, A. Wasserman und R. F. M. White. (Nature [London] **187.** 662. 20/8. 1960.) (Engl.)

Es wird die CCl_3COOH-katalysierte Cyclopentadiendimerisierung untersucht. Bei Konzz. von CCl_3COOH $>0{,}5$m geht Cyclopentadien quant. über in einen *CCl_3·COOH-Ester* (I), $C_{12}H_{13}O_2Cl_3$ (n_D^{25} 1,5085, λ_{max} (A.) 242 mμ, $\varepsilon = 800$ Liter/Mol cm). Alkal. Hydrolyse ergibt einen *Alkohol* $C_{10}H_{14}O$ (II) [Kp.$_{0,2}$ 84—86°, n_D^{25} 1,5105, λ_{max} (A.) 243, $\varepsilon = 400$; *Phenylurethan*, F. 64—65°; *3.5-Dinitrobenzoyl-Deriv.*, F. 112—113°]. Bromierung u. Hydrierung weist auf 2 Doppelbindungen in I u. II hin, die auf Grund der λ_{max}-Werte konjugiert sind. Das IR-Spektrum von II enthält keine Carbonylfrequenz, daher ist OH nicht an ungesätt. C gebunden. Hydrierung von II gibt einen gesätt. *Alkohol* (III), $C_{10}H_{18}O$ (Kp.$_{95}$ 95°, n_D^{25} 1,4844; *3.5-Dinitrobenzoylderiv.*, F. 79—82°; *Phenylurethan*, F. 88—92°; *saures Phthalat*, F. 80—82°), der zu KW-Stoffen $C_{10}H_{16}$ dehydriert werden kann (Kp.$_{100}$ 112—115°, n_D^{25} 1,4796). Deren Hydrierung gibt *Bicyclopentyl*, $C_{10}H_{18}$. III wurde zu einem *Keton*, $C_{10}H_{16}O$, oxydiert (Kp.$_{1,3}$ 74—75°, n_D^{25} 1,4743; *2.4-Dinitrophenylhydrazon*, F. 197—198°), das nicht ident. ist mit 2-Cyclopentylcyclopentanon. Das Protonresonanzspektrum von II weist 4 Maxima auf, die folgendermaßen zugeordnet werden: zu H an ungesätt. C, zu Hydroxyl-H, zu H, das zusammen mit OH an gesätt. C steht u. zu den anderen H an gesätt. C. Ausmessung der Maximaflächen ergibt, daß 4 H an ungesätt. C stehen müssen. Ähnliche Ergebnisse liefern die Spektren von I u. III. Aus allen Ergebnissen ergibt sich für den Alkohol II die Struktur eines *3-[$\Delta^{2.4}$-Cyclopentadienyl]-cyclopentanols*.

W. HABERDITZL. B 137□

Dissoziationskonstanten organischer Säuren in wässeriger Lösung. G. Kortüm, W. Vogel und K. Andrussow. (Pure appl. Chem. **1.** 190—536. 1960. Tübingen, Univ., Inst. für physikal. Chem.) (Dt.)

Zusammenstellung von Dissoziations-Konst. organ. Säuren in wss. Lsg. u. Übersicht über die Meth. zu ihrer Bestimmung. — 436 Literaturangaben.

P. GOLINSKE. B 139□

Untersuchung der Säuredissoziation einiger Sulfonamide. Gérard Dauphin und Alain Kergomard. (Bull. Soc. chim. France **1961.** 486—92. März. Clermont-Ferrand, Fac. des Sci., Labor. de Chim. Syst.) (Franz.)

Es wird durch potentiometr. Titration die Acidität einiger Benzolsulfonamide untersucht. Die Bestimmung der pK-Werte erlaubte eine Verifizierung der HAMMETTschen Gleichung. Für jede vergleichbare Reihe von Verbb. sind die ϱ-, r- u. s-Werte angegeben. Die σ-Werte der SO_2NH_2-Gruppe (m- u. p-) u. der p-$SO_2NHC_6H_5$-Gruppe werden untersucht. In der Reihe $ArSO_2NHC_6H_4NO_2$(p) wird der σ-Wert der p-NO_2-Gruppe unterschiedlich von dem gewöhnlich für Anilin-Derivv. angegebenen zu ca. 1,17 gefunden, was auf eine ster. Hinderung zurückgeführt wird. Es werden ferner einige Sulfonimide untersucht, deren pK-Werte der HAMMETTschen Gleichung weniger gut gehorchen. Die pK-Werte wurden bei 20° in W. oder in W./A. mit 7,6 (A), 15,4 (B), 23,4 (C), 31,6 (D) u. 40 (E) Gew.-% Alkohol gemessen. Folgende Sulfonamide werden untersucht: $C_6H_5SO_2NH_2$ (F. 156°; Darst. nach Meth. a , vgl. unten), pK 10,10 (W.) u. folgende Derivv.: *m*-NO_2 (F. 167°;a), 9,34 (W.); *p-Cl* (F. 142°; a), 9,79; *p-Br* (F. 151°; a), 9,79 (W.); *p-F* (F. 124°; a), 9,99 (W.); *p*-CH_3 (F. 135°; a), 10,21 (W.); *p*-CH_3O (F. 110°; a), 10,28 (W.); *p*-NH_2 (F. 164°; a), 10,51 (W.); *3.5-Dinitro-* (F. 235°; a), 8,75 (W.); *3.4-Dichlor-* (F. 134°; a), 9,60 (W.); *3*-CH_3*-4-F* (F. 104°; a), 10,06 (W.); *3.4-Dimethoxy-* (F. 135°; a), 10,13 W.); *3*-CH_3*-4-Cl* (F. 126°; a), 9,84 (W.); —$C_6H_5SO_2NHC_6H_5$ (F. 110°; a), 8,65 (A.), 8,88 (B), 9,10 (C) u. folgende *N-Phenyl*-Derivv.: *p*-OCH_3 (F. 94°; Darst. nach Meth. c, vgl. unten), 9,42 (C); *p*-CH_3 (F. 119°; Darst. nach Meth. b, vgl. unten), 9,35 (C); *p-F* (F. 108°; b), 8,90 (C); *p-Cl* (F. 120°; b), 8,47 (C); *p-Br* (F. 135°; b), 8,50 (C); *m-Br* (F. 109°; b), 8,25 (C); *m*-NO_2 (F. 135°; a), 7,50 (C); — *m*-$NO_2C_6H_4SO_2NHC_6H_5$, 7,93 (C), 8,22 (D), 8,50 (E); u. folgende *N-Phenyl*-Derivv.: *p*-OCH_3 (F. 134°; a), 8,44 (C), 8,72 (D), 8,94 (E); *p*-CH_3 (F. 130°; b), 8,27 (C), 8,52 (D), 8,76 (E); *p-F* (F. 135°; b) 7,85 (C), 8,08 (D), 8,35 (E); *p-Cl* (F. 119°; b), 7,51 (C), 7,70 (D), 7,88 (E); *p-Br* (F. 120°; b), 7,42 (C), 7,67 (D), 7,88 (E.); — *p*-$ClC_6H_4SO_2NHC_6H_5$ (F. 102°; a), 8,75 (C), u. folgende *N-Phenyl*-Derivv.: *p*-OCH_3 (c), 9,19 (C); 9,42 (D); *p*-CH_3 (F. 88°; b), 9,02 (C); *p-F* (F. 110°; b), 8,61 (C); *p-Cl* (F. 145°; c), 8,30 (C); *p-Br* (F. 159°; c), 8,24 (C); 8,45 (D); *m*-NO_2 (F. 122°; c), 7,19 (C); — *p*-$FC_6H_4SO_2NHC_6H_5$ (F. 112°; b), 8,85 (C), u. folgende *N-Phenyl*-Derivv.: *p*-OCH_3 (F. 109°; b), 9,32 (C); *p*-CH_3 (F. 96°; c), 9,20 (C); *p-F* (F. 93°; b), 8,73 (C); *p-Cl* (F. 146°; c), 8,41 (C), 8,63 (D); *p-Br* (F. 156°; c), 8,38 (C), 8,60 (D); *m*-NO_2 (F. 128°; c), 7,27 (C), 7,50 (D); — *p*-$CH_3C_6H_4SO_2NHC_6H_5$ (F. 102°; b), 9,34 (C), u. folgende *N-Phenyl*-Derivv.: *p*-OCH_3 (F. 113°; b), 9,80 (C); *p*-CH_3 (F. 116°; b), 9,65 (C); *p-F* (F. 80°; b), 9,23 (C); *p-Cl* (F. 96°; b), 8,78 (C), 9,01 (D); *m*-NO_2 (F. 136°; c), 7,80 (C), 7,99 (D); — *p*-$NH_2C_6H_4SO_2NHC_6H_5$ (F. 200°; a), 10,29 (C), u. folgende *N-Phenyl*-Derivv.: *p*-CH_3 (F. 110°; b); 10,53 (C); *m*-CH_3 (F. 134°; b), 10,44 (C); *p-Cl* (F. 160°; b), 9,76 (C); — *X*-$C_6H_4SO_2NHC_6H_4NO_2$(p) (F. 139°; a), 6,66 (C), 6,89 (D), u. folgende Derivv. (*X* =): *m*-NO_2- (F. 178°; c), 5,51 (C), 5,74 (D), 6,00 (E); *p-Cl* (F. 159°; c), 6,24 (C), 6,45 (D); *p-F* (F. 170°; c), 6,45 (C), 6,67 (D); *p*-CH_3 (F. 189°; c), 6,78 (C), 7,04 (D), 7,28 (E); — *p*- (F. 286°; a), 9,40 (W.) u. *m*-$NH_2SO_2C_6H_4SO_2NH_2$ (F. 218°; a), 9,39 (W.); *p*-$C_6H_5NHSO_2C_6H_4SO_2NHC_6H_5$ (F. 247°; a), 8,52 (E), 7,92 (C); $C_6H_5SO_2NHCH_3$ (Kp.$_{16}$ 201°; a), 11,43 (W.), u. folgende Derivv.: *p*-NO_2- (F. 122°; a), 10,42 (W.); *p*-CH_3- (F. 78°; b), 11,69 (W.); *p-Cl-* (F. 58°; b), 11,10 (W.); — $C_6H_5CH_2SO_2NHC_6H_5$ (F. 103°;b), 9,38 (C), u. folgende *N-Phenyl*-Derivv.: *p-Cl-* (F. 110°; c), 8,95 (C); *p-Br-* (F. 134°; c) 8,92 (C); *m-Br-* (F. 99°; c), 8,64 (C); *p-F-* (F. 99°; c), 9,24 (c); *p*-CH_3- (F. 112°; c), 9,67 (C); *p*-OCH_3- (F. 102°; c), 9,78 (C); — $C_6H_5SO_2NHCH_2C_6H_5$ (F. 88°; b), 11,25 (W.), u. folgende Derivv. (an $C_6H_5SO_2$): *m*-NO_2- (F. 101°; c), 9,84 (W.); *p-Cl-* (F. 107°; c), 10,75 (W.); *p-F-* (F. 99°; b) 11,05 (W.); *p*-CH_3- (F. 114°; b), 11,55 (W.); — $C_6H_5CH_2SO_2 \cdot NH_2$ (F. 103°; a), 10,46 (C); $C_6H_5CH_2SO_2NHCH_2C_6H_5$ (F. 145°; b), 11,40 (C); $C_6H_5SO_2 \cdot NHNH_2$ (F. 105°; c), 10,96 (W.); $C_6H_5SO_2NHNHSO_2C_6H_5$ (F. 239°; c), 7,92 (D); folgende Sulfonimide: $(C_6H_5SO_2)_2NH$, 1,45 (W.); $(p\text{-}CH_3C_6H_4SO_2)_2NH$, 1,70 (W.); $(p\text{-}NH_2 \cdot C_6H_4SO_2)_2NH$, 2,89 (W.) — Die Verbb. wurden nach folgenden Meth. dargestellt: (a) Aus 1 Mol Sulfochlorid u. 2,5—5 Mol NH_3 bzw. dem entsprechenden Amin in wss. Lsg.; Ausfällung durch Zugabe einer starken Säure. (b) Aus 1 Mol Amin u. 1,1 Mol Sulfochlorid in wss. 10% Na_2CO_3. Nach 1 std. Rühren bei normaler Temp. Erhitzen auf dem Wasserbad. Das Sulfonamid krist. beim Abkühlen oder Zugabe von Säure. (c) Durch Zusammengeben der äther. Lsgg. von einmal 1 Mol Sulfochlorid u. zum anderen 1 Mol des Amins u. 1 Mol Pyridin. Nach Absaugen des Ae. 15 Min. erhitzen u. nach Abkühlung auf Eis geben. Die Sulfonimide werden durch Hinzufügen von 2,5 Mol Sulfochlorid zur ammoniakal. Lsg. von ca. 1 Mol der Base unter starkem Rühren bei 10° dargestellt. pH 10—11 wird durch Na_2CO_3 eingestellt, 1 Std. gerührt u. das abfiltrierte Na-Salz des Sulfonimids aus W. umkrist., mit starker Säure bei pH 5—6 das Sulfonimid ausgefällt.

H. G. HENKEL. B 139□

Beziehung zwischen den relativen Aciditätskonstanten in Äthanol und den wahren Konstanten. Robert Schaal und Christiane Gadet. (C. R. hebd. Séances Acad. Sci. **251.** 2171—73. 14/11. 1960.) (Franz.)

Mit der spektroskop. Meth. von VERMESSE-JACQUINOT u. Mitarbeitern (Bull. Soc. chim. France **1960.** 141) bestimmten Vff. die pK_a-Werte von *2.4-Dinitrodiphenylamin* ($[pK_a]$ 14,65), *2.4-Dinitranilin* (15,80), *4.4'-Dinitrodiphenylamin* (14,96) u. *3-Nitrocarbazol* (15,10) bei 20° in C_2H_5OH u. fanden folgende Beziehung zwischen den relativen Aciditäts-Konst. K_H^s u. den wahren Konst. K_a: $pK_H^s - pK_a = -p[C_2H_5O^-] - H = -16{,}44$.

B. GNAUCK. B 139□

Dampf-Flüssigkeits-Gleichgewicht bei hohen Drucken. Die Systeme Äthanol-Wasser und Isopropanol-Wasser. Frank Barr-David und Barnett F. Dodge. (J. chem. Engng. Data **4.** 107—21. April 1959. New Haven, Conn., Yale Univ., Chem. Engng. Dep.) (Engl.)

Es werden für die Syst. *Äthanol-W.* u. *Isopropanol* (I)-*W.* die Isothermen für 150, 200, 250, 300, 325 u. 350° sowie die Zus. in Abhängigkeit von Temp. u. Druck mitgeteilt. Die Zus. des Syst. I-W. geht bei steigendem Druck durch ein Maximum u. nähert sich der krit. Zus. bei 250°. Es wird ein Verf. zur Ermittlung der Fugazitäten aus den Daten von Druck, Vol. u. Temp. u. der GIBBS-DUHEMschen Gleichung mitgeteilt. Die Daten stimmen thermodynam. überein. — 80 Literaturangaben.

CLAUS FISCHER. B 150□

Dampf-Flüssigkeits-Gleichgewichte von binären Systemen mit Fluor- und Chlorfluorkohlenstoffverbindungen. Lewis Chinsun Yen und T. M. Reed III. (J. chem. Engng. Data **4.** 102—07. April 1959. Gainesville, Fla., Univ. of Florida, Coll. of Engng., Dep. of Chem. Engng.) (Engl.)

Es wurden die Dampf-Flüssig-Gleichgewichte für 5 bin. Syst. bei 1 atm bestimmt: *Perfluorheptan* (**I**; C_7F_{16}, Kp. 81,9°, n_D^{25} 1,2602, $D._4^{25}$ 1,7278) mit einem *cycl. Perfluoroxyd* (**II**; $C_8F_{16}O$, Kp. 012,6°, n_D^{25} 1,2778, $D.^{25}$ 1,7678); *1.2-Dichlorhexafluorcyclopenten* (**III**; $C_5Cl_2F_6$, Kp. 90,6°, n_D^{25} 1,3658, $D.^{25}$ 1,6418) mit *2.2.3-Trichlorheptafluorbutan* (**IV**; $C_4Cl_3F_7$, Kp. 97,4°, n_D^{25} 1,3505, $D.^{25}$ 1,7394); **III** mit **II**; **IV** mit **II** u. **IV** mit *n-Heptan* (**V**). **I**/**II** u. **III**/**IV** bilden ideale Lösungen. **III**/**II** bilden ein Azeotrop bei 87,2 Mol-% **III** u. 90,4°; ebenso **IV**/**II** bei 74,6 Mol-% **IV** u. 96,35°, u. schließlich **IV**/**V** bei 52,5 Mol-% **IV** u. 92,3°. Die theoret. Berechnung der Azeotropen bzw. Zeotropen stimmt gut mit den experimentell ermittelten Ergebnissen überein, was allerdings bei den VAN LAAR-Konst. nicht der Fall ist. Aus den Unterss. geht hervor, daß Chlorfluorkohlenstoff-Verbb. weder mit Perfluorkohlenstoff-Verbb. noch mit KW-Stoffen ideale Lsgg. bilden. Die Vol.-Änderungen beim Vermischen der Komponenten zeigen bei den Syst. **I**/**II** u. **III**/**IV** ideales Verh. an, während die anderen Syst. vor allem **IV**/**V**, nicht-ideales Verh. anzeigen.

CLAUS FISCHER. B 150□

Einige Bemerkungen über die Gleichgewichtsbeziehungen in teilweise mischbaren binären Systemen. 1. Mitt. V. I. Robu. (Lucrările Inst. Petrol Gaze **3.** 155—75. 1957.) (Rum.)

Für die Berechnung einer Löslichkeitskurve teilweise mischbarer bin. Syst. aus nur 2 Werten der gegenseitigen Löslichkeit bei verschiedenen Drucken oder Temp. wird eine Meth. entwickelt u. zur Unters. des krit. Löslichkeitspunkts angewandt. Während im Syst. *W.-Furfurol* die berechneten Löslichkeiten (bzw. Dampfdrucke) mit Werten der Literatur übereinstimmen, ergibt sich der mit 75° angegebene Kp. des Azeotropen von *W.* u. *Anilin* (**I**) theoret. zu 98,3—99,5°, die experimentelle Nachprüfung ergibt 99,0° mit 6,58% **I** (Literatur 7%).

R. K. MÜLLER. B 150□

Gleichgewicht zwischen der iso- und der normalen Form von 9-Nitrofluoren. C. D. Nenitzescu und Ilije G. Dinulessku. (Известия Академии Наук СССР, Отделение Химических Наук [Nachr. Akad. Wiss. UdSSR, Abt. chem. Wiss.] **1958.** 1228—32. Okt. Abt. chem. Forsch. der Akad. der Wiss. der Rumän. Volksrepublik.) (Russ.)

Durch Titration von *9-Isonitrofluoren* (**I**) in A., Dioxan u. Bzl. mit einer 10%ig. Lsg. von Br_2 in A. nach MEYER u. mit einer $^1/_{10}$n alkohol. Br_2-Lsg. in Ggw. von $FeCl_3$ wird das Gleichgewicht zwischen normaler u. iso-Form bestimmt u. festgestellt, daß der Geh. an der normalen Form um so größer wird, je weniger polar das Lsgm. ist. Vff. führen die Isomerisation von **I** in abs. Bzl. mit Na-Äthylat durch u. erhalten 37% **I** zurück. Bei 24std. Stehen von **I** in abs. Bzl., Verdampfen des Bzl. im Vakuum bei 30 bis 35° u. Extraktion mit 20%ig. KOH wird eine Disproportionierung von **I** in *1.2-Dinitro-1.2-bis-biphenylenäthan* [*9.9'-Dinitrodifluorenyl-(9.9')*; F. 175° u. *Fluorenonoxim* (F. 187°) beobachtet. Letztere Rk. verläuft mit geringerer Geschw. als die Bldg. der normalen aus der iso-Form. Die große Beständigkeit der iso-Form wird auf die Neigung des Cyclopentadienrings, sich unter Teilnahme eines Elektronenpaars der NO_2-Gruppe zu aromatisieren, zurückgeführt. G. STOECK. B 182□

Heterocyclischer Stickstoff und Sauerstoff können weniger elektronenanziehend sein als Kohlenstoff. I. M. Bassett, R. D. Brown und Anne Penfold. (Chem. and Ind. **1956**. 892—93. 1/9. Melbourne, Univ., Dep. of Chem.) (Engl.)

Im Normalfall gilt ein heterocycl. gebundenes N- bzw. O-Atom als elektronegativer als ein in ähnlicher Stellung gebundenes C-Atom. Vff. zeigen, daß unter gewissen Umständen bei konjugierten Moll. mit Heteroatomen eine Umkehr in der normalen Reihenfolge der Elektronegativitäten erfolgen kann. Als Beispiele werden *Glyoxalin*, *Pyrrol*, *Indol*, *Carbazol*, *Benzo-*, *Dibenzofuran* u. *Oxazol* diskutiert. — 12 Literaturangaben K. FRENKLER. B 182□

N-Glucuronide von Alkylaminen und ihre Stabilität in Lösung. Shoji Takitani. (Chem. pharmac. Bull. [Tokyo] **7**. 845—48. Okt. 1959. Tokyo, Univ., Fac. of Pharm. Sci.) (Engl.)

Die *N-Glucuronide* von *Benzylamin* (**I**), *Phenäthylamin*, *Äthylamin*, *Isopropylamin*, *Butylamin*, *Isobutylamin* (**II**) u. *Cyclohexylamin* werden dargestellt u. ihr Dissoziationsgrad u. ihre Dissoziations-Konst. K des Gleichgewichts $R{-}NH_2 + HO{-}CH{-}(CHOH)_3{-}CH{-}COO^-$ (CH...CH über O verbrückt) $\rightleftharpoons R{-}NH{-}CH{-}(CHOH)_3{-}CH{-}COO^-$ (CH...CH über O verbrückt) [K-Werte bei 10° in W. in der obigen Reihenfolge —; —; $3{,}50\cdot10^{-2}$ (bei pH 11,8); $1{,}09\cdot10^{-1}$ (11,6); $5{,}80\cdot10^{-2}$ (11,5); —; $1{,}07\cdot10^{-1}$ (11,5) u. vom *Anilin*-Deriv. $5{,}0\cdot10^{-2}$ (5,5 in 30%ig. A.)] werden mit Hilfe der Änderung der opt. Drehung bestimmt. Im allg. wird das Gleichgewicht bei Zimmer-Temp. in verd. Lsg. (0,1 m) in 3—4 Std. erreicht, die Geschw. der Gleichgewichtseinstellung ist allerdings pH-abhängig, mit abnehmendem pH verläuft sie schneller.

Versuche ($[\alpha]_D$ bei l = 1, t = 10° in W., wenn nicht anders angegeben): *1-Desoxy-1-benzylamino-*, *Na-Salz*, $C_{13}H_{16}NNaO_6$, F. 117—118° (Zers.; A./Aceton), durch Stehenlassen einer Lsg. von **I** u. Na-Glucuronat bei 10° über Nacht, Fällen mit A.-Aceton (1 : 1); Nadeln; $[\alpha]_D^{24}$ —62,01° → —24,23° (c = 3,47, t = 24°); 53%. *-phenäthylamino-*, *Na-Salz*, $C_{14}H_{18}NNaO_6\cdot1^1/_2\,H_2O$, F. 126—127° (Zers.); Blättchen; $[\alpha]_D$ —26,70° → —15,60° (c = 2,5); 55%. *-äthylamino-*, *Na-Salz*, $C_8H_{14}NNaO_6\cdot{}^1/_2\,H_2O$, F. 106—110° (Zers.); Blättchen; $[\alpha]_D$ —29,35° → —10,47° (c = 5,35); 60%. *-isopropylamino-*, *Na-Salz*, $C_9H_{16}NNaO_6\cdot1^1/_2\,H_2O$, F. 109° (Zers.); Nadeln; $[\alpha]_D$ —30,00° → 0° (c = 3,0); 66%. *-butylamino-*, *Na-Salz*, $C_{10}H_{18}NNaO_6\cdot H_2O$, F. 120°; Nadeln; $[\alpha]_D$ —33,33° → —8,33° (c = 3,0); 62%. *-isobutylamino-*, *Na-Salz*, $C_{10}H_{18}NNaO_6\cdot1^1/_2\,H_2O$, F. 119°; Nadeln; $[\alpha]_D$ —36,33° → —8,33° (c = 3,0); 73%. *-cyclohexylaminoglucuronsäure*, *Na-Salz*, $C_{12}H_{20}NNaO_6\cdot1^1/_2\,H_2O$, F. 108—109°; Nadeln; $[\alpha]_D$ —35,33° → —2,00° (c = 3,0); 56%. — Bei Verwendung von Glucuronsäure an Stelle ihres Na-Salzes wurden nicht die Glucuronide, sondern Additions-Prodd. erhalten: *Additions-Prod. mit* **I**, $C_{20}H_{25}N_2O_6\cdot H_2O$, F. 116° (Zers.); Blättchen; $[\alpha]_D$ —21,33° → —14,00° (c = 3,0); 66%. *Mit* **II**, $C_{14}H_{30}N_2O_6\cdot1^1/_2\,H_2O$, F. 99—101°; Blättchen; $[\alpha]_D$ —15,00° → 0° (c = 3,0); 77%. E. SCHRAVEN. B 221□

Momenterniedrigung und Thermodynamik bei der Übermolekülbildung einiger Carbonsäuren. Kurt Palm. (Z. Naturforsch. **16b**. 350. Mai 1961. Erfurt, Med. Akad., Phys. Labor.) (Dt.)

Vf. untersucht die Dimerisation der *Benzoesäure* (**I**) sowie der *o-Fluor-* (**II**), *o-Chlor-* (**III**), *o-Brom-* (**IV**) u. *o-Jodbenzoesäure* (**V**) in Benzol. Es werden die thermodynam. Größen ΔG, ΔH u. ΔS in Beziehung zu den nach DEBYE u. ONSAGER berechneten Dipolmomenten μ der monomeren u. dimeren Säure-Moll. in Beziehung gesetzt. Die Momenterniedrigung $\Delta\mu$ fällt beim Übergang monomer—dimer bei **I** am größten aus u. nimmt in der Reihenfolge **IV**, **III**, **V**, **II** ab. In gleicher Reihenfolge nimmt auch die Neigung zur Bldg. von Assoziaten ab u. die Solvatation der Einzelmoll. zu. Mit der geringsten Neigung zur Assoziation u. der geringsten Momentkompensation (die für die Assoziation der Säuren ausschlaggebend ist) ist eine maximale Entropieabnahme beim Übergang vom monomeren zum dimeren Mol. verbunden. K. FRENKLER. B 223□

Die Löslichkeit von Methan in Kohlenwasserstoffen, Alkoholen, Wasser und anderen Lösungsmitteln. Axel Lannung und J. Chr. Gjaldbaek. (Acta chem. scand. **14**. 1124—28. 1960. Copenhagen, Denmark, Royal Danish School of Pharmacy, Chem. Labor. A.) (Engl.)

Die von Vff. bestimmten Löslichkeiten von CH_4 betragen, ausgedrückt als BUNSENschen Absorptions-Koeff. bei 18, 25 u. 37°, in n-Hexan 0,885, 0,869, 0,816; in Cyclohexan 0,701, 0,675, 0,643; in Aceton 0,594, 0,564, 0,547; in Bzl. 0,535, 0,523, 0,510; in A. 0,512, 0,489, 0,455; in Methanol 0,500, 0,479, 0,466; in W. 0,0352, 0,0313, 0,0260

u. in Cyclohexanol 0,266 bei 25° u. 0,252 bei 37°. Die von anderen Vff. angegebenen Löslichkeiten von CH_4 liegen bis auf die Ergebnisse von Horiuti [1931] durchweg niedriger. Doch stimmen die Werte der hier vorliegenden Arbeit mit berechneten Löslichkeiten gut überein. S. v. Schieszl. B 224□

Aktivierungsenergie und Reaktionsordnung von Methan–Sauerstoff-Flammen. H. Vandenabeele, R. Corbeels und A. van Tiggelen. (Combust. and Flame **4.** 253–60. Sept. 1960. Belgium, Univ. of Louvain, Dep. of Inorg. Chem.) (Engl.)

Es wurden die Flammenfortpflanzungs-Geschw. u. -Temp. in vorgewärmten u. nichtvorgewärmten Methan–O_2-Gemischen verschiedener Zus. u. wechselnder Verdünnung mit N_2 gemessen. Vff. fanden eine Aktivierungsenergie von 38 kcal u. eine Rk.-Ordnung von 1,4 bezogen auf O_2 bzw. von −0,4 bezogen auf Methan. Der Rk.-Mechanismus wird diskutiert. G. Talsky. B 225□

Die Redox-Disproportionierung von vic.-Polycarbonylverbindungen. Bernd Eistert, Gustav Bock, Ehrenfried Kosch und Fritz Spalink. (Chem. Ber. **93.** 1451–66. 1/7. 1960. Saarbrücken, Univ., Inst. für Org. Chem.) (Dt.)

Bei Redox-Disproportionierung ($1^1/_2$std. Erhitzen der wss. Lsg. auf 90° im N_2-Strom) von 5.5-Dimethylcyclohexantrion-(1.2.3)-hydrat-(2) (**I**; durch Oxydation von **II** mit p-Benzochinon als wss. Lsg.) entstehen 31,5–40,8% des Acireduktons, *2-Hydroxydimedon* (**II**; auch durch Verkochen von 2-Diazodimedon mit verd. H_2SO_4 in Ggw. von Cu-Pulver; 58–79%), CO_2 u. geringe Mengen *4.4-Dimethylcyclopentadion-(1.2)*; (*Bis-phenylhydrazon*, F. 167°). Wird statt **I** die Spiroverb. *5.5-Pentamethylencyclohexantrion-(1.2.3)-hydrat-(2)* (**III**) verwendet, so ist das durch Redox-Disproportionierung in wss. Lsg. entstehende aci-Redukton (**IV**) krist. faßbar. Das neben **IV** u. CO_2 durch Ringverengung entstehende *4.4-Pentamethylencyclopentandion-(1.2)* [*Bis-semicarbazon*, $C_{12}H_{20}\cdot N_6O_2$, F. 241° (Zers.; Eisessig/W.)] kann jedoch nur beim trocknen Erhitzen von **III** nachgewiesen werden. Das als Zwischenprod. der Rk. angenommene *Pentamethylencyclopenten-(1)-diol-(1.2)* red. **III** zu **IV**. Analog mit **I** entsteht aus 1.2.3.4-Tetraketo-1.2.3.4-tetrahydronaphthalindihydrat-(2.3) *Isonaphthazarin*, CO_2 u. *Ninhydrin* (*Bis-phenylhydrazon*, F. 207°). Bei Redox-Disproportionierung von Trichinoyloktahydrat in A. entsteht nur *Rhodizonsäure* (**V**) u. CO_2, jedoch keine Leukonsäure. **V** disproportioniert als vic.-Polycarbonyl-Verb. seinerseits weiter zu *Tetrahydroxy-p-benzochinon* (**VI**), CO_2 u. *Krokonsäure* (**VII**). Der Mechanismus der Disproportionierung wird diskutiert.

Versuche: *2-Nitro-5.5-pentamethylencyclohexandion-(1.3)*, $C_{11}H_{15}NO_4$, F. 102°, aus 5.5-Pentamethylencyclohexandion-(1.3) (**VIII**) u. rauchender HNO_3 in Ae. im Eis/NaCl-Bad; aus W. blaßgelbe Würfel; 90% (Ausbeute). — *2-Benzolazo-5.5-pentamethylencyclohexandion-(1.3)* (**IX**), $C_{17}H_{20}N_2O_2$, F. 160°, aus dem Na-Salz von **VIII** u. Phenyldiazoniumchlorid bei 0°; aus A. gelbe Kristalle; 94%. — *2-Amino-5.5-pentamethylencyclohexandion-(1.3)*, $C_{11}H_{17}NO_2$, a) aus 19,4 g vorvorst. Verb. durch Hydrieren an PtO_2 in HCl-Lsg. bei 20° u. Hydrolyse des Hydrochlorids (14,2 g); b) analog in Methanol ohne HCl-Zusatz; 74%. — *2-Diazo-5.5-pentamethylencyclohexandion-(1.3)*, $C_{11}H_{14}N_2O_2$, F. 91–94° (Zers.), a) aus vorst. Verb. durch Versetzen der HCl-sauren Lsg. mit $NaNO_2$; aus W. im Dunkeln farblose Kristalle, am Licht Gelbfärbung u. Zers.; b) aus **IX** durch Hydrieren an PtO_2 in Methanol–HCl bei 9–10° u. $NaNO_2$-Zugabe; 91%. — *4.4-Pentamethylencyclopentanon-(2)-carbonsäure-(1)-anilid*, $C_{17}H_{21}NO_2$, F. 134° (A.), aus 1 g vorst. Verb. durch Wolffsche Umlagerung in sd. Anilin; 1,15 g. — *2-Acetoxy-5.5-pentamethylencyclohexandion-(1.3)*, $C_{13}H_{18}O_4$, F. 155° (W.), aus 1 g vorvorst. Verb. u. Cu-Pulver, 2std. Erwärmen auf 85° in Eisessig; ca. 0,5 g. — *2-Hydroxy-5.5-pentamethylencyclohexandion-(1.3)* (**IV**), $C_{11}H_{16}O_3$, F. 146°, aus 10 g drittvorst. Verb., 1 g Cu-Pulver u. 300 ml 0,1n H_2SO_4, 3std. Erwärmen auf 78–80° unter N_2; 6,6–8,9 g (bei 65° entsteht daneben eine reduzierend wirkende Verb. unbekannter Konstit. vom F. 129°). — *2-Hydroxy-3-methoxy-5.5-pentamethylencyclohexen-(2)-on-(1)*, $C_{12}H_{18}O_3$, F. 73° (Cyclohexan), aus **IV** u. CH_2N_2 in Ae.; durch Luft zersetzliche Kristalle. — *5.5-Pentamethylencyclohexantrion-(1.2.3)-hydrat-(2)* (**III**), $C_{11}H_{16}O_4$, F. 146° (Zers.), aus **IV** u. p-Benzochinon in wss. Ae.; 51%. *Chinoxalin-Deriv.*, $C_{17}H_{18}N_2O$, F. 183°, aus A. gelbe Kristalle. *Bis-phenylhydrazon* des dehydratisierten **III**, $C_{23}H_{26}N_4O$, F. 143°, aus A. rote Kristalle (entsteht auch direkt aus **IV**). — *4.4-Pentamethylencyclopentanol-(1)-on-(2)*, Kp.$_{0,01}$ 130–135°, aus 7 g Cyclohexandiessigsäure-(1.1)-dimethylester (Kp.$_{11}$ 140°, aus der Säure mit CH_2N_2) u. K in Xylol bei langsamem Erhitzen auf 135° unter N_2; 3,1 g. — *Krokonsäure* (**VII**), $C_5H_2O_5$, Zers. bei ca. 310°, aus 10 g **VI**, 40 g K_2CO_3 u. 30 g MnO_2, $^1/_2$std. Sieden in W. u. Isolierung über das *Ba-Salz*; 9–10 g. — *Leukonsäurepentahydrat*, F. 160° (Zers.), aus **VII** u. Br_2 in Eisessig; ca. 100%. G. Kirsten. B 225□

Reduktionsfähigkeit von Mono-Enolen und Chlor-Enolen. Hans von Euler und Hans Hasselquist. (Ark. Kemi **12.** Nr. 15. 147–51. 14/2. 1958. Stockholm, Univ., Inst. für organ. chem. Forsch.) (Dt.)

Es wird die Fähigkeit von Mono- u. Chlormonoenolen, TILLMANS-Reagens (TR) zu reduzieren, systemat. untersucht. So wird TR von *α-Phenyl-β-keto-δ-benzylbutyrolacton*, *o-* u. *p-Hydroxyacetophenon*, *o-Hydroxypropiophenon*, *Benzoylbrenztraubensäure*, *Cyclopentandion-(1.2)-dicarbonsäurediäthylester-(3.5)* (F. 118°, lange, gelbe Nadeln) u. *Cyclobutendicarbonsäuredimethylester-(1.2)* nicht reduziert. *Benzoylessigester* (I; $Kp._{15}$ 158 bis 160°, nach CLAISEN) jedoch red. in alkal. Lsg. die dreifache mol. Menge TR langsam (3,5 mg I in 5 ml A. + 1 ml 2n-NaOH unter N_2 verbrauchen 11 ml 0,01n TR-Lsg. in 3 Std., wobei die entfärbte Lsg. immer stärker dunkelgelb u. schließlich grün wird; die Färbung bleibt ungefähr $^1/_2$ Std. stabil). Von Chlormonoenolen wurden folgende mit negativem Erfolg untersucht: *Äthylenchlorhydrin*, *Glycerin-1.3-dichlorhydrin*, *Mucochlorsäure*, *Mucobromsäure*, *Desylchlorid*, *1.3-Dichlor-2-hydroxybuten-(2)*, *1.4-Dichlor-2-hydroxybutan*, *2.2.4.5-Tetrachlorcyclopenten-(4)-dion-(1.3)*, *3.3.5-Trichlorcyclopentantrion-(1.2.4)*. Dagegen wird TR von *3-Chloroxalaceton* (II; *2.4-Dioxo-3-chlorvaleriansäureäthylester*) reduziert. 1 Mol II verbraucht 0,66 Mol TR. Es hat den Anschein, als ob Chlorenole nur soweit im Stande sind, TR zu reduzieren, als ihr Cl-Atom locker gebunden ist. So werden von 1 Mol II in alkal. Emulsion auch nur 0,64 Mol Cl^- abgespalten.

H. KÜHNE. 225□

Zwischenmolekulare Anionenübertragungen bei organischen Reaktionen. Hans Meerwein, Volker Hederich, Hans Morschel und Klaus Wunderlich. (Liebigs Ann. Chem. **635.** 1—21. 20/9. 1960. Marburg/Lahn, Univ., Chem. Inst.) (Dt.)

Vfr. untersuchten die Anionenübertragung von organ. Neutral-Moll. auf Carboniumionen, zuerst die Hydridionenübertragungen. Das Neutral-Mol. geht hierbei in ein Kation über, das meistens instabil ist u. deshalb nicht gefaßt werden kann. Geeignet zur Unters. sind aber 1.3-Dioxolan-Derivv. (2-Methyl-, 2-Phenyl-, 2.4.4.5.5-Pentaphenyl-), deren Dioxoleniumsalze (gebildet durch Hydridabspaltung) als Fluoroborate zu isolieren sind. Die Hydridübertragung fand mit Triphenylcarboniumfluoroborat (I), aus dem Triphenylmethan (II) entstand, außerdem mit dem Äthylkation (als Triäthyloxoniumfluoroborat oder Gemisch von C_2H_5Br u. wasserfreiem Ag-Fluoroborat), aus dem Äthan entstand, als Hydridionenacceptoren statt. Nicht nur Alkohole, Äther u. Dioxolane eignen sich als Hydridionendonatoren, sondern auch aliphat. bzw. aromat.-aliphat. tert. Amine, so gab die Rk. von I mit Tribenzylamin in Acetonitril (Acn.) II u. das Benzylidendibenzylimmoniumfluoroborat. Als zweite Rk. wurde die Cyanidionenübertragung untersucht. Donator war 2-Methyl-2-cyan-1.3-dioxolan, Acceptoren I (→ Triphenylacetonitril) u. Diäthoxycarboniumfluoroborat [III; → Diäthoxyacetonitril]. Mit letzterer Rk. konnte die größere Stabilität der 1.3-Dioxoleniumsalze gegenüber der der acycl. Dialkoxycarboniumsalze nachgewiesen werden. Die Übertragung von Alkylationen gelingt leicht mit Hilfe von Orthocarbonsäureestern, unter Umständen auch von Acetalen an verschiedenste Ionen (I, III, Diäthoxycarbonium- u. Triphenylcarboniumhexachloroantimonat). Diese Rkk. verlaufen leichter als Hydridübertragungen, so daß, wenn beide Möglichkeiten gegeben sind, ausschließlich Alkylationenübertragung stattfindet. Ist der Stabilitätsunterschied zwischen Acceptor u. neu entstehendem Carboniumion nicht allzu groß, dann ist die Übertragung umkehrbar bzw. führt zu einem Gleichgewicht. Bei der näheren Untersuchung des Rk.-Mechanismus am Beispiel der Umsetzung von Tritylätyläther (IV) mit 1.3-Dioxoleniumfluoroborat (V) fanden Vff., daß die Rk. über ein Trialkyloxoniumion verläuft, an das nach einer Umlagerung ein zweites mol. IV angelagert wird, u. das nach einer weiteren Umlagerung in Äthylenglykolditritylläther u. III zerfällt. Primär entsteht IV aus I u. 2-Äthoxy-1.3-dioxolan. Zwischenprodd. konnten nicht isoliert werden, jedoch weist eine versuchte Dialkylaminoanionenübertragung auf die Richtigkeit der Überlegungen hin. Es wurde nämlich bei der Umsetzung von I mit 2-Methyl-2-dimethylamino-1.3-dioxolan leicht ein beständiges Dimethyltrityl-[2-methyl-1.3-dioxolanyl-(2)]-fluoroborat erhalten. Das entsprechende Jodid zerfällt beim Erhitzen in Dimethylacetamid u. Trityl-[β-jodäthyl]-äther. Die Wanderung der Tritylgruppe vom N- zum O-Atom entspricht den Umlagerungen bei der Rk. von IV mit V. Die zwischenzeitliche Bldg. von Trialkyloxoniumionen bei der Alkylationenübertragung erscheint demnach gesichert.

Versuche: *Triphenylcarboniumfluoroborat* (I), F. 197—198° (im Einschmelzrohr), durch schnelles Zutropfen von Borfluoridessigsäureäthylester ($Kp._{13}$ 49—51°) in Essigester zu IV in Essigester unter Rühren u. Feuchtigkeitsausschluß, nach 24 Std. Absaugen; 90% (Ausbeute). — *1.3-Dioxoleniumfluoroborat* (V), F. ca. 83°, a) durch Zugabe von 1.3-Dioxolan zu I in fl. SO_2 u. Verdunsten des SO_2 nach 2 Std.; 88,5%. Daneben *Triphenylmethan* (II), F. 90,5—91,5° (A.); 58%; b) durch Zutropfen von 2-Äthoxy-1.3-dioxolan (XV) in CH_2Cl_2 zu I in CH_2Cl_2; 88% (mit NaJ in Acn. → *β-Jodäthylformiat*, $Kp._{11}$ 61—66°) im Filtrat II; 95%); c) aus I u. XV in Acn. unter Eiskühlung u. Schütteln, Absaugen des sofort gebildeten *Glykolditritylläthers* (F. 187°, aus

Methyläthylketon; 91%. Auch aus **IV** u. **V** in Acn.; 33%), Eindampfen des Filtrats im Vakuum bei 40° u. Zugabe von CH_2Cl_2; 50%. — *2-Methyl-1.3-dioxoleniumfluoroborat* (**VI**), a) durch Lösen von **I** u. 2-Methyl-1.3-dioxolan in Acn. unter Wasserkühlung, Absaugen nach $^1/_4$ Std.; 69%. Daneben **II**; 84%. b) bei Rk. in SO_2 wie bei vorst. Verb. 92% u. 59% **II**. — *2-Phenyl-1.3-dioxoleniumfluoroborat*, $C_9H_9O_2 \cdot BF_4$, a) wie bei vorvorst. Verb. aus **I** u. 2-Phenyl-1.3-dioxolan (**VII**); 100% u. 83% **II**. b) durch Erwärmen von **VII** u. Triäthyloxoniumfluoroborat auf 40° unter Abdest. von Diäthyläther (81%) u. Bldg. von Äthan; 50%. — *2.4.4.5.5-Pentamethyl-1.3-dioxoleniumfluoroborat* (**X**), $C_8H_{15}O_2 \cdot BF_4$, F. 150—152°, durch Stehen von **I** u. 2.4.4.5.5-Pentamethyl-1.3-dioxolan in Acn. u. Fällen mit Ae.; 76% u. 77% **II**. — *Benzylidendibenzylimmoniumfluoroborat*, $C_{21}H_{20}NBF_4$, F. 132 bis 134° (Essigester), durch Zutropfen von Tribenzylamin in Acn. zu einer Suspension von **I** in Acn. bei 40° unter N_2 unter Rühren u. weiteres Rühren während ½ Std.; 94%, daneben 84% **II**. Hydrolyse des Salzes → *Benzaldehyd*; Erhitzen des Salzes mit 30%ig. NaOH → *Dibenzylamin* (+ Phenylsenföl → N-Phenyl-N'.N'-dibenzylthioharnstoff, F. 144—145°). — *Triphenylacetonitril*, F. 128,6—129° (Eisessig), durch Lösen von 2-Cyan-2-methyl-1.3-dioxolan (**VIII**) in Acn. u. Zugabe von **I** unter Kühlung u. Feuchtigkeitsausschluß, nach 1 Std. Absaugen; 82%. Aus dem Filtrat **VI**; 59%. — *Diäthoxyacetonitril*, $C_6H_{11}NO_2$, Kp.$_{15}$ 58—59,5°, Kp.$_{760}$ 163—164°, durch tropfenweise Zugabe von **VIII** zu **III** (F. ca. 20°) in CH_2Cl_2 unter Schütteln, Kühlen mit Eiswasser u. 1std. Stehen, Absaugen des auskristallisierten **VI** (F. 162—165°; 88%), Versetzen des Filtrats mit Ae. u. Vakuumdest.; n_D^{20} 1,3978; 81%. — *O-Äthylcampheroxoniumfluoroborat*, F. 104—105° (Zers.), durch Suspension von **I** in Acn. u. Zugabe von Campherdiäthylacetal (Kp.$_{10}$ 99,5 bis 101°) u. Umschütteln, Zugabe von Ae.; 95%. Im Filtrat **IV**; 90%. — *Tritylätyläther* (**IV**), F. 79—80°, a) durch Zutropfen von 2-Methyl-2-äthoxy-1.3-dioxolan (**IX**) in Acn. zu **I** in Acn. unter Eiskühlung (unter Abscheidung von **VI**, 86%) u. Eintragen in NaOH; 79%. b) durch Zugabe von Orthokohlensäuretetraäthylester (**XI**) zu **I** in Acn. unter Eiskühlung, Absaugen nach 1 Std.; 63%. Im Filtrat *Triäthoxycarboniumfluoroborat* (**XII**; F. 118—119°); 90%. **IV** wird durch 4.5-Dimethyl-1.3-dioxoleniumfluoroborat in Acn. zu 69%, durch **X** in CH_2Cl_2 zu 89% u. durch **VI** zu 90,5% in **II** gespalten. — *Orthoameisensäuretriäthylester* (**XIII**), $C_7H_{16}O_3$, Kp. 143,9—146,5°, a) durch Versetzen von **III** in CH_2Cl_2 mit **IX** unter Wasserkühlung, Absaugen des ausgefallenen **VI** (73%) u. Dest. des getrockneten Filtrats; 36%. b) durch Zugabe von **XI** zu **III** in Äthylenchlorid unter Wasserkühlung u. Schütteln, Absaugen des gebildeten **XII** nach 3 Std. u. Ae.-Zugabe u. Dest. des Filtrats; 30%. Übergeführt in *N.N'-Diphenylformamidin*, F. 138—139°. — *4.4.5.5-Tetramethyl-1.3-dioxoleniumfluoroborat*, F. 110—112° (Lösen in Acn. u. Fällen mit Ae.), durch Zutropfen von 4.4.5.5-Tetramethyl-2-äthoxy-1.3-dioxolan zu **I** in Acn. u. Zusatz von Ae.; 87%. Aus dem Filtrat **IV**; 42%. — *Diäthoxycarboniumhexachloroantimonat* (**III b**), F. 149—151°, durch Zugabe von Triphenylcarboniumhexachloroantimonat (**I b**) zu **XIII** in Äthylenchlorid innerhalb 10 Min., Abdest. des Lsgm. im Vakuum. Zugabe von Ae.; 95%. Im Filtrat **IV**, F. 85—86°; 82%. — *Dimethylaminoäthoxycarboniumhexachlorantimonat*, $C_5H_{12}NO \cdot SbCl_6$, F. 156—158°, a) durch Zugabe von **I b** zur Orthoameisensäurediäthylesterdimethylamid [Dimethylaminodiäthoxymethan (**XIV**)] in Äthylenchlorid im Verlauf von 5 Min. u. Versetzen mit Bzl.; 90%. Im Filtrat **IV**; 70%, b) durch Zugabe von **XIV** in CH_2Cl_2 zu **III b** in CH_2Cl_2 innerhalb von 15 Min. unter Rühren u. Kühlung, danach Zusatz von Ae.; 96%. Im Filtrat **XIII**; 60%. — *-fluoroborat*, $C_5H_{12}NO \cdot BF_4$, analog vorst. Verb. nach b) aus **III** u. **XIV**; 92%. Im Filtrat **XIII**; 85%. — *4.5-Dimethyl-1.3-dioxoleniumfluoroborat*, durch Zutropfen von 4.5-Dimethyl-2-äthoxy-1.3-dioxolan zu **I** in Acn., Abfiltrieren des gebildeten **IV** (78%) u. Ae.-Zusatz; 79%. Bei Stehenlassen des Rk.-Gemisches Bldg. von **II**; 74%. — *Dimethyltrityl-[2-methyl-1.3-dioxolanyl-(2)]-ammoniumfluoroborat*, $C_{25}H_{28}NO_2 \cdot BF_4$, F. 168—170° (Essigester), durch Zutropfen von 2-Dimethylamino-2-methyl-1.3-dioxolan (Kp. 142°) zu **I** in CH_2Cl_2 unter Rühren, Wasserkühlung u. Feuchtigkeitsausschluß innerhalb 15 Min., weiteres ½std. Rühren u. Zugabe von Äther. — *-jodid*, $C_{25}H_{28}JNO_2$, F. 110° (bei schnellem Erhitzen, aus Butanol), aus vorst. Verb. u. NaJ in Acn. — *Trityl-[β-jodäthyl]-äther*, $C_{21}H_{19}JO$, F. 136 bis 137° (A. oder Acn.), a) durch therm. Zers. vorst. Verb. bei 130° nach Abdest. des gebildeten *Dimethylacetamids* (C_4H_9NO, Kp.$_{30}$ 76—77°, 88,5%) aus dem Dest.-Rückstand; 78,6%. b) Durch Erhitzen von Trityl-[β-bromäthyl]-äther ($C_{21}H_{19}BrO$, F. 125—126°, durch Rk. von Triphenylchlormethan mit Äthylenbromhydrin in Pyridin-Lsg.; quant.) mit NaJ in Acn. 1 Std. unter Rückfluß; 75%. G. MEINHARDT. B 225□

Mechanismus der Austauschreaktion primärer und sekundärer Alkyljodide mit elementarem Jod. John E. Bujake jun., M. W. T. Pratt und Richard M. Noyes. (J. Amer. chem. Soc. **83**. 1547—55. 5/4. 1961. New York, N.Y., Columbia Univ., Dep. of Chem.; Eugene, Ore., Univ., Dep. of Chem.) (Engl.)

Es wurde der therm. Austausch von *Methyljodid* (I), *Äthyljodid* (II), *n-Propyljodid* (III), *Isopropyljodid* (IV), *sek.-Butyljodid* (V) u. *Neopentyljodid* (VI; $Kp._{98}$ 68,5 bis 69°) mit $^{131}J_2$ in Hexachlorbutadien zwischen 130 u. 300° untersucht. In O_2-gesätt. Lsgg. entspricht die Austausch-Geschw. der Gleichung $R = k_b[RJ]\cdot[J_2]^1/_2$. Entgaste Lsgg. tauschen stets schneller aus, Lsgg. von **I**, **II** u. **III** zeigen jedoch die gleiche Kinetik wie die O_2-gesätt. Lsgg. dieser Verbindungen. In entgasten Lsgg. von **IV** u. **VI** folgt die Austausch-Geschw. der Gleichung $R = k_a[RJ] + k_b'[RJ][J_2]^{1/2}$. In entgastem Äthylenchlorid erfolgt der Austausch 3—4mal so rasch wie in Hexachlorbutadien. Die Aktivierungsenergie E (kcal/Mol) u. log A-Werte betragen für: **I** E = 29,8; log A = 9,3 (in entgastem C_4Cl_6); E = 31,3; 9,7 (in O_2-gesätt. C_4Cl_6); 27,2; 8,6 (in entgastem $C_2H_4Cl_2$); **II** 33,2; 11,5; 34,4; 11,5; —; —; **III** 26,8; 8,8; 27,3; 8,7; —; —; **IV** 28,6; 9,8; 30,5; 10,8; 25,0; 8,5; **VI** 48,4; 18,3; 32,3; 10,5; —; —; **V** 25,4; 8,2. Die Rk.-Geschw. nimmt zu in der Reihenfolge **I** < **II** < **VI** < **III** < **IV** = **V**. Zur Erklärung der Ergebnisse nehmen Vff. an, daß Jodatome sowohl Jod aus den Alkyljodiden unter Bldg. freier Radikale abspalten können, als auch direkt das C-Atom unter Inversion substituieren können, ähnlich dem Mechanismus, der für die direkte nucleophile Substitution angenommen wird. Beide Prozesse scheinen unter den untersuchten Bedingungen mit vergleichbarer Geschw. abzulaufen. Diese Annahmen sind nur verständlich, wenn die Dissoziationsenergie der C–J-Bindung in **I** u. **II** ungefähr 45 kcal/Mol beträgt. Daß die Austausch-Geschw. in der Reihe **I**, **II**, **IV** in der umgekehrten Richtung zunimmt wie bei der bimol-nucleophilen Substitution, erklären Vff. mit der Annahme, daß bei der nucleophilen Substitution die Methylgruppen am α-C-Atom eher eine ster. Hinderung der Solvatation durch Lsgm.-Dipole bewirken, als eine ster. Hinderung der das C-Atom angreifenden Gruppe. GERHARD SCHULZ. B 225□

Mechanismus der Austauschreaktionen des tert.-Butyljodids mit elementarem Jod. John E. Bujake jun. und Richard M. Noyes. (J. Amer. chem. Soc. **83**. 1555—59. 5/4. 1961.) (Engl.) — Vgl. vorst. Referat.

Der Austausch von elementarem J_2 mit *tert.-Butyljodid* (I) erfolgt bei Raumtemp. nach zwei parallel verlaufenden nicht radikal. Mechanismen, die durch Licht nicht beeinflußt werden. Der bimol. Mechanismus ist 1. Ordnung sowohl in bezug auf **I** als auch auf J_2 u. verläuft bei 25° mit merklicher Geschw. nur in Chlorbenzol u. Äthylendichlorid (Aktivierungsenergie E 9,66 [kcal/Mol], -entropie ΔS^* —43,5 [cal/Mol·Grad], log A 3,72 zwischen 0 u. 25°), deren DK > 5 ist. Die Geschw. hängt stärker von der DK des Lsgm. ab als bei anderen Rkk., die Ionenpaare bilden. Vff. schlagen daher vor, daß der Austausch über ein Ionenpaar $C_4H_9^+J_3^-$ als Zwischenprod. verläuft. Der termol. Mechanismus ist 1. Ordnung in bezug auf **I** u. 2. Ordnung in bezug auf J_2. Er zeigt eine Abhängigkeit von der DK des Lsgm. vergleichbar mit Rkk., bei denen Ionenpaare gebildet werden; für $C_2H_4Cl_2$ als Lsgm. sind E 11,4; ΔS^* —19,8; log A 8,90; für Hexachlorbutadien 10,75; —32,7; 6,09. Vff. schlagen vor, daß der Austausch entweder über einen nucleophilen Angriff eines J_2-Mol. auf einen neutralen $C_4H_9J_3$-Komplex erfolgt oder über einen Angriff von J_3^- auf $C_4H_9J_2^+$. Bei Trockeneis-Temp. erfolgt der gesamte Austausch anscheinend an der Oberfläche des abgeschiedenen J_2. Bei 25° erfolgt der Jodaustausch bei **I** mit 0,02m J_2 in Hexachlorbutadien $7\cdot10^6$mal schneller als bei *Isopropyljodid*. Vff. vermuten wegen des extremen Unterschiedes in der Reaktivität, daß bei Rkk., die über ion. oder Ionenpaar-Zwischenprodd. verlaufen, der Einfl. der Struktur auf die Reaktivität in weniger polaren Lsgm. stärker ausgeprägt ist, weil in diesen Lsgm. die Trennung der Ladung weniger durch die Solvatation als durch die Natur der Verb. gefördert wird. GERHARD SCHULZ. B 225□

Der Mechanismus der Reaktion von Bortrichlorid mit cyclischen Acetalen von Hexiten. T. G. Bonner und N. M. Saville. (J. chem. Soc. [London] **1960**. 2851—58. Juli. Egham, Surrey, Englefield Green, Univ. of London, Royal Holloway Coll.) (Engl.)

Cycl. Acetale von Hexiten lassen sich mit BCl_3 spalten. Eine IR-Unters. (Vgl. mit dem 1.3-Dioxan–BCl_3-Komplex) zeigt, daß die beim Angriff von BCl_3 primär entstehende Verb. nicht bloß das Koordinationsaddukt von BCl_3 an den Acetalsauerstoff, sondern schon das Ringspaltungs-Prod. ist, das die Dichlorborester- u. die α-Chloralkyläthergruppierung enthält. Das am Äther-Kohlenstoff haftende Cl-Atom des Spaltprod. läßt sich durch den Acetat-, den OCH_3- u. den Hydridrest ersetzen. Speziell wurde der durch Behandeln von *2.5-O-Methylen-D-mannit* (**IV**) mit BCl_3 u. Hydrierung des Prod. mit $LiAlH_4$ entstandene 2-O-Methyl-D-mannit [→ 1.3.4.5.6-Penta-O-acetyl-2-O-methyl-D-mannit, $C_{17}H_{26}O_{11}$] isoliert u. durch Perjodatabbau u. unabhängige Synth. identifiziert. Die Acetalspaltung wurde durchgeführt bei: *1.3;2.4;5.6-Tri-O-methylen-D-glucit* [→ 61% (Ausbeute Glucit (I), neben 2.4-O-Methylen-D-glucit (II)], *1.3;2.5;4.6-Tri-O-methylen-D-mannit* (**VI**) [→ 53% Mannit (III) neben **IV**, u. 1.3-O-Methylen-D-mannit (VII)],

1.3;2.5;4.6-Tri-O-äthyliden-, -isopropyliden-, -benzyliden- u. *-cyclohexyliden-D-mannit* (→ jeweils 67%, 84%, 85% u. 55% **III**), **II** (→ 61% **I**), **IV** (→ 94% **III**), *1.5.6-Tri-O-benzoyl-2.4-O-methylen-D-glucit* (→ hauptsächlich **I**), *Mannithexaacetat* (→ hauptsächlich **III**), *Di-O-methylen-* [→ 76% Pentaerythrit (**V**), F. 258—260°], *Di-O-benzyliden-* (→ 91% **V**) u. *Mono-O-benzylidenpentaerythrit* (→ 91% **V**), *1.2;5.6-Bis-O-[trifluorisopropyliden]-D-mannit* (nur geringe Ausbeute an **III**, die durch Rk. im verschlossenen Rohr während 6 Tagen bei Raumtemp. erhöht werden kann) u. *2.4-O-Methylen-1.6-di-O-[p-toluolsulfonyl]-D-glucit* (sehr geringe Mengen **I**). **I** u. **III** selbst sind beständig gegen BCl_3. Die Spaltung wurde durchgeführt durch Zugabe der Acetale in CH_2Cl_2 zu BCl_3 im Überschuß in CH_2Cl_2 während 30 Min. bei —80°, Erwärmenlassen auf Raumtemp. u. Abdest. des Lsgm. u. überschüssigen BCl_3 im Vakuum. Bei einem Ansatz mit **VI** u. BCl_3 im Molverhältnis 1:1 wurde neben **I** u. **VII** (→ 2.4.5.6-Tetra-O-acetyl-1.3-O-methylen-D-mannit, F. 138—140°) 1.3;4.6-Di-O-methylen-D-mannit ($C_8H_{14}O_6$, F. 200—209°) gefunden. R_F- oder R_x-Werte der Papierchromatographie der Verbb. in Aceton/W., Butanol/W. oder Butanol/W./Pyridin/H_3BO_3 sind angegeben. — *2-O-Methyl-D-mannit*, durch Demercaptalisierung von 2-O-Methyl-D-mannosedibenzylmercaptal, Red. der Prodd. mit KBH_4 zu den Hexiten u. chromatograph. Trennung von Mannit. P. PAETZOLD. B 225□

Hydrolyse von Alkylacetaten in phosphatgepuffertem wässerigem Medium. John M. Holland und John G. Miller. (J. physic. Chem. **65.** 463—66. März 1961. Philadelphia, Pa., Univ., Dep. of Chem.) (Engl.)

Die Hydrolyse von *Methyl-* (**I**, n_D^{25} 1,3589) u. *Äthylacetat* (**II**, n_D^{25} 1,3700) in phosphatgepuffertem wss. Medium bei pH 6,2—6,9 u. 30° wurde untersucht. Der Verlauf der Rk. wurde durch titrimetr. Bestimmung der Zunahme der Konz. des $H_2PO_4^-$-Ions verfolgt. Die Rk. ist 1. Ordnung in bezug auf Ester u. auf HPO_4^{2-}-Ion. Die spezif. Geschw.-Konst. für die Hydrolyse von **II** beträgt $1{,}00 \cdot 10^{-3}$ (Liter·Mol^{-1} h^{-1}) bei einer Gesamtionenstärke von 1,6; extrapoliert auf eine Ionenstärke 0 ungefähr $1{,}8 \cdot 10^{-3}$. Die Geschw.-Konst. für die Hydrolyse von **I** beträgt $1{,}75 \cdot 10^{-3}$ bei einer Gesamtionenstärke von 1,5. Für die Rk. wird ein Mechanismus vorgeschlagen, der als geschwindigkeitsbestimmenden Schritt einen nucleophilen Angriff des HPO_4^{2-}-Ions auf das Carbonyl-C-Atom des Esters vorsieht, gefolgt von einer verhältnismäßig schnellen Hydrolyse des als Zwischenprod. gebildeten Acetylphosphatmonoanions in Acetat- u. $H_2PO_4^-$-Ion.

GERHARD SCHULZ. B 225□

Der Stickstoffaustausch in Carbonsäureamiden. 2. Mitt. **Vergleichende Untersuchungen über die säurekatalysierte Ammonolyse der Amide in flüssigem Ammoniak und deren Hydrolyse in Wasser.** Kurt Heyns, Hans-Friedrich Grützmacher und Alfred Roggenbuck. (Chem. Ber. **93.** 1488—94. 1/7. 1960. Hamburg, Univ., Inst. für organ. Chem.) (Dt.) — 1. vgl. C. **1959.** 4429.

Die Aktivierungsenergie beim Austausch der NH_2-Gruppe von ^{15}*N-p-Nitrobenzamid* in fl. NH_3 zwischen 9,8 u. 29,8° mit NH_4Cl u. NH_4NO_3 als Katalysator wurde zu 17,0 kcal/Mol bestimmt. Die Abhängigkeit der Austausch-Geschw. von der Katalysator-Konz. wurde untersucht. Die pK'-Werte von $CH_3 \cdot CONH_2$ (pK' —1,59, Eisessig; + 0,11, W. bei 20°), $C_2H_5 \cdot CONH_2$ (—1,58; + 0,12), *n*-$C_3H_7 \cdot CONH_2$ (—1,65; + 0,05), *n*-$C_5H_{11} \cdot CONH_2$ (—1,75; —0,05), *n*-$C_6H_{13}CONH_2$ (—1,76; —0,06), *iso*-$C_3H_7CONH_2$ (—1,97; —0,27), *iso*-$C_4H_9CONH_2$ (—1,69; +0,01), *tert.*-$C_4H_9CONH_2$ (—2,18; —0,48) u. $(H_3C)_2 \cdot CH(CH_2)_2 \cdot CONH_2$ (—1,72; —0,02) wurden bestimmt u. die Substituenten-Konst. der sauren Amidhydrolyse berechnet. Ein Vgl. der Substituenten-Einfl. von aliphat. Acylresten bei der Ammonolyse der Amide in fl. NH_3 u. der Hydrolyse der Amide u. Ester in wss. Phase zeigt, daß bei der sauren Amidhydrolyse Abweichungen auftreten, die mit Solvatationseffekten erklärt werden. GERHARD SCHULZ. B 225□

Homolytische Substitution an einem gesättigten Kohlenstoffatom. 1. Mitt. **Produkte der Gasphasennitrierung von tert.-Butylbenzol.** H. C. Duffin, E. D. Hughes und Christopher Ingold. (J. chem. Soc. [London] **1959.** 2734—41. Sept./Okt. London, Univ. Coll., William Ramsay and Ralph Forster Labor.) (Engl.) — 2. vgl. C. **1961.** 9355.

Die Dämpfe von *tert.-Butylbenzol* (**I**, Kp. 168,5—169°, aus Bzl. mit tert.-Butylchlorid in Ggw. von $FeCl_3$; n_D^{25} 1,4905), HNO_3 u. H_2O im Verhältnis 0,5—2,0 : 1 : 1,65 wurden in einem Rk.-Raum bei Temp. von 200—350° vereinigt. Die Rk.-Zeit betrug bei den tieferen Temp. einige Min., bei den höheren wenige Sekunden. In allen Fällen wurde neben nichtumgesetztem **I** als Hauptprod. *ω-Nitro-tert.-butylbenzol* (**II**, $Kp._7$ 127°, n_D^{25} 1,5240) erhalten. Als Nebenprod. entstanden in abnehmender Menge Nitrobenzol ≫ Acetophenon, Benzoesäure, o-Nitrophenol u. 2.4-Dinitrophenol, ferner Essigsäure (p-Bromphenacylester, F. 84—85°), Oxalsäure, Ameisensäure (p-Bromphenacylester, F. 133 bis 133,5°), CO_2, Harz u. Spuren nicht identifizierter Produkte. Dieselben Prodd. etwa im gleichen Verhältnis, jedoch weniger Harz, entstehen beim Umsatz von 0,5—8,5 Mol **I** mit

1 Mol NO_2 bei 325° u. Rk.-Zeiten zwischen 30 u. 40 Sekunden. Beim Umsatz von 2 bis 5 Mol **I** mit 1 Mol HNO_3 u. 40—90 Mol H_2O bei Rk.-Temp. von 325—350° u. Rk.-Zeiten von 40—10 (Sek.) entstehen neben den erwähnten Prodd. ω.ω-Dimethylstyrolnitrosite u. Benzaldehyd. Vff. schließen aus diesen Prodd., die durch Umlagerung aus dem 2-Methyl-2-phenylpropylradikal entstanden sein sollen, auf das Auftreten von Radikalen bei der Gasphasennitrierung von Aliphaten.

Versuche: *1-Benzyl-1-methyläthanol*, $Kp._{7,0}$ 88,5—89°, aus Benzyl-MgCl u. Aceton; n_D^{25} 1,5138. *3.5-Dinitrobenzoat*, F 97°. *Nitrit*, $Kp._{7,5}$ 88—89°; n_D^{25} 1,5139. — *1-Benzyl-1-methyläthylbromid*, $Kp._{5,3}$ 88—89°; aus vorst. Verb. mit HBr; n_D^{25} 1,5382. — *ω.ω-Dimethylstyrol*, $Kp._{13}$ 71—72°, $Kp._{20}$ 78—79°, aus vorst. Verb. durch Pyrolyse oder vorvorst. Verb. durch mehrstd. Kochen mit etwas J_2; n_D^{25} 1,5322. *Nitrosit*, $C_{10}H_{12}N_2O_3$, F. 116° (Chlf.), durch Behandlung in Ae. mit den Gasen aus $NaNO_2$–Essigsäure. — *α-Phenylisobuttersäure*, F. 77°, aus **II** mit alkal. $KMnO_4$. *Amid*, F. 160—161°. — *p.ω-Dinitro-tert.-butylbenzol*, $C_{10}H_{12}N_2O_4$, F. 64—65° (wss. A.), aus **II** mit rauchender HNO_3. — *p-Nitro-tert.-butylbenzol*, $Kp._7$ 126°, F. 28—29°, aus I mit rauchender HNO_3; n_D^{25} 1,5300. Gibt *p-Acetamido-tert.-butylbenzol*, F. 172—172,5°. GERHARD SCHULZ. B 225□

Chemie der Enolate. 3. Mitt. Kation- und Lösungsmitteleffekte bei der Alkylierung des Butyrophenons. H. D. Zook und W. L. Gumby. (J. Amer. chem. Soc. **82.** 1386—89. 20/3. 1960. University Park, Pa., Pennsylvania State Univ., Coll. of Chem. and Phys.) (Engl.) — 2. vgl. C. **1960.** **4474**; 4. vgl. C. **1961.** 7542.

Lsgg. von Li-, Na- u. K-Butyrophenonenolat in Ae. wurden bei 30° mit Methyljodid, Äthylbromid, Äthyljodid, n-Propylbromid u. Isopropylbromid alkyliert. Die Alkylierungs-Geschw. nimmt dabei vom Li- zum K-Salz um mehr als 3 Zehnerpotenzen zu. Tetraalkylammoniumsalze wirken als Katalysatoren. Die gebildeten Ketone wirken autokatalyt. auf die Reaktion. Nach ebulliometr. Messungen sind in äther. Lsgg. des Na-Salzes durchschnittlich 3 Moll. assoziiert. Die Rk.-Ordnung in bezug auf Alkylhalogenid ist größer als 1, woraus die Vff. schließen, daß die Alkylierung in einem Koordinationskomplex erfolgt, an dem mehr als ein Alkylhalogenid beteiligt sein kann. Aus den Dampfdruckmessungen des Syst. CH_3Br/äther. Lsg. des Na-Salzes folgt jedoch, daß die Konz. an Komplex nur sehr gering sein kann. GERHARD SCHULZ. B 225□

Zur Kinetik der Polymethylensulfidbildung. Józef Chrząszczewski und Janusz Bogdański. (Zeszyty naukowe Uniw. Łódzkiego, Ser. II **1959.** Nr. 6. 115—20. Łódź, Uniw., Kat. Technol.-chem.) (Fortsetzung von Acta Chim. ŁTN. **4.** [1959].)

Die Rk. von Na_2S mit wss. CH_2O-Lsg. zu Polymethylensulfid läuft erst bei einem Überschuß an CH_2O (mindestens 2 Mol CH_2O/Mol Na_2S) ab. Mit steigendem CH_2O-Überschuß steigt die Rk.-Geschw.-Konst. k: Beim Verhältnis 2,5 : 1, $k^{60°}$ 0,16, bei 50 : 1 $k^{60°}$ 1,6. Bei konst. Na_2S-Konz. ist die Rk. 2. Ordnung. Bei veränderlicher Na_2S-Konz. ist die Rk.-Geschw. im Bereich von 0—20 Mol CH_2O/Mol Na_2S zur CH_2O-Konz. direkt proportional, so daß die Rk. nach $-d[Na_2S]/dt = k[Na_2S]^2[CH_2O]$ verläuft. Mit steigender NaOH-Konz. wird die Rk. verlangsamt, da das Rk.-Prod. hydrolysiert u. Na_2S gebildet wird. F. URBAN. B 225□

Chemischer Beweis für den Grundzustand des Methylens. H. M. Frey. (J. Amer. chem. Soc. **82.** 5947—48. 20/11. 1960. Southampton, Univ. of Southampton, Dep. of Chem.) (Engl.) — Vgl. C. **1960.** 16394.

Vf. untersuchte die Rk. von CH_2 (durch Photolyse von CH_2N_2) bei Drucken von 2100—3200 mm mit cis-Buten-(2) (**I**) in Ggw. von Ar als Inertgas. Der hohe Druck wurde gewählt, da **I** besser als Ar das gebildete angeregte 1.2-Dimethylcyclopropan (**II**) stabilisiert; **I** war in wenigstens 4fachem Überschuß vorhanden, da CH_2 mit CH_2N_2 schneller reagiert als mit **I**. Als Hauptprodd. wurden folgende C_5-KW-Stoffe erhalten: *cis-* u. *trans-***II**, *cis-* u. *trans-Penten-(2)*, *3-Methylbuten-(1)* (**III**) u. *2-Methylbuten-(2)* (**IV**). Bei einem Verhältnis Ar : **I** von 1600 wurden etwa gleiche Mengen der cis- u. trans-Prodd. erhalten, mit abnehmendem Verhältnis steigt der Anteil der cis-Prodd. (bei Ar : **I** = 7,6 9,5% trans- u. 44,3% cis-**II**). Der Anteil an **III** fällt im gleichen Bereich von 10,5 auf 1,9%, der von **IV** steigt von 4,0 auf 12,9%. Die Resultate der Unters. mit N_2 als Inertgas waren prakt. gleich. Die Ergebnisse zeigen, daß das ursprünglich gebildete Singulett-CH_2 bei großem Ar : **I**-Verhältnis zu einem großen Teil nach vielen Zusammenstößen mit den Inertgas-Moll. in den Triplettzustand übergeht (Triplett-CH_2 gibt keine stereospezif. Additionsprodd.), woraus geschlossen wird, daß der Triplettzustand der Grundzustand von CH_2 ist. CCl_4 als Inertgas scheint wirksamer bei der Bldg. von Triplett-CH_2 zu sein als Ar. Zusatz geringer Mengen O_2 hemmte die Bldg. der trans-Verbb. u. von **III** fast vollständig, da O_2 offensichtlich mit Triplett-CH_2 oder seinem Triplett-Additionsprod. mit **I** sehr schnell reagiert. Die analogen Arbeiten von ANET, BADER u. VAN DER AUWERA (J. Amer. chem. Soc. **82.** [1960.] 3217) u. CHESICK (C. **1961.** 5388) werden diskutiert.
W. SCHRAMM. B 225

Die Reaktionen von Trifluormethylradikalen mit Propan, n-Butan und Isobutan. P. B. Ayscough und E. W. R. Steacie. (Canad. J. Chem. **34.** 103—07. Febr. 1956. Ottawa, Canada, Nat. Res. Council, Div. of Pure Chem.) (Engl.)

Vff. untersuchen die Rkk. von *Trifluormethylradikalen* (erzeugt durch Photolyse von Hexafluoraceton) mit *Propan, n-Butan* u. *Isobutan* im Temp.-Bereich von 27—119°. Als Aktivierungsenergien für die H-Abspaltung aus den vorst. Verbb. werden 6,5 ± 0,5; 5,1 ± 0,3 u. 4,7 ± 0,3 kcal/Mol erhalten. Für das Verhältnis der ster. Faktoren $P_3/P_2^{1/2}$ der Rkk. 2 $CF_3 \rightarrow C_2F_6$ (2) u. $CF_3 + RH \rightarrow CHF_3 + R$ (3) wurden die Werte $6 \cdot 10^{-3}$, $2 \cdot 10^{-3}$ bzw. $2 \cdot 10^{-3}$ gefunden. Die gefundenen Aktivierungsenergien sind um 2—3 kcal geringer als bei den entsprechenden Rkk. mit Methylradikalen. K. FRENKLER. B 225□

Zur Zersetzungskinetik von Dithiocarbamaten in Natronlauge. Mieczysław Wroński. (Zeszyty naukowe Uniw. Łódzkiego, Ser. II **1959.** Nr. 6. 121—28. Łódź, Uniw., Kat. Technol. chem.) (Pol.)

Die Zers. von Dithiocarbamaten in NaOH wurde kinet. untersucht. Die Hydrolysen-Geschw. steigt mit der NaOH-Konz. bis zu einem von der Temp. abhängigen Grenzwert. Demnach wird die Zers. durch die Gleichungen $RNHCS_2^- + OH^- \rightleftharpoons RNCS_2^{2-} + H_2O$ u. $RNCS_2^{2-} \rightarrow RNCS + S^{2-}$ befriedigend beschrieben. Da *N.N-Diäthyldithiocarbamat* am N-Atom kein freies H-Atom mehr hat, ist es auch in alkal. Lsg. sehr beständig. Die Rk.-Geschw.-Konst. k u. die Gleichgewichts-Konst. K der 1. Rk. sind für *Dithiocarbamat* $k^{20} = 7{,}5 \cdot 10^{-3}$/min u. K = 3,2/Mol; $k^{30} = 1{,}4 \cdot 10^{-2}$ u. K = 1,9; $k^{40} = 2{,}7 \cdot 10^{-2}$ u. K = 1,1, für *Phenyldithiocarbamat* $k^{45} = 2{,}0 \cdot 10^{-3}$ u. K = 4,9; $k^{55} = 5{,}3 \cdot 10^{-3}$ u. K = 2,7; $k^{70} = 2{,}0 \cdot 10^{-3}$ u. K = 6,0. Zur Best. von Dithiocarbamaten, Na_2S u. der Zers.-Prodd. CNS^- u. CS_3^{2-} nebeneinander werden Titrations-Meth. mit $BaCl_2$, o-Hydroxymercuribenzoat, J_2 u. $AgNO_3$ beschrieben.

F. URBAN. B 225□

Der Zerfall von Benzoldiazoniumcarboxylat-(2). Martin Stiles und Roy G. Miller. (J. Amer. chem. Soc. **82.** 3802. 20/7. 1960. Ann Arbor, Mich., Univ. of Michigan, Dep. of Chem.) (Engl.)

Wasserfreies, krist. *Benzoldiazoniumcarboxylat-(2)* (**I**) ist wasserlösl., in unpolaren Lsgm. unlösl. u. besitzt scharfe IR-Banden bei 2283, 1652 u. 1624 cm^{-1}; dies spricht mehr für die offene Zwitterionenstruktur als für die cycl. Struktur. 36std. Erhitzen auf 45° in H_2O gibt *Salicylsäure* (88%). 48std. Erhitzen auf 39° in Bzl. gibt ein Polymere enthaltendes, komplexes Prod.-Gemisch neben 100% N_2 u. 59% CO_2. 64std. Erhitzen in sd. Furan gibt 55% *1.4-Dihydronaphthalinendoxyd-(1.4)* (F. 55—56°). Zerfall von **I** in Bzl. in Ggw. von Anthracen gibt 30% *Triptycen.* Erhitzen der Lsg. von **I** in Bzl. oder p-Xylol auf 45—55° in Ggw. von Benzoe- oder p-Methylbenzoesäure gibt *Benzoesäure-* bzw. *p-Methylbenzoesäurephenylester.* Acylsalicylsäure ist dabei kein Zwischenprod., da sie unter den angewandten Bedingungen nicht decarboxyliert. Da der Zerfall von **I** vom Partner wenig abhängt, wird ein Chemismus über eine Arinzwischenstufe vorgeschlagen.

P. PAETZOLD. B 225□

Die thermische Zersetzung von n-Propylcyclobutan. S. M. E. Kellner und W. D. Walters. (J. physic. Chem. **65.** 466—69. März 1961. Rochester, N.Y., Univ., Dep. of Chem.) (Engl.)

Die therm. Zers. von *n-Propylcyclobutan* ($Kp._{749}$ 99,8—100,1°, n_D^{20} 1,412, $D._4^{19}$ 0,746) wurde untersucht bei Temp. zwischen 400 u. 456° u. Anfangsdrucken von 5,4—495 mm. Im Anfangsstadium der Zers. bilden sich fast ausschließlich Äthylen u. Penten-(1). Die Zers. ist eine homogene Rk. 1. Ordnung, die durch NO, Propylen, Äthylenoxyd oder Toluol nicht gehindert wird. Die Aktivierungsenergie der Rk. beträgt 61,6 kcal/Mol., für die Geschw.-Konst. gilt $k = 3{,}4 \cdot 10^{15} \cdot e^{-61{,}600/RT}$ (s^{-1}). Zusammen mit früheren Ergebnissen (vgl. DAS u. WALTERS, C. **1960.** 1798) gilt als Geschw.-Folge für substituierte Cyclobutane: H : CH_3 : C_2H_5 : C_3H_7 wie 1,00 : 1,54 : 1,24 : 1,57.

GERHARD SCHULZ. B 225□

Pyrolyse von Triphenylmethan. George J. Janz und Michel A. DeCrescente. (J. physic. Chem. **64.** 829—30. Juni 1960. Troy, N.Y., Rensselaer Polytechnic Inst., Dep. of Chem.) (Engl.)

Es wird die Pyrolyse von *Triphenylmethan* (**I**) bei schnellen Durchfluß-Geschw. untersucht (Temp. 645—745°, Druck 2—12 mm, Kontaktzeit 0,15—2,1 s). Aus der kinet. Analyse (durch Best. der H_2-Entw.) ergibt sich $k = 2{,}8 \cdot 10^{16}\, e^{8300\,0/RT}$ [s^{-1}], die Geschw.-Konst. für die Pyrolyse als Rk. 1. Ordnung bei 664° wurde zu $6{,}8 \pm 0{,}5 \cdot 10^{-3}$[$s^{-1}$] bestimmt. Hauptprod. neben H_2 ist C_6H_6. Die Unters. zeigt, daß **I** als Trägergas für die kinet. Best. von Bindungsenergien wenig geeignet ist. VOLKMAR SCHMIDT. B 225□

Die thermische Zersetzung von Trialkylborverbindungen. Paul F. Winternitz und Arrigo A. Carotti. (J. Amer. chem. Soc. **82.** 2430—33. 20/5. 1960. New York, N.Y., Univ., Dep. of Chem. Engng., Res. Div.) (Engl.)

Beim Erhitzen von *Tri-n-amylboran* (Kp.$_{0,6}$ 88—89°, aus n-$C_5H_{11}MgBr$ mit BF_3-Ae.; n_{WL}^{20} 1,4340; D.^{25} 0,765) unter N_2 auf seinen Kp. entstehen die Verbb. 1-n-Amyl-2-methylboracyclopentan (I, Kp.$_{0,30}$ 29—30°, Kp.$_{0,20}$ 21—22°, farblos, wird von O_2 sofort zersetzt), trans-Penten-(2) u. H_2 im Mol-Verhältnis 1 : 1 : 1, die Identität von I wird außer durch Analyse u. Molgew. durch Abbau mit 30% ig. H_2O_2 erwiesen, der zu 2-Methyltetrahydrofuran, Amylalkohol u. Na_3BO_3 führt, u. durch den Abbau mit Br_2 u. nachfolgende saure Hydrolyse, wobei u. a. Pentandiol-(1.4) entsteht. Beim Erhitzen von *Tri-n-hexylboran* (Kp.$_{0,6}$ 119—120°, aus n-$C_6H_{13}MgBr$ u. BF_3-Ae.) unter N_2 auf seinen Kp. entstehen trans-Hexen-(3) u. H_2 in einem etwas kleineren Mol-Verhältnis als 2 : 1, ferner entstehen *1-n-Hexyl-2-methylboracyclohexan* (II, Kp.$_{0,25-0,30}$ 34—36°, farblos, O_2-empfindlich) u. eine polymere Verb. der Zus. $[B(C_6H_{13})]_x$ (III). Die Identität von II bestätigte neben Analyse u. Molgew. der Abbau mit H_2O_2 in stark alkal. Lsg., der zu 2-Methyltetrahydropyran, Hexanol-(1) u. Na_3BO_3 führt, u. der Abbau mit Br_2, der 1-Bromhexan, eine Fl. mit dem Kp. von 1.5-Dibromhexan u. Boracetat liefert. III geht beim Erhitzen in eine hochviscose Fl., die 8,12% B enthält, u. einen dunklen Festkörper über, der 20% B enthält u. dessen alkal. Verseifung die der Formel $[-B(C_6H_{13})-BH-]_x$ entsprechende Menge H_2 ergibt. Beim Erhitzen von *Triallylboran* (Kp. 116—117°, aus C_3H_5MgBr mit BF_3-Ae.) entstehen Diallyl [Hexadien-(1.5)] u. eine Verb., deren B-Analyse u. Molgew. der Formel $B_2(C_3H_5)_4$ genügt. P. PAETZOLD. B 225□

Photolyse von Nitromethan. A. J. C. Nicholson. (Nature [London] **190.** 143—44. 8/4. 1961. Melbourne, Commonwealth Sci. and Ind. Res. Organizat., Chem. Res. Labor.) (Engl.)

Vf. untersucht die Photolyse von *Nitromethan* bei Bestrahlung mit einer 250-W-Hg-Dampflampe bei 27°. Die Rk.-Prodd. wurden massenspektrometr. bestimmt. Neben quant. bestimmbaren Mengen von CO, NO, H_2, CH_4 u. C_2H_6 wurden NO_2, CO_2, CH_3OH u. CH_2O gefunden. Ein fester Rückstand wurde als Gemisch von CH_2O u. Nitrosomethan identifiziert. Bei Filterung des eingestrahlten Lichtes mit einem BG 3-Filter sanken die Ausbeuten auf ca. 20%. Die Rk. verläuft nach Ansicht des Vf. über $CH_3NO_2 + h\nu \rightarrow CH_3\cdot + NO_2\cdot$ als prim. Schritt. Die Entstehung der Rk.-Prodd. erklärt Vf. durch folgende Rkk.: $CH_3\cdot + CH_3NO_2 \rightarrow CH_4 + \cdot CH_2NO_2$; $\cdot CH_2NO_2 \rightarrow CH_2O + NO$; $CH_3\cdot + NO_2 \rightarrow CH_3O\cdot + NO$; $CH_3\cdot + CH_3NO_2 \rightarrow CH_3O\cdot + CH_3NO$. O_2 entsteht aus der sek. Photolyse von Stickstoffperoxyd, H_2 aus der von CH_2O. Die Oxydation von Methylradikalen führt zur Bldg. von CO, CO_2, CH_3OH u. CH_2O. G. PAULIG. B 226□

Photooxydation von Ketonen in einer ^{18}O-angereicherten Atmosphäre. J. R. Dunn und K. O. Kutschke. (Canad. J. Chem. **36.** 421—24. März 1958. Ottawa, Canada, Nat. Res. Council, Div. of Pure Chem.) (Engl.)

Vff. untersuchen die Photooxydation von *Aceton* (I) u. *Diäthylketon* (II) bei 120 u. 175° (λ ca. 3130 Å) in Ggw. von ^{18}O angereichertem O_2. Beim I stammt nur ein geringer Bruchteil des als Prod. erhaltenen CO_2 aus einer Oxydation der Methylgruppen. Selbst bei 175° ist die Lebensdauer der Acetylradikale groß genug, um eine Rk. mit O_2 ablaufen zu lassen, wobei offenbar kein CO gebildet wird. Bei der Oxydation von II sind die entstehenden Propionylradikale weitaus unstabiler. Schon bei sehr niedrigen Tempp. ist deren Zers. die nahezu ausschließlich ablaufende Reaktion. K. FRENKLER. B 226□

Der Effekt der Moderatoren auf die Reaktion von heißen Wasserstoffatomen mit Methan. Peder J. Estrup und Richard Wolfgang. (J. Amer. chem. Soc. **82.** 2661—65. 5/6. 1960. New Haven, Conn., Yale Univ., Sterling Chem. Labor.) (Engl.)

Gemäß $^3He(n,p)T$ entstandenes T wurde mit *Methan* bei Temp. zwischen —100° u. Raum-Temp. umgesetzt. Die gaschromatograph. Trennung ergab an akt. Prodd. HT, CH_3T u. wenig höhere, markierte Alkane. In Ggw. von J_2, Br_2 u. NO blieb die Ausbeute an CH_3T unverändert, die höheren Alkane verschwanden u. die Ausbeute an HT nahm zugunsten von CH_2TX etwas ab. Die Ausbeute an CH_3T ist auch von Temp. u. Druck unabhängig. Die Anwesenheit von Edelgasen als Moderatoren verschlechtert die Gesamtausbeute, u. zwar zunehmend in der Reihe Xe, Ar, Ne, He. Die Ausbeuten bei Zusatz von Radikalfängern sowie die Reihenfolge der Moderatorwirksamkeit zeigen, daß es sich um eine heiße Rk. der T-Atome hoher kinet. Energie handelt u. daß das Auftreten von Ionen der Form T^+, CH_3^+, CH_4^+, CH_5^+ unwahrscheinlich ist. P. PAETZOLD. B 226□

Kinetische Theorie der Reaktionen heißer Atome: Anwendung auf das System $H + CH_4$. Peder J. Estrup und Richard Wolfgang. (J. Amer. chem. Soc. 82. 2665—69. 5/6. 1960.) (Engl.) — Vgl. vorst. Referat.

Es wurde eine Beziehung abgeleitet, die die Gesamtwahrscheinlichkeit dafür ausdrückt, daß ein „heißes" Atom, d. h. ein mit höherer kinet. Energie als der normalen therm. beladenes Atom, vor Verlust seiner überschüssigen Energie in einer Gasphasen-

Rk. reagiert, u. zwar in Abhängigkeit vom mittleren Energieverlust durch Stoß u. der Stoßempfindlichkeit der Reaktion. Das entwickelte Modell gestattet eine Voraussage der relativen Effekte inerter Moderatoren u. liefert ein Maß der relativen Energie, mit der Rk.-Prodd. gebildet werden. Die Anwendung der Theorie auf die Edelgasbeeinflussung der Rk. von heißen T-Atomen mit *Methan* stimmt mit den experimentellen Befunden gut überein. P. PAETZOLD. B 226□

Stickstoffmonoxyd als Radikalfänger bei der Radiolyse gasförmiger Kohlenwasserstoffe. Kang Yang. (J. physic. Chem. **65.** 42–45. Jan. 1961. Ponca City, Okla., Continental Oil Co., Radiation Labor.) (Engl.) — Vgl. C. **1960.** 1126.

NO unterdrückt bei der Radiolyse von KW-Stoffen Rkk., an denen therm. freie Radikale beteiligt sind, ohne die Prod.-Ausbeuten nichtradikal. Prozesse zu beeinflussen. Die NO-Konz. muß genügend groß, ca. 10 Mol-%, sein. Vf. zeigt, daß bei der Radiolyse von *Äthylen*, *Propylen* oder *Cyclopropan* keine Änderung der H_2-Ausbeuten in Ggw. von NO zu beobachten ist. Der Einfl. auf die H_2-Ausbeute bei der *Methan*-Radiolyse ist ebenfalls vollständig auf die Unterdrückung der Rkk. beschränkt, bei denen therm. freie Radikale auftreten. K. FRENKLER. B 226□

Carboxylierungseffekte durch ionisierende Strahlung. B. C. McKusick, W. E. Mochel und F. W. Stacey. (J. Amer. chem. Soc. **82.** 723–25. 5/2. 1960. Wilmington, Del., du Pont de Nemours & Co.) (Engl.)

Mischungen verschiedener KW-Stoffe mit festem CO_2 wurden durch Bestrahlen mit 2-MeV-Elektronen carboxyliert. Cyclohexan (I) ergab *Cyclohexancarbonsäure* (**II**, G = 0,07; 0,04% Ausbeute), Cyclohexen eine Mischung von *Cyclohexencarbonsäuren* (G = 0,11; 0,011%), Toluol (**III**) führte zu *Phenylessigsäure* (G 0,010; 0,006%), A. zu *Milchsäure* (G = 0,06; 0,04%) u. daneben *Ameisensäure* (**IV**) u. *β-Hydroxypropionsäure*, Äthylamin zu *α-Alanin* (G = 0,17; 0,025%) u. ein gasförmiges Gemisch von Methan u. CO_2 zu *Essigsäure* (G = 0,013; 0,004%), wenig **IV** u. *Propionsäure*. Aliphat. C—H-Bindungen reagieren unter den Vers.-Bedingungen leichter als aromatische. **III** bzw. Bzl. ergaben keine nachweisbaren Mengen von Toluyl- bzw. Benzoesäure (V). Die Carboxylierung kann unter gleichen Bedingungen auch mit Ameisensäure durchgeführt werden (C = 0,01–0,02). Aus Bzl. wurde so **V** (G = 0,009; 0,03%) u. aus **I** entsprechend **II** (G = 0,02; 0,07%) erhalten. Die hier leichter erfolgende Rk. deutet auf einen unterschiedlichen Mechanismus hin. Die Rk. von KW-Stoffen mit HCN führt zu *Nitrilen* (G = 0,05–0,2) u. Spuren von *Isonitrilen*. Hier werden Aromaten leichter substituiert als Aliphaten. Aus Bzl. u. **VI** wurden *Benzonitril* (G = 0,21; 1,5% auf HCN bezogen), *Phenylisocyanid* (G = 0,004; 0,03%) u. wenig *Diphenyl* erhalten. **III** lieferte entsprechend *o-*, *m-*, *p-* u. *α-Tolunitril* (G = 0,27; 1,9%) sowie *Ditolyle* u. wenig *Toluidine*. Die Bestrahlung einer Mischung von **I** u. HCN ergab *Dicyclohexyl* (G = 0,7; 1,2%) u. *Cyclohexylcyanid* (G = 0,05; 0,3%). Dinitrile konnten trotz wahrscheinlicher Bldg. nicht isoliert werden. Man erhält sie besser durch Dimerisierung bei der Bestrahlung von aliphat. Nitrilen. So gibt Propionitril eine Mischung von *α-Methylglutarsäure-* u. *Adipinsäuredinitril* (G = 0,18; in 10%ig. wss. Lsg. G = 0,15). M. WOLFF. B 226□

Durch Metallhalogenide katalysierte Hydrolyse von Trichlormethylverbindungen. Marion E. Hill. (J. org. Chemistry **25.** 1115–18. Juli 1960. Silver Spring, Md., Chem. Res. Dep., U.S. Naval Ordnance Labor.) (Engl.)

Vf. stellt fest, daß $FeCl_3$, $GaCl_3$ u. $SbCl_5$ die Hydrolyse von CCl_4 katalysieren, wobei unter milden Bedingungen in hoher Ausbeute $COCl_2$ entsteht. Das erforderliche H_2O kann auch in Form der hydratisierten Chloride $FeCl_3 \cdot 4\,H_2O$ bzw. $GaCl_3 \cdot 2\,H_2O$ zugegeben werden. Höhere Hydrate ebenso wie $AlCl_3$-Hydrate u. Mischungen von wasserfreiem $AlCl_3$ mit hydratisiertem Katalysator reagieren nicht. Im Verlauf der Hydrolyse werden die Katalysatoren dehydratisiert, weshalb die Rk. auch zur Herst. der wasserfreien Chloride benutzt werden kann. CCl_2Br_2 u. CCl_3Br reagieren mit H_2O u. $FeCl_3$, wobei wenig $COCl_2$ u. Br_2 entstehen. $CHCl_3$ bleibt auch bei verlängerter Rk.-Zeit unangegriffen. $CCl_3 \cdot CH_3$ reagiert bei Raum-Temp. zunächst sehr heftig mit hydratisiertem $FeCl_3$ unter Bldg. von CH_3COOH als Hydrolysenprodukt. In dem Maße, in dem der Katalysator dehydratisiert wird, tritt Halogenwasserstoffabspaltung unter Bldg. von Vinylidenchlorid ein. Als Nebenprod. tritt eine Substanz auf, die als 6-Methyl-4-chlor-2H-pyranon-(2) ($C_6H_5ClO_2$, F. 85–86°, aus Hexan) angesehen wird. Aryltrichlormethyl-Verbb. wie *Benzotrichlorid* (**I**), sowie *m-* (**II**) u. *p-Hexachlorxylol* (**III**) reagieren ebenfalls mit hydratisiertem $FeCl_3$, wobei aus **I** Benzoesäure aus **II** bzw. **III** nahezu quant. Isophthalsäure bzw. Terephthalsäure gebildet werden. Es wird ein Mechanismus vorgeschlagen, der einen Komplex des Metallhalogenids mit den Halogeniden als Zwischenprod. enthält, das leicht mit H_2O reagiert. C.-E. DÖRING. B 227□

Untersuchungen des Mechanismus der Fischer-Tropsch-Synthese. 2. Mitt. **Die Zugabe von radioaktivem Keten zum Synthesegas.** G. Blyholder und P. H. Emmett. (J. physic. Chem. **64.** 470–72. April 1960. Baltimore, Md., Johns Hopkins Univ., Dep. of Chem.) (Engl.) — 1. vgl. C. **1960.** 2824.

Vff. setzen einem Fischer-Tropsch-Synth.-Gas $^{14}C_{(CO)}$-*Keten* (I) zu, bevor das Gemisch über einem Fe- bzw. Co-Katalysator bei 256 bzw. 189° u. 1 at zur Rk. gebracht wird. Die KW-Stoff-Prodd. besitzen eine geringe Aktivität, die direkt proportional der C-Atomzahl des Mol. ist. Die Ergebnisse werden dahin gedeutet, daß das I an der Katalysatoroberfläche dissoziiert u. nur das CH_2-Radikal als Ketteninitiator zur Bldg. von KW-Stoffen wirksam ist. K. Frenkler. B 227□

Die Reaktion von Ketonen mit Diazomethan. Herbert O. House, Edward J. Grubbs und Walter F. Gannon. (J. Amer. chem. Soc. **82.** 4099–4106. 5/8. 1960. Cambridge, Mass., MIT, Dep. of Chem.) (Engl.)

Vff. untersuchen gaschromatograph. die Zus. der Prodd. der Rk. von Ketonen, R^1R^2CO, mit CH_2N_2 in Ae. in Ggw. von Methanol (im Überschuß) oder BF_3 (in äquivalenten Mengen) als Katalysator, um aus der Verteilung der Prodd. — nämlich dem entsprechenden Epoxyd $R^1R^2C{-}CH_2$ (bzw. seinem Umlagerungs-Prod., dem Aldehyd
$\diagdown O \diagup$
R^1R^2CHCHO) u. den beiden Ketonen $R^1COCH_2R^2$ u. $R^1CH_2COR^2$ — Schlüsse auf die Wanderungsfähigkeit der beiden Gruppen R^1 u. R^2 des Ausgangsketons zu ziehen. Die Verw. von BF_3 als Katalysator beschleunigt die Rkk. merklich u. begünstigt die Bldg. der Ketone, ein Zeichen dafür, daß in Ggw. von BF_3 die konjugierte Säure $R^1R^2C{=}OH^+$ als Rk.-Partner wirksam ist, von dem aus die Bldg. des Epoxyds erschwert ist. Aus dem Verhältnis der Keton-Prodd. $R^1COCH_2R^2/R^1CH_2COR^2$ wird auf folgende Reihe der abnehmenden Wanderungsfähigkeit geschlossen: $C_6H_5 \approx (CH_3)_2C{=}CH > CH_3 \approx CH_3 \cdot CH_2CH_2 > (CH_3)_2CH \approx C_6H_5CH_2 \approx (CH_3)_3C$. Ähnliche Prod.-Verhältnisse werden bei der Desaminierung 1.1-disubstituierter 2-Aminoäthanole erhalten. — Folgende Rkk. wurden untersucht (FF. korr.): *Acetophenon* (I) + CH_2N_2, 1 : 7,1, 4 Tage in Ae.–Methanol bzw. (1 : 2, 2 Min. in Ae.–BF_3) → 44,2 (bzw. 63,7%) nichtumgesetztes **I**, 14,9% (—%) α-Phenylpropionaldehyd [durch Umlagerung von α-Methylstyroloxyd (Kp.$_{0,25-0,35}$ 30 bis 36°, n_D^{29} 1,5198) während der Gaschromatographie], 11,9% (21,0%) Benzylmethylketon (II), 2,4% (8,0%) Propiophenon u. als Folge-Prodd. der Weiterrk. von **II** mit CH_2N_2 10,8% (5,6%) 1-Phenylbutanon-(2) (III) u. 5,2% (1,63%) 4-Phenylbutanon-(2) (IV). — **II** + CH_2N_2, 1 : 3,1, 3 Tage in Ae.–Methanol (bzw. 1 : 2, 2 Min. in Ae.–BF_3) → 34,6% (53,5%) **II**, 21,2% (28,7%) **III**, 13,3% (7,9%) **IV** u. 3,43% (—%) Epoxyd(?). — *Pentanon-(2)* (V) + CH_2N_2, 1 : 1,1, 3 Tage in Ae.–Methanol (1 : 1,1, 4 Min. in Ae.–BF_3) → 75,0% (81,0%) nichtumgesetztes **V**, 8,3% (—%) Epoxyd(?), 8,29% (9,61%) Hexanon-(3) u. 8,42% (9,38%) Hexanon-(2) [Kp. 125–126°, durch Oxydation von Hexanol-(2) mit CrO_3 in Essigsäure; n_D^{27} 1,3984; 42%]. — *3-Methylbutanon-(2)* (VI) + CH_2N_2, 1 : 1, 1 Tag in Ae.–Methanol (1 : 1, 2 Min. in Ae.–BF_3) → 95,1% (93,2%) nichtumgesetztes **VI**, 3,19% (3,12%) 2-Methylpentanon-(3) (Kp. 112–115°, aus Isobutyramid mit Äthyl-MgBr in Ae.; n_D^{22} 1,3938; 62%), 1,67% (1,53%) 4-Methylpentanon-(2) u. —% (2,12%) 2.3-Dimethylbutyraldehyd. — *3.3-Dimethylbutanon-(2)* (VII) + CH_2N_2, 1 : 0,67, 2 Min. in Ae.–BF_3 (in Methanol keine Rk.) → 99,2% nichtumgesetztes **VII**, 0,286% 2.3.3-Trimethylbutyraldehyd (?), 0,312% 2.2-Dimethylpentanon-(3) (Kp. 124,5–125,8°, $n_D^{29,3}$ 1,4000; nach Whitmore u. Mitarbeitern [1939]) u. 0,109% 4.4-Dimethylpentanon-(2) (Kp. 125–126,5°, n_D^{31} 1,3989; nach Mosher u. Cox jun., C. **1955.** 559). — *Benzil* + CH_2N_2, 1 : 8, 12 Tage in A.e → 36% α-Phenyl-α.β-epoxypropiophenon (gibt 1.4.5-Triphenylpyrazol, F. 210,5–211,5°; 46%). — *Diacetyl* [*Butandion-(2.3)*] (VIII) + CH_2N_2, 1 : 2, 20 Min. in Ae.–Methanol (1 : 4, 7 Min. in Ae.–BF_3) → 10% (25%) nichtumgesetztes **VIII**, 36% (21%) Gemisch [aus Pentandion-(2.3) u. -2.4) u. 4-Methoxypenten-(3)-on-(2)] u. 54% (54%) 1.2-Epoxy-2-methylbutanon-(3) (Kp. 131–134°, $n_D^{23,5}$ 1,4126–1,4136; nach Wieder u. Dolnick, A. P. 2 431 718). — *4-Methylpenten-(3)-on-(2)* (IX) + CH_2N_2, 1 : 1, 3½ Tage in Ae, (1 : 1, 4 Min. in Ae.–BF_3) → 0% (83,9%) nichtumgesetztes **IX**, 41% (0%) 3-Acetyl-4.4-dimethyl-Δ^2-pyrazolin (F. 43–50°, Kp.$_{21}$ 107–117°), 0% (4,7%) 2-Methylhexen-(2)-on-(4) u. 0% (11,4%) 2-Methylhexen-(2)-on-(5). — Die durch Hydrierung von 2-Cyan-1-phenylpropanol-(2) bzw. 2-Cyanpentanol-(2) (Kp.$_9$ 91–92°, n_D^{28} 1,4170) erhaltenen Amine, *3-Phenyl-2-methyl-2-hydroxypropylamin* bzw. *2-Methyl-2-hydroxypentylamin* geben bei der Desaminierung mit wss. $NaNO_2$ bei 0° fast die gleiche Zus. an Prodd. wie **II** bzw. **V**. — *2-Cyan-1-phenylpropanol-(2)*, $C_{10}H_{11}NO$, Kp.$_{0,50}$ 111 bis 112°, durch Zugabe von **II** zu $NaHSO_3$ in W.–A. unter Schütteln, Zutropfen von KCN-Lsg. bei 0° u. 1std. Erwärmen auf Zimmer-Temp.; $n_D^{29,5}$ 1,5186; 27%.

G. Pötzscher. B 227□

Durch π-Bindung gebundene Zwischenprodukte bei der heterogenen Katalyse. J. J. Rooney, F. G. Gault und C. Kemball. (Proc. chem. Soc. [London] **1960.** 407 bis 408. Dez. Belfast, Queen's Univ., Dep. of Chem.) (Engl.)

Vff. diskutieren den Zustand von an metall. Katalysatoren adsorbierten KW-Stoffen. Es wird das Auftreten eines Zwischenprod. angenommen, bei dem sich an den an der Katalysatoroberfläche adsorbierten C-Atomen eine sp^2-Hybridisierung ausbildet. Das Zwischenprod. ist auf ähnliche Weise an das Metall durch eine π-Bindung gebunden wie bei der Bindung in Verbb. vom Ferrocentyp. Der katalyt. Austausch von Cycloalkanen (*1.3.3-Trimethyl-*, *trans-* u. *cis-1.1.3.4-* sowie *1.1.3.3-Tetramethyl-* u. *1.1.3.3.4-Pentamethylcyclopentan*) mit D_2 an Pd-Filmen ergibt isotop. markierte Prodd., deren Häufigkeit den unter Voraussetzung des vorst. Rk.-Mechanismus erwarteten Häufigkeiten entspricht. K. Frenkler. B 227 □

C. Präparative organische Chemie. Naturstoffe

Markierung organischer Verbindungen durch Rückstoßmethoden. Alfred P. Wolf. (Annu. Rev. Nuclear Sci. **10.** 259—90. 1960. Upton, Long Island, N.Y., Brookhaven Nat. Labor., Dep. of Chem.) (Engl.)

Übersicht über Rückstoßmarkierung mit ^{14}C, Natur der entstehenden Prodd., die Aktivitätsverteilung in ihnen, ihre Isolierung u. Reinigung, Markierung mit Tritium u. a. Elementen, Ionenbeschleunigung u. Ionisierungsmethoden. — 179 Literaturhinweise. P. Golinske. 480 □

Die Michael-Addition von Malonsäurediäthylester an $^{14}C_{(CO)}$-Crotonsäureäthylester. Osamu Simamura und Naoki Inamoto. (Bull. chem. Soc. Japan **28.** 529—31. Sept. 1955. Tokyo, Tokyo Univ., Fac. of Sci., Dep. of Chem.) (Engl.) — Vgl. Bull. chem. Soc. Japan **27.** [1954.] 221.

Die Michael-Addition von Methylmalonsäurediäthylester (**I**) an Crotonsäureäthylester (**II**) kann sowohl zu *α-Carbäthoxy-α.β-dimethylglutarsäurediäthylester* als auch unter Wanderung einer Carbäthoxygruppe zu *α-Carbäthoxy-β.γ-dimethylglutarsäurediäthylester* (vgl. Michael u. Ross [1930]) führen. Wird Malonsäurediäthylester (**III**) statt **I** verwendet, so müßten beide Rkk. zum gleichen Prod. führen. Durch Umsetzung der Na-Verb. von **III** mit $^{14}C_{(CO)}$-**II**, Verseifen u. Decarboxylieren des erhaltenen *^{14}C-α-Carbäthoxy-β-methylglutarsäurediäthylesters* zu *^{14}C-β-Methylglutarsäure* der gleichen spezif. Radioaktivität wird bewiesen, daß bei dieser Rk. keine Umlagerung eintritt. Das Primäraddukt aus **II** u. **III** enthält im Gegensatz zu dem aus **II** u. **I** noch ein acides H an der Malonsäuregruppierung, das sich an das freie Elektronenpaar anlagert, so daß die Carbäthoxygruppe nicht wandern kann.

Versuche: *^{14}C-α-Carbäthoxy-β-methylglutarsäurediäthylester*, $Kp._4$ 127—128°, durch 5std. Kochen von C_2H_5ONa, **III** u. $^{14}C_{(CO)}$-**II** in Ae. u. Zugabe von verd. CH_3COOH. — *^{14}C-α-Carboxy-β-methylglutarsäure*, F. 138—139° (Ae. u. Bzl.), aus vorst. Verb. durch 3std. Erhitzen mit NaOH in wss. A. auf 100° u. Filtrieren über Amberlite IR-120. — *$^{14}C_{(1)}$-β-Methylglutarsäure*, F. 86—87° (Bzl.), aus vorst. Verb. durch 1std. Decarboxylierung mit wss. NaOH bei 165°. H.-G. Floss. 480 □

Synthese von deuterierten Biphenylen. 2. Mitt. R. I. Akawie. (J. org. Chemistry **26.** 243—45. Jan. 1961. Canoga Park, Calif., Div. of North Amer. Aviat., Inc., Atomics Internat.) (Engl.) — 1. vgl. C. **1960.** 11260.

2.2′.6.6′-Tetradeutero- (**I**) u. *2.2′.3.3′.5.5′.6.6′-Oktadeuterobiphenyl* (**II**) werden nach der in der 1. Mitt. (l. c.) für die Darst. von 4.4′-Dideuterobiphenyl beschriebenen Meth. dargestellt. Dazu wird 2.2′.4.4′.6.6′-Hexadeuterobiphenyl (**III**) nach Buckles u. Wheeler (C. **1953.** 6870) zu *4.4′-Dibrom-2.2′.6.6′-tetradeuterobiphenyl* bromiert, dieses mit n-Butyl-Li (**IV**) in Ae. zu *4.4′-Di-Li-2.2′.6.6′-tetradeuterobiphenyl* umgesetzt u. dieses mit W. zu **I** hydrolysiert; entsprechend wird Dekadeuterobiphenyl (**V**) in **II** übergeführt. **V** wird aus Biphenyl (**VI**) u. D_2O durch Erhitzen auf 150° in Ggw. von Pt-Schwarz im. Druckgefäß dargestellt. Die dargestellten deuterierten Verbb. werden gaschromatograph. untersucht; sie sind frei von chem. Verunreinigungen. Die Isotopenreinheit wird massenspektrometr. zu 96—98,2% bestimmt.

Versuche: Biphenyle: *4.4′-Dibrom-2.2′.6.6′-tetradeutero-*, F. 163,5—164,5°, durch Bromieren von **III** mit Br_2-Dampf bei Raum-Temp. nach Buckles u. Wheeler (l. c.); 84% (Ausbeute). — *2.2′.6.6′-Tetradeutero-* (**I**), F. 69—70° (durch Vakuumsublimation), $Kp._{13}$ 124—128°, durch Rk. von 0,145 Mol vorst. Verb. u. 0,58 Mol **IV** nach der in der 1. Mitt. (l. c.) angegebenen Meth. u. Hydrolyse mit W.; 67%. — *4.4′-Dibromoktadeutero-*, F. 163—164°, aus **V** analog vorvorst. Verb.; 81%. — *2.2′.3.3′.5.5′.6.6′-Oktadeutero-* (**II**), F. 69—70° (durch Dest. bei 13 Torr u. Sublimieren bei 1 Torr), aus 0,12 Mol vorst. Verb. u. 0,48 Mol **IV** u. Hydrolyse; 63%. — *Dekadeutero-* (**V**), F. 69—70° (durch

Vakuumsublimation), durch 4tägiges Schütteln von 100 g **VI** in 200 ml 99,7%ig. D_2O in Ggw. von Pt-Schwarz bei 150° im Druckgefäß, Lösen des abfiltrierten Rk.-Prod. in Bzl. u. Abdampfen des Lsgm.; 40,3 g. H.-G. FLOSS. 480□

Synthese von Tetraalkylmethanen. Guy Desgrandchamps, Antonin Deluzarche und Alfred Maillard. (Bull. Soc. chim. France **1961**. 264—68. Febr. Strasbourg, Inst. de Chim., Groupe de Chim. de Pétrole.) (Franz.)

Zur Synth. von Tetraalkylmethanen der C_{17}-Reihe wurden folgende Rkk. untersucht: Kondens. von Trialkylmethylchloriden mit Alkyl-Mg-Halogeniden nach PETROW u. TSCHERNYSCHEW (vgl. C. **1953**. 6221; Meth. **A**), Rk. tert. Chloracetylene mit Alkyl-Mg-Halogeniden nach CAMPBELL u. EBY (J. Amer. chem. Soc. **62**. [1940.] 1798; Meth. **B**) u. die KNOEVENAGEL-Rk. (Meth. **C**). Nur **C** ergibt die reinen KW-Stoffe. Die Ausbeuten nach **A** sind geringer als die von PETROW (l. c.) angegebenen. Die entstandenen Prodd. sind, auch bei **B**, wie die Gaschromatographie zeigt, durch schwer abtrennbare Nebenprodd. verunreinigt.

Versuche: *Tributylcarbinol*, $Kp._{15}$ 148—150°, aus n-Butyl-MgBr u. Valeriansäureäthylester; n_D^{20} 1,4440; 64% (Ausbeute). — *Tributylchlormethan*, $Kp._1$ 91°, aus vorst. Verb. u. HCl-Gas bei 0°; n_D^{20} 1,4480; 70%. — *Tetrabutylmethan* (**I**), $C_{17}H_{36}$, $Kp._{30}$ 158,5°, aus n-Butyl-MgBr u. vorst. Verb. in Ggw. von $HgCl_2$ durch 12std. Stehen u. 3std. Erhitzen, Hydrolyse mit Eis/HCl u. fraktionierte Dest. als 3. Fraktion; 8%. Daneben *5-Butylnonen-(4)* (?), $Kp._{30}$ 115°, n_D^{20} 1,4379, $D._4^{20}$ 0,7723 u. eine Fraktion vom $Kp._{30}$ 142,5°, n_D^{20} 1,4451, $D._4^{20}$ 0,8392. — *Triäthylcarbinol*, $Kp._{20}$ 50°, aus Äthyl-MgBr u. Diäthylketon; 63%. — *Triäthylchlormethan*, $Kp._{15}$ 33—35°, aus vorst. Verb. mit HCl-Gas bei 0°; 69%. — *Triäthyldecylmethan*, $C_{17}H_{36}$, $Kp._{7,5}$ 138—139,5°, aus n-Decyl-MgBr u. vorst. Verb. in Ggw. von $HgCl_2$ analog **I** als 4. Fraktion; n_D^{20} 1,4450, $D.^{20}_4$ 0,79998; 15,5%. 1. Fraktion: *3-Äthylpenten-(2)* (?), Kp. 95°, n_D^{15} 1,4160, $D._4^{15}$ 0,7255. 2. Fraktion: *Decan* (?), $Kp._{15}$ 59,5°, n_D^{20} 1,4121. 3. Fraktion: $Kp._9$ 100—102°. — *Tripropylcarbinol*, $Kp._{8,5}$ 75°, aus n-Propyl-MgBr u. Buttersäureäthylester; n_D^{20} 1,4354; 40%. — *Tripropylchlormethan*, $Kp._7$ 54—56°; 88%. — *Tripropylheptylmethan*, $C_{17}H_{36}$, $Kp._{26}$ 150 bis 151°, aus n-Heptyl-MgBr u. vorst. Verb. analog **I**; n_D^{20} 1,4423, $D._4^{20}$ 0,7940; 10%. — *Hexin-(1)*, Kp. 69—72°, durch Zutropfen von n-Butylbromid zu einer Lsg. von Na u. Acetylen in fl. NH_3 u. anschließende Zugabe von NH_4Cl; n_D^{20} 1,3984, $D.^{20}_4$ 0,7152; 43%. — *Dimethylhexin-(1)-ylcarbinol*, $Kp._5$ 63—65°, durch Umsetzung vorst. Verb. mit Äthyl-MgBr in Ae., 30 Min. Kochen, Stehen über Nacht, Zugabe von Aceton bei 0°, 2std. Kochen u. Hydrolyse; n_D^{20} 1,4452, $D._4^{20}$ 0,8504; 72%. — *Dimethylhexin-(1)-ylchlormethan*, $Kp._{3,3}$ 39—40°, aus vorst. Verb. mit HCl-Gas bei 0°; 51%. — *Dimethylhexin-(1)-yloctylmethan*, $C_{17}H_{32}$, $Kp._6$ 141—141,5°, aus Octyl-MgBr u. 87 g vorst. Verb. in Ggw. von $HgCl_3$; n_D^{20} 1,4498, $D._4^{20}$ 0,7942; 34 g. Daneben die Fraktionen $Kp._{18}$ 38 bis 70, $Kp._{18}$ 90—95°, $Kp._{15}$ 175—190°. — *Dimethylhexyloctylmethan*, $C_{17}H_{36}$, $Kp._{16}$ 155 bis 157°, aus 34 g vorst. Verb. durch Hydrierung an PtO_2; n_D^{20} 1,4421, $D._4^{20}$ 0,7856; 20 g. — *Pentyliden-(2)-cyanessigsäureäthylester* (**II**), $Kp._{15}$ 127—129°, aus Cyanessigsäureäthylester, Methylpropylketon u. Ammoniumacetat in Eisessig u. Bzl. durch 48std. Kochen am Wasserabscheider, Waschen mit 10%ig. NaCl-Lsg., Absaugen des Bzl., 12std. Stehen mit $NaHSO_4$-Lsg., Neutralisation mit NaOH u. Extraktion mit Ae.; n_D^{20} 1,4651, $D.^{25}_4$ 0,9839; 51%. — *2-Cyan-3-methyl-3-propyldecansäureäthylester* (**III**), $Kp._{2,5}$ 155—165°, durch tropfenweise Zugabe von Heptyl-MgBr zu **II** u. J_2 in Ae. bei 15—20°, 1std. Erhitzen, 12std. Stehen u. Hydrolyse mit Eis-HCl; 40%. — *4-Methylpentyliden-(2)-cyanessigsäureäthylester*, $Kp._{14}$ 129—132°, aus Cyanessigsäureäthylester u. Methylisobutylketon analog **II**; n_D^{25} 1,4655; 60%. — *2-Cyan-3-methyl-3-isobutylheptansäureäthylester*, $Kp._{0,3}$ 114—120°, aus n-Butyl-MgBr u. vorst. Verb. analog **III**; 56%. — *3-Methyl-3-n-propyldecannitril* (**IV**), $C_{14}H_{27}N$, $Kp._{14}$ 146—151°, durch Verseifung von [1-Methyl-1-propyloctyl]-cyanessigsäureäthylester mit KOH in A.-W. (24std. Kochen) u. Decarboxylierung der Säure bei 160—170°; n_D^{20} 1,4447, $D._4^{20}$ 0,8383; 70%. — *6-Methyl-6-n-propyltridecanon-(4)* (**V**), $C_{17}H_{34}O$, $Kp._{0,03}$ 116—119°, aus **IV** u. n-Propyl-MgBr durch 12std. Kochen u. 12std. Stehen; n_D^{20} 1,4463, $D._4^{20}$ 0,8365; 69%. — *6-Methyl-6-n-propyltridecanol-(4)* (**VI**), $Kp._{0,7}$ 160—170°, durch Red. von **V** mit $LiAlH_4$ in Ae.; IR-Analyse zeigt, daß bei der Dest. leicht Wasserabspaltung erfolgt; 94%. — *6-Methyl-6-n-propyltridecen* (**VII**), $C_{17}H_{34}$, $Kp._{12}$ 143—144°, aus **VI** durch 24std. Erhitzen auf 150—160° mit wasserfreiem $KHSO_4$ unter leichtem Vakuum; 74%. — *6-Methyl-6-n-propyltridecan* (**VIII**), $C_{17}H_{36}$, $Kp._{15}$ 154°, durch Hydrierung von **VII** an PtO_2; n_D^{20} 1,4416, $D._4^{20}$ 0,7886; 75%. — *3-Methyl-3-isobutylheptannitril*, $C_{12}H_{23}N$, $Kp._{23}$ 131—132°, aus [1-Methyl-1-isobutylpentyl]-cyanessigsäureäthylester analog **IV**; n_D^{20} 1,4406, $D._4^{20}$ 0,8347; 58%. — *5-Methyl-5-isobutyldodecanon-(7)*, $C_{17}H_{34}O$, $Kp._{0,52}$ 107 bis 107,5°, aus vorst. Verb. u. n-Amyl-MgBr analog **V**; n_D^{20} 1,4464, $D._4^{20}$ 0,8415; 65%. —

5-Methyl-5-isobutyldodecanol-(7), $Kp._{0,2}$ 125—126°, aus vorst. Verb. analog **VI**; n_D^{20} 1,4544, $D._4^{20}$ 0,8461; 97%. *5-Methyl-5-isobutyldodecen*, $C_{17}H_{34}$, $Kp._{17}$ 144,5°, aus vorst. Verb. analog **VII**; 76%. — *5-Methyl-5-isobutyldodecan*, $C_{17}H_{36}$, $Kp._{15}$ 149—150°, aus vorst. Verb. analog **VIII**; n_D^{20} 1,4422, $D._4^{20}$ 0,7890; 93%. H. G. HENKEL. 510□

Die Reaktion von Propargylalkoholen mit Thionylchlorid. Thomas L. Jacobs, Walter L. Petty und Eugene G. Teach. (J. Amer. chem. Soc. **82.** 4094—97. 5/8. 1960. Los Angeles, Calif., Univ. of California, Dep. of Chem.) (Engl.)

Die Umsetzung von sek. Propargylalkoholen mit $SOCl_2$ führt jeweils zu 2 Isomeren: *Chlorierte Acetylen-Derivv.* (**B**) u. entsprechende *Allen-Derivv.* (**A**). Bei Verw. von Äthern an Stelle von Pyridin (Py) als Lsgm. verschiebt sich bei kleinerer Gesamtausbeute (26—45% statt bis zu 80%) das Verhältnis **A/B** zugunsten von **A**. Daß die Bldg. von **A** nicht auf der Umlagerung von **B** im Rk.-Gemisch beruht, zeigt die Rk. von Cyclohexanol mit $SOCl_2$ in Ggw. von 3-Chlorhexin-(1) (**V**), bei der kein 1-Chlorhexadien-(1.2) entsteht. Verss. mit Hexanol-(1) u. $SOCl_2$ in Ggw. von 1-Chlorpentadien-(1.2) (**VI**), 1-Chlorpentadien-(1.3) u. 3-Chlorpentin-(1) zeigen die geringe Stabilität von **A** gegenüber **B**. Propargylalkohol selbst bildet bei der Rk. mit $SOCl_2$ in Di-n-butyläther kein **A**, tert. Propargylalkohole liefern in Bis-[2-äthoxyäthyl]-äther (BÄ) nur geringe Gesamtausbeuten an **B** u. **A** im Verhältnis 1:3. Bei der entsprechenden Rk. von 3-Methylpentin-(1)-ol-(3) entsteht **A** in sehr geringer Ausbeute neben 15 gaschromatograph. trennbaren Verbindungen.

Versuche: *Hexin-(1)-ol-(3)* (**III**), $Kp._{50}$ 73—74°, durch Zugeben von n-Butyraldehyd zu Na-Acetylid in fl. NH_3; n_D^{25} 1,4340; 50—55% (Ausbeute). — *Pentin-(1)-ol-(3)* (**IV**), $Kp._{35}$ 52,4—52,6°, analog **III** aus Propionaldehyd; $D._4^{25}$ 0,8834; n_D^{25} 1,4320; 48%. — *3-Chlorhexin-(1)* (**V**), $Kp._{48-49}$ 46,2—46,5°, a) durch 2—3std. Rk. von $SOCl_2$ u. **III** in BÄ bei 2°, 1std. Rühren bei 0°, 1std. Erwärmen auf Raum-Temp., 50 Min. langes Erwärmen auf 90° u. 1½std. Erhitzen auf 100—120°; b) durch 1std. Zugeben von $SOCl_2$ zu **III** u. Dioxan, 2std. Erhitzen, 5std. Kochen, Gießen auf Eis u. Extrahieren mit CH_2Cl_2; c) durch ½std. Zugeben von $SOCl_2$ zu **III**, Py u. Tetrahydrofuran bei 0°, Erwärmen auf Raum-Temp., 3½std. Kochen, Eindampfen, Gießen auf Eis u. Extrahieren mit CH_2Cl_2; n_D^{25} 1,4358; 40%. — *1-Chlorhexadien-(1.2)*, $Kp._{40}$ 52—56°, analog **V** u. Abtrennen mit Diäthylamin nach JACOBS u. Mitarbeitern (C. **1957.** 901). — *1-Chlorhexadien-(1.3)*, analog **V**. — *1-Chlorpentadien-(1.2)* (**VI**), $Kp._{95}$ 50—50,2°, a) aus **IV** analog **V**; b) durch 1std. Zugeben von **IV** zu $SOCl_2$ in Py bei 0°, ½std. Rühren, 1½std. Stehen bei Raum-Temp. u. 2std. Erhitzen; $D._4^{25}$ 0,9636; n_D^{25} 1,4625. — *3-Chlorpentin-(1)*, C_5H_7Cl, $Kp._{94}$ 40,8—40,9°, analog **VI** nach b); $D._4^{25}$ 0,9511; n_D^{25} 1,4330. — *1-Chlorpentadien-(1.3)* (?), analog **VI** nach b). — *Penten-(3)-in-(1)*, analog **VI** nach b). — *1-Chlorbutadien-(1.2)* (**I**), C_4H_5Cl, a) aus Butin-(3)-ol-(2) (**II**) analog **V**, jedoch durch Erhitzen auf 135°; b) aus **II** analog **VI** nach b). — *3-Chlorbutin-(1)*, C_4H_5Cl, $Kp._{747}$ 69,1°, analog nach **I** a) u. b); $D._4^{25}$ 0,955; n_D^{25} 1,4219. — *3-Chlor-3-methylbutin-(1)*, aus 2-Methylbutin-(3)-ol-(2) u. $SOCl_2$ analog **V** nach a). Analog werden dargestellt: *1-Chlor-3-methylbutadien-(1.2)* u. *3-Methyl-2.3-dichlorbuten-(1)*. H. SMALLA. 530

Untersuchungen auf dem Gebiet konjugierter Systeme. 108. Mitt. **Synthese und Eigenschaften von einigen Alkaliisoalkenylacetylenen und höheren Homologen der Vinylalkylacetylene.** A. A. Petrow, B. Ss. Kupin, T. W. Jakowlewa und K. Ss. Mingalewa. (Журнал Общей Химии [J. allg. Chem.] **29** (**91**). 3732—37. Nov. 1959. Leningrad, Technolog. Lensowjet-Inst.) (Russ.) — 107. vgl. C. **1961.** 15349.

Durch Rk. von Methyl- bzw. Äthylhalogeniden mit der Na-Verb. von 2-tert.-Butylbuten-(1)-in-(3) in fl. NH_3 werden *2-tert.-Butylpenten-(1)-in-(3)* [$Kp._{50}$ 59—60°; $D._4^{20}$ 7808; n_D^{20} 1,4538; 67% (Ausbeute)] bzw. *2-tert.-Butylhexen-(1)-in-(3)* [$Kp._{50}$ 74—74,5°, $D._4^{20}$ 0,7774; n_D^{20} 1,4518; 79%] erhalten. Analog wird aus 2-Methylbuten-(1)-in-(3) *2-Methylpenten-(1)-in-(3)* ($Kp._{760}$ 82—83°, $D._4^{20}$ 0,7518; n_D^{20} 1,4512; 53%) bzw. *2-Methylhexen-(1)-in-(3)* ($Kp._{760}$ 104,5—105,5°, $D._4^{20}$ 0,7572; n_D^{20} 1,4518; 58%) dargestellt. Aus der Na-Verb. des Vinylacetylens werden mit den entsprechenden Alkylhalogeniden *Nonen-(1)-in-(3)*, *Decen-(1)-in-(3)* u. *Dodecen-(1)-in-(3)* dargestellt. Von den dargestellten Verbb. werden IR-Spektren aufgenommen. I. HARTMANN. 530□

Untersuchungen auf dem Gebiet konjugierter Systeme. 109. Mitt. **Über die Richtung der Hydratisierung von Isopropenylalkylacetylenen.** B. Ss. Kupin und A. A. Petrow. (Журнал Общей Химии [J. allg. Chem.] **29** (**91**). 3738—42. Nov. 1959.) (Russ.) — 108. vgl. vorst. Referat.

Bei der Hydratisierung von 2-Methylpenten-(1)-in-(3) u. 2-Methylhexen-(1)-in-(3) (**I**) werden hauptsächlich *Äthylisopropenylketon* (**II**) u. *Propylisopropenylketon* (**III**) erhalten. Die Struktur von **II** u. **III** wird sowohl durch katalyt. Hydrierung zu *Äthylisopropylketon* bzw. *Propylisopropylketon* als auch durch die UV- u. IR-Spektren von **II** u. **III** bewiesen.

Neben **II** entstehen bis zu 9% zu **II** isomere Ketone, wie durch Bldg. von *Methylisobutylketon* bei der Hydrierung von rohem **II** gezeigt werden konnte.

Versuche: *2-Methylpenten-(1)-in-(3)*, Kp. 82—83°, durch Dest. von Dimethylpropylcarbinol mit 5%ig. H_2SO_4; $D._4^{20}$ 0,7502; n_D^{20} 1,4480; 60% (Ausbeute). — *Äthylisopropenylketon* (**II**; unrein), $C_6H_{10}O$, Kp. 118—121°, durch 8std. Rühren von 10 g vorst. Verb. mit 3,1 g HgO in 200 ml 12%ig. H_2SO_4 u. 10 g $Fe_2(SO_4)_3$ u. Dest. mit Wasserdampf; $D._4^{20}$ 0,8512; n_D^{20} 1,4312; 47,5%. *2.4-Dinitrophenylhydrazon*, $C_{12}H_{14}N_4O_4$, F. 141 bis 142° (A.). *Semicarbazon*, F. 155—156° (A.). — *Äthylisopropylketon*, Kp. 113—114°, durch Hydrierung von 1,7 g **II** in 10 ml Methanol an Pd/$CaCO_3$, $D._4^{20}$ 0,8078; n_D^{20} 1,3970; 0,6 g. *2.4-Dinitrophenylhydrazon*, $C_{12}H_{16}N_4O_4$, F. 109—110° (A.). — *Propylisopropenylketon* (**III**), $C_7H_{12}O$, Kp. 140—141°, $Kp._{100}$ 80—81°, durch tropfenweises Zugeben von 11 g **I** zu 3,2 g HgO in 190 ml 14%ig. H_2SO_4 bei 70° in ½ Std. u. 4 Std. langem Rühren bei 70°; $D._4^{20}$ 0,8500; n_D^{20} 1,4376; 49,4%. I. HARTMANN. 530□

Reaktionen von Fluorolefinen mit Schwefeltrioxyd. D. C. England, M. A. Dietrich und R. V. Lindsey jun. (J. Amer. chem. Soc. **82**. 6181—88. 5/12. 1960. Wilmington, Del., E. I. du Pont de Nemours & Co., Central Res. Dep., Exp. Stat.) (Engl.)

Tetrafluoräthylen (**I**) reagiert mit frisch dest. SO_3 bei $<80°$ quant. zu *β-Hydroxytetrafluoräthansulfonsäuresulton* (**V**). Die Struktur wird durch Analyse, Best. des Neutralisationsäquivalents u. NMR-Spektrum bewiesen. Analog reagiert 1.2-Dichlor-1.2-difluoräthylen (**II**). 1.1-Difluor-2.2-dichloräthylen (**III**) liefert nur *β-Hydroxy-β.β-difluor-α.α-dichloräthansulfonsäuresulton*, während aus Chlortrifluoräthylen (**IV**) etwa gleiche Mengen *β-Hydroxy-β.β.α-trifluor-α-chloräthansulfonsäuresulton* u. *β-Hydroxy-α.α.β-trifluor-β-chloräthansulfonsäuresulton* entstehen. Unter dem Einfl. geringer Mengen von Basen, z. B. Triäthylamin (**XI**), wird der Ring der oben entstandenen Sultone geöffnet, u. es findet eine Umlagerung zu *Halogencarbonylsulfonsäurehalogeniden* statt. **V** ist sehr reaktionsfähig gegenüber Alkoholen, Aminen u. anderen nucleophilen Substanzen. Mit W. entsteht die entsprechende Säure. Fluorsulfonyldifluoracetylfluorid (**XII**) reagiert mit Bzl. unter FRIEDEL-CRAFTS-Bedingungen unter Bldg. von *Benzoyldifluormethylphenylsulfon*, *ω.ω-Difluoracetophenon* u. *ω-Chlor-ω.ω-difluoracetophenon*. Partiell fluorierte Olefine liefern ebenfalls Sultone, aber in geringeren Ausbeuten; z. B. entsteht aus Trifluoräthylen (**VI**) in 60%ig. Ausbeute *β-Hydroxy-β.β.α-trifluoräthansulfonsäuresulton* (**VII**), das sich zu *Fluorsulfonylfluoracetylfluorid* umlagern läßt. Neben **VII** entsteht in 34%ig. Ausbeute *Schwefelsäure-β-sulfonyl-β.α.α-trifluoräthylesteranhydrid* (**VIII**; *4.4.5-Trifluor-1.3-dioxa-2.6-dithian-2.2.6.6-tetroxyd*). Vinylidenfluorid gibt ein **VIII** analoges Prod., u. Vinylfluorid reagiert mit SO_3 nur unter Bldg. von Harzen. Alkyl- u. fluoralkylsubstituierte Fluorolefine geben die entsprechenden α-substituierten Sulfonsäuresultone. Aus Hexafluorpropen (**IX**) entsteht z. B. *β-Hydroxy-α-trifluormethyl-α.β.β-trifluoräthansulfonsäuresulton* (**XVI**), das zu *α-Fluorsulfonylperfluorpropionsäurefluorid* umgelagert werden kann. Letzteres liefert mit W. unter Decarboxylierung *α.β.β.β-Tetrafluoräthansulfonsäurefluorid*. Mit nicht vorher dest. SO_3 entstehen neben **V** *Schwefligsäuretetrafluoräthylenester* (**X**) u. **VIII**. Die Prodd. konnten jedoch nicht in reiner Form isoliert werden. Die unterschiedliche Rk.-Weise von nichtdest. u. frisch dest. SO_3 wird auf den mehr oder weniger hohen Polymerisationsgrad des SO_3 zurückgeführt. **X** entsteht auch aus **I** mit frisch dest. SO_3 in Ggw. von etwas Wasser.

Versuche: *β-Hydroxytetrafluoräthansulfonsäuresulton* (**V**), $C_2F_4O_3S$, F. —35°, Kp. 42°, a) durch Rk. von **I** u. frisch dest. SO_3 in einer PARR-Druckhydrier-App. bei $<80/2,7$ at (1 Std. lang) u. Dest.; 93% (Ausbeute); b) analog a) unter Zusatz von einigen Tropfen W.; 46%; c) analog a) bei Atmosphärendruck; 44%; d) analog a) durch Rk. von **I** u. Sulfan (nichtdest. SO_3, das bes. stabilisiert ist); 61%; e) analog d) bei Atmosphärendruck u. ca. 38°; 85%; f) analog e) bei 378° (Außentemp.); 45%. — *Schwefligsäuretetrafluoräthylenester* (**X**), neben **V** nach b), d), e) (15%) u. f) (55%). — *4.4.5.5-Tetrafluor-1.3-dioxa-2.6-dithian-2.2.6.6-tetroxyd*, $C_2F_4S_2O_6$, Kp. 100—108°, neben **V** u. **X**. — *Oxalsäuredianilid*, F. 253° (Ae.), durch Zugabe von 18 g eines Gemisches von **V** u. **X** in Ae. zu Anilin in Ae. unter Eiskühlung; 4,5 g. — *N.N'-Bis-[cyclohexyl]-aminosulfonyldifluoracetamid*, $C_{14}H_{24}F_2N_2O_3S$, F. 129—133° (Bzl./PAe.), durch Zugabe von 14,4 g eines Gemisches von **V** u. **X** (85:15) in Cyclohexan/Ae. (5:1) zu Cyclohexylamin, mehrstd. Stehen, Filtrieren, Extrahieren mit Methanol u. Eindampfen; 14 g; daneben (Rückstand der Methanolextraktion) *N.N'-Dicyclohexyloxalsäurediamid*, F. 274—275° (Dimethylformamid); 9,4 g. — *Fluorsulfonyldifluoracetylfluorid* (**XII**), $C_2F_4O_3S$, Kp. 29 bis 30°, a) durch Zugabe von **XI** zu **V** bei 0—10° u. Dest.; 90%; b) durch Zugabe von 18 g eines Gemisches von **XVIII** u. **XIX** zu Triäthylammoniumfluorid u. Abdest.; 6 g. — *Fluorsulfonyldifluoressigsäure, Methylester*, Kp. 118°, durch Zugabe von Na-Methylat zu **V** in Ae. bei 10°; n_D^{25} 1,3500; 50%. *Isopropylester,* Kp. 133—134°, a) durch Zugabe von **V** zu Isopropanol in Ae. bei 10°; n_D^{25} 1,3571; 30%; b) durch Zugabe von Isopropanol zu **XII** in Ae.; 47%. *Octyl-(1)-ester,* Kp.$_5$ 88°, durch Zugabe von **V** zu Octanol-(1) in Ligroin; n_D^{25} 1,3597; 70%. *β.β.β-Trichloräthylester,* Kp.$_{55}$ 111—113°, durch Zugabe von Trichloräthanol zu **XII** in Ligroin bei 0°; n_D^{25} 1,4171; 48%. *β.β.γ.γ.δ.δ.ε.ε-Oktafluoramylester,* Kp.$_{30}$ 98—99°, durch Zugabe von Oktafluoramylalkohol zu **V** in Ae. bei 10°; n_D^{25} 1,3334; 30%. *Phenylester,* Kp.$_{30}$ 91,5—92,5°, durch Zugabe von **V** zu Phenol bei 10°; n_D^{25} 1,4350; 36%. *Butylamid* (**XV**), Kp.$_4$ 97—97,5°, durch Zugabe von **V** zu Butylamin in Ae. bei 10°; n_D^{25} 1,4076; 15%. *Octylamid* (**XIV**), Kp.$_{20}$ 163—164°, durch Zugabe von Octylamin zu **V** in Ae. bei 10°; n_D^{25} 1,4237; 27%. *Anilid,* F. 107—108°, durch Zugabe von **V** zu Anilin in Ae. bei —80°; 98%. *N-Methylanilid,* F. 69—71°, durch Zugabe von N-Methylanilin zu **V** in Ae. bei 10°; 70%. *Diäthylamid* (**XVII**), Kp.$_{20}$ 120—121°, durch Zugabe von Diäthylamin zu **V** in Ae. bei 10°; n_D^{25} 1,4092; 63%. *Morpholid* (**XIII**), F. 72—73°, durch Zugabe von Morpholin zu **V** in Ae. bei 10°; 45%. *Diphenylamid,* F. 75—76°, durch Zugabe von Diphenylamin zu **V** in Ae. bei 10°; 50%. *Ureid,* F. 150—152°, durch Zugabe von **V** zu Harnstoff in Ligroin bei 25°; 96%. — *Aniliniumanilinocarbonyldifluormethansulfonat,* F. 218—219°, durch Zugabe von **V** zu Anilin in Ae. bei 10°; 84%. — *Fluorsulfonyldifluoracetylrhodanid,* Kp.$_{106}$ 87°, durch Zugabe von NaSCN zu **V** bei 25°; n_D^{25} 1,4567; 5%. — *1.4-Bis-[fluorsulfonyldifluoracetyl]-2.5-dimethylpiperazin,* F. 212—214°, durch Zugabe von 2.5-Dimethylpiperazin zu **V** in Ae. bei 0°; 64%. — *p-Anisidinium-p-methoxyphenylamincarbonyldifluormethansulfonat,* F. 201—203°, durch Zugabe von **V** zu p-Anisidin in Ae. bei 10°; 33%; daneben *N.N'-Bis-[p-methoxyphenyl]-aminosulfonyldifluoracetamid,* F. 177—179°; 25%. — *N.N'-Dioctylaminosulfonyldifluoracetamid,* Kp.$_{20}$ 250—270°, neben **XIV**; n_D^{25} 1,4561; 35%. — *N.N'-Dibutylaminosulfonyldifluoracetamid,* F. 39 bis 42°, Kp.$_4$ 190—191°, neben **XV**; n_D^{25} 1,4524; 10%. — *Fluorsulfonyldifluorthiolessigsäurephenylester,* Kp.$_{5,5}$ 98—99°, durch Zugabe von Thiophenol zu **XII** in Ae. bei 10°; n_D^{25} 1,4931; 42%. — *β-Hydroxy-α-trifluormethyl-α.β.β-trifluoräthansulfonsäuresulton* (**XVI**), $C_3F_6O_3S$, Kp. 46,5°, durch $^1/_4$std. Erhitzen von dest. SO_3 u. **IX** in einem CARIUS-Rohr auf 100° u. Dest.; 85%; analog **V** nach a) entsteht ein azeotropes Gemisch des Sulfons mit SO_3 im Verhältnis 1:1, das bei 38,5° siedet. — *Fluorsulfonyltrifluormethylfluoressigsäure-2-äthylhexylester,* Kp.$_8$ 92—94°, durch Zugabe von 2-Äthylhexanol zu **XVI** in Ligroin bei 0°; n_D^{25} 1,3855; 63%. *5-Trifluormethyl-4.4.5-trifluor-1.3-dioxa-2.6-dithian-2.2.6.6-tetroxyd,* Kp. 114—115°, a) durch 5std. Erwärmen von **IX** u. Sulfan auf 60°; 17%; daneben undefiniertes Prod. vom Kp. 50—60°; b) analog a) bei 2,7 at; geringere Ausbeute. — *2-Fluorsulfonylperfluorpropionylfluorid,* $C_3F_6O_3S$, Kp. 44,5°, durch ½std. Erhitzen von **XVI** mit einigen Tropfen **XI**; 93%. — *α.β.β.β-Tetrafluoräthansulfonsäurefluorid,* $C_2HF_5SO_2$, Kp. 62—63°, durch tropfenweise Zugabe von **XVI** zu Eis bei <10°, 3std. Rühren bei Raum-Temp., Abtrennen der unteren Schicht u. Dest.; 62,5%. — *Gemisch von β-Hydroxy-α-chlor-α.β.β-trifluoräthansulfonsäuresulton u. β-Hydroxy-β-chlor-α.α.β-trifluoräthansulfonsäuresulton* (**A**), $C_2ClF_3O_3S$, Kp. 76—78°, aus **IV** u. frisch dest. SO_3 analog **V**; 85%. — *Fluorsulfonyldifluoressigsäure-2-äthylhexylester,* Kp.$_{2,5}$ 71—74°, durch Zugabe von **A** zu 2-Äthylhexanol in Ligroin bei 0°; n_D^{25} 1,3978; 14%. — *N-[Fluorsulfonylchlorfluoracetyl]-morpholin,* F. 90—92°, durch Zugabe von Morpholin zu **A** in Ae. bei 10°; 10%; daneben 30% **XIII**. — *N.N-Diäthylfluorsulfonylchlorfluoracetamid,* Kp.$_{10}$ 129—132°, durch Zugabe von Diäthylamin zu **A** in Ae. bei 10°; n_D^{25} 1,4411; 30%; daneben 20% **XVII**. — *Fluorsulfonylchlorfluoracetylfluorid* (**XVIII**), Kp. 73—74°, durch Versetzen von **A** mit **XI** bei —10°, Stehen, 2std. Erhitzen auf 75° u. fraktionierte Dest.; daneben **XII**. — *Chlorsulfonyldifluoracetylfluorid* (**XIX**), Kp. 76°, neben vorst. Verbindung. — *β-Hydroxy-α.β-dichlor-α.β-difluoräthansulfonsäuresulton,* $C_2Cl_2F_2O_3S$, Kp. 110—113°, durch Zugabe von frisch dest. SO_3 zu 55 g **II** (10 Min.), 1std. Rühren bei Raum-Temp. u. Dest.; 80%; daneben *4.5-Dichlor-4.5-difluor-1.3-dioxa-2.6-dithian-2.2.6.6-tetroxyd,* $C_2Cl_2F_2O_6S_2$, Kp. 140—145°; 7 g. — *Fluorsulfonylchlorfluoressigsäurediäthylamid,* Kp.$_{10}$ 128°, durch Zugabe von Diäthylamin zu vorst. Verb. in Ae. bei —10°; n_D^{25} 1,4414; 62%. — *Chlorsulfonylchlorfluoracetylfluorid,* $C_2Cl_2F_2O_3S$, Kp. 113°, durch Zugabe von einigen Tropfen **XI** zu vorvorst. Verb., 2std. Kochen u. Dest.; 62%. — *β-Hydroxy-α.α-dichlor-β.β-difluoräthansulfonsäuresulton,* $C_2Cl_2F_2O_3S$, Kp. 110—112°, durch mehrstd. Erhitzen von frisch dest. SO_3 u. **III** im Bombenrohr auf 100° u. Dest.; 56%. — *Fluorsulfonyldichloracetylfluorid,* $C_2Cl_2F_2O_3S$, Kp. 110°, durch Versetzen vorst. Verb. mit einigen Tropfen **XI**, ½std. Kochen u. Destillation. — *β-Hydroxy-α.β.β-trifluoräthansulfonsäuresulton* (**VII**), $C_2HF_3O_3S$, Kp. 103°, durch Rk. von frisch dest. SO_3 mit **VI**; 61%; daneben *4.4.5-Trifluor-1.3-oxa-2.6-dithian-2.2.6.6-tetroxyd* (**VIII**), $C_2HF_3S_2O_6$, Kp. 156—57°; 24%. — *Fluorsulfonylfluoracetylfluorid,* Kp. 103°, durch ½std. Kochen von 25 g vorst. Verb. mit **XI**; 18,5 g. — *ω-Hydroperfluorocten-(1),* Kp.$_{130}$ 66°,

durch Neutralisieren von ω-Hydroperfluornonansäure mit NaOH, 60std. Eindampfen bei 90° im Vakuum u. Erhitzen auf > 350°; n_D^{25} 1,2960; 88%. — *β-Hydroxy-α-[ω-hydroperfluorhexyl]-α.β.β-trifluoräthansulfonsäuresulton*, $C_8HF_{15}O_3S$, Kp.$_{22}$ 76°, durch mehrstd. Erhitzen vorst. Verb. mit frisch dest. SO_3 im Bombenrohr auf 100° u. Dest.; 90%. — *β-Hydroxy-α-butyl-α.β.β-trifluoräthansulfonsäuresulton*, $C_6H_9F_3O_3S$, Kp.$_{20}$ 63—65°, durch Rk. von frisch dest. SO_3 u. Butyltrifluoräthylen bei 0°, Erwärmen auf Raum-Temp. u. Dest. im Vakuum; 72%. — *Fluorsulfonyldifluoressigsäure*, $C_2HF_3O_4S$, Kp.$_{45}$ 88—90°, a) durch Zugabe von W. zu **XII** in PAe. bei —10°; n_D^{25} 1,3604; 75%; b) analog a) aus **V**; 62%. — *Sulfonyldifluoressigsäure, Sesquihydrat*, $C_2H_2F_2O_5S \cdot 1\frac{1}{2} H_2O$, F. 45—47°, durch Zugabe vorst. Verb. zu wss. NaOH, 18std. Stehen bei Raum-Temp. u. Filtrieren über Amberlite IR-120. *Ba-Salz*, $C_2BaF_2O_5S \cdot H_2O$, durch Versetzen der Säure mit $Ba(OH)_2$; 95%. *Ca-Salz, Trihydrat*, $C_2CaF_2O_5S \cdot 3H_2O$, mit $CaCO_3$; 97%. — *ω.ω-Difluoracetophenon*, durch FRIEDEL-CRAFTS-Rk. von Bzl. u. **XII** in CS_2; 35%. *2.4-Dinitrophenylhydrazon*, F. 216°. — *ω-Chlor-ω.ω-difluoracetophenon*, Kp.$_{40}$ 98—99°, neben vorst. Verb.; n_D^{25} 1,4940; n_D^{20} 1,4956. — *Benzoyldifluormethylphenylsulfon*, $C_{14}H_{10}F_2O_3S$, F. 78—80°, neben vorst. Verbindung. *2.4-Dinitrophenylhydrazon*, $C_{20}H_{14}F_2N_4O_6$, F. 188—190°.
P. GOLINSKE. 600□

Eigenschaften, Darstellung und Anwendung von Acetonitril. Ja. M. Pauschkin und L. W. Ossipowa. (Успехи Химии [Fortschr. Chem.] **28.** 237—64. März 1959.) (Russ.)

Allg. Überblick. — 278 Literaturangaben. G. FROELICH. 810□

Darstellung von $\Delta^{\alpha,\gamma}$-Alkadiensäureestern. Jean Colonge und Jean Varagnat. (Bull. Soc. chim. France **1961.** 237—39. Febr. Lyon, École Supér. de Chim. Ind., Fac. des Sci., Chim. organ.) (Franz.)

Es wird die REFORMATSKI-Rk. zwischen α,β-ungesätt. Ketonen u. α-Bromestern untersucht. Die Kondens. wird in Ae. in Ggw. von Hydrochinon vorgenommen. Buten-(3)-on-(2) gibt nur Polymerisationsprodukte. Dehydratisierung der erhaltenen γ,δ-ungesätt. β-Hydroxyester durch Dest. in Ggw. von wasserfreiem $CuSO_4$ gibt die entsprechenden *Hexadien-(2.4)-säureäthylester*. Die Verseifung von *3.5-Dimethylhexadien-(2.4)-säureäthylester* (**VII**) gibt 2 Prodd.: *3.5-Dimethylhexadien-(2.4)-säure* u. *3.5-Dimethyl-5-hydroxyhexen-(2)-säurelacton*. Es wird eine „cis-Dehydratation" angenommen.

Versuche: 3-Hydroxyhexen-(4)-säureäthylester, durch Zutropfen von α-Bromester u. ungesätt. Keton in Ae. zu Zn-Lamellen unter Ae. unter gelindem Sieden, 1 std. Rühren, 1 std. Kochen u. Hydrolyse mit Eis u. H_2SO_4: *3-Methyl-*, $C_9H_{16}O_3$, Kp.$_{15}$ 93°, Kp.$_{30}$ 107°, aus Penten-(3)-on-(2) (**I**) u. α-Bromessigsäureäthylester (**II**); $D._4^{25}$ 0,974, n_D^{25} 1,4415; 68% (Ausbeute). — *2.3-Dimethyl-*, $C_{10}H_{18}O_3$, Kp.$_8$ 89°, Kp.$_{15}$ 102°, Kp.$_{27}$ 114°, aus **I** u. α-Brompropionsäureäthylester (**III**); $D._4^{25}$ 0,967, n_D^{25} 1,4431; 64%. — *2-Äthyl-3-methyl-*, $C_{11}H_{20}O_3$, Kp.$_{15}$ 106°, Kp.$_{22}$ 118°, aus **I** u. α-Brombuttersäureäthylester (**IV**); $D._4^{25}$ 0,962, n_D^{25} 1,4450; 59%. — *3.4-Dimethyl-*, $C_{10}H_{18}O_3$, Kp.$_{15}$ 102°, aus 3-Methylpenten-(3)-on-(2) (**V**) u. **II**; $D._4^{25}$ 0,975, n_D^{25} 1,4471; 70%. — *2.3.4-Trimethyl-*, $C_{11}H_{20}O_3$, Kp.$_{15}$ 106°, aus **V** u. **III**; $D._4^{25}$ 0,962, n_D^{25} 1,4480; 65%. — *3.4-Dimethyl-2-äthyl-*, $C_{12}H_{22}O_3$, Kp.$_{15}$ 109°, aus **V** u. **IV**; $D._4^{25}$ 0,962, n_D^{25} 1,4500; 63%. — *3.5-Dimethyl-*, Kp.$_{15}$ 102°, aus 4-Methylpenten-(3)-on-(2) (**VI**) u. **II**; $D._4^{21,5}$ 0,973, $n_D^{21,5}$ 1,4517; 73%. — *2.3.5-Trimethyl-*, $C_{11}H_{20}O_3$, Kp.$_{4,5}$ 81—82°, Kp.$_{15}$ 106°, aus **VI** u. **III**; $D._4^{23}$ 0,964, n_D^{23} 1,4490; 69%. — *3.5-Dimethyl-2-äthyl-*, $C_{12}H_{22}O_3$, Kp.$_{15}$ 109°, aus **VI** u. **IV**; $D._4^{25}$ 0,949, n_D^{25} 1,4509; 60%. — *2.2.3.5-Tetramethyl-*, $C_{12}H_{22}O_3$, Kp.$_7$ 93°, Kp.$_{15}$ 109°, aus Mesityloxyd u. **IV**; $D._4^{25}$ 0,950, n_D^{25} 1,4521. — Hexadien-(2.4)-säureäthylester, durch langsame Dest. vorst. Ester in Ggw. von 1% wasserfreiem $CuSO_4$ bei 80 mm; ca. 95%. *3-Methyl-*, $C_9H_{14}O_2$, Kp.$_{15}$ 85°, $D._4^{25}$ 0,966, n_D^{25} 1,4750. — *2.3-Dimethyl-*, $C_{10}H_{16}O_2$, Kp.$_{15}$ 90°, Kp.$_{40}$ 107°, $D._4^{25}$ 0,927, n_D^{25} 1,4670. — *3-Methyl-2-äthyl-*, $C_{11}H_{18}O_2$, Kp.$_{15}$ 89°, Kp.$_{22}$ 97°, $D._4^{25}$ 0,928, n_D^{25} 1,4635. — *3.4-Dimethyl-*, $C_{10}H_{16}O_2$, Kp.$_{15}$ 95°, $D._4^{25}$ 0,904, n_D^{25} 1,4652. — *2.3.4-Trimethyl-*, $C_{11}H_{18}O_2$, Kp.$_{24}$ 103°, $D._4^{25}$ 0,928, n_D^{25} 1,4612. — *3.4-Dimethyl-2-äthyl-*, $C_{12}H_{20}O_2$, Kp.$_{23}$ 108°, $D._4^{25}$ 0,926, n_D^{25} 1,4648. — *3.5-Dimethyl-* (**VII**), $C_{10}H_{16}O_2$, Kp.$_{14}$ 94°, Kp.$_{15}$ 95°, $D._4^{25}$ 0,926, n_D^{25} 1,4632. — *2.3.5-Trimethyl-*, $C_{11}H_{18}O_2$, Kp.$_4$ 66°, Kp.$_{15}$ 96°, $D._4^{24}$ 0,916, n_D^{24} 1,4559. — *3.5-Dimethyl-2-äthyl-*, $C_{12}H_{20}O_2$, Kp.$_{15}$ 98°, $D._4^{25}$ 0,912, n_D^{25} 1,4559. — Verseifung von **VII** mit 1%ig. NaOH ergibt *3.5-Dimethylhexadien-(2.4)-säure*, $C_8H_{12}O_2$, F. 93° (33%ig. A.), in kalter wss. Na_2CO_3-Lsg. gut lösl., u. *3.5-Dimethyl-5-hydroxyhexen-(2)-säurelacton*, $C_8H_{12}O_2$, Kp.$_4$ 104°, $D._4^{25}$ 0,996, n_D^{25} 1,4720, unlösl. in kalter wss. Na_2CO_3. H. G. HENKEL. 810□

Eine neue Reaktion cyclischer aliphatischer Anhydride. D. Rittenberg und Laura Ponticorvo. (Proc. nat. Acad. Sci. USA **46.** 822—24. Juni 1960. Columbia Univ., Coll. of Phys. and Surg., Dep. of Biochem.) (Engl.)

Die *Anhydride* von *Malein-*, *Bernstein-*, *Adipin-*, *Chlormalein-*, *β-Methylglutacon-*, *Glutar-*, *Citracon-* u. *Sebacinsäure* spalten in Ggw. katalyt. wirkender tert. Basen, wie

Triäthylamin, Tri-n-butylamin, Dimethylanilin, Pyridin, 2.6-Lutidin, Chinolin, 5.6-Benzochinolin, Chinaldin u. Kollidin, unter starker Erwärmung u. vorübergehender rotbrauner Färbung mit verschiedener Geschw. CO_2 ab u. ergeben tiefgefärbte, uneinheitliche Stoffe, die in polaren Lsgm. u. wss. Alkali lösl., in Säuren u. unpolaren Lsgm. unlösl. sind. Cyclopentylmalein-, Dodecenylbernstein-, Cyclohexan-1.2-dicarbon- u. Cyclohexen-1.2-dicarbonsäureanhydrid entwickeln mit tert. Basen kein CO_2.

W. Schreiber. 820□

Synthese von 1.3.5.7-Tetracyanheptan. W. C. Vosburgh und D. L. Green. (J. org. Chemistry **26.** 2118—19. Juni 1961. Wilmington, Del., E. I. du Pont de Nemours & Co., Inc., Pioneer. Res. Labor.) (Engl.)

Als kurzkettige Modellsubstanz für das Polyacrylnitril-Mol. wurde *1.3.5.7-Tetracyanheptan* aus Cyanessigester (**II**), Formaldehyd (**III**) u. Acrylnitril (**IV**) hergestellt. Bei der Rk. von **II** mit **III** zu *α.α'-Dicyanglutarsäurediäthylester* (**I**; vgl. Hellmann u. Seegmüller, C. **1957.** 8766) muß die Temp. unter 50° gehalten werden, da sonst ein leicht polymerisierendes, die Dest.-Kolonne verstopfendes Polymerisat von *α-Cyanacrylsäureäthylester* entsteht.

Versuche: *α.α'-Dicyanglutarsäurediäthylester* (**I**), $C_{11}H_{14}N_2O_4$, Kp.$_{0,4-0,6}$ 150,5 bis 151,5°, durch 4std. Zugabe von 10%ig. alkohol. KOH zur Mischung aus **II** u. **III** unter Kühlung, 2std. Erwärmen u. Rühren u. Ansäuern mit alkohol. HCl bis pH 4; n_D^{24} 1,4500, $D.^{24}$ 1,1416; 73% (Ausbeute). — *1.3.5.7-Tetracyan-3.5-dicarbäthoxyheptan*, durch langsame Zugabe von Triton B zu **I** u. **IV** in Dioxan, 16std. Rühren bei 30—35°, Gießen in W., Ansäuern u. Trocknung der rötlichgelben öligen Phase durch azeotrope Dest. mit Bzl.; 60%. — *α.α'-Dicyan-α.α'-bis-[β-cyanäthyl]-glutarsäure, Di-K-Salz*, F. 198—206° (Zers.), durch langsames Eintragen von roher vorst. Verb. in methanol.-äthanol. KOH; 24%. — *1.3.5.7-Tetracyanheptan*, $C_{11}H_{12}N_4$, F. 106—107°, durch 2½ std. Erwärmen von vorst. Verb. mit Eisessig auf 90—100°, Einengen u. Extraktion des Rückstandes mit CH_2Cl_2, Kristalisierenlassen des erhaltenen Öls zu gelben Plättchen (60,6%, roh) u. Waschen mit CH_3OH; 27,2%.

E. Reichelt. 840□

„Retroallyl"-Umlagerung bei der Reformatski-Reaktion mit Bromcrotonsäureäthylester. Jean Colonge und Jean Varagnat. (Bull. Soc. chim. France **1961.** 234—37. Febr. Lyon, École Supér. de Chim. Ind., Fac. des Sci., Chim. organ.) (Franz.)

Die Rk. von γ-Bromcrotonsäureäthylester (**I**) mit verschiedenen Methylketonen führt nur dann zu dem erwarteten normalen Ester, wenn die 2. Gruppe am Methylketon stark verzweigt ist. Liegt keine Verzweigung vor, tritt ein durch Retroallylumlagerung entstandener Ester auf. Geringe Verzweigung führt zu Gemischen beider Formen. Die Struktur der „anomalen" Ester wurde durch Ozonisierung u. IR-Spektrum bewiesen. Sie spalten schwerer W. ab als die normalen Ester.

Versuche: *2-Vinyl-3-methyl-3-hydroxybuttersäureäthylester* (**II**), $C_9H_{16}O_3$, Kp.$_2$ 54°, Kp.$_{15}$ 85—86°, durch Zufügen von **I** u. Aceton in Ae. u. Zn-Pulver + J_2 unter gelindem Sieden, 15 Min. Kochen, Hydrolyse mit Eis + H_2SO_4 u. Ae.-Extraktion; $D._4^{25}$ 0,976, n_D^{25} 1,4491; 54% (Ausbeute). — *2-Vinyl-3-methylbuten-(2)-säureäthylester*, $C_9H_{14}O_2$, Kp.$_{742}$ 163°, aus **II** durch Wasserabspaltung mit $SOCl_2$ u. Pyridin nach Darzens [1911]; $D._4^{25}$ 0,930, n_D^{25} 1,4930. *Freie Säure*, $C_7H_{10}O_2$, F. 57° (verd. A.). — *2-Äthyl-3-methylbutyramid*, $C_7H_{15}NO$, F. 135° (PAe.), aus vorst. Säure durch katalyt. Hydrierung u. Amidbildung. — *2-Vinyl-3-methylbutandiol-(1.3)*, $C_7H_{14}O_2$, Kp.$_{9,5}$ 108°, aus **II** durch Red. mit $LiAlH_4$; $D._4^{25}$ 0,971, n_D^{25} 1,4572; 39%. *Di-p-nitrobenzoat*, $C_{21}H_{20}N_2O_8$, F. 137° (A.). — *2-Vinyl-3-methyl-3-hydroxyvaleriansäureäthylester*, $C_{10}H_{18}O_3$, Kp.$_2$ 59°, Kp.$_{15}$ 92°, analog **II** aus **I** u. Methyläthylketon; $D._4^{25}$ 0,968, n_D^{25} 1,4420; 64,5%. — *2-Vinyl-3-methyl-3-hydroxyoctansäureäthylester*, $C_{13}H_{24}O_3$, Kp.$_2$ 89°, aus **I** u. Methylamylketon; $D._4^{25}$ 0,936; n_D^{25} 1,4460; 45%. — *2-Vinyl-3.5-dimethyl-3-hydroxycapronsäureäthylester* [$C_{12}H_{22}O_3$, Kp.$_2$ 72°, $D._4^{25}$ 0,942, n_D^{25} 1,4431; 71%] u. *5.7-Dimethyl-5-hydroxyocten-(2)-säureäthylester* [$C_{12}H_{22}O_3$, Kp.$_2$ 107°, $D._4^{25}$ 0,963, n_D^{25} 1,4615; 29%], aus **I** u. Methylisobutylketon; Trennung durch fraktionierte Dest.; zusammen 52%. — *2-Vinyl-3.4-dimethyl-3-hydroxyvaleriansäureäthylester* [$C_{11}H_{20}O_3$, Kp.$_2$ 66°, $D._4^{25}$ 0,937, n_D^{25} 1,4401; 50%] u. *5.6-Dimethyl-5-hydroxyhepten-(2)-säureäthylester* [$C_{11}H_{20}O_3$, Kp.$_2$ 102°, $D._4^{25}$ 0,987; n_D^{25} 1,4651; 50%], aus **I** u. Methylisopropylketon; zusammen 38%. — *5.6.6-Trimethyl-5-hydroxyhepten-(2)-säureäthylester*, $C_{12}H_{22}O_3$, Kp.$_2$ 105°, Kp.$_{15}$ 150°, aus **I** u. Pinakolin; $D._4^{35}$ 0,982, n_D^{25} 1,4688; 35%.

H. G. Henkel. 850□

Beitrag zur Untersuchung der von normalen langkettigen aliphatischen Säuren abgeleiteten Dimeren der Ketene. Salomon Piékarski. (J. Rech. Centre nat. Rech. Sci. **1957.** 197—230. Sept. Labor. des Corps Gras.) (Franz.)

Ketendimere werden durch Umsetzung geradzahliger aliphat. Säurechloride (von Caproyl- bis Stearoylchlorid) mit einem tert. Amin dargestellt. Für die dimeren Ketene wird die Formulierung als *β,γ*-ungesätt. *β*-Lactone bestätigt. W., H_2S, HBr u. prim. Amine öffnen den Lactonring unter Bldg. von *β-Hydroxy-Δ^β-alkensäurederivaten*. Die mit Aminen entstehenden *β-Ketosäureamide* werden mit Hydrazin zu substituierten Pyrazolonen cyclisiert. Die Friedel-Crafts-Rk. von dimeren Ketenen mit Bzl. führt zu *β-Diketonen*, wie 1-Alkyl-3-phenylpropandionen-(1.3) u. Umsetzung mit Essigsäureanhydrid oder Benzoylchlorid führt unter analoger Ringaufspaltung u. Decarboxylierung zu *1.3-Dialkylpropen-(1)-ol-(2)-acylaten*. Durch Hydrolyse der dimeren Ketene in saurem Medium entstehen unter Decarboxylierung *symm. Ketone*.

Versuche: *6-Hydroxyundecen-(5)-carbonsäure-(7)-lacton* (I), Kp.$_2$ 133°, durch 3std. Kochen von Caproylchlorid mit Triäthylamin in Ae., Abfiltrieren u. Extrahieren des Rk.-Prod. mit Äther. — *6-Oxoundecan-7-carbonsäure, Amid* (II), $C_{12}H_{23}NO_2$, F. 109,5 bis 110,5°, durch Umsetzen von I mit NH_3 in Ae.; *Äthylamid*, $C_{14}H_{27}NO_2$, F. 65,4—66,2°; *p-Toluidid*, $C_{19}H_{29}NO_2$, F. 80,0—80,7°; *p-Anisid*, $C_{19}H_{29}NO_3$, F. 86,5—87,5°; *β-Naphthylamid*, $C_{22}H_{29}NO_2$, F. 86,5—87,9°. — *8-Oxopentadecan-9-carbonsäure, Amid*, $C_{16}H_{31}NO_2$, F. 109—110°, analog II; *Äthylamid*, $C_{18}H_{35}NO_2$, F. 77,3—78,3°; *Anilid*, $C_{22}H_{35}NO_2$, F. 82,0—83,0°; *p-Toluidid*, $C_{23}H_{37}NO_2$, F. 86,6—87,3°; *p-Anisidid*, $C_{23}H_{37}NO_3$, F. 91,8 bis 92,5°; *β-Naphthylamid*, $C_{26}H_{37}NO_2$, F. 90,8—91,3°; *p-Bromanilid*, $C_{22}H_{34}BrNO_2$, F. 98 bis 99,5°. — *10-Oxononadecan-11-carbonsäure, Amid*, $C_{20}H_{39}NO_2$, F. 116,3—117,3°, analog II; *Äthylamid*, $C_{22}H_{43}NO_2$, F. 86,5—87,5°; *Anilid*, $C_{26}H_{43}NO_2$, F. 96,1—97,0°; *p-Toluidid*, $C_{27}H_{45}NO_2$, F. 92,7—93,7°; *p-Anisidid*, $C_{27}H_{45}NO_3$, F. 97,5—98,5°; *β-Naphthylamid*, $C_{30}H_{45}NO_2$, F. 94,0—95,0°; *p-Bromanilid*, $C_{26}H_{42}BrNO_2$, F. 103,5—105,0°. — *12-Oxotrikosan-13-carbonsäure, Äthylamid*, $C_{26}H_{51}NO_2$, F. 92,7—93,3°, analog II; *m-Toluidid*, $C_{31}H_{53}NO_2$, F. 69,5—70,5°; *p-Toluidid*, F. 96,2—97,0°; *p-Anisidid*, $C_{31}H_{53}NO_3$, F. 104,5—105,5°; *α-Naphthylamid*, $C_{34}H_{53}NO_2$, F. 67,5—69,0°; *β-Naphthylamid*, F. 98,0 bis 99°; *p-Bromanilid*, $C_{30}H_{50}BrNO_2$, F. 108,0—109,0°. — *14-Oxoheptakosan-15-carbonsäure, Amid*, $C_{28}H_{55}NO_2$, F. 115,7—116,7°, analog II; *Äthylamid*, $C_{30}H_{59}NO_2$, F. 98,0 bis 99,0°; *m-Toluidid*, $C_{35}H_{61}NO_2$, F. 76,7—77,8°; *p-Toluidid*, F. 103,0—104,0°; *p-Anisidid*, $C_{35}H_{61}NO_3$, F. 108,7—109,7°; *α-Naphthylamid*, $C_{38}H_{61}NO_2$, F. 76,3—77,7°; *β-Naphthylamid*, $C_{38}H_{61}NO_2$, F. 103,2—104,2°. — *16-Oxohentriakontan-17-carbonsäure, Amid*, $C_{32}H_{63}NO_2$, F. 117,5—118,5°, analog II; *Äthylamid*, $C_{34}H_{67}NO_2$, F. 102,0—103,0°; *Anilid*, $C_{38}H_{67}NO_2$, F. 96,0—97,0°; *m-Toluidid*, $C_{39}H_{69}NO_2$, F. 86,0—87,2°; *p-Toluidid*, F. 106,0 bis 107,0°; *p-Anisidid*, $C_{39}H_{69}NO_3$, F. 112,4—113,5°; *α-Naphthylamid*, $C_{42}H_{69}NO_2$, F. 75,0 bis 76,0°; *β-Naphthylamid*, $C_{42}H_{69}NO_2$, F. 106,9—107,8°. — *18-Oxopentatriakontan-19-carbonsäure, Äthylamid*, $C_{38}H_{75}NO_2$, F. 106,9—108,1°, analog II; *p-Toluidid*, $C_{43}H_{77}NO_2$, F. 111,0—112,0°; *p-Anisidid*, $C_{43}H_{77}NO_3$, F. 113,2—114,5°; *β-Naphthylamid*, $C_{46}H_{77}NO_2$, F. 112,6—114,0°. — Pyrazolone-(5): *3-Pentyl-4-butyl-* (III), $C_{12}H_{22}N_2O$, F. 67,1 bis 68,0°, durch 4std. Kochen von II mit Hydrazinhydrat in Ae.; 89% (Ausbeute). — *3-Heptyl-4-hexyl-*, $C_{16}H_{30}N_2O$, F. 70,4—71,4°. — *3-Nonyl-4-octyl-*, $C_{20}H_{38}N_2O$, F. 75,2 bis 76,2°. — *3-Undecyl-4-decyl-*, $C_{24}H_{46}N_2O$, F. 80,0—80,6°. — *3-Tridecyl-4-dodecyl-*, $C_{28}H_{54}N_2O$, F. 84,6—85,8°. — *3-Pentadecyl-4-tetradecyl-*, $C_{32}H_{62}N_2O \cdot H_2O$, F. 90,5—91,7°. — Dimeres Decylketen wird durch Phenylhydrazin bei 240° zu *Laurinsäurephenylhydrazid* (F. 107—109°, A.) umgesetzt; eine analoge Spaltung findet beim Erhitzen von dimerem Tetradecylketen mit Phenylhydrazin in Heptan statt. — Ferner wurden die UV-Spektren einer Reihe von Fettsäure-Derivv. aufgenommen: *β-Naphthylamide*: *Essigsäure-* (F. 132 bis 133°), *Buttersäure-* (F. 122—123°), *Capronsäure-* (F. 101—102°), *Caprylsäure-* (F. 102,1 bis 102,8°), *Caprinsäure-* (F. 104—104,5°), *Laurinsäure-* (F. 105—106°), *Myristinsäure-* (F. 107,5—108°), *Palmitinsäure-* (F. 109,8—110,5°), *Stearinsäure-* (F. 111—111,5°) u. *Ölsäure-* (F. 72—72,5°). — p-Nitranilide: *Caprinsäure-* (F. 75—75,5°), *Laurinsäure-* (F. 82—82,5°), *Myristinsäure-* (F. 88—88,5°), *Palmitinsäure-* (F. 93—93,5°) u. *Stearinsäure-* (F. 98—98,5°). p-Anisidide: *Capronsäure-* (F. 89,5—90,0°), *Caprylsäure-* (F. 96 bis 96,5°), *Laurinsäure-* (F. 104,1—104,5°), *Palmitinsäure-* (F. 110—110,6°) u. *Ölsäure-* (F. 77,7—78,5°). p-Toluidide: *Caprylsäure-* (F. 69,7—70,2°), *Laurinsäure-* (F. 85,5 bis 86,3°) u. *Palmitinsäure-* (F. 96—97°). p-Phenylphenacylester: *Capronsäure-* (F. 65 bis 66°), *Caprinsäure-* (F. 77,5—78,3°), *Palmitinsäure-* (F. 94,1—94,8°) u. *Behensäure-* (F. 103—104°). — Ferner die UV-Spektren der 2.4-Dinitrophenylhydrazone (DNP) von Carbonyl-Verbb.: *Propanal-* (F. 155,5—156,2°), *Hexanal-* (F. 105,4—106,2°), *Heptanal-* (F. 142—143°), *Decanal-* (F. 102—103°), *Propanon-(2)-* (F. 124—125°), *Butanon-(2)-* (F. 114,5—115,5°), *Pentanon-(2)-* (F. 142—143°), *Decanon-(2)-* u. *Undecanon-(2)* (F. 63 bis 64°). — Ferner die UV-Spektren der Ester folgender Fettsäuren mit dem DNP des Acetonalkohols: *Caprinsäure-* (F. 70°), *Laurinsäure-* (F. 79°), *Myristinsäure-* (F. 83,5°), *Palmitinsäure-* (F. 87,5°) u. *Stearinsäure-* (F. 90,5°). — Weiterhin die UV-Spektren der α-Naphthylurethane folgender Alkohole: *Butanol-* (F. 69,5—70°), *Hexanol-* (F. 58 bis 59°), *Decanol-* (F. 71,5—72°) u. *Tetradecanol-* (F. 80—81°). — Friedel-Crafts-Rk. von 6,6 g dimerem Decylketen u. Bzl. ergab 4,08 g *Trikosanon-(12)* u. ein rotes Öl, das nach saurer Verseifung *Dodecansäure* (F. 38—41°; *Anilid*, F. 74,5—76,2°) u. *Phenylundecylketon* (F. 67—69°; *DNP*, $C_{24}H_{32}N_4O_4$, F. 93—94,5°) liefert. — Durch 4std. Kochen von I mit Acetanhydrid erhält man ein Öl (VZ. 196; 11%), das zu *Pentadecanon* verseift wird; mit dimerem Decylketen entsteht eine Verb. mit der VZ. 145, die zu *Trikosanon* verseift wird. — Durch 4std. Kochen von I mit Benzoylchlorid u. Hydrolyse entsteht *Octansäure* u. ein Öl (VZ. 153), das zu *Pentadecanon* u. *Benzoesäure* verseift wird. — *Oleon*, F. 44,3—45,5° (Aceton), durch Hydrolyse des dimeren Ketens aus Ölsäurechlorid u. Triäthylamin; 80,5%. — *Undecylenon*, F. 44,5—45,7°, analog.

H. WOLLWEBER. 850

Eine neue Methode zur Darstellung von Stickstofflost-Verbindungen. Yutaka Kuwada. (Chem. pharmac. Bull. [Tokyo] 8. 77—78. Jan. 1960. Tokyo, Pharmacol. Res. Foundation, Iatrochem. Inst.) (Engl.)

Durch Rk. von Bis-[β-chloräthyl]-amin u. einem Carbonsäurechlorid entsteht ein *N.N-Bis-[β-chloräthyl]-carbonsäureamid*, das sich mit $LiAlH_4$ in *Bis-[β-chloräthyl]-alkylamin* überführen läßt.

Versuche: N.N-Bis-[β-chloräthyl]-carbonsäureamide, durch Lösen von N.N-Bis-[β-chloräthyl]-aminhydrochlorid in möglichst wenig W., Zugabe von 1 m NaOH, Extrahieren mit Bzl., tropfenweise Zugabe eines Acylchlorides (½ Mol) unter Eiskühlung, 1std. Erhitzen auf 100°, Kühlen, Filtrieren, Eindampfen u. Dest. oder Umkristallisation: *-acetamid*, $Kp._{12}$ 150°. — *-chloracetamid*, $Kp._8$ 167—169°. — *-butancarbonsäureamid*, $Kp._8$ 148—149°. — *-pentancarbonsäureamid* konnte nicht ganz rein erhalten werden. — *-hexancarbonsäureamid*, $C_{11}H_{21}Cl_2NO$, $Kp._{0,1}$ 190°. — *-heptadecancarbonsäureamid*, $C_{22}H_{43}Cl_2NO$, F. 135—136° (A.). — *Alkyl-bis-[β-chloräthyl]-amin*, durch Zugabe der äther. Lsg. der Amide zu einer äther. $LiAlH_4$-Lsg., 3std. Rühren, Zugabe von W., Abtrennen der Ae.-Schicht, Extrahieren mit 10%ig. HCl, Eindampfen der HCl-Schicht im Vakuum u. Umkristallisieren der erhaltenen *Hydrochloride*; >70% (Ausbeuten): *Äthyl-*, *Hydrochlorid*, F. 137—138°; 86%. *Pikrat*, F. 100°. — *β-Chloräthyl-*, *Hydrochlorid*, F. 110°; 80%. *Pikrat*, $C_{12}H_{15}Cl_3N_4O_7$, F. 131—132°. — *Amyl-*, *Hydrochlorid*, F. 83 bis 84°; 73%. *Pikrat*, F. 83—84°. *Pikrylsulfonat*, $C_{15}H_{22}Cl_2N_4O_9S$, F. 153—154°. — *Hexyl-*, *Hydrochlorid*, F. 63—65°; 96%. *Pikrylsulfonat*, $C_{16}H_{24}Cl_2N_4O_9S$, F. 159—160°. — *Heptyl-*, *Hydrochlorid*, sehr hygroskp.; 74%. *Pikrylsulfonat*, $C_{17}H_{26}Cl_2N_4O_9S$, F. 161 bis 162°. — *Octadecyl-*, $C_{22}H_{45}Cl_2N$, F. 86—87° (A. u. PAe.); 70%. — *Triäthylamin*, *Hydrochlorid*, $C_6H_{16}ClN$, F. 245° (Zers.), durch Red. von N-Chloracetyldiäthylamin analog den vorst. Verbb.; 93%. *Pikrat*, $C_{12}H_{18}N_4O_7$, F. 173°.

P. GOLINSKE. 910□

Über die Reaktion von Alkoholen mit Triäthylhydroxysilan. K. A. Andrianow und W. W. Asstachin. (Журнал Общей Химии [J. allg. Chem.] **29** (**91**). 3752—54. Nov. 1959. Elektrotechn. Allunions-Lenin-Inst.) (Russ.)

Die Dest. von Triäthylsilanol (Triäthylhydroxysilan; **I**) mit Isopropanol (**II**), Isobutanol (**III**) u. Amylalkohol (**IV**) liefert die entsprechenden *Triäthylalkoxysilane* neben etwas *Hexaäthyldisiloxan*.

Versuche: *Triäthylisopropoxysilan*, $C_9H_{22}OSi$, $Kp._{743}$163°, man dest. 99 g **I** u. 180 g **II** sorgfältig bei Normaldruck; $D._4^{20}$ 0,8114; n_D^{20} 1,4150; 35,1%. — *Triäthylisobutoxysilan*, $C_{10}H_{24}OSi$, Kp. 185°, aus 99 g **I** u. 222 g **III**; $D._4^{20}$ 0,8194; n_D^{20} 1,4192; 49,7%. — *Triäthylamyloxysilan*, $C_{11}H_{26}OSi$, Kp. 209°, aus 49,5 g **I** u. 132 g **IV**; $D._4^{20}$ 0,8239; n_D^{20} 1,4269; 51,6%.

HELMUT SCHÄFER. 980□

Methylalkoxychlorsilane. K. A. Andrianow und A. A. Kasakowa. (Журнал Общей Химии [J. allg. Chem.] **29** (**91**). 3754—57. Nov. 1959. Elektrotechn. Allunions-Inst.) (Russ.)

Durch Rk. von Methyltrichlorsilan (**I**) mit Alkoholen werden *Methylmethoxydichlor-*, *Methyldimethoxychlor-*, *Methyläthoxydichlor-*, *Methyldiäthoxychlor-*, *Methylbutoxydichlor-*, *Methyldibutoxychlor-* (**II**), *Methylisoamyloxydichlor-* u. *Methyldiisoamyloxychlorsilan* (**III**) synthetisiert. Bei der Hydrolyse von **II** u. **III** in W.-Toluol entstehen lösl. Prodd., bei der Hydrolyse der übrigen Verbb. unlösl. Polymere.

Versuche: Methylalkoxychlorsilane: *Methylmethoxydichlor-*, $C_2H_6Cl_2OSi$, Kp. 79—80°, man tropft zu 149,5 g **I** 32 g Methanol, rührt 1 Std. bei 7—10° u. 5 Std. bei 50—60°; $D._{20}^{20}$ 1,1424; n_D^{20} 1,3945; 43% (Ausbeute). Analog erhält man folgende Silane, wobei man bis zu 12 Std. bei 50—60° rührt: *Methyldimethoxychlor-*, $C_3H_9ClO_2Si$, Kp. 93 bis 94°; $D._{20}^{20}$ 1,0426; n_D^{20} 1,3820; 38%. — *Methyläthoxydichlor-*, $C_3H_8Cl_2OSi$, Kp. 98 bis 101°; $D._{20}^{20}$ 1,1037; n_D^{20} 1,3990; 27%. — *Methyldiäthoxychlor-*, $C_5H_{13}ClO_2Si$, Kp. 127 bis 131°; $D._{20}^{20}$ 0,9822; n_D^{20} 1,3912; 23%. — *Methylbutoxydichlor-*, $C_5H_{12}Cl_2OSi$, Kp. 144 bis 146°; $D._{20}^{20}$ 1,0486; n_D^{20} 1,4138; 35%. — *Methyldibutoxychlor-* (**II**), $C_9H_{21}ClO_2Si$, Kp. 202—204°; $D._{20}^{20}$ 0,9398; n_D^{20} 1,4130; 43%. — *Methylisoamyloxydichlor-*, $C_6H_{14}Cl_2 \cdot OSi$, $Kp._{16}$ 56—57°; $D._{20}^{20}$ 1,0341; n_D^{20} 1,4158; 25%. — *Methyldiisoamyloxychlor-* (**III**),

$C_{11}H_{25}ClO_2Si$, Kp.$_{20}$ 105°; D.$_{20}^{20}$ 0,9283; n_D^{20} 1,4172; 37%. — Hydrolyse: Man tropft zu einem Toluol–W.-Gemisch bei 20—25° die in Toluol gelösten Methylalkoxychlorsilane (oder verfährt auch umgekehrt) u. rührt 1 Std. bei 20°. HELMUT SCHÄFER. 980□

Phosphorylierte Chlorvinylketone. Primärprodukte der Reaktion von Phosphorpentachlorid mit Enolacetaten. I. F. Lutzenko und M. Kirilow. (Доклады Академии Наук СССР [Ber. Akad. Wiss. UdSSR] **132.** 842—45. 1/6. 1960. Moskau, Lomonossow-Univ.) (Russ.) — Vgl. C. **1960.** 9872.

Bei der Einw. von PCl_5 auf Enolacetate bei tiefen Temp. bilden sich als Primärprodd. unbeständige *Komplexe* folgender Zus. R—C(Cl)($OCOCH_3$)$CH_2PCl_4PCl_5$, die mit SO_2 in *β-Acetoxy-β-chloralkylphosphonsäuredichloride* übergehen. Während β-Acetoxy-β-chloräthylphosphonsäuredichlorid (**I**) im Vakuum ohne Zers. dest., zerfällt β-Acetoxy-β-chlorpropylphosphonsäuredichlorid (**II**) oberhalb 95° in *Acetonylphosphonsäuredichlorid* (**III**) u. *Acetylchlorid.* Bei der Einw. von A. auf **I** in Ggw. von Pyridin (**IV**) entsteht der entsprechende *Diäthylester* (**V**), der in W. unter Bldg. von *Phosphonacetaldehyd* hydrolysiert. Bei der Einw. von A. auf **II** (in Ggw. oder Abwesenheit von **IV**) entsteht *Phosphonaceton* (**VI**), das auch aus **III** u. A. in Ggw. von **IV** erhalten werden kann.

Versuche: *Additions-Verb. aus 1 Mol Vinylacetat* u. *2 Mol* PCl_5 [**VII**; *β-Acetoxy-β-chloräthylphosphortetrachloridphosphorpentachlorid,* $CH_3COOCH(Cl)—CH_2—PCl_4PCl_5$], $C_4H_6Cl_{10}O_2P_2$, durch tropfenweise Zugabe von 0,1 m Vinylacetat zu 0,2 m PCl_5 in CCl_4 unter Rühren bei 7—8° u. weiteres 6std. Rühren bei dieser Temperatur. — *β-Acetoxy-β-chloräthylphosphonsäuredichlorid* (**I**), $C_4H_6Cl_3O_3P$, Kp.$_{1,5}$ 99—100°, durch Einleiten von SO_2 bei 5—7° in vorst. Rk.-Gemisch ohne Isolierung von **VII**; n_D^{20} 1,4855; D.$_4^{20}$ 1,5035; 85% (Ausbeute). — *β-Acetoxy-β-chlorpropylphosphonsäuredichlorid* (**II**), $C_5H_8Cl_3O_3P$, F. 45,5—46,5° (Isopentan), analog aus PCl_5 in CCl_4 u. Isopropenylacetat u. Einleiten von SO_2 bei —25°; 70%. — *Acetonylphosphonsäuredichlorid* (**III**), $C_3H_5Cl_2O_2P$, F. 39—40°, Kp.$_{1,5}$ 89,5—90°, Kp.$_2$ 92—93°, a) durch tropfenweise Zugabe von 0,2 m Isopropenylacetat zu 0,4 m PCl_5 in CCl_4 unter Rühren bei —24 bis —26°, 2std. Rühren bei dieser Temp., Einleiten von SO_2 bei —25° u. Vakuum-Dest.; 60%; b) aus **II** durch Erwärmen auf 95—105°; daneben *Acetylchlorid* (88%; → *Acetanilid,* F. 114—115°); 83,8%. — *β-Acetoxy-β-chloräthylphosphonsäurediäthylester* (**V**), $C_8H_{16}ClO_5P$, F. 64—65°, durch tropfenweise Zugabe einer äther. Lsg. von 0,4 m abs. A. u. 0,4 m **IV** zu 0,2 m äther. **I**-Lsg. unter Rühren bei 0°, 1std. Rühren unter Erwärmen auf Zimmertemp. u. 1std. Kochen; 79%. — *Phosphonaceton* (**VI**; *Acetonylphosphonsäurediäthylester*), $C_7H_{15}O_4P$, Kp.$_1$ 94 bis 95°, Kp.$_{2,5}$ 101—102°, Kp.$_1$ 122°, a) durch tropfenweise Zugabe von abs. A. zu äther. **II**-Lsg., ½std. Erwärmen auf 30° u. Vakuum-Dest., n_D^{20} 1,4364; D.$_4^{20}$ 1,1117; 60%; b) durch tropfenweise Zugabe von abs. A. u. **IV** zu äther. **II**-Lsg. unter Rühren bei 0° u. 1std. Erwärmen auf 35—40°; 47%; c) durch tropfenweise Zugabe von äther. **III**-Lsg. zu einer äther. Lsg. von A. u. **IV** u. 1std. Kochen; 576,6%. — *Phosphonacetaldehyd* (*Formylmethylphosphonsäurediäthylester*), $C_6H_{13}O_4P$, Kp.$_2$ 92—93°, a) durch 96std. Stehen von **V** in wss. Aceton bei Zimmertemp.; n_D^{20} 1,4383; D.$_4^{20}$ 1,1476; 66,6%; b) durch 5std. Erwärmen von **V** in wss. Dioxan auf 55—65°; 67%. G. KOWOLLIK. 980□

Darstellung von Aryldifluormethyläthern. Thomas G. Miller und John W. Thanassi. (J. org. Chemistry **25.** 2009—12. Nov. 1960. Easton, Pa., Lafayette Coll., Dep. of Chem.) (Engl.)

Aus Phenolen u. Chlordifluormethan (**I**) entstehen unter REIMER-TIEMANN-Bedingungen in wss. Dioxan *Aryldifluormethyläther* u. die entsprechenden *Orthoameisensäureester* als Nebenprodukte. Die reinen Äther sind stabil, Säuren fördern ihre Zersetzung. Ein Rk.-Mechanismus über das Difluormethylenradikal wird diskutiert.

Versuche (FF. u. Kpp. korr.): *α.α-Difluoranisol,* $C_7H_6F_2O$, Kp.$_{13}$ 37°, durch Einleiten von 65 g **I** (0,92 g/Min.) in eine Mischung von 0,51 m Phenol, 103 g NaOH in Dioxan u. W. bei 68—70° unter Rühren, Verdünnen mit W. u. Ausäthern; D.$_4^{20}$ 1,183, n_D^{20} 1,4473; 65% (Ausbeute). — *α.α-Difluor-4-methylanisol,* $C_8H_8F_2O$, Kp.$_3$ 28—29°, a) analog vorst. Verb. aus **I** u. p-Kresol; 66%; b) analog a), aber bei 50°; D.$_4^{20}$ 1,133, n_D^{20} 1,4531; 53%. — *2.4-Dichlor-α.α-difluoranisol,* $C_7H_4Cl_2F_2O$, Kp.$_{42}$ 117°, analog vorst. Verb.; D.$_4^{20}$ 1,441, n_D^{20} 1,4897; 44%. — *Tris-[2.4-dichlorphenyl]-orthoformiat,* $C_{19}H_{10}Cl_6O_3$, F. 205,5—206° (Äthylacetat), als Nd. bei der Darst. der vorst. Verb.; feine Nadeln. — *2-[Difluormethoxy]-naphthalin,* $C_{11}H_8F_2O$, Kp.$_{14}$ 128—130°, analog vor vorst. Verb.; D.$_4^{20}$ 1,242, n_D^{20} 1,5527; 66%. — *Tris-[naphthyl-(2)]-orthoformiat,* $C_{31}H_{22}O_3$, F. 137—150° (Toluol, Hexan), neben vorst. Verbindung. — *α.α-Difluor-2.4-dimethylanisol,* $C_9H_{10}F_2O$, Kp.$_{12}$ 70°, analog; D.$_4^{20}$ 1,119, n_D^{20} 1,4591; 56%. — *α.α-Difluor-4-nitroanisol,* $C_7H_5F_2NO_3$, F. 32—32,5° (PAe.), Blättchen; 9,5%. — *1-[Difluormethoxy]-4-methoxybenzol,* $C_8H_8F_2O_2$, Kp.$_{29}$ 108°, D.$_4^{20}$ 1,239, n_D^{20} 1,4671; 53%. — *Tris-[p-methoxyphenyl]-orthoformiat,* $C_{22}H_{22}O_6$, F. 50—51° (Cyclohexan), aus dem Dest.-Rückstand vorst. Verb.; Blättchen. CH. BÖHME. 1060□

Aus dem Gebiet organischer Insektofungicide. 44. Mitt. **Synthese einiger Amide aromatischer Sulfonsäuren.** N. N. Melnikow und Ss. N. Iwanowa. (Журнал Общей Химии [J. allg. Chem.] **29** (**91**). 2839—42. Sept. 1959. Inst. für Düngemittel u. Insektofungicide.) (Russ.) — 43. vgl. C. **1961.** 15739; 45. vgl. C. **1961.** 10516.

Durch Rk. von p-Chloranilin oder m-Toluidin mit p-Toluolsulfochlorid bzw. p-Chlorbenzolsulfochlorid (I) werden *p-Toluolsulfon-4-chloranilid* u. *p-Chlorbenzolsulfon-m-toluidid* dargestellt. Aus I u. 2.4.5-Trichloranilin in Ggw. von Pyridin wird neben *p-Chlorbenzolsulfon-2.4.5-trichloranilid N.N-Bis-[p-chlorbenzolsulfonyl]-2.4.5-trichloranilin* erhalten. Die Anilide lassen sich durch ein Gemisch aus 96% HNO_3 u. 4% H_2SO_4 zu *Nitroaniliden* nitrieren. Die *Cu-* u. *Zn-Salze* der 2.4- bzw. 2.6-Dinitroanilide haben fungicide Wirkung.

Versuche: *p-Toluolsulfon-4-chloranilid*, F. 119—120°, durch langsame Zugabe von p-Toluolsulfochlorid zu p-Chloranilin in Chlf., 1—2 std. Erhitzen auf 50°, mehrstd. Stehen, Abdestillieren des Chlf., Waschen des Rückstands mit W. u. HCl, Zugabe von 5%ig. NaOH u. Ansäuern mit HCl; 80% (Ausbeute). — *p-Chlorbenzolsulfon-m-toluidid*, F. 105 bis 107°, analog vorst. Verb. aus m-Toluidin u. I; 91%. — Durch Zugabe der entsprechenden Sulfanilide in HNO_3–H_2SO_4-Gemisch (96 : 4) bei 0° (exotherme Rk.), 2—4 std. Stehen u. Gießen auf Eis werden folgende Verbb. dargestellt: *p-Chlorbenzolsulfon-3-chlor-4-nitroanilid*, F. 146—148°; 44%. — *p-Chlorbenzolsulfon-2.4-dinitroanilid*, F. 178 bis 180°; 89%. *Zn-Salz*, gelb; *Cu-Salz*, grün, durch Zugabe von $ZnSO_4$- bzw. $CuSO_4$-Lsg. zur Lsg. des 2.4-Dinitroanilids in 2%ig. NaOH. — *4-Methyl-3-nitrobenzolsulfon-2'.4'-dinitro-3'-methylanilid*, F. 142—143°; 97%. *Zn-Salz*, gelb; *Cu-Salz*, grün. — *4-Methyl-3-nitrobenzolsulfon-4'-chlor-2'.6'-dinitroanilid*, F. 180—181°; 96%. *Zn-Salz*, gelb; *Cu-Salz*, grün. — *p-Chlorbenzolsulfon-3-methyl-2.4-dinitroanilid*, F. 148—149°; 54%. — *4-Methyl-3-nitrobenzolsulfon-2'.4'-dinitroanilid*, *Na-Salz*, $C_{13}H_9N_4NaO_8S$, gelbe Kristalle; 85%. *Cu-Salz*, grün; *Zn-Salz*, gelb. — *N.N-Bis-[p-chlorbenzolsulfonyl]-2.4.5-trichloranilin*, $C_{18}H_{10}Cl_5NO_4S_2$, F. >250°, durch langsame Zugabe von I in Pyridin zu 2.4.5-Trichloranilin in Pyridin bei 10—20°, 4 std. Erhitzen auf 70—80°, Verdünnen mit W., Neutralisieren u. Behandeln mit NaOH; 26%. Daneben aus der alkal. Lsg. *p-Chlorbenzolsulfon-2.4.5-trichloranilid*, $C_{12}H_7Cl_4NO_2S$, F. 152—153°; 30%. G. Tobien. 1090□

Die Synthese einiger potentiell hypoglykämisch wirksamer Stoffe. Benjamin Blank, Francis A. Farina, James F. Kerwin und Harry Saunders. (J. org. Chemistry **26.** 1551—53. Mai 1961. Philadelphia, Pa., Smith Kline & French Labor., Res. and Dev. Div.) (Engl.)

Einige, zumeist fluorhaltige, p-substituierte *Phenylsulfonylharnstoff-Derivv.* werden aus substituierten Sulfonamiden (durch Rk. der entsprechenden Aromaten mit Chlorsulfonsäure [I] u. nachfolgende Ammonolyse erhältlich) u. Alkylisocyanaten in Ggw. bas. Katalysatoren hergestellt. *p-Dimethylaminobenzolsulfonamid* wird in guter Ausbeute aus Sulfanilamid (II) u. CH_3J in Ggw. von K_2CO_3 in Dimethylformamid (DMF) hergestellt; mit H_2O_2 wird es zu *$N^4.N^4$-Dimethylsulfanilamid-N^4-oxyd* oxydiert, das mit Isocyanat kein Harnstoff-Deriv. bildet. Ebensowenig können N-[p-Dimethylaminophenylsulfonyl]-N'-n-alkylharnstoffe mit H_2O_2 oxydiert werden. Die hergestellten Substanzen werden auf ihre hypoglykäm. Eigg. untersucht. Dazu wird bei Ratten 2 u. 5 Std. nach Verabfolgung die prozentuale Änderung des Blutzucker-Geh. bestimmt.

Versuche: Benzolsulfonamide, durch Zutropfen überschüssiger I zu der Chlf.-Lsg. des entsprechenden Aromaten unterhalb 10°, 3 std. Rühren, Gießen in Eiswasser, Extrahieren mit Chlf. u. Eindampfen des Extrakts in Ggw. von $(NH_4)_2CO_3$: *p-Methylsulfonyl-* (**III**), $C_7H_9NO_4S_2$, F. 244—246° (A.); 81,6% (Ausbeute). — *p-Trifluormethylmercapto-* (**IV**), $C_7H_6F_3NO_2S_2$, F. 160—162° (50%ig. A.), aus Trifluormethylmercaptobenzol; 71,2%. — *p-Trifluormethylsulfonyl-*, (**V**), $C_7H_6F_3NO_4S_2$, F. 142° (Toluol), durch 4 std. Kochen vorst. Verb. in Eisessig mit 30%ig. H_2O_2; 79,5%. — *p-Trifluormethoxy-* (**VI**), $C_7H_6F_3NO_3S$, F. 144—145° (Toluol), aus Trifluormethoxybenzol; 59,6%. — *p-Trifluormethyl-* (**VII**), $C_7H_6F_3NO_2S$, F. 177—179° (Toluol), aus p-Trifluormethylanilin nach Meerwein u. Mitarbeitern (vgl. C. **1958.** 1552); 29,8%. — *p-Acetyl-* (**VIII**), $C_8H_9NO_3S$, F. 173—176° (Isopropanol), durch portionsweise Zugabe von $KMnO_4$ zur wss. Aceton-Lsg. von p-Äthylbenzolsulfonamid u. $Mg(NO_3)_2$ bei 50 bis 55°, 4 std. Rühren bei 50—55°, 1 Std. bei Zimmer-Temp.; 46,6%. — *p-Dimethylamino-* (**IX**), $C_8H_{12}N_2O_2S$, F. 209—211° (Aceton), durch Zutropfen von CH_3J zu **II** u. K_2CO_3 in DMF bei Zimmer-Temp. u. 1 std. Kochen; 49,8%. — *$N^4.N^4$-Dimethylsulfanilamid-N^4-oxyd*, $C_8H_{12}N_2O_3S$, F. 173—174° (Zers.; CH_3OH–Ae.), durch Zutropfen von 30%ig. H_2O_2 zu einer wss. **IX**-Suspension u. 3 std. Kochen; 77,0%. — *N-[p-Methylsulfonylphenylsulfonyl]-N'-n-butylharnstoff*, $C_{12}H_{18}N_2O_5S_2$, F. 183—184° (A.), durch Zutropfen von n-Butylisocyanat (**X**) in Aceton zu **III** in einer äquivalenten Menge 1n NaOH u. Aceton unterhalb 10°, 1 std. Rühren bei dieser Temp. u. 2 Std. bei Zimmer-Temp.;

56,6%. — Analog wurden dargestellt: *N-[p-Methylsulfonylphenylsulfonyl]-N'-n-propylharnstoff*, $C_{11}H_{16}N_2O_5S_2$, F. 201—202° (A.), aus **III** u. n-Propylisocyanat (**XI**); 68,8%. — *N-[p-Acetylphenylsulfonyl]-N'-n-butylharnstoff*, $C_{13}H_{18}N_2O_4S$, F. 148—149° (Toluol), aus **VIII** u. **X**; 43,6%. — *N-[p-Acetylphenylsulfonyl]-N'-n-propylharnstoff*, $C_{12}H_{16}N_2O_4S$, F. 150—153° (Toluol), aus **VIII** u. **XI**; 38,0%. — *N-[p-Trifluormethylmercaptophenylsulfonyl]-N'-n-butylharnstoff*, $C_{12}H_{15}F_3N_2O_3S_2$, F. 119—120° (60% ig. CH_3OH), aus **IV** u. **X**; 75,5%. — *N-[p-Trifluormethylmercaptophenylsulfonyl]-N'-n-propylharnstoff*, $C_{11}H_{13}\cdot F_3N_2O_3S_2$, F. 137—138,5° (60% ig. CH_3OH), aus **IV** u. **XI**; 71,5%. — *N-[p-Trifluormethylsulfonylphenylsulfonyl]-N'-n-butylharnstoff*, $C_{12}H_{15}F_3N_2O_5S_2$, F. 138° (verd. Essigsäure), aus **V** u. **X**; 45,3%. — *N-[p-Trifluormethylsulfonylphenylsulfonyl]-N'-n-propylharnstoff*, $C_{11}H_{13}F_3N_2O_5S_2$, F. 148° (verd. Essigsäure), aus **V** u. **XI**; 21,2%. — *N-[p-Trifluormethoxyphenylsulfonyl]-N'-n-butylharnstoff*, $C_{12}H_{15}F_3N_2O_4S$, F. 107—109° (60% ig. CH_3OH), aus **VI** u. **X**; 54,5%. — *N-[p-Trifluormethoxyphenylsulfonyl]-N'-n-propylharnstoff*, $C_{11}H_{13}F_3\cdot N_2O_4S$, F. 123—124° (70% ig. CH_3OH), aus **VI** u. **XI**; 58,5%. — *N-[p-Trifluormethylphenylsulfonyl]-N'-n-butylharnstoff*, $C_{12}H_{15}F_3N_2O_3S$, F. 122—124° (Toluol), aus **VII** u. **X**; 61,6%. — *N-[p-Trifluormethylphenylsulfonyl]-N'-n-propylharnstoff*, $C_{11}H_{13}F_3N_2O_3S$, F. 144—146° (Toluol), aus **VII** u. **XI**; 71,0%. — *N-[p-Dimethylaminophenylsulfonyl]-N-n-butylharnstoff*, $C_{13}H_{21}N_3O_3S$, F. 160—162° (Isopropanol), aus 20 g **IX** u. **X** durch Kochen über Nacht; 7,2 g. — *N-[p-Dimethylaminophenylsulfonyl]-N'-n-propylharnstoff*, $C_{12}H_{19}N_3O_3S$, F. 172—173° (Isopropanol), aus **IX** u. **XI** analog vorst. Verbindung.
E. KOSSMEHL. 1090□

Über die Einwirkung von Bleitetraacetat auf Phenole. 7. Mitt. Friedrich Wessely, Erich Zbiral und Hansjörg Sturm. (Chem. Ber. **93.** 2840—51. 2/12. 1960. Wien, Univ., Org.-Chem. Inst.) (Dt.) — 6. vgl. C. **1960. 16404.**

Die Einw. von Bleitetraacetat (PbTA) auf in 4-, 5- oder 6-Stellung durch $-COOC_2H_5$, $-COCH_3$, $-CHO$, $-CN$ oder $-NO_2$ substituierte o-Kresole u. auf in 6- bzw. 4-Stellung substituierte 2.4- bzw. 2.6-Dimethylphenole wird untersucht. Die Konstit. der dabei meist als Öle erhaltenen *o-Benzochinolacetate* wird durch Aromatisierungs-Rkk., wie katalyt. Hydrierung, Addition von CN^-, Dienon-Phenol-Umlagerung oder die nach dem DIELS-ALDER-Prinzip verlaufende Dimerisierung u. durch IR- u. UV-Messungen bewiesen u. der Gang der Konstit.-Best. an einzelnen Beispielen erläutert.

Versuche: *2-Acetoxy-2-methyl-6-carbäthoxycyclohexadien-(3.5)-on* (**I**), $C_{12}H_{14}O_5$, $Kp._{0,01}$ 130—140° (Bad-Temp.), a) durch 4std. Erwärmen von 2-Methyl-6-carbäthoxyphenol (**II**) u. 90% ig. PbTA in Eisessig (Eg.) auf 60—65°, Eingießen in W., Abfiltrieren des PbO_2 u. Ausschütteln mit Ae.; citronengelbes Öl; 45% (Ausbeute); b) durch Zugeben von PbTA in Chlf. zu **II** in Chlf., 2—3std. Stehen, Eindampfen im Vakuum u. Ausschütteln mit Ae.; 5%. — *2-Acetoxy-2-methyl-6-acetylcyclohexadien-(3.5)-on* (**III**), $Kp._{0,01}$ 120—130°, aus 2-Methyl-6-acetylphenol analog **I** nach a); 20%. — *3.3'-Dimethyl-5.5'-diformyldiphenochinon-(4.4')* (**IV**), $C_{16}H_{12}O_4$, F. 210—220° (Zers.), durch Zugeben von PbTA zu 2-Methyl-6-formylphenol (**V**) in Eg., 1std. Stehen u. Abfiltrieren. — *2-Methyl-2-acetoxy-6-formylcyclohexadien-(3.5)-on* (**VI**), $Kp._{0,001}$ 120—130°, durch Dest. des Filtrats von **IV**; gelborangefarbenes Öl; 5—8%. — *3.3'-Dimethyl-5.5'-bis-[acetoxymethyl]-4.4'-diacetoxybiphenyl*, $C_{24}H_{26}O_8$, F. 138,5—141° (CH_3OH/W.), durch Hydrieren von **IV** an Pd/Kohle, Eindampfen im Vakuum, Zugeben von Acetanhydrid/Pyridin (3 : 1), 6std. Stehen u. Eingießen in H_2O. — *2-Hydroxy-3-methyl-5-acetoxybenzaldehyd*, $C_{10}H_{10}O_4$, F. 79—81,5° (PAe./Ae.), durch Zugeben von PbTA zu **V** in Chlf., mehrstd. Stehen u. Weiterbehandeln analog **I** nach b); gelbes Öl. — *3.3'-Dimethyl-5.5'-dicyandiphenochinon*, $C_{16}H_{10}N_2O_2$, F. 220—230° (Zers.), durch Zugeben von PbTA zu 2-Methyl-6-cyanphenol in Eg.; aus Aceton grünschwarze Blättchen. — *3.3'-Dimethyl-5.5'-dinitrodiphenochinon* (?), $C_{14}H_{10}N_2O_6$, aus 2-Methyl-6-nitrophenol. — *2-Methyl-2-acetoxy-4-acetylcyclohexadien-(3.5)-on* (?) (**VII**), durch Zugeben von PbTO zu 2-Methyl-4-acetylphenol in Eg.; gelbes viscoses Öl; 100 mg. — *2.4-Dimethyl-6-formyl-2-acetoxycyclohexadien-(3.5)-on* (**X**), $C_{11}H_{12}O_4$, F. 109—112° (PAe./Ae.), $Kp._{0,01}$ 125—140°, aus 4 g 2.4-Dimethyl-6-formylphenol u. PbTO in Chlf.; 1,5 g. — *2.6-Dimethyl-2-acetoxy-4-acetylcyclohexadien-(3.5)-on*, $Kp._{0,005}$ 120—135°, aus 5 g nachst. Verb. u. PbTA in Chlf.; 0,6—0,7 g (80% ig. rein). — *2.6-Dimethyl-4-acetylphenol*, durch Hydrieren vorst. Verb. analog **I** nach a); 80%. — *2-Hydroxy-3-methylbenzoesäure*, F. 161—164°, durch Hydrieren von **I** in A. in Ggw. von Pd-Mohr, Verdünnen mit W., Alkalisieren, Eintrocknen bei 100°, Lösen in W. u. Ansäuern; Nadeln. — *2-Hydroxy-3-methyl-6-cyanbenzoesäureäthylester* (**VIII**), $C_{11}H_{11}NO_3$, F. 96—98° (verd. A.), $Kp._{0,001}$ 120—130°, durch Zugeben von **I** in abs. CH_3OH zu NaCN in CH_3OH, 15std. Kochen, Zugeben von W., Einleiten von CO_2 bis pH 7 u. Verdünnen mit W.; 45%. — *3-Hydroxy-4-methylphthalsäure*, F. 172 bis 176°, durch 2std. Kochen von **VIII** mit 50% ig. KOH; sublimiert bei 160°/0,2 Torr.

Anhydrid, $C_9H_6O_4$, F. 162—164°, durch 1/4std. Erhitzen der Säure auf 180°. — *2.5-Diacetoxy-3-methylbenzoesäureäthylester* (**IX**), $C_{14}H_{16}O_6$, F. 69—71° (PAe./Ae.), $Kp._{0,001}$ 130 bis 140°, durch 4std. Stehen von 100 mg **I** in Acetanhydrid u. BF_3 in Dimethyläther, Eingießen in W. u. 12std. Stehen; 100 mg. — *2.5-Dimethoxy-3-methylbenzoesäure*, $C_{10}H_{12}O_4$, F. 220—225° (Zers.), durch 1std. Kochen von **IX** mit 10%ig. NaOH unter N_2, Methylieren mit Dimethylsulfat u. Ansäuern. *Methylester*, F. 70—73°, durch Verestern mit CH_2N_2 u. Sublimieren im Kugelrohr. — *3.5-Dimethyl-3-acetoxy-6-hydroxy-1.4-äthenotetralon-(2)-dicarbonsäure-(1.7)-diäthylester*, $C_{22}H_{24}O_8$, F. 127,5—130,5° (PAe.), $Kp._{0,001}$ 160—170°, durch 5std. Erhitzen von **I** auf 130° unter N_2; 40%. — *Essigsäure*, a) durch 1std. Erhitzen vorst. Verb. mit 10%ig. Pd/Kohle auf 270°; b) durch Hydrieren von **III**. — *2-Hydroxy-3-methyl-6-cyanacetophenon*, $C_{10}H_9NO_2$, F. 102—104° (verd. A.), $Kp._{0,01}$ 130—140°, aus **III** u. NaCN analog **VIII** u. Ausschütteln mit Äther. — *2.4-Diacetoxy-3-methylacetophenon*, $C_{13}H_{14}O_5$, F. 65,5—68,5°, aus 100 mg **III** analog **IX**; 80 mg. — *2.4-Dimethoxy-3-methylacetophenon*, durch alkal. Verseifen vorst. Verb. u. Behandeln mit Dimethylsulfat. — *2.4-Dimethoxyl-3-methylbenzoesäure*, $C_{10}H_{12}O_4$, F. 142—145°, $Kp._{0,01}$ 130—140°, durch Haloformabbau vorst. Verb. mit NaJO nach ZBIRAL u. Mitarbeitern (Mh. Chem. **91.** [1960.] 92); aus W. Nadeln. — *1.7-Diacetyl-3.5-dimethyl-3-acetoxy-6-hydroxy-1.4-äthenotetralon-(2)*, $C_{20}H_{20}O_6$, F. 169—175°, durch 4std. Erhitzen von **III** auf 110° unter N_2; $Kp._{0,001}$ 170—180°. — *2-Hydroxy-5-acetoxy-m-toluylaldehyd*, F. 78 bis 81°, durch 3std. Erhitzen von **VI** auf 120° unter N_2 u. Dest. bei 100—120°/0,05 Torr; aus PAe./Ae. Nadeln. — *2.5-Dihydroxy-m-toluylaldehyd*, F. 130°, durch 1std. Verseifen mit 10%ig. H_2SO_4. — *2.4-Diacetoxy-3-methylacetophenon*, F. 69—71° (Ae./PAe.), $Kp._{0,01}$ 150—160°, durch 24std. Stehen von **VII** in Acetanhydrid u. BF_3 im 60%ig. Dimethyläther, Eingießen in W. u. Ausschütteln mit Äther. — *2.4-Dimethyl-6-hydroxymethylphenol*, durch Hydrieren von **X** analog **I** u. fraktionierte Dest.; daneben *Mesitol*, F. 67 bis 71°. — *2.4-Diacetoxy-3.5-dimethyl-1-diacetoxymethylbenzol*, $C_{17}H_{20}O_8$, $Kp._{0,05}$ 150 bis 160°, durch 12std. Stehen von **X** in Acetanhydrid u. BF_3 in Dimethyläther u. Eingießen in W.; Öl. H. SMALLA. 1190

Isolierung von Benzolhexa-, -penta- und -tetracarbonsäuren aus Oxydationsprodukten von Humussäuren. Mofizud-Din Ahmed und Nurul Huq. (Ind. News Edit. J. Indian chem. Soc. **20.** 131—34. 1957. Dacca, East Pakistan, Dacca Univ., Dep. of Chem.) (Engl.)

Zwei Torfproben, aus Chorkhai (Sylhet) u. Chauda beel (Faridpur) werden nach dem Trocknen mit Aceton extrahiert u. aus den Extrakten nach THIESSEN u. ENGELDER (Ind. Engng. Chem. **22.** [1930.] 1131) die *Humussäuren* (**I**) isoliert. 100 g **I** werden in 19 Liter 1%ig. KOH gelöst u. bei 75—80° unter Rühren in 84 1/2 Std. mit 530 g $KMnO_4$ oxydiert. Nach dem Abtrennen des MnO_2 wird das Filtrat auf 2 Liter konz. u. mit konz. HCl auf pH 2,1 zur Entfernung von Carbonat gebracht. 20%ig. wss. KOH wird bis zum pH 10,4 zugegeben u. dann *Oxalsäure* u. die Benzolpolycarbonsäuren als Ba-Salze ausgefällt. Die Ba-Salze werden mit verd. H_2SO_4 zersetzt, die *Oxalsäure* (F. 100 bis 101,5°) abgetrennt, zur Trockne eingedampft u. mit verd. HNO_3 gekocht. Der Rückstand wird mit 3%ig. methanol. HCl verestert u. bei pH 8,06 *Benzol-1.2.4.5-tetracarbonsäuretetramethylester* ($C_{14}H_{14}O_8$, F. 142—144°) ausgeäthert. Bei pH 1 kann *Benzol-1.2.3.5-tetracarbonsäuretrimethylester* ($C_{13}H_{12}O_8$, F. 188—190°) mit Ae. extrahiert werden; mit Essigester wird ein Gemisch von *Methylestern* der *Benzolpenta-* u. *-1.2.3.4-tetracarbonsäure* (F. 133—146°) isoliert, aus dem nach weiterem Methylieren mit CH_2N_2 *Benzolpentacarbonsäurepentamethylester*, F. 146—148° (wss. CH_3OH) erhalten wird. Nach Entfernung der Ester wird bei pH 10 die unveränderte *Mellitsäure* als *Ba-Salz* ($C_{12}Ba_3O_{12}$) isoliert. KURT MÜLLER/Berlin. 1240□

Synthese von aromatischen Diboronsäuren. A. H. Soloway. (J. Amer. chem. Soc. **82.** 2442—44. 20/5. 1960. Boston, Mass., Massachusetts Gen. Hosp., Dep. of Neurosurg.; Harvard Med. School.) (Engl.)

Die Rk. von Benzol-1.4-diboronsäure (**I**) mit 2 Mol o-Phenylendiamin (**II**) führt zu *1.4-Bis-[2-borabenzimidazolinyl-(2)]-benzol*. **I** wird leicht zu *2-Nitrobenzol-1.4-diboronsäure* (**III**) nitriert. Die Nitrierung von **I** mit rauchender HNO_3/konz. H_2SO_4 gibt nur Zers.-Produkte. **III** wird katalyt. in wss. CH_3OH zu *2-Aminobenzol-1.4-diboronsäure* hydriert, die nur schwer zu reinigen ist. Katalyt. Hydrieren von **III** in wss. CH_3COOH gibt *2-Acetamidobenzol-1.4-diboronsäuremonoanhydrid*, dessen Konstit., ebenso wie die von aus o-Nitrobenzolboronsäure (**IV**) dargestelltem *2-Acetamidobenzolboronsäureanhydrid*, bisher nicht geklärt werden konnte. Auch die Konstit. von durch Rk. des bei der Red. von **I** erhaltenen Rk.-Gemisches mit KCNO erhaltenen *2-Ureidobenzol-1.4-diboronsäuremonoanhydrid* ist noch ungeklärt.

Versuche: *1.4-Bis-[2-borabenzimidazolinyl-(2)]-benzol*, $C_{18}H_{16}B_2N_4$, F. > 350°, durch 1 std. Kochen von 1,66 g I [$C_6H_8B_2O_4$, F. > 350° (W.)] u. 2,16 g II in Diäthylenglykoldimethyläther u. Konz. der Lsg.; gelbgrüne Kristalle; 2,18 g (Ausbeute). — Benzol-1.4-diboronsäuren: *2-Nitro-* (III), $C_6H_7B_2NO_6$, F. > 350°, durch Zugabe von wenig Harnstoff zu 15 ml rauchender HNO_3 (D. 1,5), allmähliches Zufügen von 5 g I bei —15°, 10 Min. langes Rühren bei dieser Temp. u. Gießen auf Eis; aus W. gelber Nd.; 3,8 g. — *2-Acetamido-*, *Monoanhydrid*, $C_8H_9B_2NO_4$, F. > 350°, durch Hydrieren von 4 g III in Eisessig (Eg.)/W. in Ggw. von PtO, Konz. der filtrierten Lsg. unter vermindertem Druck, Zugabe von W. u. Abdestillieren der CH_3COOH; aus W. Nadeln; 210 mg der Verb. geben beim Erhitzen in ammoniakal. $AgNO_3$ 50 mg *Acetanilid* (V, F. 110—112°). — *2-Ureido-*, *Monoanhydrid*, $C_7H_8B_2N_2O_4$, F. > 350° (CH_3OH/W.), durch Hydrieren von 4 g I in Eg./W., Versetzen der filtrierten Lsg. mit 3,3 g KCNO in W., Rühren bei 40° u. ½ std. Stehen; 2,1 g; 300 mg der Verb. geben beim Erhitzen in ammoniakal. $AgNO_3$ 77 mg *Phenylharnstoff*. — *2-Acetamidobenzolboronsäureanhydrid*, $C_8H_8BNO_2$, F. 300 bis 301° (CH_3OH/W.), durch Hydrieren von 5 g IV in 50%ig. CH_3COOH in Ggw. von PtO, Konz. der filtrierten Lsg. unter vermindertem Druck, Zugabe von W. u. Einengen; 2,5 g; 200 mg der Verb. geben beim Erhitzen in 10%ig. ammoniakal. $AgNO_3$ 77 mg V.

G. REISNER. 1380 □

Aus dem Gebiet organischer Insektofungicide. 41. Mitt. **Über die Reaktion von Dialkylchlorthiophosphaten und Thiophosphorylchlorid mit Phenolen in Gegenwart tertiärer Amine.** Ja. A. Mandelbaum, N. N. Melnikow und S. M. Bakanowa. (Журнал Общей Химии [J. allg. Chem.] **29** (**91**). 1149—51. April 1959. Inst. für Düngemittel u. Insektofungicide.) (Russ.) — 40. vgl. MELNIKOW u. Mitarbeiter, Журнал Общей Химии [J. allg. Chem.] **29** (**91**). [1959.] 529; 37. vgl. C. **1961**. 102; vgl. auch C. **1961**. 10520.

Durch Rk. von O.O-Dialkylchlorthiophosphaten mit Phenolen in Ggw. von Triäthylamin (I) werden *O.O-Dialkyl-O-arylthiophosphate* dargestellt. Der Rk.-Mechanismus wird diskutiert. Aus Phenol bzw. p-Nitrophenol u. $PSCl_3$ in Ggw. von I werden *O-Phenyl-* bzw. *O-p-Nitrophenyldichlorthiophosphat* erhalten.

Versuche: Thiophosphate: *O.O-Dimethyl-O-p-nitrophenyl-*, $Kp._2$ 158°, F. 36°, durch langsame Zugabe von O.O-Dimethylchlorthiophosphat zu 0,1 Mol p-Nitrophenol u. 0,105 Mol I in 20—25 ml Isopropylalkohol (Brom- oder Chlorbenzol, Aceton, Methanol oder A.) bei 10—14°, 3½ std. Rühren bei 10—14° u. Zugabe von 50—75 ml W.; 77,5% (Ausbeute). — Analog werden dargestellt: *O-Äthyl-O-methyl-O-[p-nitrophenyl]-*, $Kp._{0,15}$ 120 bis 121°, aus O-Äthyl-O-methylchlorthiophosphat u. p-Nitrophenol in Ggw. von I; $D._4^{20}$ 1,3182; n_D^{20} 1,5470; 80%. — *O.O-Diäthyl-O-[p-nitrophenyl]-*, $Kp._{0,04}$ 115°, aus O.O-Diäthylchlorthiophosphat u. p-Nitrophenol; $D._4^{20}$ 1,2655; n_D^{20} 1,5385; 82%. — *O.O-Diäthyl-O-phenyl-*, $Kp._{0,1}$ 117—122°, aus O.O-Diäthylchlorthiophosphat u. Phenol; $D._4^{20}$ 1,1763; n_D^{20} 1,5110; 60%. — *O.O-Diäthyl-O-[2.4-dichlorphenyl]-*, $Kp._{0,3}$ 150—154°, aus O.O-Diäthylchlorthiophosphat u. 2.4-Dichlorphenol; $D._4^{20}$ 1,3085; n_D^{20} 1,5285; 47%. — *O-Phenyldichlor-*, $Kp._{13}$ 129°, durch langsame Zugabe von 0,1 Mol Phenol u. 0,1 Mol I in 40 ml abs. Bzl. zu 0,2 Mol $PSCl_3$ in 50 ml abs. Bzl. bei 10—20°; $D._4^{20}$ 1,4050; n_D^{20} 1,5730; 43%. — *O-[p-Nitrophenyl]-dichlor-*, $Kp._{0,15}$ 130—135°, F. 54°, aus p-Nitrophenol, $PSCl_3$ u. I analog vorst. Verb.; 53%.

G. TOBIEN. 1380

Aus dem Gebiet organischer Insektofungicide. 42. Mitt. **Synthese einiger gemischter Dithiophosphorsäureester.** N. N. Melnikow, K. D. Schwetzowa-Schilowskaja, M. Ja. Kagan und I. M. Milstein. (Журнал Общей Химии [J. allg. Chem.] **29** (**91**). 1612—14. Mai 1959.) (Russ.) — 41. vgl. vorst. Ref.; 43. vgl. C. **1961**. 15739.

Durch Rk. von K-O.O-Dialkyldithiophosphaten mit Benzylchlorid, 1-Aryl-3-brompropanen oder β-Phenoxyäthylhalogeniden werden *O.O-Dialkyl-S-benzyl-*, *O.O-Dialkyl-S-[γ-phenylpropyl]-* bzw. *O.O-Dialkyl-S-[β-phenoxyäthyl]-dithiophosphate* dargestellt.

Versuche: Dithiophosphate: *O.O-Dimethyl-S-benzyl-*, $Kp._{0,11}$ 117—117,5°, durch tropfenweise Zugabe von Benzylchlorid zu der äquimol. Menge K-O.O-Dimethyldithiophosphat in Aceton oder Methanol, 2½—3 std. Rühren in der Siedehitze, Abkühlen u. Zugabe von Bzl.; $D._4^{20}$ 1,2217; n_D^{20} 1,5818; 53% (Ausbeute). — Analog werden dargestellt: *O.O-Diäthyl-S-benzyl-*, $Kp._{0,07}$ 112—112,5°; $D._4^{20}$ 1,1571; n_D^{20} 1,5600; 50%. — *O.O-Di-n-propyl-S-benzyl-*, $Kp._{0,12}$ 132—133°; $D._4^{20}$ 1,1058; n_D^{20} 1,5461; 80%. — *O.O-Diisopropyl-S-benzyl-*, $Kp._{0,12}$ 118—120°; $D._4^{20}$ 1,1103; n_D^{20} 1,5432; 66%. — *O.O-Di-n-butyl-S-benzyl-*, $Kp._{0,1}$ 136—138°; $D._4^{20}$ 1,0849; n_D^{20} 1,5390; 77%. — *O.O-Dimethyl-S-[p-chlorbenzyl]-*, $Kp._{0,16}$ 133—135°; $D._4^{20}$ 1,3046; n_D^{20} 1,5897; 42%. — *O.O-Diäthyl-S-[p-chlorbenzyl]-*, $Kp._{0,35}$ 138—140°; $D._4^{20}$ 1,2278; n_D^{20} 1,5675; 60%. — *O.O-Di-n-propyl-S-[p-chlorbenzyl]-*, $Kp._{0,1}$ 137—138°; $D._4^{20}$ 1,1739; n_D^{20} 1,5560; 63%. — *O.O-Diisopropyl-S-[p-chlorbenzyl]-*, $Kp._{0,2}$ 138,5—140°; $D._4^{20}$ 1,1745; n_D^{20} 1,5518; 53%. — *O.O-Di-n-butyl-S-[p-chlorbenzyl]-*, $Kp._{0,09}$ 154—155°; $D._4^{20}$ 1,1378; n_D^{20} 1,5460; 61%. — *O.O-Dimethyl-*

S-[p-nitrobenzyl]-, zersetzt sich bei der Dest.; 71%. — *O.O-Diäthyl-S-[p-nitrobenzyl]-*, $Kp._{0,1}$ 168—174°; $D._4^{20}$ 1,2807; n_D^{20} 1,5775; 47%. — *O.O-Diisopropyl-S-[p-nitrobenzyl]-*, zersetzt sich bei der Dest.; 79%. — *O.O-Dimethyl-S-[γ-phenylpropyl]-*, $Kp._{0,1}$ 139—140°; $D._4^{20}$ 1,1712; n_D^{20} 1,5644; 25%. — *O.O-Diäthyl-S-[γ-phenylpropyl]-*, $Kp._{0,1}$ 140—142°; $D._4^{20}$ 1,1240; n_D^{20} 1,5472; 40%. — *O.O-Diisopropyl-S-[γ-phenylpropyl]-*, $Kp._{0,2}$ 149 bis 151°; $D._4^{20}$ 1,0817; n_D^{20} 1,5332; 60%. — *O.O-Dimethyl-S-[β-phenoxyäthyl]-*, $Kp._{0,28}$ 140 bis 142°, analog vorst. Verbb. (6—8std. Rühren in der Siedehitze); $D._4^{20}$ 1,2406; n_D^{20} 1,5698; 18%. — *O.O-Diäthyl-S-[β-phenoxyäthyl]-*, $Kp._{0,015}$ 132—134°; $D._4^{20}$ 1,1819; n_D^{20} 1,5525; 41%. — *O.O-Di-n-propyl-S-[β-phenoxyäthyl]-*, $Kp._{0,12}$ 145—146°; $D._4^{20}$ 1,1394; n_D^{20} 1,5418; 58%. — *O.O-Diisopropyl-S-[β-phenoxyäthyl]-*, $Kp._{0,3}$ 144—145°; $D._4^{20}$ 1,1264; n_D^{20} 1,5365; 59%. — *O.O-Di-n-butyl-S-[β-phenoxyäthyl]-*, $Kp._{0,12}$ 160—162°; $D._4^{20}$ 1,100; n_D^{20} 1,5339; 50%. G. TOBIEN. 1380

Carbene aus Alkylhalogeniden und Organolithiumverbindungen. 1. Mitt. **Synthese von Chlorcyclopropanen.** Gerhard L. Closs und Liselotte E. Closs. (J. Amer. chem. Soc. **82.** 5723—28. 5/11. 1960. Chicago, Ill., Univ., George Herbert Jones Labor.) (Engl.) — Vorl. Mitt. vgl. C. **1960.** 3525.

Chlf. gibt mit n-Butyl-Li bei —70° *Dichlorcarben*, das mit Cyclohexen (**I**) zu *7.7-Dichlorbicyclo-[4.1.0]-heptan* reagiert. CH_2Cl_2 liefert entsprechend mit Butyl-Li bei —35 bis —40° bzw. mit Methyl-Li bei 30° *Chlorcarben* (**II**), das mit **I** als *7-Chlorbicyclo-[4.1.0]-heptan* (**III**) abgefangen wird. Analoge Rk. von **II** mit 2.3-Dimethylbuten-(2) (**IV**) liefert *1-Chlor-2.2.3.3-tetramethylcyclopropan*, mit 2-Methylbuten-(2) (**V**) *1-Chlor-2.2.3-trimethylcyclopropan*, mit Isobutylen (**VI**) *1-Chlor-2.2-dimethylcyclopropan* (**VII**), mit trans- (**VIIIa**) bzw. cis-Buten-(2) (**VIIIb**) *1-Chlor-2.3-trans(bzw. cis)-dimethylcyclopropan* u. mit Penten-(1) (**IX**) *1-Chlor-2-n-propylcyclopropan* (**X**). Vorst. Verbb. fallen z. T. als Epimerengemische an. Ihre Struktur wird an Hand der kernmagnet. Resonanzspektren (Abb.) diskutiert. Ferner wird **III** mit Na in Methanol oder besser mit Na in fl. NH_3 zu *Norcaran* reduziert. Red. von **VII** bzw. **X** führt entsprechend zu *1.1-Dimethyl-* bzw. *n-Propylcyclopropan.*

Versuche: *7.7-Dichlorbicyclo-[4.1.0]-heptan*, $Kp._{15}$ 87—89°, aus **I** u. Chlf. durch Zutropfen von Butyl-Li in Ae. bei —70° in 45 Min.; 19% (Ausbeute). — *7-Chlorbicyclo-[4.1.0]-heptan* (**III**), $C_7H_{11}Cl$, $Kp._{70}$ 94—97°, a) aus **I** u. CH_2Cl_2 durch Zutropfen von Butyl-Li bei —35 bis —40° in 1—1½ Std.; 31%; b) analog mit Methyl-Li bei 25—30°; 48%. — Alkyl-1-chlorcyclopropane: *2.2.3.3-Tetramethyl-*, $C_7H_{13}Cl$, $Kp._{105}$ 72°, aus **IV** nach a); n_D^{20} 1,4458; 67%. — *2.2.3-Trimethyl-*, $C_6H_{11}Cl$, Kp. 110 bis 112°, aus **V** nach a); 50%. — *2.2-Dimethyl-* (**VII**), C_5H_9Cl, Kp. 85,5°, aus **VI** nach a); n_D^{20} 1,4201; 44%, u. nach b); 50%. — *2.3-trans-Dimethyl-*, C_5H_9Cl, Kp. 91,3°, aus **VIIIa** nach a); n_D^{20} 1,4286; 32%, u. nach b); 40%. — *2.3-cis-Dimethyl-*, Kp. 100—102°, aus **VIIIb** nach a); 30%. — *2-n-Propyl-* (**X**), $C_6H_{11}Cl$, Kp. 122—127°, aus **IX** nach a); 10%, u. nach b); 25%. — *Bicyclo-[4.1.0]-heptan*, Kp. 116—118°, a) durch 10std. Rühren von **III** u. Na in Ae.-wss. Methanol; 60%; b) aus **III** mit Na in fl. NH_3 in 30 Min.; 82%; n_D^{20} 1,4552. — *n-Propylcyclopropan*, Kp. 68—69°, aus **X** analog vorst. Verb. nach b); n_D^{20} 1,3945; 86%. — *1.1-Dimethylcyclopropan*, Kp. 20°, aus **VII**; n_D^{15} 1,3705; 87%.

H. GLEINIG. 1810□

Fulvenaldehyde. K. Hafner und K.-H. Vöpel. (Angew. Chem. **71.** 672. 7/11. 1959. Marburg/Lahn, Univ., Chem. Inst.) (Dt.)

Durch Umsetzung der entsprechenden Fulvene mit $POCl_3$ in Dimethylformamid entstehen *α.α-Diphenyl-2-formylfulven* (F. 139°; rote Prismen) u. *α-[p-Dimethylaminophenyl]-2-formylfulven* (F. 112°; rote Kristalle). Cyclopentadien reagiert mit $POCl_3$ in Dimethylformamid bei —10° unter Bldg. von *α-Dimethylamino-2-formylfulven* (**I**; F. 82 bis 83°; gelbe Prismen) u. bei Raum-Temp. unter Bldg. von *α-Dimethylamino-2.3-diformylfulven* (**II**; F. 142°; gelbliche Nadeln) in Ausbeuten von ca. 90%. **I** ähnelt in seinem Verh. dem p-Dimethylaminobenzaldehyd. **II** spaltet beim Erhitzen mit Alkali Dimethylamin ab u. bildet *α-Hydroxy-2.3-diformylfulven* (F. 140—141°; gelbliche Nadeln; reagiert stark sauer). **II** reagiert mit Acetondicarbonsäurediäthylester oder N-Phenyliminodiessigsäurediäthylester zu **III** (F. 169 bis 170°; orangefarbene Kristalle) bzw. **IV** (F. 148°; gelbe Blättchen). P. GOLINSKE. 1910□

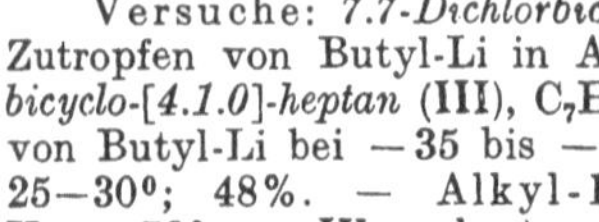

III

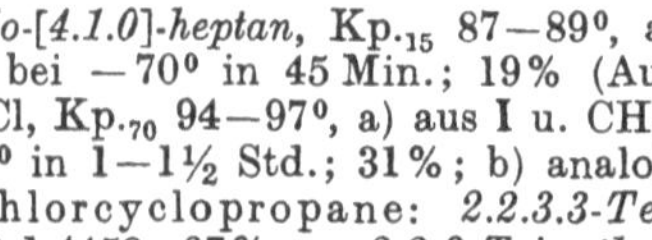

IV

Einige neue Cyclopropenderivate. I. A. Djakonow, M. I. Komendantow, I. Gochmanowa und R. Kosstikow. (Журнал Общей Химии [J. allg. Chem.] **29 (91).** 3848—50. Nov. 1959. Leningrad, Univ.) (Russ.)

Bei der Rk. von Diazoessigsäureäthylester (I) mit Diphenylacetylen (II) in Ggw. von $CuSO_4$ wird *1.2-Diphenylcyclopropen-(2)-carbonsäure-(3)-äthylester* erhalten (vgl. C. **1960.** 15385), der sich — wahrscheinlich aus ster. Gründen — mit alkohol. Alkali nicht verseifen läßt. In Abwesenheit von $CuSO_4$ liefern **I** u. **II** *1.2-Diphenylcyclopropen-(1)-carbonsäure-(3)* (**III**)*-äthylester* [F. 77—78°; 17% (Ausbeute)], der bei der alkal. Hydrolyse in **III** (F. 210—211°) übergeht. Aus **I** u. Oktin-(4) (**IV**) wird in Ggw. von $CuSO_4$ *1.2-Dipropylcyclopropen-(2)-carbonsäure-(3)-äthylester* ($C_{12}H_{20}O_2$, Kp.$_3$ 79—80°; $D._4^{20}$ 0,9253; n_D^{20} 1,45900; 32,6%) erhalten, der durch O_2-Oxydation in *3-Butyrylhexen-(2)-säure-(1)-äthylester* ($C_{12}H_{20}O_3$, Kp.$_2$ 97—98,5°; $D._4^{20}$ 0,9869; n_D^{20} 1,4564) übergeht. Aus **I** u. **IV** entsteht in Abwesenheit von $CuSO_4$ *1.2-Dipropylcyclopropen-(1)-carbonsäure-(3)* (**V**)*-äthylester* (40%), bei dessen Verseifung die freie Säure **V** ($C_{10}H_{16}O_2$, Kp.$_{0,5}$ 92—92,5°; n_D^{20} 1,4625) erhalten wird. Die $KMnO_4$-Oxydation von **V** liefert *Nonandion-(4.6)* (*Dibutyrylmethan*). Aus **I** u. Decin-(5) bildet sich *1.2-Dibutylcyclopropen-(1)-carbonsäure-(3)* (**VI**)*-äthylester* ($C_{14}H_{24}O_2$, Kp.$_{0,2}$ 79—80°; $D._4^{20}$ 0,8965; n_D^{20} 1,4479), dessen Hydrolyse **VI** ($C_{12}H_{20}O_2$, Kp.$_{0,2}$ 107,5—108°; $D._4^{20}$ 0,9329; n_D^{20} 1,4612) gibt. Die $KMnO_4$-Oxydation von **VI** liefert *Undecandion-(5.7)* (*Di-n-valerylmethan*).

HELMUT SCHÄFER. 2010□

Aminosäuren und Peptide. 3. Mitt. **Die Konstitution von Hypoglycin B.** C. H. Hassall und D. I. John. (J. chem. Soc. [London] **1960.** 4112—15. Okt. Swansea, Univ. Coll., Dep. of Chem.) (Engl.) — 2. vgl. C. **1959.** 14076.

Durch Abbau-Unterss. wird gezeigt, daß *Hypoglycin B γ-L-Glutamyl-α-amino-β-[2-methylencyclopropyl]-propionsäure* (**I**) ist. Zur Synth. von **I** wird *Hypoglycin-A-methylesterhydrochlorid* (**II**) mit *Triäthylammoniumtrityl-L-glutamatsalz* (**III**) in Ggw. von N.N'-Dicyclohexylcarbodiimid (**IV**) kondensiert. Anschließende alkal. Verseifung u. Detritylierung liefert **I**, ident. mit dem natürlichen Produkt. Zur Vereinfachung der Nomenklatur wird vorgeschlagen, Hypoglycein A als *Hypoglycin* u. **I** als *γ-L-Glutamylhypoglycin* zu bezeichnen.

Versuche: *Hypoglycin-A-methylesterhydrochlorid* (**II**), $C_8H_{14}ClNO_2$, F. 151—152°, durch 2std. Kochen von Hypoglycin A mit $SOCl_2$ in Methanol; Nadeln aus Methanol/Ae.; $[\alpha]_D^{22}$ +36 ± 1,5° (c = 2,0; W.). — *Triäthylammoniumtrityl-L-glutamat* (**III**), $C_{30}H_{38}N_2O_4$, F. 97—100°, durch Schütteln von 5,8 g L-Glutaminsäure mit Diäthylamin in W./Ae., 3std. Schütteln mit Tritylchlorid bei —10° unter N_2, mehrstd. Stehen bei 0°, Einengen, Ansäuern, Extrahieren mit Essigester u. Zugeben von Triäthylamin u. Ae.; Nadeln aus Essigester/Ae.; $[\alpha]_D^{16}$ —36 ± 2,5° (c = 2,0; Chlf.); 4,28 g (Ausbeute). — *Trityl-γ-L-glutamyl-(+)-hypoglycin-A-methylester*, durch mehrstd. Rk. von **II** u. **III** mit **IV** in CH_2Cl_2; 92%. — *Hypoglycin B* (**I**), $C_{12}H_{18}N_2O_5$, F. 189—191° u. 200—204°, a) durch 1std. Rk. von 1,04 g vorst. Verb. mit 1n NaOH in A. bei 20°, Zugeben von W., Extrahieren mit Chlf., Ansäuern mit 3n HCl, Extrahieren mit Chlf., Einengen, 3 Min. langes Erwärmen mit 50%ig. Essigsäure, Zugeben von W., Extrahieren mit Essigester u. Einengen der wss. Lsg.; $[\alpha]_D^{19}$ +9 ± 2,5° (c = 1,4; W.), Nadeln aus A./W.; 123 mg; b) aus *Blighia sapida* (vgl. 2. Mitt., l. c.); $[\alpha]_D^{32}$ +9,7 ± 2° (c = 1,12; W.); *N-2.4-Dinitrophenyl-Deriv.*, $C_{18}H_{20}N_4O_9$, F. 166,5—169°, durch Rk. von **I** in 1n NaOH (pH 9) mit 1-Fluor-2.4-dinitrobenzol bei 40°; Nadeln aus Methanol/W.; $[\alpha]_D^{19}$ —84° (c = 0,6; 4%ig. wss. $NaHCO_3$-Lsg.); 98%. *Phenylthiohydantoin-Deriv.*, $C_{19}H_{21}NO_4S$, F. 186—188°, durch 100 Min. lange Rk. von 103 mg **I** in 1n NaOH bei pH 9 mit Phenylisothiocyanat; Nadeln aus A./W.; 129 mg. E. SCHRÖDER. 2150□

Synthesen von [Nitrobiphenyl]-alkylketonen. Horst K. Müller und Walter Krombholz. (Chem. Ber. **93.** 2561—66. 1960. Magdeburg, Hochsch. für Schwermaschinenbau, Chem. Inst.) (Dt.)

Bei der ULLMANN-Synth. von 4-Brom-3-nitroacetophenon (**V**) bzw. -propiophenon (**III**) mit 2-Jod-1.3-dinitrobenzol (**IV**) entstehen die *symm.-[Dinitrobiphenyl]-diketone* neben Verbb., die der Zus. $C_{14}H_9N_4O_8$ bzw. $C_{15}H_{11}N_4O_8$ (so im Original) entsprechen. Diese bilden keine Keton-Derivv. u. nehmen bei der Hydrierung in Ggw. von RANEY-Ni 9 Mol u. in Ggw. von Pd-Mohr 13 Mol H_2 auf.

Versuche (FF. korr.): *4'-Nitro-4-propionylbiphenyl* (**I**), $C_{15}H_{13}NO_3$, F. 132,5° (A., Essigester), durch Zugeben von HNO_3 zu 4-Propionylbiphenyl bei —5 bis 0° unter Rühren u. Gießen in W.; gelblich glänzende Blättchen; 40% (Ausbeute). — *4'-Nitrobiphenylcarbonsäure-(4)*, F. 336—338°, durch Oxydation von **I** mit $KMnO_4$. — *4-Jod-3-nitroacetophenon* (**II**), $C_8H_6JNO_3$, F. 115° (CH_3OH), durch Zugeben von 4-Jodacetophenon zu HNO_3 bei 0°, $^1/_4$std. Stehen u. Gießen auf Eis; citronengelbe Blättchen; 92%. — *4-Brom-3-nitropropiophenon* (**III**), $C_9H_8BrNO_3$, F. 76° (Eisessig), durch Zugeben von 4-Brompropiophenon zu HNO_3 bei 0° u. Gießen auf Eis; gelblichglänzende Blättchen; 79%. — *2.6.2'.6'-Tetranitrobiphenyl*, F. 216° (Eisessig), durch Zugeben von Cu-Bronze zu **IV** u. o-Jodtoluol bei 210° unter Rühren, Erhitzen auf 230° (10 Min.) u. 1std. Extrahieren mit A.; gelbliche Nadeln; 10%. — *2′.6′-Dinitro-2-methylbiphenyl*, $C_{13}H_{10}N_2O_4$, F. 118° (Eisessig), aus der Mutterlauge vorst. Verb.; Nadeln; 9%. — *2.2′-Dimethylbiphenyl*, F. 18°, durch Dest. des Rückstands vorvorst. Verb.; 12%. — *2.2′-Dinitro-4.4′-diacetylbiphenyl* (**VII**), $C_{16}H_{12}N_2O_6$, F. 77—77,5° (verd. Essigsäure, A.), a) durch Zugeben von Cu-Bronze zu 48 g **IV** u. 80 g **V** in Nitrobenzol bei 160° unter Rühren, ½std. Erhitzen auf 170°, Verdünnen mit Aceton, Dest. mit Wasserdampf, 12std. Extrahieren mit Aceton, Dest. im Vakuum u. fraktionierte Kristallisation; fahlgelbe, rhomb. Kristalle; 13,5 g; b) analog a) aus **II**; 22%. *Disemicarbazon*, $C_{18}H_{18}N_8O_6$, F. 246°. — *Verb.* $C_{14}H_9N_4O_8$ (?), F. 86—87°, als 2.Kristallfraktion neben **VII**. — *2.2′-Dinitro-4.4′-dipropionylbiphenyl* (**VIII**), $C_{18}H_{16}N_2O_6$, F. 99,5° (Eisessig, A.), a) analog **VII** nach a) aus 48 g **IV** u. 84,6 g **III**; schwachgelbe Kristalle; 12 g; b) analog **VII** nach b) aus 84,6 g **III** u. 43,1 g 2-Jod-1-nitro-3-methylbenzol; 13,2 g. *Disemicarbazon*, $C_{20}H_{22}N_8O_6$, F. 190,5°. — *Verb.* $C_{15}H_{11}N_4O_8$ (?), F. 89°, neben **VIII** nach a); gelbe, flache Nadeln; 15,4 g. — *6.6′-Dinitro-2.2′-dimethylbiphenyl*, F. 111° (A.), aus dem Dest.-Rückstand der Darst. von **VIII** nach b). — *DL-1-Hydroxy-1-[4′-nitrobiphenylyl-(4)]-äthan*, $C_{14}H_{13}NO_3$, F. 105° (Bzl./PAe.), durch 8std. Durchleiten von N_2 durch eine Lsg. von 4′-Nitro-4-acetylbiphenyl u. Al-Isopropylat in abs. Isopropylalkohol bei 82° u. Zers. mit 80%ig. wss. Isopropylalkohol; gelbe Nadeln; 95%. — *DL-1-Hydroxy-1-[4′-nitrobiphenylyl-(4)]-propan*, $C_{15}H_{15}NO_3$, F. 110,5° (A.), analog vorst. Verb. aus **I** in 9 Std.; schwachgelbe, flache Nadeln; 95%. — *2.2′-Dinitro-4.4′-bis-[α-hydroxyäthyl]-biphenyl*, $C_{16}H_{16}N_2O_6$, F. 59—60°, Kp.$_{12}$ 162—165°, analog aus **VII** in 9 Std.; gelbe Nadeln; 85%. — *2.2′-Dinitro-4.4′-bis-[α-hydroxypropyl]-biphenyl*, $C_{18}H_{20}N_2O_6$, Kp.$_7$ 158—161°, analog aus **VIII**; 82%. Ch. Böhme. 2370□

Substituierte γ-Lactone. 5. Mitt. **Synthese gewisser α.β-disubstituierter γ-Lactone. Ein Weg zu Lignanen der α.β-Dibenzylbutyrolacton-Klasse.** Hans Zimmer, Johannes Rothe und James M. Holbert. (J. org. Chemistry **25.** 1234—35. Juli 1960. Cincinnati, Ohio, Univ., Dep. of Chem.; Chatanooga, Tenn., Chattem Chemicals.) (Engl.) — **4.** vgl. J. org. Chemistry **25.** [1960.] 838; **3.** vgl. C. **1959.** 14072.

β-[3.4-Dimethoxybenzyl]-butyrolacton (**I**) gibt mit Veratrumaldehyd (**II**), p-Dimethylaminobenzaldehyd (**III**) bzw. Piperonal (**IV**) die entsprechenden *α-Benzyliden-Derivv.* von **I** (**V**, **VI** bzw. **VII**). **V** u. **VI** können zu den entsprechenden *α.β-Dibenzylbutyrolactonen* hydriert werden. Aus **V** entsteht dabei *dl-α.β-Bis-[3.4-dimethoxybenzyl] butyrolacton* (*dl-Matairesinoldimethyläther*), das auch aus α.β-Bis-[3.4-dimethoxybenzyl]-succinanhydrid (**VIII**) mit Al-Amalgam erhalten werden kann.

Versuche: *dl-α-[3.4-Dimethoxybenzyliden]-β-[3.4-dimethoxybenzyl]-butyrolacton* (**V**), $C_{22}H_{24}O_6$, F. 131—131,5° (CH_3OH), durch 6tägiges Stehen von **I**, **II** u. Na-Methylat in Bzl., Versetzen mit 2n H_2SO_4 u. Einengen der organ. Phase; 28% (Ausbeute). — *dl-α.β-Bis-[3.4-dimethoxybenzyl]-butyrolacton* (*dl-Matairesinoldimethyläther*), F. 112 bis 114° (CH_3OH), a) durch Red. von **VIII** mit Al-Amalgam; 43%; b) durch katalyt. Hydrierung von **V** in CH_3OH in Ggw. von PtO_2 (50 lbs./sq.in.); 60%; kurze Prismen. *Dinitro-Deriv.*, $C_{22}H_{24}N_2O_{10}$, F. 193—194° (Chlf./CH_3OH). — *dl-α-[p-Dimethylaminobenzyliden]-β-[3.4-dimethoxybenzyl]-butyrolacton* (**VI**), $C_{22}H_{25}NO_4$, F. 193—193,5° (Dioxan/CH_3OH), analog **V** aus **I** u. **III**; hellgelbe, kurze Nadeln; 43%. — *dl-α-[p-Dimethylaminobenzyl]-β-[3.4-dimethoxybenzyl]-butyrolacton*, $C_{22}H_{27}NO_4$, F. 115—115,5° (CH_3OH), durch Hydrierung von **VI**; 60%. — *dl-α-[3.4-Methylendioxybenzyliden]-β-[3.4-dimethoxybenzyl]-butyrolacton* (**VII**), $C_{21}H_{20}O_6$, F. 97—97,5° (CH_3OH), analog aus **I** u. **IV**; hellgelbe, kurze Nadeln; 12%. Ch. Böhme. 2450□

Kondensation von Diphenylketimin und Arylhydrazinen. 1. Mitt. **Synthese von N-benzhydrylierten Arylhydrazinen.** Roger Cantarel und Jaques Guenzet. (Bull. Soc. chim. France **1960.** 1549—51. Aug./Sept. Poitiers, Fac. des Sci., Labor. de Synthèses Org.) (Franz.) — Vgl. C. **1961.** 2606.

Diphenylketimin (**I**) reagiert mit Arylhydrazinen unter Bldg. von N-Benzhydrylidenarylhydrazinen, die sich in Ggw. von Raney-Ni leicht zu 1-Benzhydryl-2-arylhydrazinen hydrieren lassen. 1-Benzhydryl-2-[p-aminophenyl]-hydrazin (**V**) reagiert mit **I** zu *1-Benzhydryl-2-[p-benzhydrylidenaminophenyl]-hydrazin*, das zu *1-Benzhydryl-2-[p-benzhydrylaminophenyl]-hydrazin* hydriert wird.

Versuche: Hydrazine: *1-Benzhydryliden-2-phenyl-*, $C_{19}H_{16}N_2$, F. 137°, durch 40 Min. lange Kondens. von 0,01—0,05 Mol Phenylhydrazin (**II**) mit einem 5—10%ig. Überschuß an **I** bei 65—90° u. Entfernen des entstehenden NH_3 im N_2-Strom; aus A. Nadeln; 56—98% (Ausbeute); wird durch 7std. Erhitzen in 20%ig. HCl auf 100° zu *Benzophenon* (**III**) u. **II**-*Hydrochlorid* hydrolysiert. — *1-Benzhydryliden-2-[p-nitrophenyl]-*, $C_{19}H_{15}N_3O_2$, F. 154,5°, wie vorst. aus p-Nitrophenylhydrazin (**IV**) u. **I** durch 1std. Rk. bei 73—100°; aus A. kanariengelbe Nadeln; 14—97%; wird durch 8std. Erhitzen in

20% ig. HCl auf 100° zu **III** u. **IV**-*Hydrochlorid* hydrolysiert. — *1-Benzhydryl-2-phenyl-*, durch Hydrieren vorvorst. Verb. in Ggw. von RANEY-Ni bei 1 at u. Raum-Temp.; 100%; nicht ohne Veränderung isolierbar. — *1-Benzhydryl-2-[p-aminophenyl]-* (**V**), $C_{19}H_{19}N_3$, F. 142° (Zers.), durch ca. 1std. Hydrieren vorvorst. Verb. analog vorst. Verb.; aus A. schmutziggelbe Kristalle; 100%; instabil. *Hydrochlorid*, $C_{19}H_{20}ClN_3$, F. 205° (Zers.), durch Einleiten von HCl-Gas in die äther. Lösung. — *1-Benzhydryl-2-[p-benzhydrylidenaminophenyl]-*, $C_{32}H_{27}N_3$, F. 186°, durch 5std. Kondens. vorst. Verb. mit **I** bei 80—103°; aus A. ockergelbe Kristalle; 76—92%; wird durch 6std. Erhitzen mit 20% ig. HCl auf 100° zu **V**-Hydrochlorid u. **III** hydrolysiert. — *1-Benzhydryl-2-[p-benzhydrylaminophenyl]-*, durch Hydrieren vorst. Verb. in A., CH_3OH, Bzl. oder Ae. bei Raum-Temp. u. 1 at; 100%; instabil. *Hydrochlorid*, $C_{32}H_{30}ClN_3$, F. ca. 255° (Zers. bei ca. 170°), durch Einleiten von HCl-Gas in die äther. Lsg.; aus A. braune Kristalle. G. REISNER. 2510□

Reaktion der β-Lactame mit Organomagnesiumverbindungen. 1. Mitt. Untersuchung der Produkte aus der Reaktion des β-Lactams der α.β-Diphenyl-β-[phenylamino]-propionsäure mit Phenylmagnesiumbromid, Darstellung von α.β-Diphenyl-β-[phenylamino]-äthylphenylketon. Al. Spassov und B. Panajotova. (Доклады Болгарской Академии Наук [C. R. Acad. bulg. Sci.] **11.** 391—94. Sept./Okt. 1958.) (Dt.)

Bei der Rk. von α.β-Diphenyl-β-[phenylamino]-propionsäure-β-lactam (**I**) mit Phenyl-MgBr werden *α.β-Diphenyl-β-[phenylamino]-äthylphenylketon* (**II**) u. eine zu **II** isomere Verb., wahrscheinlich *1.2.3.4-Acetidinol-(2)* (**III**) erhalten. **II** ist ident. mit der von FRANCIS u. FRANCIS [1899] dargestellten α-Form des α.β-Diphenyl-β-[phenylamino]-äthylphenylketons, **III** wahrscheinlich ident. mit der von FRANCIS u. FRANCIS als γ-Form des α.β-Diphenyl-β-[phenylamino]-äthylphenylketons angesehen Verbindung.

Versuche: *α.β-Diphenyl-β-[phenylamino]-äthylphenylketon* (**II**), $C_{27}H_{23}NO$, F. 147° (A.), man kocht 3,2 g Brombenzol, 0,5 g Mg u. 3 g **I** 3 Std. in 25 ml Ae., zersetzt mit HCl oder NH_4Cl-Lsg. u. zieht den erhaltenen Nd. mit warmem A. aus; 0,28 g (Ausbeute). *Oxim*, $C_{27}H_{24}N_2O$, F. 91,5—92° (A. u. PAe.), man erhitzt 0,1 g **II** 2 Std. mit 0,03 g Hydroxylaminhydrochlorid u. 0,02 g KOH in 2 ml A.; Nadeln. *Phenylisocyanat-Deriv.*, $C_{34}H_{28}N_2O_2$, F. 165—167° (Essigsäure-A.), 1 : 1), man erhitzt 1 g **II** mit 2 ml Phenylisocyanat in 3 ml Xylol zum Sieden; prismat. Nadeln. — *Desoxybenzoinphenylhydrazon*, F. 100,5—102° (A. u. PAe.), man erwärmt 0,5 g **II** u. 1 g Phenylhydrazin 2 Std. in 5 ml A. u. ½ ml Essigsäure auf dem sd. Wasserbad. — *1.2.3.4-Tetraphenylacetidinol-(2)* (?; **III**), $C_{27}H_{23}NO$, F. 177—178° (Isoamylacetat), aus dem in A. unlösl. Rückstand bei der Darst. von **II** durch Extraktion mit Isoamylalkohol; 0,42 g. *Phenylisocyanat-Deriv.*, $C_{34}H_{28}N_2O_2$, F. 155,5—157° (Essigsäure-W.), durch 2std. Kochen von 1 g **III** in 3 ml Bzl. mit 2 ml Phenylisocyanat. H. KÜHNE. 2540□

Derivate von Fluoren. 11. Mitt. Neue Stickstofflostverbindungen. T. Lloyd Fletcher und William H. Wetzel. (J. org. Chemistry **25.** 1348—54. Aug. 1960. Seattle, Wash., Univ. of Washington, School of Med., Dep. of Surg., Chem. Res. Labor.) (Engl.) — 10. vgl. C. **1961.** 15364.

Einige *N.N-Bis-[β-hydroxyäthyl]-aminofluorene* (**A**) werden durch Rk. von Äthylenoxyd (**I**) in verd. CH_3COOH bei erhöhter oder Raum-Temp., evtl. in Ggw. von Aceton (Ac.), unter Druck dargestellt. *9-[Bis-(β-hydroxyäthyl)-amino]-fluoren* wird bei der Rk. von 9-Bromfluoren (**II**) mit Diäthanolamin (**III**) erhalten. **A** werden mit PCl_5 oder $POCl_3$ in die entsprechenden *N.N-Bis-[β-chloräthyl]-aminofluorene* (**B**) übergeführt. Die UV-Spektren von **B** u. verwandten Verbb. werden in neutraler u. saurer Lsg. bestimmt, um die Quaternisierung (Äthylenimmoniumion-Bldg.) zu untersuchen u. in Beziehung zur möglichen biolog. Aktivität zu setzen. Die meisten der dargestellten Verbb. zeigen keine Äthylenimmoniumion-Bldg.; NH_2-, $(CH_3)_2N$- oder $(C_2H_5)_2N$-Gruppen werden leichter als die Stickstofflostgruppe protoniert. Vorläufig wird angenommen, daß **B** wenigstens teilweise in der Äthylenimmoniumionform existieren können, wenn sie mit starken Elektronen abgebenden Gruppen substituiert sind.

Versuche (FF. korr.): Fluorene: *2-[Bis-(β-hydroxyäthyl)-amino]-* (**IV**), F. 139,5 bis 141° (wss. A.), a) durch 2,8std. Erhitzen von 4—9 Mol **I** u. 1 Mol 2-Aminofluoren (**V**) in 2n CH_3COOH bei 132° u. 110—130 lbs./sq.in. in einer nahtlosen Stahlbombe, Verreiben mit warmem W. u. Neutralisieren mit Na_2CO_3- oder NH_4OH-Lsg.; 52% (Ausbeute); b) durch Zugabe von warmem Eisessig (Eg.) zu 1 g **V** in 12 ml W. bis zur Lsg., Zugabe von 15—20 Mol **I** bei 30—40°, 48std. Stehen bei Raum-Temp. u. Neutralisieren; 99%. — *2-[Bis-(β-chloräthyl)-amino]-* (**VI**), F. 136—137,5° (abs. A., nach Chromatographie), durch 1std. Kochen von **IV** mit PCl_5 im Verhältnis 1 : 1,2 in Chlf. unter Feuchtigkeitsausschluß, Gießen auf Eis, Rühren u. Einengen der Chlf.-Schicht bei 100°; 49%. — *2-[Bis-(β-hydroxyäthyl)-amino]-9-hydroxy-*, F. 158—159° (Bzl./Aceton), analog **IV** nach b); 69%. — *2-[Bis-(β-chloräthyl)-amino]-9-chlor-*, F. 118,5—121,5° (abs. A., nach Chromatographie), aus vorst. Verb. u. PCl_5 im Verhältnis 1 : 2,4 analog **VI**; 34%. —

2-[Bis-(β-hydroxyäthyl)-amino]-7-nitro-, F. 181—182° (abs. A.), analog **IV** nach b) durch Erwärmen von 2-Amino-7-nitrofluoren in Ac./Eg./W., 2std. Zugeben von **I** bei 40° u. 48std. Rk. bei Raum-Temp.; 80%. — *2-[Bis-(β-chloräthyl)-amino]-7-nitro-* (**VII**), F. 177 bis 180° (Toluol), durch 1std. Erhitzen vorst. Verb. mit $POCl_3$ im Verhältnis 1 : 4,8 auf 100° unter Feuchtigkeitsausschluß, Abdestillieren des überschüssigen $POCl_3$ im Vakuum bei 100°, Lösen in Ac., Gießen auf Eis, Rühren u. Neutralisieren; 36%. — *2-Dimethylamino-3-[bis-(β-hydroxyäthyl)-amino]-*, F. 112—114° (Ac.), analog **IV** nach b) durch 70std. Rk.; 49%. — *2-Dimethylamino-3-[bis-(β-chloräthyl)-amino]-*, F. 195—196,5° (A. u. Chlf./CCl_4; Zers. bei 180°), analog **VI** durch 1½std. Rk., Schütteln des abgekühlten Rk.-Gemisches mit Chlf. u. 2n $NaHCO_3$ u. Einengen der Chlf.-Schicht; 27%. — *2-[Bis-(β-hydroxyäthyl)-amino]-7-trifluoracetamido-*, F. 191,5—193,5° [Chlorbenzol (Ch.)], analog **IV** nach b); 62%. — *2-[Bis-(β-chloräthyl)-amino]-7-trifluoracetamido-*, F. 159 bis 160,5° (abs. A.), analog **VII** durch 1½std. Rk. vorst. Verb. mit $POCl_3$ im Verhältnis 1 : 4,4; 95%. — *2.7-Bis-[bis-(β-hydroxyäthyl)-amino]-*, 201,5—204° (Ac./abs. A.), analog **IV** nach b) durch 60std. Rk.; 50%. — *2.7-Bis-[bis-(β-chloräthyl)-amino]-*, F. 111—113° (abs. A.), analog **VII** aus vorst. Verb. u. $POCl_3$ im Verhältnis 1 : 5,4; 65%. — *2-[Bis-(β-hydroxyäthyl)-amino]-9-oxo-*, analog **IV** nach a) durch 5std. Rk. bei 156°; Harz; 78%. — *2-[Bis-(β-chloräthyl)-amino]-9-oxo-*, analog **VI** aus der Lsg. vorst. Harzes in Chlf. u. PCl_5 im Verhältnis 1 : 1,3 durch 2std. Rk., Gießen auf Eis, Rühren, Chromatographie der Chlf.-Lsg. u. Eindampfen; rotes Öl; 40%. *2.4-Dinitrophenylhydrazon*, F. 247 bis 249° (Ch.). — *2-[Bis-(β-hydroxyäthyl)-amino]-3-brom-9-oxo-*, F. 127,5—130°, analog **IV** nach a) durch 3std. Rk. von 2,5 g 2-Amino-3-bromfluorenon bei 130°, Abfiltrieren von 0,67 g Ausgangs-Prod. u. Chromatographie des Filtrats in Bzl./CH_3OH; aus A. purpurfarbene Kristalle; 0,35 g. — *2-[Bis-(β-chloräthyl)-amino]-3-brom-9-oxo-*, F. 135 bis 137° (Ligroin, nach Chromatographie), analog **VI** aus vorst. Verb. u. PCl_5 im Verhältnis 1 : 1,3. — *9-[Bis-(β-hydroxyäthyl)-amino]-*, $C_{17}H_{19}NO_2$, F. 97,5—98° (Ae.), durch Zugabe von 0,352 Mol **III** in abs. A. zu 0,184 Mol **II**, 1std. Erhitzen auf 100°, Zugabe von 95%ig. A., 10 Min. langes Kochen u. Fällen aus der filtrierten Lsg. mit sd. W.; 91,5%. — *9-[Bis-(β-chloräthyl)-amino]-*, *Hydrochlorid*, $C_{17}H_{18}Cl_3N$, F. 138° (Chlf./Ae. u. A.), durch einige Min. lange Zugabe von 0,0078 Mol vorst. Verb. zu 0,0093 Mol PCl_5 in abs. Chlf. unter Feuchtigkeitsausschluß, 1std. Kochen, Gießen auf Eis, Rühren, Eindampfen der Chlf.-Schicht u. Erhitzen mit wenig 2n HCl; 100%. *Freie Base*, durch Neutralisieren des *Hydrochlorids*; Öl. — *2-Diäthylamino-*, *Methojodid*, F. 183—184° (abs. A.), auf dem üblichen Wege. — *7-Dimethylamino-2-[bis-(β-chloräthyl)-amino]-*, wie oben; Öl. G. REISNER. 2750□

Höhere 9-Alkylphenanthrene. Alfred Maillard, Antonin Deluzarche und Jean-Paul Dillenschneider. (Bull. Soc. chim. France **1961**. 380—82. Febr. Strasbourg, Univ., Labor. de Chim. organ. appl.) (Franz.)

Es wird die Darst. von *9-Alkylphenanthrenen* nach verschiedenen Meth. untersucht. Decannitril gibt mit Phenanthryl-(9)-MgBr (**I**) *9-Decanoylphenanthren*, welches nach WOLFF-KISHNER-MINLON zu *9-Decylphenanthren* (**II**) red. wird. Jedoch entsteht beim ersten Schritt ein hoher %-Satz an Nebenprodd., der zweite Schritt führt leicht zum *Ketazin*. Die Rk. zwischen 1-Bromdecan u. **I** ergibt kein **II**. Die Rk. von 1-Joddecan sowie verschiedenen n- u. substituierten Jodheptanen mit Phenanthryl-Li, gewonnen aus Butyl-Li u. 9-Bromphenanthren (**III**) ohne Isolierung der Zwischenprodd., ergibt sehr geringe Ausbeuten. Auch die Verw. von Bzl. oder Xylol als Lsgm. an Stelle von Ae. führt zu keinen besseren Ausbeuten. Die direkte Umsetzung von **III** u. Li ergibt *9.9'-Biphenanthryl*. Zu besseren Ausbeuten gelangt man durch Isolierung von Phenanthryl-Li u. getrennte Umsetzung mit Alkyljodiden.

Versuche: Phenanthrene: *9-Decanoyl-*, F. 63—65° (A.), aus **I** u. Decannitril in Ae. u. Bzl. unter N_2, 1std. Kochen, Abkühlung auf Raum-Temp., 12std. Erhitzen, Hydrolyse, Überführung des Imins in das Keton durch 2std. Kochen mit A. u. verd. HCl u. Dest. bei 210—260°/0,1 mm; 20% (Ausbeute). *Phenylhydrazon*, F. 160°. — *9-Decyl-* (**II**), $C_{24}H_{30}$, F. 74,5° (korr.; A.), a) aus vorst. Verb. in Diäthylenglykol durch 1std. Kochen mit Hydrazinhydrat u. Eisessig, Abdestillieren des Lsgm., Zugabe von KOH in Diäthylenglykol bei 200°, Abkühlen u. Zugabe von W.; 57%; b) durch Umsetzung von Chlorbutan mit Li unter N_2 in Ae. (3std. Erhitzen) zu Butyl-Li, Zugabe von **III**, 1std. Kochen, 2std. Kochen mit 1-Joddecan, 24std. Stehen, Versetzen mit W. u. Dest. des Ae.-Extrakts bei 200—220°/0,05 mm; 6%; daneben *Octan* u. *Tetradecan*; c) durch Zugabe einer warmen Lsg. von Butyl-Li in PAe. zu **III** in PAe., 5 Min. langes Kochen, 2std. Stehen, Isolierung von Phenanthryl-Li, Umsetzung mit 1-Joddecan in Ae., 14tägiges Stehen, Versetzen mit W. u. Dest. des Ae.-Extrakts; 37%. — *9-Tetradecyl-*, $C_{28}H_{38}$, F. 76,5° (korr.), aus 1-Jodtetradecan analog vorst. Verb. nach c) u. Dest.

bei 220—225°/0,05 mm; 42%. — *9-Octadecyl-*, $C_{32}H_{46}$, F. 83° (korr.), analog aus 1-Jod-octadecan; 38%. H. G. HENKEL. 2850□

Die Chemie von Benzocyclobuten und von Benzocyclobutadien. M. P. Cava. (Bull. Soc. chim. France **1959.** 1744—47. Nov./Dez.) (Franz.)

Übersicht. — 23 Literaturangaben. G. REISNER. 2950□

Zur Kenntnis des Cyclopentadienons. K. Hafner und K. Goliasch. (Angew. Chem. **72.** 781. 7/11. 1960. Marburg/Lahn, Univ., Chem. Inst.) (Dt.)

Cyclopenten-(2)-on-(1) gibt mit N-Bromsuccinimid *5-Bromcyclopenten-(2)-on-(1)* [$Kp._{0,8}$ 50—51°; 84% (Ausbeute)]. Daraus entsteht mit Diäthylamin *Cyclopentadienon*, das sich sofort zum stabilen *1.8-Diketo-4.7-methano-3a.4.7.7a-tetrahydroinden* (**I**, F. 103 bis 104°, $Kp._{11}$ 146—148°; 76%) dimerisiert oder mit Cyclopentadien *8-Keto-* bzw. *1-Keto-4.7-methano-3a.4.7.7a-tetrahydroinden* (F. 82—84°) bildet. **I** liefert mit 2 Mol CH_2N_2 2 isomere Verbb. nebenst. Struktur [F. 195—197° (Zers.) u. 153—155° (Zers.)] u. mit Phenylazid unter N_2-Abspaltung *1.8-Diketo-4.7-methano-5.6-phenylimino-3a.4.7.7a-tetrahydroinden* (F. 191°; 40%). Bei der Hydrierung von **I** bildet sich *1-Hydroxy-[4.7-endohydroxymethylen]-inden-oktahydrid* (F. 155—156°; 96%) u. beim Erhitzen auf 240° *Indanon-(1)* (F. 38°; 55%). Die Pyrolyse läuft über *8.9-Dihydroindenon*, das sich mit Maleinsäureanhydrid als *Addukt* (F. 240°) fassen läßt. CH. BÖHME. 2950□

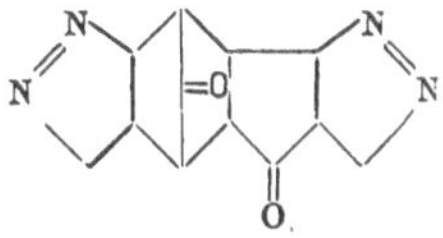

Synthese und Reaktionen von Azuleniumsalzen. K. Hafner und H. Pelster. (Angew. Chem. **72.** 781. 7/11. 1960. Marburg/Lahn, Univ., Chem. Inst.) (Dt.)

Azulen u. Alkylazulene geben mit einer 54%ig. Lsg. von HBF_4 in Ae. farblose, gegen Luftfeuchtigkeit empfindliche *Azuleniumsalze*, die sich unverändert in polaren organ. Lsgm. lösen. Mit Carbonyl-Verbb. [Benzaldehyd (**1**), Acetaldehyd, Aceton, Acetale, Orthoester] entstehen *1-* bzw. *3-Alkylidenazuleniumfluoborate* (**A**). Die **A** aus aromat. Aldehyden (**I** u. Zimtaldehyd) sind therm. stabil u. lassen sich aus Eisessig oder Nitromethan umkristallisieren, während die aliphat. Verbb. wenig beständig sind. Mit NaOH bilden die **A** *1-[α-Hydroxyalkyl]-*, mit sek. Aminen *1-[α-Dialkylaminoalkyl]-* u. mit Alkoholen *1-[α-Alkoxyalkyl]-azulene*, die mit HBF_4 in Ae. die **A** zurückbilden. Mit $LiAlH_4$, Alkalimetallalkylen oder GRIGNARD-Verbb. liefern die **A** *1-Alkylazulene*. CH. BÖHME. 2950□

Aus dem Gebiet organischer Insektofungicide. 43. Mitt. Synthese von α-Oxyden durch Oxydation polycyclischer Halogenderivate mit Wasserstoffperoxyd. Ss. D. Wolodkowitsch, L. G. Wolfsson, K. W. Kusnetzowa und N. N. Melnikow. (Журнал Общей Химии [J. allg. Chem.] 29 (91). 2837—39. Sept. 1959. Inst. für Düngemittel u. Insektofungicide.) (Russ.) — 42. vgl. C. **1961.** 15733; vgl. C. **1960.** 11981.

Durch Oxydation einiger polycycl. Halogen-Derivv. mit 27—30%ig. H_2O_2 in 80—99%ig. Essigsäure werden die entsprechenden Oxyde dargestellt. Diese sind insekticid wirksam.

Versuche: *1.2.3.4-Tetrachlor-1.4-endodichlormethylen-5.8-endomethylen-6.7-oxido-Δ^2-oktalin* (*Dieldrin*), F. 176°, durch Erhitzen von 1.2.3.4-Tetrachlor-1.4-endodichlormethylen-5.8-endomethylen-1.4.4a.5.8.8a-hexahydronaphthalin (Aldrin) in 80—99%ig. Essigsäure auf 80—90°, langsame Zugabe von 27—30%ig. H_2O_2 u. mehrstd. Erhitzen; 83% (Ausbeute). — Das zu der vorst. Verb. stereoisomere *Endrin* [F. 240° (Zers.)] wurde analog aus Isodrin u. H_2O_2 in Essigsäure erhalten; 63%. — *1.2.3.4.10-Pentachlor-1.4; 5.8-bis-endomethylen-6.7-oxido-1.4.4a.5.8.8a-hexahydronaphthalin*, F. 130—132°, aus 1.2.3.4.10-Pentachlor-1.4;5.8-bis-endomethylen-1.4.4a.5.8.8a-hexahydronaphthalin u. H_2O_2 in Essigsäure; 71%. — *1.2.3.4-Tetrachlor-1.4;5.8-bis-endomethylen-6.7-oxido-1.4.4a.5.8.8a-hexahydronaphthalin*, F. 106—107°, analog aus 1.2.3.4-Tetrachlor-1.4;5.8-bis-endomethylen-1.4.4a.5.8.8a-hexahydronaphthalin; 83%. — *1.2.3.4-Tetrachlor-10.10-difluor-1.4;5.8-bis-endomethylen-6.7-oxido-1.4.4a.5.8.8a-hexahydronaphthalin*, F. 116°, aus 1.2.3.4-Tetrachlor-10.10-difluor-1.4;5.8-bis-endomethylen-1.4.4a.5.8.8a-hexahydronaphthalin; 72%. — *1.2-Dichlor-3.4.10.10-tetrafluor-1.4;5.8-bis-endomethylen-6.7-oxido-1.4.4a.5.8.8a-hexahydronaphthalin*, $Kp._7$ 112—114°, aus 1.2-Dichlor-3.4.10.10-tetrafluor-1.4;5.8-bis-endomethylen-1.4.4a.5.8.8a-hexahydronaphthalin; $D._4^{20}$ 1,5415; n_D^{20} 1,5002; 83%. — *4.5.6.7.8.8-Hexachlor-4.7-endomethylen-2.3-oxido-3a.4.7.7a-tetrahydroindan*, F. 223—225°, aus 4.5.6.7.8.8-Hexachlor-4.7-endomethylen-3a.4.7.7a-tetrahydroinden; 24%. G. TOBIEN. 3030□

3.3-Dialkyldiazacyclopropen-(1). S. R. Paulsen. (Angew. Chem. **72.** 781—82. 7/11. 1960. Essen-Kray, Bergbau-Forschung GmbH., Forsch.-Inst. des Steinkohlenbergbauvereins.) (Dt.)

3-Methyl-3-äthyl- u. 3.3-Diäthyldiazacyclopropan (I) lassen sich in neutralem Medium mit gelbem HgO, in alkal. Lsg. mit $KMnO_4$ u. auch in saurer Lsg. zu *3-Methyl-3-äthyldiazacyclopropen-(1)* [Kp. 47°, n_D^{21} 1,3658, Zers. bei 220°] u. *3.3-Diäthyldiazacyclopropen-(1)* [II; Kp. 80—81°, n_D^{20} 1,3848, Zers. bei 230°] dehydrieren. Es sind farblose, neutrale Fll. von KW-Stoff-ähnlichem Geruch, die bei höherer Temp. oder auf Schlag detonieren. II läßt sich mit Na oder Li zu I reduzieren. Ch. Böhme. 3030 □

Darstellung von Oxetanonen. James L. Harper und Charles T. Lester. (J. org. Chemistry **26**. 1294—95. April 1961. Atlanta, Ga., Emory Univ., Dep. of Chem.) (Engl.)

In Analogie zum 2.2.4.4-Tetramethyloxetanon-(3) (I; vgl. C. **1956**. **4421**) werden *2.4-Dimethyl-2.4-diäthyloxetanon-(3)* (II) u. *2.2.4.4-Tetraphenyloxetanon-(3)* synthetisiert. Aus I werden *2.2.4.4-Tetramethyloxetanol-(3)* u. *2.2.3.4.4-Pentamethyloxetanol-(3)* dargestellt.

Versuche: *2.5-Dimethyl-2.5-diäthyltetrahydrofuranon-(3)*, $C_{10}H_{18}O_2$, Kp. 190 bis 196°, nach Richet u. Mitarbeitern (vgl. Ann. Chimie [12] **3**. [1948.] 317), aus 3.6-Dimethyl-octin-(4)-diol-(3.6); 70% (Ausbeute). — *2.5-Dimethyl-2.5-diäthyltetrahydrofurandion-(3.4)*, $C_{10}H_{16}O_3$, $Kp._1$ 56—63°, durch 24std. Kochen vorst. Verb. mit SeO_2 in Dioxan–W.; 68%. — *2.4-Dimethyl-2.4-diäthyloxetanol-(3)-carbonsäure-(3)* (III), $C_{10}H_{18}O_4$, F. 127—128° (CCl_4), aus vorst. Verb. durch Umlagerung (vgl. l. c.); 30%. — *2.4-Dimethyl-2.4-diäthyloxetanon-(3)* (II), $C_9H_{16}O_2$, Kp. 133—134°, F. 56—57° (nach Sublimation), aus vorst. Verb. durch Oxydation mit Bleitetraacetat; 60%. *2.4-Dinitrophenylhydrazon*, $C_{15}H_{20}N_4O_5$, F. 135—136°. — *2.2.4.4-Tetraphenyloxetanol-(3)-carbonsäure-(3)*, $C_{28}H_{22}O_4$, F. 189 bis 190°, aus 1.1.4.4-Tetraphenylbutin-(2)-diol-(1.4) (nach Dupont [1910] aus Benzophenon u. Acetylen; 50%) über 2.2.5.5-Tetraphenyltetrahydrofurandion (nach Tichamolow u. Druchinin [1937]; 50%) analog III; 93%. — *2.2.4.4-Tetraphenyloxetanon-(3)*, F. 199—200°, aus vorst. Verb. analog II; 63%. — *2.2.4.4-Tetramethyloxetanol-(3)*, $C_7H_{14}O_2$, F. 101—102° (PAe.), a) durch Zutropfen einer äther. Lsg. von I zu $LiAlH_4$ in Ae. u. 1std. Kochen; 58%; b) durch Zutropfen von äther. I-Lsg. zu Isopropyl-MgBr in Ae. u. 15 Min. langes Rühren; 20%. — *2.2.3.4.4-Pentamethyloxetanol-(3)*, $C_8H_{16}O_2$, F. 129—130°, durch Eintropfen einer äther. Lsg. von I in Methyl-MgJ in Ae.; 25%. E. Kossmehl. 3040 □

Heterocyclisch substituierte 1-Methylcyclohexen-(1)-one-(3). Karl-Heinz Segel. (Chem. Ber. **93**. 2529—33. 1960. Berlin-Buch, Dt. Akad. der Wiss., Inst. für Med. u. Biologie, Arbeitsbereich Angewandte Isotopenforsch.) (Dt.)

Bei der Kondens. von Furfurol (I) bzw. Thiophen-2-aldehyd (II) mit Acetessigester (III) entstehen *5-[Furyl-(2)]-* bzw. *5-[Thienyl-(2)]-1-methylcyclohexen-(1)-on-(3)-carbonsäure-(6)-äthylester*, deren Verseifung mit 5%ig. KOH u. Decarboxylierung *5-[Furyl-(2)]-* bzw. *5-[Thienyl-(2)]-1-methylcyclohexen-(1)-on-(3)* liefert. Die wichtigsten IR-Banden u. einige Farb-Rkk. der dargestellten Verbb. werden mitgeteilt.

Versuche (FF. korr.): *5-[Furyl-(2)]-1-methylcyclohexen-(1)-on-(3)-carbonsäure-(6)-äthylester*, $C_{14}H_{16}O_4$, F. 72,7—73,2° (CH_3OH), $Kp._8$ 184—190°, durch Zugeben von Diäthylamin zu frisch dest. I u. III (exotherme Rk.) u. 2tägiges Stehen bei 50—60°; n_D^{75} 1,4926; 56—64% (Ausbeute). *Semicarbazon*, $C_{15}H_{19}N_3O_4$, F. 180—184° (CH_3OH). *4-Phenylsemicarbazon*, $C_{21}H_{23}N_3O_4$, F. 170,5—172,5° (CH_3OH), verfilzte, feine Nadeln. *2.4-Dinitrophenylhydrazon*, $C_{20}H_{20}N_4O_7$, F. 169—171° (CH_3OH), orangerote Kristalle. — *5-[Furyl (2)]-1-methylcyclohexen-(1)-on-(3)*, $C_{11}H_{12}O_2$, $Kp._{12}$ 152°, $Kp._{1,4}$ 109—110°, durch 6—7std. Kochen vorst. Verb. in CH_3OH mit wss. KOH, Einengen, Neutralisieren u. Ausäthern; $D._4^{20}$ 1,1037, n_D^{20} 1,5341; 85%. *Semicarbazon*, $C_{12}H_{15}N_3O_2$, F. 178—184°, gelbe Kristalle. *4-Phenylsemicarbazon*, $C_{18}H_{19}N_3O_2$, F. 193—196°. *2.4-Dinitrophenylhydrazon*, $C_{17}H_{16}N_4O_5$, F. 152—153,5°, dunkelrote Kristalle. — *5-[Thienyl-(2)]-1-methylcyclohexen-(1)-on-(3)-carbonsäure-(6)-äthylester*, $C_{14}H_{16}O_3S$, $Kp._{10}$ 206—214°, durch Zugeben von Diäthylamin zu frisch dest. II u. III u. 1—3tägiges Stehen bei 70°; $D._4^{20}$ 1,1793, n_D^{20} 1,5489, hellgelbes Öl; 85%. *Semicarbazon*, $C_{15}H_{19}N_3O_3S$, F. 150—151°. *4-Phenylsemicarbazon*, $C_{21}H_{23}N_3O_3S$, F. 189°. *2.4-Dinitrophenylhydrazon*, $C_{20}H_{20}N_4O_6S$, F. 220—223° (Aceton/Chlf.), leichte, orangerote Kristalle. — *5-[Thienyl-(2)]-1-methylcyclohexen-(1)-on-(3)*, $C_{11}H_{12}OS$, $Kp._{11}$ 177—178°, durch 6std. Kochen vorst. Verb. in CH_3OH mit wss. KOH, Einengen u. Extrahieren mit Chlf.; $D._4^{20}$ 1,1504, n_D^{20} 1,5782; 93%. *Semicarbazon*, $C_{12}H_{15}N_3OS$, F. 180—182°. *4-Phenylsemicarbazon*, $C_{18}H_{19}N_3OS$, F. 199° (Bzl.), hellgelbe Kristalle. *2.4-Dinitrophenylhydrazon*, $C_{17}H_{16}N_4O_4S$, F. 174,5 bis 175,5° (Bzl./A./Ae.), kleine, dunkelrote Nadeln. Ch. Böhme. 3051 □

Nitrierung von Furyl-(2)-trichlormethylcarbinol. M. A. Sakutskaja und Tsch. K. Kadyrow. (Узбекский Химический Журнал [Usbek. chem. J.] **1959**. Nr. 1. 67—69. Mittelasiat. W.I. Lenin-Univ.) (Russ.; Auszug: Usbek.)

Durch Nitrierung von Furyl-(2)-trichlormethylcarbinol (I) mit HNO_3 in Acetanhydrid wird *5-Nitrofuryl-(2)-trichlormethylcarbinolacetat* (II) erhalten. II entsteht auch bei der Nitrierung von Furyl-(2)-trichlormethylcarbinolacetat. Verss., II durch Kondens. von 5-Nitrofurfurol mit $CHCl_3$ darzustellen, lieferten neben unveränderten Ausgangs-Prodd. wenig *5-Nitrofurancarbonsäure*.

Versuche: *Furyl-(2)-trichlormethylcarbinolacetat*, Kp.$_{10}$ 118°, durch 2std. Erhitzen von I mit Acetylchlorid auf dem Wasserbad; 56% (Ausbeute). — *5-Nitrofuryl-(2)-trichlormethylcarbinolacetat* (II), $C_8H_6Cl_3NO_5$, Kp.$_{20-25}$ 180—183°, F. 82—83°, a) durch Zugabe von 10,7 g I zu einem Gemisch von 6 g HNO_3 (d = 1,5) u. 35,5 g Acetanhydrid bei ± 5° u. 2std. Rühren bei Zimmer-Temp., Verdünnen mit Eiswasser, Extraktion mit Ae. u. Dest.; hellgelbe Kristalle aus A./W.; 6,7 g; b) durch Zugabe von 9 g vorst. Verb. zu 6 g HNO_3 u. 60 g Acetanhydrid bei ± 5° u. 2std. Rühren bei Zimmer-Temp.; 6,8 g. P. NEULAND. 3061 □

Intramolekulare Cyclisierung von o.o'-Dihydroxydiphenyldiacetylen. Fumio Toda und Masazumi Nakagawa. (Bull. chem. Soc. Japan **32**. 514—16. Mai 1959. Osaka, Osaka Univ., Fac. of Sci., Dep. of Chem.) (Engl.)

Durch Ringspaltung von Cumaron mit Na in Pyridin dargestelltes *o-Hydroxyphenylacetylen* (III) bildet durch oxydative Kupplung *1.4-Bis-[o-hydroxyphenyl]-butadiin* (I). Durch Erhitzen von I mit verd. alkohol. C_2H_5ONa-Lsg. oder mit wss. NaOH entsteht Dicumaronyl-(2) (II), das auch aus 2-Bromcumaron (IV) durch ULLMANN-Rk. erhalten wird. Die HUNDSDIEKER-Rk. von Ag-Cumarilat (V) führt zu *5-Bromcumarilsäure* u. *2.3.7(?)-Tribromcumaron*. *2-[o-Hydroxyphenyläthinyl]-cumaron* wird neben II aus I u. wenig C_2H_5ONa durch Ringschluß dargestellt.

Versuche: *1.4-Bis-[o-hydroxyphenyl]-butadiin* (I), $C_{16}H_{10}O_2$, F. 142—143°, a) durch 6std. Rühren von III, CuCl, NH_4Cl, konz. NH_4OH u. W. unter O_2 bei Raum-Temp., Extrahieren mit Ae. u. Eindampfen; aus CCl_4 Nadeln; 86% (Ausbeute); b) durch 3½ std. Kochen von II, Pyridin u. Na unter N_2, Extrahieren mit Ae., Ansäuern mit 2n HCl, Extrahieren mit Ae. u. Eindampfen der Ätherlösung. *Dibenzoyl-Deriv.*, $C_{30}H_{18}O_4$, F. 126 bis 126,5°; aus A. Nadeln. — *Dicumaronyl-(2)* (II), $C_{16}H_{10}O_2$, F. 194,5—195,5°, a) durch 1—2std. Erhitzen von I in 10—20%ig. alkohol. C_2H_5ONa-Lsg. oder in wss. NaOH; aus A. oder Bzl. Nadeln; 100%; b) durch 5std. Erhitzen von IV u. aktivierter Cu-Bronze auf 225—240° u. Sublimieren bei 160—180°/20 Torr; 40%; c) durch 1½ std. Erhitzen von I u. verd. alkohol. C_2H_5ONa-Lsg. auf 100°; 33%; d) durch 3std. Kochen nachst. Verb. mit alkohol. NaOH; 100%. — *2-[o-Hydroxyphenyläthinyl]-cumaron*, $C_{16}H_{10}O_2$, F. 102,5°, aus der Mutterlauge II nach c); aus PAe. Nadeln; 41%. *Benzoyl-Deriv.*, $C_{23}H_{14}O_3$, F. 117°; Nadeln. — *5-Bromcumarilsäure*, $C_9H_5BrO_3$, F. 256°, durch 3std. Behandeln von V mit Br_2 in CCl_4, Extrahieren mit Ae., Waschen der Ae.-Lsg. mit $NaHCO_3$-Lsg., Neutralisieren der alkal. Lsg. mit 2n HCl u. Extrahieren mit Ae.; aus wss. A. Nadeln; 56%. — *2.3.7(?)-Tribromcumaron*, $C_8H_3Br_3O$, F. 81—83,5°, aus der mit $NaHCO_3$-Lsg. gewaschenen vorst. Ae.-Lsg.; aus wss. A. Nadeln; 15%. H. SMALLA. 3061

Darstellung des N-Benzoylderivats des β-Aminoadipinsäurelactams. B. W. Klejew. (Химическая Наука и Промышленность [Chem. Wiss. Ind.] **4**. 284. 1959. Moskau, Chem.-Technol. Mendelejew-Inst.) (Russ.)

Bei aufeinanderfolgender Behandlung von β-Benzoylaminoadipinsäure (I) mit $SOCl_2$ u. NH_3 wird unter Abspaltung der Benzoylgruppe u. Bldg. von *Benzamid* [*Pyrrolidon-(2)-yl-(5)]-acetamid* [II; $C_6H_{10}N_2O_2$, F. 155—156° (Dioxan)] erhalten, das unter analogen Bedingungen auch aus β-Acetylaminoadipinsäure neben *Acetamid* gebildet wird. Läßt man 2 Mol $SOCl_2$ während 12—16 Std. in der Kälte auf 1 Mol I einwirken u. versetzt dann bei 0° mit NH_3 in Bzl.-Ae. (2:1), so erhält man [*N-Benzoylpyrrolidon-(2)-yl-(5)]-acetamid* [III; $C_{13}H_{14}N_2O_3$, F. 162,5—163° (W.); 85% (Ausbeute)]. Beim Behandeln von III mit NH_3 werden II u. Benzamid erhalten. Bei Einw. von $NaNO_2$ auf eine salzsaure Lsg. von III werden *Benzoesäure* u. *β-Benzoylamino-δ-carboxyvaleriansäureamid* [$C_{13}H_{10}N_2O_4$, F. 249—249,5° (W.)] isoliert. G. FROELICH. 3081 □

Untersuchungen in der Pyrrolreihe. 27. Mitt. Ein neuer Weg zu gewissen Pyrrol-2-carbonsäureestern und -nitrilen. George G. Kleinspehn. (J. Amer. chem. Soc. **77**. 1546—48. 20/3. 1955. Baltimore, Md., Johns Hopkins Univ., Chem. Labor.) (Engl.) — 26. vgl. C. **1956**. 7193.

Vf. benutzt die von FISCHER u. FINK (Hoppe-Seyler's Z. physiol. Chem. **280**. [1944.] 123) beobachtete reduktive Ringschluß-Rk. zwischen β-Diketonen u. Äthyl-α-oximinoacetoacetat, um *Pyrrol-2-carbonsäure-Derivv.* zu synthetisieren. Oximinomalonsäurediäthylester (I) gibt mit Pentandion-(2.4) (II) *2-Carbäthoxy-3.5-dimethylpyrrol* (IV), aus I u. 3-Äthylpentandion-(2.4) (III) entsteht *2-Carbäthoxy-4-äthyl-3.5-dimethylpyrrol* u. aus I u. γ-Acetyl-δ-oxohexansäure *5-Carbäthoxy-2.4-dimethylpyrrol-3-propionsäure*. Beim

Umsatz von I mit 2-Methyl-3-oxobutyraldehyd entsteht dagegen *2-Carbäthoxy-3.4-dimethylpyrrol* statt des zu erwartenden 4.5-Dimethyl-Deriv., wie durch Überführung in *5.5'-Methylen-bis-[2-carbäthoxy-3.4-dimethylpyrrol]* bewiesen wird. Bei der Übertragung der Rk. auf Oximinocyanessigsäureäthylester (V) entsteht mit **II** *3.5-Dimethylpyrrol-2-carbonitril* u. mit **III** *4-Äthyl-3.5-dimethylpyrrol-2-carbonitril.*

Versuche: Pyrrole: *2-Carbäthoxy-3.5-dimethyl-* (**IV**), $C_9H_{13}NO_2$, F. 124–124,5° (A.), a) aus **II** in Eisessig durch Zugabe von wasserfreiem Na-Acetat u. Zn-Staub bei 80° u. von I in verd. Essigsäure bei 95–105°; 60% (Rohausbeute); b) aus **V** u. **II** nach a). — *2-Carbäthoxy-4-äthyl-3.5-dimethyl-*, $C_{11}H_{17}NO_2$, F. 90–91° (A.), aus **III** u. **I** wie vorst.; 65%. — *5-Carbäthoxy-2.4-dimethyl-3-[β-carboxyäthyl]-*, $C_{12}H_{17}NO_4$, F. 154–156° (Bzl.), aus γ-Acetyl-δ-oxohexansäure (Kp.$_{1,5}$ 155–156°) u. I analog **IV**; 59%. — *2-Carbäthoxy-3.4-dimethyl-*, $C_9H_{13}NO_2$, F. 94–95° (A.), aus Eisessig u. wasserfreiem Na-Acetat durch Zugabe von I u. dem Na-Salz von 2-Methyl-3-oxobutyraldehyd in verd. Essigsäure bei ca. 85°, dann von Zn-Staub bei 95–105°; 30%. Gibt mit alkohol. Formalin in Ggw. von HCl *5.5'-Methylen-bis-[2-carbäthoxy-3.4-dimethylpyrrol]*, $C_{19}H_{26}N_2O_4$, F. 202–203°. — *3.5-Dimethyl-2-cyan-*, $C_7H_8N_2$, F. 75–76,5° (PAe.), aus **V** u. **II** analog **IV**; 35%. — *4-Äthyl-3.5-dimethyl-2-cyan-*, $C_9H_{12}N_2$, F. 135–136° (A./W.), aus **V** u. **III** wie vorst.; 45%. G. Schönewald. 3081

Synthese heterocyclischer Verbindungen nach der Fischer-Reaktion. Ju. P. Kitajew. (Успехи Химии [Fortschr. Chem.] **28**. 336–68. März 1959. Kasan.) (Russ.)
Übersicht über theoret. Grundlagen u. Anwendungsbeispiele der Fischer-Rk. zur Darst. von *Indolen.* — 228 Literaturangaben. G. Froelich. 3081 □

Äthoxypyrrole und Äthoxyindol. H. Plieninger und H. Bauer. (Angew. Chem. **73**. 433. 21/6. 1961. Heidelberg, Univ., Chem. Inst.) (Dt.)
Das äußerst luftempfindliche *2-Äthoxy-3.4-dimethylpyrrol* (Kp.$_{14}$ 80–81°, UV-Spektrum; Ehrlichsche Rk. → Rotfärbung) wird in 90%ig. Ausbeute durch alkal. Behandlung des aus 3.4-Dimethylpyrrolon-(2) u. Triäthyloxoniumborfluorid (I) gebildeten Salzes erhalten. Aus I u. Oxindol entsteht in ähnlicher Weise *2-Äthoxyindol* (F. 106°, UV-Spektrum; 90%; an der Luft → violetter Farbstoff). E. Kossmehl. 3081 □

Eine neuartige Additionsreaktion der 1-Alkylpyrrole. R. M. Acheson, A. R. Hands und J. M. Vernon. (Proc. chem. Soc. [London] **1961**. 164–65. Mai. Oxford, Univ., Dep. of Biochem.) (Engl.)
Als Struktur für das schon von Diels, Alder u. Winckler [1931] dargestellte *2:1-Addukt* aus 1-Methylpyrrol u. Acetylendicarbonsäuredimethylester (I) wird *3a.7a-Dihydro-1-methyl-2.3.3a.4-tetracarbomethoxyindol* (**II**) vorgeschlagen. Ein Mechanismus wird aufgestellt, der auch die Weiter-Rk. von **II** mit **I** in 4.7-Stellung u. den anschließenden Zerfall zu *1-Methylpyrroltricarbonsäure-(2.3.4)-trimethylester* (**III**) bzw. zu *Hemimellitsäuretrimethylester* einschließt. **II** gibt bei der Oxydation mit Br_2 u. CH_3OH einen *Indoltricarbonsäureester*, der bei der Hydrolyse u. Decarboxylierung *1-Methylindol*, bei vorsichtiger Rk. *1-Methylindolcarbonsäure-(4)* liefert. Auf die analoge Bldg. von *2.3.6.7-Tetrakis-[trifluormethyl]-naphthalin* (vgl. Krespan u. Mitarbeiter, C. **1961**. **6141**) wird hingewiesen. 1-Benzylpyrrol u. **I** geben entsprechend ein 2:1-Addukt u. einen Indoltricarbonsäureester. E. Kossmehl. 3081 □

Eine Methode zur Einführung von Substituenten in den Benzolkern des Indols. 4. Mitt. **Darstellung von Brom-, Nitro- und Aminoindolen und -indolinen.** A. P. Terentjew, M. N. Preobrashenskaja, A. Ss. Bobkow und G. M. Ssorokina. (Журнал Общей Химии [J. allg. Chem.] **29** (**91**). 2541–51. Aug. 1959. Moskau, Univ.) (Russ.) — 2. vgl. C. **1960**. **3533**.

Bei der Nitrierung von Indolin (**I**) mit Nitriergemisch entsteht *6-Nitroindolin* (**II**), das zu *6-Nitroindol* (**III**) dehydriert wird. Die Red. von **II** u. **III** liefert *6-Aminoindolin* bzw. *-indol.* Analog werden aus 2-Methylindolin (**IV**) *6-Nitro-2-methylindolin* (**V**) u. *6-Nitro-2-methylindol* (**VI**) erhalten, die in die *6-Amino-Verbb.* übergeführt werden. Bei der Nitrierung von **I** mit HNO_3 in Essigsäure entsteht dagegen *5-Nitroindolin* (**VII**), das zu *5-Nitroindol* (**VIII**) dehydriert wird. Unter analogen Bedingungen werden aus **IV** *5-Nitro-2-methylindolin* (**IX**) u. *5-Nitro-2-methylindol* (**X**) erhalten. Durch Red. von **VIII**, **IX** u. **X** werden die entsprechenden *Amino-Verbb.* dargestellt. *5-Bromindol* u. *5-Brom-2-methylindol* können durch Bromierung von **I** bzw. **IV** über die *Bromindoline* erhalten werden. *6-Nitro-5-brom-1-methylindol* wird durch Nitrierung von 5-Brom-1-methylindolin (**XI**) u. anschließende Dehydrierung dargestellt.

Versuche: *6-Nitroindolin* (**II**), $C_8H_8N_2O_2$, F. 66,5–67,5° (Heptan), man löst 11,9 g **I** in der Kälte in 100 ml konz. H_2SO_4, tropft bei $< 0°$ das Gemisch aus 4,4 ml HNO_3 (D. 1,5) u. 100 ml H_2SO_4 zu u. gießt nach 1 Std. auf Eis; orangefarbene Kristalle; 16 g (Ausbeute). *N-Acetyl-Deriv.*, $C_{10}H_{10}N_2O_3$, F. 154,5–155° (verd. A.), durch Kochen von

II mit Acetanhydrid; gelbe Kristalle. — *6-Nitroindol* (**III**), $C_8H_6N_2O_2$, F. 141—142° (Bzl., verd. A.), man kocht 6,1 g **II** u. 9,1 g Chloranil (**XII**) in 300 ml Xylol 5 Std.; gelbe Kristalle; 82%. — *6-Nitroisatin*, $C_8H_4N_2O_4$, F. 300° (Zers.; W.-Essigsäure), man tropft zu 1,3 g **III** in 100 ml Essigsäure 1,5 g CrO_3 in 10 ml W. u. erhitzt ½ Std. auf dem Wasserbad; orangefarbene Kristalle; 45%. *Phenylhydrazon*, $C_{14}H_{10}N_4O_3$, F. 265 bis 266° (Zers.; Essigsäure); rote Plättchen. — *6-Nitro-2-methylindol* (**VI**), $C_9H_8N_2O_2$, F. 113,5—114,5° (PAe.), man kocht 5,6 g **V** u. 7,7 g **XII** in 200 ml Xylol 7 Std.; 81%. — *4-Nitro-2-acetylaminobenzoesäure*, F. 225—226° (W.), man tropft zu 1,07 g **VI** in 30 ml Essigsäure 1,24 g CrO_3 in 5 ml W. u. erhitzt 1 Std. auf dem sd. Wasserbad; 33%. — *5-Nitroindolin* (**VII**), $C_8H_8N_2O_2$, F. 91—91,5° (Heptan, W.), man löst 11,9 g **I** in 150 ml Acetanhydrid, tropft bei 10—12° 8,5 ml HNO_3 (D. 1,5) zu, gießt in W. u. kocht den Nd. ½ Std. mit 100 ml konz. HCl; 74%. Daneben *x.x-Dinitroindolin*, $C_8H_7N_3O_4$, F. 243 bis 244° (A.); gelbe Kristalle; 1 g. — *5-Nitroindol* (**VIII**), $C_8H_6N_2O_2$, F. 135—137° (Bzl., Octan), man kocht 7,9 g **VII** u. 11,7 g **XII** 10 Std. in Xylol; dunkelgelbe Kristalle; 68%. — *5-Nitro-2-methylindolin* (**IX**), $C_9H_{10}N_2O_2$, F. 78—79° (Heptan), man kocht 6,65 g **IV** u. 51 ml Acetanhydrid 1 Std., tropft bei $<$ 10° in 2 Std. 8,2 ml HNO_3 (D. 1,35) zu, gießt auf Eis u. kocht den Nd. mit 100 ml konz. HCl 1 Std.; 63%. — *5-Nitro-2-methylindol* (**X**), $C_9H_8N_2O_2$, F. 171,5—172,5° (Heptan), man kocht 11,7 g **IX** u. 16,2 g **XII** in Xylol 5 Std.; 65%. — *5-Nitro-2-aminobenzoesäure*, $C_7H_6N_2O_4$, F. 275,5—276° (Zers.; verd. A.), man erhitzt 1 g **VIII** in 100 ml Essigsäure mit 1,2 g CrO_3 in 10 ml W. 1 Std. auf dem sd. Wasserbad; gelbe Nadeln; 1 g. Gibt beim Kochen mit 50%ig. H_2SO_4 *p-Nitroanilin*, F. 145—146° (W.). — *5-Aminoindol*, $C_8H_8N_2$, Kp.$_{0,6}$ 190°, F. 129—130° (Zers.; Heptan), man tropft zu 5,4 g **VIII** in 50 ml sd. A. in Ggw. von RANEY-Ni in einigen Std. 100 ml Hydrazinhydrat (**XIII**) zu; 82%. *N-Benzoyl-Deriv.*, $C_{15}H_{12}N_2O$, F. 166—167° (Bzl.). — *5-Amino-2-methylindol*, $C_9H_{10}N_2$, F. 156—156,5° (W., Heptan), aus 6 g **X** in 200 ml A. durch Red. mit **XIII** in Ggw. von RANEY-Ni in 2 Tagen; 76%. *$N_{(5)}$-Benzoyl-Deriv.*, $C_{16}H_{14}N_2O$, F. 192—192,5° (Bzl.). — *6-Amino-2-methylindol*, $C_9H_{10}N_2$, F. 84—85° (CCl_4), Kp.$_4$ 170—177°, analog vorst. Verb. aus **VI**; 43%. *$N_{(6)}$-Benzoyl-Deriv.*, F. 210° (verd. A.). — *6-Aminoindolin*, $C_8H_{10}N_2$, Kp.$_1$ 138°, F. 67—68°, man gibt zu 16,2 g **II** in 100 ml Methanol 0,5 g RANEY-Ni u. portionsweise 100 ml **XIII** u. läßt einige Std. stehen; 77%. *Diacetyl-Deriv.*, $C_{12}H_{14}N_2O_2$, F. 269—271° (20%ig. Essigsäure). *$N_{(1)}$-Acetyl-Deriv.*, $C_{10}H_{12}N_2O$, F. 179—179,5° (A.), man erhitzt 3,8 g **II**-Acetyl-Deriv., 20 ml konz. HCl u. 30 g $SnCl_2$ 25 Min. auf dem Wasserbad; 89%. — *6-Amino-2-methylindolin*, $C_9H_{12}N_2$, Kp.$_{17}$ 175—180°, F. 61—62° (Heptan oder Ae.), durch Red. von **V** mit **XIII**/RANEY-Ni; 91%. *Hydrochlorid*, F. 230—235° (Zers.). — *5-Aminoindolin*, $C_8H_{10}N_2$, F. 67—68,5° (Heptan), durch Red. von **VII** mit **XIII**/RANEY-Ni; 97%. *Diacetyl-Deriv.*, $C_{12}H_{14}N_2O_2$, F. 211—212,5° (W.). — *5-Amino-2-methylindolin*, $C_9H_{12}N_2$, Kp.$_9$ 155 bis 158°, F. 92° (Heptan), durch Red. von **X**; 93%. — *5-Brom-2-methylindolin*, C_9H_{10}·BrN, Kp.$_3$ 132—133,5°, man gibt zu 13,3 g **IV** in 35 ml Eiswasser 5,2 ml konz. H_2SO_4, tropft 16 g Br_2 zu u. rührt 1 Std.; D.$_4^{20}$ 1,4550; n_D^{20} 1,6085; 63,5% (Rohausbeute). *N-Benzoyl-Deriv.*, $C_{16}H_{14}BrNO$, F. 157° (A.). — *5-Brom-2-methylindol*, C_9H_8BrN, Kp.$_4$ 155—162°, F. 97—98° (Heptan), man kocht 4,5 g vorst. Verb. u. 5,2 g **XII** in Xylol ½ Std.; 54%. — *[5-Brom-2-methylskatyl]-dimethylamin* (*5-Brom-2-methylgramin*), F. 145—147° (Aceton), aus vorst. Verb. mit Formalin u. Dimethylamin in Essigsäure. — *5-Bromindolin*, C_8H_8BrN, Kp.$_2$ 114—114,5°, aus 23,8 g **I** in 60 ml Eisessig u. 10,4 ml konz. H_2SO_4 mit 32 g Br_2 (3 Std. rühren); D.$_4^{20}$ 1,5240; n_D^{20} 1,6311; 72,7%. *N-Acetyl-Deriv.*, $C_{10}H_{10}BrNO$, F. 119—119,5° (A.). — *5-Bromindol*, C_8H_6BrN, F. 92—93°, aus vorst. Verb. mit **XII**; 47%. — *6-Nitro-5-brom-1-methylindolin*, $C_9H_9BrN_2O_2$, F. 73—74° (Octan, verd. A.), man löst 6,9 g **XI** bei $<$ 0° in 50 ml konz. H_2SO_4, gibt unter Kühlen 1,5 ml HNO_3 (D. 1,5) u. 10 ml konz. HNO_3 zu u. rührt 1 Std.; orangefarbene Kristalle; 7,8 g. — *6-Nitro-5-brom-1-methylindol*, $C_9H_7BrN_2O_2$, F. 167—168° (Bzl., A.), man kocht 3 g vorst. Verb. u. 2,85 g **XII** in Xylol einige Std.; gelbe Kristalle; 54%.

HELMUT SCHÄFER. 3081 □

Eine Methode zur Einführung von Substituenten in den Benzolkern des Indols. 5. Mitt. Synthese von Ketonen der Indolreihe. A. P. Terentjew, M. N. Preobrashenskaja und G. M. Ssorokina. (Журнал Общей Химии [J. allg. Chem.] **29** (91). 2875—81. Sept. 1959.) (Russ.) — 4. vgl. vorst. Referat.

Die FRIEDEL-CRAFTS-Rk. von 1-Acetylindolin (**I**) u. 1-Acetyl-2-methylindolin (**II**) mit Acetyl- (**III**) u. Chloracetylchlorid (**IV**) liefert entsprechend *5-Acetyl-*, *5-Chloracetyl-1-acetylindolin* (**V**), *5-Acetyl-* u. *5-Chloracetyl-1-acetyl-2-methylindolin*, aus denen durch Hydrolyse *5-Acetyl-* (**VI**), *5-Chloracetylindolin* (**VII**), *5-Acetyl-* u. *5-Chloracetyl-2-methylindolin* erhalten werden. Die anschließende Oxydation mit Chloranil (**VIII**) gibt *5-Acetyl-*, *5-Chloracetyl-*, *5-Acetyl-2-methyl-* u. *5-Chloracetyl-2-methylindol*. — Bei der Rk. von

I mit III bildet sich ein Gemisch aus V u. einem V-*Isomeren* (*1-Acetyl-7-chloracetylindolin*?) im Verhältnis 9:1. Die Red. von VI oder VII nach CLEMMENSEN liefert *5-Äthylindol*, die BECKMANN-Umlagerung von VI-Oxim in Acetanhydrid *5-Acetylamino-1-acetylindolin*. Die UV-Spektren einiger Indole u. Indoline werden angegeben.

Versuche: 1-Acetylindoline: *5-Acetyl-*, $C_{12}H_{13}NO_2$, F. 146—147° (Heptan), a) man trägt in 16,1 g I u. 10 ml III in 50 ml CS_2 40 g $AlCl_3$ ein u. erwärmt einige Std. auf 50°; 100% (Ausbeute); b) man verreibt 5 g I mit 12 g $AlCl_3$, gießt langsam 10 ml III zu u. erhitzt ½ Std. auf dem Wasserbad; 100%. — *5-Acetyl-2-methyl-*, $C_{13}H_{15}NO_2$, F. 96,5 bis 97° (Heptan), aus II u. III nach a) 85%, nach b) 81%. — *5-Chloracetyl-* (V), $C_{12}H_{12}\cdot ClNO_2$, F. 230—231° (Zers.; Dioxan), aus I u. IV nach a) 95%, nach b) 70%. Daneben *7-Chloracetyl-* (?), $C_{12}H_{12}ClNO_2$, F. 134,5—135° (Octan); 5—10%. — *5-Chloracetyl-2-methyl-*, $C_{13}H_{14}ClNO_2$, F. 149,5—150° (Zers.), aus II u. IV nach a) 75,4%. — 5-Acylindoline: Man kocht vorst. Verbb. in verd. HCl (1:1) bis zur vollständigen Auflösung u. neutralisiert mit $NaHCO_3$; zur Reinigung krist. man aus Octan um. *5-Acetyl-* (VI), $C_{10}H_{11}NO$, F. 70,5—71°; 86,5%. *Oxim*, $C_{10}H_{12}N_2O$, F. 142—143° (verd. A.). — *5-Acetyl-2-methyl-*, $C_{11}H_{13}NO$, F. 88—89°; 88%. *Oxim*, $C_{11}H_{14}N_2O$, F. 114—115,5° (verd. A.). — *5-Chloracetyl-* (VII), $C_{10}H_{10}ClNO$, F. 96—96,5°; 90%. — *5-Chloracetyl-2-methyl-*, $C_{11}H_{12}ClNO$, F. 107—107,5°; 88%. — 5-Acylindole: Man kocht vorst. 5-Acylindoline mit VIII 2 Std. in Xylol. *5-Acetyl-*, $C_{10}H_9NO$, F. 94—95° (Heptan); 63%. *Oxim*, $C_{10}H_{10}\cdot N_2O$, F. 163,5—164,5° (A.). *Semicarbazon*, $C_{11}H_{12}N_4O$, F. 200,5—201° (W.). — *5-Acetyl-2-methyl-*, $C_{11}H_{11}NO$, F. 140,5—141° (verd. A.); 65%. — *5-Chloracetyl-*, $C_{10}H_8ClNO$, F. 139—140° (Zers.; Octan); 43%. — *5-Chloracetyl-2-methyl-*, $C_{11}H_{10}ClNO$, F. 153—155° (Zers.; Octan); 56%. — *5-Acetylamino-1-acetylindolin*, $C_{12}H_{14}N_2O_2$, F. 212—212,5° (W.), man leitet unter Kühlen in 1,8 g VI-Oxim in 17 ml wss. Essigsäure u. 7 ml Acetanhydrid 20 Min. HCl ein u. erhitzt im Rohr 3 Std. auf dem Wasserbad; 100%. — *5-Äthylindolin*, $C_{10}H_{13}N$, Kp.$_7$ 110—111°, man kocht 24,3 g 1.5-Diacetylindolin mit 100 ml verd. HCl (1:1) bis zur Auslösung, gibt 30 g amalgamiertes Zn u. 200 ml konz. HCl zu u. kocht 6 Std.; $D._4^{20}$ 1,0220; n_D^{20} 1,5724; 12,5%. *1-Acetyl-Deriv.*, $C_{12}H_{15}NO$, F. 117,5 bis 117,8°, a) aus 5-Äthylindolin mit Acetanhydrid; b) aus V durch Kochen mit amalgamiertem Zn in HCl u. anschließendes Acetylieren; 19,5%.

HELMUT SCHÄFER. 3081 □

Reduktion von Nitrilen mit Hydrazinhydrat in Gegenwart von Raney-Nickel. A. P. Terentjew, M. N. Preobrashenskaja und Ban-lun Ge. (Химическая Наука и Промышленность [Chem. Wiss. Ind.] 4. 281. 1959. Moskau, Lomonossow-Univ.) (Russ.)

Durch Red. von Indolyl-(3)-acetonitril (I), [5-Methoxy-2-methyl-1-benzylindolyl-(3)]-acetonitril (II) u. β-Phenylacetonitril (III) mit Hydrazinhydrat in Ggw. von RANEY-Ni werden *β-[Indolyl-(3)]-äthylamin*, *β-[5-Methoxy-2-methyl-1-benzylindolyl-(3)]-äthylamin* bzw. *β-Phenyläthylamin* erhalten. Die Bldg. größerer Mengen an sek. Aminen, Triazol- oder Tetrazin-Derivv. wurde nicht beobachtet. Bei der analogen Red. von o-Tolunitril treten Neben-Rkk. des Tolunitrils mit Hydrazin ein, so daß die Ausbeuten an Red.-Prod. nur gering sind.

Versuche: *β-[Indolyl-(3)]-äthylamin* (*Tryptamin*), F. 113—114° (A.), zu 0,016 Mol I in 50 ml A. gibt man 0,5 g RANEY-Ni u. unter Erwärmen auf dem Wasserbad portionsweise 0,8 Mol Hydrazinhydrat; das Rk.-Gemisch wird bis zur Beendigung der NH_3-Entw. erhitzt (ca. 1 Std.), filtriert u. im Vakuum eingedampft; 95% (Ausbeute). *Phthalyl-Deriv.*, F. 163—164° (A.). — *β-[5-Methoxy-2-methyl-1-benzylindolyl-(3)]-äthylaminhydrochlorid*, F. 225—227° (A. + Ae.), analog vorst. Verb. aus II; nach dem Eindampfen im Vakuum versetzt man den Rückstand mit Bzl. u. 10%ig. HCl u. filtriert; 90%. — *β-Phenyläthylamin*, Kp.$_{12}$ 78—80°, analog vorvorst. Verb. in sd. Butylalkohol; 59%. *Hydrochlorid*, F. 214—215° (A.). *Pikrat*, F. 166,5—167° (A.). G. FROELICH. 3081 □

Synthese und Reaktionen von 4-Neopentyl-5-tert.-butyl-1.2-dithiolthion-(3). Philip S. Landis und Lyle A. Hamilton. (J. org. Chemistry 25. 1742—44. Okt. 1960. Paulsboro, N.J., Socony Mobil Oil Co., Res. Dep.) (Engl.)

Bei der Rk. von Triisobutylen (I) mit S bei 200° entsteht ausschließlich *4-Neopentyl-5-tert.-butyl-1.2-dithiolthion-(3)* (II). Die Hydrolyse von II mit alkohol. KOH liefert *2.2-Dimethylpropionsäure* (*Trimethylessigsäure*) u. *4.4-Dimethylvaleriansäure*, Chlorierung die *3.3-Dichlor-Verb.*, die sich leicht zu *4-Neopentyl-5-tert.-butyl-1.2-dithiolon-(3)* hydrolysieren läßt. II bildet ein *Oxim*, *Hydrazone*, *quart. Salze* mit Alkylhalogeniden u. definierte *Komplexe* mit $HgCl_2$, $AgNO_3$, $BiCl_3$, $SbCl_3$, $SnCl_4$, $CdCl_2$ u. $Pb(OCOCH_3)_2$. Durch HNO_3 wird der Dithiolring gespalten.

Versuche: *4-Neopentyl-5-tert.-butyl-1.2-dithiolthion-(3)* (II), $C_{12}H_{20}S_3$, Kp.$_1$ 152°, a) durch Zutropfen von I zu S u. II (aus einem früheren Ansatz) bei 200—215° unter

Rühren in 7½ Std. u. 9std. Rühren bei 200°; 93% (Ausbeute); b) analog a) ohne II; 55%; $D._4^{20}$ 1,18; n_D^{20} 1,6478. *Methojodid*, $C_{13}H_{23}JS_3$, F. 159—161° (CH_3OH), aus 3,0 g II u. 3,0 g Methyljodid; hellgelbe Kristalle. *$HgCl_2$-Komplex*, $HgCl_2 \cdot C_{12}H_{20}S_3$, F. 218—221° (Zers.), durch Rühren von 12 g II in Aceton mit 14 g $HgCl_2$ in Aceton (5 Min.); gelbe Kristalle; 20,5 g. *CdJ_2-Komplex*, $CdJ_2 \cdot 2\,C_{12}H_{20}S_3$, F. 145—148°, aus 3,3 g CdJ_2 u. 5,2 g II in Isopropylalkohol; gelbe Kristalle; 6,7 g. *$ZnCl_2$-Komplex*, $ZnCl_2 \cdot C_{12}H_{20}S_3$, F. 189—194°. *$PtCl_4$-Komplex*, $PtCl_4 \cdot 2\,C_{12}H_{20}S_3$, F. 168—171°. *$AgNO_3$-Komplex*, $AgNO_3 \cdot 2\,C_{12}H_{20}S_3$, F. 145—149°. — *4-Neopentyl-5-tert.-butyl-3.3-dichlor-1.2-dithiol*, $C_{12}H_{20}Cl_2S_2$, F. 151—152° (abs. A.), durch Chlorierung von 25 g II in CCl_4 bei 30°; hellgelbe Kristalle; 25,5 g. — *4-Neopentyl-5-tert.-butyl-1.2-dithiolon-(3)*, $C_{12}H_{20}OS_2$, $Kp._{0,6-0,8}$ 132—135°, durch 32std. Kochen von 200 g vorst. Verb. mit W.; 92,5 g. — *2.2-Dimethylpropionsäure* (*Trimethylessigsäure*), Kp. 149—152°, durch 40std. Kochen von 260 g II mit 20%ig. KOH u. 95%ig. A., Ansäuern u. Ausäthern; 36,2 g. *Chlorid*, Kp. 135—140°, aus der Säure mit $SOCl_2$. *Anilid*, $C_{11}H_{15}NO$, F. 131°, durch Kochen des Chlorids mit Anilin. *p-Bromphenacylester*, $C_{13}H_{15}BrO_3$, F. 75—76° (95%ig. A.). — *4.4-Dimethylvaleriansäure*, Kp. 179—185°, neben vorst. Verb.; 30,5 g. *Anilid*, $C_{13}H_{19}NO$, F. 141—142° (A.), durch ½std. Kochen des *Chlorids* (aus der Säure mit $SOCl_2$) mit Anilin in C_6H_6. *Amid*, $C_7H_{15}NO$, F. 139—141° (W.), aus dem Chlorid mit kaltem, konz. NH_4OH; Blättchen. CH. BÖHME. 3112□

Synthese von 1-Phenyl-3-methyl-4-acylpyrazolonen-(5). Bror Skytte Jensen. (Acta chem. scand. **13.** 1668—70. 1959. RISØ, Denmark, Danish Atomic Energy Comm.) (Engl.)

Durch Kondens. der entsprechenden Säurechloride oder -anhydride mit 1-Phenyl-3-methylpyrazolon-(5) (I) in Dioxan in Ggw. von suspendiertem $Ca(OH)_2$ entstehen direkt u. in guten Ausbeuten *4-Propionyl-*, *4-Butyryl-*, *4-Trifluoracetyl-*, *4-Chloracetyl-*, *4-Äthoxycarbonyl-*, *4-[p-Brombenzoyl]-* u. *4-[p-Nitrobenzoyl]-1-phenyl-3-methylpyrazolon-(5)*. Außerdem wurde *4-Benzoyl-1-[p-nitrophenyl]-3-methylpyrazolon-(5)* dargestellt.

Versuche: 4-Acyl-1-phenyl-3-methylpyrazolone-(5): *4-Benzoyl-*, F. 122° [Ketoform (K)], F. 92° [Enolform (E)], durch Lösen von I in heißem Dioxan, Zugabe von $Ca(OH)_2$, 1 Min. langes Zutropfen von Benzoylchlorid, ½std. Kochen, Zers. des entstandenen Ca-Komplexes durch Gießen in 2n HCl, Filtrieren u. Umkristallisieren aus Methanol u. angesäuertem W.; 70% (Ausbeute). — *4-Acetyl-*, $C_{12}H_{12}N_2O_2$, F. 58° (K; Methanol/W.); 56%. — *4-Propionyl-*, $C_{13}H_{14}N_2O_2$, F. 62° (K; Methanol/W.); 50%. — *4-Butyryl-*, $C_{14}H_{16}N_2O_2$, F. 80° (K; Methanol/W.); 57%. — *4-Chloracetyl-*, $C_{12}H_{11}ClN_2O_2$, F. 88° (K), F. 140° (E; Methanol/W.); 73%. — *4-Äthoxycarbonyl-*, $C_{13}H_{14}N_2O_3$, F. 122° (K), F. 72° (E; Methanol/W.); 46%. — *4-[p-Brombenzoyl]-*, $C_{17}H_{13}BrN_2O_2$, F. 167° (K), F. 122° (E; Dioxan/W.); 82%. — *4-[p-Nitrobenzoyl]-*, $C_{17}H_{13}N_3O_4$, F. 200° (K), F. 192° (E; Dioxan/W.); 79%. — *4-Trifluoracetyl-*, $C_{12}H_9F_3N_2O_2$, F. 144° (K), F. 132° (E; A./W.), durch Zugabe von Trifluoracetanhydrid zu I in abs. Pyridin, Kühlen, 1std. Stehen bei Raum-Temp., Gießen in W. u. Ansäuern; 78%. — *1-[p-Nitrophenyl]-3-methyl-4-benzoylpyrazolon-(5)*, $C_{17}H_{13}N_3O_4$, F. 174° (K) u. F. 224° (E; Dioxan/W.), analog vorvorst. Verb.; 50%. P. GOLINSKE. 3122□

Über einige aus dem p-Cymol dargestellte Indazolverbindungen. Walter Qvist und Jonn Gardshol. (Acta Acad. Aboensis, Math. Physica **22.** Nr. 3. 3—7. 1961. Åbo, Akad., Chem.-techn. Inst.) (Dt.)

Beim Diazotieren von 3.5-Dinitro-2-amino-p-cymol (I) in alkohol. Lsg. entsteht neben *3.5-Dinitro-p-cymol* in geringer Menge eine Verb. vom F. 171—172°, der, wie durch Darst. einiger Derivv. u. Vgl. mit ähnlichen Verbb. wahrscheinlich gemacht wird, die Struktur eines *5.7-Dinitro-6-isopropylindazols* (II) zukommt. Auch aus anderen 2-Amino-p-cymolen lassen sich die entsprechenden *Indazole* darstellen.

Versuche: *5.7-Dinitro-6-isopropylindazol* (II), $C_{10}H_{10}N_4O_4$, F. 172—173°, durch Lösen von 4 g I in H_2SO_4 (1:1) bei 0°, Versetzen mit $NaNO_2$, Verdünnen mit W., Filtrieren, Erhitzen auf 100°, Lösen der erhaltenen festen Substanz in Ae., Extrahieren mit 2%ig. NaOH u. Fällen mit verd. HCl; aus verd. A. gelbliche harte Kristalle; 3,1 g (Ausbeute an Rohprod.). *Acetyl-Deriv.*, $C_{12}H_{12}N_4O_5$, F. 161,5—163,5°, durch 3std. Erhitzen von II u. Acetanhydrid auf 100° u. Gießen in W.; aus 70%ig. Essigsäure Nadeln; wird mit A. zu II verseift. — *Chlor-5.7-dinitro-6-isopropylindazol*, $C_{10}H_9ClN_4O_4$, F. 150 bis 151°, durch 1std. Einleiten von trockenem Cl_2 in eine Lsg. von II in Eisessig bei 10°, Versetzen mit Eiswasser, Lösen in A. u. Fällen mit W.; aus 70%ig. A. Stäbchen. *Acetyl-Deriv.*, $C_{12}H_{11}ClN_4O_5$, F. 143—146°, durch Acetylieren der Chlor-Verb. wie oben beschrieben; aus 80%ig. Essigsäure Schuppen. — *Brom-5.7-dinitro-6-isopropylindazol*, $C_{10}H_9BrN_4O_4$, F. 162,5—163,5°, durch allmähliche Zugabe von Br_2 in Eisessig zu II in Eisessig unter Kühlung u. Versetzen mit Eiswasser; aus verd. A. harte, gelbliche Kristalle. P. GOLINSKE. 3122□

Darstellung von 5(6)-Jodbenzimidazol und 4(7)-Jodbenzimidazol. Dorothy J. Rabiger und Madeleine M. Joullié. (J. org. Chemistry **26.** 1649—51. Mai 1961. Philadelphia, Pa., Univ., John Harrison Labor. of Chem.) (Engl.)

Die Darst. von *5(6)-Jodbenzimidazol* aus 5(6)-Aminobenzimidazol durch Diazotierung u. Rk. mit KJ lieferte nur sehr schlechte Ausbeuten, gelang jedoch gut über das Diazoniumfluoroborat u. dessen Rk. mit KJ. Analog entsteht *4(7)-Jodbenzimidazol.* Verss., p-Jodacetanilid zu nitrieren, führten nur zu *p-Nitroacetanilid* [F. 210—212° (Bzl.)].

Versuche: *5(6)-Aminobenzimidazoldihydrochlorid* (**I**), durch Hydrierung von *5(6)-Nitrobenzimidazol* [F. 203—205°, nach FISHER u. JOULLIÉ (vgl. C. **1959.** 14708); 84%] in abs. A. an PtO_2, Filtrieren, Gießen in Ae. u. Behandeln mit HCl-Gas; 92% (Ausbeute). — *5(6)-Benzimidazoldiazoniumfluoroborat,* F. 197—200° (Zers.), nach FISHER (l. c.); 91%. — *5(6)-Jodbenzimidazol,* $C_7H_5JN_2$, F. 144—145° (Bzl.-PAe.), a) durch Diazotieren von **I** mit $NaNO_2$ u. Zufügen von wss. KJ-Lsg., alles bei 0°; b) durch Zutropfen einer wss. Lsg. vorst. Verb. zu KJ in W., 8std. Kochen, Abkühlen, Neutralisieren mit NH_4OH, Abfiltrieren des Nd. u. Benzolextraktion; 21%. — *4(7)-Jodbenzimidazol,* F. 188—189° (Bzl.-Skellysolve H), analog vorst. Verb. nach b) aus 4(7)-Benzimidazoldiazoniumfluoroborat; 10%. E. KOSSMEHL. 3122□

Hydrierung des Imidazolringes. Die Bildung von Diacetylimidazolidin und Diacetylbenzimidazolin. Hugo Bauer. (J. org. Chemistry **26.** 1649. Mai 1961. Bethesda, Md., Nat. Inst. of Arthritis and Metabol. Diseases, Labor. of Pharmacol. and Toxicol., Sect. on Biochem. Pharmacol.) (Engl.)

Durch Hydrierung an Pt-Oxyd in Acetanhydrid werden Imidazol (**I**) bei Zimmer-Temp. in *Diacetylimidazolidin* u. Benzimidazol (**II**) in *Diacetylbenzimidazolin* übergeführt.

Versuche: *Diacetylimidazolidin,* $C_7H_{12}N_2O_2$, F. 95° (abs. A.-Ae.), durch Zugabe von **I** zu einer vorred. Suspension von PtO_2 in Acetanhydrid u. 7std. Hydrierung bei Zimmer-Temp.; 80% (Ausbeute). 45 Min. langes Kochen mit 2nHCl → *CH_2O* u. *Äthylendiamin. Diacetylbenzimidazolin,* $C_{11}H_{12}N_2O_2$, F. 168—170° (abs. A.), analog vorst. Verb. aus **II**; 86%. E. KOSSMEHL. 3122□

Isothiocyanate. 34. Mitt. **Die absolute Konfiguration von (—)-5-Vinyloxazolidinthion-(2) (Goitrin) und seiner glucosidischen Vorstufe (Progoitrin).** Anders Kjaer, Bo W. Christensen und Svend E. Hansen. (Acta chem. scand. **13.** 144—50. 1959. Copenhagen, Denmark, Roy. Veter. and Agric. Coll., Org. Chem. Labor.) (Engl.) — **33.** vgl. C. **1959.** 13803; vgl. auch C. **1961.** 14283.

Die abs. Konfiguration des durch enzymat. Hydrolyse des Glucosids Progoitrin gewonnenen Antithyrosidfaktors *Goitrin,* eines *(—)-5-Vinyloxazolidinthions-(2)* (**I**), wird sichergestellt. Dazu wird aus (—)-1-Aminobuten-(3)-ol-(2)-(+)-α-bromcampher-π-sulfonat (**II**), aus dem ETTLINGER (C. **1951.** II. 49) **I** synthetisierte, durch Ionenaustausch *1-Aminobuten-(3)-ol-(2)-hydrochlorid* dargestellt, das durch katalyt. Hydrierung in *1-Aminobutanol-(2)-hydrochlorid* übergeht. Dieses wird in das entsprechende rechtsdrehende *Oxalat* (**III**) übergeführt. Zur Best. der ster. Natur von **III** wird aus (—)-α-Hydroxybuttersäure (**V**) der *(—)-Methylester* u. *(—)-α-Hydroxybuttersäureamid* (**VI**) dargestellt, das bei der Red. mit $LiAlH_4$ u. Rk. mit Oxalsäure in **III** (gleiche Drehung, gleicher F. u. übereinstimmendes IR-Spektrum) übergeht. Es wird angenommen, daß bei der Bldg. von **I** intermediär ein Isothiocyanat gebildet wird u. keine Rk. am asymm. C erfolgt.

Versuche: *3.4-Epoxybuten-(1),* aus Butadien nach KADESCH, J. Amer. chem. Soc. **68.** [1946.] **44.** — *(±)-1-Aminobuten-(3)-ol-(2),* aus vorst. Verb. nach ETTLINGER (l. c.); 74% (Ausbeute). — *(—)-1-Aminobuten-(3)-ol-(2)-(+)-α-bromcampher-π-sulfonatmonohydrat* (**II**), F. 98—102° (Essigester), nach ETTLINGER (l. c.); $[\alpha]_D^{21}$ +64° (c = 2,3; W.), $[\alpha]_D^{21}$ +55° (c = 2,1; 0,5%ig. NaOH). — *(—)-1-Aminobutanol-(2)-oxalat* (**III**), $C_6H_{13}NO_5$, F. 150° a) durch langsames Durchlaufen von 3 g **II** in W. durch Amberlite IR-4 B-Anionenaustauscher, Eindampfen, Lösen des *Hydrochlorids* (Öl) in 96%ig. A. u. etwas W., Hydrieren über 10%ig. Pd/Kohle, Eindampfen im Vakuum, Lösen des Öls in W., Alkalisieren mit NaOH, Sättigen mit NaCl, Extrahieren mit Ae. u. Zugeben von 950 mg Oxalsäuredihydrat aus abs. A. Prismen; $[\alpha]_D^{21}$ +11,3° (c = 0,69; W.); 500 mg; b) durch Red. von 4 g **VI** (s. unten) mit $LiAlH_4$ in abs. Ae. unter Rühren u. N_2, Zugeben von W. u. KNa-Tartrat u. Zugeben der Ae.-Lsg. zu 2,05 g Oxalsäure; 1,76 g. — *α-Brombuttersäure,* analog der Darst. von 2-Bromisocapronsäure nach MARVEL (Org. Syntheses **21.** [1941.] 74); 76%. — *(±)-2-Hydroxybuttersäure* (**IV**), aus vorst. Verb. nach BISCHOFF u. WALDEN [1894]; 67%. — *(—)-α-Hydroxybuttersäure* (**V**), F. 53°, $Kp._{1,2}$ 97°, durch Lösen von 250 g **IV** in W., Zugeben von 966 wasserfreiem Brucin, Lösen des aus W. umkrist. Salzes in W., Zugeben von konz. NH_4OH, Filtrieren, Ansäuern des Filtrats mit konz., mit NaCl gesätt. HCl, 6 std. Extrahieren mit Ae. u. Dest.; aus Chlf./Pentan Nadeln; $[\alpha]_D^{21}$ $-15,3^0$; 32 g. IV-*Methylester*, $Kp._{30}$ 69^0, durch anteilweises Zugeben von IV zu sd. abs. CH_3OH/HCl, 2 std. Kochen, Zugeben von Ae. u. W., Neutralisieren mit $NaHCO_3$ u. Abtrennen der organ. Schicht; n_D^{25} 1,4170; 50%. — V-*Methylester*, $C_5H_{10}O_3$, $Kp._{30}$ 69^0, aus 32 g V analog vorst. Verb.; n_D^{25} 1,4171; $D._4^{20}$ 1,048; $[\alpha]_D^{24}$ $-2,30^0$; 16,8 g. — (—)-*α-Hydroxybuttersäureamid* (VI), $C_4H_9NO_2$, F. 61—62°, durch 2 std. Stehen von 10 g vorst. Verb. in konz. NH_4OH, Eindampfen im Vakuum, mehrstd. Kochen des Öls in abs. Ae. u. Abdekantieren der heißen Ae.-Lsg.; aus abs. Ae. hygroskop. Prismen; $[\alpha]_D^{23}$ -45^0 (c = 1,15; W.); 5,11 g. — (—)-*1-Aminobuten-(3)-ol-(2)-oxalat*, $C_6H_{11}NO_5$, F. 134°, durch Versetzen von II mit starken Basen u. Behandeln mit Oxalsäure; aus abs. A. Prismen; $[\alpha]_D^{23}$ $-5,9^0$ (c = 1,0; W.). H. SMALLA. 3132

Synthese und biologische Eigenschaften von 4-Amino-5-isopropylisoxazolidon-(3), einem substituierten Cycloserin. Kyozo Hayashi, Charles G. Skinner und William Shive. (J. org. Chemistry **26**. 1167—70. April 1961. Austin, Tex., Univ., Dep. of Chem.; Clayton Foundat. Biochem. Inst.) (Engl.)

Durch Rk. von *α-Brom-β-hydroxy-γ-methylpentansäure* (III) mit NH_4OH entsteht *α-Amino-β-hydroxy-γ-methylpentansäure* (IV), aus der durch Veresterung u. Chlorierung *α-Amino-β-chlor-γ-methylpentansäureäthylester* (I) erhalten wird. Cyclisierung von I mit NH_2OH liefert *DL-4-Amino-5-isopropylisoxazolidon-(3)* (II). II zeigt gegenüber *Streptococcus lactis* 8039, *Lactobacillus arabinosus* 17-5, *Streptococcus faecalis* 8043, *Leuconostoc dextranicum* 8086, *Pediococcus cerevisiae* 8081 u. *E. coli* 9723 bis zu 200 γ/ml keine Toxizität. Bei Anwesenheit von D-Leucin im Kulturmedium zeigt II Hemmeffekte gegenüber *Leuconostoc dextranicum.*

Versuche: *α-Brom-β-hydroxy-γ-methylpentansäure* (III), $C_6H_{11}BrO_3$, F. 126—127° (PAe.), durch Rk. von 300 g 4-Methylpenten-(2)-säure ($Kp._{24}$ 115—118°) in W. mit Br_2 bei 0—5°, Extrahieren mit PAe., Sättigen mit NaCl u. Extrahieren mit Ae.; 300 g (Ausbeute). — *α.β-Dibrom-γ-methylpentansäure*, $C_6H_{10}Br_2O_2$, F. 124—125° (PAe.), neben III; 27 g. — *α-Amino-β-hydroxy-γ-methylpentansäure* (IV), $C_6H_{13}NO_3$, F. 237—238° (A./W.), durch 4 tägiges Stehen von 40 g III mit konz. NH_4OH, Einengen, Filtrieren über Amberlite IR-120 u. Eluieren mit 0,5 n NH_4OH; 16 g. — *5-[1-Hydroxy-2-methylpropyl]-hydantoin* (V), $C_7H_{12}N_2O_3$, F. 223—225° (A./W.), durch 2 std. Erwärmen von 12 g IV mit KOCN in W. auf 65°, 2 std. Erwärmen mit 48%ig. HBr auf 90° u. Einengen; 7 g. — *5-[2-Methylpropyliden]-hydantoin*, $C_7H_{10}N_2O_2$, F. 194—195° (A./W.), a) durch 2 std. Erwärmen von 5 g V mit 48%ig. HBr auf 90—95°; 6,5 g; b) durch 2 std. Erwärmen von V mit PBr_3 in CCl_4 auf 60—70°. — *5-[1-Chlor-2-methylpropyl]-hydantoin*, $C_7H_{11}ClN_2O_2$, F. 175 bis 177° (A./W.), durch 2 std. Rk. von 1,5 g V mit PCl_5 in Acetylchlorid bei 0—5°; 0,85 g. — IV-*Äthylesterhydrochlorid*, $C_8H_{18}ClNO_3$, F. 124—125° (A./Essigester), aus 8,3 g IV mit HCl in A.; 9 g. — *α-Amino-β-chlor-γ-methylpetansäureäthylester* (I), *Hydrochlorid*, $C_8H_{17}\cdot Cl_2NO_2$, F. 132—133°, durch 2 std. Rk. von 2 g vorst. Verb. mit PCl_5 in Acetylchlorid unter Kühlung u. Zugeben von PAe.; Nadeln; 2 g. — *DL-4-Amino-5-isopropylisoxazolidon-(3)* (II), $C_6H_{12}N_2O_2$, F. 183—184° (Zers.; W.), durch 1 std. Rk. von 6 g I-Hydrochlorid mit $NH_2OH\cdot HCl$ in NaOH bei -5^0, 2 std. Stehen bei 25°, Zugeben von HCl (pH 6) bei -10^0, Einengen, Filtrieren über Amberlite IR-120 u. Eluieren mit 0,2 n NH_4OH; 0,7 g. E. SCHRÖDER. 3132□

Der Übergang von 2-Amino-5-phenyl-1.3.4-oxadiazol in 3-Phenyl-1.2.4-triazolinon-(5). John C. Howard und Homer A. Burch. (J. org. Chemistry 26. 1651—52. Mai 1961. Norwich, N.Y., Norwich Pharmacal Co.) (Engl.)

Frühere Synth. des *3-Phenyl-1.2.4-triazolinons-(5)* (I) werden krit. betrachtet. Diejenigen, die von Phenylglyoxylsäuresemicarbazon (mit J_2 in Ggw. von Basen), von Benzoylhydrazin u. BrCN u. von 1-Benzoyl-S-methylisothiosemicarbazid ausgehen, verlaufen über *2-Amino-5-phenyl-1.3.4-oxadiazol*, das sich über eine durch Basen katalysierte Ringspaltung am O u. nachfolgenden Ringschluß über N in I umwandelt. Dabei bildet sich ein Zwischenprod., das wahrscheinlich auch bei der Synth. von I aus 1-Benzoylsemicarbazid auftritt. E. KOSSMEHL. 3153□

Darstellung von Tetrahydro-3.3.5.5-tetrakis-[hydroxymethyl]-pyran. Thomas J. Prosser. (J. org. Chemistry **25**. 2039—40. Nov. 1960. Wilmington, Del., Hercules Powder Co., Res. Center.) (Engl.) — Vgl. C. **1961**. 7574.

Hydroxymethylierung von Glutaraldehyd (I) gibt *Tetrahydro-3.3.5.5-tetrakis-[hydroxymethyl]-pyran*, von dem einige *Derivv.* dargestellt werden.

Versuche: *Tetrahydro-3.3.5.5-tetrakis-[hydroxymethyl]-pyran*, $C_9H_{18}O_5$, F. 176,5° (W.), durch Zugeben von 25%ig. wss. I-Lsg. zu 42%ig. wss. CH_2O-Lsg. bei pH 11,0 in 1 Std. bei 40—45°, 4 std. Erwärmen auf 50°, 3 Std. auf 60° u. 2 Std. auf 70°; 32,6% (Ausbeute). *Tetraacetat*, $C_{17}H_{26}O_9$, F. 94° (n-Hexan), durch 1std. Kochen mit Acetanhydrid u. Eisessig, Stehen über Nacht u. Gießen in W.; 43%. *Dibenzylidenacetal*, $C_{23}H_{26}O_5$, F. 232 bis 234° (Butylacetat), durch ³/₄std. Erhitzen des Roh-Prod. in W., CH_3OH u. konz. HCl mit Benzaldehyd auf dem Wasserbad; 89%. *Diisopropylidenketal*, $C_{15}H_{26}O_5$, F. 201–205° (Aceton), durch Kochen mit Aceton, konz. H_2SO_4 u. 2.2-Dimethoxypropan über Nacht; 91,4%. CH. BÖHME. 3211 □

Derivate des Tetrahydropyrans. C. P. J. Glaudemans. (J. org. Chemistry **26**. 1295–96. April 1961. Marcus Hook, Pa., Amer. Viscose Corp., Res. and Dev. Div.) (Engl.)

3.4-Dihydro-2H-pyran-2-carbonsäureäthylester, durch DIELS-ALDER-Addition von Acrylsäureäthylester (I) an Acrolein (II) entstanden, lagert Methanol zu *Tetrahydro-6-methoxypyran-2-carbonsäureäthylester* (III) u. W. zu *Tetrahydro-6-hydroxypyran-2-carbonsäureäthylester* an, der mit 2.3-Dihydro-4H-pyran (IV) *Tetrahydro-6-[tetrahydropyranyl-(2)-oxy]-pyran-2-carbonsäureäthylester* ergibt. III kann mit NaOH zur freien *Carbonsäure* verseift u. mit $LiAlH_4$ zu *Tetrahydro-6-methoxy-2-hydroxymethylpyran* red. werden.

Versuche: *3.4-Dihydro-2H-pyran-2-carbonsäure, Äthylester* (V), $C_8H_{12}O_3$, Kp.₇ 73,5 bis 76°, durch 78 Min. langes Erhitzen von 160 ml I u. 92 ml II in Ggw. von Hydrochinon auf 189° unter 13,5 atm Anfangsdruck; 7 ml (Ausbeute). *Amid*, F. 114–114,5° (Sublimation). — *Tetrahydro-6-methoxypyran-2-carbonsäure, Äthylester* (III), $C_9H_{16}O_4$, $Kp._{2,5}$ 81–81,5°, durch 5 std. Stehen (davon 2 bei 0°) von 6 ml V mit 2,5 ml CH_3OH u. 1 Tropfen konz. HCl; n_D^{25} 1,4422; 6 ml. *Amid*, F. 161–162° (Sublimation ab ca. 130°). *Freie Säure*, durch 1std. Verseifung von III mit wss.-alkohol. NaOH; papierchromatograph. Nachweis. — *Tetrahydro-6-hydroxypyran-2-carbonsäureäthylester*, $C_8H_{14}O_4$, $Kp._1$ 114 115,7°, durch 1std. Rühren von 8 ml V mit 14 ml W., 10 ml Aceton, 30 ml Tetrahydrofuran (THF) u. 1,7 ml konz. HCl u. Entionisierung mit Dowex-1X-4 (Bicarbonatform); n_D^{24} 1,4586; 1,3 ml. — *Tetrahydro-6-[tetrahydropyranyl-(2)-oxy]-pyran-2-carbonsäureäthylester*, $C_{13}H_{22}O_5$, $Kp._1$ 142–144°, a) durch 3std. Stehen von 1,1 ml vorst. Verb. mit 1,3 ml IV u. 1 Tropfen konz. HCl; ca. 1 ml; b) aus V u. Tetrahydro-2-hydroxypyran in Ggw. von Säuren; n_D^{25} 1,4650. — *Tetrahydro-6-methoxy-2-hydroxymethylpyran*, $C_7H_{14}O_3$, $Kp._{1,8}$ 70–75°, durch Rühren von 6 ml III u. 10 g $LiAlH_4$ in THF über Nacht u. 6std. Kochen; n_D^{25} 1,4535; 1,25 ml. E. KOSSMEHL. 3211 □

Untersuchungen über das Flavonoid der Sesamblätter. 1. Mitt. Über die Struktur des Glykosids Pedaliin. Naokata Morita. (Chem. pharmac. Bull. [Tokyo] **8**. 59–65. Jan. 1960. Okuda, Toyama, Univ. of Toyama, Fac. of Sci.) (Engl.)

Durch Methanolextraktion der Blätter von *Sesamum indicum* L. (*Pedaliaceae*; **A**) wird ein Glykosid, *Pedaliin* (I) erhalten, das sich mit 10% ig. H_2SO_4 zu *Glucose* u. einem Aglykon, *Pedalitin* (II) spalten läßt. II enthält eine Methoxygruppe, gibt eine braune $FeCl_3$-Rk. u. eine positive Flavon-Rk.; es gibt mit CH_2N_2 eine *Tetramethoxy-Verb.*, die noch eine freie OH-Gruppe enthält, wahrscheinlich in 5-Stellung, wie durch das Auftreten einer purpurfarbenen bis braunen $FeCl_3$-Rk. bewiesen wird. Mit Dimethylsulfat läßt sich noch eine weitere CH_3-Gruppe einführen. II enthält also 5 OH-Gruppen, von denen eine methyliert ist. I läßt sich mit CH_2N_2 vollständig methylieren u. gibt nach der Hydrolyse mit 5% ig. H_2SO_4 keine $FeCl_3$-Rk. mehr. Hydrolyse mit HJ gibt ein Prod., das sich acetylieren läßt. Die Alkalischmelze von II liefert *Protocatechusäure*. Zers. von II mit 30% ig. KOH liefert *3.4-Dihydroxyacetophenon*. Vollständige Methylierung von II u. anschließende Verseifung mit 25–30% ig. Alkali ergibt *3.4.5-Trimethoxyphenol* (bewiesen durch Misch-F. mit einer authent. Probe). Die Methoxygruppe in I befindet sich in 6-Stellung. Die OH-Gruppe in 5-Stellung geht mit der CO-Gruppe in 4-Stellung eine Chelatbindung ein u. der Zuckerrest sitzt in 7-Stellung, wie durch folgende Rkk. bewiesen wird. II gibt durch Methylierung u. Hydrolyse *4.5-Dimethoxyresorcin*; daneben bildet sich *Veratrumsäure*. I wird durch vollständige Methylierung u. hydrolyt. Abspaltung des Zuckers in *5.6.3'.4'-Tetramethoxy-7-hydroxyflavon* (III) übergeführt, das mit 30% ig. KOH *p-Methoxybenzoesäure* liefert. Mit Diäthylsulfat gibt III *5.6.3'.4'-Tetramethoxy-7-äthoxyflavon*, das zu *3-Äthoxy-4.5-dimethoxyphenol* verseift werden kann. Aus diesen Rkk. folgt, daß I *5.3'.4'-Trihydroxy-6-methoxyflavon-7-glucosid* ist. Die UV-Spektren einiger Verbb. sind angegeben.

Versuche: *Pedaliin* (I; *5.3'.4'-Trihydroxy-6-methoxyflavon-7-glucosid*), $C_{22}H_{22}O_{12}$· 2½ H_2O, F. 254° (Zers.), aus den trockenen Blättern von **A** durch 2maliges Extrahieren mit Methanol, Eindampfen u. Kochen mit Methanol; aus Pyridin/W. blaßgelbe Nadeln; $[\alpha]_D^{19}$ +27,2° (c = 0,294; Pyridin:A. 1:9); 0,3%; gibt mit Mg + HCl eine rosa bis orangebraune, mit Zn + HCl eine rosa u. mit $FeCl_3$ eine grünlichbraune Farbe. — *Pedalitin* (II; *5.7.3'.4'-Tetrahydroxy-6-methoxyflavon*), *Hemihydrat*, $C_{16}H_{12}O_7$·½ H_2O, F. 300–301°, durch 2std. Erwärmen von I mit 10% ig. H_2SO_4 auf 100°; aus Methanol gelbe Nadeln; gibt mit konz. HCl, konz. H_2SO_4 u. 10% ig. Na_2CO_3 eine gelbe, mit 10% ig KOH eine orangerote Lsg., die braun wird. *Tetraacetyl-Deriv.*, *Hemihydrat*, $C_{24}H_{20}O_{11} \cdot \frac{1}{2} H_2O$, F. 242 bis 243°; aus Methanol Nadeln. — *Glucose*, aus der Mutterlauge vorst. Verb., nachgewiesen durch Papierchromatographie. *Ozason*, F. 207°; gelbe Nadeln. — *5.6.3'.4'-Tetramethoxy-7-hydroxyflavon* (III), $C_{19}H_{18}O_7$, F. 221—222°, durch Methylieren von I mit äther. CH_2N_2 u. Hydrolysieren des entstandenen gelblichbraunen Sirups mit 5% ig. H_2SO_4; aus 50% ig. Methanol blaßgelbe Nadeln. — *6.7.3'.4'-Tetramethoxy-5-hydroxyflavon* (V), $C_{19}H_{18}O_7$, F. 189—190°, durch Methylieren einer Suspension von II in Methanol mit äther. CH_2N_2; aus 70% ig. Methanol blaßgelbe Nadeln; gibt eine purpurfarben bis braune $FeCl_3$-Reaktion. *Acetyl-Derivv.*, F. 179—180°; Nadeln. *5-Äthoxy-Deriv.*, F. 151°, durch Äthylieren mit Diäthylsulfat; Nadeln. — *5.6.7.3'.4'-Pentamethoxyflavon* (IV), $C_{20}H_{20}O_7$, F. 172 bis 173°, a) durch Methylieren von 1 g II mit Dimethylsulfat/K_2CO_3 in abs. Aceton, 25std. Kochen, Eindampfen, Lösen in Methanol u. Zugabe von W.; Prismen; 0,65; b) durch Methylieren vorvorst. Verb. mit einem großen Überschuß äther. CH_2N_2. — *5.6.7.3'.4'-Pentahydroxyflavon*, $C_{15}H_{10}O_7$, F. > 325°, durch 5std. Kochen von II u. HJ bei 160 bis 165° (Bad-Temp.), Kühlen u. Gießen in W.; aus Methanol gelbe Nadeln; dunkelbraune $FeCl_3$-Rk.; gibt bei der Methylierung vorst. Verbindung. *Pentaacetyl-Deriv.*, $C_{25}H_{20}O_{12}$. F. 245—246°; Nadeln. — *Protocatechusäure*, F. 197—198°, durch Zugabe von 2 g II zu 20 g KOH/2 ml W. bei 220—230°, Lösen in W., Ansäuern u. Ausäthern; aus W. Nadeln; 100 mg. — *3.4-Dihydroxyacetophenon*, F. 116—117°, durch 100 Min. langes Kochen von II in 40% ig. KOH unter N_2, Ansäuern mit 50% ig. H_2SO_4, Sättigen mit HCl u. Ausäthern; aus Bzl. Nadeln; grüne $FeCl_3$-Rk.; daneben vorst. Verbindung. — *3.4.5-Trimethoxyphenol*, F. 140—150°, durch 6std. Kochen von IV mit 25% ig. KOH, Filtrieren, Ansäuern des Filtrates mit H_2SO_4 unter Kühlung u. Ausäthern; aus Bzl./PAe. Platten; gibt dunkelbraune $FeCl_3$-Reaktion — *4.5-Dimethoxyresorcin*, *Hydrat*, $C_8H_{10}O_4 \cdot H_2O$, F. 76—77°, durch 2std. Kochen von V in 25% ig. KOH, Filtrieren, Ansäuern mit 20% ig. H_2SO_4 u. Ausäthern; aus Bzl. Nadeln; rotbraune $FeCl_3$-Reaktion. — *Veratrumsäure*, F. 176°, a) neben vorst. Verb.; b) analog vorst. Verb. aus III; aus W. Nadeln. — *6.7.3'.4'-Tetramethoxy-5-äthoxyflavon*, F. 150—151°, durch 28std. Kochen von 1,8 g V mit K_2CO_3 u. Diäthylsulfat in abs. Aceton, Eindampfen, Zugabe von W. u. Ausäthern; aus Methanol/W. Nadeln; 0,8 g. — *5.6.3'.4'-Tetramethoxy-7-äthoxyflavon*, F. 160°, durch 25std. Kochen von 1,1 g III mit K_2CO_3 u. Diäthylsulfat in Aceton; Nadeln; 0,4 g. — *4.5-Dimethoxy-3-äthoxyphenol*, a) durch 6—8std. Kochen vorst. Verb. mit 30% ig. KOH, Filtrieren, Ansäuern mit 20% ig. H_2SO_4 u. Ausäthern; gelbe viscose Substanz; blaßpurpurfarbene bis schwarze $FeCl_3$-Rk.; b) analog a) aus vorvorst. Verbindung. P. GOLINSKE. 3211 □

Untersuchungen über das Flavonoid der Sesamblätter. 2. Mitt. **Synthese von Desmethylpedalitin.** Naokata Morita. (Chem. pharmac. Bull. [Tokyo] 8. 66—71. Jan. 1960.) (Engl.) — 1. vgl. vorst. Referat.

Pyrogalloltribenzyläther wird mit HNO_3 zu *2.6-Dibenzyloxychinon-(1.4)* oxydiert, mit $Na_2S_2O_4$ zu *2.6-Dibenzyloxyhydrochinon* red., dieses wird mit Dimethylsulfat methyliert, u. das entstandene *1.4-Dimethoxy-2.6-dibenzyloxybenzol* wird durch hydrierende Spaltung an Pd/Kohle in *2.5-Dimethoxyresorcin* übergeführt. Durch HOESCH-Rk. entsteht daraus *2.4-Dihydroxy-3.6-dimethoxyacetophenon* (I). I wird bei 170—175° u. 180 bis 185° mit Veratrumsäureanhydrid u. dem Na-Salz der Veratrumsäure verschmolzen, u. es entsteht *5.8.3'.4'-Tetramethoxy-7-hydroxyflavon* (II), das mit HJ zu *5.6.7.3'.4'-Pentahydroxyflavon* (*Desmethylpedalitin*) entmethyliert u. umgelagert wird.

Versuche: *Pyrogalloltribenzyläther*, F. 70°, durch Zugabe von Benzylchlorid zu einer Lsg. von Pyrogallol u. K_2CO_3 in abs. Aceton bei 70—75° unter N_2, 22—23std. Kochen, Dekantieren, Zugabe von W. zum rotbraunen Rückstand u. Ausäthern; aus Methanol Nadeln; 36,16% (Ausbeute). — *2.6-Dibenzyloxybenzochinon-(1.4)*, F. 200—201°, durch tropfenweise Zugabe von 30%ig. HNO_3 zu vorst. Verb. in Eisessig bei 40°, 3std. Stehen des Rk.-Gemisches bei Raum-Temp., Filtrieren, Zugabe von 30% ig. HNO_3 zum Filtrat bei 40° u. mehrstd. Stehen; aus Aceton gelbe Nadeln; 42,42%. — *2.6-Dibenzyloxyhydrochinon*, F. 113—114°, durch Zugabe von gesätt. $Na_2S_2O_4$ zu 10 g vorst. Verb. in W. u. Rühren bei 70—80°; Platten; 10 g. — *1.4-Dimethoxy-2.6-dibenzyloxybenzol*, F. 80—81°, durch Zugabe von Dimethylsulfat zu 12 g vorst. Verb. in W., Erwärmen auf 60°, 2std. Zutropfen von ca. 35% ig. NaOH u. mehrst. Stehen; aus Methanol Nadeln; 12 g. — *2.5-Dimethoxyresorcin*, F. 60—61°, aus 4 g vorst. Verb. in A. durch hydrierende Spaltung an Pd/Kohle; aus Bzl. Säulen; 1,5 g. — *2.4-Dihydroxy-3.6-dimethoxyacetophenon* (I), $C_{10}H_{12}O_5$, F. 128°, durch Zugabe von wasserfreiem $ZnCl_2$ zu vorst. Verb. u. Acetonitril in abs. Ae., 1½ std. Einleiten von HCl, mehrstd. Stehen im Eisschrank, Lösen des entstandenen *Ketimins* in W., Erhitzen auf 100° u. heißes Filtrieren; aus 5—10% ig. A. Nadeln. — *5.8.3'.4'-Tetramethoxy-7-hydroxyflavon* (II), $C_{19}H_{18}O_7$, F. 223—224°, a) durch 1¾std. Erhitzen von 1,3 g I, Veratrumsäureanhydrid u. dem Na-Salz der Veratrumsäure auf 170—175°, Extrahieren des Rk.-Prod. mit A., ½ std. Kochen mit ca 25%ig. KOH, Eindampfen im Vakuum, Zugabe von W., 2std. Einleiten von CO_2 u. mehrstd. Stehen; aus Methanol gelbliche Nadeln; 110 mg; b) durch 8std. Erhitzen von I, Veratrumsäureanhydrid u. dem Na-Salz der Veratrumsäure auf 180—185° u. Aufarbeiten analog a). — *5.8-Dihydroxy-7.3'.4'-trimethoxyflavon*, F. 248—249°, durch Zugabe von $K_2S_2O_8$ zu 2 g Luteolin-7.3'.4'-trimethyläther u. Pyridin in 10%ig. KOH (3 Std.), 30std. Stehen bei Raum-Temp., Ansäuern mit HCl, Filtrieren, Zugabe von konz. H_2SO_4 zum Filtrat, ½ std. Kochen u. mehrstd. Stehen bei Raum-Temp.; aus Pyridin gelbe Platten; 0,2 g. — *5.6.7.3'.4'-Pentahydroxyflavon, Hydrat*, $C_{15}H_{10}O_7 \cdot H_2O$, F. >325°, a) durch 6std. Kochen von II mit HJ (Kp. 125°) u. Phenol bei 160—170° u. Gießen in W.; aus Methanol gelbe Nadeln; b) durch 2std. Kochen von 2 g vorst. Verb. mit HJ u. Acetanhydrid u. Gießen in W.; dunkelbraune $FeCl_3$-Reaktion. *Pentaacetyl-Deriv.*, $C_{25}H_{20}O_{12}$, F. 246°; aus Methanol Nadeln. — *5.6.7.3'.4'-Pentamethoxyflavon*, $C_{20}H_{20}O_7$, F. 172—173°, durch 22std. Kochen vorst. Verb. mit Dimethylsulfat u. K_2CO_3 in Aceton u. Eindampfen; aus Methanol Prismen. — *5.7.8.3'.4'-Pentamethoxyflavon*, $C_{20}H_{20}O_7$, F. 192—193°, durch 20std. Kochen von II mit Dimethylsulfat u. K_2CO_3 in Aceton, Filtrieren, Eindampfen, Lösen in W., Schütteln mit Ae. u. Extrahieren mit Chlf.; aus Methanol Nadeln.

P. GOLINSKE. 3211 □

Synthese und anticholinergische Wirksamkeit von Estern und Amidderivaten 2-substituierter Piperidine. C. W. Ryan und C. Ainsworth. (J. org. Chemistry **26.** 1547—50. Mai 1961. Indianapolis, Ind., Lilly Res. Labor.) (Engl.)

Zur Prüfung ihrer anticholinerg. Aktivität werden 2 Gruppen von 2-substituierten Piperidin-Derivv. hergestellt. Die erste umfaßt Ester von *1-Methyl-2-hydroxymethyl-* u. *-2-hydroxyäthylpiperidinen* sowie deren 6-Methyl-Derivv. mit Benzilsäure (I), Phenylcyclohexylglykolsäure, Dicyclohexylglykolsäure, Diphenylessigsäure u. Phenylcyclohexylessigsäure. Die *Piperidinalkohole* entstehen durch katalyt. Red. von Pyridinalkoholen u. anschließende Rk. mit Formaldehyd (II) u. Ameisensäure (III). *2-[1.2-Dimethylpiperidyl-(2)]-äthanol-(1)* (V) wird aus 1.2-Dimethyl-3.4.5.6-tetrahydropyridiniumperchlorat (IV) durch Rk. mit Äthoxyacetylen-MgBr, Addition von W. u. Red. des Äthylesters mit $LiAlH_4$ erhalten. Die zweite Gruppe enthält ω-[Piperidyl-(2)]-Derivv. des α.α-Diphenylpropionamids bzw. -butyramids. Piperidin-2-alkylchloride werden mit substituierten Acetonitrilen umgesetzt u. die Prodd. zu Amiden hydrolysiert.

Versuche: *[6-Methylpiperidyl-(2)]-methanol*, $C_7H_{15}NO$, F. 75° (Ae.), durch 20std. Hydrierung von [6-Methylpyridyl-(2)]-methanol an Rh/Al_2O_3 in abs. A. bei Zimmertemp. u. anfänglich 270 at; 82% (Ausbeute). — *[1.6-Dimethylpiperidyl-(2)]-methanolhydrochlorid*, $C_8H_{17}NO \cdot HCl$, F. 213—215° (Isopropanol), durch 5std. Rk. vorst. Verb. mit 90%ig. III u. 37%ig. II, Ansäuern mit konz. HCl u. Eindampfen; 86%. — *1-[1.2-Dimethylpiperidyl-(2)]-2-äthoxyacetylen*, $C_{11}H_{19}NO$, Kp.$_7$ 95—99°, durch 1std. Rk. von Äthoxyacetylen mit Äthyl-MgBr in Ae. in der Kälte, Zugabe von IV, 10 Min. langes Rühren, 2std. Kochen u. Gießen in Eis-HCl; n_D^{25} 1,4672; 53%. — *[1.2-Dimethylpiperidyl-(2)]-essigsaureäthylester*, $C_{11}H_{21}NO_2$, Kp.$_7$ 110—115°, durch 15 Min. lange Rk. vorst. Verb. mit 10%ig. H_2SO_4; n_D^{25} 1,4620; 79%. — *2-[1.2-Dimethylpiperidyl-(2)]-äthanol-(1)* (V), $C_9H_{19}NO$, Kp.$_9$ 110—115°, aus vorst. Verb. u. $LiAlH_4$ in Ae.; n_D^{25} 1,4875; 81%. — *2-[1.6-Dimethylpiperidyl-(2)]-äthylchlorid* (VI)-*Hydrochlorid*, $C_9H_{18}ClN \cdot HCl$, F. 116° (Aceton), durch Einleiten von trockenem HCl in die Chlf.-Lsg. von 2-[1.6-Dimethylpiperidyl-(2)]-äthanol-(1), Zugabe von $SOCl_2$ u. 1std. Kochen; 69%. — *Benzilsäure-2-[1.6-dimethylpiperidyl-(2)]-äthylester*, $C_{23}H_{29}NO_3$, F. 84—85° (A.), durch Kochen vorst. Verb. mit I u. Na-Methylat in Isopropanol über Nacht (Meth. A); 59%. *Methojodid*, $C_{24}H_{32}JNO_3$, F. 173—174° (A.), durch Kochen mit CH_3J in Ae. über Nacht; 71%. — *Benzilsäure-2-[1.2-Dimethylpiperidyl-(2)]-äthylester*, $C_{23}H_{29}NO_3$, F. 57—59° (PAe.), durch Kochen von V u. I-Methylester in n-Heptan in Ggw. von Na-Methylat über Nacht, Waschen, Extrahieren mit 6nHCl, Versetzen des sauren Auszugs mit K_2CO_3 u. Extrahieren mit Bzl. (Meth. B); 64%. *Methojodid*, $C_{24}H_{32}JNO_3$, F. 163—165° (CH_3OH–Äthylacetat); 68%. — Analog wurden dargestellt: *Benzilsäure-[1-methylpiperidyl-(2)]-methylester, Hydrochlorid*, $C_{21}H_{25}NO_3 \cdot HCl$, F. 235—236° (Zers.; A.), nach A; 25%. *Methojodid*, $C_{22}H_{28}JNO_3 \cdot H_2O$, F. 122—123° (A.); 50%. — *Dicyclohexylglykolsäure-[1-methylpiperidyl-(2)]-methylester, Hydrochlorid*, $C_{21}H_{37}NO_3 \cdot HCl$, F. 246—247° (A.), nach A; 38%. *Methojodid*, $C_{22}H_{40}JNO_3 \cdot H_2O$, F. 131—133° (Äthylacetat); 37%. — *Benzilsäure-1-[1-methylpiperidyl-(2)]-äthylester, Hydrochlorid*, $C_{22}H_{27}NO_3 \cdot HCl$, F. 244—245° (Zers.; A.–Ae.), nach B; 72%. *Methojodid*, $C_{23}H_{30}JNO_3$, F. 227—228° (Methanol–Äthylacetat); 63%. — *Diphenylessigsäure-[1.6-dimethylpiperidyl-(2)]-methylesterhydrochlorid*, $C_{22}H_{27}NO_2 \cdot HCl$, F. 149—150° (A.–Äthylacetat), nach A; 82%. — *Benzilsäure-[1.6-dimethylpiperidyl-(2)]-methylester, Hydrochlorid*, $C_{22}H_{27}NO_3 \cdot HCl$, F. 180—181° (A.), nach A; 50%. *Methojodid*, $C_{23}H_{30}JNO_3 \cdot H_2O$,

F. 129—130° (A.); 49%. — *Dicyclohexylglykolsäure-[1.6-dimethylpiperidyl-(2)]-methylester, Hydrochlorid*, $C_{22}H_{39}NO_3 \cdot HCl$, F. 229—230° (A.), nach **A**; 77%. *Methojodid*, $C_{23}H_{42} \cdot JNO_3 \cdot H_2O$, F. 90—91° (Äthylacetat); 51%. — *Diphenylessigsäure-2-[1-methylpiperidyl-(2)]-äthylester, Hydrochlorid*, $C_{22}H_{27}NO_2 \cdot HCl$, F. 153—154° (A.-Äthylacetat), nach **A**; 49%. *Methojodid*, $C_{23}H_{30}JNO_2$, F. 88—89° (Methyläthylketon); 85%. — *Phenylcyclohexylessigsäure-2-[1-methylpiperidyl-(2)]-äthylester, Hydrochlorid*, $C_{22}H_{33}NO_2 \cdot HCl$, F.144 bis 146° (A.-Äthylacetat), nach **A**; 51%. *Methojodid*, F. 184—185° (Methyläthylketon); 45%. — *Benzilsäure-2-[1-methylpiperidyl-(2)]-äthylester*, $C_{22}H_{27}NO_3$, F. 107—108° (A.), nach **A**; 57%. *Methojodid*, $C_{23}H_{30}JNO_3$, F. 169—170° (A.); 71%. — *Phenylcyclohexylglykolsäure-2-[1-methylpiperidyl-(2)]-äthylestermethojodid*, $C_{23}H_{36}JNO_3$, F. 170—172° (A.-Äthylacetat), nach **A**; 62%. — *Dicyclohexylglykolsäure-2-[1-methylpiperidyl-(2)]-äthylester, Hydrochlorid*, $C_{22}H_{39}NO_3 \cdot HCl$, F. 185—186° (A.-Äthylacetat), nach **A**; 59%. *Methojodid*, $C_{23}H_{42}JNO_3$, F. 154—155° (A.); 48%. — *Benzilsäure-{2-[1-methylpiperidyl-(2)]-1-methyl}-äthylester*, $C_{23}H_{29}NO_3$, F. 128—131° (Äthylacetat), nach **B**; 40%. *Methobromid*, $C_{24}H_{32} \cdot BrNO_3 \cdot H_2O$, F. 214—216° (Methanol-Äthylacetat); 53%. — *Dicyclohexylglykolsäure-2-[1.6-dimethylpiperidyl-(2)]-äthylesterhydrochlorid*, $C_{23}H_{41}NO_3 \cdot HCl$, F. 152—153° (A.-Äthylacetat), nach **A**; 49%. — *2.2-Diphenyl-4-[1.6-dimethylpiperidyl-(2)]-butyramid*, $C_{23}H_{30}N_2O$, F. 149—151° (Äthylacetat), durch Zutropfen von Diphenylacetonitril in trockenem Toluol zu einer $NaNH_2$-Suspension in Toluol, 4std. Kochen u. Zutropfen von **VI** in Bzl., 16std. Kochen, Abkühlen, Verdünnen mit CH_3OH-H_2O, Extrahieren mit 2nHCl, Versetzen des sauren Auszugs mit K_2CO_3, Extrahieren mit Bzl., 4std. Erhitzen des erhaltenen *2.2-Diphenyl-4-[1.6-dimethylpiperidyl-(2)]-butyronitrils* mit konz. H_2SO_4 auf 100°, Gießen auf Eis u. Neutralisieren mit NH_4OH; 39%. *Methojodid*, $C_{24}H_{33}JN_2O$, F. 226—228° (A.); 57%. — Analog werden dargestellt: *2.2-Diphenyl-4-[1-methylpiperidyl-(2)]-butyramid*, $C_{22}H_{28}N_2O$, F. 125—126° (Äthylacetat); 63%. — *2.2-Diphenyl-3-[1.6-dimethylpiperidyl-(2)]-propionsäureamid*, $C_{22}H_{28}N_2O$, F. 157—158° (Äthylacetat); 30%. *Dimethylsulfataddukt*, $C_{24}H_{34}N_2O_5S$, F 189—190° (Isopropanol-Äthylacetat); 51%. — *2.2-Diphenyl-3-[1-methylpiperidyl-(2)]-propionsäureamid*, $C_{21}H_{26}N_2O$, F. 172—174° (Äthylacetat); 32%. E. KOSSMEHL. 3231□

Über die Bildung von Schiffschen Basen bei der Hydrierung von Nitrilen. Darstellung von 4-Phenyl-4-formyl-N-methylpiperidin. S. Chiavarelli und G. B. Marini-Bettòlo. (Rend. Ist. super. Sanità **19.** 732—44. 1956. Roma, Ist. Super. di Sanità, Labor. di chim. terapeut.) (Ital.)

Ident. mit der C. **1958.** 3306 referierten Arbeit. L. JOHANNSEN. 3231□

Die Synthese von stickstoffhaltigen Ketonen. 3. Mitt. **Untersuchungen mit 2-Methyl-5-äthylpyridin, 2.4-Lutidin und Lepidin.** Newton N. Goldberg und Robert Levine. (J. Amer. chem. Soc. **77.** 3647—48. 5/7. 1955. Pittsburgh, Pa., Univ., Dep. of Chem.) (Engl.) — 2. vgl. C. **1950/54.** 5329 S.

Die Li-Derivv. von 2.4-Lutidin (**I**) u. 2-Methyl-5-äthylpyridin (**II**) werden mit Benzoesäuremethylester unter Bldg. von *4-Methyl-* bzw. *5-Äthyl-2-phenacylpyridin* umgesetzt. Eine entsprechende Rk. mit Lepidin (**III**) gelingt nicht, weil **III** mit Phenyl-Li nicht zum Li-Deriv., sondern zu *2-Phenyl-4-methylchinolin* u. *2.2-Diphenyl-4-methyl-1.2-dihydrochinolin* reagiert.

Versuche: *2-Phenylacyl-4-methylpyridin*, $C_{14}H_{13}NO$, Kp.$_{1,8}$ 159—160°, aus **I**, Phenyl-Li u. Benzoesäuremethylester; 89% (Ausbeute). *Pikrat*, $C_{20}H_{16}N_4O_8$, F. 167 bis 168° (A., gelb). *Cu-Salz*, $C_{28}H_{24}CuN_2O_2$, F. 171—172°, gelbbraun. — *2-Phenacyl-5-äthylpyridin*, $C_{15}H_{15}NO$, F. 64—65° (PAe.), Kp.$_{1,8}$ 169—171°, analog vorst. Verb. aus **II**; 83%. *Pikrat*, $C_{21}H_{18}N_4O_8$, F. 163—164,2° (A., gelb). *Cu-Salz*, $C_{30}H_{28}CuN_2O_2$, F. 168—169°, braun. — *2.2-Diphenyl-4-methyl-1.2-dihydrochinolin*, $C_{22}H_{19}N$, F. 163—164° (A.), durch 30 Min. langes Erhitzen mol. Mengen von **III** u. Phenyl-Li in Ae., Eingießen in 6nHCl u. Eis, Behandeln des Nd. mit 5%ig. NaOH u. Extraktion mit Ae.; 25%; *Pikrat*, $C_{28}H_{22} \cdot N_4O_7$, F. 198—200° (gelb). Daneben *2-Phenyl-4-methylchinolin*, Kp.$_{1,3}$ 161—164°; 64,5%; *Methojodid*, F. 183,5—185°; *Pikrat*, $C_{22}H_{16}N_4O_7$, F. 212—213,5° (A.); *Hydrochlorid*, $C_{16}H_{14}ClN$, F. 233—235°. M. VELDER. 3231

Quaternäre heterocyclische Aldehyde und Hemiacetale. G. M. Steinberg, E. J. Poziomek und B. E. Hackley jun. (J. org. Chemistry **26.** 368—71. Febr. 1961. Army Chem. Center, Md., Chem. Warfare Labor., Biochem. Res. Div.) (Engl.)

1-Methyl-2-formyl- (**I**), *1-Methyl-4-formylpyridiniumjodid* u. *1-Methyl-2-formylchinoliniumjodid* liefern in alkohol. Lsg. 1:1-Addukte mit Äthanol. Auf Grund der IR-Spektren handelt es sich um *Hemiacetale*. **I** beschleunigt die Hydrolyse von Methanphosphonsäurefluoridisopropylester.

Versuche: Pyridiniumjodide: *1-Methyl-2-formyl-* (**I**), F. 180—183° (Zers.), durch mehrstd. Stehen von Pyridin-2-aldehyd mit CH_3J in abs. Aceton bei 60°; orangefarbene Kristalle; 85% (Ausbeute). *Hemiacetal*, F. 62—70°, aus I in A. u. Zugeben von Ae./Aceton 3:1. — *1-Methyl-3-formyl-*, F. 173—175° (Zers.), orangefarbene Kristalle; 90%. — *1-Methyl-4-formyl-*, F. 105—106° (Zers.), orangerote Kristalle; 65%. *Hydrat*, $2 \cdot C_7H_8JNO \cdot H_2O$, F. 114—116°. *Hemiacetal*, F. 93—97°. — *1-Methyl-2-formylchinoliniumjodid*, F. 220—221° (Zers.), rote Kristalle; 26%. *Hemiacetal*, F. 209—210°.

E. Schröder. 3231 □

Kondensation von Methylarylketonen mit ihren Oximen. Alex Rosenthal. (J. org. Chemistry **26**. 1638—39. Mai 1961. Vancouver, Canada, Univ. of Brit. Columbia, Dep. of Chem.) (Engl.)

Beim Erhitzen von 2-Acetonaphthonoxim (I) in Bzl. im Autoklaven auf 235° entsteht *2-[β-Naphthyl]-4-methylbenzo-[h]-chinolin* (II). Die Ausbeute an II verdoppelt sich in Ggw. von 2-Acetonaphthon (III) u. erreicht 40% bei Zusatz von p-Toluolsulfonsäure (IV). Dabei werden pro Mol II 1,2 Mol W. frei. Die Rk. verläuft vermutlich über ein nichtfaßbares Aldol-Kondens.-Prod., das W. abspaltet u. sich cyclisiert. Die entsprechenden Rkk. von Acetophenon mit seinem Oxim bzw. von Toluol mit Benzophenonoxim liefern keine Chinolin-Derivv., obwohl nach mehreren Tagen 1 bzw. 0,2 Mol W. abgespalten sind.

Versuche: *2-[β-Naphthyl]-4-methylbenzo-[h]-chinolin* (II), F. 123—124° (A.), a) durch 1½std. Erhitzen von III u. I in Bzl. im Schüttelautoklaven auf 235°; 9% (Ausbeute); b) durch 3 Tage langes Kochen von III u. I in Bzl. u. azeotrope Abdest. des W.; 18%; c) analog b) in Ggw. von IV; 40%.

E. Kossmehl. 3231 □

Synthesen in der Benzochinolizinreihe. 1. Mitt. **Synthese von 1.2.3.4.6.7-Hexahydro-11bH-benzo-[a]-chinolizinen.** San-ya Akaboshi, Teruo Kutsuma und Kazuo Achiwa. (Chem. pharmac. Bull. [Tokyo] **8**. 14—17. Jan. 1960. Tokyo, Univ., Fac. of Pharmac. Sci.) (Engl.)

Durch Erhitzen mit $POCl_3$ u. P_2O_5 wird N-[δ-Bromvaleryl]-phenäthylamin über das nicht isolierbare *1-[4-Brom-n-butyl]-3.4-dihydroisochinolin* zu *1.2.3.4.6.7-Hexahydrobenzo-[a]-chinoliziniumbromid* (I) cyclisiert. Katalyt. Hydrierung des I entsprechenden Chlorids am Adams-Kontakt liefert *1.2.3.4.6.7-Hexahydro-11bH-benzo-[a]-chinolizin* (II). Durch Cyclisierung von 1-Phenäthylpiperidon-(2) (III) mit $POCl_3$ u. H_3PO_3 entsteht ein I entsprechendes Salz, das sich in *1.2.3.4.6.7-Hexahydrobenzo-[a]-chinoliziniumjodid* u. weiter durch Hydrierung in II überführen läßt. Mit $POCl_3$ allein entsteht aus III eine undefinierte *Verb. vom F. 170°*. Analog entsteht, mit 1-[3.4-Methylendioxyphenäthyl]-piperidon-(2), an Stelle von III, *9.10-Methylendioxy-1.2.3.4.6.7-hexahydro-11bH-benzo-[a]-chinolizin*.

Versuche: *N-[δ-Bromvaleryl]-phenäthylamin*, durch Zugabe von δ-Bromvalerylchlorid in abs. Bzl. zu 7,7 g Phenäthylamin in Bzl. (10 Min.) u. 1std. Rühren; 5,7 g (Ausbeute). — *1-Phenäthylpiperidon-(2)* (III), $C_{13}H_{17}NO$, F. 44—45°, durch Hydrieren von 10,6 g 1-Phenäthyl-1H-pyridon-(2) in A. in Ggw. von Raney-Ni bei Raum-Temp., Aufarbeiten u. Dest. des erhaltenen Öls bei 139°/2 Torr; aus PAe./Ae. Prismen; 10,6 g. — 1.2.3.4.6.7-Hexahydrobenzo-[a]-chinoliziniumsalze: *Jodid*, $C_{13}H_{16}JN$, F. 176 bis 177°, a) durch 7std. Kochen vorvorst. Verb. mit $POCl_3$ u. P_2O_5 in abs. Xylol, Dekantieren, Lösen des dunkelbraunen Rückstandes in W., Ansäuern mit HCl, Zugabe von überschüssigem KJ, Aufnehmen in Chlf. u. Eindampfen; aus A. gelbe Nadeln; 51%; b) durch 24std. Erhitzen von III mit $POCl_3$ u. H_3PO_3, zuerst auf 140°, dann auf 210—220°, Extrahieren mit Eiswasser u. Weiterverarbeitung analog a); 41%. *Pikrat*, $C_{19}H_{18}N_4O_7$, F. 139—140°; aus A. gelbe Nadeln. — *1.2.3.4.6.7-Hexahydro-11bH-benzo-[a]-chinolizin* (II), $Kp._{1,5}$ 97—99°, durch Überführen vorst. Jodids in das Chlorid u. Hydrieren am Adams-Kontakt bei Raum-Temp./1 at in A.; Öl; 93%. *Hydrochlorid*, $C_{13}H_{18}ClN$, F. 238 bis 239°; aus A./Diisopropyläther (2:1) Nadeln. *Pikrat*, $C_{19}H_{20}N_4O_7$, F. 173° (Zers.); aus A./Diisopropyläther gelbe Nadeln. *Methojodid*, $C_{14}H_{20}JN$, F. 133°; aus Aceton Prismen. — *Phthalsäureanhydrid*, F. 128—129°, durch Lösen vorst. Methojodids in 0,5% ig. KOH, Versetzen mit 5% ig. $KMnO_4$, Erhitzen auf 50—60°, mehrstd. Stehen bei Raum-Temp., Filtrieren, Einengen im Vakuum, Ansäuern mit 10% ig. H_2SO_4, Ausäthern, Eindampfen u. Versetzen mit Acetanhydrid; aus Bzl./Hexan Nadeln. — *1-[3.4-Methylendioxyphenäthyl]-piperidon-(2)*, $C_{14}H_{17}NO_3$, F. 96—97°, analog III aus 1-[3.4-Methylendioxyphenäthyl]-1H-pyridon-(2); aus Hexan Prismen; 85%. — *9.10-Methylendioxy-1.2.3.4.6.7-hexahydrobenzo-[a]-chinoliziniumjodid*, $C_{14}H_{16}JNO_2$, F. 251° (Zers.), durch 3std. Kochen vorst. Verb. mit $POCl_3$ in abs. Bzl. (120—130°), Eindampfen im Vakuum, Lösen in kaltem W./HCl u. Versetzen mit überschüssigem KJ; aus W. blaßgelbe Nadeln; 88%. *Pikrat*, $C_{20}H_{18}N_4O_9$, F. 155—156°; aus A. gelbe Nadeln. — *9.10-Methylendioxy-1.2.3.4.6.7-hexahydro-11bH-benzo-[a]-chinolizin*, $C_{14}H_{17}NO_2$, F. 51—53°, durch Überführen vorst. Verb. in das Chlorid, Lösen in A. u. katalyt. Hydrierung am Adams-Kontakt; aus PAe. Platten;

100%. *Hydrochlorid*, $C_{14}H_{18}ClNO_2$, F. 254° (Zers.); aus A. Prismen. *Pikrat*, $C_{20}H_{20}N_4O_9$, F. 198—199° (Zers.); aus A. gelbe Nadeln. *Methojodid*, $C_{15}H_{20}JNO_2$, F. 232—233°; aus Methanol Prismen. P. GOLINSKE. 3231□

Eine Beziehung einiger elektrophiler Substitutionsreaktionen von Cycl-[3.2.2]-azin. V. Boekelheide und Theodore Small. (J. Amer. chem. Soc. **83.** 462—63. 20/1. 1961. Rochester, N.Y., Univ., Dep. of Chem.) (Engl.)

Cycl-[3.2.2]-azin (**III**) wird durch elektrophile Substituenten in 1-Stellung angegriffen. Nitrierung liefert so *1-Nitrocycl-[3.2.2]-azin* (**I**). Die entsprechende Amino-Verb. ist unstabil. Reduktive Acetylierung von **I** nach ANDERSON u. Mitarbeitern (C. **1950/54.** 6047 S.) liefert *1-Acetylaminocycl-[3.2.2]-azin* (**II**) in guten Ausbeuten. **II** wird auch aus *1-Acetylcycl-[3.2.2]-azin* (**IV**; aus **III** durch FRIEDEL-CRAFTS-Rk.) über das entsprechende *Oxim* dargestellt. **IV** kann mit NaJO zu *1-Carboxycycl-[3.2.2]-azin* abgebaut werden, das mit methanol. CH_3Cl *1-Carbomethoxycycl-[3.2.2]-azin* (**V**) gibt. **V** entsteht auch durch Kondens. von Pyrrocolin u. Propiolsäuremethylester. Dadurch wird zugleich bewiesen, daß sich die Nitro- u. Acetylgruppe in 1-Stellung befinden.

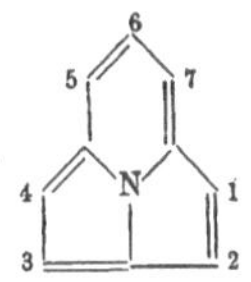

III

Versuche: *1-Acetylaminocycl-[3.2.2]-azin* (**II**), $C_{12}H_{10}N_2O$, F. 143—145°, a) durch Zugabe von Zn-Staub zu **I** in Eisessig/Acetanhydrid in Ggw. von Na-Acetat (5 Min.), 1 std. Rühren bei Raumtemp., Zugabe von W., Extrahieren mit CH_2Cl_2, Einengen, Aufnehmen in Bzl., Chromatographie an Al_2O_3 u. Eluieren mit Ae.; gelbe Kristalle; 57% (Ausbeute); b) durch Zugabe von $NH_2OH \cdot HCl$ u. Na-Acetat in W. zu **IV** in A., 1 std. Erhitzen auf 100°, mehrstd. Stehen bei Raumtemp., Verdünnen mit W., Filtrieren des entstandenen *Oxims* ($C_{12}H_{10}N_2O$, F. 139—140°; aus A. gelbe Kristalle; 95%), Lösen in Äthylendichlorid, Zugabe von PCl_5, 10 Min. langes Rühren bei Raumtemp., Zugabe von W., Abtrennen der organ. Phase, Einengen u. Aufarbeiten analog a). — *1-Carbomethoxycycl-[3.2.2]-azin* (**V**), $C_{12}H_9NO_2$, F. 61—62°, a) durch Versetzen von **IV** in Dioxan mit 10%ig. wss. NaOH, J_2 u. NaJ in W., mehrere Min. langes Schütteln, Zugabe von 5%ig. NaOH u. Ae., Abtrennen der wss. Phase, Ansäuern mit 2n HCl, Entfärben mit $Na_2S_2O_3$, Ausäthern, Einengen, Aufnehmen in Methanol, Versetzen mit etwas konz. H_2SO_4, 7 std. Kochen, Zugabe von W., Ausäthern, Einengen u. Sublimieren; gelbe Kristalle; 18%; b) durch 24 std. Kochen einer Lsg. von Pyrrocolin u. Propiolsäuremethylester in Toluol in Ggw. von Pd/Kohle, Filtrieren, Aufnehmen in Bzl., Chromatographie an Al_2O_3, Eluieren mit Bzl. u. Sublimation; 11%. P. GOLINSKE. 3231□

Bildung von Pyrrocolinen durch die Reaktion von Acetylendicarbonsäuredimethylester mit heterocyclischen Zwitterionen. V. Boekelheide und K. Fahrenholtz. (J. Amer. chem. Soc. **83.** 458—62. 20/1. 1961. Rochester, N.Y., Univ., Dep. of Chem.) (Engl.)

Durch Einw. von Alkalien auf 1-Phenacyl-2.5-dimethylpyraziniumbromid entsteht das Zwitterion **I**, das in Ggw. von Pd/Kohle Acetylendicarbonsäuredimethylester (**II**) anlagert u. *1.2-Dicarbomethoxy-3-benzoyl-5.8-dimethyl-7-azapyrrocolin* (**IV**) u. *1.2-Dicarbomethoxy-5.8-dimethyl-7-azapyrrocolin* (**III**) bildet. Der Verlust der Benzoylgruppe in **III** während der Rk. oder des Aufarbeitungsprozesses wurde schon von KRÖHNKE [1935] bei seinen Arbeiten über Pyrrocoline beobachtet.

I
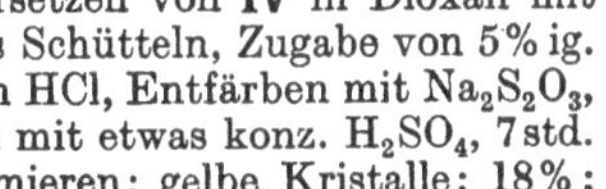

Aus Phenacylpyridiniumbromid entsteht über ein **I** entsprechendes Zwitterion durch Anlagerung von **II** *1.2-Dicarbomethoxy-3-benzoylpyrrocolin*, das durch Decarboxylierung u. Hydrolyse in *2-Carboxypyrrocolin* übergeht. **III** entsteht auch in sehr geringer Ausbeute (1%) aus 1.2.5-Trimethylpyraziniumhalogeniden. Durch Quaternisierung von **III** u. **IV** mit Phenacylbromid entstehen über die entsprechenden Zwitterionen *1.2-Dicarbomethoxy-3-benzoyl-5-methyl-9-phenyldipyrrolo-[a.c]-pyrazin* bzw. *1.2-Dicarbomethoxy-5-methyl-9-phenyldipyrrolo-[a.c]-pyrazin*. Letzteres geht durch Hydrolyse u. Decarboxylierung in *2-Phenyl-6-methyldipyrrolo-[a.c]-pyrazin* (**V**) über. **V** reagiert nicht mehr mit **II**. Das Zwitterion aus Pyridan u. Phenacylbromid addiert **II** unter Bldg. von *1.2-Dicarbomethoxy-3-benzoyl-5.6-trimethylenpyrrocolin*. Aus 2-Phenylpyrrocolin (**VI**) u. **II** entsteht *1.2-Dicarbomethoxy-3-phenylcycl-[3.2.2]-azin*.

Versuche: *1.2-Dicarbomethoxy-3-phenylcycl-[3.2.2]-azin*, $C_{20}H_{15}NO_4$, F. 139—140°, durch Zugabe von Pd/Kohle zu einer Lsg. von **VI** u. **II** in Toluol, 20 std. Kochen unter N_2, Filtrieren, Eindampfen, Aufnehmen in Bzl., Chromatographie an neutralem Al_2O_3 u. Eluieren mit Bzl.; gelbe Nadeln aus Aceton; 38% (Ausbeute). — *1.2-Dicarboxy-3-phenylcycl-[3.2.2]-azin*, $C_{18}H_{11}NO_4$, F. 202—205°, durch 10 std. Erwärmen vorst. Verb. in 5%ig. methanol. KOH auf 50°, Eindampfen im Vakuum, Lösen in W. u. Ansäuern; aus Methanol gelbe Nadeln; 97%. — *2-Phenylcycl-[3.2.2]-azin*, F. 94—95°, durch Erhitzen vorst. Verb. in Chinolin in Ggw. von Cu-Chromit auf 220° unter N_2, Filtrieren, Gießen auf Eis, Ansäuern mit HCl, Ausäthern, Eindampfen u. Sublimieren; gelbe Kristalle. — *1-Phenacyl-2.5-dimethylpyraziniumbromid*, $C_{14}H_{15}BrN_2O$, F. 208—210° (Methanol), durch 1std. Erwärmen von Phenacylbromid u. 2.5-Dimethylpyrazin auf 55°, Zugabe von Chlf. u. Filtrieren; 82%. — *1-Phenacyl-2.5-dimethylpyraziniumpikrat*, $C_{20}H_{17}N_5O_8$, F. 129—130°, durch Versetzen vorst. Verb. mit äthanol. Pikrinsäure; aus A. gelbe Kristalle. — *1.2-Dicarbomethoxy-3-benzoyl-5.8-dimethyl-7-azapyrrocolin* (**IV**), $C_{20}H_{18}N_2O_5$, F. 128—129°, durch Zugabe von überschüssigem Na_2CO_3 zu vorvorst. Verb. in W., Aufnehmen des orangefarbenen Prod. (F. 110°) in Chlf., Chromatographie an Al_2O_3, Eluieren mit Chlf., Lösen in Toluol, Zugabe von **II** u. 5%ig. Pd/Kohle, 16std. Kochen unter N_2, Filtrieren, Eindampfen, Aufnehmen in Bzl., Chromatographie an Al_2O_3 u. Eluieren mit Bzl.; aus Aceton gelbe Kristalle; 5,2%. — *1.2-Dicarbomethoxy-5.8-dimethyl-7-azapyrrocolin* (**III**), $C_{13}H_{14}N_2O_4$, F. 171—172° (Bzl.), a) neben **IV** durch Eindampfen der Eluate; 16%. *Hydrobromid*, $C_{13}H_{15}BrN_2O_4$, F. 219—221°, durch Einleiten von HBr in eine Lsg. von **III** in Bzl.; aus A. Nadeln; b) analog a) aus 1.2.5-Trimethylpyraziniumjodid; 1%. — *1.2-Dicarbomethoxy-3-benzoyl-5-methyl-9-phenyldipyrrolo-*[*a.c*]*-pyrazin*, $C_{28}H_{22}N_2O_5$, F. 201 bis 202°, durch 7tägiges Stehen von **IV** u. Phenacylbromid in Methanol bei Raumtemp., Eindampfen im Vakuum, Lösen in W., Extrahieren mit Ae., Zugabe von überschüssigem Na_2CO_3, Extrahieren mit Bzl., Einengen, Filtrieren über Al_2O_3 u. Eluieren mit Bzl.; aus Toluol gelbe Kristalle; 78%. — *1.2-Dicarbomethoxy-5-methyl-9-phenyldipyrrolo-*[*a.c*]*-pyrazin*, $C_{21}H_{18}N_2O_4$, F. 201—202°, durch 24std. Erwärmen von **III** u. Phenacylbromid in Dimethylformamid auf 80°, Gießen in W., Ausäthern, Versetzen der wss. Phase mit Na_2CO_3, Extrahieren mit Chlf. u. Eindampfen; aus Aceton/A. gelbe Nadeln; 41%. — *2-Phenyl-6-methyldipyrrolo-*[*a.c*]*-pyrazin* (**V**), $C_{17}H_{14}N_2$, F. 195,5—196°, durch 1std. Kochen vorst. Verb in äthanol KOH, Eindampfen im Vakuum, Lösen in W., Ausäthern, Ansäuern der wss. Phase, Lösen des ausgefallenen Festkörpers in Chinolin, Zugabe von Cu-Chromit, Erhitzen auf 220° unter N_2 (12 Std.), Verdünnen mit Bzl., Filtrieren, Extrahieren mit 0,5n HCl u. Sublimieren bei 180°/2 Torr; hellbraune Kristalle; 74%. — *1.2-Dicarbomethoxy-3-benzoylpyrrocolin*, $C_{19}H_{15}NO_5$, F. 165—166° (Aceton), durch Versetzen von 1-Phenacylpyridiniumbromid mit überschüssigem festen Na_2CO_3, Extrahieren mit Chlf., Filtrieren über Al_2O_3, Eindampfen im Vakuum, Lösen des Rückstands in Toluol, Zugabe von **II** u. 5%ig. Pd/Kohle, 20std. Kochen unter N_2, Filtrieren u. Eindampfen; 18%. — *2-Carboxy-3-benzoylpyrrocolin*, $C_{16}H_{11}NO_3$, F. 164—166°, durch 6std. Erwärmen vorst. Verb. in methanol. KOH auf 50°, Eindampfen, Lösen in W., Extrahieren mit Bzl., Ansäuern der wss. Phase u. Sublimieren des Rückstands; blaßgelbe Kristalle; 75%. — *2-Carboxypyrrocolin*, F. 244—246° (Zers.), durch 1std. Kochen vorst. Verb. in konz. HCl, Eindampfen zur Trockne, Lösen in wss. KOH, Ansäuern u. Sublimieren; blaßgelbe Kristalle; 60%. — *N-Phenacylpyrindaniumbromid*, $C_{16}H_{16}BrNO$, F. 168—169,5°, durch 16std. Stehen von 10,54 g Pyrindan u. Phenacylbromid in Chlf./Ae. (1 : 1) bei Raumtemp., Einengen, 6std. Erwärmen auf 50° u. Eindampfen; aus A./Essigester Nadeln; 28 g. — *1.2-Dicarbomethoxy-3-benzoyl-5.6-trimethylenpyrrocolin*, $C_{22}H_{19}NO_5$, F. 160,5—161,5°, durch Versetzen vorst. Verb. in W. mit überschüssigem festen Na_2CO_3, Extrahieren mit Chlf., Filtrieren über Al_2O_3, Einengen im Vakuum, Aufnehmen in Toluol, Versetzen mit 5%ig. Pd/Kohle, 6std. Kochen unter N_2, Filtrieren, Eindampfen, Aufnehmen in Bzl., Chromatographie an Al_2O_3 u. Eluieren mit Bzl.; aus A. gelbe Prismen; 7%. P. GOLINSKE. 3231□

Neue Verbindungen vom Tropinontyp. cis- und trans-2.5-Dimethoxy-2.5-dihydrofuran. Kurt Alder, Hans Betzing und Karl Heimbach. (Liebigs Ann. Chem. **638**. 187—98. 29/12. 1960. Köln, Univ., Chem. Inst.) (Dt.)

Durch Diensynth. von 2.5-Dimethoxy-2.5-dihydrofuran (**IV**) mit Cyclopentadien (**X**) in Ggw. von verd. Salzsäure erhielten Vff. *3.5-Dimethoxy-4-oxatricyclo-*[*5.2.1.0*[2.6]]*-decen-*(*8*) (**I**). **I** reagierte in der Kälte mit Phenylazid zum entsprechenden *Dihydrotriazolderivat*. Die katalyt. Hydrierung von **I** u. nachfolgende Hydrolyse sowie Oxydation mit Ag_2O führten unter Umlagerung zu *trans-1.4-Endomethylencyclohexandicarbonsäure-* (*2.3*). Mit verd. HCl wird **I** zu einem Gemisch der entsprechenden *Dialdehyde* hydrolysiert. 1.4-Endomethylencyclohexen-(5)-dialdehyd-(2.3) (**VII**) wurde mit Methylamin u. Acetondicarbonsäure nach ROBINSON-SCHÖPF zu *3.7-Endomethyliminotricyclo-*[*7.2.1.0*[2.8]]*-dodecen-*(*10*)*-on-*(*5*) (**II**) kondensiert. Die Hydrolyse von 3.5-Dimethoxy-4-oxatricyclo-[5.2.1.0[2.6]]-decan lieferte *1.4-Endomethylencyclohexandialdehyd-*(*2.3*) (**III**). **III** wurde nach der modifizierten Meth. von ROBINSON zur *Dihydro-Verb.* von **II** umgesetzt. Cyclohexadien-(1.3) (**XI**) reagierte nur bei erhöhter Temp. mit **IV** zu *3.5-Dimethoxy-4-oxatricyclo-*[*5.2.2.0*[2.6]]*-undecen-*(*8*) (**V**), aus dem durch saure Verseifung *1.4-Endoäthylencyclohexen-*(*5*)*-dialdehyd-*(*2.3*) (**VI**) erhalten wurde. Die katalyt. Hydrierung von **V** führte zu seinem *Dihydro-Deriv.* (**XIII**), das zu *1.4-Endoäthylencyclohexandialdehyd-*(*2.3*) hydrolysiert wurde. Letztere Verb. sowie **VI** wurden zu den entsprechenden substituierten *Tropinonen* nach ROBINSON-SCHÖPF kondensiert. Mit dem im Gegensatz zum Maleindialdehyd in seiner Form isolierbaren Fumardialdehyd (**VIII**) reagierten **X** u. **XI** zu *trans*-**VII** bzw. *trans*-**VI**, die ebenso wie ihre Hydrierungs-Prodd. keine ROBINSON-SCHÖPF-Rk. eingingen. In den oben beschriebenen Fällen müssen also die cis-Formen reagiert haben. Das Verf. zur Darst. von **VIII** (vgl. HUFFORD u. Mitarbeiter, C. **1954.** 9979) wurde verbessert. Zwecks Zuordnung des durch Dest. getrennten Gemisches von **IV** zur cis- bzw. trans-Reihe wurden die Isomeren mit **X** umgesetzt u. die Rk.-Prodd. durch Dest., gaschromatograph. u. IR-spektroskop. analysiert. Aus trans-**IV** wurden die entsprechende *exo-Form* von **I** (**XII**) u. auch die entsprechende *endo-Form* von **I** *vom F. 52°* (**IX**) erhalten. Demgegenüber entstanden aus cis-**IV** drei der vier theoret. möglichen *Addukte* sowie **IX**, das durch Umlagerung eines Adduktes entstanden sein muß. Ferner wurde aus trans-**IV** u. **XI** ein Addukt erhalten, in dem zwei Prodd. im Verhältnis 55 : 45 gaschromatograph. nachgewiesen wurden. Die katalyt. Hydrierung des Adduktgemisches lieferte ein einheitliches *Prod. vom F. 62°*, ein Verh., das nur mit dem Vorliegen eines Adduktgemisches aus der trans-Form von **IV** zu vereinbaren ist.

Versuche: *2.5-Dimethoxy-2.5-dihydrofuran* (**IV**), *cis-Form*, $Kp._{50}$ 82°, durch Zutropfen von Br_2 zu Furan in Methanol bei −70°, dann 20 Min. langes Rühren u. anschließendes Einleiten von NH_3 bis zu schwach sauren Rk., Erwärmen auf −5° unter Rühren, weiteres Einleiten von NH_3 u. Dest. bei 53—55°/12 mm, dann Dest. des erhaltenen *Isomerengemisches* [77—80% (Ausbeute)] bei 50 mm über eine Füllkörperkolonne u. anschließend über eine Drehbandkolonne; n_D^{20} 1,4351, $D._4^{20}$ 1,0717. *trans-Form*, $Kp._{50}$ 79°, neben der cis-Form; n_D^{20} 1,4346, $D._4^{20}$ 1,0730. — *3.5-Dimethoxy-4-oxatricyclo-*[*5.2.1.0*$^{2.6}$]*-decen-(8)* (**I**), *Isomerengemisch*, $C_{11}H_{16}O_3$, $Kp._7$ 102 bis 104°, a) aus dem Isomerengemisch von **IV** u. **X** durch 10std. Rühren in W. in Ggw. von konz. HCl unter Eiskühlung, dann 10 Std. unter Wasserkühlung; 66,3%; b) durch 25std. Erhitzen von **IV** u. **X** im Rohr auf 155°; 67,9%; liefert nach dem Anreiben **IX** neben einem öligen *Adduktteil vom Kp.*$_7$ *102°*. *Dihydrotriazol-Deriv.*, $C_{17}H_{21}N_3O_3$, F. 185,5° (Essigester), aus **I** in Ae. u. Phenylazid in 24 Std. bei Raumtemperatur. *exo-Form vom Kp.*$_7$ *101,5°* (**XII**), $C_{11}H_{16}O_3$, aus trans-**IV** u. **X** analog b) u. Dest. bei 7 mm über eine Drehbandkolonne; ca. 20%. *endo-Form vom F. 52°* (**IX**), $Kp._7$ 104°, a) neben **XII**; 80%; b) aus cis-**IV** u. **X** analog b) u. fraktionierte Dest. bei 95—97°/6 mm. Daneben drei Isomere, die gaschromatograph. nicht vollständig getrennt werden konnten. — *3.5-Dimethoxy-4-oxatricyclo-*[*5.2.2.0*$^{2.6}$]*-undecen-(8)* (**V**), *trans-Form*, $C_{12}H_{18}O_3$, $Kp._{12}$ 134—137°, aus trans-**IV** u. **XI** durch 100std. Erhitzen auf 150° im Rohr in Ggw. von Hydrochinon u. erneute Umsetzung der nicht umgesetzten Ausgangs-Prodd. nach Zusatz von etwas frischem **XI**; 74%. *Isomeres vom F. 43°*, aus **XI** u. **IV** in 80 Std. bei 150° im Autoklaven in Ggw. von Hydrochinon u. Dest. bei 135—140°/12 mm. — *3.5-Dimethoxy-4-oxatricyclo-*[*5.2.2.0*$^{2.6}$]*-undecan* (**XIII**), $C_{12}H_{20}O_3$, F. 63°, aus der trans-Form von **V** durch Hydrierung bei 50° u. 150 at H_2 an RANEY-Ni in Methanol im Autoklaven. — *trans-1.4-Endomethylencyclohexandicarbonsäure-(2.3)*, aus **I** durch Hydrierung an RANEY-Ni bei Raumtemp. in Methanol u. anschließendes 15std. Rühren des erhaltenen *Hydrierungs-Prod.* [$C_{11}H_{18}O_3$, F. 38° (Sublimation)] in verd. HCl bei Raumtemp., dann Oxydation des entstandenen *Dialdehyds* (**III**) durch Zugabe von $AgNO_3$ zur wss.-methanol. Lsg. u. allmähliches Eintragen von 0,5n NaOH unter Rühren, nach 12std. Stehen übliche Aufarbeitung. — *3.7-Endomethyliminotricyclo-*[*7.2.1.0*$^{2.8}$]*-dodecen-(10)-on-(5)* (**II**), $C_{13}H_{17}NO$, F. 68—70°, aus **I** durch 15std. Rühren in Aceton–W. in Ggw. von konz. HCl bei Raumtemp. unter N_2, dann Zugabe von Acetondicarbonsäure u. Methylaminhydrochlorid u. Kondens. in mit Na-Acetat gepufferter wss. Lsg. nach ZIEGLER u. WILMS (C. **1950.** II. 2545); nach Aufarbeitung Sublimation bei 0,02 mm; 65,6%. *Pikrat*, $C_{13}H_{17}NO \cdot C_6H_3N_3O_7$, F. 150° (Zers.; Methanol). *Dihydrotriazol-Deriv.*, $C_{19}H_{22}N_4O$, F. 144—146° (Essigester), aus **II** u. Phenylazid durch 20std. Stehen in Ae.; 85%. — *1.4-Endomethylencyclohexandialdehyd-(2.3)* (**III**), *cis-Form*, aus der Dihydroverb. von **I** in Aceton durch 15std. Rühren mit verd. HCl bei Raumtemperatur. *Bis-*[*phenylhydrazon*], $C_{21}H_{24}N_4$, F. 86° (Methanol–W.), aus dem Rohprod. u. Phenylhydrazin in Methanol; 75%. *trans-Form*, $C_9H_{12}O_2$, $Kp._{12}$ 114,5°, aus trans-**VII** durch Hydrierung an RANEY-Ni bei Raumtemp. in Essigester; $D._4^{20}$ 1,1123, n_D^{20} 1,4921. — *3.7-Endomethyliminotricyclo-*[*7.2.1.0*$^{2.8}$]*-dodecanon-(5)*, $C_{13}H_{19}NO$, F. 70—72°, aus dem Dihydro-Deriv. von **I** durch Hydrolyse u. nachfolgende Kondens. des entstandenen **III** mit Acetondicarbonsäure u. Methylamin u. Sublimation im Hochvakuum; 62,2%. *Pikrat*, $C_{13}H_{19}$·$NO \cdot C_6H_3N_3O_7$, F. 141° (Methanol–W.). — *1.4-Endoäthylencyclohexandialdehyd-(2.3)*, *Bis-*[*phenylhydrazon*], $C_{22}H_{26}N_4$, F. 130° (Methanol–W.), durch Hydrierung des **V**-Gemisches in Methanol an RANEY-Ni bei Raumtemp. in 2 Std. u. nachfolgendes 5std. Rühren des entstandenen **XIII** ($C_{12}H_{20}O_3$, F. 66°) in Aceton–verd. HCl bei Raumtemp., dann Einw. von Phenylhydrazin auf den erhaltenen *Dialdehyd*; 75%. *trans-Form*, $C_{10}H_{14}O_2$, F. 84°, durch Hydrierung von trans-**VI** an Raney-Ni. — *3.7-Endomethyliminotricyclo-[7.2.2.0$^{2.8}$]-tridecen-(10)-on-(5)*, $C_{14}H_{19}NO$, F. 115—117°, aus dem Isomerengemisch von **V** durch 12std. Rühren im Aceton–verd. HCl bei Raumtemp. u. anschließende Kondens. des Hydrolysen-Prod. mit Acetondicarbonsäure u. Methylaminhydrochlorid; 61,6%. *Pikrat*, $C_{14}H_{19}NO \cdot C_6H_3N_3O_7$, F. 185° (Methanol–W.). — *3.7-Endomethyliminotricyclo-[7.2.2.0$^{2.8}$]-tridecanon-(5)*, $C_{14}H_{21}NO$, F. 115°, aus dem Gemisch von **XIII** vom F. 66° analog vorst. Verb. u. Sublimation im Hochvakuum. *Pikrat*, $C_{14}H_{21}NO \cdot C_6H_3N_3O_7$, F. 146° (Methanol–W.). — *1.4-Endoäthylencyclohexen-(5)-dialdehyd-(2.3)* (**VI**), *trans-Form*, $C_{10}H_{12}O_2$, Kp.$_{11}$ 132—133°, F. 74—76°, aus **VIII** u. **XI** durch 30std. Kochen in Bzl.; 86%. — *Fumardialdehyd* (**VIII**), F. 42—43° (Ae.; Nadeln), aus **IV** in Essigsäure durch Hydrolyse bei 40—45° in 12 Std. u. anschließende Dest. bei 54—56°/12 mm; 33%. — *trans-1.4-Endomethylencyclohexen-(5)-dialdehyd-(2.3)* (trans-**VII**), $C_9H_{10}O_2$, Kp.$_{12}$ 118—119°, durch Zugabe von **X** zu **VIII** in Ae. u. 1std. Kochen auf dem Wasserbad; $D._4^{20}$ 1,1387, n_D^{20} 1,5043; 92,5%. D. Kirstein. 3231 □

Synthese von 6-Thioharnsäure und ihren Derivaten. Gershon Levin, Abraham Kalmus und Felix Bergmann. (J. org. Chemistry **25.** 1752—54. Okt. 1960. Jerusalem, Hebrew Univ., Hadassah Med. School, Dep. of Pharmacol.) (Engl.)

2.4-Dihydroxy-5.6-diaminopyrimidin (I) gibt mit P_2S_5 *2-Hydroxy-4-mercapto-5.6-diaminopyrimidin*, das sich mit Harnstoff (**II**) zu *6-Thioharnsäure* cyclisieren läßt. Analog entsteht aus 1.2-Dihydro-1-methyl-2-oxo-4-hydroxy-5.6-diaminopyrimidin (**III**) *3-Methyl-6-thioharnsäure*. 2-Mercapto-4-hydroxy-5.6-diaminopyrimidin (**IV**) liefert mit P_2S_5 das *Dimercapto-Deriv.*, dessen Cyclisierung mit **II** *2.6-Dithioharnsäure* gibt. Analog wird aus *1.2-Dihydro-1-methyl-2-thiono-4-hydroxy-5.6-diaminopyrimidin* *3-Methyl-2.6-dithioharnsäure* dargestellt. Die UV-Maxima der erhaltenen Verbb. sind angegeben.

Versuche: *2-Hydroxy-4-mercapto-5.6-diaminopyrimidin, Sulfat, Semihydrat*, $C_4H_6N_4OS \cdot 1/_2 H_2SO \cdot 1/_2 H_2O$, durch $2^1/_2$std. Kochen von 2,0 g **I** mit 6,0 g P_2S_5 in Pyridin unter Rühren, Einengen im Vakuum, $^3/_4$std. Erhitzen mit W. u. Stehen über Nacht im Eisschrank; aus verd. H_2SO_4 gelbe Prismen, die sich oberhalb von 270° zersetzen; 1,5 g (Ausbeute). — *6-Thioharnsäure*, durch Erhitzen von 1,0 g vorst. Verb. mit 1,5 g **II** auf 180—200° (20 Min.); gelbliche Blättchen, die sich oberhalb 300° zersetzen; 90%. — *1.2-Dihydro-1-methyl-2-oxo-4-mercapto-5.6-diaminopyrimidin*, $C_5H_8N_4OS$, durch 4std. Kochen von **III**, P_2S_5 u. Pyridin unter Rühren, Kühlen, Absaugen u. $^1/_4$std. Kochen mit W.; aus verd. A. gelbliche Prismen, die sich oberhalb 300° zersetzen; 60%. — *3-Methyl-6-thioharnsäure*, $C_6H_6N_4O_2S$, durch Erhitzen vorst. Verb. mit **II** auf 180—195° (20 Min.); gelbliche Nadeln, die sich oberhalb 300° zersetzen; 75%. — *2.4-Dimercapto-5.6-diaminopyrimidin*, analog vorvorst. Verb. aus **IV**; goldgelbe prismat. Nadeln; 73%. — *2.6-Dithioharnsäure*, durch Cyclisieren vorst. Verb. mit **II**; gelbe Nadeln, die sich oberhalb 300° zersetzen; 69%. — *1.2-Dihydro-1-methyl-2-thiono-4-hydroxy-5.6-diaminopyrimidin*, F. 278 bis 280°, durch Zugeben von $NaNO_2$ zu 1.2-Dihydro-1-methyl-2-thiono-4-hydroxy-6-aminopyrimidin in 5%ig. NaOH-Lsg. bei 40°, langsames Zugeben von Eisessig unter Rühren u. 2std. Erhitzen auf 75° u. 10 Min. auf 100°, Kühlen, Abfiltrieren, portionsweises Lösen in W. u. Red. mit $NaHSO_3$ bei 60—70°; polyedr. Prismen; 76%. — *1.2-Dihydro-1-methyl-2-thiono-4-mercapto-5.6-diaminopyrimidin*, $C_5H_8N_4S_2$, aus vorst. Verb. mit P_2S_5; gelbe prismat. Nadeln, die sich oberhalb 300° zersetzen; 87%. — *3-Methyl-2.6-dithioharnsäure*, $C_6H_6N_4OS_2$, aus vorst. Verb. mit **II**; gelbe Plättchen, die sich oberhalb 300° zersetzen; 85%. Ch. Böhme. 3272 □

Die Instabilität von 1.2-Dihydropyridazinen. Gilbert Rosseels. (Ing. Chimiste [Bruxelles] **42.** 285—89. Nov. 1960. Paris, I.T.I.C.M.) (Franz.)

Übersicht. — 20 Literaturangaben. P. Golinske. 3272 □

Die Synthese von 7-Glykosylpurinen. 2. Mitt. **Versuchte Synthesen aus Pyrimidinen.** G. M. Blackburn und A. W. Johnson. (J. chem. Soc. [London] **1960.** 4358—65. Nov. Nottingham, Univ., Dep. of Chem.) (Engl.) — 1. vgl. C. **1961.** 15017.

Es werden erfolglose Verss. zur Darst. von 7-Glykosylpurinen aus 4.5-Diaminopyrimidinen beschrieben. Das nach Thannhauser u. Dorfmüller [1914] aus 4.5-Diaminouracil (**I**) u. Glucose erhältliche *4-Amino-5-glucosylaminouracil* wird wie das analog dargestellte *Ribosyl-Analogon* mit Acetanhydrid (**II**) in Ggw. von $HClO_4$ nicht nur am Zuckerrest, sondern auch an den Aminogruppen acetyliert, wobei wahrscheinlich dem „Diaminouracildiacetat" (vgl. Bredereck u. Mitarbeiter, C. **1953.** 6888) analoges *9-Acetyl-8.9-dihydro-2.6.8-trihydroxy-8-methyl-7-tetra-O-acetylglucosylpurin* (**III**) bzw. das *Tri-O-acetylribosyl-Analogon* entsteht. Verss., die Acetylierung der Aminogruppen durch Anwendung milderer Bedingungen zu vermeiden, lieferten keine krist. Prodd.; Verss., **III** zum Purin zu cyclisieren, führten bei der Rk. mit Thioharnstoff (**IV**) in heißem Dimethylformamid zur Verkohlung, während mit HCOOH in $HCONH_2$ **III** vollständig desacetyliert

u. zu *4-Amino-5-[N-formyl-N-glucosylamino]-2.6-dihydroxypyrimidin* formyliert wird. Die Struktur dieser Verb. wird durch Vgl. ihres UV-Spektrums (Maximum bei 264 mμ, log ε 4,08) mit den Spektren von 4-Amino-5-formamidouracil (λ_{max} 264 mμ, log ε 4,19), des Glucosyl-Deriv. von **I** (272 mμ, log ε 4,08) sowie denen von 7-Methylxanthin (272 mμ, log ε 3,92) u. Xanthosin (277 mμ, log ε 3,92) sowie durch Hydrolyse gefolgert. Verss., **III** durch Erhitzen zum Purin zu cyclisieren, waren ebenfalls ohne Erfolg. — 4.5.6-Triamino-2-methylmercaptopyrimidin (**V**) reagiert mit D-Ribose (**VI**) bzw. D-Xylose (**VII**), 4.5-Diamino-6-hydroxy-2-methylmercaptopyrimidin (**VIII**) mit **VI** zu den *N^5-Glykosyl*-Derivv.; 4.5.6-Triaminopyrimidin u. 4.5-Diamino-6-hydroxypyrimidin (**IX**) dagegen liefern keine krist. Glykoside. Das so aus **V** u. **VI** dargestellte *4.6-Diamino-2-methylmercapto-5-D-ribosylaminopyrimidin* (**X**) u. das *Xylosylanalogon* (**XI**) gaben bei Acetylierungs-Verss. mit **II** keine krist. Prodd.; bei der Rk. von **X** mit Pikrinsäure (**XII**) in warmem W. wird bereits **VI** abgespalten u. nur das Pikrat von **V** isoliert. **X**, dessen spezif. opt. Drehung (—6° in W. u. 0° in Pyridin) auf eine α-furanoside Struktur deutet, wird mit Benzoylchlorid (**XIII**) in Pyridin in ein amorphes *Tetrabenzoyl*-Deriv. übergeführt, das bei der Hydrolyse *2.3.4-Tri-O-benzoyl-D-ribopyranose* liefert. Verss., **X** ohne Schutz der prim. Aminogruppen zum Purin zu cyclisieren, hatten — teilweise unter **VI**-Abspaltung — folgende Resultate: Na-Dithioformiat (**XIV**) → *4.6-Diamino-2-methylmercapto-5-thioformamidopyrimidin*; CS_2 in Pyridin → *8-Mercapto-2-methylmercaptoadenin*; Diäthoxymethylacetat (**XV**) → *5-Acetoxymethylenamino-4.6-diamino-2-methylmercaptopyrimidin* (**XVI**; Strukturbeweis durch Kondens. zu 2-Methylmercaptoadenin [**XVII**] unter CH_3COOH-Abspaltung); Orthoameisensäuretriäthylester (**XVIII**) in Eisessig → *4-Amino-2-methylmercapto-7-[1.2.3-trihydroxypropyl]-pteridin* [Strukturbeweis: Vgl. des UV-Spektrums mit dem von 4-Amino-2-methylmercaptopteridin aus **V** u. Glyoxal (**XIX**)]; Formimidoätherhydrochloride, HCOOH, **IV** u. a. Verbb. reagieren nur unter Zers. bzw. Spaltung. **XI** reagiert nicht mit **XIV** (5 Std. in A.). **V** u. **VIII** werden mit **VI** bzw. **VII** im Gegensatz zu **I** nicht in wss. Lsg., sondern in heißem A. in Ggw. von NH_4Cl umgesetzt, weil sie in neutraler wss. Lsg. zu wenig lösl. sind u. in sauren Lsgg. unter AMADORI-Umlagerung reagieren, während im alkal. Medium die Zucker zur Verkohlung neigen. Die Beobachtung, daß **VI** wesentlich schneller als **VII** mit **V** reagiert, deutet wegen des in **VI**-Lsgg. höheren Anteils der Aldehydform darauf hin, daß diese mit **V** reagiert. — Verss., **V** mit Aldehydzuckern wie 5-O-Trityl-D-ribose u. 5-O-Benzyl-D-ribose zu kondensieren, lieferten unreine Pteridine. Selbst 2.3.4-Tri-O-acetyl-5-O-trityl-D-ribose gibt mit **V** trotz der blockierten OH-Gruppe am $C_{(2)}$ ein amorphes gelbes Pteridin. — Die aus 1-O-Acetyl-2.3.5-tri-O-benzoyl-D-ribose (**XX**) dargestellte 2.3.5-Tri-O-benzoyl-D-ribofuranose (**XXI**) reagiert mit **V** zu *4.6-Diamino-2-methylmercapto-5-[2.3.5-tri-O-benzoyl-D-ribofuranosylamino]-pyrimidin* (**XXII**), dessen Struktur aus dem UV-Spektrum u. der Hydrolyse zu **V** + **XXI** gefolgert wird. **XXII** reagiert mit HCOOH unter Abspaltung von **XXI** zu **XVII** u. mit **XVIII** + **II** zu **XX** u. einer amorphen Verb., die nicht gereinigt werden konnte. — Für den Vers., zu einem $N^4.N^6$-Dibenzyl-Deriv. von **X** zu gelangen, wurde 4.6-Dichlor-2-methylpyrimidin (**XXIII**) mit Benzylamin (**XXIV**) zu *4.6-Bis-[benzylamino]-2-methylpyrimidin* (**XXV**) umgesetzt. **XXV**, das wegen seiner Unlöslichkeit in kalten Lsgm. nicht nitrosiert werden konnte, wurde bei dem Vers. der Nitrierung in HNO_3/CH_3COOH offenbar in das *Nitrat* übergeführt, da bei der Hydrierung nur **XXV** erhalten wird.

Versuche: *4-Amino-5-D-glucosylamino-2.6-dihydroxypyrimidin*, $C_{10}H_{16}N_4O_7$, durch Trocknen des Hydrats im Vakuum bei 110°; λ_{max} 274 mμ (log ε 4,09; W.). *Hydrat*, $C_{10}H_{16}N_4O_7 \cdot H_2O$, F. 209° (Zers.), nach THANNHAUSER u. DORFMÜLLER [1914] unter Durchleiten von Leuchtgas beim Eindampfen; 78% (Ausbeute). — *4-Amino-2.6-dihydroxy-5-D-ribosylaminopyrimidin*, $C_9H_{14}N_4O_6$, F. 195° (Zers.), durch Zugabe von verd. NaOH zu 2 g **I**-Sulfat in W. bei 100° bis pH 8, Zugabe von **VI**, Filtrieren, Einengen im Vakuum, ½std. Erwärmen auf 80°, Stehen bei 0°, Abfiltrieren, Waschen mit Eiswasser u. CH_3OH u. Trocknen; λ_{max} 279 mμ (log ε 3,99; W.); 2 g. — *9-Acetyl-8.9-dihydro-2.6.8-trihydroxy-8-methyl-7-tetra-O-acetyl-D-glucosylpurin* (**III**), $C_{22}H_{28}N_4O_{13}$, F. 249°, durch Erwärmen von 4 g vorvorst. Verb. mit **II** + wenig $HClO_4$ bis zur Lsg., 3tägiges Stehen bei 20°, Eindampfen im Vakuum bei 80°, ½std. Stehen mit A. u. Eindampfen im Vakuum; Prismen aus A.; $[\alpha]_D^{21}$ + 10° (c = 1,1; A.); 4,7 g. — *9-Acetyl-8.9-dihydro-2.6.8-trihydroxy-8-methyl-7-tri-O-acetyl-D-ribosylpurin*, $C_{19}H_{24}N_4O_{11}$, F. 270° (Zers.; A.-Chlf.), durch ½std. Erwärmen von 2 g vorvorst. Verb. in **II** + wenig $HClO_4$, Filtrieren, Zugabe von A., ½std. Stehen u. Eindampfen im Vakuum; 0,25 g. — *4-Amino-5-[N-formylglucosylamino]-2.6-dihydroxypyrimidin*, $C_{11}H_{16}N_4O_8$, F. 226° (Zers. u. Wiedererstarren) u. ca. 250°, durch 3std. Erhitzen von 5 g **III** mit HCOOH in abs. $HCONH_2$ auf 160°, Kühlen, Filtrieren, Eindampfen im Vakuum bei 80°, Extraktion mit heißem CH_3OH, Entfärben mit Kohle, Kühlen, Filtrieren, Verdünnen des Filtrats mit Aceton, Stehen bei 0°, Abfiltrieren, Waschen mit Aceton u. Kristallisation aus wenig CH_3OH; λ_{max} 264 mμ (log ε 4,08; W.);

0,6 g. — *D-Glucose*, durch 3std. Erhitzen vorst. Verb. in verd. HCl auf 90° u. papierchromatograph. Nachweis. — *4-Amino-6-hydroxy-5-xylosylaminopyrimidin, Hemihydrat*, $C_9H_{14}N_4O_5 \cdot 1/2\ H_2O$, F. 164—166° (Zers.), durch Kochen von 0,3 g **IX** mit **VII** in abs. A. bis zur Lsg., Filtrieren, Einengen u. Kühlen; hellgelb, amorph; λ_{max} 214 u. 276 mμ (log ε 4,23 u. 3,93; A.); 0,15 g. — *4.6-Diamino-2-methylmercapto-5-D-ribosylaminopyrimidin* (**X**), $C_{10}H_{17}N_5O_4S$, F. 183° (korr.; CH_3OH), durch 20 Min. langes Kochen von 1,3 g **V** u. **VI** in abs. A. + wenig NH_4Cl u. Kühlen; $[\alpha]_D^{22}$ $-5,8 \pm 1°$ (c = 2; W.) bzw. $0 \pm 1°$ (c = 1; Pyridin); λ_{max} 217 u. 275 mμ (logε 4,43 u. 3,92; W.); 2 g. *Tetrabenzoyl-Deriv.*, $C_{38}H_{33}N_5O_8S$, durch Zugabe von **XIII** zu 0,6 g **X** in abs. Pyridin bei 0°, 3tägiges Stehen bei 22°, Einengen, Zugabe von W., Lösen in Bzl., Zugabe von PAe. bis zur Trübung, Kühlen, Dekantieren von einem roten Öl, Verdünnen mit PAe., Chromatographie an Al_2O_3 (Bzl.) u. Fällen mit PAe. aus Bzl.; rahmfarben, amorph; λ_{max} 232 u. 252 mμ (logε 4,72 u. 4,52); 1,1 g. — *2.3.4-Tri-O-benzoyl-D-ribopyranose*, F. 135—137°, durch 5std. Erhitzen von 0,3 g vorst. Benzoyl-Deriv. mit verd. HCl in Aceton, Abdampfen des Acetons, Extraktion der wss. Lsg. mit Chlf., Waschen der Extrakte mit verd. HCl-$NaHCO_3$-Lsg. u. W., Trocknen mit $MgSO_4$ u. Eindampfen im Vakuum; Nadeln aus wss. A.; $[\alpha]_D^{23}$ $-39° \pm 2°$ (c = 1; Chlf.); 80 mg. — *4.6-Diamino-2-methylmercapto-5-D-xylosylaminopyrimidin* (**XI**), F. 204° (Zers.), durch 40 Min. langes Kochen von 1,1 g **V** u. **VII** in A. + NH_4Cl; Prismen aus abs. CH_3OH; λ_{max} 216 u. 274 mμ (log ε = 4,26 u. 3,81; W.); 1,5 g. — *4-Amino-6-hydroxy-2-methylmercapto-5-D-ribosylaminopyrimidin*, $C_{10}H_{16}N_4O_5S$, F. 175—176°, durch 4std. Kochen von **VI** u. 1,1 g **VIII** in abs. A., Einengen u. Kühlen; Tafeln aus wss. Aceton; λ_{max} 235 u. 281 mμ (log ε = 4,04 u. 3,91; 0,01n HCl) bzw. 210, 269 u. 349 mμ (log ε = 4,16, 4,08 u. 3,64; 0,01n NaOH); 150 mg. — *4.6-Bis-[benzylamino]-2-methylpyrimidin* (**XXV**), $C_{19}H_{20}N_4$, F. 191,5° (A.), a) durch 3std. Erhitzen von 2 g **XXIII** u. **XXIV** im Rohr auf 200°, Kühlen u. Extraktion mit heißem W.; 1,9 g; b) durch Hydrieren von 0,4 g des Nitrats in A. in Ggw. von RANEY-Ni bei Normaldruck. *Nitrat*, $C_{19}H_{20}N_4 \cdot HNO_3$, F. 167°, durch portionsweise Zugabe von 2 g **XXV** zu Eisessig + 93%ig. HNO_3 (2:1) bei Raumtemp. unter Rühren, 1½std. Stehen, Gießen auf Eis u. Anreiben bis zum Festwerden; Prismen aus A.; 1,5 g. — *4.6-Diamino-2-methylmercapto-5-thioformamidopyrimidin*, $C_6H_9N_5S_2$, F. 233°, a) durch portionsweise Zugabe von **XIV** zu 0,4 g **X** in einer Puffer-Lsg. bei pH 7,5 unter Schütteln u. Stehen bei 0°; Nadeln aus W.; 0,18 g; b) durch 12std. Schütteln von **II** + 1,9 g **X** in abs. Pyridin bei Raumtemp., Gießen in A., 1std. Stehen, Eindampfen im Vakuum, Extraktion mit Chlf., Lösen in A., Zugabe von **XIV**, 1std. Stehen, Verdünnen mit W. u. Stehen bei 0°; 0,52 g. — *8-Mercapto-2-methylmercaptoadenin*, $C_6H_7N_5S_2$, F. >310° (A.), durch Zugabe von CS_2 zu 1,0 g **X** in warmem Pyridin, 1std. Erhitzen auf dem Dampfbad, Abdampfen des CS_2, ½std. Kochen u. Eindampfen im Vakuum bei 60°; 0,3 g. — *5-Acetoxymethylenamino-4.6-diamino-2-methylmercaptopyrimidin* (**XVI**), $C_8H_{11}N_5O_2S$, F. 259° u. 290° (nach Wiedererstarren), durch Rühren von 3 g **X** in **XV** bei Raumtemp. bis zur Lsg., 5std. Stehen, Zugabe von A. u. PAe., Lösen des Nd. in heißem A., 2tägiges Stehen bei 0°, Abfiltrieren u. Kristallisation aus A.; 500 mg. — *4-Amino-2-methylmercapto-7-[1.2.3-trihydroxypropyl]-pteridinhemihydrat*, $C_{10}H_{13}N_5O_3S \cdot ½\ H_2O$, F. ca. 290° (Zers.), durch 7std. Erhitzen von **X** u. **XVIII** in Eisessig auf dem Dampfbad u. Eindampfen im Vakuum bei 70°; orangefarbenes Pulver aus A.; λ_{max} 210, 273 u. 363 mμ (log ε = 4,31, 4,07 u. 3,61; A.). — *4-Amino-2-methylmercaptopteridin*, $C_7H_7N_5S$, F. 208°, durch 1std. Kochen von **XIX** (als $NaHSO_3$-Addukt) u. 2,8 g **V** in 1n H_2SO_4, Alkalisieren mit NH_4OH, Filtrieren mit Kohle u. Kühlen; hellgelbe Nadeln aus W.; λ_{max} 206, 245, 275 u. 356 mμ (log ε = 4,11, 4,05, 4,28 u. 3,81; A.); 1 g. — *4.6-Diamino-2-methylmercapto-5-[2.3.5-tri-O-benzoyl-D-ribofuranosylamino]-pyrimidin* (**XXII**), *Benzolsolvat*, $C_{31}H_{29}N_5O_7S \cdot C_6H_6$, durch 14std. Schütteln von **XXI** (aus **XX** nach NESS u. Mitarbeitern, C. **1955**. 2905) u. 1,3 g **V** in abs. A. bei Raumtemp., 1std. Erwärmen auf 50°, Eindampfen im Vakuum bei Raumtemp., Extraktion mit heißem Chlf., Waschen der Extrakte mit verd. HCl, $NaHCO_3$-Lsg. u. W., Trocknen mit Na_2SO_4, Eindampfen, Chromatographie an Al_2O_3 (Bzl.–Chlf., 3:1) u. Fällen mit PAe. aus Bzl.; amorph; $[\alpha]_D^{23}$ $0 \pm 1°$ (c = 1,3; Chlf.); λ_{max} 227 u. 274 mμ (log ε = 4,67 u. 4,26; A.); 2,1 g. — *2.3.5-Tri-O-benzoyl-D-ribofuranose* (**XXI**), F. 102—103°, durch Hydrolyse von 0,3 g **XXII** wie beim Tetrabenzoyl-Deriv. von **X**; Nadeln aus Pyridin–W., dann aus A.; 85 mg. — *4.5.6-Triamino-2-methylmercaptopyrimidin* (**V**)-*Pikrat*, $C_{11}H_{12}N_8O_7S$, F. 209—210° (korr.), a) durch Zugabe von 1 Val **XII** zu **X** in warmem W. u. Kühlen; orangefarbene Prismen aus W.; b) neben **XXI** durch Neutralisieren der verd. sauren Waschwässer des Chlf.-Extrakts, Eindampfen, Extraktion mit heißem A. u. Zugabe von 5%ig. wss. **XII**; 40 mg. — *2-Methylmercaptoadenin* (**XVII**), $C_6H_7N_5S$, F. 290° (A.), a) durch Schmelzen von **XVI** bei 270°; λ_{max} 233 u. 275 mμ (log ε = 4,32 u. 4,04; W.); b) durch 2std. Erhitzen von 600 mg **XXII** in abs. $HCONH_2$ + HCOOH im Rohr auf 165°, Filtrieren, Eindampfen im Vakuum bei 80°, Waschen mit kaltem W., Extraktion mit heißem W. u. Kühlen; 40 mg. — *1-O-Acetyl-2.3.5-tri-O-benzoyl-D-ribofuranose* (**XX**), F. 127—128° (korr.), durch 1std. Kochen von 500 mg **XXII** in **II** + **XVIII**, Kühlen, Eindampfen im Vakuum, Lösen in Bzl.-Chlf. (4:1) u. Chromatographie an Al_2O_3 (Bzl.-Chlf.; 4:1); Tafeln aus CH_3OH; 15 mg. H. PAGEL. 3272□

Von Bis-[p-tolyl]-amin abgeleitete Phenazasilinverbindungen. Henry Gilman und Ernest A. Zuech. (J. org. Chemistry **24.** 1394—95. Sept. 1959. Ames, Iowa, Iowa State Coll., Dep. of Chem.) (Engl.)

Bis-[p-tolyl]-amin (**I**) u. N-Methyl-bis-[p-tolyl]-amin (**II**) werden in guter Ausbeute dibromiert. N-Methyl-bis-[o-brom-p-tolyl]-amin (**III**) wird durch Halogen-Metall-Austausch mit n-Butyl-Li (**IV**) in das entsprechende Di-Li-Deriv. übergeführt u. dieses mit dem entsprechenden Si-Halogenid zum Phenazasilin-Deriv. umgesetzt.

Versuche: *N-Methyl-bis-[o-brom-p-tolyl]-amin* (**III**), $C_{15}H_{15}Br_2N$, F. 102,5—104°, a) durch Zutropfen von 2 Moläquivalenten Br_2 zu **II** in Eisessig bei 0° u. Hydrolyse mit verd. $NaHSO_3$-Lsg.; aus abs. A. Nadeln; 60,8% (Ausbeute); b) analog a), jedoch mit 2,5 Moläquivalenten Br_2; 76,5%. — *Bis-[o-brom-p-tolyl]-amin*, $C_{14}H_{13}Br_2N$, F. 57,5—59°, analog **III** aus **I** u. 2 Moläquivalenten Br_2; 63,5%; gibt beim Behandeln mit CH_3Li unter N_2 u. dann mit sd. Tetrahydrofuran-Lsg. von Dimethylsulfat 88,7% **III**. — *2.5.8-Trimethyl-10.10-diphenylphenazasilin*, $C_{27}H_{25}NSi$, F. 163—165° (PAe.), durch $^3/_4$std. Rühren von **III** in Ae. mit 2 Äquivalenten **IV** bei 0° unter N_2, Zugabe von Dichlordiphenylsilan, 18std. Rühren bei Raum-Temp., Zugabe von abs. Toluol (T), Abdest. des Ae., 4std. Kochen u. Hydrolyse; 49,5%. — *2.2'.5.5'.8.8'-Hexamethyl-10.10'-spirobiphenazasilin*, $C_{30}H_{30}N_2Si$, F. 230—233° (Cyclohexan), analog vorst. Verb. aus **III**, jedoch durch Rk. mit $SiCl_4$ in sd. T; 34,7%. G. REISNER. 3292□

Reaktion von Chlormethyläther mit primären Aminen. Henri Ulrich und Joseph Rubinfeld. (J. org. Chemistry **26.** 1637—38. Mai 1961. North Haven, Conn., Carwrin Co.) (Engl.)

Die Rk. von Chlormethylmethyläther (**I**) mit Allylamin (**II**) führt nicht, wie erwartet, zu Allylmethoxymethylamin, sondern zu *1.3.5-Triallylhexahydro-symm.-triazin* (**III**), das wahrscheinlich durch Trimerisierung von Allylazomethin entsteht. Analog bilden **I** u. n-Propylamin (**IV**) *1.3.5-Tri-n-propylhexahydro-symm.-triazin.* **III** wird auch aus **II** u. Formaldehyd (**V**) erhalten.

Versuche: *1.3.5-Triallylhexahydro-symm.-triazin* (**III**), Kp.$_7$ 107—109°, a) durch 45 Min. lange Rk. von **II** u. **I** in Bzl. unter Eiskühlung; n_D^{27} 1,4859; 46% (Ausbeute); b) durch Zutropfen von 37%ig. **V**-Lsg. zu **II** in Ae. unter Eiskühlung u. 2std. Rühren; n_D^{23} 1,4872; 88,2%. — *1.3.5-Tri-n-propylhexahydro-symm.-triazin*, Kp.$_2$ 87°, durch 2std. Zutropfen von äther. **I**-Lsg. zu **IV** in Ae. bei —76°; n_D^{25} 1,4570; 89%.

E. KOSSMEHL. 3313□

Oxepine. 1. Mitt. **Darstellung von 2.3-Dihydrooxepin und 2.3-Dihydro-6-chloroxepin.** Edward E. Schweizer und William E. Parham. (J. Amer.chem. Soc. **82.** 4085—87. 5/8. 1960. Minneapolis, Minn., Univ. of Minnesota, School of Chem.) (Engl.)

Die Darst. von *2.3-Dihydro-6-chloroxepin* (**V**) aus Dihydropyran (**II**) u. Dichlorcarben (**VI**), dargestellt aus Trichloressigsäureäthylester (**VIII**) u. C_2H_5ONa, über *2-Oxa-7.7-dichlornorcaran* (**I**), das als Gemisch mit Chinolin bei der Pyrolyse bei 140—150° u. 78 Torr in **V** übergeht, u. von *2.3-Dihydrooxepin* (**VII**) durch Pyrolyse von *exo-2-Oxa-7-chlornorcaran* (**IV**), das bei der Rk. von **II** u. Chlorcarben [dargestellt nach CLOSS u. CLOSS (C. **1960.** 3525)] neben dem endo-Deriv. (**III**) entsteht, in Ggw. von Chinolin bei 120°, wird beschrieben. Durch Red. von **I** mit Na in fl. NH_3 entsteht *2-Oxanorcaran*, durch Hydrieren von **VII** in Ggw. von PtO_2 *Oxepan*. Der Rk.-Mechanismus bei der Darst. von **V** u. **VII** wird diskutiert. — IR- u. kernmagnet. Resonanzspektren vgl. Original.

Versuche: *2-Oxa-7.7-dichlornorcaran* (**I**), $C_6H_8Cl_2O$, Kp.$_1$ 50°, durch 24std. Rühren von 0,86 Mol **VIII** u. 0,8 Mol **II** in abs. Pentan in Ggw. von C_2H_5ONa bei 0—5° unter N_2, Zugeben von W., Extrahieren der wss. Schicht mit PAe. u. Eindampfen der organ. Lsg. im Vakuum; n_D^{25} 1,4975; 75% (Ausbeute). — *2.3-Dihydro-6-chloroxepin* (**V**), C_6H_7ClO, Kp.$_{25}$ 75°, durch Vakuum-Dest. von **I** u. Chinolin bei 145° Bad-Temp.; n_D^{25} 1,5166; 83%. — *Hexanol-(1)*, Kp.$_{36}$ 80—82°, durch Hydrieren von **V** in abs. Ae. in Ggw. von PtO_2; n_D^{25} 1,4163; 63%. — *endo--2-Oxa-7-chlornorcaran* (**III**), C_6H_9ClO, Kp.$_{1,1}$ 34°, durch 4std. Zutropfen von 3,54 Mol Butyl-Li in Heptan zu 4,5 Mol **II** in abs. CH_2Cl_2 bei —10 bis —20°, mehrstd. Stehen bei Raum-Temp., Zugeben von W., Extrahieren der wss. Phase mit PAe., Dest. des rac. Isomerengemisches (n_D^{25} 1,4798—1,4879) bei 45°/3 Torr bis 48°/1,5 Torr. u. fraktionierte Dest.; n_D^{25} 1,4765 neben dem *exo-Deriv.* (**IV**), C_6H_9ClO, Kp.$_{1,5}$ 48°; n_D^{25} 1,4873; im Verhältnis 40:60; zusammen 28%. — *2-Oxanorcaran*, Kp. 122°, a) durch 2std. Zutropfen von 0,039 Mol **I** in abs. Ae. zu 0,25 g-Atom Na in fl. NH_3, Abdampfen des NH_3, Zugeben von Ae., CH_3OH u. W. u. Konz. der organ. Schicht;

n_D^{25} 1,4488; 33%; b) u. c) aus **III**; 82%; bzw. **IV**; 91%; analog a). — *2.3-Dihydrooxepin* (**VII**), C_6H_8O, $Kp._{100}$ 61°, durch Zugeben von **IV** zu Chinolin u. Dest. bei 150° Bad-Temp. u. 156 Torr; n_D^{25} 1,4965; 74%. — *Oxepan*, $Kp._{741}$ 121°, durch Hydrieren von **VII** in Ggw. von PtO_2; n_D^{25} 1,4365; 89%. H. SMALLA. 3370

3-Benzoxepin. K. Dimroth und G. Pohl. (Angew. Chem. **73.** 436. 21/6. 1961. Marburg, Univ., Chem. Inst.) (Dt.)

Das in citronengelben Blättchen kristallisierende *3-Benzoxepin* (F. 84°) wird aus Phthaldialdehyd u. α.α'-Bis-[triphenylphosphonio]-dimethylätherdibromid (F. 292 bis 294°, aus α.α'-Dibromdimethyläther u. Triphenylphosphin) mit Na-Methylat in Methanol erhalten. Es riecht dem Naphthalin ähnlich u. sublimiert leicht. Gegen verd. Säuren ist es ziemlich stabil. Beim Kochen mit konz. alkohol. HCl entsteht vermutlich *Inden-3-aldehyd* (*2.4-Dinitrophenylhydrazon*, F. 230°). Die katalyt. Hydrierung liefert *1.2.4.5-Tetrahydro-3-benzoxepin*, ident. mit dem Prod. aus 1.2-Bis-[β-hydroxyäthyl]-benzol u. konz. H_2SO_4. E. KOSSMEHL. 3370□

Synthese eines weiteren Trisaccharids mit verzweigter Struktur: 2.3-Bis-[β-D-glucosido ⟨1.5⟩]-D-glucose ⟨1.5⟩. Almuth Klemer und Kurt Homberg. (Chem. Ber. **93.** 1643—49. 1/7. 1960. Münster/Westf., Univ., Organ.-Chem. Inst.) (Dt.) — Vgl. C. **1960.** 2533.

2.3-Bis-[β-D-glucosido-⟨1.5⟩-D-glucose-⟨1.5⟩ (I) wird durch Kondens. von β-Benzyl-4.6-benzal-D-glucosid mit 2 Mol α-Acetobrom-D-glucose, hydrierende Abspaltung der Benzyl- u. Benzalgruppen u. Verseifung synthetisiert. Die Konstit. wurde durch saure Hydrolyse des Undecamethyläthers geklärt, wobei *2.3.4.6-Tetramethyl-D-glucose* u. *4.6-Dimethyl-D-glucose* im Verhältnis 2 : 1 entstanden. Die glucosid. Glucosereste wurden leicht acetolyt. abgespalten.

Versuche (R_F mit n-Butanol–Pyridin–W. 3 : 1 : 1 auf WHATMAN Nr. 1): *2.3-Bis-[β-D-glucosido⟨1.5⟩]-D-glucose⟨1.5⟩* (I), $C_{18}H_{32}O_{16}$, F. 197—199° (A.), durch 3—4tägiges Schütteln einer Lsg. von β-Benzyl-4.6-benzal-D-glucosid u. α-Acetobrom-D-glucose in Chlf. mit Ag_2O, Drieriete u. Jod, 10—12std. Hydrierung an Pd–Mohr in Methanol/Essigester bei pH 5—6, Entacetylierung mit 0,1n Na-Methylat in abs. Methanol u. Chromatographie an Cellulose; $[\alpha]_D^{20}$ —0,6 (c = 1,15; W.), R_F 0,04; 8—9% (Ausbeute); daneben *3-β-D-Glucosido-D-glucose* [F. 193—195°, $[\alpha]_D^{20}$ + 18,9° (c = 5,7; W.), R_F 0,14], *2-β-D-Glucosido-D-glucose* [F. 192—195°, $[\alpha]_D^{20}$ + 19,6° (c = 4,3; W.), R_F 0,11] u. ein unbekanntes *Trisaccharid* (R_F 0,07). *Undekaacetylderiv.*, $C_{40}H_{54}O_{27}$, F. 237°, durch 2std. Erhitzen von I mit Na-Acetat in Acetanhydrid bei 100° u. 10 Min. bei 120° oder durch 48std. Stehen von I in Pyridin/Acetanhydrid; $[\alpha]_D^{20}$ —2,56° (c = 1,33; Chlf.). *Undekamethyl-Deriv.*, durch Zutropfen von Dimethylsulfat in 50%ig. KOH zu 490 mg I in W. (8 Std.), Erwärmen auf 50—60° u. nach weiterer Zugabe von Dimethylsulfat/50%ig. KOH auf 100°, Extraktion mit Chlf. u. Behandlung des Chlf.-Rückstands in Dimethylformamid mit CH_3J u. Ag_2O; Sirup; 350 mg (Ausbeute); 330 mg geben mit 5%ig. HCl in 12½ Std. *2.3.4.6-Tetramethyl-D-glucose* (F. 134—136°, R_F 0,82; 145 mg) u. *4.6-Dimethyl-D-glucose* (Sirup, R_F 0,60; 67 mg). E. SCHRAVEN. 3400□

Über ein kristallisiertes, Le^a-aktives Hexasaccharid aus Frauenmilch. Richard Kuhn und Adeline Gauhe. (Chem. Ber. **93.** 647—51. 22/3. 1960. Heidelberg, Max-Planck-Inst. für Med. Forsch., Inst. für Chem.) (Dt.)

Das unter dem Namen Lacto-N-difucohexaose von KUHN u. Mitarbeitern (C. **1959.** 2811, 7192) beschriebene, aus Frauenmilch isolierte Hexasaccharid läßt sich durch Chromatographie an Cellulose in 2 Isomere aufspalten; in die amorphe *Lacto-N-difucohexaose I* (I) u. in die in geringerer Menge vorkommende, aus W./CH_3OH mit 4 H_2O in Blättchen kristallisierende *Lacto-N-difucohexaose II* (**II**), der serolog. als LEWIS^a-Faktor wirksam ist. **I** u. **II** sind aufgebaut aus 1 Mol. N-Acetylglucosamin (**III**), 1 Mol. Glucose (**IV**), 2 Moll. Galaktose (**V**) u. 2 Moll. Fucose (**VI**) u. unterscheiden sich nur in der verschiedenartigen Verknüpfung der **VI**-Reste mit der aus **III**, **IV** u. **V** zusammengesetzten Lacto-N-tetraose (**VII**), wie die Abspaltung von **VII** bei der partiellen Säurehydrolyse zeigt. Aus der negativen MORGAN-ELSON-Rk. bei **I** u. **II** u. dem Auftreten von Arabinose nach der Perjodatoxydation von **II** wird weiter angenommen, daß **II** die Struktur einer *O-β-D-Galaktopyranosyl-(1 → 3)-O-[α-L-fucopyranosyl-(1 → 4)]-2-desoxy-2-acetamido-O-β-D-glucopyranosyl-(1 → 3)-O-β-D-galaktopyranosyl-(1 → 4)-O-[α-L-fucopyranosyl-(1 → 3)]-D-glucopyranose* zukommt.

Versuche: *Lacto-N-difucohexaose II* (**II**), $C_{38}H_{65}NO_{29} \cdot 4\ H_2O$, F. 218—220°, durch Fraktionieren von 16 g Oligosaccharid aus Frauenmilch in A. an Kohle–Celite-Säulen (Carboraffin C/Celite Nr. 535 1:1) nach KUHN u. Mitarbeitern (C **1957.** 6450) neben *Lacto-N-difucohexaose I* (I), *Lactose*, *Difucotetraose* (**IX**) u. *Fucosidolactose* (**VIII**), Chromatographie der entsprechenden Fraktionen an Cellulosesäulen (Linterpulver Nr. 124

SCHLEICHER u. SCHÜLL), Eluieren mit Essigester/Pyridin/W./Eisessig (5:5:3:1), neben **III, IX, VIII**, etwas *Pentaose II* u. *I*. Einengen der **II**-Fraktionen im Vakuum, Lösen in W., Entfärben mit Carboraffin u. Filtrieren über Amberlite IR-120 u. IR-45; aus wenig W., abs. CH_3OH u. abs. A. Stäbchen oder Blättchen; $[\alpha]_D^{25}$ $-68,8^0$ (c = 1; W.; keine Mutarotation); 130 mg (Ausbeute). *Monohydrat*, $C_{38}H_{65}NO_{29} \cdot H_2O$, durch Trocknen bei 110^0 u. $130^0/10^{-3}$ Torr. — *Lacto-N-biose* [*2-Desoxy-2-acetamido-O-β-glucopyranosyl-(1 → 3)-D-galaktose*], durch 3std. Erhitzen von **II** u. n-H_2SO_4 in geschlossener Ampulle auf 100^0, neben *Fucose* (**VI**), *Glucose* (**IV**), *Galaktose* (**V**) u. *Glucosamin*, Gefriertrocknung u. Acetylieren mit Acetanhydrid u. Triäthylamin in CH_3OH. — *Lacto-N-tetraose* (**VII**), durch 10 Min. langes Erhitzen von **II** in n/10 H_2SO_4 auf 100^0, Gefriertrocknen, Chromatographie in Essigester/Pyridin/W. (2:1:2) an SCHLEICHER- u. SCHÜLL-Papier 20436 Eluieren mit W. u. Behandeln mit Carboraffin u. Ionenaustauschern; aus W./A. Nadeln. — **II** *entsprechende Ketose* (*Fructose an Stelle von Glucose*) (?), durch 3 Min. langes Erhitzen von **II** u. 0,05n Na_2CO_3, Entionisieren mit Amberlite-IR-120 u. IR-45, Papierchromatographie u. Eluieren mit Essigester/Pyridin/W. (2:1:2), neben **VI, V** u. *Tagatose* (?). — *Arabinose*, durch 5—48std. Stehen von **II** u. 0,25n $NaJO_4$, Zugeben von Äthylenglykol, Filtrieren über Amberlite IR-120 u. IR-45, Gefriertrocknen, 4std. Erwärmen mit 1n H_2SO_4 auf 100^0 u. Chromatographie bei pH 6,0; neben **V** u. **III**.

H. SMALLA. 3400

Geschichte und Chemie von Muscarin. S. Wilkinson. (Quart. Rev. [chem. Soc., London] **15**. 153—71. 1961. Beckenham, Kent, Wellcome Res. Labor.) (Engl.) Übersicht über die früheren Unterss., die Struktur, Synth. u. pharmakolog. Spezifität von Muscarin u. verwandten Verbindungen. — 87 Literaturhinweise.

P. GOLINSKE. 3500□

Synthese von Tropanon-(3)-carbonsäure-(2)-methylester. M. Ss. Bainowa, G. I. Basilewskaja, K. M. Djumajew und N. A. Preobrashenski. (Журнал Общей Химии [J. allg. Chem.] **30** (**92**). 1120—23. April 1960. Moskau, Inst. für chem. Feintechnol.) (Russ.)

Die für die Synth. des *Tropanon-(3)-carbonsäure-(2)-methylesters* (**I**) wichtige Methoxylierung des Furans unter der Einw. von Cl_2 oder Br_2 u. Methanol wird näher untersucht. Die Durchführung dieser Rk. bei -40 bis -35^0 führt zur Bldg. von *2.5-Dimethoxy-2.5-dihydrofuran* (**II**), bei einer Rk.-Temp. von -12 bis -10^0 entsteht unter Öffnung des Furanringes *Maleinsäuredialdehyd-bis-[dimethylacetal]* (**III**) in 44,2 % ig. Ausbeute neben 14,9% **II** u. bei noch höherer Temp. bildet sich ein Gemisch hochsiedender, halogenhaltiger Stoffe. Verminderung des Vol. des Rk.-Gemisches u. Vergrößerung der Konz. der Halogenwasserstoffsäure verursacht einen zu stürm. Rk.-Verlauf u. führt zur Öffnung des Ringes. Die Anwendung einer größeren Menge Lsgm. erlaubt es, die Rk. ohne Bldg. halogenierter Prodd. bei -12 bis -10^0 durchzuführen. Auch eine elektrochem. Alkoxylierung des Furans in Ggw. von NH_4Cl oder NH_4Br in alkohol. Medium ist möglich. **II** wird bei 5—7 atm (?, im Vers.-Teil unter Atmosphärendruck) in Ggw. von RANEY-Ni zu *Bernsteinsäuredialdehyd-bis-[dimethylacetal]* (**IV**) hydriert u. dieses mit Methylammoniumchlorid u. Acetondicarbonsäuremonomethylesterdikaliumsalz (**V**) in Ggw. eines Acetatpuffers zu **I** kondensiert.

Versuche: *2.5-Dimethoxy-2.5-dihydrofuran* (**II**), $C_6H_{10}O_3$, a) $Kp._4$ 39—41°, aus einer auf -40 bis -35^0 gekühlten Lsg. von 68 g Furan in 630 ml abs. Methanol u. 630 ml abs. Methylenchlorid durch 1std. Einleiten von Cl_2 oder Zutropfen von 159,9 g Br_2 in 630 ml abs., auf -40^0 gekühltem Methylenchlorid (wobei aber das Furan nur in 630 ml abs. Methanol gelöst ist) mit solcher Geschw., daß die Temp. von -25^0 nicht überschritten wird, ½std. Rühren, Einleiten von NH_3 bis pH 8 bei derselben Temp., Abfiltrieren vom ausgeschiedenen Nd., Waschen des Nd. mit Methylenchlorid, Abdestillieren der Lsgm. u. Dest.; $D._4^{20}$ 1,0697; n_D^{20} 1,4349; n_D^{25} 1,4325; 69,3% (Ausbeute); b) $Kp._3$ 35—37°, $Kp._4$ 39—42°, $Kp._{15}$ 60—62°, analog a), nur mit abs. Methanol als Rk.-Medium; $D._4^{20}$ 1,0684; n_D^{20} 1,4347; n_D^{25} 1,4325; 72,2%. — *Maleinsäuredialdehyd-bis-[dimethylacetal]* (**III**), $C_8H_{16}O_4$, $Kp._3$ 53—58°, $Kp._{15}$ 88—90°, aus einer auf -12^0 gekühlten Lsg. von 68 g Furan ($Kp._{756}$ 31,5—32°; $D._4^{20}$ 0,934; n_D^{20} 1,4200) in 500 ml abs. Methanol durch Zutropfen von 159,9 g Br_2 in 700 ml abs., auf -15^0 gekühltem Methanol mit solcher Geschw. (ca. 1 Std.), daß die Temp. -10 bis -8^0 nicht überschreitet, 20 Min. langes Rühren, Einleiten von NH_3 bis pH 8 bei derselben Temp., Abdestillieren des Methanols bei 20—25° u. 20—25 mm, Abfiltrieren vom ausgeschiedenen Nd., Waschen des Nd. mit Methylenchlorid, Abdestillieren der Lsgm. u. Dest.; $D._4^{20}$ 1,0102; n_D^{20} 1,4292; 44,2%. Daneben als 1. Fraktion ($Kp._3$ 34—45°, $Kp._{15}$ 68—75°) 14,9% **II**. — *Bernsteinsäuredialdehyd-bis-[dimethylacetal]* (**IV**), $C_8H_{18}O_4$, $Kp._9$ 77—79°, aus **III** durch Hydrierung in Ggw. von RANEY-Ni bei Raum-Temp. u. Atmosphärendruck (ca. 3½ Std.): $D._4^{20}$ 0,9875;

n_D^{20} 1,4153; 90,9%. — *Bernsteinsäuredialdehyd-bis-[phenylhydrazon]*, $C_{16}H_{18}N_4$, F. 114 bis 115° (A.), aus **IV** durch Zugabe zu verd. HCl bei 80°, 20 Min. langes Rühren bei 80°, Neutralisation mit K_2CO_3 bei 0°, Zugabe einer wss. Lsg. von Phenylhydrazin u. einiger Tropfen Essigsäure; 93,8%. — *Tropanon-(3)-carbonsäure-(2)-methylester* (**I**), $C_{10}H_{15}NO_3$, F. 101—103°, $Kp._{0,3}$ 92—95°, aus **IV** durch Zugabe zu n-HCl bei 80°, 20 Min. langes Rühren bei 80°, schnelles Abkühlen auf 0°, nacheinander erfolgende Zugabe von **V**, 12%ig. wss. Na-Acetat-Lsg. u. Methylammoniumchlorid, 4std. Rühren bei 30°, Abkühlung auf 0°, Sättigung mit K_2CO_3, Extraktion mit Bzl. u. Dest.; 59,2%.

CH. BÖHME. 3500□

Spermidinalkaloide. Conrad Hans Eugster. (Vjschr. naturforsch. Ges. Zürich, Abh. **105.** 261—81. Dez. 1960. Zürich, Univ., Organ.-chem. Inst.) (Dt.)

Übersicht über Vork. von Spermidinalkaloiden, über die Chemie des Palustrins u. weitere Spermidinalkaloide. — 48 Literaturangaben. P. GOLINSKE. 3500□

Cyclisierungsreaktionen isoprenoider Verbindungen. W. A. Smit und W. F. Kutscherow. (Успехи Химии [Fortschr. Chem.] **28.** 272—311. März 1959.) (Russ.)

Überblick über die zur Bldg. *cycl. Terpene* führenden Ringschluß-Rkk. unter Berücksichtigung der theoret. Grundlagen. — 282 Literaturhinweise. G. FROELICH. 3600□

„Citrylidenmalonsäure": cis-1(CH₃).3(H).4(H)-cis-3(H).α(H)-1.8-Dihydroxy-p-menthyl-(3)-malonsäuredilacton. C. E. Berkoff und L. Crombie. (J. chem. Soc. [London] **1960.** 3734—52. Okt. London, Univ., King's Coll.; Imp. Coll. of Sci. and Technol.) (Engl.) — Vgl. C. **1961.** 6155.

Die „*Citrylidenmalonsäure*" (**I**) hat auf Grund nachst. Abbau-Rkk. u. der Pyrolyse die Struktur eines *cis-1(CH_3).3(H).4(H)-cis-3(H).α(H)-1.8-Dihydroxy-p-menthyl-(3)-malonsäuredilactons* (vgl. C. **1961.** 6155). Die Stellung der Lactonringe u. die Konfiguration werden aus dem Kernresonanzspektrum bzw. auf Grund ster. Betrachtungen abgeleitet. Die Bldg.-Weise von **I** wird eingehend diskutiert. Beim Erwärmen von **I** mit einem Äquivalent Alkali wird unter Decarboxylierung der eine Lactonring aufgespalten u. es entsteht *cis-3(H).4(H)-1.8-Dihydroxy-p-menthyl-(3)-essigsäurelacton-(1)* (**II**). Dieses wird mit HCl/Eisessig in *cis-3(H).4(H)-8-Chlor-1-hydroxy-p-menthyl-(3)-essigsäurelacton* (**III**) übergeführt. Bei Pyrolyse geht dieses in *cis-3(H).4(H)-1-Hydroxy-$\Delta^{8,9}$-p-menthenyl-(3)-essigsäurelacton* (**IV**) über, das durch Ozon zu *2-Acetyl-5-hydroxy-5-methylcyclohexylessigsäurelacton* u. *CH_2O* gespalten wird. Wird dagegen **III** durch Kochen in Pyridin dehydrohalogeniert, so entsteht *1-Hydroxy-$\Delta^{4,8}$-p-menthenyl-(3)-essigsäurelacton* (**V**), das bei Ozonolyse *5-Hydroxy-5-methyl-2-oxocyclohexylessigsäurelacton* u. *Aceton* liefert. Direkte Dehydrierung von **II** mit $SOCl_2$ in Pyridin gibt ein Gemisch aus **IV** u. **V**. **III**, **IV** oder **V** werden katalyt. zu *1-Hydroxy-p-menthyl-(3)-essigsäurelacton* (**VI**) hydriert. Wird **I** andererseits mit 2 Äquivalenten Alkali behandelt, so entsteht *cis-1(CH_3).3(H).4(H)-1.8-Dihydroxy-p-menthyl-(3)-essigsäurelacton-(8)* (**VII**). Dieses wird mit HCl/Eisessig in *cis-3(H).4(H)-1-Chlor-8-hydroxy-p-menthyl-(3)-essigsäurelacton* (**VIII**) übergeführt, das beim Kochen in Pyridin zu *8-Hydroxy-$\Delta^{1,2}$-p-menthenyl-(3)-essigsäurelacton* (**IX**) dehydrohalogeniert wird. Bei Dehydrierung von **VII** mit $SOCl_2$/Pyridin wird ein krist. Gemisch erhalten, das neben **IX** noch das *$\Delta^{1,6}$-Isomere* enthält. Das Gemisch läßt sich zu einem einheitlichen *Dihydrolacton* hydrieren u. gibt bei der Ozonspaltung eine Verb., die ein *Bis-[2.4-dinitrophenylhydrazon]* liefert. Bei der Rk. von **I** mit methanol. HCl entsteht ein *Chlorlactonester $C_{14}H_{21}ClO_4$* (**X**), der beim Hydrolysieren u. Ansäuern **I** zurückgibt. Andererseits geben **II** oder **VII** mit methanol. HCl *1.8-Dichlor-p-menthyl-(3)-essigsäuremethylester* (**XI**). Dessen Dehydrohalogenierung führt zu einem Isomerengemisch verschiedener *p-Menthadienyl-(3)-essigsäuremethylester*, das bei der katalyt. Hydrierung ebenfalls verschiedene Isomere des *p-Menthyl-(3)-essigsäuremethylesters* liefert. Dieser gesätt. Ester wird zur *α-Brom-p-menthyl-(3)-essigsäure* bromiert u. verseift. Durch Dehydrohalogenierung u. nachfolgende Ozonolyse wird (±)-*Menthon* isoliert. Bei der Pyrolyse von **I** bei 190—210° entstehen saure u. neutrale Rk.-Produkte. Das Verhältnis der sauren u. neutralen Prodd. hängt von der Rk.-Dauer ab. Bei kurzzeitigem Erhitzen entsteht als Säure hauptsächlich *5.9-Dimethyl-cis-decatrien-(2.4.8)-säure* (**XII**), die sich beim erneuten Erhitzen zur entsprechenden *trans-Säure* (**XIII**) umlagert. Bei 8std. Erhitzen von **I** entsteht als Säure hauptsächlich **XIII**. Beide Isomeren geben bei katalyt. Hydrierung *5.9-Dimethyldecansäure*. Die neutralen Pyrolyse-Prodd. enthalten *4.8-Dimethylnonatrien-(1.3.7)* (**XIV**), das durch Decarboxylierung entsteht, *1-Hydroxy-$\Delta^{8,9}$-p-menthenyl-(3)-essigsäurelacton* (**XV**) u. *5.9-Dimethyldecadien-(2.8)-δ-lacton*. Durch Stehen mit $NaOCH_3$-Lsg. wird **XV** zu *1-Hydroxy-$\Delta^{8,9}$-p-menthenyl-(3)-essigsäure* hydrolysiert. Authent. **XIV** wird aus Citral u. Methylentriphenylphosphin nach WITTIG hergestellt. Die leichte

Bldg. von δ-Lactonen aus **XII** wird durch Verss. mit Säuren bestätigt, die durch DOEBNER-Kondens. zwischen 3.7-Dimethylocten-(2)-al u. Malonsäure erhalten werden. Ebenso wie Citral liefert Farnesal eine **I** entsprechende „*Farnesylidenmalonsäure*" ($C_{18}H_{26}O_4$). Diese nimmt bei der katalyt. Hydrierung 1 Mol H_2 auf, liefert bei der Ozonolyse *Aceton* u. zeigt im IR die für δ-Lactone charakterist. Bande. Die charakterist. UV- u. IR-Spektren verschiedener Verbb. sind angegeben.

Versuche: „*Citrylidenmalonsäure*" (I), $C_{13}H_{18}O_4$, F. 190—191° (Zers.), a) durch 5std. Kochen von Malonsäure u. Citral in Pyridin; 35% (Ausbeute); b) durch 7tägiges Schütteln einer Suspension von Malonsäure u. Citral in Ggw. von Piperidin in Bzl.; 16%; c) analog b) durch 6std. Kochen; 35%; d) durch 1std. Kochen von 220 mg **X** in wss. methanol. KOH u. Ansäuern; 100 mg; aus A. oder Chlf./PAe. Prismen. — *cis-3(H).4(H)-1.8-Dihydroxy-p-menthyl-(3)-essigsäurelacton-(1)* (**II**), $C_{12}H_{20}O_3$, F. 123 bis 123,5°, durch 2std. Erhitzen von 40 g **I** mit 117 ml W. u. 33,4 ml 5n NaOH auf 100° u. Chlf.-Extraktion; aus Bzl. (oder Chlf.)/PAe. Prismen; 94%. — *cis-3(H).4(H)-8-Chlor-1-hydroxy-p-menthyl-(3)-essigsäurelacton* (**III**), $C_{12}H_{19}ClO_2$, F. 90,5—91,5°, durch 3½std. Einleiten von HCl in die Lsg. von 13 g **II** in Eisessig bei 0°, 5std. Stehen bei 0° u. Eindampfen; aus Bzl./PAe. Nadeln; 12,5 g. — *cis-3(H)·4(H)-1-Hydroxy-$\Delta^{8,9}$-p-menthenyl-(3)-essigsäurelacton* (**IV**), $C_{12}H_{18}O_2$, F. 75°, durch 8std. Erhitzen von 517 mg **III** im Wasserstrahlvakuum auf 190—200°; aus Aceton/n-Pentan Nadeln; 424 mg. — *1-Hydroxy-$\Delta^{4,8}$-p-menthenyl-(3)-essigsäurelacton* (**V**), $C_{12}H_{18}O_2$, F. 59,5—60°, a) durch 1¾std. Kochen von 8,07 g **III** in Pyridin; 6,22 g; b) durch Zutropfen von $SOCl_2$ zu **II** in Pyridin bei 30°, 3std. Rühren, mehrstd. Stehen u. Chromatographie an Al_2O_3 mit Bzl.; daneben **IV**; c) durch 1std. Erwärmen von **II** mit $POCl_3$ in Pyridin, Zersetzen mit Eis u. Extraktion mit Ae. (Rohprod. ölig, $Kp._{0,1}$ 101—102°; n_D^{23} 1,5084); aus Pentan Platten. — *2-Acetyl-5-hydroxy-5-methylcyclohexylessigsäurelacton*, $C_{11}H_{16}O_3$, F. 93,5—94,5°, durch 4std. Ozonisieren von 1 g **IV** in Äthylacetat/Eisessig (3:2) bei 10°, Erwärmen mit Zn-Staub auf 60°, Filtrieren u. Eindampfen; aus Aceton/n-Pentan Stäbchen; 610 mg. *2.4-Dinitrophenylhydrazon*, $C_{17}H_{20}N_4O_6$, F. 189,5—191°; aus CH_3OH Platten. 25 mg geben mit J_2 in Alkali 33 mg. — *Jodoform*, F. 118—119°. — *5-Hydroxy-5-methyl-2-oxocyclohexylessigsäurelacton*, $C_9H_{12}O_3$, F. 72—73°, durch 2¼std. Ozonolyse von 1 g **V** wie vorst.; aus Äthylacetat/n-Pentan Platten; 476 mg. *2.4-Dinitrophenylhydrazon*, $C_{15}H_{16}N_4O_6$, F. 193—195,5°; aus CH_3OH orangegelbe Nadeln. — *Aceton-2.4-dinitrophenylhydrazon*, F. 125,5°, durch 35 Min. langes Ozonisieren von 500 mg **V** in Eisessig bei 10°, Zn-Staub-Red., Wasserdampf-Dest. in 2.4-Dinitrophenylhydrazin-Lsg. u. Chromatographie mit Chlf. an Bentonit–Celite (4:1), 150 mg. — *1-Hydroxy-p-menthyl-(3)-essigsäurelacton* (**VI**), $C_{12}H_{20}O_2$, F. 60° (n-Pentan), a) durch Hydrierung von 2,25 g **V** in A. an Pt; 2,26 g; b) analog a) aus 150 mg **IV**; 148 mg; c) analog a) aus 2 g **III** an 5%ig. Pd/Kohle in alkohol. KOH; 1,49 g. — *cis-1(CH$_3$).3(H).4(H)-1.8-Dihydroxy-p-menthyl-(3)-essigsäurelacton-(8)* (**VII**), $C_{12}H_{20}O_3$, F. 121—122°, durch 2std. Kochen von 30 g **I** mit verd. H_2SO_4, Extrahieren mit Chlf. u. Eindampfen; aus Bzl./n-Pentan Stäbchen; 39%. — *Gemisch von cis-3(H).4(H)-8-Hydroxy-$\Delta^{1,2}$-* (**IX**) u. *-$\Delta^{1,6}$-p-menthenyl-3-essigsäurelacton*, $C_{12}H_{18}O_2$, F. 58—60° (Pentan), durch Rk. von 6,74 g **VII** mit $SOCl_2$ in Pyridin bei 22° u. Al_2O_3-Chromatographie in Bzl.; 4,16 g (roh). — *8-Hydroxy-p-menthylessigsäurelacton*, $C_{12}H_{20}O_2$, durch Hydrierung vorst. Gemisches an Pt in A., Chromatographie an Al_2O_3 oder Kieselgel u. Dest.; Öl. — *cis-3(H).4(H)-1-Chlor-8-hydroxy-p-menthyl-(3)-essigsäurelacton* (**VIII**), $C_{12}H_{19}ClO_2$, F. 77—77,5°, durch 3½std. Einleiten von HCl in 27,8 g **VII** in Eisessig bei 0°, 7std. Stehen bei 0° u. Eindampfen; aus Bzl./PAe. Platten; 0,8 g; daneben **III**. — *cis-3(H).4(H)-8-Hydroxy-$\Delta^{1,2}$-p-menthenyl-(3)-essigsäurelacton* (**IX**), F. 62—63°, durch 2½std. Kochen von 2,6 g **VIII** in Pyridin; aus PAe. Platten; 1,6 g (roh). — *Bis-2.4-dinitrophenylhydrazon*, $C_{24}H_{26}N_8O_{10}$, F. 136—139°, durch ½std. Ozonolyse von **IX** in Eisessig bei 10°, Wasserdampf-Dest., Extraktion des Dest.-Rückstandes mit Chlf., Darst. des Deriv. u. Chromatographie an Bentonit/Kieselgur (4:1) in Chlf.; aus CH_3OH orangefarbene Kristalle. — *1-Chlor-p-menthyl-(3)-essigsäuremethylester*, $C_{13}H_{23}ClO_2$, F. 30—31°, durch 3½std. Einleiten von HCl in 650 mg **VI** in CH_3OH bei 5°, 3tägiges Stehen bei 0° u. Eindampfen; aus n-Pentan Nadeln; 730 mg (roh). — Gemisch von $\Delta^{1,2}$- u. *$\Delta^{1,6}$-p-Menthenyl-(3)-essigsäuremethylester*, $C_{13}H_{22}O_2$, $Kp._{0,1}$ 63,5°, durch 2std. Kochen von 1,51 g vorst. Esters in Pyridin u. Chromatographie, n_D^{22} 1,4698; 1,11 g (roh). — *1.8-Dichlor-p-menthyl-(3)-essigsäuremethylester* (**XI**), $C_{13}H_{22}Cl_2O_2$, F. 123,5—124°, a) durch Einleiten von HCl in die methanol. Lsg. von 101,3 g **II** bei 5° u. 3tägiges Stehen bei 0°; 99,2 g (roh); b) analog aus **VII**; aus CH_3OH Nadeln. — *Chlorlactonester $C_{14}H_{21}ClO_4$* (**X**), F. 84 bis 85,5° (PAe.), aus 9 g **I** analog **XI** u. Chromatographie; 850 mg. — *p-Menthyl-(3)-essigsäuremethylester*, $C_{13}H_{24}O_2$, $Kp._{0,3}$ 64,5°, $Kp._{0,1}$ 63°, a) durch 3std. Kochen von **XI** in Pyridin u. Hydrieren des entstandenen *p-Menthadienyl-(3)-essigsäuremethylesters* ($C_{13}H_{20}O_2$, $Kp._{0,25}$ 95,5—96°; n_D^{21} 1,4886) in Eisessig an Pt; b) durch Hydrierung von

1 g **XI** in methanol. KOH an 5%ig. Pd/Kohle; 420 mg; n_D^{20} 1,4573, $n_D^{23,5}$ 1,4559. — *α-Brom-p-menthyl-(3)-essigsäure*, $C_{12}H_{21}BrO_2$, F. 128,5—130°, durch 5½ std. Erhitzen von 7 g vorst. Esters in 0,3 ml PBr_3 u. 3 ml Br_2 auf 65—70°, 1½ std. Erhitzen auf 110°, Lösen in Ae., Extraktion mit $NaHCO_3$-Lsg., Ansäuern des Extrakts, Sättigen mit NH_4Cl, Extrahieren mit Chlf. (5,5 g gummiartige Substanz) u. Al_2O_3-Chromatographie in Chlf./Bzl. (3:1); aus n-Pentan Platten. — *(±)-Menthon-2.4-dinitrophenylhydrazon*, F. 139—143°, durch 1¾ std. Kochen von 900 mg vorst. Verb. in Pyridin, 1 std. Ozonisieren in Äthylacetat/Eisessig (3:2) bei 5°, 20 Min. langes Kochen mit Zn-Staub, Eindampfen, Extrahieren mit CH_3OH, Zugabe von BRADYs Reagens u. Chromatographie an Bentonit/Kieselgur u. Al_2O_3 in Chlf.; aus Chlf. orangefarbene Nadeln; daneben orangefarbene *Platten vom F. 155—162°*. — *5.9-Dimethyl-cis-decatrien-(2.4.8)-säure* (**XII**), $C_{12}H_{18}O_2$, F. 53° (PAe.) durch Erhitzen von **I** in Ggw. von Cu-Bronze im Wasserstrahlvakuum auf 190—210°, Verdünnen mit Ae., Filtrieren, Extrahieren mit wss. 2n NaOH, Ansäuern unter Ae. u. fraktionierte Dest. bei 125,5—127°/0,1 Torr (n_D^{26} 1,5361), [Verhältnis saurer Teil:Neutralteil: a) nach 3 Std., 3,31:1, b) nach 1½ Std., 3,2:1, c) nach ¾ Std. 2,99:1]; gibt bei Ozonolyse *Aceton*; *2.4-Dinitrophenylhydrazon*, F. 126°. *p-Bromphenacylester*, $C_{20}H_{23}BrO_3$, F. 77,5°; aus A. Platten. — *5.9-Dimethyl-trans-decatrien-(2.4.8)-säure* (**XIII**), $C_{12}H_{18}O_2$, $Kp._{0,1-0,2}$ 124—124,5°, a) durch 8 std. Erhitzen von **I** u. Aufarbeiten analog **XII** (Verhältnis Säure:Neutral-Prod.: 4,75:1); b) durch 18 std. Erhitzen von 7,8 g **XII**; 3,47 g; n_D^{22} 1,5364—1,5376. *p-Bromphenacylester*, $C_{20}H_{23}BrO_3$, F. 100° (A.). *Isobutylamid*, $C_{16}H_{27}NO$, $Kp._{0,002}$ 142—148°; n_D^{21} 1,5291. — *5.9-Dimethyldecansäure*, $Kp._{0,5}$ 104—108°, a) durch DOEBNER-Kondens. aus Tetrahydrocitral u. Malonsäurediäthylester u. Hydrierung der entstandenen *5.9-Dimethyl-decen-(2)-* u. *-(3)-säure* ($Kp._{0,3}$ 120—128°, n_D^{24} 1,4690—1,4713) in A. an Pd/Kohle; b) durch Hydrierung von **XII** an $Pd/BaSO_4$ in Äthylacetat; c) analog b) aus **XIII**; n_D^{17} 1,440—1,4404. *p-Bromphenacylester*, $C_{20}H_{29}BrO_3$, F. 60—61° (A.). — *4.8-Dimethyl-nonatrien-(1.3.7)* (**XIV**), $C_{11}H_{18}$, $Kp._{22}$ 102°, $Kp._{0,5}$ 41°, a) durch portionsweise Zugabe von Methyltriphenylphosphoniumbromid zu Phenyl-Li in Ae., 3 std. Rühren, Zutropfen von Citral, 3 std. Rühren, 1 std. Kochen u. Zugabe von W.; b) durch Dest. der Neutralteile nach 8 std. Pyrolyse; n_D^{22} 1,4835; n_D^{25} 1,4841. — *1-Hydroxy-$\Delta^{8,9}$-p-menthenyl-(3)-essigsäurelacton* (**XV**), $C_{12}H_{18}O_2$, F. 75—76° (Hexan), durch fraktionierte Dest. der neutralen Pyrolyse-Prodd. bei 103—104°/0,2 Torr; daneben **XIV** u. *5-Hydroxy-5.9-dimethyl-decadien-(2.8)-säure-δ-lacton*, $C_{12}H_{18}O_2$, $Kp._{0,01-0,05}$ 98°; $n_D^{23,5}$ 1,4880—1,4886. — *1-Hydroxy-$\Delta^{8,9}$-p-menthenyl-(3)-essigsäure*, $C_{12}H_{20}O_3$, F. 175°, durch 2½ std. Stehen von 200 mg **XV** mit methanol. $NaOCH_3$-Lsg.; 25 mg. — *4.8-Dimethylnonatrien-(1.3.7)-1.1-dicarbonsäurediäthylester*, $C_{17}H_{26}O_4$, $Kp._{0,35}$ 142—143,5°, nach GRÜHAGEN (Diss. Heidelberg 1899); n_D^{21} 1,5058; gibt nach Hydrolyse u. Ansäuern des Ba-Salzes **I**. — *„Farnesylidenmalonsäure"*, $C_{18}H_{26}O_4$, F. 141—142°, a) durch 5 std. Erhitzen von Malonsäure, Farnesal u. Pyridin auf 110°, Zugabe von Ae. u. 18 std. Stehen bei 0°; b) durch 24 std. Schütteln des Gemisches unter a), 5 Wochen langes Stehen u. ¼ std. Erwärmen auf 55—60°; aus A. Nadeln. G. TEEGE. 3600□

Über einige konjugierte Dienderivate des Citrals. 1. Mitt. Magdeleine Mousseron-Canet, Max Mousseron und Jean Boch. (Bull. Soc. chim. France **1959**. 597—601. April. Montpellier, École Nat. Supér. de Chim.) (Franz.)

Ausgehend vom Citral (**I**) wird die Synth. von Homologen des Myrcens beschrieben u. versucht, deren Struktur mittels IR- u. UV-Spektren zu deuten.

Versuche: *1-Methylgeraniol* (**II**), $C_{11}H_{20}O$, $Kp._{20}$ 120°, aus **I** u. CH_3MgBr. — *2.6-Dimethylnonadien-(2.6)-on-(8)*, $C_{11}H_{18}O$, $Kp._{20}$ 100°, durch 7 tägiges Rühren von 20 g **II** in PAe. mit 100 g MnO_2; λ_{max} 240 mμ (ε = 10500); 17 g (Ausbeute). *Semicarbazon*, F. 78—80°. — *1-Methylmyrcen* (**III**), $C_{11}H_{18}$, $Kp._{16}$ 85°, aus **II** durch Wasserabspaltung in Benzol-Lsg. über J_2; n_D^{20} 1,4805. — *1-Äthylgeraniol*, $C_{12}H_{22}O$, $Kp._{20}$ 125—130°, aus **I** u. C_2H_5MgBr. — *Dien $C_{12}H_{20}$*, $Kp._{20}$ 100—105°, analog **III** aus vorst. Verbindung. — *Gemisch aus α-* u. *β-Cyclocitral*, $Kp._{20}$ 90—110°, durch Zugabe einer äther. Lsg. des Anilin-Deriv. von **I** zu verd. H_2SO_4 bei —20°. — *1-Methyl-α-* u. *-β-cyclogeraniol*, $C_{11}H_{20}O$, $Kp._{20}$ 110—120°, analog **II** aus vorst. Verbb. oder aus Cyclogeraniol. — *Dien $C_{11}H_{18}$ aus 1-Methyl-α-* u. *-β-cyclogeraniol*, $Kp._{20}$ 75—85°, wie **III** aus vorst. Verbindungen. — *β-Cyclocitral*, $Kp._{20}$ 105°, durch fraktionierte Dest. des Gemisches von α- u. β-Cyclocitral angereichert u. über das *Semicarbazon* (F. 165—166°) abgetrennt. — *Dien $C_{16}H_{20}$ aus Phenylgeraniol*, $Kp._{0,5}$ 105—110°, über das nichtisolierte Phenylgeraniol aus C_6H_5MgBr u. **I** durch Dest. über J_2; n_D^{22} 1,5707; λ_{max} 280 mμ (log ε = 4,32), λ_{max} 237 mμ (log ε = 3,9). Durch Erhitzen mit Maleinsäureanhydrid u. anschließende Hydrolyse erhält man eine *Verb. $C_{20}H_{24}O_4$*. — *Benzylgeraniol*, $C_{17}H_{24}O$, $Kp._{0,2}$ 135—140°, aus I u. $C_6H_5CH_2MgCl$ durch 2std. Kochen. — *Dien $C_{17}H_{22}$ aus Benzylgeraniol,* durch Dehydratisierung vorst. Verb. durch Erhitzen mit J_2 auf 140° u. Dest. über $KHSO_4$; n_D^{22} 1,546; λ_{max} 237—246 mμ (log ε = 4,13), λ_{max} 290 mμ (log ε = 2,58). Durch Erhitzen mit Maleinsäureanhydrid in Bzl. u. anschließende Hydrolyse des entstandenen Anhydrids erhält man eine *Verb. $C_{21}H_{26}O_4$*. K.-D. ALBRECHT. 3600□

Über einige konjugierte Dienderivate des Citrals. 2. Mitt. Neue Synthesen in der Reihe des gem.-1-Dimethyl-8-methyl-Δ⁹-oktalins. Magdeleine Mousseron-Canet, Max Mousseron und Jean Boch. (Bull. Soc. chim. France **1959**. 601—06. April.) (Franz.) — 1. vgl. vorst. Referat.

1-Methylmyrcen (**I**) ist eine gut reaktionsfähige Verb. für die DIELS-ALDER-Reaktion. **I** wird durch Dehydratisierung u. Allylumlagerung von 1-Methylgeraniol dargestellt. Durch fraktionierte Umsetzung von **I** mit Acrolein (**II**) erhält man 2 verschiedene Verbb., die ein *2.4-Dinitrophenylhydrazon* (DNP) vom F. 115 bzw. 136° geben. Vff. vermuten, daß **I** 1.1-Dimethylmyrcen enthält, das das DNP vom F. 136° bildet. Es werden *4-Isohexyl-2-methylcyclohexanon* (**III**) u. *2-Isohexyl-2-methylcyclohexanon* (**IV**), die als Abkömmlinge der Additions-Prodd. von **I** aufgefaßt werden können, dargestellt. Durch Umsetzung von o-Kresol mit Isocapronsäurechlorid, anschließende FRIESsche Verschiebung unter Einfl. von $AlCl_3$ u. darauffolgende Red. erhält man *4-Isohexyl-2-methylcyclohexanol,* das durch Chromsäureoxydation zu **III** umgesetzt wird. Durch Rk. von Isohexylalkohol mit HBr u. Kondens. des Isohexylbromids mit Cyclohexanon in Ggw. von K-tert.-Butylat (**V**) erhält man *2-Isohexylcyclohexanon,* das mit CH_3J in Ggw. von **V** zu **IV** umgesetzt wird. **I** wurde mit Acrylsäure u. Acrylonitril zur Rk. gebracht. Die erhaltenen Prodd. konnten in **III** übergeführt werden. Vff. ordnen der 1-Methylgruppe von **I** auf Grund des guten Additionsvermögens die trans-Konfiguration zu, die durch IR-Spektren bestätigt wird. Die Additions-Prodd. von **I** werden unter dem Einfl. von H_2SO_4 bzw. H_3PO_4 zu Derivv. von *1.1.8-Trimethyl-Δ⁹-oktalin* („*gem.-1-Dimethyl-8-methyl-Δ⁹-oktalin*") cyclisiert, die eine neue Riechstoffklasse darstellen. Bei der Cyclisierung muß die Aldehydgruppe geschützt werden, während Ketone direkt cyclisiert werden können. *Cyclohexenketone* werden durch Kondens. von **I** mit Methylvinylketon bzw. der MANNICH-Base des Methyläthylketons erhalten. Während die entsprechenden Säuren leicht zu bicycl. Säuren u. teilweise zu tricycl. γ-Lactonen mit 85 % ig. H_3PO_4 bei 30° umgesetzt werden können, unterliegen ihre Ester nur einer teilweisen Cyclisierung bei gleichen Rk.-Bedingungen. Erst 98 % ig. Ameisensäure bei 70° bewirkt vollständige Cyclisierung.

Versuche: *Isocapronsäurenitril,* $Kp._{760}$ 140—150°, durch 3std. Kochen von Isobutylbromid in A. mit KCN in H_2O. — *Isocapronsäure,* $Kp._{20}$ 100—105°, durch Kochen vorst. Verb. mit Na_2CO_3 in wss. A. bis zur Beendigung der NH_3-Entwicklung. *Äthylester* (**VI**), $Kp._{760}$ 150°, durch 10std. Kochen vorst. Verb. mit abs. A. u. konz. H_2SO_4. *o-Kresylester,* $Kp._{0,3}$ 95°, durch 1½std. Erhitzen des Chlorids vorst. Säure mit o-Kresol auf 90°. — *4-Isocaproyl-o-kresol,* $Kp._{0,5}$ 190°, durch 3std. Erhitzen vorst. Esters mit $AlCl_3$ in Nitrobenzol auf 70°. — *4-Isohexyl-o-kresol,* $Kp._{0,5}$ 130°, durch Red. vorst. Verb. in Toluol mit Zn/HCl (36std. Kochen). — *4-Isohexyl-2-methylcyclohexanol,* $Kp._{0,4}$ 100 bis 102°, durch Hydrierung vorst. Verb. in A. an RANEY-Ni bei 100 atm/150°. — *4-Isohexyl-2-methylcyclohexanon* (**III**), $Kp._{0,3}$ 95—100°, durch Oxydation vorst. Verb. mit $K_2Cr_2O_7$ in verd. H_2SO_4 (1 Std. bei 60°). *DNP,* $C_{19}H_{28}N_4O_4$, F. 112°. *Semicarbazon,* $C_{14}H_{27}N_3O$, F. 160°. — *Isohexylalkohol,* $Kp._{760}$ 150°, durch Red. von **VI** mit $LiAlH_4$ in Ae. (2std. Kochen). — *2-Isohexylcyclohexanon,* $Kp._{0,5}$ 110°, durch Zugabe von 38 g Isohexylbromid u. 22,5 g Cyclohexanon zu **V** in Bzl. u. Zers. mit 20 % ig. HCl; 13 g (Ausbeute). *DNP,* $C_{18}H_{26}N_4O_4$, F. 121°. — *2-Methyl-2-isohexylcyclohexanon* (**IV**), $Kp._{0,5}$ 110 bis 120°, durch Zugabe vorst. Verb. zu **V** u. CH_3J in Bzl. u. Zers. mit 20 % ig. HCl. *DNP,* $C_{19}H_{28}N_4O_4$, F. 85°. — **I-II**-*Addukt* (**VIII**), $Kp._{20}$ 135—140°, durch 4std. Kochen von 50 g **I** u. 50 g **II** in Ggw. von Hydrochinon (**VII**); n_D^{19} 1,4912; 40 g. *DNP,* $C_{20}H_{26}N_4O_4$, F. 115°. Erneute Umsetzung des zurückgewonnenen **I** mit **II** in Ggw. von **VII** (40 Std. bei 150° im Rohr) ergab ein weiteres *Addukt* ($Kp._{20}$ 140, *DNP,* $C_{20}H_{26}N_4O_4$, F. 135°). — **I**-*Acrylonitril-Addukt,* $C_{14}H_{21}N$, $Kp._{0,1}$ 120°, durch 18std. Kochen von 40 g **I** mit 12 g Acrylonitril u. 0,5 g **VII**; 30 g. Ließ sich nicht zu nachst. Addukt verseifen; Red. mit $LiAlH_4$ in Ae. bei —15° → **VIII**. — **I**-*Acrylsäure-Addukt* (**IX**), $C_{14}H_{22}O_2$, $Kp._{0,5}$ 140—150°, durch 18std. Kochen von 100 g **I** mit 100 g Acrylsäure u. 0,5 g **VII**; 80 g. *S-Benzylthiuroniumsalz,* $C_{22}H_{32}N_2O_2S$, F. 152°. Hydrierung von **IX** in PAe. an RANEY-Ni bei 100 atm/70° → *gesätt. Säure* ($Kp._{0,5}$ 150°), deren *Chlorid* ($Kp._{0,5}$ 110°) in Aceton bei 0° mit NaN_3 in W. zum *Azid* umgesetzt wird, das 2 Std. lang in 70% ig. CH_3COOH auf 100° erwärmt wird; 12std. Erhitzen mit rauchender HCl auf 100°, Gießen in W., Alkalisieren u. Ae.-Extraktion → *Anion* ($Kp._{0,5}$ 120°), das mit tert.-Butylhypochlorit zu **III** umgesetzt wird. — *1.1.8-Trimethyl-Δ⁹-oktalincarbonsäure-(7),* $Kp._{0,5}$ 165—170°, durch Cyclisierung von **IX** durch 3std. Erwärmen auf 30° mit H_3PO_4. *S-Benzylthiuroniumsalz*, F. 127° (A.). — *9-Hydroxy-1.1.8-trimethyldekalin-7-carbonsäurelacton*, $C_{14}H_{22}O_2$, Kp.$_{0,5}$ 125°, aus vorst. Säure durch 4std. Erwärmen auf 70° mit HCOOH. — *4-[Δγ-Isohexenyl]-2-methylcyclohexen-(3)-carbonsäureäthylester*, Kp.$_{0,5}$ 110—115°, durch 8std. Erhitzen von **I** u. Acrylsäureäthylester mit **VII** in Bzl. im Rohr auf 130°; n_D^{20} 1,477. — *1.1.8-Trimethyl-Δ⁹-oktalin-7-carbonsäureäthylester*, Kp.$_{0,5}$ 115°, aus vorst. Verb. durch 4std. Erhitzen auf 70° unter Einw. von 98 % ig. HCOOH; n_D^{20} 1,484. — *4-[Δγ-Isohexenyl]-1-acetyl-2-methylcyclohexen-(3)*, Kp.$_{20}$ 150°, durch 6std. Erhitzen von **I** u. Methylvinylketon in Bzl. mit **VII** auf 140°; n_D^{20} 1,4835. *Semicarbazon*, F. 149°. — *4-[Δγ-Isohexenyl]-1.2-dimethyl-1-acetylcyclohexen-(3)*, Kp.$_{0,4}$ 105—110°, durch 8std. Erhitzen eines Gemisches von **I** u. der MANNICH-Base aus Diäthylamin, HCHO u. Methyläthylketon in Toluol mit **VII**; n_D^{20} 1,492. — *1.1.8-Trimethyl-7-acetyl-Δ⁹-oktalin*, Kp.$_{0,1}$ 105°, a) durch Cyclisierung vorst. Verb.; b) durch 3std. Erwärmen vorvorst. Verb. auf 30° mit H_3PO_4; n_D^{20} 1,497. — *1.1.8-Trimethyl-Δ⁹-oktalin-7-aldehyd*, Kp.$_{0,5}$ 100—105°, durch Zutropfen der Bzl.-Lsg. der SCHIFFschen Base aus 4-[Δγ-Isohexenyl]-2-methyl-1-formylcyclohexen-(3) zu 85% ig. H_3PO_4; n_D^{20} 1,500. — *4-Isohexyl-2-methylcyclohexylmethanol*, Kp.$_{0,6}$ 122°, durch Hydrierung von **VIII** an RANEY-Ni bei 100 atm/70°. — *4-Isohexyl-2-methylcyclohexancarbonsäure*, $C_{14}H_{26}O_2$, Kp.$_{0,5}$ 150°, durch Oxydation vorst. Verb. mit CrO_3 in Aceton. *S-Benzylthiuroniumsalz*, $C_{22}H_{36}N_2O_2S$, F. 127°.

K.-D. ALBRECHT. 3600□

Zur Raumisomerie in der Pinanreihe. 7. Mitt. 1-Hydroxypinocamphon und die beiden diastereomeren α-Pinenglykole. Harry Schmidt. (Chem. Ber. **93**. 2485—90. 3/11. 1960. Miltitz bei Leipzig, VEB Chem. Fabrik Miltitz.) (Dt.) — 6. vgl. Chem. Ber. **80**. [1947.] 20.

(—)-*1-Hydroxypinocamphon* (**I**), das durch $KMnO_4$-Oxydation von (+)-α-Pinen erhältlich ist, liefert bei der Red. mit Al-Isopropylat (+)-*Isopinenglykol-(1.2)* (**II**) mit cis-Stellung der beiden OH-Gruppen. Bei der Red. von **I** mit H_2 an ADKINS-Katalysator oder mit $LiAlH_4$ entsteht (+)-*Neoisopinenglykol-(1.2)* (**III**) mit trans-Stellung der beiden OH-Gruppen zueinander. Die Lage der OH-Gruppen wird aus der Oxydations-Geschw. der Glykole mit Pb-Tetraacetat abgeleitet. Die räumliche Lage der 1-Methylgruppe zu dem dimethylierten Vierring wird als cis-ständig angenommen. Durch $KMnO_4$-Oxydation lassen sich **II** u. **III** wieder in **I** überführen. Mit Wasserdampf dest. **II** unverändert, während aus **III** (—)-*Pinol* u. (+)-*Isosobrerol* [(+)-*cis-Sobrerol*] entstehen. Als neue Derivv. von **I** werden ein *Monobrom-Deriv.* u. das *Oxim* beschrieben.

Versuche ($\alpha = \alpha_D^{20}$ im 1 dm-Rohr, $[\alpha] = [\alpha]_D^{20}$): (—)-*1-Hydroxypinocamphon* (**I**), F. 34—35°, Kp. 245°, a) durch portionsweise Zugabe von $KMnO_4$ zu einer Lsg. von (+)-α-Pinen in 90 % ig. Aceton bei 0—5° u. fraktionierte Dest.; [α] —40° (unterkühlte Schmelze), [α] —41,2° (Chlf.), n_D^{20} 1,490; 25% (Ausbeute); b) wie vorst. aus 8,5 g **II**; 3 g; c) analog aus 8,5 g **III** bei 25°; 3 g. *Dibrom-Deriv.*, F. 112°. *Semicarbazon*, F. ca. 260°, [α] +90° (A.). *Oxim*, $C_{10}H_{17}NO_2$, F. 104—105° (PAe.), [α] +47,4° (A.). *Monobrom-Deriv.*, $C_{10}H_{15}BrO_2$, F. 82,5—83,5°, durch eine Woche langes Stehen gleicher Gewichtsmengen **I** u. Brom in Eisessig, Verdünnen mit W., Dampf-Dest. u. Isolierung des nichtflüchtigen Prod.; aus PAe. Tafeln; [α] —125° (Chlf.). — (+)-*Pinonsäure*, F. 68—69°, aus 10 g **I** mit CrO_3/Eisessig u. Reinigen über das *Semicarbazon* [F. 205°. [α] +90° (A.)]; [α] +89° (A.); 5 g. — (+)-*Isopinenglykol-(1.2)* (**II**), $C_{10}H_{18}O_2$, F. 55,5—56° (PAe.), durch Erhitzen von 150 g **I** mit Al-Isopropylat in Isopropanol, Dest. bei 138—140°/12 Torr (75 g roh) u. Reinigen über das *Phenylurethan* [$C_{17}H_{23}NO_3$, F. 77,5—78,5°, aus 17 g Rohprod.; aus PAe. Tafeln, [α] —1,3° (A.); 20 g]; [α] +3,3° (A.). — (+)-*Neoisopinenglykol-(1.2)* (**III**), F. 159—160°, a) durch Hydrierung von 100 g **I** an ADKINS-Katalysator in Ggw. konz. Na_2CO_3-Lsg. bei 150° in einem Hochdruckschüttelautoklaven; 80 g; b) durch Red. von 16,8 g **I** mit $LiAlH_4$ in sd. Ae. in 7 Std.; [α] +50° (A.); 5 g. *Mono-[dinitrobenzoat]*, $C_{17}H_{20}N_2O_7$, F. 142—143°, aus Essigester/A. gelbe Nadeln. — (—)-*Pinol*, Kp. 186—189°, durch 3std. Dampf-Dest. von 2 g **III**; [α] —56°, n_D^{20} 1,474; 1,2 g. *Hydrat*, F. 132°. Daneben aus dem Dest.-Rückstand durch Extraktion mit Ae. (+)-*Isosobrerol*, F. 108°, aus Bzl. Nadeln, [α] +15° (A.); 0,7 g.

G. TEEGE. 3600□

Das Verhalten von Norbornadien gegenüber Butyllithium. G. Wittig und E. Hahn. (Angew. Chem. **72**. 781. 7/11. 1960. Heidelberg, Univ., Inst. für Organ. Chem.) (Dt.)

Norbornadien gibt mit einer äquivalenten Menge Butyl-Li in Ae. in 2 Tagen eine tiefviolette Lsg., aus der durch Carboxylierung u. katalyt. Hydrierung 15% *Norcamphan-endo-2-carbonsäure* (F. 65—66°) isoliert wurden. Durch Alkoholyse der violetten Lsg. entstand in 35% ig. Ausbeute eine Mischung (1:9) von *5-Butylnorbornylen*, das mit $KMnO_4$ in Aceton entfernt wird, u. *3-Butylnortricyclen* (Kp. 195—196°, n_D^{20} 1,4640; dillähnlich riechende Fl.).

CH. BÖHME. 3600□

7-Substituierte Norbornadiene. Paul R. Story. (J. org. Chemistry **26.** 287—90. Febr. 1961. Murray Hill, N.J., Bell Telephone Labor., Inc.) (Engl.) — Vgl. C. **1961.** 6103.

Norbornadien (I) u. Perbenzoesäure-tert.-butylester (V) ergeben in Bzl. in Ggw. von CuBr *7-tert.-Butoxynorbornadien* (II). II entsteht möglicherweise über *Perbenzoesäurenorbornadienyl-(7)-ester* durch Rk. mit tert.-Butanol. Durch 50—100%ig. H_2SO_4 wird II verseift, aber Norbornadienol-(7) (IV) kann nicht isoliert werden. Dagegen kann mit $HClO_4$ in Essigsäure *Norbornadienyl-(7)-acetat* (III) gewonnen werden, das durch Hydrierung u. Verseifung in *Norborneol-(7)* (VI) übergeführt wird. III geht bei der Pyrolyse in *Essigsäurebenzylester* über. Durch verd. Säuren oder Basen kann III nicht zu IV verseift werden, Red. mit $LiAlH_4$ liefert in guten Ausbeuten *anti-Norbornenol-(7)*. Mit CH_3MgBr ergibt III IV, das sich durch Dampfphasenchromatographie an Fluoropak reinigen läßt. Verschiedene Rk.-Mechanismen der Bldg. von II werden diskutiert. Bei der Rk. von tert.-Butylhypochlorit mit I entstehen, wie auf Grund der IR-Spektren festgestellt wird, *tert.-Butoxy-Additions-Prodd.*; definierte Verbb. wurden nicht isoliert.

Versuch: *7-tert.-Butoxynorbornadien* (II), $C_{11}H_{16}O$, Kp.$_{14}$ 70—72°, durch 1std. Zugabe von V in Bzl. zu einer sd. Lsg. von I u. CuBr in Bzl .unter N_2, ½std. Rühren u. Kochen, Kühlen, Extrahieren mit 10 % ig. Na_2CO_3-Lsg. zur Entfernung von Benzoesäure, Eindampfen im Vakuum u. Dest.; 25% (Ausbeute); wenn II durch Chromatographie an Al_2O_3 isoliert wird, hinterbleibt ein viscoses *Öl vom Kp.$_{0,2}$ 127—130°*, das isomere *tert.-Butoxybenzoesäureester* enthält. — *Norbornadienyl-(7)-acetat* (III), $C_9H_{10}O_2$, Kp.$_8$ 65°, durch Zugabe von II in einem Gemisch von Eisessig/Acetanhydrid zu 70%ig. $HClO_4$ bei 0°, Rühren u. 1 Min. langes Stehen bei 0°, Eingießen in Eiswasser, Extrahieren mit CH_2Cl_2 u. Dest.; 73%. — *Norborneol-(7)* (VI), F. 152—153°, durch Hydrieren von III in 95%ig. A. an 5%ig. Pd/Kohle, mehrstd. Hydrolysieren des gesätt. *Acetyl-Deriv.* mit verd. äthanol. KOH bei Raum-Temp. u. Reinigen durch Dampfphasenchromatographie an 10%ig. Uconpolar auf Fluoropak; 80%. *p-Toluolsulfonsäure-Deriv.*, F. 54 bis 55°. — *Norbornadienol-(7)* (IV), C_7H_8O, Kp.$_{57}$ 79°, durch ¼std. Zugabe von III zu $CH_3 \cdot MgBr$ in abs. Ae. unter N_2, 1std. Rühren bei Raum-Temp., Zugabe von W. u. Na_2SO_4, Dekantieren der Ae.-Schicht u. Dest.; 86%. *p-Nitrobenzoyl-Deriv.*, F. 101—102°; IV geht durch katalyt. Hydrierung in VI über. — *anti-Norbornenol-(7)*, F. 117—118°, durch ¼std. Zugabe von III zu einer Lsg. von $LiAlH_4$ in abs. Ae. unter N_2, ½std Rühren bei Raum-Temp., Zugabe von W. u. Na_2SO_4, Extrahieren mit Ae., Eindampfen u. Dampfphasenchromatographie; 95%; liefert bei der Hydrierung VI. — *Essigsäurebenzylester*, durch Pyrolyse von III bei 130 u. 375°. P. GOLINSKE. 3600□

Synthesen von 19-Nor-3-ketosteroiden. Hikoichi Hagiwara, Shunsaku Noguchi und Masamoto Nishikawa. (Chem. pharmac. Bull. [Tokyo] **8.** 84—85. Jan. 1960. Osaka, Takeda Pharmac. Ind. Ltd., Res. Labor.) (Engl.)

Durch Oxydation von Δ^4-Androsten -19-ol-3.17-dion mit CrO_3 entsteht *Δ^4-Androsten-19-al-3.17-dion* (II; F. 129—133°), das durch Versetzen mit 4%ig. wss. NaOH bei 5—10° in *19-Nor-Δ^4-androsten-3.17-dion* [I; $C_{18}H_{24}O_2$, F. 169—171°; $[\alpha]_D^{25}$ +135° (Chlf.)] übergeführt wird. Ein anderer Weg verläuft folgendermaßen: II wird mit CrO_3/H_2SO_4 in Aceton zu *Δ^4-Androsten-3.17-dion-19-säure* [III; $C_{19}H_{24}O_4$, F. 155° (Zers.). *Methylester*, $C_{20}H_{26}O_4$, F. 135—137°; $[\alpha]_D^{27}$ +273° (Dioxan)] oxydiert, die durch Erhitzen mit methanol. HCl fast quant. in I übergeführt wird. Beim Erhitzen in Pyridin gibt III in guter Ausbeute *19-Nor-$\Delta^{5,10}$-androsten-3.17-dion* [IV; $C_{18}H_{24}O_2$, F. 142—145°; $[\alpha]_D^{24}$ +270° (Chlf.)]. Die Struktur von IV wird durch UV- u. IR-Spektren bewiesen u. durch die Tatsache, daß es in Ggw. von Alkalien oder Mineralsäuren in Methanol in I übergeht. Analog kann aus 19-Oxo-17α-hydroxyprogesteron in guter Ausbeute *19-Nor-17α-hydroxyprogesteron* dargestellt werden. P. GOLINSKE. 3700□

Notiz über die Selektivität der Spaltung von Carbonsäuremethylestern mit Lithiumjodid. F. Elsinger, J. Schreiber und A. Eschenmoser. (Helv. chim. Acta **43.** 113—18. 1/2. 1960. Zürich, Eidg. Techn. Hochschule, Org.-chem. Labor.) (Dt.)

An 3β-Acetoxy-Δ^5-cholensäuremethylester (I), 3β-Acetoxy-Δ^5-ätiocholensäuremethylester (II) u. O-Acetyloleanolsäuremethylester (III) wird die von TASCHNER u. LIBEREK (C. **1960.** 2484) beschriebene Meth. der Halolyse von Carbonsäureestern mit LiJ geprüft. Sie erweist sich als geeignet für die selektive Spaltung von Carbomethoxygruppen neben äquatorial gebundenen, leicht verseifbaren Acetoxygruppen. Dies gilt bes. für die stark ster. behinderte Carbomethoxygruppe in III, die beim Erhitzen mit NaJ in Kollidin fast quant. abgespalten wird. Allg. nimmt die Rk.-Fähigkeit in der Reihenfolge prim., sek., tert. gebundene Estergruppe ab.

Versuche (FF. korr.): *3β-Acetoxy-Δ^5-cholensäure* (IV), $C_{26}H_{40}O_4$, F. 190—192° (CH_3OH), durch 8std. Kochen von 800 mg I (F. 158—159°) u. entwässertem LiJ in frisch dest. 2.6-Lutidin bzw. 2.4.6-Kollidin unter N_2 u. Rühren, Abkühlen, Gießen auf Ae./CH_2Cl_2(2:1)/2n HCl/Eis, Lösen des nichtgelösten Nd. in 4n H_2SO_4/Dioxan, Abdampfen, Chromatographie in W. an Silicagel u. Eluieren mit Hexan/Bzl. (1:1), Bzl. u. Bzl./Ae. (95:5); $[\alpha]_D$ -52^0 (c = 1,1; Chlf.); 527 mg (Ausbeute). *3β-Hydroxy-Δ⁵-Cholensäure*, F. 235—237° (Aceton). — *3β-Acetoxy-Δ⁵-ätiocholensäure, Methylester* (**II**), F. 155—157° (CH_3OH); $[\alpha]_D$ -24^0 (c = 1,29; Chlf.). *Freie Säure*, F. 244—246°, aus **II** analog **IV**, aber durch Eluieren mit Hexan, Hexan/Bzl. (4:1) u. (1:1). — *3β-Hydroxy-Δ⁵-ätiocholensäure*, $C_{20}H_{30}O_3$, F. 280—281° (CH_3OH; Aceton), a) durch Eluieren mit Ae./Bzl. (4:1) neben vorst. Säure; b) durch 1std. Kochen von **II** in 0,5n methanol. KOH. — *O-Acetyl-oleanolsäure, Methylester* (**III**), F. 220—221° (CH_3OH); $[\alpha]_D$ $+68^0$ (c = 1,08; Chlf.). *Freie Säure*, F. 268—269° (Methanol), aus **III** analog **IV** durch Eluieren mit Hexan, Hexan/Bzl. (1:1), Bzl. u. Bzl./Ae. (98:2) neben *Oleanolsäure*, F. 293—300° (unrein).

H. Smalla. 3700

Untersuchungen über Derivate der Aglykone von Digitalisglykosiden. Atsushi Yamada. (Chem. pharmac. Bull. [Tokyo] **8.** 18—24. Jan. 1960. Tokyo, Pharmacol. Res. Foundat., Jatrochem. Inst.) (Engl.)

Um die Beziehungen zwischen Struktur u. Konfiguration der Digitalisaglykone einerseits u. ihrer spezif. Wrkg. auf Herz u. Kreislauf andererseits zu untersuchen, werden verschiedene Derivv. von Aglykonen dargestellt. *3-Epidigitoxigenin* entsteht durch $NaBH_4$-Red. von *Digitoxigenon* (**II**), das in fast quant. Ausbeute durch Oxydation von Digitoxigenin (**I**) mit Jones-Reagens gebildet wird. **II** wird durch mikrobiolog. Hydroxylierung in *3-Dehydrodigoxigenin* übergeführt, das mit $NaBH_4$ *3-Epidigoxigenin* (**V**) liefert. Oleandrigenon gibt bei der $NaBH_4$-Red. *3-Epioleandrigenin* (**III**) u. *3-Epigitoxigenin* (**IV**), die durch Chromatographie an Florisil/Celite getrennt werden. **III** läßt sich mit $KHCO_3$ in wss. Methanol in **IV** überführen. **V** u. das Diacetyl-Deriv. von **IV** konnten nicht krist. erhalten werden. Durch Partialhydrolyse von Diacetylgitoxigenin wird *3-Monoacetylgitoxigenin* erhalten, während *Oleandrigenin* aus Gitoxin nach Zingg u. Meyer (C. **1960.** 11659) dargestellt wird. *12-Monoacetyldigoxigenin* (**VII**) wird durch milde Hydrolyse von Acetyldigoxin erhalten. Durch Versetzen von Diacetyldigoxigenin mit $KHCO_3$ in wss. Methanol bei Raum-Temp. u. Chromatographie an Al_2O_3 wird *3-Monoacetyldigoxigenin* gewonnen. Die Oxydation von Gitoxigenin mit N-Bromacetamid gibt *3-Dehydrogitoxigenin*, das auch aus Oleandrigenon durch Hydrolyse mit $KHCO_3$ gewonnen werden kann. Oxydation von Digoxigenin mit Jones-Reagens liefert in fast quant. Ausbeute *Bisdehydrodigoxigenin*. *12-Dehydrodigoxigenin* (**VI**) wird durch milde Hydrolyse des CrO_3-Oxydations-Prod. von Digoxin dargestellt. **VI** liefert bei der Acetylierung *3-Acetyl-12-dehydrodigoxigenin*, das auch durch Partialhydrolyse von Diacetyldigoxigenin u. anschließende Oxydation entsteht. *12-Acetyl-3-dehydrodigoxigenin* entsteht durch Acetylierung von 3-Dehydrodigoxigenin oder durch Oxydation von **VII** mit CrO_3. Die Acetylierung der 3β-OH-Gruppe bewirkt ein geringes Abfallen der Toxizität, während die Dehydrierung in 3-Stellung ein stärkeres Abfallen bewirkt. Wichtig für die charakterist. Rkk. der Aglykone ist ferner die β-Konfiguration der OH-Gruppe. Acetylierung der 16β-OH-Gruppe führt zu einem beträchtlichen Anwachsen der Toxizität, Acetylierung der 12β-OH-Gruppe zu einem Abfall.

Versuche: *Digitoxigenon* (**II**), FF. 197—199° u. 203—204° (Aceton/PAe.), durch Lösen von **I** in Aceton, Versetzen mit 8n CrO_3/H_2SO_4 unter Rühren bei $<10^0$, Verdünnen mit W., Extrahieren mit Essigester u. Eindampfen; 96% (Ausbeute). — *Bisdehydrodigoxigenin*, F. 260,5—261° (Aceton), analog **II** aus Digoxigenin; 93%. —*3-Epidigitoxigenin*, F. 282—284° (Methanol), durch Zugabe von $NaBH_4$ zu 230 mg **II** in 80%ig. Methanol, 5std. Stehen bei Raum-Temp., Ansäuern mit 1n H_2SO_4 (pH 3), mehrstd. Stehen, Zugabe von W. u. Einengen im Vakuum; 192 mg. — *3-Dehydrogitoxigenin*, F. 210—217°, a) durch Zugabe von N-Bromacetamid zu 200 mg Gitoxigenin in tert.-Butanol/Pyridin/W., 11tägiges Stehen bei Raum-Temp. im Dunkeln, Zugabe von KJ-Lsg. u. n-$Na_2S_2O_3$, Extrahieren mit Chlf., Eindampfen u. Reinigen durch Chromatographie an saurem Al_2O_3; aus Aceton/Ae. Prismen; $[\alpha]_D^{23}$ $+56^0$ (Chlf.); 133 mg; b) durch Versetzen von 74 mg Oleandrigenon in Methanol mit $KHCO_3$ in W. u. 18tägiges Stehen bei Raum-Temp.; 36 mg. — *3-Epioleandrigenin* (**III**), $C_{25}H_{36}O_6$, F. 207—212°, durch 2std. tropfenweise Zugabe von $NaBH_4$ in 80%ig. Dioxan zu 223 mg Oleandrigenon, 5std. Stehen bei Raum-Temp., Ansäuern mit 2n H_2SO_4 (pH 3), mehrstd. Stehen, Zugabe von W., Einengen im Vakuum, Extrahieren mit Chlf., Eindampfen zur Trockne, ½std. Kochen mit D-Mannit in Methanol/0,1n H_2SO_4, Eindampfen im Vakuum, Extrahieren mit Chlf., Chromatographie an Florisil/Celite (2:1) u. Eluieren mit Bzl., Chlf. u. Methanol; aus Methanol/Ae. Prismen; $[\alpha]_D^{15}$ ± 0 (A.); 187 mg. — *3-Epigitoxigenin* (**IV**), $C_{23}H_{34}O_5$,

F. 223—226° (Chlf./Ae.), a) durch Zugabe von wss. $KHCO_3$ zu III in Methanol, 15tägiges Stehen bei Raum-Temp., Eindampfen im Vakuum u. Extrahieren mit Chlf.; $[\alpha]_D^{20}$ +39,9° (Methanol); b) neben III aus den Chlf./Methanol (1:1)-Eluaten. *Diacetyl-Deriv.*, durch Acetylierung von III. — *12-Monoacetyldigoxigenin* (VII), $C_{25}H_{36}O_6$, F. 275—280° (Aceton/Ae./PAe.), durch Acetylierung von 500 mg Digoxin, $^3/_4$std. Kochen des Acetyl-Deriv. in Methanol/0,1n H_2SO_4 (1:1), Eindampfen bei 40° im Vakuum, Extrahieren mit Chlf. u. Eindampfen; $[\alpha]_D^{21}$ +52° (Chlf.); 210 mg. — *3-Dehydro-12-acetyldigoxigenin*, $C_{25}H_{34}O_6$, F. 193—197° (Ae.)/PAe./Aceton), a) durch Oxydation von 100 mg VII mit 2%ig. CrO_3/Essigsäure, Aufarbeiten u. Chromatographie an saurem Al_2O_3; $[\alpha]_D^{21}$ +72° (Chlf.); 46 mg; b) durch Acetylierung nachst. Verbindung. — *3-Dehydrodigoxigenin*, F. 251—254°, durch mikrobiolog. Hydroxylierung von II; $[\alpha]_D^{21}$ +32° (Chlf./Methanol). — *3-Epidigoxigenin* (V), F. 258—265°, durch Versetzen vorst. Verb. in Methanol mit $NaBH_4$ bei 20° u. 5std. Stehen bei Raum-Temp.; $[\alpha]_D^{21}$ +37° (A.). — *12-Dehydrodigoxigenin* (VI), $C_{23}H_{32}O_5$, F. 269—272° (Aceton), durch 2std. Zugabe von 2%ig. CrO_3/Essigsäure zu Digoxin in Essigsäure, 1std. Stehen bei Raum-Temp., 2std. Zugabe von CrO_3, 1std. Stehen, Zusatz von Methanol, $^1/_4$std. Stehen bei Raum-Temp., Eindampfen im Vakuum, Extrahieren mit Essigester, Eindampfen, $^3/_4$std. Kochen des Rückstandes mit Methanol/0,1n H_2SO_4 (1:1), Eindampfen, Extrahieren mit Essigester u. Eindampfen zur Trockne, $[\alpha]_D^{21}$ +113° (Chlf.); 84%. — *12-Dehydro-3-acetyldigoxigenin*, $C_{25}H_{34}O_6$, F. 228—229,5°, durch Acetylierung von 45 mg VI; $[\alpha]_D^{21}$ +112° (Chlf.); 50 mg. — *3-Monoacetyldigoxigenin*, $C_{25}H_{36}O_6$, F. 260—264,5° (Aceton/Ae./PAe.), durch Zugabe von wss. $KHCO_3$ zu 200 mg Diacetyldigoxigenin in Methanol, 3wöchiges Stehen bei Raum-Temp., Eindampfen im Vakuum, Extrahieren des Rückstandes mit Essigester, Eindampfen, Chromatographie an saurem Al_2O_3 u. Eluieren mit Bzl./Chlf.; $[\alpha]_D^{21}$ +18° (Chlf.); 57 mg; daneben *Digoxigenin* aus den Chlf.-Eluaten. P. GOLINSKE. 3700□

Steroidhormonanaloga. 6. Mitt. **Synthese von 3′-Acetyl-1.2.3.4-tetrahydro-6-methoxycyclopentano-[1′.2′1.2]-naphthalin.** Norman A. Nelson, John C. Wollensak, Rodger L. Foltz, Jackson B. Hester jun., John I. Brauman, Robert B. Garland und Gary H. Rasmusson. (J. Amer. chem. Soc. **82.** 2569—73. 20/5. 1960. Cambridge, Mass., MIT, Dep. of Chem.) (Engl.) — 5. vgl. C. **1961.** 5807.

Die Konfigurations-Best. an der Ringverknüpfung u. die Darst. eines Isomeren von *3′-Acetyl-1.2.3.4-tetrahydro-6-methoxycyclopentano-[1′.2′:1.2]-naphthalin* (I) wird beschrieben. Bei der Alkylierung von 6-Methoxytetralon-(1) mit Methallyljodid in Ggw. von $NaNH_2$ oder besser von 2-Hydroxymethylen-6-methoxytetralon-(1) mit Methallyljodid in Ggw. von NaH entsteht *2-Methallyl-6-methoxytetralon-(1)*, das mit Äthoxyacetylen-MgBr unter Bldg. eines öligen *Äthinylcarbinols* reagiert. Dieses geht mit verd. H_2SO_4 in ein *cis–trans-Isomerengemisch von 2-Methallyl-6-methoxytetralyliden-(1)-essigsäureäthylester* über. Dieses wird zum entsprechenden *Alkohol* red., dessen Tosylat mit OsO_4/HJO_4 zu *1-[β-p-Tosyloxyäthyl]-2-acetonyl-6-methoxytetralin* oxydiert u. dann mit Na-Äthylat zu I cyclisiert wird, von dem ein Isomeres krist. isoliert wird. Dieses Isomere hat cis-Verknüpfung des Cyclopentan–Tetralin-Syst., wie sich aus seiner Überführung in *3′-Oxo-1.2.3.4-tetrahydro-6-methoxycyclopentano-[1′.2′:1.2]-naphthalin* (II) unter die Konfiguration erhaltenden Bedingungen ergibt. II liefert mit Na-Methylat in Deuteromethanol ein *Deutero-Deriv.*, das 77% *Trideutero-* u. 21% *Dideutero-Deriv.* enthält.

Versuche: *2-Methallyl-6-methoxytetralon-(1)*, $C_{15}H_{18}O_2$, F. 54,7—55,2° (Pentan), a) aus 6-Methoxytetralon-(1) u. $NaNH_2$ in Ae. durch 5std. Kochen, 4std. Kochen mit Methallyljodid u. Al_2O_3-Chromatographie; 25% (Ausbeute); b) aus 2-Hydroxymethylen-6-methoxytetralon-(1) u. NaH in Dimethylformamid durch 30 Min. langes Kochen, 4std. Kochen mit Methallyljodid u. Al_2O_3-Chromatographie; 74%. — *2-Methallyl-6-methoxytetralyliden-(1)-essigsäure, trans-Isomeres*, $C_{17}H_{20}O_3$, F. 127,1—127,8° (CH_3OH), aus Äthoxyacetylen-MgBr u. vorst. Verb. in Bzl. durch 6std. Rühren bei Zimmer-Temp., 5std. Rühren des entstehenden *Acetylencarbinols* mit 10%ig. wss. H_2SO_4 in Tetrahydrofuran, Isolierung eines *Gemisches aus cis- u. trans-2-Methallyl-6-methoxytetralyliden-(1)-essigsäureäthylester* (Kp.$_{0,024}$ 144—154°, n_D^{28} 1,5560—1,5563; 81%) u. dessen Verseifung mit wss.-methanol. K_2CO_3 (17 Std. lang bei Zimmer-Temp., 5 Std. lang unter Rückfluß); 17%. *cis-Isomeres*, F. 107,8—108,6° (CH_3OH), aus den Mutterlaugen des trans-Isomeren; 47,5%. — *1-[β-p-Tosyloxyäthyl]-2-methallyl-6-methoxytetralin, cis–trans-Isomerengemisch*, $C_{24}H_{30}O_4S$, F. 51,2—51,4° (CH_3OH), aus vorst. cis–trans-Estergemisch durch Zugabe von Na in sd. A., Isolierung von *1-[β-Hydroxyäthyl]-2-methallyl-6-methoxytetralin* (Kp.$_{0,15}$ 137—144°, n_D^{29} 1,5452—1,5553; 69%), dessen Rk. mit p-Toluolsulfonylchlorid in Pyridin (24 Std. lang unter Kühlung) u. Silicagelchromatographie; 88%. — *3′-Acetyl-1.2.3.4-tetrahydro-6-methoxycyclopentano-*

[1'.2':1.2]-naphthalin (I), $C_{16}H_{20}O_2$, F. 46,0—47,5° (Hexan), aus vorst. Verb., OsO_4/Pyridin in Tetrahydrofuran u. wss. HJO_4 durch 5std. Rühren bei Zimmer-Temp., Rk. mit Na-Äthylat in A. über Nacht bei Zimmer-Temp. u. Al_2O_3-Chromatographie; 18%. — *3'-Oxo-1.2.3.4-tetrahydro-6-methoxycyclopentano-[1'.2':1.2]-naphthalin* (II), $C_{14}H_{16}O_2$, F. 61,5—63,5° (PAe.), a) aus vorst. Verb. u. Perbenzoesäure in Bzl. in Ggw. von p-Toluolsulfonsäure durch 40std. Stehen bei 4—6°, Rk. des Prod. mit wss.-methanol. K_2CO_3-Lsg., Al_2O_3-Chromatographie, Isloierung von *3'-Hydroxy-1.2.3.4-tetrahydro-6-methoxycyclopentano-[1'.2':1.2]-naphthalin* (F. 48—51°; 36%), dessen Oxydation mit CrO_3 in Aceton/wss. H_2SO_4 (5 Min. lang bei 14°) unter N_2 u. Al_2O_3-Chromatographie; 75%; b) aus 3'-Oxo-3.4-dihydro-6-methoxycyclopentano-[1'.2':1.2]-naphthalin u. Na in fl. NH_3 u. Ae. durch 30 Min. langes Rühren u. Zers. mit NH_4Cl-Lsg.; 94%. *Deuterierte Form*, F. 63,5—65°, aus II in Deuteromethanol mit Na-Methylat durch 50 Min. langes Stehen unter K_2 u. Ansäuern mit Deuteroessigsäure; 75%. WALTER SIMON. 3750

Steroidhormonanaloga. 7. Mitt. **Synthese tricyclischer, stickstoffhaltiger Analoga.** Norman A. Nelson, Richard S. P. Hsi, James M. Schuck und Leo D. Kahn. (J. Amer. chem. Soc. **82.** 2573—77. 20/5. 1960.) (Engl.) — 6. vgl. vorst. Referat.

Die Darst. einiger tricycl. stickstoffhaltiger Analoga von 18-Nor-D-homoöstron u. 18-Nor-D-homoöstradiol wird beschrieben. Bei der Kondens. von 6-Methoxytetralon-(2) u. 3-Hydroxypiperidin entsteht ein *Enamin*, das zu *2-[3-Hydroxypiperidino]-6-methoxy-1.2.3.4-tetrahydronaphthalin* (I) hydriert wird. Bei dessen Oxydation mit Chromsäure entsteht *2-[3-Ketopiperidino]-6-methoxy-1.2.3.4-tetrahydronaphthalin* (II). I u. II sind Diastereomerengemische, die sich weder als freie Basen noch als *Perchlorate* chromatograph. trennen lassen. Bei der MICHAEL-Addition von 6-Methoxy-1.2.3.4-tetrahydroisochinolin an Cyclohexen-(2)-on entsteht *2-[3-Ketocyclohexyl]-6-methoxy-1.2.3.4-tetrahydroisochinolin*, welches bei der Red. mit $LiAlH_4$ übergeht in *2-[cis-3-Hydroxycyclohexyl]-6-methoxy-1.2.3.4-tetrahydroisochinolin*. Dessen Epimerisierung über das *cis-p-Tosylat* u. das *trans-Acetat* ergibt *2-[trans-3-Hydroxycyclohexyl]-6-methoxy-1.2.3.4-tetrahydroisochinolin*.

Versuche: *6-Methoxytetralon-(2)*, Kp.$_{0,2}$ 111—114,5°, a) aus 6-Methoxy-2-naphthol u. Na in fl. NH_3-tert.-Butanol in 10 Min.; 64% (Ausbeute); b) aus 6-Methoxy-3.4-dihydronaphthalin u. Peressigsäure in CH_2Cl_2 in Ggw. von Na-Acetat in 3 Std. bei —5°; 56%. — *2-[3-Hydroxypiperidino]-6-methoxy-1.2.3.4-tetrahydronaphthalin* (I), F. 70—82°, aus 3-Hydroxypiperidin u. vorst. Verb. in Toluol durch 22std. Kochen am Wasserabscheider unter N_2, Hydrierung über ADAMS-Katalysator in Eisessig u. Florisilchromatographie; 60% (als Öl). *Perchlorat*, $C_{16}H_{24}ClNO_6$, F. 205,5—206,5° (A.). — *2-[3-Ketopiperidino]-6-methoxy-1.2.3.4-tetrahydronaphthalin* (II), $C_{16}H_{21}NO_2$, F. 73—77°, aus I in Aceton mit CrO_3 in wss. H_2SO_4 (30 Min. bei 9—12° u. Florisilchromatographie); 42%. *Perchlorat*, $C_{16}H_{22}ClNO_6$, F. 193,5—194° (Aceton/Ae.). II gibt durch 1std. Kochen mit $LiAlH_4$ in Ae./Tetrahydrofuran 61% I (als Perchlorat). — *Cyclohexen-(2)-on*, Kp.$_7$ 51—52°, aus dem durch BIRCH-Red. von Anisol erhaltenen Dihydroanisolgemisch u. konz. HCl in Tetrahydrofuran–W. durch 15 Min. langes Kochen; n_D^{28} 1,4821; 68%. — *2-[3-Ketocyclohexyl]-6-methoxy-1.2.3.4-tetrahydroisochinolin*, $C_{16}H_{21}NO_2$, F. 84,5—85,5° (Bzl./Hexan), aus vorst. Verb. u. 6-Methoxy-1.2.3.4-tetrahydroisochinolin in A. in 35 Min. bei 50°; 94%. — *2-[cis-3-Hydroxycyclohexyl]-6-methoxy-1.2.3.4-tetrahydroisochinolin*, $C_{16}H_{23}NO_2$, F. 99—99,8° (A.), aus vorst. Verb. u. $LiAlH_4$ in Tetrahydrofuran–Ae. (30 Min.) u. Hydrolyse mit wss. NaOH; 94,5%. *p-Tosylat*, $C_{23}H_{29}NO_4S$, F. 95—96° (Cyclohexan), mit p-Toluolsulfochlorid in Pyridin (42 Std. bei 5° unter N_2). — *2-[trans-3-Hydroxycyclohexyl]-6-methoxy-1.2.3.4-tetrahydroisochinolin*, $C_{16}H_{23}NO_2$, F. 112—113° (Hexan), aus 3,5 g vorst. Tosylat u. Tetraäthylammoniumacetat in Aceton durch 60std. Kochen u. Behandeln des erhaltenen *trans-Acetats* (42%) mit $LiAlH_4$ in Ae. unter Rühren (1 Std. bei Zimmer-Temp.); 760 mg. WALTER SIMON. 3750

Steroidhormonanaloga. 8. Mitt. **Aminosäureanaloga einiger künstlicher Östrogene.** Norman A. Nelson und Henry B. Sinclair. (J. Amer. chem. Soc. **82.** 2577—80. 20/5. 1960.) (Engl.) — 7. vgl. vorst. Referat.

Bei der Kondens. von 1.2.3.4-Tetrahydro-2-naphthylamin oder Cyclohexylamin mit Acetoncyanhydrin (I) entsteht *N-[1.2.3.4-Tetrahydronaphthyl-(2)]-* bzw. *N-Cyclohexyl-α-aminoisobutyronitril*, welche sich hydrolysieren lassen zur *N-[1.2.3.4-Tetrahydronaphthyl-(2)]-* (II) bzw. *N-Cyclohexyl-α-aminoisobuttersäure*. II läßt sich weder mit Acetanhydrid noch mit Acetylchlorid acylieren, da es entweder zersetzt oder unverändert zurückgewonnen wird. Die Kondens. von N-Äthyl-α-aminoisobuttersäuremethylester mit Tetralon-(2) in Xylol oder Tetralin sowie die Kondens. von N-Äthyl-1.2.3.4-tetrahydro-2-naphthylamin mit I gelangen nicht. II-Methylester konnte weder mit p-Toluolsulfonsäureäthylester noch mit Triäthylphosphat oder Äthylbromid N-alkyliert werden. Bei der Pyrolyse von II-Tetramethylammoniumsalz entsteht nur II-*Methylester*. Aus 6-Methoxytetralon-(2) wurde über das *Oxim* *1.2.3.4-Tetrahydro-6-methoxy-2-naphthylamin* hergestellt, welches in analoger Weise durch Rk. mit I u. Verseifung übergeführt wurde in *N-[1.2.3.4-Tetrahydro-6-methoxynaphthyl-(2)]-α-aminoisobuttersäure* u. ihren *Methylester*.

Versuche: *N-Cyclohexyl-α-aminoisobutyronitril*, $C_{10}H_{18}N_2$, F. 55,4—56,1° (A.), aus Cyclohexylamin u. I in 12 Std. bei Zimmer-Temp.; 100% (Ausbeute). *Hydrobromid*, $C_{10}H_{19}BrN_2$, F. 243—246° (Zers.; A./Ae.). — *N-Cyclohexyl-α-aminoisobuttersäure*, $C_{10}H_{19}NO_2$, F. 250—256°, aus 10 g vorst. Verb. u. HCl-Gas in konz. HCl (über Nacht bei Zimmer-Temp., dann 3 Std. unter Rückfluß); 11,1 g (roh). — *β-Tetralonoxim*, F. 86,5 bis 87,5°, aus β-Tetralon u. Hydroxylaminhydrochlorid in wss. CH_3OH in Ggw. von K_2CO_3 in 3 Std. bei 0°; 96%. — *1.2.3.4-Tetrahydro-2-naphthylamin*, Kp.$_1$ 80—83°, aus vorst. Verb. u. Na in abs. A. in 4 Std. unter Rückfluß u. N_2; 56%. — *N-[1.2.3.4-Tetrahydronaphthyl-(2)]-α-aminoisobutyronitrilhydrochlorid*, $C_{14}H_{19}ClN_2$, F. 125,2—126,8°, aus vorst. Verb. u. I durch Stehen über Nacht bei Zimmer-Temp. u. Zugabe von HCl. — *N-[1.2.3.4-Tetrahydronaphthyl-(2)]-α-aminoisobuttersäure* (II), $C_{14}H_{19}NO_2$, aus vorst. Verb. u. HCl-Gas in konz. HCl bei Zimmer-Temp., dann 10 Std. unter Rückfluß; 74%. *Hydrochlorid*, $C_{14}H_{20}ClNO_2$, F. 270—275° (CH_3OH/Ae.). *Methylester*, $C_{15}H_{21}NO_2$, Kp.$_{0,5}$ 117—120°, a) aus II u. CH_3OH in Ggw. von Polyphosphorsäure über Nacht unter Rückfluß u. N_2; n_D^{28} 1,5161; 55%; b) aus II u. N-Tetramethylammoniumhydroxyd durch Eindampfen u. anschließende Pyrolyse über einem Mikrobrenner unter Dest. bei 0,2 bis 0,3 mm; 51%; daneben *Trimethylamin* [63%; *Pikrat*, F. 213—216° (Zers.)]. *Methylesterhydrochlorid*, $C_{15}H_{22}ClNO_2$, F. 171—172° (CH_3OH/Ae.). — *6-Methoxytetralon-(2)-oxim*, $C_{11}H_{13}NO_2$, F. 113,4—119° (A.), aus 11,4 g 6-Methoxytetralon-(2) u. Hydroxylaminhydrochlorid in wss. CH_3OH in Ggw. von K_2CO_3 durch $^3/_4$std. Rühren; 14 g (roh). — *1.2.3.4-Tetrahydro-6-methoxy-2-naphthylamin*, Kp.$_{0,2}$ 108—110°, aus vorst. Verb. durch Hydrierung über RANEY-Ni in NH_3-haltiger CH_3OH in 4 Std. bei 55°; 57%. *Hydrochlorid*, $C_{11}H_{16}ClNO$, F. 234—236°; 94%. — *N-[1.2.3.4-Tetrahydro-6-methoxynaphthyl-(2)]-α-aminoisobuttersäure*, $C_{15}H_{21}NO_3$, aus vorst. Verb. u. I durch Stehen über Nacht, Zugabe von konz. HCl, 15std. Stehen bei Zimmer-Temp. u. 3std. Kochen; 70%. *Methylester*, $C_{16}H_{23}NO_3$, Kp.$_{0,06}$ 138—140°, analog II-Methylester nach b); n_D^{27} 1,5233; 62%. WALTER SIMON. 3750

Die chemische Struktur von Aceritannin (Acertannin). 1. Mitt. **Bestimmung der Stellungen von zwei Galloylgruppen in Aceritannin.** Noboru Kutani. (Chem. pharmac. Bull. [Tokyo] 8. 72—76. Jan. 1960. Kumamoto, Kumamoto Women's Univ., Fac. of Domestic Sci., Dep. of Food Sanitation.) (Engl.)

Aceritannin (I) läßt sich hydrolyt. in 2 Moll. *Gallussäure* u. 1 Mol *1.5-Anhydro-D-glucit* (II; *Polygalit*) spalten. Mit CH_2N_2 oder CH_3J liefert I einen krist. *Hexamethyläther* (III), der ein *Diacetyl-Deriv.* gibt. Es sind also in I 6 phenol. u. 2 alkohol. OH-Gruppen enthalten. III liefert bei der Hydrolyse 2 Mol *Tri-O-methylgallussäure* u. 1 Mol II. Auf Grund der negativen Ergebnisse des OLDHAM-RUTHERFORD-Testes, der Tritylierung u. der Perjodatoxydation folgt, daß I die Struktur eines *3.6-Di-O-galloyl-1.5-anhydro-D-glucits* hat. Möglicherweise ist ein aus *Acer spicatum* L. isoliertes *Tannin* $C_{20}H_{20}O_{13}\cdot 2H_2O$ mit I identisch.

Versuche: *Aceritannin* (I), $C_{20}H_{20}O_{13}\cdot 2H_2O$, F. 164—166°, a) durch 10maliges je 3 std. Extrahieren der lufttrocknen Blätter von *Acer ginnala* Maxim. mit sd. W., Einengen im Vakuum, Stehen, Lösen des ausgeschiedenen Tannins in warmem A., Filtrieren, Einengen im Vakuum u. mehrstd. Stehen im Eisschrank, aus W. Nadeln; $[\alpha]_D^{12}$ +20° (c = 0,1; Aceton); $[\alpha]_D^{12}$ +20° (c = 0,1; A.); 12% (Ausbeute; Rohprod.); b) analog a) aus den Blättern von *Acer aidzuense* Nakai. — *Okta-O-acetylaceritannin* (IV; *3.6-Bis-O-[tri-O-acetylgalloyl]-2.4-di-O-acetyl-1.5-anhydro-D-glucit*), $C_{20}H_{12}O_5(OCOCH_3)_8$, F. 154—155°, aus I u. Acetanhydrid in Ggw. von einigen Tropfen konz. H_2SO_4; aus Methanol Nadeln; $[\alpha]_D^{12}$ +60° (c = 0,05; A.), $[\alpha]_D^{12}$ +60° (c = 0,2%; Aceton). — *Gallussäure*, $C_7H_6O_5\cdot H_2O$, F. >220° (Zers.), durch Hydrolyse von I nach PERKIN u. UYEDA [1922]; aus W. Nadeln; 64,23%. *Triacetyl-Deriv.*, $C_7H_3O_2(OCOCH_3)_3$, F. 170°, durch Acetylieren mit Acetanhydrid in Ggw. von konz. H_2SO_4. — *Polygalit* (II), $C_6H_{12}O_5$, F. 142—143°, aus der Mutterlauge vorst. Verb.; aus Methanol Nadeln; $[\alpha]_D$ +43° (c = 1; W.). *Tetra-O-acetyl-Deriv.*, $C_6H_8O(OCOCH_3)_4$, F. 75°, durch Acetylierung mit Acetanhydrid u. geschmolzenem Na-Acetat; aus Bzl./PAe. Nadeln. — *Hexa-O-methylaceritannin* (III; *3.6-Bis-O-[tri-O-methylgalloyl]-1.5-anhydro-D-glucit*), $C_{20}H_{14}O_7(OCH_3)_6$, F. 172—173°, a) durch Zugabe von äther. CH_2N_2-Lsg. zu I in Aceton, mehrstd. Stehen im Eisschrank u. Filtrieren; aus Methanol Nadeln; $[\alpha]_D^{29}$ +24° (Aceton); b) durch

Methylierung von I mit CH_3J u. K_2CO_3 [bei einem Vers. entstand *Tri-O-methylgallussäuremethylester* (V)]. *Diacetyl-Deriv.*, $C_{20}H_{12}O_5(OCH_3)_6(OCOCH_3)_2$, F. 155°; aus Methanol Nadeln. — *Tri-O-methylgallussäure*, $C_{10}H_{12}O_5$, F. 169—170°, durch 48std. Stehen von III u. 1n NaOH in Methanol bei Raum-Temp., 5 Min. langes Erhitzen auf 100°, Ansäuern mit verd. H_2SO_4 u. Ausäthern; aus W. Nadeln; 76,81%; daneben II. — *Tri-O-methylgallussäuremethylester* (V), $C_6H_2(OCH_3)_2COOCH_3$, F. 85°, durch Methylierung von IV nach West u. Holden [1934] mit Dimethylsulfat in CCl_4 u. 50%ig. NaOH; aus Methanol Nadeln. — *Di-O-tosylhexa-O-methylaceritannin* (*3.6-Bis-O-[tri-O-methylgalloyl]-2.4-di-O-tosyl-1.5-anhydro-D-glucit*), $C_{40}H_{44}O_{17}S_2$, F. 85° (Zers.), aus III u. Tosylchlorid in abs. Pyridint aus Methanol Nadeln. P. Golinske. 3950□

D. Makromolekulare Chemie

Einfluß des Druckes auf das Selbstkleben von Polypropylen. Ju. W. Owtschinnikow, K. Ss. Minsker und L. A. Igonin. (Высокомолекулярные Соединения [Hochmolekulare Verbind.] **2.** 306—09. Febr. 1960.) (Russ.; Auszug: Engl.)

Aus *Polypropylen* hergestellte, durchsichtige Preßteile erhalten die opt.-mechan. Festigkeit bereits bei einem Preßdruck von ca. 10—50 at/200°. Dieser opt. Wert bleibt bis 800 at ziemlich konstant. Bei größerem Druck erniedrigt sich die mechan. Festigkeit wieder. Verantwortlich dafür wird die Änderung des F. bei hohen Drucken gemacht. Die Abhängigkeit der Dehnbarkeit von gepreßten Polypropylenproben von dem beim Pressen angewendeten Druck wird graph. dargestellt. Helmut Schäfer. 4010□

Die Aufspaltung dünner Flüssigkeitsfilme. Kinematik. Raymond R. Myers, John C. Miller und A. C. Zettlemoyer. (J. Colloid Sci. **14.** 287—99. Juni 1959. Bethlehem, Pa., Lehigh Univ.) (Engl.)

Vff. untersuchten die Kinematik der in einer Walzeneinzwängung vor sich gehenden Fl.-Aufspaltung von *Polybuten H-1C0* u. einem *Leinölfirnis* an Hand einer photograph. Meth., bei der die Abb. der zwischen einer rotierenden Scheibe u. einem rotierenden Kegel liegenden Walzenflächen zusammen mit dem zwischen ihnen befindlichen Fl.-Film bei verschiedenen Walzdrucken u. unterschiedlichen Strömungs-Geschw. mit hohem, zeitlichem Auflösungsvermögen photograph. registriert werden. Während bei niedriger Strömungs-Geschw. ein Rückfließen entgegen der Walzrichtung in einem Bereich niedrigen Druckes möglich ist, tritt bei hoher Strömungs-Geschw. im Bereich niedrigen Druckes die Bldg. von Blasen u. größeren Hohlräumen ein. Es wurde festgestellt, daß die Zahl der gebildeten Blasen bei einer Erhöhung des Walzdruckes abnimmt u. bei einer Erhöhung der Strömungs-Geschw. u. der Filmdicke zunimmt. Ebenso steigert ein Pigment ($CaCO_3$)-Zusatz die Zahl der gebildeten Blasen. D. Forst. 4010□

Ein Beitrag zum Problem der kristallinen Struktur von Polyvinylchlorid-Gelen. Zdeněk Menčík. (Chem. Průmysl **11** **(36).** 41—44. Jan. 1961. Brno, Výzk. ustav makromol. chem.) (Tschech.)

Es wurde die Abhängigkeit der Eigg. von weichgemachten u. nichtweichgemachten *Polyvinylchlorid* (I)-Gelen von der Kristallisation nachgewiesen. Der amorphe Zustand von I beginnt erst nach Zugabe von 75% oder mehr vom Weichmacher (Dibutylphthalat). Bei dem üblich weichgemachten I (1:2) bleibt die kristalline Struktur erhalten.

J. Schneider. 4010□

Poly-p-halogenstyrole. 1. Mitt. **Darstellung von kristallinem Poly-p-chlorstyrol.** Kazuo Nagai, Masamichi Kobayashi und Eiichi Nagai. (Bull. chem. Soc. Japan **32.** 771—72. Juli 1959. Osaka, Osaka Ind. Res. Inst.) (Engl.)

Im Gegensatz zu dem Ergebnis von Natta u. Mitarbeitern (vgl. C. **1959.** 13809), wonach *Poly-p-chlorstyrol* (I) nicht kristallin ist, fanden Vff. bei der Darst. von I in Ggw. eines Ziegler-Katalysators einen kleinen Anteil in kristalliner Form vor. Die Polymerisation von p-Chlorstyrol erfolgte in Ggw. von $Al(C_2H_5)_3/TiCl_4$ in n-Heptan bei 70° (10 Std.). Das mit heißem A. u. kochendem W. behandelte I wurde in heißem Xylol gelöst, u. die zentrifugierte Lsg. ergab einen in Xylol unlösl. u. lösl. Anteil. Das Röntgendiagramm des aus dem lösl. Anteil hergestellten Films zeigte eine, wenn auch mäßige, Kristallinität. Auf Grund des IR-Spektrums besitzt die I-Kette im kristallinen Bereich eine Schraubenstruktur. Ähnlich wie die Banden von kristallinem *Poly-p-fluorstyrol* bei 1330 u. 1302 cm^{-1} für die Schraubenstruktur charakterist. sind, sind es auch die Banden von I bei 1345, 1306 u. 1185 cm^{-1}. W. Graf. 4010□

Phenol–Formaldehyd–Äthanolamin-Kondensation. Lilly Gomez und Quirino O. Navarro. (Natur. appl. Sci. Bull. **16.** 193—98. April 1958/Mai 1959. Univ. of Philippines, Dep. of Chem.) (Engl.)

Die Kondens.-Rkk. von *Phenol-Formaldehyd* in Ggw. von Äthanolamin (I) im Mol-Verhältnis 2:3:0,1 bis 2:3:1 bei 95 ± 5°, die unter Bldg. eines halbkrist. flexiblen Harzes verlaufen, werden untersucht. Der N-Geh. des Harzes nimmt mit steigender I-Konz. zu, mit steigender Rk.-Dauer ab. H. Smalla. 4010

Copolymerisation von Divinylacetalen mit Vinylmonomeren unter Ringbildung. Ss. G. Matzojan, M. G. Awetjan und M. G. Wosskanjan. (Высокомолекулярные Соединения [Hochmolekulare Verbind.] **2.** 314. Febr. 1960.) (Russ.; Auszug: Engl.)

Bei der Copolymerisation von *Divinylacetalen* mit *Vinylmonomeren* findet eine „cyclisierende" Polymerisation statt, unter Bldg. von Polymeren nebenst. Struktur. Die erhaltenen Copolymeren sind gut lösl. in Aceton, Chlf. u. Bzl. u. besitzen ausgezeichnete Adhäsionseigenschaften. Die gemeinsame Polymerisation von zwei ringbildenden Monomeren wird am Beispiel der Copolymerisation von Form- u. Acetaldehyddivinylacetal gezeigt.

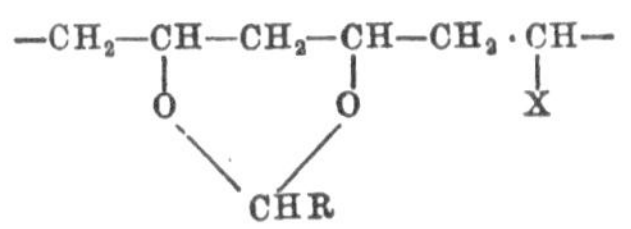

$R = H, CH_3, n\text{-}C_3H_7$; $X = C_6H_5, OCOCH_3, CN$

Helmut Schäfer. 4010 □

Polymer-NSR-Spektroskopie. 2. Mitt. **Die hohe Auflösung der Spektren von mit freien Radikalen und anionischen Initiatoren hergestellten Methylmethacrylatpolymeren.** F. A. Bovey und G. V. D. Tiers. (J. Polymer Sci. **44.** 173—82. Mai 1960. St. Paul, Minn., Minnosota Mining and Mfg. Co., Central Res. Labor.) (Engl.) — 1. vgl. C. **1961.** 9061.

Die kernmagnet. Resonanzspektren von verschiedenen *Methylmethacrylat* (I)-*Polymeren* in Chlf. bei 90°, die durch freie Radikalinitiatoren, wie Bestrahlung von I mit γ-Strahlen bei 0°, in Ggw. von Dibenzoylperoxyd bei 100°, in 10%ig. Hexan-Lsg. in Ggw. von Dilauroylperoxyd bei 50°, in 10%ig. Nitromethan-Lsg. in Ggw. von Dibenzoylperoxyd bei 100° bzw. in 10%ig. Toluol-Lsg. in Ggw. von Azodiisobutyronitril bei 50° oder in Ggw. von anion. Initiatoren, wie n-Butyl-Li in Toluol bei —62° oder bei 25°, n-Butyl-Li in Toluol/Dioxan (60:40) bei —62° oder in Toluol/Glyme (50:50) bei —62°, C_6H_5MgBr in Toluol bei 0° sowie Na-Naphthalin in Glyme bei —70°, erhalten wurden, werden bzgl. ihrer drei α-Methylprotonenmaxima verglichen. Es gelingt eine Unterscheidung nach isotakt. (bei anion. Startern), syndyotakt. (bei Radikalinitiatoren) u. heterotakt. Sequenzen, in Übereinstimmung mit den Ergebnissen anderer Autoren. Die Methylengruppenresonanz ergibt ein weiteres unabhängiges Zuordnungsmerkmal. W. Schmieder. 4010 □

Reaktionskinetik und Taktizität von Makromolekülen. 1. Mitt. **Methacrylsäureester-Copolymerisate.** G. Smets und W. De Loecker. (J. Polymer Sci. **45.** 461—67. Aug. 1960. Louvain, Belgium, Univ., Labor. de Chim. Macromol.) (Engl.)

Polymethylmethacrylat (PMM) unterschiedlicher Taktizität wurde hergestellt: **A** durch Polymerisation des Monomeren bei 60° in Ggw. von 0,5% Dibenzoylperoxyd, **B** durch Polymerisation in Toluol bei 20° in Ggw. von Phenyl-MgBr ($0,65 \cdot 10^{-2}$ Mol Mg/Liter) u. **C** durch UV-Photopolymerisation bei —20° in Ggw. von Benzoin. Das IR-Spektrum ergibt für **B** eine syndyotakt. u. für **C** eine Mischung von isotakt. Struktur mit der Struktur von konventionellem PMM. Alle Proben wurden in konz. H_2SO_4 bis zu verschiedenem Grad hydrolysiert u. die Kinetik der erhaltenen Ester-Copolymerisate in gepufferter wss. Lsg. untersucht. **B** hydrolysiert ca. 4—5mal schneller als **A**, während **C** sehr langsam hydrolysiert u. Konfigurationen enthält, die gegen saure Hydrolyse unter den gewählten Bedingungen beständig sind. Diese Konfiguration ist wahrscheinlich isotaktisch. E. Paschke. 4010 □

Copolymerisation von Trialkylaconitat mit Butadien und einigen Vinylmonomeren. C. S. Marvel, John W. Johnson jun., James Economy, George P. Scott, W. K. Taft und B. G. Labbe. (J. Polymer Sci. **20.** 437—46. Juni 1956. Urbana, Ill., Univ. of Illinois, Noyes Chem. Labor.; Akron, Ohio, Univ. of Akron, Governm. Labor.) (Engl.)

Zur Best. der Reaktivitätsverhältnisse wurden *Aconitsäuretrimethylester* (I) mit *Butadien* (II), *Styrol* (III), *Vinylchlorid* (IV) in Substanz, mit *Acrylonitril* (V) in Dimethylformamid sowie *Aconitsäuretriäthylester* (VI) mit II u. III in Ggw. von Dibenzoylperoxyd bei 60° unter N_2 copolymerisiert. Die *Copolymeren* wurden nach Umsätzen von 5, 2, 1, 2, maximal 6,1 bzw. 1% mit Methanol, das aus I/V mit 50%ig. wss. Methanol gefällt. Die Reaktivitätsverhältnisse betrugen für **I/II**: $r_1 = 0,00 + 0,015$, $r_2 = 0,40 \pm 0,03$;

I/III: $r_1 = 0{,}00 \pm 0{,}01$, $r_2 = 1{,}10 \pm 0{,}01$; I/IV: $r_1 = 0{,}00 \pm 0{,}50$, $r_2 = 0{,}15 \pm 0{,}10$; I/V: $r_1 = -0{,}10 \pm 0{,}10$, $r_2 = 5{,}50 \pm 0{,}50$; VI/II: $r_1 = 0{,}00 \pm 0{,}1$, $r_2 = 0{,}37 \pm 0{,}03$; VI/III: $r_1 = -0{,}10 \pm 0{,}10$, $r_2 = 1{,}10 \pm 0{,}10$. Die vorliegenden Werte zeigen an, daß das **II**- u. **IV**-Radikal gegenüber **I** reaktiver als gegenüber dem **II**- bzw. **IV**-Monomeren, das **III**-Radikal ebenso reaktiv, dagegen das **V**-Radikal weniger reaktiv gegenüber **I** als gegenüber dem **V**-Monomeren ist. Bemerkenswert ist ferner, daß die Reaktivität von **II** u. **III** mit **I** bzw. **VI** die gleiche ist. Die Verss., *Aconitsäure* (**VII**) mit **V**, *Methylacrylat* bzw. *Vinylacetat* in Dimethylformamid in Ggw. von Azodiisobutyronitril bei 60° zu copolymerisieren, wobei jeweils 100% nicht reagierte **VII** isoliert werden konnte, zeigen, daß sich **VII** nicht in die Polymeren eingliedern läßt. Wird **II** mit **I** im Mol-Verhältnis 80:20 in Ggw. von $K_2S_2O_8$ bei 50° polymerisiert, so wird in 3½ Std. der gleiche Umsatz von 63—66% erzielt wie der bei 30° in 24 Std.; bei dem **II**/**I**-Mol-Verhältnis von 60:40, 50:50 bzw. 40:60 betragen die Umsätze in jeweils 19 Std. 78, 91 bzw. 100%. Schließlich wurde **II** u. **I** im Verhältnis 80:20 nach einer Standardvorschrift mit Daxad 11 u. Laurylmercaptan copolymerisiert u. die Eigg. (Elastizitätsmodul, Dehnbarkeit, Ölwiderstandsfähigkeit) des *Copolymerisats* aus 75% **II** u. 25% **I** mit denen der GR-S-Typen (X-720, Perbunan 18 u. 26) verglichen. E. HERR. 4010

Gleiche Reaktivität von Amidgruppen bei der Säurehydrolyse von Polyamiden aus ε-Aminocapronsäure. D. Heikens. (J. Polymer Sci. **22.** 65—70. Okt. 1956. Utrecht, Netherlands, AKU, Inst. for Cellulose Res.) (Engl.)

Vf. führte Unterss. über die Hydrolyse von Oligoamiden in wss. 7,72n HCl bei 110° durch, wobei ein lineares *Dimeres*, *Trimeres* u. *Oligomeres* ($\overline{DP} = 15$) von *ε-Aminocapronsäure* (**I**) verwendet wurden. Zur Darst. des Oligomeren wurde eine Lsg. von ε-Caprolactam in W. (1:4) auf 220° erhitzt u. das ausgefallene Polyamid mit Methanol extrahiert. Die Hydrolysen-Prodd. lassen sich potentiometr. in Benzylalkohol bei 60° mit 0,1n KOH-Lsg. titrieren. Die halbquant. chromatograph. Analyse gibt Aufschluß über die Bldg. von **I** während der Hydrolyse. Die Auswertung der Verss. ergibt, daß die Geschw.-Konst. der Amidgruppe unabhängig von der Kettenlänge den Wert 0,21 h^{-1} aufweist u. daß daher für diese Syst. das Prinzip gleicher Reaktivität anwendbar ist. SIEGFRIED SCHAAF. 4010

Einfluß einiger organischer Säuren auf die Diffusion von Orange II in Nylon 66. Colin L. Browne und Richard Steele. (J. Polymer Sci. **21.** 279—88. Aug. 1956. Philadelphia, Pa., Rohm & Haas Comp., Textile Res. Labor.) (Engl.)

An *Nylon 66* wurde die Sorption von β-Resorcyl-, Salicyl- (**I**), p-Hydroxybenzoe-, Gallus-, o-Chlorbenzoe-, Benzoe- (**II**, auch bei 50 u. 70°), Anthranil-, Acetylanthranilsäure, Phenol, Phthal-, Hippur-, Acetylsalicylsäure, Di-K-Phthalat, Valerian-, Ameisen- u. p-Toluolsulfonsäure (**III**) bei 30° untersucht. Hierbei wurde gefunden, daß die Isothermen der empir. Gleichung $[A]_\Phi = k[A]_\sigma^{1/n}$ von FREUNDLICH genügen, wobei $[A]_\Phi$ u. $[A]_\sigma$ die Säure-Konz. (Mol/kg) in der Faser bzw. in Lsg. (Mol/Liter) bedeuten. Berechnet werden die Konst. k u. n. Die Absorptionswärmen zeigen, daß die Säuren mit den amorphen Bereichen von Nylon 66 physikal. Lsgg. bilden. Der Einfl. von **I**, **II**, **III** u. Naphthalin-2-sulfonsäure (**IV**) auf den Diffusions-Koeff. D, die Gleichgewichtsabsorption u. die Aktivierungsenergie der Diffusion von Orange II in Nylon-66-Filmen wurde untersucht. Es wurde gefunden, daß **I** u. **II** als Quellungsmittel wirksam sind u. den D des Farbstoffs erhöhen, während **III** u. **IV** keinen merklichen Einfl. auf D ausüben. Alle Säuren erhöhen die Aktivierungsenergie der Diffusion des Farbstoffs, so daß die Zunahme von D der Zunahme der Aktivierungsentropie zugeschrieben werden kann. SIEGFRIED SCHAAF. 4010

Charakterisierung von Polymeren: Ein typisches Copolyamidsystem. Ralph G. Beaman und Francis B. Cramer. (J. Polymer Sci. **21.** 223—35. Aug. 1956. Wilmington, Del., E. I. du Pont de Nemours & Co., Inc., Pioneering Res. Div.) (Engl.)

Zur Bewertung von faserbildenden Polymeren wurden aus *N.N'-Tetramethylenadipindiamid* (**I**) u. *N.N'-Hexamethylensebacindiamid* (**II**) die reinen *Polyamide* sowie **I**/**II**-*Copolyamide* in verschiedenen Verhältnissen hergestellt u. die Polymeren in Substanz auf Aussehen, Widerstandsfähigkeit, Inhärentviscosität (η_{in}), Schmelz-Temp. (F.) u. Löslichkeit, in Form von Filmen auf Aussehen, Widerstandsfähigkeit, Wasserabsorption, Glasumwandlungs-Temp. (T_g) u. Kristallinität sowie in Form von Fasern auf Zähigkeit, Dehnbarkeit, Anfangsmodul, elast. Dehnung, kristallinen F., Orientierung u. therm. Eigg. untersucht. Aus äquivalenten Mengen Diamin in Methanol u. Säure in Methanol wurden das *Adipinsäuretetramethylendiamin-Salz* (**III**; F. 193—194°; 99% Ausbeute) u. das *Sebacinsäurehexamethylendiamin-Salz* (F. 170—172°; 87%) dargestellt u.

die Salze im Stahlautoklaven unter N_2 in Ggw. von Al 2 Std. über den F. u. dann im Vakuum auf 225—255° erhitzt. Zur Herabsetzung des F. wurde **III** mit 25% o-Hydroxydiphenyl polymerisiert u. letzteres im Vakuum abdestilliert. Neben *Poly-N.N'-tetramethylenadipindiamid* [**IV**; F. 308°; η_{in} 0,84; Wasserabsorption (WA) —; T_g 43°] u. *Poly-N.N'-hexamethylensebacindiamid* [**V**; F. 228°; η_{in} 0,99; WA 3,1%; T_g 30°] wurden folgende **I/II**-Copolyamide untersucht: **I/II**, *80:20*, F. 260°; η_{in} 0,84; WA 11,9%; T_g 22°. **I/II**, *65:35*, F. 210°; η_{in} 0,72; WA 10,1%; T_g 22°. **I/II**, *50:50*, F. 170°; η_{in} 0,84; WA 9,7%; T_g 35°. **I/II**, *40:60*, F. 155°; η_{in} 0,76; WA 8,2%; T_g 37°. **I/II**, *20:80*, F. 185°; η_{in} 0,97; WA 5,5%; T_g 35°. **I/II**, *10:90*, F. 200°; η_{in} 0,98; WA 4,2%; T_g 24°. Die **I/II**-Copolyamide sowie **IV** u. **V** sind in m-Kresol u. 90%ig. Ameisensäure in der Kälte lösl., mehr oder weniger lösl. in heißem Dimethylformamid (**IV** unlösl.) u. Äthylenchlorhydrin, unlösl. in Chlf., Cyclohexan, Cyclohexanon, W. sowie mit Ausnahme der Copolyamide mittlerer Zus. in 80%ig. A. u. Chlf./Methanol (88/12). Die therm. Eigg. zeigen ein Minimum beim **I/II**-Copolyamid der Zus. 40/60. **IV** u. **V** sind zu 50% kristallin, das Copolyamid äquimol. Zus. zu 5%. Die Wasserabsorption sowie T_g sind nahezu lineare Funktionen der Zus. der Copolyamide. SIEGFRIED SCHAAF. 4010

Einige isomorphe Copolyamide. Francis B. Cramer und Ralph G. Beaman. (J. Polymer Sci. **21.** 237—50. Aug. 1956. Wilmington, Del., E. I. du Pont de Nemours & Co., Inc., Pioneering Res. Dep.) (Engl.)— Vgl. vorst. Referat.

Nach dem gleichen Verf. wie l. c. wurden aus *N.N'-Heptamethylenadipindiamid* (**I**), *N.N'-[4-Oxaheptamethylen]-adipindiamid* (**II**), *N.N'-Heptamethylenterephthaldiamid* (**III**) u. *N.N'-[4-Oxaheptamethylen]-terephthaldiamid* (**IV**) die reinen *Homopolyamide* sowie *Copolyamide* verschiedener Zus. hergestellt u. sämtliche Polyamide in Substanz, als Film u. Faser auf die gleichen Eigg. wie l. c. untersucht. *Salze* der *Adipinsäure*: *Heptamethylendiamin*, F. 169—170°; 97% (Ausbeute). *4-Oxaheptamethylendiamin*, F. 138 bis 139,5°; 93%. *Salze* der *Terephthalsäure*: *Heptamethylendiamin*, F. 290° (Zers.); 97%. *4-Oxaheptamethylendiamin*, F. 249—250°; 85%. — *Poly-N.N'-heptamethylenadipindiamid*, F. 235°; η_{in} 1,01; WA 5,8%; T_g 49° (Bedeutung der Begriffe vgl. vorst. Ref.). — *Poly-N.N'-[4-oxaheptamethylen]-adipindiamid*, F. 200°; η_{in} 0,90; WA 16,6%; T_g 34°. — *Poly-N.N'-heptamethylenterephthaldiamid*, F. 345°; η_{in} 1,38; T_g 123°. — *Poly-N.N'-[4-oxaheptamethylen]-terephthaldiamid*, F. 284°; η_{in} 0,74; T_g 72°. — Copolyamide: **I/II**, *25/75*, F. 215°; η_{in} 0,92; WA 13,1%; T_g 38°. — **I/II**, *50/50*, F. 222°; η_{in} 1,22; WA 9,2%; T_g 51°. — **I/II**, *75/25*, F. 238°; η_{in} 1,11; WA 7,7%; T_g 56°. — **I/III**, *75/25*, F. 258°; η_{in} 1,25; WA 5,2%; T_g 65°. — **I/III**, *50/50*, F. 270°; η_{in} 1,29; WA 4,4%; T_g 70°. — **I/IV**, *75/25*, F. 232°; η_{in} 1,12; WA 7,0%; T_g 59°. — **I/IV**, *25/75*, F. 263°; η_{in} 1,21; WA 8,0%; T_g 86°. — **II/III**, *75/25*, F. 212°; η_{in} 1,29; WA 15,1%; T_g 54°. — **II/III**, *50/50*, F. 240°; η_{in} 1,52; WA 8,9%; T_g 68°. — **II/IV**, *75/25*, F. 202°; η_{in} 1,15; WA 21,7%; T_g 51°. — **II/IV**, *50/50*, F. 218°; η_{in} 1,00; WA 19,6%; T_g 67°. — **II/IV**, *25/75*, F. 252°; η_{in} 1,01; WA 11,1%; T_g 79°. — **III/IV**, *25/75*, F. 294°, η_{in} 1,37. — **III/IV**, *50/50*, F. 302°; η_{in} 1,03. Die Löslichkeit der Polyamide entspricht etwa der der Polyamide in den l. c. angegebenen Lösungsmitteln. In den **I/II**-Copolyamiden sind die beiden Diamine vollkommen isomorph. Die Isomorphie der beiden Diamine in den **III/IV**-Copolyamiden ist ebenfalls vorhanden, aber weniger ausgeprägt. Die **II/III**- u. **I/IV**-Copolyamide, in denen verschiedene Säuren gepaart sind, weisen eine relativ geringe Isomorphie auf. Der Ersatz der CH_2-Gruppe durch den Äthersauerstoff in den Diaminen wirkt sich gut auf die Eigg. der Copolyamide aus, weniger der Ersatz der Tetramethylengruppe der Adipinsäure durch den Benzolring. Der Ersatz von Heptamethylendiamin (**V**) durch $\gamma.\gamma'$-Diaminodipropyläther (**VI**) in den Copolyamiden neigt zur Erhöhung der Löslichkeit, verringert jedoch die therm. Eigg. (Schmelz-Temp., kristalliner F., T_g). Der Ersatz von **V** durch **VI** verringert die Zähigkeit u. den Modul, erhöht jedoch die Dehnbarkeit der Fasern, desgleichen der Ersatz der Terephthalsäure durch die Adipinsäure.

SIEGFRIED SCHAAF. 4010

Durch katalytische Kondensation hergestellte Polydimethylpolyphenylsiloxane. K. A. Andrianow und G. Je. Golubkow. (Высокомолекулярные Соединения [Hochmolekulare Verbind.] **2.** 279—83. Febr. 1960. Elektrotechn. Allunions-Lenin-Inst.) (Russ.; Auszug: Engl.)

Es werden die mechan., thermomechan. u. dielektr. Eigg. von Filmen aus *Polydimethylpolyphenylsiloxanen* untersucht, die durch katalyt. Cohydrolyse von Phenyltrichlorsilan u. Dimethyldichlorsilan erhalten wurden. Die Copolymeren besitzen keine vernetzte Struktur. Bei höheren Temp. werden sie fließbar. Durch die Einführung von tetrafunktionellen Monomeren in die Copolymeren erhöht sich deren mechan. Festigkeit im hochelast. Zustand, wobei eine gewisse Strukturierung eintritt. Die Einführung

von Polyalumomethylphenylsiloxanen bringt eine weitere Erhöhung der mechan. Festigkeit mit sich. Die Einzelergebnisse sind ausführlich tabellar. u. graph. angegeben.
HELMUT SCHÄFER. 4010□

Umwandlungen von carboxylhaltigen Butadien-Styrol-Kautschuken unter dem Einfluß von γ-Strahlen. B. A. Dogadkin, I. Mladenow und I. A. Tutorski. (Высокомолекулярные Соединения [Hochmolekulare Verbind.] **2.** 259—64. Febr. 1960. Moskau, Inst. für chem. Feintechnol.) (Russ.; Auszug: Engl.)

Es werden die Veränderungen von carboxylhaltigem *Styrol-Butadien-Kautschuk* (30% Styrol mit 1,3 u. 1,6% Methacrylsäure u. 50% Styrol mit 2,88 u. 5,34% Methacrylsäure) bei der Bestrahlung mit ^{60}Co von 0,1—50 Mr untersucht. Bei Bestrahlungsdosen von ca. 2—10 Mr sinken der Geh. an Carboxylgruppen, die charakterist. Zähigkeit u. das Quellungsmaximum zunächst stark ab, während der Gel-Geh. stark ansteigt. Bei weiterer Bestrahlung sind weitere Änderungen relativ gering bzw. die Werte werden konstant. Die beobachtete Abhängigkeit zwischen der gebildeten Gelmenge u. dem Verlust an Carboxylgruppen deutet auf einen komplizierten Strukturierungsmechanismus u. auf das Ablaufen von Abbauvorgängen hin. Letzteres ist auch aus dem Abfallen der Viscosität der Solfraktion ersichtlich. Bei Erhöhung der Methacrylsäuremenge vergrößert sich der Vernetzungsgrad der Polymeren. Zwischen der Menge der Carboxylgruppen im Kautschuk u. der strahlungschem. Ausbeute an Querbindungen besteht eine lineare Abhängigkeit. Die Einzelergebnisse sind graph. u. tabellar. angegeben.
HELMUT SCHÄFER. 4030□

Untersuchung der strukturellen Veränderungen von Natrium-Butadienkautschuk während der thermischen Oxydation durch Infrarotspektroskopie. M. A. Ssalimow, A. F. Posstowskaja, A. Ss. Kusminski und W. M. Tatewski. (Вестник Московского Университета, Серия Математики, Механики, Астрономии, Физики, Химии [Nachr. Moskauer Univ., Ser. Math., Mechan., Astronom., Physik Chem.] **12.** Nr. 1. 164—69. 1957. Lehrstuhl für physikal. Chem.) (Russ.)

Die thermooxydativen Veränderungen der Struktur von *Na-Butadienkautschuk* (Filme von 20 u. 40 μ) bei 140° nach 20—60 Min. wird durch IR-spektroskop. u. chem. Analyse untersucht. Die IR-Spektren wurden am App. IK Ss 2 mit einem LiF- (Bereich 3800—2200 cm^{-1}) u. NaCl-Prisma (650—1900 cm^{-1}) gewonnen. Die Ergebnisse werden qual. u. quant. ausgewertet. Danach kann man bei dem thermooxydativen Prozeß die Bldg. von Hydroperoxyd-, Alkohol-, Ester-, Äther-, Aldehyd-, Keton- u. Säuregruppen als erwiesen ansehen. Die Zahl der Doppelbindungen nimmt sowohl in 1.2- als auch in 1.4-cis- u. 1.4-trans-Stellung während des Prozesses ab. Es wird auch die Abnahme von $-CH_2$-Gruppen beobachtet, d. h. es werden nicht nur die Doppelbindungen, sondern auch die α-Methylengruppen abgebaut. Es wird nachgewiesen, daß die Bande bei 880 u. 810 cm^{-1} folgenden Olefingruppierungen zugeordnet werden müssen: $R_1R_2C{=}CH_2$ u. $R_1R_2C{=}CHR_3$ (R_1, R_2, R_3 = organ. Reste). O. KRAMM. 4030□

Polymerisation von Methylmethacrylat in Polyisoprenlösungen. P. W. Allen und F. M. Merrett. (J. Polymer Sci. **22.** 193—201. Nov. 1956. Welwyn Garden City, Herts., England, British Rubber Producers' Res. Assoc.) (Engl.)

Methylmethacrylat wurde in Lsgg. von *Kautschuk* (**I**), *Guttapercha* u. *Chiclegutta* (**II**) zu einem Prod. polymerisiert, das durch fraktionierte Extraktion u. Fällung aufgearbeitet werden konnte. Freies *Polyisopren* (**III**) u. freies *Polymethylmethacrylat* (**IV**) sowie eine Verb. der beiden Polymeren, deren **IV**-Komponente das gleiche Molgew. wie **IV** hat, konnten isoliert werden. Durch diese Verb. wird die Fällung von **III** in Lsg. verhindert. Der verzögernde Einfl. von **III** auf die Polymerisation nimmt von **II** (M_n ca. 15000) bis zu **I** (M_n ca. 500000) zu. S. SCHAAF. 4030

Spektrometrische Untersuchungen von Cellulose. 1. Mitt. **Der Einfluß der Feuchtigkeit auf das Infrarotspektrum der Cellulose.** Olli Ant-Wuorinen und Asko Visapää. (Valtion tekn. Tutkimuslaitos, Sarja IV [State Inst. techn. Res., Ser. IV] **1960.** Nr. 28. 3—16. Helsinki.) (Engl.)

Vff. entwickelten eine Spezialabsorptionszelle mit kontrollierbarer relativer Feuchtigkeit, um den Einfl. des Feuchtigkeits-Geh. auf das IR-Spektrum der *Cellulose* zu überprüfen. Die festgestellte Abhängigkeit ist so groß, daß ohne Berücksichtigung der Feuchtigkeitsverhältnisse prakt. keine brauchbaren Ergebnisse erhalten werden können. Einzelheiten der Meth. werden beschrieben. F. LANG. 4050□

Der Einfluß der relativen Feuchtigkeit auf den Kristallinitätsgrad der Cellulose. Olli Ant-Wuorinen und Asko Visapää. (Valtion tekn. Tutkimuslaitos, Sarja IV [State Inst. techn. Res., Ser. IV] **1960.** Nr. 32. 3—10. Helsinki.) (Engl.)

Vff. untersuchten 3 verschiedene *Cellulosen* bei 3 relativen Feuchtigkeitsgraden [0% durch Trocknung über P_2O_5; 32,6% durch Konditionierung über gesätt. $MgCl_2$-Lsg.; 53,5% durch Konditionierung über gesätt. $Mg(NO_3)_2$-Lsg.] hinsichtlich ihres Kristallinitätsindex. Mit zunehmender relativer Feuchtigkeit nimmt der Kristallinitätsgrad ab, diese Veränderung ist reversibel. F. LANG. 4050□

Ein Vergleich von aus mercerisierter und nichtmercerisierter Baumwollcellulose hergestellter Hydrocellulose unter besonderer Berücksichtigung der Abbauwirkung von heißen Alkalilösungen. R. L. Colbran und G. F. Davidson. (Shirley Inst. Mem. **33.** 107—19. Nov. 1960. Didsbury, Manchester, Shirley Inst., Brit. Cotton Ind. Res. Assoc.) (Engl.)

Verschiedene *Hydrocellulosen* (HC) wurden 6 Std. bei 100° mit 0,25n NaOH- bzw. $Sr(OH)_2$-Lsg. behandelt u. der eintretende Gewichtsverlust bestimmt. Er ist in jedem Fall bei HC aus mercerisiertem Material kleiner als bei solchen, die ohne vorherige Mercerisation hergestellt wurden. Beim gleichen HC-Typ wirkt $Sr(OH)_2$ schwächer lösend als NaOH. Die Alkalibehandlung führt immer zu einem Rückstand mit geringerem Red.-Vermögen u. höherem COOH-Geh. als das Ausgangsmaterial. Diese Erscheinung ist bei der Behandlung mit $Sr(OH)_2$ stärker ausgeprägt als bei NaOH. Bei Lsgg. verschiedener HC mit gleicher Cu-Zahl in Cuoxam-Lsg. hat das aus mercerisierter Cellulose hergestellte Material höhere Viscosität. F. LANG. 4050□

Die Abbauwirkung von heißen verdünnten Alkalilösungen auf Hydrocellulosen. R. L. Colbran und G. F. Davidson. (Shirley Inst. Mem. **33.** 71—85. Nov. 1960. Didsbury, Manchester, Shirley Inst., Brit. Cotton Ind. Res. Assoc.) (Engl.)

Durch Erhitzen von *Hydrocellulose* (I) in Ggw. von verd. Alkali-Lsgg. auf 100° tritt ein Gewichtsverlust ein, da lösl. Abbau-Prodd. entstehen. Der Abbau nimmt mit der Behandlungsdauer allmählich zu, das Red.-Vermögen des **I**-Rückstands nimmt ab, der Carboxyl-Geh. im gleichen Maß zu. Der Abbau erreicht einen Endzustand, der von der **I**-Art u. der Konz. der Alkali-Lsg. bestimmt wird. Der gelöste Anteil ist bei NaOH- u. KOH-Lsgg. viel größer als bei Erdalkalihydroxydlösungen. Bei gleicher Konz. wirkt $Sr(OH)_2$ langsamer als $Ba(OH)_2$, noch langsamer $Ca(OH)_2$ wegen seiner geringen Löslichkeit. Mit $Sr(OH)_2$-Lsg. gelingt es, das Red.-Vermögen des Hydrolysenrückstandes auf 0 zu bringen, der COOH-Geh. u. die Ausbeute sind dann höher als bei irgendeiner anderen Alkalilösung. F. LANG. 4050□

Die Konstitution der Hemicellulose von Western Hemlock (Tsuga heterophylla). 2. Mitt. **Hydrolyse der methylierten Hemicellulose.** G. G. S. Dutton und F. Smith. (J. Amer. chem. Soc. **78.** 3744—48. 5/8. 1956. St. Paul, Minn., Univ. of Minnesota, Dep. of Agric. Biochem.) (Engl.) — 1. vgl. C. **1958.** 6274.

Nach der l. c. beschriebenen Meth. wurde *Hemicellulose* aus *Western Hemlock* isoliert. Nach erfolglosen Verss. zur fraktionierten Fällung nach HESS u. LÜDTKE sowie durch Acetylierung wurde die Methylierung als geeignete Ausgangsbasis zur Fraktionierung vorgenommen. Die fraktionierte Fällung der *methylierten Hemicellulose* aus Chlf. mit PAe. ergab 2 Hauptkomponenten, die löslichere mit $[\alpha]_D^{25}$ —13° (Chlf.) u. das weniger lösl. *Polysaccharid* (I) mit $[\alpha]_D^{25}$ —51° (Chlf.), das allein eingehend untersucht wurde. Durch Methanolyse von **I** mit 2%ig. methanol. HCl u. Trennung in die sauren u. neutralen Anteile wurde der *Methylester* (**II**) von *Methyl-2-O-[2.3.4-tri-O-methyl-D-glucuronosyl]-3-O-methyl-D-xylosid* (**III**) isoliert, der mit $LiAlH_4$ zu *Methyl-2-O-[2.3.4-tri-O-methyl-D-glucopyranosyl]-3-O-methyl-β-D-xylosid* (**IV**) red. werden konnte. Als neutrale Hydrolysen-Prodd. von **I** wurden *2.3.4-Tri-O-methyl-* (**V**), *2.3-Di-O-methyl-*, *3-O-Methyl-* (**VI**), *2-O-Methyl-D-xylose* (**VII**) u. *2.3.5-Tri-O-methyl-L-arabinose* (**VIII**) im Mol-Verhältnis 1 : 8 : 3 : 1 : 1 isoliert. Demnach besteht die Hauptkette von **I** aus *1 → 4*-verknüpften *β-D-Xylose*-Einheiten mit einer endständigen β-D-Xylose-Einheit, deren methyliertes Hydrolysen-Prod. **V** ergibt. **VII** stammt aus einer 4-β-D-Xylose-Einheit, an der in 3-Stellung **VIII** als Seitenkette gebunden ist, u. **VI** aus einer 4-β-D-Xylose-Einheit der Hauptkette, an der in 2-Stellung 4-O-Methyl-α-D-glucuronosylreste gebunden sind. Bei Betrachtung des Mol-Verhältnisses der methylierten Hydrolysen-Prodd. von **I** ergibt sich, daß **I** aus 13 4-β-D-Xyloseresten mit 3 seitlich gebundenen 4-O-Methyl-α-D-glucuronosyl- u. 1 L-Arabinofuranosylrest besteht.

Versuche: *Methylierte Hemicellulose*, durch wiederholte Methylierung der Hemicellulose in W. mit Dimethylsulfat/KOH (3 Std. bei 50°) unter Rühren, jeweilige Dialyse gegen W. u. Eindampfen, Erhitzen des Prod. in Aceton mit CH_3J/Ag_2O, Dest., Extraktion mit Aceton, Remethylierung des Sirups mit PURDIES Reagens, Lösen des Sirups in Chlf. u. Fällen mit PAe.; $[\alpha]_D^{27}$ —30,5° (c = 2; Chlf.). — *Methyliertes Polysaccharid* (**I**), durch Fraktionierung vorst. Sirups in Chlf./Ae. mit PAe. unter Rühren; $[\alpha]_D^{25}$ —51°

(c = 2; Chlf.). — *Methyl-2-O-[2.3.4-tri-O-methyl-D-glucuronosyl]-3-O-methyl-D-xylosid* (III), $C_{16}H_{28}O_{11}$, durch 10std. Erhitzen von I mit 3%ig. methanol. HCl bis zum konst. Drehwert, Neutralisieren mit Ag_2CO_3, Eindampfen zum Sirup, 2std. Erhitzen des Sirups mit gesätt. $Ba(OH)_2$ (Verseifung des Methylesters), Extraktion der wss. Lsg. mit PAe., Filtrieren des wss. Rückstands durch Amberlite IR-120, Abtrennen der sauren Komponente an Duolite A-4 u. Eindampfen des Eluats; $[\alpha]_D^{25}$ +88° (c = 2,3; Methanol). *Methylester* (II), durch Methylierung von III mit CH_2N_2 in Ae. (10 Min. bei Raum-Temp.), Extraktion des Sirups mit Ae. u. Eindampfen; Sirup. — *Methyl-2-O-[2.3.4-tri-O-methyl-D-glucopyranosyl]-3-O-methyl-β-D-xylosid* (IV), $C_{16}H_{30}O_{10}$, F. 165—167° (Äthylacetat), durch 1std. Erhitzen von II in Ae. mit $LiAlH_4$, Ansäuern mit Essigsäure, Acetylieren des Rückstands mit Acetanhydrid/Na-Acetat, Extraktion mit Chlf., Eindampfen zum Sirup, 1std. Erhitzen des Sirups in A. mit n-NaOH, Chromatographie an Amberlite IR-120 u. Duolite A-4, Eindampfen u. Stehen über Nacht; $[\alpha]_D^{27}$ +79° (c = 0,5; W.). — *2.3.4-Tri-O-methyl-D-glucose*, durch Erhitzen von IV mit 3%ig. methanol. HCl, Eindampfen des mit Ag_2CO_3 neutralisierten Prod., Extraktion mit Äthylacetat, Chromatographie des Rückstands an Cellulose-Hydrocellulose u. Eluieren mit Methyläthylketon/W.; $[\alpha]_D$ +67°. *Anilid*, F. 144—147° (Äthylacetat/PAe.). Daneben *3-O-Methyl-D-xylose* [F. 97—99° (Aceton). *Anilid*, F. 136—137° (Äthylacetat)]. — Durch 7std. Erhitzen der neutralen Anteile mit n-H_2SO_4, Extraktion des mit $BaCO_3$ neutralisierten Rückstands mit wss. Methanol, Chromatographie des Gemisches in Methyläthylketon/W. an Cellulose/Hydrocellulose u. Eluieren mit dem gleichen Lsgm.-Gemisch wurden erhalten: *2.3.5-Tri-O-methyl-L-arabinose* (VIII), durch Trennung von V an Cellulose; 42%. *2.3.5-Tri-O-methyl-L-arabonamid*, F. 132—133° (Aceton/PAe.). — *2.3.4-Tri-O-methyl-D-xylose* (V), neben VIII; 58%. *2.3.4-Tri-O-methyl-D-xylonolacton*, F. 48—50°. — *2.3-Di-O-methyl-D-xylose*, durch Eindampfen des Eluats zum Sirup; $[\alpha]_D^{23}$ +2,1° (c = 0,9; W.). *Anilid*, F. 141—142°, $[\alpha]_D^{23}$ +188° (c = 1,2; Äthylacetat). — *3-O-Methyl-D-xylose* (VI), F. 95—96° (Aceton); $[\alpha]_D^{23}$ +25,8° (c = 1,5; Methanol). — *2-O-Methyl-D-xylose* (VII), F. 132—133° (Äthylacetat); $[\alpha]_D^{23}$ −21° (c = 1,1; Methanol) → +34,3° (Gleichgewicht). V. JACOPIAN. 4050

Thermodynamische Betrachtungen von Proteinreaktionen. 3. Mitt. **Die Kinetik der Proteindenaturierung.** Michael Laskowski jun. und Harold A. Scheraga. (J. Amer. chem. Soc. **83.** 266—74. 20/1. 1961. Ithaca, N.Y., Cornell Univ., Dep. of Chem.; Lafayette, Ind., Purdue Univ., Dep. of Chem.) (Engl.) — 2. vgl. C. **1959.** 4502.

Der Aktivierungsprozeß bei der Proteindenaturierung (PD) schließt die Spaltung einer krit. Zahl von Seitenketten-H-Bindungen ein, u. die Geschw. der PD ist von der Konz. der Moll., bei denen diese Seitenketten-H-Bindungen gespalten werden, abhängig. Es wird angenommen, daß das Protein beim Übergang vom aktivierten in den denaturierten Zustand einen Übergangszustand durchläuft, in dem die schraubenförmigen Hauptketten für eine gegenseitige Verschiebung ausreichende Bewegungsfreiheit gewonnen haben. — Gleichungen für die Rk.-Geschw.-Konst. des Aktivierungsprozesses der therm. PD bei pH-Unabhängigkeit, bei pH-Abhängigkeit u. für die Harnstoffdenaturierung sind angegeben. Für die Stärke der Seitenketten-H-Bindungen werden abschätzende Kriterien entwickelt. — Die Anwendung der entwickelten Theorie auf experimentelle Daten eines Syst., für das das verwendete Modell Gültigkeit hat, kann Aufschluß über die H-Bindungen geben, die die natürliche Konfiguration von Kugelproteinen mit aufrechterhalten. B.-G. BRODDA. 4070□

Die Konfigurationsänderungen von Poly-L-prolin in Lösung. Izchak Z. Steinberg, William F. Harrington, Arieh Berger, Michael Sela und Ephraim Katchalski. (J. Amer. chem. Soc. **82.** 5263—79. 20/10. 1960. Rehovoth, Israel, Weizmann Inst. of Sci., Dep. of Biophys.; Bethesda, Md., Nat. Inst. of Health, Labor. of Cellul. Physiol. and Metabolism.) (Engl.)

Poly-L-prolin (I) tritt in 2 Formen mit $[\alpha]_D$ +50° (**Ia**) bzw. $[\alpha]_D$ −540° (**Ib**) in Essigsäure auf (vgl. C. **1960.** 2900). Messungen der Sedimentation u. Viscosität zeigen, daß **Ia** u. **Ib** eine reguläre u. charakterist. Konfiguration aufweisen. Die einheitliche Konfiguration jeder Form kann durch Lsgm. [Essigsäure/Propanol-(1); gesätt. wss. LiBr-Lsg.] geändert werden, während niedermol. Prolyl-Derivv. (p-Toluolsulfonyl-L-prolin, L-Prolinanhydrid) hierdurch nur wenig beeinflußt werden. Die Mutarotation von **Ia** bzw. **Ib** wurde bei verschiedenen Temp. zwischen 30 u. 45° verfolgt. Für beide Rkk. läßt sich eine Aktivierungsenthalpie von ca. 20 kcal/Mol Prolylrest errechnen. Starke Säuren ($HClO_4$) katalysieren die Mutarotation in beiden Richtungen. Die Wrkg. von Neutralsalzen (LiBr, KSCN) auf die Umwandlung **Ia** → **Ib** wurde untersucht. Nach Ansicht der Vff. weist **Ia** in Lsg. eine *cis*-Konfiguration der Peptidbindungen u. **Ib** entsprechend eine *trans*-Konfiguration auf. Aus den hydrodynam. u. Drehungs-Eigg.

folgt, daß **Ib** in Lsg. die Konfiguration einer Linksschraube u. **Ia** die einer Rechtsschraube zeigt. E. SCHWERDTFEGER. 4070□

Eine Untersuchung über Art und Weise der Wirkung des Ninhydrins auf die Serumproteine von Kaninchen und Pferd. F. Faure. (Bull. Soc. Pharmacie Bordeaux **95.** 141—51. 1956.) (Franz.)

Vf. untersuchte papierchromatograph. die Änderungen der Ionisation der *Serumproteine* von Kaninchen u. Pferd bei der Einw. von Ninhydrin. Es zeigte sich, daß die elektrophoret. Beweglichkeit mehrerer Fraktionen, bes. die der *Albumine*, ansteigt, u. daß die *Globuline* an einen Ort wandern, der dem Bereich $\alpha_1 - \beta_1$ entspricht. Parallel mit der Beweglichkeit ihrer proteidischen Trägerfraktionen steigt auch die der α- u. β-*Lipoproteine* an. — Es tritt eine neue, wahrscheinlich eine Globulin-Fraktion auf, die überhaupt nicht wandert. Dieser Effekt erweist sich als unabhängig von der gleichfalls durch Ninhydrin erzeugten Fällung einer Proteidfraktion. Der entstandene Nd. enthält größere Mengen Lipoide. Vf. nimmt an, daß bei der Einw. von Ninhydrin der Anstieg der elektrophoret. Beweglichkeit einiger Fraktionen durch Blockierung von Aminogruppen verursacht wird, daß hingegen für die Unbeweglichkeit bzw. die Ausfällung anderer Fraktionen Veränderungen der Sekundärstruktur der Globuline verantwortlich sind. K. HEYNS. 4070□

Reines natives Globulin aus Human-Hämoglobin: Reinigung und einige physikalisch-chemische Eigenschaften. A. Rossi-Fanelli, E. Antonini und A. Caputo. (Biochim. biophysica Acta [Amsterdam] **28.** 221. April 1958. Rome, „Regina Elena“ Inst. for Cancer Res.; Univ., Inst. of Biol. Chem.) (Engl.)

Reines natives, elektrophoret. u. sedimentationsanalyt. einheitliches *Globin* wird wie folgt dargestelllt: Zu einer salzfreien Lsg. von menschlichem Hämoglobin werden 20—25 Vol.-% saures Aceton bei 20° gegeben; nach 15 Min. wird bei 20° zentrifugiert, mit H_2O verdünnt u. gegen 0,0015 m $NaHCO_3$ dialysiert (30 h). Im Elektrophorese- u. Sedimentations-Diagramm erweist sich die Homogenität des erhaltenen Globins. Der Sedimentationskoeffizient beträgt $S_{20}{}^0 = 2{,}55 \cdot 10^{-13}$, der Diffusionskoeffizient $D_{20} = 5{,}49 \cdot 10^{-7}$. Das Molgew. errechnet sich zu 42000. W. HABERDITZL. 4070□

Die Kristallstruktur von Myoglobin. 5. Mitt. **Eine dreidimensionale Fourier-Synthese mit niedriger Auflösung von Myoglobinkristallen von Walsamen.** G. Bodo, H. M. Dintzis, J. C. Kendrew und H. W. Wyckoff. (Proc. Roy. Soc. [London], Ser. A **253.** 70—102. 17/11. 1959. Cavendish, Univ., Cavendish Labor., Medical Res. Council Univ. for Molecular Biol.) — **4.** vgl. C. **1959.** 16030.

Ausführliche Wiedergabe der C. **1959.** 12572 referierten Arbeit.
C. GOTTFRIED. 4070

Reversible Spaltung von Human-Myoglobin. Physikalisch-chemische Eigenschaften und Sauerstoffgleichgewicht von wiedervereinigtem Proto- und Deuteromyoglobin. A. Rossi-Fanelli und E. Antonini. (Arch. Biochem. Biophysics **72.** 243—46. Nov. 1957. Rome, Univ., Inst. of Biol. Chem.) (Engl.)

Es werden die Spektren u. O_2-Kapazitäten von nativem u. nach Spaltung in Globin u. Hämin (durch Aceton/HCl) durch Mischen bei 0° resynthetisiertem *Myoglobin* verglichen. Sowohl Spektren als auch O_2-Dissoziationskurven erweisen sich als identisch. Die Vereinigung von Globin mit Deuterohämatin ergibt ein „*Deuteromyoglobin*“ mit einer größeren O_2-Affinität als Protomyoglobin, aber gleicher O_2-Dissoziationskurve, gleichem pH- u. Temp.-Einfluß. W. HABERDITZL. 4070□

Identität der α-Ketten von Hämoglobin A und F. Richard T. Jones, W. A. Schroeder und J. R. Vinograd. (J. Amer. chem. Soc. **81.** 4749—50. 5/9. 1959. Pasadena, Calif., California Inst. of Technol., Div. of Chem. and Chem. Engng.) (Engl.)

Bei der Hybridisierung (reversible Dissoziation u. Rekombination der Untereinheiten) von *Hämoglobin* F_{II} (α_2^F, γ_2^F) u. radioakt. (^{14}C-Leucin) *Hämoglobin S* (α_2^{A*}, β_2^{S*}) bei pH 11,0—11,2 u. 3° tritt während 1—6 Tagen ein Austausch der Radioaktivität nach Gleichung (1) ein: $2\alpha_2^{F=A}\ \gamma_2^F + 2\alpha_2^{A*}\ \beta_2^{S*} \rightarrow \alpha_2^{F=A}\gamma_2^F + \alpha_2^{A*}\ \gamma_2^F + \alpha_2^{A*}\ \beta_2^{S*} + \alpha_2^{F=A} + \beta_2^{S*}$ (1). Der Austausch verläuft nicht quant., jedoch ist das Hämoglobin F_{II} nach chromatograph. Isolierung nur in den α-Ketten radioaktiv markiert. Ebenso tritt Austausch [53% nach Gleichung (1), pH 4,7; 3°, 12 Std.] zwischen radioakt. *Hämoglobin* F_{II} u. *Hämoglobin A* ein. Nach der Hybridisierung gleicher Mengen Hämoglobin F_{II} u. *Hämoglobin H* (β_4^A) (pH 4,7; 3°, 12 Std.) lassen sich chromatograph. *Hämoglobin* F_{II}, *A* u. ein „*H-ähnliches*“ *Hämoglobin* isolieren. Das gebildete Hämoglobin A wurde durch sein chromatograph. u. elektrophoret. Verh. charakterisiert. Die Natur des „H-ähnlichen“ Hämoglobins ist unbekannt. Aus dem gefundenen Mengenverhältnis

Hämoglobin F_{II}: A = 1 : 2 wurde auf praktisch vollständigen Austausch nach Gleichung (2) geschlossen: $3\alpha_2^{F-A}\,\gamma_2^F + 3\beta_4^A \rightarrow 2(2\beta_2^A + \gamma_2^F) + \alpha_2^{F-A}\gamma_2^F + 2\alpha_2^{F-A}\,\beta_2^A$ (2). Demnach liegen im Hämoglobin 2 identische α-Ketten vor. K. HEYNS. 4070□

Die Möglichkeit ionischer Dissoziation an der Peptidbindung. P. F. Browne. (Nature [London] **189.** 658. 25/2. 1961. Manchester, Christie Hospital and Holt Radium Inst.) (Engl.)

Vf. schlägt die neue zweidimensionale Struktur **I** vor, in der 2 Polypeptidketten durch Sauerstoffbrücken vernetzt sind. **I** ist durch ion. Dissoziation an der Peptidbindung u. durch Doppelbindungen charakterisiert; N* bedeutet entweder N^- oder NH_2^+, je nach der Dissoziation $NH \rightarrow N^- + H^+$ (sauer) oder $NH + H^+ \rightarrow NH_2^+$ (basisch). Der Dissoziationstyp wird durch den nucleophilen oder elektrophilen Charakter der kovalent an N gebundenen Aminosäurereste bestimmt. Wegen dieser Abhängigkeit des Dissoziationstyps ist es möglich, daß der in der Aminosäuresequenz eines Proteins enthaltene genetische Code auf eine Sequenz ion. Ladungen an den Peptidbindungen übertragen wird. Mit Hilfe des empfindlichen Gleichgewichts zwischen saurer u. bas. Dissoziation können die Denaturierung von Proteinen durch geringfügige Lsgm., u. pH-Änderungen, die Komplexbildung mit Schwermetallionen u. das Unterscheidungsvermögen biolog. Organismen zwischen so ähnlichen Ionen wie Na^+ u. K^+ sowie Ca^{2+} u. Mg^{2+} gedeutet werden. Die Notwendigkeit neuer Dissoziationsmechanismen in Proteinen ergibt sich aus dem Verh. der Proteine des *Tabak-Mosaik-Virus* u. des *Seidenfibroins*, bei denen die aus elektrophoret. Messungen u. der analyt. Zus. abgeleitete Gesamtladung sowie der isoelektr. u. isoion. Punkt nicht übereinstimmen. Vf. fand in Vorverss., daß UV-Bestrahlung während der Elektrophorese die Wanderungsgeschw. negativ geladener Proteine (Albumine) beschleunigt, positiv geladener Proteine (Globuline) verlangsamt. Die Änderung der Ladung der Proteine durch UV-Bestrahlung wird durch Adsorption durch die Doppelbindungen in **I** gedeutet. K. HEYNS. 4070□

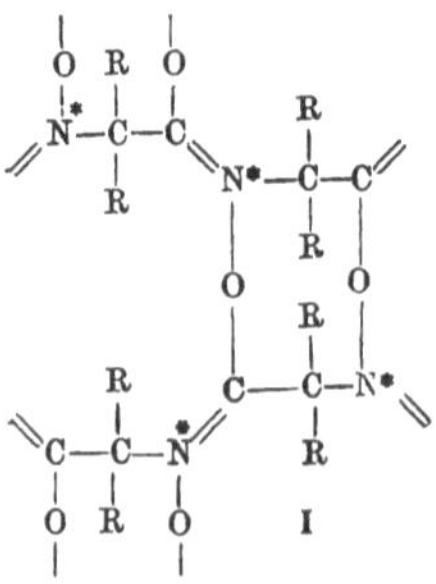

I

Spektraluntersuchungen von denaturierten Phycoerythrinen. Colm ÒhEocha und Pádraig ÒCarra. (J. Amer. chem. Soc. **83.** 1091—93. 5/3. 1961. Galway, Ireland, Univ. College, Chem. Dep.) (Engl.)

Es wurden die spektralen Änderungen untersucht, mit denen die unter Fluorescenzlöschung verlaufende Denaturierung der folgenden Chromoproteine verbunden ist: *R-Phycoerythrin* (**I**) aus *Ceramium rubrum*, *B-Phycoerythrin* (**II**) aus *Rhodochorton floridulum* u. *Cryptomonaden-Phycoerythrin* (**III**) aus *Hemiselmis rufescens*. Absorptionsmaxima des **I**, **II** u. **III** gemeinsamen Chromophors *Phycoerythrobilin* (**IV**): 567 (mμ); **IV**-*Zn-Komplex*: 583 (Fluorescenzmaximum 590); **III**: 556 (580); mit 8 m Harnstoff (**V**) denaturiertes **III**: 540; mit 8 m **V** denaturierter **III**-*Zn-Komplex*: 542, 586 (600); **II**: 544, 556; mit 8 m **V** denaturiertes **II**: 540; **I**: 497, 542, 568; mit Säure denaturiertes **I**: 497, 540. Durch Denaturierung mit Säure bzw. 8 m **V** wird die Fluorescenz von **I**, **II** u. **III** gelöscht, bei **I** u. **II** werden in sauren Lsgg. keine Wellenlängenverschiebungen, sondern nur vom pH abhängige Intensitätsänderungen der Absorption beobachtet. **IV** ist vom Typ der Gallenfarbstoffe. Aus den Messungen wird geschlossen, daß **I** 2 voneinander unabhängige Chromophore dieses Typs enthält. W. WALTER. 4070□

Thermische und elektrische Eigenschaften von Nucleinsäuren und Proteinen. J. Duchesne, J. Depireux, A. Bertinchamps, N. Cornet und J. M. van der Kaa. (Nature [London] **188.** 405—06. 29/10. 1960. Cointe-Sclessin, Belgium, Univ. of Liège, Inst. d'Astrophysique.) (Engl.)

Die trockenen *Na-Salze* der *Desoxyribonucleinsäure* (**I**), des *Nucleoproteins* (**II**) der *Hefe* u. der *Ribonucleinsäure* (**III**) aus *E. coli* besitzen im Kondensor eines Oszillators Absorptionslinien im Frequenzbereich von $30 \cdot 10^6$ Hz. Die Linien zeigen eine reversible Temp.-abhängige Verschiebung: $\Delta = -1/\nu \cdot d\nu/dT = \alpha\gamma$ (α = therm. Ausdehnungskoeff., γ = GRÜNEISEN-Konst.). Die Δ-Werte von **I**, **II** u. **III** sind bemerkenswert niedrig, vergleichbar mit denen von Metallen u. Quarz. Sie betragen nur $^1/_{100}$ der gewöhnlichen organ. Verbindungen. Der bestimmende Faktor für das Auftreten dieser Linien ist der piezoelektr. Charakter dieser Verbindungen. Gepreßte Kugeln von **I** aus Kalbsthymus u. Heringssperma, *Myosin* u. *Actomyosin* von Kaninchen u. *Kollagen* sind ebenfalls durch wenige Linien speziell im Bereich $33-35 \cdot 10^6$ Hz charakterisiert, so daß Piezoelektrizität nicht nur eine allg. Eig. der Nucleinsäuren, sondern auch der Proteine ist. Die elektr. Leitfähigkeit der gepreßten Kugeln wurde zwischen Messingelektroden gemessen. Die Änderung der elektr. Leitfähigkeit mit der Temp. entspricht der Gleichung für Halbleiter. Die Aktivierungsenergien im Bereich 273–313° K betragen für I aus Heringssperma u. Thymus 1,80, für Myosin 1,75 u. für Kollagen 0,9 (eV). Bestrahlung von I mit Röntgen- u. γ-Strahlen ändert die Halbleitereig. nicht. Vff. glauben, daß diese bemerkenswerten Eigg. von großem Einfl. auf das spezif. biolog. Verh. dieser Verbb. sind. L. Laschet. 4090□

E. Biologische Chemie. Physiologie. Medizin

E_1. Allgemeine Biologie und Biochemie

Unlösliche Protein-Tannin-Komplexe. Wanda Mejbaum-Katzenellenbogen. (Acta biochim. polon. **6.** 375–83. 1959. Wroclaw, Akad. Medycznej, Zaklad Chem. Fisjologicznej.) (Engl.)

Die Bedingungen zur Fällung von *Serumproteinen, Lysozym, Hämoglobin* u. *Gelatine* mit *Tannin* werden näher untersucht. Beim isoelektr. Punkt des Proteins genügt ein Verhältnis zum Tannin von 1 : 0,5 zur vollständigen Fällung. Neutralsalze beeinflussen die Rk. nicht. H. Struck. 4100□

Untersuchungen über die Wiedergewinnung des Proteins aus unlöslichen Protein-Tannin-Komplexen. 1. Mitt. Entfernung des Tannins aus dem Protein-Tannin-Komplex mit Coffein. Wanda Mejbaum-Katzenellenbogen. (Acta biochim. polon. **6.** 385–97. 1959. Wroclaw, Zaklad Chem. Ficjologicznej.) (Engl.) — Vgl. vorst. Referat.

Der *Protein-Tannin*-Komplex kann durch *Coffein* (I) gespalten werden. Bei genügendem I-Einsatz werden bis zu 87% des Proteins zurückgewonnen. Elektrophoret. Unters. mit Serumproteinen, Hämoglobin u. Lysozym nach Spaltung des Tannin-Komplexes zeigen, daß sie die gleiche Beweglichkeit haben wie die Reinsubstanzen.
H. Struck. 4100□

Eine billig herstellbare Heizplatte zum Strecken von Paraffinschnitten. Ingeborg Gjöen. (Mikroskopie [Wien] 15. 7–9. Juli 1960. Oslo, Univ., Zool. Labor.) (Engl.)

Beschreibung der Heizplatte. C. Gottfried. 4100

Bilddiskriminatorapparat für Cytophotometrie. M. E. Drets. (Mikroskopie [Wien] **15.** 14–20. Juli 1960. Montevideo, Inst. de Investigación di Ciencias Biol., Dep. of Cytogenetics.) (Engl.)

Beschreibung des neu entwickelten Instruments. C. Gottfried. 4100

Der Einfluß von Sauerstoff und Stickoxyd auf die Strahlenschädigung von Bacillus megatherium-Sporen. E. L. Powers, R. B. Webb und B. F. Kaleta. (Proc. nat. Acad. Sci. USA **46.** 984–93. Juli 1960. Argonne Nat. Labor., Div. of Biol. and Med. Res.) (Engl.)

Auf Cellulose-Membran-Filter aufgebrachte Sporen von *Bacillus megatherium* (ATTC 8245) wurden mit 50 kV-Röntgenstrahlen (HWS 0,070 mm Al) bestrahlt, u. zwar entweder in O_2-, N_2- oder NO-Atmosphäre. Danach wurden die Sporen in einem gepufferten Pepton-Glucose-Medium inkubiert u. ihre Fähigkeit zur Bldg. von Kolonien als Überlebenskriterium untersucht. Sowohl während wie nach der Bestrahlung beeinflussen O_2 u. NO die Strahlenempfindlichkeit. O_2 steigert, NO vermindert die Empfindlichkeit abhängig von der Konzentration. Bei ca. 10% O_2 wird ein maximaler, bei weniger als 1% NO ein minimaler Empfindlichkeitswert erreicht. Verss. bei verschiedenen Temp. sowie Inkubation in den Gasen vor u. nach der Bestrahlung u. Vergleichsvers. mit N_2 führen Vff. zu bestimmten Vorstellungen über den direkten u. indirekten Wrkg.-Mechanismus der Gase, der eingehend erörtert wird. W. Reusse. 4102□

Mutagene Wirkung von Mitomycin C auf Escherichia coli. Teiji Iijima und Atsuyoshi Hagiwara. (Nature [London] **185.** 395–96. 6/2. 1960. Osaka, Japan, Osaka Univ., Fac. of Sci., Dep. of Biol. and Med. School, Dep. of Genetics.) (Engl.)

Durch 15 Min. lange Bebrütung von *Escherichia coli* B/r (Tryptophan benötigender Stamm) in Glucose-Salzmedium mit 1 μg *Mitomycin C* (I)/ml bei 37° wird die Zahl der lebensfähigen Zellen auf $^1/_{10}$ reduziert, bei folgenden Passagen bleibt die Zahl der lebensfähigen Zellen konstant. Unmittelbar nach der I-Behandlung steigt die Rückmutationsrate zum Wildstamm auf den 10fachen Wert der spontanen Rückmutation, auch bei den folgenden Inkubationen ist die Zahl der prototrophen Kolonien stark erhöht. Die prototrophe Rekombination von Stamm K 12 58–161 F+ (Methionin benötigend) mit Y-70 F– (Threonin, Leucin u. Thiamin benötigend) wird nach Vorbehandlung der F+-Zellen mit I, bezogen auf die gesamten überlebenden Zellen, auf das 5- bis 10fache erhöht, I-Behandlung der reziproken F–-Zellen ist unwirksam. Diese Wrkg. von I auf E. coli ist ähnlich der nach UV-Bestrahlung. H.-J. Koch/Berlin. 4130□

Stabilität des Proteins in Darmepithelzellen. M. Lipkin, T. P. Almy und H. Quastler. (Science [Washington] **133.** 1019–21. 31/3. 1961. New York, Bellevue Hosp., Cornell Univ. Med. Coll., Dep. of Med.; Upton, N.Y., Brookhaven Nat. Labor., Dep. of Biol.) (Engl.)

C 57-BROWN-Mäusen wurde 100 μc titriertes *Leucin* (**I**) intraperitoneal injiziert u. Jejunumzellen mikroautoradiograph. vermessen, wobei die Verteilung des **I**-Einbaus auf einzelne Gebiete der Epithelzellen beobachtbar war. Bei wuchernden Zellen konnte kein merklicher *Proteinumsatz* festgestellt werden, während die Wanderung reifer Zellen zur Villus-Spitze mit Proteinverlusten verbunden war. H. LOHSCHELDER. 4150□

Einige Besonderheiten der Zellenmitochondrien von Gewebekulturen. R. N. Etingof, I. I. Gumina und A. A. Kritschewskaja. (Биохимия [Biochemie] **26.** 354–60. März/April 1961. Moskau, Inst. für Erforschung der Polymyelitis der Akad. der med. Wiss. der UdSSR, Labor. für Biochemie.) (Russ.; Auszug: Engl.)

In Fortsetzung einer früheren Arbeit (vgl. C. **1960.** 8894) wurde die *Adenosintriphosphatase* (**I**)-Aktivität der aus verschiedenen Stämmen erhaltenen Gewebskulturen u. der Einfl. verschiedener Faktoren auf die Quellung der Mitochondrien untersucht. Es zeigte sich, daß die Mitochondrien aus der Nierenrinde des Affen, den Fibroblasten von 9–11 Tage alten Hühnerembryonen u. aus den Krebszellen HEP-2 unter der Einw. von $3 \cdot 10^{-5}$ mol. *Tyrosin* in ihrer Quellung nicht verändert werden. *Trypsin* (**II**) u. *Desoxycholat* (**III**), welche auf die Eiweisstoffe u. Lipide einwirken, zeigen eine verschiedene Wrkg. auf die Mitochondrien der Gewebskulturen u. der Leber. Unter der Einw. von **II** zeigt sich in den Suspensionen der Mitochondrien der Gewebsexplantantate, im Unterschied zu den Mitochondrien der Leber, eine rasche u. deutliche Abnahme der opt. Dichte. Unter der Einw. von $0{,}9 \cdot 10^{-3}$ mol. **III**-Lsg. dagegen erfolgt eine rasche u. starke Abnahme der opt. Dichte in den Mitochondrien der Leber; die Mitochondrien der Gewebskulturen sind wesentlich resistenter. Die Homogenate u. Mitochondrien der untersuchten Gewebsexplantate zeigen eine deutliche **I**-Aktivität. Am höchsten ist die **I**-Aktivität mit 4–5 μMol P/mg N in den Mitochondrien u. Homogenaten der Fibroblasten. In allen Fällen wird die **I**-Aktivität durch Mg^{+} stark gesteigert.
O. LEBTAG. 4150□

Messung des mit der Oxydation von Ascorbat durch Rattenlebermitochondrien verbundenen P:O-Verhältnisses. K. Minnaert und A. R. van Kammen-Wertheim. (Biochim. biophysica Acta [Amsterdam] **44.** 593–95. 18/11. 1960. Amsterdam, Univ., Labor. of Physiol. Chem.) (Engl.)

Veränderung der *Cytrochrom c* (**I**)-Konz. in vitro zwischen 10 u. 250 μm beeinflußt das P : O-Verhältnis der oxydativen Phosphorylierung durch Rattenlebermitrochondrien kaum [Substrat: 20 bzw. 50 mm *Ascorbat* (**II**)]. Auch in Abwesenheit von **II** u. **I** findet im Anfang des Vers. Phosphatveresterung statt. Durch 0,45 γ *Antimycin*/mg Protein wird sie jedoch aufgehoben (diese Konz. hemmt die Oxydation von Succinat um 98%). Es wird angenommen, daß hier endogenes Substrat verestert wird. Berücksichtigt man dies nicht, so findet man bei der Unters. der Oxydation von **II** ein zu hohes P : O-Verhältnis. Zieht man die Menge des in Abwesenheit von **II** u. **I** veresterten Phosphats von den in Ggw. von **II** u. **I** erhaltenen Werten ab, so findet man in den ersten 5 Min. des Vers. ident. Kurven. S. DITTMANN-MITZSCHERLICH. 4150□

Endogene Atmung von Rattenlebermitochondrien. K. Minnaert. (Biochim. biophysica Acta [Amsterdam] **44.** 595–97. 18/11. 1960. Amsterdam, Univ., Labor. of Physiol. Chem.) (Engl.) — Vgl. vorst. Referat.

Die in vorst. Ref. beschriebene Oxydation von endogenem Substrat von Rattenlebermitochondrien wird durch hypoton. Vorbehandlung [7,5 mm *Saccharose* (**I**)] oder Waschen mit 0,25 m **I** nur wenig gehemmt. Die Phosphatveresterung ist in den ersten 5 Min. am stärksten. Die Gesamtmenge des endogenen Substrats kann nicht bestimmt werden, da die O_2-Aufnahme auch nach einigen Std. noch anhält. Wird *Adenosindiphosphat* (*ADP*) aus der Inkubations-Lsg. weggelassen, so ist die Phosphorylierung viel geringer. Gibt man ADP erst nach 5 Min. zu, so findet der sonst am Anfang des Vers. auftretende steile Anstieg der Phosphatveresterung jetzt statt. ADP limitiert also die Phosphorylierungsgeschwindigkeit. Malonat u. Arsenit hemmen die Oxydation endogener Substrate. 0,2 mm Jodacetat hemmt um 25%, 1 mm um 70%. Serumalbumin u. der Überstand von gekochtem Serumalbumin steigern die O_2-Aufnahme beträchtlich, dialysiertes Serumalbumin ist inaktiv. Aus dem unwahrscheinlich hohen Wert der aus der O_2-Aufnahme angenähert berechneten Konz. des endogenen Substrats wird gefolgert, daß es kontinuierlich nachgebildet wird, z. B. durch Hydrolyse von Lipid.
S. DITTMANN-MITZSCHERLICH. 4150□

Kalium und die caudale Regeneration von Nereis diversicolor (Annelida Polychaeta). Françoise Stéphan-Dubois. (C. R. Séances Soc. Biol. Filiales **153.**

1590—94. 1959, herausgeg. 12/2. 1960. Strasbourg, Labor. de Zool. et d'Embryol. exp.) (Franz.)

Nereis diversicolor zeigt Bewegungsstörungen u. verschiedenartige Läsionen, wenn der *K*-Geh. des Meerwassers auf weniger als $^1/_3$ des normalen Wertes sinkt oder auf mehr als das 2fache erhöht wird. Regeneration caudaler Segmente nach transversaler Sektion erfolgt nur, wenn der K-Geh. zwischen $^1/_3$ u. dem 3fachen des normalen Wertes liegt. Die Regenerate zeigen Anomalien, die um so größer sind, je stärker der K-Geh. von der Norm abweicht. K. BOHLE. 4150□

Die Beziehungen der Pituicyten zu den Hypophysenhinterlappenhormonen. Theodore F. Leveque und Marvin Small. (Endocrinology **65.** 909—15. Dez. 1959. Baltimore, Md., Univ. of Maryland, School of Med., Dep. of Anat.) (Engl.)

Nach Wasserentzug entweder durch Dursten oder durch Zufuhr von 2,5%ig. NaCl-Lsg. nahm bei ♂ Ratten die mitot. Aktivität der Pituicyten zu; am 4. Tag der NaCl-Zufuhr bzw. am 6. Dursttag wurde die höchste Mitosezahl gefunden, danach kam es zur Anpassung an den Wasserentzug; die Mitosezahl normalisierte sich trotz fortgesetzter Dehydratisierung. U. LASCHET. 4150□

Zellteilung. 3. Mitt. **Die Wirkung von Aminen auf die Struktur isolierter Kerne.** N. G. Anderson und Carolyn B. Norris. (Exp. Cell Res. **19.** 605—18. April 1960. Oak Ridge, Tenn., Oak Ridge Nat. Labor.) (Engl.) — 2. vgl. C. **1958.** **447.**

Die Unters. der Wrkg. organ. Kationen auf die Struktur von Rattenleberkernen im Hinblick auf das während der Zellteilung wirksame chromosomale Kondens.-Agens ergab, das 0,001—0,01 m *n-Propylamin* eine Quellung, 0,025—0,36 m jedoch nur geringe Vol-Änderung hervorrief (analog mit NaCl u. KCl erzielten Ergebnissen). Diamine (**I**), wie *Diaminopropan, -butan, -pentan, -hexan, -heptan* u. *-decan*, verursachten in ca. 0,025 m Lsg. Schrumpfung, Granulation u. nucleolare Kondens., mit steigender Konz. geringere Schrumpfung. Die Kondens. war durch dest. W. oder Isolierungsmedium leicht aufhebbar. Die **I**-Wrkg. ähneln denen von $MgCl_2$ u. $CaCl_2$. *Spermidin* u. *Spermin* bewirkten bereits in 0,001 m Konz. Kondens. u. starke Quellung bei ca. 0,2 m. Diese Kondens. wurde durch dest. W. nicht, durch das phosphathaltige Isolierungsmedium nur langsam aufgehoben. In einer Anzahl von Lsgg. waren chromosomenähnliche Strukturen zu beobachten. Ein Vgl. von *Amphiuma*-Erythrozytenkernen u. Rattenleberkernen zeigte relativ wenige Granula in ersteren (2n = 24), viele in letzteren (4n = 84), d. h. die beobachteten Strukturen deuten auf chromosomalen Ursprung hin. Vermutlich besitzt das kondensierende Agens der Prophase mehr als 2 Ladungen, falls die Kondens. nur durch Ladungseffekte hervorgerufen wird. K. MAIER. 4150□

Wirkung von Nucleinsäuren auf die Zellteilung. Romolo Deotto. (Tumori **42.** 1—64. Jan./Febr. 1956. Sassari, Univ., Ist. di Patol. gen.; Milano, C.N.R., Centro per la Oncol. sperim. u. Labor. Ricerche della Soc. Farmac. Italia.) (Ital.; Auszug: Engl.)

Vf. untersuchte ausführlich die Wrkg. von *Ribonucleinsäure* (*RNS*) u. *Desoxyribonucleinsäure* (*DNS*) verschiedener Provenienz auf die Entw. von Tumorzellen (EHRLICH-Adenocarcinom u. WALKER-Carcinom bei Ratten u. Mäusen) u. Fibroblastenkulturen (Kükenembryonen) in vitro sowie auf die Entw. von Hühnerembryonen, von befruchteten Eiern von *Paracentrotus lividus*, auf die Entw. der Karyopsen von *Triticum durum* u. *Triticum vulgare* u. auf die Entw. der Samen von *Lupinus albus* sowie auf Leberzellen in der regenerierenden Rattenleber. — Die Ergebnisse der Unterss. lassen allg. erkennen, daß die Nucleinsäuren, bes. ausgeprägt allerdings RNS, die Zellteilung u. Morphogenese der untersuchten Gewebe hemmen. Diese Wrkg. kommt offenbar der reinen RNS, nicht jedoch ihren Hydrolyse-Prodd. zu. H. KOCKERT. 4150□

Die biologische Synthese von Desoxyribonucleinsäure. Arthur Kornberg. (Science [Washington] **131.** 1503—08. 20/5. 1960. Stanford, Calif., Stanford Univ., School of Med., Dep. of Biochem.) (Engl.)

Nobelvortrag über die enzymat. Reduplikation von *Desoxyribonucleinsäure* (DNS) u. die durch ein Enzym aus *E. coli* katalysierte Bldg. neuer DNS-Ketten, deren Zus. durch eine DNS-Matrize bestimmt wird. Der Inhalt des Vortrags entspricht der bereits C. **1960.** 12021 referierten Arbeit. L. LASCHET. 4150□

Der Einbau von Ribonucleotiden in Ribonucleinsäuren. Jerard Hurwitz und Ann E. Bresler. (J. biol. Chemistry **236.** 542—48. Febr. 1961. New York, N.Y., Univ., School of Med., Dep. of Microbiol.) (Engl.)

Aus Thymusdrüsen wurde ein Enzym gewonnen, das die pyrophosphorolyt. Addition von *Cytidin-5'-phosphat* (**I**)-Resten an *RNS*-Kettenenden bewirkt. Das für **I** spezif. Enzym benötigt eine spezif., aus Thymus erhältliche RNS, die durch Behandlung mit *Ribonuclease* oder durch Inkubation bei pH 10 vollständig u. durch Erhitzen auf 100° 1—15 Min. lang halb als Acceptor inaktiviert wird. Kurze Behandlung bei pH 2 wirkt nicht inaktivierend. Die Höhe des reversiblen, stöchiometr. I-Einbaus wird durch die Menge der vorhandenen Thymus-RNS begrenzt, jedoch nicht beeinträchtigt durch *DNS*, *Desoxycytidinsäure* oder *Desoxyribonuclease*. E. LODEMANN. 4150□

Einbau von tritiiertem Uridin in Amphibieneier. N. Bieliavsky und R. Tencer. (Nature [London] **185.** 401. 6/2. 1960. Bruxelles, Univ. libre, Fac. des Sci., Labor. de Morphol. animale.) (Engl.)

Amphibieneier lassen sich durch Behandlung mit einem Ca^{2+}-freien Medium unter Erhaltung der Vitellinmembran von der impermeablen Schutzhülle befreien u. können dann *³H-Uridin* (**I**) aufnehmen, dessen Einbau autoradiograph. verfolgt wird. In den Blastula- u. den frühen Gastrulastadien erfolgt der **I**-Einbau ausschließlich im Kern; die Radioaktivität wird durch Behandlung mit *Desoxyribonuclease* (**II**), jedoch nicht mit W. oder *Ribonuclease* (**III**) entfernt. Hydrolyse mit n-HCl (5 Min. bei 60°) hat keine Wrkg. auf die Aktivität. Im späteren Gastrula- u. im Neurulastadium tritt die Radioaktivität auch im Cytoplasma auf. Durch Behandlung mit n-HCl oder **III** wird etwa die Hälfte der Aktivität entfernt, nach Bebrütung mit **II** verbleiben ca. 30—40% der Aktivität im Zellkern. Danach überwiegt bis zum Neurulastadium der **I**-Einbau in den Kern gegenüber dem im Cytoplasma, der **I**-Einbau erfolgt während der Segmentierung hauptsächlich in Desoxyribonucleinsäure. Nach der Gastrulation erfolgt der **I**-Einbau in nucleare u. cytoplasmat. *Ribonucleinsäure*. H.-J. KOCH/Berlin. 4150□

Untersuchung der Fällung von Nucleinsäuren durch quartäre Ammoniumsalze. Geneviève Aubel-Sadron, Gisèle Beck, Jean-Pierre Ebel und Charles Sadron. (Biochim. biophysica Acta [Amsterdam] **42.** 542—43. 26./8. 1960. Strasbourg, Fac. de Pharm., Labor. de Chim. Biol.; Centre de Rech. sur les Macromol.) (Franz.)

Die Unters. der Fällbarkeit von Hefe-, Tabakmosaikvirusribonucleinsäure, Hühnererythrocyten- u. Kälberthymusdesoxyribonucleinsäure durch die quart. Ammoniumsalze. Trimethylbenzyl-, Triäthylbenzyl-, Tetramethyl-, Trimethyloctyl-, Trimethyldecyl-, Trimethyldodecyl (**I**)-, Trimethyltetradecyl-, Trimethylhexadecyl-, Benzyldimethyldodecyl-, Benzyldimethyltetradecyl-, Benzyldimethylhexadecylammoniumsalz (meist Bromide), Dodecyl-, Tetradecyl-, Hexadecylpyridiniumsalz, Desogen u. Hyamin, ergab Nd l. ab **I**, zunächst unvollständige, dann vollständige Fällung. Salze mit geeigneter Konst. sind in gewissen organ. Lsg. lösl. u. hieraus die Nucleinsäuren als Na-Salze wieder fällbar. K. MAIER. 4150□

Fraktionierung von Ribonucleinsäure durch Gegenstromverteilung. K. S. Kirby. (Biochim. biophysica Acta [Amsterdam] **41.** 338—40. 1/7. 1960. London, Royal Cancer Hosp., Chester Beatty Res. Inst., Inst. of Cancer Res.) (Engl.)

Die bei der Fraktionierung von Ratten- u. Hühnchenleber-*Ribonucleinsäure* (RNS) mit 2-Butoxyäthanol in 2 %ig. K-Acetat-Lsg. erhaltenen 3 Fraktionen unterscheiden sich in ihrer Basenzusammensetzung. Bei der Gegenstromverteilung bleibt die Fraktion mit dem höchsten Geh. an Guanin in der wss. Phase, während die mit dem höchsten Adenin-Geh. vorwiegend in die organ. Phase geht. Lsgm.-Syst.: ca. 2,5 m Phosphatpuffer pH 7,5 (1 Vol.), W. (1 Vol.) u. 2-Äthoxyäthanol/2-Butoxyäthanol/N.N-Dibutylaminoäthanol (100 : 50 : 7,5) (1 Vol.). Es wurde beobachtet, daß die einzelnen Fraktionen sich in Lsg. gegenseitig beeinflussen. Eine Denaturierung wurde nicht beobachtet. Durch Kombination der Fraktionierung mit Lsgm. mit der Gegenstromverteilung erhält man eine gute Auftrennung der RNS in Komponenten verschiedener Basen-Zus., während die Chromatographie an Ionenaustauschern eine Fraktionierung in Komponenten verschiedenen Molgew. liefert. Mit beiden Meth. gemeinsam dürfte eine Auftrennung einer Anzahl einzelner Verbb. der RNS zu erreichen sein. L. LASCHET. 4150□

Vergleich der Reaktion von mono- und difunktionellen Alkylierungsmitteln mit Nucleinsäuren in vitro und in vivo. P. Brookes und P. D. Lawley. (Biochem. J. **78.** 2 P. 1961. London, Chester Beatty Res. Inst.) (Engl.)

Rk. von *DNS* u. *RNS* mit *β.β'-Dichloräthylsulfid* (**I**) *in vivo* u. *in vitro* ergibt als Hauptprod. *7-[β-Hydroxyäthylthioäthyl]-guanin* u. 25% eines Prod., das die Eigg. eines querverbundenen Guanins (qG) hat. Eine analoge Verb. wurde mit *Bis-[β-chloräthyl]-methylamin* (*HN_2*) krist. erhalten u. durch Analyse identifiziert. Monofunktionelle Alkylierungsmittel (*β-Hydroxyäthyl-β-chloräthylsulfid*; **II**) reagieren ebenfalls glatt, aber ohne Bldg. von qG. **I** hat die 30fache Hemmwrkg. auf das Wachstum von EHRLICH-Ascitestumorzellen wie **II**. Unterss. am DNS-Modell ergaben, daß eine Querverb. zwischen Guanin(G)-Moll. der beiden Ketten der Helix möglich ist, wenn die Basensequenz in einem Strang G-*Cytosin* ist. Rk. zweier benachbarter G im gleichen Strang scheint weniger wahrscheinlich, kann aber nicht ausgeschlossen werden.

E. LODEMANN. 4150□

Biochemie des Krebses. E. P. Anderson und Lloyd W. Law. (Annu. Rev. Biochem. **29.** 577—608. 1960. Bethesda, Md., Nat. Inst. of Health, Nat. Cancer Inst., Labor. of Biol.) (Engl.)

Übersicht (bis Ende 1959). Carcinogenese: genet. u. immunolog. Aspekte, WARBURG-Theorie, chem. Carcinogenese, „virale" Carcinogenese; Tumorviren: Roussarcomvirus, Viren der Vogelleukosen, Mäusebrustdrüsentumoragens, Polyoma (Parotistumor)-Virus, Polyom u. Leukämie, leukämieerzeugende Agenzien, Kaninchenpapillom-, -fibrom- u. -myxom-Viren; Antitumoragenzien (6-Mercaptopurin, 8-Azaguanin, 2.6-Diaminopurin, 6-Thioguanin, andere Purinanaloge, 6-Azauracil, 5-Fluorpyrimidine, 5-Bromuracil u. a. Pyrimidinanaloge, Folsäureanaloge, Azaserin u. 6-Diazo-5-oxo-L-norleucin, weitere Verbindungen. — 317 Literaturangaben. K. MAIER. 4160□

Umaminierung der Aminodicarbonsäuren und ihrer Amide im Cholangiom der Ratte und im Hepatom der Maus. T. T. Beresow. (Биохимия [Biochemie] **26.** 310—14. März/April 1961. Moskau, Med. Ssetschenow-Inst., Lehrstuhl für Biochem.) (Russ.; Auszug: Engl.)

In Unterss. über die Bldg. von Glutaminsäure (**I**) im Cholangiomgewebe der Ratte im Vgl. zum Lebergewebe des Geschwulstträgers bzw. des gesunden Tieres wird gezeigt, daß bei Zugabe von Asparagin zu α-Ketoglutarsäure (**II**) im Cholangiom kein Zuwachs an **I** erfolgt, während beim Geschwulstträger bzw. bei der Kontrolle der **I**-Zuwachs 1,64 bzw. 2,36 mg/g erreicht. Durch Zusatz von Asparaginsäure zu **II** nimmt **I** um 1,5 bzw. 3,38 bzw. 3,21 mg/g zu. Zusatz von NH_4Cl zu **II** erhöht ebenfalls den **I**-Geh. in allen Geweben; die Zunahme beträgt jedoch nur $^1/_5$ des Zuwachses mit **III**. Dies beweist, daß im Geschwulstgewebe eine sehr akt. *Glutamicoasparagintransaminase* (**IV**) vorliegt, daß jedoch *Asparagintransaminase* (**V**) fehlt. Die Unterss. über die **III**-Bldg. aus Oxalsäure (**VI**) durch Umaminierung u. reduzierende Aminierung ergaben, daß Glutamin die **III**-Ausbeute bei Zusatz zu **VI** nicht oder nur sehr wenig erhöht. Im Cholangiom fehlt demnach die *Glutamintransaminase* (**VII**). Die geringe **III**-Zunahme ist dadurch bedingt, daß eine restliche Glutaminaseaktivität vorliegt. In Ggw. von **I** erfolgt in allen Geweben eine intensive Umaminierung mit **VI**, am intensivsten in der Leber der Kontrolle. Im Hepatom der Maus liegen akt. Glutaminase 1 u. Asparaginase 1 vor. Nach Inaktivierung der Desamidasen durch Erwärmen wird im Hepatom die Bldg. von *Aminodicarbonsäuren* weder durch Asparagin noch durch Glutamin intensiviert. Die Ergebnisse über höhere Aktivität von **IV** im Geschwulstgewebe im Vgl. zur Leber der Kontrolle u. über das Fehlen von **V** u. **VII** werden in ihrer Bedeutung diskutiert.
O. LEBTAG. 4160□

Über den Mechanismus der Anreicherung und des Einbaues von $^{14}C_{(1)}$-Lysin, $^{14}C_{(1)}$-Glycin, ^{35}S-Methionin und ^{14}C-Tyrosin in das Eiweiß durch die Zellen des Ehrlich-Ascitestumors von Mäusen. K. A. Perewoschtschikowa. (Биохимия [Biochemie] **26.** 366—72. März/April 1961. Moskau, Onkol. Herz-Inst.) (Russ.; Auszug: Engl.)

In Verss. mit ascit. EHRLICH-Krebszellen der Maus wird gezeigt, daß der Einbau von *^{14}C-Glycin* (**I**) in die Eiweißstoffe u. die **I**-Anreicherung durch Alanin (**II**), Cystein (**III**), *Methionin* (**IV**), Glutaminsäure (**V**) u. *Lysin* (**VI**) gehemmt werden. Anreicherung u. Einbau von ^{14}C-**VI** werden durch **II**, **III**, **V** u. Arginin (**VII**) gehemmt, am stärksten mit 71,3% durch $1{,}5 \cdot 10^{-2}$m **VII**. Glutamin hemmt die Anreicherung von **I** u. **VI**, stimuliert jedoch deren Einbau in das Eiweiß. Cyanid hemmt die Anreicherung von **I** u. **IV** um 62 bzw. 64,1% u. hemmt deren Einbau in das Eiweiß um 95%. Das Cyanid ist ohne Einfl. auf die Anreicherung von **VI** u. hemmt nur wenig die Anreicherung von *Tyrosin* (**VIII**), wirkt jedoch sehr stark hemmend auf deren Einbau in das Eiweiß. 2.4-Dinitrophenol hemmt nur sehr wenig die Anreicherung von **I** u. **IV**, stimuliert die Anreicherung von **VI** u. **VIII**, hemmt jedoch sehr stark den Einbau von **I**, **IV**, **VI** u. **VIII** in das Eiweiß. Durch $5 \cdot 10^{-5}$m Pyridoxinmethyläther u. Phthivazid wird die Anreicherung von **I** um 15,6 bzw. 16,9% gehemmt. Der Einbau von **I** in das Eiweiß wird durch den Pyridoxinmethyläther um 86% unterdrückt. Die Anreicherung von **VI**, **IV** u. **VIII** wird durch Isonicotinazid, Pyridoxinmethyläther u. Phthivazid nicht gehemmt, durch die 2. Verb. sogar etwas stimuliert. O. LEBTAG. 4160□

Ausscheidung von 3-Methoxy-4-hydroxymandelsäure und Brenzcatechinaminen bei Patienten mit Phaeochromocytom. S. L. Jacobs, Charles Sobel und Richard J. Henry. (J. clin. Endocrinol. Metabolism **21.** 315—20. März 1961. Los Angeles, Calif., Bio-Sci. Labor.) (Engl.)

Bei Phaeochromocytom war die Konz. von *3-Methoxy-4-hydroxymandelsäure* (**I**) im Harn stark erhöht, während die Ausscheidung der *Phenyläthylamine* mitunter normale Werte zeigte. Normalwerte für Erwachsene für **I**: 1,4—4,7 mg/24 Stunden.
K. ZINGRAF. 4160□

Ausscheidung von Norepinephrin, Epinephrin und 3-Methoxy-4-hydroxymandelsäure im Harn bei Kindern mit Neuroblastom. Mary L. Voorhess und Lytt I. Gardner. (J. clin. Endocrinol. Metabolism 21. 321—35. März 1961. Syracuse, N.Y., State Univ. of N. Y., Upstate Med. Center, Dep. of Pediatr.) (Engl.)— Vgl. auch vorst. Ref.

Bei Kindern mit Neuroblastom war die Ausscheidung von *Adrenalin* nie erhöht. Die Ausscheidung von *Noradrenalin* u./oder *3-Methoxy-4-hydroxymandelsäure* war meist, jedoch unregelmäßig, erhöht u. nahm bei Besserung nach Behandlung ab, um bei Fortschreiten der Krankheit wieder zuzunehmen. K. ZINGRAF. 4160□

Induktion von Mammacarcinomen bei mit 3-Methylcholanthren, 17β-Östradiol, Progesteron und Wachstumshormon behandelten hypophysektomierten Ratten. Stretton Young. (Nature [London] **190.** 356—57. 22/4. 1961. Chicago, Ill., Univ. of Chicago, Dep. of Physiol.) (Engl.)

50 Tage alte SPRAGUE-DAWLEY-Ratten wurden hypophysektomiert u. nach 13 Tagen wurden nacheinander 1 μg *17β-Östradiol* u. 4 mg *Progesteron* subkutan an 6 Tagen in der Woche, dann 10 mg *3-Methylcholanthren* einmal wöchentlich durch Magensonde, dann Rinder-*Wachstumshormon* (steigende Mengen von 0,5—4 mg) an 6 Tagen in der Woche verabreicht. Bei 5 von 9 Ratten entwickelten sich Milchdrüsentumore (Adenocarcinome). Zur Bldg. von Mammacarcinomen scheinen Hypophysenhormone notwendig zu sein. H. LOHSCHELDER. 4160□

Hyperaxerophtholose und durch Benzpyren erzeugte Neoplasien. E. Roncallo und V. Vasconi. (Vitaminologia [Torino] **14.** 261—88. 15/11. 1956. Torino, Univ., Ist. di Patol. gen.) (Ital., Auszug: Engl.)

Vff. untersuchten die Wrkg. hoher *Vitamin-A* (I)-Gaben (*Arovit*, DITTA ROCHE; Dosis: 2 Millionen I.E. pro kg pro Woche; Behandlungsdauer ca. ½ Jahr) auf das Wachstum des Organismus u. die Entw. einiger durch *3.4-Benzpyren* (**II**; einmalige Dosis von 5 mg; subkutane Injektion in die linke Dorsalregion) bei jungen ♂ u. ♀ Albinoratten erzeugten sarkomatösen Neoplasien. — **I** hemmt geringfügig die Gewichtszunahme, diese Hemmung ist bei Kontrolltieren ausgeprägter als bei den mit **II** behandelten Ratten. — Außerdem wurde ein mäßiger Hemmeffekt von **I** auf das Wachstum der Neoplasien beobachtet (verlängerte Latenz u. Entw.-Zeit). H. KOCKERT. 4160□

Können Räucherwaren carcinogen wirken? Niels Dungal. (Unio int. Cancrum, Acta **17.** 365—66. 1961. Reykjavik, Univ. of Iceland.) (Engl.)

Vf. untersucht mögliche ätiolog. Agentien für die in Island häufig auftretenden Magencarcinome u. chron. Gastritis. Neben Eiweiß, Fisch, Milch u. Fett werden Räucherwaren in großer Menge konsumiert. In Verss. mit Albinoratten wurden bei Fütterung mit geräuchertem Hammelfleisch Leber- u. Lungen-, jedoch keine Magencarcinome festgestellt. Die Kontrolltiere waren carcinomfrei. Unterss. des Geh. verschiedener Räucherwaren (Hammelfleisch, Forelle, Schellfisch u. Rotbarsch) an polycycl. KW-Stoffen ergibt wechselnde Konzz. folgender Verbb.: *Acenaphthylen, Fluoren, Phenanthren, Anthracen, Pyren, Fluoranthen, 1.2-* u. *3.4-Benzpyren.* Vf. spricht diesen KW-Stoffen zumindest eine Reiz-Wrkg. bei der Entstehung von Gastritis u. damit möglicherweise von sich daraus entwickelnden Magencarcinomen zu. G. KIRSTEN. 4160

Hemmung des Hämoglobinstoffwechsels in den Reticulocyten durch verschiedene β-Chloräthylverbindungen. Cl. Paoletti, M. Boiron, R. Truhaut und M. Tubiana. (C. R. Séances Soc. Biol. Filiales **150.** 1084—88. 18/11. 1956. Villejuif, Labor. des Isotopes; Serv. de Chimothérapie; Centre Clin. et thérapeut.; Inst. du Cancer Gustave Roussy.) (Franz.)

Vff. stellten fest, daß der Einbau von *^{59}Fe* u. *$^{14}C_{(\alpha)}$-Glykokoll* in das Hämoglobin von Kaninchenreticulocyten in vitro durch *Bis-[β-chloräthyl]-sulfid, Methyl-bis-[β-chloräthyl]-amin* u. *Tris-[β-chloräthyl]-amin* gehemmt ist. Hingegen macht sich eine Akkumulierung von Nicht-Häm-Fe in den Zellen bemerkbar. H. KOCKERT. 4160□

Klinische Ergebnisse mit DG 428 gegen Krebs. P. Izarn, J.-M. Emberger und J. Gary-Bobo. (Montpellier méd.) [3] **58** (**103**). 156—164. Nov. 1960. (Franz.)

Das *2-[2'-Chlorbenzylmercapto]-4-dimethylamino-5-methylpyrimidinhydrochlorid*, das sich in vitro u. im Tier-Vers. als krebshemmend erwiesen hatte, wurde bei 19 an epithelialen Krebsen erkrankten Patienten angewandt. Nur in einem Falle zeigte sich eine geringe Besserung. W. JUNGSTAND. 4160□

Hemmung der Entwicklung des Virus des Rous-Sarkoms durch 5-Fluoruracil in Gewebekulturen. Alice Goldé und Philippe Vigier. (C. R. hebd. Séances Acad. Sci. **252.** 1693—95. 13/3. 1961. Paris, Inst. du Radium, Labor. Pasteur.) (Franz.)

Fibroblastenkulturen von Hühnerembryonen wurden mit ROUS-Viren infiziert. 1—50 μg *5-Fluoruracil* (**I**)/ml Medium, zum Zeitpunkt der Infektion gegeben, hemmen die Vermehrung der Zellen, u. zwar bei infizierten Zellen verstärkt. Die Viren-Bldg.

nimmt mit steigenden I-Konzz. ab. I (20 μg/ml) wurde 1—14 Std. nach der Infektion zugesetzt, u. es wurde festgestellt, daß nach 24 Std. um so weniger Viren vorhanden waren, je früher I gegeben wurde. *5-Fluordesoxyuridin* (10—50 μg/ml) hemmt nicht die Virenentwicklung. Es wird gefolgert, daß die für die Vermehrung notwendige Information beim ROUS-Virus in der *Ribonucleinsäure* festgelegt ist. H. LOHSCHELDER. 4160□

E_2. Enzymologie. Gärung

Metallkomplexe und enzymatische Katalyse. E. Fredericq. (Ind. chim. belge **25.** 511—19. Mai 1960. Liège, Univ.) (Franz.)

Lebende Zellen enthalten Komplexe aus Metallionen, wie Mg, Mn, Cu, Co, Fe u. Proteinen, die eine große Rolle bei der enzymat. Katalyse spielen. Die Funktion des Metallions als Bindeglied zwischen Enzym u. Substrat sowie als Aktivator des derart gebildeten Komplexes, der allg. Mechanismus der Hydrolyse-Rkk., der spezielle Fall der Peptidbindung u. die Hydrolyse von Phosphoestern werden besprochen. Die wesentliche Funktion des Metalls besteht in der Begünstigung der Ausbildung mesomerer Formen bestimmter chem. Gruppen infolge Elektronenverschiebung, die ihrerseits die Protonen- u. Elektronenübertragungen, die für die Hydrolyse-Rk. erforderlich sind, bestimmen. K. MAIER. 4200□

Cytochromoxydase-Aktivität in den Mitochondrien aus Eiern von Sphaerechinus granularis (Echinoderme). Vincenzo Mancuso. (Atti Accad. naz. Lincei, Rend., Cl. Sci. fisiche, mat. natur. [8] **11.** 504—06. Dez. 1956. Palermo, Univ., Ist. di Zool.) (Ital.)

Vf. konnte eine in den Mitochondrien von *Sphaerechinus granularis*-Eiern lokalisierte NADI-positive Substanz nachweisen, die mit *Cytochromoxydase* (I) ident. ist. I wird durch NaN_3 u. *KCN* gehemmt. H. KOCKERT. 4210□

Interindividuelle Schwankungen der Blutkatalaseaktivität. L. Engstedt und K. G. Paul. (Scand. J. clin. Lab. Invest. **12.** 502—03. 1960. Stockholm, Karolinska Sjukhuset, Med. Klin.; Karolinska Inst., Biokem. Inst.) (Engl.)

Die *Blutkatalase* (I)-Aktivität von 4 an verschiedenen Krankheiten leidenden Patienten u. von 2 gesunden Kontrollen wurde über Zeiträume bis zu 54 Monaten verfolgt. Für jedes Individuum blieb die I-Aktivität ziemlich stabil; bei 2 der Patienten blieb sie konst. niedrig. K. F. MÜLLER. 4210□

Lichtaktivierte Hydrogenaseaktivität bei einem photosynthetischen Bacterium: Ein Permeabilitäsphänomen. Subir K. Bose, Howard Gest und John G. Ormerod. (J. biol. Chemistry **236.** PC13—PC14. März 1961. St. Louis, Mo., Washington Univ., Henry Shaw School of Bot. and Adolphus Busch III Labor. of Mol. Biol.) (Engl.)

Bei Unterss. über die Funktion von *Hydrogenase* (I) bei der H_2-Bldg. im Licht wurde eine lichtaktivierte I-Aktivität intakter *Rhodospirillum rubrum*-Zellsuspensionen mit Ferricyanid (II) als Elektronenacceptor beobachtet. In Ggw. von 0,025 mmol. II besteht eine starke Lichtabhängigkeit. Bei $>$ 0,04 mmol. II nimmt die Geschw. der H_2-Verwertung im Dunkeln zu, u. die aktivierende Wrkg. des Lichts wird weniger ausgeprägt. Bei 0,075 mmol. II ist Licht auf die Geschw. der H_2-Aufnahme ohne Einfluß. Ohne II verwerten Suspensionen intakter Zellen mol. H_2 weder im Licht noch im Dunkeln. Anscheinend wird durch Steigerung der II-Konz. im Dunkeln eine Permeabilitätsschranke überwunden, wobei Belichtung qual. ähnliche Wrkg. zeitigt. Für eine Lichtaktivierung der I-Wrkg. durch Permeabilitätsbeeinflussung sprechen auch Verss. mit Zellen, die mit einem kation. permeabilitätserhöhenden Detergent behandelt waren. Im Gegensatz zu unbehandelten Zellen zeigen 15 Min. mit Cetyltrimethylammoniumbromid (III) (250 μg/ml) inkubierte im Dunkeln u. in Ggw. von 0,0375 mmol. II hohe H_2-Verwertungs-Geschw. u. keine wesentliche Aktivitätssteigerung bei Belichtung. 2.4-Dinitrophenol (10^{-3} m) hemmt deutlich die lichtaktivierte I-Aktivität intakter Zellen, jedoch unwesentlich diejenige III-behandelter. Zellhüllen-Präpp. u. zellfreie Extrakte besitzen in Ggw. von 0,0375 mmol. II hohe I-Aktivität, die von Licht nicht beeinflußt wird. K. MAIER. 4210□

Über den Mechanismus der α-Ketoglutarsäureoxydation in Escherichia coli. L. P. Hager und H. L. Kornberg. (Biochem. J. **78.** 194—98. 1961. Oxford, Univ., Dep. of Biochem., Med. Res. Council Cell Metabolism Res. Unit.) (Engl.)

Unterss. mit zellfreien Extrakten (E) eines wilden Stammes (W) von *Escherichia coli* u. seiner *Bernsteinsäure*-Mangelmutante (M) auf ihre Fähigkeit, die Oxydation von *α-Ketoglutarsäure* (I) zu *Bernsteinsäure* (II) zu katalysieren, führten zu folgenden Ergebnissen: EW bewirkt im Gegensatz zu EM die Red. von *DPN* in Ggw. von I, *Thiaminpyrophosphat* (III) u. *Coenzym A*. Zusatz von EM zu EW bewirkt keine Änderung,

EM enthält also keinen Hemmstoff. Zusatz von EW zu einer III- u. $[Fe(CN)_6]^{3-}$-haltigen I-Lsg. bewirkt im Gegensatz zu EM eine dem Zusatz proportionale CO_2-Entwicklung. Ebenso findet nur in Ggw. von EW ein Isotopenaustausch zwischen ^{14}C-*Bicarbonat* u. I statt. Sowohl EW als auch EM enthalten *Bernsteinsäurethiokinase, Lipodehydrogenase* u. *Lipotranssuccinylase.* Die Ergebnisse zeigen, daß M über einige wesentliche Enzyme, die für die Oxydation von I zu II erforderlich sind, nicht verfügt (vgl. SANADI u. Mitarbeiter, C. **1960.** 5520). E. LODEMANN. 4210□

Ein Inhibitor der Succinoxydasereaktion aus Trypanosoma cruzi. W. N. Gerschanowitsch, N. W. Kusnetzowa und N. N. Bunina. (Биохимия [Biochemie] **26.** 323—31. März/April 1961. Moskau, Tarassewitsch-Kontroll-Inst. für medizin.-biolog. Präpp., Abt. für Antikrebs-Präpp.) (Russ., Auszug: Engl.)

In den Homogenaten von Trypanosoma cruzi ist ein Faktor enthalten, welcher die Aktivität der Succinatneotetrazoliumreduktase (I) in der normalen Leber u. im KROCKER-Sarkom herabsetzt. Dieser Faktor ist in einem weiten pH-Bereich (3,0—8,0) u. gegen Erhitzen beständig. Beim 20 Min. langen Erwärmen auf 100° wird die Aktivität nur um 10—20% gesenkt. Beim pH 2,0 u. 9,0 erfolgt eine teilweise Inaktivierung. Durch $(NH_4)_2SO_4$ in der Sättigung 0,3 wird der Faktor beim pH 4,6 quant. gefällt. Er ist auch wirksam gegenüber der Succinatcytochrom c-Reduktase u. DPNH-Cytochrom c-Reduktase, nicht wirksam gegenüber DPN-Diaphorase, Succindehydrase, Glutamicodehydrase, TPNH-Cytochrom-c-Reduktase u. Glucose-6-phosphodehydrase. Der Faktor ist entweder ein Eiweiß oder fest an Eiweiß gebunden. Die Inaktivierung der I konkurriert mit dem Prozeß gegenüber Succinat. Durch α-Tocopherol wird die inhibierende Wrkg. des Faktors auf die Succinatoxydation teilweise aufgehoben. Am wahrscheinlichsten ist die direkte Einw. des Faktors auf das Cytochrom b oder auf die Zwischenglieder bei der Elektronenübertragung vom Cytochrom b auf das Cytochrom c. Die Wrkg. des untersuchten Faktors aus Tr. cruzi hat große Ähnlichkeit mit der Wrkg. von Antimycin A; im Unterschied zu diesem bewirkt die Fraktion 0,3 des Faktors keine Veränderung der H^+-Übertragung vom Succinat auf das Ferrocyanid u. zeigt eine teilweise Inaktivierung unter dem Einfl. von α-Tocopherol. O. LEBTAG. 4210□

Die Enzyme der Brustdrüse. 2. Mitt. **Die Herstellung von Glucose-6-phosphatdehydrogenase.** G. R. Julian, R. G. Wolfe und F. J. Reithel. (J. biol. Chemistry **236.** 754—58. März 1961. Eugene, Oreg., Univ. of Oregon, Chem. Dep.) (Engl.) — 1. vgl. BAICH, J. biol. Chemistry **235.** [1960.] 3130.

Aus Rinderbrustdrüsenextrakt wurde durch 10^4fache Anreicherung *Glucose-6-phosphatdehydrogenase* krist. erhalten: A.- u. $(NH_4)_2SO_4$-Fraktionierung, Zn^{2+}-Fällung, Hydroxylapatitchromatographie, Entsalzung mittels Sephadex, Chromatographie an DEAE-Cellulose, Kristallisation (Ausbeute 2,9%). K. MAIER. 4210□

Abhängigkeit der periodischen Aktivierung und Hemmung der Monoaminoxydase durch aliphatische Verbindungen von der Kettenlänge. George C. Cotzias und James J. Greenough. (Nature [London] **185.** 384—85. 6/2. 1960. Upton, Long Island, N.Y., Brookhaven Nat. Labor., Med. Res. Center.) (Engl.)

Die *Monoaminoxydase* (I)-Aktivität von Leberhomogenaten wird mit *Tyramin* (II) u. *L-Norepinephrin* (III) als Substrat unter der Wrkg. von $1,5 \cdot 10^{-6}$m *geradkettigen aliphat. Alkoholen* verschiedener Kettenlänge untersucht. Danach aktivieren die C_1—C_3-Alkohole die I mit II als Substrat mit einem Maximum bei A. von ca. 125% der Kontrolle, es folgt eine Hemmung der I mit einem Minimum bei C_5 von ca. 18%, einem Maximum bei C_{10} von ca. 90%, Minimum bei C_{12} von ca. 40%; der C_{15}-Alkohol aktiviert wieder auf ca. 125%. Mit III als Substrat erfolgt ausschließlich Aktivierung mit einem Maximum bei C_6 von ca. 610%, einem Minimum bei C_9 von ca. 280% u. einem weiteren Maximum bei C_{11} von ca. 380%. Mit gefriergetrockneten Homogenaten erscheint nun mit III als Substrat eine Aktivierung (Maximum mit n-Butanol bei 125%), es folgt ein Minimum mit C_6 (vollständige Hemmung), dann ein Anstieg der Kurve bis C_{15} auf 110%. Mit II als Substrat erfolgt nur Hemmung mit Minima bei C_6—C_7 u. bei C_{12} von ca. 13%, u. einem Maximum bei C_{10} von ca. 45%. Vff. finden keine Erklärung für dieses Phänomen, die Ergebnisse anderer Autoren werden diskutiert. Bei analogen Unterss. mit *n-KW-Stoffen* wird mit den gasförmigen Verbb. ein qual. ähnlicher Verlauf wie bei den Alkoholen gefunden, mit den fl. KW-Stoffen tritt bei einigen Gliedern der Reihe unerklärlicherweise gar keine Modifizierung von I ein, in den Fällen, in denen eine solche eintritt, ist sie ähnlich ausgeprägt wie bei den Alkoholen. Die geradkettigen gesätt. Fettsäuren u. ihre Methylester zeigen keine Wirkung. H.-J. KOCH/Berlin. 4210□

Die Chinon-Aminosäuren-Komplexe und die Polyphenolase. Hanna Michałek und Ludmiła Szarkowska. (Acta biochim. polon. **6.** 399—409. 1959. Warszawa, Inst. Biochem. i Biofizyki PAN, Zaklad Chem. Fizjol.) (Engl.)

Die Komplex-Bldg. zwischen *p-Chinon* (I) u. 21 *Aminosäuren* (AS) wird unter Mitwrkg. der Polyphenolase *Laccase* (aus dem Pilz *Boletus badius*; II) im WARBURG-App. untersucht. Es wird beobachtet, daß zwischen I u. AS eine nichtenzymat. Sauerstoff-verbrauchende Rk. stattfindet. Chromatograph. u. spektralphotometr. wird festgestellt, daß bei der Rk. eine Red. des I zum *Hydrochinon* erfolgt. Bei Ggw. von II wird letztes wieder zum I oxydiert u. kann mit AS reagieren. H. STRUCK. 4210□

Untersuchungen über die Biosynthese von Pyridinnucleotiden. T. K. Sundaram, K. V. Rajagopalan, C. V. Pichappa und P. S. Sarma. (Biochem. J. **77.** 145—49. Okt. 1960.) (Engl.)

Bei Unterss. über die Biosynth. von Pyridinnucleotiden durch *Saccharomyces cerevisiae* u. *Leuconostoc mesenteroides* wird festgestellt, daß sowohl aus *Nicotinamid* als auch aus *Nicotinsäure* (I) *Diphosphorpyridinnucleotid* (II) gebildet wird. I wird von S. cerevisiae desamidiert. Aus den Ergebnissen läßt sich schließen, daß die Bldg. von II aus I bevorzugt ist. U. BAUMANN. 4210□

Der DPN^+/DPNH-Quotient in lebenden Hefezellen unter verschiedenen Bedingungen. Eberhard Hofmann (unter Mitarbeit von Hannelore Moskau und Renate Peschke). (Biochem. Z. **333.** 263—68. 1960. Berlin, Humboldt-Univ., Physiol.-chem. Inst.) (Dt.)

Der *Nicotinamidadenindinucleotid* (DPN)-Geh. aerob incubierter Bäckerhefe steigt bei Zusatz von $8 \cdot 10^{-4}$m *Nicotinsäureamid* (I) auf etwa das Doppelte. Das Verhältnis DPN:red. DPN (DPNH) bleibt in Ggw. von Substrat jedoch trotz des I-Einfl. konst. (ca. 2). Der Wert 2 besteht auch noch nach Verbrauch des Substrates [*Glucose* (II)]. Bei 2std. aerober Inkubation ohne II-Zusatz steigt das Verhältnis DPN:DPNH von anfangs ca. 3 auf ca. 8. *Jodacetat* (III) läßt die DPN-Konz. in Hefezellen in Ggw. u. auch Abwesenheit von II unbeeinflußt, führt jedoch zur Oxydation des DPNH: das Verhältnis DPN: DPNH ist nach 2std. Inkubation in Ggw. von 10^{-2}m III u. Abwesenheit von II 20 (gegenüber dem Kontrollwert von 6 in III-Abwesenheit); nach 20-Min.-Inkubation in Ggw. von 10^{-2}m III u. 1% II ist das Verhältnis DPN:DPNH 205 gegenüber dem Kontrollwert in III-Abwesenheit von 2,5. $2 \cdot 10^{-3}$m *Cyanid* läßt nach 2std. Inkubation in Abwesenheit von II u. nach 20 Min. Inkubation in Lsg. mit 1% II die DPN- u. auch die DPNH-Konz. unverändert. — Ein aus einer Trockenhefe hergestellter Macerationssaft enthält pro g Trockenhefe ca. 8 mg *Alkoholdehydrogenase* u. ca. 13—14 mg *Triosephosphatdehydrogenase* (unabhängig, ob ohne I oder in Ggw. von $1{,}4 \cdot 10^{-4}$m I vor der Trocknung der Hefe aerob 160 Min. in Suspension geschüttelt wurde). *Glycerin-1-phosphatdehydrogenase* (BARANOWSKI-Ferment) war in den Macerationssäften der mit u. ohne I-Voreinw. hergestellten Trockenhefe jeweils nur in Spuren nachweisbar. — Vf. folgert aus den Ergebnissen, daß die durch cytoplasmat. Dehydrogenasen katalysierten Rkk. als stationäre Zustände vorliegen, die von ihren thermodynam. Gleichgewichten entfernt sind. Er sieht keine Rechtfertigung der von HOLZER, SCHULTZ u. LYNEN (C. **1957.** 10522) sowie BÜCHER u. KLINGENBERG (C. **1959.** 13506) bzw. HOHORST, KREUZ u. BÜCHER (Biochem. Z. **332.** [1959.] 18) gemachten Annahme, daß die stationären Konzz. der Metabolitpaare A.-Acetaldehyd (Hefe) bzw. Lactat-Pyruvat (Leber) dem thermodynam. Gleichgewicht nahekommen u. damit ein starker Unterschied zwischen der Größe des analyt. bestimmten Verhältnisses DPN:DPNH u. des Verhältnisses DPN_{frei}:$DPNH_{frei}$ besteht.

S. DITTMANN-MITZSCHERLICH. 4210□

Elektrophorese von Ribonuclease und β-Lactoglobulin. Die isoelektrischen Punkte der Proteine. Lewis B. Barnett und Henry B. Bull. (Arch. Biochem. Biophysics **89.** 167—72. Aug. 1960. Iowa City, Iowa, Univ., Dep. of Biochem.) (Engl.) — Vgl. C. **1960.** 7199.

Es werden die elektrophoret. Beweglichkeiten von *Ribonuclease* u. *β-Lactoglobulin* in Abhängigkeit von Ionenstärke u. pH gemessen. Der isoelektr. Punkt nimmt mit steigender Ionenstärke ab. Weiter wird die Beweglichkeit mit der reinen Ladung (durch Ionenbindungsfähigkeit gemessen) der Proteine verglichen. Der Punkt 0 der reinen Ladung stimmt nicht mit dem isoelektr. Punkt überein u. divergiert um so mehr, je höher die Ionenstärke ist. Daraus wird geschlossen, daß nicht alle Ladungen in den Protein-Moll. elektrophoret. wirksam sind. H. STRUCK. 4210□

Differenzierung und Bestimmung von Adenosintri- und -diphosphat in Geweben und biologischen Flüssigkeiten durch eine pharmakologische Methode. Jeanne Levy, Nicole Mathieu und Estera Michel-Ber. (C. R. Séances Soc. Biol. Filiales **153.** 1137—40. 24/11. 1959. Paris, Fac. de Méd., Labor. de Mlle Jeanne Levy.) (Franz.)

Beschreibung einer pharmakolog. Meth. zur Best. von *Adenosintri-* u. *-diphosphat* in biolog. Material unter Benutzung der sofort einsetzenden (1.) inotropen Phase u. ihrer Wrkg. auf das isolierte Froschherz. K. MAIER. 4210□

Die Adenosintriphosphatase in verschiedenen Zellfraktionen des Gehirns. A. W. Palladin und O. W. Kirssenko. (Биохимия [Biochemie] **26.** 385—90. März/April 1961. Kiew, Inst. für Biochem. der Akad. der Wiss. der UkrainSSR.) (Russ.; Auszug: Engl.)

Mit Hilfe der Differentialzentrifugierung wurden die folgenden Fraktionen des Hirngewebes vom Kaninchen erhalten: Zellkerne (A), Mitochondrien (B), Mikrosomen (C), lösl. Stoffe (D). In allen Fraktionen konnte *Adenosintriphosphatase* (I) nachgewiesen werden (in γP/mg Eiweiß in 15 Min. bei 37°): A 19; B 29; C 47; D 2. Ca^{2+} u. Mg^{2+} zeigen eine verschiedene aktivierende Wrkg. auf die I der Fraktionen. Für die I-Aktivität in Ggw. von Ca^{2+} oder Mg^{2+} werden folgende Werte erhalten (in Klammer die Werte ohne Aktivator: A 29 bzw. 45 (13); B 26 bzw. 70 (23); C 35 bzw. 78 (15); D 4 bzw. 9 (4). Aus der Verschiedenheit der Wrkg. von Ca^{2+} u. Mg^{2+} auf die I-Aktivität in den verschiedenen Fraktionen schließen die Vff., daß die I in den verschiedenen Fraktionen verschiedene Eigg. aufweisen muß. O. LEBTAG. 4210□

Der Wirkungsmechanismus der Polynucleotidphosphorylase. L. A. Heppel, M. F. Singer und R. J. Hilmoe. (Ann. New York Acad. Sci. **81.** 635—44. 4/9. 1959. Bethesda, Md., Publ. Health Serv., Nat. Inst. of Arthritis and Metabolic Diseases.) (Engl.)

Übersichtsbericht über *Polynucleotidphosphorylase.* — 20 Literaturangaben. A. HESSE. 4210□

Über eine Adenosin-5-phosphatase in pflanzlichen Geweben. Nora Bargoni und Ada Luzzati. (Atti Acad. naz. Lincei, Rend., Cl. Sci. fisiche, mat. natur [8] **11.** 450—52. Dez. 1956. Torino, Univ., Ist. di Chim. biol.) (Ital.)

Vff. konnten in ruhenden Kotyledonen von *Amygdalus communis, Cannabis sativa* u. *Arachis hypogea* sowie in ruhenden u. keimenden Kotyledonen u. in Blättern u. Stengeln von *Phaseolus vulgaris* u. in *Aspergillus oryzae* eine die Rk. Adenosin-5-phosphat (I) → Adenosin + Phosphat katalysierende *Adenosin-5-phosphatase* (II) nachweisen u. isolieren. Die höchste II-Aktivität von allen Geweben fand sich in Blättern u. Stengeln, die niedrigste in ruhenden Kotyledonen von P. vulgaris. — Das aus A. oryzae erhaltene II-Präp. hat ein pH-Optimum von 6,1 u. benötigt eine optimale Temp. von 47°. Maximale Rk.-Geschw. wird bei einer I-Konz. von 0,011 m beobachtet; Mg^{2+}-Ionen (0,2 m) erhöhen leicht die Rk.-Geschw., Ca^{2+}-Ionen (0,1 m) wirken hemmend (30%ig. Hemmung), während Mn^{2+} sich indifferent verhält. Die II-Aktivität wird durch folgende Substanzen gehemmt: *Semicarbazid* (Konz.: 0,02 m; Grad der Hemmung: 15%), *NaF* (0,06; 36%), *Diäthyldithiocarbamat* (0,022 m; 22%), *Äthylendiamintetraacetat* (0,013 m; 62%) u. *Hydroxyäthylaminodiacetat* (0,022 m; 15%). — Die aus ruhenden Kotyledonen von A. communis erhaltene II zeigt ein pH-Optimum von 3,88; die für eine maximale Rk.-Geschw. benötigte Temp. beträgt 57°. Das 16 Std. gegen fließendes W. dialysierte II-Präp. verliert einen Großteil seiner Aktivität (41%). H. KOCKERT. 4210□

Hemmung der Phosphatase-Aktivität des Entzündungsgranuloms bei der Ratte durch Cortison. J. D. Romani, A. Quantius und G. Chirico. (C. R. Séances Soc. Biol. Filiales **150.** 1173—75. 18/11. 1956. Paris, Inst. Nat. d'Hygiène; Hôp. Laennec, Serv. d'Endocrinol.; Pavia, Italien, Inst. de Clin. méd. gén. et de Thérapeut.) (Franz.)

Vff. stellten fest, daß *Cortisonacetat*, als mikrokrist. Suspension subkutan an ♂ Ratten nach der Differenzierung der vasculofibroblast. Zone des Granuloms verabreicht, die *alkal. Phosphatase*-Aktivität der Fibroblasten hemmt u. parallel hierzu einen Stillstand der Differenzierung der kollagenen Fasern verursacht. H. KOCKERT. 4210□

Die Bestimmung von tartratinhibierter Phosphatase in Serum. K. Jacobsson. (Scand. J. clin. Lab. Invest. **12.** 367—80. 1960. Växjö, Schweden, Centrallasarettet, Clin. Labor.) (Engl.)

Zur Best. von *tartratinhibierter Phosphatase* in Serum wird eine Meth. beschrieben, die als chromogenes Substrat *p-Nitrophenylphosphat* (I) verwendet. Die Meth. wurde angewandt auf Sera von Patienten mit Prostatakrebs u. auf Sera, die mit gereinigter Prostataphosphatase versetzt wurden. Diese Verss. zeigen, daß bei der Phosphatase-Best. Phenylphosphat vorteilhaft durch I ersetzt werden kann. K. F. MÜLLER. 4210□

Über die erhöhte saure Serumphosphatase bei der Gaucher-Krankheit. B. Estborn und P.-O. Hillborg. (Scand. J. clin. Lab. Invest. **12.** 504—05. 1960. Stockholm, Karolinska Sjukhuset, Dep. of Clin. Biochem. u. Kronprinsessan Lovisas Barnsjukhus, Pediatric Dep.) (Engl.)

Es wird gezeigt, daß die erhöhte *saure Serumphosphatase* bei der GAUCHER-Krankheit nicht thrombocyt. Ursprungs ist. K. F. MÜLLER. 4210□

Hormonale Induktion der alkalischen Phosphatase in Gewebekulturen menschlicher Zellen. Rody P. Cox und Colin M. MacLeod. (Nature [London] **190.** 85—87.

1/4. 1961. Philadelphia, Pa., Univ. of Pennsylvania, School of Med., Dep. of Res. Med.) (Engl.)

Vff. beobachteten bei verschiedenen Linien menschlicher HeLa-Epithelzellen aus Gewebekulturen sehr große Unterschiede der Aktivität der *alkal. Phosphatase* (I). 2 HeLa-Linien (HENLE u. NIH), die keine konstitutive I enthielten, entwickelten in Ggw. von *Prednisolon* (II) deutliche I-Aktivität. II red. auch die Zellvermehrung u. steigert das Zell-Vol. u. den Proteingehalt. Die Aktivität der sauren Phosphatase bleibt, auf den Zell-N bezogen, konstant. Die I-Induktion ist unabhängig von der Phosphatkonzentration. H. LOHSCHELDER. 4210□

Über die Kinetik der Hydrolyse von Natriumphenylphosphat unter der Einwirkung von alkalischer Phosphatase. A. P. Bresstkin, N. W. Nowikowa, Je. G. Prokofjewa und N. I. Rshechina. (Биохимия [Biochemie] **26.** 266—75. März/April 1961. Leningrad, Sanit.-Hygien. Med. Inst., Lehrstuhl für anorg. Chemie.) (Russ.; Auszug: Engl.)

Verss. ergaben, daß die Geschw. der Hydrolyse von *Na-Phenylphosphat* (I) durch bas. *Phosphatase* (II) proportional der II-Konz. ist. Mit steigender I-Konz. nimmt die Hydrolyse-Geschw. zunächst zu, dann ab. Ausgehend von der Annahme, daß bei der I-Hydrolyse durch II der akt. Komplex FS u. der inakt. Komplex FS_{n+1} entsteht, wird eine Gleichung für die Kinetik der Rk. abgeleitet u. eine Meth. zur Best. der Konst. angegeben. Die mathemat. Auswertung der Vers.-Werte zeigt, daß die Zus. des inakt. Komplexes der Formel FS_4 entspricht. Die aus der Gleichung berechnete Rk.-Geschw. stimmt mit den experimentellen Werten gut überein. Durch Integrierung der kinet. Grundgleichung erhält man eine Gleichung für die Konz.-Änderung des Substrates mit fortschreitender Rk.-Dauer, die gut mit den Vers.-Werten übereinstimmt.
O. LEBTAG. 4210□

Hemmung der alkalischen Phosphataseaktivität des Knochens und des Knochenmarks durch ACTH bei der Ratte. A. Aschkenasy, V. Abitbol und M. Piette. (C. R. Séances Soc. Biol. Filiales **150.** 1168—70. 18/11. 1956. Paris, Centre de Rhumatol. de la Pitié.) (Franz.)

Vff. bestimmten die *alkal. Phosphatase* (I)-Aktivität in Knochen u. Knochenmark (Femur) von jungen ♀ Ratten, die entweder *Adrenocorticotropes Hormon* (*ACTH*) oder *Heparin* (II) oder beide Substanzen zu gleicher Zeit per injectionem erhalten hatten. — Bei den mit ACTH behandelten Tieren fand sich im Vgl. zu unbehandelten Kontrollen sowohl im Knochen als auch im Knochenmark ein signifikanter Abfall der I-Aktivität. Dieser Abfall wurde durch II kompensiert. H. KOCKERT. 4210□

Phosphoglucomutase, Phosphoribomutase und Phosphoglucoisomerase des Kabeljau (Lingcod)-Muskels. Gerard-B. Martin und H. L. A. Tarr. (Canad. J. Biochem. Physiol. **39.** 297—308. Febr. 1961. Vancouver, Canada, Technol. Stat., Fisheries Res. Board of Canada.) (Engl.)

Wss. Extrakte von Kabeljaumuskeln wurden mit $(NH_4)_2SO_4$ gesätt., die entstandene Proteinfraktion wurde gegen dest. W. dialysiert. Das so erhaltene Rohprod. besitzt eine merkliche Aktivität an *Phosphoglucomutase* (I), *Phosphoribomutase* (II) u. *Phosphoglucoisomerase* (III). Nach Erhitzen solcher Präpp. auf 55° u. Lyophilisierung konnte in der verbliebenen lösl. Proteinfraktion durch Chromatographie mittels Diäthylaminomethylcellulose (DEAE) u. Elution mit Trispuffer III von I u. II getrennt erhalten werden. Wegen der Instabilität der I- u. II-enthaltenden Fraktion mußten Unterss. über diese Enzymaktivitäten in der entsprechend verd. rohen $(NH_4)_2SO_4$-Fraktion durchgeführt werden. Hier war die Aktivität von I mindestens 100mal stärker als die von II. In Abwesenheit von Diphosphatestern waren I u. II inakt., wenn nicht α-D-Glucose-1.6-diphosphat, α-D-Ribofuranose oder Desoxyribose-1.5-diphosphat zugegeben wurde. Die Wrkg. von Mg^{2+}, Cystein u. 8-Hydroxychinolin auf I u. II waren deutlich verschieden. H. AMAN. 4210□

Die Rolle von Histidin in Phosphoglucomutase. Die Verwendung der „Geschwindigkeitsmethode" und der „Alles-oder-Nichts-Methode". William R. Ray jun., John J. Ruscica und D. E. Koshland jun. (J. Amer. chem. Soc. **82.** 4739—40. 5/9. 1960. Upton, N.Y., Brookhaven Nat. Labor.; New York City, N.Y., Rockefeller Inst.) (Engl.)

Die Verw. von chem. Modifikationen zum Nachw. u. Aufklärung „akt. Bezirke" von Enzymen (I) führt manchmal zu der Angabe, daß ein Rest „essentiell für die I-Wrkg." sei. Da jedoch oft eine Abnahme der Wrkg. um einen Faktor 20 schon als Inaktivierung angesprochen wird, scheint es besser, derartige Reste als „essentiell für native I-Wrkg." zu bezeichnen. Dementsprechend werden zwei verschiedene Unters.-Meth. für die durch Methylenblau katalysierte Photooxydation der *Phosphoglucomutase* (II) angewendet.

Einmal wird die I-Wrkg. in üblicher Weise an der Geschw. der Umwandlung von Glucose-1-phosphat (**III**) zu Glucose-6-phosphat (**IV**) untersucht; hierbei wird also die durchschnittliche Wirksamkeit aller vorhandenen I-Arten erfaßt („Geschw.-Meth."). Außerdem wird eine „Alles-oder-Nichts-Meth." eingeführt, bei der nur der überhaupt wirksame I-Bruchteil erfaßt wird; hierzu wird mit ^{32}P markierte **II** mit einem großen Überschuß von **III** (oder **IV**) incubiert, u. zwar während einer Zeit, die der intakten **II** mindestens 750 vollständige Umsätze erlaubt, so daß eine modifizierte **II**, die nur noch ca. $^1/_{200}$ ihrer ursprünglichen Aktivität besitzt, prakt. den gesamten ^{32}P verlieren muß. Man erhält so zwei verschieden geneigte Gerade für „% verbleibende Aktivität/Photooxydationszeit in Minuten". Für **II** betragen die Rk.-Konst. 1. Ordnung 0,96 min^{-1} bzw. 0,38 min^{-1}. Dieser deutliche Unterschied kann als Abhängigkeit der Aktivität von zwei Aminosäureresten X u. Y gedeutet werden, die unabhängig voneinander mit den Konst. 0,38 min^{-1} u. ca. 0,6 min^{-1} oxydiert werden. Wenn die Oxydation von X die **II**-Wrkg. um einen Faktor $>$200 herabsetzt u. die Oxydation von Y die **II**-Wrkg. in wesentlich kleinerem Ausmaß beeinflußt, ist die „Alles-oder-Nichts-Meth." empfindlich gegen die Oxydation von X, während die „Geschw.-Meth." empfindlich gegen Oxydation von X u. Y ist. — Die nähere Unters. führt (zusammen mit den Befunden von KOSHLAND, RAY u. ERWIN, Federat Proc. **17.** [1958.] 1145) zu dem Schluß, daß bei **II** die Photooxydation eines einzigen angreifbaren *Histidin*-Restes (nämlich Y) zur Verminderung der **II**-Wrkg. um einen Faktor von ca. 12 führt. A. HESSE. 4210□

Über die Glykolyse in der Retina. Camillo Lenti. (Atti Accad. naz. Lincei, Rend., Cl. Sci. fisiche, mat. natur. [8] **11.** 446—50. Dez. 1956. Torino, Univ., Ist. di Chim. biol.) (Ital.)

Vf. untersuchte den Einfl. von *Cozymase* (**I**), *Adenosinmonophosphat* (*AMP*), *Adenosindiphosphat* (*ADP*) u. *Adenosintriphosphat* (*ATP*) u. von Mg^{2+}-Ionen (**II**) auf die Bldg. von *Milchsäure* (**III**) aus *Glucose* (**IV**) bzw. *Glykogen* (**V**) in Extrakten von Kälbernetzhäuten. — Keine **III**-Bldg. wird bei Inkubation (37°) der Retinaextrakte mit **IV** bzw. **V** allein beobachtet; die größten **III**-Mengen werden in Ggw. von **IV, I, II**, ADP bzw. ATP gebildet. In Ggw. von AMP u. der übrigen vorst. genannten Substanzen ist die **III**-Bldg. wesentlich geringer, am geringsten in Ggw. von **V**. H. KOCKERT. 4210□

Fraktionierung der β-Glucosidasen von Aspergillus niger. C. R. Krishna Murti und B. A. Stone. (Biochem. J. **78.** 715—23. 1961. London, Univ. Coll., Biochem. Dep.) (Engl.)

Aus einem Enzymgemisch aus *Aspergillus niger* wurden die *β-Glucosidasen* durch Chromatographie (C) an Ca-Phosphat (A) u. Dowex 1 (B) u. Gradientelution gewonnen. Für die Best. der Aktivität der Fraktionen (F.) wurden folgende Substrate (S.) benutzt: *Cellubiose* (**I**), *Cellupentanose* (**II**), *Celludextrin* (**III**), *Na-Carboxymethylcellulose* (**IV**), in *Phosphorsäure* gequollene *Cellulose* (**V**), *Laminarin* (**VI**), *Lichenin* (**VII**) u. *Salicin* (**VIII**). CA u. CB ergaben zwei gut getrennte Peaks mit Aktivität gegen β-1.4-glucosid. Substrate u. außerdem F., die **VI**, nicht aber **III, IV** u. **V**, hydrolysierten. Einige dieser F. spalteten **I** u. **II**. **VII** wurde durch die CB-F. hydrolysiert, die **III, IV** u. **V** angriffen, **VIII** durch einige gegen **I** u. **II** akt. CB-Fraktionen. E. LODEMANN. 4210□

Untersuchung der Übertragung der Glucosylreste von Maltose in den Skelettmuskeln. N. F. Pissarenko und A. N. Petrowa. (Биохимия [Biochemie] **26.** 350—53. März/April 1961. Moskau, Bach-Inst. für Biochem. der Akad. der Wiss. der UdSSR.) (Russ.; Auszug: Engl.)

In Verss. mit aus Muskelextrakten gewonnenen Präpp. von *Transglykosylase* (**I**), welche die Übertragung der Glucosereste der Maltose (**II**) katalysiert, wurde die Abhängigkeit der **I**-Aktivität von der Incubations-Temp., dem pH u. der **II**-Menge untersucht. Als optimal erwiesen sich 50°, pH 4,8—5,0 u. 1—7% **II**. In Ggw. geringer **II**-Mengen (0,01—0,1%) zeigt **I** nur eine Maltasewirkung. In Ggw. großer **II**-Mengen (1—7%) beobachtet man neben der Spaltung von **II** eine Bldg. von Maltotriose.

O. LEBTAG. 4210□

Die Wirkung von Harnstoff gegenüber Amylasen verschiedenen Ursprungs. Bianca Rosenzweig und Lia Arnet. (Comun. Acad. Republ. Populare romîne **5.** 1473—79. Okt. 1955.) (Rum.)

Die Inhibitor-Wrkg., die *Harnstoff* (**I**) gegenüber *Amylase* aus Speichel, Pankreas oder Gerste zeigt, wird auf Denaturierung zurückgeführt. Bei 40° verlieren die tier. Amylasen unter dem Einfl. von **I** 70—75% ihrer Aktivität, bei 20° bleibt ihr Hydrolysiervermögen prakt. unverändert. Ein Zusatz von NaCl setzt die Inhibitor-Wrkg. von **I** deutlich herab, schwächer wirkt Na-K-Phosphatpuffer (**II**). Bei pflanzlicher Amylase tritt bei 40° Inaktivierung mit 30—36% **I** ein, bei 20° verschwindet die Inhibitor-Wrkg. des **I** nicht vollständig, NaCl ist ohne Einfl., **II** wirkt wie bei tier. Amylase.

R. K. MÜLLER. 4210□

Der Kohlenhydratstoffwechsel. Anne Beloff-Chain und F. Pocchiari. (Annu. Rev. Biochem. **29.** 295—346. 1960. Rome, Ist. Superiore di Sanità, Dep. of Biol. Chem.) (Engl.)

Übersicht (Sept. 1958 bis Aug. 1959). Polysaccharide u. Disaccharide (Stärke, Cellulose, Glykogen, Mucopolysaccharide, Glucane, Pektine, Übertragungs-Rkk. bei der Synth. glykosid. Bindungen, hydrolyt. Enzyme), Hexosen u. verwandte Verbb. (Stoffwechsel, Biosynth.), Pentosen (Stoffwechsel, Biosynth.), Glykolyse (Vork. glykolyt. Syst., PASTEUR-Effekt, glykolyt. Enzyme), Tricarbonsäurecyclus (Oxydation von Pyruvat u. α-Ketoglutarat, Enzyme des Cyclus, Stoffwechsel der Säuren des Cyclus u. verwandter Verbb.), Alternativwege des Kohlenhydratstoffwechsels (Pentosephosphatweg; Shikimisäure-Biosynth. aus Glucose; Glucuronsäureweg; ENTNER-DOUDOROFF-Weg; ein neuer Weg des Glucosestoffwechsel), CO_2-Assimilisation, Photosynth., Hormone (Insulin, Diabetes, Nebennierenhormone, Hypophysenhormone, Steroidhcrmone). — 368 Literaturangaben. K. MAIER. 4210□

Aktivierung von Glucuronidase: Enzymwirkung an einer Grenzfläche. Michael T. Ryan und C. A. Mavrides. (Science [Washington] **131.** 101—02. 8/1. 1960. Ottawa, Ontario, Canada, Univ., Fac. of Med., Dep. of Biochem.) (Engl.)

Bei der Hydrolyse von *Phenolphthaleinglucuronid* mit Bakterien-*β-Glucuronidase* in 0,075m Phosphatpuffer (pH 6,8) in Ggw. einer Chlf.-Schicht nimmt die Enzymaktivität mit steigender Größe der Grenzfläche zu. Die gleiche Aktivierung wird mit einer Chlf.-Emulsion beobachtet. Bei gleicher Grenzfläche bleibt die Aktivität vom Vol. des Chlf. unbeeinflußt. Danach findet sich die Enzym-Wrkg. in Bakterien vermutlich ausschließlich an den Lipid/W.-Grenzflächen. H.-J. KOCH/Berlin. 4210□

Alte und neue Vorstellungen über den Chemismus der Citronensäuregärung. U. Behnke. (Ernährungsforschung **6.** 29—34. 1961. Potsdam-Rehbrücke, Inst. für Ernährung.) (Dt.)

Zusammenfassender Überblick. — 86 Literaturangaben. M. ULMANN. 4210□

Die Hemmung von Fumarase und Äpfelsäuredehydrogenase durch DL-β-Fluoräpfelsäure. Alvin I. Krasna. (J. biol. Chemistry **236.** 749—53. März 1961. New York, N.Y., Columbia Univ., Coll. of Physicians and Surgeons, Dep. of Biochem.) (Engl.)

Die *erythro-* u. *threo*-Form von *DL-β-Fluoräpfelsäure* (**I**) wurden synthetisiert, jedoch war für die beiden erhaltenen Formen (**Ia, b**) noch keine Konfigurationszuordnung möglich. **I b** (opt. nicht rein) war kein Substrat von *Fumarase* (zellfreie *Proteus vulgaris*-Extrakte), sondern erwies sich als kompetitiver Inhibitor der Hin-Rk. (K_i, 0,033m, $2{,}8 \cdot 10^{-2}$) wie der Rück-Rk. (K_i, 0,025m, $3{,}6 \cdot 10^{-2}$): Malat (**II**) ⇌ Fumarat. Ebenso hemmte **I b** kompetitiv die durch *Äpfelsäuredehydrogenase* katalysierte Hin- u. Rück-Rk.: **II** ⇌ Oxalacetat [K_i (Hin-Rk.), $5 \cdot 10^{-4}$m, $1{,}6 \cdot 10^{-4}$]. $1{,}7 \cdot 10^{-3}$ m **I b** hemmte die Umwandlung von 0,02m L-**II** zu 78%, **I a** in gleicher Konz. zu 50%.

Versuche: *β-Fluoräpfelsäuredimethylester* (**III**), $C_6H_9FO_5$, $Kp._{18}$ 125—135°, aus *β*-Fluoroxalessigsäurediäthylester durch $NaBH_4$-Red. in CH_3OH. — *DL-β-Fluoräpfelsäure* aus 4,8 g vorst. Verb. durch Hydrolyse in konz. HCl–Eisessig bei Raumtemp., 3 Tage, Chromatographie des Eindampfrückstands an Silicagelsäule (15%ig. Butanol in Chlf., 35%ig. Butanol in Chlf.); Form **a**, F. 192—193°, 0,097 g, Form **b**, F. 172—174°, 1,31 g. Aus einer Fraktion $Kp._{18}$ 146—178° der **III**-Dest. durch Hydrolyse usw. nochmals 0,047 g **a** u. 0,375 g **b**. K. MAIER. 4210□

Atmungsintensität der Mitochondrien von etiolierten Erbsenpflanzen. Giorgio Forti und Giuseppina Testa. (Atti Accad. naz. Lincei, Rend., Cl. Sci. fisiche, mat. natur. [8] **11.** 468—73. Dez. 1956. Milano, Univ., Ist. Botan.) (Ital.)

Vff. stellten fest, daß Mitochondrien (M) von etiolierten Erbsenpflanzen (*Pisum sativum* var. Alaska) akt. die Substrate des KREBS-Cyclus (*α-Ketoglutarat, Glutamat, Malat, Citrat, Pyruvat*) u. *Glucose-6-phosphat* sowie *red. Glutathion* (**I**) oxydieren, u. zwar bleibt die starke Oxydationsfähigkeit längere Zeit (ca. 2½ Std.) bestehen, ohne daß eine Zugabe von *Tri-* oder *Diphosphopyridinnucleotid* (*TPN* bzw. *DPN*) notwendig wäre. Die Oxydation von **I** deutet auf das Vork. eines Transportweges *Pyridinnucleotide–Glutathion–Ascorbinsäure* in den M-Präpp. hin. H. KOCKERT. 4210□

Das Eingreifen von Biotin in die Abbaureaktion des Pyruvats durch Clostridium saccharobutyricum. Colette Delavier-Klutchko. (C. R. hebd. Séances Acad. Sci. **252.** 1681—83. 13/3. 1961. Paris, Serv. de Biochim., B, Inst. de Biol. physicochim.) (Franz.)

Der Einbau von $^{14}CO_2$ in *Pyruvat* durch Extrakte von *Clostridium saccharobutyricum* wird durch *Avidin* (**I**) weitgehend gehemmt. Diese Hemmung wird durch vorherige Inkubation von **I** mit *Biotin* (**II**) vermieden. Ein stimulierender Effekt von **II** wird nur unregelmäßig beobachtet. I hemmt auch die Dehydrogenierung des Pyruvats, wofür eine indirekte Wrkg. angenommen wird. H. LOHSCHELDER. 4210□

Hyaluronidase im Urin. G. M. Berlyne. (Nature [London] **185.** 389—90. 6/2. 1960. Manchester, Royal Infirmary, Dep. of Med.) (Engl.)

Die Meth. von GINETZINSKY (C. **1959.** 10637) zur Best. von *Hyaluronidase* (I) im Urin wird modifiziert, indem der Urin auf Grund von Leitfähigkeits-Best. durch Zusatz von NaCl u. KCl auf gleiche Ionen-Konz. gebracht wird u. die I-Aktivität viscosimetr. mit Hilfe von Standard-I-Präpp. aus einer Standardkurve bestimmt wird. Danach besteht im Gegensatz zu den Ergebnissen von GINETZINSKY (l. c.) kein Zusammenhang zwischen der I-Ausscheidung in Einheiten/Min. u. dem Harnfluß (ml/Min.). Es wird unter den Bedingungen einer Wasserdiurese u. einer durch Mannit induzierten osmot. Diurese keine Beziehung zwischen der I-Ausscheidung u. der von Na, K u. anderen osmot. akt. Substanzen gefunden. H.-J. KOCH/Berlin. 4210□

Darstellung von roher Hyaluronidase in Pulverform aus Sperma. Eugen Macovschi und Mioara Cârsteanu. (Comun. Acad. Republ. Populare romîne **5.** 1463—66. Okt. 1955.) (Rum.)

Aus Stier- u. Hengstsperma wird ungereinigte *Hyaluronidase* (I) durch Fällung mit Aceton u. Essigsäure erhalten. Man wäscht die Roh-I mit Aceton, dann mit A., trocknet an der Luft u. im Vakuum; das erhaltene farblose Pulver ist in W. u. in Sperma teilweise lösl., vollständig in den bei der künstlichen Insemination angewandten Lsgm., wie Eidotter mit Citratzusatz oder sterilisierter Milch. Aus 20 ml Stier- u. aus 400 ml Hengstsperma kann man ca. 1,5 g akt. I-Pulver erhalten. Das Pulver aus Stiersperma ist aktiver. In trockenem Zustand u. im Dunkeln bleiben beide Präpp. 60 Tage lang akt. u. zeigen 24 Std. lang gegenüber den Spermien keinen schädlichen Einfl., wenn dem Sperma eine Lsg. von I in den genannten Lsgm. zugegeben wird. R. K. MÜLLER. 4210□

Die Verteilung der Cholinesterasen im Gehirn des Affen Macaco rhesus. A. A. Pokrowski und L. G. Ponomarewa. (Биохимия [Biochemie] **26.** 276—80. März/April 1961. Moskau, Zentr. Forschungs- u. Kontrollinst. für Militärmedizin.) (Russ.; Auszug: Engl.)

In 30—50 Hirnrindenbereichen der großen Halbkugeln von Macaco rhesus wurden die Aktivitäten von *Butyryl* (I)- u. *Acetylcholinesterase* (II) untersucht. Die Aktivität von II ist danach 4—7mal höher als die von I. Die Verteilung der Aktivitäten von I u. II auf die verschiedenen Hirnbereiche (Kleinhirn, Zwischenhirn, Endhirn, Rhombencephalon) zeigt starke Verschiedenheiten der phylogenet. jungen u. alten Bereiche. Die höchste I- u. II-Aktivität beobachtet man im Bereich der Area olfactoria u. in den jungen Kernen des extrapyramidalen Syst., die geringste in der Großhirnrinde. In der motor. Zone der Hirnrinde ist der II-Geh. etwas höher als in der sensorischen. O. LEBTAG. 4210□

Glutaminase und Asparaginase in der Magenschleimhaut. Ju. Salesskaja, E. Martinsson und L. Tjachepyld. (Биохимия [Biochemie] **26.** 281—83. März/April 1961. Tartu, Univ., Lehrstuhl für Biochemie.) (Russ.; Auszug: Engl.)

Aus den Unterss. über die Aktivität der *Glutaminase* (I) in der Magenschleimhaut von Hunden u. Katzen ergibt sich eine mittlere I-Aktivität von 382 γ $N-NH_3$/g je 3 Std., die etwa die Hälfte des I-Wertes im Gehirn u. in der Leber beträgt. Die Bedeutung der I als eines Faktors der NH_3-Bldg. bei der Magensekretion geht daraus hervor, daß der I-Geh. in der kleinen Magenkrümmung am höchsten ist. Die Aktivität der *Asparaginase* ist wesentlich geringer als die I-Aktivität; sie ist sehr starken Schwankungen unterworfen u. fehlt mitunter ganz. O. LEBTAG. 4210□

Einfluß des Arginindihydrolasesystems auf die Proteinase-Biosynthese durch Streptococcus faecalis var. liquefaciens. Ronald E. Hartman und Leonard N. Zimmermann. (J. Bacteriol. **80.** 753—61. Dez. 1960. University Park, Pennsylvania State Univ., Dep. of Bacteriol.) (Engl.)

Vff. zeigen, daß die Aktivität des *Arginindihydrolase*-Syst. durch Entfernung des relativ leicht verfügbaren *Arginins* (I) aus dem Substrat das Ausmaß der *Proteinase* (II)-Biosynth. (möglicherweise auch der Protein-Synth.) von *Streptococcus faecalis var. liquefaciens* regelt. So wird durch zunehmenden I-Mangel die II-Synth. gehemmt, während sie nach erneuter I-Zugabe wieder einsetzt. Die Möglichkeit, daß Prodd. des I-Stoffwechsels (*CO_2, Citrullin, Ornithin, NH_3* oder *ATP*) für die Synth. von Bedeutung sind, wurde ausgeschlossen. Vorherige Bebrütung der Zellen in einem für die II-Synth. optimalen Medium hat ebenso wie ausreichendes I-Angebot in leicht verwertbarer Form (Peptid) erhöhte II-Bldg. zur Folge. H.-H. THIELE. 4210□

Reinigung und Eigenschaften des Serin aktivierenden Enzyms aus Rinderpankreas. Leslie T. Webster jun. und Earl W. Davie. (J. biol. Chemistry **236.** 479—84. Febr. 1961. Cleveland, Ohio, Western Reserve Univ., School of Med., Dep. of Biochem.) (Engl.)

Aus der überstehenden Fraktion eines Rinderpankreashomogenates konnte ein Enzym isoliert werden, daß die bei der Biosynth. von Proteinen erforderliche Carboxylaktivierung der Aminosäuren aus *L-Serin* (I) ausübt u. als „*serinaktivierendes Enzym*" (II) bezeichnet wird. II katalysiert eine Pyrophosphatspaltung von *Adenosintriphosphat* (ATP), die Bldg. eines Aminoacylhydroxamates u. die Übertragung von I auf lösl. Ribonucleinsäure. II wurde durch Fällungs-Rkk. auf ca. 90fachen Reinheitsgrad gebracht. Der Nachw. der II-Wrkg. erfolgte an der Bldg. von Hydroxamsäure (im Syst. II + I + $MgCl_2$ + ATP + Pyrophosphatase in Trispuffer bei pH 7,4 u. 37°) oder am Austausch von ^{32}P-Pyrophosphat in Ggw. von II + I + $MgCl_2$ + ATP bei 37° u. dem als optimal ermittelten pH 7,4. Zur Wrkg. sind Mg^{2+} oder Mn^{2+} erforderlich; ohne Einfl. sind Co^{2+} oder Ni^{2+}. Präinkubation mit $5 \cdot 10^{-5}$m p-Hydroxymercuribenzoat bewirkte 50% Hemmung, was auf Ggw. einer für die Aktivität wesentlichen SH-Gruppe hinweist. — Gereinigte II hat auch eine Wrkg. gegen Tryptophan u. gegen Glycyl-DL-serin (III), die auf Verunreinigung durch ein spezif. „*tryptophanaktivierendes Enzym*" bzw. auf Ggw. einer von Mg^{2+} abhängigen, III spaltenden *Peptidase* zurückgeführt werden konnte. Sämtliche untersuchten anderen Aminosäuren (darunter D-Serin) sowie o-Phospho-DL-serin u. DL-Alanyl-DL-serin waren inaktiv. — Bei Inkubation von $^{14}C_{(3)}$-DL-Serin mit ATP, $MgCl_2$, Pyrophosphatase u. hohen Konzz. an gereinigtem II wurden 2 Verbb. erhalten, von denen eine als *Seryladenylat* identifiziert wurde. A. HESSE. 4210□

Untersuchungen über milchkoagulierende Enzyme. 12. Mitt. Trübung der Ca-löslichen α-Caseinfraktion durch Rennin. Kunio Yamauchi und Tomokichi Tsugo. (J. agric. chem. Soc. Japan [Nippon Nōgei-Kagaku Kaishi] **33.** 957—61. 15/10. 1959. Tōkyō Daigaku, Nōgaku Bu, Nōgei Kagaku Kyōshitsu.) (Japan.) — 10. vgl. C. **1961.** 7617.

Zu 5 cm³ *Ca-lösl. α-Casein* (Protein-Konz. 0,4%) wurden 0,25 cm³ *Rennin* (I; 2 bis 200 μg/cm³)-Lsg. zugegeben u. bei 15—41° der Grad der hierbei entstehenden Trübung gemessen. Bei Zugabe von 5 μg I u. 35° erreicht die opt. Dichte nach 2 Std. ihren Höchstwert. Die Trübung des Substrats durch I wird durch Zusatz von Pferdeblutserum gehemmt. F. MOSSNER. 4210

Untersuchung der Kollagenasewirkung auf synthetische Substrate. K. T. Poroschin, T. D. Kosarenko, W. A. Schibnew und W. G. Debabow. (Биохимия [Biochemie] **26.** 244—48. März/April 1961. Moskau, Zelinsky-Inst. für organ. Chem. der Akad. der Wiss. der UdSSR.) (Russ.; Auszug: Engl.)

Untersucht wurde die Wrkg. der *Kollagenase* (I) auf die nachst. Carbobenzhydroxy (Cbbz)-Verbb. (ala = Alanin; glyc = Glycin; opro = Oxyprolin; pro = Prolin): *Cbbz-pro-ala-pro-OCH$_3$, Cbbz-pro-glyc-glyc-pro-OCH$_3$, Cbbz-ala-glyc-pro-OCH$_3$, Cbbz-ala-glyc-pro-NH$_2$, Cbbz-pro-ala-glyc-OCH$_3$, Cbbz-glyc-pro-ala-glyc-OCH$_3$, Cbbz-ala-glyc-pro-pro-OCH$_3$, Cbbz-ala-glyc-pro-opro-OCH$_3$, Cbbz-(glyc-pro-opro)$_2$-OCH$_3$, Cbbz-(glyc-pro-pro)$_2$-OCH$_3$, Cbbz-pro-glyc-glyc-glyc-pro-OCH$_3$, Cbbz-(glyc-pro-opro)-(glyc-pro-pro)$_2$-OCH$_3$, Cbbz-(glyc-pro-opro)$_2$-(glyc-pro-pro)$_2$-OCH$_3$, Cbbz-glyc-pro-opro-glyc-pro-OCH$_3$, Cbbz-(glyc-pro-pro)$_2$-OCH$_3$*. Vff. diskutieren die Strukturbesonderheiten der als I-Substrate auftretenden Peptide. Danach ist für die Wrkg. von I erforderlich, daß Iminosäuren vorliegen, daß diese andererseits mit anderen Aminosäuren verd. sein müssen. Dies geht u. a. daraus hervor, daß Cbbz-pro-glyc-glyc-glyc-pro-OCH_3 durch I gespalten wird, nicht jedoch Cbbz-pro-glyc-glyc-pro-OCH_3. O. LEBTAG. 4210□

Elastolysis. — Bemerkungen zu einigen Eigenschaften von durch Elektrophorese auf Stärkekolonne gereinigter Elastomucase und Elastoproteinase. W. A. Loeven. (Acta physiol. pharmacol. neerl. **9.** 473—500. 1960. Leyden, Netherlands Inst. for Prev. Med., Dep. of Chem. and Phys.) (Engl.)

Für die vom Vf. beschriebene Meth. (vgl. Acta physiol. pharmacol. neerl. **9.** [1960.] 44) zur Best. der *Elastase* (I)-Aktivität werden Standardbedingungen angegeben. Es wird der Einfl. von Inkubationszeit, Zustand des Substrats (rohes, säurebehandeltes, alkalibehandeltes Elastin verschiedener Partikelgröße) u. pH untersucht. Bes. bei säurebehandeltem Elastin tritt die mucolyt. Komponente von I stärker in Erscheinung (Freisetzung von Mucopolysacchariden). — Aus den Vers.-Ergebnissen läßt sich folgendes hypothet. Bild für die Elastinfasern entwickeln: Das Fasergerüst (Elastin) ist von einer Mucopolysaccharid (Mucoid)-ähnlichen Hülle umgeben, die einzelnen Fibrillen werden ebenfalls durch Mucopolysaccharide zusammengehalten. L. MACHER. 4210□

Systematische Untersuchung von Hefepilzen und hefeähnlichen Organismen auf Urease. Fernande Abadie. (C. R. hebd. Séances Acad. Sci. **252.** 2122—24. 5/4. 1961. Lyon Fac. des Sci., Labor. de Mycol. et Microbiol.) (Franz.)

240 Hefepilzstämme wurden nach der Meth. von DESBORDES u. Mitarbeiter [(Ann. Inst. Pasteur [5] **90.** [1956.] 665; 2% Harnstoff u. 0,02% Phenolrot als Indicator) auf

Vorliegen von *Urease* (I) untersucht. I fand sich nicht bei typ. Knospen- u. Sporenhefepilzen, war jedoch bei den rötlichen Hefepilzen u. bei sporenbildenden hefeähnlichen Organismen sowie bei Schizosaccharomyces vorhanden. H. Lohschelder. 4210□

Die fermentative Zersetzung des Harnstoffs im offenen System. A. G. Passynski und O. A. Wirowetz. (Биохимия [Biochemie] **26.** 332—37. März/April 1961. Moskau, Bach-Inst. für Biochem. der Akad. der Wiss. der UdSSR.) (Russ.; Auszug: Engl.)

Bei einem Wrkg.-Koeff. von 32,8% wurde die Zers. des *Harnstoffs* (I) in Ggw. von *Urease* (II) im offenen Syst. untersucht u. hierbei eine Abhängigkeit zwischen der stationären I-Konz. von den Überführungszahlen u. der Geschw.-Konst. der chem. Rk. festgestellt. Die aus den mitgeteilten Gleichungen errechneten Werte für die stationäre I-Konz. stimmen mit den experimentellen Werten bei verschiedenem II-Geh. gut überein. Die Übergänge zwischen den stationären Zuständen erfolgen ohne Maxima u. Minima. Dies erklärt sich daraus, daß das Syst. einkomponentig ist. Hierin unterscheidet sich das untersuchte Syst. von der früher von Passynski u. Blochina (vgl. C. **1957.** 10521) untersuchten fermentativen Oxydation der Ascorbinsäure. Die Inaktivierung der II durch $AgNO_3$ begünstigt die Rückkehr des Syst. zum ursprünglichen stationären Zustand oder die Annäherung an diesen, je nach dem Grad der Inaktivierung. Diese Inhibitor-Wrkg. ist spezif. für die offenen Systeme. O. Lebtag. 4210□

Die Biosynthese von Trimethylamin-N-oxyd. John Baker und Sterling Chaykin. (Biochim. biophysica Acta [Amsterdam] **41.** 548—50. 15/7. 1960. Davis, Calif., Univ. of California, Dep. of Biochem.) (Engl.)

^{14}C-Trimethylamin (I), hergestellt aus $H^{14}CHO$, wurde durch Schweineleberrohhomogenat, mitochondrienfreies Homogenat, Mikrosomen + Überstand enzymat. in *^{14}C-Trimethylaminoxyd* (II) übergeführt, während Mikrosomen u. Überstand allein nur sehr geringe Synth. bewirkten. Überstand diente als Cofaktorquelle u. konnte durch reduziertes Triphosphopyridinnucleotid (III) oder ein IIIred.-bildendes Syst. ersetzt werden. Da die Rk. O_2 benötigt, stammt der erforderliche O sehr wahrscheinlich aus O_2, nicht aus Wasser. II wurde nach Papierchromatographie autoradiograph. u. colorimetr., sowie nach Red. mit $TiCl_3$ als I identifiziert. K. Maier. 4210□

Die Enzyme einiger Elasmobranchier aus Bombay. 4. Mitt. Lipase von Scoliodon sorrokowah und Rhyncobatus djeddensis. D. V. Bal und D. S. Ghanekar. (Proc. Indian Acad. Sci., Sect. B **44.** 247—56. Nov. 1956. Bombay, Inst. of Sci., Dep. of Zool.) (Engl.)

Lipase (I; titrimetr. bestimmt nach Einw. bei 39° während 120 Min.) wird bei *Scolidon sorrokowah* u. bei *Rhyncobatus djeddensis* vornehmlich in Pankreas, Darm u. Magen gefunden, in mittleren Mengen in der Leber, in geringen Mengen in Milz u. Niere, wogegen Muskel u. Gehirn frei von I sind. Gute Extraktionsmittel für Pankreas-I sind wss. A. u. wss. Glycerin. — I des Magens wirkt optimal bei pH 5,0, I des Pankreas u. des Darmes bei pH 8,0; in Leber werden Optima bei pH 6,0 u. 8,0 gefunden; Milz u. Niere zeigen ihre geringe Wrkg. optimal bei pH 7—8,0. — Als Aktivatoren dienen $CaCl_2$ u. Gallensalze. — In Ggw. der Aktivatoren u. bei pH 8,5 wird folgende Reihe der Spaltbarkeit der Substrate gefunden: Rinderfett (100%) > Büffelfett > „Dalda"-Fett > Haifischleberöl > Olivenöl (61,7%) > Trimyristin (31,9%). A. Hesse. 4210□

β-Glucuronidase aus Säugetierleber für die Hydrolyse von Steroidkonjugaten. J. Darrel Smith und Alfred M. Bongiovanni. (Science [Washington] **131.** 101. 8/1. 1960. Philadelphia, Pa., Univ., Children's Hosp.) (Engl.)

Im Gegensatz zur Hydrolyse von *Phenolphthaleinglucuronid* mit Säugetierleber-*β-Glucuronidase* wird die von *17-Ketosteroid-* u. *Corticoidglucuroniden* nach der Extraktion mit Chlf. oder CCl_4 aus Urin durch die Ggw. der Lsgm. nicht gehemmt.

H.-J. Koch/Berlin. 4210□

Charakterisierung von endogenem Äthanol im Säugetier. I. Rosabelle McManus, Arthur O. Contag und Robert E. Olson. (Science [Washington] **131.** 102—03. 8/1. 1960. Pittsburgh, Pa., Univ., Graduate School of Public Health, Dep. of Biochem. and Nutrit.) (Engl.)

In ggf. vorher gefriergetrockneten Homogenaten verschiedener Säugetierorgane wird durch spektrophotometr. Messung der Red. von *Diphosphopyridiumudeotid* in Ggw. von krist. *Alkoholdehydrogenase* aus Hefe der Geh. an *A.* bestimmt. Die Spezifität der Meth. wird durch Ausschluß der Wirksamkeit anderer möglicher Substrate (quant. Wiedergewinnung von zugesetztem A. u. Vers. der Best. dieser Substrate nach der gleichen Meth.), durch die Charakterisierung des bei der Oxydation gebildeten Acetaldehyds mit Na-Nitroprussid u. Piperidin sowie durch Titration des nach der Dest. erhaltenen Acetaldehydbisulfit-Komplexes mit J_2 u. durch die papierchromatograph. Identifizierung des A. als 3.5-Dinitrobenzoat nachgewiesen. Die Herkunft des A. aus der Intestinal- u. Gewebebakterienflora wird dadurch ausgeschlossen, daß 3 Wochen lang mit einem 2% Succinylsulfathiazol enthaltenden vollsynthet. Futter ernährte Ratten gegenüber den Kontrollen gleiche A.-Geh. in der Leber aufweisen. Es werden in μMol A. pro 100 g Gewebe bzw. pro 100 ml Plasma folgende A.-Geh. bestimmt: Rattenleber 106 (nach synthet. Futter 119), Rattenplasma 49, Kaninchenleber 67, menschliche Leber 145, Rattenniere 23, Skelettmuskel der Ratte 38, Rattenherz 106. Lyophilisierte Rattenleber enthält Äthanolamin in Mengen, die die Best. nicht stören. Die Herkunft des A. aus Pyruvat wird dadurch bewiesen, daß nach der Bebrütung von Rattenleberschnitten in KREBS-RINGER-Lsg. (pH 7,4) in Ggw. von $^{14}C_{(2)}$-*Pyruvat*, anschließender Gefriertrocknung u. Isolierung als Äthyl-3.5-dinitrobenzoat prakt. alle Radioaktivität des eingesetzten Pyruvats im gebildeten A. wiedergefunden wird. H.-J. KOCH/Berlin. 4210□

Die Umwandlung von ^{14}C-markiertem Dihydroxyphenylalanin (Dopa) in Norepinephrin durch Rinder-Nebennierenmarkhomogenate. D. J. Demis, H. Blaschko und A. D. Welch. (J. Pharmacol. exp. Therapeut. **117.** 208–12. Juni 1956. New Haven, Conn., Yale Univ., School of Med., Dep. of Pharmacol.) (Engl.)

Unterss. über die enzymat. Umwandlung von $^{14}C_{(\alpha)}$-*DL-β-[3.4-Dihydroxyphenyl]-alanin* (**I**; *Dopa*) durch Rindernebennierenmarkhomogenate zeigen, daß **I** schnell unter Bldg. von markiertem *β-[3.4-Dihydroxyphenyl]-äthylamin* (**II**; *Dopamin*) decarboxyliert wird. Außerdem macht sich die Bldg. kleiner Mengen an radioakt. *Norepinephrin* (**III**) bemerkbar. — Vff. diskutieren den Weg der Umwandlung von **I** zu **III** über **II**.

Versuche: *Norepinephrin* (**III**)-*Deriv.* (Struktur nicht genau bekannt), $C_{26}H_{17}N_7O_{15}$, F. 110–112° (wss. A.), aus einer Lsg. von **III** in W. (das $NaHCO_3$ u. Spuren von Na_2SO_3 enthält) u. einer alkohol. Lsg. von 1-Fluor-2.4-dinitrobenzol; gelbe Kristalle. H. KOCKERT. 4210□

Die fermentative Oxydation von Adrenalin, Noradrenalin und Tyramin in Leber und Herz des Kaninchens. P. A. Kaliman. (Биохимия [Biochemie] **26.** 284–89. März/April 1961. Charkow, Med. Inst., Lehrstuhl für Biochemie.) (Russ.; Auszug: Engl.)

Die Unterss. über die Oxydation von *Adrenalin* (**I**), *Noradrenalin* (**II**) u. *Tyramin* (**III**) unter Beteiligung der *Monoaminooxydase* (**IV**) aus Leber- u. Herzhomogenat des Kaninchens ergaben, daß die Desaminierung von **III** rascher erfolgt als die von **II**; eine Desaminierung von **I** wird nicht beobachtet. In Verss. mit Herzhomogenaten ist der O_2-Verbrauch in Ggw. von Cyanid u. Semicarbazid bei der Inkubation von **I** am höchsten. Die **IV**-Aktivität gegenüber **III** ist in der Leber höher als im Herzen. Auf Grund der eigenen Ergebnisse u. der Literaturangaben kommt Vf. zu der Annahme, daß im Herzen ein metallhaltiges Ferment vorliegt, welches **I** nach Chinoidart oxydiert. Bei **II** ist dies nicht zu beobachten. O. LEBTAG. 4210□

Biogenese von 6-hydroxylierten Östrogenen im menschlichen Gewebe. H. Breuer, R. Knuppen, R. Ortlepp, Gerta Pangels und A. Puck. (Biochem. biophysica Acta [Amsterdam] **40.** 560–61. 3/6. 1960. Bonn-Venusberg, Chir. Univ.-Klinik, Chem. Abt.) (Engl.)

Für die Biogenese von 6-hydroxylierten Östrogenen sind 2 Stoffwechselwege möglich: a) die Umwandlung 6-hydroxylierter C_{19}-Steroide in die entsprechenden C_{18}-Steroide u. b) die direkte Hydroxylierung von *17β-Östradiol* (**I**). Zur Unters. des Synth.-Weges, der den Schritt a) enthält, wurde *6α-* oder *6β-Hydroxy-Δ⁴-androsten-3.17-dion* mit RYANS-Enzym aus menschlicher Placenta, ATP u. DPN 60 Min. bei 37° inkubiert. Nach papierchromatograph. Trennung ließen sich *6α-Hydroxyöstron* (**II**) bzw. *6β-Hydroxyöstron* (**III**) nachweisen. Es wird 4 mal mehr **II** gebildet als **III**. Die zweite Möglichkeit (b) wurde durch Inkubation von **I** mit fötalen Leberschnitten überprüft. Neben *Östriol* konnte auch *6α-Hydroxy-17β-östradiol* nachgewiesen werden. Bezüglich des **I**-Stoffwechsels verhalten sich menschliche fötale Lebern den Rattenlebern sehr ähnlich. L. LASCHET. 4210□

Untersuchungen über die Ausscheidung von Enzymen im Harn. E. Kemp und T. Laursen. (Scand. J. clin. Lab. Invest. **12.** 463–71. 1960. Copenhagen, Univ., Inst. for Exp. Med. and Dep. of Clin. Chem., Rigshosp.) (Engl.)

Die renale Ausscheidung der *Aldolase* (**I**), *Glutaminsäure-Oxalessigsäure-Transaminase* (**II**), *Glutaminsäure-Brenztraubensäure-Transaminase* u. *Milchsäuredehydrogenase* (**III**) wurde bei Kaninchen u. Katzen vor u. nach totaler Nierenischämie untersucht. Die Enzyme werden, wenn überhaupt, in sehr kleinen Mengen im normalen Harn ausgeschieden. Nach totaler Nierenischämie werden sie in verschiedenen Fällen ausgeschieden. Zwischen der Ausscheidung von **II** u. **I** einerseits u. der Serumaktivität dieser Enzyme u. dem Grad der Proteinurie andererseits wurde keine definitive Korrelation gefunden. Zwischen der **III**-Ausscheidung u. dem Grad der Proteinurie oder der Serumaktivität wurde keine Beziehung gefunden. K. F. MÜLLER. 4210□

Methanproduktion; Vergärung von Äthanol in Abwesenheit von CO_2 durch Methanobacillus omelianskii. A. T. Johns und H. A. Barker. (J. Bacteriol. **80.** 837—41. Dez. 1960. Berkeley, Calif., Univ. of California, Dep. of Biochem.) (Engl.)

Methanobacillus omelianskii wurde in synthet. Nährlsg., der A. zugegeben wurde, unter CO_2-Begasung gezüchtet, abzentrifugiert u. in der WARBURG-App. unter N_2-, H_2- oder O_2-Atmosphäre geschüttelt (1 ml Bakteriensuspension; 400 µmol. Phosphatpuffer pH 6,6; 10 µmol. A.; Gesamtvol. 2,0 ml; Mittelzylinder: 0,2 ml 20% ig. KOH). Es wird gezeigt, daß unter N_2-Atmosphäre in Abwesenheit von CO_2, Äthanol wie auch Acetaldehyd in Essigsäure u. H_2 überführt werden ($CH_3 \cdot CH_2OH + H_2O \rightarrow CH_3COO^- + H^+ + 2\,H_2$; $CH_3 \cdot CHO + H_2O \rightarrow CH_3COO^- + H^+ + H_2$). H_2- u. O_2-Atmosphäre hemmen diese Reaktion. In Ggw. von CO_2 erfolgt CH_4-Produktion ($2\,CH_3 \cdot CH_2 \cdot OH + CO_2 \rightarrow 2\,CH_3 \cdot COOH + CH_4$; $4\,CH_3 \cdot CHO + 2\,H_2O + CO_2 \rightarrow 4\,CH_3COOH + CH_4$).

HANS THIELE. 4270□

E_3. Mikrobiologie. Bakteriologie. Immunologie

Lichtstreuung von Suspensionslösungen von Mikroorganismen. 4. Mitt. Über den Lichtstreuungsquerschnitt kugliger Zellen. Shōzō Koga und Teruyuki Fujita. (J. agric. chem. Soc. Japan [Nippon Nōgei-Kagaku Kaishi] **33.** 941—46. 15/10. 1959. Tōkyō Daigaku, Ōyō Biseibutsu-Kenkyusho.) (Jap.)

Auf Grund von Messungen an *Saccharomyces cerevisiae, Rhodotorula glutinis* u. *Micrococcus sphaeroides* kommen Vff. zu dem Ergebnis, daß die Streuungsformeln von RAYLEIGH oder RAYLEIGH-GANS nicht ausreichen. Da die Brechung in den Zellen meist 1,38—1,41 beträgt, ist die Näherungsformel von HART-MONTROLL (VAN DE HULST) genauer.

F. MOSSNER. 4300

Über den Einfluß der γ-Strahlen auf Trockenkulturen von Milchsäurebakterien. A. G. Grinewitsch und Je. L. Pantjuchina. (Узбекский Биологический Журнал [Usbek. biol. J.] **1960.** Nr. 5. 3—10. Inst. für Botanik der Akad. der Wiss. der UsbekSSR.) (Russ.; Auszug: Usbek.)

Die durch Sublimation getrockneten Kulturen der Milchsäurebakterien (*Lactobacterium plantarum, L. breve, L. Buchneri*) zeigen keine wesentlichen Veränderungen ihrer morpholog. u. physiolog. Eigg. sowohl unmittelbar nach dem Trocknen als auch nach 6monatiger Lagerung bei niedrigen Temperaturen. Getrocknete Kulturen besitzen erhöhte Resistenz gegen die Wrkg. der γ-Strahlen u. erhalten ihre Lebensfähigkeit sogar bei Dosen von 500 000 r, wobei sich jedoch ihre fermentative Aktivität verändert. Dies äußert sich bei der heterofermentativen Gruppe *L. breve* bes. deutlich. Getrocknetes *L. breve* wechselt auf Luzerneagar seine Kolonien u. bildet runde Formen. Nach 6monatiger Lagerung der mit 500000 r bestrahlten Kultur von *L. breve* trat eine Reversion der Kokkenform zur ursprünglichen Stäbchenform ein bei völliger Herst. ihrer physiolog. u. biochem. Eigg. ein.

M. WROBLEWSKI. 4300□

Unausgeglichenes Wachstum und Absterben von Escherichia coli bei Thymin-Mangel und Ultraviolettbestrahlung. H. Okagaki, Yôko Tsubota und A. Sibatani. (J. Bacteriol. **80.** 762—70. Dez. 1960. Ube, Japan, Yamaguti Med. School, Cytochem. Labor.) (Engl.)

Escherichia coli Stamm 15 T. (COHEN) wurde mit *Chloramphenicol* oder *Casaminosäure*-Medium (OKAGAKI [1960]) behandelt, während 14—16 Std. bei 37° unter *Thymin* (**I**)-Mangel bebrütet wurde. In anderen Verss. wurde vor der Bebrütung im **I**-Mangelmedium UV bestrahlt. Als Folgeerscheinungen ließen sich der **I**-Mangel-Tod an Hand der Keimzahlabnahme u. ein unausgeglichenes Wachstum in Form einer Zunahme der protoplasmat. Masse der Bakterien ohne *Desoxyribonucleinsäure* (**II**)-Synth. unterscheiden. Beide Erscheinungen waren voneinander unabhängig beeinflußbar. Bei UV-Bestrahlung setzte die Keimzahlabnahme nach anfänglicher Erholung bei der Bebrütung in Nährlsg. im Augenblick der Regeneration der UV-gehemmten **II**-Synth. bzw. nach Beendigung des unkontrollierten Wachstums ein. Die Wachstumsstörung hat also offenbar nicht per se einen letalen Effekt. Weder der **I**-Mangel-Tod noch der sek. Tod UV-bestrahlter Coli-Keime ist demnach die direkte Folge des unausgeglichenen Wachstums.

HANS THIELE. 4310□

Biochemische Reaktionen während des Wachstums und der Sporulation von Bacillus cereus. Herbert M. Nakata und H. Orin Halvorson. (J. Bacteriol. **80.** 801—10. Dez. 1960. Urbana, Ill., Univ. of Illinois, Dep. of Microbiol.) (Engl.)

Vff. züchten *Bac. cereus* (Stamm T), der schnelles Wachstum u. simultane Sporulation aufweist, in einer Nährlsg. mit Glucose u. Ae.-extrahierten Hefeextrakt sowie weiteren Salzen u. versuchten u. a. die verschiedenen Änderungen in der Zus. des Mediums auf die jeweiligen Wachstumsphasen zu beziehen. Während des vegetativen Wachstums wurden aus der Glucose große Mengen von *Essigsäure* (**I**) u. *Brenztraubensäure* (**II**) produziert, was eine Senkung des pH-Werts zur Folge hatte. Nach dieser Phase begann die Sporulation, eingeleitet mit einer typ. Veränderung der Zellen im Vorsporenstadium. Mit beginnender Sporulation nimmt der **I**- u. **II**-Geh. des Kulturfiltrats schnell ab, womit der pH-Wert dann wieder ansteigt. Diese u. andere Ergebnisse lassen vermuten, daß eine der einleitenden Veränderungen mit beginnender Sporulation die Entstehung eines I-oxydierenden Syst. ist. Dieser Mechanismus scheint für die Sporulation in Glucosemedium von wesentlicher Bedeutung zu sein. — 28 Literaturangaben.

Hans Thiele. 4310□

Untersuchungen über tetracyclinresistente Stämme von Escherichia coli, von denen einer l-Histidin zum Wachstum benötigt. Arthur R. English. (Proc. Soc. exp. Biol. Red. **105.** 156—58. Okt. 1960. Maywood, N.J., Chas. Pfizer & Co., Bacteriol. Labor.) (Engl.)

Aus einem *Tetracyclin* (**I**)-sensitiven Elternstamm wurde ein **I**-resistenter Stamm gezüchtet, der speziell *l-Histidin* (**II**) zum Wachstum benötigt. 20 **I**-resistente Stämme aus klin. Material wachsen ohne **II**-Zugabe. **II** kann durch *Urocansäure*, *Imidazol* u. Derivv., *l-Histidinol* u. *l-Histidinal* nicht ersetzt werden. U. Baumann. 4310

Spezifität des Vitamin-B$_{12}$-Bedürfnisses gewisser mariner Bakterien. William A. Ayers. (J. Bacteriol. **80.** 744—52. Dez. 1960. New York, N.Y., Brooklyn Bot. Garden, R.F.D. 1; Ossining, Kitchawan Res. Labor.) (Engl.)

Vf. untersuchte an Hand von Auxanogrammen die Rk. von 21 marinen Bakterienstämmen aus den Gattungen: *Achromobacter*, *Brevibacterium*, *Pseudomonas*, *Micrococcus*, *Vibrio* u. *Flavobacterium*, auf verschiedene Analoge des Vitamin B$_{12}$, in denen die *5.6-Dimethylbenzimidazol*-Gruppe des *Cyanocobalamins* durch folgende Substituenten ersetzt war: *5-Hydroxybenzimidazol* (*Faktor I*); *5-Methylbenzimidazol*; *Benzimidazol*; *2-Methylmercaptoadenin*; *2-Methyladenin* (*Faktor A*); *Pseudovitamin B$_{12}$* (Adenin-substituiert; **I**); *Cobalaminphosphoribose* (**II**) u. *Faktor B* (**III**). Es ergaben sich 6 Spezifitätsgruppen, basierend auf der Fähigkeit zur Verwertung der Verbb. der *Pseudovitamin-B$_{12}$*-Gruppe oder des unvollständigen Vitamins. Die Kulturen schwankten in ihrer Spezifität zwischen dem Säugetiertyp, der lediglich die *Benzimidazol*-Analogen verwerten kann u. dem der *E. coli*-B$_{12}$-Mutante entsprechende Typ, der alle *Cobalamine* verwertet. Im allg. zeigten die *Benzimidazol*-Analogen für alle Stämme die größe Aktivität, gefolgt von *Methylmercapto*- u. *Methyladenin*-Analogen. **I**, **II** u. **III** waren gegenüber den meisten Stämmen schwach oder nicht aktiv. Die Pseudovitamine zeigten gegenüber manchen Kulturen Antivitamin-B$_{12}$-Wirkung. Außer 3 Stämmen kamen alle an Stelle des *Vitamin B$_{12}$* mit *Methionin* (**IV**) aus, wohingegen *Desoxyriboside* inaktiv waren. Ein Flavobacterium zeigte Rk. auf **IV**, nicht dagegen auf **I**, während **I** u. **IV** synergist. Wrkg. zeigten. Vermutlich kann **I** das *Vitamin B$_{12}$* nur in einer unbekannten Nebenfunktion ersetzen. Hans Thiele. 4310□

Wechselbeziehung zwischen Borrelia vincentii und einem diphtheroiden Keim der Mundhöhle. T. A. Nevin, E. G. Hampp und B. V. Duey. (J. Bacteriol. **80.** 783. Dez. 1960. Bethesda, Md., Nat. Inst. of Dental Res.) (Engl.)

Vff. zeigen, daß das Wachstum von *Borrelia vincentii* (Mundhöhlenspirochäte) durch die Ggw. eines diphteroiden Mundkeims stimuliert wird. Mit Hilfe einer auxanograph. Technik wurde eine Reihe von Verbb. u. anderen Keimen darauf untersucht, ob sie ähnliche Wrkg. haben. Lediglich *Acetylphosphat* (**I**) u. *Cocarboxylase* (**II**) zeigten deutliche Förderung des Spirochätenwachstums. Chromatograph. Unterss. zellfreier Extrakte des diphtheroiden Keims ergaben die Anwesenheit von **I**, nicht jedoch von **II**.

Hans Thiele. 4310□

Untersuchungen über filmbildende Hefe von Shōyu. 4. Mitt. Der Einfluß von oberflächenaktiven Stoffen auf die Filmbildung. Toshio Nakahama und Hirotsugu Imghara. (J. agric. chem. Soc. Japan [Nippon Nōgei-Kagaku Kaishi] **33.** 949—56. 15/10. 1959. Kyōto Furitsu Daigaku, Nōgaku-Bu.) (Jap.)

Die Film-Bldg. von *Zygosaccharomyces salsus*, gezüchtet in einem Medium mit 5 g *Glucose*, 0,5 g *Hefeextrakt*, 0,2 g KH_2PO_4 u. 0,1 g $MgSO_4 \cdot 7\ H_2O$ wird durch Zusatz von *NaCl*, *KCl*, NH_4Cl oder *Glucose*, *Saccharose*, *Lactose* gesteigert, durch Zusatz von *Tween*-Präpp. gehemmt. F. Mossner. 4310

Polysaccharide von Mycobacterium phlei. R. J. German, A. S. Jones und M. Nadarajah. (Nature [London] **189.** 1008—09. 25/3. 1961. Birmingham, Edgebaston, Univ., Chem. Dep.) (Engl.)

Suspensionen zerkleinerter Zellen von *Mycobacterium phlei* (M. p.) wurden bei pH 4 zentrifugiert u. die überstehende Fl. durch Gefriertrocknung eingeengt. Der durch

A. ausgefällte Nd. gab nach Zentrifugieren, Dialyse u. Gefriertrocknung rohes *Polysaccharid* mit $[\alpha]_D^{20}$ +164°. Dieses wurde mit Cetrimid u. Borat fraktioniert. Die Hauptfraktion (Fällung bei pH 9,5) erwies sich durch Hydrolyse, welche nur *Glucose* (I) lieferte, IR-Spektrum u. Färbung mit J als *Glykogen*. Die 4. Fraktion, die aus der überstehenden Fl. isoliert wurde, war heterogen (Elektrophorese) u. enthielt im Hydrolysat hauptsächlich *Arabinose* (II), weniger *Mannose* (III) u. I u. eine Spur *Ribose*. Der Geh. von 3% N wird der Ggw. von *Protein* u. wenig *Nucleinsäure* zugeschrieben. Das Protein konnte nicht abgetrennt werden. Wenn die M. p. in Ggw. von *Lactat* statt Glycerin gezüchtet wurden, konnte kein Glykogen nachgewiesen werden u. das isolierte Polysaccharid war der Fraktion 4 ähnlich. Es wurde durch Fällung mit A. in Ggw. von 0,01 m $ZnSO_4$ in 2 proteinhaltige Fraktionen (5 u. 6) getrennt. Der Nd. (Fraktion 5) wurde mit Säure hydrolysiert u. papierchromatograph. III u. I (im Verhältnis 5:1) nachgewiesen. Die Fraktion 6 aus der überstehenden Fl. enthielt II u. wenig III. Fraktion 5 gab mit FEHLING-Lsg. einen Nd., in dem nach Reinigung durch Dialyse III u. I (5:1) u. 0,96% N gefunden wurde. Wegen $[\alpha]_D^{20}$ +67° (W.) wird das Vorliegen eines *α-Glucomannans* angenommen. In der Ultrazentrifuge wurden 3 Komponenten festgestellt. H. LOHSCHELDER. 4315□

Mykoside, eine neue Klasse von artspezifischen Glykolipiden in Mycobakterien. Donald W. Smith, H. M. Randall, A. P. MacLennan und E. Lederer. (Nature [London] **186.** 887—88. 11/6. 1960.) (Engl.)

Die in früheren Arbeiten (NOLL, C. **1958.** 7173; SMITH u. Mitarbeiter, J. Bacteriol. **79.** [1960.] 217) aus den Lipiden von Mycobakterien isolierten Substanzen G_B, G_A u. J_{OW} sind *Glykolipide*, die charakterist. O-methylierte 6-Desoxyhexosen in der Glykosidkomponente enthalten. Sie sollen im folgenden mit Mykosid A, B bzw. C bezeichnet werden. *Mykosid A*, F. 105°, $[\alpha]_D^{20}$ −37° (Chlf.), enthält *2-O-Methylfucose*, *2-O-Methylrhamnose* u. *2.4-Di-O-methylrhamnose* u. als Lipidbestandteil das Mykocerosat eines aromat. Alkohols. *Mykosid B*: F. 25°, farbloses Wachs, $[\alpha]_D^{20}$ −22° (Chlf.). Enthält als einzigen Zucker *2-O-Methylrhamnose*. *Mykosid C* ist ein Peptidglykolipid, das chromatograph. aufgetrennt werden kann. Eine Fraktion von ihnen, $\sim C_{73}H_{133}N_5O_{24}$, $[\alpha]_D^{20}$ −31° (Chlf.) hat F. 200°, enthält wahrscheinlich 6-Desoxytalose, 3.4-Di-O-methylrhamnose u. 6-Desoxytalosemonomethyläther. — Die Pentapeptidkomponente enthält 1 Mol. D-Phenylalanin, 2 Moll. Allothreonin u. 2 Moll. D-Alanin. U. BAUMANN. 4315□

Aufnahme von Cholesterin durch Organismen mit Pleuropneumoniebakterien-Ähnlichkeit. Paul F. Smith und George H. Rothblat. (J. Bacteriol. **80.** 842—50. Dez. 1960. Philadelphia, Pa., Univ. of Pennsylvania, School of Med., Dep. of Microbiol.) (Engl.)

$^{14}C_{(4)}$-Cholesterin (I) wird durch ruhende u. wachsende Zellen von Organismen mit Pleuropneumoniebakterienähnlichkeit (O.Pl.) aus dem umgebenden Medium aufgenommen. Es wurde festgestellt, daß dieses Sterin lediglich in die nichtverseifbare Lipoidfraktion eingelagert wird, von der der größte Anteil auf die Zellmembran entfällt. Für dieses hauptsächliche Vork. in der Membran spricht u. a. die lyt. Wrkg. von *Digitonin* auf die Sterin enthaltenden Zellen. I wird irreversibel adsorbiert u. kann nur durch Lsgm.-Extraktion entfernt werden. Der anfängliche Adsorptionsprozeß hängt von verschiedenen Faktoren, wie Zeit, Temp., Zell-Konz. u. pH ab, wird jedoch durch Atmungsgifte sowie die Zerstörung der Proteinendgruppen an der Zelloberfläche nicht beeinträchtigt. Lediglich Steroide mit einer Seitenkette, wie sie das I besitzt, werden adsorbiert, die Adsorption ist also eine Funktion der $C_{(8)}$-Seitenkette. Die Sterinaufnahme ist für die O.Pl. relativ spezif., ebenso wie für einige L-Formen. Einige Bakterien u. osmot. labile L-Formen (z. B. Proteus 18 L) adsorbieren I in noch stärkerem Maße. HANS THIELE. 4315□

Die Bedeutung von Protein und Phospholipoiden für das Wachstum von Organismen mit Pleuropneumoniebakterien-Ähnlichkeit. Paul F. Smith und Janet E. Boughton. (J. Bacteriol. **80.** 851—60. Dez. 1960. Philadelphia, Pa., Univ. of Pennsylvania, School of Med., Dep. of Microbiol. and Temple Univ., School of Med., Dep. of Microbiol.) — Vgl. vorst. Referat.

Die Förderung des Wachstums von Organismen mit Pleuropneumonibakterienähnlichkeit durch Proteine scheint in Beziehung zu deren Fähigkeit zur Regulierung der *Cholesterin* (I)-Aufnahme durch diese Zellen zu stehen. Diese wachstumsfördernden Proteine neutralisieren nämlich die lyt. Wrkg. grenzflächenakt. Substanzen, jedoch besitzen auch nicht wachstumsfördernde Proteine diese Eigenschaft. Das Protein wird nicht durch die Zellen aufgenommen oder abgebaut. Die für das Wachstum erforderlichen grenzflächenakt. Substanzen wirken durch Vermittlung besserer Löslichkeit des I. Vff. beobachten eine gewisse Aufnahme von Natriumoleat durch die Zellen.

HANS THIELE. 4315□

Isolierung einer von Eremothecium ashbyii erzeugten, grün fluorescierenden Substanz. Toru Masuda. (Pharmac. Bull. [Tokyo] **4.** 71—72. Febr. 1956. Juso, Higashiyodogawa, Osaka. Res. Labor. Takeda Pharm. Ind. Ltd.) (Engl.) — Vgl. C. **1958.** 5998 u. nachst. Referat.

Vf. isolierte aus dem Mycel von *Eremothecium ashbyii* neben *Riboflavin, ATP* u. *FAD* eine auf dem Chromatogramm grün fluorescierende Substanz, *G-Substanz* (I). Aus den UV- u. IR-Spektren sowie aus der Tatsache, daß I beim Erhitzen mit n-NaOH Harnstoff ergibt, folgert Vf. die Existenz eines Pyrimidinringes in I.

Versuche: 40—60 Std. altes Mycel von *E. ashbyii* wurde bei 80° 15 Min. lang mit W. extrahiert, der Extrakt konz., mit $(NH_4) SO_4$ versetzt u. mit Phenol extrahiert. Nach Zusatz von Ae. zum phenol. Extrakt wurde die wss. Schicht eingeengt u. die resultierende Substanz über eine Cellulose- bzw. Florosilsäule mit Benzylalkohol bzw. Pyridin–W. gereinigt. *G-Substanz*, $C_{14}H_{18}N_4O_7$, F. 273—274° (Zers.). Aus verd. A. in hellgelben Nadeln; $[\alpha]_D^{20}$ —164°.

H. NÜRNBERGER. 4315□

Isolierung einiger neuer Substanzen aus Eremothecium ashbyii. Toru Masuda. (Pharmac. Bull. [Tokyo] **4.** 72—74. Febr. 1956. Juso, Higashiyodogawa, Osaka., Res. Labor. Takeda Pharm. Ind. Ltd.) (Engl.) — Vgl. vorst. Referat.

Vf. beschreibt die Isolierung zweier neuer Substanzen aus dem Mycel von *Eremothecium ashbyii.* Das bei der bereits (vgl. vorst. Ref.) beschriebenen Reinigung der G-Substanz (I) über eine Cellulosesäule anfallende wss. Eluat wurde eingeengt. Dabei schieden sich gelbe Nadeln ab, während I in Lsg. verblieb. $C_{11}H_{14}N_2O_5$ (II), F. 223—224° (Zers.), $[\alpha]_D^{18}$ —43,2°, UV-Spektrum λ_{max} 230, 270 u. 370 mμ. R_F in A.: Butanol: W. 15:50:35 0,34; in Benzylalkohol: W. 0,22. Positive Ninhydrin-Rk. u. Orangefärbung mit Dimethylaminobenzaldehyd. Aus dem wss. Auszug konnte weiter eine stark purpur fluorescierende Substanz isoliert werden (10 mg aus 10 kg Mycel). $C_{12}H_{17}N_4O_7$ (III), F. 239—243° (Zers.), $[\alpha]_D^{20}$ $\pm$0, farblose Nadeln aus heißem Wasser. Aus den UV- u. IR-Spektren u. der Harnstoff-Bldg. mit NaOH schließt Vf., daß **III** den B- u. C-Ring des Riboflavins (**IV**) besitzt. Der A-Ring des **IV** scheint I u. **III** zu fehlen. Es wird vermutet, daß es sich bei I, II u. III um Zwischenstufen der Bio-Synth. von **IV** handelt.

H. NÜRNBERGER. 4315□

Veränderungen von makromolekularen Komponenten bei Pseudomonas-P in verschieden alten Kulturen. Hiromi Mitsui, Yoshiharu Maruyama und Etsuko Yoshida. (J. Biochemistry [Tokyo] **48.** 236—41. Aug. 1960. Tokyo, Univ., Div. of Enzymol., Inst. of Appl. Microbiol.) (Engl.)

Durch Ultraschall hergestellte Extrakte von *Pseudomonas-P* zeigen elektrophoret. 7 Komponenten. Sie werden durch chem. Analyse u. spektrophotometr. als freie *Desoxyribonucleinsäure, Ribonucleinsäure, Ribonucleoprotein* (I), *cytochromreiche Proteinfraktion* (II) u. *Mucoprotein* erkannt. I ist in den Zellen der frühen logarhythm. Wachstumsphase stärker vorhanden als in den stationären Zellen, II verhält sich genau umgekehrt. Streptomycin vermag alle nucleinsäurehaltigen Fraktionen zu fällen.

H. STRUCK. 4315□

Addition der vollkommenen Verbrennung des exogenen Äthanols zu endogenen respiratorischen Oxydationen der Bäckerhefe. S. Iscaki und M. Pottier. (C. R. Séances Soc. Biol. Filiales **153.** 764—66. 30/9. 1959. Paris, Fac. des Sci., Labor. de Physiol. gén.) (Franz.)

Wenn die experimentellen Bedingungen eine vollkommene Verbrennung des *Äthanols* gestatten, verbraucht die Hefe durch Oxydation ihrer Traubenzuckerreserven das ihr gelieferte Äthanol. Die Oxydation des Äthanols fügt sich gänzlich den endogenen respirator. Oxydationen der Hefe ein.

W. F. EBEL. 4320□

Glucosylglycin- und Glycinstoffwechsel von Escherichia coli. Dexter Rogers, Tsoo E. King und Vernon H. Cheldelin. (J. Bacteriol. **80.** 787—93. Dez. 1960. Corvallis, Oreg., Oregon State Coll., Dep. of Chem. and Sci. Res. Inst.) (Engl.)

Vff. untersuchten an *Escherichia coli* die Beziehungen zwischen *N-Glucosylglycin* (I)- u. *Glycin* (II)-Stoffwechsel. Hierfür wurde u. a. *Glucosyl-^{14}C-glycinmethylester* verwendet. Es zeigte sich, daß I u. II in gleichem Maße die Bldg. von *4-Amino-5-imidazolcarboxamidribosid* (III) durch sulfadiazingehemmte E. coli-Kulturen steigern. Anhaltspunkte für eine Hydrolyse des I zu II u. eines störenden Einfl. des Glycylanteils des I auf die Überführung von II in CO_2 u. III wurden kaum gewonnen. Daher muß das I als Stoffwechsel-Prod. des II ohne direkte Beziehung zu den Purinen angesehen werden, das aber andererseits das endogene II vor dem Abbau schützt oder aber zur allg. Stoffwechselaktivität des Organismus beiträgt.

HANS THIELE. 4320□

Glucosylglycin-, Asparagin- und Glutaminstoffwechsel von Escherichia coli. Dexter Rogers. (J. Bacteriol. **80.** 794—800. Dez. 1960. Ann Arbor, Mich., Univ. of Michigan, Dep. of Biolog. Chem.) (Engl.) — Vgl. vorst. Referat.

Vf. studierte den *Asparagin* (**I**)- u. *Glutamin* (**II**)-Stoffwechsel an *Escherichia coli* u. stellte an Hand chromatograph. Analysen fest, daß *Glucosylglycin*-Zugabe zur Bldg. von *Glycyl*-**I** u. -**II** bzw. eines Peptids aus *Glycin, Asparaginsäure* u. *Glutaminsäure* führt, wenn mit einem zellfreien Extrakt aus *E. coli* bebrütet wird. Hans Thiele. 4320□

Über bactericide L-Glutaminsäurebildung aus Fumarsäure. 2. Mitt. **Über Hitzeschock und L-Glutaminsäureanreicherung.** Ryōhei Aoki, Yasuhiro Kondo, Toshinao Tsunoda und Tetsuo Ogawa. (J. agric. chem. Soc. Japan [Nippon Nōgei-Kagaku Kaishi] **33.** 927—31. 15/10. 1959. Aji-no-moto Chūō-Kankyūsho.) (Jap.)

Die *L-Glutaminsäure*-Bldg. durch den zum *Bacillus pumilus* gehörigen Stamm F_{6-1} 139, gezüchtet in 4 g *Fumarsäure*/100 cm³, 3 g *Glucose*, 0,1 g KH_2PO_4 0,02 g $MgSO_4 \cdot 7\,H_2O$, 0,008 g *Proteinhydrolysat* u. äquimol. Mengen NH_3–KOH, pH 7, wird stabilisiert durch 10 Min. langem Hitzeschock (60°) u. Überführung in folgendes Medium: *Fumarsäure* 1, *Glucose* 0,5, *Fleischextrakt* 1, *Pepton* 1, *Agar* 2 pH 7 durch NaOH. Wird diese Kultur nach Überimpfung 20 Min. lang auf 60° erhitzt, so findet dadurch eine Anreicherung von *L-Glutaminsäure* statt. F. Mossner. 4320

Über die Beziehung der Stickstoffixierung zur Atmung und zur oxydativen Phosphorylierung bei Azotobacter vinelandii. G. N. Saitzewa, A. I. Agatowa und A. N. Beloserski. (Биохимия [Biochemie] **26.** 338—49. März/April 1961. Moskau, Lomonossow-Univ., Fakultät für Biol. u. Bodenkunde.) (Russ.; Auszug: Engl.)

Die Verss. mit 24 Std. alten Kulturen von *Azotobacter vinelandii* ergaben, daß 10^{-6} bis 10^{-3} mol. Lsg. von *2.4-Dinitrophenol* ohne Einfl. auf die oxydierende Phosphorylierung, die Atmung u. die N-Fixierung sind. Bei Anwendung verschiedener Konzz. (10^{-7} bis 10^{-1} mol.) von NaN_3 oder *KOCN* (10^{-7} bis 10^{-2} mol.) zur Entkupplung der Phosphorylierung u. Atmung zeigt sich die gleiche Gesetzmäßigkeit: bei vollständiger Inhibierung der oxydierenden Phosphorylierung kann eine N-Fixierung stattfinden. Dies zeigt, daß zwischen der N-Fixierung u. der Energie der Phosphorylierung keine direkte Beziehung besteht. Röntgenstrahlen stören vor allem die oxydierende Phosphorylierung, unterdrücken wesentlich weniger die N-Fixierung u. sind fast ohne Einfl. auf die Atmung. Hierbei bleibt bei gehemmter Phosphorylierung eine starke N-Fixierung erhalten. *Chloramphenicol* ist in der Konz. 10^{-5} bis 10^{-3} mol fast ohne Einfl. auf die Atmung u. von nur schwachem Einfl. auf die Phosphorylierung. Durch $5 \cdot 10^{-4}$ bis 10^{-3} mol. **I** wird der Einbau von $^{15}NH_4^-$ in die Eiweißstoffe völlig unterdrückt. Diese völlige Unterdrückung der Eiweiß-Synth. bewirkt eine sek. Unterdrückung der N-Fixierung, weil die Prodd. der N-Fixierung nicht bei der Synth. von Eiweiß verwertet werden können Die Prozesse der Inhibierung von Atmung, N-Fixierung u. oxydierender Phosphorylierung sind in den Zellen von Az. vinelandii relativ unabhängig voneinander.

O. Lebtag. 4320□

Stoffwechsel von Aminen. 2. Mitt. **Die Oxydation natürlicher Polyamine durch Mycobacterium smegmatis.** U. Bachrach, Sarah Persky und S. Razin. (Biochem. J. **76.** 306—10. Aug. 1960. Jerusalem, Hebrew Univ.-Hadassah Med. School, Dep. of Clin. Microbiol.) (Engl.) — 1. vgl. C. **1959.** 16681 u. C. **1959.** 7178.

Spermin (**I**) u. *Spermidin* (**II**) wurden durch Suspensionen gewaschener Zellen von *Mycobacterium smegmatis* oxydiert, wobei Zugabe von **I** zum Kulturmedium die Oxydation steigerte. Bei der Oxydation von **I** durch gefriergetrocknete Zellen wurden **II**, γ-Aminobuttersäure (**III**), 1.3-Diaminopropan u. β-Alanin (**IV**) als Zwischenprodd. festgestellt. Zellen von *M. smegmatis* u. *Pseudomonas aeruginosa* bauen **III** u. **IV** ab durch Transaminierung unter Bldg. der Bernstein- u. Malonsäuresemialdehyde. Diese werden von gefriergetrockneten Zellen von M. smegmatis weiter oxydiert zu Succinat u. Malonat. Semicarbazid u. Isonicotinsäurehydrazid hemmen die Oxydation von I durch *M. smegmatis.* Dihydrostreptomycin beeinflußt nicht die Oxydation von Putrescin. Die Möglichkeit eines allg. Weges für den Abbau von **I** u. **II** durch Bakterien wird besprochen.

H. Aman. 4320□

Wechselbeziehungen zwischen Ribonucleinsäure- und Desoxyribonucleinsäurestoffwechsel während der Sporenkeimung. Carl R. Woese und John R. Forro. (J. Bacteriol. **80.** 811—17. Dez. 1960. New Haven, Conn.; Yale Univ., Dep. of Biophys.) (Engl.)

Während der Sporenkeimung unterscheidet sich der Nucleinsäurestoffwechsel wesentlich von dem der vegetativen Zelle von *Bac. subtilis.* Zur Messung der PO_4-Einlagerung in die Nucleinsäurefraktionen wurde $^{32}PO_4$ verwandt. Während der ersten 2 Std. der Keimung wird lediglich *Ribonucleinsäure* (I) synthetisiert u. erreicht schließlich den doppelten Ausgangsgehalt. Die *Desoxyribonucleinsäure* (II)-Synth. beginnt mit der 3. Std. u. fällt mit dem Anstieg der Trübung zusammen. I der Sporen ist während der Keimung labil. Die Verfolgung der $^{32}PO_4$ Einlagerung läßt erkennen, daß sich die gesamte I-Menge bis zum Einsetzen der II-Synth. in ständiger Umlagerung befindet. Mit dem Beginn der II-Synth. oder kurz danach wird die I-Synth. stark aktiviert. Ein ähnlicher Anstieg der II-Produktion fällt mit der 1. Zellteilung zusammen.

HANS THIELE. 4320□

Mikrobiologische Untersuchungen an erdölhaltigen Böden und mikrobielle Oxydation von Kohlenwasserstoffen. Elio M. Bonetti. (Ricerca sci. **26.** 779—802. März 1956. Milano, Univ., Ist. di Microbiol. generale e tecnica.) (Ital.; Auszug: Engl.) — 1. vgl. C. **1959.** 8009.

Vf. isolierte in Ggw. von *Phenanthren* (I) u. *Anthracen* (II) aus Anreicherungskulturen, die mit Bohrschlamm aus den Gas- u. Ölgruben der Po-Ebene sowie mit in Kontakt mit KW-Stoffen gebrachten u. anderen Böden bereitet wurden, 20 Mikroorganismen (genannt: Stamm 2, 3, 4, 6, 11 B, A, B, E, 9, 18, 14, 15, 5, 10, D, C, 7, 11, 16, 20), von denen die meisten in der Lage sind, I u. II als einzige C-Quelle zu verwerten; einige der isolierten Stämme verwerten auch noch *Octan, Dodecan, Hexadecan, Bzl., Toluol, o-, m-* u. *p-Xylol, Naphthalin* u. *Cholesterin*. Cyclohexan wird von keinem der getesteten Stämme verwertet. 2 der getesteten Stämme gehören zur Gruppe *Mycobacterium*, einer zur Gruppe *Nocardia*, 2 zur Gruppe *Achromobacter* u. 2 zur Gruppe *Flavobacterium*. Während die Mycobakterien sowohl aliphat. als auch aromat. KW-Stoffe verwerten, verstoffwechseln die übrigen Bakterienarten nur aromat. KW-Stoffe. — Die morpholog., biochem. u. anderen Eigg. der Mikrobenstämme werden eingehend beschrieben.

H. KOCKERT. 4320□

Über die Verwertung des Wasserhumus im Meer durch die Mikroorganismen. A. Je. Kriss und Je. M. Markianowitsch. (Микробиология [Mikrobiologie] **28.** 399 bis 406. Mai/Juni 1959. Moskau, Inst. für Mikrobiol. der Akad. der Wiss. der UdSSR.) (Russ.)

Heterotrophe Mikroorganismen (HMO), deren Zahl in verschiedenen Teilen u. Tiefen (0—2000 m) des Schwarzen Meeres zu verschiedenen Jahreszeiten zwischen 10 u. 10000/ml schwankt, zeigen in isolierten Proben nach 24 Std. eine bis 1000fache Vermehrung, die sich meistens auf 1 oder 2 Bakterienarten der Flora beschränkt. Bei weiterer Aufbewahrung fällt die Kurve ab, um bei einzelnen Arten später wieder anzusteigen. Diese Vermehrung der HMO, die von der Ggw. für die Mikroorganismen leicht spaltbarer organ. Stoffe abhängt, bestätigt die Annahme, daß sich während der Aufbewahrung der Proben durch bakterielle Fermente eine Umwandlung schwer spaltbarer Formen organ. Stoffe, namtentlich des Wasserhumus, der sich in allen Wasserschichten befindet, in leicht spaltbare vollzieht. Die folgende Wachstumshemmung hängt mit der Anhäufung tox. Stoffwechsel-Prodd. der HMO zusammen. Die Ergebnisse bestätigen, daß der Humus von Meeren u. Ozeanen in der gesamten Tiefe (bis zu einigen Tausend m) an der Berührungsfläche von Suspension u. W. so verändert wird, daß er durch die Mikroorganismen mineralisiert werden kann. I. v. KLOCH-KORNITZ. 4320□

Untersuchungen über die Hemmwirkung von kombinierten Konservierungsmitteln auf Saccharomyces cerevisiae. H. G. Osman und Afaf El-Mariah. (J. Amer. pharmac. Assoc., sci. Edit. **49.** 231—33. April 1960.) (Engl.)

Vff. ermittelten die Minimal-Konzz. (g/Liter) von verschiedenen Konservierungsmitteln, die bei *Saccharomyces cerevisiae* eine vollständige Hemmung des Wachstums herbeiführten: *HCOOH* (3,389 g/Liter), *Salicylsäure* (I; 1,256), *Benzoesäure* (0,358), *o-Chlorbenzoesäure* (1,550), *p-Chlorbenzoesäure* (0,069), *Sorbinsäure* (0,370), *Methylester* der *p-Hydroxybenzoesäure* (1,117), *Äthylester* (0,629), *Propylester* (0,234), *Butylester* (0,101), Na_2SO_3 (1,250) $NaHSO_3$ (1,250). Kombinationen dieser Konservierungsmittel ergaben, daß nur bei I ein potenzierender Hemmeffekt auftreten kann. Die Züchtung der Hefe erfolgte in festen u. fl. Kulturen mit 30 g *Glucose*, 8 g *Citronensäure*, 3 g $NH_4H_2PO_4$, 8,9 g $Na_2HPO_4 \cdot 12\,H_2O$, 0,1 g $CaCl_2$, 0,5 g $MgSO_4 \cdot 7\,H_2O$, 0,1 g *KCl*, 1,5 g *Difco-Pepton*, 1,5 g Difco-Hefeextrakt, auf 1 Liter W., pH 4, Temp. 30°. Die Best. der Menge u. der Wachstums-Geschw. der Hefe erfolgte spektrophotometrisch. B. GÖRLICH. 4330□

Untersuchungen zur Biosynthese des Actinomycins: die enzymatische Synthese des Phenoxazonchromophors. Herbert Weissbach und Edward Katz. (J. biol. Chemistry **236.** PC 16—PC 18. März 1961. Bethesda, Md., Nat., Insts. of Health, Nat. Heart Inst., Labor. of Clin. Biochem.) (Engl.)

Zellfreie Ultraschallextrakte (9000 *g*-Überstand) aus gewaschenem *Streptomyces antibioticus*-Mycel (48 Std.-Kultur) katalysieren die Bldg. von gelber *2-Aminophenoxazi-*

non-(3)-1.8-dicarbonsäure (O = 10, N = 9) aus 3-Hydroxyanthranilsäure bei Inkubation bei pH 5,3 in Wasser. Inkubation von 3-Hydroxykynurenin, o-Aminophenol, 4-Methyl-3-hydroxyanthranilsäure (II) u. deren Methylester als Substrate wurden ebenfalls in gelbgefärbte Prodd., wahrscheinlich mit Phenoxazonstruktur, übergeführt. Die aus II erhaltene Verb. ist nach den bisherigen Befunden mit *Actinocin, 2-Amino-4.5-dimethyl-phenoxazinon-(3)-1.8-dicarbonsäure* identisch. K. MAIER. 4340□

Bestimmung der Aminosäurezusammensetzung von Polymyxin M nach der Methode der Gegenlaufverteilung. A. Ss. Chochlow und Tschan-zin Tschi. (Биохимия [Biochemie] **26.** 296—99. März/April 1961. Moskau, Allunions Forschungsinst. für Antibiotica.) (Russ.; Auszug: Engl.)

Mit Hilfe der Meth. der Gegenstromverteilung der 2.4-Dinitrophenyl-Derivv. (vgl. CHOCHLOW u. TSCHAN-ZIN TSCHI, C. **1961.** 14779) wird nachgewiesen, daß das früher von CHOCHLOW u. Mitarbeitern beschriebene (vgl. C. **1960.** 14744) *Polymyxin M* (I) einen Leucinrest, 3 Threoninreste u. 6 Reste von $\alpha.\gamma$-Diaminobuttersäure enthält. Durch Anwendung eines differenzierten Verf. für die Aminosäuren der Leucingruppe wird festgestellt, daß in I nur n-Leucin (keine Leucinisomeren) vorliegt. O. LEBTAG. 4340□

Die Papierscheibchenmethode zur Bestimmung der bakteriellen Empfindlichkeit gegenüber Antibioticis. Untersuchungen über die Genauigkeit der Technik. H. Ericsson. (Scand. J. clin. Lab. Invest. **12.** 408—13. 1960. Stockholm, Karolinska Sjukhuset, Dep. of Clin. Bacteriol.) (Engl.)

Die in Schweden, Norwegen u. Finnland allg. angewandte Papierscheibchen-Meth. von ERICSON, HÖGMAN u. WICKMAN (Scand. J. clin. Lab. Invest. Suppl. **6.** [1954.] 11) zur quant. Best. der Empfindlichkeit von Bakterien gegenüber Antibioticis in der Therapie wurde einer statist. Analyse unterworfen u. die Genauigkeit der Kontrolltechnik geprüft. K. F. MÜLLER. 4340□

Die Papierscheibchenmethode zur Bestimmung der bakteriellen Empfindlichkeit gegenüber Antibioticis. Beziehung zwischen dem Durchmesser der Hemmungszone und der Hemmungsmindestkonzentration. H. Ericsson, G. Tunevall und K. Wickman. (Scand. J. clin. Lab. Invest. **12.** 414—22. 1960. Stockholm, Karolinska Sjukhuset, Dep. of Clin. Bacteriol. u. Central Bacteriol. Labor. of Stockholm City.) — Vgl. vorst. Referat.

Die Beziehung zwischen der Hemmungsmindest-Konz. von *Antibioticis* bei der Reihenverdünnungs-Meth. u. dem Durchmesser der Hemmungszone bei der Einzelscheiben-Meth. zur quant. Best. der bakteriellen Empfindlichkeit in der Therapie wurde für zugängliche Antibiotica bestimmt. Die Ergebnisse wurden einer statist. Analyse unterworfen. K. F. MÜLLER. 4340□

Bestimmung von Antibioticis in kleinen Flüssigkeitsmengen. H. Ericsson. (Scand. J. clin. Lab. Invest. **12.** 423—32. 1960. Stockholm, Karolinske Sjukhuset, Dep. of Clin. Bacteriology.) (Engl.) — Vgl. vorst. Referat.

Es wird eine einfache Scheibchen-Meth. zur Best. von Antibioticis in Körper-Fl. (die nicht mehr als 0,1 ml Fl. benötigt) beschrieben. Sie kann vor allem in der klin. Arbeit Verw. finden, um den Erfolg einer Antibioticatherapie zu bestimmen. K. F. MÜLLER. 4340□

Verwendung von Kristallviolett oder Brillantgrün für die Bestimmung von Salmonellen in Trockennahrungsmitteln. William R. North jun. (J. Bacteriol. **80.** 861. Dez. 1960. Washington, D.C.; U.S. Dep. of Health, Educ., and Welfare, Food and Drug Admin., Div. of Microbiol.) (Engl.)

Neben der Anreicherung von Salmonellen aus Trockennahrungsmitteln in Lactosebouillon hat sich die Anreicherung in Ggw. von 0,002% *Brillantgrün* (I) oder 0,004% *Kristallviolett* (II) bewährt. *Streptococcus lactis* wird in diesem Medium mindestens 48 Std. gehemmt. Sterile gelöste fettfreie Trockenmilch (100 g/Liter) mit 0,04% I wurde mit *Salmonella tennessee* beimpft (ca. 1 Keim/ml), 24 Std. bebrütet u. auf I-Agar ausgestrichen. *S. tennessee* konnte in großen Mengen nachgewiesen werden. Bei 0,07% I werden die Salmonellen 24 Std. gehemmt, wachsen aber nach 48 Std., während 0,1% I auch nach 72 Std. das Wachstum unterdrücken. 0,002% I u. 0,004% II bedingen jedoch prakt. keine Hemmung. Es empfiehlt sich, nicht direkt auf Agar auszustreichen, sondern vorher mit der Öse in Selenit-Cystin-Bouillon zu überimpfen oder aber in steriler gelöster Trockenmilch unter Zusatz von I oder II anzureichern. HANS THIELE. 4350□

Ultraviolett-Absorptionsspektren der Kapselpolysaccharide von Cryptococcen. H. H. Gadebusch und W. H. Starkweather. (Z. Naturforsch. **15b.** 620. Sept. 1960. Ann Arbor, Mich., Med. Res. Unit., Veterans Admin., Hosp.) (Engl.)

Die aus 14 verschiedenen serolog. Typen von *Cryptococcus neoformans* isolierten *Kapsel-Polysaccharide* (KP) wurden in wss. Lsg. mit dem *Schwefelsäure/Cystein-Reagens* von DISCHE u. SHETTLES (J. biol. Chemistry **175.** [1948.] 595) behandelt. Zur Differenzierung der KP wurden deren Adsorptionsspektren mit u. ohne Reagens gemessen. Man erhielt für alle Typen der KP ähnliche Spektren (Maxima bei 270 u. 380 mμ), so daß diese Meth. keine zusätzliche Möglichkeit zur serolog. Differenzierung der KP bietet. R. STRUFE. 4350

Ernährung, Stoffwechsel und Pathogenität von Mycoplasmaspecies. H. E. Adler und Moshé Shifrine. (Annu. Rev. Microbiol. **14.** 141—60. 1960. Davis, Calif., Univ. of California, School of Vet. Med.) (Engl.)

Übersicht (bis Jan. 1960). Ernährung, Stoffwechsel; Pathogenität; Mischinfektionen u. Stressfaktoren; Immun-Rk.; Isolierung u. Identifizierung von Mycoplasma; Chemotherapeutica. — 131 Literaturangaben. K. MAIER. 4350□

Ähnlichkeit von Peptiden in zwei aus einem Kaninchenantikörper durch Papain freigesetzten antigenkombinierenden Fragmenten. David Gitlin und Ezio Merler. (Nature [London] **190.** 634—35. 13/5. 1961. Boston, Mass., Children's Hosp. Med. Centre, Harvard Med. School, Dep. of Pediatr.) (Engl.)

Kaninchen-*Antikörper* gegen *Pneumococcus-Polysaccharid* Typ VII (P VII) wurden aus typspezif. Kaninchen-*γ-Globulin* durch Fällung mit homologem *Antigen* isoliert. Der mit 0,15 m NaCl gewaschene Nd. wurde als Suspension in einer Lsg. aus 0,1 m KCl, 0,01 m Cystein u. 0,002 m EDTA bei pH 7 mit *Papain* hydrolysiert. Nach 2 Tagen bei 2^0 wurde ein krist. Nd. (Fraktion III) abgetrennt, der Rest gegen dest. W. dialysiert u. an einer Carboxymethylcellulosesäule fraktioniert u. die Fraktionen I u. II gewonnen (vgl. PORTER, Biochem. J. **73.** [1959.] 119). In I u. II fand sich P VII. Die Fraktionen I—III wurden mit Perameisensäure oxydiert u. bei pH 8 mit *Chymotrypsin* (**I**) oder *Subtilisin* (**II**) hydrolysiert. Durch Papierelektrophorese bei pH 4,2, anschließende aufsteigende Chromatographie mit 2.4.6-Collidin/2.6-Lutidin/W. (Vol. 1:1:1) u. Entwickeln mit Ninhydrin wurden die Peptide aufgetrennt. In **I**-Hydrolysaten von Fraktion I u. II fanden sich ca. 35 Peptide, von III 50—55; in **II**-Hydrolysaten von I u. II 55—60, von III 70—75 Peptide. Auf 1 μMol I, II bzw. III wurden bei der **II**-Hydrolyse 60, 60 bzw. 90 μMol NaOH, bei der **I**-Hydrolyse 35, 35 bzw. 60 μMol NaOH verbraucht. Das Peptidverteilungsmuster für die Hydrolysate von I u. II erscheint weitgehend ident., während gegenüber dem von III markante Unterschiede vorliegen. Vff. nehmen an, daß zwei große Anteile (je ca. 1/3) der γ-Globulinkette, die beide eine mit Antigen kombinierende Stelle aufweisen, eine sehr ähnliche Peptidstruktur haben. H. LOHSCHELDER. 4370□

Die Veränderung der antigenen Brucellakomplexe unter dem Einfluß des Phagen. I. I. Dubrowskaja und N. N. Osstrowskaja. (Биохимия [Biochemie] **26.** 290—95. März/April 1961. Moskau, Gamaleja-Inst. für Epidemiol. u. Mikrobiol. der Akad. der med. Wiss. der UdSSR, Abt. Biochem. u. Labor. für Brucellose.) (Russ.; Auszug: Engl.)

Die aus dem virulenten Stamm Brucella abortus 146 unter der Einw. des Phagen erhaltene schwach virulente Variante 4 enthält wesentlich weniger durch Trichloressigsäure extrahierbare *Antigene* als die Ausgangskultur. Sie unterscheiden sich von den Antigenen des Stammes 146 durch einen erhöhten Geh an Polysacchariden (**I**), durch einen geringeren Geh. an Eiweißkomponenten u. dadurch, daß eine Tendenz zur Abnahme an solchen Antigenen besteht, die Nucleinsäuren enthalten. Das spezif. **I** der Variante enthält neben den in der Ausgangskultur vorkommenden Uronsäuren, Galaktose u. Glucose noch Arabinose, Xylose u. etwas weniger Ribose u. Rhamnose. Nach 6 Monate langer Aufbewahrung ist die Rhamnose nicht mehr nachweisbar. Im Eiweiß der Variante fehlen α-Aminobuttersäure, Lysin, Methionin u. Valin. Zusätzlich kommen darin Oxyprolin u. 2 nicht näher identifizierte Aminosäuren vor. Außer der Änderung der **I**-Komponente beobachtet man bei der Aufbewahrung des Antigenkomplexes der Variante keine wesentlichen Veränderungen. O. LEBTAG. 4370□

Auslösung einer lokalen Leukocytenreaktion durch Bakterienprodukte und ihre Beeinflußbarkeit durch Lipopolysaccharide. B. Ecklin. (Arch. int. Pharmacodynam. Thérap. **127.** 180—202. 1/8. 1960. Basel, Ciba AG., Pharmaceut. Abt.) (Dt.)

Beschreibung einer einfachen Meth. zur Auslösung u. quant. Erfassung von Leukocytenansammlungen, die durch lokale Injektion lebender u. abgetöteter Bakterien, sowie von Bakterienfraktionen ausgelöst werden können, in der Peritonealhöhle (weiße Maus). Die Stärke der lokalen Leukocyten-Rk. ist durch zusätzliche Behandlung des Tieres mit bakteriellem *Lipopolysaccharid* (**I**) beeinflußbar. Leukocytenansammlung wie Infektionsresistenz scheinen von einer bestimmten Rk. auf die gegebene **I**-Konzentrationsverhältnisse im Organismus abhängig zu sein. K. MAIER. 4370□

Genetische Wechselwirkung bei der Vermehrung bakterieller Viren. Gunther S. Stent. (Advances Virus Res. **5.** 95—149. 1958. Berkeley, Calif., Univ. of California, Virus Labor.) (Engl.)

Übersicht. Inaktivierung durch Bestrahlung: ^{32}P-Zerfall, Röntgenstrahlen, UV, Überkreuzreaktivierung, Bestrahlungsempfindlichkeit des Phagenvermehrungsvermögens: UV, Röntgenstrahlen, ^{32}P-Zerfall, Lost, Verh. während Phagen-Entw., Cytologie phageninfizierter Bakterien, Vermehrungsvermögen UV-behandelter Phagen; LURIA-LATARJET-Vers.; genet. Rekombination; Mechanismus der Desoxyribonucleinsäurevermehrung. — 138 Literaturangaben. K. MAIER. 4374□

Das vererbbare Virus von Drosophila. Ph. L'Héritier. (Advances Virus Res. **5.** 195—245. 1958. Gif-sur-Yvette, France, Centre nat. de la recherche scient., Labor. de Génét. formelle.) (Engl.)

Übersicht. Virus σ (Ursache der CO_2-Empfindlichkeit von Drosophila) in vitro: Extraktions-Meth., Best. des Virustiters, Größe, σ im Drosophilawirt; σ als Mutationseinheit; Wrkg. von Temp.-Erhöhung auf die Wirtvirus-Beziehungen. — 51 Literaturangaben. K. MAIER. 4374□

Reaktivierung von mit Quecksilber inaktiviertem Vaccine-Virus. Colin Kaplan. (Nature [London] **184.** 1074. 3/10. 1959. Elstree, Lister Inst. of Preventive Medicine.) (Engl.)

Durch *$HgCl_2$* (2,5—10 ppm) inaktiviertes *Vaccinevirus* läßt sich durch Inkubation mit *Cystein* oder *Thioglykolsäure* reaktivieren. Hochgereinigtes Virus ist gegen *$HgCl_2$* bes. empfindlich. Nimmt man die Behandlung von *Vaccinevirus* in Gewebekulturen mit *Thiomersalat* oder mit *Phenylmercuriborat* vor, so verläuft die Inaktivierung im Vgl. zu *$HgCl_2$* langsamer, jedoch irreversibel. Es wird angenommen, daß durch *Quecksilber*-Verbb. diejenigen an der Virusoberfläche befindlichen SH-Gruppen inaktiviert werden, durch die eine Verb. zwischen Virus u. Wirt hergestellt wird. R. STRUFE. 4374

Wirkung von Nitroacridin 3663 auf die Synthese von Desoxyribonucleinsäure und die Vermehrung von T_2-Phagen. G. Dénes und L. Polgár. (Nature [London] **185.** 386. 6/2. 1960. Budapest, Univ., Inst. of Med. Chem.) (Engl.)

In mit T_2-Phagen infizierten Kulturen von *Escherichia coli* Stamm B wird die Synth. der Phagen durch „Nitroacridin 3663" (**I**; vgl. SCHNITZER u. SILBERSTEIN, Z. Hyg. Infektionskrankh. **109.** [1929.] 519) in Konzz. von 0,05—0,15 kg/ml gehemmt, ohne daß die Vermehrung der Wirtszelle beeinflußt wird. Eine Hemmung der *Desoxyribonucleinsäure* (**II**) der Phagen tritt erst bei höheren **I**-Konzz. auf, bei denen in gleichem Maße auch die Entw. der Wirtszelle inhibiert wird. Danach werden Phagen-**I** u. Phagenprotein an verschiedenen Stellen der Wirtszelle synthetisiert u. eine Bindung von **I** an **II** tritt leichter bei der strukturlosen Phagen-**II** als bei den Nucleoproteiden des Wirts ein. Die bei höheren **I**-Konzz. eintretende Hemmung der E. coli-Entw. beruht wahrscheinlich ebenso wie die der Phagen-Synth. auf einer Hemmung der **II**-Synthese.
H.-J. KOCH/Berlin. 4374□

Der Einbau tritiummarkierten Thymidins in den Makrokern von Stentor coeruleus. E. Guttes und S. Guttes. (Exp. Cell Res. **19.** 626—28. April 1960. Madison, Wis., Univ. of Wisconsin, Med. School, McArdle Mem. Labor.) (Engl.)

Die unmittelbar nach der Zellteilung von *S. coeruleus* im Makronucleus einsetzende *Desoxyribonucleinsäure* (**I**)-Synth. umfaßt mindestens 90% der ca. 24—30 Std. dauernden Interphase, wenn die Ciliatenzellen reichlich mit Flagellaten u. kleinen Ciliaten ernährt werden. 3 Std. Inkubation von Zellen verschiedener Stadien der Interphase mit *^3H-Thymidin* (**II**) u. anschließende autoradiograph. Unters. ergaben während der gesamten Interphase starken **II**-Einbau in **I**. Ein organisierter Fortgang in bestimmter Richtung der **I**-Synth. innerhalb des Makronucleus wurde bei *Stenter*, im Unterschied zum *Euplotes*-Makrokern, nicht festgestellt. K. MAIER. 4380□

E_4. Pflanzenchemie. Pflanzenphysiologie. Pflanzenpathologie

Über die Aufnahme von ^{32}P durch die Blätter mit 3-Amino-1.2.4-triazol behandelter Oryza sativa im Licht. Suong Nguyen-Thi. (C. R. hebd. Séances Acad. Sci. **252.** 1996—98. 27/3. 1961. Gif-sur-Yvette, Seine-et-Oise, Labor. de Photosynth. du C.N.R.S.) (Franz.)

Zur Nähr-Lsg. zwei Monate alter Reispflanzen (*Oryza sativa* L., Varietät BALILLA) wurde *3-Amino-1.2.4-triazol* (**I**; 1 mg/Liter) gegeben u. später Anteile der entfärbten Blätter, sowie unbehandelte Kontrollen der Einw. von *^{32}P-Phosphat*-Lsg. (pH 6) ausgesetzt u. 1—30 Min. belichtet. Nach Kochen in 80%ig. Methanol wurde mit sd. 20%ig. Methanol extrahiert, die lösl. Substanzen papierchromatograph. getrennt u. die Radioaktivität der Eluate bestimmt. Die gesamte Radioaktivität ist nach 1 Min. bei den **I**-behandelten größer als bei den Kontrollen, nach 15 Min. langer Belichtung verschwinden die Unterschiede. Die Radioaktivität von *Adenosindiphosphat*, *Zuckerdiphosphaten* u. *Glucosemonophosphaten* ist auch nach 30 Min. noch erhöht, während die von *Phosphoglycerin*-

säure u. *Phosphoenolbrenztraubensäure* stark erniedrigt ist. Die Bldg. von *Adenosintriphosphat* ist nach kurzer Bestrahlung erhöht u. nach 30 Min. normal.
H. LOHSCHELDER. 4404□

Der Einfluß längerer Lagerung bei konstanter tiefer Temperatur auf Kälteresistenz und Kohlenhydratreserven von Alfalfa und Medium-Rotklee. G. A. Jung und Dale Smith. (Plant Physiol. **35.** 123—25. Jan. 1960. Madison, Univ. of Wisconsin, Dep. of Agronomy.) (Engl.)

Bei Lagerung bei —2° nahm der %-Geh. des verfügbaren Gesamtkohlenhydrat-Geh. (G) in Alfalfa u. Rotklee (Typ Medium; Ernte November) langsam ab. Bei dieser Temp. bestand in beiden Fällen eine ausgeprägte Kälteresistenz, bis G eine Höhe von ca. 14—16% des Trockengewichts erreichte, die dann abzunehmen begann. Dieser Punkt wurde bei Rotklee wegen des niedrigeren Anfangskohlenhydrat-Geh. rascher als bei Alfalfa erreicht. K. MAIER. 4404□

Säuren und Zucker in Eugenia jambolana. Y. S. Lewis, C. T. Dwarakanath und D. S. Johar. (J. sci. ind. Res. [New Delhi], Sect. C **15.** 280—81. Dez. 1956. Mysore, Centr. Food Techn. Res. Inst.)

Mittels vertikaler Papierchromatographie (Butanol:Eisessig:W., Bromkresolgrün als Entwickler) wurde *Äpfelsäure* im Saft der Javapflaume nachgewiesen u. zu 0,59% bestimmt. An Zuckern wurde *Fructose* u. *Glucose* nachgewiesen, jedoch keine Spur von *Saccharose* gefunden. P. TEICHGRÄBER. 4420□

Über einige schwer hydrolysierbare Flavonoside (Scoparosid, Cytisosid und Aphloiosid). René-Raymond Paris und Ali Stambouli. (C. R. hebd. Séances Acad. Sci. **252.** 1659—61. 13/3. 1961. Paris, Fac. de Pharm., Labor. de Matière méd.) (Franz.)

Hydrolyse-Verss. mit Säuren verschiedener Konz. erwiesen sich bei *Scoparosid* erfolglos. Nach Verss. mit wss. KOH konnten *Phloroglucin* (I) u. *Acetovanillon* (II) nachgewiesen werden. Durch Alkalischmelze (2 Min. bei 240°) entsteht mehr I u. *Vanillinsäure* auf Kosten von II. Alkalischmelze 5 Min. bei 240° u. 10 Min. bei 280° ergibt fast nur I u. *Protocatechusäure*. Als Struktur für Scoparosid wird die eines *8-Glykosyl-3'-methylluteolin* angenommen. *Cytisosid* liefert mit KOH I u. *p-Hydroxybenzoesäure*. Die UV- u. IR-Spektren liegen nahe denen des Acacetols (4-Methylapigenin). Es wird auf Vorliegen eines *8-Glykosyl-4-methylapigenins* geschlossen. Nach der Alkalischmelze von *Aphloiosid* konnten keine definierten Prodd. isoliert werden. H. LOHSCHELDER. 4420□

Über Tannine im grünen Tee. Tee-Tannin II. 2. Mitt. Michiyo Tsujimura und Naoko Osawa. (J. agric. chem. Soc. Japan [Nippon Nōgei-Kagaku Kaishi] **33.** 914—15. 15/10. 1959. Jissen Joshi Daigaku, Shokuhin Kagaku-Kenkyūshitsu.) (Jap.) — 1. vgl. J. agric. chem. Soc. Japan [Nippon Nōgeikagaku Kaishi] **29.** [1955.] 407).

Aus einem Infus von grünem Tee werden durch Behandlung mit Bleiacetat, 10%ig. H_2SO_4 u. Essigsäureäthylester *Teecatechin II* sowie die *Teetannine I* u. *II* erhalten. Die Isolierung von *Teetannin II*, $C_{22}H_{18}O_{11}$ + H_2O, F. 242° u. 227°, erfolgt durch Ausäthern. *Acetyl-Deriv.*, $C_{22}H_{10}O_3(OCOCH_3)_8 \cdot H_2O$, F. 112° (Methanol). F. MOSSNER. 4420

Freie Aminosäuren und Amide in gesunden und von Virus befallenen Kirsch- und Pfirsichblättern. Theodor O. Diener. (Phytopathology **50.** 141—45. Febr. 1960. Beltsville, Md., Crops Res. Div. U.S.D.A., Plant Virology Labor.) (Engl.)

Es wird über das Vork. von *Alanin*, *β-Alanin*, *α-Aminoadipinsäure*, *γ-Aminobuttersäure*, *Arginin*, *Asparaginsäure*, *Baikianin*, *Glutaminsäure*, *Glutamin*, *Glycin*, *Histidin*, *Lysin*, *Phenylalanin*, *Prolin*, *Pipecolinsäure*, *Serin*, *Threonin*, *Tryptophan*, *Tyrosin* u. mehreren ninhydrinpositiven Substanzen in den gesunden u. von Virus befallenen Blättern von Steinobstbäumen (Pfirsich, Süßkirsche, *Prunus mahaleb*), in Abhängigkeit von der Jahreszeit u. der Art berichtet. Die Aminosäuren wurden papierchromatograph. nachgewiesen. Die Blattextrakte wurden über eine Dowex-50 H-Säule gereinigt u. die von der Säule mit n-Ammoniak eluierten Aminosäuren auf WHATMAN Nr. 1-Papier zweidimensional entwickelt. Es wurden 1. wassergesätt. Phenol (NH_3) u. 2. n-Butanol–Essigsäure–W. (4:1:5) (v/v/v) angewandt. H. PÖTTER. 4420□

Hohe Gehalte an Indolderivaten bei Brassica-Gemüsen. Hans Linser, Elhusseiny Youssef und Oswald Kiermayer. (Z.-Lebensmittel-Unters. u. Forsch. **108.** 358 bis 362. Okt. 1958. Linz/Donau, Österr. Stickstoffwerke A. G., Biol. Forsch.-Abt.)

Papierchromatograph. wurden die Extrakte von verschiedenen als Nahrungsmittel dienenden Brassica-Arten (*Brassica oleracea var. sabauda* [Wirsingkohl], *Br. ol. var. botrytis* [Blumenkohl, Karfiol], *Br. ol. var. gemmifera* [Rosen- (Sprossen-) kohl]) in verschiedenen Entw.-Stadien (trockene u. in W. gequollene Samen, Jungpflanzen im Lauf ihrer Entw. u. erntereife Pflanzen) auf ihren Geh. an *Indol-Derivv.* (I) untersucht. Bezogen auf das Frischgewicht wurde der höchste I-Geh. bei Jungpflanzen von Blumenkohl (106 mg/100 g) u. von Wirsingkohl (66,9 mg/100 g) gefunden. In erntereifen Pflanzen war der I-Geh. niedriger als bei den heranwachsenden Pflanzen. Von den üblicherweise zur Ernährung verwendeten Pflanzenteilen wiesen Wirsingkohl mit 400 mg/100 g den höchsten, Blumenkohl mit 8,0 mg/100 g den niedrigsten I-Geh. auf. Als I wurden in der Hauptsache *Indolyl-(3)-acetonitril* u. *Indolyl-(3)-essigsäure* festgestellt. Der I-Geh. der Samen ist sehr gering; erst nach der Keimung steigt er langsam an. Aus den relativ hohen I-Geh. wird gefolgert, daß die Brassica-Arten einen Tryptophanstoffwechsel besitzen, der, zumindest im Hinblick auf die Anhäufung von Folge-Prodd., stark von demjenigen anderer Pflanzenarten abweicht. — Hinweis auf die mögliche Bedeutung der I für ernährungsphysiolog. Belange. G. KLESSE. 4420

Über die Riboflavinverteilung im Kern des Reises im Reifestadium der Reispflanze. Kiyohide Sone. (J. agric. chem. Soc. Japan [Nippon Nōgei-Kagaku Kaishi] **33.** 946 bis 949. 15/10. 1959. Tōhoku Daigaku, Nōgaku-Bu, Seikatsu Kataku-Kyōshitsu.) (Jap.)

An Hand von 18 Mikrophotogrammen wird die *Riboflavin*-Verteilung in den einzelnen Partien des Kerns von Reis bis zu 30 Tagen nach dem Aufblühen mit Hilfe der Luminescenz-Meth. beschrieben. F. MOSSNER. 4425

Die Wurzel der Pflanzen — eine chemische Werkstatt besonderer Art. Kurt Mothes. (Abh. dtsch. Akad. Wiss. Berlin, Kl. Chem., Geol. Biol. **1955.** Nr. 7. 24—37. 1957.)

Ident. mit den C. **1958.** 5128 u. C. **1961.** 15440 referierten Arbeiten.

G. KLESSE. 4450□

Die Physiologie der Sojabohne. R. W. Howell. (Advances Agronomy **12.** 265 bis 310. 1960. Urbana, Ill., U. S. Regional Soybean Lab.) (Engl.)

Übersicht. Keimung (Umgebungsfaktoren, Stoffwechsel), Wurzelwachstum u. Knöllchen-Bldg. (Umgebungsfaktoren, Knöllchen-Bldg. u. N_2-Bindung), vegetatives Spitzenwachstum (Umgebungsfaktoren, Stoffwechsel, Pflanzen-Zus.), Blühvorgang (Tageslänge, Chemie, Varietätsunterschiede beim Blühen), Hülsen- u. Samen-Entw. (Zus. der Samen). — 334 Literaturangaben. K. MAIER. 4450□

Die Dextrinierung der Stärke als Anfangsstadium ihrer nachfolgenden Umwandlung in den Früchten von Ölpflanzen. I. N. Sweschnikowa und M. A. Assikritowa. (Доклады Академии Наук СССР [Ber. Akad. Wiss. UdSSR] **134.** 1490—93. 21/10. 1960. Timirjasew-Inst. für Pflanzenphysiol. der Akad. der Wiss. der UdSSR.) (Russ.)

Vff. untersuchten die Frage, welche Rolle die in der Placenta u. in den Integumenten der Früchte von Ölpflanzen abgelagerten Reservekohlenhydrate bei der Fett-Synth. im Endosperm u. im gesamten Keim spielen. Bei allen untersuchten Pflanzen (Flachs, Mohn, Senf, Raps, Sonnenblumen u. Arachis) ergab sich, daß die Reservestärke über die Bldg. wasserlösl. Dextrine bzw. Zucker bei der Fett-Synth. ausgenutzt wird. Die in diesem Zusammenhang an den Früchten der verschiedenen Pflanzen gemachten Befunde werden an Hand von Zeichnungen näher besprochen. S. AUGUSTAT. 4460□

Der Pektinstoffwechsel wachsender Zellwände. Eugene F. Jansen, Rosie Jang, Peter Albersheim und James Bonner. (Plant Physiol. **35.** 87—97. Jan. 1960. Albany, Calif., Western Reg. Res. Lab., Pasadena, California Inst. of Technol., Div. of Biol.) (Engl.)

Avenacoleoptilenzellwände (Z) enthielten 5,1% *Pektinstoffe* (**I**; bezogen auf Trockengewicht, bestimmt nach Carbazol-Meth.). Nach der *Methylester* (**II**)-Best. durch alkal. Hydrolyse waren 40% **I** verestert; ca. 90% dieses Wertes ergab die **II**-Best. mittels Pektinesterase. Z enthielten einen erheblichen Anteil labiler, von **II** verschiedener Alkylgruppen unbekannter Natur. Z-Hydrolyse gab kleine signifikante Mengen *Formaldehyd.* Nach Pektinasehydrolyse von Z wurden in der Zuckerfraktion *Ribose, Galaktose, Glucose, Xylose* u. *Arabinose* sowie eine UV-absorbierende u. eine im UV fluorescierende Substanz nachgewiesen. Die Säurefraktion enthielt neben *Galacturonsäure* 2 UV-absorbierende u. 2 im UV-fluorescierende Substanzen. Die Kationaustauschkapazität von Z entspricht der Zahl der freien COOH-Gruppen von **I,** ebenso diejenige lebender Coleoptilenabschnitte. Inkubation von Coleoptilengewebe mit Indolylessigsäure (**III**) löste beschleunigte Bldg. von **II** der Z-**I** aus (Nachw. durch Inkubation mit $^{14}C_{(CH_3)}$-Methionin (**IV**) u. Isolierung von Pektin-**II**-Gruppen als CH_3OH). Inkubation mit **III** bewirkte eine stärkere Zunahme des Einbaus von **IV**-CH_3 in **II**-Gruppen der in kaltem W. lösl., mit 70% ig. A. fällbaren Pektinfraktion als in das Pektin von Z selbst. Diese Fraktion ist möglicherweise eine Vorstufe von Zellwand-**I.** Keine oder wenige **IV**-CH_3-Gruppen wurden in die Acetyl- (oder ähnliche Acyl-) Gruppen von Z eingebaut. **III**-Inkubation von Coleoptilengewebe veränderte den Gesamtgeh. an Acetylgruppen nicht. K. MAIER. 4460□

Über die Biosynthese des Cumarins. 2. Mitt. Friedrich Weygand, Helmut Simon, Heinz-Günter Floß und Ute Mothes. (Z. Naturforsch. **15 b.** 765—68. Dez. 1960. München, TH, Organ.-chem. Inst.) (Dt.) — 1. vgl. C. **1959.** 15095.

Vff. versuchten unter Verw. von $^{14}C_{(2)}$-*Umbelliferon* (I) zu klären, ob dem Lactonringschluß eine para-Hydroxylierung vorangeht. In diesem Falle wäre Umbelliferon (II) unmittelbare Vorstufe des Cumarins (III). Sterile Wurzelkulturen von *Melilotus off.* wurden mit I (0,39 mc/mMol, 45 mg/Liter Nähr-Lsg.) inkubiert. Die Wurzeln wurden nach 4, 8 u. 14 Tagen geerntet, III isoliert u. seine spezif. Aktivität bestimmt. II wurde von den Wurzeln in starkem Maße aufgenommen. Es konnte aus den Wurzeln mit gleicher spezif. Aktivität isoliert werden, z. T. wurde es in den Wurzeln zu einem Glykosid verwandelt. Das spezif. Einbauverhältnis betrug 0,02—0,06%. Wäre II direkter Vorläufer des III, hätte das isolierte III um zwei Größenordnungen aktiver sein müssen. Der Lactonring des III wird also nicht nach der Vorstellung von HAWORTH (vgl. J. chem. Soc. [London] **1942.** 448) gebildet. H. NÜRNBERGER. 4460□

Über die Lactonringbildung des Cumarins. Stewart A. Brown. (Z. Naturforsch. **15 b.** 768—69. Dez. 1960. Saskatoon, Sask., Canada, Nat. Res. Council Prairie Reg. Labor.) (Dt.)

Markierungs-Verss. mit ^{14}C bei *Hierochloe odorata* haben gezeigt, daß *p-Cumarsäure* ca. 74 mal weniger gut in *Cumarin* (I) eingebaut wird als *Zimtsäure* (II) u. *Tyrosin* ca. 60mal schlechter als *Phenylalanin.* Offenbar nehmen die p-Hydroxyphenylpropan-Verbb. nur unbedeutend an der I-Bldg. teil (vgl. auch vorst. Ref.). Vf. vermutet, daß in höheren Pflanzen II oder eine aktivierte Form der II als allg. Vorstufe der Cumarine fungiert u. daß ortho- bzw. para-Hydroxylierung dieser Verb. zum I bzw. 7-Hydroxycumarinen führt. H. NÜRNBERGER. 4460□

Untersuchung der Anreicherung und Umwandlung des Protochlorophyllids in der grünen Pflanze durch Radiochromatographie mit Träger. A. A. Schlyk, W. L. Kaler und G. M. Podtschufarowa. (Биохимия [Biochemie] **26.** 259—65. März/April 1961. Minsk, Labor. für Biophysik u. Isotopen der Akad. der Wiss. der WeissrussSSR.) (Russ.; Auszug: Engl.)

Aus früheren Unterss. von SCHLYK u. Mitarbeitern (vgl. C. **1958.** 13276, 13540) geht hervor, daß bei der Chlorophyll (I)-Bldg. als Zwischenprod. das *Protochlorophyllid* (II) auftritt. Werden junge Gerstenpflanzen nach einer 25—40 Min. langen $^{14}CO_2$-Assimilation in der Dunkelheit stehengelassen, so erreicht der II-Geh. 1% des Geh. an Ia. Die spezif. Aktivität des I ist 12,9mal höher als die von Ia u. 57,3mal höher als die von Ib; sie ist 16- bzw. 63mal höher als beim Phorbinteil von Ia u. Ib. Kurze Belichtung führt zu einem 90%ig. Verschwinden der Aktivität von II u. zu einem Anstieg der Aktivität von Ia. O. LEBTAG. 4460□

Über den Einfluß von Kohlendioxyd auf die Stickstoff-Assimilation von Scenedesmus obliquus im Licht-Dunkel-Wechsel. Maria-Elisabeth Meffert. (Arch. Mikrobiol. **37.** 49—55. 1960. Dortmund, Kohlenstoffbiolog. Vers.-Stat.) (Dt.)

Es wurde die Abhängigkeit der N-Assimilation von der CO_2-Zufuhr in der Dunkelperiode an Kulturen von *Scenedesmus obliquus* in ammonsalzhaltigen Nährmedien untersucht. Dabei wurde festgestellt, daß die Geschw. der N-Aufnahme u. die Wachstums-Geschw. mit CO_2-Zufuhr in der Dunkelperiode während dieser Zeit größer ist, als ohne CO_2-Zufuhr. Dagegen ist in der ersten Hälfte der darauffolgenden Lichtperiode die N-Aufnahme u. der Zuwachs an Trockensubstanz bei den Kulturen größer, die in der Dunkelperiode kein CO_2 erhielten. Die Ergebnisse wurden besprochen. H. AMAN. 4460□

Über Veränderungen der stofflichen Zusammensetzung von Scenedesmus obliquus (Turp.) Krüger im Licht-Dunkel-Wechsel. H.-M. Müller. (Naturwissenschaften **47.** 453. 1. Okt.-H. 1960. Dortmund, Kohlenstoffbiolog. Forschungsstat.) (Dt.) H. BREUER. 4460□

Ionenaufnahme durch lebende Pflanzenwurzeln. John M. Walker und Stanley A. Barber. (Science [Washington] **133.** 881—82. 24/3. 1961. Lafayette, Ind., Purdue Univ., Agricult. Exp. Stat., Dep. of Agronomy.) (Engl.)

In einem Kasten, dessen eine Seitenwand mit Polyäthylenfolie bespannt ist, werden Maiskeimlinge in einer Schicht von gleichmäßig mit ^{86}Rb markierter Erde gezogen. Der Kasten wird etwas schräg gestellt, so daß die Wurzeln längs der Folie wachsen u. es werden täglich durch Auflegen eines schutzschichtlosen Röntgenfilms auf die Folie Autoradiogramme der Wurzeln u. der umgebenden Erde aufgenommen. Die Resorption von ^{86}Rb beginnt zunächst an der Wurzelspitze u. schreitet später längs der ganzen Wurzel fort, so daß nach einiger Zeit die direkte Umgebung der Wurzel frei von Radioaktivität ist. Das ^{86}Rb verteilt sich über die ganze Maispflanze. Nach Abschneiden einer Wurzel wird die Rb-freie Zone innerhalb 9 Tagen infolge Diffusion in der Erde wieder mit ^{86}Rb aufgefüllt. H.-J. KOCH/Berlin. 4470□

Über die Wechselbeziehungen zwischen der Wirkung von Auxin auf Glutathion, auf die Atmung, auf den Gehalt an energiereichen Phosphatbindungen und auf das Wachstum. Erasmo Marrè, Giorgio Forti und Oreste Arrigoni. (Atti Accad. naz. Lincei, Rend., Cl. Sci. fisiche, mat. natur. [8] **11.** 460—67. Dez. 1956. Milano, Univ., Ist. Botan.) (Ital.)

Vff. stellten einen ausgeprägten wachstumssteigernden Effekt von *Auxin* (**I**; *Indol-3-essigsäure*; Konz.: 10 ppm) auf 1 cm lange Segmente des apikalen Teils des 3. Internodiums etiolierter Erbsenpflanzen (*Pisum sativum* var. Alaska) fest; der Anstieg des Gewebefrischgewichts beträgt bei den I-behandelten Segmenten im Vgl. zu unbehandelten Kontrollsegmenten ca. 100%. Ferner verursacht I einen Anstieg des Geh. an *red. Glutathion* u. einen Abfall des Geh. an *oxydiertem Glutathion* sowie eine merkliche Zunahme des O_2-Verbrauchs (um ca. 30%) u. des Geh. an energiereichen Phosphatbindungen im Vgl. zu Kontrollen. Diese Beziehungen werden ausführlich diskutiert. H. KOCKERT. 4485□

Die Wirkung von Indolylessigsäure, Gibberellin und Dinitrophenol auf den Zusammenhalt Protoplasma-Membran im Licht und in der Dunkelheit. Igor Mouravieff. (C. R. hebd. Séances Acad. Sci. **252.** 2136—38. 5/4. 1961. Lyon, Fac. des Sci., Labor. de Botan.) (Franz.)

An Blättern von *Aponogeton distachyum* wurde der Zusammenhalt zwischen Protoplasma u. Epidermismembran nach Plasmolyse mit 0,9 m Glucose-Lsg. mittels Mikrophotographie untersucht. *Indolylessigsäure* (**I**; 2 mg/Liter) u. (schwächer) *Gibberellin* (2 mg/Liter) steigern den Zusammenhalt im Licht (hohe Absolutwerte) u. in der Dunkelheit (niedrige Werte). *Dinitrophenol* (5 mg/Liter) hemmt diese Wrkg. von **I** nicht. H. LOHSCHELDER. 4485□

Wirkung von Gibberellsäure auf das Hypokotylwachstum von Lattichkeimlingen. B. Frankland und P. F. Wareing. (Nature [London] **185.** 255—56. 23/1. 1960. Aberystwyth, Univ., Coll. of Wales, Dep. of Bot.) (Engl.)

2 Tage lang im Dunkeln gezogene Lattichkeimlinge (*Lactuca sativa* var. Grand Rapid) zeigen beim weiteren 5tägigen Wachstum auf mit *Gibberellsäure* (**I**)-Lsgg. getränktem Filterpapier im Licht ein verstärktes Wachstum des Hypokotyls, das von Konzz. von 0,1 mg **I**/Liter ab merklich wird u. bei 100 mg **I**/Liter die Wachstums-Geschw. der weiter im Dunkeln gezogenen Keimlinge erreicht. Es besteht eine lineare Beziehung zwischen der Verlängerung des Hypokotyls u. dem Logarithmus der **I**-Konzentration. Im Dunkeln wird das Hypokotylwachstum durch **I** kaum beeinflußt; beim Aufziehen der Keimlinge im Licht wird das Längenwachstum der Hypokotylen vermindert, die Empfindlichkeit gegen **I** jedoch nicht erhöht. Heteroauxine, wie β-Indolylessigsäure u. β-Naphthoxyessigsäure sowie Saccharose haben keinen Einfl. auf das Hypokotylwachstum. An den Hypokotylen von *Lepidium sativum* u. *Hyoscyamus niger* werden ähnliche, aber schwächer ausgeprägte Wachstums-Wrkg. beobachtet. Für die Best. der **I**-Wrkg. von Pflanzenextrakten werden 2 Tage alte Lattichkeimlinge direkt auf das in Streifen geschnittene u. angefeuchtete Papierchromatogramm gesetzt u. das Wachstum nach 3 Tagen gemessen. H.-J. KOCH/Berlin. 4485□

Der Einfluß von Stickstoff aus verschiedenen Quellen und Zucker auf die Pathogenese von Fusarium solani f. phaseoli. T. A. Toussoun, Shirley M. Nash und William C. Snyder. (Phytopathology **50.** 137—40. Febr. 1960. Berkeley, Calif., Univ. of California, Dep. of Plant Pathol.) (Engl.)

Vff. stellten fest, daß die Entw. des *Fusarium solani f. phaseoli* auf isolierten Stengeln von Bohnensämlingen von den Nährstoffen abhängig ist, die gemeinsam mit den Konidien in der Lsg. vorhanden sind, mit der die Stengel infiziert werden sollen. Als Kohlenhydrat wurde *Glucose* (I), als Stickstoffquellen *Pepton*, *Caseinhydrolysat*, verschiedene Aminosäuren, KNO_3 u. $(NH_4)_2SO_4$ einzeln u. in Kombination, in Konzz. von 0,5. 1 u. 2% verwendet. Während I das Keimen der Sporen u. das saprophyt. Wachstum fördert, aber das parasit. Wachstum u. die Pathogenese verzögert, wird das parasit. Wachstum u. die Pathogenese durch Stickstoff sehr beschleunigt. Die organ. Stickstoffquellen rufen einen größeren Effekt hervor als die anorganischen. Zur Sicherung der Vers.-Ergebnisse wurden die gleichen Verss. im Gewächshaus an Bohnen, die in Sandkulturen gezogen wurden, durchgeführt. H. PÖTTER. 4490□

Mögliche Rolle der pektinolyt. Enzyme und des Polysaccharids beim Befall von Weizen durch Cephalosporium gramineum. D. H. Spalding, G. W. Bruehl und R. J. Foster. (Phytopathology **51.** 227—35. April 1961. Washington State University, Pullman.) (Engl.)

Der Pilz, welcher für die *Cephalosporium*-Streifenkrankheit von Winterweizen verantwortlich ist, produziert in ruhenden Kultur-Lsgg. u. a. *Polygalakturonase* (PG)

u. ein *Polysaccharid.* PG wurde in befallenem Weizen ebenfalls nachgewiesen, bes. in den erfahrungsgemäß anfälligsten Weizensorten; in gesunden Pflanzen fehlt PG. Auf PG wird die Bldg. von Pektinpfropfen zurückgeführt, welche zusammen mit Pilzsporen u. -fäden die Längsgefäße u. Seitenadern der Blätter verstopfen u. dadurch den Fl.-Transport erschweren. Das durch den Pilz erzeugte Polysaccharid erhöht die Viscosität des Zellsafts u. verlangsamt ebenfalls die Transportgeschwindigkeit. Mkr. u. durch Anfärbe-Verss. wird bestätigt, daß Behinderung im Fl.-Transport-Syst. als Ursache für die Schäden der Streifenkrankheit zu betrachten ist. M. HAGEDORN. 4490□

Die Wirkung der 3-[α-Iminoäthyl]-5-methyltetronsäure auf die Infrastruktur der Maischloroplasten. Marcel Signol. (C. R. hebd. Séances Acad. Sci. **252.** 1645–46. 13/3. 1961. Paris, Fac. des Sci., Labor. de Biol. végétale.) (Franz.)

Eine Lsg. von *3-[α-Iminoäthyl]-5-methyltetronsäure* wurde zur Zeit der Bldg. des 1. Blattes über Maiskeimlingen zerstäubt u. nach 10 Tagen Proben des 2. Blattes untersucht. Die Hemmung der Ausbildung des Lamellen-Syst. u. die Änderungen der Struktur des Stromas der Chloroplasten werden beschrieben, u. es wird festgestellt, daß die Veränderungen um so stärker hervortreten, je weniger die Chloroplasten differenziert sind. H. LOHSCHELDER. 4495□

Vergleich der Wirkung von Dihydrostreptomycin mit der von 3-[α-Iminoäthyl]-5-methyltetronsäure auf die Infrastruktur der Chloroplasten von Zea Mays (L.). Marcel Signol. (C. R. hebd. Séances Acad. Sci. **252.** 1993–95. 27/3. 1961. Paris, Fac. des Sci., Labor. de Biol. végétale.) (Franz.)

Junge Maispflanzen wurden mit einer Lsg. von *Dihydrostreptomycin* (I) behandelt u. die mit Verfärbung verbundenen Veränderungen der Chloroplasten untersucht. Ebenso wie *3-[α-Iminoäthyl]-5-methyltetronsäure* (II) hemmt I die Ausbildung des internen Lamellen-Syst. der Plasten im Laufe der Differenzierung. Die Wrkg.-Weise von I u. II ist jedoch unterschiedlich. I hemmt die Bldg. der Intergranalamellen viel stärker als die der Granasäckchen, während II die Ausbildung beider Strukturtypen blockiert. H. LOHSCHELDER. 4495□

E_5. Tierchemie. Tierphysiologie. Tierpathologie

Kanülierung kleinster Mesenterialvenen zum Zwecke dauernder Portaldurchströmung bei Ratten. Peggy L. E. Ross und A. M. Rappaport. (Nature [London] **188.** 326. 22/10. 1960. Toronto, Ontario, Canada, Univ. of Toronto, Charles H. Best Inst., Dep. of Physiol.) (Engl.)

Es wird eine einfache App. (90° gebogene Injektionsnadel Nr. 22 mit an der Spitze in 15° Winkel angeschweißter Metallkanüle, durch welche nach Anstechung des Gefäßes ein Plastikschlauch geführt wird) zur Katheterisierung kleinster Venen angegeben. U. TAUSENDFREUND. 4500□

Untersuchungen über anorganische Bestandteile in biologischem Material. 13. Mitt. **Zur Analyse von Thallium in biologischem Material.** Hiroshi Hamaguchi, Naoichi Ohta und Kazuhiko Kawasaki. (J. chem. Soc. Japan, pure Chem. Sect. [Nippon Kagaku Zassi] **80.** 1428–32. Dez. 1959. Tôkyô-Kyôiku-Daigaku, Rigakubu.) (Jap.; Auszug: Engl. S. A110–A111.) — 12. vgl. OHTA, J. chem. Soc. Japan, pure Chem. Sect. [Nippon Kagaku Zassi] **78.** [1957.] 1043; 9. vgl. C. **1957.** 10253.

Biolog. Material wird mit einem Gemisch aus konz. HNO_3 u. rauchender HNO_3 digestiert, Tl^{3+} mit Hydroxylamin zu Tl^+ red. u. Tl^+ in Ggw. von Ammoniumcitrat u. KCN mit einer Lsg. von Dithizon (I) in Chlf. ausgezogen. Der Auszug wird eingedampft, der Rückstand mit konz. HNO_3 u. H_2O_2 zersetzt, Tl^+ mit NH_4Cl, Br_2 u. NaH_2PO_4 zu Tl^{3+} oxydiert, die Lsg. mit KJ u. Stärke in Glycerin versetzt u. die Absorptionsintensität bei 570 mμ gemessen (Jodometrie). Oder der Chlf.-Auszug wird gleich eingeengt, der Rückstand in 2n HCl gelöst u. mit Bromwasser behandelt, die Lsg. nach dem Zusatz von Rhodamin B mit Bzl. ausgeschüttelt u. die Absorptionsintensität der Bzl.-Lsg. bei 565 mμ gemessen (Rhodamin-B-Meth.). Die Jodometrie gibt einen etwas höheren Tl-Geh. als die Rhodamin-B-Meth., kann jedoch durch wiederholtes Ausziehen der digestierten Lsg. mit I-Lsg. u. durch Ausschütteln des Chlf.-Auszuges mit verd. HNO_3 verbessert werden. E. MAEKAWA. 4510□

Chemische und physikalische Untersuchungen an Schmelz von menschlichen Zähnen. 1. Mitt. **Spezifische Dichte und Stickstoffgehalt des Schmelzes von verschiedenen Oberflächen.** B. R. Bhussry. (J. Dental Res. **37.** 832–36. Sept./Okt. 1958. Rochester, N.Y., Univ. of Rochester, School of Med. and Dent., Dep. of Anatomy and Div. of Dental Res.)

Die Dichte des *Schmelzes* von buccolingualen Zahnoberflächen ist (nach Unterss. an 286 Zähnen gleicher Altersgruppen) höher als diejenige des Schmelzes von mesiodistalen Oberflächen. Der *N*-Geh. ist bei der 1. Gruppe dagegen niedriger als bei der 2. Gruppe. Gesunder Schmelz von nichtcariösen Zähnen hat einen höheren N-Geh. als gesunder Schmelz von cariösen Zähnen. Dieser Unterschied wurde bei den mesiodistalen Oberflächen festgestellt. Eine wesentliche Verschiedenheit der Dichte wurde nicht beobachtet. G. KLESSE. 4520 □

Chemische und physikalische Untersuchungen an Schmelz von menschlichen Zähnen. 2. Mitt. **Spezifisches Gewicht, Stickstoffgehalt und Härte von verfärbtem Schmelz.** B. R. Bhussry. (J. Dental Res. **37.** 1045—53. Nov./Dez. 1958. Rochester, N.Y., Univ. of Rochester, School of Med. and Dent., Dep. of Anatomy, Div. of Dental Res.) — 1. vgl. vorst. Referat.

Unterss. des *Schmelzes* von Stellen mit brauner Verfärbung, wie sie bei zunehmendem Alter auftreten, ergaben einen größeren Rückstand bei der Decalcifizierung, was auf einen höheren Anteil an organ. Substanz im Vgl. zu nichtverfärbtem Schmelz schließen läßt. Entsprechend wird auch ein höherer *N*-Geh. gefunden. Die bei verfärbtem Schmelz beobachtete Abnahme der Dichte u. der Härte deutet auf einen Verlust an anorgan. Substanz hin. Die Ursache dieser Veränderungen ist noch unbekannt. G. KLESSE. 4520 □

Chemische und physikalische Untersuchungen an Schmelz von menschlichen Zähnen. 3. Mitt. **Spezifisches Gewicht, Stickstoffgehalt und histologische Charakteristiken von opakem weißem Schmelz.** B. R. Bhussry. (J. Dental Res. **37.** 1054—59. Nov./Dez. 1958. Rochester, N.Y., Univ. of Rochester, School of Med. and Dent., Dep. of Anatomy u. Div. of Dental Res.) — 2. vgl. vorst. Referat.

Untersucht wurden die beiden vorkommenden Arten von undurchsichtigem, weißem *Schmelz* (weiße Flecke, die frühe Vorzeichen von cariösen Defekten sind, u. hypocalcifizierte Stellen, die bei der Entw. des Zahnes einen Defekt erlitten haben). Bei beiden Arten wird ein höherer *N*-Geh., aber ein geringeres spezif. Gewicht als bei dem angrenzenden gesunden Schmelz gefunden. Histolog. wurden zwischen den beiden Gruppen kaum Unterschiede festgestellt. G. KLESSE. 4520 □

Einfluß von verschiedenen Zahnfüllungsmaterialien auf die Löslichkeit von Dentin. Marjorie L. Swartz und Ralph W. Phillips. (J. Dental Res. **37.** 811—15. Sept./Okt. 1958. Indianapolis, Ind., Indiana Univ., School of Dent., Dep. of Dental Materials.)

Geprüft wurde der Einfl. von 6 handelsüblichen Zahnfüllmitteln [*S. S. White Filling Porcelain*(S. S. WHITE Co.), *de Treys Cement* (L. D. CAULK Co.), *Berylite* (W. V. B. AMES Co.), *S. S. White Zinc Cement* (WHITE Co.), *Kadon* (CAULK Co.), *Fluoron* (AMERICAN CONSOLIDATED Co.)] sowie von einigen versuchsweise hergestellten Kunstharzmitteln u. Zinkphosphatzementen mit Zusatz von 2 u. 5% *F* in Form von verschiedenen F- Verbb. auf die Löslichkeit von Dentin in vitro. Durch die Silicatzemente wurde die Löslichkeit des Dentins herabgesetzt; diese Wrkg. war noch größer, wenn das Material F enthielt. Mittel auf Kunstharzbasis red. ebenfalls die Löslichkeit, wenn ihnen Fluoride zugesetzt waren. Durch Zinkphosphatzemente, auch mit Zusatz von Fluoriden, wurde die Löslichkeit des Dentins nicht verändert. G. KLESSE. 4520 □

Die extraktiven Stickstoffverbindungen in den Fischmuskeln. P. L. Wulfsson (Биохимия [Biochemie] **26.** 300—04. März/April 1961. Moskau, Lomonossow-Univ. Lehrstuhl für Biochem. der Tiere.) (Russ.; Auszug: Engl.)

Die Unterss. über den Geh. des Muskelgewebes an N-haltigen Nichteiweißstoffen ergaben, daß bei *Acanthias acanthias* u. *Trygon pastinaka* die Dipeptide *Carnosin* (**I**) u. *Anserin* (**II**) fehlen, *β-Alanin* (**III**) jedoch in großen Mengen vorkommt: 105 bzw. 60 mg%. Bei *Pomatomus*, *Sprattus* u. *Caspialosa* fehlen **I**, **II** u. **III**; hier liegen große Mengen *Histidin* (**IV**) vor: 250 bzw. 250 bzw. 160 mg%. Bemerkenswert bei *Onchorhynchus gorbuscha* u. *Onchorhynchus keta* ist der hohe Geh. an **II**: 891 bzw. 877 mg%. Im Muskelgewebe von *Grenilabrus tinca*, *Corvina nigra*, *Pleuronectes flescus luscus*, *Concer conger* u. *Ophidium barbatum* fehlen **I**, **II**, **III** u. **IV**. Das Muskelgewebe dieser Gruppe enthält große Mengen einer nicht näher identifizierten Substanz, die zum Teil wahrscheinlich aus Glutamin besteht. O. LEBTAG. 4520 □

Eine Analyse der Gespinste der Kreuzspinne. F. G. Fischer und Johann Brander. (Hoppe-Seyler's Z. physiol. Chem. **320.** 92—102. 31/8. 1960. Würzburg Univ., Chem. Inst.) (Dt.)

Die Aminosäure-Zus. der Spinnfäden von *Araneus diadematus Clerck* (Kreuzspinne), *Araneus undatus Oliv.* (Brückenspinne) u. *Araneus cucurbitanus Clerck* wurde nach saurer Hydrolyse chromatograph. u. elektrophoret. bestimmt. Die Rahmenfäden der Netze, die Sicherungsfäden u. die Kokongespinste enthalten in voneinander abweichenden Mengen: *Asparaginsäure*, *Glutaminsäure* (**I**), *Serin* (**II**), *Glycin* (**III**), *Threonin*, *Alanin*

(**IV**), *Valin, Tyrosin, Lysin, Arginin, Leucin, Isoleucin, Phenylalanin, Prolin* (**V**) u. *Cysteinsäure.* **III, IV** u. **II** überwiegen. **V** u. **I** sind ebenfalls in größerer Menge vorhanden. *Histidin* ist in allen Fäden nur in Spuren nachzuweisen. Der Klebstoff der Fangfäden von *A. diadematus* u. von *A. raji var. betulae* besteht in der Hauptmenge aus dem *Phosphat von γ-Aminobuttersäureamid* u. aus *Taurin* oder einem *Taurin* enthaltenden *Amid.* K. PREUSS. 4520□

Die Neuraminsäure und ihre Bedeutung im Organismus. I. W. Zwetkowa. (Вопросы Медицинской Химии [Fragen med. Chem.] **7.** 3–16. Jan./Febr. 1961. Moskau, Inst. für biol. u. med. Chem. der Akad. der med. Wiss. der UdSSR, Labor. für klin. Biochem.) (Russ.)

Übersicht an Hand der Literatur. — 98 Literaturangaben. O. LEBTAG. 4520□

Regionale Gewebeaufnahme von D_2O in durchströmten Organen, Rattenleber, Hundeherz und Hundegastrocnemius. Alan M. Thompson, H. Mead Cavert, Nathan Lifson und Robert L. Evans. (Amer. J. Physiol. **197.** 897–902. Okt. 1959. Minneapolis, Minn., Univ. of Minnesota, Med. School, Dep. of Physiol.) (Engl.)

Es wurden Verss. an einzelnen Organen durchgeführt, um die für die Abweichungen der tatsächlichen Ausströmungskurve von D_2O von der theoret. berechneten verantwortlichen Faktoren bei Durchströmungs-Verss. festzustellen. Im Falle der Leber (Ratte) lassen sich die Abweichungen durch makroskop. regionale Perfusionsheterogenität erklären. Bei Herz u. Gastrocnemius (Hund) reicht die beobachtete makroskop. Heterogenität nicht zur Erklärung aus. U. TAUSENDFREUND. 4550□

Die Calciumbindungsfähigkeit des normalen menschlichen Speichels. Robert H. Dreisbach. (J. Dental Res. **39.** 1133–40. Nov./Dez. 1960. Stanford, Calif., Univ., School of Med., Dep. of Pharmacol.) (Engl.)

Vf. hat in menschlichem Speichel flammenphotometr. *Ca* u. *anorgan. Phosphor* bestimmt, mittels Ultrafiltrierens untersucht u. gegen 20% Polyvinylpyrrolidon dialysiert u. auch den Total-Ca-Geh. bestimmt. Nichtultrafiltrabel sind im Speichel 18,8 ± 1,1% Ca u. 5,7 ± 0,5% anorgan. Phosphate. Die Komplex-Bldg. des Ca betrifft mehr als die Hälfte desselben. Der größte Teil der Komplexbildner ist dialysierbar. HEINRICH HERMANN. 4555□

Das Vorkommen von ^{75}Se im Speichel der Ratte nach intracardialer Injektion radioaktiven Natriumselenits. C. K. Claycomb, D. C. Gatewood, F. M. Sorenson und E. B. Jump. (J. Dental Res. **39.** 1264. Nov./Dez. 1960. Portland, Ore., Univ. of Oregon, Dental School, Dep. of Biochem.) (Engl.)

Vff. haben Ratten ^{75}*Se* intracardial gegeben (als speicheltreibendes Mittel *Pilocarpin*) u. die Radioaktivität nach 2, 3, 5, 9 u. 24 Std. in Parotis, Submandibularis u. Submaxillaris bestimmt. In den 3 Drüsen steigt die Radioaktivität bis zur 3. Std. an, um dann wieder abzufallen. HEINRICH HERMANN. 4555□

Stoffwechsel von Tritium-markiertem Diäthylstilböstrol beim Stier. G. E. Mitchell jun., A. L. Neumann und H. H. Draper. (J. agric. Food Chem. **7.** 509–12. Juli 1959. Urbana, Ill., Univ. of Illinois, USA Dep. of Aninal Sci.) (Engl.)

Zwei junge Stiere (mit u. ohne Gallenfistel) erhalten *Diäthylstilböstrol* (**I**; ^{3}H-ringmarkiert) per os. 27 Std. nach der letzten Dosis von **I** (insgesamt 100 mg) findet sich die Hälfte der verabfolgten Radioaktivität im Harn (20%), im Kot (26%) u. in der Galle (5%) wieder. Der Anteil an Radioaktivität in den Geweben ist gering: Muskel u. Fettgewebe je ca. 0,3%, Niere 4%, Leber 9% (der Gesamtaktivität). Das phenol. Material in Leber, Muskel u. Fett wurde als freies *Stilböstrol* (**II**) identifiziert, während der Anteil an **II** als Glucuronsäurekonjugat in den Faeces 2%, in der Niere 30%, im Urin 70% u. in der Galle 90% betrug. H. SCHIMASSEK. 4559□

Östrogene Wirksamkeit eines Triphenyläthylenderivats. G. Poumeau-Delille. (C. R. Séances Soc. Biol. Filiales **150.** 1287. 18/11. 1956. Buenos Aires, Labor. d'Endocrinol. exp.) (Franz.)

Vf. stellte fest, daß *α-Brom-α.β-diphenyl-β-[p-äthylphenyl]-äthylen* (**I**; Dosis: 1 mg/Tag, subkutan; stellt das 10fache der minimal wirksamen Dosis dar) bei der kastrierten, adrenalektomierten (bzw. nichtoperierten) Ratte einen künstlichen, unvollständigen Vaginalcyclus mit Proöstrus, aber ohne wirklichen Östrus verursacht. Zur gleichen Zeit verabfolgtes *Progesteron* (1 mg/Tag, subkutan) vermindert die Rk. des vaginalen Receptors, ohne den künstlichen Cyclus vollständig zu unterdrücken. Die östrogene Wirksamkeit der 1 mg-Dosis **I** ist geringfügiger u. weniger vollständig als die östrogene Wrkg. von 0,05–0,1 μg *Östradiolbenzoat.* H. KOCKERT. 4559□

Hypophysärer Riesenwuchs bei einem fünfjährigen Kind: Wirkung von Röntgenbestrahlung, Östrogenbehandlung und selbst auferlegter Fastdiät in einem Zeitraum von 11 Jahren. Lewis M. Hurxthal. (J. clin. Endocrinol. Metabolism **21.** 343–53. März 1961. Boston, Mass., Lahey Clinic., Dep. of Int. Med.) (Engl.)

Röntgenbestrahlung wirkte nur vorübergehend wachstumsverzögernd u. bewirkte eine Abnahme des anorgan. P im Serum. Auch Östrogenbehandlung hemmte das Wachstum. Eine entschiedene Verzögerung des Wachstums erfolgte erst, als sich infolge einer selbst auferlegten Fastendiät eine Anorexia nervosa ausbildete. K. ZINGRAF. 4560□

Stärkegel-Elektrophorese von Hypophysenvorderlappenhormonen. K. A. Ferguson und A. L. C. Wallace. (Nature [London] **190.** 629—30. 13/5. 1961. Prospect, N.S.W., Commonwealth Sci. and Ind. Res. Organ., Div. of Animal Physiol., Ian Clunies Ross Animal Res. Labor.) (Engl.)

Bei der Elektrophorese von Hypophysenvorderlappen-Präpp. wurde ein modifiziertes Puffer-Syst. nach POULIK (C. **1958.** 11614) verwandt, die Elektrodenbehälter enthielten 0,1 m LiOH u. 0,38m H_3BO_3, das Gel wurde aus teilweise hydrolysierter Kartoffelstärke u. einem Puffer aus 90 Vol.-% 0,003m Citronensäure/0,016 m Tris-[hydroxymethyl]-aminomethan u. 10 Vol.-% 0,02 m LiOH/0,76 m H_3BO_3 gewonnen. Elektrophoresedauer 4—5 Std., bei 15—20 V/cm. Anfärbung erfolgte mit Nigrosin (**I**) in Methanol/Eisessig/W. (Vol. 50:10:40). Ochsen-*Wachstumshormon* ergab zwei zur Kathode wandernde Hauptkomponenten mit ca. gleicher Aktivität. Bei Schaf-*Prolactin* fanden sich $>$ 20 Komponenten, von denen mindestens 4 Prolactinaktivität zeigten. Schweine-*Corticotropin A* hatte eine zur Kathode wandernde Hauptkomponente u. mindestens 21 Nebenbestandteile. *Follikelstimulierendes Hormon* vom Schaf zeigte keine durch **I** angefärbte Hauptkomponente. *Luteinisierendes Hormon* vom Schaf enthielt eine kathod. Hauptkomponente u. wenig andere Bestandteile. Ein unreines Präp. von *thyreotropem Hormon* vom Schaf enthielt mindestens 15 Bestandteile.

H. LOHSCHELDER. 4560□

Beweis für die Identität von Natriferin, dem Wassergleichgewichtsprinzip des Frosches und Arginivasotocin. Wilbur H. Sawyer. (Nature [London] **187.** 1030—31. 17/9. 1960. New York, N.Y., Columbia Univ., Coll. of Phys. and Surg., Dep. of Pharmacol.) (Engl.)

Es konnte wahrscheinlich gemacht werden, daß es sich sowohl bei *Natriferin* der Amphibien u. Teleosten als auch beim *Wassergleichgewichtsprinzip des Frosches* um *Arginivasotocin* handelt, so daß sich eine bes. Beschreibung eines neuen hormonellen Prinzips erübrigt. U. TAUSENDFREUND. 4560□

Die Wirkung des Hypophysen-Wachstumshormons auf die Phospholipidsynthese. R. S. Leal und A. L. Greenbaum. (Biochem. J. **80.** 27—34. 1961. London, Univ. Coll., Dep. of Biochem.) (Engl.)

Vff. untersuchten den Einbau von $^{14}C_{(1)}$-*Acetat* (**I**) u. $^{14}C_{(1)}$-*Palmitat* (**II**) in die Leberlipide bei normalen u. mit *Wachstumshormon* (**III**) aus Rinderhypophysen behandelten ♀ Ratten. — Die **III**-Behandlung der Tiere verursacht einen merklichen Rückgang bes. des Einbaus von **I** u. von **II**. — Ferner wurden untersucht: a) die Bldg. von *Palmitoyl-Coenzym A* (**IV**) als aktivierte Form der Palmitinsäure in Lebergewebe, b) der Einbau von ^{32}P-*Phosphat* (**V**) in die *Phosphatidsäuren* (**VI**) von Lebermitochondrien unter Verw. eines *Adenosintriphosphat* (*ATP*)-bildenden Syst. in Ggw. von *Adenosindiphosphat* (*ADP*) u. anorgan. **V**, c) die Dephosphorylierung von **VI** in Leberhomogenaten u. d) der Einbau von ^{32}P-Phosphorylcholin in die Leber-*Phospholipide* (**VII**) normaler u. mit **III** behandelter Ratten. Es wurde festgestellt, daß die Rkk. a—c in beiden Tiergruppen etwa gleich schnell verlaufen, wogegen die Rk. d) bei **III**-behandelten Tieren schneller abläuft als bei Kontrollen. — Ferner wurden die Spiegel der verschiedenen Lipidfraktionen in den Lebern normaler u. mit **III** behandelter Ratten sowie der Einbau von **I** u. **V** in diese Fraktionen untersucht. Bei den **III**-behandelten Tieren findet sich ein Anstieg der Lipidspiegel: bes. ausgeprägt erhöht sind die *Di-* (**VIII**) u. *Triglyceride*; aber auch *Lecithine, Cephaline* u., geringfügiger, *Sterine* (vorwiegend aus *Cholesterin* bestehend) u. *Sterinester* sind erhöht. Hingegen ist der **I**-Einbau, nicht jedoch der **V**-Einbau, in die **VII** bei den **III**-behandelten Tieren im Vgl. zu Kontrollen vermindert. Vff. vermuten, daß der herabgesetzte **I**-Einbau in die **VII** teilweise durch eine verlangsamte enzymat. Umwandlung **I** → **IV** u. teilweise durch eine größere Verdünnung der markierten **VIII** durch größere Mengen nicht markierter **VIII** in der Leber der **III**-behandelten Tiere bedingt ist. — Ein Schema der **VII**-Synth. in der Rattenleber wird angegeben.

H. KOCKERT. 4560□

Weitere Untersuchungen über die endokrine Regulierung der Erythropoiese. Wirkung von ACTH auf die Bildung der Erythroblasten in der Medulla von hypophysektomierten Tieren. Giuseppe Marinone und Francesco Corso. (Arch. Scienze med. **102** (**81**). 283—92. Okt. 1956. Pavia, Univ., Ist. di Clin. Med. Generale e Terapia Med.) (Ital.; Auszug: Engl.)

Der nach einer Hypophysektomie von Ratten zu beobachtende Abfall der Erythroblasten-Bldg. durch das Knochenmark kann verhindert werden, wenn den Tieren während 10 Tagen nach der Operation intraperitoneal 0,5 mg *ACTH* (*ACTH-Hormon*, RICHTER) pro Tag u. pro Tier verabfolgt werden. H. KOCKERT. 4560□

Die Reaktion der Niere auf Daueranwendung von Vasopressin und Wasser. John R. Jaenike und Christine Waterhouse. (J. clin. Endocrinol. Metabolism 21. 231–42. März 1961. Rochester, N.Y., Univ., Dep. of Med.) (Engl.)

Bei längerer Verabreichung von *Vasopressin* (I) u. großen Fl.-Mengen nimmt anfänglich der Gesamtwasser-Geh. des Körpers rasch zu, u. die Na-Ausscheidung (Na-A.) im Harn ist erhöht. Schließlich nimmt die Osmolalität des Harns ab, die Diurese nimmt zu u. die Fl.-Bilanz wird normalisiert; dabei kommen die Na-A. im Harn u. der Nettoverlust des Körpers an Na zum Stillstand. Trotz fortgesetzter Gabe von I u. Fl. stellt sich ein neues Fließgleichgewicht (nicht vor dem 7. Tag) ein, das durch anhaltende Überhydratation u. Hyponaträmie infolge der Wasserretention gek. ist. K. ZINGRAF. 4560□

Der Stoffwechsel von $^{14}C_{(4)}$-Corticosteron bei Fibroblasten, Stamm U 12–79. David L. Berliner, H. Earle Swim und Thomas F. Dougherty. (Biochim. biophysica Acta [Amsterdam] **38.** 184–86. 12/2. 1960. Salt Lake City, Utah, Univ. of Utah, Dep. of Anat.; Cleveland, Ohio, Western Reserve Univ., Dep. of Microbiol.) (Engl.)

Die Fibroblasten ($3{,}4 \cdot 10^7$ Zellen) wurden mit 3 μg $^{14}C_{(4)}$-*Corticosteron* (I) 72 Std. bei 33° inkubiert. 90% des I können durch Extraktion mit Chlf. zurückgewonnen werden. Papierchromatographie im Syst. Chlf./Formamid ergab neben I eine zweite radioakt. Substanz, bei der es sich um *Δ^4-Pregnen-11β.20β.21-triol-3-on* (II) handelt. I wurde bis zu ca. 9,8% in II umgewandelt, nicht jedoch in *Cortisol*. Die antiphlogist. Wrkg. von I ist geringer als bei Cortisol, ähnlich wie bei anderen Substanzen, die durch Red. am $C_{(20)}$ ihre antiphlogist. Aktivität verlieren. L. LASCHET. 4561□

Hemmung der Synthese und Wirkung von Interferon durch Cortison. Edwin D. Kilbourne, K. Marilyn Smart und Barbara Ann Pokorny. (Nature [London] **190.** 650–51. 13/5. 1961. New York, N.Y., Cornell Univ., Med. Coll., Dep. of Public Health, Div. of Virus Res.) (Engl.)

Nach Impfung in die Allantois von Hühnerembryonen mit geringen Mengen des Virus Influenza A (PR 8) 10^2 EID_{50}, 70std. Inkubation u. Dialyse der Allantois-Fl. gegen Puffer vom pH 2,0 wurde die *Interferon* (I)-Aktivität als Verminderung der Viren-Synth. in Chorionallantoismembrankulturen gemessen. *Cortison* (als *Hydrocortisondiäthylaminoacetathydrochlorid*) verhindert die I-Synth. u. die Wrkg. von vorgebildetem I. H. LOHSCHELDER. 4561□

Wirkungen der Steroid-bedingten Kalium-Verminderung auf die Nierenkontrolle für Natrium. John W. Poutsiaka, Milton Nasveschuk und Lloyd G. Millstein. (Proc. Soc. exp. Biol. Med. **102.** 506–08. Nov. 1959. New Brunswick, N.J., Squibb Inst. for Med. Res.) (Engl.)

Wiederholte i.m. Injektionen von 1 mg *9α-Fluorhydrocortison* (I)/kg Körpergewicht führen bei Hunden zur erhöhten K^+-Ausscheidung u. gleichzeitig verminderter glomerulärer Filtration. Erhielten die Hunde zusätzlich K^+ mit der Diät, so blieb die glomeruläre Filtrationsmenge annähernd normal. I bewirkt ohne zusätzliche K^+-Zufuhr eine Steigerung der Na^+-Retention durch die Verminderung der renalen Filtrationsmenge; bei zusätzlicher K^+-Zufuhr wurde jedoch keine signifikant vermehrte Na^+-Retention gefunden. U. LASCHET. 4561□

Vorkommen von Brenzcatechinaminen in Acrania und Invertebraten. U. S. von Euler. (Nature [London] **190.** 170–71. 8/4. 1961. Stockholm, Karolinska Inst., Physiol. Dep.) (Engl.)

Verschiedene Invertebraten wurden mit 10%ig. Trichloressigsäure extrahiert, die *Brenzcatechinamine* an einer Al-Säule adsorbiert u. mit Essigsäure eluiert. *Adrenalin* (I) u. *Noradrenalin* (II) wurden fluorimetr. bestimmt. I u./oder II konnten nur bei *Lumbricus terrestris*, bei Larven von *Pieris brassicae* (0,33 μg II/g) u. bei *Branchiostoma lanceolatus* (0,16 μg II/g) sicher nachgewiesen werden. H. LOHSCHELDER. 4561□

Jahreszeitliche Schwankungen des Adrenalin- und Noradrenalingehaltes von Krötennebennieren. C. E. Rapela und Maria Gordon. (C. R. Séances Soc. Biol. Filiales **150.** 1290–91. 18/11. 1956. Buenos Aires, Inst. de Biol. et Méd. Exp.) (Franz.)

Vff. stellten fest, daß der *Adrenalin* (I)-Geh. der Nebennieren von ♂ Kröten (*Bufo arenarum* HENSEL) langsam in der Zeit von Januar bis Mai absinkt (größtes Minimum) u. danach bis September wieder ansteigt, um dann wieder abzufallen. Der *Noradrenalin* (II)-Geh. zeigt keine so ausgeprägten Schwankungen; maximale II-Werte werden im September ermittelt, wonach ein Abfall bis März zu verzeichnen ist. — In der Zeit

von Dezember bis März beträgt der durchschnittliche I-Geh. der Nebennieren von 77 normalen Kröten 1,6 μg, der **II**-Geh. 1,7 μg pro mg Drüsengewebe bzw. 45 μg **I** u. 47 μg **II** pro Tier bzw. 0,35 ± 0,02 μg **I** u. 0,37 ± 0,01 μg **II** pro g Körpergewicht.
H. KOCKERT. 4561□

Bestimmung der Herzleistung und anderer hämodynamischer Daten bei Patienten mit Hyper- und Hypothyreoidismus unter Verwendung der Farbstoffverdünnungstechnik. P. Anthonisen, E. Holst und A. Chr. Thomsen. (Scand. J. clin. Lab. Invest. **12.** 472–80. 1960. Copenhagen, Kommunohosp., Med. Dep. III and Central Clin. Labor.) (Engl.)

Die Herzleistung (Herzindex in Liter/min/m²) u. a. hämodynam. Daten (Pulsfrequenz, Schlag-Vol.-Index, Lungenblut-Vol., mittlere Zirkulationszeit, Blut-Vol., arterio-venöse O_2-Differenz) wurden bei Patienten mit Hyperthyreoidismus u. Hypothyreoidismus unter Verw. der Indicatorverdünnungs-Meth. (BÉS [1959]) bestimmt. Die Best. zeigten eine lineare Beziehung zwischen der Herzleistung u. der Gesamt-O_2-Aufnahme. K. F. MÜLLER. 4562□

Wirkung von Thyreoidektomie auf das mit Butanol extrahierbare und das eiweißgebundene Radiojod im Plasma und auf den Umsatz von Radiothyroxin. Eiichi Yamazaki, Akito Noguchi und D. Ward Slingerland. (J. clin. Endocrinol. Metabolism **21.** 336–42. März 1961. Beppu, Japan, Noguchi Clinic; Boston, Mass., Veterans Admin. Hosp., Radioisotope and Med. Serv.; Boston Univ., School of Med.) (Engl.)

Bei 5 von 7 euthyreoiden Patienten, welche 72 Std. vor subtotaler Thyreoidektomie ^{131}J erhielten, war der Geh. an eiweißgebundenem J im Plasma nach dem Eingriff doppelt so hoch, während der Geh. des durch Butanol extrahierbaren J unverändert blieb. Bei Basedowikern, die mit antithyreoidalen Mitteln auf die Operation vorbereitet wurden u. markiertes *l*-Thyroxin erhielten, trat ca. 6 Tage nach dem Eingriff plötzlich eine Verzögerung in der Abnahme der Radioaktivität im Blut ein. Vff. nehmen an, daß die Schilddrüse während der Operation einen bedeutenden Betrag an Thyreoglobulin freisetzt, das später durch Proteolyse jodierte Verbb. einchließlich Thyroxin ergibt.
K. ZINGRAF. 4562□

Über den Eintritt von Schilddrüsenhormonen und von 3.5.3'-Trijodthyroessigsäure in die Kaninchenhypophyse. Robert Courrier, Jean Roche, Odette Michel, Raymond Michel und R. M. Andrée Colonge. (C. R. Séances Soc. Biol. Filiales **150.** 1125–27. 18/11. 1956. Paris, Coll. de France, Biochim. gén. et comp.; Morphologie exp. et Endocrinol.) (Franz.)

Vff. stellten fest, daß die Jodthyronine der Schilddrüse *L-Thyroxin*, *L-3.3'.5'-Trijodthyronin*, *L-3.5.3'-Trijodthyronin* (**I**) u. *L-3.3'-Dijodthyronin* in die Kaninchenhypophyse eintreten. Man findet sie, 2 Std. nach ihrer Injektion, in weitaus größerer Menge im Hypophysenhinterlappen als im Vorderlappen; **I** wird von allen 4 Verbb. am stärksten konzentriert. *3.5.3'-Trijodthyroessigsäure* wird durch die Hypophyse jedoch nur in geringem Maße fixiert. H. KOCKERT. 4562□

Über die Permeabilität der Placenta gegenüber L-3.5.3'-Trijodthyronin. B. Nataf, M. Sfez, R. Michel und J. Roche. (C. R. Séances Soc. Biol. Filiales **150.** 1088–90. 18/11. 1956. Paris, Coll. de France, Biochim. gén. et comp.) (Franz.)

Vff. stellten fest, daß die Placenta von Ratten am Ende der Trächtigkeit nach Injektion von mineral. Jodiden (z. B. *NaJ*) in das Muttertier bzw. in die Blutbahn des Foetus J^--Ionen progressiv anreichert. *L-3.5.3'-Trijodthyronin* durchtritt zum Ende der Trächtigkeit hin die Placenta vom Muttertier zum Foetus schneller als in umgekehrter Richtung. Es ist wenig wahrscheinlich, daß dieser Vorgang nur als einfacher Diffusionsprozeß erklärt werden kann; vielmehr scheint die Placenta das Hormon zu konzentrieren u. den materno-foetalen Austausch zu regeln. H. KOCKERT. 4562□

Einfluß von Schilddrüsenhormon auf die Reaktion der Ratte gegenüber gefäßaktiven Substanzen. J. A. Osorio. (C. R. Séances Soc. Biol. Filiales **150.** 1289–90. 18/11. 1956. Porto Alegre, Brasilien, Fac. de Med. de Rio Grande do Sul, Inst. de Physiol.) (Franz.)

Vf. stellte fest, daß hypothyreot. Ratten gegenüber hypertensiven Substanzen (*Adrenalin, Noradrenalin, Hypertensin*) weniger empfindlich u. gegenüber hypotensiven Verbb. (*Acetylcholin, Tetraäthylammoniumchlorid*) empfindlicher sind als normale Ratten.
H. KOCKERT. 4562□

Herabsetzung des Gehaltes von Eiweiß-gebundenem Jod im Serum durch Diphenylhydantoin. Jack H. Oppenheimer, Leonard V. Fisher, K. Michael Nelson und Joseph W. Jailer. (J. clin. Endocrinol. Metabolism **21.** 252–62. März 1961. New York, N.Y., Columbia Univ., Coll. of Physic. and Surg., Dep. of Med. and Obstetr. and Gynecol.; Presbyterian Hosp.) (Engl.)

In der Klinik verringerte *Diphenylhydantoin* (I) den Geh. des *eiweißgebundenen J* im Serum, trotzdem traten keine Symptome einer Schilddrüsenunterfunktion auf. In vitro erhöhte I die Aufnahme von 3.5.3'-Trijodthyronin durch Erythrocyten im Plasma; diese Wrkg. konnte durch Zugabe von stabilem *l*-Thyroxin aufgehoben werden.
K. ZINGRAF. 4562□

Über die Bestimmung von Insulin im Blute am epididymalen Fettanhang der Ratte mit Hilfe markierter Glucose. 1. Mitt. **Methodik und Fehlerbreite.** H. Ditschuneit, Chang-Su Ahn, M. Pfeiffer und E. F. Pfeiffer. (Klin. Wschr. **37.** 1234—39. 1/12. 1959. Frankfurt/M., Univ., I. Medizin. Klinik.) (Dt.)

Die Wrkg. von *Insulin* (I) in vitro auf den Stoffwechsel des isolierten Fettgewebes kann durch Best. der Oxydation von *Glucose* (II) zu CO_2 quant. bestimmt werden. Auf diesem Prinzip beruht die I-Best. im Blut mit Hilfe des epididymalen Fettanhangs der Ratte mit $^{14}C_{(1)}$-II (graph. Darst., Eichkurve ist für jeden Vers. neu zu bestimmen; die Fehlerbreite ist kleiner als die der Rattenzwerchfell-Meth.). Als Normbereich wurden bei 15 Stoffwechselgesunden Nüchternwerte zwischen 130 u. 680 μE./ml Serum (1 : 2) gefunden. U. TAUSENDFREUND. 4564□

Über die Bestimmung von Insulin im Blute am epididymalen Fettanhang der Ratte mit Hilfe markierter Glucose. 2. Mitt. **Experimentelle und klinische Erfahrungen.** E. F. Pfeiffer, M. Pfeiffer, H. Ditschuneit und Chang-Su Ahn. (Klin. Wschr. **37.** 1239—45. 1/12. 1959.) (Dt.) — 1. vgl. vorst. Referat.

Es wurde die Spezifität der Best. von *Insulin* (I) im Blut mit Hilfe der in der 1. Mitt. beschriebenen Meth. zu beurteilen versucht. Aus Beobachtungen bei Vgl.-Messungen der I-Aktivität im Portal- u. Femoralvenenblut von Ratten unter verschiedenen Bedingungen u. bei Stoffwechselgesunden u. Altersdiabetikern sowie bei einem operativ gesicherten Inselzelladenom ergibt sich, daß tatsächlich überwiegend I gemessen wird u. das Verf. zur Bearbeitung von Problemen der Pankreasphysiologie u. -pathologie empfehlenswert ist. U. TAUSENDFREUND. 4564□

Anregung des aktiven Transportes von Natrium aus Natrium-reichem Froschmuskel durch Insulin und Lactat. Roderick P. Kernan. (Nature [London] **190.** 347. 22/4. 1961. Dublin, Univ. Coll., Dep. of Biochem. and Pharmacol.) (Engl.)

Der normalerweise nur unter Erniedrigung der äußeren *Na*-Konz. erfolgende Austritt von Na aus einem mit Na beladenen Froschmuskel erfolgte in Ggw. von *Insulin* (I) u. *Lactat* (II) bei gleicher Na-Konz. u. einem normalen Plasma-K-Spiegel. Auch der *Chlorid*-Geh. im Muskel nahm in Ggw. von I u. II ab. *Ouabain* u. *Jodacetat* hemmten den Na-Austritt. Es wird angenommen, daß I u. II zur Aufrechterhaltung des Membranpotentials in vivo nötig sind. H. LOHSCHELDER. 4564□

Isolierung und Charakterisierung durch Einwirkung von Trypsin auf Insulin gebildeter Produkte. Janis Dillaha Young und Frederick H. Carpenter. (J. biol. Chemistry **236.** 743—48. März 1961. Berkeley, Calif., Univ. of California, Dep. of Biochem.) (Engl.)

Nach 2 Std. trypt. Spaltung von Rinder-*Insulin* (I), vorzugsweise bei pH 9,4 (pH-Stat) u. 25°, konnten *Alanin*, das *Heptapeptid* Gly·Phe·Phe·Tyr·Thr·Pro·Lys (II) u. *Desoktapeptidinsulin* (III) verteilungschromatograph. getrennt werden. Weder II noch III zeigten, allein oder zusammen, merkliche Aktivität (<4% von nativem I) im Mäusekrampftest. Die chymotrypt. Aktivität von Trypsin-Präpp. wurde durch Einw. von 0,2n HCl bei 25° rasch auf ca. 0,1%, nicht aber unter diesen Wert, gesenkt.
K. MAIER. 4564□

Der Mechanismus der Wirkung hypoglykämischer Sulfonamide: Die Wirkung der p-Aminobenzoesäure auf die Glykämie. Daniel Zagury und Jean Ghata. (C. R. hebd. Séances Acad. Sci. **252.** 2010—11. 27/3. 1961.) (Franz.)

3 Monate alte Ratten (PWG-Stamm) erhielten peroral *p-Aminobenzoesäure* (I; 3 g/kg). Nach 1½ bzw. 3 Std. wurde die Glykämie gemessen. Nach 1½ Std. war diese um 56%, nach 3 Std. kaum erhöht. Intraperitoneale I-Gabe zeigte keine Wirkung. Die durch *Glucidoral* (400 mg/kg) bedingte Hypoglykämie (nach 3 Std. 50%) wird durch I aufgehoben. H. LOHSCHELDER. 4564□

Über den Einfluß von Glukagon auf die histamininduzierte und spontane Magensäuresekretion beim Menschen. G. Dotevall und H. Westling. (Scand. J. clin. Lab. Invest. **12.** 489—92. 1960. Göteborg, Univ., Sahlgrenzka Sjukhuset, Med. Clin. I u. Dep. of Clin. Physiol.) (Engl.)

Die Wrkg. eines *Glukagon* (I)-Präp. auf die *Histamin*-induzierte u. spontane Magensäuresekretion von 7 Gesunden u. 4 Patienten mit pept. Ulcus wurden untersucht. I hat keine unmittelbar hemmende Wrkg. auf die histamininduzierte Sekretion. I red. die Geschw. der spontanen Magensäuresekretion bei 3 Patienten mit pept. Ulcus u. erhöhte sie in einem Fall. K. F. MÜLLER. 4564□

Beziehungen zwischen induzierter Histidindecarboxylase-Aktivität sowie Histaminsynthese und Schockwirkung durch Stress und durch Endotoxin. Richard W. Schayer. (Amer. J. Physiol. **198.** 1187—92. Juni 1960. Rahway, N.Y., Merck Inst. for Therap. Res.) (Engl.)

Die an verschiedenen Mäusegeweben an ^{14}*C-L-Histidin* in Form von ^{14}*C-Bis-[benzolsulfonyl]-histamin* gemessene *Histidindecarboxylase* (HD)-Aktivität läßt sich durch *Stress*-Rkk., durch Injektion (Ij.) von *Epinephrin* oder *Norepinephrin* sowie durch Verabreichung von *E. coli-Endotoxin* erhöhen. In Lunge u. Milz nimmt die HD-Aktivität nach i.v. Gabe einer Standardmenge von *E. coli-Endotoxin* nach 6 Std. um das 8fache, in der Leber um das 9fache zu. Nach 24 Std. ist die HD-Aktivität normalisiert. Durch i.v. Ij. vor u. nach der Endotoxinverabreichung läßt sich die HD-Aktivität nur mäßig erhöhen. R. STRUFE. 4569

Eine Methode zur Bestimmung von Kohlenmonoxyd in der Gasphase, angewandt auf die Bestimmung der Kohlenmonoxydkapazität des Blutes. H. Dahlström. (Scand. J. clin. Lab. Invest. **12.** 396—401. 1960. Umeå, Sweden, Med. Högskolan i Umeå, Labor. of Clin. Physiol.) (Engl.)

Zur Best. von CO wird das Gas mit konst. Geschw. durch ein Indicatorgel enthaltendes Rohr geleitet. Die Änderung der Farbe des Geh. wird spektrophotometr. registriert. Die zu einer bestimmten Farbänderung notwendige Zeit entspricht der CO-Konzentration. Die Meth. erfaßt 0,005—100 ppm mit ausreichender Genauigkeit. Sie wird zur Best. von CO verwendet, das mit Blut im Gleichgewicht steht. K. F. MÜLLER. 4572□

Der Einfluß der Sauerstoffspannung auf die Biosynthese von Häm und Porphyrin. J. E. Falk, R. J. Porra, Ann Brown, F. Moss und Helen E. Larminie. (Nature [London] **184.** 1217—19. 17/10. 1959. Canberra, Commonwealth Sci. and Ind. Res. Organizat.; Sydney, Univ. of New South Wales, Biol. Dep.) (Engl.)

Heparinisiertes Kükenvollblut wurde unter Zusatz von *Glycin* mit *Kohlensäure-Stickstoff*-Mischungen begast, die verschiedene Mengen O_2 enthielten. Anschließend wurde das entstandene *Häm* u. *Kopro-* sowie *Protoporphyrin* bestimmt. Das Maximum für die Bldg. von *Koproporphyrinen* liegt bei 1% O_2, für *Protoporphyrine* bei 8% O_2 u. für *Häm* bei 7% O_2. Die Inhibierung der *Protoporphyrin*-Bldg. durch höhere O_2-Spannungen ist reversibel. R. STRUFE. 4572

In vitro-Synthese von fötalem und Erwachsenen-Hämoglobin durch fötales hämatopoietisches Gewebe. E. Donnall Thomas, Harry L. Lochte jun., William B. Greenough III und Marion Wales. (Nature [London] **185.** 396—97. 6/2. 1960. Cooperstown, N.Y., Mary Imogene Bassett Hosp.) (Engl.)

Zellsuspensionen von Leber, Milz u. Knochenmark eines 17 Wochen alten menschlichen Foetus werden im Erwachsenenserum (Typ AB) u. HANKS-Lsg. in Ggw. von $^{14}C_{(2)}$-Glycin 24 Std. bebrütet, mit inakt. *Hämoglobin* verd., die isolierte Hämoglobinfraktion in Carboxyhämoglobin übergeführt, an Amberlite IR-50 (XE 64) in die erwachsene (*Hämoglobin A*; **I**) u. fötale Form (*Hämoglobin F*; **II**) getrennt u. deren Aktivitäten bestimmt. Danach produzieren Leber- u. Milzzellen des Foetus mehr **II** als das Knochenmark, jedoch wird durch Knochenmarkzellen doppelt so viel **II** wie **I** produziert. Anoxie bewirkte eine relative Erhöhung der **II**-Synth. gegenüber **I**. Auch in den Leberzellen eines 9 Wochen alten Foetus wird eine akt. **I**-Synth. beobachtet. Wegen der kürzeren Lebensdauer der **I**-haltigen Erythrocyten im fötalen Blut gegenüber der der **II**-haltigen muß das Verhältnis der **I**- zur **II**-Synth. größer sein als das **I**/**II**-Verhältnis im Blut. H.-J. KOCH/Berlin. 4572□

„Homocygotisches Hämoglobin C", eine neue hämolytische Erbkrankheit. Charles E. Rath, Douglas Terry und Arno Motulsky. (Rev. belge Pathol. Méd. exp. **24.** 345—47. Juni 1955. Washington, D.C., Walter Reed Army Med. Center; Georgetown Univ., Dep. of Med.) (Engl.)

Eine neue erbliche Bluterkrankung, die sich in einem schnelleren Zerfall der roten Blutzellen äußert, wird von nachst. Symptomen begleitet: leichtes hämolyt. Syndrom, Splenomegalie u. mitunter Gallensteine u. Nachlassen der Knochenmarkaktivität. Es wird über Zerfallszeit-Best. von Erythrocyten mit *radioakt. Fe* u. *Cr* sowie über die prozentuale Verteilung der Krankheit berichtet. H. KLUGE. 4572□

Ein Vergleich zwischen drei Methoden zur Bestimmung des Hämoglobins. A. Kumlien, K. G. Paul und S. Ljungberg. (Scand. J. clin. Lab. Invest. **12.** 381—83. 1960. Stockholm, Karolinska Inst., Biokemiska inst.; Statens farmaceutiska Labor.) (Engl.)

Der *Hämoglobin* (Hä.)-Geh. von 3 Blutproben wurde als *Cyanmethämoglobin* (**I**) *Oxyhämoglobin* (**II**) u. *Pyridinhämochromogen* (**III**) bestimmt. Es ergaben sich folgende Verhältnisse der Hä.-Geh. durch diese 3 Meth.: $H_{III}/H_{I} = 0,986$; $H_{III}/H_{II} = 0,990$. Die

Best. als III gibt wahrscheinlich die korrekten Werte; die Differenzen zwischen den 3 Meth. sind jedoch gering genug, um bei Routineanalysen vernachlässigt werden zu können. K. F. MÜLLER. 4572□

Über die intracelluläre Wasserstoffionenkonzentration und das intra-extracelluläre Reaktionsgefälle. Untersuchungen an Erythrocyten. M. v. Bubnoff und G. Riecker. (Klin. Wschr. **39.** 23—28. 1/1. 1961. München, Univ., I. Medizin. Klinik.) (Dt.)

Die mittlere intracelluläre H^+-Konz. von Erythrocyten betrug in 106 Blutproben von Patienten ohne Störungen des Wasser-, Elektrolyt- oder Säuren–Basen-Haushalts 7,27—0,003, die extra-intracelluläre pH-Differenz 0,12—0,003. H^+ verteilen sich unter physiolog. Bedingungen auf beiden Seiten der Erythrocytenmembranen wie frei diffusible Ionen in einem DONNAN-System. Die intracelluläre H^+-Konz. ändert sich demnach u. a. in Abhängigkeit von der Proteindissoziation. Störungen erfahren diese gesetzmäßigen Konz.-Verhältnisse durch Freisetzung von Säureäquivalenten aus dem Zellstoffwechsel, durch Änderung der Anionenpermeabilität der Zellmembran u. durch Ionenaustausch an der Zellmembran; an anderen Körperzellen (z. B. Magenschleimhaut) kann ein akt. H^+-Transport das intra-extracelluläre Rk.-Gefälle modifizieren. Die prakt. klin. Bedeutung der Überlegungen wird besprochen. U. TAUSENDFREUND. 4573□

Der Phosphat-Stoffwechsel in Tauben- und Menschen-Erythrocyten unter dem Einfluß von 2.4-Dinitrophenol, Natriumcyanid, Monojodacetat sowie von Thyroxin und Triäthylenmelamin. E. Gerlach und K. Lübben. (Pflügers Arch. ges. Physiol. Menschen Tiere **269.** 520—54. 1959. Freiburg/Br., Univ., Physiol. Inst.) (Dt.)

Es wird der Einfl. von *2.4-Dinitrophenol* (**I**), *NaCN* (**II**) u. *Monojodacetat* (**III**) auf den Phosphorstoffwechsel in Erythrocyten von Tauben u. Menschen ermittelt. Die Einw. erfolgt in Ggw. von radioakt. markiertem *Orthophosphat*, die säurelösl. P-Fraktionen der Taubenerythrocyten (TE) (*ATP, ADP, AMP, Inosit, Guanosintri-* u. *-diphosphat, Phytinsäure, Orthophosphat*) u. der Menschenerythrocyten (ME; *ATP, ADP, AMP, Fructose-1.6-diphosphat* [**IV**], *Triosephosphat* [**V**], *2.3-Diphosphoglycerinsäure* [**VI**], *Orthophosphat*) werden durch zweidimensionale Papierchromatographie getrennt u. quant. bestimmt, der *P*-Umsatz wird radiometr. ermittelt. Starke Verminderung an energiereichem Phosphat (ATP) u. Reduzierung des Radiophosphoraustausches werden bei TE durch **I** (Phosphorylierungsgift), **II** (Atmungsgift) u. Thyroxin hervorgerufen, während bei ME das Glykolysegift **III** u. Triäthylenmelamin vorwiegend wirksam sind, woraus hervorgeht, daß TE energiereiches Phosphat mittels der Atmungskettenphosphorylierung, ME dagegen durch Substratphosphorylierung synthetisieren. Nach Behandlung von TE mit **I** oder **II** nimmt die Konz. der *Phytinsäure* nur unwesentlich ab, obwohl keine Resynth. erfolgt, Phytinsäure scheint sich also am P-Stoffwechsel nur sehr träge zu beteiligen. Bei Einw. von **III** auf ME ist die Resynth. von **IV** u. **V** im Gegensatz zu der von ATP, ADP u. **VI** nur wenig eingeschränkt. **IV** u. **V** werden also, zumindest in diesem Fall, wahrscheinlich ohne direkte Beteiligung von ATP, durch extracelluläres Orthophosphat aufgebaut. Die Substanzen, die den Stoffwechsel bei TE (**I** u. **II**) bzw. bei ME (**III**) durch Unterbindung des Phosphoraustausches stören, wirken gleichzeitig als Inhibitoren für den akt. Kationentransport, wodurch ein Zusammenhang zwischen diesem Vorgang u. der ATP-Konz. nahegelegt wird. G. ZIEBARTH. 4573□

Der Transport von Phosphat in die Erythrocyten. A. Zipursky und L. G. Israels. (Nature [London] **189.** 1013—15. 25/3. 1961. Winnipeg, Univ. of Mannitoba, Med. Coll., Dep. of Pediatr. and Med.) (Engl.)

Blut wurde bei 37° mit *^{32}P-Orthophosphat* (**I**) inkubiert u. die ^{32}P-Abnahme im Plasma verfolgt. In Ggw. von *Glucose* (**II**) nahm ^{32}P mit 29,3%/Std. ab, in Ggw. von 10^{-3} m Jodessigsäure [**III**; Hemmung der *Milchsäure* (**IV**)-Bldg.] mit 12,5%/Std., in Ggw. von **II, III** u. *Adenosin* (**V**; 6,25 mm/Liter) mit 29,8%/Std. (ebenfalls keine **IV**-Bldg.). Mit wachsender äußerer **I**-Konz. steigt die **I**-Aufnahme der Erythrocyten sowohl bei **II** allein als auch in Ggw. von **II, III** u. **V**. Der Temp.-Effekt ist ebenfalls in beiden Medien gleich. Somit ist die **I**-Aufnahme unabhängig von der Glykolyse. In Ggw. von **II** allein findet sich in den Erythrocyten der meiste ^{32}P im *Adenosintriphosphat* u. in der *2.3-Diphosphoglycerinsäure*, was nach Glykolysehemmung mit **III** nicht beobachtet wird. In Ggw. von **II, III** u. **V** findet sich der ^{32}P hauptsächlich in der 0,1n NH_4Cl-Fraktion, u. zwar wahrscheinlich als *Fructose-1.6-diphosphat.* H. LOHSCHELDER. 4573□

$^{14}C_{(1)}$-Palmitinsäureaufnahme in die Blutzellen. Constantinos J. Miras, Dorothy L. Fillerup und James F. Mead. (Nature [London] **190.** 92—93. 1/4. 1961. Los Angeles, Calif., Univ. of California, School of Med., Dep. of Biophys. and Nucl. Med., Labor. of Nucl. Med. and Radiat. Biol.) (Engl.)

Menschliches Blut wurde mit *$^{14}C_{(1)}$-K-Palmitat* bei 37° in Luft mit 5% CO_2 unter Zusatz von *Penicillin* u. *Streptomycin* inkubiert. Nach 8 Std. wurden die *Lipide* der

Zellen u. des Plasmas getrennt extrahiert u. die Gesamtlipide in *Cholesterinester, Triglyceride* (I), *Cholesterin* (II), *Diglyceride, Monoglyceride* u. *Phospholipide* (III) aufgetrennt. Mindestens 10% der eingesetzten Radioaktivität wurde in den Blutzellen aufgefunden, u. zwar hauptsächlich in den Fraktionen von I, II u. III.

H. LOHSCHELDER. 4573□

Wirkung von Polyenylphosphatidylcholin auf die Lipoproteine des Plasmas von Normalpersonen und Atherosklerotikern bei alimentärer Lipämie. G. Meardi, P. G. Taverna und R. Airò. (Med. Mschr. **14.** 814—17. Dez. 1960. Tortona, Blood Res. Found. Center, Ist. „Citta di Pavia" e Ospedale di Tortona.) (Dt.)

Bei Prüfung der Wrkg. der i.v. Verabreichung von 500 mg mit Glycerylphosphorylcholin veresterter essentieller Fettsäuren (*essentielle Phospholipide*) auf den Verlauf der Trübungskurve nach einer 50-g-Buttermahlzeit zeigte sich bei normalen Personen nur ein geringer Einfl., bei Atherosklerotikern jedoch ein deutlicher Clearing-Effekt, der an Dauer die Wrkg. von 5000 I.E. *Heparin* weit übertrifft. U. TAUSENDFREUND. 4574□

Über die enzymatische Bestimmung der Blutglucose. E. Raabo und T. C. Terkildsen. (Scand. J. clin. Lab. Invest. **12.** 402—07. 1960. Holboek, Denmark, Centralsygehuset, Centrallabor.) (Engl.)

Es wird über Erfahrungen mit der Glucoseoxydase-Meth. zur Best. der *Glucose* in Blut berichtet. Die normalen Werte betrugen 60—100 mg/100 ml; der Fehler der Einzelbest. war ±4%. K. F. MÜLLER. 4574□

Gerinnungseigenschaften der Ductus-thoracicus-Lymphe des Hundes. R. D. Langdell, L. W. Bowersox, R. A. Weaver und W. S. Gibson. (Amer. J. Physiol. **199.** 626—28. Okt. 1960. Chapel Hill, N.C., Univ. of North Carolina, Dep. of Pathol.) (Engl.)

Die Unterss. der Gerinnungs-Eigg. der Lymphe besitzen bzgl. der allg. Gerinnungsvorgänge eine Bedeutung, da Thrombocyten eine geringere Rolle hierbei spielen. Die *Ductus-thoracicus-Lymphe* von halbgefasteten, gesunden erwachsenen Hunden wies *Prothrombin-, Fibrinogen-, Antihämophilfaktor-* u. *Plasmathromboplastinkomponenten*-Konzz. von 30—60% der Plasmawerte auf. Einstufengerinnungsteste gaben unterschiedliche Ergebnisse (einige Proben waren ebenso akt. wie Plasma, einige waren weniger akt.). Gleich nach der Entnahme waren die Proben noch nicht voll akt., durch Glaswandkontakt wird die Gerinnungszeit in den ersten 20—40 Min. kürzer. Koagulierende Lymphe weist einen hohen Rest-Geh. an *Prothrombin* selbst nach 18—24 Std. im Glasgefäß auf. Die Lymphe enthält ausreichend thromboplast. Material, so daß adäquate Mengen von Thrombin einen Fibrinklumpen bilden können, sie enthält jedoch nicht genügend thromboplast. Material zur vollen Ausnutzung von Prothrombin. U. TAUSENDFREUND. 4578□

Die Fettsäurezusammensetzung von Lipiden aus Cerebrospinalflüssigkeit. Rolf Blomstrand. (Acta chem. scand. **14.** 775—76. 1960. Lund, Schweden, Univ., Swedish Med. Res. Council, Unit for Biochem. Related to Atherosclerosis.) (Engl.)

Durch Lumbalpunktionen erhaltene *Cerebrospinalfl.* (CF) wurde zentrifugiert u. der zellfreie Überstand nach Anreicherung durch Druckfiltration mit Chlf./Methanol extrahiert. Die Gesamtlipide trennte man säulenchromatograph. an *Kieselsäure* in *Cholesterinester, Glycerinester, Phospholipide* u. freie Fettsäuren. Die Säuren wurden als Methylester gaschromatograph. identifiziert u. quant. bestimmt. Im Vgl. zu Normalserum enthält CF fast keine *Linolensäure*, dagegen hohe Konzz. an *Palmitoleinsäure* u. an einer bisher nicht identifizierten *C_{24}-Fettsäure.* R. STRUFE. 4578

Säure-Basen-Gleichgewicht der Amnionflüssigkeit. Gösta Rooth, Sven Sjöstedt und Franco Caligara. (Amer. J. Obstetr. Gynecol. **81.** 4—7. Jan. 1961. Lund, Univ. Hosp., Dep. of Obstetr. and Gyn.; Dep. of Int. Med.; Stockholm, Norrtull Hosp., Wenner-Gren Cardiovascular Res. Labor.) (Engl.)

Die Best. von *CO_2*-Druck u. Standard-*Bicarbonat* in der Amnion-Fl. kann als geeignete Maßnahme zur Gasaustauschmessung beim Foetus angesehen werden. Wegen des relativ hohen CO_2-Drucks u. der relativ großen Mengen gebundener Säuren (respirator. u. metabol. Typ der Acidose) sowie wegen der geringen Puffer-Wrkg. (niedriger Protein-Geh.) ist der pH-Wert der Amnion-Fl. gegenüber dem des Bluts niedriger (pH 6,88 bis 7,24). U. TAUSENDFREUND. 4583□

Der Milchsäuregehalt in den Geweben des sich entwickelnden Hühnerembryos. M. N. Perzewa. (Биохимия [Biochemie] **26.** 254—58. März/April 1961. Leningrad, Ssetschenow-Inst. für Evolutionsphysiol. der Akad. der Wiss. der UdSSR.) (Russ.; Auszug: Engl.)

In den Muskeln des Hühnerembryos bleibt der *Milchsäure* (I)-Geh. vom 6.—17. Tag fast unverändert, nimmt dann zu u. erreicht ein Maximum zur Zeit des Schlüpfens. Der I-Geh. im Blut des Embryos unterliegt während der Inkubation nur relativ geringen Schwankungen: 1—2 μMol/g. Selbst im Frühstadium der Entw. unterscheidet sich de'

I-Geh. des Bluts bei den Embryonen von dem der Küken. Im Lebergewebe des Embryos ist der I-Geh. in den ersten 10 Tagen der Inkubation fast der gleiche wie im Blut u. in den Muskeln. Danach nimmt er bis zum 15.—18. Tag ab, dann wieder zu, bes. zur Zeit des Schlüpfens. Aus den Kurven des I-Geh. geht hervor, daß die I des Lebergewebes aus dem Blut stammt. Die Blut-I wird ihrerseits von den Muskeln geliefert. O. LEBTAG. 4583 □

Wege des Glucosestoffwechsels während der Frühentwicklung des Seeigels. S. Bäckström, Karin Hultin und T. Hultin. (Exp. Cell Res. **19.** 634—36. April 1960. Stockholm, Univ., Wenner-Gren Inst. for Exp. Biol.) (Engl.)

Die bei der Inkubation animalisierter (durch Behandlung eben befruchteter Eier mit 4—8·10^{-4} m o-Jodosobenzoat in Seewasser) u. vegetalisierter (durch Behandlung von Eiern ab 16-Zellenstadium mit 0,04—0,06 m LiCl in Seewasser) *Psammechinus miliaris*-Embryonen mit *^{14}C-, $^{14}C_{(1)}$-, $^{14}C_{(2)}$-* u. *$^{14}C_{(6)}$-Glucose* gemachten Befunde stützen die Annahme von der Bedeutung des Pentosephosphatwegs für die Entw. des Ectoderms. K. MAIER. 4583 □

Untersuchung der Lipasen und Lipide während der embryonalen und larvalen Entwicklung von „Bufo vulgaris" und „Rana esculenta". Enrico Urbani. (Atti Accad. naz. Lincei, Rend., Cl. Sci. fisiche, mat. natur. [8] **11.** 498—503. Dez. 1956. Camerino, Univ., C.N.R. nell'Ist. di Zool. ed Anat. comparata.) (Ital.)

Vf. stellte fest, daß die *Lipase*-Aktivität bei *Rana esculenta* (a) nach ca. 310 Std. Entw.-Zeit ein Maximum, bei *Bufo vulgaris* (b) nach ca. 160 u. 310 Std. Entw.-Zeit zwei Maxima aufweist. Der *Gesamtlipid*-Geh., der bei b ca. doppelt so hoch liegt wie bei a, bleibt in den ersten Entw.-Stadien bei beiden Species konst. u. fällt dann (bei a eher als bei b) ab u. nimmt nach $>$300 Std. Entw.-Zeit im wesentlichen wieder konst. Werte an. H. KOCKERT. 4583 □

Der Einfluß der Temperatur auf die Synthese von DNA in Rana pipiens-Embryonen. J. R. Gregg und S. Lovtrup. (Exp. Cell Res. **19.** 619—20. April 1960. Durham, N.C., Duke Univ., Dep. of Zool.; Göteborg, Univ., Dep. of Histol.) (Engl.)

Der Einfl. der Temp. auf die *Desoxyribonucleinsäure* (I)-Synth. von *Rana plathyrhina*-Embryonen (Anfangswert ca. 0,1 γ/Embryo) wurde untersucht. Während der 11. u. 18. Entw.-Stufe wird mehr I bei 20° als bei 10° gebildet, zwichen der 18. u. 25. ist das Verhältnis umgekehrt. Während der ersten Stufen verläuft die Synth. bei 23—25° rascher als bei 8—10°, wogegen während der späteren die Werte bei 8—10° allg. größer als bei 23—25° sind. Die Befunde deuten darauf hin, daß die Entw.-Geschw. keine einfache Funktion der Geschw. der I-Synth. ist. K. MAIER. 4583 □

Zum Problem der Hitzegetränke. G. O. Kirsten. (Vitalstoffe — Zivilisationskrankh. **5.** 151—57. Dez. 1960. Pretoria, Südafrika.) (Dt.)

Übersicht über den physiolog. Schwitzvorgang, die Zus. des Schweißes unter extremen Temp.- u. Arbeitsbedingungen, die Beziehungen zum Wasser-, Salz- u. Vitaminhaushalt des Körpers u. die Zus. sog. Hitzegetränke zwecks Ersatz der Verluste an W., Mineralstoffen einschließlich Spurenelementen, Vitamin C u. den Vitaminen der B-Gruppe. G. KIRSTEN. 4585 □

Thiamin- und Thiamindiphosphatgehalt der Leber von Ratten nach Alkoholfütterung. K.-H. Kiessling und Karin Tilander. (Exp. Cell Res. **19.** 628—30. April 1960. Uppsala, Univ., Inst. of Zoophysiol.) (Engl.)

3 Wochen alte Rattenmännchen erhielten neben fester Nahrung 7 Monate lang 15%ig. A. bzw. W. + calorienäquivalente Saccharoselösung. Im Leberhomogenatüberstand (Mikrosomen) waren *Thiamin* (I)- u. I-*Diphosphat* (II)-Geh. der A.-gefütterten Tiere niedriger als bei den Kontrollen, während in den Mitochondrien die II-Menge etwa bei beiden Gruppen gleich war. Der I-Spiegel war in beiden Fällen niedrig. Bei Inkubation von Leberhomogenat mit überschüssigem ^{32}P-II erfolgte dessen Hydrolyse im Falle der A.-behandelten Tiere 47 ± 12% rascher als bei den Kontrollen. K. MAIER. 4587 □

Wirkung von Vitaminen, Sulfonamiden und Penicillin auf das Körperwachstum von unterernährten Knaben. Aldo Nigro. (Vitaminologia [Torino] **14.** 209—18. 15/11. 1956. Messina, Univ., Ist. di Fisiol. Umana.) (Ital.; Auszug: Engl.)

Vf. verfolgte bei 14 11 Jahre alten unterernährten Knaben während eines Zeitraums von 6 Monaten das Körperwachstum, nachdem 4 von ihnen (Gruppe a) neben der calor. unterwertigen Diät je Tag 120 Tage lang 2 Dragées *Becozym* ROCHE (enthält pro Dragée: 5 mg *Vitamin B_1*, 2 mg *Vitamin B_2*, 20 mg *Nicotinsäureamid*, 2 mg *Vitamin B_6*, 3 mg *Ca-Pantothenat*) bzw. 5 von ihnen (Gruppe b) pro Tag 60 Tage lang 2 Tabletten *Diazyl-Penicillin* CILAG (enthält pro Tablette: 0,5 g *2-Sulfanilamido-4.6-dimethylpyrimidin* u. 100000 I.E. *Procain-Penicillin G*) u. danach noch einmal 60 Tage lang pro Tag 4 Dragées *Acamnina fosforata* MAGGIONI (enthält pro Dragée: 0,25 g *Ca-* u. *Mg-Inosithexaphosphat* u. 20 I.E. *Vitamin B_1*) erhielten; die 3. Gruppe (5 Knaben) diente als Kontrolle. — Die

Werte von Körpergröße u. -gewicht waren bei den Gruppen a u. b mit den bei normal ernährten Jugendlichen gleichen Alters erhaltenen Werten vergleichbar.

H. KOCKERT. 4587 □

Eine Untersuchung der Wirkung des Thiaminmangels auf den Hexosephosphatmechanismus. S. P. Bagchi. (Naturwissenschaften **47**. 447. 1. Okt.-H. 1960. Stillwater, Okla., Oklahoma State Univ., Dep. of Biochem.) (Engl.)

Vf. inkubiert Leber-, Lungen-, Gehirn- u. Nierenschnitte *Thiamin* (I)-frei ernährter Ratten in RINGER-Bicarbonatpuffer (pH 7,4) mit $^{14}C_{(1)}$- (II) u. $^{14}C_{(6)}$-*Glucose* (III) u. bestimmt die abgegebenen $^{14}CO_2$-Mengen. Es zeigt sich, daß durch I-Entzug in der Leber u. Lunge der Hexosemonophosphatmechanismus stimuliert wird (niedrige $^{14}CO_2$-Verhältnisse). Im Gehirn u. in der Niere findet keine Beeinflussung des Glucosestoffwechsels durch I-Mangel statt, da ein Abbau über Hexosemonophosphat in diesen Organen nicht vorkommt. I wird dagegen für die Oxydation von $C_{(6)}$ im EMDEN-MEYERHOF-Tricarbonsäurecyclus für den oxydativen Abbau von Brenztraubensäure u. α-Ketoglutarat benötigt.

P. FAHRNLAENDER. 4587 □

Der Regenerationsprozeß der Leber unter der Bedingung eines Vitamin-B-Mangels beziehungsweise einer Überdosierung. Annibale Allegri, Francesco Campagnari und Vittorio Ferrari. (Arch. Scienze med. **102** (**81**). 293—312. Okt. 1956. Pavia, Univ., Ist. di Patol. speciale Med. e Metodol. Clin.) (Ital.)

Vff. untersuchten den Einfl. eines *Vitamin-B*-Mangels bzw. einer Überdosierung auf die Regeneration der Leber bei partiell hepatektomierten Ratten. Verabreicht wurde peroral bzw. parenteral das Vitamin-B-Präp. *Becocym* (I; CASA ROCHE), das *Vitamin* B_1, B_2, *Nicotinsäureamid, Vitamin* B_6 u. *Panthenol* enthält. — Nach I-Gaben ist der Regenerationsprozeß der Leber quant. nicht verändert. Bei Vitamin-B-Mangel zeigt sich eine Verminderung der Lebermasse ohne vergleichbare Herabsetzung der Gesamtmenge der Proteine des Organs. H. KOCKERT. 4587 □

Die experimentelle Glossitis durch Verbrennung bei Hyperthiaminose. P. G. Negro. (Vitaminologia [Torino] **14**. 219—28. 15/11. 1956. Torino, Univ., Ist. di Patol. gen.) (Ital.; Auszug: Engl.)

Vf. untersuchte den Verlauf einer durch Verbrennung erzielten Glossitis bei Meerschweinchen, denen hohe *Vitamin-*B_1 (I)-Gaben verabfolgt wurden. — Es wurde festgestellt, daß unter diesen Bedingungen sowohl das Ausmaß der Entzündung wie auch das der nekrot. Phänomene im Vgl. zu nicht mit I behandelten Kontrollen vermindert ist.

H. KOCKERT. 4587 □

Hyperthiaminose und durch Milchsäure bedingte Hypothermie. Babaudo Giovanni. (Vitaminologia [Torino] **14**. 236—45. 15/11. 1956. Torino, Univ., Ist. di Patol. gen.) (Ital.; Auszug: Engl.)

Vf. stellte bei einer durch eine 100 mg/kg-*Vitamin-*B_1 (I)-Gabe verursachten Hyperthiaminose bei Meerschweinchen eine mäßige Hyperthermie fest, die nach ca. 2 Std. abklingt. Die durch Verabfolgung von *Milchsäure* (II) verursachte Hypothermie bei nicht mit I behandelten Meerschweinchen verschwindet nach kurzer Zeit ebenfalls wieder; die durch II bedingte Hypothermie ist bei hypothiaminot. Tieren jedoch nur geringfügig ausgeprägt. H. KOCKERT. 4587 □

Chronobiotische und auxologische Wirkung der Diät bei Hypervitaminosen. F. Vacirca und C. Musso. (Vitaminologia [Torino] **14**. 289—99. 15/11. 1956. Sassari, Univ., Ist. di Patol. gen.) (Ital.)

Vff. stellten fest, daß bei verschiedenen akuten Hypervitaminosen (verursacht durch hohe Gaben von *Axerophthol, Ergocalciferol, Tocopherol, Thiamin, Pyridoxin, Cyanocobalamin* an Albinoratten) der chronobiot. u. auxolog. Wert von *Protein–Fett*-Diäten vermindert ist. H. KOCKERT. 4587 □

Bestimmung von Thiamin mittels der Thiochrommethode. H. N. Haugen. (Scand. J. clin. Lab. Invest. **12**. 253—60. 1960. Oslo, Ribshospitalet, Med. Dep. A.) (Engl.)

Nach Diskussion der Mängel aller bisherigen Best.-Meth. für *Thiamin* (I) mit NaOH u. $K_3[Fe(CN_6)]$ wird eine verbesserte Meth. zur I-Best. angegeben. 5 ml einer 40%ig. NaOH-Lsg. u. 0,2 ml einer 0,1%ig. $K_3[Fe(CN)_6]$-Lsg. werden vorgelegt u. dazu 10 ml einer $< 10\,\mu g$ I/100 ml enthaltenden Lsg. innerhalb 40 Sek. (langsam) unter Schütteln zugefügt, noch 50 Sek. weitergeschüttelt, die Oxydation durch Zusatz von 2 Tropfen 3%ig. H_2O_2 gestoppt, das entstandene Thiochrom mit 25 ml Isobutanol extrahiert (1½ Min.), zentrifugiert, abpipettiert u. fluorophotometr. gegen Chininsulfat (0,05 mg %ig.) als Standard bestimmt. Diese Meth. ergibt klare oder fast klare Lsgg. u. macht eine weitere Reinigung mit Na_2SO_4 u. A. überflüssig. Die angegebenen Zeiten u. die Temp. (20°) müssen eingehalten werden. Der Fehler ist relativ gering.

H. KLUGE. 4587 □

Die Bestimmung von Thiamin im Harn durch die Thiochrommethode. H. N. Haugen. (Scand. J. clin. Lab. Invest. **12.** 384—91. 1960. Oslo, Rikshosp., Med. Dep. A.; Univ., Inst. for Med. Biochem. and Physiol.) (Engl.) — Vgl. vorst. Referat.

Zur Best. von *Thiamin* im Harn wurde eine auf der Oxydation zu *Thiochrom* beruhende Meth. ausgearbeitet, bei der Benzolsulfonylchlorid als Blockierungsmittel bei der Best. des Blindwertes verwendet wird. Die einfache Meth. ist weniger zeitraubend als bisherige Methoden. K. F. MÜLLER. 4587 □

Untersuchung über die Verteilung von Vitamin B_{12} in Serum, Leber und Placenta während des intrauterinen Lebens beim Meerschweinchen. R. Karlin. (C. R. Séances Soc. Biol. Filiales **150.** 1211—13. 18/11. 1956. Paris, C.N.S.R. u. Inst. Pasteur.) (Franz.)

Vf. stellte im Verlauf der Trächtigkeit beim Meerschweinchen eine Verminderung des *Vitamin-B_{12}* (I)-Blutserumspiegels des Muttertieres u. einen merklichen Anstieg des Serumspiegels beim Fötus, u. zwar schon von Beginn des intrauterinen Lebens an, fest. Ferner wurde eine Akkumulierung von I-Reserven in der Placenta nachgewiesen, die zum Ende der Trächtigkeit hin abnehmen. Der I-Geh. der fötalen Leber, der zu Beginn des intrauterinen Lebens vergleichsweise niedrig liegt, steigt mit zunehmendem Alter des Fötus progressiv an. H. KOCKERT. 4587 □

Beitrag zur Ermittlung der Verwendungsmöglichkeit eines wirkstoffhaltigen Nebenproduktes der Vitamin-B_{12}-Gewinnung bei der Tierernährung. E. Kraack. (Ernährungsforschung **6.** 61—64. 1961. Potsdam-Rehbrücke, Inst. für Ernährung.) (Dt.)

Bei der Gewinnung von *Vitamin B_{12}* (I) fällt ein Propioni-Sediment an, daß nach Zellaufschluß unter Extraktion des I u. schonender Trocknung erhalten wird. Fütterungs-Verss. mit diesem Sediment als I-Träger bei Schweinen führten zu keinen positiven Resultaten. M. ULMANN. 4587 □

Untersuchungen über die Physiologie der Ascorbinsäure. 12. Mitt. **Beziehungen zwischen der Wirkung der Ascorbinsäure auf die Atmung und ihrer Aktivität als Wachstumshemmstoff.** S. Tonzig, F. Trezzi, G. Laudi und E. Marrè. (Atti Accad. naz. Lincei, Mem., Cl. Sci. fisiche, mat. natur., Sez. III [8] **4.** 109—24. 1955. Milano, Univ., Ist. Botan. u. Consiglio Naz. delle Ricerche.) (Ital.) — 11. vgl. Atti Accad. naz. Lincei, Mem., Cl. Sci. fisiche, mat. natur. [8] **17.** 324. [1954.]

Vff. untersuchten die Wrkg. von *Ascorbinsäure* (I) auf die Atmung (Best. des O_2-Verbrauchs) von isolierten Segmenten der Internodien etiolierter Erbsen (*Pisum sativum* var. Alaska) u. von *Avena*-Koleoptilen (var. Victory) sowie die Wrkg. von I u. ihres prim. Oxydations-Prod., *Dehydroascorbinsäure* (II), auf die Aktivität verschiedener *Dehydrogenase*-Syst. in vitro (in rohen u. dialysierten Extrakten von grünen Blättern u. apicalen Teilen etiolierter Erbsenpflanzen). — Die Unterss. in vivo ergaben, daß I in wachstumshemmenden Konzz. eine Verminderung des O_2-Verbrauchs der untersuchten Pflanzengewebe verursacht (Anti-Auxin-Wrkg.). In vitro wurde von niedrigen II-Konzz. eine Hemmung der *Glucose-6-phosphat-*, *Äpfelsäure-* u. *3-Phosphoglycerinaldehyddehydrogenase*-Aktivität festgestellt. H. KOCKERT. 4587 □

Untersuchungen über die Physiologie der Ascorbinsäure. 17. Mitt. **Rückwirkung einer Entfernung der auxinbildenden Zentren auf das Gleichgewicht zwischen Glutathion und Ascorbinsäure in Erbsenpflanzen.** Erasmo Marrè und Giannino Laudi. (Atti Accad. naz. Lincei, Rend., Cl. Sci. fisiche, mat. natur. [8] **20.** 638—45. Mai 1956. Milano, Univ., Ist. Botan.) (Ital.) — 16. vgl. C. **1960.** 4559; 12. vgl. vorst. Referat.

Vff. stellten fest, daß bei dekapitierten Erbsenpflanzen (Entfernung der auxinbildenden Zentren) neben einem plötzlichen u. fast vollständigen Wachstumsstillstand in den apicalen Segmenten der Internodien im Vgl. zu nichtdekapitierten Kontrollen ein merklicher Abfall der *Glucose-6-phosphatdehydrogenase*-Aktivität, eine merkliche Erhöhung des *Dehydroascorbinsäure* (I)-Geh. u. damit eine Herabsetzung des Quotienten *Ascorbinsäure*/I sowie eine geringfügige, nicht signifikante Verminderung des Geh. an *red. Glutathion* zu verzeichnen sind. — Diese Ergebnisse werden ausführlich diskutiert. H. KOCKERT. 4587 □

Untersuchungen über die Physiologie der Ascorbinsäure. 18. Mitt. **Inhibierung der Phosphorylase-Aktivität in Mitochondrienpräparaten durch Dehydroascorbinsäure.** Erasmo Marrè, Giorgio Forti und Gerardo Pece. (Atti Accad. naz. Lincei, Rend., Cl. Sci. fisiche, mat. natur. [8] **20.** 646—51. Mai 1956. Milano, Univ., Ist. Botan.) (Ital.) — 17. vgl. vorst. Referat.

Vff. stellten fest, daß *Dehydroascorbinsäure* (I) die oxydative Phosphorylierung von Rattenlebermitochondrien in Ggw. von *β-Hydroxybutyrat* zu 37,5%, in Ggw. von *Glutamat* zu 70,5% hemmt. Wahrscheinlich wird unter den von Vff. eingehaltenen Vers.-Bedingungen (Verw. von Mitochondriensuspensionen in 0,05 m Tris-Puffer, pH 7,3) I teilweise in *2.3-Diketogulonsäure* übergeführt. H. KOCKERT. 4587 □

Untersuchungen über die Physiologie der Ascorbinsäure. 19. Mitt. Experimentell induzierte Veränderungen des Quotienten Ascorbinsäure/Dehydroascorbinsäure und entsprechende Veränderungen des Wachstums und der Atmungsaktivität. Federica Trezzi. (Atti Accad. naz. Lincei, Rend., Cl. Sci., fisiche, mat. natur. [8] **21.** 323—28. Nov. 1956. Milano, Univ., Ist. Botan.) (Ital.) — 18. vgl. vorst. Referat; 19., 1. Teil, vgl. C. **1959.** 13529.

Vf. behandelte Erbsenstielsegmente a) mit *Ascorbinsäure* (I)-Lsgg. verschiedener Konz. (0,2, 0,5, 1,0 u. 2,0‰ig. Lsgg.) sowie b) mit einer 1‰ig. Lsg. 2, 4 u. 6 Std. lang u. untersuchte Gewichtszunahme (d. h. Wasseraufnahme), O_2-Verbrauch sowie die Geh. an I, *Dehydroascorbinsäure* (II) u. *2.3-Diketogulonsäure* (III) der Segmente unter den verschiedenen Vers.-Bedingungen. — Mit steigender I-Konz. vermindert sich die Wasseraufnahme; der O_2-Verbrauch ist gegenüber Kontrollen ebenfalls herabgesetzt (um 14—18%). Jedoch nimmt der Geh. an I + II + III u. I allein sowie II + III im Vgl. zu Kontrollsegmenten mit steigender I-Konz. zu, der Quotient I/II + III dagegen ab. 1‰ig. I-Lsgg. verursachen im Vgl. zu Kontrollen nach 2, 4 u. 6 Std. entsprechende Veränderungen der Wasseraufnahme, O_2-Bldg. u. so weiter. H. KOCKERT. 4587 □

Ascorbinsäurehypervitaminose. Giovanni Rosso. (Vitaminologia [Torino] **14.** 229—35. 15/11. 1956. Torino, Univ., Ist. di Patol. generale.) (Ital.; Auszug: Engl.)

Übersicht. — Die bei Mensch u. Tier durch hohe *Ascorbinsäure*-Gaben induzierten funktionellen u. morpholog. Veränderungen werden kurz besprochen u. diskutiert. — 46 Literaturangaben. H. KOCKERT. 4587 □

Intracelluläre Verteilung von Ubichinon in Rattenleber unter bestimmten Stressbedingungen. A. S. Aiyar und A. Sreenivasan. (Nature [London] **190.** 344. 22/4. 1961. Mysore, Centr. Food Technol. Res. Inst.) (Engl.)

Jungen WISTAR-Ratten wurde 8 Wochen eine an *Pantothensäure* (I) bzw. *Vitamin A* (II) arme Diät verfüttert. Andere Ratten ohne Vitaminmangel erhielten wöchentlich intraperitoneal 0,6 mg *Ammoniumvanadat*. Die Leber wurde homogenisiert u. einzelne durch Zentrifugieren abgetrennte Fraktionen auf *Coenzym A* (III), *Ubichinon* (IV) u. Mitochondrien-*Succinoxydase* (V)-Aktivität untersucht. Bei normaler Rattenleber enthielten die Zellkerne 29,1%, die Mitochondrien 37,8%, die Mikrosomen 14,9% u. der Überstand 5,5% des IV. V-Gabe u. I-Mangel bewirkte Abnahme von III u. V in der ganzen Leber u. des IV-Geh. in den Mitochondrien. Es wird angenommen, daß II-Mangel in der Leber die IV-Abnahme bedingt, was jedoch nicht durch II-Mangeldiät erreicht wird. H. LOHSCHELDER. 4587 □

Über den Vitamin-A-Gehalt der Rattenleber in Abhängigkeit von Alter, Zuchtfutter und Jahreszeit. O. Selisko und H. Plessing. (Ernährungsforschung **6.** 54—60. 1961. Potsdam-Rehbrücke, Inst. für Ernährung.) (Dt.)

Vff. untersuchen den Geh. an *Vitamin A* der Leber von Albinoratten einer äußerst ausgeglichenen Zucht in Abhängigkeit von Alter, Futter u. Jahreszeit, wobei als Gruppenintervall nicht Altersstufen, sondern gleiche Gewichtsunterschiede gewählt wurden. Die Resultate werden graph. gebracht. Gravidität u. Säugeperiode drücken den Geh. an Vitamin A signifikant herab. M. ULMANN. 4587 □

Hämatinkatalyse der Oxydation von Vitamin A und Fett. A. A. Dmitrowski. (Биохимия [Biochemie] **26.** 225—33. März/April 1961. Moskau, Bach-Inst. für Biochem. der Akad. der Wiss. der UdSSR.) (Russ.; Auszug: Engl.)

In Verss. in vivo u. in vitro zeigten neutrales *Methämoglobin* (I) u. saures *Hämatin* (II) eine starke katalyt. Wrkg. auf die Oxydation von *Vitamin A* (III) u. *Fett.* Das pH-Optimum der Wrkg. von I u. II liegt bei 5,5 bzw. 4,0. Die Oxydation von III erfolgt in Ggw. von I fast doppelt so rasch wie in Ggw. von *Oxyhämoglobin*, in Ggw. von II fast dreimal so rasch. Vf. erörtert die Kinetik der katalyt. Oxydation von III u. Fett u. schlägt verschiedene Maßnahmen zur Stabilisierung von III u. Fetten vor, die auf der Verhinderung der Bldg. von katalyt. akt. Hämoproteinen beruhen. O. LEBTAG. 4587 □

Hypothermische und hyperthermische Reaktivität bei F-Hypervitaminosen. Ferrero Carlo. (Vitaminologia [Torino] **14.** 246—60. 15/11. 1956. Torino, Univ., Ist. di Patol. gen.) (Ital.; Auszug: Engl.)

Vf. stellte nach Injektion hoher Dosen von *Vitamin F* (3 ml/kg des Präp. *VitaminF 99*, CASA FARMINTER) in Meerschweinchen mehr oder weniger ausgeprägte Veränderungen der Reaktivität des Organismus gegenüber therm. Stimulierung fest: Die Reaktivität gegenüber hypertherm. Stimulierungen ist vermindert, die Wrkg. hypotherm. Stimulierungen recht ausgeprägt. H. KOCKERT. 4587 □

Beziehungen zwischen Calcium- und Magnesium-Resorption. N. Alcock und I. MacIntyre. (Biochem. J. **76.** 19P—20P. Aug. 1960. London, Postgraduate Med. School, Dep. of Chem. Pathol.) (Engl.)

Rattenkollektive erhielten jeweils eine *Ca-* u. eine *Mg*-Mangeldiät. Die Ausscheidung (A) von Ca u. Mg in Kot u. Harn wurde im Vgl. zu normal ernährten Ratten (R) geprüft. R mit Mg-Mangel schieden deutlich weniger Ca im Kot aus als die Kontrollen. Die A von *Mg* bei Ca-Mangel war ebenfalls vermindert. Eine Änderung der glomerulären Filtrationsrate wurde nicht beobachtet. Die verminderte A von Ca im Harn wird gedeutet als vermehrte Rückresorption durch die renalen Tubuli. R. STRUFE. 4594

Über den Einfluß von Lithium auf die Aufnahme von Kalium und Natrium durch die Wollhandkrabbe Eriocheir sinensis (M. EDW.) H. J. Koch und J. Evans. (Meded. Kon. vlaamse Acad. Wetensch., Letteren schone Kunsten België, Kl. Wetensch. **18.** Nr. 6. 1—10. Leuven, Univ., Labor. voor Zoöfysiol.) (Engl.)

Vff. stellten fest, daß die Krabbe sowohl Li^+ als auch K^+ u. Na^+ aus wss. Lsgg. der *Chloride* (Konzz. 1—8 mm) aufnimmt. Die Ggw. von K^+ stört nicht die Na^+-Resorption, jedoch wird bei gleichzeitigem Vorliegen von Li^+-Ionen neben K^+ oder Na^+ die Resorption aller 3 Ionen gehemmt bzw. sogar eine Abgabe von K^+-Ionen an die umgebende Lsg. verursacht. H. KOCKERT. 4594□

Über die Resorption von Natrium aus verdünnten Lösungen durch die Wollhandkrabbe Eriocheir sinensis (M. EDW.). H. J. Koch und J. Evans. (Meded. Kon. vlaamse Acad. Wetensch., Letteren schone Kunsten België, Kl. Wetensch. **18.** Nr. 7. 1—15. 1956.) (Engl.) — Vgl. vorst. Referat.

Vff. stellten fest, daß intakte Krabben mit geschlossenen Urinporen so lange Na^+ in das umgebende dest. W. abgeben, bis die Na^+-Konz. des W. Werte zwischen 0,03 u. 0,5 mm erreicht. Während der Na^+-Abgabe u. der nachfolgenden Gleichgewichtseinstellung der Na^+-Konz. findet eine Resorption von Na^+-Ionen aus der wss. Lsg. durch den Tierkörper statt, wie durch Unterss. unter Verw. von ^{22}Na festgestellt werden konnte. Die für diese Vorgänge möglichen Mechanismen werden kurz diskutiert. H. KOCKERT. 4594□

Fettresorption. $^{13}C_{(1)}$-Palmitinsäure und $^{14}C_{(COOH)}$-Tripalmitin. William W. Burr jun., James C. McPherson, John A. Marcia und Herbert C. Tidwell. (Amer. J. Physiol. **197.** 912—14. Okt. 1959. Dallas, Tex., Univ. of Texas, Southwestern Med. School, Dep. of Biochem.) (Engl.)

Nach Verfütterung von $^{13}C_{(1)}$-*Palmitinsäure* u. $^{14}C_{(COOH)}$-*Tripalmitin* in Olivenöl an Ratten (Tötung der Tiere nach 1, 2 u. 3 Std. u. Best. der Isotopen im intestinalen Fett) zeigte sich ein starker Abfall von ^{13}C mit nicht ganz so ausgeprägtem Abfall von ^{14}C, so daß sich die Erklärung einer selektiven Resorption der freien Fettsäuren u. Verdünnung mit endogenen Lipoiden anbietet. Die Isotopen als solche beeinflussen die Resorption nicht. U. TAUSENDFREUND. 4594□

Quantitative Bestimmung der Gallensäuren in der Galle und im Blut unter Anwendung der chromatographischen Methode. Ja. I. Karbatsch. (Биохимия [Biochemie] **26.** 305—09. März/April 1961. Lwow, Med. Inst., Lehrstuhl für Pharmakol.) (Russ.; Auszug: Engl.)

Die vorgeschlagene quant. Best. der *Gallensäuren* (I) in der Galle u. im Blut mittels der aufsteigenden Papierchromatographie erreicht eine Genauigkeit von 95,27—99,57% für Blut u. 99,26—100,8% für Galle. Die Unters. des Blutserums von 10 gesunden Menschen u. 8 Kranken mit mechan. Gelbsucht ergab, daß im Blut von Gesunden I fehlt, bei Gelbsucht bis zu 1,4—7,9 mg% vorliegt. Als beste Laufmittel erwiesen sich Toluol–85%ig. Ameisensäure–Eisessig–Methanol (6 : 0,1 : 0,25 : 0,3) für *Chol-* u. *Desoxycholsäure*, Dichloräthan–85%ig. Ameisensäure–Eisessig–Methanol (5 : 0,8 : 0,5 : 0,4) für *Taurochol-* u. *Glykocholsäure*. Eine Parallele zwischen dem I-Geh. u. der Bilirubin-Konz. im Blut von Gelbsuchtkranken konnte nicht festgestellt werden. O. LEBTAG. 4594□

Möglicher Zusammenhang zwischen Nahrungsresten und Dickdarmwachstum. Jessie Fischer Moinuddin und Helen Wing-Tsit Lee. (Amer. J. Physiol. **197.** 903—11. Okt. 1959. Wooster, Ohio, Ohio Agricult. Exper. Stat., Dep. of Home Economics.) (Engl.)

Bei Ratten ließ sich (unter einer Kost mit 67% Kornstärke oder 42% Kornstärke + 25% Lactose, Agar, Cellulose oder roher Kartoffelstärke) eine mögliche Beziehung des Cöcum-Trockengewichts zur Länge u. maximalen Weite des (gefüllten) Cöcums u. zum Gewicht der Cöcumfüllung erkennen, ferner eine mögliche Beziehung von Trockengewicht u. Gewicht/Längen-Quotient des Colons + Rectum zu Frischgewicht/Kotsäule. Trotz dieser Befunde konnte keine Entscheidung darüber getroffen werden, welche Beziehung die Nahrungsreste zum Wachstum des Dickdarms u. zu seiner Funktion besitzen; es konnte auch nicht entschieden werden, wie gewisse Kostformen das Wachstum von Cöcum u. Colon anregen. U. TAUSENDFREUND. 4594□

Ursprung und Funktion des Ammoniaks im Harn des Alligators. Roland A. Coulson und Thomas Hernandez. (Amer. J. Physiol. **197.** 873—79. Okt. 1959. New Orleans, La., Louisiana State Univ., School of Med., Dep. of Biochem.) (Engl.)

Glycin, Alanin, Glutamin u. *Leucin*, welche fast die Hälfte der Plasma-Aminosäuren beim Alligator ausmachen, sind beim Alligator als natürliche Vorläufer des Harn-NH_3 anzusehen. Die Hauptfunktion des NH_3-Mechanismus ist wahrscheinlich die *N*-Ausscheidung; die bei Steigerung der NH_3 (u. CO_2)-Ausscheidung (als Folge von Glycininjektion) zu beobachtende Steigerung der Rückresorption von Na u. Cl (nach NaCl-Injektion) bzw. von Na (nach $NaHCO_3$- oder Na-Phosphatinjektion) ist als sek. anzusehen. *Insulin* vermindert den Aminosäurenspiegel des Plasmas u. die NH_3-Ausscheidung (NaCl u. $NaHCO_3$ werden vermehrt ausgeschieden).
U. TAUSENDFREUND. 4596□

Bildung von Hippursäure aus ^{14}C-Phenylalanin bei phenylketonurischen Patienten. H.-D. Grümer. (Nature [London] **189.** 63—64. 7/1. 1961. Pownal, Maine, Pineland Hosp., Biochem. Labor.; Training Center; Boston, Mass., Boston Dispensary, Arthur C. Rotch Res. Labor.) (Engl.)

Phenylketonur. Patienten zeichnen sich durch ihre Unfähigkeit aus, *Phenylalanin* (**I**) in Tyrosin umzuwandeln, so daß **I** u. Phenylbrenztraubensäure akkumuliert werden. Bei 2 derartigen Patienten konnte nachgewiesen werden, daß sämtliche im Harn auffindbare *Hippursäure* von **I** (^{14}C-L-I) stammt. U. TAUSENDFREUND. 4596□

Der Cytidindiphosphat-Cholin-Gehalt von Hirngeweben. G. B. Ansell und Brenda J. Bayliss. (Biochem. J. **76.** 20P. Aug. 1960. Birmingham, Med. School, Dep. of Exp. Psychiatry.) (Engl.)

Rattenhirnhomogenate (Mindestmenge 5 g) wurden in fl. N_2 eingefroren, mit 10% ig. Cl_3C–COOH extrahiert u. nach Entfernen von Cl_3C–COOH auf pH 8,5—9 eingestellt. *Nucleotide* wurden an Dowex-1 adsorbiert u. *Cytidindiphosphat-Cholin* (CDC) sowie andere *Nucleotide* quant. mit NH_3/NH_4Cl eluiert. Neben CDC wurden 5 weitere *Nucleotide* festgestellt. Der Geh. an CDC in 3—4 Wochen alten Rattenhirnen beträgt 0,02 bis 0,03 μMol/g Frischgewicht. R. STRUFE. 4598

Histochemischer Nachweis aromatischer Monoamine im Locus coeruleus des Säugetierhirnes. Toshihiro Maeda, Tomiya Abe und Nobuo Shimizu. (Nature [London] **188.** 326—27. 22/10. 1960. Osaka-shi, Osaka Univ., Med. School, Dep. of Anat.) (Engl.)

Im *Locus coeruleus* von Kaninchen, Meerschweinchen, Hund u. Katze (auch skorbut. Meerschweinchen) ließ sich mit Hilfe der Argentaffin-Rk., der SCHMORL-Rk. u. der Azokupplungs-Rk. eine red. Substanz nachweisen, die vermutlich das physiolog. Substrat der Monoaminooxydase ist (Hemmverss. mit 1-Phenyl-2-hydralazinpropan; Catron; JB-516) u. als *aromat. Monoamin* angesprochen wird, das als parasympath. Vermittlersubstanz wirkt. Bei Kaninchen u. Ratte wurden geringe oder keine positiven Rkk. erzielt.
U. TAUSENDFREUND. 4598□

Mangelnde Aufnahme von Brenzcatechinaminen nach Dauerdenervierung sympathischer Nerven. G. Hertling, J. Acelrod, I. J. Kopin und L. G. Whitby. (Nature [London] **189.** 66. 7/1. 1961. Bethesda, Md., Nat. Inst. of Health, Nat. Inst. of Mental Health, Labor. of Clin. Sci.) (Engl.)

Degenerierung von Nervenendigungen resultiert in einer Unfähigkeit der Bindung u. Inaktivierung von *Brenzcatechinaminen* (*Adrenalin, Noradrenalin*). Die effektive Konz. ungebundener, akt. Brenzcatechinamine in der Nähe der Receptoren des denervierten Gewebes dürfte demnach länger anhalten u. zu Überempfindlichkeit führen.
U. TAUSENDFREUND. 4598□

Der Einfluß chemisch aktivierter Muskelspindeln auf die monosynaptische Anregbarkeit spinaler Motoneurone des Menschen. H. F. Brune, E. Schenck und H. Voss. (Pflügers Arch. ges. Physiol. Menschen Tiere **269.** 555—69. Freiburg/Br., Univ., Psychiatr. u. Nerven-Klinik.) (Dt.)

Succinylcholin erzeugt beim Menschen in kleinen Dosen eine Hemmung der spinalen Reflexerregbarkeit, bei größeren Dosen erfolgt Wrkg.-Umkehr. — 37 Literaturangaben.
G. ZIEBARTH. 4598□

Anionenpermeabilität der hemmenden postsynaptischen Membran motorischer Neurone. T. Araki, M. Ito und O. Oscarsson. (Nature [London] **189.** 65. 7/1. 1961. Canberra, Australian Nat. Univ., John Curtin School of Med. Res., Dep. of Physiol.) (Engl.)

Es konnte experimentell bestätigt werden, daß die aktivierte postsynapt. Membran eine gesteigerte Permeabilität für alle Anionen unterhalb einer krit. Größe (Br^-) aufweist. U. TAUSENDFREUND. 4598□

Histochemische Untersuchungen über Nucleinsäuren in der Rinde und in den subcorticalen Zentren des Endhirns vom Meerschwein im Zustande der experimentellen Hemmung und Stimulation der nervösen Aktivität. Marek Wawrzyniak. (Ann. Univ. Mariae Curie-Skłodowska, Sect. DD **1957.** 135–61, herausgeg. 1959.) (Pol.)

Hinsichtlich der Beteiligung von *Desoxyribonucleinsäure* (I) u. von *Ribonucleinsäure* (II) im Stoffwechsel der Stirnhirnrinde u. des Striatums ergab sich, daß **I** stärker beteiligt ist als **II** u. daß **I** größeren quant. Veränderungen unterliegt. Als Inhibitor diente das Na-Salz der 5-Isopropyl-5-[β-bromallyl]-N-methylbarbitursäure, als Stimulans Cardiazol. **I** erwies sich im Neostriatum inhibierenden u. stimulierenden Einfl. gegenüber empfindlicher als **II**, die eine partielle Verflüssigung erfuhr. Gegenüber den angewandten Faktoren in den geprüften drei nervösen Zentren (Cortex, Neo- u. Paleostriatum) scheinen die **II** im Neostriatum die größte Empfindlichkeit aufzuweisen, im Cortex sind sie weniger empfindlich u. im Paleostriatum am wenigsten. L. MACHER. 4598□

Die Rolle der emetischen Chemoreceptorzone der Medulla beim Postnephrektomieerbrechen des Hundes. H. L. Borison und L. M. Hebertson. (Amer. J. Physiol. **197.** 850–52. Okt. 1959. Salt Lake City, Utah, Univ. of Utah, Coll. of Med., Dep. of Pharmacol.) (Engl.)

Durch Verss. an Hunden mit Ausschaltung der emet. Chemoreceptorzone der Medulla oblongata konnte gezeigt werden, daß beim Postnephrektomieerbrechen eine direkte chem. Wrkg. auf einen Receptor für die emet. Rk. verantwortlich ist (Späterbrechen durch Wrkg. auf den Darmtrakt wurde durch entsprechende Denervierung ausgeschaltet); die Urämiesymptome werden durch die Receptorausschaltung nicht beeinflußt. Die Parallelität der Latenz zum Grad des Refraktärseins gegenüber *Apomorphin* (I) läßt an ein gemeinsames Receptorgebiet denken; da jedoch **I** die Latenzzeit des Erbrechens nach Nephrektomie antagonist. beeinflußt (während Chlorpromazin u. Morphin keinen Einfl. ausüben) bestehen wohl wenigstens verschiedene Weisen der Receptoraktivierung. *Guanidinhydrochlorid* ahmt am besten die Urämiesymptome nach, auch dieser Substanz gegenüber besteht nach Receptorausschaltung ein Refraktärsein. U. TAUSENDFREUND. 4598□

Die Belichtungspotentiale zwischen Sehzellen von Calliphora erythrocephala Meig. D. Burkhardt und H. Autrum. (Z. Naturforsch. **15b.** 612–16. Sept. 1960. München, Univ., Zoolog. Inst.) (Dt.)

Mit Capillarmikroelektroden (Spitzendurchmesser ca. 0,1 μ), die durch die Kopfkapsel in die Retina (R) von *Calliphora erythrocephala* (CE) eingeführt waren, wurden die Aktionspotentiale (AP) bei intermittierender Belichtung (Flimmerscheibe) gemessen. Zusätzlich erfolgte die Registrierung des Retinogramms mit großflächigen AgCl-Elektroden. Während der Dauer der period. Belichtungen überlagert sich dem entsprechenden stationären Potential ein period. AP. Das AP zeigt zumeist einen ähnlichen Verlauf wie das Retinogramm. Das Belichtungspotential kann jedoch auch monophas. sein u. depolarisiert das Membranpotential der Zelle. Für *Calliphora* ist ein ähnlicher Mechanismus der Erregungs-Bldg. in der Retina wahrscheinlich, wie er für das Auge von *Limulus* angenommen wird. R. STRUFE. 4598

Kontrolle von Farbveränderungen bei Amphibien. C. Barker Jørgensen und Lis Olesen Larsen. (Nature [London] **186.** 641–42. 21/5. 1960. Copenhagen, Univ., Labor. of Zoophysiol.) (Engl.)

Nach Denervierung des Neurointermediärlappens u. Durchtrennung des 3. Ventrikels bei *Bufo bufo* (B) u. *Xenopus laevis* (X) wurden X u. B von einer weißen, beleuchteten Fläche auf einen schwarzen Untergrund u. umgekehrt übergeführt. Die dabei bei unbehandelten Kontrollen reversibel auftretende, durch *Melanin* bedingte Farbveränderung von hell nach dunkel war bei vorbehandeltem B u. X irreversibel. Durch Injektion von *Intermedin* konnte jedoch die maximale Dispersion von *Melanin* wieder hervorgerufen werden. R. STRUFE. 4598

Untersuchungen über die qualitative Bestimmung von Glykogen und Milchsäure im Fischfleisch unter Berücksichtigung seiner Stabilität Abbauvorgängen gegenüber. Janina Trawińska. (Ann. Univ. Mariae Curie-Skłodowska, Sect. DD **12.** 41–63. 1957, herausgeg. 1959.) (Pol.)

Während im Muskelgewebe getöteter Fische *Glykogen* über 96 Std. gespeichert wurde, erfuhr der *Milchsäure*-Geh. bei Zimmer-Temp. innerhalb von 120 Std. einen Abfall von 0,029% auf 0,003%. Die durch den Glykogenabbau auftretende schwache Acidität fiel innerhalb 96 Std. von 0,036% auf 0,006%, der pH-Wert nach 120 Std. auf 6,42. Hierin liegt die Ursache des schnellen Verderbs von Fischfleisch. L. MACHER. 4599□

E6. Pharmalologie. Therapie. Toxikologie. Hygiene

Ein Kaltkathodenröhrenrelais zur Temperaturkontrolle. I. Holm-Jensen und F. Nielsen Kudsk. (Scand. J. clin. Lab. Invest. **12.** 499—501. 1960. Aarhus, Univ., Pharmacol. Inst.) (Engl.) K. F. MÜLLER. 4600□

Einfluß der Bestrahlung auf den Magnesiumgehalt der Rattenleber. G. A. Kotschetow. (Биохимия [Biochemie] **26.** 319—22. März/April 1961. Moskau, Lomonossow-Univ., Lehrstuhl für Biochem. der Tiere.) (Russ.; Auszug: Engl.)

Eine Gesamtbestrahlung von Ratten mit 600 bzw. 900 r führt in der Leber nach 24 Std. zu einer Erhöhung des *Mg*-Geh. um 9,9 bzw. 7,7%. Zusatz von Mg zu Leberextrakten unbestrahlter Ratten führt zu den gleichen Umwandlungen des Ribose-5-phosphats wie die Bestrahlung der Leberextrakte. Ein Vgl. der Ergebnisse dieser u. einer früheren Arbeit (vgl. C. **1960.** 11380) zeigt, daß der Einfl. der Bestrahlung auf die oxydative Umwandlung der Kohlenhydrate, ähnlich der Wrkg. von Mg, in einer Aktivierung der Fructose-1.6-diphosphatase besteht. Die Erhöhung der Mg-Konz. in der Leber als Folge der Bestrahlung bewirkt in den ersten Tagen nach der Bestrahlung eine Erhöhung des Glykogengehalts. Die Mg-Zunahme nach der Bestrahlung führt zu einer raschen Hydrolyse des Fructose-1.6-diphosphats u. damit zu einer Erhöhung der Konz. von Hexosemonophosphat, wodurch die Synth. von Glykogen begünstigt wird. O. LEBTAG. 4601□

Analyse der strahleninduzierten Elektrolytveränderungen in Nierenschnitten. H. Breuer und H. K. Parchwitz. (Z. Naturforsch. **15b.** 671—75. Okt. 1960. Bonn, Chirurg. Univ.-Klinik u. Poliklinik.) (Dt.)

Die Konz.-Gradienten von Na u. K werden durch Bestrahlung mit 14000—58000 r erniedrigt, der Effekt tritt nicht bei Bebrütung $< 37^0$ auf. Danach beruht die Wrkg. der Röntgenstrahlen nicht auf einer Beeinträchtigung des Transportmechanismus u. der dazu nötigen energieliefernden enzymat. Prozesse, sondern eher auf einer Schädigung der Träger-Moll. oder einer Hemmung der die Zellpermeabilität regulierenden Enzyme. H.-J. KOCH/Berlin. 4601□

Untersuchungen über den Säugerthymus. 10. Mitt. **Die Regeneration von bestrahltem Mäusethymus.** Christianna Smith und Dorothy Anne Kieffer. (Proc. Soc. exp. Biol. Med. **94.** 601—05. März 1957. South Hadley, Mass., Mount Holyoke Coll., Dep. of Zool.) (Engl.)

24 Std. nach einer Gesamtkörpereinzelbestrahlung (400 r Röntgenstrahlung) mit anschließender Injektion von *Colchicin* subkutan war die Zahl der ruhenden u. in Teilung befindlichen Zellen der Rinde des Mäusethymus signifikant herabgesetzt. Zwischen 52 Std. u. 3 Tagen nach der Bestrahlung ging eine Zunahme der Mitosen dem Anstieg der Zellzahl voraus (20,4% Mitosen am 5. Tag nach Bestrahlung). Die sich neu bildenden Zellen entstehen offensichtlich in situ, nicht im Mark. K. MAIER. 4601□

Die Veränderung des Sulfhydrylgruppengehaltes in den Eiweißstoffen der Strukturelemente von Leberzellen der röntgenbestrahlten Ratten. Je. M. Kedrowa, Sh. A. Antokolskaja und W. M. Rodionow. (Биохимия [Biochemie] **26.** 234—36. März/April 1961. Moskau, Inst. für biolog. u. med. Chem. der Akad. der med. Wiss. der UdSSR.) (Russ.; Auszug: Engl.)

Im Ratten-Vers. zeigte sich schon 10 Min. nach der Röntgenbestrahlung mit 1500 r in den wasserlösl. *Proteinen* (I) der Zellkerne der Leber eine nachweisbare SH-Abnahme. Nach 60 Min. betrug die Abnahme 23% gegenüber der Kontrolle. Zu diesem Zeitpunkt betrug die SH-Abnahme in den I des Zentrifugates 15%. Nach 24 Std. wurde eine Abnahme der SH-Gruppen in den I der Mitochondrien beobachtet, nach 48 Std. eine Abnahme von 27% in den I der Mikrosomen. Bei Röntgenbestrahlung der aus der Rattenleber erhaltenen Strukturelemente der Zelle trat nur bei den I der Kerne eine 16% ig. Abnahme der SH-Gruppen ein. Bei den wasserlösl. I bewirkte die Röntgenbestrahlung eine 47% ig. Abnahme der SH-Gruppen im Falle von Mikrosomen u. eine 25% ig. Abnahme bei den I des Kernes. Aus den Ergebnissen wird geschlossen, daß die Reaktivität der SH-Gruppen in I nicht nur vom Bau des I-Mol. selbst, sondern auch von der übermol. Struktur abhängig ist. O. LEBTAG. 4601□

Der Nucleotidumsatz der Raupen von Gallfria mellonella L. in der Norm und nach Röntgenbestrahlung. G. A. Kritski und Zi-wei Tschshai. (Биохимия [Biochemie] **26.** 249—53. März/April 1961. Moskau, Bach-Inst. für Biochem. der Akad. der Wiss. der UdSSR.) (Russ.; Auszug: Engl.)

In der säurelösl. Fraktion der Raupen von *Gallfria melonella L.* wurden *Adenosintriphosphorsäure* (I), *Adenylsäure* u. andere niedermol. *Purin-* u. *Pyrimidinbasen* nachgewiesen. Wurden die Raupen 5 Min. 40 Sek. mit der Dosis 2000 r (352 r/min) behandelt, so nahm nach 24 Std. die Extinktion der säurelösl. Verbb. bei 260 mμ um 7% ab. Der I-Geh. nahm um ca. 36% ab. Die Autolyse der Raupen im Orthophosphatpuffer nahm 24 Std. nach der Röntgenbestrahlung mit 2000 r um ca. 86% zu. Sowohl die I-Abnahme wie die Verstärkung der Autolyse nach der Bestrahlung erklären sich aus der Hemmung der oxydierenden Phosphorylierung. O. LEBTAG. 4601 □

Die Wirkung von Ganz- und Teilkörperbestrahlung, bestimmt mit Hilfe des Allylalkoholtestes an weißen Ratten. Wilhelm Eger, Hanno Poppe und Jürgen Steenken. (Strahlentherapie **111.** 256—65. Febr. 1960. Göttingen, Univ., Patholog. Inst. u. Chirurg. Klinik.) (Dt.)

WISTAR-Ratten wurden mit 400 r total oder ausschließlich im Gebiet von Rumpf, Kopf, Leber oder Rumpfende lokal bestrahlt. Nach 3, 5, 7, 14, 28 oder 56 Std. wurden die Tiere dem Allylalkoholtest unterzogen. 30 Std. nach dieser Behandlung wurden die Schädigungsfelder in den einzelnen Leberlappen planimetr. ausgewertet. Die Bestrahlung erfolgte mit 200 kV-Röntgenstrahlen bei Filterung mit 0,5 mm Cu mit 400 r u. einer Dosisleistung von 107,4 r/min. Bes. im Zeitabstand von 7 u. 14 Std. wird eine Resistenzsteigerung gegenüber dem Allylalkohol gefunden. Bei lokaler Bestrahlung des Kopfes ist die Strahlenempfindlichkeit um den Faktor 6,5 größer als bei Totalbestrahlung, für die Leber gilt der Faktor 4,2, für das Rumpfende 2,9, den Rumpf 1,3. W. REUSSE. 4601 □

Hemmung der Strahlungsdepolymerisation der Desoxyribonucleinsäure durch Inhibitoren von Reaktionen freier Radikale. N. M. Emanuel, K. Je. Krugljakowa, N. A. Sacharowa und I. I. Ssapeshinski. (Доклады Академии Наук СССР [Ber. Akad. Wiss. UdSSR] **131.** 1451—53. 21/4. 1960. Inst. für chem. Physik der Akad. der Wiss. der UdSSR.) (Russ.)

Verss. der Vff. ergaben, daß die Depolymerisation der *Desoxyribonucleinsäure* (I) vor u. nach der Bestrahlung (60000 r) durch *Propylgallat*, den typ. Hemmstoff für die Rkk. freier Radikale, deutlich gehemmt wird, was für einen freiradikalen Mechanismus der Strahlungsdepolymerisation von I spricht. E. RENTZ. 4601 □

Strahlenschädigung bei Albumin und Serum durch thermische Neutronen und γ-Strahlen. Allylisocyanat, ein Strahlenschutzmittel. A. Heyndrickx und M. Avermaete. (J. Pharmac. Belgique [N. S.] **15** (42). 309—19. Sept./Okt. 1960. Ghent, Belgien, Univ., Dep. of Toxicology.) (Engl.)

Es wurde das Verh. der SH- u. der SS-Gruppen im Albumin u. im Blutserum in Ggw. von *Allylisocyanat* (I), *Cystein* (II), *Cystin* (III), *Cysteamin* (IV) u. *Cystamin* (V) u. bei Bestrahlung in vitro untersucht. Die Bestrahlungen erfolgten teils in Ggw. von O_2, teils von N_2 mit einer 1-g-Ra-Be-Quelle. Die Meth. zur Best. des Geh. an SH u. SS werden erläutert. Es zeigte sich, daß bei Bestrahlung in O_2-freier Atmosphäre im Albumin der Geh. an SS- u. SH-Gruppen anstieg, im Serum nur der SS-Gehalt. Bei Bestrahlung von Serum in Ggw. von O_2 stieg der SS-Gruppen-Geh. bei Ggw. von **III** u. **V** mehr an als bei **I**. **I** ist für Albumin ein besseres Strahlenschutzmittel als **II, III, IV** u. **V**. W. REUSSE. 4601 □

Vereinfachte Strontiumbestimmung im menschlichen Knochen. P. M. Horsford, P. L. T. Ilbery und W. B. M. Roberts. (Austral. J. Sci. **23.** 298—300. März 1961. Canberra, Australia, Bur. of Mineral Reserves; Sidney, Univ., Dep. Prevent. Med.) (Engl.)

Der ^{90}Sr-Geh. veraschter Knochen wird nach Abtrennung der Anionen (Phosphat) in einer Ionenaustauschersäule u. nach Fällung des Sr als Rhodizonat durch Aktivitätsmessung bestimmt. — Mit dieser Meth. wurden postmortal entnommene Knochenproben von 20 Menschen verschiedener Altersstufen auf ^{90}Sr-Geh. untersucht. H. NEWESELY. 4601 □

Dermale und per os-Behandlung von Rindern mit ^{32}P-markiertem Co-RAL. J. N. Kaplanis, D. E. Hopkins und G. H. Treiber. (J. agric. Food Chem. **7.** 483—86. Juli 1959. Kerville, Tex., Entomol. Res. Div., Agric. Res. Serv., U.S. Dep. of Agric.) (Engl.)

Die dermale Resorption des Kontaktinsekticids *Co-RAL* (**I**; *O-[3-Chlor-4-methylumbelliferon]-O.O-diäthylthiophosphat*) wird mit Hilfe von ^{32}P-markiertem **I** an Rindern geprüft. Nach Blut-, Harn- u. Kotanalysen wird nicht mehr als 1% **I** resorbiert (maximal am 3. Tag). In den Haaren war **I** noch 6 Wochen nach Applikation unverändert nachweisbar. — Nach Gaben per os werden 38% der Radioaktivität im Urin u. 35% in den Faeces innerhalb von 7 Tagen ausgeschieden. H. SCHIMASSEK. 4607 □

Anlockung weiblicher Stechmücken (Aëdes aegypti L., Culicidae) mit Duftstoffen. Peter Roessler. (Naturwissenschaften **47.** 549—50. 1. Dez.-H. 1960. Tübingen, Zool. Inst. der Univ.) (Dt.)

Bei Unterss. im Olfaktometer zeigt der Ae.-Extrakt von Rinderblut u. Urin noch in großer Verdünnung eine deutliche Anlockung von ♀ *Aëdes aegypti*. *Brenzcatechin*, *Resorcin* u. *Hydrochinon* wirken stark positiv, während *Phenol* anhaltende Schreck-Rk.

auslöst. *3.17β-Östradiol* u. *3.16α.17β-Östriol* sind noch mit 1,4 bzw. $8{,}7 \cdot 10^{-9}\,\gamma$, *Östron* mit $1{,}25 \cdot 10^{-4}\,\gamma$ aufgetragener Substanz deutlich wirksam, *Equilenin* u. *3.17-Androstandion* waren bei $10^{-5}\,\gamma$ noch positiv. Von Aminosäuren wirken *Tyrosin*, *Asparaginsäure-Glutaminsäure*, *Serin-Threonin* u. *Prolin-Histidin* in Konzz. von $10^{-2}\,\gamma$ noch positiv. Zum Test wurden die Stoffe entweder auf Papierstücke aufgetragen u. in einem Kolben in der Vers.-Einrichtung erwärmt oder als wss. Lsgg. von einem Luftstrom durchperlt. Der Test war ein Wahl-Vers. für je 50 ♀ zwischen zwei gleichwertigen Luftströmen, von denen einer dufthaltig war. Strömungs-Geschw. der Luft 2,3—3,0 cm/s.
H. REMBOLD. 4607 □

Wirkungsmechanismus von Isonicotinsäurehydrazid (INH). P. R. J. Gangadharam und M. Sirsi. (Current Sci. **24.** 243—44. Juli 1955. Bangalore, Indian Inst. Sci., Pharmacol. Labor.) (Engl.)

Inhaltlich ident. mit der C. **1957.** 10512 referierten Arbeit. G. KIMMERLE. 4610

Bedingungen für die Penetration von Streptomycin in die nekrotischen Gewebe bei Lungentuberkulose. G. Canetti und F. Grumbach. (C. R. Séances Soc. Biol. Filiales **150.** 1136—40. 18/11. 1956. Paris, Inst. Pasteur, Labor. de Rech. sur la Tuberculose.) (Franz.)

Vff. stellten fest, daß der *Streptomycin* (I)-Geh. der käsigen Knötchen u. der Kavernen bei Lungentuberkulosekranken eine Std. nach i.m. Injektion von 1 g I wesentlich niedriger liegt als im gesunden Parenchym; 3 Std. nach der I-Injektion sind die I-Geh. gesunder u. kranker Gewebe etwa gleich groß. H. KOCKERT. 4611 □

Wirkungen bestimmter Antibiotica auf das isolierte Hundeherz. Henry H. Swain, Glenn F. Kiplinger und Theodore M. Brody. (J. Pharmacol. exp. Therapeut. **117.** 151—59. Juni 1956. Ann Arbor, Mich., Univ. of Michigan, Med. School, Dep. of Pharmacol.) (Engl.)

Vff. stellten fest, daß *Chloramphenicol*, *Chlortetracyclin*, *Oxytetracyclin*, *Tetracyclin*, *Streptomycin*, *Dihydrostreptomycin* u. *K-Penicillin* (genannt in der Reihenfolge fallender Wirksamkeit), nicht jedoch Na-Penicillin, am isolierten Hundeherz einen negativen inotropen Effekt ausüben. Die Tetracycline wirken offenbar nach Bldg. unlösl. Salze mit Ca^{2+}-Ionen. H. KOCKERT. 4611

Erythropoietische Stimulierungsaktion von Acetylcholinesterase. John Emerson Davis. (Proc. Soc. exp. Biol. Med. **104.** 698—99. Aug./Sept. 1960. Austin, Tex., Univ. of Texas, Coll. of Pharmacy.) (Engl.)

Tägliche subkutane Injektion von 200 Einheiten *Acetylcholinesterase* verursachte bei Ratten eine Stimulierung von Erythropoiese, die sich innerhalb 7 Tagen in einer Reticulocytosis u. nach 14 Tagen im Ansteigen der Zahl der Erythrocyten äußerte. Die Hämatokritwerte änderten sich im wesentlichen nicht. L. MACHER. 4614 □

Die direkte antithyreoidale Wirkung von Reserpin, Chlorpromazin und anderen Pharmacis. S. W. Mayer, F. H. Kelly und M. E. Morton. (J. Pharmacol. exp. Therapeut. **117.** 197—201. Juni 1956. Los Angeles, Calif., Univ. of California, School of Med.; Long Beach, Calif., Veterans Administr. Hosp., Radioisotope Serv.) (Engl.)

Vff. stellten fest, daß folgende Verbb. in der angegebenen Konz. (in mg/ml Inkubations-Fl.) in vitro eine relativ starke antithyreoidale Wirksamkeit entfalten (Unters. unter Anwendung der ^{131}J-Meth. an Schilddrüsenschnitten von frisch geschlachteten Kälbern): *Reserpin* (0,083), *Chlorpromazin* (I; 0,36), *Tetraäthylammoniumchlorid* (6,7), *Regitin* (:0,33), *Thiopental-Natrium* (0,26, 0,026), *Colchicin* (0,33), *Phenylbutazon* (0,33, 0,033), *Verb. G-25671* GEIGY (0,33) u. *ACTH* (*Actrope*, UNITED LABOR.; 6,7). Vorwiegend hemmen diese Verbb. (mit Ausnahme von I) die Bindung von ^{131}J an organ. Substanzen durch das Schilddrüsengewebe. H. KOCKERT. 4620 □

Hemmung von Monoaminooxydase durch Benactyzine in vitro und in vivo. V. Vítek und K. Ryšánek. (Nature [London] **186.** 244. 16/4. 1960. Prag, Inst. of Human Nutr. and Med. Clinic of the Postgraduate Med. Inst.) (Engl.)

Die Aktivität der *Monoaminooxydase* (I) wurde durch Verfolgung der Produktion von 5-Hydroxyindolylessigsäure in 33%ig. Leber- u. 50%ig. Gehirnhomogenaten von Ratten bestimmt, welche 1 Std. vor der Tötung 35 mg *Benactyzine* (*Benzilsäurediäthylaminoäthylester*, II)/100 g subkutan erhalten hatten. II hemmt in vitro in Konzz. von $4 \cdot 10^{-3}$ m I zu 29%, $4 \cdot 10^{-4}$ m überhaupt nicht; unter gleichen Bedingungen hemmt *Marsilid* $4 \cdot 10^{-3}$ m zu 40% u. $4 \cdot 10^{-4}$ m zu 9%. In vivo wird I durch II in der angegebenen Dosierung zu 38,5% (Leber) u. zu 40% (Gehirn) gehemmt. Aus den Verss. ergibt sich, daß II ein nichtkompetitiver Inhibitär von I sowohl in vitro, wie in vivo ist. N. AMAN. 4620 □

Die Wirkung von psychotropen Drogen auf das Riechhirn (Rhinencephalon) der Katze. William Schallek und Alfred Kuehn. (Proc. Soc. exp. Biol. Med. **105.** 115—17. Okt. 1960. Nutley, N.J., Hoffmann-La Roche, Dep. of Pharmacol.) (Engl.)

Die Wrkg. der Psychodepressoren *Chlordiazepoxyd* (I) u. *Meprobamat* (II) sowie der Psychostimulantien *Iproniazid* (III) u. *Imipramin* (IV) auf Septum, Amygdala u. Hippocampus des Katzenhirns wird elektroencephalograph. untersucht u. festgestellt, daß II die Dauer der Nachentladung der Amygdala steigert, IV u. II die Dauer der Entladung im Septum herabsetzen, I die Dauer der Entladung in Septum u. Hippocampus sowie die Amplitude der Entladung der Amygdala mindert. U. BAUMANN. 4620

Serumtransaminasen im Verlaufe der Behandlung mit Imipramin (Tofranil). K. Náhunek, J. Hádlík, A. Rodová und J. Továrek. (Psychiatrie, Neurol. med. Psychol. **13.** 86—89. März 1961. Brno, Univ., Psychiatr. Klinik; III. Int. Klinik.) (Dt.)

Bei der Behandlung von 32 Depressionen mit *Imipramin* (*Tofranil*, GEIGY) u. dabei auftretenden Exanthemen, Lymphadenitis, Injektionsinfiltrat, Verwirrtheitszuständen, Zittern, Ataxie, Artikulations- u. Schluckstörungen (insgesamt 21 Patienten zeigten derartige Nebenwrkg.) ließ sich eine Korrelation zwischen dem Auftreten der Komplikationen (Exantheme u. a.) u. einem Anstieg der Durchschnittswerte von *Glutaminsäure–Brenztraubensäure-Transaminase* (I), *Glutaminsäure–Oxalessigsäure-Transaminase* u. *Aldolase* nachweisen; der Anstieg von I liegt bereits in der Woche vor dem Auftreten der Komplikationen, der der anderen Fermente fällt in die Woche der Komplikationen; bei tox. Nebenwrkg. (Verwirrtheitszustände usw.) ist der Anstieg nicht so eindrucksvoll u. nur für I signifikant. U. TAUSENDFREUND. 4620□

Wirkung von Antihistaminen auf das Anschwellen von Mitochondrien und auf Leberschäden. J. D. Judah. (Nature [London] **185.** 390—91. 6/2. 1960. Philadelphia, Pa., Wistar Inst.) (Engl.)

In $NaHCO_3$-gepufferter RINGER-Lsg. aufbewahrte Leberschnitte geben allmählich an die umgebende Lsg. gewisse *Dehydrogenasen* ab, wie am Beispiel der *Äpfelsäuredehydrogenase* (I) gezeigt wird. Die Abgabe wird durch Zusatz von 0,02m *Thioacetamid* (II) verstärkt, durch Senkung der *Ca^{2+}*-Konz. von 0,003 auf 0,002m wieder fast auf den normalen Wert zurückgeführt. Bei II-freien Kontrollen hat die Ca^{2+}-Konz. keinen Einfl. auf die I-Abgabe. *Phenergan* (III), das die Anhäufung von Ca^{2+} in isolierter, perfundierter Leber verhindert, hebt die II-Wrkg. auf Leberschnitte auf, *Chlorpromazin* nicht. In phosphatgepufferter RINGER-Lsg. beeinflußt II nicht den I-Verlust, erhöht jedoch die Abgabe von Gesamtprotein aus den Leberschnitten. Diese Wrkg. wird durch III, das allein keine Wrkg. besitzt, kompensiert. Danach aktiviert II ein Eiweiß freisetzendes Ferment-Syst., das von Ca^{2+} abhängig ist u. durch III gehemmt wird. Antihistamine, wie III, *Benadryl*, *Pyribenzamin* u. *Hispril* verhindern das Anschwellen isolierter Rattenlebermitochondrien u. schützen diese Teilchen gegen die Wrkg. von Ca^{2+}, hypotensiven Lsgg. u. *Thyroxin* in Konzz., in denen Atmung u. Phosphorylierung der Mitochondrien nicht beeinflußt werden. Danach nimmt Vf. an, daß die II-Wrkg. auf Leberschnitte auf einem Anschwellen u. schließlich einer Zerstörung der Mitochondrien beruht u. daß dieser Effekt für die Leberschädigung durch II u. deren Verhütung durch Antihistamine in vivo verantwortlich ist. H.-J. KOCH/Berlin. 4625□

Die anästhetische Wirkung von Äthylvinyläther, Divinyläther und Diäthyläther bei der Maus. E. Trier Mörch, J. B. Aycrigg und M. S. Berger. (J. Pharmacol. exp. Therapeut. **117.** 184—89. Juni 1956. Chicago, Ill., Univ., Dep. of Surgery, Div. of Anesthesia.) (Engl.)

Vff. bestimmten die anästhet. Wrkg. von *Divinyläther* (I), *Äthylvinyläther* (II) u. *Diäthyläther* (III) an der Maus. — Die für einen chirurg. Eingriff notwendigen Mengen zur Erzeugung einer Narkose betragen für I 8 u. 12, für II 6 u. 16 u. für III 6 u. 18 Vol.-%. Die Induktionszeit ist kurz u. für alle 3 Äther im Bereich 8—14 Vol.-% etwa gleich. Die für narkot. Zwecke gefährlichste Verb. ist I; II zeigt nahezu ähnliche Eigg. wie III. H. KOCKERT. 4627□

Die Wirkung der Hydratation auf den durch Hexobarbiton-induzierten Schlaf bei der Maus. N. K. Bhide. (Nature [London] **187.** 1030. 17/9. 1960. New Delhi, All-India Inst. of Med. Sci., Dep. of Pharmakol.) (Engl.)

Hydratation (bei Tier u. Mensch zu gesteigerter Erregbarkeit des Zentralnerven-Syst. führend) fördert die Empfindlichkeit des Zentralnerven-Syst. von Mäusen gegenüber *Na-Hexobarbiton* (100 mg/kg); bei 10 (noch nicht bei 5)%ig. Hydratation wird die Schlafzeit verlängert, Maximaleffekt nach 15 Min.; nach dem Erwachen erneut durchgeführte Hydratation läßt die Tiere erneut in Schlaf verfallen. Hydratisierte Mäuse waren ruhiger, sonst jedoch normal in ihrem Verhalten. U. TAUSENDFREUND. 4627□

Über den Wirkungsmechanismus der Narkotica. 2. Mitt. **Einflüsse der Narkotica und der zentralerregenden Mittel auf die Kalium- und Natrium-Verteilung und die Aktivität der Carbonanhydrase im Hirn.** Kaname Kuriaki und Kyoko Iwase.

(Jap. J. Pharmacol. 7. 31—34. Sept. 1957. Tokyo, Nippon Med. School, Pharmakol. Inst.) (Dt.) — 1. vgl. C. **1957.** 1967.

Es wird die Verteilung von K^+ u. Na^+ im Hirngewebe unter dem Einfl. von *Urethan, Paraldehyd, Pentetrazol, Coffein* u. in einigen Verss. auch *Phenobarbital-Na* geprüft. Diese Substanzen vermindern das intracelluläre Na^+ (bei gleichzeitiger Erhöhung des Verhältnisses Na^+ außen/Na^+ innen) u. erhöhen die Konz. an intracellulärem K^+. Alle genannten Verbb. sind ohne Effekt auf die *Kohlensäureanhydratase* (I). Vff. schließen, daß die Wrkg. der Narkotica auf die Verschiebung von Na^+ u. K^+ nichts mit dem Narkoseeffekt zu tun habe, da die Stimulantia gleiches bewirken, daß ferner I nicht mit der Verteilung von K^+ u. Na^+ zu tun habe, da alle untersuchten Verbb. ohne Effekt auf I sind. H. SCHIMASSEK. 4627□

Analgesiesteigernde und diuretische Effekte von 1-Dimethylamino-3-cyano-3-phenyl-4-methylhexanhydrochlorid (Z-4) und 1-Dimethylamino-2-phenyl-3-methylpentanhydrochlorid (Z-134). James Y. P. Chen. (J. Pharmacol. exp. Therapeut. **117.** 451—60. Aug. 1956. Milwaukee, Wis., Marguette Univ., School of Med., Dep. of Pharmacol.) (Engl.)

Vf. stellte fest, daß *1-Dimethylamino-2-phenyl-3-methylpentanhydrochlorid* (**I**; *Z-134*) u. *1-Dimethylamino-3-cyano-3-phenyl-4-methylhexanhydrochlorid* (**II**; *Z-4*) eine merklich analgesiesteigernde Wrkg. bei verschiedenen Tierspecies (Maus, Ratte) in Vgl. zu *Chlorpromazin* entfalten; die Wrkg. von **I** ist ausgeprägter als die von **II**. Nach i.m. Injektion von von **I** u. **II** in Ratten macht sich ein merklicher diuret. Effekt bemerkbar, der mit der diuret. Wrkg. von *Diamox* u. *Mercuhydrin* vergleichbar ist. In nichttox. Dosen verursachen **I** u. **II** bei Hunden eine prolongierte Atmungssteigerung u. eine Relaxation des Darmes. Die akute DL_{50} (in mg/kg) von **I** beträgt bei Ratten 356,6 $\pm$ 31,7 (peroral), 93,0 $\pm$4,4 (intraperitoneal), 118,9 $\pm$ 8,3 (i.m.), bei Mäusen 237,2 $\pm$ 18,3 (peroral), 109,5 $\pm$ 7,6 (intraperitoneal); die akute DL_{50} von **II** beträgt bei Ratten: 406,7 $\pm$ 33,0 (peroral) u. bei Mäusen 381,7 $\pm$ 41,5 (peroral u. 186,2 $\pm$ 9,4 (intraperitoneal). H. KOCKERT. 4627□

Papaverinhydrochlorid und die Lungencirculation, mit einer Bemerkung über den Einfluß von Bronchospasmus. R. Rokseth, H. Kjørstad, E. Skaga und O. Storstein. (Scand. J. clin. Invest. **12.** 493—98. 1960. Bodø, Nordland Country Hosp., Dep.) (Engl.)

Der Einfl. von 0,06 g i.v. verabreichtem *Papaverinhydrochlorid* wurde an Patienten mit verschiedenen Herz- u. Lungenkrankheiten unter Verw. der Kathetertechnik untersucht. Bei 11 von 15 Patienten war keine zusammenhängende Veränderung des Lungenarteriendrucks, des Lungencapillarvenendrucks, der Herzfrequenz, der Herzleistung oder der Atmungsfunktion festzustellen. Bei 4 Patienten mit Mitralstenose nahm der mittlere Lungenarteriendruck etwas zu. K. F. MÜLLER. 4627□

Nalorphin, ein wirkungsvolles Analgeticum beim Menschen. Arthur S. Keats und Jane Telford. (J. Pharmacol. exp. Therapeut. **117.** 190—96. Juni 1956. Houston, Tex., Jefferson Davis Hosp. u. Baylor Univ. Coll. of Med., Dep. of Anesthesiol.) (Engl.)

Vff. stellten fest, daß *Nalorphin* (I) als Analgeticum bei Patienten nach chirurg. Eingriffen zumindest ebenso wirksam ist wie Morphin. Die Nebenwrkg. von **I** werden herausgestellt u. die Möglichkeiten einer klin. Anwendung von I als Routinenarkoticum diskutiert. H. KOCKERT. 4627□

In vivo-Bildung von Normorphin bei der Ratte als ein Metabolit von Tritium-kernmarkiertem Morphin. Anand L. Misra, S. J. Mule und L. A. Woods. (Nature [London] **190.** 82—83. 1/4. 1961. Ann Arbor, Univ. of Michigan, Med. School, Dep. of Pharmacol.) (Engl.)

♂ SPRAGUE-DAWLEY-Ratten wurde subkutan ^3H-kernmarkiertes *Morphin* (I)-*sulfat* (10 mg/kg, als freie Base) injiziert u. der während 48 Std. gesammelte Harn mit $^1/_{10}$ Vol. konz. HCl für 25 Min. im Autoklaven auf 18 lb. Druck gebracht, gekühlt, bei pH 10,3 *Normorphin* (II) als Träger zugesetzt, die Lsg. mit NaCl gesätt. u. mit Äthylenchlorid/n-Amylalkohol (7:3) extrahiert. Der Rückstand aus der organ. Schicht wurde in abs. Methanol gelöst u. an WHATMAN Nr. 3 MM-Bogen chromatographiert [Lsgm.: n-Butanol/Essigsäure/W. (4:1:2)]. Der radioakt. Bereich um R_F 0,57 wurde eluiert u. mit tert.-Amylalkohol/n-Butyläther/W. (80:7:13) in 2 akt. Bereiche getrennt: bei R_F 0,76 ^3H-markiertes **I** u. bei R_F 0,20 **II**, was durch weitere Verss. belegt wurde. H. LOHSCHELDER. 4627□

Celluläre Adaption an Morphin bei Ratten. A. E. Takemori. (Science [Washington] **133.** 1018—19. 31/3. 1961. Syracuse, Upstate Med. Center, State Univ. of New York, Dep. of Pharmacol.) (Engl.)

Die durch KCl in Ggw. von Glucose angeregte Atmung von Gewebeschnitten der Hirnrinde ♂ HOLTZMAN-Ratten wird durch *Morphin* (I) erniedrigt. Wenn den Ratten

zweimal täglich 3 Wochen lang steigende Dosen I (15—45 mg/kg) intraperitoneal verabreicht wurden, übte I (1 mm) an Gewebeschnitten keine Atmungsdepression aus. Die Adaption des ganzen Tieres an I wird demnach von einer cellulären Anpassung begleitet.
H. LOHSCHELDER. 4627□

Suchtentwicklung und schwere Entziehungserscheinungen nach Dextromoramidgebrauch. (Jetrium, MCP 875, Palfium, R 875, Errecalme, Pyrrolamidol). Hans Joachim Bochnik. (Arch. Toxikol. **18.** 170—76. 1960. Hamburg-Eppendorf, Univ.-Krkhs., Psychiatr.- u. Nervenklinik.) (Dt.)

Bericht über 9 Fälle von Dextromoramidsucht, wobei die Unterbrechung der Präp.-Zufuhr schwerste Entziehungserscheinungen hervorrief. Vf. hält Unterstellung des Medikamentes unter das Betäubungsmittelgesetz für angezeigt. R. TIMMLER. 4627□

Vergleich der Wirkung von Ergotamin und Hydergin auf den Blutstrom in Muskel und Haut beim anästhesierten Hund. Thomas J. Haley und W. G. McCormick. (J. Pharmacol. exp. Therapeut. **117.** 406—13. Aug. 1956. Los Angeles, Calif., Univ. of California, School of Med. Dep. of Med.) (Engl.)

Vff. untersuchten die Wrkg. von intraarteriell verabreichtem *Ergotamin* (**I**), *Hydergin* (**II**), *l-Epinephrin* (**III**), *l-Norepinephrin* (**IV**) u. *Methacholin* (**V**) auf den Blutstrom in Muskel u. Haut der hinteren Extremitäten von Na-Pentobarbital-anästhesierten Hunden. — **I** u. **II** üben je nach Höhe der Dosis eine unterschiedliche Wrkg. auf die peripheren Gefäße aus: höhere Dosen verursachen (bes. ausgeprägt bei **I**) eine Dilatation, niedrige Dosen eine Vasoconstriction; die Blutgefäße der Haut sind jedoch empfindlicher als die des Muskels. Die Vasodilatation nach einer Ischämie wird durch die beiden Ergotalkaloide nicht signifikant beeinflußt. — In bestimmten Dosen verursachen **I** u. **II** eine Blokkierung bzw. Umkehr der Wrkg. von **III** u. **IV** auf die Gefäße der Haut; **II** kehrt jedoch nicht bei Wrkg. von **III** auf die Muskelblutgefäße um. — Die Dilatation der Hautblutgefäße durch **V** wird durch **I** u. **II** nicht signifikant beeinflußt. H. KOCKERT. 4628□

Die Wirkung von Ryanodin auf den Säugetierskelettmuskel in situ. Leonard Procita. (J. Pharmacol. exp. Therapeut. **117.** 363—73. Aug. 1956. Ann Arbor, Mich., Univ. of Michigan Med. School, Dep. of Pharmacol.) (Engl.)

Vf. untersuchte die Wrkg. des hochtox. Pflanzenalkaloids *Ryanodin* (**I**) auf die isoton. Kontraktion des Musculus tibialis anticus der Katze in situ. — Kleine intraarterielle **I**-Infektionen (50 µg) verursachen eine anhaltende Kontraktur u. Rigidität des direkt u. indirekt stimulierten Muskels. Die durch **I** verursachte Kontraktur wird durch Verbb. zum Verschwinden gebracht, die direkt oder indirekt die Muskeltätigkeit herabsetzen (z. B. Ca^{2+}-Ionen). Umgekehrt wird die Kontraktur durch solche Substanzen beschleunigt, die direkt oder indirekt die Muskeltätigkeit erhöhen (Neostigmin). Darüber hinaus begünstigen solche Substanzen die **I**-Wrkg., die eine Anoxie des Muskels bzw. selbst eine Kontraktur verursachen (*NaCN*, NaN_3). — **I** wird vom Vf. als brauchbare Substanz zur Unters. der Probleme der Muskelkontraktion u. -relaxation angesehen.
H. KOCKERT. 4628□

Beeinflussung der Atemsteigerung bei Muskelarbeit durch partiellen neuromuskulären Block (Tubocurarin). Bruno Ochwadt, Emil Bücherl, Heinrich Kreuzer und Hans H. Loeschcke. (Pflügers Arch. ges. Physiol. Menschen Tiere **269.** 613—21. 1959. Göttingen, Med. Forschungsanstalt der Max-Planck-Gesellschaft, Physiol. Abteilung, u. Univ., Chirurg. Univ.-Klinik, u. Physiol. Inst.) (Dt.)

Die bei Muskelarbeit des Menschen auftretende *Hyperventilation* ist bei vorheriger *Tubocurarin*-Gabe größer als ohne Tubocurarin. Es wird eine Verstärkung der motor. Innervation angenommen, die wahrscheinlich das Atemzentrum beeinflußt.
G. ZIEBARTH. 4628□

Stoffwechsel von 3-Methyl-5-äthyl-5-phenylhydantoin (Mesantoin) und 5-Äthyl-5-phenylhydantoin (Nirvanol) zu 5-Äthyl-5-[p-hydroxyphenyl]-hydantoin. Thomas C. Butler. (J. Pharmacol. exp. Therapeut. **117.** 160—65. Juni 1956. Chapel Hill, N.C., Univ. of North Carolina, School of Med., Dep. of Pharmacol.) (Engl.)

Nach Verabfolgung von *3-Methyl-5-äthyl-5-phenylhydantion* (**I**; *Mesantoin*) oder *5-Äthyl-5-phenylhydantoin* (**II**; *Nirvanol*) an Hunde fand sich im Urin der Tiere *5-Äthyl-5-[p-hydroxyphenyl]-hydantoin* (**III**; *p-Hydroxynirvanol*). **III** wurde auch im Urin einer ♂ Versuchsperson gefunden, die **I** erhalten hatte. Das **III** im Hundeurin liegt vorwiegend in der rechtsdrehenden Form vor, das aus menschlichem Urin ist opt. inaktiv. Im Hundeurin kommt **III** größtenteils gebunden an Glucuronsäure vor. **III** besitzt nicht die charakterist. anästhet. Eigg. von **II**.

Versuche: *5-Äthyl-5-[p-hydroxyphenyl]-hydantoin* (**III**; *p-Hydroxynirvanol*), $C_{11}H_{12}N_2O_3$, F. (korr.) 268—269° (50%ig. wss. A.), aus einer Lsg. von p-Hydroxypropiophenon in heißem A., einer wss. KCN-Lsg. u. $(NH_4)_2CO_3$; die Mischung 24 Std. bei 55° halten, das Lsgm. teilweise abdestillieren, den Kolbeninhalt mit W. verdünnen, mit konz. HCl ansäuern, einige Min. zum Sieden erhitzen, nach dem Abkühlen den braunen Nd. in, NaOH lösen u. die gelöste Substanz mit HCl ausfällen; 87% (Ausbeute). Die opt. Antipoden als *Brucinsalze* trennen: FF. (korr.) von *d*- bzw. *l*-III 275—277° (50%ig. wss. A.); $[\alpha]_D^{25}$ +109° (c = 10 mg/ml A.). — Die UV-Absorptionsspektren von **III** (in 0,1 n HCl u. 0,1 n NaOH) sind angegeben. H. KOCKERT. 4628□

Die Wirkung des pH auf die Fähigkeit des 3-Hydroxyphenyltriäthylammoniumions zur Erleichterung der Muskelkontraktion. Frank G. Standaert. (Proc. Soc. exp. Biol. Med. **102.** 138—39. Okt. 1959. Bethesda, Md., Nat. Naval Med. Center, Naval Med. Res. Inst.) (Engl.)

Unters. der Fähigkeit des *3-Hydroxphenyltriäthylammoniumions* zur Erleichterung der Rk. des Ratten-Phrenicusnerv-Diaphragma-Präp. auf supramaximale Einzelreize hinsichtlich pH-Abhängigkeit, zeigte, daß das Phenolation wirksamer als nichtionisiertes Phenol ist. Die Receptorstellen der motor. Nervenendigungen für die Rk. unterscheiden sich demnach von denen, die dem Cholinesteraseenzym zugeordnet werden. Für die Wrkg. des Tetraäthylammoniumions bestand keine derartige pH-Abhängigkeit.

K. MAIER. 4628□

Ganglionblockierende Eigenschaften von 3-Methylaminoisocamphanhydrochlorid (Mecamylamin): Ein sekundäres Amin. Clement A. Stone, Mary L. Torchiana, Albert Navarro und Karl H. Beyer. (J. Pharmacol. exp. Therapeut. **117.** 169—83. Juni 1956. West Point, Pa., Merck Inst. for Therapeutic Res.) (Engl.)

Vff. stellten im Tiervers. (Katze, Hund) ganglionblockierende Eigg. von *3-Methylaminoisocamphanhydrochlorid* (**I**) fest, die Wrkg. ist andauernd, spezif. u. ausgeprägt. Zwischen der ganglionblockierenden Wirksamkeit von **I**, *Hexamethonium* (**II**) u. *Pentolinium* (**III**) bestehen keine wesentlichen qual. Unterschiede. Quant. ist **I** in Hinsicht auf eine Hemmung der präganglionär induzierten Kontraktion der Nickhaut der Katze etwa so wirksam wie **II** u. etwa ein Viertel so wirksam wie **III**; andererseits antagonisieren **I** u. **III** etwa gleich stark die Wrkg. von *Nicotin* auf den Blutdruck (Katze) u. zeigen im Vgl. zu **II** wiederum eine 2—4fach höhere Wirksamkeit. — Die curareähnliche Wrkg. von **I** ist im Vgl. zu der von **II** u. **III** gering, jedoch durchaus meßbar (Wrkg. auf die Kontraktionen des indirekt stimulierten Musculus tibialis anterior des Hundes). — Die akute Toxizität von **I** (Maus, peroral) ist größer als die von **II**, **III**, *Tetraäthylammoniumsalz* u. *Chlorisondamin* auf Grund einer besseren Resorption von **I**; nach i.v. Verabfolgung unterscheidet sich die DL_{50} der 5 getesteten Substanzen nicht wesentlich voneinander. — **I** besitzt keine merkliche adrenerg.-blockierende, Antihistamin-, atropinähnliche u. oberflächenlokalanästhet. Wirkung. H. KOCKERT. 4630□

Die Wirkung eines vasoconstrictiven Agens (Metaraminol) auf die menschliche Verträglichkeit bei Beschleunigung. Theodore Greiner. (J. Pharmacol. exp. Therapeut. **117.** 228—31. Juni 1956. Ohio, Wright Patterson Air Force Base, Air Res. and Dev. Command, Wright Air Dev. Center, Aero Med. Labor.) (Engl.)

Vf. stellte fest, daß *Metaraminol* (einmalige Dosis von 1 g/kg) die Verträglichkeit bei 6 von 8 menschlichen Testpersonen bei schnell induzierter positiver Schwerebeschleunigung erhöht (Unterss. unter Verw. einer Versuchszentrifuge der US-Luftwaffe).

H. KOCKERT. 4630□

Beobachtungen über die Bewertung von coronardilatatorischen Pharmacis. I. Setnikar. (Farmaco [Pavia], Ediz. sci. **11.** 750—76. Sept. 1956. Milano, Dr. Recordati-Labor. Farmacol. S.P.A., Reparto Ricerche.) (Ital.; Auszug: Engl.)

In Unterss. am isolierten Kaninchenherz nach LANGENDORFF wurden die günstigsten Bedingungen zur quant. Best. der coronardilatator. Wrkg. von zu testenden Pharmacis ermittelt. Vf. untersuchte unter diesem Gesichtspunkt den Einfl. folgender Faktoren auf die Coronardilatation: die Überlebenszeit des isolierten Herz-Präp., das Herzgewicht, den Perfusionsdruck, die Konzz. des dilatator. wirkenden Pharmakons u. den Coronarkreislauf vor der Perfusion. — Nach eingehender Diskussion der Beziehungen zwischen Höhe u. Frequenz der Kontraktionen u. dem Coronarkreislauf u. nach Kommentierung der optimalsten Testbedingungen für die coronardilatator. wirkenden Pharmaka teilt Vf. eine Meth. mit, die einen quart. Vgl. der Wrkg. eines neuen, zu testenden coronardilatator. wirksamen Pharmakons mit einer Standardsubstanz erlaubt.

H. KOCKERT. 4630□

Wichtigkeit einer Überprüfung von Angaben über die Bewertung von coronardilatatorischen Pharmacis. E. Beccari. (Farmaco [Pavia], Ediz. sci. **11.** 947—52. 1956. Torino, Univ., Ist. di Farmacol. e Terapia sperim.) (Ital.) — Vgl. vorst. Referat.

Krit. Bewertung der Meth. von SETNIKAR. H. KOCKERT. 4630□

Betrachtungen über die Bewertung von coronardilatatorischen Pharmacis. I. Setnikar. (Farmaco [Pavia], Ediz. sci. **11.** 1018—21. Dez. 1956. Milano, Dr. Recordati-Labor. Farmacol., Reparto Ricerche.) (Ital.) — Vgl. vorst. Referat.

Bemerkungen zur Mitt. von BECCARI (l. c.). H. KOCKERT. 4630□

Noch einmal über coronardilatatorische Substanzen. E. Beccari. (Farmaco [Pavia], Ediz. sci. **12.** 49—50. Jan. 1957. Torino, Univ., Ist. di Farmacol. e Terapia sperim.) (Ital.) — Vgl. vorst. Referat.

Kommentar zur Entgegnung von SETNIKAR (l. c.). H. KOCKERT. 4630□

Weitere Betrachtungen über die Bewertung von coronardilatatorischen Pharmacis. I. Setnikar. (Farmaco [Pavia], Ediz. sci. **12.** 218—19. März 1957. Milano, Dr. Recordati-Labor. Farmacol., Reparto Ricerche.) (Ital.) — Vgl. vorst. Referat.

Betrachtungen zur Mitt. von BECCARI (l. c.). H. KOCKERT. 4630□

Veränderung des Lipidgehaltes des Blutes bei Hypertoniekranken bei der Behandlung mit Reserpin. A. A. Kramer. (Клиническая Медицина [Klin. Med.] **38 (41).** Nr. 6. 104—07. Juni 1960. Moskau, Akad. der med. Wiss. der UdSSR, Inst. für Therap.) (Russ.; Auszug: Engl.)

In Unterss. an Hypertonikern lagen bei 45 der mit *Reserpin* (**I**) behandelten Patienten die Cholesterin (**II**)-Schwankungen innerhalb der physiolog. Norm; bei 27 ging der **II**-Spiegel zurück (in der Hälfte der Fälle um 20—30%), nur bei 8 stieg er an. Bei 51 Kranken veränderte sich der Geh. des Blutes an Phospholipiden (**III**) während der **I**-Behandlung nicht. Bei 23 stieg der **III**-Spiegel an (bei 15 um 20—50% u. höher), u. nur bei 6 Patienten ging er zurück. Der Koeff. **III**/**II** stieg bei 41 Patienten (28 um 20—50% u. höher), veränderte sich bei 31 nicht, u. ging nur bei 8 zurück. Die Veränderungen des **III**-Geh. des Blutes unter Einfl. von **I**, u. auch des Koeff. sind von den Ausgangswerten abhängig. Den **II**-Abfall trifft man häufiger bei einem höheren Ausgangswert, ein Anstieg der **III** u. damit auch des Koeff. **III**/**II** tritt häufiger bei niedrigem Ausgangsgeh. ein. Unter dem Einfl. des **I** tritt im Blut häufig eine günstige Änderung des **III**-Geh. ein. Die Wrkg. wird auf zentrogene Einfl. des **I** zurückgeführt. F. DU MANS. 4630□

Die Wirkung einer Pankreatektomie auf die Toxizität von k-Strophanthin beim Hund. John W. Travis, Alexander C. Keyl und Carl A. Dragstedt. (J. Pharmacol. exp. Therapeut. **117.** 148—50. Juni 1956. Evanston, Ill., Northwestern Univ. Med. School, Dep. of Pharmacol.) (Engl.)

Vff. stellten bei pankreatektomierten Hunden eine geringfügige aber signifikante Resistenz gegenüber der letalen Wrkg. von *k-Strophanthin* fest. Dieser Effekt steht in Beziehung zu dem Fehlen von Insulin, da bei Hyperglykämie per se keine Schutz-Wrkg. beobachtet wird. H. KOCKERT. 4630□

Über einige pharmakologische Eigenschaften des kürzlich aus der in Mittelamerika vorkommenden Apocynacee Stemmadenia Donnell-Smithii (Rose) Woodson extrahierten Alkaloids Stemmadenin. M. Raymond-Hamet. (C. R. hebd. Séances Acad. Sci. **251.** 2098—2100. 7/11. 1960. Paris. (Franz.)

Vf. verabfolgte an einen chloralosierten, vagotomierten (Durchtrennung des N.vagus im Halsbereich) u. künstlich beatmeten Hund i.v. 4mal hintereinander folgende *Stemmadenin* (**I**; als *Hydrochlorid*)-Dosen. 1. 0,5 mg/kg, 2. 1 mg/kg, 3. 2 mg/kg u. 4. 4 mg/kg u. stellte fest, daß die ersten beiden Injektionen auf den arteriellen Blutdruck nahezu keinen Einfl. haben, u. daß die 3. Injektion nur eine schwache u. vorübergehende Hypertension verursacht, wogegen nach der 4. Injektion der Carotisdruck schnell von 164 auf 52 mm Hg abfällt u. nur langsam wieder seinen Ausgangswert erreicht. Eine durch entsprechende *Adrenalin* (**II**)-Gabe (0,01 mg **II**-*Bitartrat*) verursachte Hypertension wird durch 0,5 mg **I**/kg nicht beeinflußt; 1,0 mg **I**/kg erhöht geringfügig die durch **II** verursachte Hypertension, u. höhere **I**-Dosen bewirken eine ausgeprägte Erhöhung. Die durch **II** bedingte renale Vasoconstriction wird durch 0,5 mg **I**/kg merklich erhöht; 1 mg **I**/kg bewirkt keine weitere Steigerung, wohl aber eine Verlängerung der Vasoconstriction. Die pharmakolog. Eigg. von **I** unterscheiden sich demnach gänzlich von denen des *Yohimbins*. H. KOCKERT. 4630□

Erfahrungen mit Cyclopenthiazid (Navidrex), einem neuen Salidiureticum, unter besonderer Berücksichtigung der Serumelektrolyte. H. J. Schafroth. (Praxis [Bern] **50.** 200—01. 9/3. 1961. Zürich, Univ., Med. Poliklinik) (Dt.)

Cyclopenthiazid (*3-Cyclopentylmethyl-6-chlor-7-aminosulfonyl-3.4-dihydro-1.24-benzthiadiazol-1.1-dioxyd*; *Navidrex*, CIBA A. G.; **I**) ist, bei ausgezeichneter Verträglichkeit, gegenüber Chlorothiazid in einer ca. 2000fach, gegenüber Hydrochlorothiazid in einer ca. 100fach niedrigeren Dosis diuret. u. antihypertensiv wirksam. Bei Anwendung von 0,25 mg **I**/Tag fanden sich Elektrolytverschiebungen nur im Bereich der Norm, die Tendenz zu hypochloräm. Alkalose u. Hypokaliämie, die bei kurz dauernder Anwendung auftritt, gleicht sich bei längerer Verwendung oft aus. U. TAUSENDFREUND. 4634□

Verhalten der Kohlensäureanhydrase der Erythrocyten nach Verabfolgung eines Quecksilberdiureticums und von Pyridoxin. Antonio M. Pelocchino, Giorgio Mauro und Giovanni Nattero. (Arch. Scienze med. **102 (81).** 265–73. Okt. 1956. Torino, Univ., Ist. di Clin. Med. e Terapia Med.) (Ital.)

Vff. stellten fest, daß nach Verabreichung eines *Hg*-haltigen Diureticums (**I**, nicht genannt) zusammen mit Pyridoxin an Patienten mit dekompensierten Herzleiden u. an Cirrhosekranke die *Kohlensäureanhydrase* (**II**)-Aktivität der roten Blutkörperchen in den meisten Fällen ansteigt; **I** allein verursacht einen weniger ausgeprägten u. nicht so häufigen Anstieg der **II**-Aktivität. Nach Verabfolgung von *Acetazolamid* (*Diamox*) tritt hingegen ganz allg. ein Absinken der **II**-Aktivität der Erythrocyten in Erscheinung. H. KOCKERT. 4634□

Vergleichsuntersuchung einiger Kohlensäureanhydrase-Inhibitoren. V. R. Woodford, Nel Leegwater und S. M. Drance. (Canad. J. Biochem. Physiol. **39.** 287–95. Febr. 1961. Saskatchewan, Saskatoon, Univ. of Saskatchewan, Dep. of Biochem. and Ophthalmol.) (Engl.)

Es wird die Modifikation einer colorimetr. Meth. zur Best. von *Kohlensäureanhydrase* (**VIII**) beschrieben unter Benutzung von gasförmigem CO_2 als Substrat. Mit dieser Meth. wurde die Hemmwrkg. von den **VIII**-Inhibitoren *2-Acetylamino-1.3.4-thiadiazol-5-sulfonamid* (*Diamox*; **I**), *5-Acetylimino-4-methyl-Δ^2-1.3.4-thiadiazolin-(2)-sulfonamid* (*Neptazane*; **II**), *5-Chlor-2.4-diaminosulfonyltoluol* (*Disalide*; **III**), *1.3-Diaminosulfonyl-4.5-dichlorbenzol* (*Daranide*; **IV**), *p-Aminosulfonylphenylcarbaminsäure-β-hydroxyäthylester* (*W 1548*; **V**), *6-Äthoxybenzothiazol-(2)-sulfonamid* (*Cardrase*; **VI**), *1-Oxo-3-[3'-aminosulfonyl-4'-chlorphenyl]-3-hydroxyisoindolin* (*Hygroton*; **VII**)] geprüft, welche bei der Kontrolle des intraokulären Druckes verwendet werden. Ein Gleichgewicht zwischen Enzym u. Inhibitor tritt jeweils zwischen 2 u. 64 Min. ein. Die Hemmkraft der verschiedenen Präpp. wurde miteinander verglichen. (Konz., äquivalent einer 50%ig. Hemmung: **I** $2{,}20 \cdot 10^{-8}$, **II** $2{,}45 \cdot 10^{-8}$, **III** $1{,}74 \cdot 10^{-8}$, **IV** $1{,}08 \cdot 10^{-8}$, **V** $9{,}19 \cdot 10^{-8}$, **VI** $1{,}05 \cdot 10^{-8}$, **VII** $1{,}38 \cdot 10^{-8}$). H. AMAN. 4634□

Zentrale Wirkungen von Antihustenmitteln auf Husten und Atmung. N. K. Chakravarty, A. Matallana, R. Jensen und H. L. Borison. (J. Pharmacol. exp. Therapeut. **117.** 127–35. Juni 1956. Salt Lake City, Utah, Univ. of Utah Coll. of Med., Dep. of Pharmacol.) (Engl.)

Vff. untersuchten den Einfl. von *Thiopental-Natrium*, *Codeinphosphat*, *Dextromethorphanhydrobromid* (*Romilar*), *Toryn* u. *Na-2.6-Di-tert.-butylnaphthalinsulfonat* (*Becantex*) auf den Hustenreiz, die Atmung u. den Gasaustausch der Lunge bei decerebrierten u. mit Pentobarbital behandelten Katzen. — Alle Verbb. setzen den Hustenreiz herab, doch jede Verb. beeinflußt unterschiedlich die 3 obengenannten Atmungsvorgänge. Die Ergebnisse lassen eine direkte zentrale Wrkg. der Verbb. bei der Hemmung des Hustenreizes erkennen. — Vff. diskutieren gewisse neurophysiolog. Vorgänge der Atmungsfunktion. H. KOCKERT. 4650□

Die Wirkung gemeinsam in die Pulpa gebrachter Antiseptica auf p-Aminotoluolsulfonamid (Benzylog). B. F. Gurney und E. James Best. (J. Dental Res. **39.** 1146–50. Nov./Dez. 1960. Chicago, Loyola Univ. School of Dent., Dep. of Biochem.) (Engl.)

Mit *p-Aminotoluolsulfonamid* (**I**) imprägnierten Zahnpulpen wurden als weitere Antiseptica Na-Thiosulfat, alkohol. Jod-Lsg., LUGOL-Lsg., A., Phenol, Seifenkresol, p-Chlorphenol, Eugenol, Kresatin, Kreosot; Na-Hypochlorit, Chlorosen, Silbernitrat, Chloramin-T, H_2O_2, quart. Basen oder Formaldehyd zugesetzt u. bei 38° für 24 Std. inkubiert. Alsdann wurde extrahiert, neutralisiert u. auf Agarplatten bei 38° in Ggw. von Gram-positiven u. Gram-negativen Bakterien inkubiert. Die meisten angewendeten Antiseptica haben die gleiche desinfizierende Wrkg. wie **I**, während Formaldehyd u. $AgNO_3$ die Wrkg. von **I** aufheben. HEINRICH HERMANN. 4655□

Zur Diagnostik und Therapie der Mykosen durch imperfekte Hefen (Cryptococcaceen). H. Rieth und J. Schönfeld. (Arch. klin. exp. Dermatol. **208.** 343–61. 20/3. 1959. Hamburg, Univ., Hautklinik; Heidelberg, Univ., Hautklinik.) (Dt.) U. TAUSENDFREUND. 4661□

Bleibefunde bei tödlichen Bleivergiftungen. Wolfgang Schwerd. (Arch. Toxikol. **18.** 177–86. 1960. Erlangen, Univ., Inst. für gerichtliche Med.) (Dt.)

Während der Pb-Geh. des Knochens eine Aussage über Dauer u. Intensität der Pb-Aufnahme gestattet, ist die Diagnose einer akuten Vergiftung abhängig vom Blei-Geh. des Magen-Darm-Traktes u. bes. der Leber. Hier werden mehr als 0,15 mg% eindeutig als patholog. anzusehen sein. Chron. Vergiftungen zeigen Werte meist unter 1 mg%. Als alleinige u. wesentliche Todesursache darf die Pb-Intoxikation erst bei Leber-Pb-Werten von mehr als 1 mg% angesprochen werden. R. TIMMLER. 4675□

Eine tödliche Chloracetophenonvergiftung („Tränengas"-Vergiftung). Werner Naeve. (Arch. Toxikol. **18.** 165–69. 1960. Hamburg, Gerichtsärztl. Dienst, Prosektur.) (Dt.)

7½ Std. nach 20 Min. dauerndem Aufenthalt in einem 34 m^3 großen Raum mit 5,4 g Chloracetophenon Exitus letalis eines 24 Jahre alten, sonst organ. gesunden Mannes infolge respirator. (Lungenödem) u. nachfolgend zirkulator. Insuffizienz.

R. TIMMLER. 4675□

F. Pharmazeutische Chemie. Desinfektion

Eine Bemerkung zur Auslaugung eines Bestandteiles aus Plast-Schläuchen für medizinische Zwecke. J. Autian und A. J. Kapadia. (Drug Standards **28.** 101–03. Juli/Aug. 1960. Ann Arbor, Mich., Univ. of Michigan, Coll. of Pharmacy.) (Engl.)

Ein *Polyäthylen-* u. ein *Polyvinylchlorid*-Schlauch wurden auf ihre Beständigkeit gegenüber W. u. wss. Lsgg. von A., Prophylenglykol, Glycerin u. Polyäthylenglykol untersucht. Der Polyäthylenschlauch konnte durch alle Lsgm. nicht ausgelaugt werden, während durch A., Propylen- u. Polyäthylenglykol (50%ig) aus dem PVC eine ölige Substanz extrahiert werden konnte. Der Ausdruck „für medizin. Zwecke" („medical grade") darf nicht als Standardqualität aufgefaßt werden, der jede Reaktivität gegenüber beliebigen Arzneimittelgemischen fehlt. S. ERBE. 4758□

Bindung von Arzneimitteln durch Plaste. 2. Mitt. **Reaktion schwacher Säuren mit Plast-Spritzen.** H. K. Kim und J. Autian. (J. Amer. pharmac. Assoc., sci. Edit. **49.** 227–30. April 1960. Ann Arbor, Univ. of Michigan, Coll. of Pharmacy.) (Engl.) — 1. vgl. C. **1961.** 12557.

Polyäthylen- u. *Polystyrol*-Spritzen reagierten nicht mit *Benzoesäure* (**I**), *m-Hydroxybenzoesäure* (**II**), *p-Aminobenzoesäure* (**III**), *Salicylsäure* (**IV**), *Acetylsalicylsäure* (**V**), *Phenyläthylbarbitursäure* (**VI**) u. *Barbitursäure* (**VII**). *Nylon*-Spritzen reagierten nicht mit **V**, **VI** u. **VII**. Die Bindung von **I**, **II**, **III** u. **IV** durch *Nylon*-Spritzen ist abhängig von der vorliegenden Konz., der Temp. u. der Rk.-Zeit. S. ERBE. 4758□

Bindung von Arzneimitteln durch Plaste. 3. Mitt. **Mögliche Bedeutung der Reaktion Arzneimittel-Plast unter Berücksichtigung von Verpackungsmaterialien.** J. Autian und Z. I. Shaikh. (Drug Standards **28.** 103–08. Juli/Aug. 1960.) (Engl.) — 2. vgl. vorst. Referat.

Die Bindung von *Sorbinsäure* (**I**) durch *Nylon* (**II**) nimmt mit sinkendem pH-Wert ab. Durch Zugabe von weniger polaren Lsgm. wurde die Bindungstendenz erniedrigt. Mit steigendem **I**-Geh. nimmt die Bindung an **II** ab, mit steigender Temp. nimmt sie zu. NaCl-Konzz. bis zu 5% verzögern die Bindung, höhere steigern sie. Aus **I**-beladenem **II** können geringe Mengen **I** durch wss. Medien ausgelaugt werden. Steigender pH-Wert erhöht die Auslaugungsgeschwindigkeit. Diese Tatsache kann von Bedeutung für die Konservierung verschiedener in Plastbehältern verpackter Prodd. mittels fungistat. wirksamer Stoffe werden. S. ERBE. 4758□

Erkennungszeichen für feste Zubereitungsformen: Suppositorien. John J. Hefferren. (Drug Standards **28.** 88–94. Juli/Aug. 1960. Chicago, Ill., Amer. Dental Assoc., Div. of Chem.) (Engl.)

Eine Meth. zur Identifizierung von gegossenen u. tablettierten Suppositorien wird angegeben. Das Verf. stützt sich auf physikal. Charakteristika, wie Gestalt, Aussehen, Farbe, Prägungen, Größe u. Gewicht. S. ERBE. 4766□

Blütenfasziation bei der echten Kamille (Matricaria chamomilla L.). 2. Mitt. M. Chládek und Vera Košová. (Pharmazie **14.** 476–78. Aug. 1959. Pohořelice bei Brünn, Forschungsinst. für das Trawopolnaja-System; Brünn, Univ., Pharmazeut. Fak.) (Dt.) — 1. vgl. C. **1959.** 14496.

An neu gezüchteten Stämmen der echten großblütigen Kamille (*Matricaria chamomilla L.*) mit typ. Blütenfasziation wurde die Qualität u. der Ernteertrag an Blütenköpfen u. die Variabilität der Blütenbodenbreite untersucht. Die durchschnittliche Breite u. das Durchschnittsgewicht der Blütenköpfe waren bei den faszionisierten Stämmen größer als bei der klein- u. großblütigen echten Kamille. Außerdem stellen Vff. einen höheren Geh. an azulenogenen Wirkstoffen u. an äther. Öl fest. Diese Typen der Kamille könnten daher als Rohstoffe zur Herst. verschiedener Spezialitäten u. galenischer Zubereitungen verwendet werden. I. GEIBLER. 4782□

Pharmakognostische Untersuchungen an Valeriana pyrolaefolia Decaisne. C. K. Atal und K. L. Khanna. (J. Pharmacy Pharmacol. **12.** 739–43. Dez. 1960. Chandigarh, Indien, Panjab Univ., Dep. of Pharmacol.) (Engl.)

Die Anatomie der Rhizome, Stolone u. Wurzeln von *Valeriana pyrolaefolia* wird auf Grund mkr. Präpp. mit der von *V. wallichii* verglichen. W. SCHÖNBORN. 4782 □

Der Einfluß der Temperatur auf den Ertrag der Pflanzen und auf den Ölgehalt in den Blättern der Pfefferminze (Mentha piperita L.). Eugeniusz Matusiewicz. (Acta polon. pharmac. **17.** 205—11. 1960. Poznań, WSR, Zakł. Roślin przemysłowych.) (Pol.)

Blätter von Pfefferminzpflanzen, die die letzten 6 Tage vor der Ernte bei einer um 2—3° höheren Temp. gehalten worden sind, enthalten bis zu 16% mehr äther. Öle als die von Kontrollpflanzen. Diese Erscheinung wird auch bei Blättern der 2. Ernte beobachtet. Der Blattertrag ist bei der 1. Ernte bei verschiedenen Temp. gleich hoch, bei der 2. Ernte ist er bei höheren Vegetationstemp. auch größer. F. URBAN. 4782 □

Die Chemie und Pharmakologie pflanzlicher Laxantien. Hans-Jörg Schmidt. (Arch. Pharmaz. Ber. dtsch. pharmaz. Ges. **293/65.** Nr. 3. Mitt. dtsch. pharmaz. Ges. **30.** 41—47. März 1960. Dresden, Arzneimittelwerk, Forsch. Inst.) (Dt.)

Nach kurzem geschichtlichem Rückblick werden die Laxantien in 3 durch Wirkungsweise u. Beispiele charakterisierte Gruppen eingeteilt: 1. sekretionsfördernde bzw. resorptionshemmende (Tamarinde, Mannaesche, Feige); 2. Gleitmittel (Traganth, Agar-Agar, Leinsamen); 3. motor. wirkende (Ricinus- u. Crotonöl sowie die Anthrachinon- bzw. Anthranoldrogen Senna, Faulbaum, Aloe u. Rheum). Die letzten werden chem. u. pharmakolog. (Indikationen, Nebenwrkg.) eingehend beschrieben. — 18 Literaturangaben. W. SCHULENBURG. 4782 □

Über Alkaloide. 3. Mitt. **Neue Alkaloide aus Immergrün (Vinca minor L.).** J. Trojánek, O. Štrouf, K. Kavková und Z. Čekan. (Collect. czechoslov. chem. Commun. **25.** 2045—48. Aug. 1960. Prag, Forschungsinst. für Heilpflanzen.) (Dt.) — 1. vgl. C. **1959.** 15768; 2. vgl. Tetrahedron Letters [London] Nr. **18.** [1959.] 11.

Aus Immergrün wurden 2 weitere Alkaloide, *Vincaminorein* u. *Vincamidin* (UV- u. IR-Spektren vgl. Original) krist. isoliert u. die Ggw. von mindestens 4 weiteren papierchromatograph. nachgewiesen.

Versuche: Isolierung der Basen vgl. 1. Mitteilung. *Vincaminorein*, $C_{22}H_{30}N_2O_2$, F. 126° (Methanol), aus dem mittelstarkbas. Anteil, durch Chromatographie an Kieselgur–0,1n HCl, 0,0003%. — *Vincamidin*, $C_{20}H_{24}N_2O_3$, F. 78—80° (Methanol); 0,001%. J. KOVÁŘ/Prag. 4782

Reaktionen von Tweens mit einigen pharmazeutisch verwendeten Stoffen. Sayed S. Ahsan und Seymour M. Blaug. (Drug Standards **28.** 95—100. Juli/Aug. 1960. Iowa City, Iowa, State Univ., Coll. of Pharmacy.) (Engl.)

Vff. prüften mittels der Löslichkeits-Meth. die Komplex-Bldg.-Tendenz von *Tween* 20, 40, 60 u. 80 gegenüber o-Hydroxybenzoesäure, m-Hydroxybenzoesäure, p-Hydroxybenzoesäure, Borsäure, Acetylsalicylsäure, Phenobarbital, Resorcin u. Phenol. Es konnte qual. eine Komplex-Bldg. in 0,2—2,0%ig. Tween-Lsgg. nachgewiesen werden. S. ERBE. 4786 □

Dimerisierung von Isosafrol und Methylisoeugenol. Andrzej Haase. (Acta polon. pharmac. **17.** 241—42. 1960. Warszawa, Akad. Med., Zakł. Technol. Chem. Środków leczn.) (Pol.)

Isosafrol (**I**) u. *Methylisoeugenol* (**II**) gehen unter Einw. von HBr/Eisessig in Ggw. von $HgCl_2$ in *Diisosafrol* [F. 144—145° (A.); 73% (Ausbeute)] bzw. *Dimethylisoeugenol* [F. 104—106° (Methanol u. PAe.); 66,6%] über. Während **I** sich schon in der Kälte dimerisiert, braucht **II** 2std. Erwärmen auf 80° zur Vervollständigung der Reaktion. Die niedrigschm. Formen der Dimeren wurden nicht isoliert. Bei der Dest. im Vakuum werden gleich die hochschm. Formen erhalten. F. URBAN. 4790 □

Salben, Cremes und Pasten. F. G. Stock. (Pharmac. J. **183** ([4] **129**). 379—81. 5/12. 1959. Birmingham, City of Birmingham, Res. Dep., Analyt. Labor.) (Engl.)

Von 397 geprüften Salben-, Cremes- u. Pastenproben von insgesamt 25 verschiedenen Zubereitungen entsprachen 42 nicht der deklarierten Zusammensetzung. S. ERBE. 4792 □

Adsorption lipidlöslicher Substanzen durch Humankeratin. Dale E. Wurster und Robert E. Dempski. (J. Amer. pharmac. Assoc., sci. Edit. **49.** 305—07. Mai 1960. Madison, Wis., Univ. of Wisconsin, School of Pharm.) (Engl.)

Exzidiertes Humancallusgewebe wurde 4 Tage über H_2SO_4 getrocknet u. anschließend pulverisiert, mit Ae. in der Kälte extrahiert, mit gereinigtem n-Heptan (**I**) aufgenommen u. in Adsorptionskolonnen (Ø 12 mm, Länge 38 cm) übergeführt. Die zu testenden lipidlösl. Substanzen wurden in **I** gelöst u. über die Kolonne gegeben, die anschließend mit **I** gründlich nachgespült wurde. Die Menge des adsorbierten Anteils wurde gravimetr. bestimmt, anschließend der adsorbierte Anteil mit Ae. eluiert u. der IR-Analyse unterworfen. In ähnlicher Weise wurde das Verh. hydratisierten Keratins (Aufbewahrung für 1—4 Tage in einer mit W.-Dampf gesätt. Atmosphäre; W.-Geh. 22 bis 46%) untersucht. Von den untersuchten lipidlösl. Substanzen [Cholesterin, Stearylalkohol, Ricinoleylalkohol, Cholesterinpalmitat, Tristearin, Wollfettfettsäuren, Stearin-, Palmitin-, Öl-, Linol (**II**)-, Linolen (**III**)- u. 2-Hydroxystearinsäure (**IV**), Lantrol u. Humanhautlipide] wurden lediglich **II**, **III** u. **IV** in nennenswerten Mengen adsorbiert; hydratisiertes Keratin adsorbierte vornehmlich **IV**. Der aus Humanhautlipiden vom Keratin adsorbierte Anteil besteht im wesentlichen aus Fettsäuren, aus Wollfettfettsäuren wird ebenfalls vornehmlich **IV** adsorbiert. Regeneriertes Keratin ist zu neuer Adsorption fähig.

H. P. FIEDLER. 4792□

Untersuchungen über die Bestimmung der Aktivität von Pepsin an Hühnereiweiß. Janina Piechocka. (Roczniki państwowego Zakładu Hig. **11**. 157—62. 1960. Warszawa, PZH, Zakł. Bad. Żywn. i Przedmiot. Użytku.) (Pol.)

Die Aktivität von Pepsin-Präpp. wird durch Best. des N-Geh. nach KJELDAHL im durch Kochen koagulierten Hühnereiweiß vor u. nach dem enzymat. Abbau ermittelt. Der Abbau erfolgt $2^1/_2$ Std. bei pH 1,2 u. bei 37° mit jeweils 0,05 g Pepsin/5 g Eiweiß. Die Aktivität wird in % des abgebauten Eiweißes angegeben. Es müssen Vg.-Analysen mit Präpp. bekannter Aktivität am gleichen Eiweiß durchgeführt werden.

F. URBAN. 4808□

Methoden der Feststellung der Verfälschung ätherischer Öle mit Alkohol. Bogusław Kamiński und Otylia Dytkowska. (Acta polon. pharmac. **17**. 213—19. 1960. Warszawa, Inst. Leków, Pracownia farmakogn.) (Pol.)

Die in den verschiedenen Arzneibüchern angegebenen Meth. zur Best. von A.-Zusatz in äther. Ölen (Trübung des Wassertropfens, Fuchsinprobe, Dest., Jodoformprobe, Extraktion mit W., Best. von n_D^{20}) wurden überprüft. Die sicherste Meth. ist die Best. von n_D^{20}. Bei geringen Mengen A. ist die Meth. des holländ. Arzneibuches VI [1958], die n_D^{20} des Öls vor u. nach Auswaschen des A. bestimmt, bes. geeignet.

F. URBAN. 4818□

Die Reinheit analytischer Reagentien. J. T. Yardley. (Manufact. Chemist **31**. 53—57. 63. Febr. 1960. Hopkins and Williams Ltd.) (Engl.)

Diskussion der Reinheit analyt. Reagentien im Hinblick auf die Anforderungen u. Wirtschaftlichkeit. Besprechung der zur Herst. erforderlichen bes. wissenschaftlichen Einrichtungen (Polarograph, UV-Spektrograph) u. von Fragen der Bevorratung.

PH. FRESENIUS. 4880□

Anwendung der Papierelektrophorese zur Auffindung von Schwermetallverunreinigungen in pharmazeutischen Präparaten. Danuta Małysz. (Acta polon. pharmac. **17**. 221—28. 1960. Warszawa, Inst. Leków, Zakł. Chem. I.) (Pol.)

Präpp., die kein Na^+ u. Ca^{2+} enthalten, werden verascht, die Asche mit H_2SO_4 behandelt, bei 500° geglüht u. schließlich mit 0,1n HCl-Lsg. gelöst. Die Lsg. wird auf WHATMAN Nr. 1-Papierstreifen aufgetragen. Als Elektrolyt ist am besten eine Lsg. von 0,86% Na-Citrat u. 0,39% Citronensäure geeignet. Die Elektrophorese erfolgt bei 300 V 3 Std. lang. Die Ionen Fe^{2+}, Cu^{2+}, Zn^{2+} u. Pb^{2+} wandern unter den angegebenen Bedingungen zur Anode, die Wanderungs-Geschw. nimmt in der angegebenen Reihenfolge ab. In 0,6%ig. Citronensäure als Elektrolyt kehrt sich die Reihenfolge um, u. die Ionen wandern zur Kathode. Die Wanderungs-Geschw. ist konzentrationsabhängig. Die Entw. der Flecken erfolgt mit p-Phenetidin, 8-Hydroxychinolin, Na-Diäthyldithiocarbaminat, Rhodizonsäure oder Dithizon. Die Empfindlichkeit der Rkk. der Metallionen mit diesen Reagentien liegt bei 0,1—0,5 μg. Bei Präpp., die Na^+ u. Ca^{2+} enthalten, werden die Schwermetalle unter Zusatz von $HgCl_2$ bei pH 2—3 mit H_2S gefällt. Ein Teil des Fe wird dabei als Sulfid auf jeden Fall erfaßt. F. URBAN. 4880□

Elektrometrische Bestimmung einiger Thiole und Disulfide. René Willemart und Pierre Fabre. (Ann. pharmac. franç. **16**. 676—78. Nov. 1958. Paris-Romainville, Roussel-Uclaf, Serv. de Recherches.) (Franz.)

Am Beispiel der *Thioglykolsäure* u. der *Dithiodiglykolsäure* bzw. des *Cystins* u. des *Cysteins* wird gezeigt, daß sich Thiole neben Disulfiden potentiometr. mit Bromid–Bromat bestimmen lassen. Man bestimmt einmal HS- u. —S—S-Gruppen zusammen mit 0,1n Bromat-Lsg. in Ggw. von KBr in salzsaurer Lsg. u. dann in einem anderen Teil der gleichen Lsg. nur —SH mit 0,1n Bromat-Lsg. in Ggw. von KJ in salzsaurer Lösung.

S. ERBE. 4880□

Bestimmung von N-Acetyl-p-aminophenol (Acetaminophen N.F. XI) in einigen pharmazeutischen Zubereitungen. K. Thomas Koshy und John L. Lach. (Drug Standards **28**. 85—87. Juli/Aug. 1960. Iowa City, Iowa, State Univ., Coll. of Pharmacy.) (Engl.)

Zur Best. von *N-Acetyl-p-aminophenol* (**I**) in Sirup, Tropfen, Kapseln u. Tabletten werden 10 ml einer Lsg. mit ca. 1 mg **I** über ein starkes Kationaustauscherharz in der

H^+-Form (0,5 g *Amberlite IR-120*) gegeben, um evtl. Verunreinigungen an *p-Aminophenol* (II) zu beseitigen. Mit deionisiertem W. wird eluiert bis zu einem Vol. von 100 ml. Die I-Best. geschieht durch Messen der Absorption dieser Lsg. bei 244 mμ. Eine 10-ml-Probe des Eluats kann auch mit HCl hydrolysiert werden. Das entstandene **II** wird mit α-Naphthol gekuppelt u. die entstehende Färbung 3—5 Min. nach der Naphtholzugabe bei 590 mμ gemessen. Für die letztere Rk. ist das Mitlaufenlassen von Standard-Präpp. notwendig, da infolge der Instabilität der verwendeten α-Naphthol-Lsg. sonst erhebliche Schwankungen auftreten können. S. Erbe. 4880□

Neues Verfahren zur Bestimmung von Barbituraten in nichtwässerigem Medium. J.-A. Gautier, F. Pellerin und J. Pineau. (Ann. pharmac. franç. **16.** 625—30. Nov. 1958. Paris, Fac. de Pharmacie, Chaire de Chim. organ.) (Franz.)

Vff. bestimmen *Barbital, Barbital-Na, Butobarbital, Pektobarbital-Na, Tetrabarbital, Amytal, Secobarbital, Phenobarbital, Phenobarbital-Na, Isonal* u. *Tetrathiobarbital* in wasserfreier Pyridin-Lsg. nach Zugabe von 0,5m $AgNO_3$ in Pyridin durch Titration mit alkohol. 0,1n NaOH gegen Thymolblau als Indicator. Der Endpunkt kann auch elektrometr. ermittelt werden. Fehlergrenze $\pm 1\%$. Die Meth. ist auf einfache pharmazeut. Zubereitungen ohne Isolierung der Barbiturate anwendbar. S. Erbe. 4880□

Beiträge zur Untersuchung aktiver Substanzen pflanzlicher Herkunft mit der Papierchromatographie. István Bayer. (Acta polon. pharmac. **17.** 237—40. 1960. Labor. der ungar. Arzneibuchkommission.) (Pol.)

Übersicht über qual. u. quant. Best. von Alkaloiden u. ihrer Umwandlungs-Prodd. durch Papierchromatographie unter Anwendung des Lsgm.-Gemisches n-Butanol–Essigsäure–Wasser. — 11 Literaturangaben. F. Urban. 4880□

Erika Anton (Erfinder: Hellmut Anton), Lochham/München, **Füllsubstanzen für den menschlichen oder tierischen Magen beziehungsweise Darm als Appetitzügler,** dad. gek., daß natürliche Schwämme, Kunststoffschwämme oder Schaumkunststoffe, bes. solche aus regenerierter Cellulose, vorzugsweise nach Imprägnierung mit *Mucilaginosa,* zu Preßlingen komprimiert u. diese mit bekannten magensaft- bzw. darmsaftlösl. Überzügen versehen werden. (**D. A. S. 1 074 823** Kl. 30h vom 27/5. 1958, ausg. 4/2. 1960.) W. Heyer. 4767

Luise Schlüter geb. Niemann, Hamburg (Erfinder: Werner Schlüter), **Herstellung von Suppositorienmassen** durch Umestern natürlicher Fette, dad. gek., daß man ca. 250 (Teile) Cocosfett u. ca. 225 Stearinsäure mit ca. 38 Glycerin u. 5 ZnO ca. 4 Std. am Rückflußkühler bei ca. 12 mm Hg auf 180—200° erhitzt, weitere 4 Std. auf dieser Temp. hält, auf ca. 60° abkühlt, filtriert u. fest werden läßt. (**D. B. P. 974 938** Kl. 30h vom 4/7. 1950, ausg. 8/6. 1961. Anmeldung bekanntgemacht 31/5. 1951.) K. Koebke. 4767

F. Hoffmann-La Roche & Co. Akt.-Ges., Basel (Erfinder: Hugo Gutmann, Birsfelden, Otto Straub, Bottmingen, und Paul Zeller, Neuallschwil), Schweiz, **Säurehydrazide** der allg. Formel R—CO—NH—NH—R′ (R = gerad- oder verzweigtkettiger, gesätt. oder ungesätt. KW-Stoffrest mit 12—20 C-Atomen; R′ = Aralkyl, Cycloalkyl oder gesätt., gerad- oder verzweigtkettiges Alkyl mit höchstens 6 C-Atomen) *u. deren Salze* erhält man dadurch, daß man eine Säure der allg. Formel R—COOH oder deren reaktionsfähiges Deriv., wie Ester, Halogenid, Amid oder Anhydrid, mit einem Hydrazin der allg. Formel H_2N—NH—R′ in Ggw. eines N.N-disubstituierten Carbodiimides bei 15—30°, bes. in Ggw. eines Lsgm. umsetzt. Man kann auch das Hydrazid der Säure R—COOH mit aromat., araliphat. oder bis zu 6 C-Atomen enthaltenden alicycl. oder aliphat. Carbonyl-Verbb. umsetzen u. das entstehende Hydrazon gleichzeitig oder nachträglich, bes. katalyt. hydrieren. Das Hydrazon kann man auch mit Methyl- oder Äthyl-Mg-Halogenid umsetzen u. das entstandene Rk.-Prod. anschließend hydrolysieren. — Aus 20 g Linolsäure, 5,4 g Isopropylhydrazin in 100 cm^3 trockenem Methylenchlorid in Ggw. von 14,7 g Dicyclohexylcarbodiimid bei normaler Temp. → *1-Linolyl-2-isopropylhydrazin,* $Kp._{0,005}$ 170°; gelbliches Öl, das bei ca. 0° erstarrt. — Palmitinsäuremethylester + Hydrazinhydrat → Palmitinsäurehydrazid, F. 110°, daraus mit Aceton u. H_2 in Ggw. von Pt bei normaler Temp. u. Druck → *1-Palmitoyl-2-isopropylhydrazin,* aus A. F. 82—83°; auch erhältlich aus Palmitinsäuremethylester u. Isopropylhydrazin; mit Benzaldehyd → *1-Palmitoyl-2-benzylhydrazin,* F. 74—75°. — Stearinsäurehydrazid, F. 112°, → 1-Stearoyl-2-isopropylidenhydrazon, F. 57—58°, → *1-Stearoyl-2-isopropylhydrazin,* F. 85—86°. — *1-Palmitoyl-2-phenyläthylhydrazin.* — *1-Palmitoyl-2-tert.-butylhydrazin.* — *1-Stearoyl-2-benzylhydrazin.* — *1-Stearoyl-2-sek.-butylhydrazin.* — *1-Oleyl-2-benzylhydrazin.* — *1-Oleyl-2-tert.-butylhydrazin.* — *1-Elaidinyl-2-isopropylhydrazin.* — *1-Myristinyl-2-isopropylhydrazin.* — *1-Myristinyl-2-tert.-butylhydrazin.* — *1-Arachidonyl-2-benzylhydrazin.* — *1-Arachidonyl-2-isopropylhydrazin.* — *1-Arachinyl-*

2-isopropylhydrazin. — *1-Linolenyl-2-isopropylhydrazin.* Die freien Hydrazide können in Salze übergeführt werden, z. B. mit HCl, HBr, HJ, H_2SO_4, H_3PO_4, HNO_3, Wein-, Citronen-, Camphersulfon-, Äthansulfon-, Salicyl-, Ascorbin-, Malein- u. Mandelsäure. — Die Verbb. *hemmen* die *Monoaminoxydase*; manche Verbb. wirken bei *Kachexie gewichtssteigernd*; sie sind *gegen Tuberkelbacillen nicht wirksam.* — Vgl. Ung. P. 146124; C. **1960.** 14790. (**D. A. S. 1087136** Kl. 12q vom 23/6. 1958, ausg. 18/8. 1960. Schwz. Prior. 3/7. 1957.) G. Krauss. 4807

C. F. Boehringer & Soehne G.m.b.H., Mannheim-Waldhof, **Herstellung von Sulfonylharnstoffen** der untenst. Formel (X = H oder wie Y = Cl, Br, Alkyl- oder Alkoxy-Rest; R = gesätt., ggf. durch O oder S unterbrochener KW-Stoffrest). durch Umsetzung von entsprechend substituierten Benzolsulfonylamiden mit Isocyansäureestern O=C=N—R oder von Benzolsulfonylisocyanaten mit Aminen H_2N—R oder von Benzolsulfonylhalogeniden mit Isoharnstoffalkyläthern HN=C(O—Alkyl)—NH—R

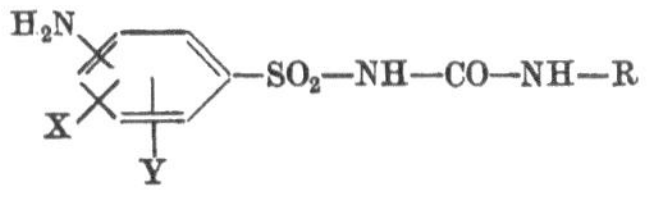

u. Behandlung der gebildeten Isoharnstoff-Derivv. mit Halogenwasserstoff oder durch Hydrolyse entsprechender N_1-Benzolsulfonyl-N_2-(R)-guanidine oder aus entsprechenden N_1-Benzolsulfonyl-N_2-(R)-thioharnstoffen durch Behandlung mit S-eliminierenden Mitteln. Wenn X = H, kann ggf. ein Halogenatom nachträglich in den Phenylkern eingeführt werden. Die Ausgangs-Prodd. können im Phenylkern statt der NH_2-Gruppe in solche überführbare Reste enthalten. — N_2-[n-Butyl]-harnstoffe: *N_1-[3-Bromsulfanilyl]*- (**I**), F. 124—126° (CH_3OH), aus der N-Acetyl-Verb. durch 1std. Erhitzen in 5n KOH auf 90°. *K-Salz*, F. 190—192°. *N-Acetyl-Verb.*, F. 182—184° (CH_3OH), aus 58,6 (g) N-Acetyl-3-bromsulfanilamid durch Umsetzung mit 35 n-Butylisocyanat (**II**) in W./Pyridin in Ggw. von NaOH bei normaler Temp.; 51,9 g (Ausbeute). — *N_1-[3.5-Dibromsulfanilyl]*-, F. 177—178° (A.), aus N_1-Sulfanilyl-N_2-[n-butyl]-harnstoff (**XVII**) durch Bromierung mit $KBr/KBrO_3$ in 12,5%ig. HCl; 65%. — *N_1-[3-Chlorsulfanilyl]*-, F. 132, bis 133° (A.), a) analog **I**; b) aus n-Butylisoharnstoffmethyläthermethosulfat durch 30 Min. Umsetzung mit K_2CO_3 u. 3-Chlor-p-nitrobenzolsulfochlorid in W. bei 60°, Suspendieren des erhaltenen Nd. in W., Ansäuern, Erhitzen des gebildeten Öls in konz. HCl auf 65° u. katalyt. Hydrierung. *K-Salz*, F. 205—207°. *N-Acetyl-Verb.*, F. 176—178°, aus N-Acetyl-3-chlorsulfanilamid u. **II**. — *N_1-[3.5-Dichlorsulfanilyl]*-, F. 173° (A.), aus **XVII** durch Erwärmen in 6n HCl mit 30%ig. H_2O_2 auf 40—60°; 50%. — *N_1-[3-Methylsulfanilyl]*-, F. 130—131° (A.), a) analog **I**; b) aus N_1-[3-Methyl-N-acetylsulfanilyl]-N_2-[n-butyl]-guanidin durch 2std. Erhitzen in 10n KOH auf 90°. *N-Acetyl-Verb.*, F. 173—175°, aus N-Acetyl-3-methylsulfanilamid u. **II**. — *N_1-[3-Nitro-4-methylbenzolsulfonyl]*- (**III**), F. 149—151° (A.), aus 77 3-Nitro-4-methylbenzolsulfonamid in Aceton durch Umsetzung mit wss. NaOH u. 36 **II**; 70 g. — *N_1-[3-Amino-4-methylbenzolsulfonyl]*- (**IV**), F. 117° (A.), a) aus 70 **III** durch Red. in CH_3OH an Raney-Ni bei 50° u. 100 at H_2; 55 g; b) analog **I**. *N-Acetyl-Verb.*, F. 156—158°, aus 3-Acetylamino-p-toluolsulfonsäureamid u. **II**; 76%. — *N_1-[3.4-Dimethyl-5-nitrobenzolsulfonyl]*-, F. 168°, aus 58 3.4-Dimethyl-5-nitrobenzolsulfonamid u. 43 **II** analog **III**; 67,3 g. — *N_1-[3.4-Dimethyl-5-aminobenzolsulfonyl]*- (**V**), F. 140°, aus 66 vorst. Prod. durch $2^1/_2$std. Behandeln mit H_2S in konz. NH_4OH bei 75°; 44 g. — *N_1-[3-Nitro-4-chlorbenzolsulfonyl]*-, F. 165—167° (verd. A.), a) aus 102 3-Nitro-4-chlorbenzolsulfonamid mit **II** analog **III** oder mit N_1-Acetyl-N_2-butylharnstoff durch $1^1/_2$std. Erhitzen mit K_2CO_3 auf 150°; 100 g; b) aus N_1-[3-Nitro-4-chlorbenzolsulfonyl]-N_2-[n-butyl]-thioharnstoff in Aceton durch 30 Min. langes Rühren mit $NaNO_2$ in W., Zutropfen von 5n Essigsäure u. 2—3std. Rühren. — *N_1-[3-Amino-4-chlorbenzolsulfonyl]*-, F. 124—126° (A.), aus vorst. Verb. analog **IV**. — *N_1-[3-Nitro-4-methoxybenzolsulfonyl]*- (**VI**), F. 153 bis 155°, aus **VIII** u. n-Butylamin durch 2std. Erhitzen in Dimethylformamid auf 110°; 70%. — *N_1-[3-Amino-4-methoxybenzolsulfonyl]*-, F. 105—108°, aus **VI** analog **V**; 75%. — *N_1-[3-Nitro-4-äthylbenzolsulfonyl]*-, F. 130—132°, aus **IX** analog **VI**; 86%. — *N_1-[3-Amino-4-äthylbenzolsulfonyl]*-, F. 108—109°, aus vorst. Verb. analog **V**; 75%. — *N_1-[3-Amino-6-methylbenzolsulfonyl]*-, F. 153—154°, aus der Acetyl-Verb.; 65% (bezogen auf **X**). *N-Acetyl-Verb.*, F. 187°, aus **X** analog **VI**. — Benzolsulfonyläthylurethane: *3-Acetylamino-4-methyl-* (**VII**), F. 183—184°, aus 3-Acetylamino-p-toluolsulfonamid durch 9std. Kochen in Aceton mit K_2CO_3 u. Chlorameisensäureäthylester, Verrühren mit W. u. 2n KOH, aus der wss. Acetonphase; 77%. — Analog: *3-Nitro-4-methoxy-* (**VIII**), F. 122—124°. — *3-Nitro-4-äthyl-* (**IX**), F. 137—138°. — *3-Acetylamino-6-methyl-* (**X**), F. 162°. — *4-Acetylamino-3-methyl-* (**XI**), F. 188°; 84%. — *3-Nitro-4-methyl-* (**XII**), F. 125 bis 126°; 98%. — *3-Nitro-2-methyl-* (**XIII**), F. 118—120°. — *3.4-Dimethyl-5-nitro-* (**XIV**), F. 146—147°; 99%. — *2-Acetylamino-4-methyl-* (**XV**), F. 177—178°; 75%. — N_2-[γ-Methoxypropyl]-harnstoffe: *N_1-[3-Acetylamino-p-toluolsulfonyl]*-, F. 122°, aus **VII** u. γ-Methoxypropylamin (**XVI**) analog **VI**; 86%. — *N_1-[3-Amino-p-toluolsulfonyl]*-, F. 108

bis 109°, aus vorst. Verb. analog **I**. — *N_1-[4-Acetylamino-m-toluolsulfonyl]-*, F. 151°, aus **XI** u. **XVI**; 75%. — *N_1-[4-Amino-m-toluolsulfonyl]-*, F. 122°, aus vorst. Verb.; 81%. — *N_1-[3-Nitro-o-toluolsulfonyl]-*, F. 122—124°, aus **XIII** analog **VI**; 73%. — *N_1-[3-Amino-o-toluolsulfonyl]-*, F. 151—153°, aus vorst. Verb. analog **V**; 66%. — *N_1-[3-Bromsulfanilyl]-*, F. 109—110° (CH_3OH), aus der Acetyl-Verb., analog **I**. *N-Acetyl-Verb.*, F. 154—155° (CH_3OH), aus nachst. Verb. in W. durch Umsetzung mit **XVI** zum Aminsalz (F. 144 bis 146°), daraus durch 3std. Erhitzen auf 130°; 61%. — *Di-[N-acetyl-3-bromsulfanilyl]-harnstoff*, F. 210—212° (Zers.), aus N-Acetyl-3-bromsulfanilamid in NaOH durch Umsetzung mit $COCl_2$ bei 20—30°; 67%. — N_2-[γ-Methoxybutyl]-harnstoffe: *N_1-[3-Acetylamino-p-toluolsulfonyl]-*, aus **VII** u. γ-Methoxybutylamin analog **VI**; zähes Öl. — *N_1-[3-Amino-p-toluolsulfonyl]-*, F. 105—106°, a) aus vorst. Verb. analog **I**; 72%; b) aus nachst. Verb. analog **V**; 85%. — *N_2-[3-Nitro-p-toluolsulfonyl]-*, F. 112°, aus **XII** analog **VI**; 69%. — Ähnlich: *N_1-[3.4-Dimethyl-5-nitrobenzolsulfonyl]-*, F. 116—118°, aus **XIV**; 69%. — *N_1-[3.4-Dimethyl-5-aminobenzolsulfonyl]-*, F. 139—140°; 79%. — *N_1-[3-Nitro-o-toluolsulfonyl]-*, F. 123—125°. — *N_1-[3-Amino-o-toluolsulfonyl]-*, F. 116—118°. — N_2-[Cyclohexyl]-harnstoffe: *N_1-[3-Acetylamino-p-toluolsulfonyl]-*, F. 174°, aus **VII** u. Cyclohexylamin; 84%. — *N_1-[3-Amino-p-toluolsulfonyl]-*, F. 151—152° (A.), aus vorst. Verb.; 86%. — *N_1-[3-Nitro-4-methoxybenzolsulfonyl]-*, F. 180—183°. — *N_1-[3-Amino-4-methoxybenzolsulfonyl]-*, F. 170°. — *N_1-[3-Nitro-o-toluolsulfonyl]-*, F. 157—158°. — *N_1-[3-Amino-o-toluolsulfonyl]-*, F. 170°, aus vorst. Verb. durch Red. in Dimethylformamid an Pd/Ba·SO_4 bei normaler Temp.; 71%. — *N_1-[3-Nitro-4-äthylbenzolsulfonyl]-*, F. 137—139°. — *N_1-[3-Amino-4-äthylbenzolsulfonyl]-*, F. 136—138°. — *N_1-[2-Acetylamino-p-toluolsulfonyl]-*, F. 162°, aus **XV**; 63%. — *N_1-[2-Amino-p-toluolsulfonyl]-*, F. 150—151°; 85%. — N_2-[Pentyl-(2)]-harnstoffe: *N_1-[3-Nitro-p-toluolsulfonyl]-*, F. 140—141°, aus **XII** analog **VI**; 65%. — *N_1-[3-Amino-p-toluolsulfonyl]-*, F. 111—112°, analog **V**; 60%. — N_2-Cyclopentylharnstoffe: *N_1-[3-Nitro-p-toluolsulfonyl]-*, F. 157—158°. — *N_1-[3-Amino-p-toluolsulfonyl]-*, F. 155—156°. — N_2-Tetrahydrofurfurylharnstoffe: *N_1-[3-Nitro-p-toluolsulfonyl]*, F. 122°. — *N_1-[3-Amino-p-toluolsulfonyl]-*, F. 140—141°. — N_2-[γ-Methylmercaptopropyl]-harnstoffe: *N_1-[3-Acetylamino-p-toluolsulfonyl]-*, F. 209—210°, aus **VII** u. γ-Methylmercaptopropylamin. — *N_1-[3-Amino-p-toluolsulfonyl]-*, F. 118—120°; 60% (bezogen auf **VII**). — *Antidiabetica.* (**Oe. P. 203 510** vom 30/1. 1958, ausg. 25/5. 1959. **E. P. 831 043** vom 18/2. 1958, ausg. 23/3. 1960. **Belg. P. 565 136** vom 25/2. 1958, ausg. 15/7. 1960. Alle D. Prior. 26/2. 1957.) Eberhard Riedel. 4807

VEB Chemische Werke Radebeul (Erfinder: Helmut Wunderlich, Dresden, und Klaus Femmer), Radebeul, **Basisch substituierte Barbitursäurederivate (I)** der allg. Formel **II** (X = verzweigter oder unverzweigter Alkylenrest mit

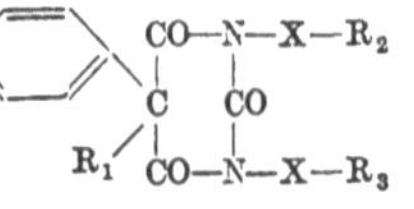

II

wenigstens 2 C-Atomen; R_1, R_2 u. R_3 = gleiche oder verschiedene Dialkylaminogruppen, die auch zum Piperidinring geschlossen sein können) u. deren Salze werden erhalten durch Rk. von in 1- u. 3-Stellung unsubstituierter entsprechender Barbitursäuren mit Verbb. der allg. Formel Hal—X—R_2 u. Hal—X—R_3 (Hal = Halogenatom; X, R_2 u. R_3 = wie vorst.) in Ggw. von säurebindenden Mitteln u. ggf. Überführung der erhaltenen **I** in die Salze nach an sich bekannten Verfahren. — 143 (g) 5-Phenyl-5-piperidinobarbitursäure wird in einer Lsg. von Na-Isopropylat (aus 23 Na) in 2000 ml Isopropanol 30 Min. unter Rühren u. Rückfluß erhitzt. In die sd. Lsg. werden 140 β-Diäthylaminoäthylchlorid getropft u. das Gemisch 4 Std. zum Sieden erhitzt. Nach Abtrennung von NaCl u. Verdampfen des Lsgm. wird der Rückstand in verd. CH_3COOH gelöst. Aus dieser Lsg. wird nach Zugabe von Alkali das bas. Rk.-Prod. mittels Chlf. isoliert → *1.3-Bis-[β-diäthylaminoäthyl]-5-phenyl-5-piperidinobarbitursäure*, $Kp._1$ 232—236°. — Analog werden folgende 5-Phenyl-5-piperidinobarbitursäuren hergestellt: *1.3-Bis-[β-dimethylaminoäthyl]-*, $Kp._2$ 209 bis 213°. — *1.3-Bis-[γ-piperidinopropyl]-*, $Kp._1$ 248—255°. — *1.3-Bis-[β-piperidinoäthyl]-*, F. 97—98°, *Oxalat* (2 Mol H_2O), F. 204—206°, *Citrat*, hygroskopisch. — *Heilmittel.* (**D. A. S. 1 100 639** Kl. 12p vom 24/3. 1959, ausg. 2/3. 1961.) H. Bräucker. 4807

Dr. Karl Thomae G.m.b.H. (Erfinder: Klaus Hasspacher), Biberach/Riß, **2.4-Dioxodihydro-5.6-benz-1.3-thiazine** der allg. Formel **I** (R_1 = H oder OH, Alkyl-, Alkenyl-, Aralkyl-, Aryl-, substituierte Arylgruppe, heterocycl. Rest, Amino- oder substituierte Aminogruppe; R_2, R_3, R_4 u. R_5 = H oder Halogenatome oder Alkyl-, Aryl-, Aralkyl-, Alkoxy-, Nitro-, Dialkylaminogruppen) werden dadurch erhalten, daß man a) entweder aromat. o-Mercaptocarbonsäuren in einem wasserfreien inerten Lsgm. in Ggw. eines tert. Amins, das ggf. auch als Lsgm. dienen kann, durch Rk. mit einem Chlorameisensäureester oder aromat. o-Mercaptocarbonsäuren, deren H-Atom der SH-Gruppe durch eine Carbalkoxy-,

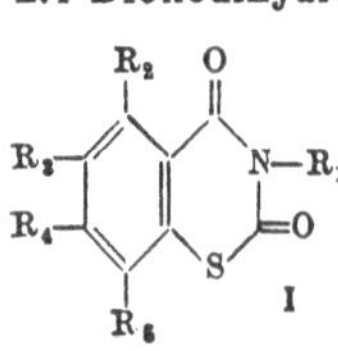

I

Carbaralkoxy- oder Carbaryloxygruppe ersetzt ist, mit organ. Säurehalogeniden in ein gemischtes Säureanhydrid der entsprechenden S-Carbalkoxy-, S-Carbaralkoxy- oder S-Carbaryloxy-o-mercaptoarylcarbonsäure umwandelt u. dieses dann mit einer Verb. der allg. Formel R_1NH_2 (R_1 = wie vorst.) umsetzt oder b) Amide aromat. o-Mercaptocarbonsäuren in einem wasserfreien, inerten Lsgm. in Ggw. eines tert. Amins, das ggf. auch als Lsgm. dienen kann, mit Phosgen, einem Chlorameisensäurealkyl-, -aralkyl- oder -arylester oder einem Kohlensäuredialkyl-, -diaralkyl- oder -diarylester umsetzt oder c) aromat. o-Mercaptocarbonsäuren, deren Mercaptowasserstoffatom durch eine Carbalkoxy-, Carbaralkoxy- oder Carbaryloxygruppe ersetzt ist, zunächst in üblicher Weise in die Säurehalogenide überführt u. diese anschließend in einem inerten Lsgm. in Ggw. eines tert. Amins mit einer Verb. der allg. Formel $R_1—NH_2$ (R_1 = wie vorst.) umsetzt. Sofern am Stickstoffatom unsubstituierte Verbb. erhalten werden, können die R_1 entsprechenden Reste nachträglich in an sich bekannter Weise eingeführt werden. — Zu einer Lsg. von 30 (g) Thiosalicylsäure u. 39 Triäthylamin in 125 ml Tetrahydrofuran werden bei —5° langsam 42 Chlorameisensäureäthylester zugegeben. Nach 15 Min. werden 50 ml halbkonz. NH_3-Lsg. zugegeben. Das Gemisch wird über Nacht stehengelassen. Dann wird das Tetrahydrofuran im Vakuum abgezogen, der Rückstand mit W. aufgeschlämmt, angesäuert, abgetrennt u. mit W. u. CH_3OH gewaschen → *2.4-Dioxodihydro-5.6-benz-1.3-thiazin* (II), aus A., F. 211°, *Na-Salz*, leicht wasserlöslich. — Es werden ferner folgende II-Derivv. hergestellt: *3-Amino-*, aus Aceton, F. 202°. — *3-Methyl-*, F. 121°. — *3-Äthyl-*, aus CH_3OH, F. 84°. — *3-Phenyl-*, aus CH_3OH, F. 146°. — *3-p-Methoxyphenyl-*, aus Dioxan, F. 212°. — *3-p-Chlorphenyl-*, aus Dioxan, F. 187°. — *3-Benzyl-*, aus A., F. 103°. — *3-Cyclohexyl-*, aus CH_3OH, F. 148°. — *3-p-Diäthylaminophenyl-*, aus Dioxan/W., F. 214°. — *3-p-Nitrophenylamino-*, aus CH_3OH, F. 197°. — *3-Thioureido-*, aus Aceton, F. 207°. — *Heilmittel* mit *antipyret.*, *bakteriostat.*, *fungistat.* u. *antiphlogist.* Wirkung. (**D. A. S. 1 079 050** Kl. 12p vom 26/11. 1956, ausg. 7/4. 1960.)
H. BRÄUCKER. 4807

Dr. Karl Thomae G.m.b.H. (Erfinder: Klaus Hasspacher), Biberach/Riß, **2.4-Dioxodihydro-5.6-benz-1.3-thiazine** der allg. Formel I (R = H oder Halogenatom oder Alkylrest 1—4 C) werden erhalten durch Rk., entsprechend substituierter Thiosalicylsäure mit Cyanamid u. Verseifung der erhaltenen Imino-Verbb. zu I. — 60 (g) Thiosalicylsäure u. 20 Cyanamid werden in 120 ml Tetrahydrofuran 1 Std. unter Rückfluß erhitzt u. das Rk.-Prod. abgetrennt → 2-Imino-4-oxodihydro-5.6-benz-1.3-thiazin (II), F. 285°. 10 II werden mit 20 ml halbkonz. HCl 4 Std. auf ca. 80° erwärmt → *2.4-Dioxodihydro-5.6-benz-1.3-thiazin* (III), F. 209°. — Analog werden *6-Brom*-III, F. 218°, u. *6-Methyl*-III, F. 184°, erhalten. — *Heilmittel*. (**D. A. S. 1 096 361** Kl. 12p vom 23/6. 1958, ausg. 5/1. 1961. **Zusatz zu D.A.S. 1 079 050; s. vorst. Ref.**)

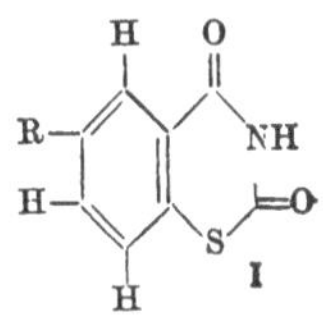

I

H. BRÄUCKER. 4807

Olin Mathieson Chemical Corp., New York, N.Y., übert. von: Harry Louis Yale, New Brunswick, und Francis Alexander Sowinski, Nixon, N.J., V.St.A., **Phenthiazinderivate** der allg. Formel I (A = niedermol. Alkylenrest; R = niedermol. Alkylrest; R′ = H- oder Halogenatom, niedermol. Alkyl- oder Alkoxygruppe oder $—CF_3$; n = 0, 1 oder 2; R_1 u. R_2 = H, Hydroxyalkyl- oder Alkylreste oder R_1 u. R_2 mit N zu einem, ggf. ein weiteres Heteroatom enthaltenden 5- oder 6gliedrigen heterocycl. Rest geschlossen oder R_1 oder R_2 mit einem C-Atom der Kette A u. dem N-Atom zum heterocycl. Ring geschlossen, wobei die heterocycl. Ringe durch Alkyl- oder Alkoxyreste substituiert sein können u. der Rest $—N(R_1R_2)$ weniger als 12 C-Atome enthält) u. deren Salze werden erhalten durch Rk. entsprechender Phenthiazine (II) mit Verbb. der allg. Formel $X—A—N(R_1R_2)$ [A, R_1 u. R_2 = wie vorst.; X = Halogenatom] oder mit bas. substituierten Alkanoylhalogeniden u. Red. der so erhaltenen Verbb. oder durch Rk. von II mit niedermol. Halogenalkanoylhalogeniden, Kondens. der so erhaltenen 10-[Halogenalkanoyl]-tert.-alkylphenthiazine (III) mit Aminen der allg. Formel $HN(R_1R_2)$ u. Red. der Kondens.-Prodd. oder Red. von III u. anschließende Kondens. mit entsprechenden Aminen. Die S-Monoxyd- u. N.S-Dioxyd-Verbb. werden erhalten durch Oxydation der entsprechenden Phenthiazin-Derivv. mit 1 bzw. 2 Mol H_2O_2. Zur Herst. der S.S-Dioxyd-Verbb. werden zunächst II acyliert, dann mit 2 Mol einer Persäure, z. B. Peressigsäure, in der Wärme oxydiert u. die erhaltene Phenthiazin-9.9-dioxyd-Verb. in 10-Stellung alkyliert, wie vorst. angegeben. Die bas. Phenthiazin-Verbb. können in üblicher Weise in die Salze übergeführt werden. — 19,1 (g) 3-tert.-Butylphenthiazin

I
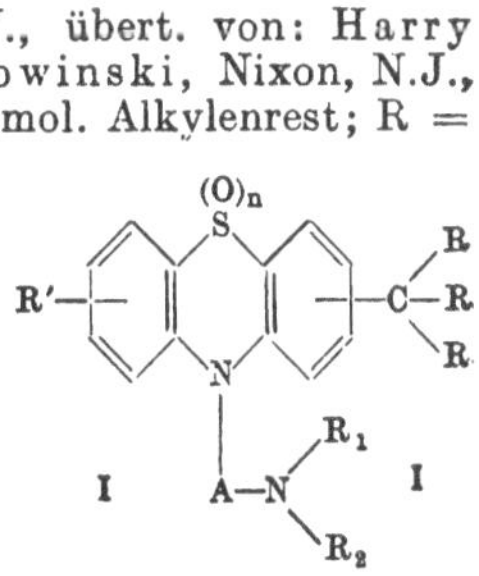

I

(**IV**, F. 166—167°, erhalten wie folgt: K-Salz von o-Chlorbenzoesäure + m-tert.-Butylanilin + Cu-Pulver in der Wärme → N-[3-tert.-Butylphenyl]-anthranilsäure, F. 151 bis 153°, + Cu-Pulver auf 235° erhitzt → 3-tert.-Butyldiphenylamin, Kp.$_{0,03}$ 136—138°, + S + J_2 auf 145—155° erhitzt → **IV**) 3,2 $NaNH_2$ u. 400 ml wasserfreies Toluol werden unter Rühren 3 Std. unter Rückfluß erhitzt, dann gekühlt u. nach Zugabe von 88 ml 1,14n-Lsg. von 3-Dimethylaminopropylchlorid in Toluol erneut 3 Std. unter Rückfluß erhitzt. Aus dem erkalteten Rk.-Gemisch wird die bas. Verb. mittels n-HCl isoliert → *3-tert.-Butyl-10-[3'-dimethylaminopropyl]-phenthiazin*, Kp.$_{0,4}$ 196—198°, *Hydrochlorid*, F. 204—205°, *Oxalat*. — Es werden ferner folgende Verbb. hergestellt: 3-tert.-Butylphenthiazine: *10-[3'-Pyrrolidinopropyl]-*. — *10-[3'-Piperazinopropyl]-*, Öl, *Hydrochlorid*. — *10-[3'-(4''-Methylpiperiazino)-propyl]-*, viscose Masse, *Hydrochlorid*. — *10-[3'-(4''-β-Hydroxyäthylpiperazino)-propyl]-*, *Dihydrochlorid*. — *10-[3'-(4''-Carbäthoxypiperazino)-propyl]-*, *Oxalat*. — *10-[3'-Dimethylaminopropyl]-8-methyl-*. — *10-[3'-Dimethylaminopropyl]-6-methyl-*. — *10-[3'-Dimethylaminopropyl]-9-oxyd, Oxalat*. — *10-[3'-Dimethylaminopropyl]-N.9-dioxyd, Oxalat*. — *10-[3'-Dimethylaminopropyl]-9.9-dioxyd, Oxalat*. — 2-tert.-Butylphenthiazine: *10-[3'-Dimethylaminopropyl]-*, *Hydrochlorid*, F. 177—178°. — *10-[3'-Piperidinopropyl]-*, *Hydrochlorid*. — *10-[2'-Dimethylaminoproypl]-*, *Hydrochlorid*. — *10-[3'-Piperazinopropyl]-*, *Hydrochlorid*. — *10-[3'-(4''-Methylpiperazino)-propyl]-*, *Hydrochlorid*. — *10-[3'-(4''-Carbäthoxypiperazino)-propyl]-*, *Oxalat*. — *3-tert.-Amyl-10-[3'-dimethylaminopropyl]-phenthiazin*, *Hydrochlorid*. — *Antihistaminica*, *Antiemitica* u. bes. *Beruhigungsmittel*. (**A. P. 2 931 810** vom 4/2. 1957, ausg. 5/4. 1960. **Belg. P. 564 313** vom 28/1. 1958, ausg. 17/6. 1960. A. Prior. 4/2. 1957.) H. BRÄUCKER. 4807

Aktiebolaget Pharmacia (Erfinder: Arne Elof Brändström, Nils Sixten Hjelte und Olle Martensson), Uppsala, Schweden ,**α-Phenyl-α-[pyridyl-(2)]-disubstituierte Aminobuttersäureamide, deren Salze und quaternären Salze** der allg. Formel **I**. Man kondensiert eine Verb. der allg. Formel **II** mit einem Amin der allg. Formel **III** zur Verb. der allg. Formel **IV**, die dann mit einem 2-Halogenpyridin der allg. Formel **V** die Verb. **VI** liefert, aus der durch Kondens. mit der Verb. der allg. Formel **VII** **I** entsteht. Man kann auch **VII** mit **IV** in die Verb. **VIII** überführen u. diese dann mit **V**

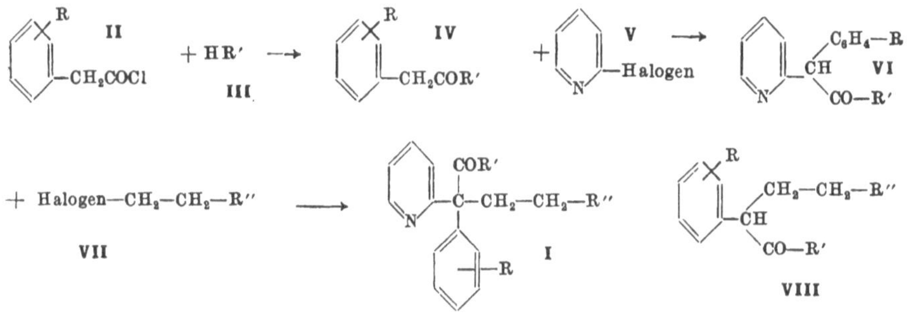

kondensieren. Die Kondens. erfolgt in Ggw. von $NaNH_2$, Alkalihydriden oder niedermol. Alkyl-GRIGNARD-Verbindungen. Die entstandenen Zwischenprodd. braucht man nicht abzutrennen u. die Kondens. ist in beliebiger Reihenfolge durchführbar. (R = H, Cl, Br, niedermol. Alkyl oder Alkoxy; R' u. R'' = niedermol. Dialkylamino, Piperidyl, Pyrrolidyl, Morpholyl). — Aus 906 g p-Chlorphenylacetylchlorid u. 600 g Dimethylamin in 5 Liter wasserfreiem Bzn. unterhalb 20° → 925 g p-Chlorphenylessigsäuredimethylamid, Kp.$_4$ 160—180°; aus 0,5 (Mol) davon in 500 cm³ wasserfreiem Toluol u. 0,5 2-Brompyridin in Ggw. von 0,55 $NaNH_2$ unter Rückfluß → α-[p-Chlorphenyl]-α-[pyridyl-(2)]-essigsäuredimethylamid, Kp.$_{1-2}$ 190—195°; aus 0,5 davon in 500 cm³ wasserfreiem Bzn. u. 0,55 $NaNH_2$ unter Rückfluß, dann Abkühlen auf 30°, Zusatz von 0,5 β-Dimethylaminoäthylchlorid zuerst bei 30—35°, dann unter Rückfluß → *α-[p-Chlorphenyl]-α-[pyridyl-(2)]-γ-dimethylaminobuttersäuredimethylamid*, Kp.$_{1-2}$ 205—210°. — Phenylessigsäuredimethylamid → *α-Phenyl-α-[pyridyl-(2)]-γ-dimethylaminobuttersäuredimethylamid*, Kp.$_{1-2}$ 200—205°. — Diäthylamin → p-Chlorphenylessigsäurediäthylamid → α-[p-Chlorphenyl]-α-[pyridyl-(2)]-essigsäurediäthylamid, Kp.$_{1-2}$ 183—188°, → *α-[p-Chlorphenyl]-α-[pyridyl-(2)]-γ-dimethylaminobuttersäurediäthylamid*, Kp.$_{1-2}$ 205—210°. — p-Bromphenylacetylchlorid + Piperidin → N-[p-Bromphenylacetyl]-piperidin, Kp.$_3$ 185 bis 200°, + 2-Brompyridin → N-{α-[p-Bromphenyl]-α-[pyridyl-(2)]-acetyl}-piperidin, Kp.$_1$ 210—220°, → *N-{α-[p-Bromphenyl]-α-[pyridyl-(2)]-γ-dimethylaminobutyryl}-pipe-*

ridin, Kp.$_1$ 220—225°. — β-Pyrrolidinoäthylchlorid → *α-[p-Chlorphenyl]-α-[pyridyl-(2)]-γ-pyrrolidinobuttersäuredimethylamid*, Kp.$_1$ 210—215°. — β-Morpholinoäthylchlorid → *α-Phenyl-α-[pyridyl-(2)]-γ-morpholinobuttersäuredimethylamid*, Kp.$_2$ 220—225°. — p-Bromphenylessigsäurediäthylamid, Kp.$_2$ 180—185°, → α-[p-Bromphenyl]-α-[pyridyl-(2)]-essigsäurediäthylamid, Kp.$_1$ 190—200°, + β-Piperidinoäthylchlorid → *α-[p-Bromphenyl]-α-[pyridyl-(2)]-γ-piperidinobuttersäurediäthylamid*, Kp.$_1$ 210—215°. — Pyrrolidin → N-[p-Chlorphenylacetyl]-pyrrolidin, Kp.$_2$ 175—185°, → *N-{α-[p-Chlorphenyl]-α-[pyridyl-(2)]-acetyl}-pyrrolidin*, Kp.$_1$ 220—227°, → *N-{α-[p-Chlorphenyl]-α-[pyridyl-(2)]-γ-piperidinobutyryl}-pyrrolidin*, Kp.$_1$ 215—225°. — p-Methylphenylacetylchlorid → p-Methylphenylessigsäuredimethylamid, Kp.$_3$ 145—155°, → α-[p-Methylphenyl]-α-[pyridyl-(2)]-essigsäuredimethylamid, Kp.$_1$ 180—185°, → *α-[p-Methylphenyl]-α-[pyridyl-(2)]-γ-dimethylaminobuttersäuredimethylamid*, Kp.$_1$ 185—190°. — o-Chlorphenylessigsäure → α-[o-Chlorphenyl]-α-[pyridyl-(2)]-essigsäuredimethylamid, Kp.$_1$ 190°, → *α-[o-Chlorphenyl]-α-[pyridyl-(2)]-γ-dimethylaminobuttersäuredimethylamid*, Kp.$_2$ 205—210°. — m-Methoxyphenylessigsäure → *α-[m-Methoxyphenyl]-α-[pyridyl-(2)]-γ-dimethylaminobuttersäuredimethylamid*, Kp.$_3$ 210—220°. — p-Methoxyphenylessigsäure → *α-[p-Methoxyphenyl]-α-[pyridyl-(2)]-γ-dimethylaminobuttersäuredimethylamid*, Kp.$_2$ 208—214°. Die Verbb. können in die *Hydrochloride, Maleinate, Tartrate, Citrate, Methojodide, Äthobromide* u. *Dimethylsulfate* übergeführt werden. Diese Salze lassen sich durch Umkristallisieren aus Äthyl- oder Isopropylacetat oder A.-Ae. umkristallisieren. — Die Verbb. sind *antihistamin.*, *spasmolyt.* u. *muskelotrop* wirksam. Die *anticholinerg.* Wrkg. ist 5—10mal stärker als die von Papaverin. Die Verbb. geben bei der Hydrolyse mit Säuren, z. B. 80%ig. H_2SO_4 oder Alkalialkoholaten oder $NaNH_2$ u. Decarboxylierung, z. B. bei 145 bis 155°, die entsprechenden *Amine*, wie *p-Chlorphenylpyridyl-(2)-dimethylpropylamin*, Kp.$_{1,5}$ 150—152°. *3-Phenyl-3-[pyridyl-(2')]-N.N-dimethylpropylamin*, Kp.$_{1,5}$ 140—142°. *3-[p-Bromphenyl]-3-[pyridyl-(2')]-N.N-dimethylpropylamin*, Kp.$_{0,5}$ 147—152°. *3-[p-Chlorphenyl]-3-[pyridyl-(2)]-N-pyrrolidinopropan*, Kp.$_1$ 170—175°. *3-Phenyl-3-[pyridyl-(2)]-N-morpholinopropan*, Kp.$_1$ 195—199°. *3-[p-Bromphenyl]-[pyridyl-(2)]-N-piperidinopropan*, Kp.$_1$ 185—190°. *3-[p-Chlorphenyl]-3-[pyridyl-(2)]-N-piperidinopropan*, Kp.$_1$ 175 bis 180°. *3-[p-Methylphenyl]-3-[pyridyl-(2)]-N.N-dimethylpropylamin*, Kp.$_{0,5}$ 130—135°. *3-[o-Chlorphenyl]-3-[pyridyl-(2)]-N.N-dimethylpropylamin*, Kp.$_1$ 142°. *3-[m-Methoxyphenyl]-3-pyridyl-(2)]-N.N-dimethylpropylamin*, Kp.$_1$ 150—153°. *3-[p-Methoxyphenyl]-3-[pyridyl-(2)]-N.N-dimethylpropylamin*, Kp.$_{0,5}$ 137—142°. — *Antihistaminica*. — Vgl. Holl. P. 92 099; C. **1960.** 12774. (**Schwz. P. 337 843** vom 4/6. 1955, ausg. 15/6. 1959. **A. P. 2 841 589** vom 2/6. 1955, ausg. 1/7. 1958. Beide Schwed. Prior. 4/6. 1954.)
G. KRAUSS. 4807

Shionogi Seiyaku Kabushiki Kaisha, Osaka (Erfinder: Ryuichi Yamamoto, Ashiya, Hiroyoshi Tanaka, Suita, und Tetsuya Takahashi, Amagasaki), Japan, **Herstellung von Phenolphthalinsalzen von Antihistaminbasen** durch Kondens. von Antihistaminbasen, die ein tert. bas. N-Atom besitzen, mit Phenolphthalin (4'.4''-Dihydroxytriphenylmethan-2-carbonsäure). — 3,3 g N-[2-Dimethylamino-n-propyl]-phenothiazin (I; Promethazin) in 14 cm³ Ae. tropft man bei Raumtemp. in eine Lsg. aus 3,8 g Phenolphthalin in 200 cm³ Ae.: I-*Phenolphthalinat*, $C_{17}H_{20}N_2S \cdot C_{20}H_{16}O_4 \cdot 2^1/_4$ $CHCl_3$ nach Umkristallisieren aus etwas Aceton enthaltendem Chlf.; Zers.-Punkt 125°. — *2-[Benzhydryloxy]-N.N-dimethyläthylaminphenolphthalinat*, $C_{17}H_{21}NO \cdot C_{20}H_{16}O_4$, F. 217°. — *N.N-Dimethyl-N'-[p-methoxybenzyl]-N'-(pyrimidyl-(2)]-äthylendiaminphenolphthalinat*, $C_{16}H_{22}N_4O \cdot C_{20}H_{16}O_4 \cdot 2\ C_6H_6$. — *1-Phenyl-1-[pyridyl-(2)]-3-dimethylaminopropanphenolphthalinat*, $C_{16}H_{20}N_2 \cdot C_{20}H_{16}O_4 \cdot C_6H_6$, zersetzt sich bei 149°; geschmacklos. — *N.N-Dimethyl-N'-benzyl-N'-[α-pyridyl]-äthylendiaminphenolphthalinat*, $C_{16}H_{21}N_3 \cdot C_{20}H_{16}O_4 \cdot {}^1/_2\ C_6H_6$, zersetzt sich bei 155°. — *2-[α-(2-Dimethylaminoäthoxy)-α-methylbenzyl]-pyridinphenolphthalinat*, $C_{17}H_{22}N_2O \cdot C_{20}H_{16}O_4 \cdot C_2H_5OH$, zersetzt sich bei 124—126°. — *10-[γ-Dimethylamino-n-propyl]-3-chlorphenothiazinphenolphthalinat*, $C_{17}H_{19}ClN_2S \cdot C_{20}H_{16}O_4 \cdot 1^1/_2\ C_6H_6$, zersetzt sich bei 109°; $C_{17}H_{19}N_2SCl \cdot C_{20}H_{16}O_4$, F. 196—197°. — *3-Chlor-10-[3'-(4''-Methylpiperazino)-propyl]-phenothiazinphenolphthalinat*, $C_{20}H_{24}ClN_3S \cdot 2\,[C_{20}H_{16}O_4] \cdot H_2O$, F. 140—142° (Zers.). (**Jap. A. S. 3994/1959** vom 21/4. 1956, ausg. 25/5. 1959.)
M. PANKOW. 4807

F. Hoffmann-La Roche & Co. Akt.-Ges., Base](Erfinder: Otto Schnider und René Urban, Basel), Schweiz, **5-[p-Aminobenzolsulfonamido]-2.4-dimethylpyrimidin (I)** wird erhalten durch Rk. von 5-Amino-2.4-dimethylpyrimidin (II) mit einem Benzolsulfonsäurehalogenid, welches in p-Stellung durch eine in die Aminogruppe überführbare Gruppe substituiert ist, u. Überführung der p-ständigen Gruppe in die Aminogruppe. — Zu einer Lsg. von 10 (Gewichtsteilen) II in 60 Raumteilen Pyridin werden 19 p-Acetamidobenzolsulfochlorid gegeben u. das Gemisch 3 Std. auf 70° erhitzt.

Das beim Erkalten ausfallende 5-[p-Acetamidobenzolsulfonamido]-2.4-dimethylpyrimidin (aus A.), F. 249—250°, wird abgetrennt u. durch Kochen mit 2n NaOH verseift → I, F. 237—239°. — II + p-Nitrobenzolsulfochlorid → 5-[p-Nitrobenzolsulfonamido]-2.4-dimethylpyrimidin (aus CH_3OH oder verd. A.), F. 175—176°, Red. mit Fe u. HCl (20%ig.) → I. — Das als Ausgangs-Verb. verwendete II wird wie folgt hergestellt: salzsaures Acetamidin + Äthoxymethylenacetessigester + K_2CO_3 in W. → 2.4-Dimethylpyrimidin-5-carbonsäureäthylester, $Kp._{12}$ 113—117°, freie Säure, F. 152—153°, + NH_3 in CH_3OH im Autoklav auf 100° → 2.4-Dimethylpyrimidin-5-carbonsäureamid, F. 189 bis 190°, + $NaOCH_3$ + Br_2 → 2.4-Dimethylpyrimidyl-(5)-carbaminsäuremethylester (Urethan, F. 102—103°) + $Ba(OH)_2$ in W. unter Rückfluß → II, $Kp._{16}$ 139—140° (aus Bzl.), F. 107—108°, *Hydrochlorid*, F. 180°. — *Heilmittel* mit *baktericider* u. *bakteriostat.* Wirkung. — Vgl. Aust. P. 217 634; C. **1960.** 12088. (**A. P. 2 890 218** vom 16/11. 1956, ausg. 9/6. 1959. **E. PP. 800 776** u. **800 777** vom 23/11. 1956, ausg. 3/9. 1958. **D. A. S. 1 088 497** Kl. 12p vom 16/11. 1956, ausg. 8/9. 1960. Alle Schwz. Prior. 25/11. 1955. **Schwz. P. 345 346** vom 25/11. 1955, ausg. 13/5. 1960.) H. BRÄUCKER. 4807

Parke, Davis & Co., Detroit, Mich., V.St.A., **Piperazin-bis-[2.4.5-trichlorphenolat]** erhält man durch Rk. einer Lsg. von 2.4.5-Trichlorphenol in Bzl. mit in Bzl. gelöstem Piperazin. — *Anthelminthicum.* Das Salz ist in Gelatinekapseln wenigstens 2 Jahre haltbar. (**E. P. 830 000** vom 4/9. 1958, ausg. 9/3. 1960. A. Prior. 14/10. 1957.) F. OBERMEIER. 4807

National Drug Co., Philadelphia, Pa., V.St.A., **Phenthiazinderivate** der allg. Formel I (Z = Diallylamino-, 4-[β-Hydroxyäthylpiperazino]- oder 4-[β.β'-Hydroxyäthoxyäthyl]-piperazinorest) werden erhalten durch Kondens. von 3-Trifluormethylphenthiazin (II) mit 1-Chlor-3-brompropan (III) bei erhöhten Temp. in Ggw. eines alkal. Kondens.-Mittels u. eines geeigneten Lsgm. u. Rk. des so erhaltenen 3-Trifluormethyl-10-[γ-chlorpropyl]-phenthiazin (IV) mit einem dem Rest Z entsprechenden Amin. — II + III + $NaNH_2$ in der Wärme → IV, 85—90%. IV + Diallylamin + Cu-Pulver in Toluol 24 Std. unter Rückfluß → *3-Trifluormethyl-10-[γ-diallylaminopropyl]-phenthiazin*, $Kp._{0,03}$ 190—193°. — Analog werden *3-Trifluormethyl-10-{3'-[4''-(β-hydroxyäthyl)-piperazino]-propyl}-phenthiazin*, $Kp._{0,005}$ 210—215°, u. *3-Trifluormethyl-10-{3'-[4''-(β.β'-hydroxyäthoxyäthyl)-piperazino]-propyl}-phenthiazin* hergestellt. — *Heilmittel.* (**Belg. P. 567 963** vom 22/5. 1958, ausg. 12/8. 1960. A. Prior. 23/5. 1957.) H. BRÄUCKER. 4807

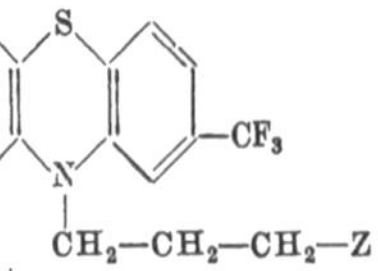

I

Soc. des Usines Chimiques Rhône-Poulenc, Paris, übert. von: Raymond Jacques Horclois, Malakoff, Frankreich, **Phenthiazinverbindungen.** Zu D. A. SS. 1 040 032 u. 1 045 407; C. **1959.** 11350 ist nachzutragen: Analog werden folgende Verbb. hergestellt: Phenthiazine: *10-[2'.3'-Bis-(2''-methylpiperidino)-1'-propyl]-*, F. 115°. — *10-[2'.3'-Bis-pyrrolidino-1'-propyl]-*, F. 125°. — *10-[2'.3'-Bis-morpholino-1'-propyl]-*, F. 140°. — *10-[2'.3'-Bis-hexamethylenimino-1'-propyl]-*, *Dihydrochlorid*, F. 200°. — *10-[2'.3'-Bis-(4''-methylpiperazino)-1'-propyl]-*, $Kp._1$ 200—215°. — Phenthiazin-9-oxyde: *10-[2'.3'-Bis-(diäthylamino)-1'-propyl]-*, F. 95°. — *10-[2'.3'-Bis-piperidino-1'-propyl]-*, F. 145°. — *10-[2'.3'-Bis-(2''-methylpiperidino)-1'-propyl]-*, F. 175°. — *10-[2'.3'-Bis-pyrrolidino-1'-propyl]-*, F. 132°. — *10-[2'.3'-Bis-morpholino-1'-propyl]-*, F. 198°. — *10-[2'.3'-Bis-hexamethylenimino-1'-propyl]-*, F. 170°. — *10-[2'.3'-Bis-piperidino-1'-propyl]-phenthiazin-9.9-dioxyd*, F. 206°. (**A. P. 2 866 787** vom 13/12. 1956, ausg. 30/12. 1958. F. Prior. 4/11. 1954.) H. BRÄUCKER. 4807

Smith, Kline & French Laboratories, übert. von: Glenn E. Ullyot, Philadelphia, Pa., V.St.A., **Trifluormethylphenthiazinderivate** der allg. Formel I (Z = S oder SO; R = H, Halogen, $-CF_3$, niedermol. Alkyl- oder Alkoxyrest; A = Alkylenrest, gerade oder verzweigt, 2—6 C-Atome; R_1 u. R_2 = H oder niedermol. Alkylreste, die mit dem N zu einem ggf. ein weiteres Heteroatom enthaltenden heterocycl. Ring geschlossen sein können, z. B. Pyrrolidino-, Piperazino-, Alkylpiperazino-, Piperidino-, Thiomorpholino-, Morpholino- oder Hexahydroazepinorest) u. deren Salze werden erhalten durch Rk. von Trifluormethylphenthiazinen mit reaktionsfähigen Estern von entsprechenden Aminoalkanolen in Ggw. eines alkal. Kondens.- u. eines geeigneten Lsgm. oder von 10-(X-Alkyl)-trifluormethylphenthiazinen, wobei X einen reaktionsfähigen Esterrest bedeutet, mit entsprechenden Aminen oder durch Red. von Trifluormethylphenthiazinyl-(10')-alkylnitrilen in Ggw. entsprechender Amine oder von am N-Atom entsprechend substituierten 10-[ω-Carboxamidinoalkyl]-trifluormethylphenthia-

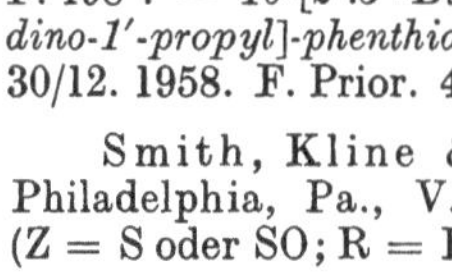

I

zin-Derivv. oder durch Kondens. von 10-[Aminoalkyl]-trifluormethylphenthiazin-Derivv. mit ggf. substituierten Bis-[β-halogenalkyl]-aminen oder, falls X in der Formel I SO bedeutet, Oxydation der entsprechenden Phenthiazin-Verbb. nach bekannten Verff. u. ggf. Überführung der erhaltenen Basen nach bekannten Verff. in die Salze. — Zu einem Gemisch von 19,1 (g) 3-Trifluormethylphenthiazin u. 3,8 $NaNH_2$ in 160 ml wasserfreiem Bzl. werden 18 3-Chlor-1-dimethylaminopropan gegeben u. das Ganze 20 Std. lang unter Rückfluß erhitzt. Danach wird das bas. Rk.-Prod. aus dem Rk.-Gemisch mit verd. HCl isoliert → *10-[3'-Dimethylaminopropyl]-3-trifluormethylphenthiazin*, $Kp._1$ 177—181°, *Hydrochlorid*, aus A./Ae., F. 173—174°, *Citrat, Oxalat.* — Ferner werden folgende Phenthiazine hergestellt: *6-Chlor-10-[3'-dimethylaminopropyl]-3-trifluormethyl-*, $Kp._1$ 195 bis 200°. — *6-Chlor-10-[2'-pyrrolidino-1'.2'-äthyläthyl]-3-trifluormethyl-*. — *6-Methoxy-10-[3'-(4''-methylpiperazino)-propyl]-3-trifluormethyl-, Bis-methylenoxynaphthoat.* — *6-Äthoxy-10-[3'-dimethylaminopropyl]-3-trifluormethyl-, Bis-methylenoxynaphthoat.* — *10-[3'-(4''-Methylpiperazino)-propyl]-3-trifluormethyl-*, $Kp._{0,06}$ 202—210°, *Dimaleat*, F. 185° (Zers.). — *6-Methyl-10-[3'-piperidinopropyl]-3-trifluormethyl-*, $Kp._{0,04}$ 188—193°. — *10-[3'-Methylaminopropyl]-3-trifluormethyl-, Hydrochlorid.* — *10-[6'-Dimethylaminohexyl]-3-trifluormethyl-*, Öl. — *10-[2'-Morpholinoäthyl]-3-trifluormethyl-, saures Maleat.* — *6-Brom-10-[dimethylaminoisopropyl]-3-trifluormethyl-, Bis-methylensalicylat.* — *3.6-Bistrifluormethyl-10-[3'-dimethylaminopropyl]-*, $Kp._1$ 190—195°. — *10-[2'-Piperazinoäthyl]-3-trifluormethyl-, Dimaleat.* — *10-[2'-(4''-Äthylpiperazino)-äthyl]-3-trifluormethyl-, Dihydrochlorid*, F. 210—215° (Zers.), *Difumarat.* — *10-[3'-Dimethylaminopropyl]-3-trifluormethyl-, 8-Chlortheophyllinat*, F. ca. 90—95°. — *10-[3'-Aminopropyl]-3-trifluormethyl-, Hydrochlorid.* — *10-[3'-Dibutylaminopropyl]-3-trifluormethyl-*, Öl. — *10-[2'-(4''-Methylpiperazino)-äthyl]-3-trifluormethyl-*, $Kp._{0,5}$ 205—210°. — *10-[2'.2'-Dimethyl-3'-dimethylaminopropyl]-3-trifluormethyl-*, $Kp._{1,5}$ 160—165°. — *10-[3'-Dimethylamino-2'-methylpropyl]-3-trifluormethyl-, Hydrochlorid.* — *7-Methyl-10-[3'-dimethylaminopropyl]-3-trifluormethyl-*, Öl. — *10-[3'-Morpholinopropyl]-3-trifluormethyl-*, $Kp._{1,5}$ 210—215°. — *10-[4'-Dimethylaminobutyl]-3-trifluormethyl-*, $Kp._{0,5}$ 183—187°. — *6-Fluor-10-[3'-dimethylaminopropyl]-3-trifluormethyl-, Citrat.* — *7-Chlor-10-[3'-dimethylaminopropyl]-3-trifluormethyl-, Bis-methylenoxynaphthoat.* — *10-[2'-Methyl-3'-(4''-methylpiperazino)-propyl]-3-trifluormethyl-, Dimaleat.* — *10-[3'-Pyrrolidinopropyl]-3-trifluormethyl-*, $Kp._{0,7}$ 175—180°, *Acetat, Hydrobromid.* — *10-[3'-Dimethylaminopropyl]-1-trifluormethyl-*, $Kp._{1,4}$ 205—212°. — *8-Chlor-10-[3'-dimethylaminopropyl]-3-trifluormethyl-*, $Kp._{0,3}$ 209 bis 216°, *Maleat.* — *10-[3'-Thiomorpholinopropyl]-3-trifluormethyl-*, $Kp._{1-1,5}$ 225—236°. — *10-[3'-Diäthylaminopropyl]-1-trifluormethyl-*, $Kp._{1,5}$ 215—222°. — *10-[3'-(4''-Butylpiperazino)-propyl]-3-trifluormethyl-*, $Kp._{0,05}$ 202—207°. — *8-Methyl-10-[3'-diäthylaminopropyl]-3-trifluormethyl-*. — *10-[2'-Pyrrolidinomethylbutyl]-3-trifluormethyl-*. — *10-[3'-Hexahydroazepinopropyl]-3-trifluormethyl-*, $Kp._{0,05}$ 198—200°. — Phenthiazin-9-oxyde: *10-[3'-Dimethylaminopropyl]-3-trifluormethyl-, Hydrochlorid.* — *8-Butyl-10-[3'-(4''-methylpiperazino)-propyl]-3-trifluormethyl-*. — *Heilmittel* mit *beruhigender, antiemet., antihistamin.* u. *spasmolyt.* Wirkung. — Vgl. Oe. P. 199 649; C. **1960.** 8958. (**A. P. 2 921 069** vom 9/4. 1956, ausg. 12/1. 1960. **E. P. 813 861** vom 15/11. 1956, ausg. 27/5. 1959. **Belg. P. 551 400** vom 29/9. 1956, ausg. 18/12. 1959. Beide A. Prior. 9/4. 1956.)
H. BRÄUCKER. 4807

Joh. A. Benckiser G.m.b.H., Chemische Fabrik, Ludwigshafen/Rh. (Erfinder: Johannes Miksch, Mannheim, Lieselotte Bauer, Franckeneck, und Walter Nielsch, Mannheim), **Erhöhung der thermischen Stabilität von pharmakologisch wirksamen wässerigen Lösungen von Aminozuckerderivaten,** die an der Carbonyl- u./oder NH_2-Gruppe substituiert sind, ausgenommen das N-Acetylglucosamin u. die N-Acetylglucosaminylsulfonamide, dad. gek., daß man die unsterilisierte Lsg. zunächst mit Alkalibicarbonat auf pH 6—7 einstellt, dann bis zu 2,4% eines Deriv. der schwefligen Säure, z. B. $NaHSO_3$, Dithionite, Pyrosulfite, Hyposulfite oder Rongalite in Form von anorgan. u./oder organ. salzartigen Verbb., zusetzt u. die Lsg. anschließend sterilisiert. Als Aminozucker-Derivv. kommen bes. die an der NH_2-Gruppe durch aliphat. oder heterocycl. Reste bzw. an der Carbonylgruppe mit Sulfonamiden oder Aminoantipyrinen substituierten Derivv. in Betracht. (**D. A. S. 1 104 118** Kl. 30h vom 15/5. 1959, ausg. 6/4. 1961.)
W. HEYER. 4807

N. V. Organon, Oss (Erfinder: Jacobus Simon Favier, Heesch), Holland, **21-Ester des 17α.21-Dihydroxy-3.11.20-triketoallopregnans** erhält man durch Oxydation der entsprechenden 3β-Hydroxy-Verbb. mit einem N-Halogencarbonsäureimid oder -amid in einem tert. Alkohol u. in Ggw. eines halogenierten aliphat. KW-Stoffes. — Man setzt z. B. 3β.17α-21-Trihydroxy-11.20-diketoallopregnan-21-acetat unter N_2 bei 75° mit N-Bromsuccinimid in Ggw. von tert.-Butanol, Pyridin u. Chlf. um → *17α.21-Di-*

hydroxy-3.11.20-triketoallopregnan-21-acetat, F. 223—228°; $[\alpha]_D$ 80°. — *Zwischenprodd. zur Herst. von Heilmitteln.* (**D. A. S. 1 102 147** Kl. 12o vom 8/10. 1959, ausg. 16/3. 1961. Holl. Prior. 10/10. 1958.) U. SIEVERS. 4809

N. V. Organon, Oss, Holland (Erfinder: Guy Henri Ourisson, Mundolsheim, Frankreich, Stefan Antoni Szpilfogel und Cornelis Maurits Siegmann, Oss, Holland), **Herstellung neuer biologisch aktiver Steroidester.** Man verestert 2-Oxo-17β-hydroxy-A-norandrostan (I) mit einer Carbonsäure mit 1—10 C-Atomen bzw. einem Deriv. davon. — I-*17β-propionat*, F. 125—126°, $[\alpha]_D$ 140,5° (Chlf.). — I-*17β-caprinat*, F. 62—63°, $[\alpha]_D$115° (Chlf.). — I-*17β-cyclopentylpropionat*, F. 107—107,5°, $[\alpha]_D$ + 124° (Chlf.). — I-*17β-benzoat*, F. 138—143°, $[\alpha]_D$ + 170° (Chlf.). — I-*17β-phenylpropionat*, F. 93—94°. (**Holl. P. 95 774** vom 21/1. 1958, ausg. 15/10. 1960.) F. BÖHM. 4809

G. D. Searle & Co. (Erfinder: Clarence G. Bergstrom, Chicago, und Raymond M. Dodson, Park Ridge), Ill., V.St.A., **Δ^4-3-Keto-9α-halogensteroide** erhält man durch Behandlung der entsprechenden Δ^4-3-Keto-9α-hydroxy- oder $\Delta^{4.9(11)}$-3-Ketosteroide mit einem Halogenwasserstoff in einem organ. Lsgm., das als Protonenacceptor wirkt. — Man setzt z. B. Δ^4-9α-Hydroxyandrosten-3.17-dion mit HF-Pyridin bei 2° um → *Δ^4-9α-Fluorandrosten-3.17-dion*, F. 228—229° (Zers.), neben 4.9(11)-Androstadien-3.17-dion. — Analog: *Δ^4-9α-Fluor-17α-hydroxy-21-acetoxypregnen-3.20-dion*, F. 255 bis 262°. — *Heilmittel.* (**D. A. S. 1 102 732** Kl. 12o vom 8/1. 1959, ausg. 23/3. 1961. **Zusatz zu D. A. S. 1 081 888; C. 1961. 2373.**) U. SIEVERS. 4809

Farmaceutici Italia Soc. An. (Erfinder: Bruno Camerino, Umberto Valcavi und Giuliana Baldratti), Mailand, Italien, **4.17α-Dihydroxyprogesteron und dessen Ester.** Man setzt z. B. 17α-Acetoxyprogesteron mit H_2O_2 in Ggw. von NaOH um → *4.5β- u. 4.5α-Epoxy-17α-acetoxyprogesteron*, F. 193—202°; daraus durch Spaltung mit Eisessig u. konz. H_2SO_4 → *4-Hydroxy-17α-acetoxyprogesteron*, F. 197—200°, welches sich durch methanol. K_2CO_3 verseifen läßt → *4.17α-Dihydroxyprogesteron* (I), F. 229 bis 231°; I-*4.17-Diacetat*, F. 201—203°; I-*4-Acetat*, F. 190—195°; I-*17-Capronat*, F. 141°. — *Heilmittel.* (**D. A. S. 1 100 627** Kl. 12o vom 18/12. 1958, ausg. 2/3. 1961. E. Prior. 24/12. 1957.) U. SIEVERS. 4809

Schering Akt.-Ges., Deutschland, **Ester von 17α-Alkyl-17β-hydroxy-3-keto-Δ^4-steroiden.** Zu D. A. S. 1 057 109; C. **1959.** 16735, ist zu ergänzen: *17α-Vinyl-19-nortestosteronacetat*, F. 98—100°, u. *-n-butyrat*, durch Hydrierung von 17α-Äthinyl-19-nortestosteronacetat bzw. -n-butyrat. (**F. P. 1 191 466** vom 12/2. 1958, ausg. 20/10. 1959. D. Prior. 12/2. 1957.) S. BÖTTCHER. 4809

G. D. Searle & Co., V.St.A. (Erfinder: Frank B. Colton), **Herstellung von Verbindungen der Δ^4-Östren-3.17-diol-Reihe.** Zu D. A. S. 1 010 964; C. **1958.** 9300, ist zu ergänzen: Aus 17α-Äthinyl-3-methoxy-$\Delta^{1.3.5}$-östratrien-17-ol durch Hydrierung an Pd *17α-Äthyl-3-methoxy-$\Delta^{1.3.5}$-östratrien-17-ol*, F. 88—89°, daraus *17α-Äthyl-3-methoxy-$\Delta^{2.5}$-östradien-17-ol*, F. 127—128°, daraus *17α-Äthyl-3-oxo-Δ^5-östren-17-ol*, F. 134—136°, daraus *17-Äthyl-19-nortestosteron*, F. 140—141°. — *17-Propyl-19-nortestosteron*, F. 120 bis 122°, aus 3-Methoxy-$\Delta^{2.5}$-östradien-17-on über *17α-Allyl-3-methoxy-$\Delta^{2.5}$-östradien-17-ol*, F. 88—96°, u. *17-Allyl-19-nortestosteron*, F. 95,5—96,5°. (**F. P. 1 195 206** vom 24/10. 1955, ausg. 16/11. 1959. A. Prior. 25/10. 1954.) S. BÖTTCHER. 4809

Schering Akt.-Ges., Berlin (Erfinder: Erich Hecker, München), **3-Aminoöstra-1.3.5(10)-triene** erhält man durch Rk. der entsprechenden 1.4-Östradien-10-ol-3-one oder von deren 10-Acylaten mit Hydrazinabkömmlingen u. reduktive Spaltung der erhaltenen Azofarbstoffe. Als Ausgangs-Verbb. bes. geeignet sind die durch Oxydation von Verbb. der Östranreihe mit phenol. Hydroxyl in 3-Stellung in bekannter Weise erhältlichen p-Chinole, die im nichtaromat. Teil des Mol. beliebige Substituenten, bes. eine 17-ständige freie oder funktionell abgewandelte Hydroxy- oder Ketogruppe tragen. — Man setzt z. B. 17β-Acetoxyöstra-p-chinol, F. 176—178°, oder sein 10-Acetat, F. 215 bis 217°, in Eisessig mit 2.4-Dinitrophenylhydrazin in Glykolmonomethyläther (I) um zum *Azofarbstoff* $C_{26}H_{28}N_4O_6$, F. 212—213°, welcher zur Spaltung in I gelöst u. mit Na-Dithionit u. 2n Na_2CO_3 bei 80° 20 Min. behandelt wird → *3-Amino-17β-acetoxy-$\Delta^{1.3.5(10)}$-östratrien*, F. 182—183°. — Man kann die Spaltung des Azofarbstoffs auch durch Hydrierung in Tetrahydrofuran als Lsgm. u. in Ggw. von RANEY-Ni vornehmen. — Analog: *3-Amino-17β-hydroxy-$\Delta^{1.3.5(10)}$-östratrien*, F. 138—139°. — *Heilmittel* sowie Zwischenprodd. zu deren Herstellung. (**D. A. S. 1 096 358** Kl. 12o vom 22/4. 1959, ausg. 5/1. 1961.) U. SIEVERS. 4809

Upjohn Co., Dover, Del., V.St.A., **Herstellung von Hydrocortisonderivaten und deren 21-Estern.** Man behandelt das 3-Äthylenglykolketal (I) von $\Delta^{4.17(20)}$-(cis)-Pregnadien-3.11-dion-21-säuremethylester bei 4—0° in Chlf. mit Perbenzoesäure → I *von $\Delta^{17(20)}$-5α.6α-6-Oxido-(cis)-pregnen-3.11-dion-21-säuremethylester*, F. 206—209°. Hieraus entsteht durch Einw. von HF in Chlf. bei —15° I *von* $\Delta^{17(20)}$*-5-Hydroxy-6-fluor-(cis)-pregnen-3.11-dion-21-säuremethylester*, F. 170—173°, das mit $LiAlH_4$ in Bzl./Ae. I *von* $\Delta^{17(20)}$*-5.11β.21-Trihydroxy-6-fluor-(cis)-pregnen-3-on*, F. 197—205°, ergibt. Diese Verb. überführt man durch Einw. von H_2SO_4 in W./Aceton bei normaler Temp. in $\Delta^{17(20)}$*-5.11β.-21-Trihydroxy-6-fluor-(cis)-pregnen-3-on* u. dieses mit Essigsäureanhydrid in Pyridin in $\Delta^{17(20)}$*-5.11β-Dihydroxy-6-fluor-21-acetoxy-(cis)-pregnen-3-on*. Erhitzen mit GIRARDS Reagens u. Eisessig in abs. A. auf dem Dampfbad, anschließende Behandlung mit verd. HCl u. Chromatographieren ergibt $\Delta^{4.17(20)}$*-6-Fluor-11β-hydroxy-21-acetoxy-(cis)-pregnadien-3-on*, das, in tert.-Butanol gelöst, mit N-Methylmorpholinoxydperoxyd in Ggw. von OsO_4 u. Pyridin bei 25° zu Δ^4*-6-Fluor-11β.17α-dihydroxy-21-acetoxypregnen-3.20-dion* (= *6-Fluorhydrocortisonacetat*), F. 210—218°, oxydiert u. dann mit $KHCO_3$ in Methanol/W. bei normaler Temp. zu Δ^4*-6-Fluor-11β.17α.21-trihydroxypregnen-3.20-dion* (= *6-Fluorhydrocortison*), F. 200—207°, verseift wird. — In analoger Weise kann man auch die entsprechenden Cl- u. Br-Derivv. herstellen. — *Pharmazeutica*. (**Holl. P. 94 588** vom 29/5. 1956, ausg. 15/6. 1960. A. Prior. 1/7. 1955.) F. BÖHM. 4809

Farbenfabriken Bayer Akt.-Ges., Leverkusen (Erfinder: Eugen Werle und Ivar Trautschold, München), **Herstellung von hoch gereinigten Kallikrein-Präparaten**, dad. gek., daß man in bekannter Weise gewonnenes Kallikrein aus seinen Lsgg. bei pH 3—10, bes. 6—7,5, an bas. substituierte Cellulosen, bes. Diäthylaminoäthyl- oder Triäthylaminoäthylcellulose, adsorbiert, das Adsorbat mit einer stark verd., gepufferten Elektrolyt-Lsg. so lange wäscht, bis ein nahezu eiweißfreies Filtrat erhalten wird, u. den Wirkstoff aus dem Adsorbat mit einer mindestens 1% ig., bes. 5% ig. Elektrolyt-Lsg. eluiert. (**D. A. S. 1 102 973** Kl. 30h vom 25/3. 1960, ausg. 23/3. 1961.) W. HEYER. 4809

Princeton Laboratories, Inc., übert. von: Herman Cohen, Princeton, N.J., V.St.A., **Gewinnung von Relaxin** aus Ovarien, bes. von trächtigen Schweinen, dad. gek., daß man die zerkleinerten mit A. u. Aceton entfetteten u. getrockneten Drüsen mit einer wasserfreien organ. Säure, wie Eisessig, bes. unter Erwärmen, extrahiert, die z. B. über Diatomeenerde filtrierte Lsg. mit A., Aceton, Ae. oder PAe. fällt u. das abgetrennte Relaxin in bekannter Weise durch Lösen in verd. Mineralsäure. Behandeln der Lsg. mit Oxycellulose u. Eluieren mit einer Mineralsäure bei pH 1 reinigt. (**A. P. 2 930 737** vom 15/11. 1955, ausg. 29/3. 1960.) W. HEYER. 4809

Abbott Laboratories, North Chicago, übert. von: Charles A. Stainbrook, Charles E. Hoffhine, Waukegan, und Anthony F. de Rose, Chicago, Ill., V.St.A., **Wasserlösliche Erythromycinsalze**. *Erythromycinisäthionat*, $C_{41}H_{79-81}NO_{17}$, F. 163—165° (FISHER-JOHNS-Block); Wasserlöslichkeit bei 25° 115 mg/cm³; auch lösl. in Dextrose-Lsg.; erhält man durch Rk. von Erythromycin, $C_{39}H_{73-75}NO_{13}$, F. 130 bis 135°; $[\alpha]_D^{25}$ —78°; mit der äquimol. Menge Isäthionsäure (= Hydroxyäthylsulfonsäure) in Methanol u. Einengen der Lsg.; Wrkg. 720 Einheiten je mg gegen *Bacterium subtilis*. — NH_2SO_3H → *Sulfamat*, Wasserlöslichkeit 30 mg/cm³; unlösl. in Amylacetat; Wrkg. 825 Einheiten je mg; *Na-*, *K-*, *Ca-*, *Mg-Salz*; *Hydrochlorid*, *Sulfat*, *Stearat*, *Oleat*, *Lactobionat*, *Gluconat* u. *Glucoheptonat*. — *Heilmittel* gegen *Staphylokokken-* u. *Streptokokkeninfektionen*. *Zwischenprodd.* zur Herst. von unlösl. Salzen, wie *Erythromycinstearat*. (**A. PP. 2 845 415** vom 13/8. 1953, ausg. 29/7. 1958 u. **2 830 982** vom 3/6. 1955, ausg. 15/4. 1958.) G. KRAUSS. 4811

Farbenfabriken Bayer Akt.-Ges., Leverkusen-Bayerwerk, **Biosynthetische Herstellung von Lävanen** mit vorher festgesetztem niedrigem, mittlerem oder hohem Molgew., durch die Wechselwrkg. von lävanbildenden Mikroorganismen (*Bacillus subtilis*) oder zellfreien, lävanbildenden Enzymen solcher Mikroben (Lävan-Saccharase) mit Rohrzucker in wss. Medium, wobei die Rk. in Ggw. eines Lävan–Saccharase-Adsorbens u. von Ionen durchgeführt wird, die den Grad der Adsorption regeln. Geeignete Ionen sind die von Chloriden, Sulfaten, Orthophosphaten, Acetaten, Lactaten oder Propionaten der Alkalimetalle; als Adsorbens nimmt man frisch gefälltes Ca-Phosphatgel, aktivierten Bentonit, Aktivkohle, Asbest, Cellulosepulver, Kieselgur, Silicagel, Al-Hydroxyd, Stärke, Sojapuder, Mg-Phosphat oder La-Ribonucleat. Als wss. Medium nimmt man 1% Maisquellwasser (pH 6,8 bis 7,0), dem Rohrzucker, $MgSO_4$, K-Hydrophosphat, $(NH_4)_2SO_4$ zugesetzt wird. Das Rohlävan reinigt man durch einen kolloidchem. Prozeß u. löst es in blutisoton. Lösungen. Lävan als *Blutersatz* hat ein Molgew. von ca. 6500, als Verdickungsmittel, als Trägersubstanz für Pillen werden niedrigmol. Lävane verwendet. (**E. P. 837 993** vom 22/11. 1957, ausg. 22/6. 1960. D. Prior. 23/11. 1956.) L. MACHER. 4813

R. K. Laros Co., Bethlehem, übert. von: John R. Herb, Easton, Pa., V.St.A., **Herstellung eines Eisen–Dextran-Komplexes**, dad. gek., daß man eine wss. Ferrisalz-Lsg. mit Na_2CO_3 auf ein pH von 2,3 bringt, die Lsg. mit Dextran versetzt, auf 60—70°

erwärmt u. den Fe-Komplex mit Isopropanol ausfällt. Der Nd. wird erneut in W. gelöst u. die Lsg. unter Druck (15 lbs./sq.in.) ca. 20 Min. auf 120⁰ erhitzt, anschließend das pH auf ca. 11,7 gebracht, das Erhitzen auf 120⁰ bei 15 lbs./sq.in. wiederholt, das pH der Lsg. auf 6 eingestellt u. zentrifugiert. (**A. P. 2 885 393** vom 24/2. 1956, ausg. 5/5. 1959.) W. HEYER. 4813

Peter Müller, Aachen, und Hermann Rudolph Hefting, Amsterdam, Holland, **Herstellung von Arzneimitteln.** Ein Mineralwasser von der Zus. der ,,Aachener Kaiserquelle" wird zum Sieden erhitzt, mit gemahlenem grünem Kaffee u. Reismehl, Kartoffelmehl oder anderen stärkehaltigen Stoffen versetzt, mit einer therapeut. anwendbaren Säure auf einen pH-Wert von 5—7 gebracht u. nach dem Abkühlen ca. 21 Tage bei 18—22⁰ stehengelassen. Das erhaltene Prod. wird zu Salben oder Tabletten verarbeitet, die analget. u. antirheumat. wirken. (**E. P. 838 761** vom 6/6. 1958, ausg. 22/6. 1960. D. Prior. 8/6. 1957.) K. KOEBKE. 4815

Kelco Co., übert. von: Aaron Miller, La Jolla, und Foss Edmund Corley, San Diego, Calif., V.St.A., **Appetitzügler,** bestehend aus einem niedrigviscosen, wasserlösl. Alginat, bes. Na-Alginat mit einer Viscosität von 25—1000 cP, als Grundmasse, 10—70% Melasse, bezogen auf das Trockengewicht des Alginats, u., ebenfalls bezogen auf das Alginat, wenigstens $^1/_4$ Äquivalent Tricalciumphosphat, Dicalciumphosphat, $CaCO_3$, Ca-Phosphat u./oder Ca-Tartrat. Ein bevorzugtes Präp. enthält 20 (Teile) Na-Alginat, 58 fein vermahlenes Zuckerrohr, 1,4 Tricalciumphosphat u. 20 Zuckersirup. (**A. P. 2 935 447** vom 19/2. 1957, ausg. 3/5. 1960.) W. HEYER. 4815

Dow Corning Corp., übert. von: William C. May, Midland, Mich., V.St.A., **Mittel zur Linderung von Blähungen,** bes. postoperativer Art, gek. durch einen Geh. von wenigstens 50 mg Methylpolysiloxan (I) mit einer Viscosität von ca. 200 cP bei 25⁰ u. 2—15 Teilen, bezogen auf I, fein verteiltem SiO_2. Die Komponenten werden dann mit z. B. Polyoxyäthylenmonostearat, Glycerylmonostearat, Sorbit u. W. zu einer Emulsion verarbeitet. (**A. P. 2 934 472** vom 13/1. 1958, ausg. 26/4. 1960.) W. HEYER. 4815

Parke, Davis & Co. (Erfinder: M. W. Fisher), Detroit, Mich., V.St.A., **Arzneimittel** zur Bekämpfung von bakteriellen Infektionen, enthaltend neben 5—1000 (Teilen) eines *Sulfonamids* 1 eines *Dihydrotriazins* der Formel I, worin X einen 3-Chlorphenyl-, 3.5-Dichlorphenyl-, 3.5-Dibromphenyl- oder 3-Fluorphenylrest bedeutet, oder ein Säureadditionssalz dieser Verbindungen. (**Belg. P. 567 918** vom 21/5. 1958, ausg. 12/8. 1960. A. Prior. 25/2. 1958.) K. KOEBKE. 4815

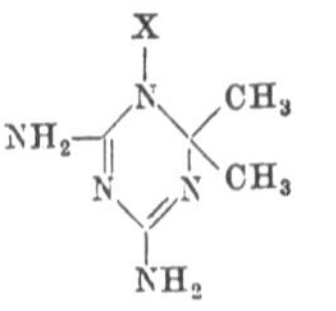
I

Warner-Lambert Pharmaceutical Co., Morris Plains, N.J., V.St.A., **Arzneimittel,** enthaltend als Wirkstoff in der Hauptsache das Cholinsalz eines Dialkylxanthins, das ggf. in 8-Stellung durch Cl, Br oder eine NO_2-Gruppe substituiert sein kann, bes. das *Cholintheophyllinat.* Als weitere Komponenten können noch *Reserpin, Barbiturate* oder *Ephedrin* zugesetzt werden. Die Prodd. werden zu Tabletten, Suppositorien oder injizierfähigen Lsgg. unter Verw. von üblichen, nichttox. Hilfsmitteln verarbeitet. — Mittel gegen Bronchialasthma, Angina pectoris u. ähnliche. — Vgl. auch E. P. 736 443; C. **1956.** 7410. (**E. P. 823 242** vom 31/5. 1956, ausg. 11/11. 1959.) W. HEYER. 4815

Upjohn Co., Kalamazoo, Mich., V.St.A. (Erfinder: Erik Hugo Jensen), **Herstellung einer stabilen Terpinhydrat enthaltenden Suspension,** enthaltend Glycerylmonostearat u. das Polymere eines Monostearats des Glykols $H(OCH_2CH_2)_nOH$, worin $n = 30—50$ ist, bes. das Polyoxy-40-stearat USP, als Stabilisator sowie zur Unterstützung der Wirkstoffkomponente noch Morphin, Codein, Narcotin, Dextromethorphanhydrobromid, Antihistaminica, Analgetica, Antipyretica oder Vitamine. — *Expektorans.* (**E. P. 829 537** vom 27/8. 1958, ausg. 2/3. 1960.) W. HEYER. 4815

Trustees of the University of Pennsylvania, Philadelphia, Pa., V.St.A. (Erfinder: M. Forbes, P. Gyorgy und F. Zilliken), **Eine kristallisierte Verbindung der empirischen Formel** $C_{16}H_{12}O_5$, mit F. ca. 118⁰, wird in folgender Weise erhalten: Eine 20%ig. Suspension von Bäckerhefe in 95%ig. A. wird 6—8 Std. unter Rückfluß erhitzt, filtriert, das Filtrat zur Trockne verdampft u. der Rückstand in Methanol auf, genommen; die Lsg. wird bei —40⁰ stehengelassen u. dann filtriert. Das Filtrat wird zur Trockne verdampft u. der Rückstand in einer Lsg. von Phosphat-Puffer aufgenommen u. der pH-Wert durch Zusatz von 2n NaOH auf 7,5 eingestellt. Die Suspension wird mit Ae. extrahiert, die Lsg. zur Trockne verdampft u. der Rückstand in PAe. aufgenommen; die Lsg. wird mittels Mg-Silicat (I) chromatographiert, das adsorbierte Material mit PAe. aus dem I eluiert, worauf aus der Lsg. durch Eindampfen u. Abkühlen die obige Verb. erhalten wird. Die Verb. ist biolog. akt. u. kann zur Verhinderung der Lebernekrose bei

Tieren dienen; sie kann als *Zusatz* zu *Lebensmitteln*, wie Fetten, zur Verhinderung der Oxydation verwendet werden. — Vgl. E. P. 803 898; C. **1960.** 7716. (**Belg. P. 550 210** vom 9/8. 1956, ausg. 4/12. 1959. A. Prior. 11/8. 1955.) J. MÜHLEISEN. 4815

Thomas Hedley & Co. Ltd., Newcastle-upon-Tyne, England, **Zahnpaste** mit einem Geh. an SnF_2 u. einem pH-Wert von 4,0—5,5, dad. gek., daß sie $\geqq$20% an geeigneten Poliermitteln enthält, von denen $\geqq$10% aus unlösl. Na-Polymetaphosphat (I) bestehen. — Beispiel: 34 (%) I, 5,0 $Ca_2P_2O_7$, 1,0 $Sn_2P_2O_7$, 0,4 SnF_2, 1,2 Na-Carboxymethylcellulose, 0,4 Mg-Al-Silicat, 20,0 Sorbit, 10 Glycerin, 0,8 Na-Cocosfettsäuremonoglyceridsulfonat, 0,7 Na-Cocosfettalkoholsulfat, 0,1 Saccharin, 0,9 Geschmacksstoffe, 25,5 Wasser. Der Geh. an I bewirkt, daß die Fähigkeit, Sn- u. F-Ionen zu bilden, erhalten bleibt. (**E. P. 845 611** vom 15/1. 1958, ausg. 24/8. 1960. A. Prior. 15/1. 1957.) E. PETERSEN. 4823

Sterling Drug, Inc., New York, N.Y., V.St.A., **Herstellung von Röntgenkontrastmitteln.** Zu Belg. P. 520 436; C. **1958.** 3401, ist nachzutragen: *5-Acetamido-3-nitrobenzoesäure*, F. 291—295° (Zers.). — *5-Acetamido-3-amino-2.4.6-trijodbenzoesäure*, F. 263—266°. — *5-Acetamido-3-formamido-2.4.6-trijodbenzoesäure*, F. 277—278° (Zers.). — *5-Acetamido-3-propionamido-2.4.6-trijodbenzoesäure*, F. 300° (Zers.). — *5-Acetamido-3-butyramido-2.4.6-trijodbenzoesäure*, F. 300° (Zers.). — *3-Amino-5-hydroxyacetamido-2.4.6-trijodbenzoesäure*, F. 244° (Zers.). — *3-Acetamido-5-acetoxyacetamido-2.4.6-trijodbenzoesäure*, F. 284—289° (Zers.). — *3-Acetamido-5-hydroxyacetamido-2.4.6-trijodbenzoesäure*, F. 251,5° (Zers.). — *5-Acetamido-3-aminodijodbenzoesäure*, F. 260°. (**Holl. P. 93 842** vom 25/3. 1954, ausg. 19/4. 1960. A. Prior. 27/3. 1953.) F. BÖHM. 4825

Lentia G.m.b.H., Ein- und Verkauf, München (Erfinder: Werner Obendorf, Linz, Österreich), **Röntgenkontrastmittel,** gek. durch einen Geh. an Tetrajodbenzoesäureestern der allg. Formel I, in welcher R = H, einen CH_3-, C_2H_5-, n-Propyl-, Isopropyl- oder Alkoxymethylrest oder den Rest II bedeutet, bzw. deren nichttox. Salzen mit anorgan. oder organ. Basen. (**D. A. S. 1 094 407** Kl. 30h vom 21/3. 1960, ausg. 8/12. 1960. Oe. Prior. 7/4. 1959.) K. KOEBKE. 4825

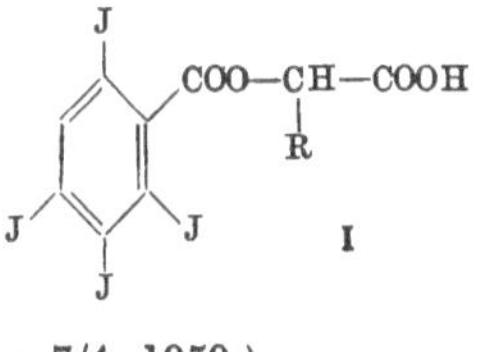

I

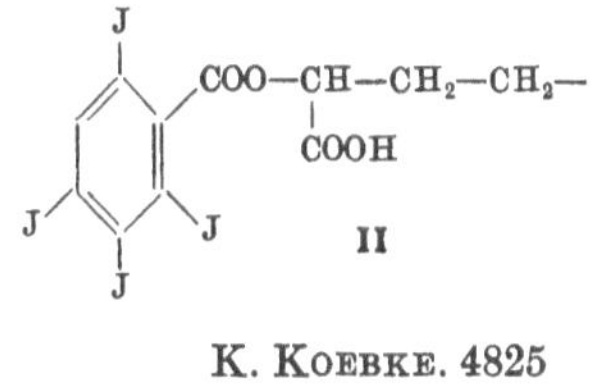

II

Parke, Davis & Co., Detroit, Mich., V.St.A., *Mineralsäuresalz von O-Glycyl-l-serin.* (**Schwed. P. 156 530** vom 2/5. 1953, ausg. 16/10. 1956. — C. **1958.** 1091 [F. P. 1 098 523].)

Knud Abildgaard-Elling, Kopenhagen, Dänemark, *Herstellung von p-Aminosalicylsäurephenylestern.* (**Ind. P. 49 011** vom 18/2. 1953, ausg. 21/8. 1954. — C. **1959.** 13883 [Holl. P. 81 818].)

A/B Ferrosan, Malmö, Schweden, *Herstellung therapeutisch wirksamer Kondensationsprodukte von Formaldehyd mit aromatischen Hydroxysäuren.* (**Aust. P. 162 348** vom 16/7. 1952, ausg. 21/4. 1955. — C. **1957.** 4482 [F. P. 1083 451].)

Soc. des Usines Chimiques Rhône-Poulenc, Paris, Frankreich, *Arsenpräparat.* (**Ind. P. 49 567** vom 16/5. 1953, ausg. 22/7. 1955. E. Prior. 26/6. 1952. — C. **1956.** 13498 [E. P. 741 661].)

J. R. Geigy Akt.-Ges., Basel, Schweiz, *1.2-Diphenyl-3.5-dioxopyrazolidine.* (**Schwed. P. 156 618** vom 6/5. 1955, ausg. 23/10. 1956. Schwz. Prior. 7/5. 1954. — C. **1959.** 15446 [Holl. P. 88 492].)

F. Hoffmann-La Roche & Co. Akt.-Ges., Basel, Schweiz, *Dibenzothiazole.* (**Ind. P. 49 240** vom 23/3. 1953, ausg. 27/8. 1954. — C. **1955.** 8214 [A. P. 2 655 505].)

F. Hoffmann-La Roche & Co. Akt.-Ges., Basel, Schweiz, *Alkylierte Dioxopiperidine bzw. Dioxotetrahydropyridine.* (**Ind. P. 49 346** vom 8/4. 1953, ausg. 28/6. 1954. — C. **1956.** 5916 [D. B. PP. 930 206 u. 932 673].)

Soc. des Usines Chimiques Rhône-Poulenc, Paris, Frankreich, *Neue Pyrimidinderivate.* (**Ind. P. 49 003** vom 18/2. 1953, ausg. 13/9 1954. E. Prior. 15/12. 1952. — C. **1958.** 2819 [F. P. 63 159].)

Soc. des Usines Chimiques Rhône-Poulenc, Paris, Frankreich, *Chlorpyrimidine.* (**Ind. P. 49 002** vom 18/2. 1953, ausg. 14/9. 1954. E. Prior. 15/12. 1952. — C. **1955.** 6343 [A. P. 2 670 351].)

Laboratoires Dausse Soc. An., Paris, Frankreich, *Morphinäther und ihre Salze.* (**Ind. P. 49 474** vom 29/4. 1953, ausg. 28/12. 1954. — C. **1955.** 7983 [A. P. 2 619 485].)

Usines Chimiques des Laboratoires Français, Paris, Frankreich, *Colchicosamide.* (**Holl. P. 82 549** vom 20/2. 1954, ausg. 15/8. 1956. F. Prior. 25/2. 1953. — C. **1958.** 11025 [E. P. 739 944].)

F. Hoffmann-La Roche & Co. Akt.-Ges., Basel, Schweiz, *Polyschwefelsäureester des Chitosans.* (**Schwed. P. 156 418** vom 14/1. 1955, ausg. 9/10. 1956. Schwz. Prior. 22/1. 1954. — C. **1957.** 13432 [D. B. P. 963 507].)

N. V. Philips' Gloeilampenfabrieken, Eindhoven, Holland, *Herstellung primärer Alkohole der Vitamin A-Reihe.* (**Aust. P. 167 315** vom 4/12. 1953, ausg. 12/4. 1956. Holl. Prior. 22/1. 1953. — C. **1958.** 803 [F. P. 1 098 615].)

F. Hoffmann-La Roche & Cie. Soc. An., Schweiz, *Hexaene.* (**F. P. 1 180 615** vom 19/12. 1955, ausg. 8/6. 1959. Schwz. Prior. 22/12. 1954. — C. **1958.** 9011 [D. A. S. 1 005 956].)

Abbott Laboratories, North Chicago, Ill., V.St.A., *Herstellung von antihämorrhagisch wirkenden Stoffen.* (**It. P. 513 426** vom 5/4. 1946. — C. **1947.** E. 399 [F. P. 929 488].)

Ciba Akt.-Ges., Basel, Schweiz, *Herstellung 3.11.17-substituierter Steroide.* (**Oe. P. 205 679** vom 25/11. 1957, ausg. 10/10. 1959. Schwz. Prior. 26/11. 1956. — C. **1960.** 5582 [D. A. S. 1 065 414].)

Ciba Ltd., Basel, Schweiz, *α.β-Ungesättigte Steroidketone.* (**Aust. P. 162 932** vom 14/1. 1953, ausg. 2/6. 1955. Schwz. Prior. 4/4. 1952. — C. **1957.** 8595 [D. B. P. 935 969].)

Upjohn Co., V.St.A. (Erfinder: **William Paul Schneider** und **John Alexander Hogg**), *17-Hydroxy-20-keto-21-acyloxysteroide.* (**F. P. 1 195 203** vom 12/5. 1955, ausg. 16/11. 1959. A. Prior. 26/4. 1954. — C. **1958.** 11319 [A. P. 2 769 825].)

Ciba Ltd., Basel, Schweiz, *Herstellung von Hormonen.* (**Ind. P. 49 801** vom 25/6. 1953, ausg. 18/10. 1955. — C. **1960.** 1607 [F. P. 1 167 454].)

American Cyanamid Co., New York, N.Y., V.St.A., *Aureomycin.* (**Schwed. P. 156 607** vom 14/1. 1949, ausg. 23/10. 1956. A. Prior. 11/2., 30/11. u. 15/12. 1948. — C. **1953.** 4575 [D. B. P. 869 679].)

Ciba Ltd. (Erfinder: **Fritz Benz, Ernst Gaeumann, Lucien Neipp, Pierre Reusser, Arnold Stalder** und **Albert Wettstein**), *Herstellung des Antibioticums A 7907.* (**Aust. P. 219 669** vom 7/6. 1957, ausg. 5/2. 1959. Schwz. Prior. 15/6. 1956. — C. **1959.** 5241 [D. A. S. 1 031 934].)

Colgate-Palmolive Co., Jersey City, N.J., V.St.A., *Zahnputzmittel.* (**Ind. P. 49 648** vom 28/5. 1953, ausg. 13/5. 1955. — C. **1956.** 7315 [F. P. 1 080 906].)

Schering Akt.-Ges., Berlin, *Röntgenkontrastmittel.* (**Ind. P. 49 930** vom 20/7. 1953, ausg. 19/1. 1956. — C. **1956.** 14436 [E. P. 748 786].)

N. V. Chemische Industrie „Rids", Haarlem, und **Nederlandse Centrale Organisatie vor Toegepast-Natuurwetenschappelijk Onderzoek**, Den Haag, Holland, *Desinfektions- und Konservierungsmittel.* (**Ind. P. 49 691** vom 5/6. 1953 ,ausg. 27/12. 1955. — C. **1957.** 4486 [E. P. 745 168].)

Airkem, Inc., New York, N.Y., V.St.A., *Luftdesinfektionsmittel.* (**Schwed. P. 156 658** vom 8/8. 1951, ausg. 23/10. 1956. A. Prior. 9/8. 1950. — C. **1955.** 1103 [E. P. 710 881].)

Imperial Chemical Industries Ltd., London, England, *Herstellung von Bis-biguaniden.* (**Ind. P. 56 424** vom 31/1. 1956, ausg. 20/3. 1958. — C. **1960.** 15840 [D. A. S. 1 033 655].)

G. Analyse. Laboratorium

Der Einfluß des Druckabfalles bei Laboratoriumsdestillation und Arbeitsgebiete der Säule mit kleiner Durchlässigkeit. Vlastimil Hutla. (Chem. Průmysl **10 (35).** 630—33. 1960. Pardubice, Vysoká škola chem.-technol.) (Tschech.)

In einer Labor.-Säule wurde der Einfl. des Druckabfalles eines mehrkomponentigen Gemisches u. der Säulenfüllung auf die Dest. untersucht. Die durchgeführten Messungen dienen als eine Einführung zur Unters. der Abhängigkeit des Druckabfalles bei der Rektifikation. J. SCHNEIDER. 5038 □

Über die Konstruktion von Laboratoriumsmagneten. Heinrich Lange und Rudolf Kohlhaas. (Z. angew. Physik **10.** 461—67. Okt. 1958. Köln, Univ., Inst. für theoret. Phys., Abt. Metallphys.) (Dt.)

Zur Erzeugung inhomogener Magnetfelder, in denen Dipolkräfte der zu untersuchenden Stoffe gemessen werden können, finden geeignet dimensionierte Elektromagneten oder ausreichend starke Dauermagneten Verwendung. Der Elektromagnet (RUMKORFF-Typ), von ca. 225 kg Gewicht, wird bei ca. 15 A mit einer magnet. Spannung bis zu 33000 AW erregt u. liefert bei Verw. von Polkernen u. Polschuhen aus einer Fe–Co-Leg. (36% Co) bei 1 mm Luftspalt u. 10 mm ⌀ der Polschuhstirnfläche ein Feld von 45000 Oe. Der Dauermagnet von 350 kg Gewicht in Tropfform, dessen Luftspaltraum als Vakuumkammer ausgebildet ist, liefert bei 2,5 mm Luftspalt u. Fe–Co-Polschuhen bei 8 mm ⌀ der Polschuhstirnfläche ein Feld von 27000 Oe. F. MIKSCH. 5048 □

Die Meßfehler in der chemischen Analyse. Karel Eckschlager. (Chem. Průmysl **10 (35).** 585—87. Nov. 1960. Praha, Léčiva, n.p.) (Tschech.; Auszug: Engl.)

Es wird eine Meth. der Fehler-Best. in der chem. Analyse angegeben, welche tabellierte App.-Fehler benutzt. Die Verwendbarkeit der Meth. wird an Beispielen mit Waagen, Pipetten, Büretten u. Meßkolben angegeben. Der relative Fehler wird durch die Gleichung $\varepsilon_x = 100\ d/x$ ausgedrückt, in der d der abs. Fehler u. x der gefundene Wert sind. J. SCHNEIDER. 5050 □

Verwendung einer rechtwinkligen Küvette bei der visuellen Messung der Indicatrix der Intensität zerstreuten Lichtes. Jozef Vavra. (Chem. Zvesti **14.** 159—61. Febr. 1960. Bratislava, Slov. vys. škola techn., Katedra fys. chem.) (Slowak.)

Zur visuellen Messung der Indicatrix der Intensität zerstreuten Lichtes wird eine rechtwinklige Küvette von 6 ml Inhalt verwendet. Die Genauigkeit der Messung beträgt $\pm 3\%$ u. ähnelt einer der photoelektr. Methoden. J. KOMENDA. 5063 □

Eine einfache Gitter-Prismen-Dispersionsanordnung, die über einen weiten Spektralbereich eine verbesserte Auflösung liefert. V. J. Coates. (Spectrochim. Acta [London] **1959.** 820—27. Nov. Norwalk, Conn., Perkin-Elmer Corp.) (Engl.)

Monochromatoren mit NaCl-Prismen in der Littrow-Anordnung arbeiten bei spektralen Spaltbreiten, die bei höheren Frequenzen vielfach breiter sind als die natürlichen Breiten von Absorptionsbanden fl. u. fester Körper. Durch Austausch des Prismenmaterials, wie CaF_2 oder LiF, läßt sich nur für einen kleinen Spektralbereich eine Verbesserung erzielen. Die Verw. von Gittermonochromatoren in Kombination mit einem Prisma, durch welches das Licht vorzerlegt wird, führt zu einer erheblichen Verbesserung des Auflösungsvermögens. Verschiedene Faktoren, die sich teilweise aus der Gittergleichung ableiten lassen, führten zur Entw. einer vereinfachten Gitter- u. Prismendispersionsanordnung, bei der ein Gitter in der 1. Ordnung bei 3,75 μ in Littrow-Stellung zu einem 60^0 NaCl-Prisma verwendet wird. Im Bereich von 4000—1400 cm^{-1} wird das Gitter derart gedreht, so daß seine Dispersion die des Prismas verbessert. Da das Gitter nur in der 1. Ordnung verwendet wird, werden Interferenzen höherer Ordnung durch Filter eliminiert. Bei 1400 cm^{-1} schwenkt das Gitter um u. dient für den Bereich von 1400—650 cm^{-1} als Spiegel. Dadurch verringert sich die spektrale Spaltbreite über den gesamten Bereich auf 1—5 cm^{-1} gegenüber 2—18 cm^{-1} für das NaCl-Prisma allein. K. Ross. 5063□

Methoden zur Messung der Dicke von Infrarot-Absorptionszellen. J. Montilla. (An. Real Soc. españ. Física Quím., Ser. A **56.** 105—08. März/April 1960. Inst. Opt. „Daza de Valdes".) (Span.)

Vf. beschreibt eine neue interferometr. Meth. zur Messung der Dicke von Absorptionszellen für das IR-Gebiet. Es wird eine Genauigkeit von 0,0002 mm unabhängig von der Dicke erreicht. J.-M. Spaeth. 5063□

Eine optisch geeichte Infrarot-Hochdruckzelle. Donald E. Williamson, Ivan A. Nichols und Bertram Schurin. (Rev. sci. Instruments **31.** 528—32. Mai 1960. Bedford, Mass., Geophys. Res. Directorate.) (Engl.)

Es wurde eine opt. Hochdruckzelle großer Apertur zur Unters. von Gasen im IR gebaut. Die Zelle ist dicht bei Vakuum u. bei 1000 lbs./sq.inch. Sie besteht aus gehärtetem Stahl mit 3×1 in. CaF-Fenstern. Es wird eine Meth. zur Messung der Weglänge in der Zelle auf 1% Genauigkeit mit einer Spiegelanordnung (Butterfly) von außen beschrieben. Daten für die Druckverformung der Zellenlänge für CaF- u. opt. Glasfenster werden angegeben. H. Lindberg. 5063□

Mikrophotometrie. K. Antenen. (Experientia [Basel] **14.** 190—95. 15/5. 1958. Heerbrugg, Firma Wild Heerbrugg AG.) (Dt.)

Die Resultate aus den Unterss. der Mikrophotometrie führten zur Konstruktion eines neuen Mikrophotometers. Die Kombination eines leistungsfähigen Forschungsmikroskops u. des Monochromators (Beckman-Modell) ist stabil eingebaut. Als Empfänger der Lichtquelle wird wegen seiner großen Empfindlichkeit ein Photomultiplier verwendet. Ein Binokulartubus gestattet während des Meßvorganges eine visuelle Beobachtung des Präparats. Vor oder nach dem Meßvorgang kann das Präp. durch einfaches Umlenken des Strahlenganges mit Hilfe eines Prismas vom Photomultiplier auf eine Photokamera photographiert werden. Die Beleuchtung des Präp. kann entweder mit monochromat. oder „weißem" Licht (von einer Niedervoltlampe) erfolgen. Der kleinste photometr. Fleck, bei welchem exakte Absorptionsmessungen durchgeführt werden können, hat einen Ø von ca. 3 μ. Durch einfache Manipulation ist es möglich, den Meßvorgang beträchtlich zu automatisieren. F. Miksch. 5064□

Harzmembranen zur Indizierung von Säure-Base-Titrationen. R. Geyer und P. Niklas. (Z. analyt. Chem. **177.** 166—75. 1960. Leuna-Merseburg, TH für Chem., Inst. für Analyt. Chem.) (Dt.)

Es wurden 5 verschiedene kationenaustauschende Harze (Phenol–Formaldehyd-Typ) hergestellt, von denen dünne Folien gegossen wurden. Durch Aufkleben derselben auf plangeschliffene Glasrohrenden (Skizze) erhält man auf einfache Weise Meßelektroden zur Indizierung von Säure–Basen-Titrationen. Am geeignetsten erwies sich ein anthranilsäurehaltiges Resorcin–Formaldehyd-Harz mit einem Mol-Verhältnis A:R:F = 1:1:3,7. Die Titration erfolgt potentiometr. oder genauer nach der von Reilly u. Mitarbeitern (vgl. C. 1953. 1218) entwickelten „Polarisation–Spannungs-Titration". Alkalisalze stören bis zu 0,4 Mol/Liter nicht. E. Faulhaber. 5066□

Der Einfluß der Struktur der Doppelschicht auf die Morphologie polarographischer Kurven. Lucien Gierst. (Z. analyt. Chem. **173.** 93—95. 1960. Brüssel, Univ., Fac. of Sci., Dep. of Analyt. Chem.) (Engl.)

Genaue Berechnungen des ψ-Effektes dienen nicht nur zum besseren Verstehen der gestaltlichen Eigg. polarograph. Kurven u. der genauen Schätzung der kinet. Konst., sondern geben auch Auskunft über die Feinstruktur der Doppelschicht. Durch Änderung von ψ_0 werden irreversible Wellen verlagert. Eine genaue Eichung des Leitelektrolyten verbessert die gleichzeitige Best. verschiedener Elemente. Spuren von Zn in Ni lassen sich in Ggw. von Tetraäthylammoniumionen nur durch Verschiebung der Ni-Welle bestimmen. E. FAULHABER. 5066□

Äthyldithiocarbamat als Ersatz für Schwefelwasserstoff. Binayendra Nath Sen. (Analytica chim. Acta [Amsterdam] **24.** 386—87. April 1961. Syamsundar, West Bengal, Syamsundar Coll., Chem. Labor.) (Engl.)

Äthyldithiocarbamat (I), das Endprod. der Additions-Rk. zwischen CS_2 u. Äthylamin, enthält die saure SH- u. die bas. NH-Gruppe am gleichen C-Atom u. kann daher an Stelle von H_2S zur Fällung von Metallsulfiden verwendet werden. Die Rkk. folgender Kationen mit I wurden untersucht: Hg^+, weißer, feinverteilter Nd., in überschüssigem I lösl., aus der Lsg. fällt beim Erwärmen ein schwarzer Nd., verfärbt sich beim Erwärmen nach Gelb, unlösl. in CH_3COOH, HCl u. NH_4OH, veränderlich mit Na_2CO_3; Pb^{2+}, blaßgelber, gelatinöser Nd., der beim Erwärmen sofort schwarz wird, unlösl. in überschüssigem I u. verd. HNO_3, lösl. in mäßig konz. HNO_3; Hg^{2+}, anfangs weißer, mit überschüssigem I grauer, in der Wärme schwarzer Nd., unlösl. in Säuren, ziemlich lösl. in Alkalien; Bi^{3+}, flockiger gelber Nd., in der Wärme braungelb, unlösl. in überschüssigem I u. Säuren; Cd^{2+}, weißer, gelatinöser Nd., beim Erwärmen hellgelb, unlösl. in überschüssigem I u. mäßig konz. Säuren; As^{3+}, flockiger, weißer Nd., beim Erwärmen gelb bis orangefarben, bleibt beim Abkühlen gelb, lösl. in überschüssigem I beim Erwärmen zu einer gelben Lsg., aus der ein gelber Nd. beim Abkühlen auskrist., unlösl. in konz. Säuren außer HNO_3, lösl. in konz. Alkalien u. $(NH_4)_2CO_3$-Lsg.; Sb^{3+}, anfangs gelber, gelatinöser Nd., wird in der Wärme u. in überschüssigem I orangefarben, unlösl. in überschüssigem I, CH_3COOH u. NH_4OH, teilweise lösl. in konz. HCl u. mäßig konz. Alkalien; Sn^{2+}, gelber Nd. mit orangefarbenem Stich, lösl. in überschüssigem I zu farbloser Lsg., Ausfällung durch Ansäuern, lösl. in mäßig konz. Säuren u. Alkalien, unlösl. in verd. Säuren u. NH_4OH; Co^{2+}, graugrüner Nd. bei pH 5,5—6 oder in alkal. gepufferter Lsg., lösl. in der Wärme zu grünlichgelber Lsg., fällt beim Abkühlen wieder aus, unlösl. in überschüssigem I in der Kälte; Ni^{2+}, gelbbrauner, flockiger Nd. aus saurem Medium, unlösl. in der Wärme u. in überschüssigem I; Mn^{2+}, graugelber Nd., der bei weiterem Zusatz von I dunkler wird, lösl. in überschüssigem heißem I, beim Abkühlen bilden sich leuchtend gelbe Kristalle, die in verd. Mineralsäuren u. in CH_3COOH unlösl. sind; Zn^{2+}, flockiger, weißer Nd., der seine Farbe beim Erwärmen nicht ändert, unlösl. in überschüssigem I u. in CH_3COOH, lösl. in Mineralsäuren. K. OHLS. 5072□

Bestimmung und Trennung mit Reinecke-Salz. René Liègeois. (Ing. Chimiste [Bruxelles] **40.** 57—63. Juni 1958. Inst. Meurice, Labor. de rech.) (Franz.)

Mit REINECKE-Salz $\{[Cr(NH_3)_2(SCN)_4]NH_4\}$ können folgende Verbb. aus Gemischen in Form ihrer Reineckate gefällt werden: *Cholin* (rosa Nd., unlösl. in W.); *5.5'-Bis-[trimethylammonio]-dipentylätherdichlorid* (F. 165—167°); *N-Methyl-N'-(diäthylcarbamyl)-piperazincitrat* (rosaroter Nd., unlösl. in W., lösl. in A., F. 133°); *Citrat des 1-Phenyl-cyclopentyl-(1)-carbonsäureesters von 2-(2-Diäthylaminoäthoxy)-äthanol* (F. 111—112°); *1-(2-Diäthylaminoäthylamino)-4-methylthioxanthon*; *(1-Acetoxyäthyl)-trimethylammonium-bromid*; *(2-Aminoformyloxypropyl)-trimethylammoniumchlorid*; *Nicotinsäuremethylester*. Die Reineckate der genannten Verbb. sind in Aceton mit rosa Farbe lösl., das Absorptionsmaximum der Lsgg. liegt bei 526 mμ, die Lsgg. folgen dem LAMBERT-BEERschen Gesetz. In Pharmazeuticis, die Vitamin C (**I**), Coffein (**II**), Chinin (**III**), β-Dimenthyl-aminoäthylbenzhydryläther (**IV**), Stärke, Gummi arabicum, Lactose, Mg-Stearat, Zucker, Talk, Celluloseacetophthalat sowie Färbemittel u. Wachs enthalten, werden **III** u. **IV** auf Grund der Löslichkeitsunterschiede ihrer Reineckate in A. von 50° getrennt u. bestimmt. Arbeitsweise: Die Dragees werden mit W. angeteigt, getrocknet, zerkleinert u. mit 1%ig. HCl kalt behandelt. Unlösl. wird abfiltriert. Nach Extrahieren der sauren Lsg. mit $CHCl_3$ verbleibt eine saure wss. Lsg. **A** (enthält **III** u. den größten Teil von **IV**) sowie der $CHCl_3$-Extrakt **B** (**II** u. Spuren **IV**). Aufarbeitung: Extrakt **B** mit Na_2SO_4 trocknen, filtrieren, eindampfen, Abdampfrückstand in 1%ig. HCl lösen u. zum Ausfällen von **IV** 10 ml Reagens nach MAYER in der Kälte zugeben (nicht rühren!), 1 Std. absetzen lassen, abfiltrieren u. den Nd. mit W. kalt waschen. Filtrat (enthält **II**) erneut mit $CHCl_3$ extrahieren u. die Extrakte mit an NaCl gesätt. u. 10% KJ enthaltender wss. Lsg. waschen. Es wurden von 0,02 g 0,0196 g **II** wiedergefunden. Das Filter wird mit NaOH u. $CHCl_3$ ausgezogen u. der $CHCl_3$-Extrakt zur Lsg. **A** gegeben. Dieses Gemisch wird mit verd. NaOH alkalisiert, mit $CHCl_3$ extrahiert, die $CHCl_3$-Schicht mit wss. 10%ig. KJ-Lsg., die mit NaCl gesätt. ist, gewaschen, getrocknet u. bei niedriger Temp. eingedampft. Der Rückstand wird in A. (50°) gelöst u. mit 5%ig. REINEKE-Salz-Lsg. in A. (50°) unter Rühren versetzt. 1 Std. absitzen lassen, abfiltrieren (Filtrat **C**). Nd. mit A. (50°) waschen, bei 60° trocknen, in Aceton lösen u. bei 526 mμ photometrieren. Zur

Best. von **III** wird Filtrat **C** mit verd. NaOH alkalisiert, mit $CHCl_3$ extrahiert, Extrakt eingedampft, Rückstand in schwach alkal. W. aufgenommen, Lsg. ½ Std. auf Wasserbad erwärmt u. nach Erkalten **III** mit Ae. extrahiert. Es wurden von 0,1 g **III** 0,0985 g gefunden. J. KUSCHEL. 5072□

Die Bestimmung der Feuchtigkeit verschiedener Materialien mit dem Schnellfeuchtigkeitsmesser EM-1. S. I. Sabolotnowa und Je. Ss. Ssyssujewa. (Деревообрабатывающая Промышленность [Holzverarb. Ind.] **10.** Nr. 2. 24. Febr. 1961. Zentr. Forschungslabor. für die Streichholzind.) (Russ.)

Der universale Feuchtigkeitsmesser EM-1 für die Unters. von Mehl, Streichhölzern, Holzspänen, Zündmassen, Salzen u. Leimen besteht aus einer durch elektr. Lampen heizbaren Trockenkammer u. einem eine verschiebbare Skala enthaltenden Gehäuse. Die Gewichtsverluste des an einem Waagebalken befestigten Materials werden mittels eines Zeiger-Syst. auf der Skala aufgetragen. Dauer einer Best. 4—18 Minuten. M. ULMANN. 5074□

Ein Haarhygrometer hoher Empfindlichkeit. Fritz Asselmeyer und Heinrich Riedel. (Z. angew. Physik **10.** 460—61. Okt. 1958. München, TH, Phys. Inst. Weihenstephan.) (Dt.)

Vff. beschreiben ein empfindliches Haarhygrometer, dessen Anzeigeorgan eine Differentialrolle mit Drehspiegel ist. Es arbeitet als reibungsfreies, mechan. robustes Nullgerät kleiner Dimension. Die Einstell-Geschw. beträgt 15 Sek. bis 2 Min. bei einer Feuchtigkeitsdifferenz bis zu 70%. Die Empfindlichkeit wird zu 3,3 Skalenteile (ST)/1% relativer Feuchtigkeit (RF) u. 1,3 ST/1% RF bei 85% RF angegeben. F. MIKSCH. 5074□

Ein elektrisches nicht isothermes Calorimeter zur Messung von Reaktions- und Lösungswärme. Luigi Sacconi, Piero Paoletti und Mario Ciampolini. (Ricerca sci. **29.** 2412—19. Nov. 1959. Palermo, Univ., Ist. di Chim. gen.) (Ital.)

Es wird ein nicht isothermes Calorimeter (Abb.) beschrieben, das bes. zur Messung der Lsg.- u. Verdünnungswärme u. der Wärme von rasch ablaufenden Rkk. brauchbar ist. Mit geeigneten Vorr. wird ein Operieren in Inertgasatmosphäre möglich, wie es im Falle von oxydierbaren Ionen notwendig ist. Die Charakteristiken des Meßgerätes wurden durch Messung der Lsg.-Wärme von KCl in W. u. der Neutralisationswärme von NaOH mit HCl (bei unendlicher Verdünnung) erzielt u. Werte von 4195 ± 5 bzw. $-13{,}336 \pm 11$ cal/gMol. mit einer Genauigkeit von $\pm 0{,}1\%$ erhalten. G. PLATZER. 5084□

Zwei Ionisationskammern in Kompensationsschaltung für eine empfindliche Gasanalyse. L. E. Maley. (Nucleonics **18.** Nr. 3. 126—28. März 1960. Pittsburgh, Pa., Mine Safety Appliances Co.) (Engl.)

Es wird eine Gasanalysen-App. beschrieben, mit der bestimmte Verunreinigungen in Gasen im ppb-Bereich (10^{-6} ‰) quant. bestimmt werden können. Sie besteht aus 2 gleichen Ionisationskammern mit 2 eingebauten gleichen α-Strahlern, die jede von einer Hälfte des Analysengases durchströmt werden. Durch Zufügen bestimmter Reagentien wird erreicht, daß die zu ermittelnden Verunreinigungen Schwebstoffpartikel bilden (z. B. NH_3 zum Nachw. von HCl durch Bldg. von NH_4Cl), die in der Meßionisationskammer als Rekombinationskeime wirken u. so den Ionisationsstrom herabsetzen. Die beiden Kammern mit einem Widerstand in der Größenordnung von 10^8 Ω bilden die Zweige einer Brückenschaltung, deren andere beiden Zweige durch ein 10-MΩ-Potentiometer gebildet werden, so daß eine Änderung des Ionisationsstromes mit großer Empfindlichkeit nachgewiesen werden kann. Das Gerät wird empir. geeicht. Einige Beispiele für die Nachw.-Empfindlichkeit werden genannt: Nickelcarbonyl in Luft 0—100 ppb, HCl in Luft 0—50 ppb, HF in Luft 0—5 ppm, SO_2 in Luft 0—5 ppm u. CCl_4 in Luft 0—5 ppm. H. HART. 5086□

Colorimetrische Bestimmung von Ammoniak in der Luft mit Phenol und Natriumhypochlorit. M. I. Poletajew und N. A. Andrejewa. (Гигиена и Санитария [Hyg. u. Sanitätswes.] **24.** Nr. 6. 73—74. Juni 1959.) (Russ.)

Der NH_3-Geh. der Luft in Fabrik- u. Wohnräumen wird hauptsächlich nach dem colorimetr. Verf. mit NESSLERs Reagens bestimmt. Für sanitäre Kontrollen genügt die Empfindlichkeit dieses Verf. vollkommen. Die chem. Rk., auf der dieses Verf. beruht, ist jedoch nicht spezifisch. Wenn die Luft z. B. Aldehyde u. CS_2 enthält, so kann dieses Verf. nicht angewendet werden. Es wurde daher ein anderes Verf. entwickelt, das darauf beruht, daß sich bei der Einw. von Phenol u. NaOCl auf NH_4-Salze eine bläuliche Färbung zeigt. Die Intensität der Färbung hängt von der Konz. des NH_4-Salzes in der Lsg. ab. H. TREUMANN. 5088□

Der chromatographische Nachweis aliphatischer Amine in der Luft als Benzamide. J. P. Lodge jun. und E. D. Barber. (Analytica chim. Acta [Amsterdam] **24.** 235—40. März 1961. Cincinnati, Ohio, U.S. Dep. of Health, Educat. and Welfare, Air Pollution Engng. Res.) (Engl.)

Eine papierchromatograph. u. radiochem. Meth. zur Trennung u. Best. *aliphat. Amine* in der Luft wird beschrieben. Das Gemisch der gesammelten Amine wird mit ^{14}C-Benzoylchlorid nach SCHOTTEN-BAUMANN in die *Benzamide* übergeführt, die nach DE JOUGE (C. **1956.** 8178 u. **1959.** 238) an SCHLEICHER-SCHÜLL-Papieren 2040a gl. u. 2045a gl. (für C_{10}- u. C_{12}-**B**) in 80% Methanol/Cyclohexan oder 20% Propanol/Cyclohexan chromatographiert werden. Zur Gewinnung der Radioautogramme legt man die Chromatogramme ca. 10 Tage auf Röntgenfilm u. entwickelt. Die untere Nachw.-Grenze liegt bei ca. 2,5 μg Benzamid. Für folgende Benzamide werden relative R_F-Werte angegeben: N-Methyl-, -Äthyl-, -Propyl-, -Isopropyl-, -sek.-Butyl-, -Isobutyl-, -n-Butyl-, -Isoamyl-, -Hexyl-, -Heptyl-, -Octyl-, -Decyl-, -Dodecyl-, 2-Äthyl-N-hexyl-, 1.3-Dimethyl-N-butyl-, N.N-Diisopropyl- u. N.N-Diisobutylbenzamid. HEINZ NESTLER. 5088□

Luftverunreinigungen. James P. Lodge jun. (Analytic. Chem. **33.** 3R—13R. April 1961. Cincinnati, Ohio, Publ. Health Serv., Taft Sanitary Engng. Center.) (Engl.)

Übersicht im Anschluß an den Bericht von KAY (C. **1959.** 9337) über die Meth. zur Unters. von Luftverunreinigungen einschließlich der Aerosole sowie über die Gasanalyse für die Zeit von Ende 1958 bis Ende 1960. — 390 Literaturangaben.

E. KLEVER. 5088□

a) Elemente und anorganische Verbindungen

Papierchromatographische Analyse von Kationen der Gruppe III und IV. V. K. Mohan Rao. (J. sci. ind. Res. [New Delhi], Sect. B **19.** 320—21. Aug. 1960.) (Engl.)

Zur papierchromatograph. Analyse von Kationen der Gruppe III u. IV wurde WHATMAN-Filterpapier Nr. 1 benutzt (Behandlungsdauer 90 Min.). Die Konz. der Lsgg. variierte zwischen 0,1 u. 0,2 m. Die Chromatogramme wurden im Falle der Metalle der Gruppe III mit alkohol. Alizarin-Lsg. u. NH_3-Dampf behandelt, bei den Metallen der Gruppe IV wurde eine Lsg. von Alizarin, Rubeansäure u. Salicylaldoxym in A. verwendet. Die Trennung von Fe^{3+} u. Al^{3+} als Chloride gelang qual. mit 0,05n H_2SO_4, als Sulfate unter Zusatz von etwas H_2SO_4 mit 0,05n HCl oder 0,025n HNO_3. Die R_F-Werte sind für Fe^{3+} 0,91, für Al^{3+} 0,94. Für die Trennung von Co^{2+} u. Ni^{2+} empfiehlt sich folgende Lsg.: Gesätt. NH_4Cl-Lsg. (verd. 1:10)-NH_4OH (D = 0,96) im Verhältnis 4:1. Mn^{2+} bewegt sich dabei kaum vom Startpunkt fort. Eine bessere Trennung des Co^{2+} u. Ni^{2+} gelingt, wenn die oben angeführte Lsg. noch A. enthält (4:1:1). Die R_F-Werte sind dann für Mn^{2+} 0, für Co^{2+} 0,78 u. für Ni^{2+} 0,94. CH. KULICKE. 5106□

Analytische Anwendungen der Chelone. 26. Mitt. **Anwendung des AEGT und des ADCT zur volumetrischen Mikrobestimmung der Summe von Metallkationen.** F. Bermejo Martínez, M. Paz Castro und R. Rey Mendoza. (Inform. Quím. analít. **14.** 34—37. März/April 1960. Santiago de Compostela, Fac. Cie., Labor. Quím. analít.) (Span.) — 25. vgl. An. Real. Soc. españ. Física Quím., Ser. B **56.** [1960.] 27; 28. vgl. C. **1960.** 10309.

Die abgestufte Komplex-Bldg.-Fähigkeit zwischen *1.2-Diaminocyclohexantetraessigsäure* (**I**, ADCT), die zwischen pH 11 u. 12 Cu, Zn, Fe u. Al stärker als Ca bindet, während *Äthylenglykol-bis-[β-aminoäthyläther]-tetraessigsäure* (**II**, AEGT) unter den gleichen Bedingungen nur Zn u. Cu stärker als Ca bindet, ermöglicht eine gruppenweise Best. der 4 Elemente. Verf.: Untersucht wurden Gemische von 0,01 m $FeCl_3$-, $AlCl_3$-, $CuSO_4$- u. $ZnSO_4$-Lsgg. in verschiedenem Verhältnis, zu denen man in Parallel-Verss. überschüssige 0,01 m **I**- bzw. **II**-Lsg., beide mit NaOH in die Di-Na-Salze übergeführt u. gegen 0,01 m $ZnSO_4$-Lsg. eingestellt, langsam zugibt, wonach man auf 250 ml verd., konz. NH_4OH bis zu pH 11—12 u. eine Spatelspitze Indicator (1 Teil Murexid + 100 Teile NaCl, gut gemischt) zugibt, um dann den **I**- bzw. **II**-Überschuß gegen 0,01 m $CaCl_2$-Lsg. bis zur ersten purpurroten Färbung zurückzutitrieren. Mit **I** findet man die Summe der 4 Kationen, mit **II** Cu u. Zn mit $-0{,}07 \pm 0{,}39\%$ (mittlerem relativem) Fehler u. als Differenz Fe + Al mit $-0{,}34 \pm 0{,}42\%$ Fehler im Bereich von 0,0015 bis 0,007 mmol. (Cu + Zn)-Konz. u. von 0,002—0,008 mmol. (Fe + Al)-Konz., wobei die Fehler in den kleineren Konzz. geringer sind. Die Gründe für diese Konz.-Abhängigkeit werden erörtert. W. METZENER. 5106□

Komplexometrische Bestimmung von Chlorid, Chlorat und Perchlorat nebeneinander. Arthur De Sousa. (Analytica chim. Acta [Amsterdam] **24.** 424—26. Mai 1961. Lisbonne, Fac. des Sci., Labor. de Chim. Anal.) (Franz.)

Vf. beschreibt ein titrimetr. Verf. zur Simultan-Best. von Gemischen aus Chloriden, Chloraten u. Perchloraten, das auf der partiellen Red. von ClO_3^- sowie $ClO_3^- + ClO_4^-$ zum Cl^- u. anschließender indirekter Best. von Cl^- beruht. Cl^- wird mit $AgNO_3$ gefällt, in einer ammoniakal. Lsg. von $K_2[Ni(CN)_4]$ gelöst, wobei sich $[Ag(CN)_2]^-$ bildet, u. das freiwerdende Ni^{2+} mit Komplexon III titriert. In einer ersten Probe des Gemisches wird zunächst Cl^- als AgCl gefällt u. wie oben beschrieben bestimmt. In einer zweiten Probe wird dann in essigsaurer Lsg. ClO_3^- mit $FeSO_4$ oder Zn zu Cl^- reduziert. Schließlich wird ClO_4^- mit ClO_3^- zusammen in einer dritten Probe durch Erhitzen des festen Gemisches im Pt-Tiegel mit der 5fachen Menge NH_4Cl zu Cl^- reduziert. Durch entsprechende Umrechnung u. Differenz-Bldg. der Ergebnisse können dann die Mengen der einzelnen Komponenten berechnet werden. Das Verf. beansprucht nicht mehr als 4 Std. u. ist von ausreichender Genauigkeit. H. FRIES. G 247□

Indirekte Bestimmung von Sulfat durch nichtwässerige Titrimetrie. Gerald Goldstein, Oscar Menis und D. L. Manning. (Analytic. Chem. **33.** 266—68. Febr. 1961. Oak Ridge, Tenn., Oak Ridge Nat. Labor., Analyt. Chem. Div.) (Engl.)

Die beschriebene Meth. dient der Schnell-Best. von SO_4^{2-} in Ggw. von Ionen, wie Fe^{3+} u. UO_2^{2+}, die bei den meisten üblichen Meth. stören. SO_4^{2-} wird durch Zugabe eines Überschusses an $Ba(CH_3CO_2)_2$ gefällt u. dieser Überschuß anschließend mit $HClO_4$ in essigsaurem Medium potentiometr. zurücktitriert. Die Genauigkeit des Verf. beträgt $\pm 1\%$. Der potentialsenkende Einfl. von W. bei der Titration wurde durch Zugabe von Acetanhydrid ausgeschaltet. Der Einfl. von Kationen macht sich insofern bemerkbar, als der Endpunkt der Titration des $Ba(CH_3CO_2)_2$-Überschusses nur gut erkennbar ist, wenn die Basizität des $Ba(CH_3CO_2)_2$ größer als die der Acetate anderer Kationen ist oder die Kationen sehr stabile Acetate bilden. Es stören Cd, Co, Mg, Mn, Ni u. Zn. Den störenden Einfl. der Alkalimetalle schaltet man durch Titration mit $HClO_4$ vor Zugabe von $Ba(CH_3CO_2)_2$ aus. Allg. bestimmt das mit dem Anion verbundene Kation den störenden Einfl. des Anions. Anionen, die mit Ba^{2+} schwerlösl. Nd. bilden, wie NO_3^-, stören, wenn das gleichzeitig gebildete Acetat des Kations nicht genügend bas. ist. Ebenso bilden einige Verbb., wie Fluoride u. Phosphate, bas. Salze in essigsaurem Medium, die stören, wenn sie genügend bas. sind, um mit $HClO_4$ zu reagieren. Die Meth. wurde zur Best. des gesamten SO_4^{2-}-Geh. in Reaktorbrennstoff-Lsgg. verwendet, die vor allem UO_2SO_4, $CuSO_4$ u. H_2SO_4 enthielten. Arbeitsvorschrift: Ein aliquoter Teil der Probe-Lsg., die 1—6 mg SO_4^{2-} enthält, wird mit 3 ml 0,05n $Ba(CH_3CO_2)_2$-Lsg., 6 ml $(CH_3CO)_2O$ pro ml vorhandenem W. u. 10 ml CH_3COOH versetzt, 2 Min. lang gekocht, gekühlt, auf 25 ml mit CH_3COOH verd. u. mit $HClO_4$ potentiometr. titriert. Zum Vgl. wird eine Blindprobe von 3 ml $Ba(CH_3CO_2)_2$-Lsg. verd. u. titriert. H. FRIES. G 253□

Volumetrische Bestimmung von Peroxydisulfat in schwefelsauren Lösungen mit Permanganat. Yugul Kishore Gupta. (Analytica chim. Acta [Amsterdam] **24.** 415—18. Mai 1961. Nainital, India, D.S.B. Governm. Coll., Dep. of Chem.) (Engl.)

Vf. beschreibt eine direkte Titrations-Meth. für $S_2O_8^{2-}$ in Ggw. von H_2SO_4 mit $KMnO_4$. In 12,5n H_2SO_4 ist die bei der Hydrolyse von $H_2S_2O_8$ entstehende H_2O_2-Menge der $S_2O_8^{2-}$-Menge äquivalent u. kann durch permanganometr. Titration quant. bestimmt werden. Der prozentuale Fehler der Best. liegt bei $\pm 0,2\%$. Bei höherer Säure-Konz. entsteht infolge Zers. zu wenig H_2O_2. Die Meth. versagt, wenn das $S_2O_8^{2-}$ zur H_2SO_4 gegeben wird. Die Vers.-Bedingungen müssen exakt eingehalten werden.

K. OHLS. G 253□

Über eine indirekte potentiometrische Methode zur Bestimmung von Mikromengen Selen. Harry Hahn und Harald Bartels. (Mikrochim. Acta [Wien] **1961.** 250—61. Würzburg, Univ., Chem. Inst., Abt. für anorg. Chem.) (Dt.)

Vff. entwickelten ein maßanalyt. Best.-Verf. von Se, bei dem die selenithaltige Lsg. mit einem Überschuß an eingestellter $AgNO_3$-Lsg. versetzt, mit Hydrazinsulfat red. u. der Überschuß des Ag nach VOLHARD zurücktitriert wird. Zur genaueren Erkennung des Endpunktes bei Se-Mengen von weniger als 500 μg eignet sich die potentiometr. Best. des bei der Rk. unverbrauchten Ag. Das Se fällt unter bestimmten Bedingungen quant. als Ag_2Se aus. Die beschriebene Meth. kann mit einer Genauigkeit von $\pm 1\%$ bei Se-Gehh. von 5—150 μg angewandt werden. Die gleiche Genauigkeit wird auch bei 2fachem Überschuß an Te erreicht. K. OHLS. G 254□

Thioninderivate zur Extraktion und direkten photometrischen Bestimmung von Bor. László Pásztor und J. Daniel Bode. (Analytica chim. Acta [Amsterdam] **24.** 467—73. Mai 1961. Pittsburgh, Pa., Jones and Laughlin Steel Corp., Graham Res. Labor.) (Engl.)

Thionin u. dessen Derivv. Methylenblau (MB), Azur-B (AB), Neu-Methylenblau N NMB), Azur-B-eosinat (AB-eos), Azur-A-eosinat (AA-eos), Methylengrün (MG), Azur-C

(AC), Azur-A (AA) u. Toluidinblau O (TBO) wurden auf ihre Eignung zur photometr. Best. von B untersucht. Mehr als 30 organ. Lsgm. prüften Vff. zur Extraktion der Farbkomplexe. Die Extinktion wurde anschließend in der organ. u. wss. Phase gemessen. Zur B-Best. werden folgende Kombinationen von Farbkomplexbildnern u. Lsgm. zur Extraktion empfohlen: für AC, AA, AA-eos u. TBO Dichlormethan, 1.2-Dichloräthan u. cis-Dichloräthylen; für AC, AA-eos, AB, AB-eos u. MB o-Dichlorbenzol u. 1.1.2-Trichloräthan; für AB u. MB 1.2-Dichlorpropan u. 1.4-Dichlorbutan. Thionin selbst eignet sich nicht zur Best. von B. K. OHLS. G 258□

Bestimmung von Alkalicarbonat neben Alkalihydroxyd. L. Szekeres und E. Bakács-Polgár. (Z. analyt. Chem. **177.** 89—91. 1960. Budapest, Hochschule für Vet.-Wiss., Chem. Inst.) — Vgl. C. **1958.** 6052. (Dt.)

Es wird ein Verf. zur gleichzeitigen Best. von *Alkalihydroxyd* (**I**) u. *-carbonat* (**II**) beschrieben, wobei beide Komponenten in beliebiger Konz. vorliegen können. Der Gesamtalkali-Geh. wird wie üblich acidimetr. gegen Methylorange als Indicator ermittelt. **II** wird durch Zugabe eines Überschusses von 0,1m $Sr(NO_3)_2$-Lsg. als $SrCO_3$ gefällt. Man fügt 30 Vol.% A. zur Probe-Lsg. u. titriert den Sr-Überschuß mit 0,1m ÄDTA-Lsg. gegen Methylthymolblau u. Phenolphthalein als Indicator zurück. Umschlag von Ultramarinblau nach Rötlichviolett. Die Best. wird durch den $SrCO_3$-Nd. nicht gestört. E. FAULHABER. G 272□

Analytische Chemie des Berylliums. Ein Überblick. L. E. Smythe und R. N. Whittem. (Analyst **86.** 83—94. Febr. 1961. Sydney, New South Wales, Australia Atomic Energy Comm. Res. Establ.) (Engl.)

Vff. geben eine Übersicht über die analyt. Chemie des Be unter bes. Berücksichtigung der Literatur der letzten 3 Jahre. Nach einem allg. Überblick über die Materialien, die für die Be-Analysen notwendig sind, werden gravimetr. (mit tabellar. Zusammenstellung unlösl. Be-Verbb.), volumetr., colorimetr. u. fluorimetr., Ionenaustausch-, Solventextraktions-, chromatograph., polarograph. u. radiochem. Meth. sowie Verff. zur Best. von Verunreinigungen in Be behandelt. Von den spektrometr. Meth. sind die der Emissionsspektrometrie, der Röntgenanalyse u. der Massenspektrometrie zusammengestellt. — 159 Literaturangaben. GERHARD SCHULZE. G 281□

Schnellbestimmung von Beryllium. Eine papierchromatographische Methode. D. Ader und A. Alon. (Analyst **86.** 125—29. Febr. 1961. Haifa, Israel Mining Ind. Labors.) (Engl.)

Zur einfachen, schnellen u. empfindlichen Be-Best. in Erzen u. ähnlichen Materialien entwickeln Vff. eine papierchromatograph. Methode. 20—100 mg der feingepulverten Probe werden in einer Pt-Schale mit 5 ml 40%ig. HF-Lsg. digeriert, die Lsg. auf dem Wasserbad eingedampft u. die Behandlung mit weiteren 5 ml HF-Lsg. wiederholt. Man fügt 5 ml HCl (1:1) zum Rückstand, löst auf dem Wasserbad u. füllt nach dem Abkühlen im 25 ml-Kolben mit W. zur Marke auf. Enthält die Probe nur wenige ppm Be, geht man von Einwaagen bis zu 1 g u. entsprechenden Mengen an HF aus. Zur Beseitigung von Störungen durch andere Elemente imprägniert man WHATMAN-Nr. 1-Chromatographiepapier (Typ CRL/1) durch Eintauchen in 5%ig. wss. EDTA-Lsg., Abtupfen der überschüssigen Lsg. mit Filtrierpapier u. Trocknen in horizontaler Lage. Mit einer Mikropipette bringt man 0,01 ml der Probe-Lsg. (entsprechend 0,002—0,3 μg Be) auf das Papier, klammert es in Form eines Zylinders zusammen u. trocknet es in einem Becher auf dem Wasserbad. Nach 2 Min. bringt man das Papier in ein 600 ml-Becherglas, das 10—15 ml einer Lsg. aus 10 ml W., 15 ml HCl (D. 1,18) u. 75 ml Äthylmethylketon oder aus 10 ml 5n HCl u. 90 ml A. enthält, bedeckt das Glas mit einem Uhrglas, läßt die Lsgm.-Front ca. 4 cm steigen, trocknet das Papier an der Luft oder auf einem Wasserbad, setzt es NH_3-Dämpfen aus u. besprüht nach einigen Min. beide Seiten mit einer 0,075%ig. wss. Eriochromcyanin R-Lösung. Der Be-Geh. der Probe wird durch Vgl. der Farbstärke mit der von Standard-Be-Lsgg. auf dem gleichen Papier ermittelt. Dieser visuelle Vgl. eignet sich für Be-Gehh. von 0,002—0,3 μg. Die Meth. wird zur Analyse Be-haltiger Pegmatite angewendet. GERHARD SCHULZE. G 281□

Bestimmung von Calcium in Lithiumsalzen. Rodney L. Olsen, Harvey Diehl, Peter F. Collins und R. B. Ellestad. (Talanta [London] **7.** 187—94. Febr. 1961. Ames, Iowa, Iowa State Univ., Dep. of Chem.; Bessemer City, N.C., Lithium Corp. of America.) (Engl.)

Vff. bestimmen Ca in Li-Salzen nach zwei verschiedenen Methoden. Einmal wurde das Ca in Ggw. von überschüssigem Li mit Äthylendiamintetraessigsäure (EDTA) direkt gegen Calcein (Fluoresceinmethyleniminodiessigsäure) als Indicator titriert. Eine Endpunkts-Best. nach der fluorimetr. Meth. ist nötig, um aus ca. 2 g Probesubstanz noch Ca-Geh. von 0,0002% ermitteln zu können. Noch empfindlicher arbeitet die andere

Meth., nach der zunächst das Ca an einem Dowex A-1-Austauscherharz adsorbiert u. vom Li abgetrennt wird. Mit 2n HCl wird das Ca eluiert, mit KOH neutralisiert u. ebenfalls mit EDTA gegen Calcein fluorimetr. titriert. K. OHLS. G 283□

Kationenaustauschverhalten von Strontium an Dowex 50W-X8. Trennung aus Mischungen. Santosh K. Majumdar und Anil K. De. (Analytica chim. Acta [Amsterdam] **24.** 356—59. April 1961. Calcutta, Jadavpur Univ., Dep. of Chem.) (Engl.)

Vff. untersuchten das Verh. von Sr gegenüber dem Austauscherharz Dowex 50 W-X8 das in der H^+-Form vorlag. Als Eluierungsmittel wurden HNO_3, HCl, $NaNO_3$-, NH_4Cl-, CH_3COONH_4- u. Citronensäure-Lsgg. benutzt, deren Wirksamkeit in dieser Reihenfolge abnimmt. Unter geeigneten Bedingungen ist eine Trennung des Sr von den häufigsten Spalt-Prodd., wie Cs, Zn, Cd, Ag u. Zr sowie U(VI), Th, Bi, Fe(III), Cu u. Hg(II), möglich. Die Abtrennung des Sr von Cu^{2+}, Hg^{2+}, Cs^+, Zn^{2+}, Cd^{2+} u. U^{4+} erfolgte durch selektive Eluierung mit 4m HCl-Lsg.; die Trennung von den anderen Metallen wurde mit Hilfe von Komplexbildnern, wie Citronensäure u. EDTA, bei bestimmtem pH-Wert durchgeführt. Eine solche Trennung ist in 4—5 Std. möglich; die Reproduzierbarkeit der Ergebnisse liegt innerhalb $\pm 3\%$. K. OHLS. G 284□

Eine Solventextraktionsmethode zur radiochemischen Bestimmung von Zink. William J. Maeck, Maxine Elliott Kussy und James E. Rein. (Analytic. Chem. **33.** 235—36. Febr. 1961. Idaho Falls, Idaho, Phillips Petroleum Co., Atomic Energy Div.) (Engl.)

Vff. beschreiben eine Meth. zur Best. von radioakt. Zn in Mischungen von Spalt-Prodd., die darauf beruht, daß zuerst die im stark alkal. Medium unlösl. Ionen mit Ce(IV) als Trägersubstanz vom amphoteren Zn abgetrennt werden u. anschließend das Zn als Diäthyldithiocarbamatkomplex mit Äthylacetat extrahiert wird. Aus der organ. Phase wird das Zn mit verd. HCl entfernt u. mit Äthylendiamintetraacetat (EDTA) u. Eriochromschwarz T titriert. Die Radioaktivität der titrierten Probe wird dann mit einem NaJ(Tl)-Scintillationskristall bestimmt. Die Best. von ^{72}Zn in einem mit therm. Neutronen bestrahlten ^{235}U ergab einen Wert von $2{,}6 \cdot 10^{-5}\%$ bei einer abs. Standardabweichung von 10%. Analysengang: Zu 5 ml 0,05m $Zn(NO_3)_2$-Lsg. in 0,1n HNO_3 wird ein aliquoter Teil der zu untersuchenden Probe gegeben, mit W. auf 20 ml verd. u. mit $HClO_4$, wenn die Lsg. bas. war, angesäuert. Sodann wird die Lsg. mit 0,5 ml einer 0,05m Ce(IV)-Lsg. in 1m $HClO_4$ versetzt u. solange fast bis zum Kp. erhitzt, bis die Farbe von Bernsteingelb nach Hellgelb umschlägt. Durch Zusatz von 3 ml 10n NaOH oder mehr wird die Lsg. auf pH 14 gebracht u. zentrifugiert. Die abgetrennte Lsg. wird mit 5n HCl bis pH 8,2 versetzt u. zentrifugiert. Der abgetrennte Nd. wird gewaschen, zentrifugiert u. in konz. NH_4OH gelöst, wobei sich in Ggw. von Al nicht der gesamte Nd. löst. Nach Waschen mit 5—10 ml W. werden 4 ml einer wss. 6%ig. Na-Diäthyldithiocarbamat-Lsg. u. 50 ml Äthylacetat der Lsg. zugesetzt u. 5 Min. lang extrahiert. Die abgetrennte organ. Phase wird 3 Min. lang mit 25 ml 0,2n HCl behandelt. Nach Zusatz von konz. NH_4OH zu der abgetrennten wss. Phase bis pH 9,5 wird mit 0,05m EDTA-Lsg. unter Verw. einer 0,2%ig. Eriochromschwarz-Lsg. von Rot bis zum blauen Endpunkt titriert. Die Träger-Lsg. wird durch Titration mit EDTA, wie beschrieben, standardisiert. J. KRAETSCH. G 288□

Die Bestimmung von Zink in metallurgischen Stoffen durch Atomarabsorptionsspektrometrie. J. A. F. Gidley und J. T. Jones. (Analyst **86.** 271. April 1961. Witton, Birmingham, Kynoch Works, Imp. Chem. Ind. Ltd., Metals Div., Res. Dep.) (Engl.) — Vgl. C. **1960.** 13787.

Vff. versuchen, die Ursachen der Störung durch HCl bei der atomarabsorptiometr. Best. von Zn zu klären. Sie stellten fest, daß die Störung bei Neutralisation des HCl mit NaOH beseitigt, bei Neutralisation mit NH_4OH jedoch leicht verstärkt wird. Die im Bereich von 2000—2200 Å für Absorptionsmessungen verwendeten Emissionslinien der Hohlkathoden wurden als Linien des Cu im Grundzustand bei 2024, 2165, 2182 usw. Å identifiziert (die Hohlkathoden bestanden aus Messing). Vff. erklären die Beobachtungen damit, daß oxyd. Oberflächenschichten des Messingbrenners von HCl oder NH_4Cl angriffen u. die Rk.-Prodd. in die Flamme getragen werden. Dadurch wird eine Absorption verursacht, die auf Zn u. Cu zurückgeht. Die Erklärung stimmt mit der Erfahrung anderer Autoren überein, die keine Störung bei Verw. von Brennern aus rostfreiem Stahl oder Al beobachteten. GERHARD SCHULZE. G 288□

Trennungen metallischer Elemente mit Hilfe von Anionaustauscherharzen. 1. Mitt. **Untersuchung der Fixierung einiger Chlorid-Komplexe.** Bernard Trémillon. (Bull. Soc. chim. France **1961.** 275—81. Febr. Paris, L'École de Phys. et de Chim., Labor. de Chim. Analyt.) (Franz.)

Die Elemente, welche Anionkomplexe bilden, können an einem Anionaustauscherharz fixiert werden. Die Fixierung der Anionkomplexe des *Zn*, *Cd* u. *Hg* mit Cl wurde an

Anionaustauschern aus ihren Lsgg. in Ggw. von NaCl quant. untersucht, wobei die drei hauptsächlichen Komplexformen $MeCl_2$, $MeCl_3^-$ u. $MeCl_4^{2-}$ auftraten u. sich namentlich die Fixierung von $MeCl_2$ aus dem Verteilungsgleichgewicht von Donnan ergab. Die Betrachtung der verschiedenen Gleichgewichte zeigte, daß maximale Fixierung eines Elements bei seiner maximalen Konz. in der wss. Anfangs-Lsg. in Form des ungeladenen Komplexes $MeCl_2$ auftritt. Für verschiedene Konzz. von NaCl, das der Anfangs-Lsg. zugesetzt wurde, wurden die Verteilungskurven in einem Diagramm aufgestellt, in dem die Konz. des Elements im Harz gegen die Konz. in der Lsg. dargetragen wurde. Dabei wurde festgestellt, daß Cd im Austauscherharz prakt. nur als $CdCl_4^{2-}$ fixiert ist (Gesamt-Konz. in Lsg. unterhalb 0,2m). Zn wird zugleich als $ZnCl_3^-$ u. $ZnCl_4^{2-}$ nicht sehr fest fixiert, während Hg als $HgCl_2$ am festesten fixiert wird. Sind die Komplex-Bldg.-Rkk. eines Elements in Lsg. bekannt, kann die Fixierung vorher bestimmt werden. Eine wesentliche Verbesserung der Fixierung am Austauscherharz wird erreicht, wenn man als Lsgm. ein Gemisch von W. u. Aceton verwendet, das eine niedrige DK hat u. gleichzeitig die Komplexe stabilisiert. Die Fixierung der Zn-Komplexe wird dadurch energischer, vor allem die Form $ZnCl_4^{2-}$. Die Verteilungskurven gestatten die Prüfung der Verteilungs-Koeff., die unter den Bedingungen der Elution ermittelt wurden, denn die Neigung der Tangente durch den Ursprung an die Verteilungskurve stellt ja den Koeff. dar. Die untersuchten Lsgg. waren leicht sauer (pH ca. 3). Für die Verss. wurden Kolonnen von 30 u. 40 cm Länge verwendet, die mit dem Austauscherharz Dowex 2 X-10, 50—100 mesh, in Chloridform beschickt waren. Die Durchsatz-Geschw. der Komplex-Lsgg. betrug 15—30 ml/Stunde. Die Verteilungskurven werden gezeigt.

H. Fries. G 288□

Trennungen metallischer Elemente mit Hilfe von Anionaustauscherharzen. 2. Mitt. Frontalanalyse und Entwicklung durch Verdrängung der Zink- und Cadmiumchloride. Bernard Trémillon. (Bull. Soc. chim. France **1961.** 281—86. Febr.) (Franz.) — 1. vgl. vorst. Referat.

Vf. untersuchte die chromatograph. Frontalanalyse u. die Entw. durch Verdrängung hinsichtlich ihrer Eignung zur Trennung metall. Elemente an Anionaustauschern. Zur Verdrängung von $ZnCl_2$ durch $CdCl_2$ in einem Anionaustauscher der Chloridform müssen eine Reihe von Bedingungen, die Konzz. der Chloride von Cd u. Na in der Entw.-Lsg. betreffend, erfüllt sein, die aus den früher entwickelten Verteilungskurven ersichtlich sind. Die Theorie ist der der Adsorptionschromatographie analog, d. h. für die Verdrängung ist es notwendig, daß beide Elemente den gleichen Verteilungs-Koeff. haben. Die Verteilungskurve der verdrängenden Substanz ($CdCl_2$) muß über derjenigen des verdrängten Stoffs ($ZnCl_2$) liegen, u. die Kurven dürfen sich in keinem Punkte schneiden. Außerdem darf Zn nicht langsamer wandern als Cd u. hinter der Front des Verdrängungsagens verharren. Wenn die obigen Bedingungen nicht erfüllt sind, wird $ZnCl_2$ durch die Entw.-Lsg. eluiert. Unter den Verdrängungsbedingungen wurden die Verss. der Frontalanalyse u. ihre Entw. durchgeführt. Sie zeigen, daß, wie im Falle der anderen chromatograph. Meth., die Trennungen im präparativen Maßstabe erlauben, beide Meth. gleichen Charakter haben. Die Vers.-Kurven werden wiedergegeben.

H. Fries. G 288□

Mitfällung von Thallium mit Zinksulfid. G. W. Jefremow und Ss. A. Leontjewa. (Вестник Ленинградского Университета, Серия Физики и Химии [Nachr. Leningrader Univ.] **14.** Nr. 4. [Ser. Physik Chem.] Nr. 1. 141—44. 1959.) (Russ.)

Mengen von 104 γ in 50—1400 ml u. 5,2 mg Tl/100 wurden zusammen mit 5 bis 500fachem Überschuß an Zn^{2+} bei pH 2,0, 4,0 u. 5,6 1—2 sowie 15—18 Std. lang mit H_2S begast, die Sulfide abfiltriert, in 10 ml nHCl gelöst u. auf 25 bzw. 100 ml verd. (bei 100 ml mit 0,4n HCl, um die Acidität nicht über 0,5n ansteigen zu lassen). Das Tl wurde danach in der Siedehitze mit 5—10 Tropfen frischem Br_2-W. oxydiert, dessen Überschuß durch 2—3 Tropfen Phenol gebunden wurde. Das Tl wurde mit 10 bis 15 Tropfen 0,2%ig. Methylviolett-Lsg. gefärbt, die farbige Verb. mit Bzl. extrahiert u. photocolorimetriert. Mit steigender Zn-Menge fällt mehr Tl mit, jedoch oberhalb pH 4 entstehen Filtrationsverluste. Längeres (15 Std.) Stehenlassen vor dem Filtrieren erhöht die mitgefallene Tl-Menge. Verdünnen der Lsg. auf das doppelte Vol. ist ohne Einfl., bei stärkerem (5mal u. mehr) sinkt die mitgefällte Tl-Menge. Ebenso verringert sich die Tl-Menge mit der Temp. der Lösung. Eine fast vollständige Mitfällung (99,6 bis 99,85) wurde durch 2maliges Nachfällen mit frisch angesetztem Zn^{2+} bei pH 2,6 erreicht. Nach diesem Verf. können Mikromengen Tl in Zn u. Zn-Abfällen bestimmt werden.

A. v. Wilpert. G 297□

Die radiochemische Bestimmung von Promethium-147 in Spaltprodukten. R. D. Britt jun. (Analytic. Chem. **33.** 602—04. April 1961. Aiken, S.C., E. I. du Pont de Nemours & Co., Savannah River Labor.) (Engl.)

Eine für Serien-Best. geeignete, vierstufige Solventextraktions-Meth. erlaubt, ^{147}Pm aus salpetersaurer Lsg. von anderen Spalt-Prodd. des bestrahlten natürlichen U abzutrennen. Als Extraktionsmittel dient *Di-(2-äthylhexyl)-orthophosphorsäure* (HDEHP) verd. mit Ultrasene. Eine Substanzmenge mit ca. $5 \cdot 10^6$ Zerfällen pro Min. für ^{147}Pm wird in 1,65n HNO_3 gelöst. In der 1. Stufe wird mit 0,75m HDEHP, die mit 3%ig. H_2O_2 gesätt. wurde, extrahiert. Dabei gehen in die organ. Phase 2% des Ce, 96% des Y, 35% des Nb, 100% des Zr u. 5% des Pm. Die wss. Phase wird in der 2. Stufe nach Zusatz von 1n NaOH-Lsg. mit 1,5m HDEHP, die mit 10m HNO_3 u. 1m $NaBrO_3$-Lsg. gesätt. wurde, extrahiert. Danach verbleiben 100% des Sr, 100% des Cs u. 14% des Ru in der wss. Phase. Die organ. Phase wird mit Ultrasene verd. u. in der 3. Stufe mit 10m HNO_3 u. 1m $NaBrO_3$-Lsg. extrahiert. Dabei verbleiben 98% des Ce, 65% des Nb u. 68% des Ru in der organ. Phase. In der 4. Stufe wird die wss. Phase mit 0,75m HDEHP, gesätt. mit 10m HNO_3 u. 1m $NaBrO_3$-Lsg., extrahiert. Die wss. Phase enthält dann 18% des Ru, 4% des Y u. 95% des Pm. Überschüssiges Bromat wird mit H_2O_2 zerstört u. diese Lsg. zu einer Scintillations-Lsg. (110 g krist. Naphthalin, 4 g 2.5-Diphenyloxazol, 0,05 p-Bis-[2.5-phenyloxazol]-benzol u. 70 ml dest. W. in 1 Liter Dioxan) hinzugefügt. Die β-Strahlung des ^{147}Pm wird in einem Fl.-Scintillationszähler (Zweikanal-β-Impulshöhenanalysator) gemessen. Bei der Messung stören ^{147}Nd, ^{148}Pm, ^{103}Ru u. ^{106}Ru im Gleichgewicht mit ihren Rh-Tochtersubstanzen. Die Ausschaltung der Störungen ist vom Alter der Substanz abhängig, sie wird im einzelnen beschrieben. Bei der Auswertung der Messungen ist außerdem der 50%ig. Verlust an ^{147}Pm in der 1. Stufe zu berücksichtigen. Die Genauigkeit der Meth. beträgt $\pm 3,2\%$ bei einem Vertrauensbereich von 95%. Die Meth. ist auch zur Analyse von ^{147}Pm in anderen spaltbaren Materialien verwendbar. Dabei müssen jedoch Unterschiede in der Zus. der Spaltprodd. beachtet werden. Eine Vereinfachung des Verf. ist möglich, wenn Pm das überwiegend vorhandene Nuklid ist u. wenn nur noch Ce u. Y anwesend sind. Dann können die Stufen 2 u. 4 entfallen. Durch geringe Abänderungen des Verf. können Y, Zr, Cs u. Ce bestimmt werden. W. Hein. G 307□

Bestimmung von Samarium und anderen Seltenen Erden. L. R. Pittwell. (Analyst **86.** 137—40. Febr. 1961. Haley, Ontario, Canada, Dominion Magnesium Ltd., Plant Office.) (Engl.)

Vf. stellt die Meth. zusammen, die zur Best. von Sm untersucht worden sind, u. gibt die Gründe für ihr fast vollständiges Versagen an. Von den absorptionsspektrophotometr., titrimetr., gravimetr., spektrograph. u. polarograph. Verff. wird die emissionsspektroskop. Meth. näher betrachtet. Für die Isolierung des Sm in Ggw. anderer Elemente, die vom Probenmaterial abhängt, werden Beispiele angegeben. Die Emissionslinien des Sm im Bereich von 2000—4350 Å u. einige Linien im sichtbaren Gebiet werden mit Bemerkungen hinsichtlich ihrer analyt. Verw. tabellar. zusammengestellt. Zur Best. von Sm als Lsg.-Bestandteil verwendete Vf. einen Wechselstrombogen u. Al als Träger; zur Auswertung wurde die Sm-Linie bei 4280,8 Å u. die Al-Linie bei 3050,1 Å benutzt. Bei der Best. kleinerer Sm-Mengen eignet sich La als innerer Standard; befriedigende Arbeitskurven wurden für den Logarithmus der Intensitätsverhältnisse der Sm-Linien bei 3230,5, 3239,6 u. 3254,4 Å zu der La-Linie bei 2855,9 Å erhalten, wenn ein Wechselstrombogen verwendet wurde. Die Kurven für die ersten beiden Sm-Linien sind ident., die Linie bei 3254,4 Å ist am empfindlichsten, aber unterliegt stärkeren Störungen. Die unter Nachw.-Grenze für alle 3 Linienpaare ist ein Sm/La-Verhältnis von ca. 0,002 bis 1. Größere Mengen Sm wurden in Ggw. von Th, Zr, Ca u. Mg bestimmt. Weiterhin wurde die Best. anderer Elemente der Seltenen Erden untersucht, wobei Al als Träger u. innerer Standard Verw. fand. Die Ergebnisse für die 14 Elemente der Seltenen Erden sowie Y u. Sc sind mit Angabe der verwendeten Linien, der unteren Nachw.-Grenzen u. der Störelemente tabellar. wiedergegeben. Gerhard Schulze. G 308□

Fluorimetrische Bestimmung von Zirkonium mit Quercetin. Beseitigung von Störungen durch Extraktion mit TTA. David M. Hercules. (Talanta [London] 8. 485—91. Juli 1961. Huntingdon, Pa., Juniata Coll., Dep. of Chem.) (Engl.)

Vf. beschreibt eine fluorimetr. Best.-Meth. für Zr mit Quercetin (**I**) bei Zr-Konzz. von 0,05 bis ca. 75 μg/25 ml in Ggw. von mg-Mengen Al^{3+}, Mg^{2+}, Ti^{4+}, V^{5+}, Fe^{2+}, Fe^{3+}, Sn^{2+}, Ni^{2+}, Co^{2+}, Cr^{3+}, UO_2^{2+}, Th^{4+}, Bi^{3+} u. Nb^{5+}, wobei Zr mit 2-Theonyltrifluoraceton (TTA) extrahiert u. mit 12n HCl reextrahiert wird. Der relative Fehler der Meth. ist $\pm 4\%$. Ein Zusatz von W. zu einer Lsg. des Zr-**I**-Komplexes in A., der auf Grund der Messungen eine Zus. Zr:**I** wie 3:1 hat, vermindert die Stärke der Fluorescenz. In 2,5m HCl sowie bei einer **I**-Konz. von 0,35 mg/25 ml in 12n HCl hat die Intensität der Fluorescenz ein Maximum. Die Reihenfolge des Reagenszusatzes beeinflußte zwar die Ausbildungszeit des Fluorescenzmaximums, jedoch nicht dessen Höhe. — Arbeitsvorschrift: Nach Auflösen der Probe in 10 ml 2n HCl wird die Lsg. mit 10,0 ml einer Lsg. von 9 g TTA in 100 ml Xylol 10 Min. lang geschüttelt. Die abgetrennte TTA-Schicht wird mit 25 ml Xylol verd. u. mit 5,00 ml 12n HCl 15 Min. lang geschüttelt. Die HCl-Phase wird nach Zugabe von 1,00 ml einer Lsg. von 35 mg I in 100 ml abs. A. mit abs. A. auf 25 ml aufgefüllt. Nach 20 Min. wird die Fluorescenz bei 505 mμ gemessen. Bei einem Ti-Geh. >2 mg werden bei der 1. Extraktion noch 10 ml 3%ig. H_2O_2-Lsg. zugegeben. J. KRAETSCH. G 322□

Gravimetrische Bestimmung von Thorium mit Hilfe von Carbonsäuren. Ch. Bheemasankara Rao, P. Umapathi und V. Venkateswarlu. (Analytica chim. Acta [Amsterdam] **24.** 391. April 1961. Waltair, India, Andhra Univ., Dep. of Chem.) (Engl.)

Zur Best. u. Abtrennung von Th untersuchten Vff. die Verw. einiger synthet. Carbonsäuren als Fällungsmittel. Bei pH 2,6—3,4 läßt sich Th mit Hilfe von *Dihydro-*, *3.4-Methylendihydroxy-* u. *3.4-Methylendihydroxydihydrozimtsäure* bestimmen, während bei pH 3,8—4,2 *o-Methoxyzimtsäure*, *Thiosalicylsäure* u. *o-Brombenzoesäure* (I) verwendet werden können. Da die Th-Salze dieser Säuren nicht isoliert werden konnten, wurden die Ndd. zu ThO_2 verascht. I läßt sich auch zur Abtrennung des Th von den Seltenen Erden benutzen. Die Abtrennung gelang bei pH 3,9—4,8 aus Proben, die die 4fache Menge des ThO_2 an Seltenen Erden (als R_2O_3) enthielten. Bei größeren R_2O_3-Mengen ist eine zweite Fällung erforderlich. GERHARD SCHULZE. G 324□

Die Analyse des technischen Germaniumdioxyds. E. Kroužek und V. Patrovský. (Chem. Průmysl **11** (36). 24—26. Jan. 1961. Praha, Ústav nerostných surovin.) (Tschech.)

Das Ge wird titrimetr. als Brenzcatechingermaniumsäure, gravimetr. mit 8-Hydroxychinolin als $[(C_9H_7ON)_4H_4(GeMo_{12}O_{12})]$ oder photometr. mit Phenylfluoron bestimmt. Das NH_3 wurde nach der Dest. acidimetr., Cl_2 titrimetr. mit 0,1 n $Hg(NO_3)_2$-Lsg. u. As ebenfalls titrimetr. mit 0,1 n J_2-Lsg. bestimmt. J. SCHNEIDER. G 326□

Analytische Anwendungen der Chelone. 20. Mitt. **Spektrophotometrische und absorptiometrische Mikrobestimmung des Vanadins mit AEGT.** F. Bermejo Martínez und M. Paz Castro. (Inform. Quím. analít. **14.** 20—23. Jan./Febr. 1960. Santiago de Compostela, Fac. Cie., Labor. Quím. analít.) (Span.) — 19. vgl. C. **1961.** 15503.

Das neue Verf. zur absorptiometr. u. spektrophotometr. Mikro-Best. des V beruht auf der intensiven Färbung, welche stark saure Vanadyl-Lsgg. vom pH 1,52—2,42 in Ggw. von H_2O_2 mit Äthylenglykol-bis-[β-aminoäthyläther]-N.N.N'.N'-tetraessigsäure (AEGT) geben. Das BEERsche Gesetz gilt für die durch den Komplex verursachte Absorption im Bereich von 3—120 μg V/ml bei absorptiometr. u. von 1—120 μg V/ml bei spektrophotometr. Messung mit der Linie 426 mμ. W. METZENER. G 330□

Ein Beitrag zur Analyse der Vanadinkontaktmasse. Zdeněk Řezáč und Josef Dvořák. (Chem. Průmysl **10** (35). 576—79. Nov. 1960. Ústí n.L., Výzk. ústav anorgan. chem.) (Tschech.; Auszug: Engl.)

Es wurden die Meth. der Fe-, Al-, Ca-, Na- u. K-Best. in Vanadinkontaktmassen untersucht. Größtes Interesse wurde der Trennung des Al u. Fe von V gewidmet. Es wurde gefunden, daß die NH_3-Fällung von Me_2O_3 neben V ungünstig ist, dagegen gibt die Fällung von Al in Ggw. von *Thioglykolsäure* (I) reproduzierbare Werte. Das Fe wurde auch in Ggw. der I als roter Komplex colorimetr. bestimmt. Ca wurde entweder als $(COO)_2Ca$ in schwachsaurem Medium, so daß V nicht stört, gefällt oder nach Abtrennung von störenden Elementen als Ionenkomplexe an Austauschern flammenphotometr. bestimmt. Na u. K wurden flammenphotometr. bestimmt. Die Proben wurden in einer Pt-Schale im Gemisch von $H_2SO_4 + HF$ gelöst, der Trockenrückstand mit $K_2S_2O_7$ geschmolzen u. dann in sehr verd. HCl gelöst. J. SCHNEIDER. G 330□

Elektrometrische Bestimmung von Wismut. V. D. Anand, B. N. Prasad und Aqil Ahmed Amani. (Bull. chem. Soc. Japan **32.** 1387—89. Dez. 1959. Banaras, India, Banaras Hindu Univ., Chem. Labor.) (Engl.)

Bi bildet mit *Harnstoffen* (I; *Harnstoff*, *Thioharnstoff*, *Phenylthioharnstoff* u. *p-Tolylthioharnstoff*) Komplexe der Zus. $2BiCl_3 \cdot 3I$ bzw. $BiCl_3 \cdot 3I$. Diese Komplexe können zur elektrometr. Best. von Bi verwendet werden. Man titriert die Bi-Lsg. gegen die I-Lsg. in Aceton, Methanol oder A. unter Verw. eines 2-Metallelektroden-Syst. Pt:W oder Bi:W. Der Stromkreis besteht aus einer 1,5 V-Stromquelle, einem 1 kΩ-Festwiderstand u. 200 Ω veränderlichem Widerstand u. einem Galvanometer, dessen Ausschläge gegen die ml verbrauchte I-Lsg. aufgetragen werden. Beide Komplexe erzeugen Maxima in der Kurve, deren Auswertung gute Analysenwerte liefert.

H. PLUSKAL. G 334□

Radiochemische Bestimmung von Molybdän durch Solventextraktion. William J. Maeck, Maxine Elliott Kussy und James E. Rein. (Analytic. Chem. **33.** 237–38. Febr. 1961. Idaho Falls, Idaho, Phillips Petroleum Co., Atomic Energy Div.) (Engl.)

Vff. beschreiben eine Meth. zur Best. von ^{99}Mo in Mischungen von Spaltprodd., die auf der Extraktion des α-Benzoinoximkomplexes mit Äthylacetat (**I**) u. nachfolgender Überführung des Komplexes aus der organ. Phase in verd. HCl beruht. Wenn die Best. des Mo durch Messung der β-Strahlung erfolgen soll, wird Mo als Pb-Molybdat gefällt (75% Ausbeute), jedoch kann bei genügend starker Radioaktivität Mo in der verd. HCl durch γ-Spektroskopie bestimmt werden. — Analysengang: Nach Zusatz von 3 ml Träger-Lsg. (hergestellt durch Lösen von 18,5 g $(NH_4)_6Mo_7O_{24} \cdot 4H_2O$ in 100 ml W., Zufügen von 0,5m $NaBrO_3$-Lsg. u. Verdünnen auf 1 Liter mit 6m HCl), Zusatz von 1 ml KJ-Lsg. (10 mg/ml), 1 ml 0,05m $KMnO_4$-Lsg. u. 10 mg einer Fe(III)-Verb. (um Verunreinigungen mitzufällen) zu einem aliquoten Teil der zu untersuchenden Probe wird auf 20 ml mit W. verd., zum Sieden erhitzt, NH_4OH zugesetzt (um Mn u. Fe zu fällen), zentrifugiert, filtriert, 5 ml 10n HCl, 10 ml α-Benzoinoxim-Lsg. (**II**; 2%ig. in 95%ig. A.) u. 30 ml **I** zugesetzt u. 2 Min. lang extrahiert. Die abgetrennte organ. Phase wird mit 25 ml 1n HCl 2 Min. lang behandelt, von der wss. Phase abgetrennt u. mit 15 ml 10n NH_4OH 5 Min. lang extrahiert, bis die organ. Phase klar ist. Mit der abgetrennten wss. Phase, zu der 10 ml 10n HCl zugesetzt werden, wird der Extraktionsvorgang mit der Zugabe von **II** wiederholt. Dann werden 5 ml konz. HNO_3, 3 ml $Pb(NO_3)_2$-Lsg. (**III**; 50 mg/ml) zugegeben, u. es wird gekühlt. Nach Zusatz von wenig Methylrot u. NH_4OH bis zum Umschlagspunkt wird 1 ml Eisessig zugegeben, zentrifugiert u. dekantiert. Der Nd. wird mit W. gewaschen, filtriert u. 10 Min. lang bei 110° getrocknet. Bei geringen Mo-Konzz. wird bei Verw. einer Probe von 200 ml nach Fällung u. Abtrennung von Fe u. Mn mit konz. HNO_3 gegen Methylrot gerade angesäuert, 3 ml **III** zugesetzt, mit NH_4OH gerade alkal. gemacht, 1 ml Eisessig zugegeben u. zentrifugiert. Der Nd. wird mit 5 ml 10n HCl gelöst u. mit 25 ml W. verdünnt. Nach Zugabe von 10 ml **II** u. 30 ml **I** wird wie oben verfahren. Der Träger wird standardisiert durch Zugabe von 5 ml Träger-Lsg. zu 50 ml W. u. 25 ml 50%ig. NH_4-Acetat-Lsg., Erhitzen der Lsg. zum Sieden u. tropfenweise Zugabe von **III** bis zur vollständigen Fällung des Nd. Bei pH 4,5 wird filtriert u. der Nd. nach Waschen mit 15 ml 3%ig. NH_4NO_3-Lsg. bei 110° getrocknet. J. KRAETSCH. G 336□

Die colorimetrische Bestimmung von Siliciumspuren in Molybdän und Molybdänverbindungen. K. Fukker und A. J. Hegedüs. (Mikrochim. Acta [Wien] **1961.** 227–34. Budapest/Ujpest, Tungsram, Forsch.-Inst. für die Nachrichtentechn. Ind.) (Dt.)

Vff. modifizierten die Si-Best. in W u. Verbb. von MILLNER u. NEUGEBAUER (C. **1953.** 1379) für die Ermittlung von Si-Spuren in metall. Mo u. seinen Verbindungen. Durch Red. mittels Benzidin erhält man die Blaufärbung der Dodekamolybdatokieselsäure. Die Ungültigkeit des LAMBERT-BEERschen Gesetzes konnte auf Zeit-Rkk., d. h. auf kinet. Gründe, zurückgeführt werden. Läßt man der gelblichen Heteropolysäure u. ihrem Red.-Prod. genügend Zeit zur Ausbildung (5 Min.), so erhält man eine gerade verlaufende Eichkurve u. reproduzierbare Ergebnisse. Die Verw. eines Wasserbades von 20 ± 1° ist zur Ausbildung der Heteropolysäure u. der zur Messung dienenden blauen Hetero-Verb. erforderlich. Noch 1–2 μg SiO_2 können nach diesem Verf., z. B. in 820 mg MoO_3, bestimmt werden. Durchschnittlicher Fehler ± 3,7%. K. OHLS. G 336□

Über die Anwendbarkeit der Benzoinoxim-Extraktion des Wolframs bei Stahlanalysen. Untersuchungen mit Hilfe von Radiowolfram. V. Pfeifer und F. Hecht. (Z. analyt. Chem. **177.** 175–85. 1960. Wien, Univ., Analyt. Inst.) (Dt.)

Es wird eine schnelle Meth. zur Anreicherung von Spuren *W* beschrieben, die auf der Extrahierbarkeit des *α-Benzoinoxim*-Komplexes mit Chlf. beruht. Die Endbest. erfolgt entweder nach der Hydrochinon- oder der Isotopenverdünnungsmethode. Mit Hilfe von ^{185}W konnten optimale Extraktionsbedingungen ermittelt werden. Zwischen pH 0–2 können bis zu 60 μg W nahezu vollständig extrahiert werden. Das zu extrahierende Probe-Vol. soll 50 ml nicht überschreiten. Von zahlreichen organ. Lsgm. ist Chlf. am besten zur Extraktion geeignet. Die Anreicherung wird von allen komplexbildenden Anionen, H_2O_2, Nb, Ta, Si u. von Mo, V u. Cr in den höchsten Wertigkeitsstufen gestört. Es wird eine Arbeitsvorschrift für die Best. von W in Stählen gegeben. E. FAULHABER. G 337□

Über die Bestimmung von Wolfram und Eisen in Wolframerzeugnissen. B. Ss. Chrisstoforow und S. M. Archipowa. (Вестник Ленинградского Университета, Серия Физики и Химии [Nachr. Leningrader Univ.] **14.** Nr. 4. [Ser. Physik Chem.] Nr. 1. 139–40. 1959.) (Russ.)

Da nach einer Angabe von SSYROKOMSKI [1941] $K_2Cr_2O_7$ auf in Fe-Erzen befindliche organ. Stoffe chem. nicht einwirkt, wurde folgendes Verf. zur Best. beider Elemente ausgearbeitet: $FeCl_3$ u. Na_2WO_4 (80—585 mg WO_3 + 40—200 mg Fe) wurden gelöst, auf 250 ml verd., mit HCl angesäuert u. 5—10 Min. lang gekocht, wonach die Hauptmenge der Wolframsäure ausfällt. Den W-Rest fällt man mit Cinchonin wie üblich aus (bei sofortigem Fällen mit Cinchonin fällt viel Fe mit). Nach dem Abfiltrieren dampft man das Filtrat auf 150—200 ml ein, red. mit $SnCl_2$ u. bestimmt das Fe wie üblich durch Titration mit $K_2Cr_2O_7$. Die Ergebnisse sind befriedigend; nur beim Verhältnis Fe : WO_3 > 4,5 erhält man etwas geringere Werte für W. A. v. WILPERT. G 354□

Zur Anwendung der Röntgenfluorescenz-Spektralanalyse in der Eisenhüttenindustrie. Hermann-Josef Kopineck und Peter Schmitt. (Arch. Eisenhüttenwes. **32.** 19—29. Jan. 1961. Dortmund, Hoesch AG Westfalenhütte.) (Dt.)

Die Anpassung der Röntgenfluorescenz-Spektralanalyse an die Anforderungen der Eisenhüttenindustrie wird beschrieben. Da die Kenntnis der Nachw.-Grenzen dazu von besonderer Bedeutung ist, werden die Ergebnisse einer versuchsmäßigen Unters. geschildert. Es ergibt sich, daß bei Erzen, Schlacken u. feuerfesten Stoffen dieses Verf. zweckmäßigerweise angewendet werden kann, während es bei der Analyse von Stahl nur in Sonderfällen den Anforderungen genügt. Als Anwendungsbeispiel wird die Unters. von SIEMENS-MARTIN-Schlacken mit besonderer Berücksichtigung der Basizitätsschnell-Best. ausführlich behandelt. Auch werden Studien an bin. Syst., bes. die dabei auftretenden gegenseitigen Störungen zweier Partner am Syst. Fe-Mo u. Fe-Mn geschildert. Auch wird die Anwendung des Röntgenfluorescenz-Verf. zur Best. von La-Spuren in SIEMENS-MARTIN-Schlacken an Stelle von radioakt. Messungen dargestellt. H. HOCHSTEIN. G 354□

Neutronenaktivierungsanalyse auf ihre Anwendung in der Stahlanalyse. Wilfried Reiser und Hans Schneider. (Arch. Eisenhüttenwes. **32.** 31—38. Jan. 1961. Gießen, Univ., Physikal. Inst.) (Dt.)

Für die Aktivierungsanalyse sind im allg. folgende Schritte erforderlich: 1. Gleichzeitige Aktivierung von Probe u. Standard; 2. chem. Bearbeitung (Lösen, Zugabe von Trägersubstanz, Abtrennung, Best. der Ausbeute der Abtrennung); 3. Messung u. Vgl. der Aktivitäten, u. zwar Aufnahme der Abklingkurven, der Form der β- u. γ-Absorptionskurven sowie des γ-Spektrums. Bei den Unterss. an Stählen wurden die Intensität u. Energie der γ-Strahlung mit einem Scintillationszähler u. einem Hundertkanalspektrometer direkt an den bestrahlten Proben gemessen. Es zeigt sich, daß bei den vorliegenden Stahlproben nur *Mn*, *Cu*, *Cr* u. *Mo* direkt ohne eine chem. Trennung nachgewiesen werden können. Den Mn-Geh. kann man nach der Bestrahlung feststellen, bei den anderen drei Elementen müssen einigen Std. bis Tage verstreichen, bis die hohe Mn-Aktivität hinreichend abgeklungen ist u. die anderen Maxima deutlich hervortreten. Die Elemente *C*, *Si*, *P* u. *S* können nur auf Grund ihrer β-Aktivität nachgewiesen werden. Bei Stahl-Unterss. erfordert dies stets eine chem. Abtrennung dieser Elemente. *Ni* u. *Ti* lassen sich ebenfalls nur nach chem. Abtrennung quant. analysieren. *Al* kann man meist sofort nach der Bestrahlung direkt nachweisen. Bei Ti u. Al wird die Unters. durch die kurze Halbwertszeit erschwert. H. HOCHSTEIN. G 354□

Untersuchungen zur Spektralanalyse hochlegierter Stähle. Walter Diehl. (Arch. Eisenhüttenwes. **32.** 11—18. Jan. 1961. Wetzlar, Röchling-Buderus AG; Ernst Leitz GmbH; Gießen, Univ., Physikal. Inst.) (Dt.)

Unterss. zur Anregungsfrage bei Spektralanalysen hochlegierter Stähle mit einem Gitterspektrometer werden durchgeführt. Eine mathemat. Behandlung der hierbei stark gedämpften Entladung führt zur Aufstellung von Formeln für Funkenenergie u. Entladezeit. Die zuvor schon beobachtete starke Abhängigkeit des aperiod. Dämpfungswiderstandes einer Entladung vom Elektrodenabstand u. großen Unterschied zwischen berechneten u. beobachteten aperiod. Dämpfungswiderstand werden quant. erklärt. Ein Meß-Verf. für die Wiederzündspannung wird hieraus entwickelt. Mit dem Quotientenschreiber aufgenommene Abfunkkurven werden erörtert; für jedes Element (Cr bei Gehh. von 20%) ist eine Vorfunkzeit von 60 Sek. erforderlich. Der Vgl. der mittleren relativen Fehler bei Verw. des Nullstrahlers (reflected beam) u. der Fe-Linie 2714,4 Å zeigt, daß bei manchen Elementen der Nullstrahl, bei anderen Elementen die Fe-Linie die besseren Ergebnisse liefert. Bei der Erörterung der bei hochlegierten Stählen beobachteten Einfl. dritter Partner ergibt sich, daß sich diese Störungen durch Oxydationsvorgänge an den Elektroden erklären lassen. Es besteht ein Zusammenhang zwischen dem Ausmaß einer Störung u. der Affinität des störenden Elements zum O. Die an Cr- u. Cr-Ni-Stählen gewonnenen Erfahrungen lassen erkennen, daß der mittlere Fehler sich aus folgenden vier Teilfehlern zusammensetzt: 1. Streuung der Meßwerte auf der Probenoberfläche; 2. Eichfehler des Geräts; 3. mittlerer Fehler der chem.

Schnellanalyse u. 4. Fehler, die auf die Probenvorbereitung u. die Inhomogenität des Probegutes zurückgehen. H. HOCHSTEIN. G 354□

Die Bestimmung von Legierungselementen in Sonderstählen durch Fluorescenz-Röntgenspektrometrie. Kōzō Momoki, Shizō Hirano, Takeji Koizumi und Fumio Sawai. (Tetsu to Hagane [J. Iron Steel Inst. Japan] **46.** 988—94. Aug. 1960.) (Jap.; Auszug: Engl.)

Die Fluorescenz-Röntgenspektrometrie wird mit Erfolg zur Best. nachst. Leg.-Elemente in Sonderstählen angewandt: 2—19(%) *W* in Schnell-, 3—5 in hochhitzebeständigem u. 2—9 in schwach gekohltem Stahl sowie von *Mo*, *Co*, *V*, *Ni*, *Cr* u. *Nb* in jeweils angegebenen Grenzen. W. WESLY. G 354□

Bestimmung des Kobalts mit Kaliumhexacyanoferrat(III) in Stählen, Buntmetallen, Leichtlegierungen, Hartmetallen und in Silicaten. Imre Bozsai. (Magyar Kémikusok Lapja [Z. Ver. ung. Chemiker] **15.** 423—25. Sept. 1960. Csepel Vas és Fémmüvek.) (Ung.)

Das beschriebene Verf. beruht auf der Redox-Titration von Co^{2+} durch Oxydation mit $K_3[Fe(CN)_6]$-Maßlösung. Zur Endpunkt-Best. wurde die Änderung der Stromstärke an einer rotierenden Pt-Mikroelektrode benutzt. Die Meth. wird auf die Co-Best. in Stählen, W-Gerätestählen, Ni-Metallen, Co-haltigen Be-Bronzen, Kolben-Legg. vom Typ Silumin, Stellit-Typ-Hartmetall-Legg., Hartmetallen vom Widia-Typ, Al–Ni–Co-Magnetstählen, Widerstandsmaterialien (Kanthal) u. CoO-haltigen Grundemaillen angewendet. G. HALMI. G 355□

Nicotinamidoxim als ein analytisches Reagens. 3. Mitt. **Polarographische Studien über die Natur des Nickel-Komplexes und spektrophotometrische Bestimmung des Metalls.** K. K. Tripathi und D. Banerjea. (Z. analyt. Chem. **176.** 91—96. 1960. Jadavpur, Calcutta 32, Indian Assoc. for Cultivat. of Sci., Dep, of Inorg. and Analyt. Chem.) (Engl.) — 1. vgl. C. **1960.** 3978; 2. vgl. Z. analyt. Chem. **168.** [1959.] 407.

Alkal. Lsgg. (pH 10,5—11,5) von *Nicotinamidaoxim* (I), die Spuren von *Ni* enthalten, geben bei der Behandlung mit Jod eine stabile tiefblaue Färbung, die bei 575 nm colorimetriert wird. Das BEERsche Gesetz ist im Bereich von 0,3—10 ppm erfüllt. Von den Anionen haben nur Cyanid u. ÄDTA einen Einfluß. Störende Kationen, wie Pb^{2+}, Bi^{3+}, Al^{3+}, Ti^{4+}, Zr^{4+} u. Th^{4+}, werden mit Weinsäure maskiert, während in Ggw. von Cu^{2+}, Co^{2+}, Zn^{2+}, Mn^{2+} u. Fe^{3+} die Ni^{2+}-Ionen durch Anionenaustausch mit 8m HCl abgetrennt werden. — Polarograph. Unterss. haben gezeigt, daß **I** in alkal. Lsg. von J_2 zu einer Azo-Verb. oxydiert wird, die mit Ni^{2+} einen Farbkomplex bildet. E. FAULHABER. G 356□

Die Bestimmung von Iridiumspuren in Rhodiumproben durch Neutronenaktivierungsanalyse und γ-Strahlenspektrometrie. D. F. C. Morris, D. N. Slater und R. A. Killick. (Talanta [London] **8.** 373—76. Juni 1961. London, Brunell Coll. of Technol.) (Engl.)

Vff. beschreiben eine Neutronenaktivierungsanalyse ohne radiochem. Trennung zur Best. von Ir-Spuren in Rh-Proben. Die Meth. beschränkt sich auf eine Bestrahlung von Probe u. Standard mit anschließender Zählung der γ-Strahlen. Als Strahlungsquelle wurde der Harwell-Reaktor BEPO mit einem therm. Neutronenstrom von 10^{12} n/cm$^2\cdot$s verwendet. Zur Herst. eines Standards wird zu ca. 0,1 g der gepulverten Probe so viel von einer Lsg. von $(NH_4)_2IrCl_6$ in 3m HCl gegeben, daß das zugesetzte Ir ca. 50% des in der zu untersuchenden Probe vorhandenen Ir beträgt. Der gut getrocknete Standard u. eine entsprechende Probe ohne Ir-Zusatz werden ca. 1 Woche lang bestrahlt. 8 Tage anch Beendigung der Bestrahlung wird die γ-Strahlung von ^{192}Ir (0,316 u. 0,47 MeV) zur Best. des Ir-Geh. spektrometr. gemessen. Folgende Elemente können stören: Bei 0,316 MeV: ^{160}Tb, ^{233}Pa, ^{140}Ba, ^{51}Cr, ^{105}Rh, ^{193}Os, ^{140}La; bei 0,47 MeV: ^{110m}Ag, ^{131}Te, ^{193}Os, ^{187}W, ^{131}Ba, ^{140}La u. ^{103}Ru. J. KRAETSCH. G 367□

Polarographie von Platin in chlorwasserstoffhaltigen Lösungen. Francesco Pantani und Piergiorgio Desideri. (Ricerca sci. **29.** 2598—2604. Dez. 1959. Firenze, Univ., Ist. di Chim. anal.) (Ital.)

Die Polarographie von 10^{-3}m Lsgg. von Pt^{4+} u. Pt^{2+} in Form von Na_2PtCl_6 u. K_2PtCl_4 erfolgt bei 25° in 2 deutlich bei Zusatz von 0,05% Gelatine (I) bestimmten Red.-Stufen (die nur in Ggw. von **I** reproduzierbar sind) in Ggw. von HCl, NaCl, KCl, KNO_3, K_2SO_4, Na_2SO_4 u. $MgSO_4$. Bei negativen Potentialwerten sinkt der Diffusionsstrom im Falle von Pt^{4+} auf den Halbwert u. im Falle von Pt^{2+} fast auf Null. Die Ergebnisse werden ausführlich (Polarogramme u. Tabellen) wiedergegeben u. werden nicht beeinflußt durch mehrstd. Stehen der zu untersuchenden Lsgg. bei Zimmer-Temp. bzw. einige Min. langes Erwärmen auf 100°. G. PLATZER. G 368□

b) Organische Verbindungen

Erforderliche Säuremengen bei der Kjeldahl-Digerierung. R. B. Bradstreet. (Analytic. Chem. **29.** 944—47. Juni 1957. Cranford, N.J., Bradstreet Labor., Inc.) (Engl.)

Vf. behandelt die verschiedenen Faktoren, die bei der N-Best. nach KJELDAHL in Betracht gezogen werden müssen (erforderliche Säuremenge, Digerier-Temp., Siede-Geschw., Salzzusatz, Katalysatoren, Red.-Mittel u. Dauer der Siedeperiode). Bei der Unters. der erforderlichen Säuremengen werden Säureindices berechnet, aus denen sich optimale Bedingungen für die Digerierung berechnen lassen. Die angegebenen Daten zeigen, daß ein Verlust an N auftritt, wenn der Rückstand sich dem festen Zustand nähert. Na_2SO_4 erfordert ein höheres Verhältnis von Säure zu Salz als eine äquivalente Menge K_2SO_4 oder eines K_2SO_4–$Na_2S_2O_3$-Gemisches. GERHARD SCHULZE. 5352□

Schnellbestimmung von organischen Hydroxylgruppen mit 3.5-Dinitrobenzoylchlorid. W. T. Robinson jun., R. H. Cundiff und P. C. Markunas. (Analytic. Chem. **33.** 1030—34. Juli 1961. Winston-Sallm, N.C., R. J. Reynolds Tobacco Co.) (Engl.)

Die Probe wird in Pyridin gelöst u. mit überschüssigem 3.5-Dinitrobenzoylchlorid (I) in Pyridin versetzt (0,2m Lsg.). Nach 5—15 Min. wird das unumgesetzte I mit wenig W. zersetzt u. visuell oder potentiometr. gegen 0,2n Tetrabutylammoniumhydroxyd titriert. Vgl. mit einer Blindprobe (gleiche Menge I direkt mit W. zersetzen; man titriert die freie Säure + 1 Äquivalent HCl) ergibt direkt den *OH*-Gehalt. Das Verf. liefert gute Werte bei *prim.* u. *sek. Alkoholen, Polyolen, Zuckern, Phenolen, prim.* u. *sek. Aminen* u. einigen *Oximen. Tert. Alkohole* können in manchen Fällen bestimmt werden, wenn sehr lange Rk.-Zeiten (bis 96 Std.) oder höhere Rk.-Temp. gewählt werden. Ketone stören nicht, u. Aldehyde stören nur, wenn ihre Menge 40% der Alkoholmenge übersteigt.

E. DEHMLOW. 5364□

Identifizierung organischer Verbindungen. 37. Mitt. **Ein Beitrag zur papierchromatographischen Trennung der Alkohole als Xanthogenate.** Jiří Gasparič und Jiří Borecký. (J. Chromatogr. [Amsterdam] **4.** 138—43. Aug. 1960. Pardubice-Rybitvi, CSSR, Forschungsinst. für Organ. Synth.) (Dt.) — 36. vgl. C. **1961.** 9154; 34. vgl. C. **1961.** 7335.

Vff. untersuchten auf Grund früherer, sich teilweise widersprechender Literaturangaben das Verh. der *Xanthogenate* (I) bei der Papierchromatographie. Sie konnten zeigen, daß die I in stark alkal. Medium chromatographiert werden müssen, um Zers.-Rkk. zu vermeiden. In schwächer alkal. Medium bilden sich die unbeständigen freien Säuren. Als günstigste Meth. erwies sich ein mit 10%ig. K_2CO_3-Lsg. imprägniertes Papier u. n-Butanol-gesätt. mit 30%ig. K_2CO_3-Lsg. als Laufmittel. Die Sichtbarmachung der I-Flecken erfolgte durch Sprühen mit 10%ig. $NiSO_4$-Lsg., die der Zers.-Prodd. durch Sprühen mit ammoniakal. $AgNO_3$-Lösung. In der homologen Reihe steigt der R_F-Wert proportional mit der Länge des Alkylrestes. Mit zunehmendem Geh. des Papiers an K_2CO_3 werden die R_F-Werte vergrößert. Vff. schlagen vor, die aliphat. Alkohole vorteilhafter in Form ihrer stabilen 3.5-Dinitrobenzoesäureester zu chromatographieren.

M. FINKE. G 550□

Der 3-Methyl-2-benzothiazolonhydrazon-Nachweis. Empfindliche neue Methoden für den Nachweis, die schnelle Abschätzung und Bestimmung von aliphatischen Aldehyden. Eugene Sawicki, Thomas R. Hauser, Thomas W. Stanley und Walter Elbert. (Analytic. Chem. **33.** 93—96. Jan. 1961. Cincinnati, Ohio, Air Pollution Engng. Res., R. A. Taft Sanitary Engng. Center, Publ. Health Serv., U. S. Dep. of Health, Educat. and Welfare.) (Engl.)

Aliphat. u. einige hetrocycl. Aldehyde (I) reagieren in saurem Medium in Ggw. eines Oxydationsmittels, wie $FeCl_3$, mit *3-Methyl-2-benzothiazolonhydrazon* (II) unter Bldg. eines blauen Kations. Die Rk. wird als Tüpfel-Nachw. auf einer Tüpfelplatte oder Papier, als Farb-Nachw. von I in Auspuff- u. Abgasen in getränkten Kieselgelsäulen u. für spektrophotometr. Best. von I in Lsgg. u. Gasen benutzt. Die Darst. des Reagens nach 2 Verff. wird beschrieben. Der Rk.-Mechanismus wird diskutiert. Aromat. Amine, Indole, Carbazole u. Phenothiazine stören, weil sie grüne bis blaue Färbungen hervorrufen. Je nach den Molgew. von I liegt die Nachw.-Grenze bei den Tüpfel-Rkk. zwischen 1:30000 u. 1:600000. Von den üblichen Reagentien zur HCHO-Best. (SCHIFFs Reagens, Phenylhydrazin, Chromotropsäure, 2-Hydrazinobenzothiazol-p-nitrobenzoldiazoniumfluoborat, 2-Hydrazinobenzothiazol u. II) ist II am empfindlichsten. Nach 2 Min. dauerndem Erhitzen ist die Färbung mindestens 24 Std. lang konstant. Die $FeCl_3$-Konz. beeinflußt die Extinktion nicht. Das Absorptionsspektrum u. die mol. Extinktions-Koeff. bei charakterist. Wellenlängen verschiedener I werden mitgeteilt. W. KUPFER. G 660□

Beiträge zur Analytik der 1.2-Glykole und der Polyhydroxyverbindungen. 5. Mitt. **Die Bestimmung des Glycerinaldehyds durch das im Laufe der Oxydation mit Perjodsäure gebildete Formaldehyd.** László Maros, Ibolya Molnár Perlné und Elemér Schulek. (Magyar Kémiai Folyóirat [Ung. Z. Chem.] **66.** 319—21. Aug. 1960. Budapest, Eötvös Lorand Tud. Egyct. Szervetlen és Anal.-Kém. Intézet.) (Ung.) — 3. vgl. C. **1961.** 3765; 4. vgl. C. **1961.** 14408.

Meth. zur Best. des *Glycerinaldehyds* (I) durch Perjodsäureoxydation u. anschließende Best. des dabei gebildeten Formaldehyds nach der durch Vff. ausgearbeiteten u. früher beschriebenen Bisulfit–Cyanid-Methode. Mit jodometr. Sulfit-Meth. wurde die Best. des I auch direkt durchgeführt. G. Halmi. G 690□

Eine einfache und schnelle Methode zur Bestimmung von Acetanhydrid. S. Görög und F. Trischler. (Acta chim. Acad. Sci. hung. **26.** 437—41. 1961. Budapest, Gedeon Richter Chem. Works Ltd.) (Engl.)

Auf der Basis der Rk. von Acetanhydrid mit W. bzw. A. wird bei Ggw. von Triäthylamin als Katalysator eine Best.-Meth. entwickelt u. beschrieben. W. Hampel. G 810□

Jodometrische Bestimmung von Schwefelkohlenstoff. Untersuchung über den Einfluß des pH-Wertes. M. Eusuf und M. H. Khundkar. (Analytica chim. Acta [Amsterdam] **24.** 419—23. Mai 1961. Dacca, Pakistan, Dacca Univ., Dep. of Chem.) (Engl.)

Der Einfl. des pH-Wertes auf die jodometr. Best. des CS_2 über Alkalixanthogenat u. direkte Titration mit J_2-Lsg. gegen Stärke von Delachanal u. Mermet [1877] wurde untersucht. Dabei ergab sich, daß die Fehler in einem pH-Bereich zwischen 5,0 u. 7,0 am kleinsten sind. Der optimale pH-Wert ist 5,4. Die Zeit zwischen dem Ansäuern der Probe u. der Titration soll nicht $>$45 Sek. sein, die Zeit des Ansatzes bis zur Zugabe von CH_3COOH soll 2 Min. betragen, weil sich die Xanthogensäure sonst zersetzt. Durch Zusatz von CH_3COOH u. CH_3COONa können verschiedene Mengen (von 0,006—0,324 g) CS_2 mit einem Fehler von $\pm$1,0% in einem pH-Bereich zwischen 5,4 u. 5,8 bestimmt werden. K. Ohls. G 890□

Kontinuierliche polarographische Bestimmung von α-Aminosäuren. W. J. Blaedel und J. W. Todd. (Analytic. Chem. **33.** 205—07. Febr. 1961. Madison, Wis., Univ., Chem. Dep.) (Engl.)

Es wird eine Meth. zur kontinuierlichen Best. von *Aminosäuren* im Ablauf von Austauschersäulen beschrieben. An die mit Dowex 50W-X8 beschickte Säule wird eine Dosier-Vorr. angeschlossen, die die Ablauf-Lsg. in eine Vibrationsmischkammer befördert, wo sie neutralisiert u. auf pH 9 gepuffert wird. Anschließend wird die Lsg. über Cu-Phosphat geleitet, wobei sich der lösl. Cu-Aminosäurekomplex bildet. In einer weiteren Mischkammer wird eine Lsg. von Äthylendiamintetraessigsäure (I) kontinuierlich zudosiert, wodurch die Komplexe in die Cu-I-Chelat-Verb. übergeführt werden, die in der C. **1959.** 10346 beschriebenen App. kontinuierlich polarographiert werden. Eine direkte Best. der Komplexe ohne Überführung in die Cu-I-Chelate ist wegen der verschiedenen, von der Art der Säure abhängigen Diffusions-Koeff. nicht empfehlenswert. E. Moisar. G 950□

Zur Trennung der Aminosäuren aus biologischen Gemischen. 5. Mitt. **Beschreibung einer Kombination von chromatographischen und elektrophoretischen Methoden.** Gérard Biserte, Thérèse Plaquet-Schoonaërt, Paul Boulanger und Pierre Paysant. (J. Chromatogr. [Amsterdam] **3.** 25—47. Jan. 1960. Lille, France, Fac. de Méd. et de Pharm., Labor. de Chim. Biol.) (Franz.) — 4. vgl. C. **1957.** 3922; 6. vgl. C. **1960.** 12047.

Vff. beschreiben eine Meth. zur Best. von Aminosäuren u. Oligopeptiden in biolog. Gemischen. Mit einem flüchtigen Puffer, pH 3,9, wird eine erste Auftrennung in eine saure (**F I**), neutrale (**F II**) u. bas. Fraktion (**F III**) durch Elektrophorese erreicht. Danach werden durch eine zweidimensionale Kombination zwischen Elektrophorese (pH 3,9) u. Papierchromatographie (Butanol–Eisessig–W.) die Substanzen von **F I** getrennt. Eine weitere Kombination, Elektrophorese bei pH 2,4 u. Chromatographie (Butanol–Eisessig–W.), trennt **F II**. Elektrophorese bei pH 11,7 u. 6,5 trennt **F III**. Eine einfache App. wird beschrieben. U. Behrens. G 950□

Bestimmung von 1.3- und 1.4-Dimethylbenzolen und Acetophenon. S. H. Hastings und D. E. Nicholson. (Analytic. Chem. **32.** 137. Jan. 1960. Baytown, Tex., Humble Oil and Refining Co.) (Engl.) — Vgl. C. **1961.** 13669.

Acetophenon (C_8H_8O, I), *1.3-* (II) u. *1.4-Dimethylbenzol* (C_8H_{10}, III) können in Mischung (0—100%) nebeneinander IR-spektroskop. (NaCl-Prismen, Lsgm. CS_2, Schichtdicke

1,00 mm) mit einer Genauigkeit von ±0,5% bestimmt werden. Angegeben werden die Analysenbanden: 5,92 (I), 11,42 (II) u. 12,59 μ (III) sowie die verwendeten Spaltbreiten u. die relativen Extinktions-Koeff. der Verbb. bei den 3 Analysenwellenlängen.

U. Uhlich. G 1150□

Bestimmung von Anthrachinon in Kondensatordielektrika. Paul D. Garn und Mary Campbell Bott. (Analytic. Chem. **33.** 84–85. Jan. 1961. Murray Hill, N.J., Bell Telephone Labor., Inc.) (Engl.)

Als Stabilisator für die beim Kondensatorbau verwendeten Imprägnierungs-Fll. (gechlortes Diphenyl, gechlortes Naphthalin, Mineralöle) wird *Anthrachinon* (I) verwendet, das nach folgendem Verf. polarograph. bestimmt werden kann: Die Probe wird in Chlf. gelöst. 10 ml der Lsg. werden mit 40 ml einer aus 500 ml Chlf., 50 ml HCl u. 450 ml Methanol (II) bestehenden Mischung versetzt u. polarographiert. Ein anderer Teil der Probe-Lsg. wird mit einer Lsg. von $MgCl_2$ in Chlf./II versetzt u. gleichfalls polarographiert. Während in der HCl-Lsg. die I-Stufe bei ca. −0,1 V (gegen Boden-Hg) liegt, erfolgt die I-Red. in der neutralen $MgCl_2$-Lsg. erst bei wesentlich negativeren Potentialen. Die $MgCl_2$-Lsg. liefert somit den Grundstrom der Probe-Lsg.; die Differenz der Ströme bei ca. −0,4 V ist proportional der I-Konzentration. E. Moisar. G 2800□

Mercurimetrische Mikrobestimmung von Hydrochloriden, Hydrobromiden und Jodmethylaten organischer Basen im Dezimilligramm-Bereich. A. Dirscherl und F. Erne. (Mikrochim. Acta [Wien] **1961.** 401–07. Basel, F. Hoffmann-La Roche & Co. A. G., Chem. Forschungsabt.) (Dt.)

Vff. beschreiben eine mercurimetr. Mikrobest. organ. Hydrohalogenide. Durch Verw. von 0,01n $Hg(ClO_4)_2$-Lsg. u. Diphenylcarbazon als Indicator können die Hydrohalogenide *organ. Basen* in alkohol. Medium direkt oder nach Verbrennung titriert werden. In 80%ig. Isopropanol konnten noch 1–8 μVal Halogenid bestimmt werden. Um den Wägefehler <0,1% zu halten, ist die Anwendung einer Ultramikrowaage erforderlich, die die Erfassung von 0,1 μg gestattet. Für Substanzeinwaagen zwischen 0,3 u. 1,9 mg wurde eine Standardabweichung für die Wägung von ±0,15 μg ermittelt. Durch Verw. einer Gilmont-Mikrobürette konnten so auch im Dezimilligrammbereich Substanzmengen zwischen 0,3 u. 2 mg unter Einhaltung der konventionellen Fehlerbreite von ±0,3% analysiert werden. Bei der Analyse von 11 verschiedenen Einwaagen des Isochinolinjodmethylats zeigte sich für die erhaltenen J-Werte eine Standardabweichung von ±0,18%. K. Ohls. G 3231□

Zerstörung von Uracil und Thymin auf dem Chromatogramm durch UV-Bestrahlung. Hiroshi Ishihara. (J. Chromatogr. [Amsterdam] **3.** 94–96. Jan. 1960. Mizuho-ku, Nagoya, Japan, Univ. municip. de Nagoya, Labor. de Chim.)

Vf. beschreibt die Zers. von Pyrimidinbasen, bes. *Uracil* u. *Thymin*, durch UV-Bestrahlung ihrer Chromatogramme u. die Anwendung zur Identifizierung dieser Basen.

U. Behrens. G 3272□

Bestimmung cardiotonischer Glykoside mit dem Xanthydrol-Reagens. P. Horák. (Collect. czechoslov. chem. Commun. **25.** 1974–77. Juli 1960. Prag, Forschungsinst. für Heilpflanzen.) (Dt.)

Die optimalen Bedingungen für die Best. der cardioton. Glykoside mit dem Xanthydrol (I)-Reagens sind angegeben. Das untersuchte Glykosid wird mit 10 ml Reagens (Gemisch von 10 mg **I**, 100 ml Eisessig, 1 ml 37%ig. HCl) während 60 Min. auf dem Wasserbad von 60° erwärmt, mit 15° kaltem W. 5 Min. lang abgekühlt, u. nach 30 Min. langem Stehen bei Raum-Temp. wird die Extinktion bei 530 mμ gemessen. Im Konz.-Bereich von 20–80 μg Lanatosid C in 10 ml zeigt die Eichkurve linearen Verlauf. Die Farbintensität ändert sich während 3 Std. nicht. Unter den angeführten Bedingungen werden die Ergebnisse durch die Erwärmungs-Geschw., die Größe u. die Wanddicke des Proberöhrchens, das Vol. der Lsg., den Unterschied der Temp. am Boden u. an der Oberfläche der Lsg. sowie die Art der Kühlung nicht beeinflußt.

J. Vaněček/Prag. G 3450

Papierchromatographische Trennungen von Alkaloidgemischen an Succinylcellulose-Papieren. Fritz Micheel und Wilhelm Leifels. (Mikrochim. Acta [Wien] **1961.** 444–48. Münster, Westf., Univ., Organ.-chem. Inst.) (Dt.)

Das früher (C. **1959.** 1367) beschriebene Succinylcellulose-Papier [hergestellt aus Whatman-Papier Nr. 1 durch Vorbehandlung mit Eisessig–Benzolsulfonsäure (20:1) u. 4std. Veresterung mit Bernsteinsäureanhydrid in Pyridin u. Bzl.] wird zur chromatograph. Trennung weiterer Alkaloidgemische angewendet. Der Succinyl-Geh. des Papiers (Gew.-% Succinylreste) ist für die einzelnen Trennungen mit S· angegeben; als Lsgm.-Gemisch dient Dioxan–Ameisensäure–W. (90:0,5:9,5) bzw. Essigester–Ameisensäure–

W. (10 : 1 : 3). Getrennt wurden mit 13,5—14% S· : *Kodein* (I), *Morphin* (II), *Thebain, Papaverin, Narcotin*; 18—19% S· : I, II, *Dilaudid* (III), *Dicodid* (IV), *Dionin*; III, *Eucodal*, IV, *Apomorphin, Acedicon*; 12,5% S· : *Strychnin, Brucin*; 9% S· : *Tropin, Scopolamin, Atropin*; 15% S· : *Hydrastinin, Berberin, Hydrastin*; 12% S· : *Pilocarpin, Pilosin*; 16% S· : *Arecaidin, Arecolin*; 10,5% S· : *Novocain, Cocain, Tropa-cocain, Pantocain, Stadacain*. Angaben über R_F-Werte u. den Nachw. der Verbb. (chem., UV-Licht) werden gemacht. HEINZ NESTLER. G 3500□

Quantitative Bestimmung von verändertem (D)-Gossipol. A. L. Markman und Ju. P. Salessow. (Узбекский Химический Журнал [Usbek. chem. J.] **1959.** Nr. 3. 42—49. Zentralasiat. Polytechn. Inst.) (Russ.) — Vgl. C. **1959.** 15793.

Verss. zur Isolierung von *Gossipol* (I) aus Baumwollsamenöl durch Adsorption an Bentoniten, Al_2O_3, Ca-Phosphat, Kreide, Talk, Stärke u. Zucker mißlangen, da diese Stoffe entweder zu schwach oder zu stark adsorbieren. Etwas besser gelang die Best., wenn man I in raffiniertem Baumwollsamenöl löst, I durch Erhitzen (2½ Std. bei 145°) in verändertes I verwandelt, mit Aceton u. W. extrahiert u. danach vom Öl abtrennt. Sodann wird das Gesamt-I dadurch bestimmt, daß man 4—8 g Baumwollsamenöl in PAe. löste u. durch MgO filtrierte; dabei wurden natives u. verändertes I adsorbiert, das Öl mit PAe. ausgewaschen, das MgO in 15—20%ig. HCl gelöst, die HCl-Lsg. mit Ae. extrahiert, die Ae.-Lsg. mit W. Cl^--frei gewaschen, eingedampft u. der Rückstand in 15 ml A. u. 5 ml W. gelöst. Einen immer noch verbleibenden kleinen Rückstand löst man in 20 ml PAe., fügt diese Lsg. zur ersten zu, schüttelt 1—2 Min., trennt die Schichten nach der Entmischung, wäscht die A.–W.-Schicht mehrmals mit PAe., dampft ein u. bestimmt auf diese Weise das gesamte I. Das veränderte I erhält man aus der Differenz, nachdem man aus gesonderter Probe das native I durch alkal. Extraktion bestimmt hat. Qual. Unterss. ergaben, daß beide I-Formen in die A.–W.-Lsg. übergehen, während alles Öl in die PAe.-Lsg. übergeht. Zur direkten Best. des veränderten I wäscht man die Lsg. des Öls in PAe. nach der alkal. Extraktion von nativem I mit W., trocknet sie mit Na_2SO_4, filtriert, wäscht mit PAe., vereinigt die PAe.-Extrakte, filtriert sie durch MgO u. erhält analog Vorst. das veränderte I. Die MgO-Behandlung wird vermieden, indem man die von nativem I freie äther. Öl-Lsg. 2mal mit 75%ig. A. extrahiert, die vereinigten A.–W.-Extrakte 1—2mal mit PAe. wäscht, sie auf dem Wasserbad eindampft, trocknet u. wägt. Man kann demnach einerseits durch alkal. Extraktion das native, durch Extraktion mit A.–W. das veränderte I gesondert abtrennen. Unter Verw. beider Verff. konnte nachgewiesen werden, daß sich natives I durch therm. Einw. in verändertes I umwandelt. Die dunkle Färbung des veränderten I ist jedoch nicht dem I-Geh. proportional, sondern fällt mit steigendem I-Geh. stark ab.

A. v. WILPERT. G 3950□

H. Angewandte Chemie

I. Allgemeine chemische Technologie

Methode zur Sichtbarmachung von Strömungen gasförmiger Medien. Anonym. (Technik **15.** 432—33. Juni 1960. Leipzig, Forschungsinst. für technolog. Entw. u. Wärmetechn. der Metallurgie.) (Dt.)

Zur Sichtbarmachung von Gasströmungen, z. B. in Öfen, werden Flocken aus *Metaldehyd* eingeleitet, die die auftreffenden Lichtstrahlen reflektieren, so daß sich filmtechn. u. photograph. auswertbare Strömungsbilder ergeben. Der verwendete Flockengenerator wird (Abb.) im einzelnen beschrieben. W. WESLY. 5812□

Über einige Besonderheiten der Emulgierung von strukturierten Flüssigkeiten. L. Ja. Kremnew und L. A. Borodina. (Доклады Академии Наук СССР [Ber. Akad. Wiss. UdSSR] **131.** 348—50. 11/3. 1960. Leningrad, Zweigstelle des Allunions Forschungsinst. für Wegebau.) (Russ.)

Aus den Isothermen der Emulgierung von Bitumen B-5, das bei gewöhnlicher Temp. hochstrukturiert ist, u. Methyldiäthyl-2.5-dioctylphenoxyeikosaäthylenoxydomethylammoniumbenzolsulfonat geht hervor, daß die Emulgierung nicht nur von der Natur u. der Konz. des hydrophilen Emulgators abhängig ist, sondern auch vom Geh. des Bitumens an oleophilen oberflächenakt. Stoffen sowie vom thixotropen Strukturzustand der Systeme. Der Verlauf der Kurven läßt 3 Konz.-Gebiete des hydrophilen Emulgators erkennen, die einen verschiedenen Einfl. auf die Emulgierung ausüben: Gebiet der stabilen Emulsionen vom Typ W.-in-Öl, wo infolge Fehlens eines Überschusses des hydrophilen Emulgators stabile Emulsionen vom Typ Öl-in-W. nicht möglich sind; Gebiet der Emulsionen Öl-in-W., die zunächst grob-, dann feindispers sind; Gebiet der gleichen Möglichkeiten für die Bldg. von Emulsionen beider Typen in Abhängigkeit von der Reihenfolge der Zugabe der zu emulgierenden Flüssigkeit. O. LEBTAG. 5824□

Sulfosaure Ionenaustauscherharze auf der Grundlage des Polyvinylchlorids und anderer Vinylpolymere. A. A. Wassiljew und A. A. Wanscheidt. (Журнал Прикладной Химии [J. angew. Chem.] **32.** 150—51. Jan. 1959. Inst. für hochpolymere Verbb. der Akad. der Wiss. der UdSSR.) — Vgl. C. **1960.** 2645.

Vff. beschreiben Labor.-Verss. über die Herst. von Solfokationiten vom Typ SChV, wobei PVC, Polyvinylacetat sowie Copolymere von Vinylchlorid mit Polyäthylen u. Polyvinylalkohol verwendet wurden. Bei den aus PVC hergestellten Kationiten wurden für die Sulfonierung Oleum oder Chlorsulfonsäure verwendet. Optimale Ergebnisse konnten mit einer 4—5fachen Menge Chlorsulfonsäure von 100° erzielt werden. Die gewaschenen u. verseiften Prodd. besitzen ein Austauschvermögen von 2—4 mVal/g bei einem Quellungs-Koeff. von 1,1—1,5 u. wiesen gute Beständigkeit gegenüber Laugen u. Salpetersäure auf. Die Eigg. der anderen Kationite, mit Ausnahme des aus Polyvinylalkohol erzeugten, sind denen der obigen Verbb. nahestehend. G. SCHREIBER. 5826□

Die Gewinnung von Tonerdekonzentraten aus Erzen von Boschtschekul. M. A. Ssokolow und R. A. Skormina. (Известия Академии Наук Казахской ССР, Серия Металлургии, Обогащения и Огнеупоров [Nachr. Akad. Wiss. KasachSSR, Ser. Metallurgie, Erzaufbereit. feuerfeste Mater.] **1958.** Nr. 2. 3—6.) (Russ.; Auszug: Kasach.)

Es wurde die Bearbeitung von Abfällen aus der Flotation von Cu-Mo-Erzen nach der Anreicherung von Boschtschekul-Erz (Kaolinit, Sericit, Quarz, Pyrit, Chalkopyrit, Chalkosin, Covellin, Limonit) untersucht. Diese Abfälle wurden noch einmal flotiert, wodurch Konzentrate mit 30,84% Al_2O_3 bei einer Ausbringung von 38% hergestellt wurden. Die Abfälle aus dieser 2. Flotation enthielten noch ca. 10% Al_2O_3. Werden dem Al_2O_3 Konzentrat die Prodd. der Cu-Mo-Flotation zugesetzt (sie enthalten mindestens 30% Al_2O_3), so wird die Al_2O_3-Ausbringung auf 75—76% erhöht.
J. SCHNEIDER. 5828□

Verfahren beim pneumatischen Transport zum Verhindern des Verstopfens eines Zyklons. Toma Leka. (Wasser, Luft Betr. **5.** 60—62. Febr. 1961. Offenbach/M.) (Dt.)

Durch grobe Zusätze zum geförderten Gut können Ansätze, die sich beim Zentrifugieren von staubigen, stark haftenden Stoffen bilden, bereits im Entstehen entfernt werden. Nach dem Austragen aus dem Zyklon werden die Zusatzkörner vom abgeschiedenen Gut getrennt u. dem Zyklon wieder zugeführt. Durchmesser u. Wichte der verwendeten Reinigungskugeln werden aus Größe des Zyklons, horizontaler Einlaufentfernung u. Fördergeschw. berechnet. G. BAUER. 5828□

Über die Vorgänge bei der Chromatographie. I. V. Robu. (Lucrările Inst. Petrol, Gaze Geol. Bucureşti **5.** 141—59. 1959.) (Rum.) — Vgl. Rev. chim. [Bucureşti] **9.** [1958.] 186; vgl. auch Lucrările Inst. Petrol, Gaze Geol. Bucureşti **5.** [1959.] 125.

Die Anwendung der Differentialabsorption (DA) auf eine Säule mit fester Phase führt unvermeidlich zu einem chromatograph. Vorgang, der daher die Folge einer Kombination der früher abgeleiteten Beziehungen der DA ist. Für das Chromatogramm von verd. Lsgg. wird eine Gleichung abgeleitet, die es gestattet, die Parameter der chromatograph. Säule aus einem einzigen Chromatogramm zu bestimmen.
W. WESLY. 5828□

Trennung durch Chromatographie. I. V. Robu. (Lucrările Inst. Petrol, Gaze Geol. Bucureşti **5.** 161—73. 1959.) (Rum.) — Vgl. vorst. Referat.

Auf Grund des Verhältnisses der Verteilungs-Koeff. von 2 Stoffen zwischen der mobilen u. der stationären Phase (Kriterium für ihre Trennbarkeit auf einer chromatograph. Säule) u. unter Anwendung der früher abgeleiteten Gleichungen für die Chromatogramme wird eine Beziehung für das Trennbarkeitskriterium ($K_1 : K_2 = \alpha$) u. den Wert des theoret. Gleichgewichts in der Säule abgeleitet. Die Trennung mittels Chromatographie wird mit der durch Fl.-Dampf-Fraktionierung verglichen. W. WESLY. 5828□

Reinhaltung der Luft in der Stahlindustrie. Werner Meister und Waldemar Koglin. (Wasser, Luft Betr. **5.** 43—46. Febr. 1961.) (Dt.)

Beschreibung eines erfolgreich beendeten Vers., die kilometerlange Konverterrauchfahne eines Kleinstahlwerks zu entfärben, zu entstauben u. sie auf ein erträgliches Maß zu verkürzen. Das zur Anwendung kommende Verf. ist die Elektro-Naßentstaubung.
G. BAUER. 5850□

Elektro-Filter im Versuch und Einsatz. Werner Jeßnitz. (Wasser, Luft Betr. **5.** 51—54. Febr. 1961. Dortmund.) (Dt.)

Wie an einigen Beispielen gezeigt wird, sind die Verunreinigungen in der Atmosphäre u. die Stäube in ihrer Art, in ihrem Verh., in ihrer Korngröße u. in ihrer Konz. verschieden u. daher auch filtertechn. oftmals gesondert zu behandeln. Die Erörterungen beziehen sich bes. auf den Einsatz des elektr. Trion-Filters. G. BAUER. 5850□

Neue Wege bei der Entstaubung durch Filtermittel auf synthetischer Basis. Erich Kniep. (Wasser, Luft Betr. 5. 47—50. Febr. 1961. Köln.) (Dt.)
Für die Herst. geeigneter Filter kommen bes. folgende 4 Hauptgruppen synthet. Fasern in Frage: 1. *Polyacrylnitrile*, 2. *Polyamide*, 3. *Polyester* u. 4. *Polyvinylchloride*. Derartige Filter zeichnen sich aus durch hohes Staubrückhaltevermögen bei optimaler Luftdurchlässigkeit, gute Biege- u. Zugfestigkeit, hohe Temp.-Beständigkeit u. gute chem. u. Formbeständigkeit. G. BAUER. 5850□

Untersuchung von drei Kühlturmtypen mit Rieselleisten aus Rotholz. Wesley W. Smith. (Heating, Piping Air Condit. **28.** 139—42. Juli 1956. Tex., Coll. Station.) (Engl.) G. BAUER. 5858□

Ultraschallreinigung in der Industrie. W. McCracken. (Inst. Product. Engr. J. **36.** 619—25. Okt. 1956.) (Engl.)
Überblick über die Anwendung des Verf. bes. zur Reinigung u. Entfettung von Metalloberflächen. G. BAUER. 5878□

Fahrbare Kontrollstation. J. F. Draffen, J. B. Jansen und M. O. Bird. (Chem. Engng. Progr. **57.** Nr. 3. 64—68. März 1961. Monsanto Chemical Co.) (Engl.)
In einem Autoanhänger sind die verschiedenen Rechenmaschinen untergebracht, um ein Verf. überwachen zu können. F. ROSENDAHL. 5888□

Verfahrens-Kreislauf-Untersuchungsmethode. Joel O. Hougen und Robert A. Walsh. (Chem. Engng. Progr. **57.** Nr. 3. 69—79. März 1961. Monsanto Chemical Co.) (Engl.)
Es werden die verschiedenen Meth. angegeben, um den Verf.-Ablauf eines Betriebes vom Rohstoff bis zum fertigen Prod. mit Hilfe von Rechenmaschinen überwachen zu können. F. ROSENDAHL. 5888□

Arbeitsweise der Atomkraftstation in Shippingport. F. C. Duvall. (Chem. Engng. Progr. **57.** Nr. 3. 46—49. März 1961. Duquesne Light Co.) (Engl.)
An dem Druckwasserreaktor gesammelte Erfahrungen geben gute Hinweise zum Betreiben solcher Reaktoren im öffentlichen Dienst. F. ROSENDAHL. 5894□

Erfahrungen beim Betrieb von Natriumreaktoren. R. E. Durand. (Chem. Engng. Progr. **57.** Nr. 3. 54—59. März 1961. Atomics International.) (Engl.)
Auf Grund der gemachten Erfahrungen konnte die leichte Lenkbarkeit eines mit Na gekühlten u. mit Graphit moderierten Reaktors nachgewiesen werden. Ein hochwertiger stark überhitzter Dampf ist das Ergebnis. Während einer 5jährigen Beobachtungszeit mußte ein Drittel der Brennstoffelemente ausgewechselt werden. Die dadurch entstehenden Schwierigkeiten werden mitgeteilt. F. ROSENDAHL. 5894□

Organischer Moderator für Kernreaktoren. N. J. Swanson. (Chem. Engng. Progr. **57.** Nr. 3. 60—63. März 1961. Atomics International.) (Engl.)
Der Reaktor wird mit einem KW-Stoff gekühlt u. ebenfalls mit einem KW-Stoff moderiert. Die Ausrüstung eines solchen Reaktors u. seine Betriebsweise werden beschrieben. F. ROSENDAHL. 5894□

Jod als Katalysator. P. T. W. Akroyd. (J. Oil Colour Chemists' Assoc. **40.** 845—48. Okt. 1957. London, Chile House, Chilean Iodine Educ. Bureau.) (Engl.)
Besprechung der Rolle von J_2 als positiver Katalysator (Rk.-Beschleunigung bei Kohlehydrierung, Halogenierung, Polymerisation, Kondens., Dehydratisierung, Sulfurierung u. Sulfonierung) bzw. als negativer Katalysator (Rk.-Verzögerung, Antiklopfmittel, Feuer- u. Explosionsschutz, Polymerisationsinhibitor). R. SCHÄFF. 5904□

Einfluß der Herstellungsbedingungen von Siliciumdioxyd- und Aluminiumoxydhydrogelen auf die Struktur und Aktivität von gemischten Alumosilicatkatalysatoren. M. A. Kaliko, Ju. Ss. Nikitin und T. W. Fedotowa. (Журнал Физической Химии [J. physik. Chem.] **33.** 922—29. April 1959. Moskau, Forsch.-Inst. für Erdöl u. Gas.) (Russ.; Auszug: Engl.)
Unters.-Ergebnisse an Aluminiumsilicat-Mischkatalysatoren werden diskutiert, welche unter den verschiedensten Bedingungen aus SiO_2- u. Al_2O_3-Gelen dargestellt wurden. Ein Zusammenhang zwischen Oberflächenausbildung, Struktur u. katalyt. Wirksamkeit wird bes. herausgearbeitet. W.-D. HEUSSNER. 5904□

Calcium Carbonate Co., Chicago, übert. von: Brack B. McHan, Quincy, Ill., V.St.A., **Kittpulver.** Das Kitt- u. Dichtungspulver guter Plastizität u. Haftfähigkeit besteht aus pulverisiertem, fein zermahlenem Kalkstein u. einem hochviscosen, trocknenden Öl, wie Leinöl oder Sojaöl, in einer Menge, daß das Prod. eine kittartige Konsistenz hat. Hierbei soll das Öl in einer Menge von 0,05—5,0% des Pulvergewichts die Pulveroberfläche bedecken. Zur Herst. des Pulvers wird der Kalkstein zusammen mit der entsprechenden kleinen Menge trocknenden Öles in Mühlen zermahlen u. pulverisiert. Dem trocknenden Öl werden noch emulgierende Mittel zugegeben. Zum Schluß wird das mit Öl bedeckte Pulver mit soviel an trocknendem Öl verrührt, bis die gewünschte kittartige Konsistenz erreicht ist. (**A. P. 2 929 734** vom 3/4. 1956, ausg. 22/3. 1960.) E. Fuchs. 5811

Frederic Daniel Barton, Holly, Mich., V.St.A., **Kühlerdichtungsmittel in Pillenform.** Das Mittel enthält Rhizomehl u./oder Ingwerwurzelöl, ein durch Netzmittel in W. dispergierbar gemachtes Mineralöl, wie Schneidöl, Na_2CO_3 u./oder Polyvinylalkohol. Als Netzmittel dient z. B. ein in Öl lösl. Na-Sulfonat. (**D. A. S. 1 099 674** Kl. 22i vom 21/2. 1958, ausg. 16/2. 1961. A. Prior. 31/5. 1957.) E. Fuchs. 5811

Georges Hugo Moos, Zürich, Schweiz, **Auspressen von Flüssigkeit enthaltendem Gut.** Dieses wird, so weit nötig, unter Zusatz von W., Dispergiermitteln usw. so weit zerkleinert, daß es in die Ausspreß-Vorr. gepumpt werden kann. In dieser sind horizontale Platten vertikal verschiebbar, welche untereinander mit Kanälen für die Zuführung der Suspension u. zum Ausblasen des abgepreßten Gutes verbunden sind. — Abbildungen (**D. B. P. 926 003** Kl. 12d vom 21/9. 1952, ausg. 4/4. 1955. Anmeldung bekanntgemacht 9/9. 1954. **Belg. P. 514 383** vom 23/9. 1952, ausg. 28/5. 1954. **F. P. 1 111 509** vom 7/10. 1952, ausg. 1/3. 1956. **Oe. P. 184 582** vom 17/12. 1951, ausg. 10/2. 1956. Alle Schwz. Prior. 18/10. 1951.) H. Blachetzki. 5829

La Précision Mécanique, Paris, Frankreich, **Filtrieren von Flüssigkeiten und Gasen** über gefaltete Filterfolien, indem diese zur Vergrößerung der Filterfläche pfeilzahnartig gefaltet, an ihren Enden verklebt, gegen den Filtrationsdruck von innen abgestützt u. am zentralen Filtratablaufrohr befestigt werden. — Vorr., Zeichnungen. (**E. P. 838 523** vom 7/3. 1958, ausg. 22/6. 1960. F. Prior. 13/3. 1957. **F. P. 1 169 442** vom 13/3. 1957, ausg. 29/12. 1958.) H. Blachetzki. 5831

Olin Mathieson Chemical Corp., New York, N.Y. (Erfinder: Edwin B. Lopker und Emil M. Stoltz jun., Joliet, Ill.), V.St.A., **Filtrieren von Feststoffsuspensionen auf Drehfiltern,** wobei der Filterkuchen in zwei getrennten Schichten abgenommen, die untere Schicht erneut aufgeschlämmt u. so auf die Oberfläche des aus der Suspension gebildeten Filterkuchens aufgegeben wird. — Vorr., Zeichnungen. (**E. P. 816 418** vom 31/12. 1957, ausg. 15/7. 1959. **D. A. S. 1 105 393** Kl. 12d vom 31/12. 1957, ausg. 27/4. 1961. Beide A. Prior. 8/1. 1957. **A. P. 2 839 194** vom 8/1. 1957, ausg. 17/6. 1958.) H. Blachetzki. 5831

Faudi Feinbau G.m.b.H., Oberursel, **Filterscheibenstapel aus papierartigem Material,** bes. für Öl. Die Ringscheiben sind an ihrem äußeren Rand abwechselnd durch Härtung miteinander verbunden; zwischen den verbundenen Scheiben kann ein flüssigkeitsdurchlässiges Material vorgesehen u. ebenfalls mit den Scheiben verbunden werden. — Vorr., Zeichnungen. (**E. P. 816 941** vom 11/11. 1955, ausg. 22/7. 1959. **A. P. 2 902 164** vom 3/11. 1955, ausg. 1/9. 1959. **F. P. 1 139 680** vom 10/11. 1955, ausg. 3/7. 1957. Alle D. Prior. 13/11. 1954.) H. Blachetzki. 5831

Faudi Feinbau G.m.b.H., Oberursel/Taunus (Erfinder: Karl Dornauf, Hannover), **Rückspülen von Flüssigkeitsfiltern,** dad. gek., daß in kurzen Zeitabständen mehrere Rückspülstöße erfolgen u. hierfür der Eintrittsquerschnitt der Filterelemente 60—80% beträgt. — Vorr., Zeichnungen. (**Schwz. P. 339 181** vom 15/11. 1955, ausg. 15/8. 1959. D. Prior. 22/11. 1954.) H. Blachetzki. 5831

„Shell“ Research Ltd., London, England (Erfinder: Richard Rigby), **Reinigen von festen Substanzen durch Destillation.** Feste Substanzen, wie Diphenylamin, p-Hydroxydiphenylamin, Acridin, Anthracen, die ohne Zers. schm. u. verdampfen, werden zusammen mit einem inerten Trägergas, wie Wasserdampf oder N_2, destilliert. Dabei wird das Trägergas beim Passieren einer Laval-Düse gezwungen, sich zu mindestens 80% adiabat. zu expandieren, so daß die Temp. des Dest.-Gasgemisches bis unter den F. des Dest.-Prod. fällt. Dabei wird die Bldg. von fl. Prodd., die die Rohrleitungen verstopfen, vermieden. (**E. P. 851 026** vom 20/3. 1959, ausg. 12/10. 1960.) G. Frikell. 5865

LICENTIA Patent-Verwaltungs-G.m.b.H., Frankfurt/M. (Erfinder: Günther Köhl, Königstein, und Edgar Richter, Neu-Isenburg), **Verminderung der Verspannung von Impfkristallen,** die zum Ziehen von Einkristallen bestimmt sind. Das Ende des Impfkristalls, das in die Schmelze eintauchen soll, wird angeschmolzen,

u. zum Erstarren gebracht. Der Impfkristall ist in eine gut wärmeableitende Fassung eingespannt. — Abbildung. (**D. A. S. 1 094 237** Kl. 12c vom 24/7. 1958, ausg. 8/12. 1960.) O. STEIL. 5869

LICENTIA Patent-Verwaltungs-G.m.b.H., Frankfurt/M. (Erfinder: Josef Stuke, Belecke/Möhne, und Walter Hackel, Warstein/Sauerland), **Konstanthalten der Breite der Schmelzzone** beim tiegelfreien Zonenschmelzen von festen Körpern in senkrechter Richtung, wobei die Schmelzzone räumlich festliegt. Die Heizung für die Schmelzzone wird durch von einer Seitenkante der Schmelzzone u. von einer Schlitzblende begrenzten Lichtstrahlen, die in photoelektr. Empfängern Spannungen oder Ströme bewirken, gesteuert. Die Wachstums-Geschw. des *Kristalls* wird konst. gehalten. — Abbildungen. (**D. A. S. 1 094 238** Kl. 12c vom 9/3. 1959, ausg. 8/12. 1960.) O. STEIL. 5869

Argus Chemical Corp., übert. von: Otto S. Kauder, Jamaica, N.Y., V.St.A., **Entfernung von Wasser und Peroxyden aus organischen Lösungsmitteln** wie *Diäthyläther, Tetrahydrofuran u. Dioxan* durch Vermischen mit einem neutralen Phosphorigsäureester der Formel **I**, in der R_1, R_2 u. R_3 C_6—C_{15}-KW-Stoffreste darstellen. R_1 leitet sich von einem aromat. KW-Stoff ab, R_2 u. R_3 können aliphat. oder aromat. Reste sein. Beispiele: Triphenylphosphit u. Octyldiphenylphosphit. Man gibt den Ester in einer Menge von 50—200%, berechnet auf das Gewicht des organ. Lsgm., zu u. erhitzt die Mischung unter Rückfluß mindestens 15° über den Kp. des Lsgm., dann dest. man es ab. (**A. P. 2 912 366** vom 9/1. 1958, ausg. 10/11. 1959.) P. UNGER. 5875

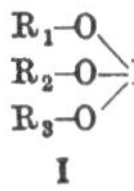

I

Soc. An. Cockerill-Ougrée, Seraing (Erfinder: Pierre Maldague, Brüssel), Belgien, **Regelung eines zur mittelbaren oder unmittelbaren Dampferzeugung dienenden Kernreaktors,** bei der die ganze Durchflußmenge eines prim. Kühlmittels in Abhängigkeit von der Nutzleistung des Reaktors gleichsinnig mit dieser geändert wird. Der Umlauf des prim. Kühlmittels wird unmittelbar von dem erzeugten Dampf bewirkt, so daß die Durchflußmenge des prim. Kühlmittels der Dampffördermenge proportional ist. (**D. A. S. 1 083 947** Kl. 21g vom 30/6. 1958, ausg. 23/6. 1960. **F. P. 1 197 485** vom 30/6. 1958, ausg. 1/12. 1959. Beide Luxemburg. Prior. 1/7. 1957.) H. KESSEL. 5895

Hans Pichlmayr, Rottach-Egern, **Herstellung lagerfähiger, schaumerzeugender Pulver und Pasten aus gasbildenden Ausgangsstoffen,** dad. gek., daß Lsgg. von koll., in W., ggf. alkal. gemachtem W., lösl. oder quellbaren Stoffen in organ. Lsgm. gelöst, mit den gasbildenden Stoffen vermischt u. das Gemisch in Pasten- oder Pulverform übergeführt wird. — Beispiel: Eine äquivalente Menge $NaHCO_3$ u. $Al_2(SO_4)_3$ wird mit einer 10%ig. Lsg. von reinem Phthalsäurepentaerythritester (SZ. 180) in Methylacetat zusammengegeben u. die auf die SZ. berechnete Menge Na_2CO_3 zugesetzt. Das Ganze wird im Luftgegenstrom zu Pulver zerstäubt. Die Pulver u. Pasten können zur Herst. schaumerzeugender Präpp., z. B. zur Erzeugung von Rasierschaum, Waschschaum, Badeschaum, zur Schaumflotation sowie zur Erzeugung fester, poröser oder schaumblasenhaltiger Stoffe, z. B. Schaumseife, Schaumbeton, Schaumkunststoffe u. Schaumgummi dienen. (**D. A. S. 1 088 471** Kl. 12g vom 20/8. 1958, ausg. 8/9. 1960.) W. MATTHAES. 5897

Esso Research and Engineering Co., Elizabeth, N.J., V.St.A., **Regenerieren von Pt-Al_2O_3-Katalysatoren** durch Abbrennen der C-Ablagerungen. Um den gleichzeitigen Kontakt des Pt-Katalysators während der Regenerierung mit H_2 u. einer schädlich wirkenden Menge CO_2 zu verhindern, reinigt man ihn vor u. nach der Regenerierung mit einem Inertgas, das H_2-frei ist u. nur einen ganz geringen CO_2-Geh. aufweist. (**Ind. P. 57 605** vom 13/6. 1956, ausg. 23/4. 1958.) H. NEBELSIEK. 5905

Columbia-Southern Chemical Corp. (Erfinder: Arthur Charles Ellsworth jun.), Pittsburgh, Pa., V.St.A., **Trennung von Metallhalogenidgemischen,** in denen nebeneinander feste u. fl. Halogenide enthalten sind, bes. zur Trennung von Gemischen aus $TiCl_4$ u. Fe-Chloriden, dad. gek., daß man die Suspensionen dieser Metallhalogenide mit einem Strom inerter Feststoffteilchen in Berührung bringt, der eine zur Verdampfung der flüchtigeren fl. Halogenide ausreichende Temp. hat, u. den verdampften Teil der Suspension aus der Berührungszone ableitet. Die nicht verdampften festen Halogenide werden zusammen mit den inerten Feststoffen abgezogen u. dann von ihnen abgetrennt. Zur Erleichterung der Austreibung der flüchtigeren Metallhalogenide kann ein Inertgas, z. B. trockne Luft, eingeleitet werden. — Zeichnung. (**D. A. S. 1 082 233** Kl. 12g vom 5/7. 1958, ausg. 25/5. 1960. A. Prior. 23/7. 1957.) W. MATTHAES. 5907

Imperial Chemical Industries Ltd., London, übert. von: **Henryk Zenftman,** West Kilbride, Schottland, England, *Herstellung von Anionenaustauschharzen.* (**A. P. 2 946 758** vom 7/9. 1956, ausg. 26/7. 1960. E. Prior. 7/10. 1955. — **C. 1960.** 16888 [D. A. S. 1 068 015].)

Mines et Industries S. à r. l., Paris, Frankreich, *Entfernen von feinen bis groben Feststoffen aus Flüssigkeiten.* (**Belg. P. 525 942** vom 22/1. 1954, ausg. 6/7. 1956. F. Prior. 4/3. 1953. — C. **1958.** 1107 [E. P. 750 839].)

Elmco Corp., Salt Lake City, Utah, V.St.A. (Erfinder: **Ralph Orson Hawkes** und **Berne Adair Schepman**), *Geradführen eines endlosen Filterbandes an Trommeldrehfiltern.* (**F. P. 1 150 857** vom 25/4. 1956, ausg. 21/1. 1958. A. Prior. 29/6. 1955. — C. **1959.** 5922 [E. P. 791 418].)

Sterling Drug, Inc., New York, N.Y., V.St.A., *Destillieren und Eindampfen von Flüssigkeiten.* (**Ind. P. 56 216** vom 3/1. 1956, ausg. 22/5. 1958. — C. **1959.** 1236 [F. P. 1 147 465].)

Sinclair Refining Co., New York, N.Y., V.St.A., *Hydrocrack-Katalysator.* (**E. P. 837 821** vom 17/1. 1957, ausg. 15/6. 1960. A. Prior. 17/1. 1956. — C. **1960.** 14476 [A. P. 2 898 305].)

III. Elektrotechnik

Verbesserung der Farbwiedergabe von Luminescenzleuchten. R. A. Nilender. (Известия Академии Наук СССР Серия Физическая [Nachr. Akad. Wiss. UdSSR, physik. Ser.] **23.** 1393—98. Nov. 1959.) (Russ.)

Nach einer Auseinandersetzung mit Standards u. Normen über Farb-Temp.-Bereiche betrachtet Vf. die spektralen Charakteristika von Luminescenzleuchten, bei denen Beimengungen an Magnesiumwolframat u. Zink- u. Berylliumsilicat oder einem Halophosphat zu einer Vergrößerung der Lichtausbeute führen. Es wird die spektrale Verteilung der Strahlung von DSs-, ChBSs- u. TBSs-Leuchten angegeben, wobei diese aus Calciumhalophosphat (Sb aktiviert), Calciumsilicat (Pb, Mn), Magnesiumarsenat (Mn) bestehen. Auch die möglichen Variationen zeigen eine Verbesserung der Standardleuchte. Auch die Koeff. der Farbwiedergabe nach HARRISON verbessern sich gegenüber der Standardleuchte (in Klammern): 96 (77,4) bei ChBS u. 92 bei TBS. Die Lichtausbeute beträgt bei 15-W-Leuchten für ChBS 42 u. für TBS 46 lm W^{-1}. D. HOENE. 5972□

Neue Konstruktion einer scharfachsigen Röntgenröhre mit Ersatz des Kathodenfadens im Vakuum. W. D. Beswerchi. (Український Фізичний Журнал [Ukrain. physik. J.] **4.** 254—59. März/April 1959. Dnepropetrowsk, Berginst.) (Ukrain.; Auszug: Engl.)

Die beschriebene neue Konstruktion einer Elektronenröntgenröhre (Abb.) erlaubt die Korrektur der Lage des Kathodenfadens in bezug auf den Spalt des fokussierenden Konus u. die Regulierung der Größe des Brennflecks auf der Antikathode. Die Röhre hat 5 Fenster für den Austritt von Röntgenstrahlbündeln unter verschiedenen Winkeln. Man erhält Röntgenaufnahmen mit relativ geringem Untergrund u. guter Trennung u. Schärfe der Linien. R. K. MÜLLER. 5974□

Elektronische Schaltung der Belichtungszeiten bei Röntgenanlagen. Arnold Pfahnl. (Z. angew. Physik **12.** 329—33. Juni 1960. East Orange, N.J.) (Dt.)

Vf. gibt einen Überblick über die wichtigsten Vorteile u. Anwendungsgebiete der elektron. Steuerung des Stromes in Röntgenröhren für die medizin. Diagnostik u. beschreibt die wichtigsten Schaltröhren u. Steueranlagen, die in den letzten Jahren prakt. Anwendung gefunden haben. H. FRIES. 5974□

Die Siliziumzelle im Hochspannungsgleichrichter. P. G. Zehnel, M. Bräuer und H. D. Engelke. (Frequenz **14.** 259—63. Aug. 1960. Berlin, Telefunken.) (Dt.)

Die Möglichkeit, Si-Zellen in Reihenschaltung für Hochspannungsgleichrichter zu benützen, wird diskutiert u. die Ergebnisse mit den Se-Gleichrichtern verglichen. Dabei wird ein Größen- u. Gewichts-Vgl. durchgeführt. Eine gleichmäßige Spannungsaufteilung auf die Si-Zellen kann durch parallel geschaltete Kondensatoren erzielt werden. Zur Kurzschlußsicherheit muß eine hohe Trafostreuung gewählt werden. Die Spannungsstoßsicherheit wird ebenfalls durch die Parallelkondensatoren erreicht. Der Wrkg. Grad der Gleichrichter wird ermittelt. Die Verw. von Si- Zellen hat keine bes. Risiken. M. WIEDEMANN. 5976□

Siemens-Planiawerke Akt.-Ges. für Kohlefabrikate, Meitingen (Erfinder: Erich Fitzer, Alfred Pelz und Edgar Sperk, Meitingen b. Augsburg), **Herstellung von Kohle- oder Graphitverbindungen von Graphitelektroden.** Um Elektrodenstränge mit anderen gleichen Teilen fest zu verbinden, werden Nippelverbindungen mit einem Kitt, der bei über 400° verkokt u. auch schon bei tiefer Temp. fest wird, gesichert. Der Kitt besteht aus 30—50 (Gew.-%) Weichpech mit einem Erweichungspunkt unter 100°, das 30—60% flüchtige Teile enthält, aus 20—50 Phenol-Formaldehyd-Resol u. aus einem Lsg.-Vermittler, wie Formamid u./oder dessen N-Alkyl-Derivv. oder Furfurol, in einer 5—30% der plast. Anteile der vorgenannten Stoffe homogen ineinander lösenden Menge. Der Kitt wird nach dem Aufbringen mit einem Katalysator für die Kunstharzkomponente gehärtet. (**D. A. S. 1 104 880** Kl. 80b vom 5/5. 1959, ausg. 13/4. 1961.) G. FRIKELL. 5953

James Dayton Hedges, Havana, Cuba, **Kohlenstoffhaltige Gegenstände.** Gemische aus C-haltigen Stoffen, die reich an flüchtigen Bestandteilen sind, wie bituminöse Kohle, u. C-haltigen Stoffen, die arm an solchen Bestandteilen sind, wie Graphit, werden unter hohem mechan. Druck in Formen gepreßt u. an den Formen durch einen kräftigen elektr. Strom erhitzt, bis die fl. Bestandteile durch Verkoken entfernt sind u. im wesentlichen aus C bestehende Körper übrigbleiben; sie eignen sich bes. als *Kohleelektroden.* (**E. P. 794 989** vom 1/2. 1955, ausg. 14/5. 1958. A. Prior. 5/2. u. 19/11. 1954.) F. REINHART. 5953

Comp. Générale de Télégraphie sans Fil (Erfinder: René Clement und Bernard Tristan), Paris, Frankreich, **Herstellung eines keramischen Dielektrikums mit hoher Dielektrizitätskonstante und gering. Temperatur-Koeffizienten der DK** auf der Basis von $BaTiO_3$, gek. durch die Mischung von 50—99,5 (Gewichts-%) $BaTiO_3$ mit 50—0,5 einer oder mehrerer vorgebrannter Zus. der allg. Formel $n(A_xB_yB_2O_9)$, in welcher A = Bi, Ba, Sr, Ca, Pb, Na, K, Cd oder ihre Gemische, B = Ti, Nb, Ta oder ihre Gemische u. n eine ganze Zahl bedeutet u. wobei $x + y = 3$ ist. Die Masse wird wie üblich geformt u. gebrannt. (**D. A. S. 1 104 882** Kl. 80b vom 28/1. 1958, ausg. 13/4. 1961. F. Prior. 31/1. 1957.) G. FRIKELL. 5957

General Electric Co., Schenectady, N.Y., V.St.A., **Herstellung eines weichen, ferromagnetischen Ferritmaterials.** Man sintert ein Gemisch, das aus 49—57 (Mol-%) Fe_2O_3, 18—32 ZnO, 0,25—0,75 V_2O_5 u. zum Rest aus NiO besteht. (**Holl. P. 95 561** vom 4/11. 1953, ausg. 15/10. 1960.) F. BÖHM. 5959

Laboratorium für Adsorptionstechnik G.m.b.H., Deutschland, **Primärelement** mit Depolarisation durch Luftsauerstoff. Die Depolarisationselektrode besteht aus einem Gemisch aus Ruß u. einer Aktivkohle mit einem Korndurchmesser < 1 mm, bes. 0,3—0,06 mm, deren Benetzungswärme in Bzl. u. in W. $> 2,5$ ist, oder deren Zers.-Vermögen für H_2O_2 so groß ist, daß 200 mg der gesiebten Kohle (⌀ 0,075—0,06 mm) bei 20° in 3 Min. aus 25 cm³ 3%ig. H_2O_2 mindestens 50 cm³ O_2 bei Normaldruck entwickeln. Die negative Elektrode besteht aus Mg oder Al oder einer Mg-Al-Legierung. Als Elektrolyt dient eine Lsg. eines Alkali- oder Erdalkalisalzes, bes. $MgBr_2$ oder $AlBr_3$. (**F. P. 1 140 020** vom 5/1. 1956, ausg. 9/7. 1957. D. Prior. 31/3. 1955.) J. WEIS. 5971

Soc. An. Les Piles Wonder (Erfinder: Alfred Grund und Fernand Jolas), Seine, Frankreich, **Verbesserung an galvanischen Primärelementen.** Die lösl. Elektrode trägt auf ihrer dem verdickten Elektrolyten zugekehrten Seite eine festhaftende, im Elektrolyten unlösl., den Stromdurchgang nur wenig behindernde Trennschicht, die chem. beständig ist, z. B. aus Papierfasermasse mit einem geeigneten Bindemittel oder Überzüge aus Polyvinylalkohol oder Alkylcelluloseäther, z. B. Methylcellulose, die mit Plastifiziermitteln versetzt sein können. — 3 Zeichnungen. (**F. P. 1 149 311** vom 7/4. 1956, ausg. 24/12. 1957.) J. WEIS. 5971

Rudolf Rauter, Zürich, Schweiz, **Sekundär-Trockenelement** mit Bleielektroden. Der H_2SO_4-Elektrolyt enthält koll. dispergierte, auf pyrogenem Wege hergestellte Kieselsäure. Die thixotrope Masse wird durch Rühren u. dgl. verflüssigt, mit Kieselgur versetzt u. in die Elementenzelle gegossen, die dann gasdicht verschlossen wird. (**Oe. P. 192 979** vom 10/3. 1955, ausg. 11/11. 1957. Schwz. Prior. 26/2. 1955.) J. WEIS. 5971

Houillères du Bassin du Nord et du Pas-de-Calais, Douai, Frankreich, **Akkumulatoren-Batterie** für schlagwettergefährdete Untertagebetriebe oder andere Betriebe, in welchen Explosionsgefahr besteht. An dem oberen Teil jedes einzelnen Zellengehäuses befinden sich lediglich die Gasabzugsöffnungen, während die Polbrücken u. Polköpfe, die Zellenverbinder u. Endpolköpfe an dem unteren Teil der Gehäuse angeordnet sind. Die außerhalb der Gehäuse befindlichen metall. leitenden Teile sind in einem die Fortpflanzung der Flamme verhindernden Stoff (I), der sich im Batteriekasten befindet, eingebettet. I kann bestehen aus: Quarzkörnern oder plast. Werkstoffen; z. B. Chloropren oder Polyvinylchlorid, oder gegossenem Bitumen. — Zeichnungen. (**E. P. 851 069** vom 18/2. 1958, ausg. 12/10. 1960. **Belg. P. 564 826** vom 14/2. 1958, ausg. 15/7. 1960. Beide F. Prior. 28/2. 1957.) F. LAASS. 5971

Jean Piroux, Seine, Frankreich, **Verbesserungen an dicht verschlossenen Akkumulatoren.** Zum F. P. 1 095 834 ist nachzutragen: Während der Formierung des Akkumulators in umgekehrter Lage steht ein Docht mit dem Plattensatz in Berührung, der den Überschuß an Elektrolyt ableitet, dessen Viscosität durch geeignete Mittel erhöht wurde. (**F. P. 67 027** vom 23/10. 1954, ausg. 4/11. 1957. **Zusatz zu F. P. 1 095 834; C. 1956. 11270.**) J. WEIS. 5971

Yardney International Corp., V.St.A. (Erfinder: Charles M. Gold und Renato Di Pasquale), **Elektrodenanordnung für Akkumulatoren,** bei denen die akt. Massen u. das dazwischengefügte Separatormaterial unter Druck zusammengebaut sind. Die streifenförmigen Separatoren, die aus saugfähigem Material, z. B. Papier, u. aus semipermeablem Material, z. B. Cellulosehydrat- oder Polyvinylalkoholfolien bestehen, sind in Längs- u. außerdem in Querrichtung gefaltet, so daß sie Taschen zur Aufnahme der Elektroden bilden, wobei die Außenseite durch die semipermeable Folie gebildet wird u. die saugfähige Schicht an einer Querseite übersteht u. dochtartig mit dem Elektrolyten in Berührung steht. Die längsgefalteten Separatorstreifen können auch um eine eingelegte Elektrode gewickelt werden. — Beispiel: *Silber-Zink-Akkumulator*. — 4 Zeichnungen. (**F. P. 1 134 952** vom 25/10. 1955, ausg. 23/4. 1957. A. Prior. 5/11. 1954.) J. WEIS. 5971

Successeurs de J. Roque-Piotet, Rhône, Frankreich, **Separator für Akkumulatoren** besteht aus einem Gewebe aus Synth.-Fasern, z. B. Polyamidfasern, in dem in Abständen parallele Fäden größeren Durchmessers eingewebt sind, die als vertikale Abstandshalter zwischen den Elektroden dienen u. einen freien Gasdurchgang gestatten. — 2 Zeichnungen. (**F. P. 1 127 372** vom 13/7. 1955, ausg. 14/12. 1956.) J. WEIS. 5971

Soc. Novacel, Seine, Frankreich, **Separator für Akkumulatoren** aus Fasermatten, deren Fasern untereinander verschweißt (bei Verw. thermoplast. Fasern) oder verklebt sind. Als Bindemittel dienen Lsgg., z. B. von Cellulose-Derivv., Polyamiden, Polyestern, Vinyl- u. Acryl-Derivv., Latex u. dergleichen. (**F. P. 1 146 292** vom 27/3. 1956, ausg. 8/11. 1957.) J. WEIS. 5971

Ruhrchemie Akt.-Ges. und Steinkohlenelektrizität Akt.-Ges., Deutschland, **Betriebsweise für ein Brennstoffelement** zur direkten Umwandlung der chem. Energie fester, fl. oder gasförmiger Brennstoffe in elektr. Energie, dad. gek., daß das Element mit einem Wärmekraftprozeß gekoppelt wird, in dem die nicht in elektr. Energie umgewandelte chem. Energie, die in Form von Wärme u. einem Rest chem. Energie (nicht umgesetzter Brennstoff) auftritt, ausgenützt wird. Das Element wird — entweder mit Hilfe von Stoffen, die am Umwandlungsprozeß teilnehmen (Brennstoff, Oxydationsmittel, Elektrolyt) oder mittels fremder Wärmeüberträger — gekühlt u. die abgeführte Wärme evtl. in Verbindung mit der Verbrennungswärme elektrochem. nicht umgesetzten Brennstoffs, techn. verwertet. — 4 schemat. Zeichnungen. (**F. P. 1 149 229** vom 16/3. 1956, ausg. 23/12. 1957. D. Prior. 17/3. 1955.) J. WEIS. 5971

Minnesota Mining & Mfg. Co., Saint Paul, Minn., V.St.A., **Elektrisches Leitungselement für thermoelektrische Generatoren** besteht im wesentlichen aus *Pb* u. einem *Te–Se*-Bestandteil u. geringen Mengen eines Elementes, das eine günstige Kombination zwischen Leitfähigkeit u. thermoelektr. Kraft herzustellen vermag, u. zwar *Bi, Ta, Mn, Zr, Ti, Al, Ga, Cl, Br, J, In, U, Si, Cu, Au, Sb, F, Nb, Na, K, Tl, Li* u. *As* einzeln oder zu mehreren mit der Maßgabe, daß die Menge des Se–Te-Bestandteiles linear variiert mit den Atomproportionen von Se u. Te, derart, daß sie minimal 37 (%) u. maximal 38,05 beträgt bei Vorhandensein einer Spur von Se u. minimal 26,5 u. maximal 27,55 bei Vorhandensein einer Spur von Te. An Stelle des Te–Se-Bestandteiles kann ein solcher von *S–Se* treten. (**E. P. 814 594** vom 12/7. 1955, ausg. 10/6. 1959. A. Prior. 12/7. u. 15/12. 1954.) C. GÖTZE. 5971

Egyesült Izzólámpa és Villamossági Részvénytársaság, Budapest, Ungarn, **Herstellung einer Oxydkathode für elektrische Entladungsröhren.** Der Elektronen emittierende Stoff wird in üblicher Weise durch Erhitzen einer Mischung aus Ba-, Sr- u. Ca-Carbonat (zweckmäßig im Mol-Verhältnis 2:1:2) erzeugt, jedoch setzt man dieser Mischung TiO_2, GeO_2 u./oder Al_2O_3 zu, wodurch eine vollständige Zers. der Carbonate bei $<1000^0$, z. B. $800-900^0$, möglich wird. Die Gesamtmenge der zugesetzten Oxyde soll nicht größer sein als diejenige des Erdalkalioxyds, von dem in der Mischung am wenigsten vorhanden ist. (**Holl. P. 95 838** vom 23/4. 1953, ausg. 15/11. 1960. Ung. Prior. 24/4. 1952.) F. BÖHM. 5975

Metallgesellschaft Akt.-Ges. (Erfinder: **Rudolf Brodt** und **Heinz Keller**), Frankfurt/M., *Feuerfeste elektrische Isolierschichten*. (**D. A. S. 1 090 916** Kl. 48d vom 4/9. 1954, ausg. 13/10. 1960. — C. **1958.** 14419 [F. P. 1 128 830].)

N. V. Philips' Gloeilampenfabrieken, Eindhoven, Holland, *Herstellung eines ferromagnetischen Materials*. (**Ind. P. 58 046** vom 1/8. 1956, ausg. 24/10. 1957. — C. **1959.** 13908 [Holl. P. 88 281].)

Comp. Française Thomson-Houston, Seine, Frankreich (Erfinder: **Gilbert Goodman**), *Komplexe ferroelektrische Niobate* (**F. P. 1 137 449** vom 29/7. 1955, ausg. 28/5. 1957. A. Prior. 12/8. 1954. — C. **1957.** 521 [A. P. 2 731 419].)

Soc. des Accumulateurs Fixes et de Traction, Romainville, Frankreich, *Alkalischer Akkumulator*. (**E. P. 835 086** vom 19/9. 1957, ausg. 18/5. 1960. F. Prior. 20/9. 1956. — C. **1960.** 8987 [F. P. 1 158 604].)

Yardney International Corp., New York, N.Y., V.St.A., *Elektrode, besonders für alkalische Sammler*. (**Oe. P. 193 452** vom 18/2. 1952, ausg. 25/11. 1957. A. Prior. 15/7. 1950. — C. **1954.** 9360 [Finn. P. 26 809].)

Owens-Corning Fiberglas Corp., Toledo, Ohio, V.St.A., *Separator für Akkumulatoren*. (**Oe. P. 192 980** vom 30/12. 1953, ausg. 11/11. 1957. A. Prior. 22/3. 1950. — C. **1953.** 7372 [A. P. 2 607 810].)

Pertrix-Union G. m. b. H., Ellwangen/Jagst, *Herstellung von galvanischen Plattenzellen.* (**Oe. P. 191 487** vom 27/1. 1955, ausg. 26/8. 1957. D. Prior. 9/2. 1954. — C. **1960.** 2651 [D. A. S. 1 033 747].)

Edgar Gretener, Zürich, Schweiz, *Hochleistungsblasbogenlampe.* (**Ind. P. 56 111** vom 20/12. 1955, ausg. 17/1. 1958. — C. **1958.** 12213 [D. B. PP. 839 824 u. 968 337].)

N. V. Philips' Gloeilampenfabrieken, Eindhoven, Holland, *Vorratskathode.* (**Schwed. P. 156 128** vom 26/11. 1952, ausg. 18/9. 1956. A. Prior. 29/11. 1951. — C. **1956.** 11270 [Oe. P. 177 845].)

Plessey Co. Ltd., England, *Dielektrisches keramisches Material.* (**F. P. 1 130 182** vom 22/8. 1955, ausg. 31/1. 1957. E. Prior. 23/8. 1954. — C. **1960.** 7637 [E. P. 809 439].)

IV. Wasser. Abwasser

Neuzeitliche Aufbereitung von Salzwasser. Joseph J. Strobel. (Chem. Engng. Progr. **57.** Nr. 1. 37—41. Jan. 1961. U.S. Dept. Interior, Office of Saline Water.) (Engl.)

Um aus Seewasser ein gutes Trinkwasser zu gewinnen, sind verschiedene Verff. ausgearbeitet worden: Dest., Ausnutzung der Sonnenwärme, Membran- u. Gefrier-Verff. u. andere. Die verschiedenen Verff. werden vom Vf. kurz charakterisiert. F. ROSENDAHL. 6014□

Wärmeübergang in einer Sprühkolonne. Teynham Woodward. (Chem. Engng. Progr. **57.** Nr. 1. 52—57. Jan. 1961. Food Machinery & Chem. Corp.) (Engl.)

Bei den Verss., bei denen der Wärmeübergang durch unmittelbare Berührung von zwei Fll. stattfindet, ergab sich, daß der Wärmeübergangs-Koeff. von der Stauung u. der Beweglichkeit (Liquidität) des KW-Stoff-Austauschmediums abhängt. Die Verss. lieferten geeignete Grundlagen zur Gewinnung von Trinkwasser aus Seewasser. F. ROSENDAHL. 6014□

Wärmerückgewinnung aus Dämpfen einer Verdampfung ohne metallische Oberfläche. D. F. Othmer, R. F. Benenati und G. C. Goulandris. (Chem. Engng. Progr. **57.** Nr. 1. 47—51. Jan. 1961. Brooklyn, N.Y., Polytechnic Inst.) (Engl.)

Die Grundlage des Verf. ist die, daß zwei Kammern, von denen eine die Sole u. die andere W. enthält, in der Dampfphase miteinander verbunden sind. Auf diese Weise soll Trinkwasser aus Seewasser gewonnen werden. Beim Gleichgewicht ist der Teildruck des W. der Sole gleich dem Dampfdruck des Wassers. Bei höherer Temp. der Sole übersteigt ihr Dampfdruck den des W., wodurch Wasserdampf von der Sole zum W. übergeführt wird. Die Temp. der Sole braucht nur um einige Tausendstel Grad über den Gleichgewichtsbedingungen zu liegen, um schon sehr große Mengen Dampf zum W. zu überführen. Da durch die Überführung des Dampfes eine Abkühlung der Sole eintritt, hört die Überführung von Dampf auf, wenn ein Gleichgewicht erreicht ist. Luft u. andere nicht kondensierbare Gase stören den Prozeß, so daß das Gleichgewicht zu früh erreicht wird. In der Sole gelöste Gase müssen daher entfernt, u. ebenso muß ein Eindringen von Luft verhindert werden. Vff. befassen sich mit den theoret. Grundlagen des Verf. u. geben rechner. Unterlagen. F. ROSENDAHL. 6014□

Salzwasseraufbereitung mit einem Mehrzweckrotationsverdampfer. Richard L. Clark und LeRoy A. Bromley. (Chem. Engng. Progr. **57.** Nr. 1. 64—70. Jan. 1961. California, Univ.) (Engl.)

Nach Beschreibung des Verdampfers wird dargelegt, wie durch Anwendung einer statist. Strich-Meth. der Dampfverbrauch u. die Produktionsrate des App. berechnet werden kann. Entsprechende Verss. konnten die jeweils gemachten Voraussagen bestätigen. F. ROSENDAHL. 6014□

Verhinderung der Bildung von Ansätzen in Seewasserverdampfern. F. C. Standiford und J. R. Sinek. (Chem. Engng. Progr. **57.** Nr. 1. 58—63. Jan. 1961. N. L. Badger Associates, Inc.) (Engl.)

Das W. wurde auf 88° bei einer Siede-Temp. von 90° erwärmt mit einer Differenz von 1—2°. Wurde ohne Säurezusatz gearbeitet, so wurden nach 162 Std. starke Ndd. auf den Erhitzerrohren festgestellt. Wurde jedoch durch Zusatz von Säure ein pH-Wert von 7,5 aufrechterhalten, so zeigten sich auch nach 180 Std. keine Niederschläge. In bezug auf $CaCO_3$ muß der pH-Wert um 0,3—0,4 Einheiten höher liegen, während $Mg(OH)_2$ nicht berücksichtigt werden muß. Diese Erkenntnisse sind bes. wichtig bei der Gewinnung von Trinkwasser aus Seewasser durch Verdampfen. F. ROSENDAHL. 6014□

Salzwasseraufbereitung durch Ausfrieren mit Kohlenwasserstoffen. George Karnofsky. (Chem. Engng. Progr. **57.** Nr. 1. 42—46. Jan. 1961. Blaw-Knox Co.) (Engl.)

Seewasser (**II**) wird durch teilweises Inberührungbringen mit sd. *Butan* (**I**) zu einem Brei gefroren. Da **I** unterhalb des Gefrierpunktes des **II** siedet, so wird die benötigte Verdampfungswärme aus dem **II** gewonnen, es muß lediglich darauf geachtet werden, daß **I** u. **II** in inniger Berührung stehen. Der entstehende Brei wird durch Waschen mit **II** entsalzt. Das gewaschene Eis wird dann durch Umkehrung des Prozesses aufgeschmolzen. Der **I**-Dampf des Gefrierers wird unter leicht erhöhtem Druck verflüssigt, Verflüssigungs-Temp. liegt bei 0°, u. wird mit dem Eis in Berührung gebracht. Das Eis schmilzt u. das **I** wird dem Gefrierer zugeführt. Das Reinwasser u. das konz. **II** geben ihre Kälte an frisches **II** ab. Das Verf. erfordert nur einen geringen zusätzlichen Energieaufwand, da beim Gefrieren u. Auftauen die Wärme unmittelbar übertragen wird u. weil die Erniedrigung des F. des teilweise konz. **II** nur gering ist. Das Verf. wird in allen Einzelheiten beschrieben. F. ROSENDAHL. 6014□

Über die Ammonium-Natrium-Kationierung von Wasser. P. W. Prichodko. (Сахарная Промышленность [Zucker-Ind.] **34.** Nr. 1. 46—48. Jan. 1960. Derjugino, Zuckerkombinat.) (Russ.)

Vf. beschreibt verschiedene Meth. der Regenerierung von Kationenfiltern, wie sie bei der Kesselspeisewasserreinigung verwendet werden, wobei hauptsächlich NaCl, $(NH_4)_2SO_4$, NH_4NO_3, NH_4Cl u. wenig Na_2CO_3 in unterschiedlichen Mischungsverhältnissen zugefügt werden. Die Anwendungsmöglichkeiten u. Vorteile (Steuerung u. Verringerung der Alkalität des Kesselspeisewassers, geringer Brennstoffverbrauch, Korrosionsverhütung) der NH_4-Na-Kationierung des W. in der Zuckerindustrie werden diskutiert. GOTTFRIED SCHREIBER. 6030□

Neuartige Filter für Aufbereitung und Filtration von Kreislaufwässern. Wolfgang Hett. (Wasser, Luft Betr. **5.** 63—67. Febr. 1961. Siegen.) (Dt.)

Am Beispiel eines geschlossenen Kühlwasserkreislaufs mit offener Rückkühlung, etwa durch einen Kühlturm, wird die Möglichkeit einer einwandfreien Filtration des verschmutzten umlaufenden W. erörtert. Es ist durchaus nicht erforderlich, die gesamte Wassermenge ständig zu filtrieren, in fast allen Fällen genügt eine Teilstromfiltration. Ebenso ist es möglich, Einfl. auf die etwa zunehmende Härte, den Salz-Geh., den Geh. an überschüssiger CO_2 u. andere Verunreinigungen zu nehmen. G. BAUER. 6030□

Untersuchung des Abblasens von Schwefelwasserstoff aus den Abwässern der Erdöl verarbeitenden Fabriken. I. L. Marjassin. (Химия и Технология Топлив и Масел [Chem. Techn. Brennstoffe Öle] **3.** Nr. 2. 34—41. Febr. 1958.)

In einer Labor.-App. wurde die Ausblasung von H_2S aus Sulfide enthaltenden Wässern durch Begasen mit N_2, Luft, CO_2 u. CO_2-Luft-Mischungen untersucht, der Koeff. der Massenübertragung u. -ausgasung für H_2S aus solchen Abwässern bestimmt, wobei der spezif. Gasverbrauch, die Temp. u. die Verweilzeit geändert wurden. Bei normaler Temp. blasen Luft u. N_2 merkbar schlechter aus als CO_2; man nimmt daher zweckmäßig CO_2 oder CO_2-haltige Gase mit einem optimalen CO_2-Anteil von 50%. Für CO_2-freie Gase muß die H_2S-Austreibung bei Temp. um 100° durchgeführt werden. Ein Zweistufen-Verf. ist vorzuziehen. Vorheriges Ansäuern der Wässer erleichtert die Ausgasung von H_2S, wobei man aus wirtschaftlichen Gründen Abfallsäuren einsetzt. Entsprechend den verschiedenen Belastungen an CO_2 u. Abwasser, stellte sich der CO_2-Verbrauch auf 3—4,5 Nm^3 CO_2 für 1 kg H_2S. A. HELMS/Ludwigshafen. 6042□

Entgiftung und Neutralisation galvanischer Abwässer und die Beseitigung von Abfallsäuren. Heinz Anders. (Wasser, Luft Betr. **5.** 68—69. Febr. 1961. Ludwigshafen/Rh.) (Dt.)

Bei der Reinigung galvan. Abwässer ist zu unterscheiden zwischen Fließspülwässern, d. h. solchen, die beim Spülen von Werkstücken in fl. W. entstehen, Spülwässern mit Schadstoff-Konzz. bis 25 mg/Liter CN bzw. CrO_3 bzw. 3 mVal freier Säure, dann stärkere Spülwasser wie Standspülwässer, die höhere Mengen Schadstoffe enthalten u. Konzentrate wie verbrauchte Metallbeizen, saure Galvanisierungsbäder, Polierbäder, Phosphatierungsbäder, Eloxalbäder, cyanid. Entfettungsbäder, Abschreckbäder aus Härtereien u. Spülwässer hoher Konzentration. Fließspülwässer können meist kontinuierlich entgiftet u. dann gemeinsam neutralisiert werden. Konzentrate müssen getrennt erfaßt u. in Behältern gesammelt werden; sie können in sehr kleinen gleichmäßigen Mengen den Fließspülwässern zugeführt werden, wenn dabei die obigen Grenz-Konzz. nicht überschritten werden, oder sie werden in Anteilen entgiftet, neutralisiert u. abgeleitet. G. BAUER. 6042□

Biosorption in der Anwendung zur Reinigung von Kartoffelstärkeabwässern. A. Kintzel. (Stärke **12.** 59—60. Febr. 1960. Warschau, Inst. für Gärungsind.) (Dt.)

Wie Vf. durch Labor.-Verss. zeigt, ist Belebtschlamm zur Reinigung der fruchtwasserhaltigen Abwässer von Kartoffelstärkefabriken bes. geeignet. Vf. spricht von einem „Biosorptionsverfahren". Nach Kontakt des Belebtschlammes mit dem Abwasser ist schon nach 5 Min. ein Absinken des BSB_5-Wertes auf ca. 70% zu erreichen, nach 30 Min. erreicht dieser Wert 90%. Mit allen Nebenoperationen dauert der gesamte Reinigungsprozeß ca. $2^1/_2$ Stunden. Die für das Verf. notwendigen Belebtschlammflocken lassen sich nach Vf. jederzeit unter Verw. von städt. Abwasserschlamm herstellen. M. ULMANN. 6044□

Analyse von schwerem Wasser in Konzentrationen, die jenen in natürlichen Wässern vorkommenden nahe stehen. 1. Mitt. J. L. Otero de la Gándara und M. Gispert Benach. (An. Real Soc. españ. Física Quím., Ser. B **55.** 73—82. Jan. 1959. Junta de Energ. Nucl.) (Span.)

Es wurden 2 einfache App. entwickelt, mit denen die Konz. an D_2O nach der Schwebekörper-Meth. mit $\pm$ 0,002 Mol-% Fehler bestimmt werden kann. Sind die D_2O-Konzz. ähnlich den in natürlichen Wässern vorkommenden (0,0150 Mol-%), so werden je 2 Proben u. 2 Vgl.-Muster (W. des Atlantik mit 0,0149 Mol-% D_2O) in 4 in Serie geschalteten Elektrolysezellen unter gleichen Bedingungen elektrolysiert. Durch Vgl. der End-Konzz. der 4 Proben u. der Anfangs-Konzz. der 2 Vgl.-Muster errechnet man die D_2O-Anfangs-Konz. der Probe mit $\pm$ 3,5% Fehler. Für das W. des Rio Gállego ergab sich ein D_2O-Geh. von 0,0136 $\pm$ 0,005%. W. METZENER. 6056□

Spektrophotometrische Bestimmung von Natrium, Kalium und Calcium im Wasser der Bezirke Lima und Ica. Idalvina Palacios Borjas. (An. Fac. Farmac. Bioquím. **6.** 533—37. 1955. Labor. del Inst. Sanitas S.P.) (Span.)

8 Literaturhinweise. H. GUISCHARD. 6060□

Untersuchungen über die bakterielle Schwefeloxydation in der Elbe. Bernhard Mütze und Horst Engel. (Arch. Mikrobiol. **35.** 303—09. 1960. Hamburg, Staatsinst. für allg. Bot. u. Bot. Garten, Mikrobiol. Abt.) (Dt.)

Seit 2 Jahren untersuchen Vff. die Elbe auf der Strecke von Schnackenburg bis unterhalb Hamburg auf das Oxydationsvermögen für $Na_2S_2O_3$ (**I**). Aus in sterilen Flaschen genommenen Wasserproben wurden jeweils 50 ml u. 5 ml einer sterilen Nähr-Lsg. (22 g $Na_2S_2O_4 \cdot 5\,H_2O$, 11 g KNO_3, 5 g K_2HPO_4 u. 10 g $NaHCO_3$ ad 1000 ml; pH 8,0) in 300-ml-ERLENMEYER-Kolben gefüllt u. 48 Std. bzw. 6 Tage bei 25° bebrütet. Die Ermittlung des Oxydationsgrades erfolgte durch jodometr. Best. des Rest-Geh. an **I**. Die Potenz zur **I**-Oxydation kann als Maß für den Geh. des W. an vermutlich aus Abwässern stammenden schwefeloxydierenden Bakterien, nicht jedoch für die Schwefeloxydation im Fluß überhaupt gelten. Das Oxydationsvermögen nahm flußabwärts bis kurz vor Hamburg kontinuierlich ab, um nach Anstieg im Hafengebiet unterhalb weiter abzusinken u. unterhalb Wedel prakt. den Nullwert zu erreichen. Die Oxydationspotenz war im Winter mindestens so stark wie im Sommer, obwohl die Bakterien im Fluß selbst während des Winters inakt. waren. Hochwasser vermindert das Oxydationsvermögen, Niedrigwasser läßt es ansteigen. Aus Elbewasser konnten *Thiobacillus thiooxydans* u. *Th. denitrificans* nachgewiesen werden. HANS THIELE. 6064□

Stamicarbon N. V., Heerlen, Holland, **Kontinuierliche Wasserbestimmung** mit dem KARL-FISCHER-Reagens. Bei der Durchführung des Verf. gemäß Holl. P. 94 380 wird Verschmutzung der Generatorkathode vermieden, wenn man als Jodid HJ oder ein HJ-Salz einer organ. Base, bes. von Pyridin, verwendet. (**Holl. P. 96 458** vom 11/10. 1958, ausg. 15/12. 1960. **Zusatz zu Holl. P. 94 380; C. 1961. 5206.**) F. BÖHM. 6061

L. von Roll Akt.-Ges., Schweiz, *Entwässern von Frisch- und Faulschlamm.* (**F. P. 1 177 389** vom 20/6. 1957, ausg. 23/4. 1959. Schwz. Prior. 19/12. 1956. — C. **1960.** 13 806 [Oe. P. 203 423].)

V. Anorganische Industrie

Die Wechselwirkung von β-2 CaO–SiO$_2$ mit Lösungen von Natriumaluminat. M. F. Malyschew. (Цветные Металлы [Nichteisenmetalle] **31.** Nr. 1. 52—56. Jan. 1958. Allunions Inst. für Aluminium u. Magnesium.)

Es wird die Möglichkeit aufgezeigt, den Zerfall von β-2 $CaO \cdot SiO_2$ (**I**) in Lsgg. von Na-Aluminat auf Grund des Kaustifizierungsgrades von Soda u. der Konz.-Verringerung von Al_2O_3 in der Lsg. festzustellen. Es besteht eine Beziehung zwischen den Veränderungen der Konzz. von Carbonat-Na_2O (Na_2O_{cb}) u. Al_2O_3, die durch Einw. von **I** auf die Aluminat-Lsgg. bei der Auslaugung von Sinterkuchen entstehen: $Na_2O_{cb} = 2{,}07$ A g/Liter, wo $Na_2O_{cb \to cu}$ die Kaustifizierung der Soda in der Lsg. (g/Liter) u. A die Al_2O_3-Verluste bedeuten. Es wird gezeigt, daß ein völliger Zerfall von **I** nach 2 $CaO \cdot SiO_2$ + Na-Aluminat-Lsg. $\rightarrow$ 2 $Ca(OH)_2$ + Na_2SiO_3 + Lsg. während der Sodaauslaugung eintritt, während die angenommene Rk. nach 2 $CaO \cdot SiO_2$ + 2 H_2O $\rightarrow$ $CaO \cdot SiO_2 \cdot H_2O$ + $Ca(OH)_2$ nicht erfolgt. E. v. PEZOLD. H 261□

Verwendung von Fällungsmitteln in der Tonerdeindustrie. Sz. I. Kuznyecov, O. V. Szerebrenyikova und I. A. Kakovszekij. (Kohàszati Lapok **93**. 241–44. Juni 1960. Swerdlovsk, Uraler TU.) (Ung.)

Zur Beschleunigung des Absetzens von Rotschlamm wird allg. Roggenmehl verwendet. Um dieses Nahrungsmittel für die Volksverpflegung verwerten zu können, wurden Verss. mit einem sehr akt. Flokulator „Separan 2610" (**I**, ein Polyacrylamid) ausgeführt. Von diesem genügen 30–60 g/t Rotschlamm, falls der Geh. an organ. Stoffen gering ist, um eine dem Mehl ähnliche Wrkg. zu erzielen. Wenn der Geh. an organ. Stoffen höher ist, wirkt **I** weniger akt., man kann in diesem Fall mit wenig Mehl nachhelfen. **I** wirkt sich auch auf das Absetzen des ausgerührten Tonerdehydrats günstig aus, seine Anwendung vermindert die Menge fester Substanzen im Abfluß.

J. Plank. H 294□

Technologische Entwicklung der Uranerzaufbereitung. Adám Balázs. (Magyar Kémikusok Lapja [Z. Ver. ung. Chemiker] **15**. 492–99. Nov. 1960.) (Ung.)

Literaturzusammenfassung über die physikal. Anreicherung, Aufschließen u. Gewinnung des *U* mit der Ionenaustauscher- u. Extraktionsmethode. G. Halmi. H 339□

Mit der Plutoniumfabrik in Marcoule verbundene Probleme und ihre Lösung. R. Galley. (Trans. Instn. chem. Engr. **36**. 401–14. Dez. 1958. Comm. à l'Énerg. Atom.) (Engl.) — Vgl. C. **1960**. 13304. W. Penn. H 343□

Deutsche Gold- und Silber-Scheideanstalt vormals Roessler, Frankfurt/M., **Trennen von Gasen und Dämpfen.** Man spaltet das zu trennende Gasgemisch in einen Kern- u. einen Außenstrom auf mit Hilfe eines Trenn-Syst., das aus einer Düse u. Diaphragmen besteht. Der Transport des Gasgemisches durch das Syst. erfolgt dadurch, daß das Gas von dem Syst. verdampft u. hinterher kondensiert wird. — Vorr., Zeichnungen. — Anwendung: *Isotopentrennung.* (**Ind. P. 58 604** vom 9/10. 1956, ausg. 18/12. 1958. E. Prior. 27/9. 1956.) H. Nebelsiek. H 228

Food Machinery & Chemical Corp., New York, N.Y., V.St.A., **Herstellung von Wasserstoffperoxyd nach dem Anthrachinonverfahren.** Ein Teil der hydrierten Arbeits-Lsg. wird durch Kühlen, z. B. auf 0°, zum Abscheiden von Kristallen der Hydrochinonform gebracht, die zusammen mit dem nichtgekühlten Teil der hydrierten Arbeits-Lsg. oxydiert wurden. Die Konz. des erzeugten H_2O_2 in einer Arbeits-Lsg., die aus einer 12 Gew.-%ig. Lsg. von 2-Äthylanthrachinon in einem Gemisch von 4 (Gew.-Teilen) Dimethylnaphthalin u. 3 Trioctylphosphat bestand, betrug z. B. 1,3(%), wenn das Hydrochinon in krist. Zustand oxydiert wurde, gegenüber nur 0,8 beim Arbeiten mit in gelöstem Zustand gehaltenem Hydrochinon. — Verf.-Schema. (**E. P. 850 567** vom 11/3. 1959, ausg. 5/10. 1960. A. Prior. 12/3. 1958. **A. P. 2 966 398** vom 12/3. 1958, ausg. 27/12. 1960.) K. Demmler. H 241

Studiengesellschaft Kohle m.b.H., Mülheim/Ruhr, **Herstellung von Alkali- und Erdalkaliborhydriden.** Man behandelt Komplex-Verbb. der allg. Formel $Me(BH_{4-n})$ bzw. $Me(BH_{4-n}R_n)_2$, in welcher Me = Alkali- oder Erdalkalimetall, R = KW-Stoff-Rest u. n = 1–3, mit überschüssigen B-Verbb. der allg. Formel HBRR', in der R = KW-Stoff-Rest u. R' = KW-Stoff-Rest oder H, bei höchstens 200°. — Beispiele. (**Oe. P. 208 338** vom 18/3. 1957, ausg. 25/3. 1960. D. Prior. 28/3. 1956, 6/3. u. 8/3. 1957.) W. Wittholz. H 258

United States Borax & Chemical Corp., Los Angeles, Calif. (Erfinder: Graham Baptie Cooper, Bethel Park, Conn., V.St.A., Anthony Arthur Robinson Wood, Watford, und George Herbert Bull, Barnet, England), **Herstellung eines Borides,** z. B. *Borcarbid, Verbb. des B* mit Cl, Br, S, N u. mit Metallen, wie Ti, Zr, Nb, Ta, Mo, W, Cr, Ni u. seltenen Erdmetallen. Als Ausgangsstoff dient ein Gemisch aus C u. B_2O_3 oder Borsäure, einem Metallborat oder einem oder mehreren anderen B_2O_3 liefernden Stoffen, zweckmäßig zusammen mit Bindemitteln, wie Melasse, Zucker, Stärke oder anderen Kohlenhydraten, auch Pech, Asphalt, Teer oder anderem C-haltigen Material. Dieses Gemisch wird auf 1300–1900°, bes. 1550 bis 1750°, erhitzt. Die anteilmäßige Menge des Bindemittels beträgt 10–50 Gew.-% u. bewirkt vorteilhaft bei Vorwärmung bis zu 700° ein Auflockern der Ausgangsmischung u. besseres Fritten. Zur Herst. von *Metallboriden* wird der Ausgangsmischung das entsprechende Metalloxyd beigemischt. (**Oe. P. 210 390** vom 28/1. 1959, ausg. 25/7. 1960. E. Prior. 13/2. 1958.) W. Wittholz. H 258

Council of Scientific & Industrial Research, Neu-Delhi (Erfinder: Syed Husein Zaheer, Dinkar Shripat Datar, Timmarajn Lakshmi Narasimha Rao, Razia Osmani, Eshwar Raj Saxena, Kadambi Narasimha Moorthy, Yerram Venkatesham, Maddaly Gopola Krishna, Garapaty Seetharamswamy Chowdhury und Kirtosa Ganapatsa Rangrez, Hyderabad), Indien,

Herstellung von Aktivkohle aus Stein- oder Braunkohle, dad. gek., daß man die Kohlen (I) bei 450—750° zu Halbkoks (II) carbonisiert, wobei die I durch die heißen Gase, die durch Verbrennung der bei der Carbonisation entstehenden Gase erhalten werden, direkt erhitzt werden, den II zu einer Teilchengröße von < 150 Maschen B.B.S. zerkleinert, mit Dampf von > 600° behandelt, bis ein Gewichtsverlust von ca. 40 bis 90% eingetreten ist, u. zu einer Maschengröße von 6—300 B.S.S. zerkleinert. An Stelle von Dampf kann der II mit Luft von > 300° behandelt werden. (**Ind. P. 58 007** vom 30/7. 1956, ausg. 15/7. 1959.) C. LÜTTGEN. H 260

United Kingdom Atomic Energy Authority, England, **Herstellung radioaktiver Isotopen,** bes. ^{14}C, durch Bestrahlung eines Nitrids, bes. AlN, mit Neutronen u. anschließende Oxydation des Nitrids bei erhöhter Temp. (600—900°). Aus dem bei der Rk. entstehenden Gas wird das gebildete $^{14}CO_2$ ab- oder adsorbiert. (**F. P. 1 162 794** vom 7/12. 1956, ausg. 17/9. 1958.) P. KÜHN. H 260

John Newton Carothers und Rudolph Joseph Hurka jun., Atlanta, Ga., V.St.A., **Herstellung von Phosphatlösungen.** Rohphosphat wird mit einer wss. H_2SO_4-Lsg. bei < 80° zur Rk. gebracht, wobei die Lsg. auf 1 (Gew.-Teil) P_2O_5 1,9—2,1, bes. 2,06, H_2SO_4, auf 1000 Rohphosphat 1700—2500 W. u. auf 1000 W. wenigstens 0,6 Mol wenigstens eines Alkalisalzes enthält. — Aus einem Ansatz von 407 Floridaphosphat (33,5% P_2O_5), 280 H_2SO_4, 730 W. u. 27,4 NaCl wird bei 60° ein Filtrat mit 15(%) P_2O_5 u. 0,22 F erhalten. (**E. P. 835 848** vom 27/3. 1958, ausg. 25/5. 1960. A. Prior. 29/3. 1957.) K. DEMMLER. H 264

Soc. An. pour l'Industrie de l'Aluminium, Chippis, Schweiz, **Elektrolytische Zelle zur Aluminiumgewinnung,** welche mit einem Strom von wenigstens 40000 A arbeitet. Zur Unterdrückung des starken, zu Störungen während der Elektrolyse Anlaß gebenden Magnetfeldes werden in den aus vorgeformten Kohleblöcken hergestellten Boden der Zelle die Kathodenbarren (I) horizontal in Öffnungen eingeführt. Der der Anode gegenüberliegende gerade Teil der I soll höchstens 0,5 m breiter sein, als die Anode. I werden anschließend nach unten u. dann horizontal aus der Zelle herausgeführt, wo sie mit den Stromzuleitungen verbunden werden. Diese Anschlußstellen sollen ca. 1 m unterhalb des Stahlmantels der Zelle liegen. Bei dieser Anordnung wird auch die magnet. Sättigung des Mantels vermindert. — Zeichnungen. (**Ind. P. 59 491** vom 28/1. 1957, ausg. 19/9. 1957.) F. LAASS. H 294

Laporte Titanium Ltd. (Erfinder: Raymond James Wigginton), **Reinigen von mit Vanadin verunreinigtem Titantetrachlorid** durch Erhitzen auf > 100° mit 0,1—1,0%, berechnet auf das Gewicht des zu reinigenden $TiCl_4$, eines carbonisierbaren organ. Materials in Ggw. von 5—50%, berechnet auf das Gewicht des organ. Materials, feinteiligen Na-Metalls. — Beispiel: 0,052% V, berechnet als V_2O_5, enthaltendes $TiCl_4$ wird mit 0,14 (Gewichtsteilen) eines Mineralöls (JZ 12), das 0,04 feinteiliges Na (Teilchengröße < 150 μ) enthält, unter Rühren am Rückfluß 50 Min. erhitzt. Das abdest. $TiCl_4$ enthielt < $2{,}5 \cdot 10^{-5}$% V; ohne Zusatz von Na wurden zur Erzielung des gleichen Reinheitsgrades 135 Min. benötigt. (**Aust. P. 219 385** vom 24/9. 1957, ausg. 22/1. 1959. E. Prior. 25/9. 1956.) K. DEMMLER. H 321

Zaidan Hojin Sekitan Sogo Kenkyujo, Tokyo, Japan, **Gewinnung von Germaniumverbindungen** aus Gaswasser, das bei der Verkokung von Kohle anfällt. Dieses wird mit einem Oxydationsmittel versetzt u. der Ge-haltige Nd. abgetrennt. Diesen verbrennt man in Ggw. von O_2 bei > 800° u. sammelt das anfallende staubförmige GeO_2. Dieses kann man in üblicher Weise zu $GeCl_4$ chlorieren, letzteres abdest. u. zwecks Herst. von reinem GeO_2 das $GeCl_4$ mit W. hydrolysieren. (**Ind. P. 49943** vom 20/7. 1953, ausg. 7/5. 1955.) H. NEBELSIEK. H 326

Laporte Chemicals Ltd., England, *Herstellung von Wasserstoffperoxyd.* (**F. P. 68 727** vom 20/10. 1955, ausg. 9/6. 1958. E. Prior. 21/10. 1954. Zusatz zu F. P. 1 085 950; C. 1958. 7338. — C. **1958.** 530 [E. P. 777 138].)

Solvay & Cie., Brüssel, Belgien (Erfinder: **Angelo Germano**, Lausanne, Schweiz), *Herstellung von Chlordioxyd.* (**Schwz. P. 349 960** vom 26/9. 1956, ausg. 31/12. 1960. Belg. Prior. 8/10. 1955. — C. **1958.** 8441 [D. A. S. 1 020 006].)

Consolidated Mining & Smelting Co. of Canada Ltd., Montreal, Canada, *Herstellung von Ammoniumsulfamat.* (**Ind. P. 49 857** vom 6/7. 1953, ausg. 30/6. 1954. — C. **1950/54.** 2051 S [F. P. 1 081 515].)

Kaiser Aluminum & Chemical Corp., Oakland, Calif., V.St.A., *Gewinnung von Aluminiumoxyd aus Erzen.* (**Aust. P. 160 705** vom 3/8. 1953, ausg. 3/2. 1955. — C. **1956.** 3131 [A. P. 2 701 752].)

Badische Anilin- & Soda-Fabrik Akt.-Ges., Ludwigshafen/Rh., *Herstellung von wasserfreiem Aluminiumchlorid.* (**E. P. 850 440** vom 9/2. 1959, ausg. 5/10. 1960. D. Prior. 12/2. 1958. — C. **1960.** 1291 [D. A. S. 1 061 757].)

Höganäs-Billesholms Aktiebolag, Höganäs, übert. von: **Otto F. F. Barth,** Stocksund, Schweden, *Rückgewinnung von Vanadin aus vanadinhaltigen Eisenerzen.* (**A. P. 2 771 341** vom 17/7. 1951, ausg. 20/11. 1956. — C. **1950**/54. 4939 S [Norw. P. 84 039].)

Francis Hereward Burstall, Phyllis Joan Forrest, Norman Frank Kember und **Ronald Alfred Wells,** Teddington, England, *Rückgewinnung von Gold.* (**Aust. P. 162 910** vom 28/1. 1953, ausg. 2/6. 1955. — C. **1955.** 3227 [Ind. P. 48 810].)

M. B. Selikin, Herstellung von Natriumhydroxyd nach chemischen Verfahren. Moskau: Gosschimisdat. 1961. (232 S. m. Abb.; 3 Bl. Zeichng.) 86 Kop. [Russ.]

James Walton, Tabellen zur Edelstein-Bestimmung. Stuttgart: Rühle-Diebener. 1961. (83 S.) DM 12,20.

VI. Silicatchemie. Baustoffe

Altes und Neues über die Trübung des Glases durch Fluoride. Fritz Jochmann. (Glas-Email-Keramo-Techn. **11.** 152—58. Mai 1960. Konstein/Mfr., Glasfabrik Phönix.) (Dt.) — Vgl. C. **1960.** 11431.

Außer den bekannten glastrübenden Fluoriden CaF_2 u. NaF beteiligen sich auch noch BaF_2 u. MgF_2 sowie KF an der Trübung. Auch ohne Al_2O_3 oder ZnO als Trübträger kann ein schönes Milchglas erhalten werden. — 29 Literaturangaben.

G. BAUER. 6176□

Die Entwicklung der optischen Gläser. Georg Franke. (Glas-Email-Keramo-Techn. **11.** 149—52. Mai 1960.) (Dt.)

Die Entw. in den letzten Jahren umfaßt bes. die Herst. von Gläsern mit bes. hohem Brechwert, mit einem günstigeren Gang der Teilzerstreuung, von Gläsern, die frei sind von unerwünschten Bestandteilen, mit größerer Beständigkeit gegen chem. Einfl. u. mit verminderter Färbung.

G. BAUER. 6200□

Über die mikromeren Eigenschaften von Glaspulvern. L. Žagar. (Sprechsaal Keram., Glas, Email **93.** 581—88. 20/11. 1960. Aachen, TH, Inst. für Gesteinshüttenkunde.) (Dt.)

Aus 6 techn. Gläsern verschiedener chem. Zus. wurden Pulver in den Siebgrenzen 0,5 bis 0,3, 0,3—0,2 u. 0,2—0,1 mm hergestellt u. mkr. auf ihre granulometr. Zus. analysiert. Ferner wurde die spezif. Oberfläche der Glaspulver nach der Permeabilitäts-Meth. u. die Anzahl der Teilchen pro Gramm des Pulvers durch einfaches Auszählen ermittelt. Die aus der granulometr. Analyse berechneten statist. Kennzahlen der einzelnen Glaspulver lassen keine eindeutige Abhängigkeit von der chem. Zus. der Gläser erkennen. Die auf die Vol.-Einheit bezogene spezif. Permeationsoberfläche ist von der Glassorte unabhängig. Wie die aus den Vers.-Ergebnissen berechneten Vol.-Faktoren der einzelnen Glaspulver, die konst. Zahlen sind, zeigen, weicht die statist. Gestalt der Teilchen von der isometr. Form ab. Die auf dieselbe Weise ermittelten Oberflächenfaktoren sind nur im Hinblick auf die zugrunde gelegte Permeationsoberfläche als konst. zu betrachten.

G. BAUER. 6200□

Das Glas in der Keramik. I. I. Kitaigorodski. (Silikattechnik **10.** 410—14. Aug. 1959. Moskau.) (Dt.)

Gekürzte Übersetzung der in C. **1959.** 17370 referierten Arbeit.

L. SCHWIEGK. 6206

Bedeutung der rheologischen Kurven keramischer Massen für die keramische Technologie. Ss. P. Nitschiporenko. (Доклады Академии Наук СССР [Ber. Akad. Wiss. UdSSR] **118.** 785—87. 1/2. 1958.) (Russ.)

Mit Hilfe des Capillarviscosimeters u. einer App. mit parallelen Platten wurden die strukturmechan. Eigg. eines thixotrop verfestigten Lehms mit 33,5% Feuchtigkeit bei Schubspannungen P von $3 \cdot 10^4$ bis $2 \cdot 10^6$ Dyn/cm² untersucht u. festgestellt, daß bei P-Werten unterhalb der Fließgrenze P_{kl} = 4,8·10 Dyn/cm² eine sehr hohe NEWTONsche Viscosität η_0 der Größenordnung 10^{13} vorliegt. Das Fließen ist vom Typ des Kriechens ohne Zerstörung der Struktur. Beim Anstieg des P von $4 \cdot 10^4$ auf $5 \cdot 10^4$ Dyn/cm² nimmt die Viscosität um ca. 2 Größenordnungen ab. Zwischen P = $5 \cdot 10^4$ u. P = $1{,}5 \cdot 10^5$ Dyn/cm² erfolgt ein plast. Fließen mit prakt. unzerstörter Struktur (es erfolgt gleichzeitig Zerstörung u. Wiederherst. der Struktur). Die Viscosität beträgt 10^{10}—10^{11} u. entspricht der maximalen plast. SCHWEDOFFschen Viscosität η_1^* = 6,3 · 10^{10} Poise. Der P-Anstieg von $1{,}5 \cdot 10^5$ auf $2{,}1 \cdot 10^5$ Dyn/cm² bewirkt zunächst eine partielle Zerstörung der Struktur, dann eine Abnahme der Viscosität bis ca. 10^9 Poise. Bei P = $8 \cdot 10^5$—$1{,}6 \cdot 10^6$ (im Capillarviscosimeter) erfolgt ein Fließen unter allmählicher Zerstärung der Struktur u. Senkung der effektiven Viscosität bis 10^4 Poise. Bei P = $1{,}6 \cdot 10^6$ wird die Struktur völlig zerstört. Bei weiterer P-Abnahme bis $2 \cdot 10^6$ bleibt die Viscosität konst. u. entspricht der minimalen BINGAME-Viscosität η_m^* der Größenordnung 10^4 Poise. Die Ergebnisse werden in ihrer Bedeutung für die Formgebung u. Technologie der keram. Massen diskutiert.

O. LEBTAG. 6206□

Zur Erforschung neuer Methoden der Kaolinanreicherung. B. Ss. Lissin. (Доповіді Академії Наук Української РСР [Ber. Akad. Wiss. UkrainSSR] **1959.** 1340 bis 1343. Kiew, Polytechn. Inst.) (Ukrain.; Auszug: Engl.)

Vf. beschreibt die Durchführung der modernen Anreicherungs-Meth. u. vergleicht die Eigg. der danach erhaltenen Kaoline mit denen, die nach den früheren Meth. erhalten wurden. H. TREUMANN. 6216□

Verhalten von Silikasteinen in Glaswannenöfen für Natronkalkglas. Kamillo Konopicky, Ingeborg Patzak und Gerald Routschka. (Glastechn. Ber. **34.** 1—15. Jan. 1961. Bonn, Forschungsinst. der Feuerfest-Industrie.) (Dt.)

Silikasteine verschiedener Herkunft u. unterschiedlicher Eigg. (z. B. unterschiedlichen Umwandlungsgrades) wurden im Gewölbe zweier Weißglaswannen auf ihren Verschleiß hin untersucht. Alle Steinqualitäten zeigten einen geringen, prakt. gleichen Verschleiß, der bei niedriger Gewölbe-Temp. deutlich höher war. Das Steigen des Gewölbes wurde durch die therm. Ausdehnung der Steine verursacht; dagegen wurden keine Störungen durch Nachwachsen beobachtet. Die gebildeten Zonen wurden physikal. chem. u. mineralog. untersucht. Die Wanderungsvorgänge in den Steinen sowie die Zusammenhänge zwischen Prüfwerten u. Verschleiß-Verh. werden erörtert. — 15 Literaturangaben. G. BAUER. 6218□

Über einige Untersuchungen an Silika-Gewölbesteinen aus Glaswannen mit unterschiedlichen Arbeitstemperaturen. Heinz Friedrich Reich. (Glastechn. Ber. **34.** 15—27. Jan. 1961. Bochum-Dahlhausen, Dr. C. Otto & Comp., Keram. Zentrallabor.) (Dt.)

Um einen tieferen Einblick in die Verschleißvorgänge u. deren Abhängigkeit von der wss. Temp. zu gewinnen, wurde eine Reihe von Silikasteinen aus Glasschmelzöfen untersucht. Ferner wurde nach den Ursachen gesucht, warum — bei entsprechendem Temp.-Abstand von der Erweichungs-Temp. der ersten Zone der beanspruchten Steine — nach einem anfangs auftretenden Verschleißvorgang dieser nach einiger Zeit trotz hohen Alkaliangebotes u. hoher Temp. zum Stillstand kommt. Es wird gezeigt, daß die im Verlauf der Beanspruchung sich vollziehende Ausbldg. einer mineralog., chem. u. texturell vollkommen neuen Zone der Silikasteine für das Verh. derselben im Betrieb entscheidend ist, bes. in bezug auf die Höhe der Arbeits-Temp., bei der der Stein eingesetzt werden kann. — 23 Literaturangaben. G. BAUER. 6218□

Verhalten einer hochkieselsäurehaltigen Stampfmasse bei Heißreparaturen von Glasschmelzöfen. Eduard Steinhoff und Ingeborg Patzak. (Glastechn. Ber. **34.** 28—30. Jan. 1961. Wiesbaden-Biebrich, Forschungsinst. der Didier-Werke AG.) (Dt.)

Aus einer Quarzgutstampfmasse hergestellte Brenner aus zwei verschiedenen Glaswannen zeigen nach mehrmonatiger Betriebsbeanspruchung unter der Einw. des Temp.-Gefälles die von Glaswannensteinen her bekannte Ausbildung eines zonaren Gefüges. Aus den staubbeladenen Flammengasen wurden bei Ölfeuerung nicht nur Na_2O, sondern auch Fe_2O_3 u. MgO aufgenommen. Diese Flußmittel wirken als Mineralisatoren u. wandeln den beim Entglasen entstandenen Cristobalit weitgehend in Tridymit um. Sie setzen die Feuerfestigkeit etwas herab, nicht aber die Druckfeuerbeständigkeit. G. BAUER. 6218□

Über die Glasphase in schmelzflüssig gegossenen Wannensteinen. Hans-Ernst Schwiete. (Glastechn. Ber. **34.** 30—37. Jan. 1961. Aachen, TH, Inst. für Gesteinshüttenkunde.) (Dt.)

Es wurde eine Meth., aufgebaut auf dem Lsg.-Verh. von ZrO_2 in HF, zur Best. der glasig erstarrten Phase in gegossenen Steinen entwickelt. Die durchschnittliche Zus. einer glasig erstarrten Phase aus Zac-Steinen ist folgende: 71,3 (Gewichts-%) SiO_2; 15,5 Al_2O_3; 0,4 TiO_2; 2,9 Fe_2O_3; 0,6 CaO; 9,2 Na_2O u. 0,1 K_2O. Mit dem Heiztischmikroskop wurde visuell u. photograph. die Rk. zwischen der glasartig erstarrten Phase der Zac-Steine u. einem techn. Glas beobachtet. Von 800—1000° wurde eine helle Kontaktzone gefunden, in der auf Grund von Modell-Verss. als Rk.-Prodd. Cristobalit, Feldspat u. teilweise Wollastonit auftreten. G. BAUER. 6218□

Zur Frage der schmelzflüssigen Phase in Corhart-Zac-Steinen. Bemerkungen zu dem Aufsatz von H. E. Schwiete: „Über die Glasphase in schmelzflüssig gegossenen Wannensteinen". Horst Scholze und Hans-Otto Mulfinger. (Glastechn. Ber. **34.** 37—38. Jan. 1961. Würzburg, Max-Planck-Inst. für Silicatforsch.) (Dt.) — Vgl. vorst. Referat.

Vff. berichten über ihre eigenen Ergebnisse, die von den Werten der Unters. von SCHMIEFE abweichen. Die Zus. der schmelzfl. Phase in Corhart-Zac-Steinen ist von der

Temp. abhängig. Bei hohen Temp. enthält sie ca. 4% ZrO_2, während die Glasphase der auf Zimmer-Temp. abgekühlten Steine nach SCHWIETE frei von ZrO_2 ist, dafür u. a. einen wesentlich höheren SiO_2-Geh. aufweist. Bei 1500° beträgt die Viscosität der schmelzfl. Phase der Corhart-Zac-Steine nur ca. $^1/_{1000}$ der Schamotteglasphase, wodurch sich das Herauslaufen der ersteren erklärt. G. BAUER. 6218□

Flüssige Phase in schmelzflüssig gegossenen Steinen. Bemerkungen zu dem Aufsatz von H.-E. Schwiete: „Über die Glasphase in schmelzflüssig gegossenen Wannensteinen". Johannes Löffler. (Glastechn. Ber. **34.** 39. Jan. 1961. Witten, Deutsche Tafelglas AG.) (Dt.) — Vgl. vorst. Referat.

Vf. schlägt vor, bei schmelzfl. gegossenen Steinen zwischen „Glasphase" u. „fl. Phase" zu unterscheiden. Unter „Glasphase" wäre dasjenige zu verstehen, was bei niedriger Temp. nicht mehr kristallisieren kann u. daher glasig erstarrt. Die „fl. Phase" dagegen entsteht beim Erhitzen eines Steines als eines Gemisches von Glasphase u. krist. Anteil auf Glasofentemperatur. Beide unterscheiden sich nicht nur durch ihre Viscosität, sondern haben auch etwas verschiedene Zus. entsprechend dem Auflösungsvorgang mit steigender Temperatur. An einem prakt. Beispiel wird die Zus. der fl. Phase eines schmelzfl. gegossenen Steines, sein Geh. an fl. Phase u. die Ausflußtiefe bei Erhitzung behandelt. G. BAUER. 6218□

Feuerfester Beton mit Bariumaluminat-Zement als Bindemittel. Al. Braniski. (Studii Cercetări Metalurgie **4.** 413—40. 1959.) (Rum.)

Auf Grund der Eigg. einer Reihe von feuerfesten Ba-Aluminatzementen (BAZ) wird feuerfester Beton mit BAZ als Bindemittel hergestellt. Die erzeugten Betonarten zeigen gute Festigkeit gegen jähe Temp.-Schwankungen u. nachst. pyroskop. Festigkeiten: Beton auf der Grundlage von Ton 1670—1690°, von Bauxit 1750—1790°, von Korund 1865—1900°, Cr_2O_3-MgO 1880—1960°, MgO 1920—1980°. W. WESLY. 6218□

Untersuchung der Korrosionsfestigkeit von Abdichtzementen in Schichtwässern der Erdölvorkommen Baschkiriens. A. Ja. Lipowetzki, W. E. Leirich, W. Ss. Danjuschewski und S. N. Danilina. (Известия Высших Учебных Заведений, Нефть и Газ [Hochschulnachr., Erdöl Gas] **3.** Nr. 11. 107—12. 1960. Moskau, Gubkin-Inst. für erdölchem. u. Gasind.) (Russ.)

Untersucht wurde die korrosive Wrkg. der Schichtwässer des Devons u. Perms mit einem größeren Geh. an Sulfaten u. Mg^{2+} auf 2 Zementsorten. Der hauptsächliche Korrosionsprozeß ist der Kationenaustausch zwischen der Zementmasse u. dem W., als dessen Folge ein Teil des Ca^{2+} in der Zementmasse durch Mg^{2+} u. alkal. Metalle ersetzt wird. Die Wrkg. der Mg-Ionen ist am intensivsten u. ist von größter Bedeutung („Magnesialkorrosion"). Beim Ersetzen der Ca-Ionen durch alkal. Metalle erfolgt eine Umwandlung der leichtlösl. Alkalisilicate in Ca-Silicate. Der andere intensiv verlaufende Korrosionsprozeß ist das Auslaugen des Kalks. Dieser Prozeß wird durch hohe Konzz. der Chloride verstärkt, durch deren Ggw. die Löslichkeit des $Ca(OH)_2$ gesteigert wird; in dem W. der Permablagerungen erfolgt dies durch die Ggw. von H_2S. Der Verlust an SiO_2 u. Sesquioxyden der Probestücke deutet darauf hin, daß nicht nur eine Auflösung des $Ca(OH)_2$ stattfindet, sondern auch eine Zers. eines Teils der Hydrosilicatkomponente der Zementmasse. W. HANTZSCH. 6222□

Untersuchung der möglichen Anwendung von schwach gebrannten Lößziegeln bei hydrotechnischen Bauten. F. Ch. Tadshijew. (Узбекский Химический Журнал [Usbek. chem. J.] **1958.** Nr. 5. 25—29. Mittelasiat. Polytechn. Inst.)

Bei einer Temp. von 800° gebrannte Lößziegel erhöhen ihre ursprüngliche Festigkeit während der Lagerung in dest. W. bedeutend. Dies erklärt sich durch die Hydratation von β-2 CaO·SiO_2 (I) u. CaO·Al_2O_3 (II). Durch das Ausspülen des Kalkes sinkt dann später die Festigkeit. Daraus folgt, daß bei 800° gebrannte Lößziegel in Süßwasser der Zerstörung unterworfen sind. Ein längeres Halten (4 Jahre) in Gemischen von Salz-Lsgg., die in bezug auf Zus. u. Konz. den Grundwässern von Buchara entsprechen, bedingt durch die Rk. der Sulfate mit **I** u. **II**, so daß die Verwendbarkeit dieser Ziegeln in Böden mit mineralhaltigem W. gewährleistet erscheint. H. TREUMANN. 6228□

Die Beziehung zwischen der Zusammensetzung von Ziegelton und Feuerbeständigkeit. R. W. Nurse. (Clay Minerals Bull. **4.** 127—33. Juli 1960. Watford, Herts., Garston Building Res. Stat.) (Engl.)

Engl. Ziegeltone aus 7 verschiedenen Fundstellen wurden nach chem. u. mineralog. Unters. auf Feuerdruckbeständigkeit nach den von BUTTERWORTH u. HONEYBORNE (vgl. C. **1953.** 116) beschriebenen Meth. geprüft. Nach dem bisherigen Unters.-Stand ergaben sich keine deutlichen Beziehungen zur Struktur der Tone, jedenfalls nicht bessere als durch die chem. Analyse. Für sichere Voraussagen ist abgesehen von der Kenntnis der Tonnebenbestandteile u. der Korngrößenverteilung auch eine quant. Röntgen-Unters. u. eine größere Auswahl von Proben notwendig. R. KAISER. 6228□

Mikrobestimmung von Spuren Kobalt in Zementen durch Spektrophotometrie. W. Haerdi, J. Vogel und D. Monnier. (Analytica chim. Acta [Amsterdam] **24.** 365—70. April 1961. Genève, Univ., Labor. de Chim. Min. de Chim. Analyt. et de Microchim.) (Franz.)

Die entwickelte Meth. zur Mikrobest. von Co-Spuren in Zementen beruht auf der Trennung im Ionenaustauscher (Dowex-I-X 8, 100—200 mesh) u. anschließender spektrophotometr. Best. des mit Nitroso-R-Salz (Na-Salz der 1-Nitroso-2-hydroxynaphthalin-disulfonsäure-3.6) gebildeten Co-Komplexes bei 520 mμ. Die im Verlauf der Best. auftretenden Verluste an Co werden durch Markierung mit ^{60}Co genau ermittelt. Es wurden Co-Geh. von 0,0004—0,0010% bestimmt, wobei der Fehler unterhalb $\pm$6% lag. Die Analysendauer beträgt ca. 6 Stunden. Arbeitsvorschrift: 0,05—5 g Zement u. 4 ml ^{60}Co-Lsg. (3 ml konz. HCl u. 1 ml ^{60}Co-Lsg. von 0,007 g ^{60}Co/ml u. der Aktivität 0,05 μc/ml) werden mit 10 ml konz. HCl u. einigen Tropfen konz. HCl versetzt, auf dem Wasserbade bis zur Vertreibung des NO_2 erhitzt, mit weiteren 10 ml 9 m HCl versetzt, abgekühlt u. 30 Min. lang zentrifugiert. Die Lsg. wird abgegossen, der Rückstand mit 5 ml 9 m HCl gewaschen u. nochmals zentrifugiert. Die vereinigten Lsgg. werden über die mit Dowex-I-X 8 beschickte Säule mit einer Geschw. von 1 Tropfen pro 2 Sek. gegeben. Mit 10 ml 9 m HCl wird nachgeprüft. Anschließend wird mit 15 ml HCl eluiert u. in 4 ml-Fraktionen aufgefangen, deren jeweilige Aktivitäten gemessen werden. Die Fraktionen 2 u. 3 werden mit 0,5 ml 5%ig. NaCl-Lsg. versetzt, eingedampft, in 2 ml W. gelöst, 2 ml Na-Acetat-Lsg. (pH 6) zugefügt u. die Aktivität gemessen. Anschließend wird mit 0,5 ml Nitroso-R-Lsg. (0,05%ig.) versetzt, 1 Min. lang auf den Wasserbad erhitzt, 0,5 ml konz. HNO_3 zugefügt, nochmals 30 Sek. lang erhitzt, gekühlt, auf 5 ml mit W. aufgefüllt u. 20 Min. lang zentrifugiert. Die Extinktion der Lsg. wird bei 520 mμ gemessen. Die Co-Verluste werden über die Aktivität ermittelt u. der photometr. gefundenen Co-Menge zugerechnet. H. FRIES. 6252□

Untersuchungen zur vollautomatischen Feuchtigkeitsmessung an Sand und keramischen Massen. 2. Mitt. **Bestimmung des Wassergehalts von Sand aus der Absorption im Mikrowellengebiet.** E.-M. Amrhein. (Ber. dtsch. keram. Ges. e. V. **37.** 520—23. Dez. 1960. Würzburg, Max-Planck-Inst. für Silicatforsch.) (Dt.) — 1. vgl. C. **1961.** 10712.

Die Meßgenauigkeit der im einzelnen beschriebenen Meth. hängt ab von der mechan. Stabilität der Anordnung u. von der Konstanz der Versorgungsspannungen u. der Temp. der Senderöhre. Für Sand mit einem Wasser-Geh. zwischen 0 u. 3 Gewichts-% vom Gesamtgewicht betrug die Meßgenauigkeit $\pm$ 0,2 Gewichts-% H_2O. G. BAUER. 6256□

Jacob Hartmann, Hanau/M., **Färben von Graduierungen und Beschriftungen auf Glasgeräten.** In die vertieften Graduierungen oder dgl. der Glasgeräte wird eine zähfl. keram. Farbe eingerieben, die mit einem Bindemittel behandelt ist, das aus 100 (Teilen) eines Polyacrylsäureesters u. 200 eines Lsgm. auf Benzolbasis besteht. Diese Farben können ohne Einbrennen bei 40—60° getrocknet werden. (**D. A. S. 1 089 527** Kl. 32b vom 21/5. 1959, ausg. 22/9. 1960.) HANS HOFFMANN. 6177

Ernst Leitz G.m.b.H., Wetzlar/Lahn (Erfinder: Heinz Brömer, Hermannstein, und Norbert Meinert, Wetzlar/Lahn), **Optische Krongläser.** Diese werden aus einem Gemenge erschmolzen, welches aus 12,5—38 (Gewichts-%) CaO u./oder MgO, 10—46 ZnO u./oder CaO u. 19—55 B_2O_3 besteht. Diese Gläser weisen bei kleiner Dispersion einen verhältnismäßig hohen Brechungsindex auf. Dem Gemenge können bis zu 30 SiO_2, bis zu 17,5 ZrO_2 u. bis zu 12 SrO u./oder BaO u./oder La_2O_3 zugesetzt werden. Ein z. B. aus einem Gemenge von 62,5 $Ca(BO_2)_2$ u. 37,5 $Zn(BO_2)_2$ erschmolzenes Glas hat die opt. Werte $n_e = 1{,}641$ u. $\nu_e = 57{,}4$. (**D. A. S. 1 090 398** Kl. 32b vom 19/9. 1958, ausg. 6/10. 1960.) HANS HOFFMANN. 6201

Jenaer Glaswerk Schott & Gen. (Erfinder: Walter Jahn), Mainz, **Optisches Kronglas.** Dieses besteht bis zu 78 (Gewichts-%) aus BPO_4 u. bis zu 48 einzeln oder gemeinsam aus Oxyden der Alkalien, Erdalkalien, des Al, Zn, Cd, La, As, Sb, Pb u. Bi. — Zum Beispiel hat ein Kronglas von der Zus. 29,40 BPO_4, 67,12 $Ba_2P_2O_7$ u. 3,48 ZnO die opt. Werte $n_d = 1{,}6024$ u. $\nu = 66{,}04$. (**D. A. S. 1 089 934** Kl. 32b vom 29/8. 1959, ausg. 29/9. 1960.) HANS HOFFMANN. 6201

Jenaer Glaswerk Schott & Gen. (Erfinder: Walter Jahn), Mainz, **Herstellung alkali- und berylliumfreier, fluoridhaltiger Phosphatgläser.** Zum Erschmelzen derartiger Gläser mit geringer Dispersion u. großer Lichtbrechung werden 2,92—23,83

(Gewichts-%) $Mg(PO_3)_2$ sowie bis zu 16,60 $Al(PO_3)_3$ u./oder bis zu 39,76 $Ba(PO_3)_2$ dem Gemenge zugegeben, wobei der Mindest-Geh. aller Phosphate 20 betragen soll; weiterhin werden 5,48—10,23 AlF_3 sowie andere Metallfluoride eingeführt, von denen mehr als BaF_2 u./oder SrF_2 einzulegen sind. Geringe Zusätze von Al_2O_3, SiO_2, B_2O_3, WO_3 oder CaO sind angezeigt. Beispiel für einen Schmelzvorsatz: 0,46 MgF_2, 0,58 CaF_2, 68,19 BaF_2, 1,16 LaF_3, 8,12 AlF_3, 11,60 $Mg(PO_3)_2$ u. 9,86 $Al(PO_3)_3$; $n_d = 1{,}5884$, $\nu = 67{,}35$. (**D. A. S. 1 088 674** Kl. 32b vom 13/6. 1958, ausg. 8/9. 1960.) HANS HOFFMANN. 6201

Comp. de Saint-Gobain, Neuilly-sur-Seine (Erfinder: Stéphane Dufaure de Lajarte, Paris), Frankreich, **Kieselsäure-Tonerde-Erdalkalioxyd-Glas.** Gläser dieser Art mit dem Vorzug der leichten Verglasbarkeit der eingebrachten Kieselsäure bestehen bei geringen oder fehlenden Geh. an Alkalioxyden oder B_2O_3 aus 40—50 (Gewichts-%) SiO_2, 10—25 Al_2O_3 u. 15—35, bes. über 25 CaO, MgO u./oder BaO, zweckmäßig unter 20 CaO. Weitere Bestandteile können sein: 0—15 TiO_2, 0—15 Fe_2O_3 u. 0—5 F_2, wobei $SiO_2 + Al_2O_3 + TiO_2 + Fe_2O_3 \leqslant 80$ sein soll. — Beispiel für eine Glas-Zus.: 46,9 SiO_2, 4,9 TiO_2, 21,5 Al_2O_3, 5,8 MgO, 13,7 CaO, 4,9 BaO u. 3,9 F_2. (**D. A. S. 1 088 675** Kl. 32b vom 27/5. 1957, ausg. 8/9. 1960. F. Prior. 29/5. 1956.) HANS HOFFMANN. 6201

Comp. de Saint-Gobain, Neuilly-sur-Seine (Erfinder: Yves Georges Godron, Paris), Frankreich, **Alkali-Phosphorsäure-Gläser als Gleitmittel für Metalle.** Als Gleitmittel für Metalle, die bei hoher Temp. gezogen werden, eignen sich wegen hoher Viscosität Gläser von folgender Zus.: 29—61 (Mol-%) P_2O_5, 10—20 Al_2O_3, 9—33 Alkalimetalloxyde (R_2O) u. 16—20 2wertige Metalloxyde (RO), wobei $R_2O + RO < 50$ sein soll. — Beispiel für eine Glas-Zus.: 32,30 P_2O_5, 7,90 B_2O_3, 14,00 Al_2O_3, 13,70 ZnO, 5,70 BaO, 15,90 Na_2O u. 10,50 K_2O. (**D. A. S. 1 089 936** Kl. 32b vom 24/5. 1957, ausg. 29/9. 1960. **E. P. 860893** vom 27/5. 1957, ausg. 15/2. 1961. Beide F. Prior. 25/5. 1956 u. 6/5. 1957.) HANS HOFFMANN. 6201

Épitőanyagipari Központi Kutatóintézet (Erfinder: Frau Otto Kasza, Béla Lőcsei und László Vissy), Budapest, Ungarn, **Herstellung von Schaumglas,** dad. gek., daß man ein Gemisch aus gepulvertem Glas (Korngröße 40—60 μ) u. Tonerdemineralien, zweckmäßig Bentonit, sowie Alkalisilicaten oder sonstigen Bindemitteln in einer dispergierenden Fl., vorteilhaft in weichem W., bei Raum-Temp. mit Gas oder Luft mechan. zu einem Schaum schlägt, den Schaum in Formen gießt, trocknet, dann bis zu Temp., die der Schmelz-Temp. nahe liegen, erhitzt u. nach bekannter Weise abkühlen läßt. Die Menge des Alkalisilicats beträgt 0,5—5 u. die des Bindemittels 1—3 (Gewichts-%). Bevor die Mischung zum Schäumen gebracht wird, werden zur Dispergier-Fl. 6—10% die Oberflächenspannung vermindernde, das Schäumen begünstigende Mittel, z. B. Leim, Butylnaphthalin, Sulfonsäureammoniumsalze, Saponin enthaltende Substanzen oder deren Gemische zugefügt. — 20 (kg) Natronglas werden zu ca. 80 μ Korngröße gemahlen; hierzu mischt man 1 Bentonit gleicher Kornfeinheit, ½ handelsübliches Wasserglas u. 0,1 techn. Saponin. Zur Mischung werden 11 weiches W. zugefügt, im Emulgator wird zu Schaum geschlagen, dann während 10 Std. in Formen bei 110° getrocknet. Nach Entfernen der Formen werden die getrockneten Schaumglasformstücke in auf 740° vorgewärmten Öfen 30 Min. auf 780° erhitzt. Die Formstücke schreckt man ½ Std. auf 550° ab u. kühlt während 20 Std. auf Zimmer-Temp. ab. Man erhält Schaumglas gleichmäßiger Zellenstruktur; Energie wird dadurch erspart, daß die Masse nicht bis zum Schmelzen, sondern nur bis zum Sintern gebracht wird. (**Ung. P. 147 950** vom 17/6. 1959, ausg. 20/5. 1961.) F. LANDSBERGER. 6201

E. I. du Pont de Nemours & Co., Wilmington, Del., übert. von: Lewis C. Hoffmann, Scotch Plains, N.J., V.St.A., **Email.** Zum Emaillieren von Fe oder Stahl wird ein bei 490—690° einzubrennendes Grundemail (I) u. anschließend ein bei gleicher Temp. zu verarbeitendes Deckemail (II) benutzt. **I** besteht aus 27—30 (Mol-%) SiO_2, 22—28 B_2O_3, 7—12 TiO_2, 16—23 Na_2O, 0,5—3,0 K_2O, 5—12 Li_2O, 0—4 BaO, 0—1 Sb_2O_3, 0—2 CoO, 0—1 NiO, 0—1 MnO_2, 0—2 PbO u. 0—5 F_2, wobei $B_2O_3 + R_2O + PbO + F_2 = 52—58$ sein soll u. das Verhältnis $SiO_2 + 2\ TiO_2/R_2O + PbO$ zwischen 1,4 u. 1,9 liegt. **II** besteht aus 23—32 SiO_2, 7—23 B_2O_3, 13—22 TiO_2, 15—22 Na_2O, 1—7 K_2O, 8—12 Li_2O, 0—6 BaO, 0—1 Sb_2O_3, 0—5 ZnO, 0—5 PbO, 0—2 CdO u. 0—6 F_2, wobei $B_2O_3 + R_2O + PbO + F_2 = 46—60$ sein soll u. das Verhältnis $SiO_2 + 2\ TiO_2/R_2O + PbO$ zwischen 1,4 u. 2,3 liegt. — Beispiel für die Zus. von **I**: 27,4 SiO_2, 22,4 B_2O_3, 10,6 TiO_2, 18,0 Na_2O, 2,1 K_2O, 11,0 Li_2O, 2,7 BaO, 0,6 Sb_2O_3, 1,3 CoO, 0,4 NiO, 0,4 MnO_2 u. 3,1 F_2 u. für **II**: 27,4 SiO_2, 14,0 B_2O_3, 19,6 TiO_2, 21,1 Na_2O, 4,8 K_2O, 8,8 Li_2O, 0,5 BaO, 0,7 Sb_2O_3 u. 3,1 F_2. (**A. P. 2 930 713** vom 5/2. 1959, ausg. 29/3. 1960.) HANS HOFFMANN. 6213

Armco International Corp. (Erfinder: Francis Wayne Beall und Robert Stanton Burns), Middletown, Ohio, V.St.A., **Herstellung eines Eisen-Werkstoffes für glasartiges Emaillieren ohne Neigung von Fischschuppenbildung im aufgebrannten**

Emailüberzug, dad. gek., daß Fe mit wenigstens 0,02%, z. B. mit 0,025—0,08% C, auf eine Zwischenstärke warmausgewalzt u. zur Bldg. massiver Carbide von einer Temp. oberhalb seines A_2-Punktes verhältnismäßig langsam (50—100° F je Std.) abgekühlt wird, worauf das die massiven Carbide enthaltende Fe ohne Zwischenglühung mit einer Abnahme von wenigstens 25%, vorzugsweise 40%, unter Streckung u. Zerkleinerung der Carbide kaltgewalzt wird. — Abbildung. (**E. P. 824 018** vom 27/2. 1957, ausg. 25/11. 1959.) H. HOCHSTEIN. 6213

Office National d'Études et de Recherches Aéronautiques, Seine, Frankreich (Erfinder: André Hivert und Skon Tacvorian), **Spritzguß von Keramik- oder Cermet-Pulvern.** Die Masse wird zumindest während des Einspritzens in die Form, das unter Vibration stattfindet, in den thixotropen Zustand übergeführt. Zur Masse, die aus einem oder mehreren keram. Oxyden, wie Al_2O_3, Cr_2O_3 usw., u. aus einem oder mehreren Metallen bestehen kann, werden ein oder mehrere hydrolysierbare Salze amphoterer Hydroxyde zugesetzt. — Zeichnung. (**F. P. 1 122 667** vom 1/3. 1955, ausg. 11/9. 1956.) O. KAYSER. 6213

E. I. du Pont de Nemours & Co., Wilmington, Del. (Erfinder: Lewis Charles Hoffmann, Scotch Plains, N.J.), V.St.A., **In der Wärme fließfähiges Bindemittel für glasartige Farbmassen.** Zur Dekoration von Keramik- oder Metalloberflächen dient als Bindemittel für die Farbmasse eine Wachs-Harz- oder Wachsgrundlage mit 0,5 bis 1,5 Gew.-% eines anion. oberflächenakt. Mittels wie einem Alkali-, Erdalkali-, NH_4- bzw. Aminsalz der Sulfat- bzw. Sulfonatester hydrophober organ. Verbb. mit mindestens 8 C-Atomen. — Beispiel: 40 (%) Polyäthylenglykol (Molgew. ca. 6000), 55 Stearylalkohol, 5 Na-N-Hexadecanoyl-N-cyclohexyltaurat. (**D. A. S. 1 100 539** Kl. 80b vom 2/4. 1959, ausg. 23/2. 1961. A. Prior. 2/4. 1958.) G. FRIKELL. 6213

E. I. du Pont de Nemours & Co., Wilmington, Del. (Erfinder: Lewis Charles Hoffmann, Scotch Plains, N.J.), V.St.A., **In der Wärme fließfähiges Bindemittel für glasartige Farbmassen.** Glasuren oder Emails für Metalle oder Keramik werden hergestellt aus Harz oder einem Harz-Wachs-Gemisch mit $POCl_3$ u. einem gesätt., einwertigen aliphat. Alkohol mit 8—18 C-Atomen u. ggf. einem aliphat. Glykol, dessen die OH-Reste tragenden C-Atome mindestens durch 4 C-Atome voneinander getrennt sind. — Z. B. werden 28,4 (Teile) Hexandiol-(1.6) u. 34,5 Trimethylhexanol-(1) u. 37,1 $POCl_3$ gemischt, auf 70° erhitzt, abgekühlt u. mit 100 Triäthanolamin versetzt, wobei der oberflächenakt. anion. Phosphatester gebildet wird. (**D. A. S. 1 102 031** Kl. 80b vom 2/4. 1959, ausg. 9/3. 1961. A. Prior. 2/4. 1958.) G. FRIKELL. 6213

British Thomson-Houston Co. Ltd., London (Erfinder: Edward Philemon Denton, Rugby), Warwickshire, England, **Keramik-Metall-Verbindung.** Vakuumdichte Verbindungen werden erreicht durch Verw. einer innigen Verb. von Cu u. W, deren Ausdehnungs-Koeff. bei normaler Temp. bis zur Löttemp. etwa dem der keram. Masse gleicht. — Z. B. besteht die keram. Masse aus wenigstens 80% Al_2O_3 u. das Metall aus 83—86 (Gew.-%) W u. 17—14 Cu; oder bei einer aus wenigstens 90 Mg-Silicat bestehenden keram. Masse ist das Metall aus 70 W u. 30 Cu zusammengesetzt. Das Metall kann auch aus Cu-Ag, Au-Ni oder einer eutekt. Cu-Ti-Leg. bestehen. (**D. A. S. 1 104 883** Kl. 80b vom 15/12. 1959, ausg. 13/4. 1961. E. Prior. 16/12. 1958.) G. FRIKELL. 6221

General Electric Co. Ltd., London, England (Erfinder: Henry Herbst und Kenneth Herbert Wilkinson), **Aufbringen von dünnen Metallschichten auf keramische Körper.** Zur Erzielung einer niedrigen Brenn-Temp. wird Mn allein oder mit geringen Zusätzen von Mo, Ni, Fe, W, Cr oder Co in Form eines feinen Pulvers in nichtoxydierender Atmosphäre aufgebrannt. Statt Metall können auch die Oxyde der genannten Metalle, die während des Brennens red. werden, benutzt werden. — Z. B. ergibt ein Gemisch aus 3 (Gewichtsteilen) Mn u. 2 Mo bei 1300° eine feste Bindung mit einem im wesentlichen aus Al_2O_3 bestehenden feuerfesten Körper. (**E. P. 850 191** vom 8/8. 1957, ausg. 5/10. 1960.) G. FRIKELL. 6221

Halliburton Oil Well Cementing Co., übert. von: Homer F. Waggoner, Duncan, Okla., V.St.A., **Zusatz für Zementschlicker.** Zur Beschleunigung des Abbindens oder Erhärtens von Zementschlicker, wie sie zum Auszementieren von Ölbohrungen gebräuchlich sind, werden, bezogen auf das Zementgewicht, Zusätze von 1 bis 2 (Gew.-%) NH_4Cl u. 1—2 NaCl u. $CaCl_2$ verwendet. (**A. P. 2 929 729** vom 28/6. 1957, ausg. 22/3. 1960.) HANS HOFFMANN. 6223

John Laing & Son Ltd., London, England (Erfinder: Stanley Shoop), **Schutzmittel für frisch verlegten Beton.** Um frisch verlegten Beton vor vorzeitigem Austrocknen zu schützen, wird er mit einer membranbildenden Masse aus Al-Pulver, einer Seife, wie Ca- oder Zn-Stearat, u. einem organ. Lsgm., wie CCl_4, besprüht. (**E. P. 846 885** vom 7/8. 1956, ausg. 31/8. 1960.) HANS HOFFMANN. 6225

American-Marietta Co., Chicago, Ill., übert. von: Stephen W. Benedict, Cleveland Heights, und Thomas M. Kelly, Chagrin Falls, Ohio, V.St.A., **Zusatz für zementhaltige Mörtelmischungen.** Zur Erhöhung der Festigkeit u. Härte von zementhaltigen Mörteln wird als Zusatz ein Gemisch verwendet, welches aus 20 bis 50 (Gewichtsteilen) Feststoffen der Sulfitablauge (I), 2—30 eines wasserlösl. Cl-haltigen Abbindebeschleunigungsmittels, wie $CaCl_2$, 15—30 eines wasserlösl. Kondensats aus einem Aldehyd u. einer aromat. Sulfonsäure (II) oder dessen wasserlösl. Salze u. 3—20 eines wasserlösl. Alkylamins oder dessen wasserlösl. Mineralsäureadditions-Prodd. besteht, wobei I + II mindestens 45 der Gesamtmasse ausmacht. Dieses Gemisch wird dem Zementmörtel in Mengen von 0,5—1 Gew.-%, bezogen auf das Zementgewicht, zugesetzt. (**A. P. 2 927 033** vom 4/6. 1957, ausg. 1/3. 1960.) HANS HOFFMANN. 6227

Bernard Peel Yates, Bombay, Indien, **Zementartige Mischung,** bestehend aus MgO u. einer wss. Lsg. aus einem Sulfat des Fe, Zn, Mg, Al, Cu, NH_4 u./oder der Alkalimetalle, unter Zuschlag der üblichen Füllstoffe. — Man vermischt z. B. 15 (Teile) Asbestfasern mit einer 5%ig. wss. $FeSO_4$-Lsg., bis eine halbfl. Masse entstanden ist, u. verrührt diese dann mit 85 MgO, bis eine kittartige Masse entstanden ist, der man nach Bedarf noch $FeSO_4$-Lsg. zusetzen kann. Nach dem Verformen zu Bauteilen, Isoliermaterial u. dgl. läßt man die Teile trocknen. Sie werden in wenigen Std. zu einer festen, kompakten Masse. (**Ind. P. 49 853** vom 20/5. 1953, ausg. 6/7. 1955.) H. NEBELSIEK. 6229

R.A.C. (Recherches et Applications pour la Construction), Marokko, **Herstellung von Betonsteinen.** Auf die angefeuchtete Grundfläche einer Form wird zur Erleichterung des Ausformens eine Al-Folie gelegt. Dann werden Kunstharzschichten mit Füllstoffen (Sand, Steine usw.) so aufgebracht, daß die Kunstharzschicht mit den feinkörnigen Füllstoffen an der Oberfläche u. die mit dem grobkörnigen Anteil im Innern des Steins liegt. Die Kunstharzschichten können mit Beton aus hydraul. Bindemitteln hintergossen sein. Die Bindung beider Schichten erfolgt über grobkörnige Zuschlagstoffe, die z. T. in die Kunstharzschicht eingebettet sind. (**F. P. 65 882** vom 29/3. 1954, ausg. 22/3. 1956. **Zusatz zu F. P. 1 099 621; C. 1958. 1404.**) O. KAYSER. 6229

Karl Schwarzwälder und Artur Wagner, Deutschland, **Hitze- und kältebeständiger Kunststein** für Landebahnen von Düsenflugzeugen, Hüttenflure u. Glühöfen mit einer Hitzebeständigkeit bis 1600°, Druckfestigkeit von 700 kg/cm², Biegefestigkeit von 80 kg/cm², Abriebfestigkeit von 3—5 cm³/50 cm² u. geringem Wasseradsorptionsvermögen aus 1 (Teil) Tonerdeschmelzzement u. 3—4 feuerfestem Ton oder Schamotte. Diese Zuschläge setzen sich aus 2 Anteilen im Verhältnis 1 : 1 zusammen: a) Ton, der zunächst bei tiefer Temp. u. dann bei höherer Temp. geglüht wurde u. der 36 (%) Al_2O_3 enthält, u. b) Ton mit 40 Al_2O_3, der nur einmal geglüht wurde. — Diagramm. (**F. P. 1 110 991** vom 27/10. 1954, ausg. 20/2. 1956. D. Prior. 27/10. 1953.) O. KAYSER. 6229

Ernst Rohrer, Schweiz, **Wasserdichte Isolierplatten,** die mit Wasserfarben gespritzt u. mit Hilfe hydraul. Bindemittel verlegt werden können, erhält man durch Mischen von Faserstoffbrei (Papier, Bananenstengel usw.) mit pulverförmigen hydrophoben Stoffen, deren Erweichungspunkt zwischen 40 u. 115° liegt, Formen der Masse u. Trocknen bei Temp. über dem Erweichungspunkt des Imprägniermittels (Bitumen, Wachse, hydrierte Fette usw.). Mit Bitumen usw. imprägniertes Altpapier wird in Form einer wss. Emulsion (Emulgator: Na-Naphthenat) verwendet, die beim Verdünnen mit W. während der Verarbeitung bricht. Die Platten, die auch noch feuerhemmende, baktericide u. fungicide Stoffe enthalten können, werden nach dem Trocknen heiß gewalzt. (**F. P. 1 128 922** vom 29/1. 1955, ausg. 14/1. 1957. Schwz. Prior. 6/4. u. 18/11. 1954.) O. KAYSER. 6229

Comp. des Meules Norton Soc. An., Seine, Frankreich (Erfinder: Guy Ervin jun.), **Schleifstein,** der zu >75(%) aus SiC besteht. 2/3 der SiC-Körner haben eine Korngröße Nr. 30 u. sind von einem glasartigen Bindemittel umhüllt, das aus 50—90 SiO_2, 4—25 Al_2O_3 u. 2—15 Alkalioxyd besteht. (**F. P. 1 118 890** vom 6/1. 1955, ausg. 12/6. 1956. A. Prior. 13/10. 1954.) O. KAYSER. 6239

Max Meth, Atlantic City, N.J., V.St.A., *Herstellung von Kupferüberzügen auf versilberten Spiegeln.* (**E. P. 788 275** vom 20/3. 1956, ausg. 23/12. 1957. — **C. 1960.** 15182 [D. A. S. 1 049 065].)

E. I. du Pont de Nemours & Co., V.St.A. (Erfinder: **William Richard Larsen und Oliver Alton Short**), *Silberhaltiges verglasbares Flußmittel.* (**F. P. 1 134 911** vom 2/8. 1955, ausg. 19/4. 1957. A. Prior. 6/8. 1954. — C. **1961.** 1333 [D. A. S. 1 011 348].)

Westerwerke, Fabriken hochfeuerfester Erzeugnisse, Deutschland, *Hochfeuerfester und chemisch widerstandsfähiger Stein.* (**F. P. 1 128 807** vom 3/8. 1955, ausg. 10/1. 1957. D. Prior. 23/8. 1954. — C. **1957.** 3375 [D. B .P. 950 988].)

Didier-Werke Akt.-Ges., Deutschland, *Silicastein.* (**F. P. 1 136 680** vom 7/12. 1955, ausg. 16/5. 1957. D. Prior. 13/1. 1955. — C. **1957.** 3375 [D. B. P. 950 832].)

Union Chimique Belge Soc. An., Brüssel, Belgien, *Feuchtigkeitabweisendmachen von Bauelementen.* (Holl. P. 95 198 vom 8/12. 1956, ausg. 15/8. 1960. Belg. Prior. 23/12. 1955. — C. 1960. 1979 [D. A. S. 1 065 551].)

Rafael Raga Garcia, Chile, *Herstellung von Schlackenwolle.* (F. P. 1 130 291 vom 20/8. 1955, ausg. 4/2. 1957. Schwz. Prior. 4/6. 1955. — C. 1960. 11786 [Aust. P. 215 040].)

VII. Agrikulturchemie. Schädlingsbekämpfung

Praktische Probleme und Feldversuche über die Verbesserung der Bodenstruktur und ihre Beurteilung im Felde. L. de Leenheer. (Landwirtsch. Forsch., Sonderh. Nr. **12.** 41—49. **1959.** Gent, Landbouwhogeschol, Bodenkundig Labor.) (Dt.)
Vortrag. Behandelt werden: Einfl. des Strukturzerfalls in marinen Tonböden auf die Entw. u. Produktion von Weizen u. Futterrüben, prakt. Bedeutung von synthet. Bodenverbesserungsmitteln, z. B. Krilium, sowie von Scheideschlamm für die Verbesserung der Bodenstruktur, Einfl. der Pflugarbeit auf die Bodenstruktur, Beurteilung des Poren-Vol. u. der Aggregatstabilität im Felde. M. WINIKER. 6302□

Der Nährstoffgehalt der Böden in seiner Beziehung zum Einzugsgebiet der Flüsse. H. Schiller und V. Janik. (Bodenkultur [Wien], Ausg. A **10.** 1—15. März 1958. Linz, Landw.-chem. Bundesversuchsanstalt.) (Dt.)
Unterss. an Böden der oberösterreich. Molassezone ergaben: Reich an *lactatlösl. Phosphorsäure* (I) sind alle Böden auf tert. Schiefer u. auf den durch seine Umlagerung beeinflußten Flächen, wobei eine auffallende Zunahme des I-Geh. gegen das Beckeninnere besteht. Ausgesprochen arm an I sind die Böden auf den Moränen u. auf den Deckenschottern, die überwiegend von den Gesteinen der Kalkalpen u. der Flyschzone aufgebaut sind. M. WINIKER. 6304□

Dynamik und Naturgesetzlichkeit im Nährstoffhaushalt des Waldes. Franz Hartmann. (Centralbl. ges. Forstwes. [Wien] **76.** 36—64. März 1959. Wien.) (Dt.)
Bericht über Unterss. an Waldböden der Podsolserie, Waldböden des Sol lessivé-Typs, melanisierten Waldböden u. Gley-Waldböden. M. WINIKER. 6304□

Die Untersuchung niederösterreichischer Weinböden auf deren Molybdängehalt mit Aspergillus niger v. Tieghem. J. Schröfl. (Bodenkultur [Wien], Ausg. A **10.** 16—19. März 1958. Wien, Hochschule für Bodenkultur, Inst. für landw. Pflanzenschutz u. forstl. Phytopathologie.) (Dt.)
Bei der Unters. von 87 Weinböden Niederösterreichs wurde festgestellt, daß 9 derselben einen *Mo*-Geh. von 0,001—0,01 γ/500 mg Boden aufwiesen u. somit als Mangelböden anzusprechen sind. Die vorherrschende Meinung, daß der Mo-Bedarf von wenigen Gramm pro Hektar alljährlich auf den überwiegend alkal. u. neutralen Weinbergsböden gedeckt ist, scheint demzufolge nicht gerechtfertigt zu sein. M. WINIKER. 6304□

Über den Gehalt der Böden der Bundesrepublik Deutschland an Strontium 90 und Radium 226. O. Siegel. (Landwirtsch. Forsch., Sonderh. Nr. **12.** 22—29. 1959.) (Dt.)
Vortrag. Nach Ausführungen zur Methodik der Best. von ^{90}*Sr* u. ^{226}*Ra* werden die Ergebnisse von Best. an Bodenproben aus verschiedenen Teilen des Landes mitgeteilt. Die erhaltenen Werte zeigen, daß die natürliche Radioaktivität der Böden zur Zeit noch ca. 1000fach höher ist als die von Kernwaffen-Verss. herrührende Aktivität.
M. WINIKER. 6304□

Die Atomtechnik in der Landwirtschaft. E. Pohland und K. Frenzen. (Landwirtsch. Forsch., Sonderh. Nr. **12.** 5—14. 1959. Bad Godesberg, Bundesministerium für Atomkernenergie u. Wasserwirtschaft.) (Dt.)
Vortrag. M. WINIKER. 6304□

Über die Bodenfruchtbarkeit auf dem Grünland. B. Speidel. (Landwirtsch. Forsch., Sonderh. Nr. **12.** 66—73. 1959. Bad Hersfeld, Staatl. Lehr- u. Versuchsanst. für Grünlandwirtsch. u. Futterbau.) (Dt.)
Vortrag. Auf Grünland beeinflussen die Umweltfaktoren nicht nur die Einzelpflanze, sondern greifen auch in den Aufbau des Artengefüges ein. Sie sind somit für die Ertragsleistung des Bestandes von doppelter Bedeutung, u. Zusammenhänge zwischen pflanzlicher Produktion u. Beschaffenheit des Bodens sind meist nur erkennbar, wenn die Wrkg. der übrigen Wachstumsfaktoren weitgehend ausgeschaltet ist. Vergleicht man nur solche Bestände, welche einer einheitlichen, möglichst eng gefaßten Feuchtigkeits- u. Klimastufe angehören, so zeichnet sich eine deutliche Abhängigkeit der Ertragsleistung vom Basensättigungsgrad des Bodens ab. — 20 Literaturangaben. M. WINIKER. 6304□

Die Auswertung der Bodenuntersuchung auf Phosphorsäure und Kali in den Niederlanden. F. van der Paauw. (Landwirtsch. Forsch., Sonderh. Nr. **12.** 86—94. 1959. Groningen, Inst. für Bodenfruchtbarkeit.) (Dt.)
Vortrag. M. WINIKER. 6304□

Einfluß von Blattdüngungen mit Phosphor auf die Qualität der Weintrauben und die Frostbeständigkeit der Rebe. W. W. Archangelskaja. (Виноделие и Виноградарство СССР [Weinbereit. Weinbau UdSSR] **20.** Nr. 7. 25—28. 1960. Zentr. Forsch.-Labor. für Weinbereit. und nördlichen Weinbau der Allunions Akad. für Landw.-Wissenschaften.) (Russ.)

Der Einfl. der P-Blattdüngungen durch Spritzen mit 1,5%ig. Superphosphat-Lsg. oder Rauchbehandlung werden erörtert. Das 2. Verf. hat sich als bes. wirkungsvoll erwiesen. Bei diesem werden in 2—3 Behandlungen 5—8 g roter P unmittelbar unter der mit einem Überzug versehenen Rebe verbrannt. Die Behandlungen sollen in der Blüteperiode bzw. zu Beginn der Trauben-Bldg. durchgeführt werden. Der Einfl. der vorst. Blattdüngungen auf die Entw. einzelner Pflanzenteile, die Frostbeständigkeit der Rebe bzw. den Zucker- u. Säure-Geh. der Beeren wird zahlenmäßig angegeben.
S. BARYSCHNIKOW. 6304

Ergebnisse eines Qualitätsdüngungsversuches zu Winterweizen. M. Schachl. (Bodenkultur [Wien], Ausg. A **10.** 48—52. März 1958. Linz, Landw.-chem. Bundesversuchsanst.) (Dt.)

Durch hohe *N*-Gaben (160 kg/ha in Form von *Kalkammonsalpeter*), welche in Anpassung an den Entw.-Rhythmus in 3 Gaben verabreicht wurden, konnten bei Winterweizen das Tausendkorngewicht, das Hektolitergewicht u. der Feuchtkleber-Geh. gesteigert werden. M. WINIKER. 6304□

Beziehungen zwischen Stickstoffdüngung, Ertrag und Biologischer Eiweißwertigkeit (essentiellen Aminosäuren) bei Kartoffeln. W. Schuphan. (Landwirtsch. Forsch., Sonderh. Nr. **12.** 94—96. 1959. Geisenheim/Rhg., Bundesanst. für Qualitätsforschung pflanzlicher Erzeugnisse.) (Dt.)

Vortrag. M. WINIKER. 6304□

Untersuchungen über den Einfluß gesteigerter und gestaffelter Kalidüngung auf den Ertrag und die Qualität des Tabaks. L. Schipfer. (Fachl. Mitt. österr. Tabakregie **1959.** Nr. 3. 5—40. Dez. Wien, Hochschule für Bodenkultur, Inst. für Pflanzenbau u. Pflanzenzüchtung.) (Dt.)

In umfassenden Gefäß-Verss. mit 3 Böden von starken Kalimangel aufweisenden Tabakfeldern wurde gezeigt, daß es zur Erzeugung von Qualitätstabak durchaus nicht genügt, nur solche Kalimengen zu verabreichen, daß keine Mangelschäden auftreten. Außerdem ist der Kaliversorgung schon bei der Vorfrucht Beachtung zu schenken.
M. WINIKER. 6304□

Der Einfluß des pH-Wertes und der Kalkung auf die Strukturstabilität von Böden. K. Hartge. (Landwirtsch. Forsch., Sonderh. Nr. **12.** 37—40. 1959. Hannover, TH, Inst. für Bodenkunde.) (Dt.)

Vortrag. Verss. mit Flottlehm, Heidesand, Plaggensand u. Marschton ergaben: Die Förderung der Strukturstabilität unter dem Einfl. einer Kalkung kann eine Folge der Erhöhung des pH-Werts oder auch des größeren Angebots an Ca sein. Wird durch eine Kalkung die Strukturstabilität nicht erhöht, so kann eine Strukturverbesserung als unter den betreffenden Boden-, Klima- u. Kulturverhältnissen nicht durchführbar angesehen werden. Der Zusammenhang zwischen Stabilitätserhöhung u. Ertragszunahme ist um so enger, je weiter die Strukturstabilität des jeweiligen Bodens von ihrem Optimum entfernt ist. M. WINIKER. 6304□

Hüttenkalkdüngung zu Bernburger einjährigem Weidelgras. Hans-Joachim Fiedler. (Wiss. Z. Techn. Hochschule Dresden **9.** 1049—55. 1959/60.) (Dt.)

Auf sauren, Mg-armen Sandböden erwies sich *Hüttenkalk* als zur Bekämpfung von Mg-Mangelerscheinungen bei Bernburger einjährigem Weidelgras gut geeignet. Mit zunehmendem Mg-Geh. des Grases nahmen die Mg-Mangelsymptome ab u. die Erträge zu.
M. WINIKER. 6304□

Einfluß der Agrotechnik auf den Gehalt an Protein, Calcium und Phosphor in Pflanzen des Wicke-Hafer-Gemenges. W. N. Bakanow. (Известия Тимирязевской Сельскохозяйственной Академии [Nachr. landwirtsch. Timirjasew-Akad.] **1960.** Nr. 4. 56—68.) (Russ.; Auszug: Engl.)

Der Ernteertrag der lufttrockenen Pflanzenmasse war von der Art u. Tiefe der Pflugfurche u. im erhöhten Maße von der Tiefe u. Unterbringung des Stalldüngers abhängig. Am geeignetsten waren die Pflüge GR. 27 u. P-5-35. Am günstigsten hat sich das Pflügen auf 25 cm Tiefe, wobei der Stalldung auf dieselbe Tiefe gebracht wird, erwiesen. Trockenmasse: Protein 561,7; Ca 33,5; P 13,8 kg/ha. Bei der Aussaat von Gräsern u. Grünfutter oder Heugewinnung kann durch mineral. N u. P als Kopfdüngung der Protein- u. Mineral-Geh. erhöht werden (Protein-Geh. an Haferkörnern angeglichen, jedoch bedeutend mehr Ca u. P). Wenn Wicke als Saatgut fehlt, kann hoch-

wertiges Grünfutter durch Aussaat von Hafer gewonnen werden, indem nach dem Aufgehen 2—3 dz mineral. N u. P-Dünger/ha als Kopfdünger gegeben werden.
A. PRINZ. 6304□

Die Bedeutung des Magnesiums für die Ernährung der Obstgehölze. P. G. de Haas und W. Gruppe. (Landwirtsch. Forsch., Sonderh. Nr. **12.** 74—75. 1959.) (Dt.)
Vortrag. M. WINIKER. 6304□

Steigerung der Erträge von Nutzpflanzen mittels membrandiffusionsfähiger Siliciumverbindungen. W. Lüdke. (Jenaer Jb. **1956.** 234—57. 1957. Leipzig.) (Dt.)
An Hand der Literatur (33 Hinweise) sowie der Ergebnisse eigener Unterss. erörtert Vf. die Möglichkeiten einer Steigerung der Erträge von Nutzpflanzen, einer Verbesserung ihrer Qualität u. einer Beschleunigung ihrer Reife mittels membrandiffusionsfähiger *Si*-Verbindungen. M. WINIKER. 6304□

Einfluß der Blattdüngung mit Bor auf Ertrag und Fruchtbildung bei Wildklee. Je. Ss. Kasarjan. (Известия Академии Наук Армянской ССР, Биологические Науки [Nachr. Akad. Wiss. ArmenSSR, biol. Wiss.] **13.** Nr. 5. 81—85. Mai 1960.) (Russ.; Auszug: Armen.)
Trifolium Bordzilovski Grossh. kennzeichnet sich durch spärliche Samen-Bldg. aus. Durch Spritzen der Pflanzen im Stadium der Knospen-Bldg. mit B-Lsg. (2 kg/ha H_3BO_3) wurde die Samen-Bldg. stark gefördert; der Samenertrag stieg im Vgl. zu unbehandelten Parzellen um 154%. Die Zahl der Kleeköpfe bei den Pflanzen beeinflußte B in keiner Weise. Der Ertrag an Grünmasse (in dz/ha) stieg durch B von 80,2 auf 105,2, der an Heu von 20,5 auf 27,8. Die botan. Zus. des Bestandes wurde im Sinne der Vermehrung des Klees auf Kosten von Gramineen u. Kräutern beeinflußt. Ferner wirkte B auf die Keimfähigkeit der Kleesamen günstig. M. WROBLEWSKI. 6304□

Über die Untersuchungen der Einwirkung von Spurenelementen auf den Weinstock. Ja. E. Ekster. (Виноделие и Виноградарство СССР [Weinbereit. Weinbau UdSSR] **20.** Nr. 8. 54—57. 1960.) (Russ.)
Vf. übt strenge Kritik an zahlreichen Mitteilungen über die Einw. von Spurenelementen (B, Cd, Co, Cr, Hg, Mn, Mo, Ni u. Zn) auf die Weinernte. Die hohen Zahlen über erzielte Mehrerträge (bis zu 70%) werden angezweifelt. S. BARYSCHNIKOW. 6304

Einfluß der Art der Nachdüngung von Maissaaten mit Kobalt auf den Ertrag und die Zusammensetzung der Pflanzen. M. W. Zjarenzjewa. (Известия Академии Наук Белорусской ССР, Серия Биологических Наук [Nachr. Akad. Wiss. BelorussSSR, Ser. biol. Wiss.] **1960.** Nr. 4. 23—25.) (Beloruss.)
In Verss. mit Maispflanzen wurde der Einfl. der Düngung mit $Co(NO_3)_2$ (**I**) auf Grünmasseertrag, Gewicht der Pflanze u. der Blätter, Zahl der Blätter, Höhe der Pflanze, Zahl der Kolben, Geh. an Chlorophyll (**II**), Carotin (**III**), J, Co, Cu, Mn, Ni, Zn, Fe, Asche, Ca, P, Zucker u. Protein untersucht u. festgestellt, daß bei Einbringung von 22 kg/ha I vor der Aussaat (a) der **II**-Geh. von 976 mg-% auf 1002 mg%, beim Spritzen der Pflanzen mit 2%ig. **I**-Lsg. (b) auf 1100 mg% erhöht wird. Der **III**-Geh. beträgt bei a 8,63 mg%, bei b 9,36 mg% gegenüber 7,96 mg% in der Kontrolle. Der Co-Geh. in 100 g lufttrockener Pflanzensubstanz beträgt bei a 9,0 γ, bei b 222,3 γ gegenüber 6,6 γ in der Kontrolle. Aus den Vers.-Ergebnissen ergibt sich, daß durch Blattdüngung mit **I** Ertrag u. chem. Zus. der Pflanzen verbessert werden können. O. LEBTAG. 6304□

Bestehende Gesetzmäßigkeiten bei der Umsetzung organischer Stoffe im landwirtschaftlich genutzten Boden. J. Köhnlein. (Landwirtsch. Forsch., Sonderh. Nr. **12.** 59—65. 1959. Kiel, Bundesforschungsanst. für Milchwirtschaft, Inst. für Futterbau.) (Dt.)
Vortrag. Soweit sie auf der Komponente *Humus* (**I**) beruht, bleibt die Bodenfruchtbarkeit im Dauergrünland von einem gewissen Grad der **I**-Anreicherung an eine latente Größe. In gutem altem Dauergrünland befindet sich die Fruchtbarkeitskomponente **I** niemals „im Minimum". So ist es zu erklären, daß z. B. Stallmist hier nicht als zusätzlicher bes. hochwertiger **I**-Rohstoff zu Mehrerträgen führen kann, sondern lediglich als Nährstoffspender u. als schützendes Abdeckungsmaterial dient. M. WINIKER. 6304□

Betrachtungen über die Bakteriologie der tropischen Böden. J. Keilling. (Oléagineux **14.** 725—26. Dez. 1959. Paris, Inst. Nat. Agron.) (Franz.) M. WINIKER. 6306□

Ergebnisse von Bodentieruntersuchungen im Reinhardswald. S. M. Hammad. (Z. angew. Entomol. **48.** 94—114. April 1961. Göttingen, Univ., Forstzoolog. Inst.) (Dt.)
J. LEHMBERG. 6306□

Die landwirtschaftliche Bedeutung der Meso-Fauna des Bodens. F. Raw. (Commonwealth Bur. Soils. Soils Fertilizers **24.** 1—2. Febr. 1961. Harpenden, Herts., Rothamsted Exp. Stat.) (Engl.)
Erdwürmer (Allolobophara caliginosa) produzieren bei 15° in einem 0,20% N-haltigen Boden 4,2 μg N/g Frischgewicht · Stunde. J. LEHMBERG. 6306□

Analyse und Synthese in der Bodenbiologie. Ein Beitrag zur Wirkstoffbilanz im Boden und zum Wirkstoffkreislauf. A. G. Winter. (Landwirtsch. Forsch., Sonderh. Nr. **12.** 97—110. 1959. Köln.) (Dt.)

Vortrag. Behandelt werden: Begrenzende Faktoren für die Entw. der bodenbewohnenden Mikroorganismen, Frage des Vork. von phytotox. Substanzen im Boden in wirksamen Konzz., Aufnahme organ. Verbb. durch die Pflanzenwurzeln, Schicksal allochthoner Substanzen in der Gastpflanze, möglicher Einfl. allochthoner Substanzen auf den Wert der Nahrung, in Symbiose gebildete allochthone Substanzen, Bedeutung der Mykorrhiza für landwirtschaftliche Kulturpflanzen, Einfl. des Regenwurms auf die Wirkstoffbilanz im Boden. — 51 Literaturangaben. M. WINIKER. 6306□

Bodenbiologische Untersuchungen an Walddüngungsversuchen. H. Franz und W. Loub. (Centralbl. ges. Forstwes. [Wien] **76.** 129—62. Okt. 1959. Wien, Hochschule für Bodenkultur, Inst. für Geologie u. Bodenkunde.) (Dt.)

Bei sauren Waldböden ist von einer *N*-Düngung nur dann eine bodenbiolog. Wrkg. zu erwarten, wenn zugleich mit der N-Gabe auch entsprechende Mengen von Erdalkaliionen zugeführt werden. Dem Ca kommt hierbei anscheinend eine entscheidende Rolle zu. Bzgl. der Wrkg. von *Phosphorsäure* gestatten die bisherigen Verss. keine eindeutige Aussage, doch sprechen alle Erfahrungen dafür, daß Volldüngung wirksamer ist als jede einseitige Mineralstoffzufuhr. M. WINIKER. 6306□

Einfluß von Pflanzenschutzmitteln auf die Bodenmikroflora. K. Naumann. (Mitt. biol. Bundesanst. Land- u. Forstwirtsch. Berlin-Dahlem Nr. **97.** 109—17. Nov. 1959. Aschersleben, Biol. Zentralanst. der Dtsch. Akad. der Landwirtschaftswissenschaften zu Berlin, Inst. für Phytopathologie.) (Dt.)

Vortrag, in dem über Verss. berichtet wird, durch die bestätigt werden konnte, daß hohe *Parathion*-Gaben die Mikroflora des Bodens nicht schädigen, sondern fördern. — 16 Literaturangaben. M. WINIKER. 6306□

Wirkungen von Behandlungen mit 2.4-D auf das Wachstum von drei einjährigen Kleearten. 1. Mitt. Douglas P. Ormrod, William A. Williams und Burgess L. Kay. (Calif. Agric. **14.** Nr. 7. 7—8. Juli; Nr. **8.** 6—7. Aug. 1960. Davis, Calif., Univ. of California.) (Engl.)

Nach Entfernen von Gestrüpp u. Aussaat von Klee wieder aufgehende Holzgewächse lassen sich im Frühjahr durch 2.4-D vernichten, wobei auch der Klee geschädigt wird. Angewandt wurde das 2.4-D-Ester-Präp. ***Esteron 10-10*** in den Mengen 0,3 (gegen Unkräuter) u. 3,0 lb./acre (gegen Strauchsämlinge) in den 3 Wachstumsstufen. Beide Gaben verminderten allg. die Bldg. von Trockenmasse der 3 Kleearten Trifolium hirtum All., T. subterraneum (a) u. T. incarnatum. a wurde am wenigsten geschädigt, auch in gemischten Ständen. Parallel damit ging eine erhebliche Verminderung des Samenertrags u. der Keimung der Samen. Erhöhung des Spritz-Vol. verminderte diese schädliche Wirkung. EBERHARD MÜLLER. 6312□

Die Unkrautbekämpfung auf Almen. W. Frohner. (Mitt. biol. Bundesanst. Land- u. Forstwirtsch. Berlin-Dahlem Nr. **97.** 136—39. Nov. 1959. Linz, Österr. Stickstoffwerke A.G.) (Dt.)

Vortrag, in dem über Erfahrungen mit Mitteln auf Basis *2.4-D, 2.4.5-T* u. *TCA* berichtet wird. — Diskussion. M. WINIKER. 6312□

Die Anwendung chemischer Unkrautbekämpfungsmittel in der österreichischen Forstwirtschaft. Gertraud Repp. (Centralbl. ges. Forstwes. [Wien] **76.** 168—89. Okt. 1959. Wien.) (Dt.)

Bericht über mit Phytohormonen (Wuchsstoffe auf Basis *2.4-D* u. *2.4.5-T*) sowie *TCA*-Mitteln gemachte Erfahrungen. M. WINIKER. 6312□

Untersuchungen über die chemische Unkrautbekämpfung in Forstbaumschulen. P. Burschel. (Mitt. biol. Bundesanst. Land- u. Forstwirtsch. Berlin-Dahlem Nr. **97.** 139—43. Nov. 1959. Göttingen, Georg-August-Univ., Inst. für Waldbautechnik.) (Dt.)

Vortrag, in dem über Erfolge mit *Simazin* u. *Neburon* berichtet wird. M. WINIKER. 6312□

Unkrautbekämpfung in Ziergehölzquartieren und Baumschulsaatbeeten. H. Faber. (Mitt. biol. Bundesanst. Land- u. Forstwirtsch. Berlin-Dahlem Nr. **97.** 144—48. Nov. 1959. Rellingen, Bezirksstelle für Pflanzenschutz des Pflanzenschutzamtes des Landes Schleswig-Holstein.) (Dt.)

Vortrag. Zur Bekämpfung der Unkräuter auf Baumschulsaatbeeten im Vorauflauf-Verf. erwies sich *Neburon* als geeignet. *Simazin* u. *CIPC* waren ungeeignet. M. WINIKER. 6312□

Unkrautbekämpfung in Spezialkulturen mit einem neuen Herbicid. Ricarda Immel. (Mitt. biol. Bundesanst. Land- u. Forstwirtsch. Berlin-Dahlem Nr. **97.** 134—36. Nov. 1959. Ingelheim/Rh., C. H. Boehringer Sohn.) (Dt.)

Vortrag, in dem über gute Erfahrungen mit *Neburon* bei der Unkrautbekämpfung in verschiedenen Gemüsekulturen berichtet wird. M. WINIKER. 6312□

Untersuchungen über die Flüchtigkeit des CIPC und anderer Herbicide. Hans Orth. (Nachrichtenbl. dtsch. Pflanzenschutzdienstes [Braunschweig] **12.** 37—44. März 1960. Fischenich, Bez. Köln, Biol. Bundesanst., Inst. für Gemüsekrankheiten u. Unkrautforschung.) (Dt.)

Mit Hilfe von Kressewurzeln als Testobjekten wurde nachgewiesen, daß aus Herbiciden, bes. *CIPC*, dampfförmige Stoffe entweichen, die eine phytotox. Wrkg. entfalten. Aus CIPC-Emulsionen verdampfte der Wirkstoff leichter als aus Granulaten. Die Gasphasen des Emulgators u. Lsgm. wirkten ebenfalls in gewissem Maße hemmend auf das Wurzelwachstum. Außer CIPC wurden in gleicher Weise andere Herbicide, die ebenfalls für den Einsatz im Gemüsebau in Frage kommen, geprüft, nämlich *Propazin* (**I**), *Thiodiazol* (**II**) u. Kombinations-Präpp. von *OMU* (*Cyclooctyldimethylharnstoff*) mit *BiPC*. **II**-Granulat wirkte in seiner Gasphase noch stärker schädigend als CIPC. Bei **I** konnte in keinem Falle eine phytotox. wirkende Dampfphase nachgewiesen werden. Die übrigen Mittel wirkten weniger schädigend als CIPC. M. WINIKER. 6312□

Problematik und Aussichten der Unkrautbekämpfung in Spezialkulturen. H. Orth. (Mitt. biol. Bundesanst. Land- u. Forstwirtsch. Berlin-Dahlem Nr. **97.** 125—34. Nov. 1959. Fischenich, Bez. Köln, Biol. Bundesanst. für Land- u. Forstwirtschaft, Inst. für Gemüsekrankheiten u. Unkrautforschung.) (Dt.)

Vortrag. Bericht über bes. mit *CIPC*, *CMU* u. *DNBP* bei der Unkrautbekämpfung in verschiedenen Gemüsekulturen gemachte Erfahrungen. — 40 Literaturangaben. Diskussion. M. WINIKER. 6312□

Die Peronospora der Rebe und ihre Bekämpfung im Jahre 1956. J. Kundert. (Schweiz. Z. Obst- u. Weinbau **66.** 160—63. 30/3. 182—88. 13/4. 1957. Wädenswil, Eidg. Versuchsanst.) (Dt.)

Sowohl die alten gebräuchlichen *Cu-Mittel* als auch die neueren Cu-Ersatzmittel (*Zineb*, *Captan*) sind zur Bekämpfung der Peronospora der Rebe geeignet. Die bei der Anwendung beider Wirkstoffgruppen 1956 in der Schweiz beobachteten Vorteile u. Nachteile werden eingehend erörtert. M. WINIKER. 6312□

Experimentelle Untersuchung einiger Grundzüge der möglichen Anwendung der Vergärungsprodukte von Gibberella fujikuroi in der landwirtschaftlichen Praxis. Guillermo Verdejo Vivas. (An. Real Acad. Farmac. **24.** 327—66. 459—502. 1958.) (Span.)

Die physiolog. Eigg. der Fermentations-Prodd. von Gibberella fujikuroi werden mit zahlreichen Beispielen beschrieben. Gegenüber *Gibberellsäure* (**I**) zeigen einige Pflanzen schon bei Zerstäubung einer Lsg. von 0,01 ppm eine deutliche Rk., andere sprechen auch auf höhere Konzz. wenig an. Keime von Kartoffelknollen gehören zu den gut ansprechenden Pflanzenteilen. Die einzelnen Teile (Stengel, Blätter, Triebe, Blüten, Früchte, Wurzeln, Samen) sind verschieden empfindlich gegen **I**. Textilstoffe liefernde Pflanzen können durch **I**-Behandlung größere Höhe erreichen. — 23 Literaturhinweise. R. K. MÜLLER. 6312□

Fortschritte und Probleme auf dem Gebiete der Beizung und Saatgutbehandlung. K. Böning. (Mitt. biol. Bundesanst. Land- u. Forstwirtsch. Berlin-Dahlem Nr. **97.** 195—203. Nov. 1959. München, Bayer. Landesanst. für Pflanzenbau u. Pflanzenschutz.) (Dt.)

Vortrag. — 12 Literaturangaben. M. WINIKER. 6312□

Über die Wirkung der Beizmittel COBH und COBH + Hg auf die Tabaksaat. Friedrich Vogel. (Tabak-Forsch. **1960/1.** 117—23. März. Forchheim.) (Dt.)

Bericht über Verss., die den Schluß zulassen, daß die Bodendämpfung bzw. die Einsaat in keimfreie Einheitserde durch die untersuchten Saatgut- u. Bodenbeizen nicht ersetzt werden kann. M. WINIKER. 6312□

Die Wirkungsweise von Bodenbehandlungs- und Beizmitteln auf die Sporen des Maisbeulenbrandes. E. Mühle. (Mitt. biol. Bundesanst. Land- u. Forstwirtsch. Berlin-Dahlem Nr. **97.** 215—17. Nov. 1959.) (Dt.)

Inhaltlich ident. mit der C. **1960.** 9350 referierten Arbeit. M. WINIKER. 6312□

Zur Problematik der chemischen Flugbrandbekämpfung. F. Wagner. (Mitt. biol. Bundesanst. Land- u. Forstwirtsch. Berlin-Dahlem Nr. **97.** 211—15. Nov. 1959. München, Bayer. Landesanst. für Pflanzenbau u. Pflanzenschutz.) (Dt.)

Vortrag, in dem über Unterss. berichtet wird, durch die erstmalig gezeigt werden konnte, daß eine Bekämpfung der blüteninfizierenden Flugbrandarten auch mit chem. Mitteln (Tauchbeize in reinem *Methanol*) grundsätzlich möglich ist. — Diskussion.

M. WINIKER. 6312□

Über die Mikroflora der Gerstensamen und ihre selektive Beeinflussung durch Beizung. G. Roth. (Mitt. biol. Bundesanst. Land- u. Forstwirtsch. Berlin-Dahlem Nr. **97.** 203—11. Nov. 1959. Hohenheim, Landw. Hochschule, Inst. für Pflanzenschutz.) (Dt.)

Vortrag. Bericht über Verss., deren Ergebnisse zeigen, daß die *Hg*-Beizung von Gerstensamen außer ihrer Wrkg. gegen die bekannten mit dem Saatgut übertragbaren Pilzkrankheiten noch Neben-Wrkg. auf die Samenflora, den Keimling u. das erste Jugendwachstum der Pflanzen hat. — Diskussion. M. WINIKER. 6312□

Auflaufförderung von Gemüsesamen durch Saatgutbehandlung im Vorrats- und Überschußbeizverfahren. G. Crüger und H. Orth. (Mitt. biol. Bundesanst. Land- u. Forstwirtsch. Berlin-Dahlem Nr. **97.** 224—30. Nov. 1959. Fischenich, Bez. Köln, Biol. Bundesanst. für Land- u. Forstwirtsch., Inst. für Gemüsekrankheiten u. Unkrautforsch.) (Dt.)

Vortrag. Bericht über Verss. mit *TMTD, Cerenox, Captan, Aldrin, Dieldrin* u. Kombinationen dieser Mittel. M. WINIKER. 6312□

Untersuchungen über die Empfindlichkeit von Gemüsesaatgut gegenüber Beizmitteln. Hildegard Carmesin. (Mitt. biol. Bundesanst. Land- u. Forstwirtsch. Berlin-Dahlem Nr. **97.** 230—39. Nov. 1959. Hannover, TH, Inst. für Gemüsebau.) (Dt.)

Vortrag. Verss. zur Beizung von Gemüsesamen (Möhren, Zwiebeln, Gurken, Wirsingkohl, Salat u. Gurken) mit *Abavit* (**I**; *Alkyl-Hg*), *UT* (*Phenyl-Hg*), *Cerenox* (**II**), *Atiram* (**III**; *TMTD*), *Tritisan* (**IV**; *Chlornitrobenzol*) u. *Elbe* (**V**; *Ferridimethyldithiocarbamat*) zeigten im wesentlichen folgende Ergebnisse: UT, **I** u. **II** verursachen bei höherer Dosierung häufiger Schäden als **IV**, **V** u. **III**. Beizmittel mit hohem phytotox. Gasdruck, z. B. **I**, lassen bei Lagerbeizung eine stärkere Schädigung erwarten als bei Beizung direkt vor der Aussaat. — Diskussion. M. WINIKER. 6312□

Gewächshausversuche zum Schutz des Saatgutes gegen Tipula-Fraß. H. Maercks. (Mitt. biol. Bundesanst. Land- u. Forstwirtsch. Berlin-Dahlem Nr. **97.** 218—21. Nov. 1959. Oldenburg, Biol. Bundesanst. für Land- u. Forstwirtschaft, Inst. für Grünlandschädlinge.) (Dt.)

Vortrag. Zum Schutz von Getreidesaatgut gegen Tipula paludosa erwiesen sich *Dieldrin*- u. *Heptachlor*-Puder als aussichtsreich. M. WINIKER. 6312□

Entwicklung der Bodenentseuchungsmethoden und ihrer Probleme. W. Fuchs. (Mitt. biol. Bundesanst. Land- u. Forstwirtsch. Berlin-Dahlem Nr. **97.** 93—99. Nov. 1959. Göttingen, Georg-August-Univ., Inst. für Pflanzenpathologie u. Pflanzenschutz.) (Dt.)

Vortrag. — 17 Literaturangaben. M. WINIKER. 6312□

Reaktionserscheinungen von Boden und Pflanzen nach Anwendung von Shell D-D. H. Goffart. (Mitt. biol. Bundesanst. Land- u. Forstwirtsch. Berlin-Dahlem Nr. **97.** 121—24. Nov. 1959. Münster/Westf., Biol. Bundesanst. für Land- u. Forstwirtschaft, Inst. für Hackfruchtkrankheiten u. Nematodenforsch.) (Dt.)

Vortrag. *Shell D-D* (**I**) besitzt neben seiner nematociden Wrkg. auch noch phytotox. Eigg., die das Einhalten einer Karenzzeit zwischen Behandlung u. Bestellung sowie eine gute Durchlüftung des Bodens durch Auflockerung notwendig erscheinen lassen. Tiefwurzler sind im allg. empfindlicher gegen **I** als Flachwurzler. — Diskussion.

M. WINIKER. 6312□

Untersuchungen zur Wirkung einiger Bodenfungicide. K. H. Domsch. (Mitt. Biol. Bundesanst. Land- u. Forstwirtsch. Berlin-Dahlem Nr. **97.** 100—06. Nov. 1959. Kiel-Kitzeberg, Biol. Bundesanst. für Land- u. Forstwirtschaft, Inst. für Getreide-, Ölfrucht- u. Futterpflanzenkrankheiten.) (Dt.)

Vortrag. Als fungitox. Grenz-Konzz. (in ppm) wurden bei Verss. mit Rhizoctonia solani ermittelt: *Chlorpikrin* 2, *Vapam* 30, *Allylalkohol* 30, *Methylbromid* 50, *Mylone* 100, *TMTD* 800, *Nabam* 1000, *Captan* 2500, *Chloranil* >5000, *Zineb* >5000, eine *organ. Hg-Verb.* 50, *PCNB* 125, eine *organ. As-Verb.* 200. Weiter werden fungitox. Grenz-Konzz. für einige Bakterien- u. Streptomycetenstämme sowie die Ergebnisse einer mikrobiolog. Bodenanalyse u. einer Bodenpilzanalyse nach Applikation einiger der genannten Fungicide mitgeteilt. — Diskussion. M. WINIKER. 6312□

Dalaponrückstände in Vogelfußklee. Marvin M. Schreiber. (J. agric. Food Chem. **7.** 427—29. Juni 1959. Ithaca, N.Y., Cornell Univ., Dep. of Agronomy.) (Engl.)

In allen Vogelfußkleeproben wurden nach der Behandlung mit *Dalapon* Rückstände gefunden, deren Höhe von der Gabe, den Witterungsbedingungen, der Wachstumszeit u. dem Stande des Wuchses zur Zeit der Anwendung abhing. Anwendung von 5 lbs./acre im Frühjahr wirkte gut gegen Gräser u. verursachte einen Rückstand von weniger als 25 ppm, wenn die Zeitspanne zwischen Anwendung u. Ernte mindestens 100 Tage betrug, war sie nur 22 Tage, stieg der Rückstand bei einer Gabe von 15 lbs./acre bis 1750 ppm. Fritz Müller/Ludwigshafen. 6312□

Zur Wirkung von Dichlordiphenyltrichloräthan (DDT) bei der Kartoffel. Hans Wenzl. (Pflanzenschutzberichte [Wien] **24.** 83—89. Mai 1960. Wien, Bundesanst. für Pflanzenschutz.) (Dt.)

Vff. untersuchte den Einfl. von *DDT* auf Ertrag, Auftreten von Stolbur u. Vermehrung knollenübertragbarer Virosen bei Kartoffeln. Nur bei nennenswertem Auftreten von Stolbur, das durch DDT-Behandlungen vermindert wird, wurde ein ausgeprägter Mehrertrag (9%) erzielt. Jedoch sprechen die Vers.-Ergebnisse auch für eine leicht ertragssteigernde physiolog. Wrkg. von DDT bei Kartoffeln. Schließlich wurden Hinweise auf eine Verminderung von Blattroll-, nicht aber von Kräusel- u. Strichelvirose, als Folge der DDT-Behandlungen erhalten. M. Winiker. 6312□

Erfahrungen über das Auftreten und die Bekämpfung des Apfelwicklers im Jahre 1959. Th. Wildbolz und A. Staub. (Schweiz. Z. Obst- u. Weinbau **68.** 546—52. 28/11. 1959. Wädenswil, Eidg. Versuchsanst.) (Dt.)

Bericht über mit *Parathion, Phosphamidon* u. *Gusathion* bei der Bekämpfung des Apfelwicklers gemachte Erfahrungen. Die Wirksamkeit der 3 Wirkstoffe war von der gleichen Größenordnung. M. Winiker. 6312□

Zur Wirkung von Aktivsubstanzen verschiedener Insekticide auf Bienen. 1. Mitt. F. Beye, W. Kaeser und R. Buchner. (Anz. Schädlingskunde **32.** 41—43. März 1959. Freiburg, Univ., Botan. Inst. u. Tierhygien. Inst., Abt. Bienenkunde.) (Dt.)

Vff. untersuchten folgende Pflanzenschutzmittel als Aktivsubstanzen auf ihre Bienenwirksamkeit bei Kontakt auf Papier: *Chlorbenzilat* (**I**), *Toxaphen* (**II**), *Phenkapton* (**III**), *Thiodan* (**IV**), *DDT* (**V**), *Metasystox* (**VI**), *Parathion* (**VII**), *Diazinon* (**VIII**) u. *Isolan* (**IX**). Als prakt. unbegrenzt verträglich erwies sich **I**, während das im Handels-Präp. als bienenungefährlich bezeichnete **II** in Aktivsubstanz die Bienen bis zu 100 mcg herunter noch schädigte. Das als bienenschädlich beurteilte **III** war in Aktivsubstanz nur wenig stärker wirksam als **II** u. schwächer als das offiziell bienenungefährliche **IV**. Die Wrkg. von **V** war stärker als die von **II, III** u. **IV**, doch deutlich schwächer als die von **VI, VII** u. **VIII**. Von den drei letztgenannten Mitteln war **VIII** weitaus am unverträglichsten. Am wenigsten verträglich war **IX**. M. Winiker. 6312□

Zur Wirkung von Aktivsubstanzen verschiedener Insekticide auf Bienen. 2. Mitt. F. Beye, W. Kaeser und R. Buchner. (Anz. Schädlingskunde **32.** 121—23. Aug. 1959.) (Dt.) — 1. vgl. vorst. Referat.

Bei Auftragung der l. c. angeführten Aktivsubstanzen auf Blätter in einer Emulsion u. Kontakt der Bienen 14—16 Std. nach Spraybehandlung der Pflanzen erwiesen sich die verwendeten Insekticide außer *Diazonin* u. *Parathion* in dem der Biologie der Bienen entsprechenden Kurzzeitkontakt als verträglich. Diese Verss. mit Blättern gestatten jedoch noch keine Aussage bzgl. der Wrkg. von Insekticid-Präpp. in offenen Blüten. M. Winiker. 6312□

Die Messung der Bodenstruktur durch Bestimmung der pF-Kurve und der Strukturstabilität. P. Schachtschabel und K. Hartge. (Landwirtsch. Forsch., Sonderh. Nr. **12.** 30—36. 1959. Hannover, TH, Inst. für Bodenkunde.) (Dt.)

Vortrag. Bei der Beurteilung der Bodenstruktur müssen 2 Struktur-Eigg. berücksichtigt werden, nämlich der *Strukturzustand* u. die *Strukturstabilität*. Zur Messung des ersteren ist die Aufstellung der pF-Kurve nach Richards geeignet. Für die Messung der Strukturstabilität hat sich die Naßsiebung nach De Leenheer u. de Boodt bewährt. Für beide Verff. werden eingehende Arbeitsvorschriften gegeben. M. Winiker. 6324□

Neue Gesichtspunkte für die Beurteilung und Bewirtschaftung unserer Ackerböden. H. Frese. (Landwirtsch. Forsch., Sonderh. Nr. **12.** 49—59. 1959. Braunschweig-Völkenrode, Forschungsanst. für Landwirtschaft, Inst. für Bodenbearbeitung.) (Dt.)

Vortrag. Die bisher benutzten Meth. der visuellen Bodenbeurteilung haben sich als nicht brauchbar erwiesen. Der zur Charakterisierung von Bodenverdichtungen als gültig angesehene Schwellenwert (45% Poren-Vol.) bedarf dringend einer Korrektur u. Anpassung an die jeweilige Bodenart. Die Unters. der Porengrößenverteilung (pF-Wert) scheint eine geeignete Meth. zur Bewertung bestimmter Bodenbearbeitungsmaßnahmen zu sein. M. Winiker. 6324□

Zur Nomenklatur, Definition und Messung ackerbaulich wichtiger, physikalischer Bodeneigenschaften. H. Frese. (Landwirtsch. Forsch., Sonderh. Nr. **14.** 72—77.

1960. Braunschweig-Völkenrode, Forschungsanst. für Landwirtschaft, Inst. für Bodenbearbeitung.) (Dt.)

Vortrag. Behandelt werden Gesamtporosität, Aggregatstabilität, Struktur u. Gefüge, Gare, Bodenfruchtbarkeit. M. Winiker. 6324□

Fehlerquellen bei der Bodenuntersuchung. F. H. B. Vermeulen. (Landwirtsch. Forsch., Sonderh. Nr. **14.** 80—85. 1960. Oosterbeek, Bedrijfslabor. voor Grond- en Gewasonderzoek.) (Dt.)

Vortrag. Am Beispiel der Best. des *Phosphat*-Geh. werden Fehlerquellen bei Boden-Unterss. diskutiert. M. Winiker. 6324□

Über eine radiometrische Bestimmung des Gesamtkalis im Boden. W. L. Ananjan. (Известия Академии Наук Армянской ССР, Биологические Науки [Nachr. Akad. Wiss. ArmenSSR, biol. Wiss.] **13.** Nr. 5. 87—90. Mai 1960. Labor. für Agrochemie der Akad. der Wiss. der ArmenSSR.) (Russ.; Auszug: Armen.)

Unterss., die sich auf ca. 25 verschiedene Bodentypen Armeniens erstreckten, zeigten, daß die radiometr. Meth. zur K-Best. im Vgl. zur chem. Best. erhöhte Werte liefert. Dies erklärt sich dadurch, daß die radiometr. Meth. außer ^{40}K auch andere radioakt. Elemente erfaßt. Die Abweichungen sind auf einigen Böden nur gering, auf anderen dagegen bedeutend; bes. groß sind sie bei Unterss. der Humushorizonte der Böden. Für die 11 cm starke Humusschicht des braunen Gebirgs-Waldbodens ergab die radiometr. Meth. Werte, die diejenigen der chem. Analyse um das 5fache übertreffen. Für heterogene, in bezug auf den Geh. an radioakt. Elementen sehr unterschiedliche Böden Armeniens eignet sich die radiometr. Meth. nicht. M. Wroblewski. 6324□

René Charles Santt, Frankreich, **Verhinderung der Klumpenbildung und Verbesserung der Streufähigkeit von Düngemitteln** u. a. pulverförmigen Gut durch Zusatz von mit Ca-Stearat imprägniertem Kieselgurpulver. — Z. B. wird Kieselgur mit $CaCl_2$-Lsg. verrührt u. danach eine verd. Na-Stearat-Lsg. zugemischt. (**F. P. 1 143 139** vom 14/11. 1955, ausg. 26/9. 1957.) M. F. Müller. 6277

Carlo Garbato, Mailand, Italien, **Herstellung von Kali-Phosphor-Düngemitteln.** Man erhitzt natürliche Phosphate u. Silicate des K u. Al, bes. *Leucit*, ggf. unter Zugabe von Na_2CO_3 u. Kohle bei $>700^0$ im Drehrohrofen oder im Fließbett. — 1000 (kg) marokkan. Phosphat (33% P_2O_5), 1200 Leucit (17,5% K_2O) u. 150 Na_2CO_3 werden auf 1250^0 erhitzt u. nach dem Abkühlen vermahlen, bis 70% durch das Sieb mit 10000 Maschen/cm^2 hindurchgehen. (**It. P. 514 357** vom 16/3. 1954.) K. Koebke. 6291

Metallgesellschaft Akt.-Ges., Frankfurt/M., und Soc. An. Potasco, Marchienne-au-Pont, Belgien (Erfinder: Franz Schytil, Frankfurt/M., und Jean Fevrier, Thuin, Belgien), **Herstellung granulierter Düngemittel** aus Thomasmehl allein oder granulierter Mischdüngemittel aus Thomasmehl u. Kalisalzen, dad. gek., daß das zu granulierende Thomasmehl oder Thomasmehlgemisch unter gleichzeitiger oder vorheriger Befeuchtung in eine rostlose Wirbelschichtkammer mit nach oben zunehmendem Öffnungswinkel eingetragen wird, in die von unten ein Strom heißer Gase von mindestens 600^0 eingeleitet wird, welche mit den Feststoffen eine frei schwebende Wirbelschicht bilden, wobei die Düngemittel auf eine Korngröße von 0,35—2,5 mm granuliert werden. Die Granulierung der Ausgangsstoffe in der Wirbelschichtkammer erfolgt derart, daß das Maximum der Korngröße für Mischdünger aus Thomasmehl u. Kalisalzen im Bereich von 1,0—1,5 mm u. für reines Thomasmehl zwischen 0,5 u. 1 mm liegt. Das zu granulierende feuchte, krümelige Gut wird ohne allmähliche Anwärmung in einen Heißgasstrom von ca. 800^0 eingetragen. Man erhält Thomasmehlgranulate mit mikroporöser Struktur mit ausgezeichneter Löslichkeit, die gut streufähig, nicht staubend u. nicht entmischbar sind. Die Druckfestigkeit der Granulate beträgt bis zu 20 kg/cm^2. Nach den Ergebnissen der Düngungs-Verss. übertreffen die granulierten Düngemittel die pulverförmigen an Wirksamkeit. — Kurven u. Vorrichtung. (**D. A. S. 1 100 657** Kl. 16 vom 17/2. 1959, ausg. 2/3. 1961.) H. Karst. 6291

Walter Jost, Iserlohn, **Mikronährstoffdüngemittel.** Spurenelementmetalle unterschiedlichen Korrosions-Verh. in Leg.-Form enthaltendes Mikronährstoffdüngemittel, dad. gek., daß es aus reinen Zweimetall-Legg., bes. reinen Messing-Legg., mit grobkristallinem Gefüge besteht. Bei der Düngung mit diesen Legg. werden die Zn-Atome durch die Feuchtigkeit des Bodens u. die Bodensäure aufgelöst u. rufen kleine Sprengungen innerhalb der Cu-Leg. hervor. Es wird eine über mehrere Jahre hinaus wirksame, gleichmäßige Schwermetalldüngung erzielt, wobei jede tox. Gefahr ausgeschlossen wird. Gleichzeitig wird eine Festlegung der Mikronährstoffe im Boden verhindert u. die gesamte Leg. steht den Pflanzen als stetig fließende Quelle lebenswichtiger

Mikronährstoffionen, z. B. Cu, Zn u. Mn, zur Verfügung. (**D. A. S. 1 101 455** Kl. 16 vom 15/7. 1959, ausg. 9/3. 1961.) H. KARST. 6293

Lundell (Great Britain) Ltd., Edenbridge (Erfinder: Daniel Arthur Young, Lingfield), England, **Verhinderung des Wachstums von Unkräutern,** bes. auf Rasenflächen. Man bringt feste, massive Wachskörper in Stangen-, Stab- oder Stückenform, die mit bekannten selektiv wirkenden Herbiciden, bes. halogenierten, Aryloxyalkylcarbonsäuren oder deren Derivv., in Mengen von 23—25% imprägniert worden sind, mit den zu bekämpfenden Unkräutern bzw. mit den Rasenflächen derart in reibende Berührung, daß durch den Abrieb der Wachskörper auf der Pflanzenoberfläche ein festhaftender Überzug aus Wachs u. dem beigemischten Herbicid gebildet wird. Eine beispielsweise Mischung eines solchen Wachskörpers besteht aus: 25 (%) *2.4-Dichlorphenoxyessigsäureisooctylester,* 65 hellem, geschmeidigem u. haltbarem Wachs, 5 Paraffinwachs u. 5 Dieselöl. (**D. A. S. 1 106 549** Kl. 451 vom 5/9. 1959, ausg. 10/5. 1961. E. Prior. 10/9. 1958.) H. NEBELSIEK. 6313

Montecatini Soc. Gen. per l'Industria Mineraria e Chimica, Mailand, Italien, **Unkrautbekämpfungsmittel,** bes. für Reisfelder anwendbar, enthaltend 2.4-Dichlorphenoxyäthanol im Gemisch mit einem inerten Verdünnungsmittel, ggf. unter Zusatz von Düngemitteln. — Dichlorphenoxyäthanol wird in mehreren Verss. dem als Herbicid bekannten 2.4-Dichlorphenoxyäthylsulfat gegenübergestellt u. zeigt sich diesem überlegen, bes. auch wegen seiner geringeren Wasserlöslichkeit, da es so länger in den oberen Bodenschichten wirksam bleiben kann. (**Ind. P. 58 810** vom 5/11. 1956, ausg. 17/2. 1959.) H. NEBELSIEK. 6313

Imperial Chemical Industries of Australia and New Zealand Ltd., Melbourne, Victoria, Australien, **Unkrautvertilgungsmittel,** bes. gegen Waldpflanzen, wie Brombeeren, bestehend aus einem Gemisch von 2.4.5-Trichlorphenoxyessigsäure-n-butylester (I), einem weiteren Ester der 2.4.5-Trichlorphenoxyessigsäure, dessen Alkoholrest 7—9 C-Atome hat, einem Emulgiermittel (II), wie einem Polyäthylenglykolalkylsulfonat, u. einem Lsgm. (Naphtha, Kerosin). — Beispiel: 7 (Gewichtsteile) I, 3,2 2.4.5-Trichlorphenoxyessigsäurenonyl- oder -C_{7-9}-alkylester, 1,5 II u. 0,78 Lsgm., als Gemisch in wss. Suspension verwendet. (**Aust. P. 167 348** vom 24/11. 1953, ausg. 19/4. 1956.) W. GRÄGER. 6313

Soc. Française des Glycérines, Paris (Erfinder: Vital Burdet-Berthold, Bouches-du-Rhône), Frankreich, **Pflanzenschutzmittel,** bes. gegen Frost, auf der Basis einer wss. Dispersion von KW-Stoffen u. Glycerin. Als KW-Stoff wird ein Paraffin, F. ca. 55°, in Mengen von 10—20 (Gewichts-%) u. Glycerin in Mengen von 10—30 verwendet, außerdem setzt man noch 5 Bentonit als Stabilisierungsmittel zu. — Man erhitzt z. B. eine Mischung aus 250 kg W. u. 80 kg Glycerin auf 75° u. gibt 5 kg Ätzkali hinzu. Dann läßt man 50 kg Paraffin zergehen u. gibt 6 kg Olein hinzu, dabei hält man die Mischung auf 70°. Diese Mischung gibt man unter Rühren zu der anfangs bereiteten Lsg. u. erhält so eine Emulsion, die man je nach Verw.-Zweck auf das 8—15fache verdünnt. — Durch den Paraffinzusatz erhält die Emulsion bzw. der beim Zerstäuben erzeugte Film eine bes. Geschmeidigkeit u. große Haftfähigkeit. (**D. A. S. 1 107 447** Kl. 451 vom 25/7. 1958, ausg. 25/5. 1961. F. Prior. 28/9. 1957.) H. NEBELSIEK. 6313

Carlo Erba S.p.A., Mailand, Italien, **Herstellung halogenierter Ketone** der Formel **I**, in der R für H, Halogen, eine evtl. veresterte OH-Gruppe u. X für Cl, Br oder J steht, durch Rk. der entsprechenden Acrylphenone mit Halogenwasserstoff oder durch Oxydation von

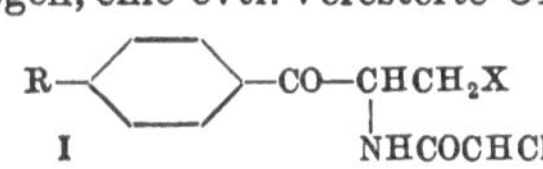

I

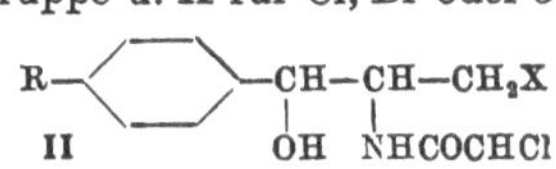

II

Verbb. der Formel **II**. (dl)-threo-1-Phenyl-1-hydroxy-2-dichloracetamido-3-chlorpropan in Eisessig mit K-Permanganat in H_2SO_4 → *(dl)-α-Dichloracetamido-β-chlorpropiophenon,* F. 129—130°. Aus α-Dichloracetamido-p-chloracrylophenon u. HCl in Dioxan → *α-Dichloracetamido-β.p-dichlorpropiophenon,* F. 115°. Die Verbb. haben neben einer *amöbiciden* eine bes. akt. *fungicide Wirkung.* (**Ind. P. 57 154** vom 25/4. 1956, ausg. 24/3. 1958. C. LÜTTGEN. 6313

Farbenfabriken Bayer Akt.-Ges. (Erfinder: Hugo Malz), Leverkusen, **Herstellung von Amidophosphaziden,** dad. gek., daß man organ. Azide mit Phosphorigsäuretriamiden, bes. in Ggw. inerter Verdünnungsmittel, umsetzt. Die Verbb. entsprechen wahrscheinlich der Formel $(R_2N)_3P{=}N{-}N{=}N{-}R'$, worin R u. R' organ. Reste bedeuten. — Zu einer Lsg. von 11,9 g Phenylazid in 50 cm^3 Ae. gibt man eine Lsg. von 33,1 g Tris-(N.N-dipropylamido)-phosphorigsäure u. hält die Temp. unter 30°. Nach Abdampfen des Lsgm. erhält man ein hellbraunes Öl, das bald kristallin erstarrt. Durch Umkristallisation aus Waschbenzin erhält man gelbe Kristalle von *Tris-(N.N-dipropylamido)-phosphphenyl-*

azid, F. ca. 55°. Analog erhält man: *Tris-(morpholido)-phosphphenylazid*, citronengelbe Kristalle, F. 129° unter N_2-Entw.; *Tris-(N.N-diäthylamido)-phosphphenylazid*, gelbgrünes, viscoses Öl, *Dimorpholidopiperidophosphphenylazid*, goldgelbe Kristalle, F. 129°, *Tris-(N.N-dipropylamido)-phosphbenzoylazid*, Kristalle, *Tris-(morpholido)-phosphbenzoylazid*, gelbrote Kristalle F. 86—87°, *Tris-(morpholido)-phosph-p-nitrophenylazid*, gelbe Kristalle, F. 145—147°, *Tris-(N.N-diäthylamido)-3.4-dichlorphosphphenylazid*, braunes, viscoses Öl, u. *Trismorpholidophosph-β-naphthylazid*, hellbraune Kristalle, F. 136—138°. — *Pflanzenschutzmittel*. (**D. A. S. 1 104 958** Kl. 12o vom 24/9. 1959, ausg. 20/4. 1960.)
J. MÜHLEISEN. 6313

N. V. de Bataafsche Petroleum Mij., Den Haag, Holland, **Mittel zur Bekämpfung von Pflanzenschädlingen**, enthaltend als Wirkstoff einen fl., durch Polymerisation eines niedermol. Olefins mit bis zu 20, bes. 6—15, C-Atomen (Äthylen, Penten, Octen, Dodecen, Butadien, Pentadien, Isopren, Dimethylbutadien, Styrol, Vinylnaphthalin, Indol) erhaltenen KW-Stoff mit Molgew. von 250—3000, bes. 350—750. (**It. P. 514 007** vom 29/4. 1953. D. Prior. 30/4. 1952.) K. KOEBKE. 6313

N. V. Philips' Gloeilampenfabrieken, Eindhoven (Erfinder: Jan Cornelis Overeem, Utrecht, und Johan Dirk Bijloo, Weesp), Holland, **Mittel zur Bekämpfung von Nematoden**, enthaltend ein Phenoxathiin der allg. Formel **I**, in der

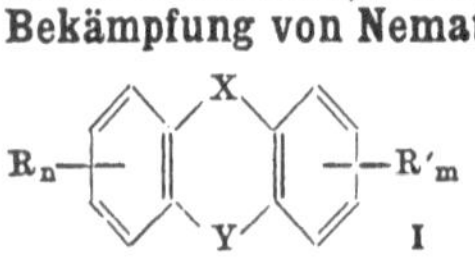
I

X u. Y für 2wertige Atome oder Gruppen stehen, die mit den beiden Benzolringen ein kondensiertes Syst. von drei Sechsringen bilden, R u. R' Halogen-, bes. Cl-Atome, Alkylgruppen mit 1—5 C-Atomen oder je einen Substituenten der Gruppe $COCH_3$, $COCH_2$—Hal (Hal = Halogen), SO_3Na, NO_2, OH, OR'' oder SR'' bedeuten, wobei R'' eine Alkylgruppe mit 1—5 C-Atomen darstellt, u. n u. m = 0, 1 oder 2 sind, im Gemisch mit üblichen festen oder fl. inerten Trägerstoffen, oberflächenakt. Stoffen u. Dispergiermitteln. Die Herst. der **I** ist bekannt. — Beispiele: 2-Methylphenoxathiin, 2-Chlorphenoxathiin. — Es werden von den **I** bes. die pflanzenparasitären Nematoden angegriffen, die Älchenkrankheiten bei Pflanzen hervorrufen. (**D. A. S. 1 107 446** Kl. 451 vom 24/3. 1959, ausg. 25/5. 1961. Holl. Prior. 27/3. u. 17/11. 1958.) H. NEBELSIEK. 6313

American Chemical Paint Co., Ambler, Pa., V.St.A., *Das Pflanzenwachstum regulierendes Mittel*. (**Aust. P. 162 774** vom 1/10. 1953, ausg. 26/5. 1955. — C. **1955.** 3234 [A. P. 2 670 282].)

Röhm & Haas G.m.b.H., Deutschland, *Bodenverbesserungsmittel*. (**F. P. 67 945** vom 20/6. 1955, vom 26/3. 1958. D. Prior. 19/7. 1954. Zusatz zu F. P. 1 089 725; C. 1958. 7338. — C. **1957.** 1785 [D. B. P. 945 989].)

Pest Control Ltd., Bourn, England, *Bodenbehandlungsmittel*. (**Ind. P. 49 105** vom 4/3. 1953, ausg. 5/8. 1954. E. Prior. 5/3. 1952. — C. **1954.** 10 805 [E. P. 705 926].)

J. R. Geigy Soc. An., Schweiz, *Aminoessigsäuren*. (**F. P. 1 199 210** vom 10/11. 1955, ausg. 11/12. 1959. Schwz. Prior. 12/11. 1954. — C. **1958.** 13618 [D. A. S. 1 010 065].)

N. V. Philips' Gloeilampenfabrieken, Eindhoven, Holland, *Herstellung von 2.4.5-Trichlorphenoxyalkancarbonsäuren, deren Salzen und Estern*. (**Ind. P. 49 211** vom 17/3. 1953, ausg. 28/6. 1954. — C. **1956.** 3410 [E. P. 729 854].)

Deutsche Gold- und Silber-Scheideanstalt vormals Roessler (Erfinder: **Werner Schwarze**), Frankfurt/M., *Herstellung von 1.3.5-Triazinderivaten*. (**Oe. P. 204 559** vom 11/3. 1958, ausg. 25/7. 1959. D. Prior. 12/3. 1957. — C. **1960.** 8656 [D. A. S. 1 070 636].)

Badische Anilin- & Soda-Fabrik Akt.-Ges., Ludwigshafen/Rh., *Herstellung von feinteiligem, basischem Kupferchlorid*. (**E. P. 848 383** vom 12/12. 1958, ausg. 14/9. 1960. D. Prior. 13/12. 1957. — C. **1960.** 7602 [D. A. S. 1 044 789].)

Soc. des Usines Chimiques Rhône-Poulenc (Erfinder: **Jean Metivier**), Paris, Frankreich, *Herstellung neuer Äthylenderivate*. (**E. P. 763 986** vom 30/3. 1954, ausg. 19/12. 1956. — C. **1960.** 4329 [F. P. 1 173 117].)

Soc. des Usines Chimiques Rhône-Poulenc, Paris, Frankreich, *Herstellung von Äthylenderivaten*. (**E. P. 778 759** vom 9/1. 1956, ausg. 10/7. 1957. F. Prior. 22/1. 1955. — C. **1959.** 1586 [Oe. P. 193 363].)

N. V. de Bataafsche Petroleum Mij., Den Haag, Holland, *Herstellung gemischter Anhydride von aromatischen Säuren und Phosphorsäuren*. (**Aust. P. 162 791** vom 17/6. 1952, ausg. 26/5. 1955. A. Prior. 19/6. 1951. — C. **1950/54.** 559 S [F. P. 1 062 081].)

J. R. Geigy Akt.-Ges., Basel, Schweiz, *Herstellung von Phosphonsäureestern*. (**E. P. 767 225** vom 6/7. 1954, ausg. 30/1. 1957. Schwz. Prior. 14/7. 1953 u. 21/5. 1954. — C. **1958.** 7584 [Oe. P 188 960] u. C. **1959.** 4610 [Schwz. P. 326 948].)

Farbenfabriken Bayer Akt.-Ges., Leverkusen (Erfinder: **August Dörken** und **Gerhard Schrader**, Wuppertal), *Herstellung von Thiophosphorsäureestern*. (**Oe. P. 205 509** vom 3/6. 1958, ausg. 10/10. 1959. D. Prior. 7/6. 1957. — C. **1960.** 6636 [D. A. S. 1 062 239].)

Farbenfabriken Bayer Akt.-Ges., Deutschland (Erfinder: **Hanshelmut Schlör** und **Gerhard Schrader**), *Thiophosphorsäureester*. (**F. P. 1 196 415** vom 27/5. 1958, ausg. 24/11. 1959. D. Prior. 5/6. 1957. — C. **1960.** 17 587 [D. A. S. 1 083 808].)

Farbenfabriken Bayer Akt.-Ges., Deutschland (Erfinder: **Gerhard Schrader**), *Dithiophosphorsäureester*. (**F. P. 1 190 075** vom 19/11. 1957, ausg. 9/10. 1959. D. Prior. 10/12. 1956. — C. **1959.** 4289 [D. A. S. 1 039 528].)

Farbenfabriken Bayer Akt.-Ges., Leverkusen (Erfinder: **Ernst Schegk** und **Gerhard Schrader**), *Herstellung von Thionophosphorsäureestern.* (**Jap. A. S. 2 975/1959** vom 22/3. 1957, ausg. 24/4. 1959. D. Prior. 22/3. 1956. — C. **1960.** 10734 [Oe. P. 197 836].)

N. V. de Bataafsche Petroleum Mij., Den Haag, Holland, *Schädlingsbekämpfungsmittel.* (**Aust. P. 162 857** vom 6/1. 1953, ausg. 2/6. 1955. D. Prior. 8/1. 1952. — C. **1960.** 1651 [F. P. 1 098 918].)

Murphy Chemical Co. Ltd., St. Albans, England, *Insekticide Mittel.* (**Ind. P. 49 889** vom 10/7. 1953, ausg. 28/4. 1955. E. Prior. 11/7. 1952. — C. **1957.** 535 [E. P. 741 662].)

C. H. Boehringer Sohn, Deutschland, *Schädlingsbekämpfungsmittel.* (**F. P. 68 232** vom 11/10. 1955, ausg. 9/4. 1958. D. Prior. 13/10. 1954. Zusatz zu F. P. 1 067 417; C. 1956. 7416. — C. **1957.** 6877 [D. B. P. 952 091].)

VIII. Metallurgie. Korrosion

Bestimmung von Be in Böden zur geochemischen Prospektierung. E. C. Hunt, R. E. Stanton und R. A. Wells. (Bull. Inst. Mining Metallurgy Nr. **641.** Trans. **69.** 361—69. April. Diskussion: 637—60. Juni 1960. Teddington, Middlesex, Nat. Chem. Labor.) (Engl.)

Beschreibung einer Schnellbestimmungsmeth. für Be in Bodenproben, die gesiebt u. mit NH_4F geschmolzen werden. Dann nimmt man den Rückstand mit 0,2 n HNO_3 auf u. erhitzt erneut. Die überstehende Fl. wird zunächst mit *Komplexon* versetzt (zum Maskieren störender Ionen), dann mit *Berillon*-Lsg; durch visuellen Vgl. mit Standard-Lsgg. wird eine Meßgrenze von 0,5 ppm Be erreicht. Störender Einfl. von Ionen, pH-Wert usw. wird diskutiert u. die Meth. mit anderen Meth. verglichen.
G. MEINHARDT. 6354□

Grundprinzipien der Klassifikation der industriellen Uranerze. P. W. Pribytkow. (Атомная Энергия [Atomenergie] **9.** 201—07. Sept. 1960.) (Russ.)

Es wird eine Klassifikation der industriell wichtigen Uranerze gegeben, die den Charakter der Mineralisation des U, den mineral. u. chem. Zustand der Erzmasse, den Geh. an U im Erz, das Vorhandensein wertvoller Begleitstoffe, die Abmessungen der Mineralaggregate u. die Textur-Struktur-Eigg. des Erzes zugrunde legt u. für Zwecke der prakt. Verarbeitung geeignet ist. Unterschieden werden die Gruppen: endogen, exogen u. gemischt. M. WIEDEMANN. 6354□

Anwendungen der Lösungsmittelextraktion bei der Aufbereitung von Uranerzen. J. Bruce Clemmer. (Progr. Mineral Dressing [Stockholm] **1957.** 659—74. 1958. Salt Lake City, Utah, Bur. of Mines.) (Engl.)

Übersicht über Labor.- u. Versuchsbetriebsergebnisse mit der Lsgm.-Extraktion von wss. $UO_2(SO_4)_2$-Lsg. mit (in Kerosin gelöster) Dodecylphosphorsäure oder Di-2-äthylhexylphosphorsäure u. Rückextraktion mit HCl bzw. Na_2CO_3. Die Extraktion kann auch mit Aminen erfolgen, zur Rückextraktion dient NaCl-Lösung. — Diskussion.
W. WESLY. 6360□

Experimental-Untersuchung über die Adsorption und Desorption von Xanthogenaten an Zinkblende. 3. Mitt. Über die verschiedenen Bedingungen der Kupferion-Aktivierung von Zinkblende und die aktivierende Wirkung einiger Schwermetallionen auf Zinkblende. Toshiaki Yonezawa. (J. Mining metallurg. Inst. Japan **75.** 1029—36. Nov. 1959.) (Jap.; Auszug: Engl.) — 2. vgl. C. **1960.** 13502.

Unterss. über die Menge des von Zinkblende (I), nach Behandlung mit Lsgg. von $CuSO_4$ u. Salzen von Pb, Hg, Au, Pt, Ag absorbierte Menge K-Äthylxanthogenat (II) zeigen: Wahrscheinlich reagiert 1 Mol II stöchiometr. mit einem an der I-Oberfläche adsorbierten Cu-Atom. Wenn die ganze Oberfläche mit Cu bedeckt ist, adsorbiert II in geometr. Reihe Cu, entsprechend dem Querschnitt eines II-Moleküls. Um die I-Aktivierung durch Cu zu verhüten, muß die Zn^{2+}-Konz. der Lsg. mindestens ca. $3 \cdot 10^2$ mal so groß wie die Cu-Konz. sein. I wird nicht durch Lsgg. aktiviert, in denen die Wertigkeit von Cyanid zu der von $CuSO_4 > 3$ beträgt. Bei Behandlung von I mit $CuSO_4$- u. KOH-Lsgg. ist der Aktivierungsgrad fast der Konz. an lösl. Cu bis pH $\sim$10 proportional; $> p_H = 10$ ist die Aktivierung, unabhängig von der Konz. an lösl. Cu. I wird durch Ionen von Metallen aktiviert, deren Sulfide weniger lösl. als ZnS sind. Die II-Absorption an dem mit $HgCl_2$-Lsg. aktivierten I steigt mit der Konz. u. der Berührungsdauer. Andere Salze zeigen dieses Verh. nicht. W. WESLY. 6362□

Lichtbogenschmelzen für hochschmelzende Metalle. A. R. Moss. (J. less-common Metals [Amsterdam] **1.** 60—72. Febr. 1960. Fort Halstead, Kent, Ministry of Supply.)

Beschrieben werden die verschiedenen Ofentypen für das Lichtbogenschmelzen von *Mo, Ta* u. *W.* — 16 Literaturangaben. F. VIER. 6370□

Problematik der Regulierung der Verbrennung bei den SM-Öfen. Václav Parma. (Hutnické Listy **13.** 979—83. Nov. 1958. Ostrava, Vys. škola báňská.) (Tschech.)

Um die Leistung von SM-Öfen bei geringerem Brenngasverbrauch zu steigern, wird empfohlen, die Gasleitungen (Kokerei- u. Mischgas sowie Luft) mit gegenseitig gekoppelten

Reglern auszustatten, welche mittels für jeden Ofen individuell u. experimentell als optimal ermittelten Nockenwellen geregelt werden. — Schaltschema.

J. TŮMOVÁ. 6370☐

Über ein neues Gerät zur unmittelbaren Messung des Kohlenstoffpotentials von Ofengasen. Theodor Schmidt und Joachim Wünning. (Stahl u. Eisen **80.** 1952—54. 22/12. 1960. Essen.) (Dt.)

Nach Erörterung der Begriffsbest. des *C-Potentials* einer Ofenatmosphäre werden die Voraussetzungen für die Angabe des C-Potentials sowie das geeignete Meß-Verf. behandelt. Ein Gerät für die unmittelbare Messung des C-Potentials wird beschrieben, mit dem eine Messung bei über 900° mit einer Genauigkeit von $\pm 0{,}02\%$ ausgeführt werden kann. Die Meßvorr. eignet sich auch zur Unters. der Kinetik der Auf- u. Entkohlungsreaktionen.

H. HOCHSTEIN. 6370☐

Die Herstellung von Gießereisanden. A. R. Abraham. (Brit. Foundryman **51.** 656—58. Dez. 1958.)

Diskussion zu der C. **1958.** 7878 referierten Arbeit. M. GEHLEN-KELLER. 6382☐

Die Verwendung von Kunstharzen zur Herstellung von Modellen und Kernkästen für die Serienfertigung von Armaturen aus Bronze und Messing. Joannès Vincent. (Fonderie. **1959.** 477—83. Nov. Robinetterie S. A. J.)

Überblick über die Herst. mit einer Erörterung über Vor- u. Nachteile.

K. HILLINGER. 6382☐

Lehmform für die Herstellung eines Gußstückes für die chemische Industrie. M. W. Gartland. (Brit. Foundryman. **53.** 242—44. Mai 1960.) (Engl.)

Form- u. Kern-Herst. für eine Haube wird beschrieben. K. HILLINGER. 6382☐

Gießverfahren bei niedrigem Druck. E. C. Lewis. (Mod. Castings **37.** Nr. 5. 154—58. Mai 1960. Northamptonshire, England.) (Engl.)

Beschreibung der Verff. u. von entsprechenden Anlagen zu ihrer Durchführung.

F. VIER. 6382☐

Einfluß des Formmaterials auf die Abkühlungsgeschwindigkeit und die physikalischen Eigenschaften von gegossenen Metallen. Zweiter Bericht des Sub-committee T. S. 46 of the Technical Council. Anonym. (Trans. Amer. Foundrymen's Soc. **67.** 106—20. 1959. Inst. of British Foundrymen.) (Engl.)

An einer Universität durchgeführte Unterss. sowie laufende Betriebsprüfungen unter Verw. von allg. üblichen genormten Materialien zeigen, daß die Zugfestigkeit eines Gußeisens durch das Formmaterial beeinflußt wird; die Zugfestigkeit ist um so höher, je grobkörniger u. je fester das Formmaterial eingestampft ist u. sie ist gering, wenn ein feinkörniges, nur wenig eingestampftes Formmaterial verwendet wird. Der Einfl., den die Form auf die Zugfestigkeit ausübt, rührt von dem Einfl. dieser beiden Faktoren auf die Abkühlungsgeschw. des geschmolzenen Gußeisens her. Es werden Angaben über die hierdurch möglichen Schwankungen in der Zugfestigkeit von Gußeisen angegeben.

H. HOCHSTEIN. 6382☐

Gießzeiten für Sandguß. J. S. Abcouwer. (Metalen **14.** 2—6. 15/1. 18—21. 31/1. 1959.) (Holl.) — C. **1959.** 7933. W. WESLEY. 6382☐

Erstarrungszeiten von einfachen Gußstücken in Sandformen. J. Berry, V. Kondic und G. Martin. (Mod. Castings **36.** Nr. 2. 449—76. Aug. 1959.) (Engl.)

Nach einem krit. Überblick über die Literatur der theoret. u. prakt. Arbeiten, die sich mit dem Erstarrungsmechanismus beschäftigen, wird an 3 Guß-Legg. (*Al* mit 12 (%) *Si*, *Cu* mit 8,5 *Al* u. *Gußeisen* mit eutekt. *C*-Geh.) das Abkühlungsvermögen einiger Formmaterialien mittels einer kalorimetr. Meth. untersucht. Ferner wird versucht, das Abkühlungsvermögen mittels einer theoret. Meth. zu ermitteln. Der Einfl. von Größe u. Gestalt auf die Erstarrungszeiten wird experimentell ermittelt u. auch die Wrkg. des Formmaterials untersucht. — 76 Schrifttumsangaben.

K. HILLINGER. 6382☐

Bessere Gußstücke durch eine elektronisch ausgeführte Analyse. Ellis L. Foster und B. L. Fletcher. (Battelle techn. Rev. **9.** Nr. 9. 10—14. Sept. 1960.) (Engl.)

Die Eigg. von Metallen sind außer von der chem. Zus. auch von der Art des Vergießens abhängig. Durch Berechnung der Wärmeverteilung u. der Zeitabhängigkeit des Erstarrungsvorganges können optimale Gießbedingungen vorhergesagt werden u. entsprechend porenfreies u. seigerungsarmes Material gegossen werden. Am Beispiel von *U* werden berechnete u. mit Thermoelementen gemessene Werte verglichen. Diskussion der Anwendung der rechner. Meth. auf weitere Gußprobleme.

H.-G. MOSLÉ. 6382☐

Werkstoffe für Raumschiffe. V. W. Cooke und R. C. Powell. (J. Metals **13.** 198—201. März 1961. Pratt & Whitney Aircraft.) (Engl.)

Behandelt wird bes. das Festigkeits-Gewichts-Verhältnis von *Al-*, *Stahl-*, *Ti*-Legg. u. *Glasfaser-Plastik*-Massen. F. VIER. 6388□

Anwendung eines kombinierten Drückers der Gangartmineralien bei der Flotation von Eisenerzen. F. N. Belasch und P. A. Gontarenko. (Доповіді Академії Наук Української РСР [Ber. Akad. Wiss. UkrainSSR] **1961.** 640—43. Kriwoi Rog, Bergbau-Inst.) (Ukrain.; Auszug: Engl.)

Unters. wurde die Ausbringung der Fe-Oxyde bei der Flotation verschiedener *Fe*-Erze von Kriwoi Rog in Ggw. von *Tallseife* (I) in verschiedenen Gemischen mit Wasserglas, $FeSO_4$ u. H_2SO_4. Danach muß die Flotation der Fe-Oxyde mit I als Drücker im schwach sauren Medium unter Anwendung eines aktivierten Silicates in Ggw. oder Abwesenheit eines Oxydationsmittels erfolgen. Genaue Zahlen über den Fe-Geh. im Konzentrat, den einzelnen Prodd. u. in den Abgängen werden mitgeteilt. O. LESTAG. 6390□

Untersuchung über selbstgehende Sintermassen. Akitoshi Ishimitsu, Takeo Furui und Shōzō Wakayama. (Tetsu to Haganė [J. Iron Steel Inst. Japan] **46.** 123—29. Febr. 1960. (Japan.; Auszug: Engl.)

Unterss. über selbstgehende Sintermassen aus einem Erz mit 54,52 (%) *Fe*, 9,99 SiO_2, 1,29 *CaO*, 1,54 Al_2O_3, 3,27 *S* mit verschiedener Basizität (CaO/SiO_2) bei konst. Koksverhältnis zeigen, daß Zusätze an $CaCO_3$ die Durchlässigkeit beim Sintern verbessern, die Sinterzeit verkürzen u. die Mikrofestigkeit erhöhen. Mit steigendem CaO-Zusatz fällt die Reduzierbarkeit der Sintermasse. Die Schlackenmenge wird erhöht. Einige zur Entschwefelung nötige Bedingungen werden angegeben. W. WESLY. 6390□

Die Bestimmung der Reduzierbarkeit von Eisenerzen. František Wald. (Hutnické Listy **11.** 532—36. Sept. 1956. Lovinobaňa, Výs. ústav pre hut. keramiku MHD.) (Tschech.)

Durchführungsmeth. der Best. der Reduzierbarkeit von Fe-Erzen u. Agglomeraten u. App. u. Meth., bei welcher 10—20 g des Erzes für kurze Zeit im Rohrofen im N_2-Strom auf 500° erhitzt (Zers. der Carbonate) u. dann bei 400° im Laufe von 20 Min. mit genau 1000 ml CO reduziert wird. Das entstandene CO_2 wird in NaOH-Lsg. absorbiert; die Vol.-Abnahme des CO entspricht der Reduzierbarkeit. — Die Reduzierbarkeit hängt stark von der Körnigkeit der Probe ab. Ein Standarderz von 3—6 mm Stückgröße verbrauchte 260 ml CO, metallarmes tschechoslowak. Erz der Körnung 3—6 mm 130 ml CO, bei Körnung 10—15 mm 125 ml u. bei 20—25 mm nur 77 ml CO. J. TŮMOVÁ. 6390□

Ein verbessertes Verfahren zur Entschwefelung von Gußeisen mit Soda. R. B. Coates und R. Williams. (B.C.I.R.A. Journal **9.** 263—78. März 1961. B.C.I.R.A. Res. Dep. u. Imperial Chem. Ind. Ltd.) (Engl.)

Zur Verbesserung der Gußeisen-Entschwefelung durch Zusatz von Na_2CO_3 wird das fl. Gußeisen in ein Bett aus Na_2CO_3 abgegossen u. für eine Bewegung des Bades durch Einführung von Druckluft mittels einer Eintauchlanze gesorgt. Bei Verw. von bas. ausgekleideten Behältern u. durch eine dem Mischen vorausgehende Gußeisentemp. von 1400° ermöglicht ein Zusatz von 1 Gewichts-% Na_2CO_3 eine Entschwefelung der Schmelze von 0,15% auf unter 0,01%. Die erforderliche Ausrüstung zur Durchführung dieses Verf. wird beschrieben, u. die Ergebnisse für sauer u. bas. ausgekleidete Pfannen werden in Tabellenform mitgeteilt. H. HOCHSTEIN. 6402□

Die die Impfung von Gußeisen beeinflussenden Faktoren. J. V. Dawson. (B.C.I. R.A. Journal **9.** 199—36. März 1961. B.C.I.R.A., Res. Dep.) (Engl.)

Untereutekt. graues Gußeisen wird häufig zur Vermeidung der Bldg. eutekt. Carbide u. zur Erzielung einer viel feineren Zellen-Struktur geimpft. Im Gußeisen mit Flockengraphit verhütet die größere Anzahl eutekt., durch die Impfung gebildeter Zellen die Hartschalen-Bldg. in dünnen Querschnitten, während in einem Gußeisen mit Kugelgraphit die Festigkeit u. Duktilität verbessert werden. *Ferrosilicium* mit 75—80% *Si* wird als Impfmittel am meisten gebraucht, u. es hat sich gezeigt, daß seine Wirksamkeit vom *Al*-Geh. abhängt. Spuren von Al im Gußeisen können die Bldg. von Gasporenfehlern hervorrufen. Die impfende Wrkg. anderer Elemente mit äquivalenter Impfkraft auf das Ferrosilicium werden untersucht, wobei die Einfl. von *Zr-*, *Mg-*, *Ce-*, *Ca-* u. *B*-Zusätzen zu Ferrosilicium ermittelt u. mit denen von handelsüblichem Ferrosilicium mit niedrigem u. hohem Al-Geh. festgestellten Einfl. verglichen. Auch werden die Einfl. von *Graphit*, *CaSi* u. der *GMZ*-Leg. ermittelt. Andere Faktoren, wie die Teilchengröße, die Metall-Temp., Überhitzung u. C-Äquivalenzwerte werden ebenfalls überprüft. Die in graph. u. tabellar. Form mitgeteilten Unters.-Ergebnisse geben die mechan. Eigg. u. die Auszählung der eutekt. Zellen als Merkmal für die Impfwirksamkeit; Brüche von Hartschalen-Gußproben sowie typ. Mikrostrukturen werden illustriert. Es wird gefolgert, daß normales handelsübliches Al u. Ca enthaltendes Ferrosilicium das stärkste unter den geprüften Impfmitteln für Gußeisen ist. Die gleichzeitige Ggw. dieser beiden Elemente ist wirksamer als die Wrkg. von einem Element allein. Ca führt im Gegensatz zu Al nicht zu einer H-Aufnahme des Gußeisens. H. HOCHSTEIN. 6402□

Prüfung der Ursachen von Schrumpffehlern in Graugußstücken. A. G. Fuller und K. E. L. Nicholas. (B.C.I.R.A. Journal **9.** 173—84. März 1961. Res. Dep.) (Engl.)

Die an Graugußstücken auftretenden Schrumpffehler werden auf die Ausdehnung der Gußstücke in schwachen Formen, auf eine ungeeignete chem. Zus., falsche Gießtemp. sowie auf den Grad der eutekt. Keim-Bldg. im Grauguß zurückgeführt, wobei diese Faktoren einzeln oder in Kombination von Einfl. sein können. Es werden Richtlinien zur Beurteilung u. Vermeidung eines jeden dieser Faktoren mitgeteilt.
H. HOCHSTEIN. 6402□

Einfluß der Struktur des Gußeisens auf seine Wärmeleitfähigkeit. K. L. Scheptunow. (Известия Академии Наук СССР, Отделение Технических Наук, Металлургия и Топливо [Nachr. Akad. Wiss. UdSSR, Abt. techn. Wiss., Metallurg. Brennstoffe] **1960.** Nr. 3. 53—56. Mai/Juni.) (Russ.)

Der Koeff. der Wärmeleitfähigkeit λ von Armco-Fe ist bei 100° fast 5 mal größer als bei einem austenit. Stahl. Mit steigender Temp. nimmt dieser Unterschied ab; bei 900° ist λ aller Stähle ungefähr gleich. Bei austenit. Gußeisen wurde die gleiche Feststellung gemacht. Da nur während der Erwärmung eines beliebigen Stahls eine feste Lsg. gewährleistet ist, entspricht λ der austenit. Struktur. Infolgedessen verschwindet der λ-Unterschied von Stählen mit verschiedener Zus., da sich bei der Erhitzung nur Austenit bildet. Die Wärmeleitfähigkeit ferrit. Stähle ist etwas höher als die austenitischer. Die Feststellung stimmt mit der Beobachtung überein, wonach auch λ bei ferrit. Gußeisen höher als bei austenit. ist. Jedoch wird diese Eig. des Gußeisens im Gegensatz zu einem Stahl außer seiner die metall. Grundmasse bildenden Struktur noch durch den freien Graphit beeinflußt, der hinsichtlich der Größe seiner Ausscheidungen u. der Art seiner Verteilung in der metall. Grundmasse verschieden ist.
H. HOCHSTEIN. 6402□

Graphit-Einblasen durch die Windformen eines Kaltwind-Kupolofens. H. J. Leyshon, R. B. Coates und K. E. L. Nicholas. (B.C.I.R.A. Journal **9.** 189—98. März 1961. B.C.I.R.A. Res. Dep.) (Engl.)

Zur Erzeugung eines im sauer ausgekleideten Kaltwindkupolofen erschmolzenen hochgekohlten Gußeisens wird Graphit in Pulverform durch eine der Windformen unter Verw. von Druckluft als Trägergas in den Ofen eingeblasen. Die hierzu dienenden Vorr. sowie das Verf. werden beschrieben, u. es werden Angaben über die Einfl. auf die Guß-Eigg., bes. auf die Abschreckwrkg. in der Kokille u. auf das Schrumpfen, gemacht. Das Einblasen des Graphits bewirkte eine starke Aufkohlung des Gußeisens, das eine verringerte Neigung zur Hartguß-Bldg. u. Schrumpfung aufwies. H. HOCHSTEIN. 6404□

Oberflächen-Carbidbildung im Schwarzkern-Tempergußeisen. C. T. Moore. (B.C.I.R.A. Journal **9.** 244—62. März 1961. B.C.I.R.A. Res. Dep.) (Engl.)

Die häufig im Schwarzkerntemperguß an der Oberfläche auftretenden Carbide haben einen nachteiligen Einfl. auf die Zug- u. Biegefestigkeit. Sie werden durch Rk. zwischen dem Fe u. CO, das sich in der Glühatmosphäre als Ergebnis einer einleitenden Entkohlung des Eisens bilden kann, gebildet. Die Glühatmosphäre u. die Temp.-Bedingungen, welche für die Carbid-Bldg. förderlich sind, werden unter Verw. von Tempergußproben sowie aus Gründen des Vgl. von niedriggekohlten Stahlproben u. von *Armcoeisen*-Proben in einer geregelten Atmosphäre untersucht. Die Gleichgewichtsbedingungen für CO/CO_2-Gasgemische werden besprochen u. auf das Fe–C-Zustandsdiagramm übertragen. Es wird gefolgert, daß sich die Oberflächencarbide während der zweiten Stufe der Temperbehandlung bilden, u. daß sie durch eine inerte Gasatmosphäre während des Temperns vermieden werden können, indem die Ofenatmosphäre mit Luft zwischen der ersten u. zweiten Temperstufe gereinigt wird oder Luft in die zweite Behandlungsstufe in geregeltem Umfange eingeführt wird. Vereinfachte Diagramme zur Beurteilung des Einfl. einer gegebenen Atmosphäre bei einer gegebenen Temp. werden besprochen. H. HOCHSTEIN. 6406□

Einige Versuche über die Eigenschaften von ferritischem Schwarzkern-Tempergußeisen. C. T. Moore. (Brit. Foundryman **53.** 508—10. Nov. 1960.) (Engl.)

Diskussion zu der C. **1961.** 2768 referierten Arbeit. M. GEHLEN-KELLER. 6406□

Die derzeitige Lage und Zukunftsaussichten des Kaldo-Verfahrens. Metallurgische Kennzeichen. Bo Kalling, Folke Johansson und Erik Bengtsson. (Iron Coal Trades Rev. **182.** 15—20. 6/1. 1961. Domnarvet, Schweden, Stora Kopparbergs Bergslags AB.) (Engl.)

Die Durchführung des *Kaldo*-Prozesses wird beschrieben, u. es werden Angaben über das Frischen von verschiedenen Roheisensorten, bes. von P-reichem u. P-armem Roheisen, gemacht, woraus sich ergibt, daß dieser Prozeß außerordentlich anpassungsfähig ist. H. HOCHSTEIN. 6408☐

Anwendung des LD-Prozesses auf hoch phosphorhaltiges Roheisen. Die durch die Pompey-Stahlwerke angewandte Technik. A. Bruno. (Iron Coal Trades Rev. **181.** 1219—23. 2/12. 1960.) (Engl.)

Angaben über die Herst. von unberuhigtem Windfrischstahl von SIEMENS-MARTIN-Ofenqualität in zwei Stufen. H. HOCHSTEIN. 6408☐

Mikrogefüge und Bemerkungen über unlegierte Stähle gemäß der Norm BS 3100: 1957: 592, Gütegrad A. J. Turton und B. H. C. Waters. (Brit. Foundryman **53.** 407—10. Sept. 1960. Brit. Steel Castings Res. Assoc.) (Engl.)

Vom Stahlguß BG 3100 : 1957 : 592, Gütegrad A mit 0,16 u. 0,19% C werden nach verschiedenen Wärmebehandlungen, nämlich 1. 6std. Glühen bei 950°, Ofenabkühlung auf 600° u. darauf Luftabkühlung sowie 2. 6std. Normalisierung bei 950°, Ofenabkühlung auf 600°, Luftabkühlung mit nachfolgender 3std. Glühung bei 925° u. Luftabkühlung, die Mikrogefüge mit den zugehörigen Festigkeits-Eigg. im Guß-, ausgeglühten u. im normalisierten Zustand angeben. H. HOCHSTEIN. 6408☐

Mikrostrukturen und Bemerkungen über C-Mn-Stähle nach der Norm BS 3100: 1957:1456, Gütegraden A und B. J. Turton und B. H. C. Waters. (Brit. Foundryman **54.** 18—23. Jan. 1961. Manchester, Inst. of Brit. Foundrymen.) (Engl.)

Es werden Angaben über die mechan. Eigg. der C-Mn-Normstähle BS 3100: 1957 : 1456, Gütegraden A u. B mit 0,18—0,25 (%) C, bis 0,50 Si, 1,2—1,7 Mn, bis je 0,05 S bzw. P sowie entsprechend mit 0,25—0,33 C, bis 0,50 Si, 1,2—1,7 Mn, bis je 0,05 S bzw. P gemacht. Die typ. Mikrostrukturen dieser Stähle im Gußzustand sowie nach verschiedener Wärmebehandlung werden in Schliffbildern zum Vgl. einander gegenübergestellt. H. HOCHSTEIN. 6410☐

Spurenelemente als legierende Zusätze bei hitze- und wärmebeständigem Stahl. L. Ssemenowa. (Известия Академии Наук Латвийской ССР [Nachr. Akad. Wiss. LettSSR.] **1959.** Nr. 11. 47—54. Inst. für Maschinenkunde der Akad. der Wiss. der LettSSR.) (Russ.)

Die Legierung eines warm- u. hitzebeständigen austenit. Stahls mit seltenen Elementen mit großer Neigung zur Carbid-Bldg. zwecks Verfestigung u. Erhöhung der mechan. u. betrieblichen Eigg. erweist sich in Verss. als nützlich. *Ti*, *V* u. *Nb* erhöhen die mechan. Eigg. bei erhöhten Temp. sowie die Kriechfestigkeit des hitzebeständigen Stahls mit 5 (%) *Cr*, 18 *Ni* u. 8 *Mn* wesentlich. Bei der Legierung dieses Stahls bestehen optimale Geh. der Leg.-Elemente, welche dem Stahl die beste Kombination der Eigg. verleihen, u. zwar für Ti ca. 0,70%, für V nicht über 0,80%, für Nb beispielsweise 0,60%. H. HOCHSTEIN. 6410☐

Entwicklung von niedriglegierten Stahlzusammensetzungen für hochfeste Stahlgußstücke. H. R. Larson und F. B. Herlihy. (Trans. Amer. Foundrymen's Soc. **67.** 718—31. 1959. Mahwah, N.J., American Brake Shoe Co.) (Engl.)

Auf Grund einer Unters. über den Einfl. des Erzeugungs-Verf. (Schmelz- u. Desoxydationspraxis), der Zus. (Einfl. von *C*, *Ni*, *Cr*, *Mo*, *V*, *Si*, *S*, *P*), der Reinheit (Herst. in Induktions- oder Vakuumschmelzofen), der Einschlußverteilung, der Wärmebehandlung (Homogenisierung, Austenitisierungsdauer, doppeltes Anlassen, Schwankungen in der Austenitisierungs-Temp., 2stufige Austenitisierungsbehandlung), einer Tieftemp.-Behandlung bei —105° F auf die Festigkeits-Eigg. sowie auf die Härtbarkeit, Härte u. Kerbschlagzähigkeit von niedriglegiertem Stahlguß wird festgestellt, daß sehr reine Beschickungsmaterialien die Duktilität des Stahlgusses bei hohen Festigkeitswerten verbessern. Eine Homogenisierung bei 2280° F verbessert ebenfalls die Duktilität bei bes. hoher Festigkeit, jedoch nicht bei einer Zugfestigkeit von 180000 lbs./sq.inch. Leg.-Elemente sollten nur bis zu einem eine angemessene Härtbarkeit gewährleistenden Betrag zugesetzt werden. Eine darüber hinausgehende Auflegierung des Stahlgusses fördert die Restaustenitbildung. Die IZOD-Schlagfestigkeit ändert sich mit der Anlaßtemperatur. Sie besitzt ein Maximum bei 400° F u. ein Minimum bei 700° F. Für eine gegebene Zugfestigkeit muß der C-Geh. so eingestellt werden, daß ein Anlassen zwischen 500 u. 850° F vermieden wird. H. HOCHSTEIN. 6410☐

Stähle für niedrige Temperaturen. Henri Lejay. (Chim. et Ind. **83.** 868—74. Juni 1960. S.F.A.C., Contrôle et Recherches.) (Franz.)

Erörtert werden die Probleme, die bei niedrigen Temp. u. hohem Druck ausgesetzten Stahlbehältern, z. B. beim Aufbewahren von fl. CH_4, auftreten. Untersucht wird der Einfl. der verschiedenen Leg.-Elemente auf das Verh. des Stahls bei niedrigen Temp.

von −50 bis −200°; ebenso wird der Einfl. von Wärmebehandlungen u. des Schweißens auf das Verh. der Stähle in der Kälte ermittelt. Als bes. beständig in der Kälte (bis −50°) erweisen sich bei den Verss. die mittelharten *C–Mn–Si*-Stähle, bei Temp. bis zu −160 bis −190° die niedriggekohlten Stähle mit 2,5–9(%) *Ni* sowie für Temp. unter −200° die austenit. Stähle mit ca. 18 *Cr* u. 8 *Ni*. H. Hochstein. 6410□

Über die Rolle des Stickstoffs als Legierungselement in warmfesten Werkstoffen. 6. Mitt. **Über die Stickstoffabsorption von Stickstoff enthaltenden 20% Cr–Fe-Legierungen in reinem Stickstoff bei erhöhter Temperatur.** Masazo Okamoto und Ohmi Miyakawa. (Tetsu to Hagane [J. Iron Steel Inst. Japan] **46.** 157–62. Febr. 1960. (Orig.: Jap.; Auszug: Engl.) — 5. vgl. C. **1960.** 13826.

Unterss. über den Einfl. des N-Geh. (0,04–0,24%) auf die Austenit (I)-Bldg. in Fe-Legg. mit 20% Cr infolge Absorption von N in reinem N_2 zeigen: Die Tiefe der **I**-Zone bei 4std. Erhitzen in N_2 auf 125° beträgt 0,4–0,6 mm; der N-Geh. in der Oberflächenzone beträgt 0,5–0,6%. Die durch N-Absorption verursachte Gewichtszunahme nimmt in dem Maße ab, wie der N-Geh. der Legg. von 0,04 auf 0,33% steigt. Ein Zusatz von 0,13(%) C zu Proben mit 0,24 N fördert die N-Absorption. Die **I**-Zone der Oberfläche enthält mehr C als die innere, aus **I** u. Ferrit (**II**) bestehende Zone. Der bei 1250° gebildete **I** zersetzt sich bei der Ofenabkühlung in Cr_2N u. **II**. Durch Tempern bei 600° wird Rest-**I** unstabil; bei ca. 700° zersetzt er sich rasch. W. Wesly. 6410□

Entwismutung von Blei nach dem Verfahren Jollivet-Penarroya. L. Jollivet. (Z. Erzbergbau Metallhüttenwes. **13.** 578–81. Dez. 1960. Paris.) (Dt.)

Beim Jollivet-Penarroya-Verf. wird die Bldg. von tern. Verbb. von Bi, Mg u. K zur Abtrennung des Bi aus Pb-Schmelzen ausgenutzt. Unter normalen Bedingungen schwimmt auf der Badoberfläche eine pastenartige Schicht von Kristallen der Verb. $Bi_7Mg_6K_9$. Bei Senken der Temp. der Schmelze bis nahe an den Ep. läßt sich eine optimale Abtrennung des Bi erreichen. Die Berechnung der Zusätze von Mg u. K wird erläutert u. die prakt. Durchführung des Verf. sowie eine in Betrieb befindliche Anlage beschrieben. — Diskussion. F. Vier. 6430□

Das erste Kupfer von den Philippinen. F. Weston Starratt. (J. Metals **13.** 221–22. März 1961.) (Engl.)

Beschrieben wird die Anwendung des Verf. von *Sherritt-Gordon-Chemetals* zur Erzeugung von Cu in der 1. Anlage auf den Philippinen. Das Cu-Zn-Konzentrat wird unter Zusatz von NH_3 u. komprimierter Luft bei 180° F ausgelaugt, wobei 96(%) Cu u. 77 Zn beim 1. Umlauf gewonnen werden. Cu wird mit H_2 red. bei 400° u. einem Druck von 640 lbs./sq.in., wobei Zn durch Kontrolle des NH_3-Geh. in Lsg. gehalten wird. Das anfallende *Cu-Pulver* wird pulvermetallurg. weiterverarbeitet. *Zn* wird durch Einleiten von CO_2 bei 115° F u. 100 lbs./sq.in. als *Carbonat* gefällt. F. Vier. 6432□

Sauerstoffblasen von Kupfer. W. S. Nelmes, J. A. Charles und A. G. Cowen. (J. Metals **13.** 216–20. März 1961. Elkington Copper Refiners Ltd.; British Oxygen Co. Ltd.) (Engl.)

An Stelle der üblichen Luftblasen beim Konverter-Verf. zur Umwandlung von Schwarzkupfer in Rohkupfer wird empfohlen, mit O_2 zu blasen. Das Verf. geht erheblich schneller vor sich, u. der Koksbedarf wird von 15% des Chargengewichts auf 2% gesenkt. Der Ofen ist in seiner Konstruktion einfacher, u. es brauchen keine Eintauchdüsen verwendet zu werden. F. Vier. 6432□

Ausscheidungsvorgang in Kupfer–Chrom-Legierungen. Robin O. Williams. (Trans. Amer. Soc. Metals **52.** 530–44. 1960. Cincinnati, Ohio, Cincinnati Milling Machine Co.) (Engl.)

Die Ausscheidung von Cr aus übersättigten Cu-Cr-Legg. bei 400 u. 500° wurde an Cu-Legg. mit 0,19–1,33 % Cr durch Röntgenbeugung, Veränderung der Probenlänge u. der Gitterparameter u. Best. der mechan. Eigg. untersucht. Danach geht das Altern bei den untersuchten Temp. in 2 Stufen vor sich. In der 1. Stufe scheiden sich sehr feine zusammenhängende Plättchen von Cr aus, während die 2. Stufe durch das gleichzeitige Wachstum dieser Plättchen gebildet wird, die dabei ihren Zusammenhang verlieren können. Während der 1. Stufe verändern sich die Probenlänge u. die Gitterparameter stärker, u. es wird an ihrem Ende eine maximale Verfestigungs-Geschw. erreicht, während in der 2. Stufe die Dimensionen sich nur wenig verändern aber die Fließfestigkeit zu einem Maximum anwächst. Aus der Röntgenbeugung ergibt sich, daß die Plättchen in den {1 1 1}-Ebenen des Cu liegen. Fließfestigkeiten von 50000 lbs./sq.in. wurden erreicht. Mit steigender Fließfestigkeit nahm die Dehnung ab. — 19 Literaturangaben. F. Vier. 6432□

Wirkung von Spurenelementen auf den Zug- und elektrischen Widerstand und die Rekristallisationseigenschaften von hochreinem Nickel. K. M. Olsen. (Trans. Amer. Soc. Metals **52.** 545–66. 1960. Murray Hill, N.J., Bell Telephone Labor., Inc.) (Engl.)

Die Wrkg. von kleinen Mengen *Mg*, *Al*, *Mn*, *Si*, *B*, *C*, *Zr*, *Co*, *W* u. *Ti* auf den elektr. Widerstand u. die Zug- u. Rekristallisations-Eigg. von hochreinem Ni wurden an 0,025 in. dicken, aus unter Schutzatmosphäre erschmolzenen u. gegossenen Blöcken hergestellten Drähten aus hochreinem Ni untersucht, um daraus Schlüsse auf die Emissionscharakteristik u. die Lebensdauer von in Vakuumröhren verwendeten, oxydüberzogenen Ni-Kathoden zu ziehen. Berechnet auf Atom-% haben Zusätze von W, Ti u. Si die größte Wrkg. auf den elektr. Widerstand des Ni, während Zr u. C die Zugfestigkeit am meisten beeinflussen. Der größte Einfl. auf die Rekristallisation wurde bei den Elementen gefunden, deren Atome erheblich größer als die des Ni sind. Die größte Verzögerung der Rekristallisation wurde durch einen Zusatz von 0,11 Gewicht-% Zr erreicht. Durch diesen Zusatz wurde die Rekristallisations-Temp. um 400° über die des reinen Ni erhöht. — Diskussion. 13 Literaturangaben. F. VIER. 6434□

Die Eigenschaften der neuen Legierung UMCO 50 auf Kobaltbasis. L. Habraken und D. Coutsouradis. (Cobalt [Brussels] **1961.** Nr. 10. 3—21. März. Lüttich, Belgien Centre Nat. de Recherches Métallurg.) (Engl.)

UMCo 50 ist ein warmfester Werkstoff der Zus. 50(%) *Co*, 30 *Cr*, 20 *Fe*. Der Werkstoff besteht aus einer kub.-flächenzentrierten γ- u. einer hexagonalen ε-Phase. Aus der ε-Phase entsteht ferner durch Tempern bei höheren Temp. die σ-Phase, deren Auftreten durch mechan. Bearbeitung bei hohen Temp. gefördert wird. Die σ-Phase entspricht einer Überstruktur CoCrFe, die auch für die günstigen Warmfestigkeitswerte (Härte, Widerstand gegen Fließen, Abrieb) verantwortlich gemacht wird. Ferner wird der Einfl. geringer Zusätze von *C*, *Mo*, *Si*, *Nb* u. *Ti* u. verschiedener Wärmebehandlungen auf die Struktur u. die Eigg. von *UMCo 50* untersucht. Nb u. Ti verfeinern das Korn u. begünstigen die Schmiedbarkeit. C u. Mo erhöhen die Härte des Werkstoffes über die Bldg. neuer Phasen. Mo begünstigt ferner das Auftreten der σ-Phase u. erhöht die Korrosionsbeständigkeit gegenüber H_2SO_4. Die Arbeit bringt ferner Angaben über physikal. u. mechan. Eigg. von *UMCo 50* mit niedrigen C-Geh., die Schweißbarkeit, Schmiedbarkeit u. die Korrosionsbeständigkeit in 80 Luft-20 SO_2-Gemischen bei 1000°, in sd. HNO_3, H_2SO_4, HCl, in geschmolzenem Glas u. geschmolzenem Zn.

H. FAHLENBRACH. 6434□

Molybdän-Legierungen und technologische Verfahren, R. C. Nelson. (J. Metals **13.** 223—25. März 1961. Sylvania Electric Products, Inc.) (Engl.)

Überblick. — 19 Literaturangaben. F. VIER. 6440□

Wolfram für Glühlampendrähte. D. J. Jones und A. Leach. (Metallurgia [Manchester] **60.** 7—11. Juli 1959. Wembley, General Electric Co. Ltd.) (Engl.)

Kurzer Überblick über die Gewinnung von W aus Wolframit u. Scheelit u. die Eigg. der daraus hergestellten Glühlampendrähte. K. STEIN. 6440□

Prüfung der Anodenmasse und Bau eines Versuchsofens zur Aluminiumerzeugung. Zdeněk Švejda (Hutnické Listy **11.** 542—47. Sept. 1956. Panenské Břežany, Výzk. ústav kovů.) (Tschech.)

Bau- u. Betriebsbeschreibung eines kleinen Elektroofens zur Al-Erzeugung (8 V; 1800 A; Stromverbrauch 26—31 kWh/kg Al; Stromausbeute 72—84%; Al-Ausbeute 12 kg/Tag; Anodenmasseverbrauch 0,58—0,60 kg/kg Al) mit welchem Eignungs-Verss. von mehr als 30 verschiedenen Anodenmassen durchgeführt wurden. J. TŮMOVÁ. 6446□

Einfluß geringer Beimengungen im Aluminium. 2. Mitt. **Kristallisation und Rekristallisation.** F. Lihl, E. Nachtigall und G. Pießlinger. (Aluminium Ranshofen Mitt. [Salzburg] **8.** 18—25. Nov. 1960. Wien u. Ranshofen) (Dt.) — 1. vgl. C. **1960.** 283.

Unterss. über den Einfl. mehrerer Elemente auf Gußgefüge u. Rekristallisation (RK) von Al zeigen: Reinstes Al erstarrt stets grobkörnig. *Ti* wirkt kornfeinend; *Fe*, *Si*, *Cu* u. *Mg* feinen das Korn nur bei Gieß-Temp., die knapp über dem Ep. liegen. Die Kornfeinung durch *Mn*, *Cr* u. *Zn* ist auch bei niedrigen Gieß-Temp. bedeutungslos. Die genannten Elemente außer Fe, Cr u. Mn führen bei 680° Gieß-Temp. zu kugelförmigem Gußkorn. Bei Ggw. mehrerer Zusatzelemente ist die Kornfeinung keine additive Eigenschaft. Die Korngröße im rekrist. Zustand hängt von Art u. Menge des Zusatzelementes u. vom Verformungsgrad ab. Fe u. Ti erhöhen die RK-Temp. stark, Mn u. Cr weniger stark; Si, Zn, Cu u. Mg beeinflussen die Temp. überhaupt nicht. Fe-Zusätze $>0{,}1\%$ wirken kornvergröbernd, solche $<0{,}02\%$ kornfeinend. Das Zusammenwirken von Ti, Fe, u. Si bei der RK zeigt ein additives Verhalten. W. WESLY. 6446□

Titan und seine Legierungen. 1. Mitt. **Wichtigste Eigenschaften. Schweißbarkeit.** R. Develay. (Soudage Techn. connexes **14.** 409—20. Nov./Dez. 1960. Chambéry, Comp. Pechiney.) (Franz.)

Übersicht über die chem., physikal. u. metallurg., bes. die Schweiß-Eigg. von Ti (-Legg.). W. WESLEY. 6448□

Titanlegierungen für Unterseeboote. George Sorkin und Abner Willner. (J. Metals **13.** 204—05. März 1961. Bureau of Ships; David Taylor Model Basin.) (Engl.)
Untersucht wurden unlegiertes *Ti* u. Ti-Legg. *5 Al-2,5 Sn, 6 Al-4 V, 8 Al-2 Nb-1 Ta, 13 V-11 Cr-3 Al* u. *6 Al-4 Zr-1 V* auf ihre Brauchbarkeit als Konstruktionsmaterial für tieftauchende U-Boote. F. VIER. 6448□

Herstellung von schmiedbarem Zirkonium nach der van Arkel-Methode. František Plzák. (Hutnické Listy **11.** 518—22. Sept. 1956. Praha, Výzk. ústav materiálu a technol.) (Tschech.)
Beschreibung des Aufbaus (Konstruktion) einer kleinen gläsernen App. zur Herst. von duktilem Zr nach der VAN ARKEL-Meth. (Zers. von ZrJ_4 auf einem Zr- oder W-Draht bei 1400°). Im Laufe von 24 Std. wurden ca. 50 cm lange u. 3 mm starke Drähte von sehr reinem, schmiedbarem Zr mit nur spektrograph. nachweisbaren Spuren von Verunreinigungen erhalten. J. TŮMOVÁ. 6448□

Die Technologie des Zirkoniums und seiner Legierungen. 2. Mitt. **Korrosionsverhalten beim Kontakt mit verschiedenen Medien; mechanische Eigenschaften, einschließlich Zug- und Stoßfestigkeit, Kriecheigenschaften und Effekte der Neutronenbestrahlung.** D. R. Harries. (Chem. Process Engng. incorp. Atomic Wld. **40.** 363—68 u. 378. Okt. 1959. Harwell, A.E.R.E.) (Engl.) — 1. vgl. C. **1961.** 9185.
Übersicht. — 24 Literaturstellen. W. PÖTSCH. 6448□

Metallurgie des Urans. N. P. Galkin. (Атомная Энергия [Atomenergie] **9.** 270—81. Okt. 1960.) (Russ.)
Überblick über den heutigen Stand der U-Metallurgie. Die thermodynam. Charakteristika der für die metalltherm. Prozesse wichtigsten Verbb. des U, Mg, Ca sind tabelliert, ebenso die techn. Daten von Halbfabrikaten u. des metall. U. Auf die therm. Red. mittels Mg, mit UF_4 als Ausgangsmaterial, wird bes. eingegangen, ebenso auf die Reinigung durch Flotation. Die Gewinnung von metall. U, das mit ^{235}U angereichert oder daran verarmt ist, vor allem ausgehend von UF_6, wird diskutiert. — 37 Literaturangaben. M. WIEDEMANN. 6448□

Die Herstellung und Verwendung von Kobaltpulvern. E. de Bie und P. Doyen. (Cobalt [Brussels] **1961.** Nr. 10. 22—32. März. Hoboken, Soc. Gén. Métallurgique.) (Engl.)
Beschrieben wird die techn. u. halbtechn. Herst. u. Unters. von Co-Pulver u. der Einsatz dieser Pulver bei Hartmetallen u. Diamantwerkzeugen, bei Dauermagneten, bei warmfesten Legg., bei Hartschweiß-Legg. (Stelliten) u. auf anderen Sondergebieten. — 16 Literaturangaben. H. FAHLENBRACH. 6474□

Sintern von Tantal. Jiří Vacek. (Hutnické Listy **11.** 522—29. Sept. 1956. Vestec u Prahy, Výzk. ústav práškové metalurgie) (Tschech.)
Vff. erörtert die Eigg. u. Anwendungsmöglichkeiten von gesinterten Ta-Erzeugnissen u. beschreibt die eigenen Sinter-Verss. unter Verw. eines Ta-Pulvers von 20,5 cm^3/100 g Schüttgewicht; 2510 cm^2/g spezif. Oberfläche; Teilchengröße unter 0,075 mm; Preßdruck bis 13 t/cm^2; Sintern im Vakuum von $5 \cdot 10^{-4}$ Torr bei Temp. bis zu 2800°. Die Ergebnisse nach Anwendung eines Preßdruckes von 6 u. 12 t/cm^2 werden graph. dargestellt. Die Maximaldichte 15 g/cm^3 wird oberhalb 2500° erreicht; die Härte geht bei 2250° bei 170 HV_{10} durch ein Maximum. — Die Gewichtsverluste beim Sintern erreichen 9% u. bestehen hauptsächlich aus mit den Verunreinigungen mitgerissenem Ta. J. TŮMOVÁ. 6474□

Alumoweld — ein neuer Bimetalldraht für elektrische und mechanische Anwendungen. F. E. Leib. (Wire and Wire Products **34.** 327—29. März 1959. Glassport, Pa., Copperweld Steel Co.) (Engl.)
Übersicht über Herst., Eigg. u. Anwendung von *Alumoweld*, einem mit *Al* überzogenen Stahldraht im Vgl. mit *Copperweld* (Stahldraht mit *Cu*-Überzug). W. WESLY. 6478□

Die praktische Ausführung der Vickers- und Rockwellhärteprüfung. R. S. Marriner. (Metallurgia [Manchester] **60.** 63—68. Aug. 1959. Nat. Physic. Labor.)
Durch Änderung der Belastungsbedingungen können die Härtewerte schwanken. Hinweise für das Arbeits-Verf. zur Ermittlung genauer u. reproduzierbarer Werte. K. STEIN. 6480□

Untersuchungen über die Beziehungen zwischen Belastung und Zeit bei der Kerbschlagprobe. 1. Mitt. **Über die Umwandlungstemperaturen von Schmiedeeisen.** Seita Sakui, Tadahisa Nakamura und Masanobu Omori. (Tetsu to Hagane [J. Iron Steel Inst. Japan] **46.** 140—46. Febr. 1960.) (Orig.: Jap.; Auszug: Engl.)
Unterss. über das Verh. von beruhigtem Stahl mit 0,17% C unter Kerbschlagbelastung in kalt gezogenem u. normalisiertem, nach Kaltziehen geglühtem, nach dem

Abschrecken von 700° bei 25—100° gealtertem, bzw. nach dem Normalisieren in W. abgeschrecktem Zustand, ausgeführt bei der Umwandlungs-Temp. (UT) vom verformbaren zum spröden Bruch zeigen: Die Last–Zeit-Kurven lassen 5 Arten erkennen. Die UT (d. h. die Temp., bei der ein Riß zuerst auftritt), beträgt —70° (10°) für Proben, die bei 700 (800)° geglüht worden sind. Danach steigt die UT schwach mit der Glühtemperatur. Proben, die von höheren Temp. (800 u. 920°) abgeschreckt worden sind, haben keine ausgeprägte UT u. zeigen höhere Bearbeitungshärte als andere Proben. Die bei 25° gealterten Proben zeigen die größte Veränderung der UT u. VICKERS-Härte. Im UT-Gebiet weisen alle Proben ein rasches Ansteigen der Höchstlast mit sinkender Vers.-Temp. auf. W. WESLY. 6480□

Schlagprüfung von Gußeisen. G. N. J. Gilbert. (Brit. Foundryman **54.** 5—18. Jan. 1961. Brit. Cast Iron Research Assoc.) (Engl.)

Durchgeführt werden Prüfungen zur Best. der Schlagfestigkeit von Gußeisensorten mit Kugel- oder Flockengraphit sowie von Tempereisen. Bei Gußeisen mit Kugelgraphit u. bei Tempereisen kann ein duktiles oder sprödes Verh. bei der Schlagprüfung festgestellt werden. Die Schlagprobe eignet sich zur Best. der Neigung des Gußeisens zum Sprödbruch. Gußeisen mit fockenförmiger Graphitausbildung zeigen stets ein Sprödbruch-Verh., u. die Schlagprüfung dient zur Best. der relativen Spannkraft der verschiedenen Gußeisensorten. Einige Faktoren, die für die Entw. einer besonderen Schlagprüfung von Gußeisen mit Flockengraphit zu berücksichtigen sind, werden erörtert u. die verschiedenen Eigg. von Gußeisen mit Kugel- oder Flockengraphit, sowie sie durch die Kerbschlagprüfung ermittelt werden, werden besprochen.
H. HOCHSTEIN. 6480□

Über den Bruch von Metallen. Masuji Uemura. (Aeronaut. Res. Inst., Univ. Tokyo, Rep. **24.** 99—151. Aug. 1958. Tokyo, Univ., Aeronaut. Inst., Dep. of Structure.) (Engl.)

Nach allg. theoret. Übersicht über das Bruch-Verh. polykrist. Metalle erörtert Vf. mögliche Vorhersagen über Bruchbelastungen unter gleichmäßigen polyaxialen Spannungen u. Ergebnisse von Bruch-Verss. an streckbaren Metallen sowie das Problem des Tieftemp.-Sprödbruches u. die Wrkg. von Vorspannungen auf die Form der Bruchstücke. Zur Best. der Verteilung von Zugkräften u. Spannungen führte Vf. Zugfestigkeitsproben an runden, hyperbol. gekerbten Flußstahlstäben aus, deren Ergebnisse bei Anwendung der mitgeteilten Kriterien auch zur Deutung der Sprödbrüchigkeit verwendbar sein sollen. Zur Bestätigung dieser Annahme wurden Bruchprüfungen an dünnwandigen Graugußrohren unter verschiedenartigem Belastungsverhältnis von Zug- zu Drehkräften durchgeführt, deren typ. plast. u. elast. Verformungen bei streckbaren Metallen in An- u. Abwesenheit kombinierter Spannungen besprochen werden unter Berücksichtigung des durch heterogene Graphitflocken im perlit. Grundmetall hervorgerufenen Kerbeffekts. Ebenso wurde auch das Bruch-Verh. in An- u. Abwesenheit kombinierter Spannungen erörtert im Zusammenhang mit dem Verformungsvorgang u. den besonderen Bruch-Eigg. an den Enden der Graphitflocken. Abschließend behandelt Vf. Ergebnisse u. Ansichten anderer Forscher von Verss. unter abweichenden polyaxialen Spannungen u. deren Folgerungen zwecks Deutung der Brucherscheinungen. — 41 Diagramme; 44 Literaturangaben. A. SANDER. 6480□

Einleitungsperiode des Spaltungsbruchs bei der Prüfung der Kerbschlagzähigkeit von Flußstahl. J. W. Davies und A. A. Wells. (Nature [London] **190.** 432. 29/4. 1961. Abington Hall, Cambridge, Brit. Welding Res. Assoc.) (Engl.)

Vff. untersuchen die Einleitungsperiode des Sprödbruches in angelassenem Flußstahl mit Hilfe des modifizierten CHARPY-Stoß-Vers. an gekerbten Proben. Zur Unters. der gegenseitigen Lage der Spaltfächen wird die Bruchstelle so schnell wie möglich fixiert. Die Probe deformiert man bei voller Geschw. der Maschine, bis die weitere Durchbiegung durch einen starren Rahmen aufgehalten wird, der die restliche Stoßenergie aufnimmt u. sie in Holzblöcke überführt, die hierbei zerdrückt werden. Die Proben fräst man mit einem Standardfräser (Kernradius 0,25 mm) 5 mm tief ein u. biegt sie zur Unterstützung der Riß-Bldg. um ca. 2° in entgegengesetzter Richtung vor. Die Riß-Bldg. wird mit Hilfe von Schliffbildern beobachtet. Bei der Vers.-Temp. von 0° nimmt eine Probe mit vollständigem Bruch eine Energie von 5 ft.lb. auf u. zeigt einen Kristallinitätsbereich von 95%. An den begrenzenden Gleitebenen, die von den Flanken der Kerbe ausgehen, wird als bezeichnendes Merkmal eine Leerstelle festgestellt. Von dieser scheint der Sprödbruch in Richtung der neutralen Achse weg von dem stark deformierten Bereich auszugehen. Weiterhin werden isolierte Bereiche mit Zwillings-Bldg. sowie isolierte Mikrospaltrisse beobachtet. Der mitgeteilte Mechanismus scheint der COTTRELLschen Annahme (vgl. Trans. Amer. Inst. Mining metallurg. Engr. **212.** [1958.] 192) zu entsprechen. P. FRENZEL. 6480□

Bestimmung der Bruchzähigkeit. W. S. Pellini und J. E. Srawley. (J. Metals **13.** 195—98. März 1961. U. S. Naval Res. Labor.) (Engl.)

Die an die Bruchzähigkeit von Werkstoffen für Unterwasserschiffe zu stellenden Anforderungen sind für Kriegsschiffe bedeutend höher als für Vers.-Schiffe. Bei geeigneten Temp. ist die Bruchzähigkeit einiger wichtiger Werkstoffe sehr hoch, sie sinkt aber sehr schnell in einem für jeden Werkstoff charakterist. Temp.-Gebiet ab. Die direkte Best. der Bruchzähigkeit führt in diesen Fällen im allg. zu keinem befriedigenden Ergebnis. Vorgeschlagen wird, die Bruchzähigkeit aus Explosionstest u. CHARPY-V-Probe zu ermitteln. F. VIER. 6480□

Physikalische Metallurgie und mechanische Eigenschaften von Werkstoffen: Sprödbruch. B. L. Averbach. (Proc. Amer. Soc. Civil Engr., J. Engng. Mechan. Divis. **86.** 31—43. Dez. 1960. Cambridge, Mass., Inst. of Technol., Dep. of Metallurg.) (Engl.)

Übersicht über die Erscheinungsform des Sprödbruches von Fe u. Stahl, die die Bldg. von Mikrorissen betreffenden Versetzungstheorien u. die Wechselbeziehung zwischen Theorie u. Vers.-Ergebnissen. — 17 Literaturhinweise. W. WESLY. 6480□

Physikalische Metallurgie und mechanische Eigenschaften von Werkstoffen: Ermüdung von Baustoffen. Horace J. Grover. (Proc. Amer. Soc. Civil Engr., J. Engng. Mechan. Divis. **86.** 55—64. Dez. **1960.** Columbus, Ohio, Battelle Mem. Inst., Applied Mech. Div., Mech. Engng. Dep.) (Engl.)

Übersicht über die Ermüdungs-Eigg. von Baustoffen, das Wesen der Ermüdung von Stählen, Metallen, Legg. nichtmetall. Werkstoffen u. die Verff. zur Prüfung der Ermüdung. W. WESLY. 6480□

Über die Messung der Spannungsverluste in Stahl bei erhöhten Temperaturen. Jaakko Salokangas. (Acta polytechn. scand. Nr. **298.** Mechan. Engng. Ser. [N. S.] Nr. **9.** 1—19. 1961. Helsinki, Staatl. Techn. Forsch.-Anstalt.) (Dt.)

Vf. beschreibt zunächst die zum Messen der Auslösung von Spannungszuständen konstruierte App., in welcher die gewünschte Formänderung bei gegebener Temp. konst. gehalten u. die zum Aufrechterhalten dieser konst. Formänderung erforderliche Kraft in Abhängigkeit von der Zeit registriert wird. Untersucht wird kohlenstoffarmer Stahl mit der Zus. 0,1(%) C, 0,35 Si, 0,44 Mn, 0,011 P u. 0,028 S. Zum Beseitigen der Walzspannungen erfolgte Normalisieren bei 910° während ½ Stunde. Die Verss. werden während je 100 Std. abwechselnd mit einem normalisierten unbearbeiteten u. einem normalisierten, durch Recken um 10% kaltbearbeiteten Stab durchgeführt. Die Spannungen werden im bearbeiteten Stahl bei den höchsten Temp. bis herab zu ca. 200° in weit stärkerem Grad als bei dem unbearbeiteten Stahl ausgelöst, während unterhalb 200° die Auslösung im unbearbeiteten Material etwas stärker ausfällt. Nach dem Vers. werden die Probestäbe sowohl röntgenograph. als auch metallograph. untersucht. — 17 Literaturangaben. G. BAUER. 6480□

Einige Besonderheiten bei der Temperaturabhängigkeit der Dämpfung von unlegiertem Titan. H. Scholl und W. Knorr. (Techn. Mitt. Krupp **18.** 115—18. Dez. 1960. Essen, Fried. Krupp, Forschungsanstalten.) (Dt.)

Die beim Erwärmen von unlegiertem Ti beobachteten scharfen Dämpfungsmaxima sind von der Wärmebehandlung u. der Meßfrequenz abhängig. Es zeigt sich, daß nach sehr langen Glühzeiten die Maxima schmäler u. vollständig reproduzierbar werden. Durch eine plast. Verformung werden sie zu anderen Temp. verschoben.
H. HOCHSTEIN. 6480□

Die Mikrosonde von Castaing in der metallurgischen Forschung. J. Philibert. (Rev. du Nickel **27.** 10—14. Jan./Febr. 1961. IRSID, Dép. Physique.) (Franz.)

Beschrieben werden Aufbau u. Wirkungsweise des Mikroanalysators mit der elektron. Sonde nach CASTAING. Diese Vorr. wird zur Unters. von intermetall. Diffusionen, von entchromten u. übernickelten Kränzen um ausgeschiedene Carbide herum in Fe–Ni–Cr-Legg. sowie von Umwandlungen in diesen Legg. verwendet. Der Durchmesser des analysierten Bereiches beträgt dabei 1—2 μ. Alle Elemente mit der Ordnungszahl über 11 können damit analysiert werden. Die schwächste analysierbare Konz. kann zwischen 0,5—0,05% in Abhängigkeit von der Natur des Elementes u. der chem. Probe-Zus. schwanken. Bei einer Konz. von 0,05% *Cu* in einer *Fe*-Leg., d. h. bei einer Masse von 10^{-14} g, wird die Empfindlichkeit der Meth. erreicht. H. HOCHSTEIN. 6480□

Metallographische Unterscheidung von Kobalt als Metall, Oxyd und Sulfid. R. S. Young. (Metallurgia [Manchester] **59.** 210. April 1959.) (Engl.)

Ätzen mit 1%ig. $HgCl_2$-Lsg. 30 Sek. lang oder mit einer 35%ig. $NaHSO_3$-Lsg. 2 Min. lang färbt metall. Co braun, läßt aber das dunkelgraue Oxyd u. das weißgelbe Sulfid unverändert. K. STEIN. 6482□

Untersuchung des Gefüges von magnetischen Legierungen (Cu-Ni-Fe-Legierungen) mit dem Elektronenmikroskop. D. Bally, N. Croitoru und I. Teodorescu. (Bul. ştiinţ., Sect. Ştiinţe mat. fizice **9.** 193—200. 4 Tafeln. Jan./März 1957.) (Rum.) — Vgl. C. **1950/54.** 3543 S.

Die beim isothermen Anlassen von Cu-Fe-Ni-Legg. eintretenden Gefügeänderungen werden elektronenmkr. untersucht. Die Legg. zeigen nach 80—270std. Homogenisierung bei 1000° Einphasengefüge mit flächenzentriertem Würfel. Es geht bei 70—540std. Erhitzen auf 500° in Zweiphasengefüge über. Die nach der Homogenisierung verbleibenden Restinhomogenitäten der festen Lsg. sind ohne Einfl. auf die Koerzitivkraft (<1 Oe). Nach längerem Erhitzen auf 550° tritt Zerfall des Kristallgitters unter Bldg. von plättchenförmigen Kristalliten von (anfangs) ca. 1000 Å ein. Nach 400—500std. Erhitzen auf 500° liegt in allen Fällen deutliches Zweiphasengefüge vor. Die für eine erhebliche Zunahme der Koerzitivkraft erforderliche Erhitzungsdauer entspricht derjenigen, bei der im Gefüge Plättchen von höchstens 1000 Å beobachtet werden.

R. K. MÜLLER. 6482□

Fluoroskopische Prüfung. Die für hartgelötete Wabenschichttafeln aus rostfreiem Stahl entwickelte Arbeitsweise. W. R. Bear und W. S. Diehl. (Aircraft Product. **21.** 370—73. Nov. 1959.) (Engl.)

Übersicht über die zerstörungsfreie, fluoroskop. Prüfung von Wabenschichttafeln aus rostfreiem Stahl. W. WESLY. 6484□

Die Verwendung der Röntgenphotographie beim Verlegen von Rohrleitungen. J. R. Strebelle. (Welding Engr. **45.** Nr. 10. 44. 46. Okt. 1960.) (Engl.)

Ausführung, Vor- u. Nachteile der Prüfung von Rohrleitungen u. ihren Schweißen mit Röntgen- u. γ-Strahlen. W. WESLY. 6484□

Gleichmäßigkeit von Werkstoff und Wärmebehandlung bei der Herstellung von Massenteilen aus Stahldraht. Peter Fischer. (Draht-Welt **46.** 795—99. Okt. 1960.) (Dt.)

Zur Beschreibung der Gleichmäßigkeit von Stahldrähten für die Massenteilfabrikation werden Angaben über Analysenschwankugen, Gefügeunterschiede, Unterschiede im Reinheitsgrad u. der Oberflächenbeschaffenheit sowie über die Schwankungen der Festigkeits-Eigg. gemacht. Zur gleichmäßigen Wärmebehandlung ist eine gute Beherrschung des räumlichen u. zeitlichen Temp.-Verlaufs erforderlich.

H. HOCHSTEIN. 6490□

Ionenzementation des Stahls. W. Ss. Wanin. (Известия Академии Наук СССР, Отделение Технических Наук, Металлургия и Топливо [Nachr. Akad. Wiss. UdSSR, Abt. techn. Wiss., Metallurg. Brennstoffe] **1960.** Nr. 3. 66—69. Mai/Juni.) (Russ.)

Das Verf. der Ionenzementation von Stahl durch Glimmentladung wird in seiner Durchführung u. Wrkg. beschrieben. An Proben aus Stahl 15 werden Vgl.-Verss. zur Aufkohlung durch Glimmentladung einerseits sowie durch eine Gaszementation andererseits durchgeführt. Hierbei zeigen sich keine wesentlichen Unterschiede. Der Vgl.-Vers. beweist, daß in beiden Fällen eine hohe Zementations-Geschw. erreicht wird. Bei einer Nitrierung wird elektronenmkr. ein Unterschied im Aufbau der Feinstruktur der nitrierten Schicht nach der durch Glimmentladung erfolgten Nitrierung gegenüber einer n. Nitrierung beobachtet, der auf Besonderheiten der Zufuhr des Nitriermittels zurückgeführt wird. H. HOCHSTEIN. 6492□

Zementieren bei hoher Temperatur. H. N. Ipsen. (Metallurgia [Manchester] **59.** 176—80. April 1959. Rockford, Ill., Ipsen Industries Inc.) Engl.)

Unlegierte u. mit *Ni-Mo* u. mit *Ni-Cr-Mo* legierte Einsatzstähle werden zwischen 927—1093° gaszementiert. Wichtig ist die Beachtung des Taupunktes des Zementationsgases. Bei hoher Temp. steigt die Einsatztiefe sehr schnell, eine Schlußhärtung bei 815° beseitigt die Kornvergröberung. Die schnelle Eindringtiefe bei hoher Temp. verkürzt die Einsetzzeit u. erhöht die Leistung der Anlage. Wichtig ist die genaue Überwachung der Zementationsbedingungen. K. STEIN. 6492□

Nitrierung von Eisen unter Hochfrequenzerhitzung. W. Prosswirin und B. Tarassow. (Известия Академии Наук Латвийской ССР [Nachr. Akad. Wiss. LettSSR] **1959.** Nr. 11. 29—35. Inst. für Maschinenkunde der Akad. der Wiss. der LettSSR.) (Russ.; Auszug: Lett.)

Die prinzipielle Möglichkeit einer Oberflächensättigung von Fe an N bei einer kurzzeitigen induktiven Hochfrequenzerhitzung von 1—2 Min. Dauer wird durch Verss. festgestellt. Die N-Absorption durch Fe hängt von der Nitrier-Temp. u. dem NH_3-Verbrauch ab. Die maximale N-Absorption trat bei einer Nitrierung im Temp.-Bereich von 815—910° auf. Bei dieser kurzzeitigen Nitrierung bei Temp. zwischen 775 u. 910° besteht die sichtbare Diffusionsschicht aus zwei stark ausgeprägten Zonen:

Äußere Zone mit Stengelkristallen (ε-Phase) u. innere Zone, die aus nitriertem Austenit u. nitriertem Martensit besteht. Bei einer Nitrierungs-Temp. von 1020° besteht die sichtbare Diffusionszone aus nitriertem Martensit u. Troostit–Martensit.
H. HOCHSTEIN. 6492□

Die Härtbarkeit von Stahl. Józef Tyczyński. (Wiadomości Naftowe **6.** 167—73. Juli/Aug. 1960.) (Pol.)

Übersicht über die Messung der Härtbarkeit von Stahl u. über den Vorgang des Härtens u. Anlassens. F. URBAN. 6492□

Fortschritte beim Schweißen unter CO_2 mit Falzdraht. C. De Rop und H. Schmidt-Bach. (Schweissen u. Schneiden **12.** 345—49. Aug. 1960. Aachen.) (Dt.)

Überblick über die verwendeten Falzdrahtsorten, die Abschmelzleistung u. die Anwendung des Verfahrens. F. VIER. 6506□

Einfluß von Verunreinigungen in Kohlensäure beim Schutzgasschweißen. Tin Ming Wu. (Schweissen u. Schneiden **12.** 350—54. Aug. 1960. Hannover.) (Dt.)

Die Wrkg. einer Verunreinigung der beim Schutzgasschweißen verwendeten CO_2 mit O_2, N_2, H_2 u. Luft auf die Schweißverbindungen wurde unter Beurteilung der Bruchflächen u. durch Zug–Falt- u. Kerbschlagproben untersucht. Danach ist die Güte einer Schweißverbindung in hohem Maße vom Reinheitsgrad der verwendeten CO_2 abhängig. Es wird für die Schweiß-CO_2 ein Reinheitsgrad von 99,85% gefordert. Bei Schweißarbeiten in engen Räumen ist für Absauge-Vorr. zu sorgen, um Gesundheitsschädigungen des Schweißers zu vermeiden. F. VIER. 6506□

Kinetik der Reaktion von geschmolzenem Metall mit Gasen und der Schlacke bei der Lichtbogenschweißung. A. A. Jerochin. (Сварочное Производство [Schweisstechn. Betr.] **1960.** Nr. 11. 4—8. Nov. Baikow-Inst. für Metallurgie der Akad. der Wiss. der UdSSR.) (Russ.) — Vgl. C. **1961.** 4510.

Die Veränderungen in der chem. Zus. eines beim Schweißen eingeschmolzenen Metalls werden in der Mehrzahl der Fälle durch die Zeit u. die Geschw. der Rkk. zwischen dem Metall, den Gasen u. der Schlacke bestimmt. Einer der Faktoren, der die Rk.-Geschw. beim Schweißen bestimmt, ist die Entfernung des Syst. vom Gleichgewicht. So ist für den Mn-Red.-Prozeß beim Schweißen unter einem Flußmittel u. wahrscheinlich auch in einigen anderen Fällen die Veränderung der Konzz. dieses Elements während des Schweißens annähernd proportional dem Unterschied zwischen der Ausgangs- u. der Gleichgewichts-Konz. des Elements. Die Oxydation des Metalls u. seiner Zusätze sowie wahrscheinlich viele andere Rkk. beim Schweißen werden durch die Diffusion begrenzt. Die Geschw. der Rkk., die nach einer Diffusionskinetik verlaufen, hängt nur wenig von der Temp. ab. Beim Schweißen an Luft u. unter CO_2 des Drahtes *Sw-10GS* wird die Oxydation von Mn u. Si bei hinreichend hohem, über 0,5% liegendem Geh. durch die O_2-Zufuhr aus der oxydierenden Phase begrenzt; die Rk.-Geschw. hängt in diesem Fall nur von der Höhe der O_2-Versorgung ab. Bei geringem Geh. des Elements hängt die Rk.-Geschw. von seiner Konz. in der Schweiße ab u. wird durch die Diffusion des Elements aus der Schweiße sowie durch die Entfernung des Syst. vom Gleichgewichtszustand geregelt. Die Rk.-Bedingungen in den verschiedenen Stadien des Schweißprozesses sind verschieden. In den Tropfen liegen eine wesentlich größere spezif. Oberfläche u. günstigere Konz.-Bedingungen vor. Daher ist die Rk.-Geschw. im Tropfenstadium größer als in der fl. Schweiße. Infolge des Auftretens paralleler Rkk. können die Gleichgewichtsbedingungen im Syst. im Laufe des Prozesses verändert werden, was nicht nur eine Veränderung der Rk.-Geschw., sondern auch einen Wechsel in ihrer Richtung hervorrufen kann. Es wird experimentell nachgewiesen, daß die Red. von Mn aus der Schlacke im Tropfen durch seine Oxydation in der fl. Schmelze abgelöst werden kann. — 26 Literaturangaben. H. HOCHSTEIN. 6506□

Untersuchungen über das Elektro–Schlacke-Schweißverfahren. R. Müller. (Schweissen u. Schneiden **12.** 354—68. Aug. 1960. Duisburg, Schweißtechn. Lehr- u. Versuchsanst.) (Dt.)

In Fortsetzung der C. **1959.** 9385 referierten Arbeit wird über Vers.-Ergebnisse von Elektro–Schlacke-Schweißungen an den Stählen *St37*, *St52*, *St50* u. *13CrMo44* berichtet. Bei *St37* u. *St52* ist es möglich, schon im Schweißzustand die Gütewerte des Grundwerkstoffes zu erreichen, auch für die Kerbschlagzähigkeit. Die Alterungsprüfung ergab niedrigere Werte im Grundwerkstoff u. in der Schweißnaht, die durch Ausbildung einer bes. feinkörnigen Mikrostruktur durch normalisierende Wärmebehandlung unter beschleunigter Temp.-Führung verbessert werden konnten. Bei 110 mm dicken Blechen aus *St 50* wurden Warmrisse beobachtet. An Schweißnähten von *13CrMo44* konnten die erforderlichen Mindestwerte für die Kerbschlagzähigkeit erst dann erreicht werden, wenn das im Nahtbereich entstandene Zwischenstufengefüge durch Normalisieren beseitigt wurde. F. VIER. 6506□

Verbesserung der Verschweißbarkeit von austenitischen Stählen und Legierungen durch Elektro-Schlackenschmelzung. B. I. Medowar. (Сварочное Производство [Schweisstechn. Betr.] **1960.** Nr. 10. 16—18. Okt. Paton-Inst. für Elektroschweißen der Akad. der Wiss. der UkrainSSR.) (Russ.) — Vgl. C. **1960.** 16581.

An den Beispielen der warmfesten Legg. *EI 725, EI 726* u. *EI 437 B* wird nachgewiesen, daß die Elektro-Schlackenumschmelzung zu einer wesentlichen Erhöhung der Beständigkeit der Legg. gegenüber Warmriß-Bldg. im Schweißnahtbereich nahe der Verschmelzungslinie führt. H. HOCHSTEIN. 6506□

Feuchtigkeitsbeständigkeit von Elektroden mit Kunststoffüberzügen. Je. M. Rogowa. (Сварочное Производство [Schweisstechn. Ber.] **1960.** Nr. 8. 12—14. Aug. Allunions Forsch.-Inst. für Schweißtechnik.) (Russ.)

Die Elektroden *WSP-15* mit einer Kunststoffumhüllung adsorbieren fast keine Feuchtigkeit u. lösen sich nicht im W. auf; die techn. Eigg. werden bei langem Aufenthalt der Elektroden im W. nicht verändert. Eine Durchnetzung der Elektroden verändert auch die Lichtbogenspannung nicht u. übt keinen Einfl. auf die chem. Zus. der Schweißnaht u. deren mechan. Eigg. aus. H. HOCHSTEIN. 6506□

Neue Gesichtspunkte bei der Betrachtung von Eigenschaften und Verhalten harter Auftragslegierungen, O. Knotek und I. Birk. (Schweissen u. Schneiden **13.** 105—09. März 1961. Düsseldorf.) (Dt.)

Betrachtungen über die Verschleißfestigkeit harter Auftragslegierungen.

F. VIER. 6506□

Titan und seine Legierungen. 2. Mitt. **Das Schweißen von Titan und seinen Legierungen.** R. Lachenaud. (Soudage Techn. connexes **14.** 420—31. Nov./Dez. 1960.) (Franz.) — 1. vgl. Develay, C. **1961.** 15905.

Übersicht über die Verff. zum Schweißen von Ti (-Legg.): Lichtbogenschweißung unter Ar u. Punktschweißung. — Diskussion. W. WESLY. 6506□

Das Schweißen verzinkter Stähle. M. Evrard. (Soudage Techn. connexes **14.** 437—48. Nov./Dez. 1960. Inst. de Soudure.) (Franz.)

Übersicht über die Verff. zum Schweißen verzinkter Stähle (Schweißlöten, Lichtbogenschweißen mit Mantelelektroden, Punktwiderstandsschweißen). — Diskussion.

W. WESLY. 6506□

Auswahl des geeigneten Schutzgases. I. D. Holster. (Steel **147.** Nr. 24. 78—81. 12/12. 1960.) (Engl.)

Mitgeteilt werden die Richtlinien zur zweckmäßigen Auswahl der für das Schweißen der verschiedenen Metalle u. Metall-Legg. dienenden Schutzgase bzw. Gasgemische, $He, Ar, He + Ar, Ar + O_2, Ar + H_2, CO_2$ sowie $N_2 + H_2$. H. HOCHSTEIN. 6506□

Manuelle Schweißung des Betonstahls mittels elektrischen Bogens in geschmolzener Hochofenschlacke. Josef Kraus. (Inž. Stavby **8.** 411—413. Nov. 1960. Orlík, ČSSR) Vodní stavby n. p. Vod. dílo.) (Tschech.)

Es wird eine einfache, allg. anwendbare u. wirtschaftliche Meth. zum manuellen Schweißen von Betonstahl in geschmolzener Hochofenschlacke u. ihre Vorteile gegenüber üblichen Meth. angegeben. GOTTFRIED LANGE. 6506□

Bauart und Schweißen von legiertem Stahlguß. Anwendung bei Dampfturbinen. L. W. Songer. (Trans. Amer. Foundrymen's Soc. **67.** 281—89. 1959. Schenectady, N.Y., General Electric Co.) (Engl.)

Die Betriebsbedingungen einer neuzeitlichen Dampfturbinen–Generator-Ausrüstung erfordern Gußstücke sowie geschweißte Gußteile von höchster Qualität u. größter Zuverlässigkeit. Die Anforderungen an die Qualitätsprüfung u. die Überwachung aller Herst.-Stufen sind von bes. großer Bedeutung für das Betriebsverhalten. Die Konstruktion, die Schweißausführung u. die Güteüberwachung hochwertiger Gußstücke für Dampfturbinen werden an Hand von Beispielen moderner Anlagen besprochen u. hierbei werden zur Durchführung der Schweißung Angaben über die Vorwärmung, die Wärmeführung, die Zwischenspannungsbeseitigung, die Elektroden-Zus., die Schweißführungstechnik u. die Qualitätsprüfung, bes. die zerstörungsfreie Werkstoffprüfung (magnet. Pulverprüfung, Ultraschall- u. radiograph. Prüfung, hydrostat. Druckprüfung), sowie über die Schweißfehler (ihre Lage, Größe, Orientierung zu anderen Fehlern, Spannungen) gemacht. H. HOCHSTEIN. 6506□

Oberflächenbehandlung von in „Zama"-Legierung stranggepreßten Gußstücken. Gianluigi Gallia. (Fonderia [Milano] **9.** 319—23. Juli 1960.) (Ital.)

Inhaltlich ident. mit der C. **1961.** 10348 referierten Arbeit. G. PLATZER. 6508□

Zur Standzeitprüfung von metallischen Strahlmitteln. Peter Ulrich Schmithals und Hans-Günther Labisch. (Stahl u. Eisen **80.** 1939—44. 22/12. 1960. Dortmund.) (Dt.)

Nach einer Kritik der bestehenden Prüf-Verff. zur Best. des Verschleiß-Verh. von Strahlmitteln wird der Spaltwert als neuer geeigneter Kennwert für die Standzeit von Strahlmitteln vorgeschlagen u. ein Vgl. von Ergebnissen der Kurzprüfung mit der Gesamtverschleißprüfung angestellt. H. HOCHSTEIN. 6510□

Die Prüfung der Verschleißfestigkeit metallischer Strahlmittel. Erich Bickel. (Stahl u. Eisen **80.** 1944–48. 22/12. 1960. Zürich.) (Dt.)

Bei der Erörterung der Weiterentw. der Verschleißprüfmaschine wird die Bedeutung der Abwurf-Geschw. u. der Strahlrichtung sowie des Reibungsbeiwertes herausgestellt. Die experimentelle Best. der Abwurf-Geschw. wird behandelt u. das Siebanalysen-Verf. beschrieben. Es werden Angaben über die Verschleißkennzahl φ u. die Verbrauchsziffer q_v sowie zur Berechnung des Betriebsverbrauchs gemacht. Meßergebnisse zur Frage der Trennschärfen der Staubabsaugung werden mitgeteilt. H. HOCHSTEIN. 6510□

Einfluß der Versuchsbedingungen auf das Ergebnis der Verschleißprüfung von Strahlmitteln. Hans Krautmacher. (Stahl u. Eisen **80.** 1949–52. 22/12. 1960. Erwitte, Westf.) (Dt.)

Durch Übergang von schrägen zu geraden Prallplatten u. Verschleiß der Wurfschaufeln wird die Standzeit des Strahlmittels bei der Verschleißprüfung vergrößert. Die Best. des Schaufelverschleißes wird behandelt. H. HOCHSTEIN. 6510□

Die Anwendung von Ultraschallwellen in der Galvanotechnik. J. M. Odekerken. (Galvanotechniek [Rotterdam] **4.** 122–27. 145. Okt. 1960.) (Holl.)

Übersicht. — 43 Schrifttumshinweise. W. WESLY. 6514□

Korrosionsbeständigkeit von elektropolierten Oberflächen. H. E. Zentler Gordon und S. C. Boyle. (Corrosion Technol. [London] **8.** 35–39. Febr. 1961. Battelle Mem. Inst.; Roto Finish Ltd.) (Engl.)

Bei der Elektropolierung von Ni-freien, reinen, nichtrostenden *Cr–Fe*-Legg. entsteht auf der Oberfläche ein sehr dünner, wahrscheinlich aus Oyxden bestehender Film. Ein solcher Film kann auch auf einigen austenit. Stählen, auf Al, Messing u. bestimmten Kohlenstoffstählen entstehen. Die Natur u. Eigg. dieser Filme werden behandelt. Es ergibt sich hierbei bei den Ni-freien Cr–Fe-Legg. mit 12–17% Cr eine Verbesserung des Mikroprofils der metall. Oberfläche (Beseitigung der Oberflächenschicht mit einem verformenten, Fremdeinschlüsse enthaltenden Gefüge), Bldg. des dünnen passiven Films sowie die Beseitigung der an Cr verarmten Oberflächenschicht durch Auflösung. — 33 Schrifttumsangaben. H. HOCHSTEIN. 6514□

Anordnung zur Vernichtung von Abfällen bei der Metallplattierung. Walter Mikos und Alfons Szkudlapski. (Metal Finishing **57.** Nr. 2. 61–64. Febr. 1959. Delaware Water Gap, Pa., Ronson Corp.) (Engl.)

Es wird über die Unschädlichmachung von *Cyanid* u. *Chromsäure* berichtet. Die Cyanidlaugen werden durch Zusatz von 50%ig. NaOH auf pH mindestens 10 gebracht u. mit Cl_2 behandelt. Es entstehen *NaCl* u. *Soda*. Das 6wertige Cr in den Chromsäure-Lsgg. wird zunächst mit SO_2 zu 3wertigem Cr red. u. anschließend mit einer Lsg. von NaOH u. Soda gefällt. E. BOYE. 6514

Herstellung gedruckter Schaltungen durch Elektroplattierung und Metallisierung. Joseph F. Dytrt. (Ind. Engng. Chem. **51.** Nr. 3. [Part I] 286–87. März 1959. Washington, D.C., Naval Res. Labor.) (Engl.)

Fortschrittsbericht. GERHARD GÜNTHER. 6516□

Das Galvanisieren von weichem Stahl (Gütemerkmale, Anforderungen und Gewährleistungen). K.-H. Hartung. (Galvanotechnik **51.** 592–605. Dez. 1960. Nachtrag **52.** 246. Mai 1961. Fröndenberg/Ruhr.) (Dt.)

Die bei der Herst. von Stahlband auftretenden Fehlermöglichkeiten u. der Einfl. der Fehler auf die spätere Galvanisierung werden besprochen, Gütevorschriften beschrieben. Die durch fehlerhaftes Galvanisieren entstehenden Mängel werden erörtert. F. VIER. 6516□

Probleme der Bandverzinnung und moderne Bandverzinnungsanlagen. B. Keyselitz. (Blech **4.** 99–103. Nov. 1957. Düsseldorf.) (Dt.) M. GEHLEN-KELLER. 6524□

Verhalten, Widerstandsfähigkeit und Härte von nichtrostenden Stählen in korrosiven Atmosphären. Frank L. Laque. (Rev. du Nickel **27.** 1–9. Jan./Febr. 1961. Internat. Nickel Co., Inc.) (Franz.)

Bei der Unters. über die Korrosionsbeständigkeit von Mo-haltigem nichtrostendem Stahl mit 18% Cr, 8% Ni u. verschiedenen korrosiven Atmosphären (Land-, Stadt-, Industrie- u. Seeluft) wird eine für Hochbauten ausreichende Beständigkeit festgestellt. Auch behalten solche Stähle selbst nach langer Verweilzeit an der Luft ihre Beständigkeit u. Formbarkeit. — 14 Literaturangaben. H. HOCHSTEIN. 6538□

Vermeidung von Spannungskorrosionen bei Kupferlegierungen. David H. Thompson. (Chem. Engng. **68.** Nr. 3. 130 132 134. 6/2. 1961. Anaconda Americ. Brass Co.) (Engl.)

Überblick über die verschiedenen Möglichkeiten, wie Spannungskorrosionen an Cu-Legg. ausgelöst u. wie diese verhindert werden können. F. ROSENDAHL. 6538□

Einige Konstruktionsregeln zum Schutz vor der natürlichen Korrosion. J. Elze. (Konstrukt. Maschinen-, Apparate- u. Gerätebau **12.** 485—89. Dez. 1960. Berlin-Dahlem, Bundesanst. für Materialprüfung. (Dt.)

Der Bauwerkstoff kann durch Klima-Unterss., geeignete Werkstoffauswahl u. zweckmäßige Oberflächenbehandlung vor späteren Korrosionsgefahren geschützt werden. An Beispielen werden mögliche Fehler u. Regeln zu deren Vermeidung gezeigt. — 14 Schrifttumshinweise. W. WESLY. 6538□

Über die Korrosion von Armaturen in Eisenbeton mit granulierter Schlacke. A. P. Tschechow. (Бетон и Железобетон [Beton u. Eisenbeton] **1960.** 480—81. Okt.) (Russ.)

Geschliffene u. entfettete Stahlteile wurden in Beton verschiedener Zus. (Zement, Schlacke, Sand) eingebracht. Die Dicke der Betonschicht um die Armaturen betrug 12—15 mm. Die Proben erhärteten unter normalen Bedingungen sowie durch Bedampfen während 9 Std. bei 80°. Verwendet wurde Portlandzement u. Schlacke mit einem Vol.-Gewicht von 1,05 g/cm³. Die weitere Lagerung der Proben war unterschiedlich: Lufttrocken, feucht u. wechselnd feucht-trocken. Die Korrosion war bei warmbehandeltem Beton größer. Größere Korrosionen traten bei einem großen Verhältnis Zement/Schlacke u. bei einer Lagerung unter feuchten bzw. wechselnd trocken/feuchten Bedingungen auf. G. EWALD. 6538□

Bemerkungen über das Verhalten der Bronzen für Läufer und Gehäuse von Kreiselpumpen in Gegenwart korrodierender Mittel. Angelo Azzolini. (Fonderia ital. **9.** 345—60. Sept. 1960.) (Ital.)

Überblick über die beim Guß von Werkteilen für Kreiselpumpen zum Fördern von W. u. korrodierenden Fll. zu beachtenden Normen. Das Korrosions-Verh. der üblichen metall. Werkstoffe u. Legg. sowie die verschiedenen hierbei möglichen Korrosionsarten u. Angriffsmittel werden näher erörtert. — 11 Literaturhinweise. A. SANDER. 6538□

Verhalten von nichtrostendem 18-8-Stahl in chlorhaltiger HNO_3 von 20° Bé. Anna Prati. (Chim. e Ind. [Milano] **42.** 145—50. Febr. 1960; Ist. sperim. Metalli leggeri, Mem. Rapp. [10] Nr. **250.** 3—8. 1960. Novara, Ist. Sperim. dei Metalli legg.) (Ital.)

Vf. untersuchte das Verh. von nichtrostendem Stahl beim vollständigen u. teilweisen Eintauchen der Proben in die HNO_3 von 20° Bé, die 4,8—34 g Cl^-/Liter enthielt, u. an solchen Proben, die nur den Säuredämpfen ausgesetzt worden waren. Ganz allg. wurde festgestellt, daß Korrosion nicht beim Eintauchen in die Fl. eintritt, sondern nur durch die Dämpfe u. speziell durch ihren Geh. an freiem Chlor verursacht wird. So übt z.B. eine HNO_3 mit einem Geh. von Cl von 34,1 g/Liter keinen Einfl. auf eingetauchte Proben aus, während andererseits Dämpfe, die im Gleichgewicht mit HNO_3 sind u. 16 g Cl^-/Liter enthalten, stark korrodierend wirken. Bei den nur zur Hälfte eingetauchten Proben wird der in der Fl. befindliche Teil nicht angegriffen, dagegen der andere Teil, welcher den Dämpfen ausgesetzt ist. C. GOTTFRIED. 6538

Untersuchungen über den Angriff von Nimonic 80 A durch Torfasche. J. A. Waddams und J. C. Wright. (Metallurgia [Manchester] **59.** 161—64. April 1959. Wolverhampton and Staffordshire Coll. of Technol.) (Engl.)

Der Angriff von Torfasche bei 700—800° wird untersucht. Danach wird die beschleunigte oxydierende Korrosion durch S-Aufnahme eingeleitet, bes. wenn Alkalisulfat oder Chloride vorhanden sind. Im Feingefüge u. durch Röntgenstrahlen wird CrS u. Ni_2S_3 nachgewiesen. K. STEIN. 6538□

Einige Verfahren der Korrosionsprüfung in geschmolzenen Werkstoffen. W. M. Spurgeon, C. H. Philleo und B. A. Thompson. (Ind. Engn. Chem., int. Edit. **52.** 89A—91A. Jan. 1960. General Electric Co.) (Engl.)

Zur Unters. der Korrosion von Werkstoffen für Flugzeuggasturbinen durch die kondensierten Verbrennungs-Prodd., in der Hauptsache B_2O_3 $(+B)$, dient ein Ofen, in dem die senkrecht untergebrachten Proben der Einw. einer Wechselbiegeermüdungsmaschine u. der Verbrennungs-Prodd. ausgesetzt werden. W. WESLY. 6540□

Die Feldmessung des Rohr/Boden-Potentials bei Korrosionsvorgängen und bei kathodischem Schutz. Walter von Baeckmann. (Gesammelte Ber. Betr. Forsch. Ruhrgas A.-G. **1960.** Nr. 9. 29—35.) (Dt.)

Vf. beschreibt, wie sich die Feldmessung in einfacher Weise mit unpolarisierbaren Bezugselektroden, sowie mit Registriergeräten mit hohen Innen- bzw. Eingangswider-

ständen durchführen läßt. Potentiale, Innen- u. Übergangswiderstände der meistverwendeten $Cu/CuSO_4$-Bezugselektroden bei 18° werden angegeben. Mit niederohmigen Elektroden können Messungen auch mit Zeigerinstrumenten durchgeführt werden. Ein Verf. zur Eliminierung evtl. auftretender Fehler wird angegeben. — 14 Literaturangaben.
B. FIEDLER. 6540□

Soc. d'Électro-Chimie, d'Électro-Métallurgie et des Aciéries Électriques d'Ugine, Frankreich, **Einführung von Molybdän in Stähle, andere Metalle oder Legierungen,** dad. gek., daß den Metallen oder Legg. während oder nach dem Einschmelzen im Ofen feste Rk.-Mischungen zugesetzt werden, die aus MoO_2 in üblicher Stückigkeit u. aus *Al* u./oder *Si* als Red.-Mittel bestehen. (**F. P. 1 186 981** vom 24/4. 1957, ausg. 4/9. 1959.) H. HOCHSTEIN. 6381

Cesare Airaghi und Carlo Baiardi, Genua, Italien, **Bindemittel für die Herstellung von Sandgußformen,** bestehend aus 5—40(%), bes. 25, trockenem *Pech*, 5—40, bes. 25, *Steinkohlenruß*, 2—20, bes. 10, *Holzmehl*, 5—20, bes. 15, *Reisspreu*, 2—20, bes. 10, vermahlenem *Stroh* u. 5—20, bes. 15, vermahlenem *Koks*. (**It. P. 508 667** vom 28/9. 1953.) K. KOEBKE. 6383

Eisenwerke Gelsenkirchen Akt.-Ges. (Erfinder: Adalbert Wittmoser), Gelsenkirchen, **Zuführen des Gießgutes beim Stranggießen dünnwandiger Rohre** mit Hilfe eines über dem Schmelzspiegel angeordneten, ringförmigen Verteilergefäßes, das entlang dem Schmelzspiegel beweglich ist u. das Gießgut vorzugsweise aus mehreren Auslauföffnungen zur Gießform leitet. (**D. B. P. 959 753** vom 17/3. 1951, ausg. 14/3. 1957.) W. SCHWARZMAIER. 6383

Eisenwerke Gelsenkirchen Akt.-Ges., Gelsenkirchen (Erfinder: Adalbert Wittmoser, Peter Biefang und Franz Dütting, Gelsenkirchen), **Zuführen des flüssigen Metalls beim Stranggießen von dünnwandigen Rohren** mittels eines ringförmigen bewegten Verteilergefäßes mit mehreren Ausflußöffnungen, die mittels Schieber oder Stopfen gleichzeitig geschlossen werden können. — Zeichnungen. (**D. B. P. 962 924** Kl. 31c vom 29/3. 1952, ausg. 2/5. 1957. Anmeldung bekanntgemacht 26/1. 1956. **Zusatz zu D. B. P. 959753; vgl. vorst. Ref.**) W. SCHWARZMAIER. 6383

Eisenwerke Gelsenkirchen Akt.-Ges. (Erfinder: Adalbert Wittmoser, Peter Biefang und Franz Dütting), Gelsenkirchen, **Zuführen des flüssigen Metalls beim Stranggießen von dünnwandigen Rohren** mittels einer über dem engen Schmelzspiegel beweglichen Verteilerrinne, deren Ausflußöffnungen größer sind als die Breite des Schmelzspiegels, wobei der Formraum nach oben entsprechend erweitert ist. — Zeichnungen. (**D. B. P. 962 925** Kl. 31c vom 27/4. 1952, ausg. 2/5. 1957. Anmeldung bekanntgemacht 2/2. 1956. **Zusatz zu D. B. P. 959753; vgl. zweitvorst. Ref.**) W. SCHWARZMAIER. 6383

Eisenwerke Gelsenkirchen Akt.-Ges. (Erfinder: Adalbert Wittmoser), Gelsenkirchen, **Zuführen des flüssigen Metalls beim Stranggießen von dünnwandigen Rohren** mittels eines unmittelbar über dem engen Schmelzspiegel angeordneten, bewegten Verteilergefäßes, aus dem das Gießgut gegen eine an der Formwand entlang verlaufende Leitwand, z. B. aus *Graphit*, u. sodann in den Formhohlraum fließt. — Zeichnungen. (**D. B. P. 962 926** Kl. 31c vom 27/4. 1952, ausg. 2/5. 1957. Anmeldung bekanntgemacht 26/1. 1956. **Zusatz zu D. B. P. 959753; vgl. drittvorst. Ref.**) W. SCHWARZMAIER. 6383

Eisenwerke Gelsenkirchen Akt.-Ges. (Erfinder: Adalbert Wittmoser, Peter Biefang, Franz Dütting), Gelsenkirchen, **Zuführen des Gießgutes beim Stranggießen** an ständig wechselnde Stellen des Metallspiegels in der Gießform mittels einer bewegten Verteilerrinne, die auch die Auslässe für das Schmiermittel für Form- u. Dornwand trägt. — Zeichnungen. (**D. B. P. 962 927** Kl. 31c vom 1/7. 1952, ausg. 2/5. 1957. Anmeldung bekanntgemacht 1/9. 1955. **Zusatz zu D. B. P. 959753; vgl. viertvorst. Ref.**) W. SCHWARZMAIER. 6383

Établissements Dingler und Hermann Schenck und Werner Wenzel, Deutschland, **Sintern von Eisenerzen** durch Saugzug. Die Erz–Brennstoff-Mischung wird gegen den Verbrennungsluftstrom bewegt, z. B. auf einem Band in horizontaler Richtung gegen die Bewegungsrichtung der Sinterbeschickung oder in einem Schachtofen von unten nach oben gegen die nach unten absinkende u. sinternde Beschickung. — Abbildung. (**F. P. 1 218 225** vom 2/3. 1959, ausg. 9/5. 1960. D. Prior. 3/3. 1958 u. 5/1. 1959.) M. NECKERMANN. 6391

British Oxygen Co. Ltd., übert. von: British Oxygen Research & Development Ltd., England, **Behandlung von schmelzflüssigem Eisen und Stahl** unter Einblasen von O_2 oder eines freien O_2 enthaltenden Gases, dad. gek., daß die Bldg. brauner oxydhaltiger Dämpfe durch Zusatz eines brennbaren, aus H_2 oder CO oder aus H_2 in einer zur Verbrennung geeigneten Form sowie aus CO bestehenden Gases zum O_2-haltigen Einblasgas unterdrückt wird, wobei der O_2 im Blasgas im Überschuß gegenüber derjenigen Menge vorhanden sein muß, die zur Verbrennung mit dem im Zusatzgas enthaltenen H_2 u./oder CO erforderlich ist u. der Vol.-Anteil O_2 zum Vol.-Anteil H_2 u./oder CO im Bereich von 1 : 1—2 : 1 liegt. O_2 oder das O_2 enthaltende Gas sowie das brennbare Gas werden der Schmelze derart zugeführt, daß sie sich unmittelbar vor dem Zuführungsmittel, z. B. der Lanze, vermischen, u. daß das Gasgemisch ein Oxydationsverhinderungsmittel, z. B. Wasserdampf oder CCl_4, enthalten kann, wobei der Anteil des im Gasgemisch enthaltenen brennbaren Gases außerhalb einer Verbrennungsmöglichkeit liegt. (**F. P. 1 221 074** vom 27/1. 1959, ausg. 31/5. 1960. E. Prior. 29/1. u. 18/12. 1958.)
H. HOCHSTEIN. 6391

Centre National de Recherches Métallurgiques A.S.B.L., Lüttich, Belgien, **Entschwefelung von Roheisen** unter Einblasen pulverförmiger oder granalienartiger Entschwefelungsmittel, die sich in Suspension in einem Gas oder Gasgemisch befinden, mittels einer nicht in die Schmelze eintauchenden Lanze, dad. gek., daß das Gemisch aus Gas u. festen Entschwefelungsmitteln mit großer Geschw. aus der Lanze austritt u. in Form eines feinen u. kompakten Strahls eine Umrührung der Schmelze bewirkt. Zweckmäßig wird ein neutrales, reduzierendes oder schwach oxydierendes Gas, z. B. N_2 oder *Luft*, u. als Entschwefelungsmittel *Kalk*, z. B. gelöschter Kalk, verwendet. (**F. P. 1 228 665** vom 23/6. 1959, ausg. 31/8. 1960. Belg. Prior. 1/7. 1958.)
H. HOCHSTEIN. 6401

Centre Technique des Industries de la Fonderie (Erfinder: Georges Gaston Blanc und Nicolas Volianik), Frankreich, **Behandlung einer Gußeisenschmelze,** bei der nach dem F.P. 1 123 736 innerhalb der Schmelze entweder ein neutrales oder ein oxydierendes Gas mittels eines hohlen oder porösen Körpers aus Graphit zugeführt wird, dad. gek., daß an Stelle des Graphits *amorphe Kohle* verwendet wird, die auch zur Auskleidung des Bodens oder der Wände des Behälters sowie als Werkstoff für das Einleitungsrohr für das Gas benutzt werden kann. Die Wirksamkeit des Verf. hängt in allen Fällen von dem Verhältnis zwischen dem Pfanneninhalt u. der Oberflächengröße des graphitisierenden Materials ab. Bei einer Verw. eines Zuleitungsrohres für das Gas müssen die Gasmenge u. der Rohrquerschnitt experimentell bestimmte Werte in Abhängigkeit von dem in der Pfanne vorhandenen Gußeisengewicht haben. — Abbildung. (**F. P. 71 825** vom 19/6. 1957, ausg. 1/2. 1960. **Zusatz zu F. P. 1 123 736; C. 1958. 11365.**)
H. HOCHSTEIN. 6403

Dortmund-Hörder Hüttenunion Akt.-Ges., Dortmund, **Herstellung von Stahl mit hohem Reinheitsgrad an oxydischen Einschlüssen,** bei der eine bestimmte Anzahl von Teilmengen fl. Stahls nach u. nach angesaugt u. in einem Vakuumbehälter entgast, darauf in die Gießpfanne oder in einen anderen Behälter zurückgeleitet werden, dad. gek., daß der fl. Stahl mit einem Desoxydationsmittel behandelt wird, ehe sein Geh. an O auf denjenigen Wert erniedrigt worden ist, den man durch die Entgasungsbehandlung erreichen kann. Zweckmäßig wird der unberuhigte Stahl im Vakuum durch Zusatz von Desoxydationsmitteln nach einer teilweisen Entgasung der Schmelze behandelt. Auch können dem Abguß vor der Vakuumbehandlung oder kurz nach ihrem Beginn, wenn der Stahl z. T. beruhigt ist, geringe Mengen an Desoxydationsmittel zugesetzt werden. — Abbildung. (**F. P. 1 222 633** vom 12/1. 1959, ausg. 10/6. 1960. D. Prior. 19/2. 1958.)
H. HOCHSTEIN. 6409

Soc. d'Électro-Chimie, d'Électro-Métallurgie et des Aciéries Électriques d'Ugine, Frankreich, **Reinigung eines beruhigten Stahles von seinen Gaseinschlüssen im Vakuum.** In Abänderung des Verf. nach F. P. 1 174 347 wird ein niedrig gekohlter Stahl, der in fl. Zustand in eine eine geringe Menge oxydierender Schlacke enthaltende Pfanne eingefüllt ist, im Vakuum behandelt, wobei die Schmelze in ihrem oberen Teil mit einem C-haltigen Material, z. B. *Graphit*, oder mit Formkörpern aus einer Mischung aus Graphit u. einem feuerfesten Stoff in Berührung gebracht wird, z. B. durch Eintauchen dieser Mittel bis zu einer bestimmten Badtiefe. (**F. P. 72 465** vom 14/11. 1957, ausg. 14/4. 1960. **Zusatz zu F. P. 1 174 347; C. 1960. 10752.**)
H. HOCHSTEIN. 6409

A.R.B.E.D. Aciéries Réunies de Burbach-Eich-Dudelange Soc. An., Luxemburg, und Centre National de Recherches Métallurgiques, Belgien, **Stahlherstellung in zwei Phasen,** bei der das Roheisen teilweise oder ganz mittels eines O_2-reichen, von oben auf oder in das Bad geblasenen Gases gefrischt wird u. die für den Betrieb erforderlichen Schlackenbildner ganz oder teilweise auf oder in das Bad in Form von Pulver oder Körnern mittels des Frischgases eingeblasen werden, dad. gek., daß während der ersten Betriebsphase von oben mittels des O_2-reichen Frischgases eine Menge pulverförmigen oder körnigen *Kalks* höchstens gleich einer Menge von [100· (4P + 5 Si + 2s − c)]/K in kg eingeblasen wird, wobei P das Gewicht des P-Geh. in der Roheisencharge in kg, Si das Gewicht des Si-Geh. in der Roheisencharge in kg, s das Gewicht des SiO_2-Geh. in der Charge, ggf. des Erzes in kg, c das Gewicht des CaO-Geh. in der Charge, ggf. des Erzes, in kg u. K den Unterschied zwischen einerseits dem Geh. an CaO, ausgedrückt in % des verwendeten Kalkes, u. andererseits dem doppelten des SiO_2-Geh., ausgedrückt ebenfalls in % des besagten Kalkes, bedeuten, u. daß nach sorgfältiger Entschlackung die zweite Betriebsphase beginnt, in der zur Erzielung einer guten Entphosphorung die hierzu benötigte Menge an Kalk u./oder Soda zugesetzt wird. (**F. P. 1 219 089** vom 20/3. 1959, ausg. 16/5. 1960. Luxemburg. Prior. 20/3. u. 28/3. 1958.) H. HOCHSTEIN. 6409

Soc. des Aciéries de Pompey, Frankreich, **Schwefel- und manganhaltiger Stahl mit guter spanabhebender Bearbeitbarkeit** besteht aus 0,05—0,20, bes. 0,12 bis 0,15 (%), *C*, 0,6—1,25, bes. 0,9—1,00, *Mn*, 0,12—0,30, bes. 0,2—0,25, *S*, 0,01—0,06 *Si*, 0,10 *P*, 0,02 *N*, Rest Fe. (**F. P. 1 226 505** vom 6/2. 1959, ausg. 13/7. 1960.) H. HOCHSTEIN. 6409

Thos. Firth & John Brown Ltd. (Erfinder: J. I. Morley, C. Sykes und R. M. N. Gray), Sheffield, England, **Korrosionsbeständige martensitische Stähle** mit einer gegenüber dem Belg. P. 540 719 abgeänderten, verbesserten Zus. bestehen aus 0,03—0,12 (%) *C* + *N* (N nicht über 0,03%), 13,5—17,5 *Cr*, 4,0—6,0 *Ni*, 0,5—2,5 *Cu*, 0,3—3,0 *Mo*, 0,5—2,5 *Mn*, bis zu 1 *Si*, 0—0,2 Carbid- u. Nitridbildner, wie *Ti*, *V* u. *Nb*, Rest *Fe* mit den üblichen schmelzbedingten Verunreinigungen an *S* u. *P* sowie mit nur soviel *Al*, soweit dieses als Verunreinigung in den Ferro-Legg. der anderen verwendeten Bestandteile in die Leg. eingeführt worden ist. Zweckmäßig wird die Stahl-Leg. vor einer Wärmebehandlung bei 700—850° von 1—10 Min. Dauer kaltgewalzt. Auch kann sie nach einer sehr schnellen Abkühlung von 1050° an Luft bis auf Raum-Temp. 2 Std. bei einer Temp. von −78° gehalten u. nach einer Erhitzung auf 350—600° 1 bis 16 Std. bei dieser Temp. einer Aushärtung unterworfen werden. (**Belg. P. 560 086** vom 14/8. 1957, ausg. 22/4. 1960. E. Prior. 15/8. 1956. **Zusatz zu Belg. P. 540 719; C. 1960. 15900.**) H. HOCHSTEIN. 6411

Ford (France) Soc. An., Frankreich (Erfinder: Duane John Schmatz, John Cornelius Shyne und Victor Francis Zackay), **Herstellung von hochfesten Stahlteilen** mit einer geringsten Abmessung von 3,17 mm u. einem martensit. Feingefüge, dad. gek., daß eine Stahl-Zus. von z. B. 0,1—0,8 (%) *C*, 2—6 *Ni* u. 0,75—3*Cr* ausgewählt wird, die nach Abkühlung des Stahls von einer Temp. der stabilen Austenit-Bldg. auf eine Temp.-Zone (z. B. 315—593°), die unterhalb der Austenit-Umwandlungs-Temp. zu Perlit u. über der Austenit-Umwandlungs-Temp. zu Bainit liegt, unter Warmverarbeitungsbedingungen eine instabile austenit. Struktur ergibt, u. daß dieser Stahl zunächst stabil austenitisiert, unter Vermeidung einer Perlit-Bldg. auf die vorgenannte Temp.-Zone von 315—593° abgekühlt, einer Warmverformung von mindestens 25% unterworfen u. darauf so energisch abgekühlt wird, daß vorwiegend ein martensit. Gefüge erhalten wird; darauf wird der Stahl zur Erhöhung des Streckgrenzenverhältnisses u. der Formbarkeit so angelassen, daß ein Gefüge mit einer Martensitkorngröße erhalten wird, die kleiner als die Hälfte der Korngröße eines direkt zu Martensit ohne Warmverformung umgewandelten instabilen Austenits ist. — Abbildung. (**F. P. 1 222 095** vom 4/4. 1959, ausg. 8/6. 1960. A. Prior. 4/4. 1958.) H. HOCHSTEIN. 6411

Freeport Sulphur Co. (Erfinder: Robert C. Hills), V.St.A., **Gewinnung von Nickel und gegebenenfalls Kobalt aus oxydischen nickelhaltigen Eisenerzen und Konzentraten.** Das Material, z. B. *Limonit* oder *Serpentin* mit ca. 40% *Fe* u. höchstens 2% *Ni* + *Co*, wird mit KW-Stofföl, „*Bunker C*", gemischt, das Ni + Co zu Metall red.; welches dann mittels ammoniakal. Lsg. in Ggw. von Luft aus dem Erz gelaugt werden kann. Die Erz-Öl-Mischung wird auf eine zwischen 315 u. 815° liegende Temp. erhitzt u. nach Abkühlung in genannter Weise gelaugt. (**F. P. 1 217 275** vom 8/12. 1958, ausg. 3/5. 1960. A. Prior. 16/12. 1957.) M. NECKERMANN. 6435

Electric Furnace Products Co. Ltd., Toronto, Canada (Erfinder: C. Carosella), **Elektrolytische Gewinnung von Mangan** aus Stoffen, die 2wertiges Mn enthalten u. die mit Fe, Cu, Pb, Ni, Co oder Zn verunreinigt sind. Die Vorbehandlung u. Reinigung erfolgt nach der im Belg. P. 519 407 beschriebenen Arbeitsweise. Die gereinigte Lsg., der vorher SO_2 zugeführt wurde, wird als Katholyt verwendet; nach Abscheidung des metall. Mn an der Kathode wird der Anolyt in den Kreislauf zum erneuten Laugen der Mn-haltigen Stoffe zurückgeführt. Als Mittel zum Laugen dient H_2SO_4. — Verf.-Schaubild. (**Belg. P. 519 445** vom 24/4. 1953, ausg. 15/4. 1955. **Zusatz zu Belg. P. 519 407; C. 1958. 7322.**) K. BAYER. 6437

Foote Mineral Co., Philadelphia, Pa., übert. von: Robert H. Cromwell, East Orange, N.J., und William A. Parsons, Knoxville, Tenn., V.St.A., **Diaphragma für die Mangan-Elektrolyse,** wobei der Anolyt aus saurer $MnSO_4$-$(NH_4)_2SO_4$-Lsg., der Katholyt aus alkal. $MnSO_4$-$(NH_4)_2SO_4$-Lsg. besteht, dad. gek., daß als Diaphragma ein Gewebe aus *Polyacrylnitril-* oder *Polytetrafluoräthylen-Kunstfasern* verwendet wird. (**A. P. 2 810 684** vom 21/10. 1954, ausg. 22/10. 1957.) K. BAYER. 6437

E. I. du Pont de Nemours & Co., Wilmington, Del., übert. von: Charles H. Lemke, Niagara Falls, N.Y., V.St.A., **Herstellung von Natrium** durch Rk. von geschmolzenem *NaOH* mit *C* (z. B. Petrolkoks) bei einer Temp. von nicht mehr als 1000°, bes. 800—950°, wobei ein H_2- oder Edelgasstrom durchgeleitet wird. (**A. P. 2 789 047** vom 15/9. 1954, ausg. 16/4. 1957.) K. BAYER. 6443

Otto Fuchs, Deutschland, **Magnesium-Legierungen** bestehen aus 2—10 (%) *Al*, 0—4 *Zn*, 0,001—0,5 *Mn*, 0,5—3 *Ca*, Rest *Mg* mit Verunreinigungen bis je 0,5 an *Cu* u. *Si*. Die Legg. können auch noch bis 0,005 *Be*, weniger als 0,01 *Fe*, je bis 0,9 *Pb* u. *Bi* enthalten, sie sind kriechfest bei erhöhten Temp., knetbar u. können in Sand u. Kokille auch unter Druck vergossen werden. (**F. P. 1 214 787** vom 3/2. 1959, ausg. 12/4. 1960. D. Prior. 11/2. u. 21/8. 1958.) C. GÖTZE. 6445

Comp. Française Thomson-Houston, V.St.A. (Erfinder: David Waddel Lillie und Robert Louis Fullman), **Härten von Magnesium und Magnesium-Legierungen** durch Zulegieren von 0,5—30% *Li* u. Erhitzen der Leg. in Ggw. von H_2, bis eine vollständige Hydrierung des Li erfolgt ist. Der Hydrierung kann auch eine Härtung durch Altern vorausgehen. (**F. P. 1 213 610** vom 12/9. 1958, ausg. 1/4. 1960. A. Prior. 12/9. 1957.) C. GÖTZE. 6445

Soc. Forni Lubatti, Turin, Italien, **Herstellung von Aluminium aus seinen Erzen,** bes. aus Bauxit, der mit Pyrit u. Koks innig gemischt wird. Die Mischung wird auf 1500—1600° erhitzt, wobei als Nebenprod. eine *Ferro-Leg.* entsteht, die sich am Boden der Schmelze absetzt. Das aus Al_2S_3 u. Al_2O_3 bestehende Rk.-Prod. wird mit einem Flußmittel, z. B. *Kryolith*, der Schmelzflußelektrolyse unterworfen u. das dabei gewonnene *Roh-Al* auf therm. oder elektrolyt. Wege raffiniert. (**F. P. 1 124 796** vom 17/5. 1955, ausg. 17/10. 1956. It. Prior. 18/5. 1954. **It. P. 516 468** vom 18/5. 1954.) K. BAYER. 6447

Elektrokemisk A/S, Norwegen, **Anodenboden in Aluminiumelektrolyseöfen.** Da bei großen Al-Öfen eine gleichmäßige Temp.-Verteilung schwierig ist, wird der Widerstand der vertikalen Kontaktnippel der jeweiligen Form der unteren Anodenfläche angepaßt. So wird an Stellen, wo ein geringer Widerstand zwischen Anode u. Sammelschiene erwünscht ist, entweder die Zahl der Kontaktnippel erhöht oder der Querschnitt der Nippel vergrößert. Wenn an den Enden der Anode viele Nippel u. in der Mitte nur wenig Nippel gesetzt sind, so werden die Wärmeverluste an den Anodenenden durch die höhere KW-Belastung ausgeglichen; die Anodenunterfläche wird dabei konvex. — Zeichnung. (**F. P. 1 128 913** vom 14/12. 1954, ausg. 14/1. 1957. Norw. Prior. 26/1. 1954.) K. BAYER. 6447

E. I. du Pont de Nemours & Co., übert. von: Henry S. Dombrowski und Charles H. Winter jun. Wilmington, Del., V.St.A., **Herstellung von hochschmelzenden Metallen** der Gruppe IV u. V des Period. Systems. Durch Red. der Metallhalogenide mittels Red.-Metall, wie *Na* u. *Mg*, Ablassen u. Laugen der Halogenide der Red.-Metalle, dad. gek., daß vor der Laugung der Halogenidsalze das Material wenigstens bis zum Kp. der Halogenidsalze der Red.-Metalle in einer inerten Atmosphäre 1—10 Min. lang erhitzt u. dann abgekühlt wird. Beispiel: Herst. von *Ti* u. *Nb*. (**A. P. 2 922 710** vom 19/2. 1957, ausg. 26/1. 1960.) M. NECKERMANN. 6449

Farbenfabriken Bayer Akt.-Ges., Deutschland, **Herstellung von Titan** durch Red. der Ti-Halogenide mit Alkali- oder Erdalkalimetallen (einschließlich *Mg*), dad. gek., daß die Red. in der Gasphase durchgeführt wird. Den Metalldampf läßt man ohne oder mit inertem Gas auf die Ti-Halogenide einwirken; das Ti u. die gebildeten Erdalkalihalogenide werden durch fraktionierte Kondens. getrennt. — Abbildung. (**F. P. 1 135 255** vom 8/4. 1955, ausg. 26/4. 1957.) K. BAYER. 6449

Chicago Development Corp., Riverdale, übert. von: Reginald S. Dean, Hyattsville, Md., V.St.A., **Herstellung von Titan,** dad. gek., daß durch TiO_2 mit *Mg* erhaltenes unreines Ti noch durch Schmelzflußelektrolyse raffiniert wird, wobei im allg. die Anode aus dem unreinen Ti besteht. Wenn beide Elektroden aus unreinem Ti bestehen u. die Stromrichtung period. umgekehrt wird, so gewinnt man Ti-Pulver. — Abbildungen. (**A. P. 2 783 192** vom 22/9. 1954, ausg. 26/2. 1957.) K. BAYER. 6449

Farbenfabriken Bayer Akt.-Ges., Leverkusen (Erfinder: V. Lwowski, D. Goerrig, E. Walaschewski und F. Schubert), **Herstellung von Schmelzelektroden aus Titan,** dad. gek., daß pulverförmiges *Ti-Hydrid*, evtl. mit bis 20% Zusätze anderer fein verteilter Metalle oder deren Hydride, in eine Form gebracht u. erhitzt wird, um das Material zu dehydrogenisieren u. zu verfestigen. (**Belg. P. 552 582** vom 14/11. 1956, ausg. 31/12. 1959. D. Prior. 15/11. 1955.) C. GÖTZE. 6449

Ethyl Corp., New York, N.Y., V.St.A. (Erfinder: Julian Miles Avery), **Trennung von Alkalimetall-Amalgamen und Extraktion von hochschmelzenden Metallen.** Verdünntes Amalgam wird zu kochendem, mit Alkalimetall angereichertem Amalgam gegeben, welches indirekt mittels eines kondensierenden Hg-reichen Dampfes erhitzt wird. Aus dem kochenden Amalgambad dampft mit Hg angereicherter Dampf weg, wird verdichtet u. zur indirekten Erhitzung des genannten kochenden Amalgams zurückgeleitet. Das Amalgam wird z. B. auf 3—5% Na angereichert u. wird in diesem Zustand zur Gewinnung von *Ti* aus $TiCl_4$ verwendet. — Abbildung. (**E. P. 837 067** vom 1/5. 1958, ausg. 9/6. 1960.) M. NECKERMANN. 6457

Fluor Corp. Ltd., Los Angeles, übert. von: C. Ernst Redemann, Monterey Park, Calif., und Henry J. Tschirner, Kansas City North, Mo., V.St.A., **Behandlung von zur Gewinnung von Kupferpulver dienenden Kupferlösungen,** die viel Alkali sowie *Cu*, NH_3, CO_2, *Pb* u. *Sn* enthalten. Die Lsg. wird zunächst mit einem in W. lösl. Sulfat u. dann mit wasserlösl. Salzen u. Hydroxyden des *Sr*, *Ba* u. *Ca* versetzt, wobei voneinander trennbare *Sn*- u. *Pb-Verbb.* aus der Lsg. ausgefällt werden. (**A. P. 2 923 618** vom 8/9. 1958, ausg. 2/2. 1960.) M. NECKERMANN. 6475

Ford (France) Soc. An. (Erfinder: Michael Humenik jun. und David Moskowitz), Frankreich, **Schneidwerkzeuge** bestehen aus *TiC* mit 10—35(%) eines Bindemittels aus 25—70 *Mo*, *W*, *Cr* oder deren Legg., Rest *Mo* u. können außerdem noch *Fe*, *Co* oder *Ni* enthalten. Die Bestandteile werden in inerter Atmosphäre bei Temp. nicht über 1485° gefrittet, wobei kein Wachstum des Korns eintritt. (**F. P. 1 218 945** vom 17/3. 1959, ausg. 13/5. 1960. A. Prior. 17/3. 1958.) C. GÖTZE. 6477

Yawata Seitetsu Kabushiki Kaisha (Yawata Iron & Steel Co. Ltd.) (Erfinder: Sadayoshi Morita, Susumu Goda und Masaru Fujimoto), Japan, **Wärmebehandlung zur Erzielung einer hohen Zugfestigkeit und Kerbschlagzähigkeit von Stahl** mit unter 0,20 (%) *C*, unter 0,50 *Si* u. unter 1,5 *Mn* u. anderen sek. Verunreinigungen, dad. gek., daß der Stahl zum Härten nach seinem Auswalzen, z. B. in Blechform, entweder unmittelbar aus der Walzhitze oder nach Wiedererhitzung im Temp.-Gebiet zwischen 1000 u. 600° (A_3- u. A_1-Punkt) einer Abkühlungs-Geschw. zwischen 1 u. 10°/s unterworfen wird. Zweckmäßig wird der Stahl zunächst auf eine Temp. über dem A_3-Punkt erhitzt u. dann im angegebenen Temp.-Bereich mit der Geschw. von 1—10°/s abgekühlt. Der zu behandelnde Stahl kann auch noch Leg.-Elemente, wie *Ni*, *Cr*, *Mo*, *V*, *Al* u. *Ti* enthalten. (**F. P. 1 222 304** vom 24/4. 1959, ausg. 9/6. 1960. Jap. Prior. 26/4. 1958.) H. HOCHSTEIN. 6493

Forschungsinstitut für Bildsame Formung der Metalle, Zwickau/Sa., **Erzeugung einer Lithium-Atmosphäre in gasbeheizten Öfen** für die Wärmebehandlung von Metallen, wobei eine Li-Verb., z. B. Li_2CO_3, ein Gemisch von Li-Verbb., z. B. ein Gemisch von Li_2CO_3 mit *LiCl*, ein Gemisch einer Li-Verb., z. B. Li_2CO_3, mit metall. *Li* oder pulverförmiges metall. Li aus einem schwingenden Vorratsbehälter in ein Zuführungsrohr austritt, dessen eines Ende in den Ofenbrenner hineinragt. Durch die im Brenner vorhandene Brenngasströmung wird der Rohrinhalt einer Injektor-Wrkg. ausgesetzt, wobei das Rohr kontinuierlich in Schwingung versetzt ist, so daß Li oder die Li-Verb. oder das Li-Gemisch in den Ofen hineingesaugt wird. — Abbildung. (**E. P. 844 482** vom 29/11. 1957, ausg. 10/8. 1960. D. Prior. 4/7. 1957.) H. HOCHSTEIN. 6493

Fa. Richard Holzäpfel (Erfinder: Richard Holzäpfel), Stuttgart, **Verbindung von aus Schwermetall bestehenden Ventilsitzringen und Kerzengewindebüchsen in Leichtmetall-Zylinderköpfen,** bei der der Schwermetallbauteil mit einer dünnen Schicht eines dem Leichtmetall angepaßten Metalls überzogen ist u. die Bindung zwischen den Bauteilen durch Metall von der Zus. des Überzugsmetalls erfolgt. Dieses besteht aus einer Leg. aus 0,650 (Teilen) *Zn*, 0,265 *Sn*, 0,015 *Cu* u. 0,070 *Al*. Die die Leg. aufnehmende Ringzone weist eine Wandstärke auf, die derjenigen des als Büchse ausgebildeten Einbauteils entspricht. — Abbildung. (**D. B. P. 974 437** Kl. 49h vom 17/1. 1953, ausg. 22/12. 1960. Anmeldung bekanntgemacht 29/12. 1955.) W. HAUSWALD. 6505

E. I. du Pont de Nemours & Co., Wilmington, Del. (Erfinder: Fred William Starks, Kenmore, N.Y.), V.St.A., **Entfettungsmittel für Metalle** besteht aus *Trichloräthylen* mit einem Geh. an einem niedermol. *Epoxyd* (0,1—1,0 Gewichts-%, z. B. 0,3 Epichlorhydrin) u. an einem niedermol. *Ester* aus einer *Monocarbonsäure* u. einem einwertigen *Alkohol* (0,1—1,0 Gewichts-%, z. B 0,2 Äthylacetat). (**D. A. S. 1 096 711** Kl. 48d vom 15/9. 1956, ausg. 5/1. 1961.) H. BAUR. 6513

S.E.P.A.G. Soc. d'Études pour le Perfectionnement des Arts Graphiques S.à r. l. (Erfinder: Pierre Bertrand), Paris, Frankreich, **Elektrolytisches Ätzen von Druckstöcken aus Metall** besteht in der Verw. einer citrathaltigen Lsg. u. der period. Unterbrechung des Stromes. Bes. wird eine alkal. Lsg. von *Na-Citrat* oder ammoniakal. *Fe-Citrat* verwendet. (**D. A. S. 1 073 270** Kl. 48a vom 6/3. 1957, ausg. 14/1. 1960. F. Prior. 8/3. 1956.) H. HÄNLE. 6515

Deutsche Gold- und Silber-Scheideanstalt vormals Roessler, Frankfurt/M. (Erfinder: Hans Külkens und Peter Erich Fritzsche, Beuel/Rhld.), **Elektrolytisches Abscheiden von Indium,** bes. von Indiumschichten auf Grundmetallen, dad. gek., daß als Bad eine wss. salzsaure *$InCl_3$*-Lsg. mit 90—160 (g/Liter), bes. 110—130, In u. mit einem pH-Wert von unter 3,0 verwendet wird, der ggf. noch ein Leitsalz, wie *NH_4Cl*, u. ein *Koll.*, wie Leim, zugesetzt ist. Beispiel: 250 cm^3 $InCl_3$-Lsg. mit 120 g/Liter In, 100 NH_4Cl u. 10 mg Leim. pH 1,0; Stromdichte 10 A/dm^2 bei 1,8—2,1 V; Temp. 19—25°; Stromausbeute 98,8%. (**D. B. P. 973 986** Kl. 48a vom 27/2. 1953, ausg. 11/8. 1960. Anmeldung bekanntgemacht 18/5. 1955.) H. HÄNLE. 6517

DEHYDAG Deutsche Hydrierwerke G. m. b. H., Düsseldorf (Erfinder: Wolf-Dieter Willmund und Wennemar Strauss, Düsseldorf-Holthausen), **Saures galvanisches Nickelbad,** dad. gek., daß es als Glanz- u. Einebnungsmittel innere quatern. Salze (Betaine) von durch wenigstens ein Halogenatom oder eine den Halogenatomen verwandte Atomgruppe substituierten Alkylsulfonsäuren tert. ein- oder mehrkerniger heterocycl. Stickstoffbasen vom aromat. Typ der allg. Formel $R \geqslant N^+—R'—SO_3^-$ enthält, in der R zusammen mit dem N-Atom eine heterocycl. Base vom aromat. Typ u. R′ einen verzweigten oder geradkettigen aliphat. KW-Stoffrest, der wenigstens ein Halogenatom oder eine den Halogenatomen verwandte Atomgruppe, wie die Cyan- oder Rhodangruppe, enthält, bedeutet, z. B. die *inneren quatern. Salze (Betaine) des N-[α-(Chlormethyl)-β-sulfoäthyl]-pyridiniumhydroxyds, N-(α-Brom-ζ-sulfohexyl)-chinoliniumhydroxyds, N-[α-(Cyanmethyl)-β-sulfoäthyl]-kollidiniumhydroxyds oder N-(β-Thiocyan-γ-sulfopropyl)-pyridiniumhydroxyds.* Die Verbb. können in einer Menge von 0,2—0,8 g/Liter zugesetzt werden. (**D. A. S. 1 092 744** Kl. 48a vom 17/12. 1958, ausg. 10/11. 1960.) H. HÄNLE. 6521

VEB Galvanotechnik Leipzig, Leipzig (Erfinder: Robert Bilfinger, Taucha, und Alexander Strauch, Beucha), **Bad zum galvanischen Abscheiden von Nickelüberzügen,** dad. gek., daß es neben Benzoesäuresulfimid noch Hydrolysespalt-Prod. der Proteine enthält, die in der Metallsalz-Lsg. weder oxydiert noch red. werden. Beispiel: 200—240 (g/Liter) *$NiSO_4$*, 20—25 *H_3BO_3*, 15—20 *NaCl*, *4 Benzoesäuresulfimid*, 0,5 *Glykokoll*, 3 *Alkylnaphthalinsulfonat*; 2—10 A/dm^2; 40—60°. Der Elektrolyt ist gegen Eisenverunreinigungen relativ unempfindlich. (**D. A. S. 1 073 271** Kl. 48a vom 25/9. 1956, ausg. 14/1. 1960.) H. HÄNLE. 6521

General American Transportation Corp., Chicago, übert. von: Norma L. Duvall, Lansing, Ill., V.St.A., **Regenerieren erschöpfter Nickelplattierungslösungen.** Man kühlt die unerwünschte Na-, PO_3- u. SO_4-Ionen enthaltende Plattierungs-Lsg. auf 0—5°, indem man gleichzeitig unter Druck NH_3 aufpreßt u. $Ca(OH)_2$ zufügt. Das auskrist. Na_2PO_4 filtriert man zusammen mit dem ausgefällten Calciumphosphit ab, entspannt, treibt das NH_3 ab, wobei der Ni–Ammin-Komplex zersetzt wird, u. fügt zu der Lsg. $NiSO_4$, NaH_2PO_2 u. H-Ionen zu, um sie wieder zum Vernickeln brauchbar zu machen. (**A. P. 2 886 452** vom 17/1. 1958, ausg. 12/5. 1959.) H. NEBELSIEK. 6521

Fa. Wilhelm Schmidding, Köln-Niehl (Erfinder: Franz Kraus, Köln-Lindenthal), **Herstellung einer korrosionsbeständigen Innenfläche bei Bierfässern aus Leichtmetall** erfolgt durch chem. Glänzen u. anschließende anod. Oxydation. Das fertig geschweißte u. ausgehärtete Faß wird in einem Glänzbad, bei dem auf 1 Liter 100 g *NH_4HF_2*, 145 cm^3 *HNO_3* (54%), 25 *Dextrin* u. 855 cm^3 W. kommen, bei 55° über ca. 60 Sek. behandelt, mit W. gespült, mit HNO_3 neutralisiert u. erneut gespült. Durch anod. Oxydation mit H_2SO_4-Bad wird eine Schicht von 12—16 μ erzeugt, mit W. gespült u. die Oxydschicht in der Dampfkammer bei 95—98° über 60 Min. nachverdichtet. —

Nach D. A. S. 1 078 841 wird auf die Oxydschicht noch ein Klarlack aufgebracht. (**D. A. SS. 1 072 048** Kl. 48a vom 24/5. 1958, ausg. 24/12. 1959 u. **1 078 841** [Zusatz-Anmeldung] vom 28/5. 1958, ausg. 31/3. 1960.) H. HÄNLE. 6531

Gerhard Collardin G. m. b. H. (Erfinder: Ernst Mayer), Köln, **Phosphatieren von Metallen** mittels Lsgg., die Zn-Phosphat, polymere Phosphate u. Peroxyd, bes. H_2O_2, enthalten, in bezug auf das Zn-Phosphat übersättigt sind u. einen pH-Wert besitzen, der um ein geringes über dem pH-Wert des Gleichgewichts liegt, bei Temp. unterhalb 60°. Beispiel: Gereinigte u. gebeizte Tiefziehbleche werden 2 Min. lang mit einer 50° heißen wss. Lsg. bespritzt, welche je 100 Liter Lsg. 125 g *NaOH*, 40 g 30% ig. H_2O_2-Lsg. u. ein Phosphatierungsmittelkonzentrat aus 54 (Gewichts-%) H_3PO_4 (75% ig), 12,5 *ZnO*, Rest W., enthält. Nachspülen mit W. u. wss. CrO_3-Lösung. (**D. A. S. 1 095 031** Kl. 48d vom 27/2. 1959, ausg. 15/12. 1960.) H. BAUR. 6533

Mitsubishi Kinzoku Kogyo Kabushiki Kaisha, Tokyo, Japan, **Galvanische Zink-Anode** zum Korrosionsschutz von Eisen (Schiffkörper, Eisenkonstruktionen usw. besteht aus 0,01—3 (%) *In* u./oder 0,01—2 *Tl* u./oder 0,01—2 *Cd* u./oder 0,05—2 Sn, wobei die Summe dieser Elemente 3 nicht übersteigen soll, Rest *Zn* mit 99,99 Reinheit. (**E. P. 837 523** vom 17/7. 1958, ausg. 15/6. 1960. Jap. Prior. 26/7. 1957.) C. GÖTZE. 6539

Boildens Gruvaktiebolag, Skelleftehamn, Schweden, *Herstellung von Kiesabbränden mit geringem Arsengehalt.* (**Belg. P. 563 115** vom 11/12. 1957, ausg. 3/6. 1960. Schwed. Prior. 11/12. 1956. — C. **1960.** 7668 [D. A. S. 1 055 023].)

Badische Anilin- & Soda-Fabrik Akt.-Ges., Ludwigshafen/Rh., *Schwefelung von Metallen.* (**E. P. 837 331** vom 16/8. 1957, ausg. 9/6. 1960. D. Prior. 25/8. 1956. — C. **1959.** 13624 [D. A. S. 1 034 868].)

Siemens-Planiawerke Akt.-Ges. für Kohlefabrikate, Meitingen bei Augsburg, *Herstellung von Metallen und Legierungen.* (**Belg. P. 559 444** vom 23/7. 1957, ausg. 8/4. 1960. Oe. Prior. 23/7. 1956. — C. **1960.** 10396 [D. A. S. 1 079 840].)

United Kingdom Atomic Energy Authority, London, England (Erfinder: **J. R. Murray**), *Raffination von Metallen durch Zonenschmelzen.* (**Belg. P. 558 770** vom 27/6. 1957, ausg. 8/4. 1960. E. Prior. 27/6. 1956. — C. **1960.** 10751 [F. P. 1 177 943].)

Hüttenwerk Oberhausen Akt.-Ges., Oberhausen, *Raffination von Metallbädern in einem Drehofen.* (**Belg. P. 560 391** vom 29/8. 1957, ausg. 22/4. 1960. D. Prior. 30/8. 1956. — C. **1960.** 5632 [Oe. P. 201 088].)

Union Carbide Corp., New York, N.Y., V.St.A., *Entfernung von Schwefel aus Metallen.* (**Belg. P. 560 217** vom 21/8. 1957, ausg. 22/4. 1960. A. Prior. 24/8. 1956. — C. **1960.** 10750 [F. P. 1 181 356].)

National Smelting Co. Ltd., London, England, *Kühlen von Metallschmelzen.* (**Ind. P. 49 711** vom 11/6. 1953, ausg. 12/3. 1955. E. Prior. 16/6. 1952. — C. **1957.** 3389 [F. P. 1 083 612].)

Imperial Chemical Industries Ltd., London, England, *Schmelzen von Metallen.* (**Ind. P. 49 571** vom 18/5. 1953, ausg. 3/1. 1955. E. Prior. 30/5. 1952. — C. **1960.** 9713 [It. P. 501 022].)

Gebrüder Böhler & Co. Akt.-Ges., Wien, Österreich, *Schmelzen von Metallen.* (**It. P. 512 681** vom 23/1. 1954. Oe. Prior. 23/1. 1953. — C. **1957.** 5696 [Oe. P. 185 039].)

Metallgesellschaft Akt.-Ges., Frankfurt/M., *Entarsenierung von arsenhaltigen oxydischen Eisenerzen und gerösteten Erzen.* (**E. P. 835 794** vom 16/5. 1957, ausg. 25/5. 1960. D. Prior. 17/5. 1956. — C. **1960.** 292 [D. A. S. 1 050 782].)

Union Carbide Corp. (Erfinder: **C. E. Bieniosek**), New York, N.Y., V.St.A., *Entschwefelung eines Eisenbades.* (**Belg. P. 567 785** vom 17/5. 1958, ausg. 12/8. 1960. A. Prior. 21/5. 1957. — C. **1961.** 2431 [F. P. 1 195 954].)

Union Carbide Corp. (Erfinder: **E. F. Kurzinski**), New York, N.Y., V.St.A., *Entschwefelungsmittel für Eisenschmelzen.* (**Belg. P. 566 940** vom 18/4. 1958, ausg. 12/8. 1960. A. Prior. 22/4. 1957. — C. **1960.** 11464 [A. P. 2 863 755].)

La Salle Steel Co. (Erfinder: **E. S. Nachtman, D. E. Thorn** und **I. E. O'Donnell**), Hammond, Ind., V.St.A., *Verarbeitung und Wärmebehandlung von Stahl.* (**Belg. PP. 561 792, 561 793** und **561 794** vom 21/10. 1957, ausg. 20/5. 1960. Alle A. Prior. 22/10. 1956. — C. **1960.** 11811 [A. PP. 2 881 107, 2 881 108 u. 2 881 109].)

Bot Brassert Oxygen Technik Akt.-Ges., Zürich, Schweiz, übert. von: **Vereinigte Österreichische Eisen- und Stahlwerke Akt.-Ges.**, Linz, Österreich, *Frischen von Roheisen.* (**Belg. P. 559 151** vom 11/7. 1957, ausg. 8/4. 1960. Oe. Prior. 10/5. 1957. — C. **1960.** 10752 [Oe. P. 202 582].)

Institut de Recherches de la Sidérurgie, Saint Germain en Laye, Frankreich, *Frischen von Roheisen durch Einblasen von Kalkpulver und Sauerstoff.* (**Belg. P. 565 213** vom 27/2. 1958, ausg. 15/7. 1960. F. Prior. 2/3. u. 20/9. 1957 u. 14/2. 1958. — C. **1960.** 4014 [F. P. 1 168 750].)

Meehanite Metal Corp. (Erfinder: **W. H. Moore**), New Rochelle, N.Y., V.St.A., *Gußeisenlegierung mit verbesserter Verschleißfestigkeit und Hitzebeständigkeit.* (**Belg. P. 563 449** vom 23/12. 1957, ausg. 17/6. 1960. A. Prior. 13/8. 1957. — C. **1960.** 11102 [A. P. 2 885 284].)

Comp. de Pont-à-Mousson Soc. An., Nancy, Frankreich, *Austenitisches Gußeisen mit Kugelgraphit.* (**D. A. S. 1 083 292** Kl. 18d vom 3/8. 1956, ausg. 15/6. 1960. F. Prior. 29/8. 1955. — C. **1958.** 13096 [F. P. 1 130 573].)

Inland Steel Co., Chicago, Ill., V.St.A., *Herstellung von Stahl mit niedrigem Phosphor- und Stickstoffgehalt.* (**Ind. P. 49 557** vom 14/5. 1953, ausg. 18/6. 1954. — C. **1955.** 6842 [A. P. 2 668 759].)

Walzwerk Neviges Willy H. Schlieker & Co., Neviges, *Vergüten von Elektroblechen.* (**Oe. P. 209 928** vom 19/4. 1956, ausg. 11/7. 1960. D. Prior. 3/5. 1955. — C. **1959.** 7626 [F. P. 1 148 204].)

Alfred Teves Maschinen- und Armaturenfabrik K. G., Frankfurt/M., *Herstellung von Ventilkugeln für mit flüssigen oder gasförmigen Brennstoffen betriebene Brennkraftmaschinen.* (**Oe. P. 209 365** vom 17/4. 1956, ausg. 10/6. 1960. D. Prior. 26/7. 1955. — C. **1959.** 949 [F. P. 1 149 380].)

Birmingham Small Arms Co. Ltd., Birmingham (Erfinder: **Geoffrey Thomas Harris**, Sheffield, und **Henry Cave Child**, Rotherham), England, *Härtbare, nicht austenitische Chromstahllegierung.* (**Schwz. P. 346 571** vom 28/2. 1956, ausg. 15/7. 1960. E. Prior. 28/2. 1955. — C. **1959.** 9393 [F. P. 1 156 309].)

Interstahl Établissement, Vaduz, Liechtenstein, *Stahllegierung mit hoher Zähigkeit für Schneidwerkzeuge.* (**Belg. P. 563 929** vom 13/1. 1958, ausg. 17/6. 1960. It. Prior. 16/1. 1957. — C. **1960.** 16927 [F. P. 1 189 732].)

Deutsche Edelstahlwerke Akt.-Ges. (Erfinder: **Karl Bungardt, Herbert Briefs** und **Otto Mülders**), Krefeld, *Prägewerkzeugstahl.* (**Belg. P. 566 101** vom 26/3. 1958, ausg. 29/7. 1960. D. Prior. 30/3. 1957. — C. **1960.** 5634 [Oe. P. 199 683].)

Aktiebolaget Bofors, Bofors, Schweden, *Stahl mit hoher Warmfestigkeit.* (**Belg. P. 560 228** vom 22/8. 1957, ausg. 22/4. 1960. Schwed. Prior. 29/9. 1956. — C. **1960.** 12499 [F. P. 1 182 012].)

Aktiebolaget Bofors, Bofors, Schweden, *Beruhigter, mit Mangan und Molybdän legierter Stahl.* (**Belg. P. 562 058** vom 30/10. 1957, ausg. 20/5. 1960. Schwed. Prior. 3/12. 1956. — C. **1960.** 12498 [F. P. 1 186 544].)

Allegheny Ludlum Steel Corp. (Erfinder: **Wasil William Dyrkacz, Richard Kalman Pitler** und **Edward Evans Reynolds**), Pittsburg, Pa., V.St.A., *Aushärtbare austenitische Stahllegierung.* (**E. P. 834 218** vom 19/6. 1956, ausg. 4/5. 1960. — C. **1957.** 14125 [A. P. 2 764 481].)

Comp. des Ateliers et Forges de la Loire, Paris, Frankreich, *Stahl mit hohem Borgehalt als Werkstoff für Kernreaktoren.* (**E. P. 842 951** vom 18/8. 1958, ausg. 27/7. 1960. F. Prior. 9/10. 1957 u. 22/5. 1958. — C. **1960.** 10752 [F. P. 1 184 120].)

Interstahl Établissement, Vaduz, Liechtenstein, *Chrom-Wolfram-Vanadin-Stahl.* (**Belg. P. 562 862** vom 30/11. 1957, ausg. 3/6. 1960. — C. **1960.** 12156 [F. P. 1 180 576].)

Gußstahlwerk Witten Akt.-Ges., Witten/Ruhr, *Verwendung eines Stahles für Schußwaffenläufe und -rohre.* (**Belg. P. 559 227** vom 13/7. 1957, ausg. 8/4. 1960. D. Prior. 16/7. 1956. — C. **1960.** 292 [D. A. S. 1 051 886].)

Aktiebolaget Kanthal, Hallstahammar (Erfinder: **Nils Gösta Rehnqvist**, Gunnebobruk, Schweden, und **Erik Hajime Mattiasson Hägglund**, Stamford, Conn., V.St.A.), *Eisen-Chrom-Aluminium-Legierung.* (**Schwz. P. 346 572** vom 4/5. 1956, ausg. 15/7. 1960. — C. **1959.** 8715 [F. P. 1 148 351].)

Metallgesellschaft Akt.-Ges., Frankfurt/M., *Entzinkung von oxydischem Material.* (**Belg. P. 563 710** vom 3/1. 1958, ausg. 17/6. 1960. D. Prior. 23/1. 1957. — C. **1959.** 12047 [D. A. S. 1 042 246].)

Metallgesellschaft Akt.-Ges., Frankfurt/M., *Entzinkung von insbesondere oxydischem Material.* (**Belg. P. 563 782** vom 7/1. 1958, ausg. 17/6. 1960. D. Prior. 19/1. 1957. — C. **1959.** 12995 [D. A. S. 1 035 909].)

Horizons, Inc., V.St.A., *Herstellung von metallischem Zink.* (**F. P. 1 209 957** vom 22/5. 1958, ausg. 4/3. 1960. — C. **1960.** 5968 [A. P. 2 844 461].)

Metallurgical Processes Ltd., Nassau, Bahamas, und **National Smelting Co. Ltd.**, London, übert. von: **Stephen Esslemont Woods** und **Leslie Jack Derham**, Bristol, Gloucester, England, *Überführung von Zinkdampf von einem Ofen zu einem Kondensator.* (**A. P. 2 912 322** vom 20/5. 1957, ausg. 10/11. 1959. **Belg. P. 558 295** vom 12/6. 1957, ausg. 25/3. 1960. Beide E. Prior. 13/6. 1956. — C. **1960.** 13838 [Ung. P. 146 066 u. E. P. 814 755].)

E. I. du Pont de Nemours & Co., Wilmington, Del., V.St.A., *Raffination von Blei.* (**E. P. 831 418** vom 22/7. 1958, ausg. 30/3. 1960. A. Prior. 19/8. 1957. — C. **1960.** 4666 [A. P. 2 853 378].)

Sherritt Gordon Mines Ltd., Toronto, Ontario, Canada, *Trennung von Nickel aus Nickel und Kobalt enthaltenden Lösungen.* (**Belg. P. 563 394** vom 20/12. 1957, ausg. 17/6. 1960. A. Prior. 11/4. 1956. Can. Prior. 10/4. 1956. — C. **1959.** 5293 [A. P. 2 822 264].)

Sherritt Gordon Mines Ltd., Toronto, Ontario, Canada, *Trennung von Nickel und Kobalt.* (**Belg. P. 563 395** vom 20/12. 1957, ausg. 17/6. 1960. Can. Prior. 10/4. 1956. A. Prior. 11/4. 1956. — C. **1959.** 5292 [A. P. 2 822 262].)

Mond Nickel Co. Ltd., London, England, *Thermische Behandlung von Nickel-Chrom-Kobalt-Legierungen.* (**Aust. P. 160 838** vom 3/7. 1953, ausg. 10/2. 1955. E. Prior. 9/7. 1952. — C. **1960.** 11465 [It. P. 502 986].)

Magnesium Elektron Ltd., Manchester, England, *Magnesiumlegierung.* (**Norw. P. 90 157** vom 29/8. 1955, ausg. 14/10. 1957. E. Prior. 25/10. 1954. — C. **1959.** 7955 [F. P. 1 133 235].)

Walter Schmidt, Richmond, Va., V.St.A., *Elektrolytische Gewinnung von Titan.* (**Ind. P. 49 775** vom 22/6. 1953, ausg. 1/12. 1954. — C. **1956.** 5685 [F. P. 1 083 641].)

National Lead Co., New York, N.Y., V.St.A., *Entfernen von Verunreinigungen aus metallischem Titan.* (**Ind. P. 49 731** vom 15/6. 1953, ausg. 9/12. 1954. — C. **1956.** 10334 [Belg. P. 520 666].)

Sherritt Gordon Mines Ltd., Canada (Erfinder: **Frank Arthur Forward** und **Wei Cheng Lin**), *Gewinnung von Edelmetallen aus Erzen.* (**F. P. 1 209 362** vom 31/7. 1958, ausg. 1/3. 1960. Can. Prior. 2/8. 1957. — C. **1960.** 10399 [A. P. 2 867 529].)

Sherritt Gordon Mines Ltd., Canada (Erfinder: **David John Ivor Evans** und **Steve Romanschuk**), *Herstellung von Kupferpulver.* (**F. P. 1 209 702** vom 29/8. 1958, ausg. 3/3. 1960. Can. Prior. 20/11. 1957. — C. **1960.** 10399 [A. P. 2 867 528].)

General Electric Co. Ltd., London, übert. von: **Edward Charles Green, David John Jones** und **Wilfried Robarts Pitkin**, Belvedere, England, *Sinterlegierung.* (**A. P. 2 793 951** vom 18/6. 1954, ausg. 28/5. 1957. E. Prior. 19/6. 1953. — C. **1959.** 9726 [Oe. P. 194 619].)

Soc. d'Électro-Chemie, d'Électro-Métallurgie et des Aciéries Électriques d'Ugine, Paris, Frankreich, *Gewinnung von pulverförmigem, metallischem Titan.* (**Ind. P. 49 559** vom 14/5. 1953, ausg. 3/1. 1955. E. Prior. 26/2. 1953. — C. **1955.** 5890 [F. P. 1 052 569].)

Bochumer Verein für Gußstahlfabrikation Akt.-Ges. (Erfinder: **Wilhelm Stich**), Bochum, *Verfahren zur verfeinernden Weiterverarbeitung von warmgewalztem Stahl.* (**Schwz. P. 346 902** vom 21/12. 1955, ausg. 30/7. 1960. **Oe. P. 208 903** vom 19/12. 1955, ausg. 10/5. 1960. Beide D. Prior. 21/12. 1954. — C. **1959.** 10057 [F. P. 1 143 267].)

Deutsche Gold- und Silber-Scheideanstalt vormals Roessler, Deutschland, *Weichnitrieren legierter oder unlegierter Stähle in Salzschmelzbädern.* (**F. P. 1 208 951** vom 28/11. 1958, ausg. 26/2. 1960. D. Prior. 28/11. 1957. — C. **1960.** 11812 [D. A. S. 1 067 835].)

Tiroler Röhren- und Metallwerke Akt.-Ges., Hall/Tirol, Österreich, *Oberflächenhärtung von Gußeisen.* (**E. P. 840 612** vom 18/9. 1958, ausg. 6/7. 1960. **F. P. 1 212 223** vom 19/9. 1958, ausg. 22/3. 1960. Beide Oe. Prior. 19/9. 1957. — C. **1960.** 11811 [Oe. P. 203 530].)

E. I. du Pont de Nemours & Co., Wilmington, Del., V.St.A., *Cyankalisches, galvanisches Kupferbad* (**E. P. 831 929** vom 30/5. 1958, ausg. 6/4. 1960. A. Prior. 20/6. 1957. — C. **1960.** 6656 [A. P. 2 861 929].)

Geigy Co. Ltd., Manchester, England (Erfinder: **John Kempton Aiken** und **Donald Kearey Howard**), *Elektrolytische Abscheidung von Metallen.* (**E. P. 832 062** vom 16/1. 1956, ausg. 6/4. 1960. — C. **1958.** 11657 [D. A. S. 1 022 073].)

DEHYDAG Deutsche Hydrierwerke G. m. b. H., Düsseldorf, *Herstellung von galvanischen Überzügen.* (**It. P. 512 960** vom 30/1. 1954. D. Prior. 18/11. 1953. — C. **1957.** 8644 [D. A. S. 1 001 078].)

Office National d'Études et de Recherches Aéronautiques (O. N. E. R. A.), Chatillon-sous-Bagneux, Seine, Frankreich, *Elektrolytische Herstellung von Metallüberzügen.* (**Aust. P. 160 812** vom 26/6. 1951, ausg. 10/2. 1955. F. Prior. 27/6. 1950. — C. **1956.** 9574 [F. P. 1 021 039].)

Hanson-Van Winkle-Munning Co., Matawan, Monmouth, N.J., V.St.A., *Vernickeln.* (**It. P. 513 086** vom 22/2. 1954. A. Prior. 24/3. 1953. — C. **1957.** 1292 [A. P. 2 712 522].)

Udylite Corp., Detroit, Mich., V.St.A., *Galvanische Nickelbäder.* (**Schwed. P. 156 058** vom 28/5. 1953, ausg. 11/9. 1956. — C. **1955.** 11092 [F. P. 1 077 928].)

Harshaw Chemical Co., Cleveland, Ohio, V.St.A., *Herstellung von aromatischen Sulfoverbindungen.* (**It. P. 513 036** vom 3/2. 1954. A. Prior. 11/5. 1953. — C. **1958.** 1140 [F. P. 1 097 930].)

Metallgesellschaft Akt.-Ges., Frankfurt/M., *Phosphatierungslösung.* (**It. P. 512 573** vom 27/10. 1953. D. Prior. 24/11. 1952. — C. **1960.** 4018 [Oe. P. 194 213].)

United States Steel Corp., Pittsburgh, Pa., V.St.A., *Kathodisches Phosphatieren von Stahlprodukten.* (**Ind. P. 49 696** vom 8/6. 1953, ausg. 5/6. 1955. — C. **1957.** 14131 [D. A.S. 1 004 012].)

Walterisation Co. Ltd., Croydon, England, *Aufbringen von Phosphatschichten auf Metallen.* (**Ind. P. 49 727** vom 13/6. 1953, ausg. 3/8. 1955. E. Prior. 18/6. 1952. — C. **1958.** 3447 [E. P. 768 443].)

IX. Organische Industrie

Nitrierung in flüssiger Phase. Robert A. Smiley und John G. McRae. (Ind. Engng. Chem., int. Edit. **51.** 1453—54. Dez. 1959. Gibbstown, N.J., E. I. du Pont de Nemours & Co., Inc.) (Engl.)

1.3- u. *1.4-Dimethylcyclohexan* können in einem heizbaren Autoklaven unter Zugabe von fl. NO_2 nitriert werden. Die Rk.-Zeit beträgt 40 Min., Katalysatoren sind nicht erforderlich. Die Nitrierung von *1.4-Dimethyl-1-nitrocyclohexan* erfolgt auf die gleiche Weise u. ergibt *1.4-Dimethyl-1.4-dinitrocyclohexan.* Die Ausbeute betrug ca. 80%.

W. Hegenberg. 6568□

Hydrierung in homogener Phase. 2. Mitt. **Gewinnung von Oxoalkoholen aus Braunkohlenschwelölen.** Wladimir Dawydoff. (Chem. Techn. **12.** 414—18. Juli 1960. Leuna.) (Dt.) — 1. vgl. C. **1961.** 9970.

Vf. berichtet über Labor.-Verss. zur unmittelbaren Gewinnung von Alkoholen aus leichten Schwelölen unter bes. Berücksichtigung der Heptenfraktion. Die Fraktionen waren stark S-haltig u. hatten einen unangenehmen Geruch. Es wurden farblose Alkohole mit gutem Geruch u. sehr geringem S-Geh. erhalten. Die daraus hergestellten Phthalate u. Adipate sind gute Weichmacher für PVC. Die Gewinnung der Alkohole geschah 1- oder 2stufig, indem entweder gleichzeitig oxydiert u. hydriert wurde oder diese Vorgänge getrennt wurden. Als Beschleuniger diente Co, das in feinverteilter Form dem Rohstoff zugesetzt wurde. Der S-Geh. des Ausgangsstoffs spielte keine Rolle. Die Hauptfraktion enthielt nur 0,05—0,15% S, während der Rest in den hochsiedenden Rückstand überging. Eine Bldg. von H_2S wurde nicht beobachtet. Die anfallenden Alkohole sind wenig verzweigt u. prim.; cycl. liegen nur in geringem Maße vor. Der Rückstand bei der Fraktionierung der Alkohole enthält keine Olefine mehr, doch unverändert gebliebene Aromaten neben Paraffinen, Ketonen u. Estern. F. Rosendahl. 6584□

Herstellung von Acetylen aus Petroleum in halbtechnischem Maßstab durch das Tsutsumi-Verfahren. Shigeru Tsutsumi, Hikoyoshi Kanayama und Shiro Nagao. (J. chem. Soc. Japan, ind. Chem. Sect. [Kogyo Kagaku Zassi] **63.** 197—207. Febr. 1960. Ôsaka-Daigaku, Kôgakubu, Oyô-Kagakuka.) (Jap.; Auszug: Engl. S. A11.)

Grundlegende Daten zur techn. Herst. von *Acetylen* (**I**) aus Petroleum, bes. aus gasförmigen KW-Stoffen mit 1—4 C-Atomen, Naphtha oder Kerosin unter vermindertem Druck werden angegeben. Kerosin oder Bzn. wird zuerst durch Crackung zu kleineren Moll. zers., die dann unter vermindertem Druck bei 1200° zu **I** gecrackt werden: Die Ausbeute an **I** beträgt ca. 60—65%, bezogen auf die verwendeten KW-Stoffe. Methan (**II**) bzw. Propan (**III**), Propylen, Butan, Butylen oder Naphtha werden unter vermindertem Druck durch O_2 teilweise oxydiert, wobei sich ein Gemisch aus Acetylen u. Äthylen in einer Ausbeute von ca. 40% bildet. Brennstoffgas, das **II**, **III** oder H_2 reichlich enthält, kann auch als Ausgangs-Prod. zum zweiten Verf. verwendet werden. Unter besten Bedingungen kann **I** aus Naphtha in einer Ausbeute von 40% u. daneben Äthylen in einer Ausbeute von 25% produziert werden. E. Maekawa. H 530□

Beschleunigte Oxydation von Paraffinen. I. Drimus und Y. Manasse. (Ind. chim. belge **25.** 151—54. Febr. 1960. Bukarest, Inst. de Rech. Chim.) (Franz.)

Um aus Paraffinen techn. wichtige Dicarbonsäuren herzustellen, wird eine Paraffinfraktion vom F. 52° u. einem Maximal-Geh. an Isoparaffinen von 10% teils nur mit O_2 drucklos in Ggw. von Mn-, Co-, Ca- oder Pb-Salzen bei 160°, teils anschließend weiter mit HNO_3 von der Dichte 1,4—1,45 bei 70—80° oxydiert. Ausbeute an C_2—C_{10}-Dicarbonsäuren bis zu 41%, wobei die Säuren von der Bernstein- bis zur Adipinsäure vorherrschen. Betrachtungen über den Rk.-Mechanismus. M. HAGEDORN. H 820□

Die Gewinnung von Toluolkonzentraten aus Erdölfraktionen nach der Methode der Tieftemperaturdehydrierung über platinierter Kohle. N. I. Schuikin, Ch. M. Minatschew, I. L. Garanin, Ss. Ss. Nowikow und N. F. Kononow. (Журнал Прикладной Химии [J. angew. Chem.] **31.** 1765—67. Nov. 1958.)

Bei der Herst. von Toluol (I)-Konzentraten nach der Meth. der katalyt. Tieftemperaturdehydrierung wurde festgestellt, daß bei der Aromatisierung der Bzn.-Fraktion 98 bis 112° des Ilski-Erdöls der 4% Pt enthaltende Kohlekatalysator hohe Aktivität u. Stabilität besitzt. So sank nach seiner ununterbrochenen Arbeit im Laufe von 75 Tagen ohne Regeneration der I-Geh. im Katalysat nur um 6% (von 29,8 auf 23,8%). Bei der Aromatisierung der gleichen, von S-Verbb. nicht gereinigten Fraktion des Chadyshewsk-Erdöls wurde an 2 Katalysatoren die Möglichkeit erwiesen, I-Konzentrate mit 40% I bei Erhaltung der Aktivität des Katalysators im Laufe von mehr als 58 Tagen zu erzielen. Die Verss. haben ferner gezeigt, daß es möglich ist, auch die ungereinigte Fraktion 98—112° als Rohstoff zu verwenden. E. v. PEZOLD. H 1010□

Solvay & Cie., Belgien, **Halogenierung von Kohlenwasserstoffen,** bes. Chlorierung von C_2H_2 zu *Tetrachloräthan* (I), im Wirbelschicht-Verf. mit Aktivkohle als Adsorptionsmittel, ggf. in Ggw. eines Katalysators ($BaCl_2$, $CoCl_2$, $NiCl_2$), bei 170° für die Adsorption, 280° für die Chlorierung u. anschließende Pyrolyse von I ohne Isolierung bei 280—300° zu *Trichloräthylen.* — Zeichnung. (**F. P. 1 197 746** vom 6/1. 1958, ausg. 2/12. 1959.) S. BÖTTCHER. 6565

E. Ss. Balakirjew, A. I. Gjerschenowitsch, N. Ss. Lutkowa und L. N. Ssergejewa, **Herstellen von Alkylsulfonaten** durch Sulfoxydation von KW-Stoffen bei UV-Bestrahlung oder in Ggw. von Initiatoren, wobei man als Ausgangsstoffe leichtere Paraffine mit 97—98% normalen u. 2—3% Naphthen- oder verzweigten KW-Stoffen, wie sie bei der Reinigung von Erdöl als Neben-Prodd. anfallen, verwendet. — Man läßt eine Paraffinfraktion mit Kp. 200—300° (mittleres Molgew. 200) von oben kontinuierlich in eine Quarzkolonne einfließen u. führt von unten durch einen Gasverteiler ein SO_2/O_2-Gemisch im Verhältnis 2 : 1 zu. Unter Bestrahlung mit einer Hg-Lampe gibt man so im Laufe einer Std. 8 Liter SO_2, 4 Liter O_2, 300 ml Paraffin u. 30 ml W. zu, wobei man 21,4 g *Sulfonsäuren* erhält. (**UdSSR. P. 117 364** vom 4/6. 1958.) B. PANKOW. 6567

Phillips Petroleum Co., übert. von: Thomas C. Flavin und John L. Groebe, Bartlesville, Okla., V.St.A., **Kohlenwasserstoffumwandlung in Gegenwart von $AlCl_3$.** Die Umwandlung wird in einem Reaktor, der aus mehreren Reaktionszonen besteht, vorgenommen. Das Rk.-Gemisch wird in die unterste Rk.-Zone eingeführt u. dabei stark gerührt. Im oberen Teil des Reaktors läßt man in der Absetzzone den Katalysator absetzen u. trennt ihn von den KW-Stoffen. Die KW-Stoffe werden vom oberen Teil dieser Zone abgezogen. — Vorr., Zeichnungen. (**A. P. 2 890 251** vom 6/6. 1956, ausg. 9/6. 1959.) E. KAHLES. H 500

Distillers Co. Ltd., Edinburgh, Schottland (Erfinder: David James Hadley und Edward James Gasson), **Aliphatische Bromide,** die das Br an einem endständigen C-Atom tragen, erhält man durch kontinuierliche Einführung von HBr-Gas u. O_2 in eine Lsg. von α-Olefinen oder deren Halogen-Derivv., wobei als Lsgm. bes. das herzustellende Alkylbromid dient. — Ein Gemisch von 80% Octen-(1) u. 20% Octen-(2) wird mit HBr u. O_2 in einem Mengenverhältnis von 23,4, 23,4 u. 0,7 Mol pro Std. in ein n-Octylbromid enthaltendes Rk.-Gefäß eingeführt u. die Temp. wird auf 20° gehalten, wobei man in 100%ig. Ausbeute Octylbromide erhält, die zu 80% aus n-Octylbromid bestehen. (**E. P. 841 745** vom 9/4. 1958, ausg. 20/7. 1960.) J. MÜHLEISEN. H 510

Michel Asfazadourian, Frankreich, **Herstellung konjugierter Diene.** Tert.-Butanol u. HCHO werden in Ggw. von BF_3 auf 80° erhitzt. Man dest. *α.α-Dimethyl-α.γ-epoxypropan,* Kp. 80°, u. nach Neutralisation u. Dehydratation *4.4-Dimethyl-*

1.3-dioxan, Kp. 136°, die man hydrolysieren bzw. dehydratisieren kann unter Bldg. von *Isopren*. (**F. P. 1 191 848** vom 24/2. 1958, ausg. 22/10. 1959.)
S. BÖTTCHER. H 520

E. I. du Pont de Nemours & Co., Wilmington, Del., V.St.A., **Hochtemperaturreaktionen** werden durchgeführt durch Erhitzen von gasförmigen oder fl. Stoffen auf >1000°, indem diese Stoffe durch einen rotierenden elektr. Lichtbogen geführt werden, der durch kontinuierliche elektr. Entladungen zwischen 2 zylindr. Elektroden, bes. aus Kohlenstoff, erzeugt u. durch ein magnet. Kraftlinienfeld parallel zur Achse des Lichtbogens in Rotation versetzt wird. — So kann z. B. *Tetrafluoräthylen* bei ca. 1700° aus CF_4 oder P_2F_5 u. C hergestellt werden. — Abbildung. — Vgl. D. A. S. 1 081 002; C. **1961.** 11135. (**E. P. 808 442** vom 11/6. 1956, ausg. 4/2. 1959. A. Prior. 15/6. 1955.)
K. DEMMLER. H 520

E. I. du Pont de Nemours & Co., übert. von: William C. Percival, Wilmington, Del., V.St.A., **Reinigen von Vinylidenfluorid,** das weniger als 30% Vinylfluorid (**I**) enthält (erhältlich aus Äthylidenfluorid u. Cl_2 nach A. P. 2 722 558; C. **1956.** 13552), erfolgt durch Behandeln der Gasmischung mit „Molekularsieben" aus synthet. Alkali-Al-Silicat mit einem Porendurchmesser von wenigstens 5 Å (Linde Air Products Co., Nr. 5A, 10X u. 13X) bei —10 bis +80°, bes. 0 bis —10°, u. 1—600 lbs./sq.in. Das adsorbierte **I** wird aus dem Molekularsieb durch Erhitzen auf 200° oder durch Verdrängen mit W. entfernt; anschließend wird das Silicat bei 250° getrocknet u. ist dann wieder verwendungsfähig. *Zwischen-Prod.* zur Herst. von *Polymeren*, bes. *Mischpolymeren* mit Hexafluorpropylen. (**A. P. 2 917 556** vom 9/6. 1958, ausg. 15/12. 1959.)
G. KRAUSS. H 530

Dow Chemical Co., V.St.A., **Haltbarmachen von flüssigen Diolen $H(OC_nH_{2n})_m$-OH** (n = 2—4; m = 1—100) an der Luft durch Zusatz von 0,5—2 Gew.-% *Hydrazin.* (**F. P. 1 194 876** vom 18/4. 1958, ausg. 13/11. 1959.) M. F. MÜLLER. H 570

E. I. du Pont de Nemours & Co., Wilmington, Del., übert. von: Everett H. Pryde, Kenmore, N.Y., V.St.A., **Reinigung von Dimethylformamid** (**I**), das als Lsgm. zur Herst. von Adipinsäuredinitril durch Rk. von 1.4-Dichlorbutan mit Metallcyaniden verwendet wurde, u. als Verunreinigungen Nitrile mit 5 C-Atomen mit dem gleichen Kp. wie **I** enthält, erfolgt dadurch, daß man nach Zusatz von W. ($^1/_3$—$^1/_4$ der Menge von **I**) die C_5-Nitrile mit W. azeotrop, bes. bei 200—300 Torr u. 120—125° abdest. u. als Sumpf-Prod. reines **I** erhält. — Fließbild. (**A. P. 2 841 535** vom 22/8. 1955, ausg. 1/7. 1958.) G. KRAUSS. H 810

Badische Anilin- & Soda-Fabrik Akt.-Ges., Deutschland, **Herstellung von α.β-ungesättigten Acylverbindungen** aus Ketoncyanhydrinen durch Erhitzen in Ggw. von H_2SO_4, Oleum oder Alkylschwefelsäuren u. phosphorsauren oder schwefelsauren Salzen. Dabei werden 1,5—4 Mol H_2SO_4 (mindestens 97%ig.) auf 1 Mol Cyanhydrin u. 0,5—10% des Salzes angewandt. — 25 (Teile) Acetoncyanhydrin (95,8%ig.) u. 50 H_2SO_4 (100%ig.) werden bei 95—105° gemischt u. 2,5 $NaPO_3$ werden eingerührt. Das Gemisch wird 2½ Min. durch eine beheizte Schlange geleitet, wobei die Temp. des Gemisches auf 125° steigt: *Methacrylsäureamid.* — Methyläthylketoncyanhydrin liefert *Methylcrotonsäureamid.* — Cyclohexanoncyanhydrin bildet *Cyclohexencarbonsäureamid.* (**F. P. 1 198 695** vom 3/2. 1958, ausg. 9/12. 1959. D. Prior. 13/2. 1957.)
M. F. MÜLLER. H 810

Food Machinery & Chemical Corp., San José, Calif., übert. von: Ralph J. Gall, Kenmore, Frank P. Greenspan, Larchmont, und Mary C. Daly, New York, N.Y., V.St.A., **Wärmestabilisierung von Weichmachern,** die durch „in situ"-Epoxydierung aus Estern von höhermol., ungesätt. Fettsäuren mit Peressigsäure in Ggw. von konz. H_2SO_4 hergestellt wurden, erfolgt durch ½—2std. Erhitzen mit 1—5 Gew.-% festem Na-, K-, Ca- oder Ba-Hydroxyd unter Wasserausschluß auf 30—100°. (**A. P. 2 935 517** vom 16/12. 1957, ausg. 3/5. 1960.)
O. MÜLLER-MEININGEN. H 850

Charles E. Frosst & Co., Westmount, Quebec, Canada, **Herstellung von dl-α-Brom-β-hydroxybuttersäure,** F. 84—88° (Chlf.), erfolgt durch Rk. von Crotonsäure (**I**) mit N-Bromsuccinimid (**II**) bei normaler Temp. u. in Ggw. von W., indem man z. B. 60 (g) **I** u. 129 **II** in 800 cm³ W. (oder einem Gemisch aus 800 cm³ W. u. 1000 cm³ Aceton) suspendiert u. durch Rühren oder Schütteln alles in Lsg. bringt, mit NaCl sättigt u. mit Ae. extrahiert. Zwischen-Prod. zur Herst. von *dl-Threonin.* (**E. P. 822 797** vom 1/4. 1958, ausg. 28/10. 1959. Can. Prior. 23/4. 1957.)
O. MÜLLER-MEININGEN. H 850

Chas. Pfizer & Co., Inc., New York, N.Y., übert. von: William E. Stieg, Mystic, Conn., V.St.A., **α-Halogen-α-acetyl-γ-butyrolactone** $\overline{CH_2-CH_2-C(OCCH_3)X-CO}$ (O-Brücke) (X = Cl oder Br) erhält man durch Rk. von α-Acetylbutyrolacton mit Cl_2 oder Br_2 in Ggw. einer wasserfreien gesätt. Fettsäure mit 2—4 C-Atomen als Lsgm. u. eines ihrer Alkali- oder Erdalkalisalze als säurebindenden Stoffes bei 20—60°. — Man führt die Rk. z. B. in folgenden Syst. durch: Eisessig (I)/CH_3COONa, I/Ca-Acetat, Buttersäure/Ca-Butyrat. — Beispiele zur Herst. der *α-Chlor-Verb.* ($C_6H_7ClO_3$; F. 2,2—3°; $Kp._{1-2}$ 80°; $D._{20}$ 1,317; n_D^{20} 1,4724) u. der *Br-Verbindung.* — Zwischen-Prodd., bes. zur Herst. von Thiazolverbindungen. (**A. P. 2 932 653** vom 8/7. 1957, ausg. 12/4. 1960.) O. MÜLLER-MEININGEN. H 850

Miles Laboratories, Inc., übert. von: Robert J. Hathaway, Elkhart, Ind., V.St.A., **Herstellung von 2-Ketogluconsäure (I)-Methylester** aus dem Ca-Salz von I, das man z. B. bei der Vergärung einer Glucose-Lsg. in Ggw. einer zur Neutralisation der hierbei gebildeten Säuren ausreichenden Menge $CaCO_3$ erhält. Man behandelt z. B. ein Gemisch aus 400 g des Ca-Salzes u. der gleichen Menge W. 1½ Std. bei 30—35° mit der stöchiometr. Menge konz. H_2SO_4, filtriert vom $CaSO_4$ ab, dampft das Filtrat bei 40—50°/15 Torr zu einem noch ca. 15% W. enthaltenden Sirup ein, setzt diesem 600 cm^3 CH_3OH u. 4 cm^3 konz. H_2SO_4 zu, kocht 4½ Std. unter Rühren, kühlt auf 15° ab, filtriert den ausgeschiedenen Ester ab, wäscht ihn mit 200 cm^3 CH_3OH u. trocknet ihn bei 60—70°. Ausbeute 297 g (94%); F. 173—177° (Zers.). (**A. P. 2 918 492** vom 24/8. 1956, ausg. 22/12. 1959. **E. P. 836 847** vom 22/7. 1957, ausg. 9/6. 1960. A. Prior. 24/8. 1956.) O. MÜLLER-MEININGEN. H 870

American Cyanamid Co., New York, N.Y., übert. von: Allan M. Feldman und Evalyn Frances Hosterman, Greenwich, Conn., V.St.A., **Herstellung von Metallsalzen des Dicyanamids** durch Einleiten von Ozon in eine wss. Lsg. von Alkali- oder Erdalkalicyanamid resp. der entsprechenden sauren Alkalisalze beim pH > 6,5, bes. 8—12. (**A. P. 2 927 842** vom 22/12. 1958, ausg. 8/3. 1960.) H. NEBELSIEK. H 880

Badische Anilin- & Soda-Fabrik Akt.-Ges., Ludwigshafen/Rh. (Erfinder: Bruno Triebskorn, Oftersheim), **Thiosemicarbazid** erhält man durch Erhitzen von Hydrazoniumrhodanid (I) in einem mit W. begrenzt mischbaren Lsgm. mit einem Kp. >100°, wie n-Butanol. I kann in wasserhaltiger Form oder als wss. Lsg. eingesetzt werden; das W. wird dann während der Umwandlungs-Rk. aus dem Rk.-Syst. ausgeschieden. (**D. A. S. 1 107 214** Kl. 12o vom 2/9. 1959, ausg. 25/5. 1961.) A. BRÖSAMLE. H 880

Lonza Elektrizitätswerke und Chemische Fabriken Akt.-Ges. (Gampel), Basel (Erfinder: Pio Guyer, Zürich, Paul Walther, Bottmingen/Basel-Land, und Werner Richarz, Zürich), Schweiz, **Reine Diamine** erhält man bei der Hydrierung von Dinitrilen, wenn man die rohen Dinitrile vor der Hydrierung bei erhöhter Temp. u. bes. nach Verdünnen mit Lsgm., wie Bzl., Toluol, $CHCl_3$ oder CH_2Cl_2, mit Aktivkohle behandelt. — Adipinsäuredinitril, das 0,5—2% 1-Cyan-2-iminocyclopentan neben anderen Verunreinigungen enthält, wird mit 1 Gew.-% A-Kohle 1 Std. auf 150—180° erhitzt, danach von der Kohle abfiltriert u. das Filtrat wird im Vakuum destilliert. Man erhält in fast quant. Ausbeute reines Adipinsäuredinitril, das bei der Hydrierung sehr reines Diamin liefert. Ähnlich wird rohes Sebacinsäuredinitril durch Behandeln mit A-Kohle für die Hydrierung vorbereitet. (**Schwz. P. 345 899** vom 30/6. 1956, ausg. 15/6. 1960.) A. MOHR. H 910

Dow Chemical Co., V.St.A., **Entfernung von Wasser aus wässerigem Äthylendiamin** (I) durch Erwärmen unter Druck (3,85 kg/cm^2), wobei 2 Phasen eine wasserreichere u. eine mit höherem I-Geh. als die Ausgangs-Lsg. entstehen, die man fraktioniert u. erneut unter Druck erwärmt. — Schema der Anlage; Diagramme. (**F. P. 1 197 735** vom 3/1. 1958, ausg. 2/12. 1959.) S. BÖTTCHER. H 910

Centre National de la Recherche Scientifique, Frankreich (Erfinder: J. Wiemann), **Herstellung von 2.7-Diaminooctan** aus Octandion-(2.7) durch Red. mit NH_3 u. H_2 in Ggw. von RANEY-Ni oder Pd in W. oder A. als Gemisch der Stereoisomeren, $Kp._{11}$ 85—90°; n_D^{20} 1,46; $D._4^{20}$ 0,86. Das *Adipinsäuresalz,* F. 215—235°, bildet durch Erhitzen ein Polykondensat vom Molgew. ca. 50000. (**F. P. 1 199 124** vom 13/6. 1958, ausg. 11/12. 1959.) M. F. MÜLLER. H 910

United States Borax & Chemical Corp., Los Angeles, Calif., V.St.A., **Herstellung von Metaborsäureestern (I)** der Formel $(RO)_3B_3O_3$ oder Polyborsäureestern der Formel $[(RO)_3B]_x(B_2O_3)_y$, in denen R 1—6 C enthaltende Alkylreste, Phenyl- oder substituierte Phenylreste sein können, x u. y einzeln größer als 1 u. x/y größer als 1, jedoch nicht erheblich größer als 2 sind, dad. gek., daß ein Orthoborsäureester

$B(OR)_3$ mit B_2O_3 umgesetzt wird, wobei zur Bldg. von I ein Mol-Verhältnis von 1:1, zur Bldg. von Polyborsäureestern von 1:1,1 bis 1:2, eingehalten wird u. bei normalem Druck erwärmt wird. Die Rk. kann in Ggw. eines Katalysators, welcher eine organ. Verb. mit mindestens einer OH-Gruppe im Mol. sein soll (prim., sek. oder tert. Alkohole mit 1—18 C-Atomen oder Phenole, substituierte Phenole, oder organ. Polyhydroxy-Verbb. mit 2—6 C-Atomen, wie Glykol, Glycerin, Erythrit, Pentaerythrit, Arabit, Mannit, Sorbit, Glucose oder Mannose), stattfinden, wobei das Gew. des Katalysators ca. 1 bis 5 Gew.-% des Orthoborsäureesters beträgt. Die Rk. erfolgt bei ca. 70—150°. Der Katalysator kann durch partielle Hydrolyse eines Orthoborsäureesters $B(OR)_3$ erhalten werden. — 2 (Mol) Borsäuretrimethylester u. 2 B_2O_3 werden am Rückfluß auf 70° erhitzt u. innerhalb von 40 Std. wird die Temp. bis 122° gesteigert. Man rührt weiter u. vermindert die Temp. auf 115°. Man filtriert über mit Diatomeenerde versetztes Filtrierpapier. Das Filtrat besteht aus einer farblosen, schwach viscosen Fl. mit einem B-Geh. von 18,56%. — 1 Borsäuretri-n-propylester u. 1,33 B_2O_3 mit 3 g Isopropanol erwärmt, ergeben *Polyborsäure-n-propylester*, viscose Fl., B-Geh. 14,09%. — *Feuerlöschmittel, Zwischenprodukte.* (**D. A. S. 1 096 343** Kl. 12o vom 9/2. 1959, ausg. 5/1. 1961. A. Prior. 12/2. 1958 u. 21/1. 1959.) G. KÖNIG. H 980

Ethyl Corp., New York, N.Y., übert. von: Sidney M. Blitzer und Tillmon H. Pearson, Baton Rouge, La., V.St.A., **Natriumtetraäthylboranat (I)** erhält man durch Rk. von C_2H_5Na mit $(C_2H_5)_3B$. — Zu einer Lsg. von 35,5 (Teilen) $(C_2H_5)_3B$ u. 46,6 $(C_2H_5)_2Hg$ in 283 Ae. gibt man bei 5—10° langsam 8,3 Na u. rührt 22 Stunden. Aus dem Filtrat kristallisieren bei —78° farblose Nadeln, die aus Ae. umkrist., bei Unterdruck u. Zimmer-Temp. getrocknet, wieder umkrist. u. getrocknet werden. Man erhält in 70%ig. Ausbeute ein zu 98% reines I, das bei 160—170° u. 1—2 mm Hg sublimiert. — *Zwischen-Prod.* zur *Herst.* von *Organometall-Verbb.* u. von *Carbinolen.* (**A. P. 2 944 084** vom 3/11. 1958, ausg. 5/7. 1960.) J. MÜHLEISEN. H 980

Callery Chemical Co., übert. von: Peter Bache Olmsted, Pittsburgh, und Charles A. Thomas, Glenshaw, Pa., V.St.A., **Trimethoxyboroxin** erhält man aus B_2O_3 u. einer Mischung aus Trimethylborat u. Methanol beim Erhitzen auf ca. 100° unter Rückfluß, wobei das Mol-Verhältnis 6:3:3 betragen soll. Man kann auch ein Azeotrop aus Trimethylborat u. Methanol mit B_2O_3 umsetzen. Aus der Rk.-Lsg. fällt man mit Aceton oder Bzl. die gebildete HBO_2 aus u. aus dem Filtrat wird Aceton oder Bzl. abdestilliert. (**A. P. 2 927 124** vom 16/5. 1955, ausg. 1/3. 1960.) G. KÖNIG. H 980

E. I. du Pont de Nemours & Co., V.St.A. (Erfinder: John MacMillan Bruce jun. und Ivan Maxwell Robinson), **Herstellung von organischen Al-Verbindungen,** z. B. *Al-Tri-[dihydromyrcenyl]*, *Al-Tri-[dihydrophellandrenyl]* u. *Al-Tri-[dihydro-2-phenylbutadienyl]*, dad. gek., daß man Al-Triisobutyl in Bzl. mit Myrcen bzw. α-Phellandren umsetzt u. hydrolysiert oder $LiAlH_4$ mit Myrcen bzw. 2-Phenylbutadien in Xylol umsetzt u. $AlCl_3$ zusetzt, um die Li-Al-Tetraalkenyl-Verb. zu zersetzen. (**F. P. 1 198 438** vom 17/1. 1958, ausg. 7/12. 1959. **E. P. 836 949** vom 21/1. 1958, ausg. 9/6. 1960. Beide A. Prior. 22/1. 1957.) S. BÖTTCHER. H 980

Ohio Oil Co., Littleton, Colo., übert. von: Glen C. Templeman, Findlay, Richard D. Morin, Columbus, und Robert A. Ewing, Worthington, Ohio, V.St.A., **Fraktionieren von aromatischen Kohlenwasserstoffen.** Um Aromaten in Gemischen voneinander zu trennen, wird vor der Dest. ein γ-Lactam der allg. Formel I, worin R_1 u. R_2 = H oder kleine Alkylreste bedeuten, zugegeben u. portionsweise W. zugesetzt, wodurch einzelne Fraktionen erhalten werden. So lassen sich Bzl. u. Mesitylen, Triäthylphenol u. Methylnaphthalin, Naphthalin u. 2.6-Dimethylnaphthalin voneinander trennen. (**A. P. 2 943 122** vom 19/6. 1957, ausg. 28/6. 1960.) E. KAHLES. H 1010

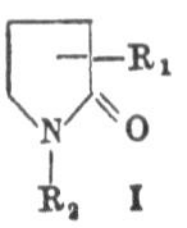

I

British Petroleum Co. Ltd., London, übert. von: Stanley Francis Birch und Peter Desmond Holmes, Sunbury-on-Thames, England, **Behandlung eines Kohlenwasserstoffextraktes,** der überwiegend *Aromaten* u. eine geringe Menge Alkylthiophene enthält. Der Extrakt wird bei 500—650° über einen fluorhaltigen akt. Tonerdekatalysator unter solchen Bedingungen geleitet, daß die Alkylthiophene zu Prodd. mit (von dem Kp. der Aromaten) verschiedenen Kpp. umgewandelt werden. Anschließend kann man die Rk.-Prodd. durch Dest. leicht voneinander trennen. (**A. P. 2 943 094** vom 25/3. 1958, ausg. 28/6. 1960. E. Prior. 5/4. 1957.) E. KAHLES. H 1010

Max Gerhold, Österreich, **Reinigung von Rohbenzol,** dad. gek., daß dieses gemeinsam mit einem H_2 enthaltenden Gas bei 100—150° u. 30—40 at mit organ. oder anorgan. Peroxyden, Aldehyden, BCl_3, $SnCl_4$ oder organ. Verbb. von Li, Be, Al, Si, Mg behandelt wird. Der Reinheitsgrad genügt zur Verw. bei der *Herst. plast. Massen.* (**F. P. 1 192 675** vom 4/3. 1958, ausg. 28/10. 1959.) S. BÖTTCHER. H 1010

Phillips Petroleum Co., übert. von: Robert A. Findlay, Bartlesville, Okla., V.St.A., **Isolierung von kristallisierbaren Verbindungen, wie p-Xylol, aus ihren Gemischen.** Das Gemisch wird gekühlt, wobei Kristalle ausfallen, die von der Mutterlauge mittels Zentrifuge abgetrennt werden. Mindestens ein Teil der Kristalle wird durch Erhitzen auf 100—250° F geschmolzen u. diese Schmelze wird mit dem Kristallkuchen unter Zentrifugierung in Kontakt gebracht. — Vorr., Zeichnungen. (**A. P. 2 945 903** vom 26/12. 1956, ausg. 19/7. 1960.) E. KAHLES. H 1010

Esso Research and Engineering Co., V.St.A., **Gewinnung von gereinigten cyclischen Kohlenwasserstoffen aus ihren Gemischen,** z. B. von *1.2.4.5-Tetramethylbenzol* (*Durol*; I) aus einem KW-Stoffgemisch vom Kp. 188—205°, welches 5—40 Vol.-% I enthält, durch Ausfrieren bei tiefen Temp. in Kristallform. Man verwendet dazu ein an sich gasförmiges Medium, welches verfl. wird u. dem KW- Stoffgemisch in fl. Form zugesetzt wird. Solche Mittel sind z. B. Äthan, Äthylen, Propan, Propylen, Butane, Butylene, Dichloräthan, Dichlorpropan. Durch Verdunstung des Mediums wird die Temp. des Gemisches auf —45,5 bis —73°, bes. —50 bis —62°, gebracht. Dabei scheidet sich I in krist. Form ab u. läßt sich von den fl. Begleitern trennen. — Diagramme; Vorr.; Schema der Anlage. (**F. P. 1 205 201** vom 6/3. 1958, ausg. 1/2. 1960.) M. F. MÜLLER. H 1010

Imperial Chemical Industries Ltd., London, übert. von: Robert William Gunn Preston, Norton-on-Tees, England, **Chinone und Phenole.** Man oxydiert Hydroxyaldehyde der Formel I (X u. Y = tert. Alkylgruppen) in wss. Alkalihydroxyden mittels H_2O_2 zu den entsprechenden Chinonen der Formel II. Durch Red. dieser Chinone zu den entsprechenden Hydrochinonen (III) u. Alkylieren von III erhält man Phenol-Derivv., die *Aldehyde, Äther, Schmieröle, pflanzliche* oder *tier. Öle gegen Oxydation* zu schützen vermögen. — Man gibt 57 ml 6%ig. H_2O_2 zu einer Lsg. von 23,4 g 3.5-Di-tert.-butyl-4-hydroxybenzaldehyd, die in 600 ml einer 4%ig. wss. NaOH von 40—50° gelöst sind, u. bläst Luft durch das Rk.- Gemisch. Man erhält 17,5 g *2.6-Di-tert.-butyl-p-benzochinon* (IV); Ausbeute 79%.

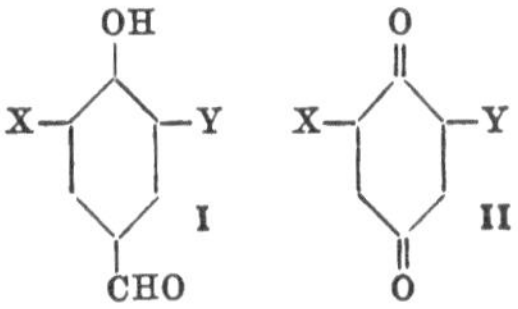

10 g IV werden mit Zn u. Essigsäure red., die farblose Lsg. wird auf Eis gegossen u. das abgeschiedene Rk.-Prod. wird aus PAe. umkristallisiert. Man erhält *2.6-Di-tert.-butylhydrochinon* (V), F. 114°, in fast theoret. Ausbeute. 11 g V werden in 200 ml einer 5%ig. wss. NaOH-Lsg., die auf 50° erwärmt ist, unter N_2 gelöst u. 7,5 g Dimethylsulfat werden zugesetzt. Das Alkylierungs-Prod., unter N_2 abfiltriert u. aus Methanol umkrist., besteht aus *2.6-Di-tert.-butyl-4-methoxyphenol*, F. 103—104°. (**A. P. 2 927 932** vom 18/5. 1956, ausg. 8/3. 1960. E. Prior. 6/7. 1955.) A. MOHR. H 1190

Dow Chemical Co., Midland, Mich., V.St.A., **3.5-Dinitro-o-toluylsäure** erhält man durch Erhitzen einer Rk.-Mischung, die 1 Mol o-Toluylsäure, mindestens 2 Mo HNO_3, mindestens 10 Mol H_2SO_4 u. als inertes Lsgm. einen chlorierten aliphat. KW-Stoff, bes. Methylenchlorid, enthält u. deren Wasser-Geh. höchstens 15% (bezogen auf das Gesamtgewicht der Säuren) beträgt, auf 25—110°. (**E. P. 839 534** vom 8/12. 1958, ausg. 29/6. 1960. A. Prior. 23/1. 1958.) L. STADELMANN. H 1210

Monsanto Chemical Co. (Erfinder: Leander Adolph Hertling und Robert William Radue), **Herstellung von Monoestern mehrwertiger Alkohole (I).** Bei der Umesterung eines Monocarbonsäureesters mit I in Ggw. eines Alkalialkoholates wird das Rk.-Gemisch vor der Abtrennung des nicht umgesetzten I mit wasserfreiem Halogenwasserstoff, bes. HCl, behandelt. — 310 (Teile) *Äthylenglykol* (II) werden mit 1,5 CH_3ONa versetzt; bei 100° u. 200 mm Hg setzt man 152 *Methylsalicylat* in 3 Std. zu, wobei CH_3OH abdestilliert. Das Prod. wird auf 30° gekühlt u. mit HCl neutralisiert. Bei 1,5 mm Hg dest. man nicht umgesetztes II ab. Man erhält in 99,7%ig. Ausbeute *Äthylenglykolmonosalicylat*, F. 26,1°. — Analog erhält man *Hydroxybutylbenzoat, 5-Hydroxypentylpentosat* u. *2-Hydroxypropylsalicylat.* (**Aust. P. 222 071** vom 24/3. 1958, ausg. 9/7. 1959. A. Prior. 28/3. 1957.) H. MÖLLERING. H 1250

Monsanto Chemical Co., V.St.A., **Herstellung von Dinitrosoanilinen,** bes. *N.p-Dinitroso-N-methylanilin*, F. 93—94°, dad. gek., daß man p-Nitroso-N-methylanilin, das man aus N-Methylanilin u. $NaNO_2$ in methanol. HCl hergestellt hat, mit $NaNO_2$ in einem Überschuß an HCl behandelt. (**F. P. 1 191 934** vom 25/2. 1958, ausg. 22/10. 1959.) S. BÖTTCHER. H 1310

Dow Chemical Co., übert. von: Raymond H. Rigterink, Midland, Mich., V.St.A., **4-Chlor-α-dimethylamino-6-phenyl-o-kresol** (I), techn. brauchbar als *Oxydationsschutzmittel*, erhält man durch Rk. von 4-Chlor-2-phenylphenol (II) mit

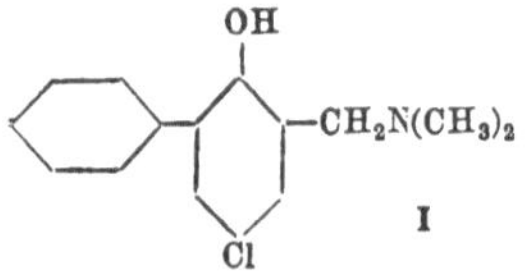
I

HCHO u. Dimethylamin (III). — Man gibt 800 g 25%ig. wss. III-Lsg. unter Rühren zu einer äquimol. Menge II, versetzt das Gemisch portionsweise unter Rühren mit 361 g 37—38%ig. wss. HCHO-Lsg., hält die Temp. durch Kühlen unter 45°, rührt u. erhitzt schließlich 2 Std. unter Rückfluß auf ca. 96°. Das ölig abgeschiedene I verfestigt sich beim Abkühlen. Man erhält durch Umkristallisation des Rohprod. aus A. 1114 g krist. I, F. 65—66,5°. (**A. P. 2 926 193** vom 23/4. 1956, ausg. 23/2. 1960.) A. Mohr. H 1320

UCLAF, Frankreich (Erfinder: G. Muller), **Herstellung von 1β-Carboxymethyl-2β-methoxycarbonyl-3α-methoxy-4β-acetoxy-6β-formylcyclohexan** (*l-Form*, F. 165°, $[\alpha]_D^{20}$ −27° [c = 0,5%; A.]; *d-Form*, $[\alpha]_D^{20}$ +27° [c = 0,5%; A.]). Man ozonisiert 3β-Acetoxy-2α-methoxy-7-oxo-1.2.3.4aα.7.8.8aα-oktahydronaphthalin-1β-carbonsäuremethylester (*l*-Form, $[\alpha]_D^{20}$ −206° [c = 0,5%; A.]) in Äthyl- oder Methylacetat, CH_2Cl_2 oder Chlf. bei 0 bis −60° u. zersetzt das Ozonid mit W. oder Perjodsäure; oder man behandelt das Ozonid, ohne es zu isolieren, mit Zn-Pulver in Essigsäure unter Bldg. von *1β-[2'.3'-Dioxopropyl]-2β-methoxycarbonyl-3α-methoxy-4β-acetoxy-6β-formylcyclohexanhydrat* (*Racemat*, F. 180°), das man mit CrO_3 oder K-Perjodat oxydiert. (**F. P. 1 188 484** vom 10/1. 1957, ausg. 23/9. 1959.) S. Böttcher. H 2060

Badische Anilin- & Soda-Fabrik Akt.-Ges., Ludwigshafen/Rh. (Erfinder: Arnold Tartter, Lambsheim), **Herstellung von Dicyclopentadienyleisen** (I), dad. gek., daß man Cyclopentadien oder Dicyclopentadien (II) mit Fe-Carbonylen bei erhöhter Temp. u. Drücken von 30—250 at umsetzt. — 26 (Teile) $Fe(CO)_5$ u. 18 **II** werden im Druckgefäß 4 Std. auf 250° erhitzt, wobei ein Druck von 60 at auftritt. Nach Ausziehen des Prod. mit Aceton u. Ausfällen von I mit W. wird dieses dampfdest., wobei sich aus dem Destillat krist. I abscheidet, das mit Methanol gewaschen wird. Ausbeute: 7 Teile. — Zwischenprodukt. (**D. A. S. 1 101 418** Kl. 12o vom 4/3. 1953, ausg. 9/3. 1961.) J. Mühleisen. H 2580

Rohm & Haas Co., Philadelphia, Pa., V.St.A. (Erfinder: Newman Mayer Bortnick), **Additionsprodukte heterocyclischer Amide,** dad. gek., daß man z.B. Äthylenharnstoff mit einem Alkylacrylat, Alkylacrylsäurealkylester, α-Methylen-α'-methyladipinsäure (I)-Dialkylester, einer Verb. $CH_2 = C(C_{m-1}H_{2m-1})CN$ oder $CH_2 = C(C_{m-1}H_{2m-1})CONH_2$ (m = 1—9) umsetzt. — 236 (Teile) Äthylenharnstoff u. 3 $NaOCH_3$ werden unter Rühren während 110 Min. mit 622 Methylacrylat u. 1,5 Hydrochinon versetzt, wobei die Temp. von 30—115° steigt u. durch Kühlen auf 85—115° gehalten wird. Man setzt jede 1/4 Std. 2 CH_3ONa zu, rührt noch 1/2 Std. u. rektifiziert nach Zusatz von 13 H_3PO_4 im Vakuum: *1.3-Bis-[2-methoxycarbonyläthyl]-imidazolidinon-(2)*, n_D^{25} 1,4801. — Ferner *1.3-Bis-[2-äthoxycarbonyläthyl]-*, n_D^{20} 1,4741, *-[2-butoxycarbonyläthyl]-*, $Kp._{0,4}$ 202—204°, n_D^{20} 1,4711, *-[2-methoxycarbonylpropyl]-*, n_D^{20} 1,4770, *-[2.5-bis-(methoxycarbonyl)-hexyl]-*, $Kp._{0,1}$ 160°, *-[2-cyanäthyl]-*, $Kp._{0,5}$ 210—214°, n_D^{25} 1,4990, *1-[2-Vinyloxyäthyl]-3-[2-cyanäthyl]-*, $Kp._{0,3}$ 166—168°, n_D^{25} 1,4970, *1-[2-Methacryloyloxyäthyl]-3-[2-methoxycarbonylpropyl]-*, $Kp._{0,1}$ 170°, *1.3-Bis-[β-(2-äthylhexoxycarbonyl)-äthyl]-*, *-[2-dodecyloxycarbonyläthyl]-*, $Kp._{0,25}$ 280—290°, n_D^{20} 1,4648, *-[2.5-bis-(butoxycarbonyl)-hexyl]-* u. *-[2.5-bis-(2-äthylhexoxycarbonyl)-hexyl]-imidazolidinon-(2)*, wobei als Ausgangsstoffe Äthylacrylat, Butylacrylat, Methylmethacrylat, I-Dimethylester, Acrylnitril u. 1-[2-Hydroxyäthyl]-imidazolidinon-(2) genannt werden bzw. einige der genannten Imidazolidinone mit 2-Äthylhexanol, Dodecanol, Butanol bzw. einem Gemisch aus Octanol, Nonanol u. Decanol umgeestert werden. — Ferner *1-[2-Methoxycarbonyläthyl]-3.3.4.5-tetramethylpiperazinon-(2)*, aus 3.3.4.5-Tetramethylpiperazinon-(2) u. Methylacrylat. — *1.3-Bis-[2-methoxycarbonylpropyl]-imidazolidinthion-(2)*, aus Äthylenthioharnstoff. — *1-[3-Aminopropyl]-3-[2-methoxycarbonyläthyl]-2-piperimidon*, aus 1-[3-Aminopropyl]-piperimidon-(2). — Analog folgende Imidazolidinone-(2): *1-Cyclohexyl-3-[2-cyanäthyl]-*, aus 1-Cyclohexyl-. — *1-[p-Octylphenyl]-3-[2-carbamoyläthyl]-*, aus 1-[p-Octylphenyl]-. — *1-[4-Methoxyoctyl]-3-[2.5-bis-(methoxycarbonyl)-hexyl]-*, aus 1-[4-Methoxyoctyl]-. — *1-Octyl-3-[2-decyloxycarbonyläthyl]-5.5-dimethyl-*, aus 1-Octyl-5.5-dimethyl-. — *1-[2-Hydroxyhexyl]-3-[2-carbamoyläthyl]-4.4.5-trimethyl-*, aus 1-[2-Hydroxyhexyl]-4.4.5-trimethyl- u. Acrylamid. — *1-Vinyl-3-[2-cyanpropyl]-4-octyl-*, aus 1-Vinyl-4-octyl- u. Methacrylnitril. — *1-[4-(Octen-(6)-oxy)-butyl]-3-[2-carbamoylpropyl]-*, aus 1-[4-(Octen-(6)-oxy)-butyl]- u. Methacrylamid. — *1-[2-Vinyloxydecyl]-3-[2-dodecyloxycarbonylpropyl]-5-dodecyl-*, aus 1-[2-Vinyloxydecyl]-5-dodecyl- u. Dodecylmethacrylat. — *1-[3.3.5.5-Tetramethylocten-(2)-yl]-3-[5-dimethylcarbamoyl-2-cyanhexyl]-4-butyl-*, aus 1-[3.3.5.5-Tetramethylocten-(2)-yl]-4-butyl- u. N.N-Dimethyl-2-methyl-5-cyan-5-hexenamid. — *1-Vinyl-3-[2-cyanäthyl]-, aus 1-Vinyl-*. — Imidazolidinthione-(2):

1-[8-Aminooctyl]-3-[2.5-bis-(benzyloxycarbonyl)-hexyl]-, aus 1-[8-Aminooctyl]- u. I-Dibenzylester. — *1-Cyan-3-[2c-yanäthyl]-4.4-diäthyl-*, aus 1-Cyan-4.4-diäthyl-. — *1-[4-Cyanbutyl]-3-[2.5-bis-(butoxybutoxycarbonyl)-hexyl]-4-pentyl-*, aus 1-[4-Cyanbutyl]-4-pentyl- u. I-Bis-[butoxybutylester]. — *1-[3-Aminopropyl]-3-[2-benzyloxycarbonyl-5-propylcarbamoylhexyl]-4.4-dipropyl-*, aus 1-[3-Aminopropyl]-4.4-dipropyl- u. 2-Methylen-5-propylcarbamoylhexansäurebenzylester. — *1-[p-Octylphenyl]-3-[2.5-bis-(octoxycarbonyl)-hexyl]-*, aus 1-[p-Octylphenyl]- u. I-Dioctylester. — Piperazinone-(2): *1-[2-Benzyloxycarbonyläthyl]-3.3-dimethyl-4-[p-dodecylphenyl]-*, aus 3.3-Dimethyl-4-[p-dodecylphenyl]- u. Benzylacrylat. — *1-[6-Acryloyloxyphenyl]-3-[2-äthoxycarbonyläthyl]-*, aus 1-[6-Hydroxyhexyl]-. — *1.4-Bis-[2-methoxycarbonyläthyl]-3.3-dimethyl-*, aus 3.3-Dimethyl-. — *1.4-Bis-[2.5-bis-(benzyloxycarbonyl)-hexyl]-*. — *1-[2-Carbamoyläthyl]-4-cyan-5-äthyl-6-hexyl-*, aus 4-Cyan-5-äthyl-6-hexyl-. — *1.4-Bis-[β-(2-äthylhexoxycarbonyl)-äthyl]-*, *-[2.5-bis-(butoxycarbonyl)-hexyl]-* u. *-[2.5-bis-(2-äthylhexoxycarbonyl)-hexyl]-*. — Piperazinthione-(2): *1-[2-Carbamoylpropyl]-3.3-dimethyl-4-[3-cyanpropyl]-*, aus 3.3-Dimethyl-4-[3-cyanpropyl]-. — *1-[4-Methacryloyloxybutyl]-3-[2-butoxycarbonylpropyl]-*, aus 1-[4-Hydroxybutyl]- u. Butylmethacrylat. — *1-[Cyanäthyl]-3-decyl-4-[4-decen-(6)-oxyhexyl]-*, aus 3-Decyl-4-[4-decen-(6)-oxyhexyl]-. — *1.4-Bis-[2-dodecyloxycarbonyläthyl]-*. — Piperimidinone-(2): *1-[8-Acryloyloxyoctyl]-3-[2-butoxycarbonyläthyl]-*, aus 1-[8-Hydroxyoctyl]-. — *1-Phenyl-3-[2-cyanäthyl]-4-dodecyl-*, aus 1-Phenyl-4-dodecyl-. — *1.3-Bis-[2-carbamoyläthyl]-6.6-dibutyl-*, aus 1-[2-Carbamoyläthyl]-6.6-dibutyl-. — *1-[8-Methoxyoctyl]-3-[2-methylcarbamoyläthyl]-5.5-dipropyl-*, aus 1-[8-Methoxyoctyl]-5.5-dipropyl-. — *1-[Buten-(2)-yl]-3-[2-methoxycarbonyl-5-benzyloxycarbonylhexyl]-4.5-diäthyl-*, aus 1-[Buten-(2)-yl]-4.5-diäthyl- u. I-Methylbenzylester. — *1.3-Bis-[β-(2-äthylhexoxycarbonyl)-äthyl]-*, *-[2.5-bis-(butoxycarbonyl)-hexyl]-* u. *-[2.5-bis-(2-äthylhexoxycarbonyl)-hexyl]-*. — *1-[2-Vinyloxyäthyl]-3-[2-methoxyoctoxycarbonyläthyl]-4.5.6-trimethyl-*, aus 1-[2-Vinyloxyäthyl]-4.5.6-trimethyl-. — *1.3-Bis-[2-dodecyloxycarbonyläthyl]-piperimidinthion-(2).* — *1-Benzyl-4-[2.5-bis-(butoxycarbonyl)-hexyl]-5-octyl-6-hexyl-*, aus 1-Benzyl-5-octyl-6-hexylpiperidinthion-(2)-. — *Lsgm.* für *Polymere, Schmieröle, Weichmacher; Fungicide.* (**F. P. 1 195 270** vom 5/12. 1957, ausg. 16/11. 1959. **Belg. P. 562 987** vom 5/12. 1957, ausg. 3/6. 1960. Beide A. Prior. 5/12. 1956.) S. BÖTTCHER. H 3000

Takeda Pharmaceutical Industries Ltd., übert. von: Kanji Takeba, Osaka, Tanoshi Terada, Nishinomiya, und Tadao Sato, Osaka, Japan, **Kontinuierliche Herstellung von 2-Methyl-5-äthylpyridin,** $Kp._{20}$ 74—75°, durch Rk. von Paraldehyd u. NH_4OH im Mol-Verh. 1:1,5 bei 190—250° in Ggw. von Wolframsäure oder Molybdänsäure bzw. deren Salzen als Katalysator u. einem Druck, bei dem das Rk.-Gemisch fl. bleibt. Zur Aufarbeitung des Rk.-Prod. trennt man die wss. Schicht ab, extrahiert diese mit Bzl., dest. das Bzl. ab, vereinigt den Rückstand mit der öligen organ. Phase u. rektifiziert diese durch Dest. bei 175—180°. (**A. P. 2 935 513** vom 10/9. 1957, ausg. 3/5. 1960.) W. HEYER. H 3231

Phillips Petroleum Co., übert. von: Bradley Skinner, Bartlesville, Okla., V.St.A., **Destillation von hitzeempfindlichen Verbindungen wie Vinylpyridinen** in einer Dest.-Zone, die aus einer Vielzahl einzelner Zonen besteht u. deren Boden eine Dampf-Fl.-Kontaktzone aufweist. Man rührt die Fl., die auf die Dampf-Fl.-Bodenkontaktzone fällt, mittels Dampf zu einer Schaumschicht, wobei in dieser Schicht indirekt Wärme ausgetauscht wird. In dem Maße, wie die Schaumschicht in dieser Zone aufsteigt, vermindert sich die Fl.-Ansammlung auf dem Boden der Dampf-Fl.-Kontaktzone. Man zieht ein Kessel-Prod. aus einer ruhigen Zone am Boden der Dampf-Fl.-Kontaktzone ab. — Zeichnung. (**A. P. 2 868 696** vom 18/8. 1952, ausg. 13/1. 1959.) P. UNGER. H 3231

Abbott Laboratories, North Chicago (Erfinder: Irvin W. Sangrelet, Waukegan), Ill., V.St.A., **Herstellung von Nicotinsäureestern,** dad. gek., daß man Nicotinsäure (I) mit einem aliphat. Alkohol (n-Hexanol, Äthylbutanol, 2-Äthylhexylalkohol, n-Octanol) in Abwesenheit eines Katalysators bei einer Bad-Temp. von 160° unter Zusatz von Bzl., Toluol, Xylol oder Cyclohexan unter Rückfluß erhitzt, das gebildete Rk.-Wasser laufend durch azeotrope Dest. entfernt, nach Abschluß der Rk. den nicht umgesetzten Alkohol durch Dest. entfernt u. das Rk.-Prod. aus dem Rückstand isoliert, oder indem man I mit z. B. prim. Amylalkohol, Isoamylalkohol oder Butanol in Ggw. von ca. 0,1 Teilen (bezogen auf I) Methyl-, Äthyl- u. Isopropylsulfonsäure als Katalysator unter Zusatz von Bzl. kocht, das Rk.-Wasser laufend durch azeotrope Dest. entfernt u. das Rk.-Prod. nach Abdampfen des nichtumgesetzten Alkohols isoliert. Es werden hergestellt: *n-Hexylnicotinat,* $Kp._5$ 140°; *Äthylhexylnicotinat,* $Kp._5$ 150°; *2-Äthylhexylnicotinat,* $Kp._5$ 150°; *Amylnicotinat,* $Kp._{20}$ 135—145°. — Zwischenprodukte. (**A. P. 2 948 734** vom 5/11. 1956, ausg. 9/8. 1960.) W. HEYER. H 3231

Reilly Tar & Chemical Corp., übert. von: Francis E. Cislak, Indianapolis, Ind., V.St.A., **Cyanpyridylalkane (I, II), Pyridyldicyanalkane (III), Aminovinylpyridine (IV, V) und 4-Nitropyridylalkanol-N-oxyde (VI)**, wobei R′ u. R″ = H oder niederes Alkyl; R = H oder $-(CH_2)_nCN$; n = 1—4. **I** u. **II** werden hergestellt durch Kondens. von 2- oder 4-Picolinen mit Acrylnitril in Ggw. eines Alkalimetalls als Kata-

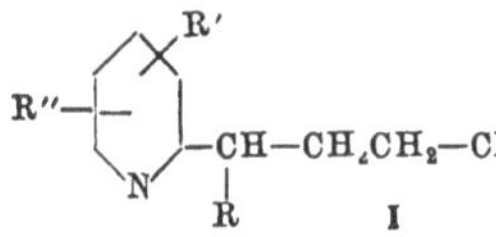
I

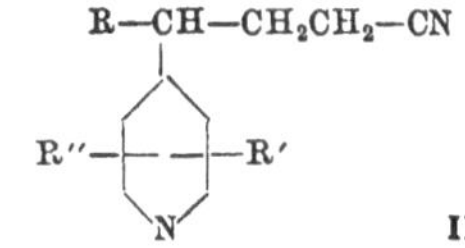
II

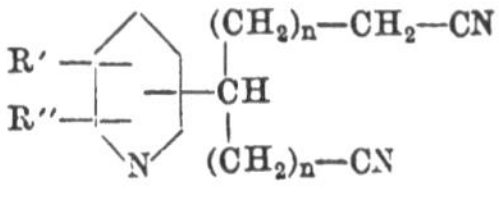
III

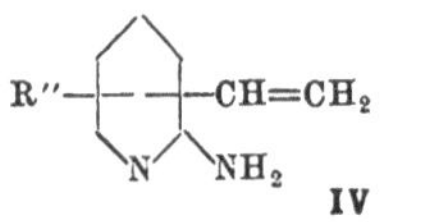
IV

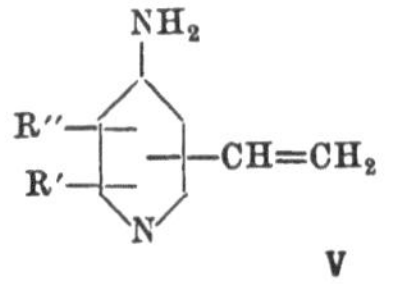
V

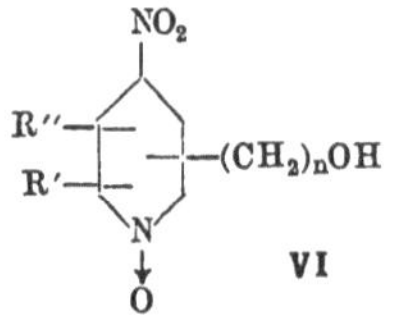
VI

lysator. Die **III** werden hergestellt durch Rk. eines Pyridins, welches eine Cyanalkylgruppe trägt, mit $NaNH_2$ u. Rk. des Prod. mit einem Chloralkylnitril. **IV** u. **V** werden hergestellt durch Dehydratisierung von Aminohydroxyäthylpyridinen mittels Alkalihydroxyden, Al_2O_3 oder SiO_2 bei 150—175°. Die **VI** werden hergestellt durch Nitrierung der Pyridylalkanol-N-oxyde mittels HNO_3 unter Rückfluß. — Beispiele für **I** u. **II**: 2-Picolin u. Na werden auf 100—110° unter energ. Rühren erhitzt, dann wird Acrylnitril zugegeben. Man erhält *3-(2-Pyridyl)-butyronitril*, $Kp._1$ 95—97° oder *1.5-Dicyan-3-(2-pyridyl)-pentan*, $Kp._1$ 105—110°. Analog werden dargestellt: *1.5-Dicyan-3-(4-pyridyl)-pentan*, $Kp._1$ 140—150°; *3-(4-Pyridyl)-butyronitril*, $Kp._1$ 122—125°; *3-[5-Äthylpyridyl-(2)]-butyronitril*; *1.4-Dicyan-2-(2-pyridyl)-butan*. — Beispiele für **III**: $NaNH_2$ u. 3-(4-Pyridyl)-butyronitril werden in fl. NH_3 gelöst u. 3-(4-Pyridyl)-butyronitril wird zugegeben, später 2-Chlorpropionitril. Man isoliert *1.5-Dicyan-3-(4-pyridyl)-pentan*, $Kp._1$ 150°. Analog werden hergestellt: *1.6-Dicyan-3-(2-pyridyl)-hexan*; *1.5-Dicyan-3-[5-äthylpyridyl-(2)]-pentan*; *1.5-Dicyan-3-(2-pyridyl)-pentan*; *1.5-Dicyan-3-(3-pyridyl)-pentan*; *1.7-Dicyan-4-(4-pyridyl)-heptan*; *1.5-Dicyan-3-[2.6-dimethylpyridyl-(4)]-pentan*; *1.4-Dicyan-2-(2 pyridyl) butan*. — Beispiele für **IV** u. **V**: 2-Amino 6 (2-hydroxyäthyl)-pyridin wird mittels konz. NaOH bei 175° dehydratisiert u. dabei wird *2-Amino 6-vinylpyridin* erhalten. Analog werden hergestellt: *2-Amino-3-vinylpyridin*; *2-Amino-4-vinylpyridin*; *2-Amino-3-äthyl-6-vinylpyridin*; *2-Amino-3-vinyl-6-methylpyridin*; *2-Vinyl-4-aminopyridin*; *4-Amino-3-vinylpyridin*. — Beispiele für **VI**: Man verestert 2-Pyridyläthan-2-ol-N-oxyd mit Eisessig u. nitriert mittels HNO_3 (D. 1,5) unter Rückfluß. Man erhält das leicht verseifbare *Acetat* des *2-[4-Nitropyridyl-(2)]-äthanol-N-oxyds*. Analog werden folgende *N-Oxyde* hergestellt: *2-[4-Nitro-5-äthylpyridyl-(2)]-äthanol-*; *3-[4-Nitropyridyl-(3)]-propanol-*; *3-[4-Nitropyridyl-(2)]-propanol-*; *2-[4-Nitro-3.6-dimethylpyridyl-(2)]-äthanol-*; *3-(4-Nitropyridyl)-methanol-N-oxyd*. — **I** u. **II** finden Verw. als Korrosionsschutz für Stahl, als Zwischenprod. u. als Härtungsmittel für Epoxyharze; **III** als Korrosionsschutz für Stahl, nach Hydrierung zu den entsprechenden Diaminen als Härtungsmittel für Epoxyharze u. Basis für die Herst. faserbildender Polyamidharze; **IV**, **V** u. **VI** dienen zur Herst. von leicht färbbaren faserbildenden Polymeren u. Mischpolymeren. (**A. PP. 2 868 794, 2 868 795** vom 17/2. 1958, **2 868 796** vom 20/6. 1957 u. **2 868 797** vom 9/5. 1958, alle ausg. 13/1. 1959.) A. DANDL. H 3231

Michel Delalaude und Jacques Baisse, Frankreich, **Herstellung von N-Thiodiphenylcarbamylpiperazin,** F. 146°, dad. gek., daß man Phosgen in Toluol mit Phenothiazin 36 Std. rührt, das gebildete Chlorid, F. 168° (A.) in A. suspendiert u. mit einer alkohol. Lsg. von Piperazin umsetzt. (**F. P. 1 192 168** vom 11/4. 1957, ausg. 23/10. 1959.) S. BÖTTCHER. H 3292

Hellmut Bredereck, Stuttgart, **Diamino-symm.-triazin** wird in guter Ausbeute durch Rk. von Dicyandiamid mit Formamid bei >100°, bes. bei 140—180°, erhalten. (**D. A. S. 1 103 933** Kl. 12p vom 1/2. 1960, ausg. 6/4. 1961.) A. BRÖSAMLE. H 3313

Deutsche Akademie der Wissenschaften zu Berlin (Erfinder: Alfred Wende und Heinz Priebe), Berlin, **Herstellung von Triazintriepoxyden,** dad. gek., daß Cyanurchlorid mit einem Epoxyalkanol (I) im Mol-Verhältnis 1:3 in wasserfreien Lsgm. mit Alkalimetallen als Kondens.-Mittel bei 0—15° umgesetzt wird. — Cyanurchlorid + Glycid + Na in Bzl. bei anfangs 0° → *2.4.6-Triglycidyl-1.3.5-triazin*, Zers. bei >100°; Ausbeute: 95%. — An Stelle von I kann auch das entsprechende Chlorhydrin bei 0—30° eingesetzt werden. Beispiele für I: 3.4-Epoxybutanol, 2.3-Epoxydcyclohexanol, 9.10-Epoxyoctadecanol. — Zwischenprodukte. (**D. A. S. 1 105 875** Kl. 12p vom 30/1. 1957, ausg. 4/5. 1961.) A. BRÖSAMLE. H 3313

Rolf Neubner, Berlin, und Franz Langehenke, Dortmund, **Herstellung von Melamin,** dad. gek., daß man eine 44—97%ig. Lsg. von Dicyandiamid in reinem fl. NH_3 bei 133—205°, bes. 165—190°, u. 41—112 at, bes. 41—70 at, umwandelt u. das entstandene Melamin im Gegenstrom mit entweichendem NH_3 behandelt. Man arbeitet kontinuierlich mit Wärmeaustauschern. — Schema der Anlage. (**F. P. 1 171 447** vom 18/1. 1957, ausg. 26/1. 1959. **A. P. 2 913 461** vom 16/1. 1957, ausg. 17/11. 1959. **Belg. P. 554 275** vom 18/1. 1957, ausg. 29/1. 1960. Alle D. Prior. 15/12. 1956.) S. BÖTTCHER. H 3313

Stamicarbon N.V., Heerlen (Erfinder: Johannes Joseph Steggerda, Geleen), Holland, **Kontinuierliche Herstellung von Melamin** durch Erhitzen von Harnstoff (I) in Ggw. von NH_3 u. eines Katalysators mit großer innerer Oberfläche, wie Silicagel, auf 220—400°, dad. gek., daß man I (oder ein therm. Zers.-Prod. von I) kontinuierlich einer Katalysatorwirbelschicht zuführt u. die anfallenden Dämpfe zusammen mit dem als Trägergas für das Bett vorgesehenen NH_3 durch eine Katalysatorruheschicht leitet. — Zeichnungen. (**D. A. S. 1 102 165** Kl. 12p vom 30/3. 1960, ausg. 16/3. 1961. Holl. Prior. 2/4. 1959.) A. BRÖSAMLE. H 3313

American Cyanamid Co., New York, N.Y., übert. von: Ralph J. Chamberlain, Stamford, Conn., V.St.A., **Halogeniertes Melamincyanurat** wird hergestellt, indem man Melamincyanurat mit W. anrührt, NaOH, KOH, CH_3COONa oder Na_2CO_3 zugibt u. unter Kühlung auf <5° Cl_2 oder Br_2 einleitet. (**A. P. 2 929 816** vom 3/2. 1958, ausg. 22/3. 1960.) A. DANDL. H 3313

Imperial Chemical Industries Ltd., London, England (Erfinder: Francis Edward Gervase Tate und James Harry Wild), **Trimere von organischen Isocyanaten** werden aus den Monomeren, ggf. in Lsgm., in exothermer Rk. in Ggw. organ. Basen (I) als Katalysatoren hergestellt. Als I dienen quart. Hydroxyde des N, P, As, Sb oder tert. Hydroxyde des S oder Se, deren organ. Substituenten Alkyl-, Aryl- oder Aralkylgruppen sind. Es werden die *Trimeren* hergestellt von: *Phenylisocyanat*, F. 277,5—279°; *p-Tolylisocyanat*; *p-Methoxyphenylisocyanat*, F. 261—265°; *o-Methoxyphenylisocyanat*; *o-Chlorphenylisocyanat*, F. 224—224,5°; *p-Chlorphenylisocyanat*, F. 320—324°; *p-Nitrophenylisocyanat*, F. 350°; *2.4-Tolylendiisocyanat*, F. 170 bis 240°; *Chlorphenylen-2.4-diisocyanat*, F. >320°. (**E. P. 837 120** vom 12/6. 1957, ausg. 9/6. 1960.) A. DANDL. H 3313

Soc. d'Électro-Chimie, d'Électro-Métallurgie et des Aciéries Électriques d'Ugine, Paris (Erfinder: Robert Lichtenberger, Oulins, Francis Weiss und Raymond Rusch, Pierre-Benite, Rhône), Frankreich, **Herstellung von Cyanurchlorid** aus Cl_2 u. HCN in der Dampfphase in Ggw. eines Katalysators (aktivierte Kohle oder Silicagel), dad. gek., daß ein Überdruck von 2—40, bes. 3—15, at, angewendet wird. Die Temp. beträgt vorzugsweise 300—380°. Höchste Ausbeute: 97,5%, bezogen auf HCN. (**D. A. S. 1 104 517** Kl. 12p vom 7/4. 1960, ausg. 13/4. 1961. F. Prior. 9/4. 1959.) A. BRÖSAMLE. H 3313

Werner Wunderlich, Berlin-Adlershof, **Aufspaltung von (±)-3-Hydroxy-N-methylmorphinan (I)** über die sauren Tartrate, dad. gek., daß in 50—80%ig. Methanol zuerst das (+)-Enantiomere auskrist. wird. — 50 g I, F. 250—252°, werden mit 29,5 g D-Weinsäure in 500 ml 70%ig. Methanol bei 60—70° gelöst, die Lsg. wird filtriert u. bei Zimmer-Temp. langsam bis zur Kristallisation gerührt: *(+)-3-Hydroxy-N-methylmorphinanhydrogen-D-tartrat*, Ausbeute 74,8%; $[\alpha]_D^{20}$ +33,6° (c = 3; W.). Durch Abdestillieren des Methanols aus der Mutterlauge, Zugabe von 100 ml W. u. Animpfen mit (—)-Tartrat erhält man in 24 Std. 74,2% *(—)-3-Hydroxy-N-methylmorphinanhydrogen-D-tartrat*, $[\alpha]_D^{20}$ —13,1° (c = 3; W.). Durch analoge Aufarbeitung der Mutterlaugen können insgesamt mindestens 98% reines (+)- u. 81% reines (—)-Tartrat erhalten werden, aus denen in bekannter Weise die freien Basen zu gewinnen sind. (**D. P. [DDR] 18 076** Kl. 12p vom 1/6. 1957, ausg. 28/12. 1959 [Wirtschaftspatent].) L. GROSSNER. H 3500

Werner Wunderlich, Berlin-Adlershof, **Abtrennung von (+)-3-Hydroxy-N-methylmorphinan** (I) aus dem Racemat (II), dad. gek., daß nach Behandlung von II mit Dibenzoyl-D-weinsäure (III) das saure Salz von I aus verd. wss. Methanol krist. u. in üblicher Weise in die freie Base umgewandelt wird. — Es werden 5 (g) **II** mit 7,56 III-Hydrat bei 30—40° in 60 ml Methanol u. 25 ml W. gelöst, filtriert, die bei Zimmer-Temp. auskrist. Nadeln abgesaugt u. mit 20 ml 50%ig. Methanol gewaschen: Ausbeute 85% I-*Hydrogendibenzoyl-D-tartrat*, F. 151—156°; $[\alpha]_D^{20}$ —40,5° (c = 2; Methanol). — Lösen des sauren Salzes mit wenig Ammoniak in heißem W., Überschichten mit Essigester u. Einstellen auf pH 9 mit Ammoniak: Aus der eingeengten Essigester-Lsg. krist. I aus. (**D. P. [DDR] 18 084** Kl. 12p vom 1/6. 1957, ausg. 19/1. 1960 [Wirtschaftspatent].) L. GROSSNER. H 3500

UCLAF, Frankreich (Erfinder: Muller und Nomine), **Herstellung von Reserpin** aus d-5β-Hydroxy-8-oxo-1.4.4aα.5.8.8aα-hexahydronaphthalin-1β-carbonsäure (I). Diese wird mit Na-Acetat u. Essigsäureanhydrid in CH_2Cl_2 erhitzt: *l*-I-*Lacton*, $C_{11}H_{10}O_3$, F. 108°; $[\alpha]_D^{20}$ —790 ± 20° (c = 0,5%; A.). Es wird mit Al-Isopropylat in Isopropanol red. unter Bldg. von *l-5β.8β-Dihydroxy-1.4.4aα.5.8.8aα-hexahydronaphthalin-1β-carbonsäure-1.8-lacton*, $C_{11}H_{12}O_3$, F. 151°; $[\alpha]_D^{20}$ —3° (c = 0,5; A.). Durch Einw. von N-Bromsuccinimid in tert.-Butanol entsteht *d-8β-Hydroxy-2α-brom-3β.5β-epoxy-1.2.3.4.4aα.-5.8.8aα-oktahydronaphthalin-1β-carbonsäurelacton*, $C_{11}H_{11}BrO_3$, F. 152°; $[\alpha]_D^{20}$ +93° (c = 0,5; A.). Daraus durch Behandlung mit Na-Methylat in Methanol *d-8β-Hydroxy-2α-methoxy-3β.5β-epoxy-1.2.3.4.4aα.5.8.8aα-oktahydronaphthalin-1β-carbonsäurelacton*, $C_{12}H_{14}O_4$, F. 102°; $[\alpha]_D^0$ +48 ± 3° (c = 0,5; A.). Daraus durch Erhitzen mit N-Bromsuccinimid in Ggw. von H_2SO_4 *l-6α-Brom-7β.8β-dihydroxy-2α-methoxy-3β.5β-epoxy-4aα.8aα-dekahydronaphthalin-1β-carbonsäure-1.8-lacton*, $C_{12}H_{15}BrO_5$, F. 203°; $[\alpha]_D^{20}$ —120 ± 3° (c = 0,5; A.). Durch Oxydation mit CrO_3 in Essigsäure bei 5—10° bildet sich *l-6α-Brom-8β-hydroxy-2α-methoxy-3β.5β-epoxy-7-oxo-4aα.8aα-dekahydronaphthalin-1β-carbonsäurelacton*, $C_{12}H_{13}BrO_5$, F. 152°; $[\alpha]_D^{20}$ —231 ± 3° (c = 0,5; A.). Durch Red. mit Zn-Staub in Aceton u. Essigsäure erhält man *l-3β-Hydroxy-2α-methoxy-7-oxo-1.2.3.4.4aα.7.8.8aα-oktahydronaphthalin-1β-carbonsäure*, $C_{12}H_{16}O_5$, F. 197°; $[\alpha]_D^{20}$ —170 ± 5° (c = 0,5; A.); Prismen. Daraus wird in Dioxan mit CH_2N_2 in CH_2Cl_2 der *l-Methylester*, $C_{13}H_{18}O_5$, gewonnen; F. 166°; $[\alpha]_D^{20}$ —170 ± 5° (c = 0,5; A.). Der Ester wird mit Essigsäureanhydrid in Pyridin-Lsg. acetyliert, wobei die *l-3β-Acetoxy-Verb.* entsteht; F. 96°; $[\alpha]_D^{20}$ —206 ± 5° (c = 0,5; A.). Daraus erhält man durch Behandlung mit OsO_4 in W. in Ggw. von Na-Chlorat *l-5α.6α-Dihydroxy-3β-acetoxy-2α-methoxy-7-oxo-4aα.8aα-dekahydronaphthalin-1β-carbonsäuremethylester*, $C_{15}H_{22}O_8$, F. 198°; $[\alpha]_D^{20}$ — 89 ± 4° (c = 0,5; A.). Durch Oxydation mit K-Metaperjodat wird dieser übergeführt in *l-1β-Carboxymethyl-2β-carbomethoxy-3α-methoxy-4β-acetoxy-6β-formylcyclohexan*, $C_{14}H_{20}O_8$, F. 165°; $[\alpha]_D^{20}$ —27 ± 2° (c = 0,5; A.). Durch Einw. von CH_2N_2 in CH_2Cl_2 entsteht der *Methylester* in Form eines Gummis; er wird mit 6-Methoxytryptamin kondensiert u. das Prod. wird mit $NaBH_4$ in CH_3OH zu *d-18β-Acetoxy-11.17α-dimethoxy-3-oxo-16β-carbomethoxy-2.3-seco-20α-yohimban*, $C_{25}H_{32}N_2O_7$, F. 162 u. 184°; $[\alpha]_D^{20}$ +31 ± 2° (c = 0,5; A.), reduziert. Diese Verb. wird in $POCl_3$ 2 Std. erhitzt, u. danach wird im Vakuum zur Trockne gebracht. Der Rückstand wird in 90%ig. wss. Methanol gelöst u. mit $NaBH_4$ red.: *l-O-Acetylisoreserpsäuremethylester*, F. 288°; $[\alpha]_D^{20}$ —132 ± 3° (c = 0,5; Chlf.), welcher in Reserpsäurelacton u. weiter in Reserpin übergeführt wird. (**F. P. 1 199 218** vom 20/12. 1956, ausg. 11/12. 1959.) M. F. MÜLLER. H 3500

Laboratoires Français de Chimiothérapie, Frankreich (Erfinder: Léon Velluz und Georges Muller), **Herstellung von rac.10-Methoxydeserpidin,** F. 195° u. 222° (polymorph). Aus rac. 1β-Carboxymethyl-2β-carbomethoxy-3α-methoxy-4β-acetoxy-6β-formylcyclohexan, das man methyliert, stellt man mit 5-Methoxytryptamin *18β-Acetoxy-10.17α-dimethoxy-16β-carbomethoxy-2.3;3.4-diseco-$\Delta^{4,21}$-20α-yohimben-3-säuremethylester* her, den man zu *18β-Acetoxy-10.17α-dimethoxy-16β-carbomethoxy-3-oxo-2.3-seco-20α-yohimban* red. u. zu *18β-Hydroxy-10.17α-dimethoxy-3-oxo-2.3-seco-16β-carboxy-20α-yohimban*, F. 280°, verseift, das man in das *Lacton*, FF. 132° (instabile Form) u. 198—200°, überführt. Dieses wird durch Behandlung mit $POCl_3$ zu *18β-Hydroxy-10.17α-dimethoxy-16β-carboxy-$\Delta^{3,14}$-20α-yohimbenlacton*, F. 295°, cyclisiert. Alkoholyse führt zu *18β-Hydroxy-10.17α-dimethoxy-16β-carbomethoxy-$\Delta^{3,14}$-20α-yohimben*, F. 250°, das man mit KBH_4 zu *18β-Hydroxy-10.17α-dimethoxy-16β-carbomethoxy-20α-yohimban*, F. 290° (Zers.), mit Zn in Essigsäure zum *-3β.20α-yohimban*, F. 200 u. 225°, red.; dieses wird mit 3.4.5-Trimethoxybenzoylchlorid umgesetzt. (**F. P. 1 196 967** vom 29/11. 1957, ausg. 27/11. 1959.) S. BÖTTCHER. H 3500

Centre National de la Recherche Scientifique, Frankreich (Erfinder: Kergomard, Philibert und Geneix), **Spaltung von Epoxyden,** dad. gek., daß man

Nopinen (I)- u. Limonenepoxyd mit Essigsäure u. Acetanhydrid 6 Std. kocht u. die Lsg. eindampft, wobei neben dem Diacetat III bzw. IV aus I *Phellandral*, Kp.$_{14}$ 99—104°, entsteht. Das Diacetat wird pyrolysiert unter Bldg. von *Perilla-*, Kp.$_{14}$ 125—128°, n_D^{20} 1,4812, D.$_{20}^{20}$ 0,9939, bzw. *Carvylacetat*, Kp.$_{12}$ 106 bis 112°, n_D^{16} 1,4780, die verseift werden zu *Perillaalkohol* (II), Kp.$_{12}$ 116—119°, n_D^{16} 1,5033, D.$_{20}^{20}$ 0,9700, bzw. *Carveol*, Kp.$_{11}$ 102—106°; n_D^{19} 1,4930. Aus II erhält man durch Oxydation *Perillaaldehyd*, Kp.$_{12}$ 101—105°, n_D^{17} 1,5029, D.$_{20}^{12}$ 0,9813, u. *Perillasäure*, F. 133,5—134°. (**F. P. 1 183 849** vom 3/10. 1957, ausg. 15/7. 1959.) S. BÖTTCHER. H 3600

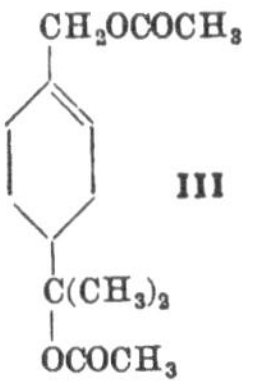
III

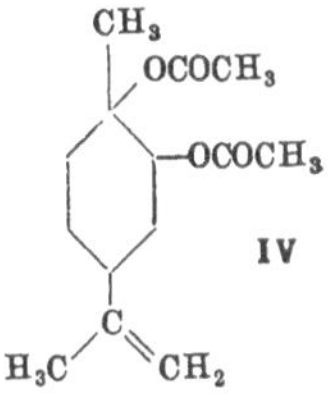
IV

Centre National de la Recherche Scientifique, Frankreich (Erfinder: Kergomard und Geneix), **Hydrierung von Epoxyden,** z. B. Limonen-, Carvomenthen-, Pinen-, Nopinen- u. Tetrahydromyrcenepoxyd (I) in Ggw. von RANEY-Ni in einem OH-Gruppen-enthaltenden Lsgm. (A.) bei ca. 150° u. 100 kg/cm². — Beschrieben wird die Herst. eines Isomerengemisches von *Carvomenthol*, Kp.$_{14}$ 105—107°, n_D^{20} 1,4642, D.$_{20}^{20}$ 0,913, das man zu *Carvomenthon* oxydieren u. zum *Acetat*, Kp.$_{11}$ 102—105°, n_D^{21} 1,4468, verestern kann. — *Isopinocampheol*, Kp.$_{11}$ 103—104°, F. 55—56°; n_D^{20} 1,4830. Daraus *Pinocamphon* u. das *Acetat*, Kp.$_{11}$ 100—102°; n_D^{21} 1,4611. — *Isomyrtanol*, Kp.$_{13}$ 112—114°; n_D^{21} 1,4880. *Acetat*, Kp.$_{11}$ 111—113°, n_D^{21} 1,4688. — *3.7-Dimethyloctanol-(4)*, Kp.$_{13}$ 90—92°; n_D^{27} 1,4322; D.$_{20}^{27}$ 0,827. *Acetat*, Kp.$_{12}$ 95—97°; n_D^{27} 1,4316. *3.7-Dimethyloctanon-(4)*, Kp.$_{12}$ 77—80°, n_D^{31} 1,4175, D.$_{20}^{31}$ 0,815. **I**, Kp.$_{13}$ 72 bis 74°; n_D^{25} 1,4207; D.$_{20}^{25}$ 0,821. (**F. P. 1 183 850** vom 3/10. 1957, ausg. 15/7. 1959.) S. BÖTTCHER. H 3600

Hooker Chemical Corp., Niagara Falls, N.Y., V.St.A., *Photochemische Chlorierung.* (**E. P. 853 143** vom 9/4. 1957, ausg. 2/11. 1960. A. Prior. 16/4. 1956. — C. **1960.** 17275 [A. P. 2 899 370].)

Badische Anilin- & Soda-Fabrik Akt.-Ges., Deutschland, *Wiedergewinnung von Gasen.* (**F. P. 1 182 516** vom 5/9. 1957, ausg. 25/6. 1959. D. Prior. 7/9. 1956. — C. **1960.** 11818 [D. A. S. 1 067 434].)

Standard Oil Co., Cleveland, übert. von: **Harrison M. Stine**, Lyndhurst, und **James L. Callahan**, Bedford, Ohio, V.St.A., *Isomerisieren von Kohlenwasserstoffen.* (**A. P. 2 945 908** vom 30/12. 1955, ausg. 19/7. 1960. — C. **1960.** 1324 [E. P. 802 116].)

Wasag-Chemie Akt.-Ges., Essen, übert. von: **Johannes Dahmlos**, Haltern, *Herstellung fluorierter organischer Verbindungen.* (**A. P. 2 935 531** vom 24/4. 1958, ausg. 3/5. 1960. — C. **1960.** 297 [D. A. S. 1 061 308].)

Badische Anilin- & Soda-Fabrik Akt.-Ges., Deutschland, *Abtrennung von Diolefinen aus Kohlenwasserstoffgemischen.* (**F. P. 1 198 900** vom 17/2. 1958, ausg. 10/12. 1959. D. Prior. 23/2. 1957. — C. **1960.** 9722 [D. A. S. 1 059 436].)

Heinrich Koppers G. m. b. H., Essen, *Gasförmige Olefine, besonders Äthylen.* (**Ind. P. 56 295** vom 13/1. 1956, ausg. 20/5. 1958. — C. **1959.** 13631 [D. A. S. 1 044 799].)

Esso Research and Engineering Co., V.St.A. (Erfinder: **Isidor Kirshenbaum, Theodor Lemiszka, John F. Johnson** und **Stanley B. Mirviss**), *Oxydation von Aluminiumalkylen.* (**F. P. 1 177 204** vom 6/6. 1957, ausg. 22/4. 1959. A. Prior. 12/6. 1956. — C. **1961.** 1728 [A. P. 2 863 895].)

Deutsche Gold- und Silber-Scheideanstalt vormals Roessler, Frankfurt/M., übert. von: **Karl Wüst**, Hanau, *Reinigung von 1.1.1-Trimethylolalkanen, bes. 1.1.1-Trimethylolpropan.* (**A. P. 2 930 818** vom 14/4. 1958, ausg. 29/3. 1960. D. Prior. 17/4. 1957. — C. **1960.** 7337 [D. A. S. 1 056 595].)

Dow Chemical Co., übert. von: **Arthur W. Anderson**, Midland, Mich., V.St.A., *Hydroxypropyläther von Polyolen.* (**A. P. 2 927 918** vom 24/12. 1956, ausg. 8/3. 1960. — C. **1960.** 8345 [D. A. S. 1 064 938].)

Udic Soc. An. Lausanne, Vevey, Schweiz, *Konzentrierte wässerige Lösungen mehrwertiger Alkohole.* (**Oe. P. 205 014** vom 18/8. 1958, ausg. 25/8. 1959. Schwz. Prior. 6/11. 1957. — C. **1960.** 5642 [D. A. S. 1 058 038].)

Organico, Paris, Frankreich, *Pyrolyse von Ricinolsäure.* (**Ind. P. 56 364** vom 24/1. 1956, ausg. 10/4. 1958. — C. **1960.** 2347 [D. A. S. 1 015 427].)

Distillers Co. Ltd., Edinburgh, England, *Herstellung von aliphatischen Nitrilen.* (**It. P. 513 367** vom 6/5. 1954. E. Prior. 7/5. 1953. — C. **1957.** 2329 [E. P. 744 011].)

Chemische Werke Hüls Akt.-Ges., Deutschland, *Vinylacetat.* (**F. P. 1 187 425** vom 2/12. 1957, ausg. 10/9. 1959. D. Prior. 4/6. 1957. — C. **1959.** 8719 [D. A. S. 1 050 758].)

Badische Anilin- & Soda-Fabrik Akt.-Ges., Deutschland, *Acrylverbindungen.* (**F. P. 1 182 926** vom 18/9. 1957, ausg. 1/7. 1959. D. Prior. 22/9. 1956. — C. **1960.** 5972 [D. A. S. 1 058 048].)

Rohm & Haas Co., V.St.A. (Erfinder: **Newman Mayer Bortnick** und **Marian Frances Fegley**), *Halogenierte Adipate.* (**F. P. 1 179 524** vom 2/7. 1957, ausg. 26/5. 1959. A. Prior. 2/7. 1956. — C. **1961.** 1731 [D. A. S. 1 086 685].)

Welsbach Corp., Philadelphia, Pa., V.St.A. (Erfinder: **Allison Maggiolo**), *Mono- und Dicarbonsäuren durch Oxydation ungesättigter Fettsäuren.* (**E. P. 841 653** vom 6/3. 1958, ausg. 20/7. 1960. — C. **1960.** 6997 [A. P. 2 865 937].)

Badische Anilin- & Soda-Fabrik Akt.-Ges., Ludwigshafen/Rh., *Ungesättigte Dilactone und deren Überführung in Dicarbonsäuren.* (**E. P. 839 437** vom 27/2. 1957, ausg. 29/6. 1960. D. Prior. 29/2. 1956. — C. **1960.** 9724 [D. A. S. 1 071 077].)

B. F. Goodrich Co., V.St.A. (Erfinder: **Richard H. Gill, Harold Henry Radke** und **Carl Harrison Kotheimur**), *Lactonitril.* (**F. P. 1 187 906** vom 31/10. 1957, ausg. 17/9. 1959. A. Prior. 19/11. 1956. — C. **1960.** 6661 [A. P. 2 868 828].)

E. I. du Pont de Nemours & Co., Wilmington, Del., V. St. A., *Reinigung von Lysin.* (**E. P. 804 970** vom 25/7. 1957, ausg. 26/11. 1958. A. Prior. 1/8. 1956. — C. **1960.** 10061 [A. P. 2 894 027].)

International Minerals & Chemical Corp., NewYork, N.Y., übert. von: **Harold L. Fike**, Chicago, Ill., V.St.A., *Herstellung von Asparagin.* (**A. P. 2 860 163** vom 29/12. 1955, ausg. 11/11. 1958. — C. **1959.** 17472 [D. A. S. 1 038 557].)

Ciba Soc. An., Schweiz, *Amide.* (**F. P. 70 836** vom 26/10. 1956, ausg. 1/9. 1959. Schwz. Prior. 27/10. 1955 u. 19/7. 1956. Zusatz zu F. P. 1 162 922; C. 1959. 16867. — C. **1959.** 12056 [Oe. P. 196 065].)

Armour & Co., V.St.A. (Erfinder: **Emil Kaiser** und **Ellen Pauline Gunther**), *Ester von Aminosäuren und Peptiden.* (**F. P. 1 188 253** vom 11/12. 1957, ausg. 21/9. 1959. A. Prior. 13/12. 1956. — C. **1960.** 3697 [D. A. S. 1 055 002].)

General Electric Co., Schenectady, N.Y., V.St.A., *Herstellung von Alkylhalogensilanen.* (**E. P. 848 249** vom 28/11. 1957, ausg. 14/9. 1960. A. Prior. 26/12. 1956. — C. **1960.** 7341 [A. P. 2 887 501].)

Union Carbide Corp., New York, N.Y., V.St.A., übert. von: **Victor Bird Jex** und **John Eugene McMahon**, *Herstellung von Cyanalkylsilanen.* (**E. P. 847 805** vom 21/12. 1956, ausg. 14/9. 1960. A. Prior. 23/12. 1955. — C. **1960.** 11469 [F. P. 1 170 750].)

Metal & Thermit Corp., Rahway, N.J., V.St.A. (Erfinder: **Hugh Edwin Ramsden** und **Sanders David Rosenberg**), *Herstellung von Divinylzinnoxyd.* (**E. P. 840 448** vom 10/9. 1957, ausg. 6/7. 1960. A. Prior. 18/9. 1956. — C. **1959.** 13316 [D. A. S. 1 055 533].)

Studiengesellschaft Kohle m. b. H., Deutschland (Erfinder: **Karl Ziegler**), *Borazane.* (**F. P. 1 186 995** vom 4/6. 1957, ausg. 4/9. 1959. D. Prior. 8/6. 1956 u. 18/1. 1957. — C. **1960.** 15574 [Oe. P. 201 072].)

Stamicarbon N. V., Heerlen, Holland, *Herstellung von Phenol.* (**It. P. 513 541** vom 9/2. 1954. Holl. Prior. 13/2. 1953. — C. **1957.** 13483 [Oe. P. 185 362].)

Union Carbide Corp., V.St.A. (Erfinder: **Cal Yale Meyers**), *Herstellung von Ca-Trimethylolphenolat.* (**F. P. 1 198 735** vom 5/2. 1958, ausg. 9/12. 1959. A. Prior. 15/2. 1957. — C. **1960.** 9726 [A. P. 2 889 373].)

Phenolchemie G. m. b. H., übert. von: **Bergwerksgesellschaft Hibernia Akt.-Ges.**, Deutschland, *Entphenolung von Abwässern.* (**F. P. 1 178 942** vom 16/7. 1957, ausg. 19/5. 1959. D. Prior. 6/8. 1956. — C. **1960.** 10406 [D. A. S. 1 075 119].)

Dow Chemical Co., übert. von: **David A. Gordon** und **Robert L. Hudson**, Midland, Mich., V.St.A., *Herstellung von Diacylresorcinen.* (**A. P. 2 794 052** vom 2/2. 1956, ausg. 28/5. 1957. — C. **1959.** 6635 [E. P. 793 770].)

Henkel & Cie. G. m. b. H., Düsseldorf, *Herstellung von Äther- oder Thioäthercarbonsäuren.* (**It. P. 510 587** vom 3/2. 1954. — C. **1957.** 10337 [D. B. P. 959 012].)

Shell Refining & Marketing Co. Ltd., London, England, *Kontinuierliche Herstellung von Hydroxyarylcarbonsäuren.* (**It. P. 513 046** vom 6/2. 1954. E. Prior. 9/2. 1953. — C. **1956.** 6810 [E. P. 734 622].)

W. C. Heraeus G. m. b. H., Hanau, und **Deutsche Gold- und Silber-Scheideanstalt vormals Roessler**, Frankfurt/M., *Stabilisieren von Arylsulfonalkyl- oder -alkanolaminen.* (**It. P. 512 676** vom 24/12. 1953. D. Prior. 2/1. 1953. — C. **1958.** 3452 [F. P. 1 094 106].)

Joh. A. Benckiser G. m. b. H., Chemische Fabrik, Ludwigshafen/Rh., übert. von: **Arno Debo**, Heidelberg, *Herstellung von Phosphorsäure- und Thiophosphorsäurederivaten.* (**A. P. 2 944 075** vom 19/12. 1957, ausg. 5/7. 1960. D. Prior. 22/12. 1956. — C. **1959.** 301 [D. A. S. 1 034 173] u. C. **1959.** 1324 [D. A. S. 1 033 202].)

Kali-Chemie Akt.-Ges., übert. von: **Herbert Jenkner**, Hannover, *Herstellung von Boralkylen.* (**A. P. 2 945 887** vom 11/3. 1958, ausg. 19/7. 1960. D. Prior. 13/3. 1957. — C. **1959.** 16482 [D. A. S. 1 052 986].)

American Cyanamid Co., New York, N.Y., V.St.A., übert. von: **Thomas Lawe**, Montreal, Canada, *Herstellung von Diaryläthanen.* (**A. P. 2 951 882** vom 27/5. 1953, ausg. 6/9. 1960. — C. **1957.** 7791 [E. P. 755 363].)

General Aniline & Film Corp., New York, N.Y., V.St.A. (Erfinder: **Ralph Gower Davies Moore**), *Diresorcylsulfid aus SCl und Resorcin in Äther.* (**E. P. 797 856** vom 4/5. 1956, ausg. 9/7. 1958. — C. **1960.** 6324 [D. A. S. 1 064 525].)

Farbenfabriken Bayer Akt.-Ges., Leverkusen, *Isonitrone.* (**E. P. 847 338** vom 20/11. 1958, ausg. 7/9. 1960. D. Prior. 2/12. 1957. — C. **1960.** 16938 [D. A. S. 1 061 784].)

Dow Chemical Co., V.St.A. (Erfinder: **Jack Lanern Trask** und **William Francis Tousignant**), *Oxazolidone-(2).* (**F. P. 1 181 047** vom 9/8. 1957, ausg. 11/6. 1959. A. Prior. 24/8. 1956. — C. **1959.** 6296 [A. P. 2 826 587].)

Ciba Ltd., Basel, Schweiz, *Diaryloxazol-Derivate.* (**E. P. 835 892** vom 15/6. 1956, ausg. 25/5. 1960. Schwz. Prior. 17/6. 1955. — C. **1959.** 5301 [F. P. 1 154 527].)

F. Hoffmann-La Roche & Co. Akt.-Ges., Basel, Schweiz, *α-Halogenacetamido-β-chlorpropionhydroxamsäuren und 4-Aminoisoxazolidon-(3).* (**E. P. 791 847** vom 23/7. 1956, ausg. 12/3. 1958. Schwz. Prior. 22/7. 1955. — C. **1959.** 3650 [Oe. P. 193 379].)

Olin Mathieson Chemical Corp., V.St.A. (Erfinder: **Christoph J. Grundmann** und **Alfred Kreutzberger**), *1.2.4-Triazole.* (**F. P. 1 188 430** vom 18/11. 1955, ausg. 22/9. 1959. A. Prior. 22/3. 1955. — C. **1957.** 4533 [A. P. 2 763 661].)

Soc. des Usines Chimiques Rhône-Poulenc, Frankreich (Erfinder: **Igor Scriabine**), *Herstellung von Orotsäure.* (**F. P. 1 179 951** vom 18/1. 1956, ausg. 29/5. 1959. — C. **1959.** 14564 [E. P. 800 709].)

Farbenfabriken Bayer Akt.-Ges., Deutschland, *Heterocyclische Amine.* (**F. P. 1 186 811** vom 7/3. 1955, ausg. 2/9. 1959. D. Prior. 15/3. 1954. — C. **1957.** 12607 [E. P. 765 547].)

Badische Anilin- & Soda-Fabrik Akt.-Ges., Ludwigshafen/Rh., *Herstellung von N-Aminoalkyl-3-chlorphenthiazinen.* (**Ind. P. 58 573** vom 5/10. 1956, ausg. 6/11. 1958. — C. **1959.** 4972 [F. P. 1 150 354].)

Inventa Akt.-Ges. für Forschung und Patentverwertung, Schweiz, *Hexamethylentetramin.* (F. P. 1 186 806 vom 19/6. 1952, ausg. 2/9. 1959. Schwz. Prior. 14/7. 1951. — C. 1955. 1379 [Schwz. P. 295 672].)

Eli Lilly & Co., Indianapolis, Ind., V.St.A., *Herstellung von Lysergsäure und deren Homologen.* (Oe. P. 204 191 vom 27/11. 1954, ausg. 10/7. 1959. A. Prior. 27/9. 1954. — C. 1958. 9067 [F. P. 1 115 726].)

F. Hoffmann-La Roche & Co. Akt.-Ges., Basel, Schweiz, *Herstellung von β-Carotin.* (Oe.P. 204 192 vom 18/6. 1956, ausg. 10/7. 1959. Schwz. Prior. 27/6. 1955. — C. 1958. 12247 [D. A. S. 1 017 165].)

X. Färberei. Organische Farbstoffe

Durch Thiosulfatgruppen löslich gemachte Farbstoffe. Brian Milligan und J. M. Swan. (Textile Res. J. **31.** 18—25. Jan. 1961. Parkville, Victoria, Australien, C.S.I.R.O.) (Engl.)

Das färber. Verh. von Azofarbstoffen, die an Stelle von SO_3Na-Gruppen SSO_3Na-Gruppen enthalten, wird untersucht u. mit den entsprechenden SO_3Na-haltigen-Farbstoffen verglichen. Die Ergebnisse zeigen für die SSO_3Na-Farbstoffe ein gutes färber. Verh. u. vor allem bessere Naßechtheiten als die entsprechenden Sulfogruppen haltigen Farbstoffe. Gleichzeitig wurde gefunden, daß die SSO_3Na-Farbstoffe sich teilweise zersetzen u. hierbei kovalent, analog den Reaktivfarbstoffen, an die Wolle gebunden werden. Wolle-SS-Wolle + Farbst-SSO_3^- → Wolle-SSO_3^- + Wolle-SS-Farbstoff. Das außerdem gebildete symm. Farbstoffdisulfid (Farbstoff-SS-Farbstoff) wird in der Faser abgelagert. — 4 Tabellen, 2 Figuren. 13 Literaturzitate. H. G. FRÖHLICH. 7002□

Allgemeines über die Sternfärberei. Gerd Henes. (Bayer Colorist Nr. **10.** 11—20. 1960.) (Dt.)

Es werden die verschiedenen Sternfärbemaschinen u. ihre Vorteile zum Färben empfindlicher Textilien, die u. a. weder Zug noch Spannung vertragen, beschrieben. Die Hänge-, Liege-, Zirkulations- u. a. Sternfärbemaschine besteht prinzipiell aus Sternreifen, an dem die Ware aufgenadelt wird u. dem dazugehörigen Behälter. A. REIFF. 7020□

Das Färben von Baumwolltrikot mit Phtalogenbrillantblau IF3GK und Phtalogentürkis IFBK auf der Haspelkufe. Helmut Zaiser. (Bayer Colorist Nr. **10.** 38—44. 1960.) (Dt.)

Es wird die Anwendung genannter Farbstoffe mit Phtalofix FN zur Erzeugung indanthrenechter Färbungen auf Baumwolltrikot beschrieben sowie Vor- u. Nachbehandlung der Ware. A. REIFF. 7020□

Das Färben von Cellulosetriacetatfasern. I. M. S. Walls. (SVF Fachorgan Textilveredlung **11.** 233—41. Mai 1956. Manchester, ICI.)

Vf. beschreibt Verff. u. Maschinen zur Färbung von Cellulosetriacetatfasern mit Dispersionsfarbstoffen (**I**) u. Entw.-Farbstoffen (**II**). Bei **I** haben sich Temp. von 95 bis 100° als optimal erwiesen. Bei **I** werden erwähnt: Dispersolechtgelb A, Dispersolechtorange A, Duranolrot X3B. Bei **II** werden Duranolblau C, Brentaminechtbasen bzw. Dispersoldiazoschwarz mit Brentosyn BB oder Brenthol FO u. FR gekuppelt. Solche Farbstoffe zeichnen sich bei Triacetatfasern bes. durch Naß-, Licht-, Abgas-, Trockenreinigungs-, Thermofixier- u. Plissierechtheit aus. J. MILLER. 7020□

Das Färben von Cellulosetriacetat auf kommerziellen Färbeapparaten. V. S. Salvin. (SVF Fachorgan Textilveredlung **11.** 243—48. Mai 1956.)

Cellulosetriacetat (Arnel) wurde bisher nur mit den Dispersionsfarbstoffen gefärbt — es werden 38 genannt. Das Färbe-Verf. auf dem Jigger u. Haspelkufe, desgleichen Druckfärbeprozesse u. das Färben von Arnel in der Flocke auf einer SMITH-Drum -Färbemaschine u. das Färben in Pack-App. sowie das Baumfärben von Arnel-Trikot u. lose gewobenen Geweben unter Druck auf der Burlington-Druckfärbemaschine werden beschrieben. J. MILLER. 7020□

Färben von Triacetatfasern. G. Siegrist. (SVF Fachorgan Textilveredlung **11.** 248—50. Mai 1956. Basel, J. R. Geigy A.G.)

Es wird das Färben von Arnel (AMERICAN CELANESE CORP.), Courpleta (COURTAULDS), Tricel (BRITISH CELANESE LTD.), Trilan (CANADIAN CELANESE LTD.) unter Verw. von Setacylfarbstoffen beschrieben. Die Naßechtheit wird durch Thermofixierung verbessert. J. MILLER. 7020□

Das Färben von Polyesterfasern des Terylen-Typs und deren Mischungen. W. M. Sokół. (Przegląd włókienniczy **14.** 493—501. Sept. 1960. Manchester, ICI.) (Pol.)

Übersicht. F. URBAN. 7020□

Das Zweiphasen-Druckverfahren. Johannes Eibl. (Bayer Colorist Nr. **10.** 21—37. 1960.) (Dt.)
Es werden die verschiedenen Zweiphasendruck-Verff., wie das Rongalith–Pottasche-, Rongalit C-, Rongal A- u. a. Verff. mit den entsprechenden Dämpf- u. Fixieranlagen u. ihre Vorteile besprochen. A. REIFF. 7022□

General Aniline & Film Corp., New York, N.Y., übert. von: John Taras, Alpha, N.J., und David I. Randall, Easton, Pa., V.St.A., **Farbstoffpräparat** enthält neben einem Leukoestersalz eines Küpenfarbstoffes ein Azol der Formel **I** oder **II**, ein Pyrimidin der Formel **III** oder ein Benzotriazol der Formel **IV** oder **V** bzw. ein **V**-Oxyd

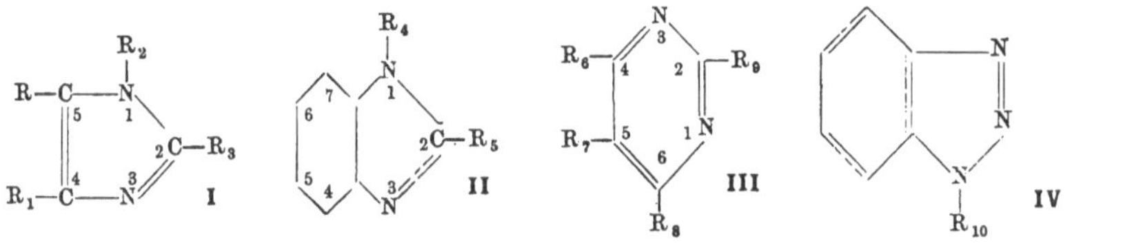

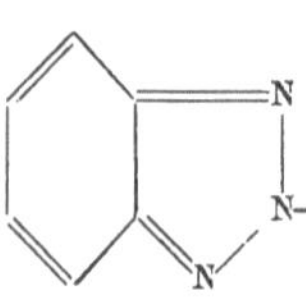

V

(R = H oder Phenyl; R_1 = H, Alkyl, Aminoalkyl, Hydroxymethyl, Carboxy, Carboxymethyl, Carboxyäthyl oder Phenyl; R_2 = H, Alkyl, Hydroxyalkyl, Carboxy, Carboxyalkyl, Phenyl oder Benzyl; R_3 = H, Alkyl, Hydroxyalkyl, Carboxyalkyl oder Phenyl; R_4 = Acetyl, H, OH, Alkyl oder Cyanoalkyl; R_5 = H, Alkyl, Hydroxyalkyl, Amino oder 1.2.3.4-Tetrahydroxypentyl; R_6 u. R_8 = Amino, H, OH oder CH_3; R_7 = H, CH_3 oder C_2H_5; R_9 = Amino, H, OH, CH_3, Phenyl oder Oxo; R_{10} = H, Alkyl, OH, Hydroxyphenyl oder Acetyl; R_{11} = H, Alkyl oder Carboxymethyl bzw. im Falle des N-Oxyds ein Arylrest der Benzolreihe. Mit „Alkyl" bzw. „alkyl" sind immer niedermol. Gruppen gemeint!). Durch diese Zusätze wird bes. die Löslichkeit der Leukoestersalze erhöht, aber auch die Stabilität der mit den Präpp. hergestellten Druckpasten u. die Qualität der Drucke verbessert. Geeignete Zusätze sind z. B. Imidazol, 1-Methylimidazol, Pyrimidin, 2-Phenyl-4.6-dimethylpyrimidin, Benzotriazol u. 2-(4-Hydroxyphenyl)-benzotriazol. (**A. PP. 2 940 813, 2 940 814** u. **2 940 815** vom 4/12. 1953, ausg. 14/6. 1960.) F. BÖHM. 7007

Comp. Française des Matières Colorantes, Paris, Frankreich, **Herstellung von aromatischen Aminen,** die an der Aminogruppe sulfoniert sind, der allg. Formel **I,**

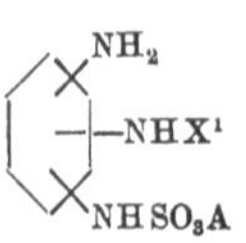

in der X^1 für H oder eine $-SO_3A$-Gruppe steht u. A H oder ein äquivalentes Kation bedeutet, durch Behandlung eines Benzol-Deriv., das durch eine Aminogruppe oder in eine solche zu reduzierende Gruppe, z. B. Nitrogruppe, substituiert ist, mit einem Sulfonierungsmittel, z. B. Chlorsulfonsäure oder SO_3. — Beispiele für **I**: Natrium-1.2.4-triaminobenzol-N^1-sulfonat; Natrium-1.2.4-triaminobenzol-$N^1.N^4$-disulfonat. — *Oxydationsfärbemittel*, bes. für *Fasern*. (**Ind. P. 56 410** vom 30/1. 1956, ausg. 2/5. 1958.) H. NEBELSIEK. 7007

Farbenfabriken Bayer Akt.-Ges., Deutschland, **Herstellung von Eisfarben beim Bedrucken von Textilien** unter gleichzeitiger Verw. einer für die Eisfarben-Herst. üblichen Kupplungskomponente u. einer durch Diazotierung von monobenzoylierten p-Diaminobenzolen (I) gewonnenen Verb. (X_1 = Halogen oder Alkylrest; X_2 = Halogen, Alkyl- oder Alkoxyrest). — 95 (g) 1-Amino-3-chlor-4-benzoylamino-6-methylbenzol (**II**) werden diazotiert u. mit 2-Methylamino-5-sulfobenzoesäure gekuppelt. Die entstandene Diazoamino-Verb. wird als Na-Salz mit der äquivalenten Menge 1-[2'-Hydroxynaphthoyl-(3')-amino]-2-methyl-4-methoxybenzol gemischt. 60 g des Gemisches werden in 50 ml A. u. 12—15 g NaOH (38° Bé) in 300 ml W. gelöst u. nach Zusatz von 500 g eines Verdickungsmittels mit W. auf 1000 ml verdünnt. Man erhält eine Druckpaste. Nach dem Aufbringen der Druckpaste auf den Textilstoff wird dieser zunächst getrocknet u. danach 5—10 Min. mit Wasserdampf behandelt, wobei der Farbstoff auf der Faser entwickelt wird. Man erhält eine klare u. lichtechte Bordeauxfarbe. — In einem weiteren Beispiel ist **II** durch 1-Amino-3-methoxy-4-benzoylamino-6-chlorbenzol ersetzt. — Vgl. D. B. P. 950 280; C. **1957.** 3398. (**F. P. 1 138 220** vom 27/12. 1955, ausg. 11/6. 1957. D. Prior. 31/12. 1954.)

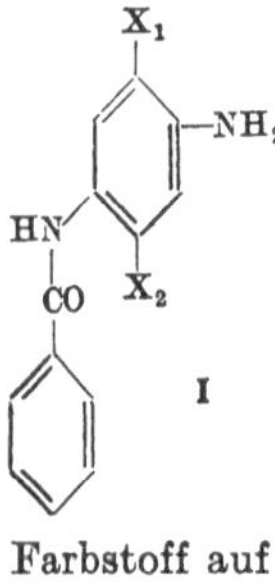

I

M. F. MÜLLER. 7023

Farbenfabriken Bayer Akt.-Ges. (Erfinder: Franz Bechlars, Leverkusen, Gerd Müller, Köln, Herbert Detzner, Leverkusen, und Hartmut Grahmann, Köln), **Herstellung wasserunlöslicher Monoazofarbstoffe.** Zu D.B.P. 963 458; C. **1959.** 3653 sind nachzutragen: *1-Amino-2-nitro-4-acetylaminobenzol* (I) → *N-[2-Hydroxynaphthoyl-(3)]-2-methoxyanilin*, rotbraunes Pulver. — I → *N-[2-Hydroxynaphthoyl-(3)]-2.4-dimethoxy-5-chloranilin*, rotbraunes Pulver. — *1-Amino-2-nitro-4-acetylamino-5-methylbenzol* → *N-[2-Hydroxynaphthoyl-(3)]-o-toluidin*, orangefarben. (**F. P. 1 154 966** vom 18/7. 1956, ausg. 18/4. 1958. **E. P. 804 673** vom 12/7. 1956, ausg. 19/11. 1958. **Schwz. P. 346 955** vom 22/6. 1956, ausg. 30/7. 1960. Alle D. Prior. 20/7. 1955 u. 14/5. 1956. **D. A. S. 1 047 341** Kl. 22a vom 14/5. 1956, ausg. 24/12. 1958. **Zusatz zu D. B. P. 963 458; C. 1959. 3653.**) EBERHARD RIEDEL. 7053

Farbenfabriken Bayer Akt.-Ges. (Erfinder: Hans-Samuel Bien und Fritz Baumann), Leverkusen, **Küpenfarbstoffe.** Zu E. P. 838 755; C. **1961.** 3160 ist nachzutragen: Wenn man 67 (Teile) des Farbstoffs **I**, den man durch Erhitzen von α-(Anthrachinonylamino)-benzanthroncarbonsäure-(α-anthrachinonyl)-amiden mit alkohol. KOH bei Temp. um 100° erhalten kann, in 330 Nitrobenzol (**II**) mit 17 Br_2 u. 2 J_2 solange auf 120° erhitzt, bis der Br-Geh. 10,7% beträgt, erhält man einen Baumwolle (**A**) aus korinthfarbener Küpe blaustichiggrau färbenden Farbstoff. Durch Bromieren von **I** in H_2SO_4 bis zum gleichen Br-Geh. wird ein ähnlicher Farbstoff erhalten. — Werden 67 **I** in 330 **II** mit 23 SO_2Cl_2 bei 20—30° verrührt, bis der Cl-Geh. 5% beträgt, so wird ein Farbstoff erhalten, der **A** aus korinthfarbener Küpe echt grünstichiggrau färbt. (**D. A. S. 1 095 968** Kl. 22b vom 13/5. 1957, ausg. 29/12. 1960.) O. ROICK. 7059

XIa. Farben. Anstriche. Lacke. Naturharze

Technische Aspekte des Aerosol-Farbauftrages. J. J. McAnally. (Off. Digest Federat. Soc. Paint Technol. **32.** Nr. 426. 1002—08. Juli 1960. Krylon, Inc.) (Engl.)

Diskussion über Anstrichaerosole einschließlich Behälter, Ventile, Montage u. Anstrichtypen, die aerolisiert werden können. K. WEKUA. 7090□

Bestimmung der Teilchengröße, der Verteilung und der spezifischen Oberfläche von Pigmenten für den Aufbau von Anstrichstoffen. O. Kolář, Z. Pelzbauer und F. Kašpar. (Plaste u. Kautschuk **8.** 51—54. Jan. 1961. Pardubice, Forschungsinst. für synthet. Harze u. Lacke.) (Dt.)

Die elektronenmkr. Ausmessung des MARTIN-Durchmessers, die Sedimentations-Meth. von ANDREASEN, die Gasadsorption nach BET, sowie die Luftdurchlässigkeit nach *Carman*, werden als Meth. zur Best. der Größe u. Verteilung der Teilchen sowie der spezif. Oberfläche, verglichen. Zur Messung wurden Pigmente u. Füllstoffe aus TiO_2 u. $CaCO_3$ verwendet. Vff. führen die Berechnungsformeln u. die nach den verschiedenen Meth. erhaltenen Werte an. Dabei zeigt sich, daß sich zur Best. der Teilchengröße u. ihrer Verteilung am besten die mkr. Meth. eignet, während die spezif. Oberfläche nach BET oder *Carman* bestimmt werden sollte, wobei erstere meist höhere Werte liefert, da sie auch die Porenoberflächen erfaßt. Die Meth. nach ANDREASEN läßt sich lediglich zur Betriebskontrolle verwenden. H. PENN. 7092□

Anwendung von amorpher Kieselsäure als Mattierungsmittel für klare Deckanstriche. H. S. Ritter. (Off. Digest Federat. Soc. Paint Technol. **32.** Nr. 426. 495—507. April 1960.) (Engl.)

Betrachtungen über den Mechanismus, wie die feinen Partikel eine Mattierung von klaren Deckanstrichen hervorrufen können u. über die Eigg. der zur Mattierung verwendeten Kieselsäure (I). Die feinverteilte, amorphe ausgefällte I (Hi-Sil-X 303) im weiteren als Silica D bezeichnet, wurde als Mattierungsmittel für Firnisse u. Lacke untersucht. Diagramme der Mattierungsfähigkeit dieses Prod. in verschiedenen Deckanstrichen im Vgl. mit 3 anderen feinverteilten I-Arten wurden angegeben. Es wurde gezeigt, daß Silica D in vielen Fällen für Mattierungen klarer Decklacke mit genau so gutem Erfolg verwendet werden kann, wie andere I-Arten. K. WEKUA. 7096□

Der Einfluß von Gamma- und Neutronenstrahlung auf die Eigenschaften von Lackanstrichen. Zbigniew Jedliński, Zdzisław Hippe und Tadeusz Umiński. (Przemysł chem. **39.** 110—12. Febr. 1960. Gliwice, Politechn. Śląska, Kat. Technol. Powłokochronnych.) (Pol.)

Durch 3 Monate lange Bestrahlung mit einem 100 mC-Präp. (^{226}Ra mit Be-Schirm) werden Lackanstriche aus Polyvinylbutyral, Vinylchlorid–Polyvinylisobutyläther-Copolymeren, Alkydharzen u. polymerisiertem Leinöl elastischer u. fester. Anstriche aus Chlorkautschuk, chloriertem Polyvinylchlorid u. mit Tungöl modifiziertem Phenol-Formaldehyd-Harzen werden dagegen spröde u. haften schlechter. F. URBAN. 7106□

Spektrale Reflexion von weißen Anstrichen. V. R. Ivanuski und E. H. Tompkins. (J. Oil Colour Chemists' Assoc. **43.** 833—41. Dez. 1960. Chicago, Ill., Inst. of Technology, Armour Res. Found.) (Engl.)

Vff. haben die Reflexionsspektren von Anstrichen im sichtbaren u. im IR-Gebiet gemessen. Eine zwar schwache, aber doch deutliche Absorption im UV am Ende des sichtbaren Spektrums erwies sich als durch geringe Pigmentdispersion u. hohe Porösität bedingt. MgO, vermischt mit gebleichter Diatomeenerde, ergab Anstriche, die auf einem breiten Spektralgebiet weiß waren. Deckanstriche mit MgO auf r-Titanoxyd (DU PONT R-100) oder a-Titanoxyd (Titanox AMO) vergrößern die Reflexion in der Nähe von UV nicht wesentlich, wenn der Überzug ziemlich dick war. Pigmentierte keram. Anstrichmittel gehören zu den am besten brauchbaren Reflektoren in der Nähe des Infrarot.

K. WEKUA. 7106□

Fungicide Anstrichmaterialien. H. Hirschfeld. (Fette, Seifen, Anstrichmittel **61.** 1233—39. Dez. 1959. Seelze/Hannover, Riedel-de Haën A.G., Anwendungstechn. Abt.) (Dt.)

Geeignete Fungicide gegen Schimmelpilzbefall von Anstrichstoffen sind organ. Hg-, Sn- u. Cu-Verbb., deren Darst. u. Eigg., prakt. Anwendung u. Verarbeitung in Anstrichen geschildert werden. Auch biolog. Kurzprüf-Meth. werden aufgezeigt.

B. SCHEIFELE. 7106□

Die Berechnung der Viscositäten binärer Systeme. L. J. Baranyai. (J. Oil Colour Chemists' Assoc. **43.** 787—800. Nov. 1960. Normanhurst, NSW., Australia.) (Engl.) — Vgl. C. **1961.** 310.

Nach Ableitung der Formel des Vf. zur Berechnung der Viscosität wird die Brauchbarkeit derselben an Hand graph. Darst. von gemessenen u. berechneten Viscositäten bei 22 bin. Syst. aus 10 verschiedenen monomeren Lsgm. bei den verschiedenen Konzz. diskutiert.

L. KEMPF. 7156

Egyesült Izzólámpa és Villamossági R.T. (Erfinder: Ferenc Kardos), Budapest, Ungarn, **Herstellung von luminescierenden Stoffen** aus den Komponenten in der Flamme, wobei die eine Komponente eine brennbare organ. Verb. sein muß. Die nicht brennbare Komponente wird fein verteilt u. in Form einer durch Wärmebehandlung zersetzbaren Verb. in der Flamme zerstäubt. — *Ca-Silicat-Leuchtpulver* werden hergestellt, indem man die eine Komponente, das als Aktivator benützte Blei, in Form von Pb-Tetraäthyl mit $SiCl_4$ oder einer organ. Si-Verb., z. B. Tetraäthylsilicat, vermischt, die Mischung in den Brenner leitet, entzündet u. in die Flamme Ca- oder Mn-Verbb., zweckmäßig $CaCO_3$ oder $MnCO_3$, sprüht. Das gewonnene Leuchtpulver wird aufgefangen. Der O_2-Geh. des Ca-Silicats wird durch die Menge des in die Flamme geleiteten O_2 geregelt. (**Ung. P. 148 344** vom 23/12. 1958, ausg. 20/1. 1961.)

F. LANDSBERGER. 7093

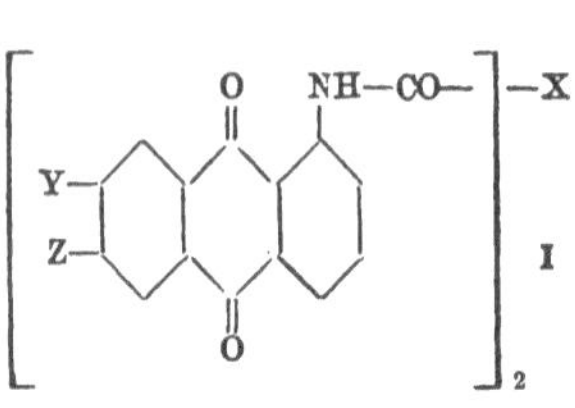

Sandoz Akt.-Ges., Basel (Erfinder: Klaus Ehrhardt, Fritz Kehrer, Basel, und Wolfgang Schoenauer, Riehen), Schweiz, **Zum Färben von Natur- und Kunstharzen, Druckpasten, Ölen, Lacken und Papierrohstoff** verwendet man gelbe *Anthrachinon-Pigmentfarbstoffe* der Formel **I**, in der X einen ggf. weitersubstituierten Phenylenazophenylen- oder Phenylenazoxyphenylenrest, y = H, F, Cl oder Br u. Z = H, F, Cl oder Br bedeuten. (**Schwz. P. 350 747** vom 16/8. 1957, ausg. 31/1. 1961.)

M. BÖTTCHER. 7093

Byk, Gulden, Lomberg, Chemische Fabrik G. m. b. H., Konstanz (Erfinder: Emil Dreher, Stockach, und Fritz Räck, Konstanz), **Verhinderung des Absetzens von Pigmenten und anderen Füllstoffen in Überzugsmitteln, vorzugsweise in solchen mit polaren Lösungsmitteln.** Es werden in organ. Lsgm. lösl. Salze von Phosphorsäuren mit wasserunlösl. tert. Aminen in Mengen von 0,1—0,7%, bezogen auf den Feststoff-Geh., verwendet. Geeignet z. B. Mono- oder Di-tributylaminphosphat, Mono- u. Bis-[dimethylcyclohexylamin]-phosphat. (**D. A. S. 1 099 109** Kl. 22g vom 11/10. 1957, ausg. 9/2. 1961.)

P. KRUG. 7097

LICENTIA Patent-Verwaltungs-G. m. b. H., Hamburg (Erfinder: Paul Nowak und Franz Josef Bollig, Kassel), **Verbesserung der Haftfähigkeit von Siliconkautschuk auf metallischen Oberflächen,** bes. Eisenoberflächen, durch eine Grundierung, dad. gek, daß die Oberflächen vor dem Auftrag des Decküberzuges mit saure Eisenphosphate enthaltenden oder diese bildenden Verbb. in Kombination mit einer als Haftgrundierung an sich bekannten Mischung aus Äthoxysilanen u. bzw. oder Äthylsilicat oder deren Polymeren mit freien Estergruppen behandelt werden. — Beispiel: Alkohol. Lsg. aus 80 (Teilen) Methyltriäthoxysilan, 40 Dimethyldiäthoxysilan, 30 Äthylsilicat, 3,5 einer Lsg. aus 1 $FeCl_3$ u. 1 H_3PO_4 (60%ig.) in 8 Alkohol. (**D. A. S. 1 056 979** Kl. 75c vom 13/9. 1956, ausg. 6/5. 1959.) E. WEISS. 7097

Gulf Oil Corp., Pittsburgh, Pa., V.St.A., **Korrosionsschutzmittel,** enthaltend als Festkörper 2—15 (Gewichts-%) eines mikrokrist. Wachses (F. 140—170° F) 10—50 eines Metallsalzes von einem modifizierten Phenolformaldehydharz (**I**), 5—40 Al-Pigment u. 0,1—3 eines neutralen Umsetzungs-Prod. aus einem sauren Isoamyloctylphosphat mit einem prim. Fettamin (8—18 C-Atome). Als Verdünnungsmittel werden z. B. Hexan, Leichtbenzin oder Bzl. verwendet. **I** ist modifiziert durch Einbau von gesätt. oder einfach ungesätt. Monocarbonsäuren mit wenigstens 8 C-Atomen in Ggw. eines höheren Fettalkohols oder von einem Ester dieser Säuren mit diesem Alkohol. Ein geeignetes **I** ist z. B. das Ca-Salz eines mit Wollfett modifizierten Phenolformaldehydharzes. (**E. P. 835 883** vom 15/5. 1956, ausg. 25/5. 1960. A. Prior. 27/6. 1955.) P. KRUG. 7107

Karl Buser und Werner Heidinger, Deutschland, **Härten von Epoxydharz (I)** allein oder in Gemischen mit anderen Harzen, wobei man als Härtungsmittel (**II**) ein Gemisch von Dicarbonsäuren verwendet, z. B. bestehend aus 8—12 (%) Oxal-, 10—15 Bernstein-, 50—55 Glutar- u. 20—30 Adipinsäure. **II** kann ein gereinigtes Nebenprod. der HNO_3-Oxydation von Cyclohexanon zu Adipinsäure sein, welches ggf. therm. oder mit Acetylchlorid oder Acetanhydrid nachbehandelt wurde. — 68 (Gewichtsteile) **I** (Molgew. 523) werden mit 20,5 **II** 30 Min. lang bei 140° verschmolzen. Man erhält ein leimartiges Produkt. — Elast., wasserbeständige *Plaste, Leime* oder *Überzüge*. (**UdSSR. P. 117 361** vom 13/7. 1957.) B. PANKOW. 7107

Devoe & Raynolds Co., Inc., übert. von: Darrell D. Hicks, Harold G. Cooke jun. und John E. Masters, Louisville, Ky., V.St.A., **Härtungsmittel für Polyepoxyde** (**I**) sind eine Anhydrid- u. eine COOH-Gruppe aufweisende Addukte (**II**) aus Maleinsäureanhydrid u. Naturharzsäuren, wobei 0,2—2,0 Epoxydäquivalente je COOH-Äquivalent angewendet werden u. das Aushärten z. B. bei 150° erfolgt. — An Stelle der **II** werden auch Mischpolymerisate (**III**; in Lsg.) aus 30—85 (Teilen) Acryl- bzw. Methacrylsäurealkyl ($< C_{10}$)-ester u. 15—70 Malein- bzw. Fumarsäuremonoalkylestern angewendet, wobei 0,7—2,0 Epoxydäquivalente je COOH-Äquivalent treffen. — Im Fall der **II** sind die **I** mehrere Epoxydgruppen aufweisende Glycidyläther mehrwertiger Phenole oder Alkohole u. polyepoxydierte Ester ungesätt. Fettsäuren, wie epoxydierte Öle, im Fall der **III** zusätzlich noch epoxydierte Polyester, Diolefine u. Kondensate cycl. Aldehyde. — N-Verbb. (Amine) können mitverwendet werden. — Herst. von *Überzügen*. (**A. PP. 2 947 711** vom 1/8. 1955, ausg. 2/8. 1960 u. **2 949 438** vom 4/11. 1957, ausg. 16/8. 1960.) G. TEWES. 7107

Gerhard v. Hintzenstern, Leipzig, **Herstellung von Folien oder Schichten aus hochpolymeren Isocyanaten.** Polyisocyanate werden in Ggw. von N-Dialkylfettsäureamiden, wie Dimethylformamid, zu Höhermolekularen umgewandelt, deren Lsgg. zu *Filmen* oder *Überzügen* verarbeitet werden können. Vermutlich entstehen Ketten mit nebenst. Gliedern. — 50 g Toluylendiisocyanat u. 50 g Dimethylformamid werden 8 bis 10 Std. lang bei 70° gehalten, oder man läßt die Mischung 14 Tage lang bei Raumtemp. stehen. Die Mischung kann zu einem *Film* ausgegossen werden. (**D. P. [DDR] 20 687** Kl. 39b vom 11/7. 1958, ausg. 23/1. 1961 [Wirtschaftspatent].) M. PANKOW. 7107

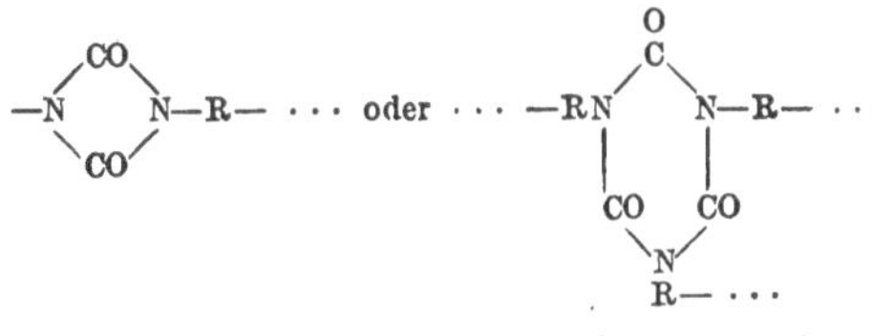

Herbig-Haarhaus Akt.-Ges. Lackfabrik Köln-Bickendorf (Erfinder: Friedrich Augustin, Köln-Lindenthal, und Helmut Dix, Kastellaun/Hunsrück), **Herstellen von Überzügen mit metallischem Glanz durch Einreiben eines Metalls in den Überzug,** dad. gek., daß auf die mit dem Überzug zu versehende Fläche zunächst eine Masse aufgebracht wird, die aus 0,5—1 (Teil) W., 1 einer 50%ig. Dispersion auf Basis eines thermoplast. Kunstharzes u. 1,5—2,5 eines Gemisches von ca. 55% Eisenglimmer, ca. 35% Graphit u. ca. 10% Kaolin besteht, u. unmittelbar nach dem Trocknen der aufgebrachten Masse in diese das Metall, z. B. mittels einer aus einem weichen Metall bestehenden Bürste, eingerieben wird. — Mengenbeispiel. (**D. A. S. 1 073 914** Kl. 75e vom 17/1. 1957, ausg. 21/1. 1960.) E. WEISS. 7107

E. I. du Pont de Nemours & Co., Wilmington, Del., V.St.A., **Mit einem Schutzüberzug versehene Folien** aus z. B. *Cellulose* oder *Polyestern.* Auf die flexiblen Grundschichten wird wenigstens einseitig eine Überzugsmasse aufgetragen, die als Filmbildner

eine Mischung aus 80—99 (%) eines Polymerisats aus einem olefin. ungesätt. KW-Stoff (z. B. Polyäthylen, -propylen, -styrol), 0,5—10 einer organ. Verb. mit mehreren —N=C=X-Gruppen (wobei X = O oder S), z. B. Diisocyanate oder Polyurethane mit Isocyanat-Endgruppen sowie 0,5—10 eines cyclisierten Kautschuks enthält. — Die überzogenen Folien eignen sich z. B. für Verpackungszwecke bzw. zur Herst. von Klebe- oder Tonbändern. (**E. P. 835 855** vom 14/5. 1958, ausg. 25/5. 1960. A. Prior. 21/5. 1957.)
P. KRUG. 7107

Sandoz Soc. An., Schweiz, *Anthrachinonfarbstoffe.* (**F. P. 1 167 798** vom 16/11. 1956, ausg. 28/11. 1958. Schwz. Prior. 18/11. 1955. — C. **1960.** 16605 [A. P. 2 870 172].)

Hardman & Holden Ltd., Manchester, England, *Herstellung von organischen Aluminiumverbindungen.* (**Ind. P. 56 412** vom 30/1. 1956, ausg. 28/4. 1958. E. Prior. 11/2. 1955. — C. **1960.** 3390 [Holl. P. 91 062].)

Kurt Müller, Heilbronn, *Herstellung von Korrosionsschutzüberzügen auf Eisen und Stahl.* (**D. A. S. 1 063 435** vom 21/1. 1954, ausg. 13/8. 1959. — C. **1960.** 5656 [Belg. P. 535 039].)

Farbenfabriken Bayer Akt.-Ges., Leverkusen, *Thixothrope Urethanöle.* (**E. P. 840 830** vom 20/1. 1958, ausg. 13/7. 1960. D. Prior. 2/2. 1957. — C. **1960.** 2357 [D. A. S. 1 049 575].)

Farbenfabriken Bayer Akt.-Ges. (Erfinder: **E. Zankl** und **R. Hebermehl**), Leverkusen, *Thixothrope Urethanöle.* (**Belg. P. 564 415** vom 31/1. 1958, ausg. 17/6. 1960. D. Prior. 2/2. 1957. — C. **1960.** 2357 [D. A. S. 1 049 575].)

XIb. Plaste (Kunstharze. Plastische Massen)

Polymerisationsinitiatoren. B. Waeser. (Kolloid-Z. **168.** 57—65. Jan. 1960. Elmshorn b. Hamburg.)
Kurzer Überblick über einige allg. Grundlagen u. der neuesten Literatur über Polymerisationsinitiatoren sowie repräsentativer Querschnitt der einschlägigen Patentliteratur. E. KLEVER. 7170□

Kunststoffe. Raymond B. Seymour. (Ind. Engng. Chem. **50.** Nr. 9 [Part II.] 1470—78. Sept. 1958. Loven Chem. of California.) (Engl.)
Fortschrittsbericht 1957 über Kunststoffanwendungen als Konstruktionsmaterialien, Rohre u. in der Industrie (Polyolefine, Vinylharze, Polyfluorkohlenstoff-Verbb., Polyester, Epoxyharze). — 231 Literaturangaben. R. SCHÄFF. 7170□

Schweißtechnik bei Kunststoff-Folien. R. Valecka. (Kunststoffe **50.** 590—93. Okt. 1960. München.) (Dt.)
Vf. geht nach kurzer Charakterisierung des Heißsiegel- u. Wärmeimpuls-Verf. auf das Hochfrequenzschweiß-Verf. ein, das für Thermoplastfolien mit zu geringen Verlustfaktoren u. für deren Verbindung mit nichtthermoplast. Werkstoffen u. Trägerstoffen, wie Pappen u. Span- oder Faserplatten, unter Verw. von Schweißhilfsmitteln angewandt wird. H.-J. TASCHOW. 7170□

Stabilisatoren für PVC-Verbindungen. H. Verity Smith. (Rubber J. int. Plastics **138.** 966—70. 25/6. 1960. Basel, Meister AG.) (Engl.)
Das handelsübliche PVC ist nicht linear u. daher nicht therm. stabil. Die Temp., bei der die Stabilisierung erfolgt, richtet sich je nach dem verwendeten Kalandertyp. Sie liegt zwischen 170—200°. Ebenso liegt die Rk.-Zeit je nach Maschinentyp zwischen 5 u. 35 Minuten. 50% aller PVC-Prodd. werden in Europa mit Pb-Stabilisatoren (zweibas. Pb-Phosphit) stabilisiert. Die ersten PVC-Stabilisatoren waren Amine (Diphenylharnstoff, 2-Phenylindol, Monophenylharnstoff, Diphenylthioharnstoff). Andere verwendete Verbb. sind z. B. Ba–Cd-Laurat, Ba–Zn-Stabilisatoren u. neuerdings Organo–Sn-Verbb., wie Dibutyl–Sn-Dilaurat. F. KATZENDORF. 7172□

Einfluß der Schmelzbedingungen auf die Kristallisation von Polypropylen. Josef Majer. (Kunststoffe **50.** 565—67. Okt. 1960. Brno, Forschungsinst. für makromol. Chemie.) (Dt.)
Vf. studierte den Einfl. der Schmelz-Temp. im Bereich von 190—220° auf den Kristallisationsmechanismus von Polypropylen. Bei 140° wurde die zeitliche Änderung des spezif. Vol. dilatometr. bestimmt. Der Kristallisationsverlauf wurde mit einer modifizierten AVRAMI-Gleichung ausgewertet. Durch Erhöhung der Schmelz-Temp. unter Beibehaltung der Schmelzdauer werden alle Restkerne aus der Schmelze schrittweise entfernt, was der wachsende Wert der AVRAMI-Konst. u. auch das ansteigende spezif. Vol. der Probe vor einsetzender Kristallisation beweist. Durch Extrapolation der Temp.-Kurven der AVRAMI-Koeff., Gleichgewichts-Konst. u. spezif. Vol. wurde zur Erreichung einer vollkommen „leeren" Schmelze eine Temp. von 235—240° bestimmt.
H.-J. TASCHOW. 7172□

Alterung und Weichmacherbeständigkeit von Abdichtungsfolien aus PVC-weich. K. Lufsky und M. Zöpfel. (Plaste u. Kautschuk **4.** 283—87. Aug. 1957. Berlin, Ministerium für Aufbau, Inst. für Typung.) (Dt.)

Die Probleme der Alterung, biolog. Einw., Weichmacherwanderung u. Weichmacherauswaschung bei Anwendung von weichgemachten Polyvinylchloridfolien für Abdichtungen von z. B. Bauwerken gegen Feuchtigkeit, entsprechende Unterss. u. die Folgerungen daraus werden erörtert. R. SCHÄFF. 7172□

Acrylemulsionen in der Aquarellmalerei. B. Barolo und W. Ghiglia. (Materie plast. **26.** 1050—57. Nov. 1960.) (Ital.)

Nach Aufzählung der verschiedenen, für die Aquarellmalerei verwendbaren Plastemulsionen (E), wie Styrol-Butadien-Latices, Polyvinylacetat- u. Acrylemulsionen (I), ferner E aus Copolymeren des Vinylacetats mit Acrylsäure-, Maleinsäure- oder Fumarsäureestern, werden bes. die Eigg. der I näher erörtert u. mit den Eigg. der anderen E verglichen. Auf Grund der besseren filmbildenden Eigg. u. der Variationsmöglichkeit bes. Eigg. durch Verw. verschiedener Acrylester oder deren Copolymeren, wird den I der Vorzug gegeben. — Tabellen. G. PIEKARSKI. 7172□

Beziehung zwischen der Aktivität von Peroxyden und der Polymerisation. O. L. Mageli, S. D. Stengel und D. F. Doehnert. (Ind. Plast. mod. **11.** Nr. 7. 46—48. Juni 1959.) (Franz.)

Die Aktivitäten von 21 Peroxyden u. Perestern bei verschiedenen Polymerisationsbedingungen von Polyesterharzen u. deren Zusammenhang mit der Gelierzeit wurden untersucht. R. SCHÄFF. 7176□

Die Kristallinität und morphologischen Strukturen von Polyamiden. Ihr Einfluß auf Spritzguß- und Strangpreßartikel. Alfred Müller und Richard Pflüger. (Plastics **24.** 350—56. Sept. 1959. Ludwigshafen/Rh., Bad. Anilin- u. Soda-Fabrik.) (Engl.) — Vgl. C. **1961.** 4534.

Vff. zeigen, daß die physikal. u. technolog. Hauptmerkmale von Polyamiden in großem Maße durch die Kristallinität bestimmt werden. Daneben müssen aber auch solche Erscheinungen, die auf morpholog. Strukturen zurückzuführen sind, berücksichtigt werden. Diese Kristallitstrukturen wurden mit dem Polarisationsmikroskop sichtbar gemacht (zahlreiche Photos von Mikrotomschnitten von verarbeiteten Polyamidtypen u. *Ultramid BMK* u. *-AK*). R. SCHÄFF. 7180□

Über die Transparenz der Nylon-Polyamide. F. Mailly. (Ind. Plast. mod. **9.** Nr. 9. 16—17. Sept./Okt. 1957. Ets. L.I.E.P.) (Franz.)

Verarbeitungshinweise. R. SCHÄFF. 7180□

Untersuchung des Fräsens von Celluloseacetatfolien. Peignon und Delord. (Ind. Plast. mod. **11.** Nr. 7. 42. 45. Juni 1959. E.N.I.A.M., Labor. Techn. d'Usinage.) (Franz.)

Mitt. von Verarbeitungsrichtlinien. R. SCHÄFF. 7198□

Siliconpreßpulver. A. Langlade. (Ind. Plastiques **9.** Nr. 9. 62—69. Nov. 1957. Soc. Usines Chim. Rhône-Poulenc.) (Franz.)

Besprechung der Verarbeitung von Siliconpreßpulvern, der elektr., physikal., mechan. u. chem. Eigg. der daraus hergestellten Formartikel sowie von deren Anwendungen (Vgl. mit Phenolharzen). R. SCHÄFF. 7204□

Ein Tropfengeber für Kriechstromfestigkeitsprüfungen. H. Suhr. (Kunststoffe **50.** 595—96. Okt. 1960. Berlin.) (Dt.)

Die Best. der Kriechstromfestigkeit wird z. B. nach DIN 53 480 mit einer Tropfengröße von 25 mm^3 durchgeführt. Vf. entwickelte einen neuen Tropfengeber mit Teflondüse, der diese Bedingung erfüllt. H.-J. TASCHOW. 7210□

Die Analyse von Weichmachern durch Dünnschichtchromatographie. J. W. Copius Peereboom. (J. Chromatogr. [Amsterdam] **4.** 323—28. Okt. 1960. Leiden, Holland, Government Dairy Stat.) (Engl.)

Verschiedene Weichmacher lassen sich durch Dünnschichtchromatographie nach STAHLS Meth. untersuchen. Die R_F-Werte von einigen Weichmachern, die bei Verpackungsmaterialien für Nahrungsmittel Verw. finden, z. B. Phthalate, Phosphate, Adipate u. Sebacate sowie die mit verschiedenen Sprühmitteln auf der Chromatographieplatte entstehenden Färbungen, die zur Identifizierung herangezogen werden können, sind tabellar. angegeben. W. LEIPNITZ. 7210□

Union Carbide Corp., New York, N.Y., übert. von: William J. Smythe, Ridgewood, N.J., V.St.A., **Herstellen von geschäumten Kunststoffen.** In eine Paste aus einer mit Weichmachern versetzten Mischung von Polyvinylchlorid oder dessen Mischpolymerisaten u. Polyvinylacetat wird ein inertes Gas als Treibmittel unter Druck eingearbeitet. Diese Paste wird durch eine enge Düse ausgepreßt, wodurch kleine Tröpfchen entstehen, die wiedervereinigt einen Schaum mit prakt. gleichförmiger Zellstruktur ergeben. (**A. P. 2 881 141** vom 8/3. 1954, ausg. 7/4. 1959.) H. NATHER. 7171

Eastman Kodak Co., Rochester, N.Y., übert. von: Hugh J. Hagemeyer jun. und Marvin B. Edwards, Longview, Tex., V.St.A., **Polymerisation von Olefinen mit Mischungen von Aluminium, Phosphor- oder Antimonhalogeniden und einer Titanverbindung.** Bei der Polymerisation von α-Olefinen in einem inerten fl. KW-Stoff (**I**) als Rk.-Medium verwendet man als Katalysator ein Gemisch von metall. Al, einem P- oder Sb-Halogenid u. einer Ti-Verb., die in **I** lösl. ist u. entweder ein Ti-Halogenid oder eine Ti-Alkoxyverb. mit 1—18 C-Atomen in jeder Alkoxygruppe u. einer Valenz von 3—4 darstellt. — Z. B. polymerisiert man *Äthylen* in Pentan bei 80—110° in Ggw. eines Gemisches von Al-Pulver, $SbCl_5$ (**II**) u. $TiCl_4$, u. zwar verwendet man auf 1 g-Atom Al 0,1—3 Mol **II** u. 0,1—10 Mol $TiCl_4$. Man erhält in guter Ausbeute hochmol. Polymere ohne Bldg. fl. oder wachsartiger Nebenprodukte. (**A. P. 2 917 500** vom 13/9. 1956, ausg. 15/12. 1959.) K. SARRE. 7173

Phillips Petroleum Co., übert. von: Alfred Clark, Bartlesville, Okla., V.St.A., **Polymerisation von 1-Olefinen** bei 500° F u. 200 lbs./sq.in. erfolgt mit Katalysatoren, die durch Imprägnieren eines aus SiO_2 u. Al_2O_3 bestehenden Trägers mit Nickelnitrat-Lsg. u. Lsg. von Alkali- oder Erdalkali-Verb., Trocknen bei 400—900° F u. Calcinieren bei 800—1150° F gewonnen werden. Der SiO_2-Anteil des Trägergemisches beträgt 50—99%, der NiO-Anteil (berechnet als Metall) 0,1—10% u. der Alkalianteil 0,05—5%. Das Alkali wird durch Imprägnieren mit Nitraten, Hydroxyden, Acetaten, Sulfaten oder Carbonaten eingebracht. (**A. P. 2 881 233** vom 15/9. 1955, ausg. 7/4. 1959.) A. DANDL. 7173

Phillips Petroleum Co., V.St.A. (Erfinder: James Thomas Edmonds), **Polymerisieren von polymerisierbaren Kohlenwasserstoffen** [Äthylen bis Octen-(1), Buten-, Penten-, Hexen-(2), Hepten-(3), 2-Äthylhepten-(1), Hexadien-(1.5), Pentadien-(1.4), Octatrien-(1.4.7), Cyclohexen] mit Ti-, Zr- u. Hf-Halogeniden oder ihren Mischungen u. Li-, Na-, K-, Rb-, Cs-, Mg-, Ca-, Sr-, Ba-, La- u. Th-Hydriden oder deren Mischungen, wobei man pro Mol Metallhalogenid 0,02—50 Mol, bes. 0,2—5 Mol Metallhydrid anwendet. — Zu 400 cm^3 Cyclohexan gibt man unter N_2 1,5 g CaH_2 u. 1,5 g $TiCl_4$ u. drückt Äthylen von 14 kg/cm^2 bei 24° auf. Alle Komponenten müssen frei von CO_2, O_2 u. W. sein. Man bringt die Temp. von 40° (17,5 kg/cm^2) in 4 Std. bis 204° (49 kg/cm^2) u. hält $6^1/_2$ Std., wobei der Druck auf 24,5 kg/cm^2 fällt. Man drückt Äthylen bis 35 kg/cm^2 auf, worauf die Temp. nach 11 Std. auf 27° u. der Druck auf 3,5 kg/cm^2 fällt: Molgew. des Polymeren 39425. (**F. P. 1 158 037** vom 13/9. 1956, ausg. 6/6. 1958. A. Prior. 16/9. 1955.) M. PANKOW. 7173

Phillips Petroleum Co., V.St.A. (Erfinder: Gene V. Nowlin und Harold Dwight Lyons), **Polymerisieren ungesättigter Kohlenwasserstoffe** (Äthylen, Propylen, Octen, Isobutylen, Cyclohexen, Butadien, auch in Mischung mit anderen Vinyl-Verbb., oder Styrol), auch unter Zusatz eines Verdünnungsmittels u. in Abwesenheit von O_2, CO_2 u. H_2O. Man verwendet als Katalysatoren eine Mischung aus 1. wenigstens einem Halogenid des Ti, Zr, Hf oder Ge, 2. der Verb. $M'(OR')_x$ (M' = Li bis Cs, Mg bis Ba, Zn, Cd Al, Ga, In, Th; R' = Alkyl-, Alkenyl-, Cycloalkyl-, Cycloalkenyl- u./oder Arylrest; X = Valenz des Metalls) u. 3. einer der folgenden Prodd.: a) die Verb. R_mMX_n (R = gesätt. acycl., cycl. oder aromat. KW-Stoffrest u. deren Mischungen; M = Al, Ga, In, Th, Be; X = Halogen; m u. n = ganze Zahlen, m + n = Valenz des Metalls M), b) eine Mischung aus einem organ. Halogenid u. wenigstens einem Metall M', oder c) einem Hydrid $M''M'''H_y$ (M'' = Alkalimetall; M''' = Al, Ga, In, Th; y = Summe der Metallvalenzen M'' + M'''). Man erhält schlagfeste Hochmol., die sich zur Herst. von *Formkörpern* u. *Imprägnierungen* eignen. — Man polymerisiert Äthylen mit einer Mischung aus 2 g $TiCl_4$ u. 4,5 g $(C_2H_5)_2AlCl$ u. $C_2H_5AlCl_2$ (durch Überleiten von C_2H_5Cl über Al-Späne erhalten) u. 3,24 g Al-Äthoxyd in Benzol. (**F. P. 1 169 039** vom 21/12. 1956, ausg. 19/12. 1958. A. Prior. 22/12. 1955.) M. PANKOW. 7173

Esso Research and Engineering Co., V.St.A. (Erfinder: Herbert W. Dougherty jun., Walter R. F. Guyer und Robert F. Leary), **Katalysator für die Polymerisation von Olefinen.** Der Katalysator aus einer reduzierenden u. reduzierbaren Metall-Verb. wird bei seiner Herst. auf einem in dem Rk.-Medium unlösl. Träger großer Oberfläche niedergeschlagen. Solche Träger sind anorgan. u. organ. Stoffe wie Pulver, Fäden, Schwamm aus Harzen, Kunststoffen, Baumwolle, Papier, Kautschuk, Zeolith, Kohle. — Man sättigt 15 g Rutil-TiO_2 5—10 Min. bei normaler Temp. mit einer Lsg. von 1,6 g $TiCl_4$ in 100 cm^3 trocknem n-Heptan, gibt 2 g $(C_2H_5)_3Al$, auch in 100 cm^3 trocknem n-Heptan, zu u. nach 15 Min. noch 500 cm^3 Heptan u. leitet Propylen bei normalem Druck 3,6 Std. ein. (**F. P. 1 168 024** vom 29/11. 1956, ausg. 3/12. 1958. A. Prior. 1/12. 1955.) M. PANKOW. 7173

Dow Chemical Co., V.St.A. (Erfinder: Charles R. Pfeifer und Richard O. Whiple), **Stabilisieren von polymeren Olefinen,** die durch Polymerisation mit ZIEGLER-Katalysatoren erhalten wurden. Zur Zers. des Katalysators behandelt man die Polymeren, bevor sie der Luft ausgesetzt werden, mit Verbb. mit akt. H (Alkohole, W., saure organ. Stoffe, Mineralsäuren, Amide, β-Ketoester oder -nitrile, Malon-, Cyanessigester, Mercaptane) bei 0—100°. Bei Wasseranwendung setzt man oberflächenakt. Stoffe bes. nicht ion., zu. Man nimmt 1—2,5 (Teile) der Verbb. mit akt. H pro 1 Polymeren. (**F. P. 1 158 804** vom 10/8. 1956, ausg. 19/6. 1958. A. Prior. 24/8. u. 10/10. 1955.) M. PANKOW. 7173

Minnesota Mining & Mfg. Co., St. Paul, Minn., übert. von: Francis J. Honn, Westfield, N.J., und John M. Hoyt, Woodside, N.Y., V.St.A., **Trifluorchloräthylenmischpolymere.** Man polymerisiert in Ggw. eines freie Radikale bildenden Katalysators zwischen —30 u. 150°, u. zwar bei Verw. eines anorgan. Peroxyds, z. B. eines Alkalipersulfats, zwischen 0 u. 75° u. bei Verw. eines organ. Peroxyds, z. B. des Trifluoracetylperoxyds, bei —20 bis +20°, ein Monomerengemisch aus Trifluorchloräthylen (**I**), Vinylidenfluorid (**II**) u. Vinylchlorid (**III**), wobei das Gemisch von **I** u. **II** je 20—60 u. von **III** 1—20 Mol-% enthält. Die erhaltenen vulkanisierbaren Mischpolymeren eignen sich zur Herst. von Formkörpern u. Überzügen. (**A. P. 2 915 506** vom 2/2. 1956, ausg. 1/12. 1959.) K. SARRE. 7173

Joseph Jedidah Hirsh, V.St.A., **Herstellung von Polyvinylchloridschaum.** Eine trockne Mischung aus Polyvinylchlorid (z. B. Handelsmarke QYNV) mit höchstens 1% Feuchtigkeit wird bei 4,4—15,6° mit einem Weichmacher u. dem Treibmittel gemischt u. die Masse bei einer Temp. < des F. der Mischung verschäumt. — Man mischt z. B. 100 (Teile) QYNV, 30 Monoplex G–53- u. 25 Monoplex G–62-Weichmacher, 80 chloriertes Diphenyl, 35 Diisodecyloctylphthalat, 5 $2PbO \cdot PbHPO_3 \cdot {}^1/_2 H_2O$, 1 $2PbO \cdot (C_{17}H_{35}COO)_2Pb$ u. 8 des Treibmittels BL–353 u. heizt die Mischung 30—45 Min. auf 127—135°. — Zeichnungen. (**F. P. 1 153 755** vom 7/6. 1956, ausg. 21/3. 1958. A. Prior. 7/6. 1955.) M. PANKOW. 7173

Kodak-Pathé, Seine, Frankreich (Erfinder: Harry Wesley Coover jun.), **Herstellung von modifizierten Vinylchlorid- und/oder Vinylidenchloridpolymeren.** Man polymerisiert einen Ansatz **A** aus 15—100, bes. 30—100 (Gew.-%) Vinylchlorid oder Vinylidenchlorid u. 85—0 einer anderen mischpolymerisierbaren Verb. u. ferner einen Ansatz **B** aus 1—100 Acryl-, Malein-, Fumar-, Itacon-, Citraconamid, Maleamat, Fumaramat, Itaconamat, Citraconamat, Acrylaten, Vinylestern u. 99—0 einer anderen mischpolymerisierbaren Verb. so, daß 95—5 **A** in Ggw. des isolierten oder noch im Polymerisationsmedium befindlichen polymeren **B** polymerisiert werden oder **B** in Ggw. des noch in seinem Polymerisationsmedium befindlichen polymeren **A** polymerisiert werden. — Man löst in 50 cm^3 einer wss. Lsg. mit 50% Acetonitril 3 g des N.N-Dimethylacrylamid–Vinylacetat (60 : 40 Gew.-%) Mischpolymeren, gibt je 3 g Vinylidenchlorid u. Vinylacetat u. je 0,1 g $(NH_4)_2S_2O_8$ u. $NaHSO_3$ zu u. hält 12 Std. bei 40°. — Man kann das Polymere in Aceton verspinnen oder es mit Polyvinylidenchlorid mischen u. die Mischung zu Filmen oder Folien formen. — 59 Beispiele. (**F. P. 1 150 658** vom 26/11. 1955, ausg. 16/1. 1958. A. Prior. 26/11. 1954.) M. PANKOW. 7173

Union Carbide Corp. (Erfinder: Harry Arthur Fedderson), **Thermoplastisches Kunstharzgemisch,** bestehend aus einem *Vinylchlorid-Octylacrylat-Mischpolymerisat* (60—86, bes. 70—86% Octylacrylat) u. einem *Vinylchloridharz* (mindestens 60% Vinylchlorid) in einem Verhältnis von 5:95 bis 55:45. Das Harzgemisch ist formtreu u. gut walzbar. (**Aust. P. 221 931** vom 23/5. 1957, ausg. 2/7. 1959. A. Prior. 25/5. 1956.) H. MÖLLERING. 7173

Metal & Thermit Corp., V.St.A. (Erfinder: Elliott Lawrence Weinberg), **Stabilisierungsmittel für chlorierte langkettige Verbindungen,** wie chlorierte Polyvinyl-Verbb., Kautschukhydrochlorid, bestehend aus Mercaptal- u. Mercaptol-Derivv. von Mercaptosäureestern, Mercaptanen oder Mercaptoalkanolestern der Formel $RR'C(SR'')_2$ (R, R', R'' = Alkyl-, Aryl- oder Aralkylreste, die gleich oder verschieden sein können; wenn SR'' = Ester einer Mercaptosäure, ist R'' = R'''COOR', wobei R''' an S gebunden u. ein Alkylen- oder Arylenrest ist; wenn SR'' = Ester eines Mercaptoalkanols, hat es ebenfalls die Bedeutung R'''COOR'). Solche Verbb. sind Mercaptale des Benzaldehyds mit Nonylmercaptoacetat, des 2-Äthylhexaldehyds mit dem gleichen Acetat, Mercaptol-Derivv. des Benzophenons mit Äthyl- oder Laurylmercaptan, mit Nonylmercaptoacetat, das Mercaptal-Deriv. des Benzaldehyds mit $CH_3COOCH_2CH_2SH$. (**F. P. 1 163 944** vom 7/11. 1956, ausg. 2/10. 1958. A. Prior. 7/11. 1955.) M. PANKOW. 7173

Pennsylvania Salt Mfg. Co., V.St.A. (Erfinder: John Tilman Barr), **Polymerisieren von 1.1.2-Trifluorbutadien-(1.3)** (I), bes. in wss. Emulsion u. im Block-Verf., wobei im ersteren Falle bes. Persulfate, im letzteren Azo-bis-isobutyronitril als Katalysatoren wirken. Man erhält Öle, Fette, harte oder kautschukartige Polymere je nach den angewandten Polymerisationsbedingungen, die man als *Schmiermittel*, für *Folien* u. *Überzüge* verwenden kann. — Wenn man 100 (Teile) I u. 10 Triäthylamin 6 Std. unter Rückfluß kocht, erhält man ein Prod., das nach Entfernung des Triäthylamins je eine Fraktion von 65—70° u. von 97—100° gibt; der Rückstand ist ein fettartiger Stoff mit guten Schmiermitteleigenschaften. (**F. P. 1 157 677** vom 27/9. 1956, ausg. 2/6. 1958. A. Prior. 28/9. 1955.) M. PANKOW. 7173

Pennsylvania Salt Mfg. Co., V.St.A. (Erfinder: John Tilman Barr), **Fluorbutadienmischpolymerisate** durch Polymerisation (Block, Lsg., Emulsion) einer Mischung aus 1.1.2-Trifluorbutadien-(1.3) mit einer anderen ungesätt. polymerisierbaren Verb., bes. der Formel CXX′ = CYY′ (X u. X′ = H oder F; Y = H, F oder Alkylrest mit 1—6 C-Atomen; Y′ = H, F, Cl, Alkylrest mit 1—12 C-Atomen, substituierter Alkylrest mit 1—12 C-Atomen, Carbalkoxy-, Aryl- oder substituierter Arylrest). — Verw. der Polymeren für *Dichtungen*, *Schläuche*, *Überzüge*, *Handschuhe*, *Schuhe*, die auch bei erhöhter Temp. verwendet werden können. — Man rührt 57 (Teile) 1.1.2-Trifluorbutadien-(1.3), 43 Äthylen, 335 W., 112 NH_4-Perfluorcaprylat, 1,86 $K_2S_2O_8$, 0,95 Na-Bisulfit u. 0,93 Borax 40 Std. bei 50°: Weiches Polymeres. (**F. P. 1 159 990** vom 28/9. 1956, ausg. 4/7. 1958. A. Prior. 28/9. 1955.) M. PANKOW. 7173

Toyo Boseki Kabushiki Kaisha, Osaka (Erfinder: Masao Ishihara, Kyoto, und Buei Haneda, Amagasaki), Japan, **Herstellung von Polyacrylnitril.** Man gibt zu einer sauren wss. Lsg. von Acrylnitril (I) Schwermetallionen ($FeCl_2$, $FeCl_3$, $CuSO_4$, $AgNO_3$) u. bestrahlt mit γ-Strahlen. — Zu 50 cm³ einer Lsg. von 56 g I in 1 Liter O_2-freiem W. gibt man 1% HCl u. 0,8% $FeCl_2$ u. bestrahlt unter N_2 in geschlossenem Rohr mit ^{60}Co mit 2000 Röntgen/h u. insgesamt 40000 Röntgen u. erhält ein Polymeres mit einem Molgew. (nach STAUDINGER) von 115000, während ohne Zusatz von Säure u. Salz ein Polymeres vom Molgew. 361000 erhalten wird. (**Jap. A. S. 4993/1959** vom 1/7. 1957, ausg. 13/6. 1959.) M. PANKOW. 7173

Monsanto Chemical Co., St. Louis, Mo., übert. von: Raymund H. Reinhard, Galveston, Tex., V.St.A., **Mischpolymere** aus 20—80 (Teilen) Allyl- oder Methallylalkohol u. (80—20) Acrolein oder Methacrolein, welche für die Herst. von Filmen u. Fasern, Form- u. Überzugsmassen geeignet sind, werden durch Polymerisation in Ggw. von 1—10% peroxyd. Katalysatoren bei 100—300°, bes. 150—220°, während 30—90 Min. hergestellt. (**A. P. 2 891 037** vom 26/12. 1956, ausg. 16/6. 1959.) A. DANDL. 7173

Union Carbide Corp., New York, N.Y., V.St.A. (Erfinder: Norman Herbert Reinking), **Glycidylpolyäther von mehrwertigen Phenolen** erhält man durch Rk. von mehrwertigen Phenolen mit Epihalogenhydrinen in stöchiometr. Überschuß in Ggw. von quatern. NH_4-Verbb. u. anschließende Dehydrohalogenierung des erhaltenen Halogenhydrinäthers. — Bis-[4-hydroxyphenyl]-dimethylmethan, Epichlorhydrin u. Benzyltrimethylammoniumchlorid im Mol-Verhältnis 1:6:0,07 werden 20 Std. auf 40° erhitzt, worauf das Prod. mit einem 5%ig. Überschuß an Alkalimetallhydroxyd dehydrohalogeniert wird. Man erhält einen *Glycidylpolyäther* mit einer Epoxyäquivalenz von 183, einer Viscosität von 10000 cSt u. einer GARDNER-Farbzahl von 5. Das Prod. kann mit 4.4′-Methylendianilin durch Erhitzen gehärtet werden. (**E. P. 843 575** vom 9/5. 1958, ausg. 4/8. 1960. A. Prior. 10/5. 1957.) J. MÜHLEISEN. 7177

National Distillers & Chemical Corp., New York, N.Y., übert. von: Harry Greenberg und Raymond W. Horst, Cincinnati, Ohio, V.St.A., **Polyester**, welche mit Diisocyanaten oder Vinylmonomeren modifiziert werden können, werden durch Kondens. von gesätt. oder ungesätt. Glykolen (I) mit gesätt. oder ungesätt. Dicarbonsäuren (II) bei 100—250° ggf. in Ggw. eines Lsgm. hergestellt. Für die Rk. mit Diisocyanaten (**III**) müssen die Polyester durch geeignete Maßnahmen entwässert werden. Die diisocyanatmodifizierten Prodd. können mit anderen difunktionellen Verbb. (**IV**) modifiziert werden u. bilden je nach Auswahl der Ausgangsstoffe u. Mengen Kautschuke oder zähe bis unschmelzbare Harze. Sie können ebenso wie die mit Vinylmonomeren (**V**) modifizierten Polyester in Ggw. von Katalysatoren (**VI**) gehärtet werden. Als **I** dienen Äthylen-, Diäthylen-, 1.2-Propylen-, 1.3-Butylen-, Octamethylen-, Decamethylenglykol, 1.6-Hexan-, 2-Äthyl-1.8-octan-, 3-Äthyl-1.10-decan-, 3.6-Diäthyl-1.8-octan-, 4.7-Diäthyl-2.9-decan-, 3.13-Tetradecandiol, als **II** Säuren u. Säureanhydride, wie Bernstein-, Adipin-, Methyladipin-, Fumar-, Malein-, Malon-, Dihydromucon-, Azelain-, Sebazin-, Kork-, Phthal-, Terephthalsäure, ferner einbas. Säuren, wie Essig-,

Propion-, Butter-, Isobutter-, Valerian-, Pelargonsäure, als **III** Hexamethylen-, Octamethylen-, Decamethylen-, Naphthalin-1.5-, 4.4'-Diphenyl-, 4.4'-Diphenylenmethan-, Dianisidin-, 4.4'-Toluidin-, 1.5-Naphthalin-, 4.4'-Diphenyläther-, p-Phenylendiisocyanat, als **IV** Diamine, Dicarbonsäuren, Aminosäuren, Hydroxysäuren, Aminoalkohole, Harnstoff u. seine Derivv., als **V** z. B. Styrole, als **VI** Peroxyde u. Azoverbindungen. (**A. P. 2 902 462** vom 22/7. 1955, ausg. 1/9. 1959.) A. DANDL. 7177

Hooker Chemical Corp., Niagara Falls, übert. von: Blaine O. Schoepfle und Burton S. Marks, Niagara Falls, und Paul Robitschek, Wilson, N.Y., V.St.A., **Flammenfester ungesättigter Polyester, enthaltend eine organische Antimonverbindung.** Man stellt einen polymerisierbaren, ungesätt. Polyester aus einer ungesätt. Verb. (**I**) mit mehreren Carboxylgruppen u. einem mehrwertigen Alkohol (**II**) her, wobei z. B. die **I** ein hydrolysiertes Addukt von Hexahalogenpentadien mit einer ungesätt. mehrbas. Säure, z. B. Maleinsäureanhydrid, nach DIELS-ALDER, z. B. 1.4.5.6.7.7-Hexachlorbicyclo-[2.2.1]-5-hepten-2.3-dicarbonsäure, u. der **II** Äthylenglykol ist, u. mischpolymerisiert den Ester mit einem äthylen. ungesätt. Monomeren, wie Styrol oder Dichlorstyrol in Ggw. von mindestens 0,5 Gewichts-% einer Sb-Verb. der Formel **III**, in der R, R' u. R'' Arylradikale u. X Halogen, eine Hydroxyl-, Alkoxy-, Benzoxygruppe oder den Rest der Benzoesäure oder einer aliphat. Carbonsäure darstellt, z. B. $(C_6H_5)_3SbCl_2$, u. ggf. mit einem weiteren Zusatz von chloriertem Paraffin. Die so erhaltenen Harze sind weitgehend flammenfest. (**A. P. 2 913 428** vom 4/10. 1957, ausg. 17/11. 1959.)

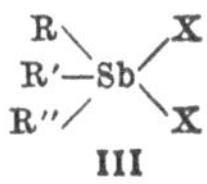

III

K. SARRE. 7177

Farbenfabriken Bayer Akt.-Ges., Leverkusen (Erfinder: Hermann Schnell, Gerhard Fritz und Günther Peilstöcker, Krefeld), **Pulverförmige Polycarbonate** aus Diaminooxyarylalkanen bzw. -sulfonen mit einer Teilchengröße zwischen 65 u. 300 μ erhält man durch Anquellenlassen in einer ausreichenden Menge organ. Lsgm. oder Gemischen (Bzl., Toluol, Xylol, Cyclohexan, Tetrahydronaphthalin, Aceton, Essigester u. a.), ggf. in der Wärme, anschließendem mechan. Zerkleinern, Abfiltrieren u. Trocknen. Das entstehende Pulver ist ohne weiteres Mahlen zum *Flammspritzen* u. *Wirbelsintern* geeignet. (**D. A. S. 1 100 949** Kl. 39b vom 21/12. 1955, ausg. 2/3. 1961.) F. KOCH. 7177

Union Carbide Corp., New York, N.Y., V.St.A. (Erfinder: B. Phillips, P. S. Starcher, C. W. McGary jun. und C. T. Patrick jun.), **Härtbare Harze** erhält man durch Rk. von Diepoxyden der allg. Formel **I**, worin X einen 2wertigen Rest der Formeln $-CH_2-O-C(:O)-$, $-CH_2-O-C(:O)-R-C(:O)-O-CH_2-$ oder $-C(:O)-O-R-O-C(:O)-$ (**II**) darstellt, mit Polyolen u. ggf. Polycarbonsäuren. In den Formeln bedeutet R einen aliphat. oder aromat. Rest u. R_1-R_6 H oder einen niederen Alkylrest. **I** sind z. B. 3.4-Epoxycyclohexylmethyl-3.4-epoxycyclohexancarboxylat, 3.4-Epoxy-6-methylcyclohexylmethyl-3.4-epoxy-6-methylcyclohexancarboxylat (**IV**) u. **II**: Resorcin (**III**), Diphenylolpropan, 2-Methyl-1.1.3-tris-(hydroxyphenyl)-propan u. 1.1.3-Tris-(2-methylhydroxyphenyl)-propan. — 1 (Mol) **III** u. 0,75 **IV** werden bis zur Bldg. einer homogenen, geschmolzenen M. erwärmt u. dann 10 Std. auf 170° erhitzt, wobei man ein gehärtetes bernsteinfarbenes, zähes Harz erhält, das eine BARCOL-Härte von 40 aufweist. — Preß-, Überzugsmassen u. Klebemittel. (**Belg. P. 566 442** vom 3/4. 1958, ausg. 29/7. 1960. A. Prior. 4/4. 1957.)

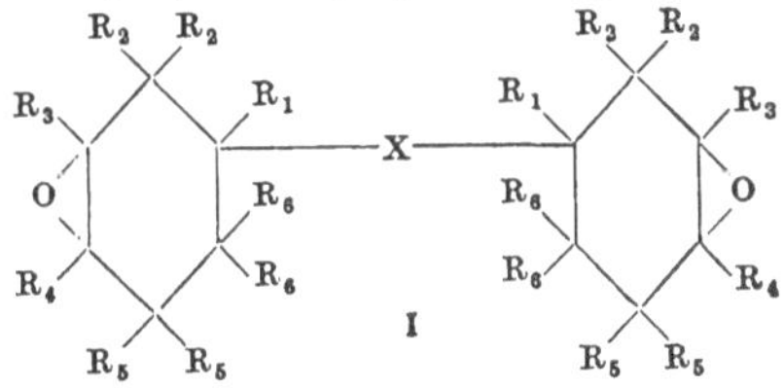

J. MÜHLEISEN. 7177

S. C. Johnson & Son, Inc., übert. von: Sylvan O. Greenlee, Racine, Wis., V.St.A., **Mischester aus Polyepoxyden und Phenol–Aldehyd-Kondensationsprodukten,** die auf der Rk. von Polyepoxyden mit gemischten Estern aus hydroxyaryl-substituierten aliphat. Säuren, modifizierten organ. Säuren u. mehrwertigen Alkoholen beruhen. Die Prodd. sind gek. durch ein Kondens.-Prod., das erhalten wird durch Erhitzen a) eines Esters eines mehrwertigen Alkohols, dessen Molgew. nicht mehr als 8000 beträgt u. einer Mischung aus 1. einer Pentansäure, bes. 4.4-Bis-[4-hydroxyaryl]-pentansäure, worin ein Hydroxyphenylrest u. nur Alkylgruppen von 10—36 C-Atomen vorkommen, sowie 2. einer aliphat. Monocarbonsäure, die 10—36 C-Atome hat, u. b) eines Polyepoxyds, das im Durchschnitt mehr als eine Epoxygruppe je Mol. enthält, wobei das Polyepoxyd aus den Elementen C, H u. O besteht u. O nur in Gruppen —OH, —COO— vorkommt. Das schmelzbare Kondens.-Harz eignet sich zur Herst. von Lacken, Klebstoffen, Filmen u. Formgegenständen. (**A. P. 2 907 725** vom 19/11. 1956, ausg. 6/10. 1959.) W. SCHLITT. 7177

Rohm & Haas Co. (Erfinder: Peter La Roche de Benneville und Leo Luskin), Philadelphia, Pa., V.St.A., **Herstellung von N-[Vinyloxyalkyl]-acylamido-guanaminen und ihren Polymeren** durch Rk. von Dicyandiamiden $H_2NC(:NH)-NH\cdot CN$ mit den Nitrilen $CH_2:CHOZN(COR)ACN$, $CH_2:CHOZ'CH_2NHCOCH_2CN$ oder $CH_2CHOZN\langle{}^{A'}_{CO}\rangle NYCN$ zu Verbb. der Formel I u. den entsprechenden anderen

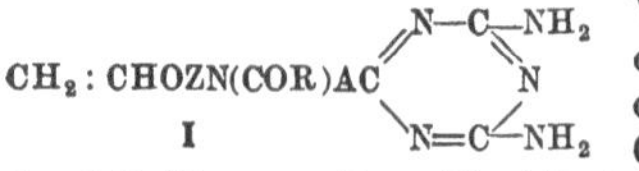

I

Verbb. (Z = Alkylenrest mit 2—6 C-Atomen, wobei das O-Atom u. das N-Atom an verschiedene C-Atome des Alkylenrestes gebunden sind; $A = -CH_2\cdot CH_2-$, $CH(CH_3)CH_2-$ u. $-CHR'$; R' = H oder Alkylrest mit 1—8 C-Atomen; R = H, Alkylgruppe mit 1—18 C-Atomen, Arylrest mit 6—10 C-Atomen, die auch halogeniert sein können, R^3O- oder R^3OR^4-, worin R^3 = Alkylrest mit 1—4 C-Atomen u. R^4 = Alkylenrest mit 1—4 C-Atomen, u. für R = H die beiden C-Atome von A u. Z, die direkt an das N-Atom zwischen ihnen gebunden sind, je 2 H-Atomen besitzen; Z' = Alkylengruppe mit 1—5 C-Atomen; $A' = -CH_2CH_2-$, $-(CH_2)_3-$, $-CH_2CH(CH_3)-$ u. $-CH(CH_3)CH_2-$; $Y = A'$, außer der Gruppe $-(CH_2)_3-$]. — Die erhaltenen Guanamine sind *Korrosionsverhinderer*, sie reagieren mit Aldehyden zu Harzen für *Überzüge*, *Klebstoffe*, *Preßmassen*, mit Äthylenoxyd zu *Netzmitteln*, *Schaumstabilisatoren*. Sie können mit Acryl-Verbb. zu Polymeren polymerisiert werden, die auch nach Rk. mit Aldehyden, zur Herst. von *Überzügen* u. *Klebemitteln* für Textilien, Papier, Leder usw. dienen. — Man gibt in 1 Std. eine Lsg. von 4,4 g 85%ig. KOH in 65 g Isopropanol zu 37 g β-[N-(β-Vinyloxyäthyl)-formamido]-propionitril, 21,8 g Dicyandiamid u. 35 g Isopropanol von 90° u. erhitzt 6 Std., läßt bis zum andern Tag stehen u. filtriert: *β-[N-(β-Vinyloxyäthyl)-formamido]-propioguanamin*, F. 145—146° (W.). — *α-[N-(β-Vinyloxyäthyl)-acetamido]-acetoguanamin*, F. 167—168°. — *α-[N-Äthoxycarbonyl-N-(β-vinyloxyäthyl)-amino]-isovaleroguanamin*, F. 140—141° (Isopropanol). — *α-[N-(β-Vinyloxyäthyl)-formamido]-acetoguanamin*, F. 194 bis 196°. — *α-[N-(β-Vinyloxyäthyl)-benzamido]-propioguanamin*, F. 190—193°. — *β-[N-(Vinyloxyäthyl)-benzamido]-propioguanamin*, F. 156—158° (W.). — *β-[N-(β-Vinyloxyäthyl)-palmitamido]-propioguanamin*, F. 112—115° (A.), gibt beim Einreiben auf Schuhen oder anderen Lederartikeln eine wasserundurchlässige Schicht. — *α-[N-(β-Vinyloxyäthyl)-N-(äthoxycarbonyl)-amino]-acetoguanamin* (**II**), F. 147—149°. — *α-[N-(β-Vinyloxyäthyl)-N-(äthoxycarbonyl)-amino]-propioguanamin*, F. 140—142°. — *β-[N-(β-Vinyloxyäthyl) N-(äthoxycarbonyl)-amino]-propioguanamin*, F. 134—136°. — *2-[N-(β-Vinyloxyäthyl)-carbamylmethyl]-4.6-diamino-1.3.5-triazin*, F. 180—182° (W.). — Aus 1-[β-Vinyloxyäthyl]-3-[β-cyanäthyl]-imidazolidinon-(2) ($Kp._{0,2}$ 166—168°) *1-[β-Vinyloxyäthyl]-3-[β-guanaminoäthyl]-imidazolidinon-(2)*, F. 191—193°. — Aus 12,4 (g) Acrylnitril, 205 Methylmethacrylat, 32,3 **II**, 305 Äthoxyäthylacetat (**IV**) u. 1,2 Azodiisobutyronitril (**III**) unter N_2 bei 80—82° in 3 Std. nach erneutem Zusatz von 0,2 **III** in 35 **IV** u. weiterem Zusatz gleicher Mengen **II** nach 2 Std. (also insgesamt 7 Std.), Zusatz von 80 **IV** u. Filtration nach Zugabe von „Supervel" unter Druck bei 90° erhält man ein *Polymeres*, das thermoplast. harte *Folien* gibt, oder mit einer Butanol–HCHO-Lsg. u. NH_4Cl umgesetzt, nach Erhitzen auf 150° in 30 Min. harte, unschmelzbare u. unlösl. *Überzüge* gibt. (**F. P. 1 165 948** vom 29/11. 1956, ausg. 30/10. 1958. **E. P. 840 169** vom 16/11. 1956, ausg. 6/7. 1960. Beide A. Prior. 29/11. 1955. **A. P. 2 899 406** vom 29/11. 1955, ausg. 11/8. 1959.) M. PANKOW. 7181

General Electric Co., New York, übert. von: Richard M. Savage, Loudonville, N.Y., V.St.A., **Wärmehärtbare Organopolysiloxanmassen**, bestehend aus einem Methylphenylpolysiloxan der allg. Formel R_2SiO des Substitutionsgrades 1,98—2,05 R/Si, welche mindestens 50—75% CH_3-Gruppen enthalten, feinteiligen Füllstoffen, 1—20% eines Esters (**I**) aus Alkoholen von 4—12 C-Atomen u. aromat. Dicarbonsäuren oder aliphat. Dicarbonsäuren (**IV**) u. 0,5—6% (berechnet auf Organopolysiloxan) peroxyd. Härtungsmitteln (**V**). Die Massen werden bei 125—200° u. 250—2000 lbs./sq.in. während 5—30 Min. vorgehärtet, dann während 1—24 Std. bei 150—300° ausgehärtet. Als **I** dienen Dibutylphthalat u. -isophthalat, Di-(n-hexyl)-phthalat, Dibutyladipat, Di-(2-äthylhexyl)-phthalat, Di-(2-äthylhexyl)-azelat, Dinonylsebazat, Dibenzylsebazat, Di-(2-äthylbutyl)-phthalat, Dicyclohexylphthalat, Dioctylchlorterephthalat; als Alkohole Butanol, Isobutanol, tert.-Butanol, Pentanole, Hexanole, Nonanole, Decyl- u. Dodecylalkohole, als **IV** Phthalsäure, Isophthalsäure, Terephthalsäure, Benzophenon-2.4'-dicarbonsäure, kernhalogenierte aromat. Dicarbonsäuren, Adipin-, Pimelin-, Kork-,

Azelain- u. Sebazinsäure; als **V** Benzoylperoxyd, Di-tert.-butylperbenzoat, Ditert.-butylperoxyd, Bis-2.4-dichlorbenzoylperoxyd. (**A. P. 2 938 007** vom 17/6. 1957, ausg. 24/5. 1960.) A. DANDL. 7189

Oliver Wallis Burke jun., V.St.A., **Herstellung von Füllstoffen aus Vinylpfropfpolymeren.** Die Füllstoffe erhält man 1. aus bereits vernetzten Polymeren, die mit einem anderen Monomeren pfropfpolymerisiert werden u. dann ggf. vernetzt oder vulkanisiert werden, 2. aus unvernetzten Polymeren, die mit anderem Ausgangsmaterial pfropfpolymerisiert oder -kondensiert werden, wobei man Mischungen von Monomeren mit Vernetzungsmitteln bei der Pfropfpolymerisation verwendet, 3. aus pfropfpolymeren Vinyl-Verbb., auf die weitere Monomere pfropfpolymerisiert oder -kondensiert werden. Soweit das Ausgangsmaterial O-, N-, S-, Halogen-, COOH-Gruppen enthält, können diese weiter umgewandelt werden. Die so erhaltenen Polymere dienen als verstärkender rußähnlicher *Füllstoff* in Kautschuk u. dessen Derivv., synthet. Kautschuk, Polyvinyl-Verbb., Polyäthylen, Phenol-, Harnstoff- usw. Aldehyd-Kondens.-Prodd., Stärke, Cellulose-Derivv., trocknenden Ölen, Alkydharzen, Naturharzen, Wachsen u. deren Derivv., z. B. zur Herst. von *Reifendecken, -karkassen, Klebstoffen, Folien, Fäden*, wobei sie, wie in Kautschukmischung, die Hysteresiswerte herabsetzen oder in oder auf Fäden der Anfärbbarkeit verbessern. — Pfropfpolymerisate u. -kondens.-Prodd. der verschiedenstens Art u. ihre Verw. in den verschiedenen Harzen, auch zum Füllen von Papier, in Ölen u. Fetten, als Träger für Insecticide u. Fungicide, werden besprochen. — 50 Tabellen. (**F. P. 1 163 886** vom 4/10. 1956, ausg. 2/10. 1958. A. Prior. 5/10. 1955.) M. PANKOW. 7205

Siemens-Schuckertwerke Akt.-Ges., Berlin u. Erlangen (Erfinder: Fritz Weigel, Plöckendorf über Schwabach, und Elisabeth Nagel, Nürnberg), **Herstellung von wärmehärtbaren gefüllten Phenolharzen (I).** Niedere **I** werden mit Calciumcyanamid u. Füllstoffen (Quarz- u. Holzmehl, Cellulose, Asbest, Baumwolle, Zellwolle, Papier) gemischt. Das Aushärten erfolgt unter 115°. (**D. A. S. 1 106 065** Kl. 39b vom 10/11. 1959, ausg. 4/5. 1961.) F. KOCH. 7205

Union Carbide & Carbon Corp., bzw. Union Carbide Corp., New York, N.Y., übert. von: Andrew W. Jurras, Detroit, Mich., V.St.A., **Verformung von Epoxy- und Polyesterharzen.** Zur Erhöhung der Wärmeleitfähigkeit setzt man ihnen wenigstens 25 Gewichts-% (der gesamten plast. Masse) Metallfäden zu u. härtet sie dann. Man taucht, imprägniert, überzieht Metallfäden, wie Stahlwollerollen mit im wesentlichen parallelen Fäden, mit den fl. Harzmischungen, bringt sie dann in eine Form u. preßt hier zu einer lunkerfreien Masse, worauf unter Erhitzen gehärtet wird. (**F. P. 1 154 073** vom 28/3. 1956, ausg. 2/4. 1958. **A. P. 2 901 455** vom 9/8. 1954, ausg. 25/8. 1959.) M. PANKOW. 7205

VEB Leuna-Werke „Walter Ulbricht", Leuna b. Merseburg, *Herstellung von Aluminiumtrialkylätheraten.* (**E. P. 845 693** vom 7/7. 1958, ausg. 24/8. 1960. Oe. Prior. 20/7. 1957. — C. **1959.** 9065 [D. A. S. 1 041 959].)

Koppers Co., Inc., Del., übert. von: **Eugene C. Suhrie**, Aliquippa, Pa., V.St.A., *Verdickungsmittel aus Styrol-Maleinsäuremischpolymerisaten.* (**A. P. 2 921 930** vom 3/3. 1955, ausg. 19/1. 1960. — C. **1959.** 10077 [D. A. S. 1 030 025].)

B. F. Goodrich Co., New York, N.Y. (Erfinder: **Marvin Ray Frederick**, Wandsworth, und **Richard Thurl Morrissey**, Cuyahoga Falls, Ohio), V.St.A., *Herstellung eines plastischen, teilweise hydrohalogenierten Mischpolymerisats.* (**D. A. S. 1 099 173** Kl. 39c vom 11/1. 1954, ausg. 9/2. 1961. A. Prior. 13/1. 1953. — C. **1957.** 9527 [F. P. 1 098 977].)

N. V. de Bataafsche Petroleum Mij., Den Haag, Holland, *Herstellung von Mischpolymerisaten von Allylalkohol und vinylaromatischen Verbindungen.* (**Belg. P. 560 524** vom 4/9. 1957, ausg. 22/4. 1960. A. Prior. 4/9. 1956 u. 22/7. 1957. — C. **1960.** 17294 [Aust. P. 219 050].)

Phillips Petroleum Co., Bartlesville, Okla., V.St.A., *Abtrennung normalerweise fester Polymerer von 1-Olefinen aus ihren Lösungen.* (**Belg. P. 557 454** vom 13/5. 1957, ausg. 11/3. 1960. A. Prior. 14/5. 1956. — C. **1960.** 7012 [F. P. 1 175 048].)

Imperial Chemical Industries Ltd., London, England, *Polymerisation von Olefinen.* (**Ind. P. 56 039** vom 12/12. 1955, ausg. 7/3. 1958. E. Prior. 24/12. 1954. — C. **1959.** 9743 [E. P. 785 314].)

Farbenfabriken Bayer Akt.-Ges., Deutschland (Erfinder: **Rudolf Stroh, Wilhelm Sutter** und **Hans Haberland**), *Polymerisation ungesättigter Verbindungen.* (**F. P. 1 187 771** vom 12/7. 1957, ausg. 16/9. 1959. D. Prior. 14/7. 1956. — C. **1960.** 8029 [D. A. S. 1 056 372].)

Goodyear Tire & Rubber Co., Akron, übert. von: **Harold S. Sell**, Cuyahoga Falls, Ohio, V.St.A., *Schlagfeste thermoplastische Formmasse.* (**Belg. P. 553 210** vom 6/12. 1956, ausg. 15/1. 1960. **D. A. S. 1 038 274** Kl. 39 b vom 23/8. 1956, ausg. 4/9. 1958. **F. P. 1 151 709** vom 19/6. 1956, ausg. 5/2. 1958. Alle A. Prior. 8/12. 1955. **A. P. 2 835 646** vom 8/12. 1955, ausg. 20/5. 1958. — C. **1960.** 12178 [Aust. P. 214 869].)

Standard Oil Co., Chicago, Ill., V.St.A. (Erfinder: **Edwin F. Peters** und **Bernard L. Evering**), *Olefinpolymerisation.* (**F. P. 1 153 158** vom 27/4. 1956, ausg. 3/3. 1958. **Jap. A. S. 2991/1959** vom 2/5. 1956, ausg. 24/4. 1959. Beide A. Prior. 2/5. 1955. — C. **1960.** 13208 [D. A. S. 1 069 386].)

Montecatini Soc. Gen. per l'Industria Mineraria e Chimica, Italien, und **Karl Ziegler**, Deutschland (Erfinder: **Giulio Natta, Dario Sianesi** und **Renato Serra**), *Herstellung linearer polymerer aromatischer Vinylkohlenwasserstoffe.* (**F. P. 1 166 379** vom 18/2. 1957, ausg. 5/11. 1958. **Belg. P. 555 252** vom 22/2. 1957, ausg. 12/2. 1960. Beide It. Prior. 23/2. 1956 u. 15/1. 1957. — C. **1959.** 11083 [Oe. P. 200 334].)

Courtaulds Ltd., London, England, *Acrylsäurenitrilfasern mit verbessertem Aufnahmevermögen für Farbstoffe*. (**It. P. 510 276** vom 10/3. 1954. E. Prior. 11/3. 1953. — C. **1957.** 5127 [E. P. 744 487].)

Dow Chemical Co., Midland, Mich., V.St.A., *Formmasse auf Polystyrolbasis.* (**Ind. P. 55 221** vom 19/8. 1955, ausg. 10/1. 1958. — C. **1958.** 3463 [E. P. 776 511].)

E. I. du Pont de Nemours & Co., Wilmington, Del., V.St.A., *Behandlung von Polyäthylenoberflächen.* (**It. P. 510 223** vom 27/11. 1953. A. Prior. 29/11. 1952. — C. **1957.** 6906 [F. P. 1 092 664].)

E. I. du Pont de Nemours & Co., Wilmington, Del., V.St.A. (Erfinder: **C. D. Shacklett**), *N-(Dihydroxyalkyl)-acrylsäureamide, deren cyclische Acetale, Polymere und Mischpolymere.* (**Belg. P. 532 946** vom 29/10. 1954, ausg. 14/3. 1958. A. Prior. 2/11. 1953 u. 9/3. 1954. — C. **1960.** 4360 [F. P. 1 114 504] u. C. **1960.** 15591 [A. P. 2 830 972 u. E. PP. 786 344 u. 786 345].)

General Aniline & Film Corp., New York, N.Y., V.St.A., *Polymerisieren von α-Chloracrylaten.* (**It. P. 510 634** vom 15/5. 1953. A. Prior. 16/5. 1952. — C. **1955.** 7098 [A. P. 2 683 705].)

Standard Oil Development Co., Elizabeth, N.J., V.St.A., *Herstellung von Erdölharzen.* (**It. P. 512 205** vom 30/10. 1953. A. Prior. 1/11. 1952. — C. **1958.** 8202 [F. P. 1 088 016].)

Union Carbide Corp., New York, N.Y., V.St.A. (Erfinder: **B. Phillips** und **P. S. Starcher**), *Herstellung von Epoxyharzen.* (**Belg. P. 563 325** vom 18/12. 1957, ausg. 17/6. 1960. A. Prior. 20/12. 1956. — C. **1960.** 9046 [Oe. P. 204 279].)

Union Carbide Corp., V.St.A. (Erfinder: **Carl Yale Meyers**), *Herstellung von wässerigen Lösungen des Trimethylolphenols.* (**F. P. 1 198 736** vom 5/2. 1958, ausg. 9/12. 1959. A. Prior. 15/2. 1957. — C. **1960.** 10426 [A. P. 2 889 374].)

Imperial Chemical Industries Ltd., London, England, *Schaumstoffe aus Phenol-Formaldehydharzen.* (**Ind. P. 58 442** vom 18/9. 1956, ausg. 2/9. 1958. E. Prior. 26/9. 1955. — C. **1960.** 668 [E. P. 791 144].)

American Cyanamid Co. (Erfinder: **John Christos Petropoulos**), *Modifizieren von Polyestern.* (**Aust. P. 220 783** vom 9/7. 1957, ausg. 9/4. 1959. A. Prior. 23/7. 1956. — C. **1960.** 1347 [D. A. S. 1 058 251].)

E. I. du Pont de Nemours & Co., Wilmington (Erfinder: **Albert Smith Carter**, New Castle, und **Maurice Leon Ernsberger**, Wilmington), Del., V.St.A., *Herstellung elastomerer, vulkanisierbarer Kondensationsprodukte.* (**Schwz. P. 349 080** vom 26/10. 1954, ausg. 15/11. 1960. A. Prior. 26/10. 1953 u. 11/10. 1954. — C. **1959.** 7978 [F. P. 1 115 600].)

Farbenfabriken Bayer Akt.-Ges., Deutschland (Erfinder: **Günther Nischk, Peter Hoppe, Günther Braun** und **Hans-Willi Paffrath**), *Schaumstoffe aus Polyestern, Polyisocyanaten und Wasser.* (**F. P. 1 187 770** vom 12/7. 1957, ausg. 16/9. 1959. D. Prior. 14/7. 1956. — C. **1958.** 10215 [D. A. S. 1 020 179].)

Ciba Ltd., Basel, Schweiz, *Herstellung einer stabilen Lösung eines härtbaren Kondensationsproduktes aus Thioharnstoff, Melamin und Formaldehyd.* (**Ind. P. 58 279** vom 28/8. 1956, ausg. 1/2. 1958. — C. **1959.** 13652 [D. A. S. 1 025 141].)

Chemische Werke Albert (Erfinder: **Johannes Reese** und **Berthold Brähler**), Wiesbaden-Biebrich, *Herstellung von thermoplastischen Kunstharzen.* (**D. P. [DDR] 19 269** Kl. 39c vom 9/9. 1957, ausg. 16/7. 1960 [Ausschließungspatent]. — C. **1959.** 7309 [D. A. S. 1 040 237].)

Soc. An. des Manufactures des Glaces et Produits Chimiques de Saint-Gobain, Chauny & Cirey, Paris, Frankreich, *Herstellung von Polysulfonharzen.* (**Ind. P. 59 103** vom 11/12. 1956, ausg. 14/9. 1957. — C. **1959.** 322 [F. P. 1 138 559].)

Midland Silicones Ltd., London, England, *Herstellung von Organosiliciumverbindungen.* (**E. P. 834 326** vom 10/7. 1957, ausg. 4/5. 1960. A. Prior. 29/10. 1956. — C. **1960.** 3059 [D. A. S. 1 061 321].)

Midland Silicones Ltd., London, England, *Herstellung cyclischer Organosiliciumverbindungen.* (**E. P. 840 402** vom 20/1. 1958, ausg. 6/7. 1960. A. Prior. 20/3. 1957. — C. **1960.** 1016 [D. A. S. 1 057 113].)

Siemens Edison Swan Ltd., London, übert. von: **Stanley Thomas Deakin**, Ewell West, England, *Verkleben von Polytetrafluoräthylen mit Gummi.* (**A. P. 2 886 480** vom 23/11. 1954, ausg. 12/5. 1959. E. Prior. 17/12. 1953. — C. **1958.** 6406 [E. P. 769 093].)

XII. Kautschuk

Eigenschaften, Anwendungen und Gebrauch von Latex. S. D. Sutton. (Annu. Rep. Progr. Rubber Technol. **23.** 12—17. 1959.) (Engl.)

Fortschrittsbericht 1958/59. — 28 Literaturangaben. M. Winiker. 7222 □

Physik des rohen und vulkanisierten Naturkautschuks. R. L. Stafford. (Annu. Rep. Progr. Rubber Technol. **23.** 24—28. 1959.) (Engl.)

Fortschrittsbericht 1958/59. — 51 Literaturangaben. M. Winiker. 7222 □

Chemie des rohen und vulkanisierten Naturkautschuks. W. Cooper. (Annu. Rep. Progr. Rubber Technol. **23.** 18—23. 1959.) (Engl.) — Vgl. C. **1960.** 4692.

Fortschrittsbericht 1958/59. — 73 Literaturangaben. M. Winiker. 7222 □

Die Reaktion von halogenorganischen Verbindungen mit Butadien-Nitril-Copolymeren. P. A. Winogradow, N. G. Arssenjewa und K. Je. Gawschinowa. (Каучук и Резина [Kautschuk u. Gummi] **19.** Nr. 7. 3—6. Juli 1960.) (Russ.)

An *Butadienacrylsäurenitrilkautschuk* (SKN 10, 18, 26 u. 40) werden die vulkanisierenden Eigg. von *Chloranil* (**I**), *Benzotrichlorid*, *Chlorbenzol* u. *Tetrachlorkohlenstoff* (**II**) in Dosierungen bis zu 10% (bezogen auf 100% Kautschuk) untersucht. Es werden gute Vulkanisate mit diesen organ. Cl-Verbb. erzielt, wobei die Wirksamkeit von **II** nur sehr gering ist. Die physikal. Kennzahlen u. die Quellwerte (24 Std., 200°) in Awtol 18, Öl AMG-10 u. Dibutylsebacat werden bes. ausführlich für **I** angegeben. Bemerkenswert ist das günstige Verh. dieser Vulkanisate bei therm. Beanspruchung, bes. auch in Ggw. von Öl. Die Möglichkeit, **I** bereits dem Latex als Suspension zuzusetzen, wird erläutert.

O. Kramm. 7224 □

Einfluß von Beimengungen in Chloropren auf die Stabilität des Nairits. A. L. Klebanski, W. N. Karzew, L. P. Fomina und Ju. W. Trenke. (Каучук и Резина [Kautschuk u. Gummi] **19.** Nr. 7. 1—3. Juli 1960. Allunions-Lebedew-Forschungsinst. für synthet. Kautschuk.) (Russ.)

Die Wrkg. der Beimengungen von *Monovinylacetylen* (**I**; 0—0,2%), *Divinylacetylen* (**II**; 0—0,2%), O_2 (**III**; Polymerisation in Luft) u. *Fe-Salzen* (**IV**; 0—0,2% Fe) in *Chloropren* bei der Polymerisation zu *Nairit* (**V**; *Polychloropren*) wird untersucht. Während **I** u. **IV** prakt. keinen Einfl. auf die Karrer-Plastizität von **V** aufweisen, wird sowohl durch **II** als auch durch **III** die Plastizität von **V** stark vermindert. Mit **II** u. **III** gewonnenes **V** ist auch therm. instabil u. neigt bei der Verarbeitung zur Anvulkanisation. O. Kramm. 7224□

Der Einfluß verschiedener Typen von Stabilisatoren auf die Veränderungen der Eigenschaften von Nairit beim Altern. A. L. Klebanski, L. P. Fomina, W. N. Karzew und Ju. W. Trenke. (Каучук и Резина [Kautschuk u. Gummi] **19.** Nr. 8. 9—13. Aug. 1960. Allunions-Lebedew-Forschungsinst. für synthet. Kautschuk.) (Russ.)

Die stabilisierende Wrkg. verschiedener Derivv. des *Phenyl-β-naphthylamins* (**I**; Neoson D), verschiedener *Phenole* u. Salze der *Dithiocarbaminsäure* (**II**) auf Nairit (**III**; Polychloropren), der normal mit 2% **I** u. 2,5% *Tetraäthylthiuramdisulfid* (Thiuram E) stabilisiert ist, wird untersucht. Die Vers.-Substanzen werden normal stabilisiertem oder unstabilisiertem **III** zugesetzt. Im einzelnen werden geprüft: *Diphenylthiazin, Phenylnaphthylthiazin, Diphenylphenylendiamin, Dinaphthylphenylendiamin, Oxyneozon* (*Oxyphenyl-β-naphthylamin*), *Dimethyl-p-kresol, p-Di-tert.-butyldioxyphenylensulfid, Lignin, β-Naphthol, Mono-tert.-butylphenol, α-Naphthol* u. die *Ni-, Pb-, Bi-* u. *Mg-Salze* der **II**. Eine negative Wrkg. auf die Stabilität haben die verschiedenen Amine u. Phenole; außerdem erhöhen sie die Scorchgefahr. 1—2% Ni-**II** erhöht die Thermostabilität von **III** im Zusatz u. im Austausch gegen **I**; dabei wird die Scorchsicherheit vergrößert u. die Ozonbeständigkeit verbessert. Die anderen Salze der **II** zeigen diese Wrkg. nicht. O. Kramm. 7224□

Untersuchung der Besonderheiten der Bindungen im System Kautschuk–Ruß. W. G. Epstein und S. W. Tschernych. (Коллоидный Журнал [Kolloid.-J.] **21.** 754—61. Nov./Dez. 1959. Jaroslawl, Technol. Inst.) (Russ.; Auszug: Engl.)

Vff. untersuchen die Veränderung des Dehnungsmoduls bei 100% Dehnung nach wiederholter (bis 4mal) Dehnung u. bei Temp. bis 100° an *Butadien-* (SKB) u. *Butadienstyrolkautschuk* (SKS-30-A)-Vulkanisaten mit bis zu 100 Gewichts-% *Kanal-* (**I**), *Ofen-* (**II**) u. *Furnace-Ruß* (**III**), bezogen auf 100 Gewichts-% Kautschuk. Der Abfall des Moduls nach wiederholter Deformation ist abhängig vom Elastomeren, dem Rußtyp u. der Dosierung. So beträgt der Abfall des Moduls für SKB mit je 60% **I**, **II** oder **III** 9,59, 5,55 u. 11,33 kg/cm³ bei der 4. Wiederholung der Dehnung. Auch der Abfall des Moduls mit steigender Temp. ist abhängig vom Elastomeren u. hängt mit dem Rußtyp u. der Dosierung zusammen. Für die oben aufgeführten Vulkanisate werden folgende Moduländerungen für die Steigerung der Temp. von 20 auf 100° ermittelt: **I** 4,89, **II** 0,23 u. **III** 1,3 kg/cm². Der geringere Abfall des Moduls bei hoher Temp. wird auf ster. Behinderung in den Rußketten zurückgeführt, die in der Wärme nicht genügend beeinflußbar sind. Die Unters.-Ergebnisse werden von den Vff. zur Beurteilung der Kautschuk–Ruß-Bindung herangezogen. Es wird gezeigt, daß ein Unterschied zwischen der Verstärkung durch Ruß u. durch Kristallite besteht; die Kautschuk–Ruß-Bindung ist gegenüber den Kristalliten in der Wärme bedeutend stabiler. O. Kramm. 7226□

Reifen. L. J. Mountford. (Annu. Rep. Progr. Rubber Technol. **23.** 67—72. 1959.) (Engl.) — Vgl. C. **1960.** 4693.

Fortschrittsbericht 1959. — 85 Literaturangaben. M. Winiker. 7230□

Spiele, Sportartikel, Spielsachen und so weiter. S. G. Ball. (Annu. Rep. Progr. Rubber Technol. **23.** 95—99. 1959.) (Engl.) — Vgl. C. **1960.** 5338.

Fortschrittsbericht 1958/59. — 35 Literaturangaben. M. Winiker. 7230□

Straßenbau. L. Mullins. (Annu. Rep. Progr. Rubber Technol. **23.** 125—27. 1959.) (Engl.) — Vgl. C. **1960.** 4046.

Fortschrittsbericht 1958/59 über die Verw. von Kautschuk im Straßenbau. — 20 Literaturangaben. M. Winiker. 7230□

Goodrich-Gulf Chemicals, Inc., V.St.A. (Erfinder: Samuel Emmett Horne jun., Howard M. Hoxie, Floyd F. Miller und Albert F. Ekar), **Polymerisieren von Olefinen und Diolefinen** in Ggw. eines Lsgm. (Bzl.) u. mit einem Katalysator aus Organometall-Verbb. u. einer Verb. eines Übergangsmetalls der Gruppe 4—10 des Period. Syst.; man macht den Katalysator durch Zusatz von Alkoholen unwirksam. — 200 (Teile) entlüftetes trockenes Heptan, 4,03 Tri-[n-octyl]-Al u. 2,085 $TiCl_4$ läßt man unter trockenem N_2 30 Min. stehen, verd. auf 1000 Vol.-Teile Heptan u. leitet unter N_2 104 Vol.-Teile Isopren so ein, daß sich die Temp. bei 45—50° hält. Man rührt dann noch 2 Std., drückt die Lsg. unter N_2 in mit HCl angesäuerten CH_3OH u. rührt einige Min. stark durch. Die sich absetzende Heptan-CH_3OH-Schicht wird abgezogen. Zu der Heptan-Kautschuk-Lsg. gibt man eine 7 Gewichtsteile Phenyl-β-naphthylamin enthaltende Aceton-Lsg. u. rührt, wobei sich eine Polymerisatsuspension bildet, die abfiltriert wird. — Auch Polymerisation von Äthylen. (**F. P. 1 168 261** vom 26/12. 1956, ausg. 5/12. 1958. A. Prior. 27/12. 1955.) M. PANKOW. 7225

Esso Research and Engineering Co., Elizabeth, N.J., V.St.A., **Herstellung von Kohlenwasserstoffpolymeren.** Bei der Herst. von *kautschukartigen* Polymeren aus einem Isoolefin, wie Isobutylen (**I**), oder einem Copolymeren aus einem Isoolefin u. einem Monoolefin mit aromat. Kern, z. B. **I** u. Styrol, bei niedrigen Temp., bes. —75 bis —125°, in Ggw. eines FRIEDEL-CRAFTS-Katalysators vermischt man den Brei aus dem Polymer u. dem nichtwss. Medium, wie Methylchlorid, mit einer wss. Lsg., die 0,01—1 Gewichts-% eines O-haltigen KW-Stoffs (**II**) der Formel $A[O(CH_2)_x]_yB$ enthält, in der A H, einen Alkyl-, Aryl-, Aralkyl- oder Alkarylrest oder die gleichen, eine Carboxylgruppe enthaltenden Reste mit 2—50 C-Atomen, B eine Hydroxyl- oder Acyloxygruppe mit 2—5 C-Atomen, x eine ganze Zahl zwischen 2 u. 50 u. y eine solche zwischen 4 u. 30 bedeuten, trennt das Polymer ab u. trocknet es. Als **II** verwendet man z. B. ein Kondens.-Prod. aus Abietinsäure u. Äthylenoxyd (**III**), aus Nonylphenol u. **III**, oder aus Tridecylalkohol u. **III**. Durch diese Maßnahme wird das schädliche Zusammenballen der Polymeren bei der Aufarbeitung verhindert. (**E. P. 818 826** vom 25/3. 1957, ausg. 26/8. 1959. A. Prior. 16/4. 1956.) K. SARRE. 7225

Dunlop Rubber Co. Ltd., London, England (Erfinder: Derek William Sear), **Kautschukartige Polymere und ihre Herstellung.** Mischpolymerisate aus einem Isoolefin, wie Isobutylen, u. einem kleineren Anteil eines Diolefins, wie Butadien oder Isopren, z. B. im Verhältnis von 97—99 zu 3—1 Gewichts-%, werden mit $ClSO_3H$, zweckmäßig in Ggw. eines inerten flüchtigen Lsgm., wie CCl_4, mit oder ohne Anwendung von Hitze behandelt u. das Lsgm. u. die überschüssige $ClSO_3H$ entfernt, z. B. durch Verdampfen. Das so erhaltene Prod. kann durch Erhitzen mit dem Oxyd eines 2wertigen Metalls, z. B. MgO, vulkanisiert werden, auch in Ggw von Naturkautschuk u. dessen Vulkanisierungsmitteln. (**E. P. 818 032** vom 14/5. 1955, ausg. 12/8. 1959.) K. SARRE. 7225

Siemens-Schuckertwerke Akt.-Ges., Berlin und Erlangen (Erfinder: Hans Müller und Erwin Kecker, Berlin), **Kautschukmischung erhöhter Kerbzähigkeit** u. Weiterreißfestigkeit für auf Strangpressen hergestellte Erzeugnisse aus Polychlor-2-butadien mit Ruß als Füllstoff, dad. gek., daß als Ruß ein durch Naßaufbereitung gewonnener, bei der Umwandlung von Erd- oder Crackgas, bes. von Methan, in Acetylen beim schnellen Durchgang durch einen elektr. Lichtbogen anfallender Lichtbogenruß verwendet wird. (**D. A. S. 1 099 159** Kl. 39b vom 18/12. 1958, ausg. 9/2. 1961.) W. OVERBECK. 7231

General Aniline & Film Corp., New York, N.Y. (Erfinder: George Green Stoner, Easton, Pa., Julian Louis Azorlosa, Westbury, N.Y., und Charles Peter Albus, Easton, Pa.), V.St.A., **Wärmesensibilisierte Kautschukmilchmischung** zur Herst. von Kautschukgegenständen durch Wärmekoagulation, dad. gek., daß sie wenigstens ein Polymethoxyacetal der Formel $R-[-CH_2-CH(OCH_3)-]_n-OCH_3$ enthält, worin n für eine ganze Zahl zwischen 5 u. 40 u. R für H oder eine niedrige Alkylgruppe steht. (**D. A. S. 1 099 724** Kl. 39b vom 10/9. 1956, ausg. 16/2. 1961.) W. OVERBECK. 7231

T. J. Smith & Nephew Ltd., Kingston-upon-Hull, England, *Stabilisieren von unvulkanisiertem Kautschuk.* (**Ind. P. 58 843** vom 9/11. 1956, ausg. 2/9. 1958. — C. **1960.** 11136 [E. P. 802 018].)

Monsanto Chemicals Ltd., London, England, *Polystyrol-Kautschuk-Mischung*. (**It. P. 512 739** vom 30/6. 1953. E. Prior. 4/7. 1952. — C. **1950/54.** 1339 S [F. P. 1 080 303].)

Goodyear Tire & Rubber Co., Akron, Ohio, V.St.A., *Elastomere Zusammensetzungen.* (**Ind. P. 56 313** vom 16/1. 1956, ausg. 17/2. 1958. — C. **1959.** 14895 [Aust. P. 206 404].)

Chemische Werke Albert, Wiesbaden-Biebrich (Erfinder: **Johannes Reese**), *Herstellen von Umsetzungsprodukten des Cyclokautschuks.* (**Schwz. P. 349 416** vom 9/7. 1956, ausg. 30/11. 1960. D. Prior. 26/11. 1955. — C. **1958.** 4642 [D. A. S. 1 012 458].)

Wingfoot Corp., Akron, Ohio, V.St.A., *Alterungsschutz für Kautschuk.* (**It. P. 512 333** vom 14/1. 1954, A. Prior. 8/9. 1953. — C. **1958.** 1441 [F. P. 1 096 259].)

Imperial Chemical Industries Ltd., London, England, *Alterungsschutzmittel für Kautschuk.* (**Ind. P. 56 150** vom 26/12. 1955, ausg. 28/1. 1958. E. Prior. 31/12. 1954. — C. **1959.** 3994 [F. P. 1 149 680].)

Firestone Tire & Rubber Co., Akron, Ohio, V.St.A., *Schaumkautschuk.* (**Schwed. P. 156 026** vom 30/1. 1953, ausg. 11/9. 1956. A. Prior. 22/7. 1952. — C. **1955.** 4720 [Oe. P. 180 728].)

Firestone Tire & Rubber Co., Akron, Ohio, V.St.A., *Schaumkautschuk.* (**Schwed. P. 156 025** vom 11/12. 1952, ausg. 11/9. 1956. A. Prior. 22/7. 1952. — C. **1955.** 4720 [Oe. P. 180 727].)

Franz Jakubeit, Willi Maur und **Hans Heiner**, Aachen, *Bodenbelag.* (**It. P. 512 609** vom 2/1. 1953. D. Prior. 2/1. 1952. — C. **1956.** 277 [E. P. 721 650].)

XIII. Ätherische Öle. Parfümerie. Kosmetik

Ein hauptsächlich (—)-Piperiton enthaltendes neues Perilla-Öl und die stereospezifische Reduktion des α,β-ungesättigten Ketons. Ping-Hsien Yeh. (Perfum. essent. Oil Rec. **51.** 293—96. Juni 1960. Taipei, Taiwan [Formosa], China, Provinc. Indust. Res. Inst.) (Engl.)

Im zu 0,44% durch Wasserdampf-Dest. des frischen Krautes von *Perilla frutescens Brit. var. typica Makino* gewonnenen äther. Öl wurden als Bestandteile 55% (—)-*Piperiton*, 31% (—)-*Limonen*, 6% α-*Caryophyllen* u. 0,5% (—)-*Piperitylformiat* nachgewiesen. Bei Herst. u. Hydrolyse des (—)-Piperitonsemicarbazons trat partielle Racemisierung ein. Stereospezif. Red. des (—)-Piperitons mit Na u. feuchtem Äther gab (—)-*Isomenthol* in hoher Ausbeute. G. LOSSNER. 7262□

Aerosole mit Kölnisch-Wasser-Geruch. Jean Sfiras. (Soap, Perfum. Cosmet. **33.** 1191—93. Nov. 1960. Paris, Roure Bertrand Fils et Justin Dupont.) (Engl.)

Vf. berichtet über empir. gewonnene Erkenntnisse in der Parfümierung von Aerosolen (Körperdesodorantien, Insecticide, Haarlacke u. Raumdesodorantien) mit Kölnisch-Wasser-Noten. — Anwendungstechn. Hinweise. H. SONTAG. 7284□

Die kosmetische Chemie als Wissenschaft. K. J. Pfeiffer. (Parfümerie u. Kosmet. **41.** 230—31. Juni 1960.) (Dt.)

Eine Untergliederung der Kosmetik in 3 Teilgebiete, dekorative, präventive u. therapeut. Kosmetik, wird vorgenommen. Die Notwendigkeit, die gesamte Kosmetik auf eine streng wissenschaftliche Basis zu stellen, wird vorrangig betont. G. LOSSNER. 7284□

Glycerin in der Kosmetik. Paul G. I. Lauffer. (Drug Cosmet. Ind. **86.** 162 bis 163. 285—88. Febr. 1960. Northam Warren Corp.) (Engl.)

Die Verw. von *Glycerin* (I) als W. bindendes Gleit-, Binde- u. Lsgm., in ölabstoßenden Cremes, als Schaumstabilisator sowie als gesundheitlich völlig unbedenkliches Süßungsmittel wird beschrieben. I kann durch Austauschmittel nur teilweise ersetzt werden. R. SCHÖNFELDER. 7284□

Glycerin in kosmetischen Präparaten. A. E. Desperrois. (Amer. Perfumer Aromatics **75.** 39—41. Juli 1960. Drug Cosmet. Ind. **87.** 17—19. Juli 1960.) (Engl.)

Die Vorzüge des Glycerins für den bes. Zweck werden erläutert: seine Hygroskopizität, sein Löse- u. Plastifiziervermögen, das hautfreundliche Verh., Beständigkeit an der Luft, die chem. Verträglichkeit u. schließlich seine Eig., Parfüms zu fixieren. K. SEIFERT. 7284□

Fettsäuren und deren Derivate in Kosmetikrezepten. Gabriel Barnett. (Chem. Products chem. News [N.S.] **23.** 410—11. Sept. 1960. Coty, Inc.) (Engl.)

Inhaltlich ident. mit der C. **1961.** 7426 referierten Arbeit. B. T. LASSER. 7284□

Kosmetische Emulsionen. Joseph Kalish. (Drug Cosmet. Ind. **85.** 464—65. 573—74. Okt. 1959.) (Engl.)

Erörterung der Bedeutung von HLB-Wert u. Ionisationsart der Emulgatoren sowie des pH-Wertes der wss. Phase für die Stabilität von Emulsionen. H. SONTAG. 7284□

Biologische Haarwässer. Helmut Führer. (Seifen-Öle-Fette-Wachse **86.** 375 bis 377. 8/6. 1960. Junkersdorf bei Köln.) (Dt.)

Angabe verschiedener Rezepte für Haarwässer mit Zusätzen von Vitaminen, Pflanzenextrakten, Estern der Adipin- u. Sebacinsäure (für trocknes Haar). Der Alkohol-Geh. soll 50—60% betragen. F. THOMAS. 7284□

Eine neue Mikromethode zur Wertbestimmung ätherischer Öle. Robert Fischer. (Kosmetik-Parfum-Drogen Rdsch. [Innsbruck] **5.** 134—35. 1958. Graz, Univ., Inst. für Pharmakognosie.) (Dt.)

Mit Hilfe der krit. Entmischungs-Temp. (MTk) werden im Mikromaßstab Citral in Oleum Citri, Menthol in Oleum Menthae pip., Eugenol in Oleum Caryophyllorum, Ascaridol in Oleum Chenopodii u. der Gesamtphenol-Geh. in Oleum Thymi bestimmt. Die Fehlergrenzen liegen zwischen $^1/_4$—$^1/_2$%. Hinweis zum Nachw. von Verfälschungen äther. Öle. G. LOSSNER. 7286□

XIV. Zucker. Kohlenhydrate. Stärke

Eine neue Rübenkrankheit in Polen. Jerzy Chrzanowski. (Gaz. Cukrownicza **62.** 349—50. Nov. 1960. Warszawa, Inst. Hodowli i Aklimatyzacji Roślin, Labor. fitopatol.) (Pol.)

1959 u. 1960 wurden bei Rübenpflanzen im 1. Vegetationsstadium (3—4 Blätter) Krankheitssymptome beobachtet, die der Mosaikviruskrankheit ähnlich sind. Im weiteren Verlauf der Krankheit rollen sich die Blätter ein, sie werden gelb u. braun, u. die Pflanze läßt im Wachstum nach. Die Krankheit wird durch den Pilz *Pythium irregulare Buis.* (Phycomycetes) verursacht. F. Urban. 7406□

Transport, Reinigung und Lagerung von Zuckerrüben. K. Bagert. (Z. Zuckerind. **10** (**85**). 631—36. 20/12. 1960. Mülheim-Ruhr.) (Dt.)

Es werden Geräte u. Anlagen beschrieben sowie Hinweise gegeben für die möglichst verlustarme Beförderung, Reinigung u. Lagerung von Zuckerrüben. Neben der Schmutzabscheidung ist bes. die Zwangsbelüftung der Rübenstapel von großer Wichtigkeit. In einigen Fabriklagern erhaltene Ergebnisse werden mitgeteilt. M. Reiher. 7406□

Über die Kontrolle der Saturation. A. Emmerich und A. Madi. (Zucker **13.** 554—60. 15/11. 1960. Braunschweig, TH, Inst. für landwirtschaftl. Technol. u. Zuckerind.) (Dt.)

In den letzten drei Kampagnen wurden in 2 Zuckerfabriken Unterss. angestellt, bei denen Elektroden zur pH-Messung in Saturationssäften u. zur Kontrolle u. Regelung der I. Saturation verwendet wurden u. die elektr. Leitfähigkeit der Saturationssäfte im Verhältnis zu anderen Daten untersucht wurde. Die Sb-Elektrode erwies sich als nicht geeignet, den pH-Wert dieser Säfte mit ausreichender Reproduzierbarkeit zu messen, doch ist eine gebürstete Elektrode bei Überwachung u. Nachjustierung mit einer Glaselektrode zur prakt. pH-Kontrolle brauchbar (Konstanz von ca. 0,2 Einheiten). Am zuverlässigsten kann die pH-Messung mit Glaselektroden in Verbindung mit temperaturunempfindlichen Bezugselektroden durchgeführt werden. Die pH-Messung ist zur Zeit das zuverlässigste Mittel für das Einhalten optimaler Bedingungen in der I. Saturation. Die elektr. Leitfähigkeit ist weder eine eindeutige Funktion der Alkalität noch des pH-Wertes. Ihre Anwendung für die automat. Regelung der I. Saturation ergibt zwar eine wesentliche Verbesserung gegenüber dem Handbetrieb, doch sind die Abweichungen von Optimalwert größer als bei der pH-Regelung. W. Willenberg. 7412□

Herstellung von Melasseschnitzeln. Aleksander Wrężel. (Gaz. Cukrownicza **62.** 369—70. Dez. 1960.) (Pol.)

Ausgelaugte Zuckerrübenschnitzel werden mit 8—12% Melasse vermischt u. dann mit Verbrennungsabgasen oder in Trockenöfen getrocknet. Es werden Probleme beim Mischen von Schnitzeln mit Melasse, beim Trocknen u. Aufbewahren des Fertigprod. beschrieben. F. Urban. 7418□

Erzeugung von verheften Futtermitteln in der Zuckerfabrik. Karel Číž. (Listy Cukrovarnické **76.** 251—54. 15/11. 1960.) (Tschech.)

Bei der Erzeugung von verheften Futtermitteln konnte mit Hilfe der konduktometr. Registrierung das Wachstum der Hefen im Hefeansatz während der Verhefung verfolgt werden. H. Herper. 7418□

Biochemische Untersuchungen über Reisstärke. 9. Mitt. **Chemische Eigenschaften von Reisstärke aus verschiedenen Quellen.** Humio Kurasawa, Ikuo Igaue und Tosirō Hayakawa. (J. agric. chem. Soc. Japan [Nippon Nōgei-Kagaku Kaishi] **34.** 295—99. 15/4. 1960. Niigata Daigaku, Nōgaku-Bu.) (Jap.) — 8. vgl. J. agric. chem. Soc. Japan [Nippon Nōgei-Kagaku Kaishi] **33.** [1959.] 225.

Stärke aus 5 japan. Reissorten wurde auf ihren Geh. an *Amylose* geprüft, der 20,3 bis 26,5% betrug (*Amylopektin*: 61,3—67,4%), ferner Stärke-Lsgg. auf zunehmende Viscosität durch Erhitzung auf 55—60°. F. Mossner. 7448

Biochemische Untersuchungen über Reisstärke. 10. Mitt. **Chemische Eigenschaften schwer zu fällender Stärke.** Humio Kurasawa, Ikuo Igaue und Tosirō Hayakawa. (J. agric. chem. Soc. Japan [Nippon Nōgei-Kagaku Kaishi] **34.** 299—303. 15/4. 1960.) (Jap.) — 9. vgl. vorst. Referat.

300 g Reis (5 verschiedene japan. Sorten) wurden bei 5—18° mit 2 Litern 0,2%ig. NaOH-Lsg. imbibiert. Der Geh. der auf diese Weise gewonnenen üblichen Stärke (**I**) betrug 70—76%, der der beim Zentrifugieren schwer abtrennbaren Stärke (**II**) 8—16%. **II** läßt sich nicht so leicht mit Jod färben wie **I**. Der Amyloseanteil von **I** betrug 20—26% u. war leichter mit Jod zu färben als der von **II**, der sich auf 12—16% belief.

F. Mossner. 7448

Brix-Faktoren zur Bestimmung der Trockensubstanz in Stärkehydrolysaten. W. R. Fetzer und L. C. Kirst. (J. agric. Food Chem. **8.** 507—10. Nov./Dez. 1960. Clinton, Iowa, Clinton Corn Proc. Co.) (Engl.)

Bei Best. der Trockensubstanzmengen in Zuckersirupen mit dem BRIX-Aräometer findet man bei Maissirupen zu hohe Werte, u. zwar im Maße, wie der DE-Wert abnimmt. Vff. bringen Faktoren, um die BRIX-Grade auf die wahre Trockensubstanzmenge zu korrigieren. Übliche Stärkehydrolysate enthalten NaCl, das die BRIX-Ablesung stärker beeinflußt als ein gleiches Gewicht an Siruptrockensubstanz. Dieser Salzeffekt kann durch die Resultate einer $AgNO_3$-Titration kompensiert werden. Bei Berücksichtigung der genannten Störungen hat man ein schnell u. genau arbeitendes Verf. zur Best. des DE-Wertes auf Grund des durch das BRIX-Aräometer erhaltenen Trockensubstanzwertes, welcher von gleicher Genauigkeit ist, wie ein im Vakuumtrockenschrank gefundener Wert. M. ULMANN. 7490□

Potentiometrische und spektrophotometrische Bestimmung von Amylose und Amylopektin in verschiedenen Stärken. R. D. Patel, R. S. Patel und R. P. Patel. (Sci. and Cult. [Calcutta] **24.** 291—92. Dez. 1958. Vallabh-Vidyanagar, Sardar Vallabhbhai Vidyapeeth, Chem. Dep.) (Engl.)

Vff. bestimmen durch potentiometr. Titration mit J_2 sowie spektrophotometr. den Geh. an *Amylose* u. *Amylopektin* in 14 verschiedenen Pflanzenstärken. E. MOISAR. 7490□

XV. Gärungsindustrie

pH-Kontrolle in submersen Reinkulturgärungen. Laboratoriumsmaßstab-Fermenter-Untersuchungen. F. H. Deinsdoerfer und B. L. Wilker. (Ind. Engng. Chem. **49.** 1223—26. Aug. 1957. Rahway, N.J., Merck Sharp & Dohme Res. Labor., Div. of Merck & Co., Inc.) (Engl.)

Reinkulturgärungen wurden zwischen pH 4,5 u. 8,5 ausgeführt von sehr niedrigviscosen Bakterienmedien bis zu hoch konsistenten Pilzfermentationen. Es werden die Vers.- bzw. Arbeitsanordnung zu kontinuierlicher pH-Messung beschrieben u. an Hand von Beispielen die Möglichkeiten der verschiedenen Arbeitsweisen diskutiert. R. LESCHBER. 7500□

Zur Fachsprache der französischen Brenner. W. Wonneberger. (Branntweinwirtschaft **100.** 343—44. 10/8. 1960. Berlin, Inst. für Gärungsgewerbe.) (Dt.)

An Hand einer Auswahl von Ausdrücken der französ. Brennereifachsprache u. ihrer Erläuterungen wird auf die bes. Bedeutung der französ. Brennereitechnik u. ihres Schrifttums hingewiesen. W. KREIPE. 7536□

Möglichkeiten der Keimruheverkürzung bei der Gerste. Jiří Maštovský und Vladimír Karel. (Kvasný Průmysl **6.** 145—47. Juli 1960. Praha, výzk úst. pivovar. a slad.) (Tschech.)

Die Keimruhe der Gerste kann durch Behandlung mit 0,06%ig. Lsg. von Formaldehyd oder schwach saurer 0,0025%ig. Lsg. von NH_4F verkürzt werden. — 20 Literaturangaben. E. VEVERA. 7540

Untersuchungen über die flavonoiden Bedingungen in Würze und Bier. 2. Mitt. **Die Veränderungen während der Gärung** E. Wye und W. D. McFarlane. (European Brewery Convent., Proc. Congr. **1957.** 299—310. Toronto/Kanada, Canadian Breweries Ltd., Forschungsabt.) (Engl.) — Vgl. C. **1957.** 12915.

In Bier kommen 2 Leukoanthocyane (**I**; Cyanidin u. Delphinidin) vor. Aus Verss. der Behandlung der Würze mit Polyvinylpyrrolidon (PVP) ergab sich, daß nach PVP-Behandlung der Kühltrub u. sein **I**-Geh. abnehmen, Kältetrübung u. **I**-Geh. während der Gärung aber zunehmen. Es besteht also ein Zusammenhang zwischen dem **I**-Geh. von Würze u. Bier u. der Bldg. von Kühltrub u. Kältetrübung. Hefen synthetisieren **I** nicht, dessen Zunahme auf die CO_2-Bldg. zurückgeführt wird. Vorläufer der in 2 Formen vorkommenden **I** sind einfache, dialysierbare Moleküle. Durch zweidimensionale Papierchromatographie konnte nachgewiesen werden, daß 17 in Würze gefundene Flavonoide (**II**) im Bier fehlen u. 9 **II** aus dem Bier nicht in Würze vorkommen. Identifiziert wurden: Cyanidin, Delphinidin, Kämpferol, Quercetin, Myricetin, Kaffeesäure, p-Cumarsäure, Ferulasäure u. Chlorogensäure. Zwischen obergärigen u. untergärigen Bieren besteht kein signifikanter Unterschied, auch keine Korrelation zwischen Anthocyanidin-Geh. u. Kältestabilität, N-Geh. oder ITT des Bieres. — Diskussion. H.-G. SCHULTZE-BERNDT. 7550□

Einige Aspekte des Stoffwechsels von Botrytis cinerea und Penicillium expansum in Traubenmost. Luciano Usseglio-Tomasset. (Ann. Sperimentaz. agrar. [N. S.] **12.** 1689—1705. 3 Tafeln. 1958. Asti, Staz. enol. sperim.) (Ital.) — Vgl. C. **1960.** 5672.

Bei der Unters. des Wachstums von *Botrytis cinerea* (BC) u. *Penicillium expansum* (PE) auf Traubenmost wird die Gesamtacidität, Weinsäure, pH, Gesamtzucker, Glucose (I), Laevulose (II), flüchtige Acidität, Gesamt-N u. Glycerin (III) bestimmt. BC verzehrt vorwiegend **I**, PE dagegen **II**. BC bildet bei niedrigem pH mehr **III**, die **III**-Bldg. durch PE ist höher. BC zerstört, PE bildet kleine Mengen 2.3-Butylenglykol. In beiden Fällen wird Bldg. von Milchsäure festgestellt. Bei der elektrophoret. Unters. der koll. Substanzen zeigen sich diese als wenig beweglich; bei BC hat eine Gruppe Beweglichkeit bis $+0,8 \cdot 10^{-5}$ u. schwach positive Ladung, die andere $-1 \cdot 10^{-5}$ bis $-1,5 \cdot 10^{-5}$ u. schwach negative Ladung, bei PE hat die Gruppe mit Beweglichekit bis $+0,8 \cdot 10^{-5}$ schwach positive, die Gruppe mit $-1,5 \cdot 10^{-5}$ bis $-2,5 \cdot 10^{-5}$ negative Ladung, die höher ist als bei BC.
R. K. MÜLLER. 7552□

Die Kohlensäure der Weingärungen und ihre Anwendungen. Cristóbal Mestre Artigas. (Mem. Real Acad. Ci. Artes Barcelona **32**. Nr. **14**. 3—13. Juli 1958.) (Span.)

Übersicht über die Möglichkeiten der Verwertung von CO_2 aus der Weingärung für physikal., chem. u. biolog. Zwecke. R. K. MÜLLER. 7554

Die Berechnung von Süßweinverschnitten. H. Ambrosi und J. Flockemann. (Weinberg u. Keller **8**. 9—19. Jan. 1961. Paarl-Huguenot/Süd. Afrika.) (Dt.)

Angabe von Formeln, nach denen Verschnitte von mehreren verschiedenen Weinen durchgeführt werden können, wobei der Geh. an Zucker u. A. berücksichtigt wird.
F. RADLER. 7554□

Vergleichende Untersuchung der in Westeuropa angewandten Methoden zur Apfelweinbereitung. J. Tavernier. (Rev. Fermentat. Ind. aliment. **15**. 53—61. 1960. Rennes, Inst. Nat. de la Rech. Agronom. Stat. de Rech. Cidricoles.) (Franz.)

Übersicht. — In Westeuropa werden 2 verschiedene Typen von Apfelweinen hergestellt. In Frankreich, Spanien u. England wird der Most aus reifen u. überreifen Äpfeln hergestellt, er ist arm an N-Verbb. u. wird daher nicht vollständig vergoren, so daß die Apfelweine einen hohen Geh. an Zucker behalten. Im Gegensatz dazu werden in Deutschland u. der Schweiz weniger reife Äpfel verwendet, die einen vollvergärbaren Most liefern, woraus trockene, herbe Apfelweine erzeugt werden. F. RADLER. 7556□

Papierchromatographische Studien über die Bittersäuren und Harze des Hopfens. E. Schild und H. Raum. (Brauwissenschaft **8**. 150—60. Juni 1956. Beilage zu: Brauwelt, Ausg. B. München, TH, Inst. für chem.-techn. Analyse Weihenstephan.) (Dt.)

Bei der papierchromatograph. Unters. eines Hopfenextraktes wurden folgende R_F-Werte ermittelt (in Klammern Werte für einzeln chromatographierte Substanzen): *Humulon* (**I**) 0,82 (0,82). *Lupulon* (**II**) 0,73 (0,68), *Hartharz* 0,34 (0,33) für SCHLEICHER & SCHÜLL 2043b (zugespitzt), Phosphat/Citratpuffer-Methanol 1:1, pH 6,4, Raum-Temp. 21°. Die Stoffe konnten mit $Fe_2(SO_4)_3$-Lsg. oder durch UV-Strahlen sichtbar gemacht werden. Mit anderen Entwicklern konnte in Wasserdampfatmosphäre die **I**-Gruppe in 2 Komponenten aufgetrennt werden. Die Bldg. des α-Weichharzes (R_F-Wert 0,92) verläuft vermutlich über keine faßbaren Zwischenprodd., die des β-Weichharzes (R_F-Wert 0,92) über 3 Substanzen, darunter **I**. Ursprüngliches Hartharz bildet sich nur in der Pflanze u. ist immer mit 2 in einem Chlorophyllextrakt aufgefundenen Farbstoffen vergesellschaftet. Daneben gibt es die in PAe. unlösl. stark gealterten Weichharze. Während des Wachstums bildet sich zuerst **II** als Muttersubstanz, aus der über eine Zwischensubstanz **I** entstehen. Isohumulon (R_F-Wert 0,89) ist aus mindestens 3 verschiedenen Schichten zusammengesetzt. Auch die Auftrennung der mit Chlf. aus dem Bier extrahierbaren Bitterstoffe gelang. — 14 Literaturangaben. H.-G. SCHULTZE-BERNDT. 7598□

Vergleichende Gegenüberstellung von Beurteilungsmethoden bei Naturweinen. Hans Roleff. (Dtsch. Wein-Ztg. **96**. Nr. 36. Wein u. Rebe **42**. 840—44. 21/12. 1960. Trier.) (Dt.)

Für die Berechnung des ursprünglichen Zucker-Geh. im Most aus dem A.-Geh. zur Beurteilung von Naturweinen wird an Unters.-Ergebnissen von Weinen der Jahrgänge 1955—1957 die zweckmäßigste Berechnungs-Meth. diskutiert. F. RADLER. 7606□

Wilson & Co., Inc., Del., übert. von: Lloyd G. Herman, North Riverside, Ill., V.S.t.A., **Konservieren von mikrobiellen Zellen oder Sporen** der Klassen Schizomycetes u. Fungi durch Mischen des Ausgangsmaterials in feuchtem Zustande mit Saccharosekristallen, die die Feuchte anziehen u. Mischen der feucht gewordenen Saccharosekristalle mit trocknenden Silicagelkörnern, wobei die Korngröße des letzteren größer ist als die Saccharosekristalle, die dann entwässert von den Silicagelkörnern entfernt werden. Die an den Kristallflächen, an einem zwar feuchten, aber nicht fl. Nährmedium haftenden Organismen können sich vermehren. Hernach werden die feuchten, durch Organismen bedeckten Kristalle vom Nährmedium abgetrennt, mit Silicagel gemischt u. getrocknet. Das letztere wird dann von den getrockneten, mit Organismen besäten Kristallen abgesondert. Erfindungsgemäß kann z. B. die Bakterienflora des Pansensaftes behandelt werden, indem man die abgeschiedene Flora in feuchtem Zustande mit Saccharosekristallen mischt, worauf man die feuchten, mit Organismen behafteten Kristalle mittels Silicagel trocknet. Hierauf werden die Silicagelkörner von den entwässerten, bakterienbesäten Zuckerkristallen abgetrennt. Das Verf. ist auf alle Sporen u./oder Zellen von z. B. *Penicillium notatum, Aspergillus glaucus, Sacch. cerevisiae, Streptomyces griseus, Bacillus subtilis, Clostridium welchii, E. coli, Lactobacillus Leichmanni, Micrococcus aureus* anwendbar. (**A. P. 2 938 794** vom 3/7. 1953, ausg. 31/5. 1960.) L. MACHER. 7507

Farbenfabriken Bayer Akt.-Ges., Leverkusen, **Herstellung von Levan-Saccharase** (**I**) durch eine levanbildende Art von *Bacillus subtilis* in komplexen organ. Nährmedien, die 2—15% Saccharase, 0,03—2,0% $(NH_4)_2SO_4$ oder ein anderes Ammoniumsalz in äquivalenter Menge u. 0,005—0,05% Phosphate enthalten. Bei 30° u. intensiver Belüftung verläuft die Gärung bei pH 6,0—7,0 7—15 Std., wobei das Nährmedium zuvor durch unter Erhitzen erfolgendem Ausfällen von organ. u. anorgan. Substanzen befreit wird. So läßt sich z. B. Maisquellwasser als Nährmedium bei pH 7,0 u. Erhitzen auf 100—120° von hierbei ausfallenden Stoffen befreien, deren Ggw. eine hohe Adsorptionskraft auf I ausüben würde. Auch durch mikrobiellen Abbau lassen sich Stoffe entfernen, die die Bldg. von I hemmen. — Beispiel: 2% ig. Maisquellwasser (pH 7,0) wird 20 Min. auf 120° erhitzt, gekühlt u. gefiltert. Nach Zusatz von 10% Saccharose wird 40 Min. bei 110° sterilisiert u. 7,5 Liter in einen Gärbottich eingeführt, mit 150 ml Inoculum einer levanbildenden Art von *Bac. subtilis* geimpft, 75 g $CaCO_3$, in 150 ml W. suspendiert, zugefügt u. bei 30° mit 4 Liter Luft/min bei 400 U/min gegoren; mit einer konz. wss. Na_2CO_3-Lsg. wird ein pH 6,2—6,8 aufrechterhalten. Nach 12 Std. steigt die relative Konz. von I im Gärmedium auf 14,4. (**E. P. 850 552** vom 1/5. 1958, ausg. 5/10. 1960. D. Prior. 2/5. 1957.) L. MACHER. 7509

Usines des Melle, Melle, Deux Sèvres, Frankreich, **Herstellung von wässerigem Alkohol aus seinen verunreinigten, verdünnten, wässerigen Lösungen,** durch extraktive Dest. in einer ersten Kolonne, deren Kopfende mit einem Heißwasserdekanteur versehen ist, der Verunreinigungen, die sich oben in der Kolonne ansammeln, entzieht, die dann vom Fußende einer zweiten Destillationskolonne abgezogen werden, von deren Kopfende konz. wss. A. abgefangen wird. Der letztere erfährt in einer dritten Destillations-Kolonne, die am Kopfende ebenfalls mit einer Heißwasserzuleitung versehen ist, eine extraktive Dest., bei der am Kopfende ein Gemisch, das Verunreinigungen enthält, abgezogen wird, wogegen man der von den Verunreinigungen befreiten verd. wss. A. am Fußende abfängt. Der wss. A. aus der ersten Kolonne kann auch unmittelbar unter dem Heißwasserdekanteur abgezogen u. in einer separaten Kolonne dest. werden. Das am Fußende dieser Kolonne gewonnene Heißwasser kann zur Speisung des Heißwasserdekanteurs der ersten Kolonne dienen. Der am Fußende der ersten Kolonne auftretende wss. A. kann in der zweiten Kolonne auf wenigstens 90 Gewichts-% konz. werden. Der von der dritten Kolonne abgezogene verd. wss. A. kann in einer vierten Kolonne konz. werden, wobei das am Kopfende der dritten Kolonne angewandte Heißwasser aus dem Fuße der vierten Kolonne stammt. Der im wss. A. der vierten Kolonne auftretende Methanol wird vom A. in einer fünften Kolonne abgetrennt. Die an der dritten Kolonne auftretenden Verunreinigungen können auf das Kopfende der ersten Kolonne zurückgeleitet werden. Der verunreinigte verd. wss. A. kann auch eine vergorene Würze sein oder das Rohprod. der Hydrierung von Äthylen bei Ggw. von H_2SO_4. — Zeichnung. (**E. P. 839 423** vom 2/10. 1958, ausg. 29/6. 1960. F. Prior. 7/10. 1957 u. 18/7. 1958.) L. MACHER. 7537

Pabst Brewing Co., Chicago, Ill., V.St.A., **Würzelösliche Hopfenkonzentrate.** Frischer Hopfen wird bei etwa Raum-Temp. mit einem Lsgm. wie Methanol, in dem α- u. β-Weichharze, sowie flüchtige Öle lösl. sind, extrahiert u. der Extrakt von den pflanzlichen Stoffen abgesondert. Das Lsgm. kann den Hopfen ein oder mehrere Male überströmen, wobei es auch Chlorophyll u. Carotin in merklichem Maße löst. Neben Methanol kommen auch andere niedere einwertige aliphat. Alkohole, niedere aliphat. Äther, Ketone oder niedere aliphat. Ester der Essigsäure in Betracht. Den Extrakt engt man bei niedrigem Druck ein, wobei die letzten Reste des Extraktionsmittels durch W. ausgewaschen werden. Von derartigen Hopfenextrakten verwendet man ca. 1—2 g/gallon Würze. (**E. P. 837 058** vom 25/2. 1958, ausg. 9/6. 1960.) L. MACHER. 7541

California Packing Corp., San Francisco, übert. von: Alan C. Richardson, Berkeley, Calif., V.St.A., **Herstellung von Essig** nach einem verbesserten submersen Verf., bei dem ein Teil des A. u. Acetobacter enthaltenden Fl.-Gemisches kontinuierlich

in Form eines Fl.-Stromes aus dem Gärtank gezogen wird; in diese Strömung führt man Luft in feinen Bläschen ein u. nachdem eine innige Vermischung stattgefunden hat, wird die Fl. unter Druck unterhalb des Maischespiegels in den Tank zurückgeführt, dessen Inhalt mit feinen Luftblasen durchsetzt wird, ohne daß sich diese zu größeren vereinigen. Für das Belüften tiefer Tanks dienen hydraul. Ejektoren, die die Luft sammeln, komprimieren u. mittels poröser Düsen aus diffusem Material in der Essigmaische fein verteilen. — Zeichnung. (**A. P. 2 913 343** vom 23/5. 1955, ausg. 17/11. 1959.)
L. MACHER. 7565

Chas. Pfizer & Co., Inc., Brooklyn, N.Y., V.St.A., **Herstellung von Lysin** durch Behandeln von Diaminopimelinsäure (I) mit I-Decarboxylase, die aus *Aerobacter aerogenes* (ATCC 12409) oder aus einem Stamm von *Escherichia coli* (der keinen Bedarf an Lysin zu seinem Wachstum benötigt u. dem Lysindecarboxylase fehlt) durch Extraktion mit Toluol gewonnen wird. I wird aus gegorener Fleischbrühe erhalten. Die Mikrobenzellen können mit Toluol entweder vor dem Zusatz der I enthaltenden Fleischbrühe extrahiert werden oder nachher. Für den Rk.-Ablauf ist die Ggw. eines Chelates förderlich; man setzt daher zu dem Rk.-Gemisch ein Citrat-Ionen oder ein Äthylendiamintetraacetat-Ionen enthaltendes Chelat u. Vitamin B 6 zu. Die Gärung wird bei ca. 28° u. pH 7 ca. 24 Std. unterhalten. Nach Filtration kann Lysin mittels eines Kationenaustauschers (Amberlite) u. Eluieren mittels verd. Alkali rein erhalten werden. (**E. P. 820 268** vom 26/10. 1956, ausg. 16/9. 1959. A. Prior. 9/12. 1955.) L. MACHER. 7579

Chas. Pfizer & Co., Inc., Brooklyn, N.Y., V.St.A., **Herstellung von l-Lysin durch Gärung** unter Verw. einer Mutante von *Esch. coli* u. eines Nährmediums, das Kohlenhydrate (Dextrose, Melasse), Spuren von Mineralsalzen u. eine N-Quelle enthält u. anfänglich einen Lysin-Geh. von 0,1—0,5 g, bes. 0,2—0,25 g pro Liter, aufweisen soll, da *Esch. coli* ohne Ggw. von Lysin nicht zu wachsen vermag. Die Gärung verläuft 36—60 Std. submers u. aerob, worauf nach Regelung des pH durch Zusatz von Ammoniak zwischen 7,2 u. 8,2 u. Sprengen der Zellwände des Mikroorganismus durch Toluolbehandlung die Rk. noch 12 Std. weitergeführt wird. (**E. P. 849 370** vom 12/7. 1957, ausg. 28/9. 1960. A. Prior. 18/10. 1956.) L. MACHER. 7579

Georg Stechl u. a., Der Brauer in 9 Sprachen. Nürnberg: Carl 1960. (215 S.) 8°. DM 17,50.
Maynard Andrew Amerine, The technology of wine making. Westport (Connecticut): Avi Pub. Co. 1960. (709 S. m. Abb.) $ 20,—.

XVI. Nahrungs-, Genuß- und Futtermittel

Plaste in der Lebensmittelindustrie, mit besonderer Berücksichtigung der Getränkeindustrie. W. Ludwig. (Plaste u. Kautschuk **6.** 356—59. Aug. 1959. Berlin, Inst. für Lebensmittelchemie beim Magistrat von Groß-Berlin.) (Dt.)
Allg. Ausführungen. — 10 Literaturangaben. M. WINIKER. 7630□

Plaste als Verpackungsmaterial für Lebensmittel. J. Bertin-Roulleau. (Plaste u. Kautschuk **6.** 359—60. Aug. 1959.) (Dt.)
Allg. Ausführungen. M. WINIKER. 7630□

Ernährungswirtschaftliche Probleme im Atomzeitalter. J. Kuprianoff. (Landwirtsch. Forsch., Sonderh. Nr. **12.** 14—21. 1959. Karlsruhe, Bundesforschungsanst. für Lebensmittelfrischhaltung.) (Dt.)
Vortrag. Behandelt werden: Allg. Auswrkg. der Atomtechnik, Strahlenkonservierung von Lebensmitteln, Anwendung radioakt. Isotope für die Markierung von Substanzen, Kontamination von Lebensmitteln, Strahlenschutz von Lebensmitteln.
M. WINIKER. 7634□

Die Biochemie der Getreidelagerung. Pekka Linko. (Cereal Sci. today **5.** 302 bis 306. Dez. 1960. Manhattan, Kansas, Kansas State Univ., Dep. of Flower and Feed Milling.) (Engl.)
Überblick über neuere Unterss. zur Biochemie der Getreidelagerung. — 26 Literaturangaben. M. WINIKER. 7664□

Übersicht über die funktionelle Rolle und Bedeutung der Sulfhydrylgruppe im Mehl. H. A. Sokol und D. K. Mecham. (Baker's Digest **34.** Nr. 6. 24—26. 28. 30. 74. Dez. 1960. Albany, Calif., U. S. Dep. of Agric., Agric. Res. Serv., Western Utilization Res. and Dev. Div., Western Reg. Res. Labor.) (Engl.)
Vff. behandeln die Rolle der S-H-Gruppen beim Bromateffekt (S—S-Brücke) u. ihre Wrkg. auf die Konsistenz des Teigs. — 22 Literaturangaben. J. LEHMBERG. 7674□

Neueste Entwicklungen in der amerikanischen Backtechnologie. R. H. Cotton. (Baker's Digest **34.** Nr. 6. 34. 36—37. 39—41. Dez. 1960. Rye, N.Y., Continental Baking Co., Res. Labor.) (Engl.)

Übersicht über neue Backeinrichtungen u. -Verff., Entw. von vitaminreichen Back-Prodd. u. Hinweis auf Forschungsaufgaben in der Getreidechemie u. beim Backprozeß. J. LEHMBERG. 7674□

Weißes Mineralöl in der Backwarenindustrie. Raymond T. Bohn. (Cereal Sci. today **5.** 234—38. Okt. 1960. Scarsdale, N.Y., Bohn Food Res.) (Engl.)

Überblick über die Bedeutung von *weißem Mineralöl* (einem hoch raffinierten Petroleum-Prod.) als Trennmittel in der Bäckerei u. die mit seinem Einsatz verknüpften Probleme. — 11 Literaturangaben. M. WINIKER. 7674□

Gewürze in Backprodukten. Claude Bice. (Baker's Digest **34.** Nr. 6. 50—54. Dez. 1960. Rochester, N.Y., R. T. French Co.) (Engl.)

Übersicht über die Bedeutung von Gewürzen für verschiedene Backprodukte. J. LEHMBERG. 7674□

Teiglockerung bei dicken und halbdicken Honig- und Lebkuchen ohne Hirschhornsalz. A. Rotsch und E. Tessmer. (Gordian **60.** Nr. 1437. 29—30. Mitte Okt. 1960. Detmold, Bundesforschungsanst. für Getreideverarbeitung.) (Dt.)

Zur Teiglockerung bei dicken u. halbdicken Honig- u. Lebkuchen kann an Stelle von Hirschhornsalz ein Gemisch von *saurem Natriumpyrophosphat* u. *Natriumhydrogencarbonat* benutzt werden. Rahmenrezepte. M. WINIKER. 7674□

Über die chemische Zusammensetzung der in Leninakan gezüchteten Kartoffelknollen. G. Ss. Demurjan. (Известия Академии Наук Армянской ССР [Nachr. Akad. Wiss. ArmenSSR, biol. Wiss.] **13.** Nr. 3. 81—85. März 1960. Vers.- u. Selektions-Station für Gemüsebau der ArmenSSR.) (Russ.; Auszug: Armen.)

Beim Pflanzen im Frühjahr wurde in den Kartoffelknollen mehr Trockensubstanz u. Stärke festgestellt als beim Pflanzen im Sommer. Nur bei der frühreifen Sorte Epron waren dieselben annähernd gleich. Verhältnismäßig hohen Geh. hatte die Sorte Alma: Trockensubstanz 25,12%, Stärke 16,80%; die entsprechenden Zahlen sind bei Frühe Rose 24,13% u. 16,31%, Berlichingen (Frühjahr gepflanzt) 22,23% u. 15,45%, Woronesh (Frühjahr gepflanzt) 19,45 u. 14,20%. A. PRINZ. 7678□

Naßmüllerei von Mais; (das) Verfahren und (der erzielte) Fortschritt. J. W. Evans. (Cereal Sci. today **5.** 243—44. Okt. 1960. Roby, Ind., American Maize-Products Company.) (Engl.)

Überblick. — 7 Literaturangaben. M. WINIKER. 7686□

Geschmacksveränderungen einiger Früchte und Gemüse nach der Behandlung mit Schädlingsbekämpfungsmitteln. Margaret Mc Gregor Hard und Edward Ross. (J. agric. Food Chem. **7.** 434—35. Juni 1959. Pullman, Wahs., Washington Agric. Exp. Stat.) (Engl.)

Organolept. Beurteilungen ergaben erhebliche Unterschiede gegenüber den Kontrollen bei *Methoxychlor* + *Chlorbenzilate* (I) u. *Guthion* an rohen Äpfeln, bei Apfelsaft in Dosen mit *Demeton*, eingedosten Pfirsichen mit I, bei Erd- u. Himbeeren mit *Kelthane*, *Endrin*, *Diazinon*, *Heptachlor*, *Chlordan* u. *Aldrin*. Mit den anderen geprüften Mitteln: *Thimet*, *Sulphenone*, *Aramite*, *Carco X*(*BHC*) u. *Schradan* wurden keine Geschmacksunterschiede festgestellt. — 11 Literaturangaben. FRITZ MÜLLER/Ludwigshafen. 7690□

Der Einfluß einiger Kochverfahren auf den Gehalt von Gemüse und Kartoffeln an Vitamin C. J. Weits und J. B. Lassche. (Voeding **21.** 557—63. 15/11. 1960. Wageningen, Stichting Landbouwhuisboudkondig Onderz., Afdeling Koeding en Voedselbereiding.) (Holl.)

Unterss. von 3 verschiedenen Koch-Verff. auf den Geh. von Gemüse u. Kartoffeln an Vitamin C zeigen, daß noch 40—90% der ursprünglichen Geh. nach dem Kochen mit wenig W. oder im Druckgefäß gefunden werden. Dagegen sind die Rest-Geh. nach dem Kochen in viel W. geringer. W. WESLY. 7690□

Über das kontinuierliche Kochen von Gelees. Harold E. Atchison. (Gordian **60.** Nr. 1442. 32—34. Ende Dez. 1960.) (Dt.)

Vortrag. M. WINIKER. 7704□

Qualitätsüberwachung der Pilz- und Waldbeerenernte 1959 im Bayerischen Wald und in der Oberpfalz und Kennzahlen der Himbeermuttersäfte. Werner Bötticher. (Ind. Obst- u. Gemüseverwert. **44.** 502—05. 19/11. 1959. München, Zentralstelle für Pilzforschung u. Pilzverwertung.) (Dt.) M. WINIKER. 7706□

Die Gewinnung opalescierender Säfte aus englischen Äpfeln. Fortschrittsbericht. Margaret E. Kieser, A. Pollard und D. J. Sissons. (Annu. Rep. agric. horticult. Res. Stat., Long Ashton, Bristol **1959.** 145—50.) (Engl.) M. WINIKER. 7706□

Über eine bisher nicht charakterisierte Kupfertrübung alkoholfreier Kernobstsäfte. H. Rentschler und H. Tanner. (Schweiz. Z. Obst- u. Weinbau **69.** 368—71. 6/8. 1960. Wädenswil, Eidg. Versuchsanst.) (Dt.)

Vff. berichten über Unterss., deren Ergebnisse den Schluß gestatten, daß es sich bei der organ. Komponente der in Süßmosten mit erhöhtem *Cu*-Geh. bisweilen anzutreffenden lichtempfindlichen Trübung um *Leucocyanidin* handelt.

M. WINIKER. 7706□

Grundlagenforschung auf dem Gebiet der Aromen. Emily L. Wick. (Cereal Sci. today **5.** 240—41. 258. Okt. 1960. Cambridge, Mass., Massachusetts Inst. of Technol.) (Engl.)

Allg. Ausführungen. M. WINIKER. 7714□

Grundlagen der Herstellung von Geflügelbouillonkonzentraten. Adam Niewiarowicz, Henryk Wcisło und Adam Borys. (Przemysł Spóżywczy **14.** 134—38. 1960. Poznań.) (Pol.)

Der bei 80—90° erhaltene wss. Extrakt von Geflügelfleischabfällen wird im Vakuum eingeengt u. durch Zerstäubung mit Heißluft (140°) getrocknet. Eine übermäßige Verflüchtigung von Geschmackstoffen bei der Extraktion wird durch Einhaltung von pH 7 bis 7,5 verhindert. Dem Extrakt, der 2,5% Kreatin u. Kreatinin enthält, werden Hühnerfett, gehärtetes Pflanzenfett, Salz, Zucker, Na-Glutamat, Pfeffer u. Carotinoide zugesetzt.

F. URBAN. 7742□

Einige Beobachtungen über das Wasserhaltevermögen von magerem Hackfleisch. Toshiyuki Fukasawa. (J. Fac. Agric., Hokkaido Univ. **51.** 333—42. Sept. 1960. Sapporo, Hokkaido Univ., Animal Husb. Dep.) (Engl.)

Verss. über das Wasserbindungsvermögen erfolgten an Fleisch von Kaninchen, Hammel, Kalb, Schwein u. Pferd (Semitendineus). Die Quellung von Frischfleisch erreichte bei Lagerung bei 2 ± 2° am 4.—6. Tag nach der Schlachtung ein Maximum. Sie wurde durch NaCl-Zusatz merklich erhöht. Das Wasserbindevermögen schritt bei 20° Lager-Temp. im gleichen Maß fort wie der pH-Wert. Kaninchenfleisch behielt nach Insulinbehandlung ein neutrales pH u. die Wasserbindefähigkeit änderte sich nicht, wurde aber durch NaCl-Zusatz erhöht. Wurde das Fleisch mit Milchsäure auf pH 5,5—6 (isoelektr. Punkt) eingestellt, so nahm sie merkbar ab, wurde es mit NaOH neutral gestellt, so stieg sie überraschenderweise an. PH. FRESENIUS. 7750□

Verhinderung eines Gewichtsverlustes bei gefrorenem Fleisch während längerer Lagerung. W. Boiko und A. Fomin. (Холодильная Техника [Kälte-Techn.] **37.** Nr. 4. 32—35. Juli/Aug. 1960.) (Russ.; Auszug: Engl.)

Abschirmung der wandnahen Kühlkörper u. Luftbefeuchtigung vermindern die Gewichtsverluste des im mittleren Kühlraum gelagerten Gefrierfleisches; das Bedecken des Fleisches mit vereisten Stoffen u. die Anwendung von Schneeunterlage haben sich für die oberen bzw. für die unteren Abteilungen des Kühlraumes als zweckmäßig erwiesen Die Anwendung dieser Maßnahmen gewährleistet eine Luftfeuchtigkeit von ≥97% u. vermindert die natürlichen Gewichtsverluste aller Gefrierfleischsorten auf die Hälfte. S. BARYSCHNIKOW. 7750

Die Anwendung von Antibioticis bei der Lagerung von gefrorenem Geflügel. L. Afanassjewa und G. Dubrowa. (Холодильная Техника [Kälte-Techn.] **37.** Nr. 4. 38—39. Juli/Aug. 1960. Leningrad, Engels-Inst. für Sowjethandel.) (Russ.; Auszug: Engl.)

Halbausgeweidetes Geflügel wurde 3—4 Std. bei 0—4° abgekühlt, 4—5 Min. in 0,0025%ig. Biomycin (I)-Lsg. eingetaucht, 1 Std. im Luftstrom getrocknet, in Papier eingewickelt u. bei einer Temp. von 0 bis —2° u. bei einer Luftfeuchtigkeit von 95—98% aufbewahrt. Nach einer Lagerung von 2 Tagen wurde im Prod. eine I-Konz. von 3—4 mg/kg, nach dem Kochen von nur 5—10% der ursprünglichen I-Konz. festgestellt. Vff. sind der Meinung, daß diese niedrige I-Rest-Konz. keine Gefahr für den Konsumenten darstellt. Das Verf. erlaubt, die Lagerungszeit des Geflügels in Kühlräumen zu verdoppeln (bis zu 30 Tagen). S. BARYSCHNIKOW. 7750

Über die Lagerungstemperatur von gefrorenen Fischen. P. Alexejew. (Холодильная Техника [Kälte-Techn.] **37.** Nr. 3. 52. Mai/Juni 1960.) (Russ.)

Es wird empfohlen, die Temp. der Kühlräume unterhalb —20° zu halten. Nur durch die Anwendung dieser niedrigen Temp. können gefrorene Fische infolge der Verminderung des Trockenverlustes u. der Fettoxydation bzw. der Veränderung der Gewebestruktur rationell aufbewahrt werden. S. BARYSCHNIKOW. 7752

Die Verwendung von Chlortetracyclin zur Verlängerung der Lagerungsmöglichkeit von gefrorenem Fischfilet. F. Babin und T. Ssacharowa. (Холодильная Техника

[Kälte-Techn.] **37.** Nr. 4. 35—37. Juli/Aug. 1960. Leningrad, Technolog. Inst. für Kälteind. u. Engels-Inst. für Sowjethandel.) (Russ.; Auszug: Engl.)

Fischfilets, die 2 Min. mit 0,005%ig. Chlortetracyclin (**I**)-Lsg. behandelt wurden, konnten bei 0° 24 Tage aufbewahrt werden. Die **I**-Konz. im Prod. betrug 4—5 mg/kg nach der Behandlung u. erniedrigte sich während der Lagerung. Kochen des Prod. gewährleistete eine volle Zerstörung bzw. Inaktivierung des angewandten **I**.
S. BARYSCHNIKOW. 7752

Elektrophoretische Analyse der aus mechanisch zerkleinerten und gefrorenen Fischmuskel gewonnenen Flüssigkeiten. Harry L. Seagran. (Food Res. **24.** 681 bis 687. Nov./Dez. 1959. Ketchikan, Alaska, Alaska Fish. Exp. Comm. and U. S. Fish and Wildlife Serv., Bur. of Commercial Fisheries, Technol. Labor.) (Engl.)

Vf. verglich die Protein-Zus. der durch mechan. Zerkleinerung der weißen Muskulatur von *Sebastodes maliger* gewonnenen Fl., mit der des Tropfwassers des gefrorenen Fischmuskels u. des Gesamtsarkoplasmas des Muskels durch Elektrophorese. Danach kann durch Zerstörung der Zellen frischen Muskelgewebes eine Gewebe-Fl. erhalten werden, die die gleiche Anzahl an Proteinen enthält wie das Tropfwasser des gefrorenen Muskels u. Extrakte niedriger Ionenstärke (Sarkoplasma) aus dem frischen Gewebe. Es wurden jedoch Unterschiede bzgl. der Wanderungscharakteristiken einer Proteinkomponente u. der relativen Bedeutung dieser Substanz für den Gesamtprotein-Geh. beobachtet. Diese Unterschiede werden dem Zerstörungsgrad der Zellen u. Änderungen in den das strukturell schwache Sol des Sarkoplasmas stabilisierenden Kräften infolge des Gefrierens zugeschrieben. HANS THIELE. 7752□

Anwendungen von Insekticiden bei der Milcherzeugung. A. W. Lindquist. (J. Dairy Sci. **42.** 192—95. Jan. 1959. Washington, D. C., USDA, Entomol. Res. Div.) (Engl.)

Vortrag, der einen Überblick über die Probleme vermittelt, die für die Milchindustrie aus der Anwendung von Insekticiden bei Milchvieh resultieren. M. WINIKER. 7756□

Rückstände von Schädlingsbekämpfungsmitteln in der Milchwirtschaft. F. A. Vorhes jun. (J. Dairy Sci. **42.** 196—98. Jan. 1959. Washington, D.C., U.S. Dep. of Health, Educat. and Welfare.) (Engl.)

Vortrag über Probleme, die sich für die Milchwirtschaft ergeben, wenn die Milch Rückstände von Schädlingsbekämpfungsmitteln enthält. M. WINIKER. 7756□

Verhütung (des Vorkommens) von Antibioticis in Milch, gegenwärtiger Stand (der Möglichkeiten). D. C. Grove. (J. Dairy Sci. **42.** 199—201. Jan. 1959. Washington, D.C., U.S. Dep. of Health, Educat. and Welfare.) (Engl.)

Vortrag. M. WINIKER. 7756□

Der Einfluß der Fütterung auf die Milchqualität. M. Becker. (Landwirtsch. Forsch., Sonderh. Nr. **14.** 7—19. 1960. Kiel.) (Dt.)

Vortrag. M. WINIKER. 7756□

Einige Beobachtungen über den Fettgehalt der Milch bei Silagefütterung. A. Orth. (Landwirtsch. Forsch., Sonderh. Nr. **12.** 125—29. 1959. Kiel, Bundesversuchs- u. Forschungsanst. für Milchwirtschaft, Inst. für Milcherzeugung.) (Dt.)

Vortrag. In ihrem Säure-Geh. normale *Silage* wirkt sich günstig auf den Fett-Geh. der Milch aus, wenn die Nährstoff-Zus. des Gesamtfutters in diesem Sinne nicht optimal ist. Ist hingegen die Nährstoff-Zus. der Ration fettsynthet. optimal, so ist eine positive Wrkg. der Silage nicht zu erwarten, jedoch wirkt letztere keinesfalls nachteilig.
M. WINIKER. 7756□

Milchqualität und Milchverarbeitung. R. Schober. (Landwirtsch. Forsch., Sonderh. Nr. **14.** 19—29. 1960. Wangen, Allgäu, Staatl. Milchwirtsch. Lehr- u. Forschungsanst.) (Dt.)

Vortrag. M. WINIKER. 7756□

Geschmacksstoffe in handelsüblicher evaporierter Milch. R. C. Dutra, W. G. Jennings und N. P. Tarassuk. (Food Res. **24.** 688—95. Nov./Dez. 1959. Davis, Calif., Univ. of California, Dep. of Food Sci. and Technol.) (Engl.)

Evaporierte Milch wurde in einer speziellen, Schädigungen durch die erhöhte Temp. vermeidenden App. der Wasserdampf-Dest. unterworfen, das Destillat, das das typ. Aroma der evaporierten Milch aufwies, eingeengt u. mit Äthylchlorid extrahiert. Unters. der IR-Absorptionsspektren des Extrakts ergab, daß ein Gemisch von Carbonyl-Verbb. vorliegt. Das Gemisch der *2.4-Dinitrophenylhydrazone* wurde durch Säulenchromatographie aufgetrennt. Durch Papierchromatographie wurden *Acetaldehyd* (**I**), *2-Pentanon* u. *2-Heptanon* nachgewiesen. Durch Zugabe von ^{14}*C-Lactose* (**II**) bzw. *-Alanin* (**III**) zur Milch vor dem Evaporieren wurde festgestellt, daß der **I** sowohl durch den **II**-Abbau als auch durch Decarboxylierung des **III** entsteht. Es wurde ferner nachgewiesen, daß

II außerdem als Vorläufer einer anderen nichtidentifizierten Carbonylfraktion anzusehen ist. Während der Wasserdampf-Dest. wurde H_2S entwickelt, Mercaptane wurden jedoch nicht nachgewiesen. HANS THIELE. 7756□

Beständigkeit der gefrorenen Milch bei der Lagerung. R. Dawidow. (Холодильная Техника [Kälte-Techn.] **37.** Nr. 3. 39—43. Mai/Juni 1960. Moskau, Landw. Timirjasew-Akad.) (Russ.; Auszug: Engl.)

Schichtweise rasch gefrorene u. 540 Tage bei —25° aufbewahrte Milch behält ihre ursprünglichen Eigenschaften. Die Aufbewahrung bei höheren Temp. verursacht eine mehr oder weniger vollständige Fällung des Milcheiweißes in flockiger Form. Das Gefrieren u. die Aufbewahrung bei tiefen Temp. verursachen analog verlaufende Veränderungen der Eigg. des Produkts. Vf. empfiehlt die Anwendung des vorst. Gefrier-Verf. für Gegenden mit lang anhaltenden Frösten unter —10°. S. BARYSCHNIKOW. 7756

Maßnahmen zur Senkung des bakteriellen Befalls von Speiseeis. W. Busuk. (Холодильная Техника [Kälte-Techn.] **37.** Nr. 4. 54—55. Juli/Aug. 1960.) (Russ.)

Vf. schlägt vor, die gültige Norm des Bakterien-Geh. im Speiseeis von 250000 auf 100000 Bakterien je 1 ml herabzusetzen. S. BARYSCHNIKOW. 7756

Das Redoxpotential von Käse. Th. E. Galesloot. (Nederl. Melk-en Zuiveltijdschr. **14.** 111—40. April/Juni 1960. Ede, Nederl. Inst. voor Zuivelonderz.) (Holl.)

Vf. bestimmte das Redoxpotential von Edamer Käse, der aus roher sowie niedrig- u. hochpasteurisierter Milch ohne Zusatz oxydierender Salze (wie KNO_3) hergestellt worden war. Durchweg wurden Werte von —130 bis —290 mV ermittelt. In Abwesenheit coliformer Organismen bedingten die Milchsäurestreptokokken Eh-Werte von —130 bis —140 mV, während Organismen der Coli-Aerogenes-Gruppe ein Absinken dieser Werte bewirkten, wobei geringe Zahlen dieser Organismen bereits beträchtlichen Einfl. hatten. Milch u. Käse besitzen unabhängig vom Bakterien-Geh. reduzierende Eigg., die aber für den Eh-Wert des Käses ohne Bedeutung sind. Während der Reifung werden die anaeroben Verhältnisse abgeschwächt. Die durch die Coliformen bedingte Erniedrigung der Eh-Werte kann ebenfalls schnell abnehmen, sofern während der Milchsäuregärung schlechte Wachstumsbedingungen für diese Gruppe gegeben sind. *Streptobacterium plantarum* u. *S. casei* bedingten kein erneutes Absinken der Werte u. wirkten dem Anstieg nicht oder nur wenig entgegen. Ein erhebliches Absinken der Eh-Werte kann erfolgen, wenn Buttersäurebakterien zur Entw. kommen. Es wurde festgestellt, daß Redoxindicatoren zur Best. des Redoxpotentials sehr ungeeignet sind (bes. Neutralrot). HANS THIELE. 7760□

Untersuchungen über die Herstellung von Télémea-Käse aus Schafsmilch in Rumänien. Gheorghe Chintesco, Carol Toma und Ioan Ionesco. (Lait **40.** 263—73. Mai/Juni 1960. Bukarest, Inst. de Rech. Alimentaires.) (Franz.) M. WINIKER. 7760□

Obst und Obsttrester als Futtermittel. A. Wirth. (Schweiz. Z. Obst- u. Weinbau **69.** 449—54. 1/10. 1960. Wädenswil, Eidg. Versuchsanst.) (Dt.)

Sofern eine genügende Eiweißzufuhr gesichert ist, eignet sich Obst (in angemessenen Mengen u. bei gleichzeitiger Verw. anderer Futtermittel) als Milchviehfutter. Obsttrester werden als Ersatzfuttermittel angesehen. Sie eignen sich bes. für die Großviehmast, bei der sie einen Teil des üblichen Grundfutters zu ersetzen vermögen. In der Milchviehfütterung kann durch Obsttrester nur ein bescheidener Teil des Rauhfutters ersetzt werden. M. WINIKER. 7786□

Nebenprodukte der Zuckerindustrie als Futtermittel. Stanisław Zagrodzki. (Przemysł Spożywzy **14.** 570—78. 1960. Łódź.) (Pol.)

Übersicht über Zus. u. Futterwert von ausgelaugten Rübenschnitzeln u. Melasse. — 11 Literaturangaben. F. URBAN. 7786□

Verwertung von Abfällen und Nebenprodukten der Nahrungsmittelindustrie zur Herstellung von Futtermitteln. Witold Kostro und Wojciech Janus. (Przemysł Spożywczy **14.** 142—46. 1960. Warszawa.) (Pol.)

Übersicht über die Verwertung von Blut, Knochen, Horn, Eierschalen, Fischabfällen, Hefe, Melasse, Zuckerrübenschnitzeln, Mager-, Sauer- u. Buttermilch u. Abfällen der Obst- u. Gemüsekonservenindustrie. F. URBAN. 7786□

Der Futterwert der Tiermehle aus badischen Tierkörperbeseitigungsanstalten. H. Anhaeußer, H. Kummer und P. von Polheim. (Landwirtsch. Forsch., Sonderh. Nr. **12.** 139—52. 1959. Augustenberg, Staatl. Landw. Versuchs- u. Forschungsanst.) (Dt.)

Es werden die Analysendaten von 50 Tiermehlen mitgeteilt u. mit Werten aus der Literatur verglichen. — 30 Literaturangaben. M. WINIKER. 7786□

Eiweißernährung und Rezeptur von Futtermitteln. H. W. Bruins und R. O. Nesheim. (Cereal Sci. today **5.** 312–16. Dez. 1960. Barrington, Ill., Quaker Oats Co.) (Engl.)

Vortrag, in dem allg. Ausführungen zur Rezeptur eiweißhaltiger Futtermittel gemacht werden. — 12 Literaturangaben. M. WINIKER. 7786☐

Gaschromatographie, eine vielseitige analytische Methode für Gütekontrolle und Forschung. I. S. Fagerson. (Food Engng. **29.** Nr. 2. 62–63. Febr. 1957. Mass. Agricult. Exp. Stat.) (Engl.)

Vf. weist auf die zahlreichen Einsatzmöglichkeiten der Gaschromatographie bei Problemen der Forschung u. Gütekontrolle auf dem Lebensmittelsektor hin. M. WINIKER. 7788☐

Die mikrobiologische Bestimmung von Pantothensäure in Weizenmehl. K. M. Clegg. (J. Sci. Food Agric. **9.** 366–70. Juni 1958. St. Albans, Res. Assoc. of Brit. Flour Millers, Cereal Res. Stat.) (Engl.)

Vf. untersuchte den Geh. an *Pantothensäure* (**I**) in Vollschrot u. niedriger ausgemahlenen Weizenmehlen. Das Vitamin wurde isoliert durch enzymat. Hydrolyse mit Eingeweidephosphatase u. Hühnerleberenzym. Durch Behandlung mit Takadiastase u. Papain wurde annähernd 50% mehr **I** isoliert als durch die tier. Enzyme. Der **I**-Geh. wurde mikrobiolog. mit L. casei als Testorganismus bestimmt. In Manitobaweizen ist der **I**-Geh. höher als in engl. Weizen. Er fällt mit dem Ausmahlungsgrad des Mehles. Bei 70%ig. Ausmahlung des Mehles sind ca. 50% des Geh. des Vollschrots im Mehl enthalten. H. HAEVECKER. 7798☐

Terminologie und Bewertung von Reis. G. Hampel. (Mühle **96.** 176–77. 2/4. 190–91. 9/4. 1959. Detmold, Bundesforschungsanst. für Getreideverarbeitung.) (Dt.)

Zusammenfassender Überblick. — 16 Literaturangaben. M. WINIKER. 7806☐

Eine neue Methode zur Zinnbestimmung in Lebensmitteln mit Hilfe der oszillographischen Polarographie. Zdeněk Malkus. (Z. Lebensmittel-Unters. u. -Forsch. **106.** 257–62. Okt. 1957. Praha, Hygiene-Inst.) (Dt.)

Ausführliche Beschreibung der Meth. u. Diskussion ihrer Leistungsfähigkeit auf Grund der Ergebnisse von bei Obst- u. Gemüsekonserven durchgeführten *Sn*-Bestimmungen. M. WINIKER. 7810☐

Colorimetrische Bestimmung der Glutaminsäure ohne vorhergehende Isolierung in Hydrolysaten von Lebensmitteln. Hildegard Zimmermann. (Z. Lebensmittel-Unters. u. -Forsch. **112.** 46–49. 1960. Dortmund, Max-Planck-Inst. für Ernährungsphysiologie.) (Dt.)

Zur Best. von *Glutaminsäure* (**I**) in Hydrolysaten von Lebensmitteln, z. B. Gemüsen, ohne vorherige Abtrennung wurde eine Meth. entwickelt, die auf der Farb-Rk. von **I** mit Hydroxylamin u. $FeCl_3$ basiert. M. WINIKER. 7810☐

Polarisationsoptischer Nachweis von Apfelmark in den Zubereitungen verschiedener Früchte. Alphons Th. Czaja. (Z. Lebensmittel-Unters. u. Forsch. **106.** 262–71. Okt. 1957. Aachen, TH, Botan. Inst.) (Dt.) M. WINIKER. 7814☐

Inwieweit ist der pH-Wert ein verläßlicher Anzeiger der Acidität von Lebensmitteln? A. W. Noling und John H. O'Brien. (Food Engng. **29.** Nr. 2. 88–90. 93. Febr. 1957. Indianapolis, Ind., Hurty-Peck & Co.) (Engl.)

An Hand der Ergebnisse eigener Unterss. zeigen Vff., daß der pH-Wert von Fruchtsäften u. alkoholfreien Getränken von sonstigen Bestandteilen oft mehr abhängt als von der Gesamtacidität. Im Hinblick auf letztere kommt dem pH-Wert somit eine stark begrenzte Aussagekraft zu. M. WINIKER. 7818☐

Einige essentielle Fettkennzahlen im Blickwinkel der Schokoladefabrikation. J. Kleinert. (Gordian **60.** Nr. 1442. 17–18. 20–28. Ende Dez. 1960. **61.** Nr. 1443. 16–23. Mitte Jan. 1961. Kilchberg, Schweiz, Lindt & Sprüngli A.G., Labor.) (Dt.)

Vf. beschreibt Meth. zur Unters. von *Kakaobutter* (Best. des Fließpunkts u. des Klarpunkts, Aufnahme u. Auswertung der Erstarrungskurve) u. demonstriert an einigen Beispielen die Bedeutung derartiger Unterss. für die Praxis der Schokoladefabrikation. — 13 Literaturangaben. M. WINIKER. 7832☐

Die Anwendung der Fluorescenzmikroskopie bei bakteriologischen Tabakuntersuchungen. J. A. Schmidt. (Tabak-Forsch. **1960./1.** 129–32. März.) (Dt.)

Beschreibung der Arbeitsweise. M. WINIKER. 7836☐

Beitrag zur spektrophotometrischen Bestimmung des Nicotins im Tabak und Tabakrauch. H. Kuhn. (Fachl. Mitt. österr. Tabakregie **1959.** Nr. 3. 1–4. Dez.) (Dt.)

Zur Best. des *Nicotins* in Tabak- u. Tabakrauchdestillaten wird eine Meth. beschrieben, deren Prinzip darin besteht, daß die Differenz der Extinktionswerte der Destillate (bei 259 mμ) bei 2 verschiedenen pH-Werten gemessen wird. M. WINIKER. 7836☐

Zur spektrophotometrischen Bestimmung des Nicotins in Tabak und Tabakrauchkondensaten. H. Barkemeyer und F. Seehofer. (Z. Lebensmittel-Unters. u. -Forsch. **112.** 50—52. 1960. Hamburg-Bahrenfeld, British-American Tobacco Co., Wiss. Labor.) (Dt.)

Aliquote Teile der in üblicher Weise durch Wasserdampf-Dest. gewonnenen *Nicotin* (**I**)-Lsg. (keine Säure in der Vorlage) werden mit W. auf ein bestimmtes Endvol. verd. u. photometriert bzw. unter Zusatz von Säure auf das gleiche Endvol. gebracht u. ebenfalls photometriert. Die Differenz der beiden gemessenen Extinktionswerte ist proportional der Konz. an **I**. M. WINIKER. 7836□

Die Farbe gekochten, gepökelten Schweinefleisches. 2. Mitt. Die Bestimmung der Lichtstabilität. H. C. Hornsey. (J. Sci. Food Agric. **8.** 547—52. Sept. 1957.) (Engl.) — 1. vgl. C. **1957.** 11174.

Beschreibung einer Meth. zur Best. der Lichtstabilität der Farbe von gekochtem, gepökeltem Schweinefleisch, deren Prinzip darin besteht, daß die Konz. des Fleisches an *Nitrosohämochrom* vor u. nach Licht-Einw. (unter genormten Bedingungen) photometr. ermittelt wird. M. WINIKER. 7850□

Muß der Einfluß von Phosphaten in Pökellaken bei der Bestimmung des Speisesalzgehaltes berücksichtigt werden? F. Stelag, J. Skórzak und J. Charzyński. (Przemysł Spożywczy **14.** 601—03. 1960.) (Pol.)

Der Phosphat-Geh. von Pökellaken stört die Best. von NaCl nach MOHR oder VOLHARD nicht. F. URBAN. 7850□

Eine in der Industrie anwendbare Methode zur Kontrolle der bakteriologischen Beschaffenheit von Sterilmilch in Flaschen. J. Hermier. (Lait **40.** 241—63. Mai/Juni 1960. Jouy-en-Josas, Stat. Centrale de Microbiol. et de Rech. Laitières.) (Franz.)

Die Meth. beruht auf folgendem Prinzip: Den für die Kontrolle bestimmten Flaschen wird vor der Sterilisation ein Gemisch aus Glucose, Hefeextrakt u. Bromkresolpurpur zugesetzt. Nach der Sterilisation werden die Flaschen 6 Tage lang bei 30° inkubiert. Bei Nichtsterilität verblaßt die Farbe im Verlauf der Inkubation. M. WINIKER. 7856□

Saccharoseverlust im Speiseeis während der Lagerung. H. J. Evans, W. Kwantes, D. C. Jenkins und J. I. Phillips. (Analyst **81.** 204—10. April 1956. Carmarthen, Wales, Public Health Labor. u. Public Analyst's Labor.) (Engl.)

Den während der Lagerung von Speiseeis auftretenden Verlust an *Saccharose* (**I**) führen Vff. auf das Vork. des Diplococcus *Leuconostoc mesenteroides* im Speiseeis zurück, der in der Lage ist, **I** in *Dextran* umzuwandeln. Das Ausmaß dieser Umwandlung hängt von vielen Faktoren ab, z. B. von Dauer u. Temp. der Lagerung u. Zahl der anfänglich vorhandenen Mikroorganismen. Eine merkliche **I**-Abnahme findet sich schon nach 3tägiger Lagerung bei 70° F. Bei unterhalb 28° F gelagerten Proben macht sich keine Abnahme der **I**-Konz. bemerkbar. — Vff. empfehlen, die Best. von **I** nur bei festgefrorenen Speiseeisproben vorzunehmen. H. KOCKERT. 7856□

Ergänzung der Weender Futtermittelanalyse durch den Tierversuch. J. Brüggemann und K. Drepper. (Landwirtsch. Forsch., Sonderh. Nr. **12.** 129—32. 1959. München, Univ., Inst. für Physiologie u. Ernährung.) (Dt.)

Vortrag. Vff. plädieren für eine Ergänzung der WEENDER-Futtermittelanalyse durch den Tierversuch. M. WINIKER. 7866□

Erweiterung der Futtermittelanalyse durch Bestimmung der Gerüstsubstanzen. K. Nehring. (Landwirtsch. Forsch., Sonderh. Nr. **14.** 92—96. 1960. Rostock, Inst. für Landw. Versuchs- u. Untersuchungswesen.) (Dt.)

Vortrag. Vf. legt an Hand der Ergebnisse eigener Unterss. dar, daß es dringend erwünscht ist, die Futtermittelanalyse in bezug auf die Gerüstsubstanz weiter zu entwickeln, wobei die Aufgliederung in die 3 Komponenten Cellulose, Pentosane u. Lignin im Vordergrund steht. M. WINIKER. 7866□

Norbert Buchner, Ittling bei Straubing/Obb., **Entfernung oder Verminderung des freien Sauerstoffgehaltes** durch Vermittlung von Katalysatoren und Trocknungsmitteln in verschlossenen Packstücken mit den durch Einw. von sauerstoffverderblichen Lebensmitteln u. pharmazeut. Erzeugnissen, dad. gek., daß in einem Beutel, z. B. aus Kunststoff, Methan oder Propan mit in das haltbar zu machende Packstück zugegeben bzw. zugeführt wird. (**D. A. S. 1 105 694** Kl. 53c vom 23/6. 1956, ausg. 27/4. 1961.) H. MAASS. 7635

Ekkehard Fluck, Heidelberg, **Naßtreber enthaltende Futtermittel,** gek. durch einen Zusatz von $NaHCO_3$, bes. in Mengen von ca. 1%, bezogen auf die Menge an Naßtrebern. Die Treber werden kurze Zeit vor der Verfütterung mit 1% festem, pulverförmigem $NaHCO_3$ oder einer konz. wss. Lsg. dieses Salzes vermischt. Als Ausgangs-

Prodd. können auch einsilierte Biertreber verwendet werden. Die Verträglichkeit der Naßtreber wird wesentlich gesteigert u. der Fett-Geh. der Milch der gefütterten Kühe erhöht sich um 0,5—1%, ohne daß die erzeugte Milchmenge absinkt. (**D. A. S. 1 102 541** Kl. 53g vom 27/6. 1959, ausg. 16/3. 1961.) H. KARST. 7787

Merck & Co., Inc. (Erfinder: Samuel D. Wright, Helen R. Skeggs, Donald E. Wolf und Karl H. Hoffman), **Derivate der Valeriansäure,** die zur *Förderung des Wachstums von Haustieren* Verw. finden, z. B. bei der *Kükenaufzucht,* bestehend aus β.δ-Methylvaleriansäure-Derivv., deren Salzen, Estern, Amiden u. δ-Lactonen (I). — Beispiele für I: Ba-Salz von β.δ-Dihydroxy-β-methylvaleriansäure, Dibenzyläthylendiaminsalz von β.δ-Dihydroxy-β-methylvaleriansäure, Benzhydrylamid bzw. Benzhydrylamidacetat der β.δ-Dihydroxy-β-methylvaleriansäure. (**Aust. P. 220 132** vom 16/11. 1956, ausg. 5/3. 1959. A. Prior. 30/11. 1955.) H. NEBELSIEK. 7787

K. C. P. Ltd., Madras, Indien, *Vitaminisierte Zuckerware.* (**Ind. P. 49 918** vom 16/7. 1953, ausg. 13/7. 1955. — C. **1957.** 2619 [E. P. 748 619].)

Farbwerke Hoechst Akt.-Ges., vormals Meister Lucius & Brüning, Frankfurt/M., *Oxydation von o-Toluolsulfamid zu Benzoesäuresulfimid.* (**Schwed. P. 156 615** vom 30/4. 1954, ausg. 23/10. 1956. D. Prior. 11/5. 1953. — C. **1955.** 11114 [D. B. P. 932 608].)

Henkel & Cie. G.m.b.H., Düsseldorf, *Wässerige Gele.* (**E. P. 846 614** vom 18/12. 1958, ausg. 31/8. 1960. D. Prior. 22/2. 1957. — C. **1960.** 10094 [F. P. 1 191 625].)

Standard Brands, Inc., New York, N.Y., V.St.A., *Trockengemisch für die Herstellung eßbarer Gele (Irisch Moos).* (**E. P. 841 973** vom 21/8. 1958, ausg. 20/7. 1960. A. Prior. 5/9. 1957. — C. **1960.** 14217 [D. A. S. 1 077 953].)

XVIII a. Holz. Cellulose. Zellstoff. Papier. Papierdruck. Celluloid. Linoleum

Hochfrequenz-Holztrocknung. J. Hunger. (Holzforsch. u. Holzverwert. [Wien] **12.** 68—70. 1960. Österreich. Brown-Boveri-Werke A.-G., Wien.) (Dt.)

Die Entw., Anwendung u. Wirkungsweise der Hochfrequenztrocknung des Holzes werden beschrieben, sowie ihre zukünftigen Entw.-Möglichkeiten u. Wirtschaftlichkeit diskutiert. J. ARNDT. 7952□

Die Wirkung der γ-Strahlung auf Baumwollcellulose. Jett C. Arthur jun., Florine A. Blouin und Robert J. Demint. (Amer. Dyestuff Reporter **49.** 383—88. 30/5. 1960. New Orleans, La., South Reg. Res. Labor.) (Engl.)

Die Wrkg. sehr energiereicher γ-Strahlung bis 100000000 r auf Baumwollcellulose wurde bestimmt u. eine Beziehung für die mol. Eigg. der Cellulose angegeben. Die hauptsächlichste Strukturveränderung besteht in der Bldg. von CO- u. COOH-Gruppen u. der Spaltung des Cellulosemoleküls. Bei Anwendung von mehr als 5—10 Millionen r geht die Faserstruktur der Cellulose verloren. GOTTFRIED LANGE. 7954□

Die Herstellung von Chemiezellstoff aus Holz. M. Wayman. (Canad. J. chem. Engng. **36.** 271—76. Dez. 1958. Prince Rupert, B.C., Columbia Cellulose Co. Ltd.) (Engl.)

Vf. untersuchte verschiedene Hölzer auf ihre Eignung zur Herst. von Chemiezellstoffen u. stellte fest, daß Pappelholz bes. gut geeignet ist. Weiter wurde die Reinigung u. Veredelung der Rohzellstoffe untersucht u. gefunden, daß am wirtschaftlichsten die Verff. sind, die mit relativ konz. Alkali, in hoher Stoffdichte, bei hohen Temp. u. kurzen Behandlungszeiten arbeiten. Das Problem der Mannanherauslösung wird diskutiert. Vf. betont, daß auch weniger gut aufgeschlossene Materialien brauchbare Chemiezellstoffe liefern, wenn eine gute Stoffreinigung durchgeführt werden kann. F. LANG. 7956□

Die Bestimmung der Ausbeuten an holzchemischen Produkten beim Celluloseaufschluß. A. Ja. Plotnikow und M. A. Kusowatowa. (Гидролизная и Лесохимическая Промышленность [Hydrolysen- u. Holzchem. Ind.] **13.** Nr. 8. 10—11. 1960. Zentr. Holzchem. Forschungsinst.) (Russ.)

Um einen Überblick über die in Sulfatzellstoffanlagen zu erwartenden Mengen an *Sulfatterpentin* u. *Tallöl* zu erhalten, empfehlen Vff., die Natur des Holzrohstoffs durch Best. der Holzart zu erfassen u. den Geh. der Späne an Harzen, Fetten u. Terpentin zu bestimmen. M. ULMANN. 7960□

Über die Bestimmung des Holzfeuchtigkeitsgehaltes mit Hilfe radioaktiver Isotope (β-Strahlen). Detlef Noack und Wilhelm Kleuters. (Holz Roh- u. Werkstoff **18.** 304—08. Aug. 1960. Reinbeck, Bundesforschungsanst. für Forst- u. Holzwirtschaft.) (Dt.)

Die Feuchtigkeit von Furnieren wurde kontinuierlich durch Flächengewichts-Best. mit dem Durchstrahlungs-Verf. mit radioakt. Isotopen (β-Strahlen) bestimmt. Mit diesem Verf. kann man die Holzfeuchtigkeit während des Trocknens mit genügender Genauigkeit überwachen. J. ARNDT. 8004□

Methode zur gleichmäßigen Verteilung von Holzschutzmitteln in Testklötzchen bei der Toxizitätsbestimmung. D. N. R. Smith und R. Cockcroft. (Nature [London] **189.** 163—64. 14/1. 1961. Princes Risborough, Aylesbury, Buckinghamshire, Forest Prod. Res. Labor.) (Engl.)

Bei der Standard-Klötzchen-Meth. kann die Genauigkeit der Ermittlung der tox. Grenzwerte der Holzschutzmittel (I) darunter leiden, daß sich die I während des Verdunstens der Lsgm. an der Holzoberfläche anreichern u. ihre Verteilung im Holz somit ungleichmäßig wird. Eine gleichmäßigere Verteilung der I wird dann erzielt, wenn das Testklötzchen unmittelbar nach der Tränkung mit I unter den F. des Lsgm. abgekühlt u. das Lsgm. im Vakuum absublimiert wird. M. HAGEDORN. 8004□

Eine schnelle Routinemethode zur Bestimmung des Zinks in Holzimprägnierungslösungen. W. J. Wilson. (Analytica chim. Acta [Amsterdam] **16.** 419—20. Mai 1957. Rotorua, New Zealand, Whakarewarewa, Forest Res. Inst.)

Die Titration des Zn gegen $Fe(CN)_6^{4-}$ unter Verw. von o-Dianisidin als Indicator ist eine schnelle u. genaue Methode. Es stören dabei Cu u. Cr^{3+}. In dieser Arbeit wird zur schnellen Zn-Best. dieses nach Oxydation von Cr^{3+} zu CrO_4^{2-} unter Zugabe von Glycin zur Maskierung des Cu in neutraler, sd. Lsg. als Phosphat gefällt u. so von den Störionen getrennt. Es kann daher gegen $Fe(CN)_6^{4-}$ titriert werden. Die Meth. arbeitet bei Zn-Konzz. von 0,3—0,6 mg/ml erfolgreich. R. KRÄMER. 8004□

Über die Bestimmung von Methoxylgruppen. Hiroshi Sobue, Akira Hatano und Toshiaki Arai. (J. Soc. Textile Cellulose Ind., Japan [Sen-i Gakkaishi] **15.** 21—23. Jan. 1959. Tokio, Univ., Fac. of Engng.) (Jap.; Auszug: Engl.)

Die Meth. von ZEISEL beruht darauf, daß das bei der Umsetzung entstehende Methyljodid mit alkohol. $AgNO_3$-Lsg. AgJ bildet, welches dann bestimmt wird. In Anwesenheit von S-Verbb. kann $AgNO_3$ nicht verwendet werden. In diesem Fall wird das Methyljodid in Pyridin aufgenommen, wobei sich Methylpyridiniumjodid bildet, das bei 366 mμ colorimetr. ermittelt werden kann. A. SEUFFERT. 8006□

Über die Verwendung von $ZnCl_2$ zusammen mit HCl bei Lignin-Bestimmungen. L. Paloheimo und K. A. Vainio. (Maataloustieteellinen Aikakauskirja [J. sci. agric. Soc. Finland] **31.** 45—48. 1959. Helsinki, Univ., Dep. of Animal Husbandry.) (Engl.)

Zum Aufschluß von Lignin in Holz, Stroh u. Heu läßt sich eine Mischung von 150 g $ZnCl_2$ u. 100 ml konz. HCl verwenden. Man erhält ähnliche Ergebnisse wie bei Verw. von 72%ig. H_2SO_4. R. STRUFE. 8006

Kurzwellige UV-Absorption von Alkali-Lignin: Ein Mittel zur Kontrolle bei der Sulfatkochung und dem Waschen von Kraftzellstoff. Theodor N. Kleinert und Carlton S. Joyce. (Tappi **41.** 372—80. Juli 1958. Montreal, Quebec Pulp and Paper Inst. of Canada.)

Die von der Kochdauer unabhängige UV-Absorption von Alkalilignin bei 205 mμ wird zur Ligninschnellbest. in Kraftzellstoffkochlauge u. Waschabwasser zur Verf.-Kontrolle u. Korrektur herangezogen, da konventionelle Analysen-Verff. meist zeitraubend sind. Die Faktoren, die die Delignifizierung während der in drei Stadien verlaufenden Kochung u. damit die 205-mμ-Absorption beeinflussen wie: Anfängliche Lsg. ligninähnlicher Substanzen, alkal. Umwandlung lösl. Kohlenhydrate, Änderung im Weiß- u. Schwarzlaugen- oder im Holzlaugenverhältnis (ca. 1 : 4) durch die Holzfeuchtigkeit usw., Inhomogenität der Kochbedingungen u. Zellstoff-Eigg. usw., werden an Hand von Diagrammen besprochen. Zur raschen halbautomat. Auswertung der Analysenergebnisse u. unmittelbaren Verf.-Korrektur, etwa durch Bleichmittelzusatz, wurde das verbesserte Modell eines UV-Analysenschreibers mit erhöhter Lichtintensität u. Stabilität im kurzwelligen Bereich, einem Photonenvervielfacher mit niedrigem Schwellenwert, hoher Stabilität u. Reproduzierbarkeit sowie einem opt. Syst. mit automat. Restandardisierung u. Eichung entwickelt. Die Konz.-Einstellung (1 : 1000 bis 1 : 4000) wurde zur Vermeidung übermäßiger Verdünnung durch Verringerung der Breite der Durchflußquarzzelle im Strahlengang des UV-Analysators verbessert. Die elektr. Leitfähigkeitsmessung sowie die Absorptionskurve im sichtbaren Licht bei 420 mμ zeigen parallelen Verlauf mit der UV-Best. des Ligningesamt-Geh. bei 205 mμ, doch ist letzterer genauer. J. MALPRICHT. 8006□

Eine potentiometrische Methode zur Bestimmung von Schwefelsäure und Überchlorsäure in Acetylierungsgemischen. D. B. Gurwitsch und M. Ss. Kleschtschewa. (Пластические Массы [Plast. Massen] **1960.** Nr. 8. 61—62.) (Russ.)

Bei Vorliegen von 0,05—0,5% H_2SO_4 oder $HClO_4$ in einem Acetylierungsgemisch für die Celluloseacetylierung lassen sich diese Katalysatormengen in 10—15 Min. potentiometr. bestimmen, wobei bei Titration mit 0,2n CH_3COONa-Lsg. beim Äquivalenzpunkt der Potentialsprung Werte von ca. 1000 mV zeigt. Relativer Fehler unter

2,9%. Die Best. von H_2SO_4 in Essigsäureanhydrid wird durch Ggw. von Essigsäure u. Methylenchlorid nicht gestört. H_2SO_4 verhält sich im wasserfreien Medium wie eine schwache einbas. Säure. $HClO_4$ läßt sich in wasserfreier Essigsäure u. in Methylenchlorid unabhängig von der Menge der vorliegenden Anhydride von Carbonsäuren titrimetr. vollständig erfassen. M. ULMANN. 8008□

Über die Steifigkeitsprüfungen von Papieren, Kartons und Pappen. Walter Brecht und Friedrich Müller. (Papier **14.** 270—77. Juli 1960. Darmstadt, Inst. für Papierfabrikation.) (Dt.)

Zur Messung der Steifigkeit von Papieren, Pappen u. Kartons wurde das Spannungs-Dehnungs-Diagramm herangezogen. Neun in der Praxis bekannte Verff. wurden auf den Zusammenhang ihrer Meßwerte untersucht u. Gleichungen aufgestellt, nach denen die Meßwerte untereinander umgerechnet werden können. Die mit den Geräten in der Praxis erreichten Meßwerte werden verglichen u. eine Aufstellung über die für die einzelnen Unterss. geeigneten Geräte gegeben. H. MEYER. 8010□

Prüfung von für die Papierindustrie vorgesehener Stärke: Fasergehalt, Brechungszahl, Naßfestigkeit. M. Ansart. (Stärke **12.** 265—72. Sept. 1960. Corbeil/Seine-et-Oise.) (Franz.)

Für *Stärke* u. *Stärke-Derivv.* werden im Hinblick auf ihre Verw. in der Papierindustrie, vor allem als Kontroll-Meth., die Best. des Geh. an celluloseartigen Beimengungen, womit der bei der Hydrolyse im saurem Medium hinterbleibende Rückstand abzüglich des Asche-Geh. verstanden wird, der Brechungsindex, welcher die Konz. von Stärke-Prodd. enthaltenden Lsgg. angibt, u. die Naßfestigkeit von geleimten u. gestrichenen Papieren empfohlen. Für letztere Zwecke wird ein sog. Plynometer angegeben, das z. B. bei Tapeten die Anzahl von feuchten Schwammstrichen zählt, die eine Tapete bis zum Verschwinden der Zeichnungen aushält. Zur Prüfung von Verklebungen werden Unterss. von feuchten Probestreifen mit einem Dynamometer empfohlen. M. ULMANN. 8016□

XVIIIb. Textilfasern

Das Beschichten von Geweben mit PVC. E. H. Mattinson. (J. Textile Inst. Proc. **51.** 690—98. Dez. 1960. Gaurock Ropework Co. Ltd.) (Engl.)

Zusammenfassender Überblick. Behandelt werden die Meth. der Beschichtung, Kontrolle der Dicke der Beschichtung, Auswirkung der Beschichtung auf die Einreißfestigkeit u. Möglichkeiten zu deren Verbesserung, die Verw. von Geweben aus synthet. Fasern u. Mischgeweben. H.-A. WANNOW. 8032□

Selbstglättende Gewebe: Die Triazine. J. T. Marsh. (Textile Manufacturer **87.** 25—27. Jan. 1961.) (Engl.)

Zusammenfassender Bericht über die Anwendung von Triazinen, wie z. B. Trimethylolmelamin u. dessen Äther, Hexamethylolmelaminhexamethyläther, Triazone, bei der Knitterfestausrüstung. Es wird darauf hingewiesen, daß die Triazine gewöhnlich nicht allein, sondern in Verbindung mit anderen Substanzen eingesetzt werden, z. B. mit Dimethyloläthylenharnstoff, um das Verh. bei der Chlorbehandlung zu verbessern. Auf Pyrimidin-Derivv., Cyanursäurechlorid u. Äthylenimid-Verbb. des Triazins wird ebenfalls eingegangen. H.-A. WANNOW. 8032□

Das Trocknen von Geweben mit Infrarotstrahlen. Henryk Jakubowicz. (Przegląd włókienniczy **14.** 192—96. April 1960.) (Pol.)

Das Trocknen von Geweben in der Textilindustrie mit IR-Strahlung ist wirtschaftlicher als andere Methoden. Es besteht beim Trocknen mit IR-Strahlern nicht die Gefahr der Faserschädigung durch Überhitzung. F. URBAN. 8038□

Untersuchungen über den Wachstumsprozeß der Cellulosefasern. 1. Mitt. **Über den Wachstumsprozeß des Baumwollhaares.** Yasuo Ōno. (J. Soc. Textile Cellulose Ind., Japan [Sen-i Gakkaishi] **11.** 520—26. Sept. 1955.) (Jap.; Auszug: Engl.)

Nach den Unterss. des Vf. vollzieht sich das Größenwachstum der Baumwollkapsel bis etwa zum 22. Tage nach der Blüte, dann beginnen die Länge u. Breite der Kapsel etwas zu schrumpfen, bevor sie sich im Reifezustand öffnet. Die Samen nehmen an Größe sehr schnell bis zum 20. Tag nach dem Öffnen der Blüte zu u. sind mit 24 Tagen ausgewachsen. Den gleichen Zeitraum benötigt das Streckungswachstum der Haare. Die Gewichtszunahme der Kapseln, Kapselwände, Samen u. Samenhaare wurde täglich gemessen. Die braun gefärbte Zellschicht unter den Epidermiszellen der Samen schrumpft während des Reifeprozesses sehr stark, so daß Vf. annimmt, daß sich hier die Quelle der Nährstoffe für das Dickenwachstum befindet. W. WERGIN. 8044□

Ein Überblick über den Einfluß von Licht auf Baumwolle und andere Cellulosegewebe. Helen M. Robinson und Wilson A. Reeves. (Amer. Dyestuff Reporter **50.** 17—31. 9/1. 1961. New Orleans, La., Southern Regional Res. Labor.) (Engl.)

Zusammenstellung der Literatur von April 1948 bis 1958. Die Ergebnisse werden in folgenden Kapiteln dargestellt: Die Theorie des Abbaues der Cellulose durch Licht; Unterss. über die Prüf-Meth. an Geweben, die dem Licht ausgesetzt waren; Einfl. des Lichtes auf gefärbte Cellulose; Photosensibilisierung durch Textilappreturen; Verhütung von durch Licht hervorgerufener Zerstörung. — 131 Literaturstellen.
W. WERGIN. 8044□

Unterschiede der Röntgenorientierung der Kristallite in den Flachs- und Hanffasern längs des Stengels. Andrzej Włochowicz. (Przegląd włókienniczy **14.** 162 bis 165. April 1960.) (Pol.)

Flachs- u. Hanffasern weisen eine annähernd gleiche Orientierung der Kristallite auf. Die Orientierung ist im Mittelteil des Stengels am besten, in Wurzelnähe am schlechtesten.
F. URBAN. 8050□

Die Reaktionsfähigkeit von N-Mercaptomethylpolyhexamethylenadipamid-Disulfid verglichen mit der von Wollkeratin. C. Earland und D. J. Raven. (J. Textile Inst., Trans. **51.** T 678—T 691. Dez. 1960. Bradford, York, England, Bradford Inst. of Technol.) (Engl.)

Zur Aufklärung der verschiedenen chem. Rkk. an Wollkeratin führen die Vff. an einer geeigneten Modellsubstanz, einem disulfidbrückenhaltigem Polyamid, die üblichen oxydativen, red. u. alkal. Veredlungsprozesse durch. Hierbei fanden sie, daß das Cystin, welches bei der $KMnO_4$-Behandlung von Wolle in saurer Lsg. oder bei der Hypochloritoxydation reagiert keine bes. Fraktion, wie früher angenommen, darstellt. Außerdem kommen sie zu dem Schluß, daß die Bldg. von Aminoacrylsäure als Zwischenstufe der Bldg. von Lanthionin bei alkal. Behandlung von Wolle nicht zutrifft. Verss. u. Ergebnisse sind ausführlich beschrieben. — 16 Literaturzitate, 13 Tabellen.
H. G. FRÖHLICH. 8060□

Einige Beobachtungen über den Abbau von Cystin in Äthylaminlösung. R. L. Elliott, R. S. Asquith und M. A. Hobson. (J. Textile Inst., Trans. **51.** T 692—T 702. Dez. 1960. Bradford, York, England, Bradford Inst. of Technol.) (Engl.)

Es wird der Abbau von Cystin u. Cystein allein u. in Mischung in kochender Äthylamin-Lsg. untersucht. Hierbei wurde gefunden, daß Cystein rascher abgebaut wird als Cystin, wobei der Abbau des Cystin wesentlich komplizierter verläuft u. durch ein einfaches Rk.-Schema nicht wiedergegeben werden kann. Bei der Identifikation der Abbau-Prod. mittels Elektrophorese u. Papierchromatographie wurden neben Cystin u. Cystein noch Lanthionin, Serin, Alanin u. 2 nichtidentifizierbare Prodd. (ähnlich Methionin u. Leucin) gefunden. Der mögliche Abbau von Cystin u. Cystein als Folge alkal. Einw. wird ausführlich diskutiert. — 7 Figuren, 2 Tabellen, 14 Literaturzitate. Diskussion.
H. G. FRÖHLICH. 8060□

Darstellung und Eigenschaften von Wollproteinen. J. M. Gillespie, I. J. O'Donnell, E. O. P. Thompson und E. F. Woods. (J. Textile Inst., Trans. **51.** T 703—T 716. Dez. 1960. Parkville, Victoria, Australien, Wool Res. Labor. C.S.I.R.O.) (Engl.)

Im Zusammenhang mit Unterss. über den chem. Aufbau u. die Zus. von Wolle wird über die Darst. u. die Eigg. von Wollproteinen berichtet, die durch Extraktion von Wolle bei 50° mit 0,1 m Thioglykolat-Lsg., pH 10,5—11,0, während 20 Min. (Flotte 1 : 30) bzw. 2 Std. (Flotte 1 : 100) erhalten wurden. Hierbei wurden Proteinfraktionen mit höherem u. niedrigerem S-Geh. als normale Wolle gefunden, wobei die Proteinfraktionen mit geringem S-Geh. in Lsg. stark aggregieren. Für das Kettengewicht der faserbildenden Proteine wurden Werte zwischen 8000 u. 10000 gefunden. Die Aminosäure-Zus. der verschiedenen Fraktionen wird mitgeteilt. — 74 Literaturzitate, 3 Figuren, 4 Tabellen, 2 Mikrophotos.
H. G. FRÖHLICH. 8060□

Die Löslichkeit von Wolle in Harnstoff-Bisulfit-Lösungen und ihre Anwendung zur Bestimmung von Veränderungen bei der Veredlung von Wolle. 2. Mitt. K. Lees, R. V. Peryman und F. F. Elsworth. (J. Textile Inst., Trans. **51.** T 717—T 725. Dez. 1960. Leeds, England, Wool Ind. Res. Assoc.) (Engl.) — 1. vgl. C. **1959.** 9768.

Es wird über die Anwendbarkeit der Harnstoffbisulfitlöslichkeit (HBL) — Behandlung während 1 Std. bei 65° mit einer auf pH 7 eingestellten Lsg. von 50% Harnstoff u. 3% Na-Metabisulfit — als Hilfsmittel in der chem. Kontrolle von Veredlungsprozessen von Wolle berichtet. Danach ist die HBL zur Kontrolle gut geeignet. Alkal. Behandlung sowie die Einw. von Licht u. Hitze führen zu einer Abnahme der HBL. Das gleiche gilt auch beim Färben oberhalb von pH 5, während bei pH-Werten unterhalb 4 die HBL zunimmt. Die Ursache der Abnahme der HBL bei schwach alkal. Behandlung von Wolle durch Bldg. von Lanthionin wird ausführlich diskutiert. — 10 Literaturzitate, 5 Figuren, 4 Tabellen.
H. G. FRÖHLICH. 8060□

Eine Beziehung zwischen dem Vernetzungsgrad in Lincoln Wolle und der Harnstoff-Bisulfitlöslichkeit, dem Quellungsgrad und dem Youngschen Modul. J. C. Atkinson und P. R. Speakman. (J. Textile Inst., Trans. **51.** T 726—T 732. Dez. 1960. Leeds, England, Univ. of Leeds, Dep. of Text. Ind.) (Engl.)

Mitt. vorläufiger Unterss.-Ergebnisse über die Zusammenhänge zwischen Quellungsgrad, YOUNGschem Modul u. Harnstoffbisulfitlöslichkeit einerseits u. dem Vernetzungsgrad von Wolle andererseits nach milden alkal. Behandlungen bei Temp. zwischen 30 u. 60°. Die hierbei erhaltenen Ergebnisse werden diskutiert. — 16 Literaturzitate, 6 Figuren, 1 Tabelle. Diskussion. H. G. FRÖHLICH. 8060□

Charakterisierung der Kortexstrukturen von Keratinfasern mittels Harnstoff-Bisulfit-Löslichkeit. J. H. Dusenbury. (J. Textile Inst., Trans **51.** T 756—T 775. Dez. 1960. Princeton, N.J., Text. Res. Inst.) (Engl.)

Die vorliegenden Unterss. zeigen, daß man aus der Harnstoffbisulfitlöslichkeit (HBL) von Keratinfasern Rückschlüsse auf die Struktur der Kortex (para/ortho) ziehen kann. Zu diesem Zweck bestimmt man die HBL nach 10, 20, 30, 60, 120 u. 300 Min. u. vergleicht die erhaltenen Kurvenzüge. Je höher der Anteil an Orthokortex, um so höher ist auch die HBL-Kurve, da die Orthokortex hauptsächlich gelöst wird. Fasern die nur aus Parakortex bestehen (z. B. Menschenhaar) zeigen die geringsten u. solche aus Orthokortex (z. B. Mohair) die höchsten HBL, während die HBL von Wolle entsprechend dem Verhältnis von Ortho- : Parakortex dazwischen liegen. — 33 Literaturzitate, 9 Tabellen, 4 Figuren. Diskussion. H. G. FRÖHLICH. 8060□

Die Einflüsse chemischer Behandlungen auf die physikalischen Eigenschaften von Wolle: Ein Modell einer Wollfaser. W. G. Crewither und L. M. Dowling. (J. Textile Inst., Trans **51.** T 775—T 791. Dez. 1960. Parkville, Victoria, Australien, Wool Text. Labor. C.S.I.R.O.) (Engl.)

Die Auswertung von Unterss. über den Einfl. chem. Behandlungen (alkal., saure, oxydative sowie Behandlungen mit A./J_2-Lsg. u. N-Äthylmaleinsäureimid) auf die physikal. Eigg. (Superkontraktion) von Wolle führt zu einem Modell für die Wollkortex, nach welcher die kontrahierbaren Strukturelemente der Faser nicht durch Disulfidbrücken vernetzt, sondern in eine Matrix eingebettet sind, welche inter- u. intramol. Disulfidbrücken aufweisen u. deren plast. Deformation durch die Disulfidaustausch-Rk. beeinflußt wird. Das Modell der Wollkortex wird ausführlich beschrieben u. diskutiert. — 40 Literaturzitate, 9 Figuren, 5 Tabellen. H. G. FRÖHLICH. 8060□

Basische Peptide aus Keratose. M. Fell, N. H. La France und Kl. Ziegler. (J. Textile Inst., Trans. **51.** T 797—T 801. Dez. 1960. Aachen, Deutsches Wollforschungsinst.) (Engl.)

Durch Hydrolyse von mit Peressigsäure oxydierter Wolle mit Trypsin wurden saure, bas. u. neutrale Peptide erhalten, die durch Ionenaustauschchromatographie getrennt werden konnten. Hierbei konnten 8 Dipeptide, 2 Tripeptide, 1 Pentapeptid u. 2 Hexapeptide aufgeklärt werden. Die nachgewiesene Häufung von gleichartigen Aminosäuren in bestimmten Peptiden widerlegt die *Bergmann-Niemann-Regel*, nach der die Aminosäuren längs der Proteinkette nach einem bestimmten Schema gleichmäßig verteilt sein sollen. — 3 Figuren, 1 Tabelle, 9 Literaturzitate. Diskussion. H. G. FRÖHLICH. 8060□

Einige Beobachtungen über den oxydativen Abbau der Proteinketten von Wolle. H. P. Lundgren. (J. Textile Inst., Trans. **51.** T 806—T 816. Dez. 1960. Albany, Calif., U. S. Dep. of Agric., Western Reg. Res. Labor.) (Engl.)

Es wird eine Meth. beschrieben nach welcher der durch oxydative Einw. auf Wolle stattfindende Festigkeitsverlust als Folge chem. Schädigung der Proteinketten bestimmt werden kann, indem man die Zeit mißt, nach der eine belastete Faser in einem oxydierenden Bad (0,54n NaOCl, pH 10,5, Temp. 27°) reißt. Der Chemismus der Einw. von Oxydationsmittel auf die Polypeptidketten wird ausführlich diskutiert u. an Hand von Formelbilder erläutert (Bldg. von Dehydrothiohydantoinringen am Ende einer Peptidkette). — 6 Figuren, 22 Literaturzitate. H. G. FRÖHLICH. 8060□

Die Zusammensetzung des Wollschweißes. F. O. Howitt und R. Preston. (J. Textile Inst., Trans. **51.** T 841—T 856. Dez. 1960. Leeds, England, Wool Ind. Res. Assoc.) (Engl.) — Vgl. vorst. Referat.

Qualitative Unterss. des Wollschweißes unter Verw. chromatograph. Meth. ergaben eine sehr komplexe Zusammensetzung. So wurden flüchtige Säuren, höhere Fettsäuren, Dicarbonsäuren, Hydroxy- u. Ketosäuren, Aldehyde, Zuckersäuren, Harnstoff, Polypeptide usw. gefunden, deren Herkunft in den meisten Fällen auf die Wrkg. der auf dem Wollvlies befindlichen Bakterien zurückgeführt wird. Die Ergebnisse werden ausführlich diskutiert. — 24 Literaturzitate. H. G. FRÖHLICH. 8060□

Die Konstitution des Wollschweißes. Die färbenden Verbindungen. I. E. B. Fraser und E. V. Truter. (J. Textile Inst., Trans. **51.** T 863—T 873. Dez. 1960. Leeds, England; Univ. of Leeds, Text. Chem. Labor.) (Engl.) — Vgl. vorst. Referat.

Unterss. über die chem. Konstit. stark gefärbter Pigmente aus dem Wollschweiß von normalen Schafen haben zu einem Deriv. des Dihydroxyphenol geführt, das gewöhnlich nichtstöchiometr. mit einem N-haltigen β-Diketon verbunden ist. — 10 Figuren, 16 Literaturzitate. Diskussion. H. G. FRÖHLICH. 8060□

Durch Bakterien hervorgerufene Verfärbung von Wolle. I. E. B. Fraser und E. V. Truter. (J. Textile Inst., Trans. **51.** T 857—T 876. Dez. 1960. Leeds, England, Univ. of Leeds, Text. Chem. Labor.) (Engl.)

Vff. untersuchen die Faktoren welche zur Verfärbung von Wolle durch das Bakterienstoffwechsel-Prod. *Pyocyanin* führen. Sie zeigten, daß keine Unterschiede zwischen den Vliesbestandteilen von immunen u. anfälligen Schafen bestehen u. schließen hieraus, daß nur dann Verfärbung eintritt, wenn das Vlies zusätzliche Bakteriennährstoffe enthält, die z. B. aus Abbau-Rkk. der überempfindlichen Haut der anfälligen Schafe stammen. — 4 Tabellen, 2 Figuren, 8 Literaturzitate. H. G. FRÖHLICH. 8060□

Verarbeitung von mit Lösungsmittel entfetteter Wolle. M. Lipson und G. W. Walls. (J. Textile Inst., Trans. **51.** T 953—T 967. Dez. 1960. Geelong, Victoria, Australien, Wool Res. Labor. C.S.I.R.O.) (Engl.)

Es werden die Vorteile bei der Verarbeitung von mit Lsgm. entfetteter (gewaschener) Wolle gegenüber einer mit Seife/Soda gewaschenen Wolle aufgezeigt. Die in verschiedenen Fabriken erhaltenen Ergebnisse zeigen, daß sich die mit Lsgm. gewaschene Wolle leichter u. rascher krempeln u. kämmen läßt, wobei der auftretende Abfall um 2—3% geringer ist. Der erhaltene Kammzug ist besser, enthält weniger Noppen u. besitzt eine höhere Festigkeit, da das Auftreten von Faserbrüchen deutlich geringer ist, als bei der stärker geschädigten mit Seife/Soda gewaschenen Wolle. — Diskussion, 12 Tabellen, 7 Figuren. H. G. FRÖHLICH. 8060□

J. R. Geigy Soc. An. (Erfinder: Heinrich Häusermann), Basel, Schweiz, **Herstellung von Benzimidazolylderivaten,** dad. gek., daß man Benzimidazol-2-aldehyde mit Verbb. mit akt. CH_2- oder Methylgruppen kondensiert. — 19,5 (Teile) Benzimidazol-2-aldehyd (I) werden mit 33 4-Nitrotoluol-2-methylsulfon in 100 Dimethylformamid in Ggw. von 5 Piperidin 5 Min. gekocht. Aus A. erhält man *2-[4'-Nitro-2'-methylsulfonylstyryl]-benzimidazol,* F. 277—279° (Zers.), das man zum *4'-Amino-Deriv.,* F. 285—287° (Zers.), reduzieren kann; aus letzterem das *4'-Acetyl-Deriv.,* F. 295°, u. das *Ureid,* Zers. > 200°. — Ferner *1-Methyl-2-[4'-nitro-,* F. 287° (Zers.), u. *-[4'-amino-2'-methylsulfonylstyryl]-benzimidazol,* F. 240° (*Acetyl-Deriv.,* F. 247—248°; *Ureid,* Zers. bei ca. 200°; *Diglykolmonoamid,* F. 250° [Zers.]), aus 1-Methylbenzimidazol-2-aldehyd (III) (F. 121°). — *1-Methyl-2-[4'-nitrostyryl]-benzimidazol-2'-phenylsulfonat,* F. 211—212° (aus 4-Nitrotoluol-2-phenylsulfonat), u. *-sulfonsäure.* — *β-[Benzimidazolyl-(2)]-vinylphenylketon,* F. 159—160°, aus Acetophenon. — *β-[Benzimidazolyl-(2)]-vinyl-[p-chlorphenyl]-keton,* F. 217—218°, aus p-Chloracetophenon. — *α-Benzimidazolyl-(2)-β-[1-methylbenzimidazolyl-(2)]-äthylen,* F. 260°, aus **III** u. 2-Methylbenzimidazol oder aus **I** u. 1.2-Dimethylbenzimidazol. — *α.β-Di-[1-methylbenzimidazolyl-(2)]-äthylen,* F. 297—299°. — *α-[1-Methylbenzimidazolyl-(2)]-β-[5'-methylbenzoxazolyl-(2')]-äthylen,* F. 202—203°, aus 2.5-Dimethylbenzoxazol. — *α-[1-Methylbenzimidazolyl-(2)]-β-[benzoxazolyl-(2)]-äthylen,* F. 210—212°, aus 2-Methylbenzoxazol. — *2-{β [1-Methylbenzimidazolyl-(2)]-vinyl}-chinolin,* F. 204° (aus Chinaldin), *-N-methylchinoliniumjodid,* F. 245—246° (aus 1.2-Dimethylchinoliniumjodid), *-p-toluolsulfonat* u. *-bromid.* — *α-[Benzimidazolyl-(2)]-β-[1-äthylbenzimidazolyl-(2)]-äthylen,* F. 270—271°, aus 1-Äthyl-2-methylbenzimidazol ($Kp._{11}$ 164—165°) oder 1-Äthylbenzimidazol-2-aldehyd u. 1.2-Dimethylbenzimidazol (F. 111°). — *α-[Benzimidazolyl-(2)]-β-[1-(β-hydroxyäthyl)-benzimidazolyl-(2)]-äthylen,* F. 257—258°, aus 1-[β-Hydroxyäthyl]-2-methylbenzimidazol. — *α-[1-Methylbenzimidazolyl-(2)]-β-[1-(β-hydroxyäthyl)-benzimidazolyl-(2)]-äthylen,* F. 275—276°. — *α-[Benzimidazolyl-(2)]-β-[1-phenylbenzimidazolyl-(2)]-äthylen,* F. 280—281°, aus 1-Phenylbenzimidazol-2-aldehyd. — *α-[1-Methylbenzimidazolyl-(2)]-β-[1-äthylbenzimidazolyl-(2)]-äthylen,* F. 205°, aus 1-Äthyl-2-methylbenzimidazol. — Weitere Verbb. der allg. Formel **II**, worin R_1, R_2 u. R_3 (in dieser Reihenfolge) folgende Bedeutung haben: *CH_2, H, 6-CH_3,* F. 254—256°. — *C_2H_5, H, 6-CH_3,* F. 241—242°. — *H, CH_3, 5-Cl,* F. 247 bis 249. — *CH_3, CH_3, 5-Cl,* F. 265—267°. — *H, CH_3, 6-Cl,* F. 290° (Zers.). — *CH_3, CH_3, 6-Cl,* F. 256—257°. — Die Prodd. zeigen blauviolette *Fluorescenz* u. werden als *Bleich-*

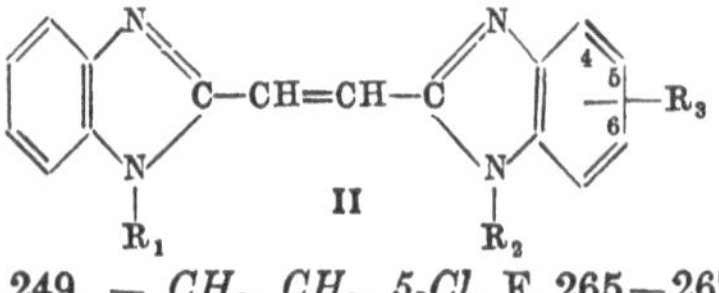

II

mittel verwendet. (**F. P. 1 195 348** vom 20/12. 1957, ausg. 17/11. 1959. **D. A. S. 1 077 222** Kl. 12p vom 20/12. 1957, ausg. 10/3. 1960. Beide Schwz. Prior. 21/12. 1956. **Schwz. P. 348 967** vom 21/12. 1956. ausg. 15/11. 1960.) S. Böttcher. 8033

General Aniline & Film Corp., New York, N.Y., übert. von: Milton Louis Hoefle und Robert Walter Wynn, Easton, Pa., V.St.A., **2-Methyl-2.3-dihydrobenzofurancarbonsäuren und deren Halogenide** der allg. Formel **I** (Y = OH oder Halogen, R_1 = H oder CH_3). Man setzt 3-Allyl-2-Hydroxybenzoesäuremethylester mit HBr in Eisessig um u. arbeitet zu *2-Methyl-2.3-dihydrobenzofuran-7-carbonsäure* auf, F. 120—123°; *Säurechlorid*, Kp.$_5$ 125—127°. Analog erhält man das *Säurechlorid der 2.3-Dimethyl-2.3-dihydrobenzofuran-7-carbonsäure*. Beschrieben wird außerdem die Herst. des (nicht unter Formel I fallenden) *Säurechlorids der 2-Methyl-2.3-dihydrobenzofuran-5-carbonsäure*, Kp.$_3$ 114—116°. — Zwischenprodd. für die Herst. von *Aufhellungsmitteln*. (**A. P. 2 937 188** vom 15/11. 1951, ausg. 17/5. 1960.) K. Fabel. 8033

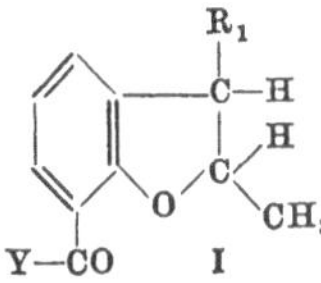

I

Imperial Chemical Industries Ltd., London, und Leonard Harrison Groves, John Alwyn Hall und James William Roberts, Manchester, England, **Hydrophobierungsmittel für Textilien,** bestehend aus einer wss. Paste, Dispersion oder Emulsion mit einem Geh. eines *Methylolamids einer Fettsäure* mit > 14 C-Atomen u. hierauf bezogen < 4%, bes. < 2%, freie Fettsäure, sowie ggf. (< 6%) anionakt. Netzmittel, z. B. Na-Oleyl- oder Na-Cetylsulfat. — Beispiel: 350 (Teile) *Methylolstearylamid,* 50 Fettalkoholsulfat-Na-Salz (30% ig.) u. 117 W. werden 4 Std. gemischt, mit 53 Isopropanol vermengt u. weiter 1 Std. mit 310 W. verrieben. Man erhält eine 40% ig. Paste. (**E. P. 835 596** vom 27/3. 1957, ausg. 25/5. 1960.) H. Möllering. 8037

Chemische Werke Witten G. m. b. H. (Erfinder: Horst Hiller, Rudolf Junghähnel und Gustav Renkhoff), Witten/Ruhr, **Schimmel- und fäulnishemmende Textilhydrophobierung.** Übliche Einbadhydrophobierungsmittel erhalten einen Zusatz von 5—15, bes. 8—10%, *chlorierte Phenolester,* die aus Fettsäuren mit 6—12 C-Atomen hergestellt sind, u. 1—5% chlorierten Phenolen. — Ansatz: 14 (%) Paraffin, 2,1 Montanwachs, 8,25 *Pentachlorphenolfettsäureester* u. 2,5 *Pentachlorphenol* sowie W. als Emulsionsphase. (**D. A. S. 1 104 924** Kl. 8k vom 23/12. 1957, ausg. 20/4. 1961. **Oe. P. 209 854** vom 21/8. 1958, ausg. 25/6. 1960, D. Prior. 23/12. 1957.) H. Möllering. 8037

Fa. Carl Freudenberg (Erfinder: Robert Schabert), Weinheim/Bergstr., **Faservliese.** Die nach der D. A. S. 1 088 016 aus Faservliesen mit einem Geh. an Polyvinylalkoholfasern durch Befeuchten u. Erhitzen erhaltenen Vliesstoffe werden nachträglich noch mit Aminoplastvorkondensat-Lsgg., bes. Trimethylolmelamin-Lsgg., imprägniert u. vergütet. (**D.A.S. 1 094 227** Kl. 8k vom 10/5. 1958, ausg. 8/12. 1960. **Zusatz zu D. A. S. 1 088 016; C. 1961. 10030.**) H. Möllering. 8041

American Viscose Corp., Philadelphia, übert. von: Marion R. Lytton, West Chester, Pa., V.St.A., **Herstellung von Viscosekunstseide,** die nur Hautstruktur u. eine glatte Fadenoberfläche besitzt. Man verspinnt eine Viscose mit einer Salzzahl von mindestens 8, die 1—3, bes. 1,25—2,25% (bezogen auf Cellulose), eines alkalilösl. Polyoxyäthylen-, -propylen- oder -butenylglykoläthers von o-Dimethylaminomethylphenol mit 3—100, z. B. 20, Alkylenoxydeinheiten im Mol. enthält, in ein Bad, das 10—25 (%) Na_2SO_4, 3—15 $ZnSO_4$ u. nicht > 8,5 H_2SO_4 enthält. (**A. P. 2 929 730** vom 5/12. 1955, ausg. 22/3. 1960.) F. Böhm. 8075

American Cyanamid Co., New York, N.Y., übert. von: John A. Price, Stamford, Conn., V.St.A., **N-(Dialkylaminopropyl)-maleinamidsäure** der allg. Formel $HOOC-CH=CH-CONHCH_2CH_2CH_2N(R)(R')$ (R u. R' = Alkyl mit 1—6 C-Atomen) erhält man durch Rk. von 1 Mol Maleinsäureanhydrid mit 1 Mol eines Amins der allg. Formel $H_2NCH_2CH_2CH_2N(R)(R')$ bei höchstens 30, bes. 10—15°, in Ggw. von Bzl., Toluol oder Xylol. Die Verbb. lassen sich in Ggw. von Persäuren, Peroxyden, -chloraten, -sulfaten, -carbonaten, -boraten, -phosphaten oder freie Radikale liefernden Stoffen *polymerisieren* oder mit Verbb., die die Gruppe $CH_2=C<$ enthalten, *mischpolymerisieren.* — Aus 25 (Teilen) Maleinsäureanhydrid in 600 Bzl. u. 23 Dimethylaminopropylamin in 160 Bzl. bei 4—6° → *N-(3-Dimethylaminopropyl)-maleinamidsäure,* aus A., F. 56—59°. — *N-(3-Dibutylaminopropyl)-maleinamidsäure.* — *N-(3-Di-n-hexylaminopropyl)-; N-(3-N'-Methyl-N'-äthylaminopropyl)-maleinamidsäure.* R u. R' können ferner sein: Äthyl, Propyl, Isopropyl, Isobutyl, sek.- oder tert.-Butyl, Amyl. Die Mischpolymerisation kann erfolgen bes. mit Verbb. der allg. Formel $CH_2=C(Z)Z'$ (Z = H, Cl, F, Br, J, Methyl, Äthyl, Propyl, Butyl bis Octadecyl, Cyclohexyl, Phenyl, Xenyl, Naphthyl, Tolyl,

Xylyl, Äthylphenyl, Benzyl, Phenyläthyl; Z' = Aryl, $-CH_2=CH_2$, $-CN$, $-OOC-Z'$, $-COOZ''$, $-CO-Z''$ (Z'' = Methoxymethyl, Methoxyäthyl, Äthoxyäthyl, Äthoxypropyl, Propoxybutyl, Aryl, Alkaryl), bes. mit Acrylnitril, Phenylacrylnitril, Acrylamiden, den entsprechenden Methacryl-Derivv., Acryl- u. Methacrylsäuren u. deren Ester, Styrol, Isopropenyltoluol, Allyl-, Methallylalkohol, deren Acetaten, Diallylcarbonat, Allyllactat, Allyltrichlorsilan, Diallyladipat, Diallylcitraconat, Allyltrichlorsilan, Triallylcyanurat, Triallylphosphat, Tetraallylsilan, Tetrallylsilicat, Hexallyldisiloxan, Diallylphthalat. Die Mischpolymeren sind mit sauren Farbstoffen leichter färbbar u. haben bessere wollartige Eigenschaften. (**A. P. 2 821 521** vom 25/8. 1954, ausg. 28/1. 1958.) G. KRAUSS. 8081

E. I. du Pont de Nemours & Co., übert. von: Richard W. Kingerley jun., Wilmington, Del., V.St.A., **Antistatische Ausrüstung von Fasern, Fäden, Textilien, Filmen (auch für photographische Zwecke) aus Stoffen** mit einer Feuchtigkeitserholung unter 5% u. einem Widerstand von $400000 \cdot 10^8$ Ω, z. B. *Polyäthylenterephthalat* oder *Nylon*, erfolgt durch Aufbringen von Überzügen aus Lsgg. in W., A., CH_3OH oder dgl. von *Werner-Cr-Komplexsalzen*, bei denen Cr(III) an *p-Nitrophenylessigsäure*, *p-Nitrobenzoesäure*, *Phenylessigsäure*, *Trichloressigsäure*, *Thioglykolsäure*, *Cyanessigsäure* oder *Gluconsäure* gebunden ist. — *Nylontaft* wird aus Isopropanol-Lsg. mit 6 mg/Fuß^2 p-Nitrophenylessigsäure-Chromichlorid beladen. — Vgl. A. P. 2 647 836; C. **1955.** 7592. (**A. P. 2 745 770** vom 9/4. 1952, ausg. 15/5. 1956.) H. MÖLLERING. 8081

Dow Chemical Co., übert. von: Wilhelm E. Walles, Midland, Mich., V.St.A., **Leicht anfärbbare, antistatische Fäden, Fasern, Textilien, Filme, Formkörper aus Polyäthylen** erhält man durch Behandlung des Gutes bei 0—150° mit Sulfonierungsmittel, bes. 98%ig. *H_2SO_4*, *Oleum* oder dergleichen. — Ein Gewebe aus pigmentierten Polyäthylenfäden wird ca. 5 Min. bei 50° mit einer 8%ig. Lsg. von SO_3 in H_2SO_4 behandelt, gewaschen u. getrocknet. (**A. P. 2 937 066** vom 23/11. 1955, ausg. 17/5. 1960.) H. MÖLLERING. 8081

Toyo Boseki Kabushiki Kaisha, Osaka (Erfinder: Akira Yamamoto und Masao Ishihara, Moriguchi), Japan, **Herstellung wärmestabiler, leicht färbbarer Acrylnitrilmischpolymerisate** mit >80 Gew.-% Acrylnitril (**I**). Man mischt **I** mit Verbb. der Formel $CH_2:C(R)COO(CH_2)_2N(R^1)R^2$ (R, R^1, R^2 = Alkylreste mit bis zu 4 C-Atomen; R^1 auch = H), Aminostyrol oder dessen Substitutions-Prodd., Itacon-, Methacryl- oder Acrylsäure u. polymerisiert. — Man gibt 0,975 (Teile) Itaconsäure u. 100 O_2-freies W. in ein Gefäß von 45°, gibt unter N_2 11,05 **I** zu, dann in 17,1 einer 0,668 HNO_3 enthaltenden wss. Lsg. 0,975 Dimethylaminoäthylmethacrylsäureester u. 38 einer wss. Lsg. von 0,08 $K_2S_2O_8$ u. 0,113 Na_2SO_3 u. erwärmt unter Rühren 60 Min.; die Lsg. hat zuletzt pH 1,52: Polymerisatpulver, das aus $Ca(SON)_2$-Lsg. zu *Fäden* versponnen werden kann u. mit sauren oder alkal. Farbstoffen gefärbt werden kann. (**Jap. A. S. 4 994/1959** vom 30/10. 1957, ausg. 13/6. 1959.) M. PANKOW. 8081

Teikoku Jinzo Kenshi Kabushiki Kaisha, Osaka (Erfinder: Akira Mifune und Shigemitsu Tsunawaki, Iwakuni), Japan, **Herstellung linearer Polyester von hohem Polymerisationsgrad** durch Umesterung u. Polymerisation von Glykolen der Formel $HO(CH_2)_nOH$ (n = 2—10) mit Terephthalsäureestern u. Co-, Zn-, Cd-, **Mg**-Salzen aromat. Mono- oder Dicarbonsäuren, deren Mischungen miteinander oder bekannten Katalysatoren. — 150 (Gewichtsteile) Dimethylterephthalat, 120 Äthylenglykol, 0,08 Co-Terephthalat u. 0,05 Pb-Acetat werden 4½ Std. bei 170—220° unter CH_3OH-Entfernung gehalten; man setzt 0,01 Triphenylantimonit u. 0,15 Trikresylphosphit zu, hält 1 Std. bei 250—260°, dann 5 Std. bei 275° u. 0,05 mm u. erhält einen Polyester mit $[\eta]$ 0,8—1, der durch Schmelzspinnen zu verstreckbaren *Fäden* geformt werden kann. (**Jap. A. S. 4844/1959** vom 8/2. 1956, ausg. 11/6. 1959.) M. PANKOW. 8081

Chemstrand Corp., übert. von: William A. H. Huffman, William S. Wagner, Pompelio A. Ucci, Decatur, Ala., und Arthur H. Stroud, Madison, Wis., V.St.A., **Naßspinnen von Polyesterfäden.** Man spinnt eine Lsg. des Polyesters in einem Phenol (z. B. m-Kresol) in ein Fällbad, das aus einem Alkohol mit 1—4 C-Atomen, N.N-Dimethylformamid, N.N-Dimethylacetamid oder Dimethylsulfoxyd besteht u. ggf. mit W. verd. sein kann. Die Verff. sind sowohl für übliche Polyester, wie Polyäthylenterephthalat, als auch für Mischpolyester u. modifizierte Polyester geeignet, z. B. solche bei deren Herst. Methoxypolyäthylenglykol als Kettenabbrecher u. Pentaerythrit als Vernetzungsmittel verwendet wurden. (**A. PP. 2 924 500, 2 924 501** vom 22/10. 1956 u. **2 924 502** vom 6/12. 1956, alle ausg. 9/2. 1960.) F. BÖHM. 8081

XIX. Brennstoffe. Erdöl. Mineralöle

Die Oxydation der Steinkohle mit Luft. Bildung, Zusammensetzung und Eigenschaften von oxydierten Kohlen und von Huminsäuren. O. Großkinsky, G. Huck und W. Lange. (Brennstoff-Chem. **40.** 252—61. 26/8. 1959. Essen, Bergbau-Forschung GmbH; Hamborn, Hamborner Bergbau AG.) (Dt.)

Die Ergebnisse der Unters. des Chemismus der Oxydation von Kohlen u. der Bldg. von Huminsäuren führten zur teilweisen Klärung des Einbaus des O in das Mol.-Gefüge der Kohle, ihrer Komponenten u. der Huminsäuren, reichten aber zur endgültigen Aufhellung des Mol.-Bildes der Steinkohle nicht aus. Unter den gegebenen Bedingungen erfaßt die Oxydation zuerst die H-reichen Anteile, nach deren Abbau keine Huminsäuren mehr entstehen, die an sich aus bituminösen Anteilen u. Partien der Gerüstsubstanz hervorgehen; Carboxylgruppen bilden sich an hochmol. Komponenten nur an reaktiven Stellen, nicht aber an hochkondens. Syst. ohne Seitengruppen. Die Kohle enthält Komplexe von ein- oder mehrkernigen, meist chem. oder physikal. verbundenen Aromaten. Bei der Oxydation werden diese Bindungen z. T. unter Bldg. von Carboxylgruppen gelöst. Die entstandenen alkalilösl. Anteile sind die regenerierten Huminsäuren. Jüngere Kohlen enthalten weniger aromat. Anteile als ältere, liefern also mehr Huminsäure. Strukturell unterscheiden sich die Huminsäuren wenig voneinander. Die Verteilung des O in ihnen auf verschiedene Bindungsformen bzw. Gruppen lassen sich recht sicher angeben. H. SCHÖBERL. 8126□

Die Größe und Struktur von Cenosphaeren, die aus brennbaren Restflüssigkeiten gebildet wurden. E. G. Masdin und P. J. Foster. (Fuel **39.** 413—19. Sept. 1960. Univ. of Sheffield, Dep. of Fuel Technol. and Chem. Engng.) (Engl.)

Vff. untersuchten *Cenosphaeren* von brennbaren Rest-Fll. auf direktem Wege u. mittels opt. Vergrößerung u. fanden dabei 2 Typen. Die bei der Verdampfung eines Brennstofftropfens entstehenden sind größer u. schwächer als die, welche bei der Verbrennung eines Tropfens entstehen. In beiden Fällen besteht zwischen dem Tropfendurchmesser (D_0) u. dem Cenosphärendurchmesser (D_c) eine feste Beziehung. Für die Verbrennung von Pech-Kreosot-Tropfen in Luft bei 700° ergab sich: $D_c = 0{,}66\, D_0$ u. für die Verdampfung der gleichen Tropfen in Luft bei 518°: $D_c = 1{,}79\, D_0^{5/4}$. Eine Röntgen-Unters. des Cenosphären-C zeigte, daß die Cenosphären während der kurzen Wärmebehandlung nicht merklich graphitisieren. Der C von Pech-Kreosot-Cenosphären besitzt ein größeres Kristallit-Maß u. einen kleineren Zwischenschichtenraum als jener von Schweröl. Dies stimmt mit früheren Unterss. über die Verkokung von fl. KW-Stoffen überein. H. SCHÖBERL. 8128□

Der Einfluß der Oberflächenenergie auf die Flotationsfähigkeit der Kohle. Jiří Medek. (Sborník Prací hornického Ústavu ČSAV **2.** 148—63. 1959. Hornický ústav ČSAV, Praha.) (Tschech.)

Flotationsergebnisse von unbehandelten u. mit n-Heptan, Stearinsäure u. Borneol oberflächenvorbehandelten Proben verschiedener Kohlen wurden in bezug auf die Veränderung der Oberflächenenthalpie verfolgt u. gefunden, daß die Flotationsausbeute von dem Wert der Oberflächenenthalpieveränderung bzw. der Oberflächen-Konz. der aufgetragenen Substanz abhängig ist. Es wurde festgestellt, daß bei einem Grenzwert der Emersionsenthalpie von ca. 510 erg/cm² die Flotationsfähigkeit der festen Phase schwindet. N. MEDIĆ. 8134□

Über die Bestimmung der spezifischen Wärme und der Wärmeleitzahl von ungarischen Kohlen und Koksen. Margit Weltner. (Nehézvegyipari Kutató Intézet Közleményei [Mitt. Forsch.-Inst. chem. Schwerind.] **1.** 27—37. Juli 1958. Veszprém, Nehézvegyipari Kut. Int.) (Ung.)

Die spezif. Wärme von ungar. Kohlen u. Koksen wurde in einem Metallcalorimeter zwischen 100 u. 500° bestimmt. Es ergab sich eine lineare Beziehung zwischen Temp. u. spezif. Wärme. Weiter wurde unter Berücksichtigung der Verkokungsbedingungen die Wärmeleitzahl der Kohlen in körnigem, stückigem Zustand bei Raum-Temp. u. 500° in einem App. nach VAN RINSUM ermittelt. N. SEILER. 8144□

Stand und Entwicklung der Druckvergasung fester Brennstoffe in Festbettgeneratoren. Erich Rammler und Gerhard Peetz. (Freiberger Forschungsh., Reihe A Heft **169.** 9—37. Juli 1960. Freiberg/Sa.) (Dt.)

Vff. geben eine Übersicht der Druckvergasung klassierter oder brikettierter Vergasungsstoffe in Festbettgeneratoren ohne Einschränkung hinsichtlich der Art des Einsatzgutes u. der Vergasungsmittel. Vergasungsstoffe, -mittel u. -leistung werden diskutiert u. techn. Daten sowie spezif. Verbrauchszahlen für bestehende Anlagen in 7 Ländern angegeben. Der Entwicklungsstand von Generatoren, Kondens.- u. Gasreinigungsanlagen wird mittels schemat. Darst. diskutiert — ca. 140 Literatur- u. Patenthinweise. G. KIRSTEN. 8148□

Gegenwärtiger Zustand der inneren und äußeren Beheizung bei der Verkokung im Fließbett bei der Kushiro Sekitan Kanryu K. K. Hakaru Yoshida. (J. Fuel Soc. Japan. **39.** 308—17. April 1960. Kushiro Sekitan Kanryu Co.) (Jap.; Auszug: Engl.)

Unter Einsatz einer backenden pulverförmigen Kohle werden täglich 10000 m^3 Stadtgas gewonnen. Die Grundlagen des Verf. (innere u. äußere Beheizung des Fließbettes) werden untersucht. F. ROSENDAHL. 8156□

Ein einfaches Verfahren zur Aufarbeitung von Tieftemperaturteer durch Extraktion mit Natriumphenolatlösung. Fu-chen Chü und Su-yu Liu. (Chem. Ind. Engng. [China] **1959. 39**—49. Peking, Inst. Petrol. Industrie.) (Chin.; Auszug: Engl.)

Der Einfl. der Konz. der NaOH-Lsg. u. des Geh. an Phenolen in den Teerfraktionen auf die Extraktion (Ex), die benötigte Menge an NaOH bei Gegenstrom-Ex u. die erforderliche Menge an W. zur Verdünnung der gesätt. Phenolat-Lsg. zur Abscheidung der gelösten Phenole wurde untersucht. Weiterhin wurden bestimmt die physikal.-chem. Eigg. der raffinierten Öle u. der rohen Phenole. Es wurde gefunden, daß nur 10—15 kg NaOH zur Ex von 100 kg Phenolen aus den Teerölen nötig waren. Die Menge an NaOH ist bedeutend geringer als im herkömmlichen Ex-Verf. (45 kg NaOH auf 100 kg Phenole). Die aufgearbeiteten Teeröle können ohne weiteres als Dieselöle verwendet werden. Die Phenole mit höherem oder niederem Kp. können durch Verdünnung des Extraktes erhalten werden. Durch Behandlung mit NaOH wurde auch eine Abnahme des S- u. N-Geh. der Fraktionen festgestellt. Test.-Verss. in einer Dieselmaschine mit 1200—2500 U/min ergaben die gute Brauchbarkeit der Öle. F. ROSENDAHL. 8176□

Einige Anwendungen in der Erdölindustrie. A. Scaroni. (Energia Nucleare **5.** 297—306. Mai 1958. Mailand, CISE.) (Ital.)

Übersicht über die wichtigsten Anwendungen von Radioisotopen auf dem Gebiet der Erdölindustrie, deren Verw. im Labor. (Unters. des Rk.-Mechanismus der FISCHER-TROPSCH-Synth., zur Analyse von H u. S in KW-Stoffen, zur Prüfung der Eigg. von Schmiermitteln), in der Forschung u. zur Extraktion von Erdöl aus der Erde, zur Unters. der Eigg. von Erdölreserven, zur Arbeitsüberwachung u. Messungen in Industrieanlagen (Best. der Strömungsgeschw., von Vol., Verlusten, Verstopfungen von Leitungen u. Behältern, der Zonentrennung von Fll. u. Messungen von Fl.-Spiegeln) u. über Strahlungseffekte (durch Strahlung induzierte Rk.-Mechanismen u. therm. Crackprozeß). — Abb. u. Tabellen. 11 Literaturangaben. G. PLATZER. 8186□

Die Bedeutung der physikalisch-chemischen Eigenschaften des Wassers bei der Ausbeutung des Erdölvorkommens. Jan Strzelbicki. (Nafta [Katowice] **16.** 208 bis 213. Aug. 1960.) (Pol.)

Übersicht über die theoret. Grundlagen der Verdrängung von Erdöl aus dem Gestein durch den Druck des Randwassers. F. URBAN. 8190

Untersuchung der leichten Öle aus verschiedenen Stadien des Pyrolyseprozesses auf den Gehalt an Xylolisomeren. R. G. Issmailow und D. A. Alijew. (Азербайджанское Нефтяное Хозяйство [Erdöl-Wirtsch. Aserbaidshan.] **39.** Nr. 10. 35—36. Okt. 1960.) (Russ.)

Im Zusammenhang mit der Frage, ob man bei der Pyrolyse von Erdöl-Prodd. zur Gewinnung von Xylolen das Reaktorgefäß ganz weglassen bzw. wesentlich verkleinern kann, erschien die Untersuchung des Xylol (I)-Geh. in verschiedenen Stadien der Pyrolyse (zwischen Vorwärmer u. Reaktor, nach dem Reaktor) interessant. Eingesetzt wurde ein Gemisch aus paraffin. Solaröl, Vakuumdestillat eines paraffin. Masuts, Destillat der Verkokung eines Vakuumrückstandes u. Crackbenzin. Temp. 700°, Vers.-Dauer 3 Tage. Es wurde festgestellt, daß der Geh. an den einzelnen I-Isomeren sowie an Äthylbenzol beim Durchgang durch den Reaktor auf das 1,3—2fache ansteigt (z. B. p-Xylol von ca. 1,3—2,1), während der Olefin-, Naphthen- u. Paraffin-Geh. absinkt. Die Vers.-App. u. -Durchführung sind genau beschrieben. H. V. ADOLPHI. 8200□

Berechnung der Verbrennung von Erdölen. G. Suciu und D. Dobrinescu. (Lucrările Inst. Petrol, Gaze Geol. București **5.** 211—28. 1959.) (Rum.)

Auf Grund von ORSAT-Analysen für die vollständige u. unvollständige Verbrennung von Erdölen werden Beziehungen abgeleitet u. Nomogramme entworfen, aus denen Luftüberschuß-Koeff., C-Geh. u. Heizwert des Brennstoffs u. Enthalpie der Verbrennungsgase ersichtlich sind. W. WESLY. 8210□

Die Eigenschaften der Ölfraktionen des Karamai-Erdöls. Ti-zsjun Ljuitschu, Zsyn-jaun Un und De-guan Dsu. (Acta Focalia sinica **4.** 373—82. Okt. 1959. Forsch.-Inst. für Erdöl der Chin. Volksrepublik.) (Chin.; Auszug: Russ.)

Durch Deasphaltierung mit Propan, Extrahierung mit Phenol, Deparaffinierung mit einem Lsgm. u. Kontaktreinigung mit Lehm u. a. technolog. Prozesse wurden aus der benzinfreien Fraktion des Karamai-Erdöls Schmieröle gewonnen. Diese haben folgende Eigg.: Niedriger Geh. an Paraffinen, hohe Acidität, hoher Harzgehalt. Die Gesamtausbeute an Schmierölen ist verhältnismäßig hoch. Die so gewonnenen Schmieröle sind reich an naphthen. KW-Stoffen mit kurzen Seitenketten u. eignen sich nicht für die Herst. von Ölen mit hohem Viscositätsindex. H. TREUMANN. 8220□

Scherempfindlichkeit der Motoröle. Marijan Kolombo. (Nafta [Zagreb] **11.** 201—07. Sept. 1960. Rafinerija nafte, Rijeka.) (Kroat.)

Vf. diskutiert den mechan. Bruch der Moll. von polymeren Additiven, die zur Verbesserung des Viscositätsindex der Motoröle verwendet werden. Messungen mittels Pumpen unter hohem Druck durch eine Düse haben gezeigt, daß alle verwendeten Additive unter starkem mechan. Einfl. geschädigt werden, wobei die Verringerung der Viscosität von der Menge u. der Konstit. der Additive abhängig ist. Die größte Viscositätsverringerung erfolgt beim erstmaligen Durchgang durch die Düse. — Tabellen, Diagramme. N. MEDIĆ. 8220□

Schmiereigenschaften und Anwendung von reinem MoS_2 in der Industrie. Marijan Ljubec. (Nafta [Zagreb] **11.** 223—25. Sept. 1960. Tomos, Koper.) (Kroat.)

Beschrieben werden theoret. Grundlagen u. Anwendung der MoS_2-Schmierung für hochbeanspruchte Metallreibungsflächen durch Auftragen von reinem MoS_2 mittels Polieren, durch Zusätze von 4—5% MoS_2 bei der Herst. von Sinter-Lagern u. Verw. von MoS_2-Suspensionen u. Schmierfetten. Durch Zusätze von MoS_2 zu Kunststoffen kann die Reibung beträchtlich verringert werden z. B. bei Polyamiden um 50%. N. MEDIĆ. 8222□

Ein automatischer Chromatograph für die Kontrolle der Zusammensetzung von strömenden Kohlenwasserstoffgasen. W. R. Anders, P. A. Frolowski, W. F. Remnew und M. Ss. Slobodkin. (Химия и Технология Топлив и Масел [Chem. Technol. Brennstoffe Öle] **4.** Nr. 3. 25—29. März 1959.)

Probenahme u. Analyse werden durch einen gesteuerten Elektromotor, der einen Hahn betätigt, kontinuierlich abgewechselt. Das durch den Hahn abgesperrte Proben-Vol. beträgt, je nach Anforderung, 2, 5, 8 oder 10 ml. Als Schleppgas dient N_2, He oder H_2. Die Analysendauer beträgt, je nach Zus. des Gases, 10, 20 oder 40 Minuten. Der Detektor besteht aus zwei Wärmeleitfähigkeitszellen mit Thermistoren. Die Analysen können bei Temp. zwischen 20 u. 80° durchgeführt werden, die elektr. konst. gehalten werden. Proben-Vol., Analysendauer u. Temp. werden von Hand eingestellt. Die Trennkolonne besteht aus 3 Sektionen von je 2 m, die, je nach gewünschter Länge, kombiniert werden. H. VOGEL. 8242□

Eine Röntgenuntersuchung luftoxydierter Vitrite und regenerierter Huminsäuren. Sultana Z. Ali. (Fuel **39.** 369—76. Sept. 1960. India, Bihar Jealgora, Central Fuel Res. Inst.) (Engl.)

Die Beugung von Röntgenstrahlen an Proben luftoxydierter *Vitrite* u. *regenerierter Huminsäuren* wurde mit Hilfe einer Kristall-Reflexions-CuK_α-Strahlung u. einer Vakuum-Kamera gemessen. Ein Vgl. der Röntgenbilder mit denen von Original-Vitriten zeigt 1) eine Abnahme der Kleinwinkelstreuung, 2) eine erhöhte Stärke der (002)-Bande u. 3) das Auftreten einer kleinen Spitze im Bereich von 11—20 Å. Ein Vgl. der nach FOURIER umgewandelten Strahlungsstärken im Bereich der (002)-Bande weist bei der vollständigen Oxydation für mehrere Schichten einen Anstieg auf, während bei Einzelschichten die Strahlungsstärke abnimmt. Vf. nimmt an, daß die Größenverteilung der Schichten u. die mittlere Größe denen der Original-Vitrite sehr wahrscheinlich ähnlich sind, während die Porosität der Massenstruktur durch die Oxydation erheblich kleiner wird. H. SCHÖBERL. 8246□

Die Reflexionsspektren von Kohlevitriten im sichtbaren und ultravioletten Bereich. L. A. Gilbert. (Fuel **39.** 393—400. Sept. 1960. London, Dep. of Electr. Engng., Hendon Techn. College.) (Engl.) — Vgl. C. **1961.** 7802.

Vf. gibt einen Überblick über eine photoelektr. Meth. zur Messung des Reflexionsvermögens einer polierten Oberfläche im sichtbaren u. UV-Bereich. Für 7 Kohlevitrite mit C-Geh. zwischen 85 u. 94% sowie für Graphit u. Diamant werden die Ergebnisse für Wellenlängen im Bereich von 6000—2350 Å mitgeteilt. Die Spektren unterscheiden sich dem Alter der Vitrite entsprechend recht deutlich; sie deuten jedoch nicht auf die Ggw. starker Absorptionsbande hin, welche für kondensierte KW-Stoffe typ. sind. Falls aromat. Verbb. vorliegen, mußte das komplexe Verh. u. ihre Zahl mit dem Alter ansteigen. Die Graphit-Reflexionsspitze bei 2600 Å tritt hier nicht auf. H. SCHÖBERL. 8246□

Beitrag zur Bestimmung eines flüchtigen Brennstoffes. J. Šart. (Paliva **38.** 82—83. März 1958. Praha-Michle, Středočeské výrobny plynu, n.p.) (Tschech.)

Bei einem Vgl. der Best. der flüchtigen Anteile in Kohlen u. Koks nach den ČSN (tschechoslovak. Normen) u. den ASTM-Vorschriften ergeben sich Vorzüge der ČSN, die einen zuverlässigen Anhalt für die Stoffbilanz geben. R. K. MÜLLER. 8246□

Die hydrostatische Waage und ihre Anwendung zur Betriebskontrolle bei der Kohlenwäsche. O. Radek. (Paliva **40.** 212—15. Juli 1960. Báňské projekty, Ostrava.) (Tschech.)

Es wird das Prinzip u. die Anwendung der HEIDENREICH-Waage u. einer halbautomat. hydrostat. Waage zur Best. des Asche-Geh. in den Prodd. der Kohlenwäsche, sowie die Meth. der zweimaligen Wägung im W. u. einer Salz-Lsg. vom spezif. Gewicht 1,2 nach MARTINY, beschrieben. Die zweimalige Wägung kann auch zur Best. des Wasser-Geh. verwendet werden. Der Wrkg.-Grad der Wäsche wird mit der Schwimm- u. Sinkprobe kontrolliert. N. MEDIĆ. 8246□

Ermittlung der Ausbeute von Flotationskonzentrat. J. Hřebačka. (Paliva **40.** 114—17. April 1960. Ostrava-Kunčičky, Pokusné prádlo VVUÚ.) (Tschech.)

Es wird ein einfaches Verf. zur Best. der Konz.-Ausbeute einzelner Zellen des Flotierungsapp. der Kohlenwäsche beschrieben, welches darin besteht, daß mit einem Probelöffel mit einer 100 mm langen geraden Vorderkante ein durchschnittlicher Teil des Schaumes beim Überfall der Zelle abgenommen, die feste Substanz abfiltriert, u. nach Trocknen bei 105° gewogen wird. Der ermittelte Stoffanteil wird auf das Ganze verrechnet. — Der Vorteil der Meth. liegt in der Möglichkeit der Ertrags-Best. einzelner Zellen u. somit in der Betriebskontrolle bes. neu errichteter App. oder neuer Flotationszusätze. J. TŮMOVÁ. 8246□

Untersuchungen über die Gegenstromextraktion von Phenolen. 1. Mitt. Gewinnung der Phenolhomologen aus Tieftemperaturteer. N. C. Saha und N. G. Basak. (J. sci. ind. Res. [New Delhi], Sect. A **19.** 379—84. Aug. 1960. Jealgora, Centr. Fuel Res. Inst.) (Engl.)

Als Extraktionsapp. diente eine aus 50 Pyrex-Rohren bes. Konstruktion zusammengesetzte Einrichtung, die in Wort u. Bild beschrieben wird. Als Lsgm. diente ein Gemisch von Cyclohexan u. wss. Metasilicat. Das Gemisch hat sich als ganz bes. vorteilhaft zur Extraktion von Phenolen erwiesen. Nicht nur qual. sondern auch quant. konnten die Phenole gewonnen werden u. weiterhin war es möglich, isomere Phenole gut zu trennen. Alle Phenole sind in der wss. Metasilicat-Lsg. löslich. Ihre Löslichkeits-Konst. wurde durch Änderung der Konz. des Metasilicats bestimmt. Für die quant. Trennung von 2.4- u. 2.6-Xylenole sowie 2.3.5- u. 3.4.5-Trimethylphenole werden genaue Arbeitsvorschriften angegeben. Die von Vff. benutzte App. ist auch geeignet, um quant. Best. schwieriger organ. Gemische durchzuführen. F. ROSENDAHL. 8248□

Über die Anwendung der Gaschromatographie im Zentrallaboratorium von Gennevilliers. Henri Dumay. (J. Ind. Gaz. **84.** 523—27. Dez. 1960. Paris.) (Franz.)

Grundlagen der Gas-Chromatographie. Ergebnisse der Anwendung auf verschiedene französ. Stadtgase. 4 Abb., 3 Tabellen. F. SCHUSTER. 8250□

Ein Analysator zur Bestimmung des Wassergehaltes im Erdöl. I. B. Gantzewitsch und W. F. Remnew. (Химия и Технология Топлив и Масел [Chem. Technol. Brennstoffe Öle] **4.** Nr. 3. 17—20. März 1959.)

Das Gerät beruht auf der Messung der DK des Erdöls. Die Meßzelle ist als Kondensator ausgebildet, zwischen dessen Platten das zu untersuchende Erdöl hindurchfließt. Der Zusammenhang zwischen der DK u. dem Wasser-Geh. ist durch die Gleichung $\varepsilon_{Em} = \varepsilon_E + 0{,}062\,W$ gegeben (ε_{Em} = DK des zu untersuchenden Erdöls, ε_E = DK des wasserfreien Erdöls, W = Wasser-Geh. in %). Diese Gleichung gilt bis zu einem Wasser-Geh. von 10%. Da ε_E von der Zus. abhängt, wird eine Korrektur an Hand der Dichte auf ein Standard-Erdöl (ε = 2,25, D. = 0,85) vorgenommen nach $\varepsilon_E = 2{,}25 + 2{,}64\,(D_E - 0{,}85)$. Vff. gehen auf die Einzelheiten des elektron. Teils ein, der einen Quarzgenerator darstellt u. in dem die Messung der DK. durch Resonanz erfolgt. H. VOGEL. 8252□

Bestimmung von Stickstoffspuren in Erdölfraktionen. O. I. Milner, R. J. Zahner, L. S. Hepner und W. H. Cowell. (Analytic. Chem. **30.** 1528—30. Sept. 1958. Paulsboro, N. J., Socony Mobil Oil Co., Res. and Dev. Labor.) (Engl.)

Eine Probe der Erdöl-Fraktion wird 2mal mit 92%ig. H_2SO_4 extrahiert. Die vereinigten Auszüge werden unter Zusatz von K_2SO_4 mit Isooctan vermischt u. erhitzt. Nach dem Abkühlen gibt man W., Zinkstaub u. 50%ig. NaOH zu u. treibt NH_3 in eine Vorlage mit verd. H_2SO_4 über. Nach Zusatz von Phenol u. NaOCl entsteht ≙ dem NH_3-Geh. eine Blaufärbung. R. STRUFE. 8252□

Bestimmung von Arsenik in Erdöl-Fraktionen und in Reformierungs-Katalysatoren. David Liederman, J. E. Bowen und O. I. Milner. (Analytic. Chem. **30.** 1543–46. Sept. 1958. Paulsboro, N. I., Socony Mobiloil Co., Res. and Dev. Labor.) (Engl.)

Die Erdöl-Probe wird mit konz. $H_2SO_4 + H_2O_2$ aufgeschlossen u. anschließend mit $FeSO_4$, NaCl u. HCl versetzt. Man dest. einen Teil der Fl. ab u. bestimmt den im Destillat befindlichen Anteil an As colorimetr. mit NH_4-Molybdat in einer Mikroküvette. Die Meth. ist auch zur Best. von As-Verunreinigungen in Pt-Kontakten geeignet. Sb, Sn, Te u. Se stören nicht. Nur Ge gibt die gleiche Farbreaktion. R. STRUFE. 8252

Identifizierung von Carbazol in Wilmington-Petroleum durch Anwendung von Gas–Flüssigkeits-Chromatographie und Spektroskopie. R. V. Helm, D. R. Latham, C. R. Ferrin und J. S. Ball. (Analytic. Chem. **32.** 1765–67. Dez. 1960. Lamarie, Wyo., U. S. Dep. of the Inter., Bur. of Mines, L. Petrol. Res. Cent.) (Engl.)

Carbazol (I) wurde als erste nichtbas. N-Verb. nach 2 voneinander unabhängigen Verf. (1. fraktionierte Dest., $NaNH_2$-Behandlung in fl. NH_3, Gaschromatographie; 2. Adsorption an Florisil, Mol.-Dest., Gaschromatographie) aus Rohöl aus Wilmington, Calif. isoliert. Der I-Geh. liegt bei ca. 2 ppm. Massenspektrograph. Hinweise, daß I-Homologe (c_1- bis c_6-) gleichfalls vorhanden sind, liegen vor. E. DEHMLOW. 8252 □

Untersuchungen über Schmierfähigkeit mittels der Leitisotopenmethode. Tamás Lengyel. (Magyar Kémikusok Lapja [Z. Ver. ung. Chemiker] **15.** 381–89. Sept. 1960. Budapest, MTA Központi Kémiai Kutató Intézet.) (Ung.)

Krit. Vgl. der bisher bekannten Unters. Meth. u. Beschreibung, Skizze u. Photo des vom Vf. entwickelten Apparats. Es wurden verschiedene Schmiermittel, wie weißes Vaselin, ein Motorfett auf Li-Basis, das Motoröl „Autol 10“, ein „hitze- u. kältebeständiges Kugellagerfett“, ein „Ca-Komplex-Fett“ u. ein „Pb-Na-Fett“, sowie „Hydromatic-Öl“ u. „hypoid“-Schmiermittel, auf Schmierfähigkeit untersucht.
G. HALMI. 8258 □

Ein Lösungsmittelverfahren zur Gewinnung von Verschnittbitumen und Tränkbitumen aus Straßenbaumaterial. E. H. Green und C. M. Gough. (Bitumen, Teere, Asphalte, Peche verwandte Stoffe **11.** 246. Juni 1960.) (Dt.) — Vgl. C. **1960.** 9429.

Vff. haben eine allgemeingültige Meth. entwickelt, die es gestattet, mit Hilfe von CS_2 die bituminösen Bindemittel aus Straßenbaumaterialien unverändert zurückzugewinnen. Die Genauigkeit der Meth. wird an im Labor. hergestellten Bitumenmischungen verschiedener Art sowie an Bitumen verschiedener Herkunft überprüft. Eine Gegenüberstellung der Zahlenwerte der Viscosität, Penetration, Rückstandserweichungspunkt, prozentualer Anteil Destillat u. Asphalt-Geh. mit denen der Originalbitumen zeigt eine gute Übereinstimmung, auch ist eine gute Reproduzierbarkeit gewährleistet. R. EIDNER. 8266 □

N. V. de Bataafsche Petroleum Mij., Den Haag (Erfinder: Johannes Theodorus Quant, Vlaardingen), Holland, **Gewinnung von Erdöl aus unterirdischen Formationen** mit Hilfe unterird. Verbrennung. Der zur Aufrechterhaltung der Verbrennung eingeführten Luft setzt man wenigstens vorübergehend bis zu 5% NO_2 zu. (**Holl. P. 96 055** vom 2/8. 1957, ausg. 15/11. 1960.) F. BÖHM. 8191

„Shell“ Research Ltd., London, England (Erfinder: William Alexander Munday und Aubrey Eaves), **Trennung einer Mischung aus sauren oder neutralen Nichtkohlenwasserstoffen,** von denen mindestens einer sauer ist. Man behandelt eine Lsg. der Mischung in einem fl. KW-Stoff mit einem Anionenaustauschharz, das mit einer Hilfs-Fl. imprägniert ist, trennt den fl. KW-Stoff von dem Harz, wäscht letzteres mit einer Hilfs-Fl., wobei eine Lsg. eines physikal. adsorbierten Bestandteiles der Mischung erhalten wird. Anschließend gewinnt man eine Lsg. eines sauren Bestandteils der Mischung, indem man das Harz mit einer Lsg. wäscht, die es regenerieren kann. Saure Bestandteile der Mischung: Naphthensäure, Sulfonsäure, Phenol, alkyliertes Phenol, Naphthalinsulfonsäure, Thiophenol, alkyliertes Thiophenol, Fettsäuren oder Säuren aus der Öloxydation; Hilfs-Fll.: W., Alkohole mit <5 C-Atomen, Nitromethan, Aminoalkohole, Monoäthyläther von Diäthylenglykolmononitrat, Methanol, Monoäthanolamin u. Mischungen, wie 10–30% Monoäthanolamin mit 90–70% Methyläthylketon, Dimethoxyäthan oder Dioxan. (**E. P. 820 272** vom 21/2. 1958, ausg. 16/9. 1959.)
P. UNGER. 8195

Sinclair Refining Co., New York, N.Y., übert. von: Henry Erickson, Park Forest, Ill., V.St.A., **Kobaltoxyd–Molybdänoxyd–Aluminiumoxyd-Hydrodesulfurierungskatalysator,** der 1–20 Gew.-% Co, bes. als CoO, u. 2–25 Gew.-% Mo, bes. als MoO_3, enthält, wird hergestellt, indem man Al_2O_3, Co-Sulfat u. genügend Na_2CO_3 in

W. zusammengibt. Es bildet sich eine Suspension, die man auf mindestens 150° F erhitzt, bis wesentliche Mengen CO_2 entweichen. Man trennt dann die Feststoffe von der Suspension ab, wäscht sie mit W. bis alle SO_4-Ionen entfernt sind, trocknet u. imprägniert sie mit einer wss. Ammoniummolybdat-Lsg. u. calciniert. (**A. P. 2 915 478** vom 5/12. 1955, ausg. 1/12. 1959.) P. UNGER. 8195

Esso Research and Engineering Co., übert. von: William Joseph Metrailer, Baton Rouge, La., V.St.A., **Thermische Umwandlung von Erdölrückstandsölen.** Bei 1200—1600° F werden diese mit heißen Wärmeträgern zusammengebracht. Die Rk.-Prodd. gelangen in eine 1. Trennzone. Hier werden sie bei 550° F mit Waschölen behandelt, welche zu 90 Vol.-% < 650—750° F sd. u. 1—20 Vol.-% Fl. enthalten, die über dem Taupunkt der gasförmigen Prodd. sd. u. einen End-Kp. haben, der 50—100° F über diesem Taupunkt liegt, so daß der gesamte fl. Anteil der Rk.-Prodd. abgeschieden wird. Die Rk.-Prodd. werden in eine 2. Trennzone eingeleitet u. dort die fl. Anteile von den gasförmigen Prodd. abgetrennt. Die Fl. wird von den mit abgeschiedenen Teststoffen abgezogen u. zum größten Teil wieder der 2. Trennzone zugeführt. Die nichtkondensierten Dämpfe werden fraktioniert. — Zeichnung. (**A. P. 2 927 890** vom 10/4. 1957, ausg. 8/3. 1960.) E. KAHLES. 8197

Esso Research and Engineering Co., übert. von: Elroy Merle Gladrow, William Floyd Arey jun., Charles Newton Kimberlin jun., Baton Rouge, und Ralph Burgess Mason, Denham Springs, La., V.St.A., **Herstellung von Mitteldestillaten aus paraffinischem, niedrigoctanigem Schwerbenzin durch thermisches Cracken.** In der Crackzone werden Olefine gebildet, die olefin. Crack-Prodd. werden einer Umwandlungszone zugeleitet, in der die Olefine bei 300—750° F, 600—3000% ig. an einem Magnesia–Kieselsäure- oder Kieselsäure–Tonerde-Katalysator umgewandelt werden. — Zeichnung. (**A. P. 2 927 072** vom 31/7. 1956, ausg. 1/3. 1960.) E. KAHLES. 8197

California Research Corp., San Francisco, Calif., V.St.A., **Katalysatoren zum Hydrieren, Dehydrieren, Cracken, Isomerisieren, Reformieren, Aromatisieren, Cyclisieren, Oxydieren, Entschwefeln, Disproportionieren und Entfernen von Stickstoff.** Man imprägniert einen porösen Träger mit einer Oberfläche von wenigstens 25 m^2/g (SiO_2, Al_2O_3, bes. deren Mischungen mit wenigstens 75% SiO_2 u. als Rest MgO, Zr-Oxyd, Al_2O_3 oder deren Mischungen) mit einer Dispersion des Chelats von Metallen der 2. bis 8. Gruppe des Period. Syst., trocknet die Masse u. erhitzt sie, um das Chelat zu zersetzen. Die Chelate werden aus den Metalloxyden oder -salzen mit Aminosäuren erhalten. SiO_2 mit 10(%) Al_2O_3 (Teilchengröße 8—14 Maschen) wird mit aufgeschlämmtem $(NH_4)_2(CoY)\cdot 4H_2O$ (Y = Äthylendiamintetraessigsäurerest) u. $(NH_4)_6Mo_7O_{24}\cdot 4H_2O$ unter Zusatz von NH_4OH imprägniert, dann bei 250° F getrocknet, je 2 Std. auf 830° F u. 930° F u. 12 Std. auf 1030° F erhitzt. — Der Katalysator dient bes. zum *Cracken von Gasöl*, Co-Geh. 0,5; Mo-Geh. 2. Weitere Chelate können hergestellt werden aus: Pt, Ni, Cr, Zn oder deren Mischungen mit N-2-Hydroxyäthylendiamintriessig-, Asparagin-, Glutaminsäure, Tryptophan, Valin, Phenylalanin, α- u. β-Alanin, Asparagin u. Aminopolycarbonsäuren. — 3. Diagramme. (**E. P. 796 175** vom 21/9. 1955, ausg. 4/6. 1958. A. Prior. 4/10. u. 4/10. 1954.) G. KRAUSS. 8197

Badische Anilin- & Soda-Fabrik Akt.-Ges., übert. von: Wilhelm von Fuener, Willi Oettinger, Ernst Lorenz, Ludwigshafen/Rh., und Ortwin Reitz, Heidelberg, **Herstellung von Kohlenwasserstoffhydrierungskatalysatoren.** Ein Al-Salz wird mit einer Alkali-Lsg. gemischt u. dabei Al-Hydroxyd ausgefällt. Dieses wird mindestens ½ Std. lang auf 100° erwärmt. Beim Mischen der beiden Fl. werden diese in fließendem Zustand gehalten. (**A. P. 2 932 620** vom 14/3. 1955, ausg. 12/4. 1960. D. Prior. 20/3. 1954.) E. KAHLES. 8199

Pure Oil Co., Chicago, übert. von: Weldon G. Annable, Mundelein, und Robert M. Haines, Crystal Lake, Ill., V.St.A., **Treibstoff** auf Gasolinbasis, enthaltend 0,005—5 Gew.-% veresterte Glykoside, erhalten durch Veresterung von Glykosiden der allg. Formel $HOCH_2CH(CHOH)_xCHOR$ (CH und CHOR über O verbrückt), in der x = 1—8 u. R ein C_{1-12}-Alkyl- oder Aralkylrest ist, mit 1—4 Mol. einer einbasigen aliphat. C_{8-24}-Säure. — Beispiele: Trioleat oder Tetralaurat des Methylglykosids. (**A. P. 2 868 629** vom 13/11. 1956, ausg. 13/1. 1959.) E. DREWS. 8205

Pure Oil Co., Chicago, übert. von: Weldon G. Annable, Mundelein, William L. Jacobs und Robert M. Haines, Crystal Lake, Ill., V.St.A., **Motorenbenzine** auf der Basis eines olefinreichen Gasolins enthalten zur Verringerung der Abscheidungen im Einspritz-Syst. einen mit H_2 behandelten Solvent-Extrakt. Dieser wird hergestellt durch Behandlung eines Solvent-Extraktes der selektiven Schmierölraffination mit H_2 bei 600—950° F, einem Druck von 100—5000 cu.ft. H_2/barrel Einsatz u. einer Raum-Geschw. der Fl. von 0,5—10 O Vol./Vol./Std. in Ggw. eines Hydrierungskatalysators. (**A. P. 2 875 145** vom 24/8. 1956, ausg. 24/2. 1959.) E. DREWS. 8205

Pure Oil Co., Chicago, übert. von: Weldon G. Annable, Mundelein, und Robert M. Haines, Crystal Lake, Ill., V.St.A., **Treibstoff** auf Gasolinbasis, gek. durch einen Zusatz von 0,005—5 Gew.-% einer Verb. der allg. Formel I, in der R_1 u. R_2 Alkylreste mit je mindestens 4 C-Atomen, R_3 u. R_4 Alkylreste oder H, u. x ein beliebiger Index ist. — Beispiel: N-tert.-Butylcarbamyläthyl-bis-[2-äthylhexyl]-dithiophosphat. (**A. P. 2 890 947** vom 14/11. 1956, ausg. 16/6. 1959.) E. DREWS. 8205

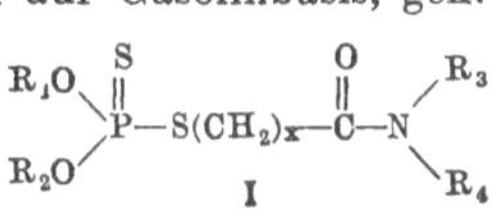

Ethyl Corp., New York, N.Y., übert. von: Vincent F. Hnizda, Huntington Woods, Mich., V.St.A., **Cyclopentadienylmangantricarbonyle** erhält man durch Rk. von dimerem $Mn(CO)_5$ oder $Mn(CO)_5Cl$ mit einem Überschuß eines ggf. alkylsubstituierten dimeren Cyclopentadiens bei 100—300°. — Durch Rk. von 800 (Teilen) dimerem Methylcyclopentadien mit 100 $Mn(CO)_5$ bei 175° während 10 Std. erhält man durch Dest. bei 106° u. 12 mm Hg *Methylcyclopentadienylmangantricarbonyl* in guter Ausbeute. — *Zusätze zu Treibstoffen.* (**A. P. 2 948 744** vom 12/6. 1957, ausg. 9/8. 1960.) J. MÜHLEISEN. 8209

Petrolite Corp., Wilmington, Del., übert. von: Verner L. Stromberg, Shrewsbury, und Alvin Howard Smith, Glendale, Mo., V.St.A., **Diesel- und Heizöle** enthalten zur Verhinderung von Schlammabscheidungen u. Verfärbungen sulfonierte Imidazoline, die durch Umsetzung z. B. von Imidazolinen der Formel I mit SO_3 bei Sulfonierungs-Temp. erhalten werden. Dabei sind R C_{1-21}-KW-Stoffreste u. n Null, 1 oder 2. (**A. P. 2 917 376** vom 3/8. 1955, ausg. 15/12. 1959.) E. DREWS. 8217

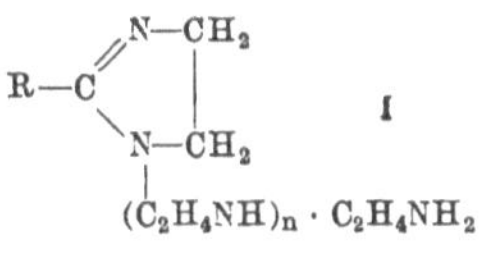

British Petroleum Co. Ltd., London, England, bzw. Oelwerke Julius Schindler G. m. b. H. (Erfinder: Hermann Ordelt und Eva-Maria Jahn), Hamburg, **Isolierölkomposition** bestehend im wesentlichen aus einem Mineralöl mit 0,1—10 (Gew.-%) einer prakt. olefinfreien KW-Stoff-Fraktion, welche mindestens 20 monocycl. Aromaten enthält. (**F. P. 1 149 049** vom 27/4. 1956, ausg. 19/12. 1957. **E. P. 806 292** vom 25/4. 1956, ausg. 23/12. 1958. Beide D. Prior. 29/4. 1955, 3/2. u. 10/4. 1956. **D. A. S. 1 038 221** Kl. 23c vom 10/4. 1956, ausg. 4/9. 1958.) T. OPPERMANN. 8219

Esso Research and Engineering Co., Elizabeth, N.J., V.St.A. (Erfinder: Ronald William Morton), **Synthetisches Schmieröl**, bestehend aus Gemischen komplexer Ester der allg. Formeln $R_2OOCR_1COOR_2^1$, $R_2OOCR_1COOR_4OOCR_3$, $R_3CO\cdot OR_4OOCR_3^1$, $R_2(OOCR_1COOR_4)_nOOCR_1^1COOR_2^1$ u. $R_3COOR_4(OOCR_1COOR_4^1)OOCR_3^1$, in denen R_1 u. R_1^1 Dicarbonsäurereste, R_2 u. R_2^1 Alkoholreste einwertiger Alkohole, R_3 u. R_3^1 Monocarbonsäurereste, R_4 u. R_4^1 Glykolreste sind u. n = 1—6 ist, in welchen mindestens 1 Ester von Azelainsäure (I) u. ein weiterer von einer Dicarbonsäure außer I abgeleitet ist. — Beispiel: Gemisch aus 40 (Vol.-%) Dinonylsebazat, 50 komplexes Sebazat, 10 komplexes Azelat. (**E. P. 789 459** vom 15/3. 1955, ausg. 22/1. 1958.) E. DREWS. 8221

Dow Chemical Co., übert. von: Lee H. Horsley und Peter S. Petrie, Midland, Mich., V.St.A., **Isobutyläther** (**I**) erhält man bei der Rk. von Isobutylenoxyd mit einer OH-Verb. (**II**) der Formel $R-(HOC_nH_{2n})_z\cdot OH$ u. anschließende Dehydratisierung des erhaltenen 2-Methyl-2-hydroxypropyläthers u. Hydrierung des erhaltenen Methallyläthers zu I. Die 1. Stufe wird in Ggw. eines alkal. Katalysators bei 60—150° u. 0—100 lbs./sq.in. ausgeführt. Die 2. Stufe kann in fl. oder gasförmiger Phase u. in Ggw. eines Katalysators durchgeführt werden. Vor der Dehydratisierung verestert man vorteilhaft den Ätheralkohol. Rk.-Temp. 250—450°, ggf. unter Anwendung von vermindertem Druck. In der 3. Stufe verwendet man die üblichen Hydrierungskatalysatoren, z. B. Pt, Pd. In II bedeutet R prim. oder sek. Alkyl-, Aryl- u. Aralkylgruppen bis 22°; n ist eine ganze Zahl von 2—4 u. z von 2—50. Es werden folgende Verbb. hergestellt: *1-Methoxy-2-methyl-2-propanol*, Kp. 115—116°, n_D^{25} 1,4024, $D._{52}^{25}$ 0,8895, *Acetat*, Kp. 140—143°, n_D^{25} 1,4030, $D._{52}^{25}$ 0,9461; *1-Isopropoxy-2-methyl-2-propanol*, Kp. 133°, n_D^{25} 1,4029, $D._{52}^{25}$ 0,8512, *Acetat*, Kp. 160—164°, n_D^{25} 1,4033, $D._{52}^{25}$ 0,9043; *1-Octoxy-2-methyl-2-propanol*, $Kp._{20}$ 118—124°, n_D^{25} 1,4300, $D._{52}^{25}$ 0,8597, *Acetat*, $Kp._{20}$ 135—138°, n_D^{25} 1,4259, $D._{52}^{25}$ 0,8925; *1-Phenoxy-2-methyl-2-propanol*, $Kp._{20}$ 120—126°, n_D^{25} 1,4948, $D._{52}^{25}$ 0,9408, *Acetat*, $Kp._{20}$ 136—139°, n_D^{25} 1,4900, $D._{52}^{25}$ 1,0423; *1-(Di-sek.-butylphenoxy)-2-methyl-2-propanol*, $Kp._{10}$ 165—168°,

n_D^{25} 1,4948, $D._{25}^{52}$ 0,9408, *Acetat*, Kp.$_{10}$ 175—178°, n_D^{25} 1,4846; *1-(Methoxyisopropoxy)-2-methyl-2-propanol*, Kp. 178—187°, n_D^{25} 1,4172, $D._{52}^{25}$ 0,9265; *Acetat*, Kp.$_{20}$ 96—101°, n_D^{25} 1,4150, $D._{52}^{25}$ 0,9600; *1-(1-Phenoxyisopropoxy)-2-methyl-2-propanol*, Kp.$_{20}$ 158—165°, n_D^{25} 1,4919, $D._{52}^{25}$ 1,0174, *Acetat*, Kp.$_{20}$ 173—177°, n_D^{25} 1,4812, $D._{52}^{25}$ 1,4812, $D._{52}^{25}$ 1,0377; *Methylmethallyl-*, Kp. 67—70°, n_D^{25} 1,3938; *Isopropylmethallyl-*, Kp. 100—105°, n_D^{25} 1,3990; *Isooctylmethallyl-*, Kp.$_{20}$ 100—105°, n_D^{25} 1,4320, $D._{25}^{52}$ 0,8118; *Di-sek.-butylphenylmethallyl-*, Kp.$_{10}$ 145—155°, n_D^{25} 1,5045, $D._{25}^{25}$ 0,9192; *1-Methoxy-2-propylmethallyl-*, Kp. 153—160°, n_D^{25} 1,4160, $D._{25}^{25}$ 0,8660; *1-Phenoxy-2-propylmethallyl-*, Kp.$_{20}$ 125—145°, n_D^{25} 1,4990, $D._{25}^{25}$ 0,9816; *Methylisobutyl-*, Kp. 57—60°, n_D^{25} 1.3668, $D._{25}^{25}$ 0,7320; *Di-sek.-butylphenylisobutyl-*, Kp. 143—152°, n_D^{25} 1,4953, $D._{25}^{25}$ 0,8960; *1-Phenoxy-2-propylisobutyläther*, Kp.$_{20}$ 135—145°, n_D^{25} 1,4821, $D._{25}^{25}$ 0,9450. Die Methallyl- u. die Isobutyläther von Polyoxyalkylenglykoläthern sind dicke, nichtflüchtige Öle. Die Isobutyläther sind *Schmiermittel* u. *hydraul. Fll.* mit großer Hitze- u. Oxydationsbeständigkeit. (**A. P. 2 886 600** vom 29/3. 1957, ausg. 12/5. 1959.)
G. KÖNIG. 8221

Universal Oil Products Co., Des Plaines, übert. von: William K. T. Gleim, Island Lake, Ill., V.St.A., **Herstellung von Schmieröl.** Ein KW-Stofföl vom Kp. >550° F, das kondensierte Ringnaphthene aufweist, wird an einem Hydrierungskatalysator auf einem nichtsauren Träger in Ggw. von H_2 umgewandelt, wobei die Naphthene zu Aromaten dehydriert werden. Die Aromaten u. Nichtaromaten werden voneinander getrennt u. aus den letzteren das Schmieröl isoliert. — Zeichnung. (**A. P. 2 905 624** vom 7/11. 1955, ausg. 22/9. 1959. **E. P. 860 333** vom 4/5. 1959, ausg. 1/2. 1961.)
E. KAHLES. 8221

Gulf Research & Development Co., Pittsburgh, Pa., V.St.A., **Herstellung von Schmieröl.** Ein entasphaltierter Rückstand mit einem Viscositätsindex von 75 bis 100 u. einer Viscosität bei 99° von 90—200 S.U.S. wird bei 391—441°, 175 kg/cm², einer Raumströmungs-Geschw. von 0,4—1,5 Vol./Vol./Std. in Ggw. eines Katalysators mit H_2 in fl. Phase behandelt u. das Hydrierungs-Prod. destilliert. — Zeichnung. (**E. P. 846 634** vom 28/7. 1958, ausg. 31/8. 1960. A. Prior. 2/8. 1957.) E. KAHLES. 8221

N. V. de Bataafsche Petroleum Mij., Den Haag, Holland, **Schmiermittel,** bestehend aus Schmieröl mit einem Zusatz von 0,01—10% eines Mischpolymerisats mit einem Molgew. von >50000, bes. 75000—500000, aus einer heterocycl. N-Verb., bes. 4-Vinylpyridin u. 2-Methyl-4-vinylpyridin, u. einer ungesätt. organ. Verb., die keinen heterocycl., N-enthaltenden Rest aufweist, bes. Acrylsäure, deren Estern, Amiden u. Nitrilen. (**Ind. P. 53 010** vom 28/10. 1954, ausg. 26/5. 1956.) C. LÜTTGEN. 8221

C. C. Wakefield & Co. Ltd. (Erfinder: Percey William Lingley Gossling, Eric Descamp Edwards und Ernest Ronald Dennis), **Schmieröl,** gek. durch den Zusatz von 0,01—1% eines Gemisches aus einem sek. aromat. Mono-, Di- oder Polyamin (I), in dem das N-Atom direkt an 2 aromat. Reste gebunden ist, u. einer öllösl. Verb. (II) der allg. Formel $(R_1)(R_2)N—C(:S)—S—R—COOR_3$, in der R_1, R_2 u. R_3 einen Alkyl-, Aryl- oder Cycloalkylrest u. R $CH_2<$, $CH_3CH<$ oder $(CH_3)_2C<$ bedeuten u. R_1 u. R_2 den Teil eines Ringes bilden können. Das Verhältnis von I:II oder II:I soll 3:1 nicht übersteigen. Als I kommen bes. Phenyl-α- u. -β-naphthylamin, n-Heptyl- u. p,p'-Dioctyldiphenylamin, p-Isopropoxydiphenylamin u. N.N'-Diphenyl-p-phenylendiamin, als II n-Butyl-(dimethyldithiocarbamyl)-acetat, n-Butyl-(diisopropyldithiocarbamyl)-acetat, 2-Äthylhexyl(cyclopentamethylendithiocarbamyl)-acetat u. n-Butyl-α-(dimethyldithiocarbamyl)-isobutyrat in Frage. Die Prodd. eignen sich bes. als *Transformatoren-* u. *Turbinenöle.* — Vgl. D. A. S. 1 031 919; C. **1959.** 353. (**Aust. P. 217 989** vom 21/5. 1957, ausg. 13/11. 1958. E. Prior. 28/5. 1956.) C. LÜTTGEN. 8221

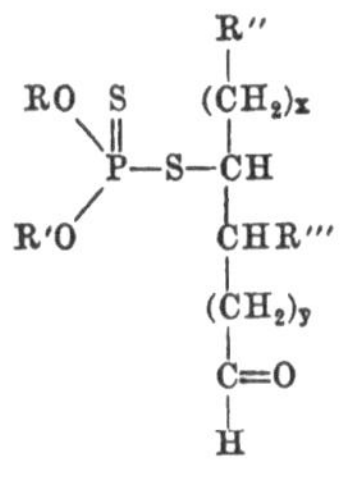

Pure Oil Co., Chicago, übert. von: Gifford W. Crosby, River Forest, Allen F. Millikan, Crystal Lake, und Elmer W. Brennan, Dundee, Ill., V.St.A., **Schmieröl** auf der Basis von Mineralölen, Siliconölen oder Diestern, gek. durch einen Geh. an Formyltriestern der Dithiophosphorsäure von der allg. Formel I, in welcher R u. R' gesätt. C_{2-20}-Alkylreste, Arylreste oder Alkarylreste mit C_{1-15}-Alkylsubstituenten, R'' Phenyl oder H, R''' Methyl, Äthyl oder H, x u. y = 0—8 sind. — Beispiel: Formyltriester, hergestellt aus Dithiophosphorsäurediestern u. ungesätt. α-β-Aldehyden, z. B. Acrolein, Crotonaldehyd. Zusatzmenge 0,01 bis 1 Gewichtsprozent. (**A. P. 2 948 682** vom 24/12. 1956, ausg. 9/8. 1960.) E. DREWS. 8221

Esso Research and Engineering Co., Elizabeth (Erfinder: Carroll L. Knapp jun., Cranford, und Stephen L. Wythe, Plainfield), N.J., V.St.A., **Stabilisieren von schwefelhaltigen Schmierölen** zur Verhinderung der Entw. von H_2S, bes. aus entasphaltierten u. entparaffinierten P- u. S-haltigen Petroleumrückständen, durch Erhitzen mit bas. metallhaltigen öllösl. Sulfonaten oder Alkylphenolsulfiden (I), z. B. mit dem Neutralisierungs-Prod. eines Gemisches von Diisobutylphenolsulfid mit einem Petroleumsulfonierungs-Prod. bei Verw. von überschüssigem $Ba(OH)_2$. Als I sind z. B. genannt: Sulfid des tert.-Octyl-, Di-tert.-amylphenols, 2.4-Di-[tert.-amyl]-phenols, 2-Hydroxy-3.5-di-[tert.-amyl]-4'-diäthylaminodiphenyls, 2-Stearoyl-4-amylphenols. Die bas. Metall-Verbb. werden gebildet von Erdalkali- u. anderen mehrwertigen Metallen, sowie von Alkalimetallen; genannt sind z. B. Na, K, Li, Ca, Ba, Sr, Mg, Ni, Co, Sn, Pb, Zn, Cu, Cd, Mn, Fe, Al. — 150 kg eines entasphaltierten u. entparaffinierten „Panhandle"-Mineralölrückstandes werden mit 15 kg P_2S_5 15 Min. lang bei 38° erhitzt. Danach wird 10 Std. lang unter Einleiten von N_2 auf 232° erhitzt. Durch Abkühlen auf 121° gewinnt man ein Prod. A, welches 2,46 (Gewichts-%) P u. 4,35 S enthält. Davon werden 5 mit 95 eines Schmieröls versetzt, das 89,8 eines entparaffinierten Petroleumdestillats, 7,5 einer 20%ig. Lsg. eines die Viscosität steigernden Mittels auf Polyisobutylenbasis in einem Mineralöl u. 2,7 eines die Viscosität verbessernden Mittels in Form eines Esters der Polymethacrylsäure mit einem Alkohol mit 9 C-Atomen enthält. Das erhaltene P–S-haltige KW-Stofföl zeigt deutlich H_2S-Geh. durch Schwärzung von Pb-Acetatpapier. Wird dagegen das Prod. A mit dem Ba-Salz von Diisobutylphenolsulfid auf 154° erhitzt u. die Weiterverarbeitung wie vorst. ausgeführt, erhält man ein Schmieröl, das mit Pb-Acetat keine Schwärzung gibt. (**F. P. 1 134 477** vom 21/7. 1955, ausg. 11/4. 1957. **D. A. S. 1 048 379** Kl. 23c vom 26/7. 1955, ausg. 8/1. 1959. A. Prior. 6/8. 1954.) M. F. MÜLLER. 8221

Shell Internationale Research Mij. N. V., Den Haag, Holland (Erfinder: Lawrence Clayton Westcott, Edwardsville, Madison, Ill., und Howard Marion Lurton, Dow Jersey, Ill., V.St.A.), **Schmierölmischung** auf *Mineralölbasis* mit einem Geh. an sich als Zusatzstoffen einzeln oder in Unterkombinationen bekannten Verbb., gek. durch einen Geh. an einer Kombination aus a) einer mit Öl mischbaren geschwefelten ungesätt. Fettsäure mit mindestens 10, bes. 18 u. mehr C-Atomen, b) einer mit Öl mischbaren aliphat. substituierten, ggf. ungesätt. Dicarbonsäure mit mindestens 10 C-Atomen u. mindestens 1 C-Atom zwischen den Carboxylgruppen, c) einem chlorierten Paraffinwachs, d) einem aromat. sek. Amin der allg. Formel R—NH—R', worin R u. R' gleiche oder verschiedene mono- oder polyaromat. Reste darstellen, u. e) einem Umsetzungs-Prod. eines aromat. Aldehyds mit orthoständiger Hydroxylgruppe u. eines Alkylenpolyamins u. Derivv. dieser Verbb. in einer Menge von je 0,001—10 Gewichts-%, bezogen auf die gesamte Mischung. — Beispiel: Schmierölmischung, enthaltend: 0,06 (Gewichts-%) sulfurierte Ölsäure, 0,015 C_{14}—C_{24}-Alkenylbernsteinsäure, 5 chloriertes Paraffinwachs (43,4% Cl), 0,05 Diphenylamin, 0,05 N.N-Salicylal-1.2-propylendiamin, 0,1 Phenyl-α-naphthylamin, 0,5 2.6-Di-tert.-butyl-4-methylphenol, Rest Mineralöl. (**D. A. S. 1 102 325** Kl. 23c vom 23/6. 1959, ausg. 16/3. 1961. **E. P. 860 372** vom 23/6. 1959, ausg. 1/2. 1961. Beide A. Prior. 25/6. 1958.) E. DREWS. 8221

„Shell" Research Ltd., London (Erfinder: John Hughes, Ellesmere Port, Cheshire, und Joseph Maurice Soesan, Ilford, Essex), England, **Schmieröl**, gek. durch einen Geh. von 0,1—20 Gewichts-%, bezogen auf das Endprod. eines Salzes einer Organophosphorsäure mit einem als Schmierölzusatzstoff an sich bekannten öllösl. Polymerisat oder Mischpolymerisat, welches bas. stickstoffhaltige Gruppen enthält. — Beispiel: Salz des Dinonyldithiophosphats mit einem Polyamin, erhalten durch Mischpolymerisation von 12 (Gewichtsteilen) Methyl-, 23 Stearyl-, 60 Laurylmethacrylat u. 5 2-Methyl-5-vinylpyridin. (**D. A. S. 1 102 327** Kl. 23c vom 21/9. 1959, ausg. 16/3. 1961. E. Prior. 22/9. 1958. **E. P. 845 255** vom 22/9. 1958, ausg. 17/8. 1960.) E. DREWS. 8221

California Research Corp., San Francisco, übert. von: William T. Stewart, El Cerrito, Frank A. Stuart, Orinda, und Warren Lowe und Frank W. Kavanagh, Berkeley, Calif., V.St.A., **Öllösliche Mischpolymere**, die als *Zusatzstoffe zu Schmierölen* u. *Treibstoffen* dienen, bestehen aus (A) einer öllösl. machenden Komponente, d. h. aus Verbb., welche eine Äthylenbindung u. einen Alkyl-, Cycloalkyl- oder Alkenylrest mit 4—30 C-Atomen aufweisen, (B) aus einer polaren Komponente aus einem Ester einer α,β-ungesätt., einbas. Carbonsäure mit 3—15 C-Atomen u. eines Polyalkylenglykols, welches 2—7 C-Atome in jeder Alkylengruppe hat, (C) aus einer Säurekomponente, z. B. aus α,β-ungesätt. einbasigen Carbonsäure mit 3—15 C-Atomen oder α.β-zweibasigen Säuren mit 4—12 C-Atomen oder deren Anhydriden oder Halbestern. Bevorzugt genannt sind für A, B u. C: Dodecylmethacrylat, Nonäthylenglykolmethacrylat u. Methacrylsäure; Octadecen, Di-2-äthylhexylfumarat, Tridecyläther des Decaäthylenglykolmethacrylats u. Crotonsäure; Tridecylmethacrylat, Octadecylmethacrylat u. Dodecyläther des Dacaäthylenglykolmethacrylats; Vinylstearat, Allyläthyläther, Dodecyläther des Decaäthylenglykolcrotonats u. Itaconsäure. — Feste oder im

Gelzustand befindliche Zusatzstoffe, die in Bzl., Toluol, Gasolin, in Brennstoffen für Düsenmotoren u. Schmierölen lösl. sind, schwer lösl., jedoch in KW-Stoffen mit niedrigem Molgew., wie Pentan oder Hexan. Sie sind unlösl. in Aceton u. in verschiedenen Alkoholen. Ein Zusatz von 0,5—10% zu Schmierölen zeigt gute Detergent-Wrkg. in Verbrennungsmotoren u. vermindert die Abnutzung; als Zusatz zu Brennstoffen für Düsenmotore verhindern sie die Bldg. von gummiartigen Absetzteilchen in diesen oder lösen gebildete Teilchen wieder auf. (**A. P. 2 892 820** vom 29/3. 1956, ausg. 30/6. 1959.) F. LAASS. 8221

Esso Research and Engineering Co., V.St.A. (Erfinder: Peter Joseph Vermont James Agius und Peter Reginald Morris), **Reinigend wirkende Zusatzmittel für Schmieröle,** bestehend aus Tripolymeren eines ungesätt. Nitrils der allg. Formel R·CH=CH·CN, worin R = Alkyl-, Aryl-, Alkaryl- oder Aralkylrest mit bis zu 22 C-Atomen (z. B. eines Acryl- oder Methacrylnitrils), oder eines Esters eines Fettalkohols u. einer ungesätt. Säure (z. B. Acryl-, Methacryl-, Croton-, Malein-, Fumar-, Itaconsäure) oder eines ungesätt. Alkohols (z. B. Vinyl-, Allyl-, Crotylalkohol) u. einer Fettsäure. — Vgl. D. A. S. 1 055 159; C. **1959.** 16522. (**F. P. 1 139 919** vom 22/11. 1955, ausg. 8/7. 1957. E. Prior. 25/11. 1954 u. 28/10. 1955.) T. OPPERMANN. 8221

Esso Standard Soc. An. Française (Erfinder: J. B. Signouret und R. Tirtiaux), Frankreich, **Reinigungszusatzmittel für Zylinderschmieröle von Brennkraftmaschinen** aus den Rk.-Prodd. von Phosphorsulfiden mit KW-Stoffen durch Kondens. mit Alkylenoxyden mit 2—6 C-Atomen. Das Prod. wird dem Zylinderöl in Mengen von 0,001—30% zugesetzt. Es verhindert vor allem die Korrosion. — Man läßt z. B. 1 (Mol) P_2S_5 auf 2—5 eines beliebigen KW-Stoffes oder KW-Stoffgemisches bei 150—290° 2—10 Std. einwirken u. kondensiert danach mit 1—10 eines Alkylenoxyds oder eines Polyalkylenglykols. (**F. P. 1 131 205** vom 8/9. 1955, ausg. 19/2. 1957. **E. P. 792 553** vom 6/7. 1956, ausg. 26/3. 1958. F. Prior. 8/9. 1955.) M. F. MÜLLER. 8221

Manfred Boldt, Witten, **Synthetische Schmiermittel und Schmiermittelzusätze,** bestehend aus Umesterungs-Prodd. des bei der Herst. von Dimethylterephthalat anfallenden Dest.-Rückstandes mit prim. aliphat. Alkoholen mit gerader oder verzweigter Kette u. 3—18 C-Atomen, vorzugsweise mit 4—10 C-Atomen, allein oder in Mischung untereinander. (**D. A. S. 1 104 102** Kl. 23c vom 4/3. 1959, ausg. 6/4. 1961.) E. DREWS. 8223

Union Oil Co. of California, Los Angeles, übert. von: Harry J. Worth, Fullerton, Calif., V.St.A., **Schmierfett.** Dasselbe besteht aus einer mit 5—30 Gewichts-% Ca-Hydroxyfettsäureseifen gedickten Mineralölbasis u. enthält zur Verbesserung der Hochdruck-Eigg. u. der Stabilität gegen Abnutzung 1. einen Hochdruck-Zusatz (I) aus der Klasse von organ. S-, Cl- oder S-Cl-haltigen Verbb. oder deren Gemischen, 2. Glycerin oder Pentaerythrit, 3. Triäthanolamin oder dessen Seifen. — Beispiele für I: Sulfuriertes Tallöl, chloriertes Paraffinwachs, Mercaptobenzothiazol. (**A. P. 2 858 273** vom 28/5. 1956, ausg. 28/10. 1958.) E. DREWS. 8223

Esso Research and Engineering Co., Del., übert. von: Arnold J. Morway, Clark, Charles W. Seelbach, Cranford, und Delmer L. Cottle, Highland Park, N.J., V.St.A., **Schmierfett.** Dasselbe enthält als Verdicker Mischpolymere vom Molgew. 1000—500000 aus 1—50 (Gewichts-%) Piperylen u. 99—50 Propylen, das unter Druck bei $<$1000 lbs./sq.in. in Ggw. von Katalysatoren aus Gemischen reduzierender Organometall-Verbb. (I) u. reduzierbarer Metalle (II) hergestellt wird. — Beispiele für I: Al-Trialkyl; für II: Schwermetalle der Gruppe IVB—VIB des Period. Systems. — Zusatzmenge: 2—12 Gewichts-%. (**A. P. 2 901 432** vom 26/10. 1956, ausg. 25/8. 1959.) E. DREWS. 8223

Sun Oil Co., Philadelphia, übert. von: James L. Jezl, Swarthmore, Pa., V.St.A., **Schmiermittel** für Verbrennungsmaschinen mit Funkenzündung sind viscose Mineralöle mit Zusätzen von Dinitratestern zweiwertiger Alkohole, Mononitromononitrat-Derivv. von KW-Stoffen u. Dinitroalkane mit mindestens 3 C-Atomen im Mol. — Beispiele: Propylenglykoldinitrat, 2-Nitropropylnitrat, 1.1-Dinitrobutan. — Verhinderung von C-Abscheidungen. (**A. P. 2 931 775** vom 16/12. 1954, ausg. 5/4. 1960.) E. DREWS. 8223

Sinclair Refining Co., New York, N.Y., übert. von: John W. Nelson, Lansing, Ill., V.St.A., **Schmierfett.** Dasselbe besteht aus einer Schmierölbasis u. enthält als Verdicker eine Alkali- oder Erdalkaliseife einer C_{12-22}-Fettsäure, welche einen SO_3H-Rest an dem α-C-Atom als Substituenten enthält. — Beispiel: Fett, hergestellt aus 51 (g) $LiOH \cdot H_2O$ in 250 W., 198 α-Sulfostearinsäure u. 600 naphthen. Mineralöl (Viscosität 750 S.U.S/100°) bei 200° F, Entwässern bei 338° F u. Mahlen des fertigen Prod. in der Kolloidmühle. (**A. P. 2 951 809** vom 1/3. 1955, ausg. 6/9. 1960.) E. DREWS. 8223

Esso Standard Soc. An. Française (Erfinder: P. Bidault und R. Méténier), Frankreich, **Schmierfette,** bes. für schnellaufende Kugellager, mit Kondens.-Prodd. von aromat. Aminen oder Säureamiden mit Alkylenoxyden als Stabilisierungsmittel in Mengen von 0,1—5, bes. 0,1—2, Gewichts-%. Gegenüber den Prodd. aus aliphat. Aminen oder Amiden entfällt der Nachteil des notwendigen Zusatzes von Antioxydationsmitteln. — Beispiel eines Schmierfettes: 15 (Gewichts-%) Stearinsäure, 2,45 NaOH (rein) u. 81,55 eines Mineralöls (Viscosität 32 cSt. bei 37,8°). (**F. P. 66727** vom 9/7. 1954, ausg. 19/8. 1957. **Zusatz zu F. P. 1068290; C. 1950/54. 2214 S.**) M. F. MÜLLER. 8223

Mario Bellucco, Turin, Italien, **Schmiermittel für Maschinen zur Metallbearbeitung,** bestehend aus einer Pseudo-Lsg. der Kondens.-Prodd. von prim. sek. oder tert. Alkylolaminen oder prim., sek. oder tert. Alkylaminen oder von Gemischen dieser mit Fettsäuren von 12—18 C-Atomen. — Beispiel: 0,3—0,9 (g) Ölsäure, 0,24—0,75 Diisopropanolamin, 0,15—0,45 Oleyldiisopropanolamid, 0,05—0,15 K-Chromat, 99,26 bis 99,75 Wasser. (**It. P. 513 091** vom 23/2. 1954.) K. KOEBKE. 8223

Deutsche Erdöl-Akt.-Ges., Hamburg (Erfinder: Karl A. Fischer †, Hamburg, Eduard Brandt, Kronshagen, und Werner Hansen, Hamburg), **Hochdruckschmiermittel** nach D. B. P. 954 448, dad. gek., daß sie an Stelle der öllösl. Umsetzungs-Prodd. von Molybdänhalogeniden mit organ. Verbb. der allg. Formel $A(XY)_n$, in welcher A eine Aryl-, Alkyl- oder Aralkyl-Verb., die auch substituiert sein kann, X Sauerstoff oder Schwefel, Y Wasserstoff oder Metall u. n die Anzahl der durch (XY) substituierten Wasserstoffatome bedeutet, öllösl. Umsetzungs-Prodd. von *Halogeniden des Vanadins, Niobs, Tantals, Chroms* u. *Wolframs* mit den organ. Verbb. der allg. Formel $A(XY)_n$ enthalten. (**D. A. S. 1 099 113** Kl. 23c vom 25/3. 1955, ausg. 9/2. 1961. **Zusatz zu D. B. P. 954448; C. 1957. 4865.**) E. DREWS. 8223

Esso Research and Engineering Co., übert. von: Alfred H. Matuszak, Westfield, und William E. McTurk, Elizabeth, N.J., V.St.A., **Triester** der allg. Formeln $ROOCCH_2CH(COOR')-S-CH_2COOR''$ u. $ROOCCH_2SCH(COOR)CH_2COO\cdot(C_nH_{2n}O)_yOCCH_2CH(COOR')SCH_2COOR''$ (R, R' u. R'' = Alkyl mit 3—10 C-Atomen; n = 2—10, bes. 2—8; y = 1—10, bes. 1—6). — Zu D. B. P. 961 383; C. **1957.** 11477 ist nachzutragen: Aus 1,5 (Mol) Carboxymethylmercaptobernsteinsäure u. 4,95 2-Äthylhexylalkohol in 200 g Toluol in Ggw. von 7 g $NaHSO_4$ (oder Toluolsulfonsäure, H_2SO_4) bei 140—145° unter azeotroper Entfernung des W. → *Carboxymethylmercaptobernsteinsäuretri-2-äthylhexylester,* Fließpunkt —60° F; Flammpunkt 470° F; Viscosität/0° F 1510 cSt. — *Carboxymethylmercaptobernsteinsäuretri-n-hexylester,* Fließpunkt —75° F; Flammpunkt 460° F; Viscosität/0° F 375 cSt. — *Ester* aus 2 Carboxymethylmercaptobernsteinsäure, 4 C_7-Oxoalkohol u. 1 Polyäthylenglykol mit Molgew. ca. 200, Fließpunkt —35° F; Flammpunkt 460° F. — *Schmiermittel* u. *Zusatzmittel* zu diesen. (**A. P. 2 820 054** vom 17/3. 1954, ausg. 14/1. 1958.) G. KRAUSS. 8223

Esso Standard Soc. An. Française (Erfinder: M. Cohen und R. Tirtiaux), Frankreich, **Zusatzhilfsmittel zum Entparaffinieren von Mineralölen und zum Entölen von Paraffinen** durch Lösen der Paraffine in der Wärme u. Auskristallisieren unter Ab- u. Tiefkühlung des Paraffins in einer leicht filtrierbaren Form. Das Zusatzmittel besteht aus dem Kondens.-Prod. eines chlorierten Paraffin-KW-Stoffs mit mehrkernigen aromat. KW-Stoffen (Naphthalin, Anthracen, Phenanthren), hergestellt in Ggw. eines FRIEDEL-CRAFTS-Katalysators. Von dem Kondens.-Prod. werden 0,005—1% zugesetzt. Das Ausgangs-Prod. wird z. B. in Isooctan, Bzl., Aceton, Isopropyl- oder Ae., Methyl-, Äthyl- oder Propylalkohol gelöst. (**F. P. 1 133 645** vom 12/10. 1955, ausg. 29/3. 1957.) M. F. MÜLLER 8227

Esso Standard Soc. An. Française (Erfinder: R. Flavigny und A. Leigniel), Frankreich, **Herstellung von Bitumenemulsionen oder Kohlenwasserstoffbindemitteln** aus Bitumen, W. u. Emulgierungsmittel, z. B. eine in dem Bitumen lösl. organ. Base oder ein Aminhydrochlorid, mit einem Zusatz von 1—5% eines Gemisches von „cut back" mit Steinkohlenöl bzw. Anthracenöl. — Zur Herst. einer 65%ig. Emulsion werden z. B. verwendet 590 (kg) Bitumen 180/200, 350 W., 8 Aminhydrochlorid, 60 von dem Zusatzgemisch aus 54 „cut back" 0/1 u. 6 Steinkohlenöl. — Zeichnung. (**F. P. 1 120 670** vom 27/1. 1955, ausg. 10/7. 1956.) M. F. MÜLLER. 8231

XX. Schieß- und Sprengstoffe. Zündmittel

Instituto Nacional de Industria, Centro de Estudios Technicos de Materiales Expeciales und Ernst Thoenert, Madrid, Spanien, **Stabilisieren von Nitrocellulose,** die durch Nitrieren mit reiner, wss. HNO_3 erhalten wurde, dad. gek., daß die abschließende, stabilisierende Kochung in Ggw. einer Fl., die eine geringere

Oberflächenspannung als W. hat u. die mit W. u. HNO_3 mischbar ist, durchgeführt wird. (**E. P. 841 738** vom 18/2. 1958, ausg. 20/7. 1960. Span. Prior. 19/2. 1957.) A. GRADL. 8301

Iron Ore Co. of Canada, übert. von: Henry E. Farnam jun., Seven Islands, Quebec, Canada, und Melvin A. Cook, Salt Lake City, Utah, V.St.A., **Sprengstoff**, gek. durch eine wss. Aufschlämmung von Sprengstoffen u. einem Geh. von mindestens 5% W, 15—95% „TNT“ mit einer Korngröße von >30 Maschen u. 5—85% NH_4NO_3. (**A. P. 2 930 685** vom 13/10. 1953, ausg. 29/3. 1960.) A. GRADL. 8305

Soc. Tunisienne d'Explosifs et de Munitions und Paul Chaudron, Tunis, **Sprengsatz für seismische Untersuchungen** aus Trinitrotoluol, dem Sprengstoffe höherer Empfindlichkeit (Hexogen oder Penthrit, bes. 30 Gewichts-%) u. solche größerer Wirksamkeit (NH_4NO_3, bes. 25%) in der Masse verteilt zugesetzt sind. Der Sprengstoff ist in Papphülsen, die miteinander verbunden werden können, patroniert. (**F. P. 1 134 326** vom 15/3. 1955, ausg. 10/4. 1957. Tunes. Prior. 26/7. 1954.) J. WEIS. 8305

Soc. E. Lacroix, Haute-Garonne, Frankreich, **Pyrotechnische Ladung.** Der eigentlichen Ladung, z. B. einem Leuchtsatz, wird ein erhärtendes Bindemittel zugesetzt u. die erhaltene Masse geformt u. gehärtet. Als Bindemittel sind aufgeführt: Polyesterharz, Polystyrol, Celluloseacetat, Polyäthylen, Polyvinyl-Verbb. in fl. oder fester Form. (**F. P. 1 124 834** vom 18/5. 1955, ausg. 18/10. 1956.) J. WEIS. 8311

E. I. du Pont de Nemours & Co., V.St.A. (Erfinder: **James Edward Lufkin**), *Nitrocellulose.* (**F. P. 1 181 876** vom 31/8. 1957, ausg. 19/6. 1959. A. Prior. 31/8. 1956. — C. **1960.** 2061 [D. A. S. 1 063 506].)

A/B Kemisk-Teknisk Apparatur, Stockholm, Schweden, und **Norsk Spraengstofindustri A/S**, Oslo, Norwegen, *Herstellung von Trinitrotoluol.* (**Belg. P. 533 947** vom 7/12. 1954, ausg. 20/6. 1958. Schwed. Prior. 7/12. 1953. — C. **1959.** 1993 [F. P. 1 115 636].)

XXI. Leder. Gerbstoffe

Einfluß einiger organischer Säuren auf Lösungen von basischen Zirkoniumsulfaten. Untersuchungen der Elektrowanderung. Pierre Portes. (Bull. Assoc. franç. Chimistes Ind. Cuir Doc. sci. techn. Ind. Cuir **18.** 71—86. April; Cuoio-Pelli-Mater. concianti **32.** 239—55. Aug. 1956. Thann, Fabriques de Produits Chim. de Thann et de Mulhouse.) (Franz.)

Ausgehend von einem Gerbstoff-Prod. *ZT 45*, das im wesentlichen bas. Zr-Sulfate u. Na_2SO_4 enthielt, untersuchte Vf. potentiometr. die Neutralisation von wss. Lsgg. von ZT 45 mit einer Basizität von 42° SCHORLEMMER. Die Lsgg. enthielten 2,5% ZrO_2 (Konz. nahe der normaler Gerbbäder) u. 1 Mol Na_2SO_4 pro Mol ZrO_2. Die Neutralisation wurde mit einer 10%ig. $NaHCO_3$-Lsg. durchgeführt. Ausfällung fand in diesem Fall bei einer theoret. Basizität von 64° SCHORLEMMER statt; der entsprechende pH-Wert an diesem Punkt ist 2,9. Weitere Neutralisations-Verss. wurden nach Zusatz von 0 bis 2,0 Mol *Essigsäure* pro Mol ZrO_2 u. 0—1,0 Mol *Milchsäure* pro Mol ZrO_2 durchgeführt. Im ersten Fall änderte sich der pH-Wert mit steigender Konz. der Essigsäure von 2,9 auf 5,2, bei Zusatz der Milchsäure von 2,9 auf >8,0. Bei Zusatz von *Ameisensäure* ändert sich der pH-Wert der Ausfällung nur wenig; bei Zusatz von 1 Mol Säure pro Mol ZrO_2 liegt der pH-Wert bei 3,5. Die aus diesen Beobachtungen zu ziehenden Schlußfolgerungen auf den Gerbprozeß werden besprochen. Weiter untersuchte Vf. elektrophoret. die Wanderung des Zr in reinen bas. Zr-Sulfat-Lsgg. vom Typ ZT 45 sowie in Lsgg., die 3 Mol Essigsäure bzw. 2 Mol Milchsäure bzw. 2 Mol Ameisensäure pro Mol ZrO_2 enthielten. Weitere vorläufige Wanderungs-Verss. wurden an Lsgg. von $ZrOCl_2 \cdot 8H_2O$ bei verschiedenen pH-Werten durchgeführt. Hierbei ergab sich, daß bei pH zwischen 2 u. 7 Zr stets zur Kathode wandert, u. zwar wächst die Wanderungs-Geschw. regelmäßig mit dem pH-Wert, was einer graduellen Vergrößerung der positiven Ladung des Kations entspricht. Es wird noch darauf hingewiesen, daß Gerbung mit reinen Oxychlorid-Lsgg. Leder schlechter Qualität liefert, daß jedoch die Gerbung bei Zusatz von SO_4''-Ionen merklich besser verläuft. Die chem. Struktur der verschiedenen Komplexe wird besprochen. C. GOTTFRIED. 8336

Konservierung von Häuten durch Kochsalz mit Zusatz von Soda. Adam Niewiarowicz und Wiktor Pietrzykowski. (Przegląd Skórzany **15.** 67—70. März 1960.) (Pol.)

Beim Aufbewahren von Weiß- u. Grausalz (NaCl) mit Zusatz von 2% techn. Na_2CO_3 wird ein Teil des Na_2CO_3 durch Ca u. Mg in unwirksames $CaCO_3$ u. $MgCO_3$ übergeführt. Um das Salz zur Konservierung von Häuten wirksam zu erhalten, ist ein Zusatz von 3% Na_2CO_3 zu empfehlen. Das Aufbewahren darf nur in Räumen mit <60% relativer Feuchtigkeit erfolgen. — 21 Literaturangaben. F. URBAN. 8338

Neue technologische Verfahren für die Bearbeitung von Oberledern. N. Sandu. (Ind. uşoară **3.** 307—12. Aug. 1956.) (Rum.)

Vf. berichtet über sowjet. Verss. zum Pickeln von Oberleder mit Lsgg. von 6 bis 7 Teilen $(NH_4)_2SO_4$ + 3—4 Teilen NaCl in einer Konz. von 80—100 g/Liter u. eigne Verss. zur Verbesserung der wasserabstoßenden Eigg. durch Tränken mit Lsgg. von Paraffin in White spirit. R. K. MÜLLER. 8340□

Über die Zurichtung und Färbung von gegen das Waschen mit Wasser und Seife beständigem Handschuhleder. E. Krzywicki. (Przegląd Skórzany **15.** 53—56. März 1960.) (Pol.)

Übersicht mit Vorschriften zur Gerbung u. Färbung von waschbarem Handschuhleder einschließlich des weißen Ziegen- u. Schafleders. F. URBAN. 8340

Schnellmethode zur Bestimmung von Lignosulfonsäuren. V. Diaconescu. (Bul. Inst. polytehn. Iasi [N. S.] [7] **3.** 101—06. 1957.) (Rum.)

In einer Lsg. mit mindestens 0,057 g HCl/ml werden *Lignosulfonsäuren* quant. durch Dimethyl-α-naphthylamin (0,01 g/ml) gefällt. Die ohne bes. App. durchführbare Meth. erfordert 3—5 Minuten. R. K. MÜLLER. 8364□

Praktische Bestimmung des Maskierungsgrades der Einbad-Chromgerblösungen. I. Jullien, R. Durande-Ayme und J. Rouzet. (Bull. Assoc. franç. Chimistes Ind. Cuir Doc. sci. techn. Ind. Cuir **22.** 138—44. Juni/Juli 1960. Beilage zu: Rev. techn. Ind. Cuir.) (Franz.)

Die durch ihre Herst. bedingten, sich auch bei der Gerbung auswirkenden Unterschiede der für das Cr-Einbad-Verf. gebräuchlichen Cr-Lsgg. (8 Beispiele) untersucht Vf. durch Best. des Gesamt-Cr-Geh. u. des an Säure gebundenen Cr sowie der SCHORLEMMER-Basizität nach 4 verschiedenen Analysen-Meth., ferner durch die Cr-Best. der mit 6 dieser, bes. mittels organ. Red.-Mittel hergestellten Chrom-Lsgg. gegerbten Leder u. der Restbäder. A. BEUTHER. 8364□

United States of America, Secretary of Agriculture, übert. von: Edward M. Filachione und Fred P. Luvisi, Philadelphia, Pa., V.St.A., **Reinigen von Gerbsäure** durch Behandeln der wss. Lsg. mit Methylisobutylketon, das mit etwas W. azeotrop abdest. wird, wodurch die reine Säure als wss. Lsg. im Rückstand verbleibt. — Mengenbeispiel. (**A. P. 2 787 635** vom 8/4. 1955, ausg. 2/4. 1957.) H. SCHINDLER. 8337

Badische Anilin- & Soda-Fabrik Akt.-Ges., Ludwigshafen/Rh. (Erfinder: Kurt Wolf, Rapperswil, Schweiz, und Gerhard Otto, Mannheim), **Herstellung kombiniert gegerbten Chromleders.** Tier. Blößen werden mit nicht gerbend wirkenden Sulfon- u./oder Carbonsäuren der Benzol- oder Naphthalinreihe behandelt, die im Kern Hydroxy-, Amino-, Nitrogruppen u./oder Halogen als Substituenten enthalten. Hieran schließen sich eine Schwefelgerbung mit Thiosulfat sowie eine Einbadchromgerbung an. Geeignete Säuren für die Vorbehandlung sind z. B. Resorcylsäure, die Nitrosalicyl-, Dinitrobenzoe-, Resorcinsulfon-, Nitrophenolsulfon-, Sulfosalicyl-, Sulfophthal-, Brenzcatechinsulfon-, Sulfobenzoe-, Chlorphenolsulfon-, Chlornitrobenzolsulfon-, Chlornitrophenolsulfon-, Dichlorbenzoe-, Dinitrochlorbenzolsulfon-, Monoaminobenzolsulfon-, Monoaminobenzoldisulfon-, Chloraminobenzolsulfon-, Naphtholdisulfon-, Naphtholtrisulfon-, Dinitronaphtholsulfon-, Dihydroxynaphthalinsulfon- u. Chlornaphtholsulfonsäuren. Diese können in Abwesenheit von Neutralsalzen angewendet werden. Bei der folgenden Thiosulfatbehandlung wird feinst verteilter S gleichmäßig in die Blöße eingelagert. Das erhaltene Leder ist daher bes. reiß- u. schrumpffest. Die abschließende Chromgerbung, z. B. mit bas. Chromsulfat, ergibt ein Leder mit gutem Narbenbild, hoher Zähigkeit u. bes. guter Schleifbarkeit. (**D. A. S. 1 099 124** Kl. 28 a vom 17/1. 1953, ausg. 9/2. 1961.) E. LINDEMANN. 8337

United States of America, Secretary of Agriculture, übert. von: Martin L. Fein, Riverside, N.J., und Edward M. Filachione, Philadelphia, Pa., V.St.A., **Gerbverfahren** unter Verw. langkettiger aliphat. Polymethoxyaldehyde der Formel $CH_3-[CH(OCH_3)-CH_2]_n-CHO$ als Gerbmittel. Hierin ist n ein Durchschnittswert von 2—20. Die Aldehyde werden leicht durch Hydrolyse der entsprechenden Acetale, bes. der Methylacetale $CH_3-[CH(OCH_3)-CH_2]_n-CH(OCH_3)_2$, erhalten, die ihrerseits durch Kondens. von Methylvinyläther mit CH_3OH hergestellt werden. Die Aldehyde werden wegen ihrer großen Reaktivität u. Instabilität am besten erst kurz vor der Verw. aus den Acetalen hergestellt. Die Blöße wird mit einer vorher auf den I.P. eingestellten 5—25%ig. Lsg. in W. oder auch in einem organ. Lsgm., z. B. einem niederen aliphat. Alkohol oder Keton, bei dem gewünschten, durch puffernde Zusätze erzeugten pH-Wert (Beispiele zwischen 3,3 u. 11,1) behandelt. Eine Gerbung mit vegetabil. Gerbbrühen kann vorhergehen oder angeschlossen werden. (**A. P. 2 880 053** vom 3/1. 1956, ausg. 31/3. 1959.) E. LINDEMANN. 8337

Farbenfabriken Bayer Akt.-Ges., Deutschland (Erfinder: **Heinz Schultheis, Gustav Mauthe** und **Detlef Delfs**), *Herstellung von synthetischen Gerbstoffen.* (**F. P. 1 194 283** vom 8/4. 1958, ausg. 9/11. 1959. D. Prior. 8/4. 1957. — **C. 1960.** 353 [D. A. S. 1 048 925].)

Farbenfabriken Bayer Akt.-Ges., Deutschland (Erfinder: **Ernst Komarek** und **Gustav Mauthe**), *Herstellung von Phenol-Formaldehyd-Kondensationsprodukten mit Sulfongruppen.* (**F. P. 1 198 661** vom 31/1. 1958, ausg. 9/12. 1959. D. Prior. 2/2. 1957. — **C. 1960.** 3095 [D. A. S. 1 053 517].)

Böhme K. G. Chemische Fabrik, Gartenberg über Wolfratshausen, *Fetten und Mineralgerbung von Leder.* (**It. P. 510 987** vom 3/4. 1954. D. Prior. 4/4. u. 23/5. 1953. — **C. 1957.** 10103 [Oe. P. 188 836].)

Böhme Fettchemie G. m. b. H., Düsseldorf, *Fetten chromgegerbter Häute.* (**Holl. P. 95 041** vom 24/6. 1954, ausg. 15/8. 1960. D. Prior. 27/6. 1953. — **C. 1957.** 12940 [F. P. 1 103 200].)

XXII. Leim. Klebstoffe usw.

Untersuchungen an tschechoslowakischen Metallklebstoffen. 1. Mitt. J. Peterka. (Plaste u. Kautschuk **8.** 7—11. Jan. 1961. Letňany bei Prag, Luftfahrtforsch.- u. Luftfahrtprüfungsanst.) (Dt.)

Vf. untersuchte die in der ČSSR zugänglichen Metallklebstoffe im Hinblick auf ihre Verwendbarkeit im Flugzeugbau. Nach ASTM u. sowjet. Vorschriften wurden die Biegefestigkeit bei Raum-Temp. u. die Zugscherfestigkeit zwischen -80 u. $+100^0$ gemessen. Weiterhin wurde die Zugscherfestigkeit bei Einw. von Trinkwasser, W. von 100^0, Aceton, Chromschwefelsäure von 70^0, Hydraulik-Fl., Düsentreibstoff, KW-Stoff-brennstoff, Kühl-Fl., dest. A. + 1% Bzn. sowie im Salznebel bestimmt. Die gefundenen Werte wurden in Tabellen zusammengestellt. H. PENN. 8388□

American Cyanamid Co., New York, N.Y. (Erfinder: Edward Strazdins, Stamford, Conn.), V.St.A., **Herstellung eines Harzleims.** Man verseift ein Harz (I), das in Abwesenheit von W. mit einer zur Verhinderung der Kristallisation ausreichenden Menge von ca. $^1/_{10}$—$^1/_3$ Moläquivalenten CH_2O, bes. Paraformaldehyd, bei $>135^0$, bes. 190—230^0, umgesetzt worden ist. Als **I** wird bes. Tallölharz verwendet. Das **I** kann außer mit CH_2O noch mit geringen Mengen Maleinsäureanhydrid umgesetzt werden. (**D. A. S. 1 106 908** Kl. 23e vom 28/4. 1959, ausg. 18/5. 1961.) C. LÜTTGEN. 8389

E. I. du Pont de Nemours & Co., Wilmington, Del., übert. von: John Irwin Dye, Cornwall-on-Hudson, N.Y., V.St.A., **Lineare Mischpolyester** werden durch Kondensieren in der Schmelze hergestellt. Als Komponenten dienen Bis-[hydroxyalkyl]-ester der Terephthal- oder Isophthalsäure u. mindestens 2 acycl. Säuren der allg. Formel $HOOC-CH_2-X-CH_2-COOH$ (X eine 2—8 Atome, aber nicht mehr als 2 Sauerstoffatome enthaltende, gerade Kette), während die anderen KW-Stoff-C-Atome sind). Die Säurereste sind in folgenden Mengenverhältnissen anwesend: Terephthalsäure 20 bis 60 (Mol-%), Isophthalsäure 15—50, Gemische der 2 acycl. Säuren 10—50. Das mol. Verhältnis der einen acycl. Dicarbonsäure zur anderen beträgt 0,5—2,0. Die Harze werden als *Klebstoffe für Kunststoffe, Natur- u. Kunstfasern, Metalle* entweder direkt durch Schmelzverklebung oder als Lsg. in organ. Lsgm. verwendet. (**A. P. 2 892 747** vom 15/12. 1955, ausg. 30/6. 1959.) A. DANDL. 8389

Minnesota Mining & Mfg. Co., Saint Paul, Minn., V.St.A., **Herstellung einer Klebmassendispersion in Wasser für druckempfindliche Selbstklebebänder.** Die Dispersion wird dadurch hergestellt, daß eine stabile Dispersion eines neutralen, festen Harz-Klebrigmachers in W., hergestellt durch Vermahlen des Harzes zu einem feinsten Pulver im dispergierenden W., mit einem Kautschuklatex in solchen Mengen vermischt wird, daß ein bei Druck klebend werdendes Gemisch des Kautschukpolymerisats u. des klebrig machenden Harzes entsteht. Für letzteres werden z. B. die „Piccolyte" (Terpenharze) verwendet. Als Dispersionsmittel kann Ammoniumabietat dienen. Das Terpenharz soll bes. die SZ. 0 besitzen. (**E. P. 853 518** vom 16/1. 1957, ausg. 9/11. 1960. A. Prior. 16/1. 1956.) E. FUCHS. 8389

Mathew Francis Kritchever, Glencoe, Ill., V.St.A., **Herstellung von druckempfindlichen Klebbändern.** Hierbei werden Polyäthylenträger durch Flammenbehandlung oder durch Elektronenbombardement so an der Oberfläche verändert, daß die Klebschicht gut haftet. Man behandelt die Oberfläche z. B. mit einer Gasflamme von ca. 833^0 oder man zieht das Polyäthylenband zwischen 2 Elektroden hindurch, die einen Abstand von ca. 2,5 cm haben u. mit einem dielektr. Material bedeckt sind. Während die eine Elektrode geerdet ist, wird an die andere eine Spannung von 10000 V gelegt. Während der Vorbeiführung des Bandes soll es auf der geerdeten Elektrode anliegen. (**E. P. 844 935** vom 28/8. 1956, ausg. 17/8. 1960.) E. FUCHS. 8389

Minnesota Mining & Mfg. Co., St. Paul, Minn., übert. von: Frank Swedish jun., Hudson, Wis., William H. O'Brien, South St. Paul, und Lloyd E. Picard,

St. Marys Point, Minn., V.St.A., **Druckempfindliches Maskierungsklebband.** Als Träger für die druckempfindliche Klebschicht dient ein naß gekrepptes Halbpergamentpapier aus hochaufgeschlossenem Papierstoff mit mehr als 10% Zusätzen zur Papierfaser. Es soll ein Gewicht von 45—67 kg auf 900 m^2 u. 20—60 Krepplinien pro 2,54 cm besitzen. Dieser Papierträger ist auf der einen Seite mit einem druckempfindlichen Selbstklebestoff hoher Scherfestigkeit so beschichtet, daß sein Gewicht pro Flächeneinheit etwa dem Gewicht des Papierträgers auf dieser Einheit entspricht, wobei die ganze Klebfolie eine Längendehnung von 20—30% u. eine Spannungsfestigkeit von 4,54 kg auf 2,54 cm Breite besitzt. Geeignet sind die üblichen druckempfindlichen Klebstoffe aus synthet. Kautschuken, wie Latices aus „Buna N", „Neopren", „Buna S" mit den üblichen Harz- u. Stabilisatorenzusätzen. (**A. P. 2 940 591** vom 22/8. 1958, ausg. 14/6. 1960.) E. Fuchs. 8389

XXIV. Photographie

Photographische Materialien und deren Herstellung. G. C. Farnell, G. I. P. Levenson und F. Pollak. (Rep. Progr. appl. Chem. **41.** 239—46. 1956.) (Engl.)

Zusammenfassende Übersicht an Hand der Literatur. — 38 Literaturhinweise. P. Eckert. 8590□

Die Empfindlichkeitsverteilung in photographischen Emulsionen. G. Haase. (Naturwissenschaften **47.** 320. 2. Juli-H. 1960. Frankfurt/M., Univ., Inst. für angewandte Physik.) (Dt.)

Das Halogensilberkorn einer photograph. Emulsion muß eine bestimmte Anzahl von Lichtquanten absorbieren, damit es entwickelbar wird. Die Mindestzahl der zu absorbierenden Quanten r* hängt von den individuellen Eigg. des Kornes, von seiner chem. Zus., seiner Struktur bzw. von seinen Strukturfehlern u. seinen Oberflächen-Eigg. ab. Die Schwärzungskurve der Elementarschicht wird durch die Korngrößenverteilung in der Schicht u. durch den statist. Ablauf des Absorptionsprozesses bestimmt. Verss. zeigten, daß man für verschiedene Körner der gleichen Größenklasse im allg. verschiedene Werte von r* annehmen muß, daß also eine Empfindlichkeitsverteilung existieren muß. Aus einer Reihe von Messungen ließ sich schließen, daß man für die Empfindlichkeitsverteilung der untersuchten höchstempfindlichen Emulsion eine logarithm. Normalverteilung annehmen darf. Die Empfindlichkeitsverteilung ist bei den gröberen Kornfraktionen von den Vers.-Bedingungen während der einzelnen Phasen in der Präparation der Fraktionen abhängig. Bei geringeren Korngrößen wird sie gegenüber einer Veränderung der Vers.-Bedingungen unempfindlicher. W. Günther. 8600□

Sensitometrie und Densitometrie in der photographischen Industrie. M. E. F. Howarth und P. B. Watt. (Trans. Soc. Instrument Technol. **12.** 33—38. März 1960. Harrow, Wealdstone, Kodak Ltd., Res. Labor.) (Engl.)

Kurze Einführung in die Sensitometrie photograph. Materialien. — Vortragsreferat. W. Günther. 8660

VEB Filmfabrik Agfa Wolfen (Erfinder: Emil-Joachim Birr und Werner Walther), Wolfen, Kr. Bitterfeld, **Härten von photographischen Leim- und Gelatineschichten (I)** durch Kondens.-Prodd. aus 3 [Mol] Formaldehyd, 2 Arylnitril u. 1 eines aliphat. oder aromat., ggf. substituierten, Nitrils, das in α-Stellung keine Doppelbindung hat. Es ergeben sich 1.3-Diacryloyl-5-acyl(oder aroyl)-hexahydro-1.3.5-triazine der Formel **II**, wobei Y für den Rest einer substituierten oder unsubstituierten gesätt. oder ungesätt. Carbonsäure ohne Doppelbindung in α-Stellung steht. — Zu 1 Liter gießfertiger **I** (pH 8) werden 15 cm 2,5%ig. wss. Lsg. von **II** gegeben, u. dann wird auf Film vergossen. — F. der **I** nach Trocknen >70°. (**D. A. S. 1 090 427** Kl. 39b vom 18/2. 1958, ausg. 6/10. 1960. **F. P. 1 202 347** vom 25/3. 1958, ausg. 8/1. 1960.) F. Koch. 8601

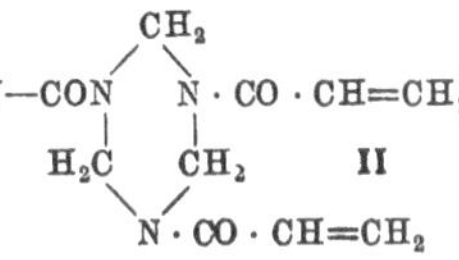

General Aniline & Film Corp., New York (Erfinder: Curt Bruno Roth, Binghamton, und Lester Horwitz, St. Albans), N.Y., V.St.A., **Sensibilisierung.** Mindestens eine der Halogensilberschichten eines Mehrschichtmaterials enthält einen Trimethincyaninfarbstoff der allg. Formel **I**. Hierin sind R u. R_1 Alkyl-, Aralkyl- oder Carboxyalkylreste, R_3 ist ein H-Atom oder ein Alkylrest, Y ein H-Atom oder eine Arylmercaptogruppe, Z u. Z' sind die zur Bldg. eines Heterocyclus nötigen Atome, wie er in Cyaninfarbstoffen üblich ist, X bedeutet ein Anion. Herst. z. B. durch

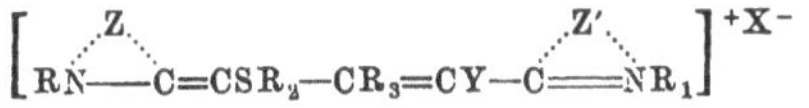

II

Kondens. von Orthocarbonsäuren mit quart. Ammoniumsalzen der allg. Formel **II** in Ggw. von bas. Kondens.-Mitteln. — Beispiele: 3.3'-Dimethyl-8.10-diphenylmercaptothiacarbocyanin-p-toluolsulfonat, rötliche Kristalle, F. 272—274°, Sensibilisierungsmaximum (SM): 600 mμ; 3'-Äthyl-3-methyl-8-phenylmercaptothiacarbocyaninjodid, F. 255—257°, SM 600 mμ; 3-Äthyl-3'-methyl-10-phenylmercaptooxathiacarbocyaninperchlorat, F. 235—235,5°, SM 560 mμ; 3.3'-Dicarboxyäthyl-8.10-diphenylmercaptothiacarbocyaninjodid, F. 222—225°, SM 600 mμ; 3-Carboxyäthyl-3'-äthyl-8-phenylmercaptothiacarbocyaninjodid, SM 600 mμ, F. 180—180,5°; 3'-β-Carboxyäthyl-3-äthyl-10-phenylmercaptooxathiacarbocyaninjodid, F. 153—155°, SM 560 mμ; 3.3'-Diäthyl-8.10-diphenylmercaptothiacarbocyaninjodid, SM 600 mμ; 3.3'-Diäthyl-8-phenylmercaptothiacarbocyaninjodid, SM 600 mμ, F. 261,5—262°; 3.3'-Diäthyl-10-phenylmercaptooxathiacarbocyaninjodid, F. 260—261°, SM 560 mμ; 3.3'-Diäthyl-5.6-dimethyl-10-phenylmercaptooxathiacarbocyaninjodid, F. 293—295°, SM 560 mμ; 3.3'.9-Triäthyl-5-methoxy-10-phenylmercaptoselenathiacarbocyaninjodid, SM 610 mμ, F. 212—213°; 3'-β-Carboxyäthyl-3-äthyl-5.6-dimethyl-10-phenylmercaptooxathiacarbocyaninjodid, F. 282—283°, SM 560 mμ; 5-Carboxyäthyl-5'-chlor-3'.9-diäthyl-8-phenylmercaptothiacarbocyaninjodid F. 242°, SM 556 mμ; 3.3'.9-Trimethyl-8.10-diphenylmercaptothiacarbocyanin-p-toluolsulfonat, F. 235—237°, SM 600 mμ; 3.3'-Di-β-carboxyäthyl-9-methyl-8.10-diphenylmercaptothiacarbocyaninjodid, F. 230—231°, SM 580—590 mμ; 3.3'-Diäthyl-9-methyl-8.10-diphenylmercaptothiacarbocyaninjodid, F. 277—278°, SM 590 mμ; 3-Äthyl-5-methoxy-3'-methyl-10-phenylmercaptoselenathiacarbocyaninjodid, F. 230—232°, SM 600 bis 660 mμ; 3-Äthyl-3'.5.6-trimethyl-10-phenylmercaptooxathiacarbocyaninjodid, F. 285 bis 288°, SM 560 mμ. — Herst. u. Strukturformeln aller Farbstoffe s. Original. Diese Farbstoffe zeichnen sich durch eine scharfe Grünlücke bei 520 mμ aus. (**D. A. S. 1 081 756** Kl. 57b vom 5/4. 1958, ausg. 12/5. 1960. A. Prior. 11/4. 1957.) A. KALIX. 8605

E. I. du Pont de Nemours & Co., Wilmington, Del. (Erfinder: Thomas David Smith, Red Bank, N.J.), V.St.A., **Stabilisierung von Halogensilberschichten.** Gießfertige Halogensilberemulsionen, die mit Polyoxyalkylen-Verbb. sensibilisiert sind, erhalten einen Zusatz von Diphenolen der allg. Formel **I** in Mengen von 0,1—2 g auf 1 Mol Halogensilber. Hierbei ist Q eine C—C-Bindung, ein O- oder S-Atom, eine $(CH_2)_n$-Gruppe mit n = 1—10 oder RCR_1, wobei R u. R_1 Alkylgruppen mit 1—18 C-Atomen sind. R' u. R'' sind H-Atome, R-, Cycloalkyl- oder Arylgruppen. Herst. z. B. nach J. Amer. chem. Soc. **54.** [1932.] 4325—34. Bevorzugt verwendet werden: 2.2'-Methylen-bis-(4-methyl-6-tert.butylphenol); 4.4'-Methylen-bis-(2-tert.-butyl-6-methylphenol); 2.2'-Methylen-bis-(3.4-dimethyl-6-n-octylphenol); 2.2'-n-Butyliden-bis-(4.6-di-tert.-butylphenol), F. 113—114°; 2.2'-Äthyliden-bis-(4-methyl-6-tert.-octylphenol); 4.4'-Isopropyliden-bisphenol; Bis-(2-methyl-4-oxy-5-tert.-butylphenyl)-sulfid. (**D. A. S. 1 093 206** Kl. 57b vom 15/7. 1958, ausg. 17/11. 1960. **E. P. 842 062** vom 14/7. 1958, ausg. 20/7. 1960. Beide A. Prior. 16/7. 1957.) A. KALIX. 8611

Q=
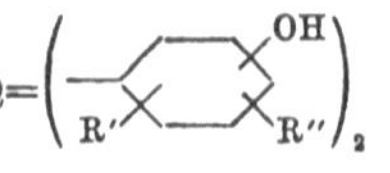

Ilford Ltd., Ilford, England (Erfinder: Edward William Lee und Frank Percy Lambert), **Antistatische Schichten für photographische Filme.** Als Schichtbildner werden Alkali- u./oder Ammoniumsalze von sulfonierten Polystyrolen oder Polymethylstyrolen verwendet. Die Schichten erhalten einen Zusatz oder eine Deckschicht aus Polyvinylpyrrolidon oder Alkali- oder Ammoniumsalzen von Polymethylacrylaten, die noch freie COOH-Gruppen enthalten. Zweckmäßig wird noch ein Netzmittel zugesetzt, z. B. ein Sulfonamid mit einer langen Alkylkette. (**E. P. 815 662** vom 16/11. 1956, ausg. 1/7. 1959.) A. KALIX. 8613

International Polaroid Corp., Jersey City, N.J. (Erfinder: Edwin Herbert Land, Cambridge, Mass.), V.St.A., **Lichtempfindliches Material, mit dem Entwickler kombiniert.** Das Material besteht aus einem Stapel von „Einheiten" (**I**), die wie folgt zusammengesetzt sind: Ein Film mit einer Halogensilberschicht u. ein Träger mit einer der üblichen Bildempfangsschichten für das Ag-Salz-Diffusionsverfahren. Film u. Träger sind an einer Seite über das Bildformat hinaus verlängert u. diese Verlängerungen bilden einen Behälter für die Lsg. zur Naßbehandlung nach erfolgter Belichtung, bei der die Lsg. zwischen die beiden Schichten hineingepreßt wird. Der Stapel ist so konstruiert, daß in einer Spezialkamera jede **I** für sich allein belichtet u. weiterbehandelt werden kann. (**D. A. S. 1 100 463** Kl. 57b vom 2/10. 1956, ausg. 23/2. 1961. A. Prior. 3/10. 1955.) A. KALIX. 8619

General Aniline & Film Corp., New York, übert. von: Francis H. Gerhardt, John Proc und Joseph Sottysiak, Binghamton, N.Y., V.St.A., **Fixierung von**

Bildern auf Auskopierschichten. Die Fixier-Lsg. enthält ein Alkali- oder Ammoniumthiosulfat, Thioharnstoff (I), ein Ammonium- u. ein Alkalihalogenid, außerdem kann darin noch ein Alkalisulfit vorhanden sein, sowie ein Netzmittel. — Beispiel: 40 g I, 40 $(NH_4)_2S_2O_3$, 15 NH_4Cl, 15 Na_2SO_3, 40 KBr oder KCl, 10 cm^3 10%ig. Netzmittel-Lsgg., 500 cm^3 Wasser. (**A. P. 2 930 692** vom 31/12. 1956, ausg. 29/3. 1960.) A. KALIX. 8621

Eastman Kodak Co. (Erfinder: Walter John Weyerts und John Carleton Barnes), Rochester, N.Y., V.St.A., **Photographisches Bildübertragungsverfahren.** Beim Bildübertragungs-Verf., bei dem eine nur unwesentlich gehärtete Halogensilberemulsionsschicht nach der Belichtung mit einem alkal. Entwickler härtend entwickelt wird u. bei dem anschließend die nicht gehärteten Bildstellen bildmäßig auf eine Empfangsschicht übertragen werden, wird dem Entwickler als alkal. Substanz ein β-Alkylaminoäthanol mit niedriger Alkylgruppe, wie β-Diäthyl- oder -Dimethylaminoäthanol, zugegeben. Dem Entwickler kann auch ein Farbstoff zugesetzt werden. Diese organ. Alkalien lassen sich besser in konz. Lsg. aufheben, sind wirksamer in der Entw.-Kraft u. erlauben neben anderen Vorteilen eine höhere Verarbeitungstemperatur. (**D. A. S. 1 098 360** Kl. 57b vom 30/4. 1960, ausg. 26/1. 1961. A. Prior. 20/5. 1959.) E. FUCHS. 8625

Battelle Development Corp., Columbus, Ohio, übert. von: Robert W. Gundlach, Spencerport, N.Y., V.St.A., **Elektrostatische Bilderzeugung.** Eine isolierende Folie (I) wird mit einer gleichmäßigen dünnen Schicht aus einem der üblichen Entwicklerpigmente (II) für latente elektrostat. Bilder bedeckt u. diese Schicht mit dem endgültigen Bildträger (III), z. B. aus Papier, in Kontakt gebracht. Auf eine der beiden Seiten dieser Kombination wird dann eine isolierende Folie aufgelegt, die auf der einen Seite ein latentes elektrostat. Bild u. auf der anderen Seite eine gutleitende Schicht, z. B. aus Metall, trägt. Auf die andere Seite läßt man dann eine Spannung von ca. 6000 V durch eine Coronaentladung einwirken. Dadurch wird II bildmäßig auf III übertragen. Das Verf. wird kontinuierlich mit I u. III in Rollenform durchgeführt. — Vorrichtung. (**A. P. 2 901 374** vom 4/5. 1955, ausg. 25/8. 1959.) A. KALIX. 8625

Kodak Ltd., London (Erfinder: Martin Hepher und Wojciech Maria Przezdziecki, Wealdstone, Harrow, Middlesex), England, **Photographisches Reproduktionsverfahren mit Hilfe der gerbenden Enwicklung.** Zur Herst. von Bildreliefs mit Hilfe gerbender Entwickler, wobei vom Relief eine farbgebende Substanz auf eine Empfangsfläche übertragen wird, verwendet man ein Photomaterial, das unter der Emulsionsschicht eine Farbschicht, d. h. eine Schicht aufweist, die einen in organ. Lsgm. lösl. Farbstoff oder ein ebensolches Farbstoffzwischen-Prod. sowie evtl. ein Bindemittel enthält. Nach der gerbenden Entw. wird das Material vorübergehend gegen eine Unterlage gepreßt, an der die ungehärteten, nicht aber die gehärteten Teile der Emulsionsschicht haften bleiben. Das hierbei übrigbleibende, das Bildrelief tragende Material wird nun mindestens an den Teilflächen, von denen die Emulsion an die Unterlage abgegeben wurde, mit einem für den Farbstoff bzw. das Farbstoffzwischen-Prod. geeigneten organ. Lsgm. befeuchtet u. gegen die Empfangsfläche gepreßt. Zwischen Emulsionsschicht u. Farbschicht kann eine dünne Koll.-Schicht angeordnet werden, die in Alkalien quell- oder lösbar ist. (**D. A. S. 1 095 663** Kl. 57b vom 7/10. 1959, ausg. 22/12. 1960. E. Prior. 8/10. 1958.) E. FUCHS. 8625

Hubertus Pietrzok und Reinhold Gröger, Wolfen, **Herstellung photographischer Farbbilder** durch Farb-Entw. mit Hilfe von Acyl-bis-essigestern, bei denen die beiden Essigesterreste über ein Ring-Syst. verbunden sind. Als Farbstoffkomponenten für Gelb werden Derivv. von Acyl-bis-essigestern der allg. Formel $(XCO-CH_2-CO)_2A$ verwendet, worin A ggf. substituierter aliphat., aromat. oder heterocycl. Rest; X ist ggf. substituierter Rest eines aromat. Amins. Substituenten für A u. X sind z. B. Halogen-, Nitro-, Amino-, OH-, Alkoxy-, Phenoxy- oder Alkylgruppen. — 55 (g) 5-[Octadecyloxy]-isophthaloyl-bis-essigester u. 40 3-Amino-4-methoxybenzoesäureäthylester werden in Pyridin 2 Std. bei 130—140° erhitzt: *5-[Octadecyloxy]-isophthaloyl-bis-3-acetamido-4-methoxybenzoesäure* (I), F. 199°. — 15 g des Farbkupplers (Na-Salz) werden in 1 kg Halogensilberemulsion gelöst, u. damit wird eine photograph. Schicht hergestellt. Nach Belichtung wird mit einem p-Aminodiäthylanilin enthaltenden Entwickler ein gelbes Farbstoffbild erzeugt. — Weiterhin sind folgende Farbkuppler beschrieben: Die I entsprechende 5-Stearoylamino-Verb., Isophthaloyl-bis-3-acetamido-4-dodecyloxybenzoesäure u. die entsprechende Adipinoylverbindung. (**D. P. [DDR] 20 327** Kl. 57b vom 7/11. 1957, ausg. 22/11. 1960 [Wirtschaftspatent].) M. F. MÜLLER. 8631

Anne Henri Jacques de Lassus St. Geniès, Paris, Frankreich, **Photographischer Linsenrasterfilm.** Der Film besitzt z. B. parabol. gekrümmte Linsenprofile u. eine Filmunterlage, die aus 2 oder mehreren in engem Kontakt befindlichen, je einen verschiedenen Brechungsindex aufweisenden, aus durchsichtigen Kunststoffen zusammengesetzten Schichten besteht. Die Werte der Brechungsexponenten der Schichten sollen der Reihe nach von der Rasterseite an bis zur Emulsionsschicht zunehmen, wobei die letzte, als Unterlage dienende Folie, welche der Emulsionsschicht bzw. den Emulsionsschichten vorangeht, möglichst dünn ist. (**D. A. S. 1 050 190** Kl. 57b vom 31/5. 1957, ausg. 5/2. 1959. **E. P. 852 587** vom 29/5. 1957, ausg. 26/10. 1960. Beide F.Prior. 31/5. 1956.) E. FUCHS. 8633

Agfa Akt.-Ges., Leverkusen-Bayerwerk (Erfinder: Wilhelm Schneider, Dessau), **Herstellung von Mehrfarbenbildern durch Kopieren von negativen, subtraktiven Dreifarbenbildern.** Das Negativ enthält übereinander angeordnet blaugrüne, purpurne u. gelbe Teilbilder, die in rot- bzw. grün- oder blausensibilisierten Teilschichten erzeugt wurden. Das Kopieren erfolgt mit weißem Kopierlicht. Für die Aufnahme zur Erzeugung des genannten Negativs wird ein photograph. Mehrschichtenmaterial verwendet, in dessen Teilschichten blaugrüne, purpurne u. gelbe Teilfarben mit Absorptionsmaxima bei 680—710, 530—560 oder 420—450 mμ erzeugt werden, wobei diese Teilschichten überlappende Sensibilisierungsbereiche besitzen, deren Absorptionsmaxima enger zusammenliegen als die Absorptionsmaxima der genannten Teilbildfarbstoffe. Die so erhaltenen Negative werden auf ein photograph. Mehrschichtenmaterial mit engen Sensibilisierungsbereichen für die einzelnen Teilbildschichten kopiert, wobei die Maxima der Sensibilisierung den Maxima der Absorption der Negativ-Teilbildfarbstoffe entsprechen u. die Absorptionsmaxima der Teilbildfarbstoffe des Kopiermaterials bei ca. 640—660, 520—540 oder 420—440 mμ liegen. Das Absorptionsmaximum des blaugrünen Teilbildfarbstoffs im Negativmaterial soll vorzugsweise bei 700 mμ, des purpurnen bei 550 mμ, des gelben bei 430 mμ liegen. — Vgl. D. P. [DDR] 2554; C. **1955.** 3783. (**D. B. P. 974 540** Kl. 57b vom 31/7. 1940, ausg. 2/2. 1961. Anmeldung bekanntgemacht 17/7. 1952.) E. FUCHS. 8635

Kalle Akt.-Ges. (Erfinder: Oskar Süs und Karl Möller), Wiesbaden, **o-Chinondiazide enthaltende Kopierschichten für Flachdruckformen.** Die auf die Druckplatte (bes. aus Al) aufgetragene lichtempfindliche Schicht aus den zur Herst. von Flachdruckformen bekannten o-Chinondiaziden enthält feste, aromat. Verbb., die mindestens eine freie, prim. Aminogruppe enthalten. Geeignet sind z. B. Benzidin, 4.4′-Diaminodiphenyl, 4.4′-Diaminodiphenylmethan, 4.4′-Diaminobenzophenon, 1.4-Diaminobenzol, 4.4′-Diaminodiphenyl, 4.4′-Diamino-3.3′-dimethoxydiphenyl, 4.4′-Diaminodiphenylmethan, 4.4′-Diaminobenzophenon, 2-Aminostilben, 4-Aminostilben, 4.4′-Diaminostilben, 1-Aminonaphthalin, 2-Aminochrysen, 2-Aminofluoren. Durch die Anwesenheit der Amine in der Kopierschicht entstehen bei der Licht-Zers. der o-Chinondiazide direkt Säureamide von einem hohen Molgew. u. sehr geringer Löslichkeit. Die Kopierschichten sind daher gegenüber den angewendeten sauren oder alkal. bzw. organ. Lsgm. enthaltenden Entwicklern stabil u. geben bes. gute u. scharfe negative Wiedergaben. (**D. A. S. 1 097 273** Kl. 57d vom 4/2. 1959, ausg. 12/1. 1961.) E. FUCHS. 8645

REDAKTIONSSCHLUSS: 18. August 1961

Herausgeber: Prof. Dr. Heinrich Bertsch, Berlin, u. Prof. Dr. Dr. h. c. Wilhelm Klemm, Münster. Chefredakteure und verantwortlich für den Inhalt: Dr. Willi Barz (komm.), Berlin N 4, Schiffbauerdamm 19, Fernsprecher: 425571, u. Dr. Eugen Klever, Berlin W 30, Geisbergstraße 39, Fernsprecher: 24 95 41.

Verlag: Akademie-Verlag GmbH, Berlin W 8, Leipziger Str. 3—4 (Fernsprecher: 220441, Telex-Nr. 011773, Postscheckkonto Berlin 35021), und Verlag Chemie, GmbH, Weinheim/Bergstr. (Fernsprecher: Weinheim 3635 [Sammelnummer]; Fernschreiber: 04 65516 chemieverl wnh; Postscheckkonten: Frankfurt/M. 145314 u. Berlin [West] 7430). Bestellnummer: 1007/132. Das Chemische Zentralblatt erscheint wöchentlich. Preis des Jahrganges einschl. Autoren-, Patent-, Sach- u. Formelregister: DM 960,—; einseitig bedruckte Ausgabe: DM 1050,—. Abgabe der Zeitschrift nur mit sämtlichen Registern. Abbestellungen nur bis spätestens 6 Wochen vor Ablauf des Kalenderjahres.

Satz u. Druck: VEB Leipziger Druckhaus, Leipzig, III/18/203. X. 61.
Veröffentlicht unter der Lizenznummer ZLN 5002 des Ministeriums für Kultur, Hauptverwaltung Verlagswesen.
Printed in Germany.

FSC
www.fsc.org
MIX
Papier | Fördert
gute Waldnutzung
FSC® C083411

Kolibri 360 GmbH
Ferdinand-Jühlke-Straße 7
99095 Erfurt, Deutschland
produktsicherheit@kolibri360.de